에너지관리
산업기사 필기

예문사

무료 동영상 강의 이용 안내

STEP 1 | 네이버 카페 "가냉보열" 가입

- 좌측 QR 코드를 스캔하여 카페에 가입합니다.
- 카페 주소(https://cafe.naver.com/kos6370)를 직접 입력하거나, 네이버에서 "가냉보열"을 검색하셔도 됩니다.

STEP 2 | 도서인증 게시판 확인

- "권오수 저자 직강 무료 강의 수강 방법 안내" 글을 정독합니다.
- 각 강의별로 인증 가능한 도서가 다르게 운영되고 있으니, 원하시는 강의 게시판에 게시된 공지사항을 꼭 읽어보세요.

STEP 3 | 도서 구매인증 서식 작성

- "무료강의 도서인증" 해당 게시판에 구매 인증 글을 남깁니다.
- 도서 안쪽 첫 페이지에 자필로 카페 아이디를 적고 인증 사진을 촬영해주세요.

STEP 4 | 저자 직강 무료 강의 시청

- 카페 관리자가 승인하면 바로 시청이 가능합니다.
- 승인 가능한 시간은 평일 오전 8시~오후 5시이며, 주말 및 공휴일은 제외됩니다.

SUMMARY

 **출제기준**

직무 분야	환경 · 에너지	중직무 분야	에너지 · 기상	자격 종목	에너지관리 산업기사	적용 기간	2026.1.1. ~ 2028.12.31.
○ 직무내용 : 에너지 관련 설비 장치에 대한 구조 및 원리를 정확히 이해하고 산업, 건물 등의 에너지 관련 설비를 시공, 보수, 유지 · 관리하는 직무							
필기검정방법	객관식	문제수	80	시험시간	2시간		

필기과목명	문제수	주요항목	세부항목	세세항목
열 및 연소설비	20	1. 열의 기초	1. 상태량 및 단위	1. 온도 2. 비체적, 비중량, 밀도 3. 압력 4. 단위계
			2. 열역학 법칙	1. 열역학 법칙의 정의 2. 일과 열 3. 내부에너지 4. 엔탈피 5. 엔트로피 6. 유효 및 무효에너지
			3. 이상기체	1. 상태방정식 2. 상태변화
			4. 증기 관리	1. 증기의 특성 2. 증기 선도 3. 증기사이클
			5. 열전달	1. 전도, 대류, 복사 2. 전열량 3. 열관류
		2. 보일러 연소설비 관리	1. 연소 일반	1. 연료의 종류 및 특성 2. 공기량 및 공기비 3. 연소가스량 4. 발열량 5. 연소온도 6. 연소효율
			2. 연료공급설비 관리	1. 연료공급설비의 특징 2. 연료공급설비의 점검 3. 화재 및 폭발
			3. 연소장치 관리	1. 연소장치의 종류 및 특징 2. 연소장치의 점검
			4. 통풍장치 관리	1. 통풍장치의 종류 및 특징 2. 통풍장치의 점검

필기과목명	문제수	주요항목	세부항목	세세항목
열설비설치	20	3. 보일러 에너지 관리	1. 에너지원별 특성 파악	1. 에너지원의 종류 및 특성 2. 에너지원의 저장, 공급, 연소 방식
			2. 에너지효율 관리	1. 에너지 사용량 2. 열정산
			3. 에너지 원단위 관리	1. 에너지 원단위 산출 2. 에너지 원단위 비교 분석
		4. 냉동설비 운영	1. 냉동기 관리	1. 냉매의 구비조건 및 종류 2. 냉동능력, 냉동률, 성능계수 3. 냉동기의 종류 및 특징
		1. 요로	1. 요로의 개요	1. 요로 일반 2. 요로 내의 분위기 및 가스의 흐름
			2. 요로의 종류 및 특성	1. 철강용로의 구조 및 특징 2. 제강로의 구조 및 특징 3. 주물용해로의 구조 및 특징 4. 금속가열 열처리로의 구조 및 특징 5. 기타 요로 6. 축로의 방법 및 특징 7. 노재의 종류 및 특징
		2. 보일러 배관설비	1. 배관도면 파악	1. 열원 흐름도 2. 배관도면의 도시기호 3. 배관 이음
			2. 배관재료 준비	1. 배관 재료의 종류 및 용도
			3. 배관상태 점검	1. 배관의 부속기기 및 용도 2. 배관 방식 3. 배관 장애 및 점검
			4. 보온상태 점검	1. 보온·단열재의 종류 및 특성 2. 보온·단열효과 3. 보온상태 확인
		3. 보일러 부속설비	1. 보일러 급수장치 설치	1. 급수장치의 원리 2. 분출장치
			2. 보일러 환경설비	1. 보일러 환경설비의 종류 및 특징 2. 대기오염방지 장치 3. 슈트블로우 등
			3. 열회수장치	1. 열회수장치의 종류 및 특징 2. 열회수장치 점검
			4. 계측기기	1. 계측의 원리 2. 유체 측정(압력, 유량, 액면) 3. 온도 및 열량 측정 4. 계측기기 유지관리 5. 계측기기 점검

필기과목명	문제수	주요항목	세부항목	세세항목
			4. 보일러 부대설비	1. 증기설비	1. 증기설비의 종류 및 특징 2. 증기밸브 3. 응축수 회수 장치
			2. 급수 · 급탕설비	1. 급수 · 급탕설비의 종류 및 특징 2. 급수 · 급탕설비의 점검
			3. 압력용기	1. 압력용기의 종류 및 특징 2. 압력용기의 점검
			4. 열교환장치	1. 열교환장치의 종류 및 특징 2. 열교환장치의 점검
			5. 펌프	1. 펌프의 종류 및 특징 2. 펌프의 점검
			6. 온수설비	1. 온수설비의 종류 및 특징 2. 온수설비의 점검
열설비운전	20	1. 보일러 설비운영	1. 보일러 관리	1. 보일러의 종류 및 특징 2. 보일러의 본체 및 연소장치, 부속장치 3. 보일러 열효율 4. 급탕탱크 관리 5. 보일러의 장애
			2. 보일러 고장 시 조치	1. 수위 이상 점검 2. 불착화 점검 3. 전동기 과부하 점검 4. 과열정지 점검 5. 비상정지
		2. 보일러 운전	1. 보일러운전 준비	1. 보일러 및 부속 · 부대설비 가동 전 점검
			2. 보일러 운전	1. 보일러의 운전 중 점검 2. 부속장치 정상 작동 확인 3. 연소상태 확인 4. 계측기 상태 확인 5. 고장 원인 파악 6. 보일러의 운전 후 점검 7. 휴지 시 보존관리
			3. 흡수식 냉온수기 운전	1. 정상운전 확인 2. 고장 원인 파악
		3. 보일러 수질 관리	1. 수처리설비 운영	1. 급수의 성분 및 성질 2. 수처리설비의 기능 3. 수처리설비의 자동제어
			2. 보일러수 관리	1. 보일러수 관리 2. 수질관리 기준

필기과목명	문제수	주요항목	세부항목	세세항목
열설비안전 관리 및 검사기준	20		4. 보일러 자동제어 관리	1. 도면 파악	1. 설계도면 도시기호 2. 자동제어 시스템의 계통도 3. 자동제어 입출력 관제점
			2. 자동제어기기 점검	1. 자동제어기기의 동작 특징 2. 자동제어기기의 고장 원인
			3. 제어설비상태 점검	1. 자동제어 정상상태 값 2. 검출기의 정상작동 점검
			4. 자동제어 운용관리	1. 자동제어설비 운용관리 항목 2. 자동제어설비 프로그램 운용
		1. 보일러 안전관리	1. 법정 안전검사	1. 안전 관련 법규 2. 검사대상기기와 검사항목 3. 설치검사, 안전검사, 성능검사
			2. 보수공사 안전관리	1. 안전사고의 종류 및 대처 2. 안전관리교육 3. 안전사고 예방 4. 작업 및 공구 취급 시의 안전
		2. 보일러 안전장치 정비	1. 안전장치 정비	1. 안전장치의 종류 및 특징 2. 안전장치 점검
		3. 에너지 관계법규	1. 에너지법	1. 법, 시행령, 시행규칙
			2. 에너지이용 합리화법	1. 법, 시행령, 시행규칙
			3. 열사용기자재의 검사 및 검사면제에 관한 기준	1. 특정열사용기자재 2. 검사대상기기의 검사 등
			4. 보일러 설치시공 및 검사 기준	1. 보일러 설치시공기준 2. 보일러 계속사용 검사기준 3. 보일러 개조검사기준 4. 보일러 설치장소변경 검사기준
			5. 기계설비법	1. 법, 시행령, 시행규칙

 에너지관리산업기사 필기

CBT PREVIEW

한국산업인력공단(www.q-net.or.kr)에서는 실제 컴퓨터 필기시험 환경과 동일하게 구성된 자격검정 CBT 웹 체험을 제공하고 있습니다. 또한, 예문사 홈페이지(http://yeamoonsa.com)에서도 CBT 형태의 모의고사를 풀어볼 수 있으니 참고하여 활용하시기 바랍니다.

수험자 정보 확인

시험장 감독위원이 컴퓨터에 나온 수험자 정보와 신분증이 일치하는지를 확인하는 단계입니다.
수험번호, 성명, 주민등록번호, 응시종목, 좌석번호를 확인합니다.

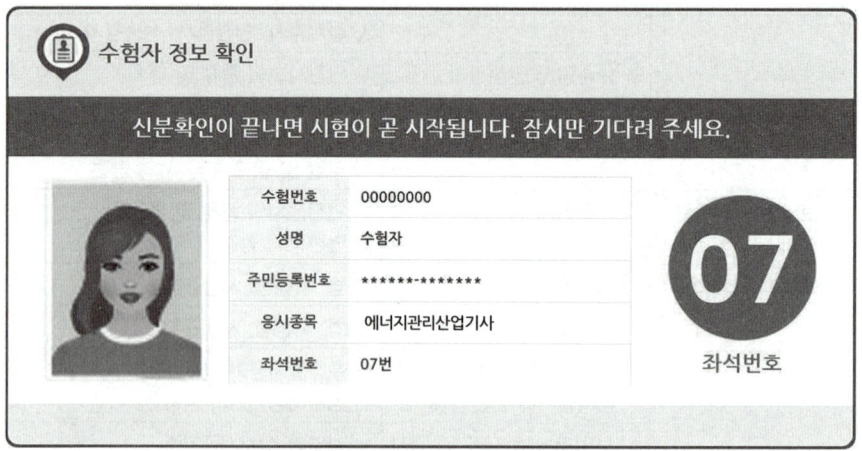

안내사항

시험에 관련된 안내사항이므로 꼼꼼히 읽어보시기 바랍니다.

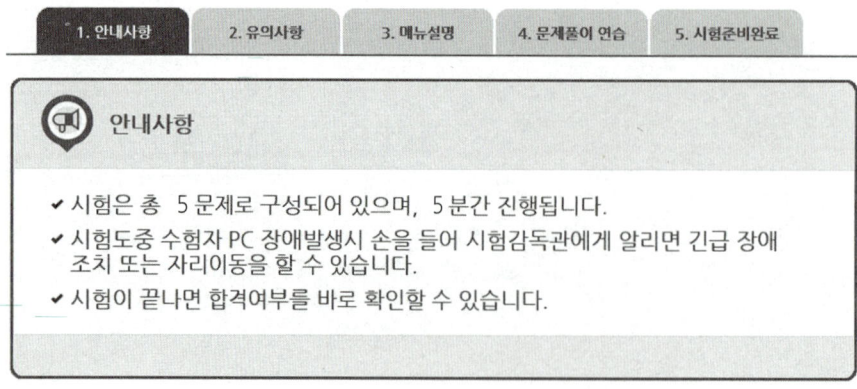

유의사항

부정행위는 절대 안 된다는 점, 잊지 마세요!

유의사항 - [1/3]

- 다음과 같은 부정행위가 발각될 경우 감독관의 지시에 따라 퇴실 조치되고, 시험은 무효로 처리되며, 3년간 국가기술자격검정에 응시할 자격이 정지됩니다.
  - ✓ 시험 중 다른 수험자와 시험에 관련한 대화를 하는 행위
  - ✓ 시험 중에 다른 수험자의 문제 및 답안을 엿보고 답안지를 작성하는 행위
  - ✓ 다른 수험자를 위하여 답안을 알려주거나, 엿보게 하는 행위
  - ✓ 시험 중 시험문제 내용과 관련된 물건을 휴대하여 사용하거나 이를 주고받는 행위

다음 유의사항 보기 ▶

문제풀이 메뉴 설명

문제풀이 메뉴에 대한 주요 설명입니다. CBT에 익숙하지 않다면 꼼꼼한 확인이 필요합니다. (글자크기/화면배치, 전체/안 푼 문제 수 조회, 남은 시간 표시, 답안 표기 영역, 계산기 도구, 페이지 이동, 안 푼 문제 번호 보기/답안 제출)

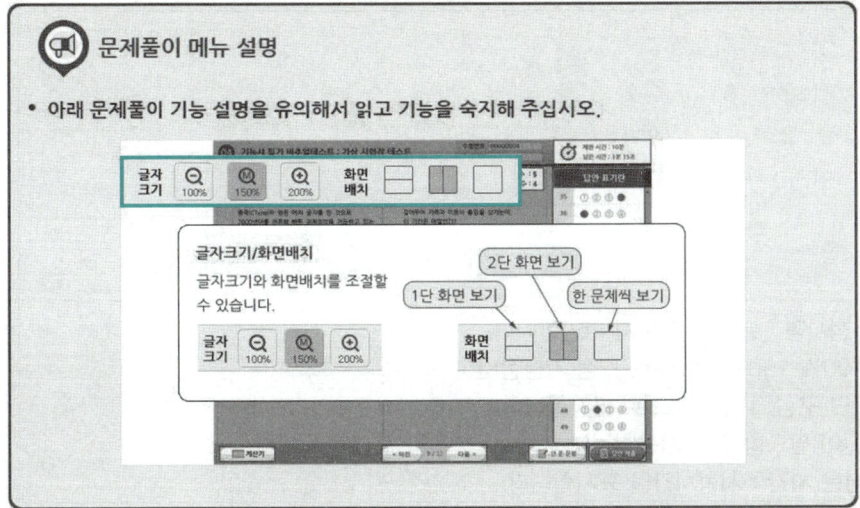

✅ 시험준비 완료!

이제 시험에 응시할 준비를 완료합니다.

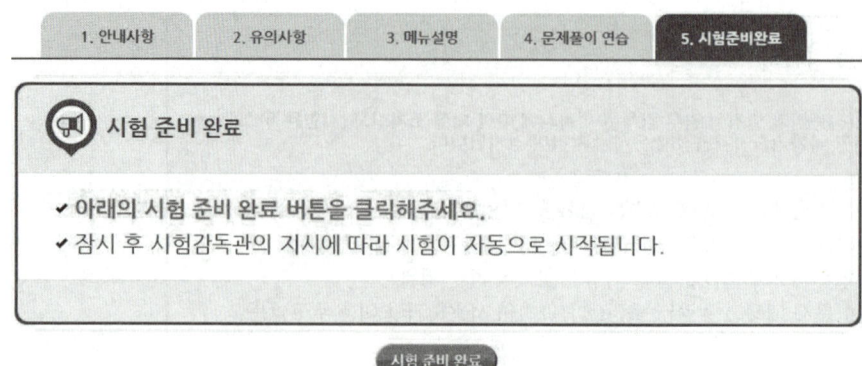

✅ 시험화면

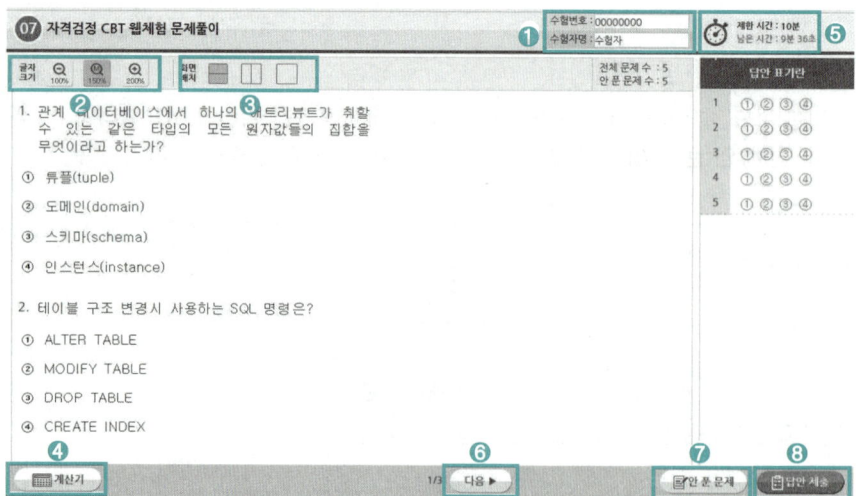

❶ 수험번호, 수험자명 : 본인이 맞는지 확인합니다.
❷ 글자크기 : 100%, 150%, 200%로 조정 가능합니다.
❸ 화면배치 : 2단 구성, 1단 구성으로 변경합니다.
❹ 계산기 : 계산이 필요할 경우 사용합니다.
❺ 제한 시간, 남은 시간 : 시험시간을 표시합니다.
❻ 다음 : 다음 페이지로 넘어갑니다.
❼ 안 푼 문제 : 답안 표기가 되지 않은 문제를 확인합니다.
❽ 답안 제출 : 최종답안을 제출합니다.

답안 제출

문제를 다 푼 후 답안 제출을 클릭하면 다음과 같은 메시지가 출력됩니다.
여기서 '예'를 누르면 답안 제출이 완료되며 시험을 마칩니다.

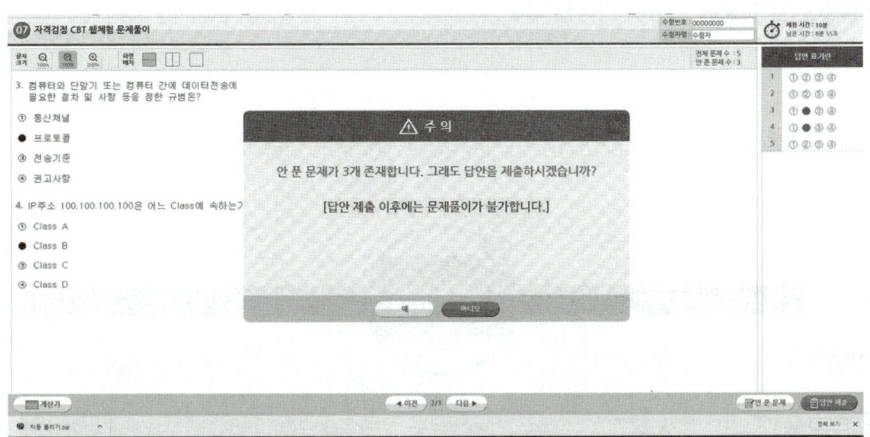

알고 가면 쉬운 CBT 4가지 팁

1. **시험에 집중하자.**
   기존 시험과 달리 CBT 시험에서는 같은 고사장이라도 각기 다른 시험에 응시할 수 있습니다. 옆 사람은 다른 시험을 응시하고 있으니, 자신의 시험에 집중하면 됩니다.

2. **필요하면 연습지를 요청하자.**
   응시자의 요청에 한해 시험장에서는 연습지를 제공하고 있습니다. 연습지는 시험이 종료되면 회수되므로 필요에 따라 요청하시기 바랍니다.

3. **이상이 있으면 주저하지 말고 손을 들자.**
   갑작스럽게 프로그램 문제가 발생할 수 있습니다. 이때는 주저하며 시간을 허비하지 말고, 즉시 손을 들어 감독관에게 문제점을 알려주시기 바랍니다.

4. **제출 전에 한 번 더 확인하자.**
   시험 종료 이전에는 언제든지 제출할 수 있지만, 한 번 제출하고 나면 수정할 수 없습니다. 맞게 표기하였는지 다시 확인해보시기 바랍니다.

CBT 모의고사 이용 가이드

- 인터넷에서 [예문사]를 검색하여 홈페이지에 접속합니다.
- PC, 휴대폰, 태블릿 등을 이용해 사용이 가능합니다.

STEP 1 회원가입 하기

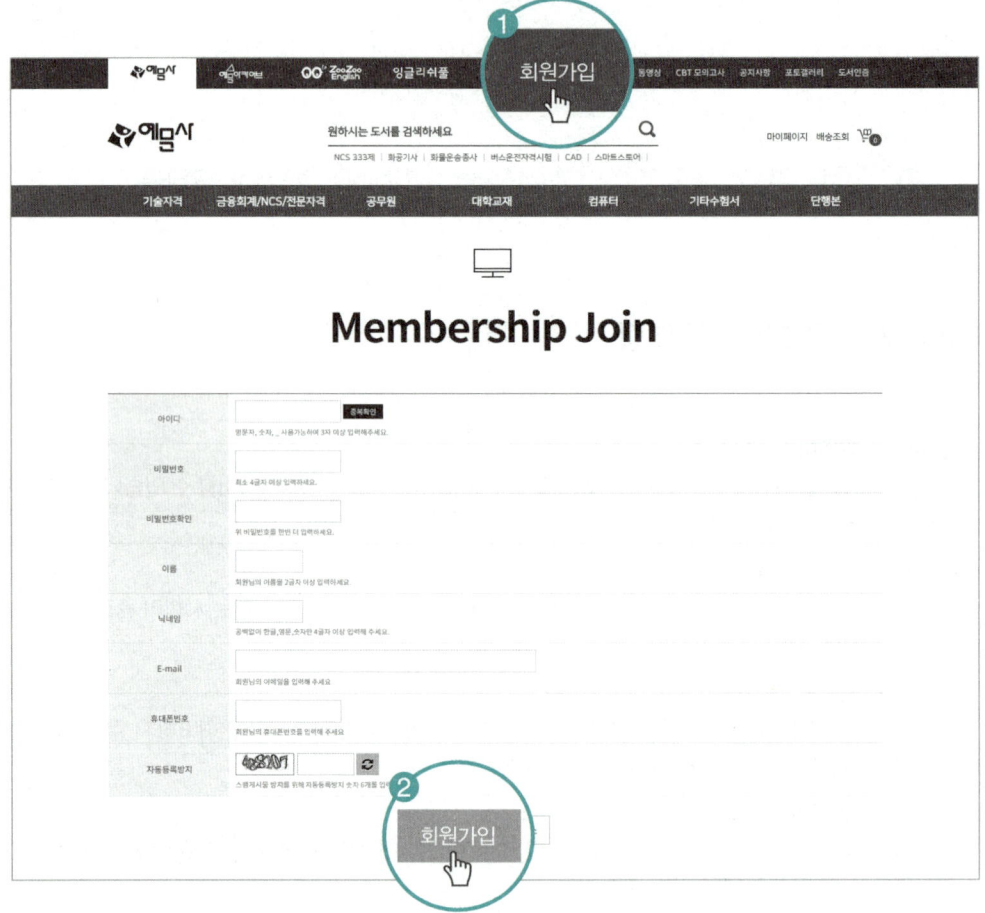

1. 메인 화면 상단의 [회원가입] 버튼을 누르면 가입 화면으로 이동합니다.
2. 입력을 완료하고 아래의 [회원가입] 버튼을 누르면 **인증절차 없이 바로 가입**이 됩니다.

STEP 2 시리얼 번호 확인 및 등록

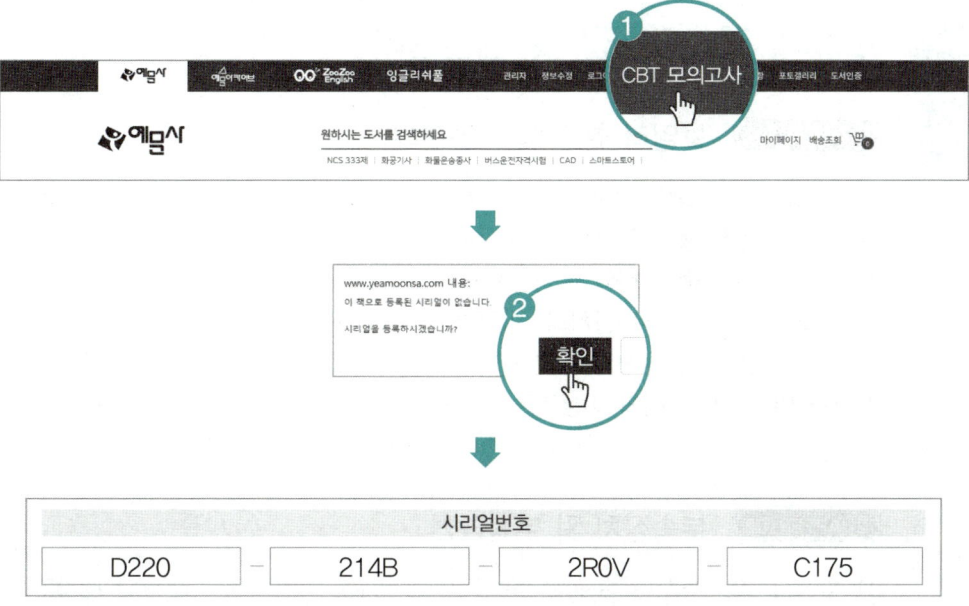

1. 로그인 후 메인 화면 상단의 [CBT 모의고사]를 누른 다음 **수강할 강좌를 선택**합니다.
2. 시리얼 등록 안내 팝업창이 뜨면 [확인]을 누른 뒤 **시리얼 번호를 입력**합니다.

STEP 3 등록 후 사용하기

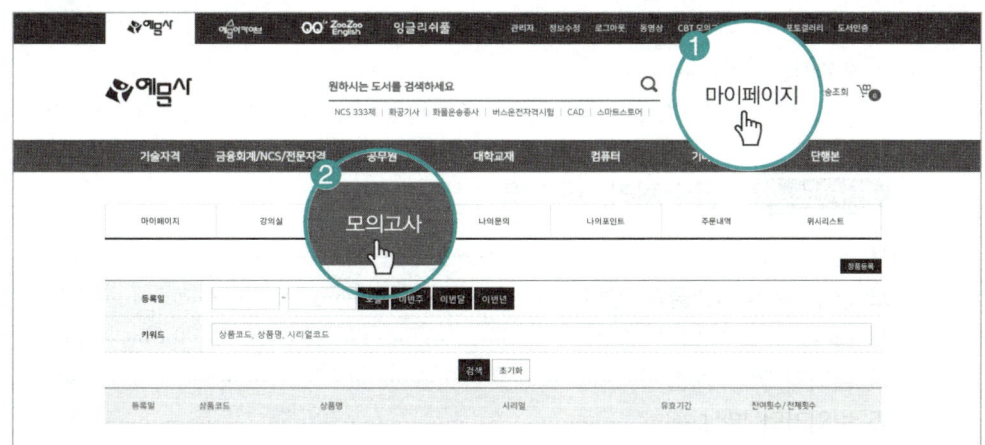

1. 시리얼 번호 입력 후 [마이페이지]를 클릭합니다.
2. 등록된 CBT 모의고사는 [모의고사]에서 확인할 수 있습니다.

이책의 차례

제1편 보일러, 열설비취급 및 안전관리

CHAPTER. 01 보일러 취급 및 안전관리

01 안전관리의 개요와 보일러 운전준비 ················ 3
02 보일러 운전 중 취급사항 ···································· 8
03 보일러 운전 중 실화와 운전중지 ······················ 12
04 보일러 운전 중 부속장치의 취급안전 ·············· 15
05 보일러 운전 중 장애와 사고 ······························ 22
06 오일버너 연소관리와 이상연소 ························· 29

CHAPTER. 02 부속장치 및 부식안전

01 부속장치의 취급 ··· 32
02 보일러 보존 ··· 34
03 물관리 ·· 38
04 보일러 급수처리 ··· 42
05 분출작업 ·· 44
06 부식 및 보일러 이상상태 ··································· 45
07 보일러 운전조작 ··· 47
08 연소관리 ·· 50
09 운전 중의 장해 ··· 56
10 보일러 운전정지 ··· 59
■ 출제예상문제 ·· 60

CHAPTER. 02 급수처리, 세관 및 보존

01 급수처리 ·· 72
02 급수 속의 불순물과 장해 ··································· 76
03 급수처리의 방법과 해설 ····································· 80
04 슬러지 및 스케일 ··· 90
05 보일러의 부식 ··· 92
06 보일러의 청소(Boiler Cleaning) ······················· 99
07 보일러 화학세관 ··· 102

08 최근의 보일러 화학세정 및 스케일 제거 ·············· 105
09 보일러의 보존방법 ······································ 111
■ 출제예상문제 ·· 113

CHAPTER. 04 에너지법과 에너지이용 합리화법

01 에너지법과 에너지이용 합리화법 ················· 149
■ 출제예상문제 ·· 185

제2편 설비구조 및 시공

CHAPTER. 01 요로

01 요(Kiln)로(Furnace) 일반 ························· 201
02 요(Kiln)의 구조 및 특징 ··························· 202
03 노(Furnace)의 구조 및 특징 ····················· 206
04 축요 ·· 210
■ 출제예상문제 ·· 212

CHAPTER. 02 내화재

01 내화물 일반 ·· 221
02 내화물 특성 ·· 224
■ 출제예상문제 ·· 231

CHAPTER. 03 배관, 단열 보온재

01 배관의 종류 및 용도 ································· 238
02 밸브의 종류 및 배관지지 ·························· 243
03 단열재 및 보온재 ····································· 247
■ 출제예상문제 ·· 249

CHAPTER. 04 보일러의 종류 및 특성

01 보일러의 구성 부분 ·· 254
02 보일러의 용량과 전열면적 ·· 255
03 보일러의 구조 및 특징 ·· 259
04 원통형 보일러 ·· 262
05 수관식 보일러 ·· 268
06 보일러의 청소구멍 및 검사구멍 ·· 278
07 보일러의 성능시험 ·· 279
08 최근의 신형 보일러 ·· 287
■ 출제예상문제 ··· 295

CHAPTER. 05 보일러 부속장치

01 안전장치 ·· 303
02 급수계통(급수장치) ··· 309
03 분출장치 ·· 316
04 급유계통 ·· 318
05 송기장치(증기이송장치) ·· 322
06 통풍장치 ·· 329
07 매연과 집진장치 ·· 337
08 여열장치(폐열 회수장치) ·· 342
09 수면계 ·· 346
10 기타 장치 ·· 348
11 가스공급장치 ·· 351
■ 출제예상문제 ··· 352

CHAPTER. 06 보일러 설치시공 및 검사기준

01 설치·시공기준 ·· 370
02 설치검사 기준 ·· 384
03 계속사용검사기준 ·· 389
04 계속사용검사 중 운전성능 검사기준 ·· 394
■ 출제예상문제 ··· 398

CHAPTER. 07 신재생 및 기타 에너지

01 신 · 재생에너지 ··· 410
02 신 · 재생에너지의 종류 ··· 411
■ 출제예상문제 ·· 429

제3편 계측 및 에너지진단

CHAPTER. 01 계측일반과 온도측정

01 계측일반(계량과 측정) ··· 435
02 온도계의 종류 및 특징 ··· 438
■ 출제예상문제 ·· 446

CHAPTER. 02 유량계측

01 유량계의 분류 ·· 454
02 유량계의 종류 및 특징 ··· 455
■ 출제예상문제 ·· 461

CHAPTER. 03 압력계측

01 압력측정방법 ·· 469
02 액주식 압력계 ·· 470
■ 출제예상문제 ·· 477

CHAPTER. 04 액면계측

01 액면측정방법 ·· 485
02 액면계의 종류 및 특징 ··· 486
■ 출제예상문제 ·· 489

CHAPTER. 05 가스의 분석 및 측정

01 가스분석방법 ··· 491
02 가스분석계의 종류 및 특징 ······································ 492
03 매연농도측정 ··· 497
04 온·습도 측정 ·· 497
■ 출제예상문제 ·· 500

CHAPTER. 06 자동제어 회로 및 장치

01 자동제어의 개요 ··· 507
02 제어동작의 특성 ··· 510
03 보일러 자동제어 ··· 514
■ 출제예상문제 ·· 517

CHAPTER. 07 열에너지 진단

01 여열장치(폐열 회수장치) ··· 525
02 열전달 ·· 529
■ 출제예상문제 ·· 532

CHAPTER. 08 전열과 열교환

01 열전달의 기본형태 ·· 537
02 열교환기 전열 ·· 539
■ 출제예상문제 ·· 540

CHAPTER. 09 육용보일러의 열정산방식

01 열정산의 조건 ·· 556
02 측정방법 ··· 559
03 시험 준비 및 운전상 주의 ·· 569
■ 출제예상문제 ·· 571

제4편 열역학 및 연소관리

CHAPTER. 01 열역학의 기본사항

01 열역학의 정의 ·· 585
02 열의 기본 개념 및 정의 ·· 586
03 일과 열 ·· 596
■ 출제예상문제 ·· 599

CHAPTER. 02 열역학의 법칙

01 열역학 제1법칙 ·· 607
02 완전가스(이상기체) ·· 614
03 열역학 제2법칙 ·· 634
■ 출제예상문제 ·· 651

CHAPTER. 03 내연기관 사이클

01 기체 압축기 ·· 671
02 내연기관 사이클 ·· 676
■ 출제예상문제 ·· 688

CHAPTER. 04 증기 및 냉동 사이클

01 증기 ·· 695
02 증기원동소 사이클 ·· 701
03 냉동 사이클 ·· 708
■ 출제예상문제 ·· 714

CHAPTER. 05 연소공학

01 연료의 종류와 특성 ·· 733
02 연료의 시험방법 및 관리 ··· 739
03 연소계산 및 열정산 ··· 747
■ 출제예상문제 ·· 761

CHAPTER. 06 연소장치와 가스 폭발

01 연소장치, 통풍장치 및 집진장치 ··· 787
02 가스 폭발 방지대책 ··· 796
■ 출제예상문제 ·· 819

부록 1 과년도 기출문제

2016년 1회 기출문제 ·· 837
2016년 2회 기출문제 ·· 851
2016년 3회 기출문제 ·· 865

2017년 1회 기출문제 ·· 879
2017년 2회 기출문제 ·· 893
2017년 3회 기출문제 ·· 907

2018년 1회 기출문제 ·· 921
2018년 2회 기출문제 ·· 935
2018년 3회 기출문제 ·· 949

2019년 1회 기출문제 ·· 963
2019년 2회 기출문제 ·· 977
2019년 3회 기출문제 ·· 990

2020년 1·2회 통합기출문제 ·· 1004
2020년 3회 기출문제 ·· 1019

부록 2   CBT 실전모의고사

- 제1회 CBT 실전모의고사 ·· **1037**
  정답 및 해설 ·· **1056**
- 제2회 CBT 실전모의고사 ·· **1060**
  정답 및 해설 ·· **1079**
- 제3회 CBT 실전모의고사 ·· **1083**
  정답 및 해설 ·· **1101**

에너지관리산업기사는 2020년 4회 시험부터 CBT(Computer-Based Test)로 전면 시행되었습니다.

PART 01

INDUSTRIAL ENGINEER ENERGY MANAGEMENT

보일러, 열설비취급 및 안전관리

CHAPTER 01 보일러 취급 및 안전관리
CHAPTER 02 부속장치 및 부식안전
CHAPTER 03 급수처리, 세관 및 보존
CHAPTER 04 에너지법과 에너지이용 합리화법

CHAPTER 001 보일러 취급 및 안전관리

SECTION 01 안전관리의 개요와 보일러 운전준비

안전사고란 사고를 미연에 방지하여 재해로부터 생명보호와 생산성 증대, 열손실의 최소화를 꾀하기 위하여 적절한 조치를 행하는 활동을 말한다.

1. 보일러 사고의 구분

- 파열사고 : 보일러 운전 중 압력초과, 저수위 사고, 과열, 부식 등 취급상의 원인과 제작상의 원인 등으로 파열사고의 원인이 되어서 일어난다.
- 미연소 가스폭발 사고 : 연소계통 운전 중 미연소가스가 충만된 상태로 점화했을 경우 가스폭발이나 역화로 인하여 사고가 발생된다.

1) 보일러 운전 중 사고의 원인

(1) 제작상의 사고

① 재료 불량　　② 강도부족　　③ 구조불량
④ 부속장치 미비　⑤ 용접불량　　⑥ 설계불량 등

(2) 취급상의 사고

① 압력초과　　② 저수위 사고　③ 급수처리 불량
④ 부식　　　　⑤ 과열　　　　⑥ 가스폭발
⑦ 부속장치 정비불량 등

2) 사고의 발생시기

(1) 무인운전 시　　　　　　　(2) 점화나 소화 후 30분 이내
(3) 취급자의 교대근무 시　　　(4) 야간근무 시
(5) 노후된 보일러를 장기간 사용할 때　(6) 작업 중 다른 일을 할 때
(7) 단속운전을 할 때　　　　　(8) 취급기술이 불량할 때
(9) 부하변동이 극심할 때　　　⑩ 음주운전 시

3) 각종 보일러 사고의 원인 : 취급자의 원인(조작상의 원인 사고)

(1) 수위 유지를 잘못하였을 때
(2) 점화나 소화의 미숙으로 인하여
(3) 댐퍼의 개폐를 잘못하였을 때
(4) 버너의 조종을 잘못하였을 때
(5) 각종 밸브의 조작이 미숙할 때
(6) 급수관리가 불충분할 때
(7) 조종자 자리 이탈로 무인운전을 하였을 때
(8) 연료관리를 잘못하였을 때
(9) 연료와 연소용 공기의 증감을 잘못하였을 때

2. 보일러 운전 전 준비사항

1) 신설보일러 사용 전 준비사항

(1) 동 내부 점검
  ① 보일러 신설과정 중 동 내부에 남아 있는 공구, 볼트, 너트, 기름걸레 등을 제거한다.
  ② 급수내관, 비수방지관, 기수분리기 등의 부착상태를 살핀다.
  ③ 급수구, 분출관, 수면계 부착구 등에 부착찌꺼기를 제거한다.

(2) 소다 볼링
  ① 소다 사용원인 : 보일러 설치 시 동 내면에 부착된 녹이나 유지류 페인트가 묻어 있으면 부식과 과열의 원인이 되기 때문이다.
  ② 소다 사용방법 : 탄산소다($NaCO_3$)를 물 1,000kg 정도에 2kg과 수산화나트륨 2kg, 인산나트륨 2~5kg 정도로 하여(즉, 물속에 0.1% 정도) 용해시킨 후 보일러압력 0.2~0.3MPa 저압으로 하여 2~3일간 끓인 다음 분출하고 새로운 물을 넣고 신진대사를 한다.
  ③ 보일러 외부점검
    ㉠ 연소실과 연도의 점검
      • 연소실
      • 전열면
      • 연도
      • 배플(Baffle)
      • 노내 출입구 문의 내화재
      • 방폭문
      • 댐퍼 등을 조사하여 작동 여부를 살핀다.

> **Reference** 보일러 설치 후 내화벽돌의 건조
> ① 자연건조 : 10~14일간 정도
> ② 화기건조
>   • 약화건조 : 장작으로 4조야
>   • 강화건조 : 기름 등으로 4주야

ⓒ 맨홀 점검
- 맨홀은 증기압력이 0.1~0.2MPa 정도 오를 때에 한번 더 조이고 증기나 물의 누설 유무를 조사한다.
- 맨홀 부착 시에는 사용에 맞는 볼트나 너트에 맞는 공구를 사용한다.

ⓒ 부속품의 점검
- 압력계, 수면계, 분출라인 등을 조사한다.
- 휴지한 보일러를 재사용할 때에는 안전밸브 등 각종 밸브를 분해, 정비한다.
- 연소장치, 통풍장치, 급수장치 등의 각 부를 점검한다.
- 송기장치의 점검과 주증기 밸브의 개폐를 확인한다.
- 자동제어장치의 정비와 그 기능을 확인한다.

2) 상용보일러의 사용 전 준비사항

(1) 부속품 점검

① 압력계 점검
- 압력계를 테스트한 경우 그 지침선이 0점에 맞는지 확인한다.(보일러를 가동하기 전에는 지침이 반드시 0점에 있어야 한다.)
- 압력계는 엄지손가락으로 가볍게 두들겨 보아 지침의 움직임을 살펴본다.

② 안전밸브 점검
- 안전밸브의 누설 여부를 확인한다.
- 열매체 보일러의 안전밸브는 완전히 밀폐식인지 확인한다.
- 안전밸브는 최고 사용압력의 1.03배 이하에서 분출압력이 설정되었는지 점검한다.

③ 수면계 점검
- 수주관의 연락관, 수면계 연락관, 콕 등 막힘이 없는지 점검한다.
- 2개의 수면계 중 수위가 같은지 점검한다.
- 수면계의 점검을 1일 1회 이상 점검한다.

④ 고저수위 경보기 점검
- 전기식 고저수위 경보기의 회로 및 접점부에 이상이 없도록 한다.
- 취출밸브를 열고 내부의 물을 빼고 난 후 경보가 울리는지 확인한다.
- 플로트식 수위 경보기는 증기나 물 연락관의 밸브나 콕 등이 열려 있는지 확인한다.

⑤ 급수장치 점검
- 급수펌프의 베어링 부분에 오일 점검을 한다.
- 원심식 펌프는 수동으로 회전시켜서 이상 유무를 살펴본다.
- 급수탱크 내의 급수량을 확인한다.

- 급수정지밸브를 개폐시켜 본다.
- 급수장치에 설치된 역정지밸브의 정기점검을 한다.
- 예비용 인젝터는 1일 1회 이상 시운전해 본다.

⑥ **자동급수 조절기 점검**
- 코프식을 사용하는 경우 감열관 레버에 고장유무를 확인한다.
- 자동급수장치의 전원을 넣을 때 전류흐름의 지침이나 표지 전등의 정상 유무를 확인한다.

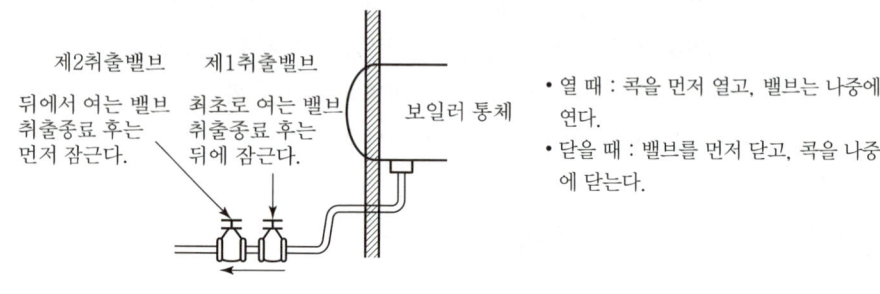

∥ 취출밸브의 조작순서 점화방법 ∥

⑦ **분출장치 점검**
- 분출밸브, 콕 등을 작동하여 개폐를 반복하여 본다.
- 점화 전에 분출을 하고 밸브, 콕을 확실히 잠근 뒤 누설을 확인한다.

⑧ **밸브의 점검**
- 주증기 밸브는 한번 열어보고 밸브의 개폐가 원활한지 확인한다.
- 과열증기 밸브는 열어둔다.
- 주증기 밸브가 누설되면 패킹을 갈아 끼운다.

⑨ **가용마개의 점검**
- 가용마개는 검사 시마다 새로운 것으로 교체시킨다.
- 가용마개는 최고 사용압력 1.8MPa 이상의 보일러에 사용된다.

⑩ **통풍장치 점검**
- 통풍기의 회전자에 변형 및 이음 부분에 이상 유무를 점검한다.
- 통풍기 내의 청소를 철저히 한다.
- 베어링부에 주유할 때 기름 등이 흘러나오지 않게 한다.

⑪ **폐열회수장치 점검**
  ㉠ 과열기의 점검
  ㉡ 절탄기의 점검
  - 물의 누설 여부 점검
  - 공기빼기를 배기시킨 후 닫는다.
  - 취출밸브는 닫혀 있는지 확인한다.

ⓒ 공기예열기의 점검
- 부식 파악
- 부식으로 인한 가스의 누설 확인
- 재생식, 공기예열기는 회전부분을 조사한다.
- 수랭식 베어링은 오염 확인

⑫ 자동점화장치 점검
- 전극의 손모 및 오염 부분 조사
- 수동으로 전극의 화염상태 양부 판단
- 극 사이의 여유는 규정된 간격인지 확인

⑬ 화염검출기 점검
- 부착상태가 정상인지 확인
- 배선의 접촉과 피복이 벗겨져서 어스가 되어 있지 않은지 조사
- 화염검출기의 진공란이 더럽지 않은지 조사
- 화염검출기의 광로를 막는 물건이 없는지 확인

⑭ 연소장치 점검
- 기름 연소장치 점검(기름탱크, 버너, 화구, 기름가열기, 오일펌프)
- 가스 연소장치 점검(가스 압력, 가스 누설)
- 석탄 연소장치 점검(화격자, 스토커, 댐퍼, 미분탄 분쇄기)

3. 점화 전 준비사항

1) 노내 환기(프리퍼지)

점화 전 노내 통풍환기는 노내의 미연가스에 의한 가스폭발을 방지하기 위하여 연도 댐퍼를 열고 통풍기로 충분히 환기시키는데, 노내 환기시간은 다음과 같다.

- 자연통풍 : 5분 정도
- 강제통풍 : 30초~3분 이상

(1) 흡인 통풍기와 압입 통풍기가 같이 있으면 흡인 통풍기를 먼저 가동한 후 압입을 사용한다.
(2) 노내압은 통풍계(드래프트계)로 조절한다.
(3) 노내 통풍압은 일반적으로 $-2 \sim -4 mmH_2O$ 정도가 되도록 댐퍼를 조절한다.

2) 기름의 적정 가열온도

보일러유인 중유를 사용하게 되면 반드시 예열이 필요한데, 적정 가열온도가 유지되어야 무화가 잘된다.

(1) 기름 저장탱크의 유온 : 40~50℃

(2) 기름 가열기의 유온
　　① B-B유 : 60~70℃
　　② B-C유 : 80~105℃(80~90℃)
　　③ 서비스 탱크의 유온 : 60~70℃
　　④ 기름가열기가 없는 보일러에서는 경유나 중유 A급만 사용한다.
　　⑤ 기름의 온도
　　　　• 너무 높으면 : 열분해로 역화발생 및 분사 각도가 흩어짐, 탄화물 생성, 분무상태 불량
　　　　• 너무 낮으면 : 무화 불량, 점화 실패, 수트발생, 불완전 연소, 매연발생, 불꽃편류, 분진 발생
　　※ 가스의 점화 시 유출속도가 너무 빠르면 취소가 일어나고 늦으면 역화가 발생한다.

SECTION 02 보일러 운전 중 취급사항

1. 보일러의 점화방법

1) 기름 및 가스보일러의 점화

기름연료 점화나 가스연료의 점화는 비슷하다. 다만 가스의 점화 시는 가스의 누설에 주의하고 이음부 등에서 비눗물 검사가 필요하다. 점화 시 가스의 압력은 일정하게 하고 불착화의 경우 버너 밸브를 닫고 연소실 용적의 4배 이상의 공기를 불어넣어 노내를 환기시키는 것이 기름연소와 약간 다를 뿐이다.(단, 가스점화 시 불씨는 화력이 커야 한다.)

(1) 자동점화 시 순서와 주의사항
　　① **점화장치** : 점화용 버너, 점화원
　　② **전원스위치** : 메인 스위치를 넣는다.
　　③ 전원스위치를 자동으로 설정한다.
　　④ 기동스위치를 ON으로 넣으면 자동제어(시퀀스 제어)가 진행되면서 다음과 같이 자동운전이 연결된다.

> **Reference**
>
> 기동스위치 – 버너 모터작동 – 송풍기 모터작동 – 1, 2차 공기댐퍼 작동 – 프리퍼지(노내 환기) – 점화용 버너 착화 – 전자밸브 열림 – 주버너 착화 – 저부하 연소가 됨 – 고부하 연소로 진행 – 착화 버너 연소정지

⑤ 점화 시에 주버너에 착화가 되지 않으면 불착화 경보가 울린다.
⑥ 불착화가 되면 인터록에 의해 모든 계기의 동작이 정지되고 송풍기만 가동된 후 노내의 환기가 일어난다.(포스트 퍼지가 진행)
⑦ 점화가 실패하면 원인을 알기 위하여 점화장치와 플레임 아이(광전관) 오손이나 고장 등의 유무를 점검한다.

(2) 수동점화의 경우

① 버너가 2개일 때 : 하단부 버너부터 점화가 된다.
② 버너가 3개일 때 : 중앙부 버너부터 점화가 된다.
③ 수동점화는 점화봉 토치(Toch)가 사용된다.
④ 점화봉은 직경 10mm 길이 1m 정도의 쇠막대에 한쪽 끝에 석면이나 천을 매달아 경유 등을 묻히고 불을 붙여 사용한다.
⑤ 점화 시에는 언제나 가스폭발이나 역화를 방지하기 위하여 측면에서 점화한다.
⑥ 착화시간은 5초 이내에 행한다.

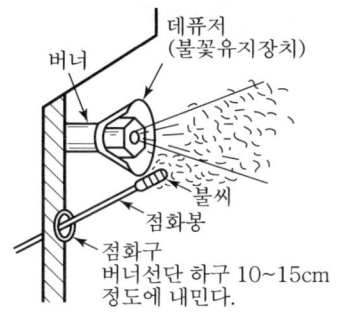

| 점화방법 | | 점화봉(불씨불) |

㉠ 버너 모터에 전원스위치를 넣는다.
㉡ 송풍기 모터에 전원스위치를 넣는다.
㉢ 노내를 환기시킨다.
㉣ 노내의 압력을 조절한다.
㉤ 점화봉을 노내로 밀어넣는다.
㉥ 투시구로 노내를 보면서 점화봉을 버너 선단 10cm 정도에 오도록 유지시킨다.
㉦ 왼손으로 기름 밸브를 서서히 열면서 착화시킨다.

(3) 기름보일러 점화 시 주의사항

① 보일러실에서 중유를 사용하는 경우에는 점화나 소화 시 반드시 경유를 사용한다.
② 5초 이내에 주버너에 착화되지 않으면 즉시 버너 밸브를 닫고 노내 환기를 충분히 한다.
③ 노내의 연소 초기에는 밸브를 천천히 열어 차츰 저부하에서 고부하로 진행시킨다.
④ 기름 양을 증가시킬 때는 항상 공기의 공급량을 증가시킨 후 기름 양을 증가한다.
⑤ 노내의 기름 양을 줄일 때는 먼저 기름 양을 줄이고 공기량은 나중에 줄인다.
⑥ 고압기류식 버너의 경우에는 증기나 공기의 분무매체를 먼저 불어넣고 기름을 투입시킨다.

2) 석탄연료의 점화

(1) 화격자 점화순서

① 공기 댐퍼를 열고 노내를 환기시킨다.
② 재받이 문을 닫고 화상 위에 석탄을 얇게 산포한다.
③ 산포한 석탄 위에 장작이나 가연성 물질을 올려놓고 기름걸레에 불을 붙여서 점화시킨다.
④ 화상 전체에 불이 옮겨 붙으면 재받이 문은 닫는다.
⑤ 아궁이 문을 닫는다.
⑥ 석탄이 완전 점화되면 차츰 석탄을 투탄하여 고부하로 옮겨간다.

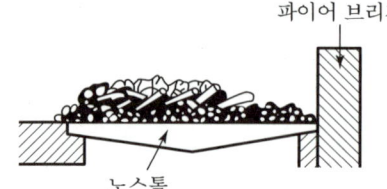
(a) 석탄 위에 장작이나 기름걸레 등을 올려놓는다.

(b) 점화용의 가연물에 점화하여 서서히 석탄에 옮겨 붙게 한다.

| 석탄보일러의 점화방법 |

2. 증기발생 시의 주의사항

1) 연소 초기

(1) 점화 후 증기발생 시까지는 연소량을 조금씩 가감한다.(열응력과 스폴링 방지)
(2) 수면계의 주시를 철저히 한다.
(3) 두 개의 수면계의 수위가 다르면 즉시 수면계를 시험해 본다.
(4) 과열기가 설치된 보일러는 증기가 생성되기까지는 과열기 내로 물을 보내서 과열기의 과열을 방지한다.

(5) 연도에 절탄기가 설치된 보일러에는 처음의 열가스는 부연도로 보낸 후 증기발생 후에 주연도로 보내어 저온부식이나 전열면의 오손을 막아준다.

2) 증기압력이 오르기 시작할 때

(1) 급격한 압력상승을 방지하기 위하여 연소상태를 잘 조절한다.(증기안전밸브는 증기압력이 75% 이상 될 때의 분출시험)
(2) 압력계를 바라보면서 압력계 지침의 움직임을 관찰한다.
(3) 공기밸브를 열고 공기를 배제시킨 후 밸브를 닫는다.
(4) 기름 탱크나 서비스탱크에 기름을 가열하기 위하여 증기를 보낸다.
(5) 맨홀 뚜껑 부분에서 증기의 누설이 없는지 살펴본다.

3) 증기를 송기할 때 주의사항

(1) 증기관 내의 수격작용을 방지하기 위하여 응축수의 배출을 사전에 실시한다.(드레인 밸브 작동)
(2) 비수발생에 조심한다.
(3) 과열기의 드레인을 배출시킨다.
(4) 주증기 밸브를 조금 열어서 주증기관을 따뜻하게 한다.
(5) 주증기 밸브를 열 때 1회전 소요시간은 3분 이상 천천히 연다.
(6) 주증기 밸브를 완전히 개폐한 후 조금 되돌려 놓는다.
(7) 압력계 수면계의 지시변동을 유심히 살펴본다.

4) 증기를 열사용처로 보낸 후 주의사항

(1) 투시구를 바라보면서 화염 감시를 철저히 한다.
(2) 노내의 화염 색깔을 오일버너의 경우 오렌지색으로 조절한다.
(3) 보일러 운전 중 비수나 포밍 등이 발생하면서 적절한 조지 후 가동시킨다.
(4) 보일러 운전 중 관수가 농축되면 분출을 하고 새로운 물을 넣어서 신진대사를 꾀한다.
(5) 저수위사고에 신경을 쓴다.(상용수위 유지도모)
(6) 증기압력이 상용압력인지 자주 압력계를 감시한다.

SECTION 03 보일러 운전 중 실화와 운전중지

1. 보일러 운전 중의 실화

실화란, 보일러 운전 중 어떤 이유로 갑자기 연소실에서 연소가 급히 중단되는 현상이다.

1) 원인

(1) 전기의 정전에 의해 버너 모터 등이 중지할 때
(2) 기름라인이 폐쇄되었을 때
(3) 기름에 물이 지나치게 많이 함유되었을 때
(4) 기름펌프에 이상이 생겼을 때
(5) 버너팁이나 분무구가 막혔을 때
(6) 보일러 이상 운전 중으로 인하여 전자밸브가 작동되었을 때

2) 실화발생시 조치사항

(1) 버너밸브 차단(자동보일러는 전자밸브 작동)
(2) 노내의 환기(포스트퍼지)
(3) 기름펌프 차단
(4) 전기식 기름가열기는 전원스위치 차단
(5) 보일러 압력계나 수면계 점검
(6) 화염검출기, 릴레이 접점, 전선의 단락 등을 확인

2. 증기압력의 초과, 저수위 사고 시 긴급정지 순서

1) 기름이나 가스보일러의 경우

(1) 연료의 즉시 차단
(2) 통풍기(송풍기) 가동 중지(동시 1차, 2차 공기댐퍼 차단)
(3) 만약 다른 보일러와 연락하고 있는 경우에는 주증기 밸브 차단
(4) 압력강하를 기다린다.(동시에 급수를 실시하여 본체 냉각시킴. 주철제 보일러는 절대급수를 하여서는 아니 된다.)
(5) 압력이 완전히 강하하면 전열면의 변형 유무 점검
(6) 마지막 상용수위가 되도록 급수하고 재점화한다.

2) 석탄연소 보일러의 경우

(1) 석탄보일러는 연료 차단 및 저수위 사고 시 물을 신속히 차단하기 어렵기 때문에 젖은 재로서 화면을 덮고 화세를 억제시킨다.
(2) 공기댐퍼나 아궁이 재받이 문은 즉시 닫는다.
(3) 나머지는 위의 기름보일러와 비슷하다.

> 저수위 사고 시에는 보일러가 과열되었기 때문에 안전밸브를 열고 압력을 급강하시켜서 전열면의 변형을 방지하면 더욱 좋다.

3. 보일러 일상정지 시의 조작순서(중유사용 보일러의 경우)

(1) 중유는 경유로 교체시킨다.
(2) 서서히 연료량과 공기량을 줄인다.
(3) 버너밸브를 닫는다.
(4) 석탄보일러는 매화작업을 한다.
(5) 공기댐퍼를 닫고 통풍을 멈춘다.
(6) 버너 모터를 정지시킨다.
(7) 송풍기 모터를 정지시킨다.
(8) 주증기 밸브를 닫는다.
(9) 전원스위치를 내린다.

4. 작업종료 후 조치사항

(1) 과열기가 있는 경우에는 출구정지 밸브를 닫는다.
(2) 드레인 밸브를 연다.
(3) 버너팁을 청소한다.
(4) 연료계통, 급수계통 밸브의 누설 유무를 조사한다.
(5) 배어링부에는 주유를 한다.
(6) 수면계 등의 수위확인 및 기름 탱크의 연료량을 조사한다.
(7) 청소 후 기관일지를 작성한다.

5. 보일러 운전 중 용어

1) 매화작업

석탄 연소에서 다음 날 아침 점화를 용이하게 하기 위하여 불씨를 노내에서 석탄으로 묻어두고 가는 것을 매화작업이라 하고 다음날 점화 전에 분출을 용이하게 하기 위하여 현재의 수위에서 100mm 정도 수위를 높게 급수하여 둔다.

2) 프리퍼지(Pre Purge)

보일러 점화 전 댐퍼를 열고 노내와 연도에 체류하고 있는 가연성 가스를 보일러 용량에 따라 송풍기로 30~40초 또는 3~5분 정도 취출시키는 것을 말한다.

3) 포스트퍼지(Post Purge)

보일러 운전이 끝난 후 노내와 연도에 체류하고 있는 가연성 가스를 송풍기로 취출하는 것이다. 단, 보일러 점화 실패 후의 노내 환기도 여기에 포함된다.

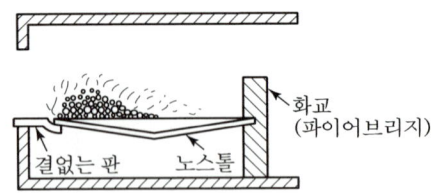 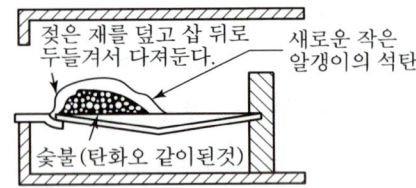

(1) 다탄 숯불을 노스톨 앞에 모은다.
(2) 새로운 작은 알갱이의 석탄으로 덮는다.
(3) 그 위에 젖은 재를 덮고 삽 뒤로 두들겨 둔다.
(4) 통풍의 댐퍼를 닫지만 가스가 꽉 차지 않을 정도로 조금만 연다.

| 매화방법(손떼기의 경우) |

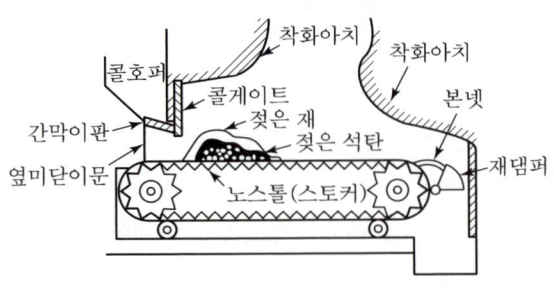

| 스토커의 매화 |

SECTION 04 보일러 운전 중 부속장치의 취급안전

1. 보일러 부속장치의 취급시 주의사항

1) 압력계

(1) 취급상의 주의사항

① 압력계의 유리판은 눈금이 잘 보이도록 깨끗이 유지하며 심하게 더러워졌을 때는 묽은 염산액으로 세척한다.
② 최고 사용압력은 적색표시, 사용압력은 녹색으로 표시한다.
③ 압력계의 콕은 콕의 핸들이 관의 방향과 같을 때 개통한다.
④ 겨울철 장기간 휴지할 경우에는 동결할 우려가 있으므로 압력계를 떼내어 보관하고 사이펀 관은 비워 놓는다.
⑤ 압력계의 위치와 보일러 본체의 부착부와 높은 위치차가 있을 때에는 수두압에 의한 오차를 수정하여 준다.
⑥ 압력계의 뒷면을 손끝으로 때려 지침의 이상 유무를 조사한다.

(2) 압력계의 시험시기

① 보일러를 장기간 휴지한 후 재사용하고자 할 때
② 프라이밍(비수), 포밍(물거품 솟음)이 발생할 때
③ 압력계 지침의 정도가 의심스러울 때
④ 안전밸브의 분출작동과 압력계의 실제 작동압력과 조정압력이 서로 다를 때

2) 수면계

(1) 취급상의 주의사항

① 수면계는 항상 2조의 수면계의 수위가 일치하는지 관찰한다.
② 수면계의 시험을 매일 1회 이상 실시한다.
③ 수면계의 시험시기
  • 내부에 압력이 존재할 때 : 점화 전
  • 내부에 압력이 없을 때 : 증기가 발생할 때
④ 수면계를 수주관에 장치할 때는 수주관의 하부에 취출관을 설치한다.
⑤ 수주관과 본체와의 수주연락관은 관내의 침전물이 생기기 쉬우므로 엘보를 쓰지 않고 티(T) 이음으로 한다.

⑥ 수면계의 콕은 빠지기 쉬우므로 일정한 기간마다 분해 정비한다.
⑦ 차압식의 원방수면계는 도중에 누설이 있으면 오차가 심하기 때문에 누설을 방지하도록 한다.

(2) 수면계 유리관의 파손원인

① 상하 콕의 중심선이 일치하지 않은 경우
② 상하 수면계 부착에 무리한 힘을 가한 경우
③ 유리에 충격이나 급열, 급랭이 반복될 때
④ 보일러수 알칼리의 영향을 받아 현저하게 마모되어 있을 때
⑤ 동결로 장기간 휴지하여 동파되는 경우

(3) 수면계의 시험시기

① 보일러 운전하기 전
② 보일러에서 압력이 올라가기 시작할 때
③ 두 조의 수면계의 수위가 차이날 때
④ 수위의 움직임이 둔하고 지시치에 의심이 갈 때
⑤ 유리관의 교체 시
⑥ 프라이밍, 포밍이 발생할 때

(4) 수면계의 기능점검

① 증기 콕과 물콕을 닫는다.
② 드레인 콕을 열고 유리관 내의 물을 배출한다.
③ 물 콕을 열어서 물이 분출하는지 확인한다.
④ 물 콕을 닫고 증기콕을 열어서 증기가 취출하는지 확인 후 증기콕을 닫는다.
⑤ 드레인 콕을 닫고 물콕을 연 후 증기 콕을 열어서(이때 먼저 물콕은 열려 있어야 한다.) 정상적으로 점검을 마친다.

3) 안전밸브

(1) 안전밸브의 용량 및 크기의 취급

① 2개의 안전밸브 중 하나는 최고 사용압력 이하, 또 하나는 최고 사용압력의 1.06배 이하에서 급격히 연료가 차단되도록 조절시킨다.(작동시험 기준 시에는 1.03배 이하)
② 과열기 안전밸브는 본체의 안전밸브보다 먼저 취출하도록 조정한다.
③ 독립된 과열기에는 입구, 출구에 각각 안전밸브를 부착한다.
④ 절탄기의 도피밸브(안전밸브)는 본체의 안전밸브보다 높게 설치한다.
⑤ 수동에 의한 안전밸브의 시험은 취출압력의 75% 이상의 압력에서 시험 레버를 작동시켜 본다.
⑥ 작동시험을 하는 경우에는 증기밸브를 조이고 연소량을 늘려 취출압력에 도달하였을 때 취

출압력 및 정지압력이 허용치 내에 정확히 작동하는지를 조사한다.
⑦ 열매체 보일러의 안전밸브는 밀폐식의 구조인지 확인한다.
⑧ 안전밸브는 매년 1회 계속 사용, 안전검사 때 분해·정비하고 변좌의 소모가 있을 때에는 연마 후 사용한다.
⑨ 2개 이상의 안전밸브가 있으면 조정분출압력을 단계적으로 취출토록 한다.

4) 온수보일러의 도피관(방출관)

(1) 도피관은 동결하지 않도록 보온재의 피복상태를 수시로 조사한다.
(2) 도피관은 일수(오버플로관)의 판단이 보이도록 한다.
(3) 도피관은 내면에서 녹이나 물속의 이물질 때문에 막힐 염려가 있어 기능에 주의한다.
(4) 정기적으로 손질한다.

5) 분출장치(취출장치)

(1) 분출장치의 취급

① 1일 1회는 반드시 취출한다.
② 분출은 부하가 가장 적을 때 행한다.
③ 취출 시에는 수면계 감시자와 분출자 두 사람이 한 조를 이룬다.
④ 취출 시 다른 작업은 금물이다.
⑤ 취출이 끝나면 취출관의 끝에서 누설 여부를 확인한다.
⑥ 취출관이 연도나 연소실 내로 나와 있으면 석면로프(Asbestos Rope) 또는 내화물로서 내열방호하고, 특히 외분식 횡연관 보일러는 더욱 조심한다.

(2) 취출방법

① 분출장치를 직렬로 장치할 때에는 보일러 가까이에 급개밸브나 콕을 달고 그 다음에 점개밸브를 단다.
② 취출 시 급개밸브는 완전히 열고 점개밸브는 수면계의 수위가 15mm 정도 취출 시까지는 반쯤 열고 다시 대량의 취출 시에는 완전히 연다.
③ 분출이 끝나면 점개밸브를 먼저 닫고 그 다음 급개밸브를 닫는다.

6) 급수장치 취급

(1) 급수내관의 취급

① 보일러 급수를 그대로 보일러 급수 구멍으로부터 방출하면 국부적으로 냉각되어 좋지 못하므로 급수내관을 사용하여 적절한 위치에서 분산 방수한다.

② 급수내관의 위치는 보일러 수위가 안전저수위까지 저하하여도 수면상에 나타나지 않도록 안전저수위보다 약간 아래(50mm 지점)에 설치한다.
③ 급수내관의 방수구멍은 수면 밑으로 향하게 한다.
④ 급수내관은 구멍이 스케일에 의해 막히기 쉬우므로 보일러 청소 시 반드시 떼어 밖에서 청소 후 다시 부착한다.

(2) 터빈 펌프(Turbine Pump) 고장방지
① 흡입 측의 패킹에 누설이 생기면 공기를 흡입하게 되어 펌프의 능력이 나빠지거나 과열의 원인이 된다.
② 흡입 측 관의 부식, 이음, 풋 밸브(Foot Valve)의 누설에 의해 공기의 침입 유무를 검사한다.
③ 베어링 상자의 유량이나 오일링의 회전에 주의하여 베어링 메탈의 온도상승 여부를 점검한다.
④ 베어링의 기름은 적어도 월 1회는 교환한다.
⑤ 전류계의 정상 운전 시 부하전류를 표시하여 놓으면 전류지침에 의하여 펌프의 이상을 알 수 있다.

(3) 인젝터(Injector)

[인젝터 작동불량의 원인]
- 흡입관로 및 밸브로부터의 공기누입
- 증기에 수분이 너무 많다.
- 증기압력이 $2kg/cm^2$ 이하로 낮을 때
- 인젝터 내부의 노즐에 이물질 부착
- 급수온도가 50~55℃ 이상 높을 때
- 역정지밸브의 고장
- 인젝터 부분품의 소모

7) 과열기의 취급

(1) 과열기는 기수공발현상에 의한 보일러수 불순물에 의한 손상이 많으므로 불순물의 유입을 막는다.
(2) 과열증기 온도의 급저하는 기수공발현상에 원인이 많으므로 항상 과열증기 온도에 유의해야 한다.
(3) 보일러 점화 전에 과열기 출구 측의 관맞춤 공기밸브와 드레인 밸브를 열어 두고 입구와 중간 관맞추기의 드레인 밸브도 조금 열어놓아 보일러에 부하가 걸리는 동안 과열기 내에 증기를 유통시킨다.
(4) 과열기 내의 물을 취출하지 않는 구조로 되어 있을 경우에는, 양질의 물을 과열기에 넣고 이 물이 전부 증발할 때까지 연소가스의 온도를 재료의 허용온도 이하로 유지하도록 연소를 조절한다.

8) 절탄기의 취급

(1) 절탄기의 급수온도는 연도가스의 노점(Dew Point)온도 이상으로 유지한다.
(2) 석탄연소의 경우 급수온도는 45℃ 이상으로 한다.
(3) 유류연소의 경우는 유황분의 함유량에 따라 노점온도가 심하게 상승하기 때문에 외면에 그을음이 응축하여 부착하고 황산에 의해 심한 저온부식을 일으킨다.
(4) 절탄기 내면의 오손상황은 급수펌프 출구 측의 급수압력 변화에 의해 판단한다.
(5) 절탄기 내면의 급수 중 용해된 산소에 의한 영향이 매우 크므로 급수 중의 공기를 제거한다.
(6) 점화 시에는 절탄기 내의 물이 반드시 유동되도록 한다. 이는 절탄기 내부에 증기가 발생하는 것을 예방하기 위해서이다.
(7) 바이패스(By-pass) 연도가 있을 때는 바이패스에 연소가스를 보낸 후 절탄기로 급수한 다음 연도를 전환시킨다.

9) 공기예열기 취급

(1) 공기예열기는 연속가스에 의한 전열면의 오손이 심하여 철저한 청소가 요망된다.
(2) 기름 연소의 경우는 노점온도가 상승하여 그을음이 응축하여 부착하고 가스통로를 막으며 또 극심한 외면부식이 생겨 관을 단기간 내에 교체해야 한다.
(3) 공기예열기의 연도에는 미연물의 매연이 다량으로 모이기 쉬워서 일정한 기간마다 청소하여 제거하지 않으면 미연물에 의해 2차 연소나 연도에서 화재가 발생한다.
(4) 회전식 공기예열기인 재생식은 점화 전에 먼저 운전한다.

10) 매연취출장치

(1) 매연이나 그을음 취출 시에는 댐퍼의 개도를 늘리고 통풍력을 크게 하므로 흡입통풍기가 있을 경우에는 흡입통풍을 늘려서 실시한다.
(2) 매연취출기를 사용할 때는 사용 전에 반드시 드레인을 제거한다.
(3) 회전식 매연취출기는 노즐 구멍이 수관을 손상시키지 않는 위치에서 작업하고 1개소에 오랫동안 취출하지 않는다. 이것은 수관의 손상을 방지하기 위해서이다.

11) 유류연소장치 취급

(1) 기름탱크 및 배관계통이 새는 곳의 유무에 주의하고 기름펌프는 매년 1회 분해 점검해야 한다.
(2) 기름가열기는 온도계와 자동온도조절계를 장치한다.
(3) 증기나 온수로 기름을 가열하는 경우에는 부식발생의 염려가 있어서 매년 점검해야 한다. 특히 가열관은 부식이 발생하면 조기에 보수한다.
(4) 여과기는 병렬로 설치하여 교대로 분해 청소한다.

(5) 버너는 정기적으로 손질이 필요하고 특히 저질유를 사용하면 버너 노즐의 손상이나 오손이 심하므로 점검이나 정비를 철저히 해야 한다.
(6) 연소정지 시에는 기름 누출에 주의한다.
(7) 버너콘의 형상이나 디퓨저의 상태는 연소에 끼치는 영향이 크므로 잘 보수해야 한다.

12) 급수처리장치

(1) 이온교환에 의해 급수처리하는 경우에는 그 용량에 적합한 사이클로 재생을 실시하지 않으면 안 된다. 항상 처리수의 잔유 경도 등 성상을 시험에 의하여 확인하고 재생조작이 늦어지지 않도록 유의한다.
(2) 원수의 탁도에 주의하고 이온교환 수지층에 막힘이나 처리능력이 저하되지 않도록 주의한다.
(3) 수지는 정기적으로 세척하여 매년 1회 수지의 5~10%의 보충이 필요한지 검토한다.
(4) 급수탱크에는 항상 충분한 물을 저장하도록 한다. 내부에 먼지나 이물질이 들어가지 않도록 뚜껑을 덮어둔다.
(5) 급수탱크에는 기름이나 산이 혼입되지 않도록 주의하고 매년 1회 정기적으로 내부청소를 실시하여 부식을 방지한다.

13) 자동제어장치

(1) 전기회로

① 전기회로의 경우 단선 접점의 헐거워짐, 오손 등에 의해 불통이 되는 일이 있으므로 주의해야 한다.
② 배선을 분리정비한 후 조립식 결선이 틀리지 않도록 주의한다.
③ 작동용 공기 또는 기름의 배관에는 작은 관이 사용되므로 관이 찌그러졌는지 여부와 이물질에 의한 패쇄 접속부의 누출 유무를 점검해야 한다.
④ 전기신호 또는 기계적 신호를 서로 변환하고 증폭하여 조절하는 부분 및 작동빈도가 높은 조작부는 오손에 의해 기능이 저하하고 부정확하게 되기 쉬우므로 정기적인 점검이나 보수, 조정을 요한다.

(2) 수위 검출부의 보수

① 수위제어계의 자동급수 조절기 및 저수위 연소차단기 및 경보장치의 수위 검출기는 스케일이나 이물질에 의해 더러워지기 쉽고 또한 느슨해짐이나 손모 등에 의해 고장 나기 쉬우므로 1일 1회 이상 적당한 시간적 간격으로 수위를 낮추어 작동시험을 행할 필요가 있다.
② 수위검출기의 연락관이 새게 되면 수위검출에 오차가 생기기 쉬우므로 새는 것을 발견하면 즉시 보수하여 완전한 상태로 유지해야 한다. 특히 차압식 수주검출방식에는 주의를 요한다.

③ 부자식의 경우 6개월마다 수은 스위치의 상태를 조사하고 수은이 유리관 내에서 비산하지 않았는지 접점단자의 접속상황이 양호한지 등을 확인하다. 또 1년에 1회 플로트실을 개방하여 청소하고 플로트 및 링크 기구의 양부를 점검한다.
④ 전극식은 3개월 또는 6개월마다 전극봉을 샌드페이퍼로 깨끗이 닦아준다.
⑤ 온도식은 기상조건에 의해 현저한 온도변화를 받는 장소에 있을 때는 적당한 차폐 또는 피복을 실시할 필요가 있지만, 이 경우는 메이커의 의견을 들어 적당한 조치를 취한다.

(3) 화염검출장치의 보수
① 광전관식은 열차폐유리, 채광렌즈의 오손 및 광전관 증폭기 전자관의 감도저하 배선의 절연성에 주의를 요한다. 유리렌즈는 매주 1회 이상 깨끗이 청소하고 또 6개월마다 광전관 전류를 측정하여 감도유지에 힘쓴다.
② 화염검출기의 위치는 불꽃에서의 직사광이 들어오도록 정착하고 연소실의 적열한 노벽을 직시하지 않는 위치로 한다. 화염검출기의 주위 온도는 50℃ 이상으로 해서는 안 된다.
③ 검출봉(플레임 로드)의 엘리먼트는 직접 불꽃에 접하여 오손 및 소손이 생기기 쉬우므로 1주에 1~2회 점검한다.

(4) 자동점화장치의 보수
① 점화전은 전극 및 절연유리에 그을음 미연 카본이 부착하기 쉬우므로 1주에 1~2회씩 점검한다.
② 점화용 버너는 주 버너와의 관계위치 점화용 연료와 공기와의 혼합비율 점화용 압력 등에 주의하고 1주에 1~2회 점검 손질한다.

(5) 기타 주의사항
① 자동장치의 시퀀스에 주의하고 프로그램 타이밍에 이상이 없는가에 항상 주의한다. 또한 1년에 1회 부분교환 여부에 대하여 전문가의 점검을 실시한다.
② 연료차단밸브는 확실히 닫히고 새지 않나 매일 점검 확인한다.
③ 유가열기는 제어온도가 적정한가에 대해 매일 점검한다.

SECTION 05 보일러 운전 중 장애와 사고

1. 가마울림(공명음)

가마울림이란, 연소 중 연소실이나 연도 내에서 연속적인 울림을 내는 현상으로 보일러 연소 중에 발생된다.

1) 원인

 (1) 연료 중에 수분이 많을 경우
 (2) 연료와 공기의 혼합이 나빠서 연소속도가 느릴 경우
 (3) 연도에 에어(공기)포켓이 있을 때

2) 방지법

 (1) 습분이 적은 연료를 사용한다.
 (2) 2차 공기의 가열 통풍 조절을 개선한다.
 (3) 연소실이나 연도를 개조한다.
 (4) 연소실 내에서 완전 연소시킨다.
 (5) 연소속도를 너무 느리게 하지 않는다.

2. 캐리오버(Carry Over) 현상

보일러에서 증기관 쪽에 보내는 증기에 비수의 발생 등에 의해 물방울이 많이 함유되어 배관 내부에 응축수나 물이 고여서 수격작용(워터해머)의 원인을 만들어내는 현상이다.

1) 캐리오버(기수공발)의 물리적인 원인

 (1) 증발수면적이 좁다.
 (2) 보일러 내의 수위가 높다.
 (3) 증기정지밸브를 급히 열었다.
 (4) 보일러 부하가 갑자기 증가할 때
 (5) 압력의 급강하로 격렬한 자기증발을 일으켰을 때

2) 화학적인 원인

(1) 나트륨 등 염류가 많고 특히 인산나트륨이 많을 때
(2) 유지류나 부유물 고형물이 많고, 용해 고형물이 다량 존재할 때

3. 프라이밍(Priming)

프라이밍(비수)이란 관수의 급격한 비등에 의하여 기포가 수면을 파괴하고 교란시키며 수적이 증기 속으로 비산하는 현상이다.

4. 포밍(Forming)

포밍(물거품 솟음)이란, 유지분이나 부유물 등에 의하여 보일러수의 비등과 함께 수면부에 거품을 발생시키는 현상이다. 즉, 프라이밍이나 포밍이 발생하면 필연적으로 캐리오버가 발생한다.

1) 프라이밍, 포밍의 발생원인

(1) 주증기 밸브의 급개
(2) 고수위의 보일러운전
(3) 증기부하의 과대
(4) 보일러수의 농축
(5) 보일러수 중에 부유물, 유지분, 불순물 함유

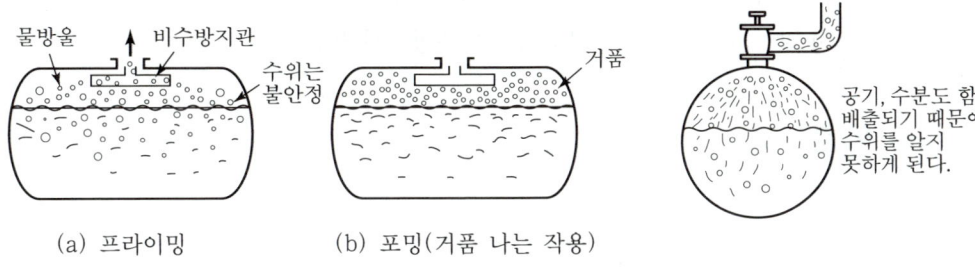

| 프라이밍과 포밍 | | 캐리오버 |

2) 프라이밍, 포밍 방지대책

(1) 주증기 밸브를 천천히 열 것
(2) 정상 수위로 운전할 것
(3) 과부하 운전이 되지 않게 할 것

(4) 보일러수의 농축방지
(5) 급수처리를 하여 부유물, 유지분, 불순물을 제거할 것

5. 수격작용(Water Hammer)

수격작용(워터해머)이란, 캐리오버(Carry Over) 등에 의해 증기계통에 고여 있던 응축수가 송기할 때 고온 고압의 증기에 이끌려 배관을 강하게 타격하는 현상이다.

1) 장해

(1) 배관의 무리나 파열을 준다.
(2) 배관의 부식이 촉진된다.
(3) 증기의 손실이 많다.
(4) 증기의 저항이 크다.

2) 방지법

(1) 주증기 밸브를 천천히 연다.
(2) 증기배관의 보온을 철저히 한다.
(3) 응축수 빼기를 철저히 한다.
(4) 증기 트랩을 설치한다.
(5) 포밍이나 프라이밍을 방지한다.
(6) 송기 전에 소량의 증기로 증기관을 따뜻하게 한다.
(7) 캐리오버 방지를 위하여 기수분리기나 비수방지관을 단다.

6. 보일러 파열사고

1) 원인

(1) 취급상(용수관리, 정비점검, 조작기능 미숙 등의 미숙사고)
(2) 강도상(용접, 재료, 구조, 두께부족 등의 사고)

7. 보일러 과열

1) 원인

(1) 저수위 사고 시
(2) 동 내면에 스케일 생성

(3) 보일러수의 과도한 농축
(4) 보일러수의 순환불량
(5) 전열면의 국부과열

2) 과열의 방지법

위의 (1)~(5)까지를 방지한다.

8. 보일러 압력초과

1) 원인

(1) 압력계 주시를 태만히 했을 경우
(2) 압력계의 기능에 이상이 생겼을 때
(3) 수면계의 수위 오판에 의한 보일러 운전을 했을 경우
(4) 분출관에서의 누수현상
(5) 급수펌프의 고장
(6) 이상감수에 의한 운전
(7) 급수내관이 이물질로 폐쇄된 경우
(8) 안전밸브의 기능 이상

9. 저수위 사고(이상감수)

1) 원인

(1) 수면계의 수위오판
(2) 수면계 주시를 태만히 했을 경우
(3) 분출장치의 누수
(4) 급수펌프의 고장
(5) 수면계의 연락관이 막혔다.
(6) 급수내관이 스케일로 인하여 폐쇄되었다.
(7) 보일러의 부하가 너무 크다.

10. 역화(Back Fire)

1) 원인

(1) 점화 시 착화가 5초 이내에 이루어지지 않을 때
(2) 점화 시 공기보다 연료공급이 먼저 이루어질 때
(3) 노내 환기부족(Pre-Purge)
(4) 압입 통풍은 강하나 연도나 연돌의 단면적이 너무 작을 때
(5) 실화 시 노내의 여열로 재점화가 일어날 때
(6) 연료공급을 다량으로 했을 때
(7) 노내의 미연가스가 충만할 때 점화한 경우
(8) 흡입 통풍의 부족

11. 가스폭발

연소실 내에 연도 내에 정체되어 있는 미연소가스 또는 탄진 등이 공기와 혼합되어 폭발한계 안에 들게 되었을 때 불씨가 들어가면 급격한 연소가 일어나서 폭발사고가 일어난다. 가스 또는 탄진의 양이 많을수록 큰 폭발이 생기며 양이 적을 때에는 역화라 한다.

1) 방지법

가스 폭발의 방지법은 역화의 원인 8가지를 제거하면 된다.

12. 소손

1) 원인

(1) 과열이 지나쳐서 강재 속의 탄소 일부가 800℃ 이상에서 연소된 후 강도를 상실한 현상이다.
(2) 과열은 강재를 풀림처리하면 원래의 조직으로 재생되지만 소손은 열처리하여도 원래대로 성질이 회복되지 않는다.

2) 방지법

과열의 원인을 제거하여야 한다.

13. 압궤(Collapse)

1) 원인

고온의 화염을 받는 전열면에 과열이 지나치면 외압에 견디지 못하여 안쪽으로 오목하게 들어간 현상이다.

2) 압궤의 발생장소

(1) 노통

(2) 화실

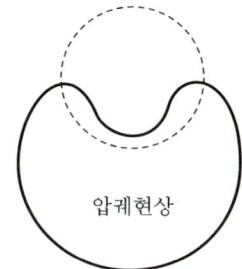

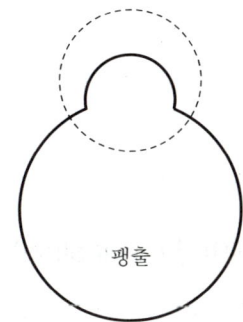

14. 팽출(Bulge)

1) 원인

전열면의 과열이 지나치면 내압력에 견디지 못하여 밖으로 부풀어나오는 현상이다.

2) 팽출의 발생장소

(1) 수관   (2) 횡관   (3) 동체

15. 균열(Crack)

균열이란 반복응력의 집중으로 재료가 피로를 일으켜 조직의 일부가 파괴되어 미세하게 금이 생기는 크랙(Crack)현상이다.

1) 발생장소

(1) 리벳구멍   (2) 플랜지 이음   (3) 노통

2) 발생원인

    (1) 보일러 구조상의 결함
    (2) 불균일한 가열, 급열, 급랭 등에 의한 부동팽창
    (3) 공작불량
    (4) 압력의 과대

3) 발생되는 부분

    (1) 보일러 제조 시 공작의 무리로 인해 잔류응력이 남는 부분
    (2) 응력이 집중되는 부분
    (3) 화염이 접촉되는 부분

16. 보일러 판의 손상

1) 라미네이션(Lamination)

보일러 강판이나 관이 두 장의 층을 형성하면서 다음과 같은 작용이 일어난다.
    (1) 열전도가 방해된다.
    (2) 균열이 생긴다.
    (3) 강도가 저하된다.

2) 블리스터(Blister)

라미네이션의 재료가 외부로부터 강하게 열을 받아 소손되어 외부로 부풀어오르는 현상이다.

SECTION 06 오일버너 연소관리와 이상연소

1. 연소관리

▼ 기름연료의 연소 시 이상연소와 조치사항

이상연소	조치사항	
역화 (백파이어)의 원인	① 기름의 인화점이 너무 낮을 때 ③ 유압이 과대할 때 ⑤ 프리퍼지가 부족할 때 ⑦ 배관 기름 속에 공기가 누입될 때 ⑨ 공기보다 연료를 먼저 공급하였을 때	② 착화시간이 너무 늦을 때 ④ 1차 공기의 압력이 부족할 때 ⑥ 기름 내에 물이나 협잡물이 함유될 때 ⑧ 흡입통풍이 너무 약할 때
화염 중에 불똥(스파크)이 튀는 원인	① 기름온도가 낮을 때 ③ 분무용 공기압이 낮을 때 ⑤ 버너 타일이 맞지 않을 때 ⑦ 버너 속에 카본을 부착하였을 때	② 연소실 온도가 낮을 때 ④ 중유에 아스팔트 성분이 많을 때 ⑥ 노즐의 분무특성이 불량한 때
연소불안정의 원인	① 기름점도가 과대한 때 ③ 기름온도가 너무 높을 때 ⑤ 연료의 공급상태가 불안정한 때 ⑦ 1차 공기의 압송량이 과대한 때	② 펌프의 흡입량이 부족한 때 ④ 기름 내에 수분이 포함된 때 ⑥ 기름배관 내에 공기가 누입된 때
연료소비의 과대원인	① 기름의 발열량이 낮을 때 ② 기름 내에 물이나 협잡물이 포함되었을 때 ③ 연소용 공기가 부족 또는 과대할 때 ④ 기름의 예열온도가 낮을 때	
공기의 공급불량 원인	① 송풍기의 능력이 부족할 때 ③ 공기댐퍼가 불량할 때 ⑤ 송풍기의 회전수가 부족할 때	② 윈드박스가 폐색되었을 때 ④ 덕트의 저항이 증대할 때
점화불량 원인	① 기름이 분사되지 않을 때 ③ 기름온도가 너무 높을 때 ⑤ 유압이 낮을 때 ⑦ 1차 공기압력이 너무 높을 때 ⑨ 착화버너의 불꽃이 불량할 때 ⑩ 착화버너와 주버너와의 타이밍이 맞지 않을 때	② 기름배관에 물, 슬러지가 들어갈 때 ④ 기름온도가 너무 낮을 때 ⑥ 버너 노즐이 막혔을 때 ⑧ 1차 공기량이 과대할 때
버너에서 기름이 분사되지 않는 원인	① 기름탱크의 기름이 부족한 때 ③ 유압이 너무 낮을 때 ⑤ 급유관이 이물질로 막혔을 때	② 버너 노즐이 막혔을 때 ④ 분연펌프가 작동되지 않을 때 ⑥ 화염검출기의 작동이 불량한 때

이상연소	조치사항	
버너 노즐이 막히는 원인	① 기름 내에 협잡물이 많았을 때 ③ 소화 시에 노즐에 기름이 남아있을 때	② 노즐의 온도가 너무 높을 때 ④ 출구 카본이 축적된 때
버너 모터가 움직이지 않는 원인	① 전원이 불량한 때 ② 전기배선이 끊어졌을 때	
급유관이 막히는 원인	① 기름 내에 슬러지가 과다한 때 ③ 기름의 점도가 높을 때 ⑤ 기름 내에 협잡물이나 이물질이 많을 때	② 기름 내에 회분량이 많을 때 ④ 기름이 응고하였을 때
기름펌프의 흡입불량 원인	① 기름의 점도가 너무 높을 때 ③ 펌프 입구 측의 밸브가 닫혔을 때 ⑤ 펌프의 흡입 낙차가 과다한 때 ⑦ 펌프의 슬립이 생긴 때	② 기름여과기가 막혔을 때 ④ 기름 배관 계통에 공기가 침입한 때 ⑥ 기름의 예열온도가 높아 기화한 때
버너화구에 카본이 축적되는 원인	① 기름의 점도가 과대할 때 ③ 유압이 과대할 때 ⑤ 공기의 공급량이 부족할 때(1차 공기) ⑦ 기름 내에 카본양이 과대할 때 ⑨ 노즐과 버너 타일의 센터링이 불량할 때	② 기름의 무화가 불량할 때 ④ 기름 온도가 너무 높을 때 ⑥ 기름 분무가 불균일할 때 ⑧ 급유량이 불안정할 때 ⑩ 소화 후 기름이 누설될 때
노벽에 카본이 축적되는 원인	① 기름의 점도가 과대할 때 ③ 유압이 과대할 때 ⑤ 노내 온도가 낮을 때 ⑦ 노폭이 협소할 때 ⑨ 불완전연소가 되었을 때	② 무화된 기름이 직접 충돌할 때 ④ 1차 공기의 압력이 과대할 때 ⑥ 공기의 공급이 부족한 때 ⑧ 버너팁의 모양 및 위치가 나쁠 때
소음, 진동의 원인	① 노즐의 분사음 ③ 콤프레서의 흡입 소음 ⑤ 연소 소음 ⑦ 송풍기 임펠러의 언밸런스	② 공기배관 속의 기류 진동 ④ 기름 펌프의 흡입 소음 ⑥ 송풍기의 흡입 소음 ⑧ 연소실 공명
기름 속에 슬러지가 생기는 원인	① 기름 내에 아스팔트 성분 및 탄소분이 많을 때 ② 기름 내에 왁스성분이 포함되었을 때 ③ 기름 내에 수분이나 협잡물이 많을 때	
기름여과기가 막히는 원인	① 기름 내에 슬러지나 불순물이 많을 때 ③ 기름온도가 너무 낮을 때	② 기름의 점도가 과대한 때 ④ 여과기의 청소를 하지 않았을 때
운전 도중 소화가 되는 원인	① 점화불량의 원인을 참고할 것 ③ 기름탱크에 기름이 없을 때 ⑤ 1차 공기량의 공급이 부족한 때 ⑦ 증기압력 제한기 및 가감기가 작동한 때	② 정전되었을 때 ④ 버너 밸브를 너무 닫았을 때 ⑥ 저수위 안전장치가 작동한 때

이상연소	조치사항	
매연발생의 원인	① 공기의 공급량이 부족 또는 과대한 때 ③ 무리한 연소를 할 때 ⑤ 연료 내에 중질분이 포함되었을 때	② 연료 내의 회분량이 과대한 때 ④ 연소실 온도가 낮은 때 ⑥ 연소장치가 부적당한 때
열전도가 불량하고 능력이 오르지 않는 원인	① 전열면에 그을음, 스케일이 많이 쌓였을 때 ② 무화상태가 불량한 때 ④ 통풍력이 일정하지 않은 때	③ 연료공급이 부족한 때 ⑤ 보일러 능력이 부족한 때
분화구로부터 연기가 나오는 원인	① 통풍력이 부족한 때 ③ 연도로부터 냉공기가 침입할 때 ⑤ 연도에 재가 많이 쌓였을 때 ⑦ 갑자기 통풍력을 증가시킬 때	② 연소가스의 출구가 막혔을 때 ④ 연도의 단면적이 적을 때 ⑥ 연돌의 흡인력이 부족할 때
진동연소의 원인	① 분무공기압이 과대한 때 ③ 버너타일 형상이 맞지 않을 때 ⑤ 버너타일과 버너위치가 불량한 때 ⑦ 노속 가스의 흐름이 공명진동한 때 ⑨ 연소용 공기의 공급기구가 부적당한 때	② 노내 압력이 너무 높을 때 ④ 1차 공기압과 유압이 불안정할 때 ⑥ 연도의 이음부나 설계가 나쁜 때 ⑧ 분연펌프가 맥동할 때

CHAPTER 002 부속장치 및 부식안전

SECTION 01 부속장치의 취급

1. 압력계, 수면계 등

1) 압력계

(1) 취급상 주의사항

① 80℃ 이상의 온도가 되지 않게 해야 한다.
② 연락관에 콕을 붙여 콕의 핸들이 관의 방향과 일치할 때 개통되게 하여야 한다.
③ 한랭 시 동결하지 않도록 사이펀 관에 물을 제거하여야 한다.
④ 표준 압력계를 준비하여 때에 따라 비교할 것

(2) 시험시기

① 성능검사 시에 한다.
② 오랫동안 휴지 후 사용 직전에 한다.
③ 압력계 지시치에 의심이 날 때 시험한다.
④ 포밍·프라이밍이 유발하였을 때 실시한다.
⑤ 안전밸브가 취출 시 압력이 다를 때 실시한다.

2) 수면계

(1) 취급상 주의

① 조명을 충분히 하고 항상 깨끗하게 청소하여 준다.
② 수면계 기능 점검은 매일 행한다.
③ 콕(Cock)은 빠지기 쉬우므로 6개월마다 분해 정비하여 준다.
④ 수주 연락관 도중에 있는 정지밸브로 개폐를 오인하지 않게 한다.
⑤ 수주 연락관은 경사 및 굴곡을 피하여 부착한다.

(2) 수면계 유리 파손 원인
   ① 상하 콕의 중심이 일치하지 않을 때 파손된다.
   ② 상하 콕의 패킹용 너트를 너무 조였을 때 파손된다.
   ③ 유리가 열화되었을 때 파손된다.
   ④ 유리에 충격을 가했을 때 파손된다.
   ⑤ 유리를 오래 사용하여 노화되었을 때 파손된다.

(3) 유리관 교체 순서
   ① 낡은 유리관과 패킹(Packing)을 제거하고 청소한다.
   ② 양단에 패킹을 끼워 교체 준비한다.
   ③ 콕은 상단부터 넣고 하단에 넣는다.
   ④ 하부에 패킹을 붙이고 가볍게 손으로 너트를 조인 후 상부 패킹을 조인다.
   ⑤ 드레인 콕을 열고 위의 증기 콕을 조금 열어서 증기를 소량 통하게 하고 유리관을 따뜻이 하여 상하의 패킹 누르기 너트를 공구로 고르게 천천히 더 조인다.
   ⑥ 드레인 콕을 닫아 물 콕을 열고 증기 콕과 물 콕을 열어 수위를 안전하게 한다.
   ⑦ 수면계 기능을 점검한다.

(4) 수면계 시험시기
   ① 보일러 가동 직전에
   ② 가동 후 압력이 오르기 시작할 때
   ③ 2조의 수면계 수위가 차이가 날 때
   ④ 포밍·프라이밍이 유발할 때
   ⑤ 수면계 교체 또는 보수 후
   ⑥ 수위의 요동이 심할 때
   ⑦ 담당자가 교대되었을 때

(5) 수면계 점검 순서
   ① 물 콕, 증기 콕을 닫고 드레인 콕을 연다.
   ② 물 콕을 열어 통수관을 확인한다.
   ③ 물 콕을 닫고 증기 콕을 열고 통기관을 확인한다.
   ④ 드레인 콕을 닫고 물 콕을 연다.

3) 안전밸브

(1) 증기 누설
① 밸브와 밸브 시트 사이에 이물질이 부착되었을 때 누설된다.
② 밸브와 밸브 시트의 마찰이 불량할 때 누설된다.
③ 밸브바와 중심이 벗어나 밸브를 누르는 힘이 불균일할 때 누설된다.

(2) 작동불량 원인
① 스프링이 지나치게 조여 있을 때
② 밸브 시트 구경과 로드가 밀착되었을 때
③ 밸브 시트 구경과 로드가 틀어져서 심하게 고착될 때

(3) 도피관(온수용)
① 온수보일러용의 도피관은 동결하지 않도록 보온재로 피복한다.
② 일수(Overflow)의 판단이 보이도록 한다.
③ 내면이 녹이나 물속의 이물질 때문에 막힐 때가 있으므로 항상 주의하여 보살핀다.

SECTION 02 보일러 보존

1. 만수보존, 건조보존

1) 일상 보존

(1) 점검 항목
① **압력, 수위 등** : 압력, 수위, 안전밸브, 취출장치, 급수밸브, 증기밸브, 기타
② **자동 제어장치 관계** : 수위 검출기, 화염 검출기, 인터록의 양부
③ **급수 관계** : 수위, 급수온도, 급수장치, 기타 상태
④ **연료 관계** : 수송 배관, 유가열기, 스트레이너, 연소장치, 착화장치의 상태
⑤ **통풍 관계** : 댐퍼의 개도, 통풍기 기타

(2) 계측 항목
① 증기 : 압력, 유량온도

② 보일러수 : 수위, 취출량
③ 급수 : 압력, 온도, 급수량, 복수의 회수량 등
④ 연료 : 연료량, 기름의 가열온도, 유압
⑤ 통풍 : 댐퍼개도, 통풍계
⑥ 연소가스 : 온도, CO_2%, 매연농도 등

2) 휴지 중의 보일러 보존

(1) 만수보존(단기보존)

휴지 기간이 6개월 이내일 때 사용하는 방법으로 보일러 내부를 완전히 청소한 후 물을 가득 채운 뒤 약을 첨가하는 방법이다.

① **저압 보일러**($60kg/cm^2$ 이하)
- 가성소다(NaOH) 300ppm : 관수 1,000kg에 가성소다 0.3kg 투입
- 잔류 아황산소다(Na_2SO_3) 100ppm : 급수 중 용해 산소량을 예상하여 투입한다.

② **고압 보일러**
- 암모니아(NH_3) 0.25ppm : 관수 1,000kg에 30% 암모니아수 0.83g 투입
- 잔류 히드라진(NH_2) 100ppm : 급수 중 용해 산소량을 예상하여 투입한다.

(2) 건조보존(장기보존)

휴지 기간이 장기간이거나 1년 이상 또는 동결의 위험이 있는 경우 보존하는 방법

① 보일러수를 전부 배출하여 내외면을 청소한 후 저온으로 예열시켜 건조한다.
② 보일러 내에 증기나 물이 새어 들어가지 않도록 증기관, 급수관은 확실하게 외부와의 연락을 단절하여 준다.
③ 내용적 $1m^3$에 대해 흡습제인 생석회 0.25kg 또는 실리카겔(Silicagel) 1.2kg 정도 혼합액을 만든다.
④ 1~2주 후 흡습제로 점검하고 교체한다.
⑤ 본체 외면은 와이어 브러시로 청소한 다음, 그리스, 페인트, 콜타르(Coaltar) 등으로 도장이나 도포 등을 한다.

(3) 질소봉입 건조 보온

99.5%의 질소를 $0.6kgf/cm^2$ 정도로 가압하여 공기와 치환하는 방법이다.

(4) 내면 페인트의 도포

도료는 흑연, 아스팔트, 타르 등을 주성분으로 희석제로 용해한 것을 사용하여 도포한다.

3) 보일러 청소

(1) 내면 청소 목적(3가지)
① 스케일, 가마검댕에 의한 효율저하, 방지를 위하여
② 스케일, 가마검댕에 의한 과열의 원인을 제거하고 부식 손상을 방지하기 위하여 한다.
③ 관의 폐쇄에 의한 안전장치, 자동제어장치, 기타의 운전기능 장애방지
④ 보일러수의 순환 저해를 예방

(2) 외면 청소 목적(3가지)
① 그을음의 부착에 의한 효율저하방지 예방
② 재의 퇴적에 의한 통풍 저해를 제거하여 준다.
③ 외부 부식을 방지하여 준다.

(3) 보일러 청소 시 유의사항(6가지)
① 장비는 안전성이 높은 것을 착용한다.
② 전등, 전기배선, 기기류는 절연, 안전한 것을 사용할 것
③ 증기관, 급수관은 타 보일러와의 연락을 차단한 후 실시
④ 보일러 내와 연도 내의 통풍 환기를 충분하게 실시한다.
⑤ 내부 작업 중에는 출입구에 감시자를 꼭 대기시킨다.
⑥ 화학 세관 작업에서는 수소가 발생하므로 화기를 조심한다.

(4) 보일러 내에 들어갈 때 주의사항(5가지)
① 맨홀의 뚜껑을 벗길 때는 내부의 압력을 주의하여 조심한다.
② 보일러 내에 공기가 유통될 수 있도록 모든 구멍 등을 개방할 것
③ 보일러 내에 들어갈 때는 외부에 감시인을 두고 증기정지, 밸브 등에는 조작금지 표시를 꼭 실시한다.
④ 타 보일러와의 연락되는 주증기 밸브 등을 확실하게 차단한 후 작업
⑤ 전등은 안전 가더(Guarder)가 붙은 것을 사용

(5) 연도 내에 들어갈 때 주의사항
① 노, 연도 내의 환기 및 통풍을 충분히 하기 위해 댐퍼는 개방한 채 들어간다.
② 타 보일러와 연도가 연결되었을 때는 댐퍼를 닫고 가스역류를 방지하는 데 신경 쓴다.
③ 연도 내에서는 가스 중독의 위험이 많으므로 외부에 감시인을 두고 작업한다.

(6) 기타 청소작업

① 워싱법(수세법)(Washing) : pH 8~9의 용수를 대량으로 사용하여 수세한다.
② 특수한 방법으로서 샌드블로(Sand Blow)법이나 스틸쇼트클리닝(Steel Short Cleaning)법이 있다.

4) 보일러 세관

(1) 산세관

① 약품
- 염산 5~10%(염산 외에 황산 인산 설파민 등이 있다.)
- 인히비터(Inhibitor) 0.2~0.6%
- 기타 첨가제(실리카 용해제, 환원제 등)
- 경질 스케일일 때에는 스케일 용해 촉진제도 첨가하여 준다.

② 관수온도 : 60℃를 유지한다.
③ 시간 : 4~6시간을 유지한다.
④ 수세(세척) : 산세정이 끝난 후 pH 5 이상될 때까지 세척하고 소다 보일링(Boiling)이나 중화방청처리 등을 한다.
⑤ **중화방청(中和防鏽)제** : 탄산소다, 가성소다, 인산소다, 히드라진, 암모니아 등의 약품이다.

(2) 알칼리 세관

보일러 제작 후 내면의 유지류 등을 제거한다.

① 약제 : 알칼리의 농도 0.1~0.5% 정도
② 관수온도 : 70℃ 유지
③ 가성 취화 방지제 : 탄닌, 리그닌, 질산나트륨($NaNO_3$), 인산나트륨(Na_3PO_4)

(3) 유기관 세관

① 약제 : 구연산 3% 정도(구연산의 히드록산, 의산 등)
② 관수온도 : 90±5℃ 유지
③ 시간 : 4~6시간 유지

(4) 기계적 세관

수동공구로 스케일 해머, 스크래이퍼, 와이어 브러시 등이며 내면에는 튜브 클리너가 일반적이다.

> **Reference** 기계적 세관 시 주의사항
>
> - 내부에 부착된 기수분리기, 급수내관 등은 떼어서 밖에서 청소한다.
> - 동의 모든 구멍은 헝겊 또는 금속망 등으로 막아서 외부 타 물질의 침입을 방지한다.
> - 안전밸브, 수면계, 급수밸브, 취출밸브 등은 따로 제거하여 분해 청소한다.
> - 튜브 클리너로 작업할 때는 수관의 동일부분에서는 3초 이상 머물지 않도록 해야 한다.

(5) 소다 보일링(Soda Boiling)

보일러를 신설 및 수선하였을 때는 부착된 유지나 밀 스케일(Millscale) 페인트 등을 제거

① **약제** : 탄산소다(Na_2CO_2), 가성소다($NaOH$), 제3인산소다($Na_3PO_4 12H_2O$), 아황산소다(Na_2SO_3), 히드라진 암모니아 등을 단독 또는 혼합하여 사용한다.

② **배합** : 관수 1,000kg + ┌ 탄산소다 2kg
　　　　　　　　　　　　├ 가성소다 2kg
　　　　　　　　　　　　├ 제3인산소다 2~5kg
　　　　　　　　　　　　└ 아황산소다 0.2kg

SECTION 03 물관리

보일러 수로수는 천연수, 수돗물, 복수 등이 있으나 일반적으로 수처리를 행하여 사용한다. 단, 상수도용 급수는 보편적으로 총 경도가 50ppm 이내로서 이것을 소독용 유리염소로 제거

> **[급수관리의 목적]**
> - 전열면에 스케일 생성을 방지한다.
> - 관수의 농축을 방지한다.
> - 부식의 발생을 방지한다.
> - 가성 취화를 방지한다.
> - 캐리오버를 방지한다.(기수 공발)

1. 물의 용어와 단위

1) 불순물의 농도표시

(1) ppm(parts per million) : 100만분의 1의 함유량으로 mg/L(물)을 나타낸다.
(2) ppb(parts per billion) : 10억분의 1의 함유량으로 mg/m^3(물)을 나타낸다.
(3) epm(equivalents per million) : 물 1L 속에 용존하는 물질의 mg 당량수로 표시한다.
(4) gpg(grain per gallon) : 1gallon 중에 탄산칼슘 1grain을 표시한다.

2) 수질의 용어

pH(수소 이온 지수)

물의 이온적$(K) = (H^+) \times (OH^-)$

물이 중성일 때 K값(25℃)은 10^{-14}이다. 그러므로 중성의 물은 (H^+)와 (OH^-)의 값은 같으므로 $H^+ = OH^- = 10^{-7}$이 된다.

$$pH = \log\frac{1}{H^+} = -\log H^+ = -\log_{10}^{-7} = 7$$

∴ pH > 7 : 알칼리성, pH < 7 : 산성, pH = 7 : 중성이 된다.

2. 경도

1) $CaCO_3$ 경도(ppm 경도)

수중의 칼슘과 마그네슘의 양을 $CaCO_3$로 환산하여 표시한다. 물 1L 속에 $CaCO_3$ 1mg 함유할 때 1도(1ppm)라 한다. $MgCO_3$는 1.4배하여 $CaCO_3$에 가한다.

$$ppm경도 = \frac{CaCO_3 mg + MgCO_3 mg \times 1.4}{물 L}$$

2) 독일 경도(CaO 경도)

수중의 칼슘과 마그네슘의 양을 CaO로 환산하고 물 100mL 속에 CaO 1mg 함유할 때를 1도(1°pH)라 한다. Mg는 MgO로 환산하여 1.4배하여 CaO에 가한다.

$$독일 경도 = \frac{CaO mg + MgO mg \times 1.4}{물 L}$$

3) 경도 구분

(1) **탄산염 경도** : 중탄산염에 의한 것으로 끓이면 연화되고 제거되는 경도
(2) **비탄산염 경도** : 황산염, 염화물 등에 의한 것으로 끓여도 제거되지 않는 경도

(3) **전 경도** : 탄산염 경도와 비탄산염 경도의 합계로 일반적으로 경도라 함은 이것을 말한다.
(4) **연수** : 칼슘경도 9.5 이하로서 단물이라 한다.
(5) **적수** : 칼슘경도 9.5 이상 10.5 이하를 말하며 보일러수로 가장 양호한 물을 말한다.
(6) **경수** : 칼슘경도 10.5 이상으로서 센물이라 한다.

3. 탁도

물속에 현탁한 불순물에 의하여 물이 탁한 정도를 표시하는 것으로 증류수 1L 속에 백도토(Kaoline) 1mg 함유했을 때 탁도 1도라 한다.(또는 1ppm SiO_2)

4. 색도

물의 색도를 나타내는 것으로 물 1L 속에 색도 표준용액 1mL 함유했을 때 색도 1도라 한다.(또는 1ppm)

5. 알칼리도

알칼리도는 수중에 녹아 있는 탄산수소염, 탄산수산화물, 그 외 알칼리성염 등을 중화시키는 데 요하는 산의 당량을 epm 또는 산에 대응하는 탄산칼슘의 ppm으로 환산한 것

6. 용해 고형분

농축하고 스케일이나 가마검댕이 되고 부식의 원인

(1) 칼슘, 마그네슘의 중탄산염류 등에 의해 불용해성 탄산염과 탄산가스로 분해하고 탄산염은 가마 검댕이로 되어 보일러 내에 침천(일시경도)
(2) **칼슘, 마그네슘의 황산염류** : 끓여도 분해되지 않으며 농축하여 단단한 스케일로 된다. 황산칼슘은 단단한 스케일의 원인이 된다. 황산마그네슘은 단독으로는 스케일성이 적지만 염화물과 공존하면 부식성을 갖는다.(영구경도)
(3) **규산염** : 칼슘, 마그네슘, 나트륨과 복잡한 화합물을 만들어 경질 스케일을 만든다.

7. 고형 불순물

진흙, 모래, 유기미생물, 수산화철, 유지분, 콜로이드(Colloid) 모양의 규산염

8. 불순물에 의한 장애

1) 스케일(Scale)

관벽, 드럼 등 전열면에 고착하는 것

(1) **연질 스케일** : 인산염, 탄산염 등
(2) **경질 스케일** : 황산염, 규산염
※ 스케일 1mm가 효율을 10% 저하시킨다.

2) 가마검댕(Sludge)

(1) 고착하지 않고 드럼저부에 침적하는 것
(2) 칼슘, 마그네슘의 중탄산염이 80~100℃로 가열하면 분해되어 생긴 탄산칼슘이나 수산화마그네슘과 연화를 목적으로 한 청정제를 첨가한 경우에 생기는 인산칼슘, 인산마그네슘 등의 연질 침전물(부식, 과열, 취출관 내의 폐쇄 등의 원인)

3) 부유물

(1) 부유물에는 인산칼슘 등의 불용물질, 미세한 먼지 또는 에멀션화된 광유물 등(기수공발의 원인이 된다.)

(2) 스케일과 가마검댕의 장해
  ① 보일러 판이나 수관 등 전열면을 가열시킨다.
  ② 열의 전달을 방해하고 보일러의 효율을 저하시켜 준다.
  ③ 수관의 내면에 부착하면 물의 순환을 불량하게 한다.
  ④ 보일러에 연결하는 관이나 콕(Cock) 및 기타의 작은 구멍을 막는 역할을 한다.

SECTION 04 보일러 급수처리

1. 보일러 내 처리

급수 또는 관수 중의 불순물을 화학적, 물리적 작용에 의하여 처리하는 방법

(1) **pH조정제** : 가성소다, 제1인산소다, 제3인산소다, 암모니아
(2) **연화제** : 탄산소다, 인산소다
(3) **탈산소제** : 탄닌(Tannin), 히드라진, 아황산나트륨
(4) **슬러지 조정제** : 전분, 탄닌, 리그닌, 덱스트린
(5) **기포 방지제** : 알코올, 폴리아미드, 고급 지방산에스테르
(6) **가성취화 방지제** : 인산2나트륨, 중합인산나트륨

2. 보일러 외 처리

1) 가스체의 처리

(1) **기폭법(공기노폭법)**

주로 이산화탄소(CO_2)의 제거에 사용되며 철분, 망간 등을 공기 중의 산소와 접촉시켜 산화제거

(2) **탈기법(脫氣法)**

급수 중에 용존하고 있는 산소, 탄산가스를 제거하는 방법으로서 기계적 탈기법과 화학적 탈기법이 있다. 기계적 탈기법에는 다음의 방법이 있다.

① 진공 탈기법 : 급수를 하는 기내를 진공으로 하여 탈기하는 것
② 가열식 탈기법 : 급수를 탈기기 내에 산포하여 약 100℃로 가열하고 그 열에 의해 급수 중의 용존산소를 분리하는 방법

2) 고형 협잡물의 처리

수중에 녹지 않고 현탁하고 있는 물질, 콜로이드(Colloid) 모양의 실리카, 불순물, 철분 등의 제거에는 일반적으로 다음의 방법을 이용하여 사용된다.

(1) **침강법**

입자가 0.1mm 이상의 것을 처리하는 방법

① 자연침강법
② 기계적 침강법(급속침전법)

(2) 응집법

입자가 0.1mm 이하의 침강속도가 느린 것을 응집제를 사용하여 물에 불용해의 부유물을 만들고 탁도 성분을 흡착 결합시켜 제거하는 방법(응집제 : 황산알루미늄, 폴리염화알루미늄)

(3) 여과법

작은 입자를 제거하는 방법

① 종류
  ㉠ 완속여과법
  ㉡ 급속여과법
    • 개방형 : 중력식
    • 밀폐형 : 압력식
② 여과재 : 모래, 자갈, 활성탄소, 엔트라사이트

3) 용해 고형분의 제거

(1) 이온교환법

① 이온교환수지(일반적으로 불용성 다공질)를 이용하여 급수가 가지는 이온을 수지의 이온과 교환시켜 처리하는 방법(가장 효과가 큰 방법)
② 이온교환법
  ㉠ 경수연화 : 단순연화(제올라이트법), 탈알칼리연화
  ㉡ 전염탈염 : 복상식, 혼상식 폴리셔 붙은 전염탈염
※ 이온교환수지 • 양이온 : Na^+, H^+, NH^+
              • 음이온 : OH^-, Cl^-

(2) 증류법

물을 가열시켜 증기를 발생시킨 후 냉각하여 응축수를 만드는 방법으로 극히 양질의 용수를 얻을 수 있으나 비경제적이다.

(3) 약품처리법

① 칼슘(Ca), 마그네슘(Mg) 등의 화합물을 약품의 첨가에 의해 소다 화합물(불용성 화합물)로 하여 침전 여과시키는 방법이다.
② 종류 : 석회소다법, 가성소다법, 인산소다법 등

SECTION 05 분출작업

1. 관수의 분출(Blow)

1) 목적

(1) 스케일의 부착을 방지
(2) 포밍·프라이밍을 방지
(3) 물의 순환을 양호하게 한다.
(4) 가성 취화를 방지한다.
(5) 세관 시 폐액을 제거한다.

2) 취출·분출방법

(1) 간헐취출(1일 1회 정도)

적당한 시기를 택하여 보일러수의 일부를 보일러의 최하부로부터 간헐적으로 배출하는 것

(2) 연속취출(자동)

동내에 설치된 취출내관으로부터 취출하고 조정밸브, 플래시 탱크(Flesh Tank), 열교환기 보일러수 농도시험기 등을 연결하고 자동적으로 농도를 조정한다.

3) 분출량

$$분출량(m^2/day) = \frac{W(1-R)d}{r-d}$$

$$분출률(K)\% = \frac{d}{r-d} \times 100$$

여기서, w : 1일 증발량(급수량)[m^2]
R : 응축수 회수율[%]
d : 급수 중의 고형분[ppm]
r : 관수 중의 허용 고형분[ppm]

SECTION 06 부식 및 보일러 이상상태

1. 부식의 종류

1) 내면부식 원인 4가지

(1) 관수의 화학적 처리가 불량할 때
(2) 보일러 휴지 중 보존이 불량할 때
(3) 화학 세관이 불량할 때
(4) 관수의 순환불량으로 국부과열이 발생할 때

2) 외면부식 원인

(1) 수분, 습분이 있을 때
(2) 이음이나 뚜껑 등으로 관수가 누설될 때
(3) 연료 중 황(S) 및 바나듐(V)이 많을 때

2. 이음의 이완(헐거움) 누설

1) 원인

(1) 이상 감수 시 계수부, 전광부가 가열된 경우
(2) 누설부분 내면에 스케일이 고착하여 있는 경우
(3) 급격한 가열과 냉각에 의한 신축작용을 할 때
(4) 국부적으로 화염이 집중하여 열이 축적될 때
(5) 공작이 불량할 경우

3. 래미네이션(Lamination)

보일러 강판이 두 장의 층을 형성하고 있는 흠을 말한다.

4. 블리스터(Blister)

강판이나 관 등의 두 장의 층으로 갈라지면서 화염이 접하는 부분이 부풀어 오르는 현상이다.

5. 가성취화(알칼리열화)

관수 중에 분해되어 생긴 가성소다가 심하게 농축되면 수산이온이 많아지고 알칼리도가 높아져서, 강재와 작용하여 생성되는 수소(H) 또는 고온고압하에서 작용하여 생기는 나트륨(Na)이 강재의 결정입계를 침투하여 재질을 열화시키는 현상이다.

6. 캐리오버(Carry Over)

증기 중에 불순물이 물방울에 섞여서 옮겨가는 현상

7. 과열의 방지대책

(1) 보일러 수위를 너무 낮게 하지 않는다.
(2) 과열부분의 내면에 스케일, 가마 검댕이를 부착시키지 말 것
(3) 관수 속에 유지를 혼입시키거나 관수를 과도히 농축시키지 않는다.
(4) 관수의 순환을 양호하게 한다.
(5) 화염을 국부적으로 집중시키지 않는다.

8. 팽출과 압괴

(1) **팽출(Bulge)** : 화염이 접하는 부분이 과열되어 외부로 부풀어 오르는 현상
(2) **압괴(Collapse)** : 노통이나 연관 등이 외압에 의하여 내부로 짓눌려 터지는 현상

9. 파열

(1) 압력이 초과될 때
(2) 구조상 결함이 있을 때
(3) 취급이 불량할 때

10. 가스폭발(역화현상)

1) 원인

(1) 연료가 가스화 상태로 노 및 연도 내에 존재할 시
(2) 가스와 공기의 혼합비가 폭발 한계 내일 때
(3) 혼합가스에 점화원이 존재할 때 및 취급자의 부주의 시

2) 방지법

(1) 점화원이 프리퍼지를 충분히 한다.(환기작업)
(2) 점화를 실패할 때와 소화할 때는 포스트퍼지를 행한다.
(3) 연도가 길거나 사각되는 곳 및 가스포켓 등이 있을 경우 충분한 통풍 실시

SECTION 07 보일러 운전조작

1. 보일러 수위점검 5가지

(1) 수면계 수위가 적당한가 점검한다.
(2) 수면계의 기능을 시험하여 정상여부 확인
(3) 두 조의 수면계 수위가 동일한지 확인
(4) 검수 콕이 있는 경우에는 수부에 있는 콕으로부터 물의 취출여부 확인
(5) 수부 연락관의 정지밸브가 바르게 개통되어 있는지 확인

2. 급수장치 점검 3가지

(1) 저수탱크 내의 저수량을 확인
(2) 급수관로의 밸브의 개폐여부, 급수장치의 기능여부 확인
(3) 자동급수장치의 기능을 확인

3. 연소장치 점검

(1) 기름탱크의 유량, 가스연료의 유량 압력 등의 확인
(2) 연료배관, 스트레이너, 연료펌프의 상태 및 밸브의 개폐를 점검
(3) 유가열기 기름의 온도를 적정하게 유지시켜 준다.
(4) 통풍장치의 댐퍼의 기능을 점검하고 그 개도를 확인하여 준다.

4. 점화 전 점검사항

- 보일러 수위의 정상 여부
- 노내의 통풍 환기의 확인
- 공기와 연료의 투입 준비확인

1) 유류 보일러

(1) 기동 전 준비사항

① 각 스위치를 점검하고 자동으로 표시되었는지 확인한다.
② 표시등의 점멸에 주의하고 시퀀스(Sequence)의 이행이 정규적으로 진행되었나 확인한다.
③ 이상이 유발되었을 때는 즉시 정지하여 그 원인을 개선하여 재기동할 것

(2) 점화조작

① 부속설비를 점검
② 연료유를 적정온도까지 예열
③ 댐퍼를 만개하여 노내 미연가스를 배출
④ 통풍을 위한 댐퍼 조작
⑤ 점화버너를 기동
⑥ 주버너를 작동
⑦ 유변을 연다.(점화 후 5초 이내 착화되지 않을 때는 재 점화)

(3) 점화조작 시 주의사항

① 가스의 유출속도가 너무 빠르면 취소가 일어나고 너무 늦으면 역화가 발생
② 연소실의 온도가 낮으면 연료의 확산이 불량해지며 착화가 불량
③ 연료유의 예열온도가 낮을 때는 무화불량 등이 일어난다.
④ 연료유의 예열온도가 높을 때
  - 기름의 분해가 발생
  - 분사 각도가 흐트러지며 분무상태가 불량해진다.
  - 탄화물이 생성된다.
⑤ 유압이 낮을 경우에는 점화불량 연료분사 불량이 되고 유압이 높을 때는 카본이 축적
⑥ 무화용 매체가 과다할 경우에는 연소실의 온도하강과 점화불량을 일으키며 과소일 경우에는 불꽃이 발생되며 역화의 발생원인
⑦ 점화시간이 늦을 경우에는 연소실 내로 연료가 누입되며 역화의 원인이 발생된다.
⑧ 퍼지 시간이 너무 길면 노내의 냉각현상을 초래하고 짧을 경우에는 역화를 발생키신다.(퍼

지 시간은 30초~3분 정도)

⑨ 버너가 2개 이상인 경우는 하나의 버너에 점화하고 화염이 안정된 후 다른 버너에 점화한다. 버너가 상하로 있을 경우 하층의 버너부터 점화

2) 가스 보일러

(1) 점화조작 시 주의사항

① 가스누설의 유무를 면밀히 검사하여 준다.
② 가스압력이 적정하고 안전한가 확인하여 준다.
③ 점화용 불씨는 화력이 큰 것을 사용한다.
④ 노내의 통풍을 충분히 한다.
⑤ 착화 후 연소가 불안정한 때에는 연료공급을 중지한다.
⑥ 고체(석탄)보일러

(2) 점화조작

① 댐퍼를 모두 열어 통풍을 시켜 재받이문을 닫고 화격자 위에 연곡을 얇게 감아 그 위에 석탄을 얇고 고르게 분포시킨다.
② 석탄 위에 장작이나 기름누더기 등의 가연물을 올려 이것에 점화를 한다.
③ 불이 석탄에 옮겨타면 불을 화격자 전체에 넓혀 조금씩 석탄을 투입하여 확장시켜서 태운다.

5. 절탄기의 취급

연도에 바이패스(Bypass)가 있는 경우는 보일러에 급수를 시작하기까지 연소가스는 바이패스를 통하여 배출시킨다.

6. 송기 초 주증기 밸브 개폐

워터해머(수격작용)를 방지하기 위하여 다음 순서에 따른다.

(1) 증기를 집어넣는 측의 주증기관, 증기배관 등에 있는 드레인 밸브를 만개하고 드레인을 완전히 배출
(2) 주증기관 내에 소량의 증기를 통하여 관을 따뜻하게 한다.
(3) 난관이 순조롭게 된 다음 주증기 밸브를 처음에는 약간 열고 다음에 단계적으로 서서히 연다.(주증기관 밸브는 만개상태로 되면 반드시 조금 되돌려 놓는다.)

> **Reference** 송기 직후의 점검
>
> - 드레인밸브, 바이패스밸브, 기타 밸브의 개폐상태가 바른가의 여부를 점검
> - 송기하면 보일러의 압력이 강하하므로 압력계를 보면서 연소량을 조정
> - 수면계의 수위에 변동이 나타나므로 급수장치의 운전상태를 보면서 수위를 감시
> - 자동제어장치 인터록을 재점검

SECTION 08 연소관리

1. 매연

1) 매연방지대책

(1) 아황산가스

① 황이 적은 연료를 사용
② 연소가스 중 아황산가스를 제거
③ 연돌을 높이고 대기에 의한 확산을 용이하게 실시

(2) CO(일산화탄소), Soot분진 등 제거

① 발생원인
- 통풍력이 부족 시
- 통풍력이 과대한 경우
- 무리한 연소를 하고 있는 경우
- 연소실의 온도가 낮은 경우
- 연소실의 용적이 작은 경우
- 연소장치가 불량한 경우
- 연료의 품질이 그 보일러에 적합하지 않은 경우
- 취급자의 기술 미숙 시

② 방지법
- 통풍력을 적절하게 유지
- 무리한 연소를 하지 말 것
- 연소실, 연소장치를 개선할 것
- 적절한 연료를 선택할 것
- 연소기술을 향상시킬 것
- 집진시설 설치

2. 저온부식

연소가스 중 아황산가스(SO_2)가 산화하여 무수황산(SO_3)이 되어 수분(H_2O)과 화합하여 황산(H_2SO_4)으로 된다. 이 황산 중의 산이 금속에 부착하여 부식을 촉진시킨다.(노점은 150℃)

[방지법]
(1) 연료 중의 황분을 제거
(2) 첨가제를 사용하여 황산가스의 노점을 내린다.
(3) 배기가스의 온도를 노점 이상으로 유지
(4) 전열면에 보호 피막을 입힌다.
(5) 저온 전열면은 내식 재료를 사용하여 준다.
(6) 배기가스 중의 O_2 %를 감소시켜 아황산가스의 산화를 방지
(7) 완전연소를 시킨다.
(8) 연소실 및 연도에 공기누입을 방지하여 준다.

3. 고온부식

회분에 포함되어 있는 바나듐(V)이 연소에 의하여 5산화바나듐(V_2O_5)으로 되어 가스의 온도가 500℃ (V_2O_5의 융점 : 620~670℃ 정도) 이상이 되면 고온 전열면에 융착하여 그 부분을 부식시키는 현상

[방지법]
(1) 중유를 처리하여 바나듐, 나트륨 등을 제거
(2) 첨가제를 사용하여 바나듐의 융점을 올려 전열면에 부착하는 것을 방지한다.
(3) 연소가스의 온도를 바나듐의 융점 이하로 유지
(4) 고온 전열면에 내식 재료를 사용
(5) 전열면 표면에 보호 피막을 사용
(6) 전열면의 온도가 높아지지 않도록 설계

4. 황산화물

황산화물은 다음의 산식에 의해 산출한 양 이하일 것

$$q = K \times 10^{-3} H_e^2$$

  q : 황산하물의 양(Nm²/h)
  K : 6.42~22.2(지역에 따라 다르다.)
  H_e : 다음의 산식에 의해 산출한 배출구에 유효고(m)

$$H_e = H_o + 0.65(H_m + H_t)$$

$$H_m = \frac{0.795\sqrt{QV}}{1 + \frac{2.58}{V}}$$

$$H_t = 2.01 \times 10^{-3} Q(T-288)(2.31\log J + \frac{1}{J} - 1)$$

$$J = \frac{1}{\sqrt{QV}}(1,460 - \frac{296V}{T-288}) + 1$$

  H_o : 연돌의 실제 높이(m)
  Q : 온도 15에 있어서의 배출가스량(m²/초)
  V : 배기가스의 배출속도(m/초)
  T : 배기가스의 온도(절대온도)

5. 이상연소

연소 중 연소실 또는 버너 및 연도에서 좋지 못한 현상이 발생되는 것으로서 연료의 질, 연소의 불합리, 연소실의 구조불량 등으로 인하여 발생된다.

[이상연소의 요인]
(1) 연료 중에 수분 및 협잡물의 과다
(2) 연료와 공기의 혼합불량 및 연소속도의 완만
(3) 연도 등의 에어포켓 및 통풍불량
(4) 연료 및 공기투입의 불합리
(5) 연소장치의 불합리
(6) 연료의 가열상태 및 점도의 불합리

▼ 각종 이상연소의 원인 및 대책

고장	원인	대책
역화	물 및 협잡물의 함유	여과기, 공기빼기, 드레인빼기 등의 설치
	프리퍼지 부족	타이머조절, 미연소 가스 존재확인 검토
	유압과대	분무입경, 분사속도 조절
	1차 공기의 압력부족	미연입자의 분사는 절대금지
	기름배관 속의 공기존재	공기빼기를 충분히 한다.
운전 도중 소화	버너 기름양을 너무 죄었다.	버너의 작동폭 수정
	안전장치의 작동불량 점화불량일 때 원인 참조	수위계, 기타 압력 스위치 점검
진동연소	연소실 온도가 낮다.	온도가 오른 다음 천천히 기름양을 늘린다.
	버너의 조립불량	기름노즐, 공기노즐 관계 점검
	통풍력 부적당	댐퍼 개도조정, 연도 배기구 점검
	점도과대	점도를 낮추기 위해 예열온도를 높인다.
	분무불량	기름 및 1차 공기압 조정
	유압과대	분무기구에 적당한 압력조정
버너 화구에 카본이 쌓임	분무 불균일	노즐폐색 또는 홈을 점검, 헐겁지 않나 점검
	소화한 다음 기름이 샌다.	버너 속에 남은 기름양 전부 분사
	노즐과 버너 타일의 센터링 불량	정확하게 중심을 맞춤
	기름에 카본량 과대	1차 공기압 및 양을 증가하며 필요에 따라 송풍량을 증가시킨다.
	공기량 부족	1차 공기, 통기력 점검
	예열온도가 높음	사용연료에 알맞은 온도로 예열한다.
연소실 내벽에 카본이 쌓임	기름 점도 과대	가열온도를 높이고 1차 공기압을 올린다.
	분무에 직접 충돌	분무각도 및 불꽃과 연소실의 관계 거리 조절
	유압과대	1차 공기압과 유량조절을 적당히 한다.
	1차 공기압 과대	착화거리가 길어지므로 분사속도를 늦춘다.
	버너 팁 모양 위치가 나쁨	점검, 분해청소 또는 교환
	노내 온도가 낮다.	급격히 대량 연소시키지 않는다.
	기름 점도 과소	기름 분사속도를 낮춘다.
	노폭 협소	연소량 및 버너의 분사각도를 맞춰 설계
	공기부족	공기량을 증가시켜 불꽃이 짧도록 한다.

고장	원인	대책
예열기 탄 화물추적	예열온도가 높다.	예열온도 적정선 유지
	기름 중의 역청질 슬러지 함유	적정연료 선택
펄럭거리고 불꽃이 일정하지 않음	점도과대	가열온도를 높인다. 분무압력을 높인다.
	펌프의 흡인량 부족	펌프 용량을 큰 것으로 교체
	1차 공기의 압송량 과대 기름배관 중의 공기가열 온도가 너무 높다.	압력을 적당량으로 조절, 배관에 공기빼기 밸브 설치, 기포발생방지, 배관에 배기밸브 설치
	분화구 지름과대	적당한 버너를 설치하고 복사열 이용
매연발생	공기부족	불꽃이 짧아지도록 공기량 증가
	회분량 과대	압입통풍하면서 연소실 온도가 높아지도록 한다.
	연료 속의 중질분 취입불량	2차 공기도입, 고온연소시킨다. 통풍력을 증가시킨다.
	연료량 과대	연소실 용적과 유량을 적당히 조절한다.
	불완전연소	분무입경, 공기비 연소실 온도 검토
점화불량	기름이 없을 때	점화 시 기름유출 유무확인
	인화점이 너무 낮다.	점화용 화염을 충분하게 하거나 점화용 버너 준비
	연료예열부족	점도가 낮은 기름선택 또는 예열온도를 높인다.
	버너 팁이 막힘	소화 시 버너청소, 점화 시 기름유출확인
	배관 중에 물, 슬러지 함유	여과기 설치, 탱크, 배관 등에 드레인빼기 설치
	통풍력 부족	통기력 확인, 댐퍼의 개폐 여부 확인
	1차 공기량 과대	적정량을 유지하도록 한다.
	연도가 막혔다.	흡입구, 연도, 배기구, 정기점검
	화염검출기 불량	검출기 위치, 그을음 등의 점검
	파일럿 버너의 불꽃불량 및 타이밍이 맞지 않는다.	점화에너지 증가 및 타이밍 수정
역화	인화점 과저	적당한 버너로 교환, 분사방향검토
기름펌프의 흡입 불량	흡입낙차과대	유면을 높인다.
	밸브를 열지 않았다.	흡입, 토출밸브 점검
	기름여과기 폐색	분해청소
노즐이 막힘	기름에 협잡물이 많다.	여과기설치, 여과망의 메시를 적당한 것으로 선택
	노즐 온도가 너무 높다.	방사열로부터 차단
	소화 시에 남은 기름이 없다.	에어블로어를 완전히 한다.
	집광렌즈가 흐리다.	빼내어 청소

고장	원인	대책
노즐이 막힘	검출기 위치불량	설치각도 및 위치수정
	배선이 끊어졌다.	수리
화염검출기의 기능 불량	증폭기 노후	부품교환
	오동작	불꽃 특성에 맞는 수감부 선정
	동력선 영향	검출회로 배선과 동력선 분리
	광전관, 광전지 노후	교환, 주위온도를 적당히 유지, 광량 조절
	점화전극의 고전압이 플레임 로드에 들어간다.	전극과 불꽃 사이의 여과기 설치
버너 모터는 도는데 기름이 분사되지 않는다.	기름탱크의 기름부족	물, 슬러지 등의 이물질 흡입유무점검
	노즐이 막혔다.	노즐 여과기 점검
	분연펌프의 압력이 낮다.	압력조정밸브, 컷오프밸브 점검
	불꽃검출기의 동작불량	의사 신호, 리셋, 안전스위치 점검 오손점검
	분연펌프의 압력조정변 작동불량	밸브고착, 마모 등을 점검
벽돌의 변색	연료성분 중 황, 철분, 기타 회분 등이 들어있다.	연료를 적당한 것으로 선택
버너 모터가 돌지 않는다.	전원불량	스위치, 퓨즈와 전압점검
	버너 모터의 온도 릴레이가 끊어졌다.	분연펌프과부하 점검, 팬이 케이스에 닿지 않았나 점검, 모터가 타지 않았나 등
기름펌프의 흡입불량	기름 점도가 너무 높다.	예열하여 점도를 낮춤
	기름의 증기폐색	기름 예열온도를 낮춤
	배관계통에 공기가 들어간다.	패킹, 실, 이음새의 점검
	펌프의 슬리브	벨트, 키, 커플링 점검
진동연소	분무공기압과대	불꽃이 부풀려 끊기기 직전의 상태에서 연소금지
	노 내압이 너무 높다.	노속의 가스가 균일하게 혼합되도록 할 것
	버너 타일 형상이 맞지 않음	분무가열에 과부족 없도록 수정
	1차 공기압 및 유입불안정	안정되도록 조정 또는 개량
	분연펌프의 맥동	어큐뮬레이터의 설치
	버너 타일과 버너 위치 불량	버너 타일 속으로 버너가 너무 들어가지 않도록 하고 중심을 어긋나지 않도록 설치
	연도 이음부분 나쁘다.	연소가스가 원활하게 흐르도록 개량
	노속 가스의 흐름이 공명진동	연소실 개량 또는 기름양 조절
	연소용 공기 공급기구 부적당	스와라, 에어레지스터의 설치위치 및 각도 수정

고장	원인	대책
불꽃이 튄다.	예열온도가 낮다.	예열온도를 높여 점도를 낮춘다.
	노즐의 분무특성 불량	사용하는 연료에 맞는 노즐로 바꾼다.
	중유성분에 아스팔트가 많다.	분산제 사용, 여과기 재검토
	버너 속에 카본이 붙었다.	버너 분해, 청소
	연소실 온도가 낮다.	연소실 온도가 오른 후 기름양을 늘린다.
소음진동	노즐부의 분사음	공기조절기를 채용
	공기배관 속의 기류진동	극단적인 방향전환을 피하고 공명 또는 공진을 한다.
	컴프레서의 흡입진동	소음기 채용
	송풍기의 흡입소음	흡입 측에 소음기 설치
	송풍기 임펠러의 언밸런스	임펠러의 동작 임펠러를 바로 잡을 것
	연소실 공명	버너설치 위치, 버너 수, 부하에 맞는 구조로 개량
	기름펌프 소음	워터해머, 펌프 마모 등을 점검
	연소 소음	진동연소할 때 발생한다.

SECTION 09 운전 중의 장해

1. 이상 감수의 원인

(1) 수위의 감시불량
(2) 증기의 소비과대
(3) 수면계 기능불량
(4) 급수불능
(5) 보일러 수의 누설
(6) 자동급수장치 고장

2. 포밍(Forming), 프라이밍(Priming), 캐리오버(Carryover) 현상

1) 프라이밍(Priming)

과부하 등에 의해 보일러수가 몹시 불등하여 수면으로부터 끊임없이 물방울이 비산하여 기실이 충만하고 수위가 불안정하게 되는 현상이다.

2) 포밍(Forming)

보일러 수에 불순물을 많이 함유하는 경우 보일러수의 불등과 함께 수면 부근에 거품의 층을 형성하여 수위가 불안정하게 되는 현상이다.

3) 캐리오버(Carryover, 기수공발)

보일러에서 증기관 쪽에 보내는 증기에 수분(물방울)이 많이 함유되는 경우(증기가 나갈 때 수분이 따라가는 현상을 캐리오버라 한다.) 프라이밍이나 포밍이 생기면 필연적으로 캐리오버가 일어난다.

3. 프라이밍과 포밍이 유발될 때의 장해

(1) 보일러수 전체가 현저하게 동요하고 수면계의 수위를 확인하기 어렵다.
(2) 안전밸브가 더러워지거나 수면계의 통기구멍에 보일러수가 들어가거나 하여 이들의 성능을 해친다.
(3) 증기과열기에 보일러수가 들어가 증기온도나 과열도가 저하하여 과열기를 더럽힌다.
(4) 증기와 더불어 보일러로부터 나온 수분이 배관 내에 고여 워터해머를 일으켜 손상을 끼치는 수가 있다.
(5) 보일러 내의 수위가 급히 내려가고 저수위 사고를 일으키는 위험이 있다.

4. 프라이밍과 포밍의 원인

(1) 증기 부하가 과대한 경우
(2) 고수위인 때
(3) 주증기밸브를 급개할 때
(4) 관수에 유지분, 부유물, 불순물이 많을 때
(5) 관수가 농축되었을 때

5. 프라이밍, 포밍이 일어난 경우

(1) 연소량을 가볍게
(2) 주증기밸브를 닫고 수위의 안정을 기다린다.
(3) 관수의 일부를 취출하고 물을 넣는다.
(4) 안전밸브, 수면계, 압력계, 연락관을 시험
(5) 수질검사의 실시

6. 워터해머(수격현상)

증기관 속에 고여 있는 응축수가 송기 시 고온, 고압의 증기에 밀려 관의 굴곡부분을 강하게 치는 매우 나쁜 현상

1) 원인

(1) 주증기변을 급개할 때
(2) 증기관 속에 응축수가 고여 있을 때
(3) 과부하를 행할 때
(4) 증기관이 냉각될 때

2) 방지법

(1) 주증기변을 서서히 개폐
(2) 증기관 말단에 트랩을 설치
(3) 증기관을 보온
(4) 증기관의 굴곡을 될수록 피한다.
(5) 증기관의 경사도를 준다.
(6) 증기관을 가열 후 송기한다.
(7) 과부하를 피하여 준다.

7. 가마울림

연소 중 연소실이나 연도 내에서 연속적인 울림을 내는 현상(수관, 노통, 횡연관, 보일러 등에서 일어난다.)

1) 원인

(1) 연료 중에 수분이 많은 경우 일어난다.
(2) 연료와 공기의 혼합이 나빠 연소속도가 늦은 경우에 일어난다.
(3) 연도에 포켓이 있을 때 일어난다.

2) 방지법

(1) 습분이 적은 연료를 사용
(2) 2차 공기의 가열, 통풍의 조절을 개선
(3) 연소실이나 연도를 개조
(4) 연소실 내에서 연소시킨다.

SECTION 10 보일러 운전정지

1. 비상정지의 순서

(1) 연료의 공급정지
(2) 연소용 공기의 공급정지
(3) 버너의 기동을 중지, 그리고 연결된 보일러가 있으면 연락을 차단한다.
(4) 압력의 하강을 기다린다.
(5) 급수를 필요로 할 때는 급수하여 정상수위를 유지한다.(주철제는 제외)
(6) 댐퍼는 개방한 상태로 취출 통풍을 한다.

2. 작업종료 시 정지순서

(1) 연료 예열기의 전원을 차단
(2) 연료의 투입을 정지
(3) 공기의 투입을 정지
(4) 급수한 후 급수변을 닫는다.
(5) 증기밸브를 닫고 드레인 밸브를 연다.
(6) 포스트 퍼지를 행한 후 댐퍼를 닫고 작업을 종료한다.

CHAPTER 002 출제예상문제

01 보일러 과열원인이 아닌 것은?
① 보일러 동 저면에 스케일이 부착되었을 때
② 저수위로 운전할 때
③ 보일러 동이 팽출 또는 압궤되었을 때
④ 보일러수가 농축되었을 때

풀이
㉠ 팽출이 일어나는 장소 : 수관, 횡관, 동체
㉡ 압궤가 일어나는 장소 : 노통, 화실
  팽출이나 압궤가 일어나는 경우는 고온의 화염을 받아서 전열면이 지나치게 과열되거나 내압력이 지나치면 발생된다.
㉢ 보일러 과열의 원인
  • 동저면에 스케일 부착
  • 저수위 운전
  • 보일러수의 농축

02 보일러 점화 시에 역화나 폭발을 방지하기 위해 어떤 조치를 가장 먼저 해야 하는가?
① 댐퍼를 열고 미연가스 등을 배출시킨다.
② 연료의 점화가 빨리 고르게 전파되게 한다.
③ 연료를 공급 후 연소용 공기를 공급한다.
④ 화력의 상승 속도를 빠르게 한다.

풀이 역화, 가스폭발방지
댐퍼를 열고 미연가스 등을 배출시킨다.

03 보일러 점화 시 취급자의 옳은 위치는?
① 보일러의 측면
② 보일러의 위
③ 보일러의 정면
④ 보일러의 후면

풀이 보일러 점화 시 역화의 피해를 막기 위해 반드시 점화자는 보일러 측면에서 점화시킨다.

04 보일러 본체의 일부분이 과열되어 외부로 부풀어 오르는 현상은?
① 팽출   ② 압궤
③ 래미네이션   ④ 블리스터

풀이 팽출이란 보일러 본체 또는 노통 등이 과열되어 외부로 부풀어 오르는 현상이다.

05 보일러 배기가스의 자연 통풍력을 증가시키는 방법과 무관한 것은?
① 배기가스 온도를 높인다.
② 연돌 높이를 증가시킨다.
③ 연돌을 보온 처리한다.
④ 압입통풍과 흡입통풍을 평행한다.

풀이 평형통풍(압입 + 흡입)은 강제통풍방식이다.

06 연소과정에 대한 설명으로 잘못된 것은?
① 분해 연소하는 물체는 연소초기에 화염을 발생한다.
② 휘발분이 없는 연료는 표면연소한다.
③ 탄화도가 높은 고체연료는 증발연소한다.
④ 연소속도는 산화반응속도라고 할 수 있다.

풀이 탄화도가 높은 고체연료는 분해연소한다.

07 보일러 점화 시에 가장 먼저 해야 할 사항은?
① 증기밸브를 연다.   ② 불씨를 넣는다.
③ 연료를 넣는다.   ④ 노내 환기를 시킨다.

풀이 보일러 점화 시에는 노내의 가스폭발을 방지하기 위하여 노내 환기(프리퍼지)를 시킨다.

정답 01 ③ 02 ① 03 ① 04 ① 05 ④ 06 ③ 07 ④

08 다음 장갑을 착용하여도 무방한 작업은?

① 목공기계 작업 ② 드릴 작업
③ 그라인더 작업 ④ 핸드탭 작업

풀이 핸드탭 작업 시는 장갑을 착용하여도 지장이 없다.

09 보일러의 수압시험을 하는 주된 목적은?

① 제한압력을 결정하기 위하여
② 열효율을 측정하기 위하여
③ 균열의 여부를 알기 위하여
④ 설계의 양부를 알기 위하여

풀이 수압시험의 목적
• 균열의 여부를 알기 위해
• 누수의 원인을 알기 위해

10 신설 저압보일러에서 소다 끓임(알칼리 세관)을 하는 것은 주로 어떤 성분을 제거하기 위해서인가?

① 스케일 성분 ② 염산염 성분
③ 유지 성분 ④ 탄산염 성분

풀이 신설보일러에서 소다 끓임 작업은 유지분의 제거를 위해서 필요하다.

11 보일러 연료로 인해 발생한 연소실 부착물이 아닌 것은?

① 클링커(Klinker)
② 버드 네스트(Bird Nest)
③ 신더(Cinder)
④ 스케일(Scale)

풀이 스케일(관석)은 급수처리가 미숙하여 생기는 현상이다.

12 보일러를 긴급 정지할 때 제일 먼저 해야 할 일은?

① 댐퍼 개방 ② 증기밸브 차단
③ 급수 중단 ④ 연료공급 중단

풀이 보일러 운전 중 긴급히 정지하는 일이 발생된 때는 가장 먼저 연료공급을 차단시킨다.

13 유류 화재의 등급은?

① A급 ② B급
③ C급 ④ D급

풀이
• A급 : 일반화재 • B급 : 유류화재
• C급 : 전기화재 • D급 : 금속화재
• E급 : 가스화재

14 보일러 점화 전에 연도 내의 환기를 충분히 해야 하는 이유는?

① 통풍력을 점검
② 가스폭발을 방지
③ 아황산가스를 적게 하고 부식을 방지
④ 연료의 양호한 착화를 도모

풀이 보일러는 점화 전에 연도 내의 환기를 충분히 해야 하는 이유는 가스폭발을 방지하기 위해서 프리퍼지를 실시한다.

15 보일러 파열사고 원인 중 구조물의 강도 부족에 의한 것이 아닌 것은?

① 용접불량 ② 재료불량
③ 동체구조 불량 ④ 용수관리 불량

풀이 용수관리 불량은 보일러 취급과의 관리소홀에 의하여 사고가 발생한다.

정답 08 ④ 09 ③ 10 ③ 11 ④ 12 ④ 13 ② 14 ② 15 ④

16 보일러 연소실 내에서 가스 폭발을 일으킨 원인으로 가장 적합한 것은?

① 프리퍼지 부족으로 미연소가스가 충만되어 있었다.
② 연도 쪽의 댐퍼가 열려 있었다.
③ 연소용 공기를 다량으로 주입하였다.
④ 연료의 공급이 원활하지 못하였다.

풀이 › 보일러 점화 시 먼저 프리퍼지(치환)를 실시하고 점화하면 연소실 내에서 가스의 폭발을 방지할 수 있다.

17 작업환경과 거리가 먼 것은?

① 복장   ② 소음
③ 조명   ④ 대기(大氣)

풀이 › 작업환경
- 소음   • 조명
- 복장   • 환기

18 온수보일러에서 안전장치 역할을 하는 것은?

① 수고계   ② 팽창탱크
③ 온도계   ④ 라디에이터

풀이 › 팽창탱크
온수보일러에서 온수의 팽창량(4.3[%])를 흡수한다.

19 보일러 연료 연소 시 매연발생원인이 아닌 것은?

① 기름 속의 회분 과다
② 기름 속의 중질분 과다
③ 공기량 과대
④ 연소량 과대

풀이 › 공기량의 과대 시 나타나는 장해
- 배기가스의 열손실 증가
- 노내 온도 저하

20 보일러수 중에 포함되어 있는 불순물로서 포밍의 원인이 되는 것은?

① 산소   ② 탄산칼슘
③ 유지분   ④ 황산칼슘

풀이 › 유지분의 유해성은 보일러수의 포밍(거품)을 일으키고 과열의 원인이 된다.

21 연료의 완전연소를 위한 구비조건으로 틀린 것은?

① 연료를 인화점 이하에서 예열 공급할 것
② 적량의 공기를 공급하여 연료와 잘 혼합할 것
③ 연소에 충분한 시간을 줄 것
④ 연소실 내의 온도는 높게 유지할 것

풀이 › 연료는 착화점 이하로 예열한다.

22 보일러의 그을음 불어내기 장치 사용 시 주의해야 할 사항으로 틀린 것은?

① 그을음 불어내기를 하기 전에 반드시 드레인을 충분히 배출한다.
② 그을음 불어내기를 할 때는 통풍력을 크게 한다.
③ 자동연소 제어장치를 갖춘 보일러에서는 자동으로 바꾸어서 실시한다.
④ 장치를 한 장소에 오래 사용하지 않도록 한다.

풀이 › 보일러 그을음 불어내기와 자동연소 제어장치와는 관련성이 없다.

23 연소 시 발생되는 가마울림현상의 방지책이 아닌 것은?

① 수분이 적은 연료를 사용한다.
② 2차 공기를 가열한다.
③ 연소실 내에서 연료를 천천히 연소시킨다.
④ 연소실이나 연도를 개조한다.

정답 16 ① 17 ④ 18 ② 19 ③ 20 ③ 21 ① 22 ③ 23 ③

풀이 연소 시 가마울림(공명음) 발생을 방지시키려면 연소실 내에서 연료를 신속히 연소시킨다.

24 절탄기에 열가스를 보낼 때 가장 주의할 점은?

① 급수온도
② 연소가스의 온도
③ 절탄기 내의 물의 움직임
④ 유리 수면계의 물의 움직임

풀이 연도에 설치한 절탄기(급수가열기)의 과열을 방지하기 위하여 배기가스를 보낼 때 절탄기 내의 물의 움직임을 관찰하여야 한다.

25 보일러에서 과열의 원인이 될 수 없는 것은?

① 보일러수의 순환이 나쁠 때
② 보일러수의 불순물의 농도가 매우 높을 때
③ 보일러수의 수위가 높을 때
④ 고열이 닿는 곳의 내면에 스케일이 부착되어 있을 때

풀이 보일러수의 수위가 높으면 부하변동 시 응하기가 수월하나 예열부하가 크게 되고 압력변화는 적어 파열이 방지된다.

26 보일러에서 프라이밍, 포밍이 발생하는 경우와 거리가 먼 것은?

① 증기발생부가 클 때
② 급수처리가 불량할 때
③ 증기발생량이 과대할 때
④ 고수위로 보일러를 운전할 때

풀이 증기발생부가 크면 프라이밍(비수), 포밍(물거품)의 발생이 방지된다.

27 중유연소장치에서 역화가 발생하는 원인이 아닌 것은?

① 미연가스를 배출하지 않고 점화할 때
② 유압이 과대할 때
③ 연소실 온도가 너무 높을 때
④ 공기보다 먼저 연료를 공급할 때

풀이 연소실 온도가 고온이면 완전연소가 용이하여 역화 발생이 방지된다.

28 발화성, 인화성 물질의 취급에 대한 설명으로 잘못된 것은?

① 발화성 물질 등은 혼합해서 같은 용기에서 저장한다.
② 주위에 항상 적절한 소화설비를 갖추어 둔다.
③ 독립된 내화구조 또는 준 내화구조로 한다.
④ 환기가 잘 될 수 있는 구조로 한다.

풀이 발화성, 인화성 물질의 취급에서 혼합하지 말고 개별로 저장한다.

29 보일러 운전 시 포밍 발생원인으로 적합지 않은 것은?

① 보일러수에 불순물이 많이 섞여 있는 경우
② 보일러수에 유지분이 섞인 경우
③ 보일러가 과열된 경우
④ 보일러 수면에 부유물이 많은 경우

풀이 보일러가 과열되면 소손현상이나 파열의 원인이 된다.

30 보일러 본체와 일부분이 과열되어 내부로 오므라드는 현상은?

① 팽출
② 압궤
③ 래미네이션
④ 블리스터

정답 24 ③ 25 ③ 26 ① 27 ③ 28 ① 29 ③ 30 ②

[풀이] • 팽출 : 외부로 부풀어 오르는 현상
• 압궤 : 내부로 오므라드는 현상

31 가스보일러 점화 시 주의사항 설명으로 잘못된 것은?

① 점화는 한 번만에 점화되도록 한다.
② 불씨는 화력이 큰 것을 사용한다.
③ 갑작스런 실화 시에는 연료공급을 즉시 차단한다.
④ 댐퍼를 닫고 프리퍼지를 한 다음 점화한다.

[풀이] 프리퍼지(노내 환기) 시에는 연도의 댐퍼는 활짝 열고 실시한다.

32 장갑을 착용해야 하는 작업은?

① 가스용접작업　　② 기계가공작업
③ 해머작업　　　　④ 기계톱작업

[풀이] 용접작업이나 무거운 중량물을 운반할 때는 장갑착용이 가능하다.

33 보일러 안전장치와 가장 무관한 것은?

① 안전밸브　　　　② 고저수위 경보기
③ 화염검출기　　　④ 급수밸브

[풀이] 급수밸브는 급수장치이다.

34 보일러의 안전관리상 가장 중요한 것은?

① 연도의 부식방지
② 연료의 예열
③ 2차 공기의 조절
④ 안전저수위 이상 유지

[풀이] 보일러 안전관리상 중요사항
저수위사고방지, 압력초과방지, 가스폭발방지, 스케일생성방지

35 안전관리의 목적과 가장 거리가 먼 것은?

① 생산성 증대 및 품질향상
② 안전사고 발생요인 제거
③ 근로자의 생명 및 상해로부터의 보호
④ 사고에 따른 재산의 손실방지

[풀이] 안전관리의 목적
• 안전사고 발생요인 제거
• 근로자의 생명 및 상해로부터의 보호
• 사고에 따른 재산의 손실방지

36 보일러 연소실의 가스폭발 시에 대비하여 설치한 방폭문의 설치위치로서 적합하지 않은 곳은?

① 연소실 후부
② 폭발로 열렸을 때 인명피해가 발생하지 않는 위치
③ 폭발로 열렸을 때 화재 위험이 없는 곳
④ 보일러 연소가스 출구

[풀이] 보일러 연소가스 출구는 연돌의 상단부가 된다.

37 보일러 점화 시 역화의 원인과 거리가 먼 것은?

① 연료의 인화점이 매우 높을 때
② 프리퍼지가 부족할 때
③ 1차 공기의 압력이 부족할 때
④ 연료의 압력이 과대할 때

[풀이] 역화의 원인
• 프리퍼지 부족(환기치환부족)
• 1차 공기의 압력부족
• 연료의 압력과대

38 보일러 유류 연소장치에서 역화의 발생원인과 가장 거리가 먼 것은?

① 흡입통풍의 부족　　② 2차 공기의 예열부족
③ 착화지연　　　　　④ 협잡물의 혼입

정답 31 ④　32 ①　33 ④　34 ④　35 ①　36 ④　37 ①　38 ②

풀이 역화의 발생원인
- 흡입통풍의 부족
- 착화지연
- 협잡물의 혼입

39 보일러를 청소하기 위해 연도 내에 들어가는 경우 조치사항으로 틀린 것은?

① 보일러의 연도가 다른 보일러와 연락하고 있는 경우는 댐퍼를 열어 둔다.
② 통풍을 충분히 하기 위하여 댐퍼는 적정하게 열어 놓는다.
③ 연도 내에 사람이 들어가 있다는 사실을 알리는 표시를 한다.
④ 화상을 입지 않도록 조치한다.

풀이 연도 내에 청소를 위하여 보일러 연도가 다른 보일러와 연락하고 있는 경우 댐퍼는 반드시 닫는다.

40 보일러 점화 시 취급자의 옳은 위치는?

① 가스폭발이 방지되는 측면
② 보일러의 위
③ 보일러의 정면
④ 보일러의 후면

풀이 보일러 점화 시 가스폭발의 우려를 피하기 위해 운전자는 보일러 버너 측면에서 점화한다.

41 신설 저압보일러에서 소다 끓임을 하는 것은 주로 어떤 성분을 제거하기 위해서인가?

① 스케일 성분   ② 인산염 성분
③ 기름성분   ④ 탄산염 성분

풀이 신설 보일러의 소다 끓임의 목적은 동내부의 기름성분을 제거하기 위함이다.

42 보일러 전열면의 오손을 방지하는 방법으로 잘못된 것은?

① 연료 중 회분의 융점을 강하한다.
② 황분이 적은 연료를 사용한다.
③ 내식성이 강한 재료를 사용한다.
④ 배기가스의 노점을 강하시킨다.

풀이 보일러 전열면의 오손을 방지하려면 연료 중 회분의 융점을 높여야 한다.

43 보일러 점화 전에 연도 내의 환기를 충분히 해야 하는 이유는?

① 통풍력을 점검
② 잔존 미연소 가스폭발을 방지
③ 아황산가스를 적게 하고 부식을 방지
④ 연료의 착화를 양호하게 함

풀이 보일러 점화하기 전 가스폭발방지를 위해 연도 내에 환기(프리퍼지)를 시킨다.

44 화염검출기의 일종인 스택릴레이의 안전사용온도는 몇 ℃ 이하인가?

① 100℃ 이하   ② 280℃ 이하
③ 300℃ 이하   ④ 390℃ 이하

풀이 Stack Relay는 연도에 설치하며 280℃ 이상이면 사용이 불가하다.

45 작업장 내에서의 안전수칙으로 부적합한 것은?

① 작업 중 장난, 잡담을 하지 않을 것
② 규정된 안전복장을 반드시 착용할 것
③ 작업장 내의 정리정돈을 잘할 것
④ 기계는 작동상태에서 안전점검을 할 것

풀이 작업장에서 기계의 점검 시에는 반드시 작업을 중지한 후 안전점검이 필요하다.

정답 39 ① 40 ① 41 ③ 42 ① 43 ② 44 ② 45 ④

46 중유연소장치에서 역화가 발생하는 경우가 아닌 것은?

① 미연가스를 배출하지 않고 착화할 때
② 유압이 과대할 때
③ 연소실 온도가 너무 높은 때
④ 공기보다 먼저 연료를 공급한 때

풀이 연소실 온도가 너무 높으면 완전연소가 가능하여 역화발생은 방지된다.

47 보일러의 열손실 중에서 가장 큰 것은?

① 불완전연소에 의한 손실
② 배기가스에 의한 손실
③ 보일러 본체 벽에서의 복사, 전도에 의한 손실
④ 그을음에 의한 손실

풀이 배기가스 열손실은 보일러 열손실 중 가장 크다.

48 부르동관 압력계의 사이펀관 속에 넣는 물질은?

① 물　　　② 증기
③ 공기　　④ 경유

풀이 사이펀관 속에 80[℃] 이하의 물을 넣어 압력계를 보호한다.

49 구조는 간단하지만 연소차단 시간이 길어 가정용 소형 보일러에서만 사용되는 화염검출기는?

① 플레임 아이　　② 스택 스위치
③ 전자밸브　　　④ 플레임 로드

풀이 스택 스위치는 구조는 간단하지만 연소차단 시간이 30~40초간 길어서 가정용 소형 보일러에서만 사용되며 연도에 설치한다.

50 보일러 연도에 설치하는 댐퍼의 설치 목적과 관계없는 것은?

① 매연 및 그을음의 차단
② 통풍력의 조절
③ 가스 흐름의 차단
④ 주연도, 부연도의 가스흐름 교체

풀이 그을음의 차단은 슈트블로가 편리하다.

51 보일러가 파손되는 경우 수관식 보일러의 피해가 원통형 보일러보다 적은 이유는?

① 수관이 많기 때문에
② 보유수량이 적기 때문에
③ 고압에 견디므로
④ 전열면적이 크므로

풀이 보일러가 파손되는 경우 수관식 보일러의 피해가 적은 이유는 본체 내에 보유수량이 적기 때문이다.

52 유류화재에 사용할 수 있는 소화기의 몸통 부분에는 어떤 색깔의 원형이 표시되어 있는가?

① 백색　　② 청색
③ 녹색　　④ 황색

풀이 유류화재에 사용하는 소화기의 본체에는 황색의 원형색깔이 표시되어 있다.

53 가스버너 중 위험성이 가장 높은 것은?

① 송풍식　　　② 확산연소식
③ 예열혼합식　④ 포트형

풀이 기체연료의 연소방식
　㉠ 확산연소방식
　　• 포트형
　　• 버너형 : 선회형, 방사형

정답 46 ③　47 ②　48 ①　49 ②　50 ①　51 ②　52 ④　53 ③

ⓒ 예혼합식 연소방식(역화의 발생위험)
- 저압 버너
- 고압 버너
- 송풍 버너

54 보일러의 과열방지대책이 아닌 것은?

① 보일러 수위를 너무 낮게 하지 말 것
② 보일러수를 농축시킬 것
③ 보일러수의 순환을 좋게 할 것
④ 화염을 국부적으로 집중시키지 말 것

풀이 보일러수가 농축되면 슬러지 발생 및 스케일의 생성이 촉진된다.

55 보일러의 청소목적이 아닌 것은?

① 수명연장   ② 연료절감
③ 보일러수의 농축 ④ 열효율 향상

풀이 보일러의 청소목적
- 수명연장   · 연료절감
- 열효율 향상   · 스케일 생성방지

56 다음 중 장갑을 끼고 작업하여야 하는 것은?

① 선반작업   ② 드릴작업
③ 해머작업   ④ 용접작업

풀이 용접작업 시에는 뜨거운 열기나 감전을 방지하기 위하여 장갑을 낀다.

57 신설 저압보일러에서 소다 끓임(알칼리 세관)을 하는 것은 주로 어떤 성분을 사용하는가?

① 스케일 성분   ② 인산염 성분
③ 가성소다 성분   ④ 탄산염 성분

풀이 유지분 제거는 알칼리 세관(소다 끓임) 시 가성소다 성분이 필요하다.

58 보일러 전열면의 오손을 방지하는 방법으로 잘못된 것은?

① 연료 중 바나듐의 융점을 강하한다.
② 황분이 적은 연료를 사용한다.
③ 내식성이 강한 재료를 사용한다.
④ 배기가스의 노점을 강하시킨다.

풀이 전열면의 오손방지를 위하여 연료 중 회분(바나듐 등)의 융점을 높인다.

59 유류 연소장치에서 역화의 발생원인과 가장 거리가 먼 것은?

① 흡입통풍의 부족   ② 통풍력 증가
③ 착화지연   ④ 협잡물의 혼입

풀이 통풍력 증가는 연소가 잘되고 노내 온도가 높기 때문이다.

60 연도가스의 폭발에 대비한 안전조치사항으로 옳은 것은?

① 방폭문을 부착한다.
② 연도를 가열한다.
③ 배관을 굵게 한다.
④ 스케일을 제거한다.

풀이 방폭문(폭발구)을 설치하면 연도에서 연소가스의 폭발이 일어났을 때 피해를 줄일 수 있다.

61 장갑을 착용해야 하는 작업은?

① 가스용접작업
② 기계가공작업
③ 해머작업
④ 기계톱작업

풀이 가스용접이나 무거운 물건을 이동할 때는 장갑을 착용한다.

정답 54 ② 55 ③ 56 ④ 57 ③ 58 ① 59 ② 60 ① 61 ①

62 화상을 당했을 때 현장에서의 응급조치로 가장 옳은 것은?

① 잉크를 바른다.
② 아연화연고를 바른다.
③ 옥시풀을 바른다.
④ 붕대를 감는다.

풀이 화상을 당했을 때 현장에서 응급조치로 즉시 아연화연고를 바른다.

63 급수부족으로 보일러가 과열되었을 때의 조치로 가장 적합한 것은?

① 냉각수를 급속히 급수하여 냉각시킨다.
② 송기밸브를 전개(全開)하고 연도댐퍼를 닫는다.
③ 연소를 중지하고 천천히 냉각시킨다.
④ 연소실 내부로 공기를 계속 공급하여 냉각시킨다.

풀이 급수부족으로 보일러에서 저수위 사고 시 과열을 제거하기 위해 연소를 즉시 중단하고 댐퍼를 열고 천천히 냉각시킨다.

64 보일러 전열면의 오손을 방지하는 방법으로 잘못된 것은?

① 연료 중 V_2O_5의 융점을 강하한다.
② 회분이 적은 연료를 사용한다.
③ 내식성이 강한 재료를 사용한다.
④ 배기가스의 노점을 강하시킨다.

풀이 전열면의 오손방지에는 고온부식 방지책으로 연료 중 회분의 융점을 높여준다.

65 작업환경과 거리가 먼 것은?

① 연소장치 화염　② 소음
③ 조명　　　　　　④ 대기

풀이 연소장치 화염 작업환경과는 거리가 멀다.

66 보일러의 과열·소손 방지대책이 아닌 것은?

① 보일러 수위를 너무 낮게 하지 말 것
② 보일러수를 분출시키지 말 것
③ 보일러수의 순환을 좋게 할 것
④ 화염을 국부적으로 집중시키지 말 것

풀이 보일러수가 농축되면 과열의 우려가 있고 스케일 생성의 원인이 된다.

67 보일러 분출 시의 유의사항 중 잘못된 것은?

① 분출 도중 다른 작업을 하지 말 것
② 2대 이상의 보일러를 동시에 분출하지 말 것
③ 안전저수위 이하로 분출하지 말 것
④ 계속 운전 중인 보일러는 부하가 가장 클 때 할 것

풀이 보일러 분출은 보일러 운전 중에 부하가 가장 작을 때 실시해야 저수위사고가 예방된다.

68 안전관리의 목적과 가장 거리가 먼 것은?

① 보일러 증기발생 증가
② 안전사고 발생요인 제거
③ 근로자의 생명 및 상해로부터의 보호
④ 사고에 따른 재산의 손실방지

풀이 안전관리의 목적 : ②, ③, ④항의 내용

69 보일러의 저수위 사고 방지대책으로 옳지 못한 것은?

① 수면계의 수위를 수시로 감시한다.
② 수면계의 통수관이 관석으로 막히지 않도록 청소해준다.
③ 자동연소 차단장치를 부착하고 그 기능을 유지하도록 주기적으로 점검한다.
④ 급수내관의 부착위치를 안전저수위 위쪽으로 조정한다.

정답 62 ② 63 ③ 64 ① 65 ① 66 ② 67 ④ 68 ① 69 ④

풀이 급수내관의 부착위치
안전저수위 아래 5cm 지점

70 보일러의 청소목적과 무관한 것은?
① 부식, 과열사고 방지를 위하여
② 열효율의 향상을 위하여
③ 발생증기를 효율적으로 사용하기 위하여
④ 통풍저항을 경감하기 위하여

풀이 ①, ②, ④항은 보일러 청소목적과 관계된다.

71 안전관리의 목적과 관계가 먼 것은?
① 사고를 사전에 예방
② 사고에 따른 재산의 손실방지
③ 근로자의 생명과 상해로부터 보호
④ 신제품의 개발 및 품질, 환경개선

풀이 신제품의 개발 및 품질개선, 환경개선은 안전관리와는 관련성이 없는 내용이다.

72 작업안전에 대한 설명으로 잘못된 것은?
① 해머작업 시는 장갑을 끼지 않는다.
② 스패너는 너트에 꼭 맞는 것을 사용한다.
③ 간편한 작업복 차림으로 작업에 임한다.
④ 전기용접작업 시는 면장갑을 낀다.

풀이 전기용접작업 시는 용접전용장갑을 낀다.

73 보일러 저수위 사고의 원인을 열거한 것 중 틀린 것은?
① 저수위 제어기의 고장
② 수위의 오판
③ 급수 역지밸브의 고장
④ 연료공급 노즐의 막힘

풀이 연료공급 노즐이 막히면 노내에 소화가 되어 연소가 중지된다.

74 보일러의 연소가스 폭발 시에 대비한 안전장치는?
① 폭발문 ② 안전밸브
③ 파괴판 ④ 연돌

풀이 폭발문은 보일러의 연소가스 폭발 시에 대비하여 연소실 후부에 설치한다. 스프링타입이 가장 많이 사용된다.

75 보일러 용수처리의 목적이 아닌 것은?
① 스케일 부착방지
② 가성취화 발생방지
③ 포밍과 캐리오버 발생방지
④ 연소상태 불량방지

풀이 연소상태와 보일러 용수처리 목적과는 관련이 없다.

76 소용량 온수보일러에 사용되는 화염검출기의 한 종류로서 화염의 발열을 이용하는 것은?
① 플레임 아이 ② 플레임 로드
③ 스택 스위치 ④ CdS 셀

풀이 스택 스위치의 설치목적
- 화염의 유무 검출
- 소용량 온수보일러에 이상적이다.
- 연도에 설치가 가능하다.

77 보일러의 안전 저수위란 보일러 운전상 유지하여야 할 어떤 수위인가?
① 최고수위 ② 상용수위
③ 중간수위 ④ 최저수위

정답 70 ③ 71 ④ 72 ④ 73 ④ 74 ① 75 ④ 76 ③ 77 ④

풀이 **최저수위**
보일러 안전에 필요한 운전상 유지해야 할 가장 낮은 수위이다.

78 보일러 운전 중 갑자기 소화되었을 때 작동하는 안전장치는?

① 수위경보기 ② 폭발문
③ 화염검출기 ④ 리셋 버튼

풀이 보일러 운전 중 갑자기 소화(실화)되면 화염검출기의 작동으로 연료공급이 중지된다.

79 온도계를 장착할 필요가 없는 보일러 부속장치 또는 위치는?

① 버너 입구 ② 오일 프리히터
③ 서비스 탱크 ④ 인젝터

풀이 인젝터는 증기분사용 급수펌프(무동력펌프)이며 Grasham형과 메트로폴리탄형이 있다.

80 보일러 안전관리의 목적으로 가장 옳은 것은?

① 연료 사용기기의 품질향상 및 단가절감
② 관계자의 능력 향상
③ 경제적인 보일러 운전과 연료절감
④ 각종 기기 및 설비 사용 시의 사고발생 및 위해 방지

풀이 보일러 안전관리란 각종 기기 및 설비사용 시의 사고발생 및 위해방지이다.

81 작업안전에 대한 설명으로 잘못된 것은?

① 해머작업 시는 장갑을 끼지 않는다.
② 스패너는 너트에 꼭 맞는 것을 사용한다.
③ 간편한 작업복 차림으로 작업에 임한다.
④ 전기용접작업 시는 감전보다는 가스폭발에 주의한다.

풀이 전기용접작업 시에는 절연용 가죽장갑을 끼는 것이 이상적이다.

82 보일러 및 연도에 들어갈 경우 주의사항으로 틀린 것은?

① 보일러 내부 및 연도의 환기를 충분히 한다.
② 다른 보일러와 연결된 경우 배가스의 역류를 방지한다.
③ 안전커버가 있는 전등을 사용한다.
④ 통풍이 원활하지 못할 때 들어가서 청소한다.

풀이 연도에 들어가는 경우 통풍소통이 원활한 경우 작업한다.

83 응축수가 많이 고여 있는 배관 내에 고압의 증기를 급격하게 보내면 발생하는 현상은?

① 증발력 증강 ② 수격작용
③ 수막현상 ④ 효율증대

풀이 응축수가 많이 고여 있는 배관 내에 고압의 증기를 급격히 보내면 워터해머(수격작용)가 발생된다.

84 안전사고 조사의 목적으로 가장 타당한 것은?

① 사고 관련자의 책임 규명을 위하여
② 사고의 원인을 파악하여 사고 재발방지를 위하여
③ 사고 관련자의 처벌을 정확하고 명확히 하기 위하여
④ 재산, 인명 등의 피해정도를 정확히 파악하기 위하여

풀이 **안전사고의 조사 목적**
사고의 원인을 파악하여 사고 재발방지를 위해서이다.

정답 78 ③ 79 ④ 80 ④ 81 ④ 82 ④ 83 ② 84 ②

85 보일러 가동 시 역화의 원인과 가장 무관한 것은?

① 연료의 인화점이 너무 낮다.
② 프리퍼지가 부족하다.
③ 1차 공기의 압력이 부족하다.
④ 연료 중 회분량이 많다.

풀이 연료 중 회분량이 많으면 발열량이 저하하고 재처리가 많아진다.

86 증기배관에서 수격작용이 발생하는 원인과 가장 거리가 먼 것은?

① 증기트랩이 고장일 경우
② 증기관 내에 응축수가 고여 있을 경우
③ 주증기밸브를 급개할 경우
④ 저수위일 경우

풀이 저수위 사고는 보일러 압력초과나 파열의 위험이 발생된다.

87 보일러가 최고사용압력 이하에서 파손되는 이유로 가장 옳은 것은?

① 안전장치가 작동하지 않기 때문에
② 안전밸브가 작동하지 않기 때문에
③ 안전장치가 불완전하기 때문에
④ 구조상 결함이 있기 때문에

풀이 보일러가 최고사용압력 이하에서 파손되는 이유는 구조상 결함이 있기 때문이다.

88 보일러의 안전관리상 가장 중요한 것은?

① 연도의 부식방지
② 연료의 예열
③ 2차 공기의 조절
④ 상용수위 유지

풀이 보일러 안전관리상 주의사항
  • 저수위 사고방지
  • 압력초과방지
  • 노내 가스폭발방지

89 오일 연소장치에서 역화가 발생하는 원인과 무관한 것은?

① 1차 공기의 압력 부족
② 점화할 때 프리퍼지 부족
③ 물 또는 협작물 혼입
④ 송풍량이 증가할 때

풀이 송풍량이 풍부하면 역화가 방지된다.

90 보일러 방폭문이 설치되는 위치로 가장 적합한 것은?

① 연소실 후부 또는 좌우측
② 노통 또는 화실 천장부
③ 증기드럼 내부 또는 주증기 배관 내
④ 연도

풀이 방폭문의 설치장소
  연소실 후부 또는 연소실 후부의 좌우측

91 신설 저압보일러에서 소다 끓임(알칼리 세관)을 하는 것은 주로 어떤 성분을 제거하기 위해서인가?

① 스케일 성분
② 인산염 성분
③ 페인트 또는 유지나 녹
④ 탄산염 성분

풀이 신설 저압보일러에서 소다 끓임, 즉 알칼리 세관을 하는 목적은 본체 내의 유지성분을 제거하기 위해서이다.

정답 85 ④ 86 ④ 87 ④ 88 ④ 89 ④ 90 ① 91 ③

CHAPTER 003 급수처리, 세관 및 보존

SECTION 01 급수처리

1. 급수처리의 목적

(1) 전열면의 스케일 생성방지
(2) 보일러수의 농축방지
(3) 부식의 방지
(4) 가성취화 방지
(5) 기수공발 현상의 방지

2. 수질이 불량할 때의 장해

(1) 발생한 증기가 불순하다.
(2) 비수를 유발시킨다.
(3) 슬러지, 스케일의 고착 등에 의한 열전도가 방해되고 각종 관을 폐쇄시킨다.
(4) 분출을 자주 하게 됨으로써 열손실이 많아진다.
(5) 청소를 자주 하게 되기 때문에 약품 등이 소모되고 많은 노력을 필요로 한다.

3. 보일러수의 종류

(1) 천연수
(2) 상수도수
(3) 하천수
(4) 복수(응결수)
(5) 급수처리수

4. 물에 관한 용어

1) PPM(Parts Per Million)

수용액 $1l$(1kg) 중에 함유하는 불순물의 양을 mg으로 표시한다.(중량 백만분율)
즉, 수용액 $1,000l$ 중 1g에 상당하고 1/1,000,000에 해당함으로써 이것을 1ppm이라 하며 그 표시는 mg/kg, mg/l, g/ton, g/m^{3}으로 표시된다.

2) PPB(Parts Per Billion)

수용액 1,000kg 중에 불순물의 양 1mg을 단위로 취하고 1ppb라 하며 그 표시는 mg/ton, mg/m^3, 즉 10억분율이다.

3) EPM(Equivalents Per Million)

당량 농도라고 하며 용액 1kg 중의 용질 1mg당량, 즉 100만 단위중량 중의 1단위 중량 당량에 해당한다.(당량 수는 분자량을 원자가로 나눈 값이다.)

5. 수질용어

1) 탁도

탁도란, 점토 등의 현탁성에 의하여 물이 탁해진 정도로서 증류수 1l 중에 카올린(Al_2O_3, $2SiO_2$, $2H_2O$) 1mg이 함유된 것을 탁도 1도라 한다.

2) 경도(Degree of Hardness : Haztegrad)

수중에 함유하고 있는 칼슘(Ca) 및 마그네슘(Mg)의 농도를 나타낼 때의 척도이며 이것에 대응하는 탄산칼슘(CaCO) 및 탄산마그네슘($MgCO_3$)의 함유량을 편의상 ppm으로 환산하여 나타낸다.

(1) **탄산염 경도(일시경도)** : 수중의 (Ca^+) 및 (Mg^{2+})이 중탄산이온(HCO_3^{2+})과 결합하고 있는 성분을 탄산염 경도라 한다. 그러나 끓이면 경도성분이 제거된다.(중탄산염)
(2) **비탄산염 경도(영구경도)** : 수중의 (Ca^+) 및 (Mg^{2+}), 염소이온(Cl^-) 즉, 염화물이나 황산염(SO_4^{2-})과 결합하고 있는 성분이 비탄산염 경도이고 물을 끓여도 경도성분이 침전되지 않고 존재한다.
(3) **칼슘 경도** : 수중의 Ca 양을 그와 상응하는 탄산칼슘($CaCO_3$)으로 표시한 것
(4) **마그네슘 경도** : 수중의 Mg양을 그와 상응하는 탄산칼슘($CaCO_3$)으로 표시한 것
(5) **총 경도** : 칼슘 경도와 마그네슘 경도의 합이다.

3) 경도의 표시

(1) **탄산칼슘($CaCO_3$) 경도** : 수중의 Ca와 Mg양을 탄산칼슘($CaCO_3$)으로 환산해서 PPm으로 표시한다.
(2) **독일경도(dH)** : 수중의 Ca양과 Mg양을 산화칼슘(CaO)으로 환산해서 나타낸다.
    즉, 수중에 Ca와 Mg이 함유되어 있을 때 Mg을 산화마그네슘(MgO)으로 Mg량에다 1.4배하여 CaO로 환산한다.

예 Mg이 2mg이 수중에 함유되어 CaO로 환산하자면 2mg×1.4=2.8mg, 즉 마그네슘(Mg) 2mg은 칼슘(Ca) 2.8mg과 같다는 뜻이다.

※ 독일경도(CaO, $\frac{mg}{100ml}$) : 물 100mL 중에 CaO가 1mg이 들어있는 경도 1도(1°dH)다.

㉠ 수중의 경오 성분함량 분류
- 경수 : 칼슘경도 10.5 이상의 물(센물)
- 연수 : 경도 9.5 이하의 물(단물)
- 적수 : 경도 9.5~10.5 사이의 물

연수는 비눗물이 잘 풀어지나 경수는 비눗물이 잘 풀어지지 않는다. 일반적으로 연수, 경수의 구별은 경도 10을 기준하여 경도 10 미만은 연수, 경도 10 이상은 경수라 칭한다.

4) pH(수소이온 농도지수)

(1) 순수한 물은 약간 전리하며 그 수소이온(H^+)과 수산화이온(OH^-)은 실온에서 10^{-7} mol/l 의 비율로 존재한다. 즉, 물에 산을 가하면 H^+의 농도가 증가하지만 H^+과 OH^-의 곱은 순수한 물의 경우와 같다. 따라서 H^+이 증가하면 OH^-은 감소한다.

(2) H^+양과 OH^-양을 곱한 것이 물의 이온적이다.

(3) 순수한 물의 H^+양과 OH^-양은 각각 10^{-7} mol이므로 물의 이온적은 10^{-14}이다. 즉, 물의 이온적(K)=$10^{-7} \times 10^{-7}$=10^{-14}이므로 이온적 10^{-14}의 물은 산 수용액과 알칼리 수용액 모두에 해당한다.

(4) pH는 물이 함유하고 있는 수소이온(H^+) 농도지수를 나타낼 때의 척도이다.

(5) 물 1l 중에 H^+의 몰수(g이온수)를 그 수용액의 수소이온 농도라고 하며 [H^+]로 표시한다.

(6) 물 1l 중에 OH^-의 몰수(g이온수)를 그 수용액의 수산이온 농도라고 하며 [OH^-]로 표시한다.

(7) pH는 물의 이온적에 따라 0~14까지 있다.

① pH가 7 → 중성
② pH가 7 초과 → 알칼리
③ pH가 7 미만 → 산성

> [H^+][OH^-]=10^{-14}
> - 중성 물 : [H^+]=[OH^-]=10^{-7}
> - 산성 물 : [H^+]>[OH^-]
> - 알칼리성 물 : [H^+]<[OH^-]
> - pH=$\log_{10} \frac{1}{[H^+]}$

> **Reference** pH 지시약
>
> - pH지시약은 중화 적정 시 중화점을 알아내기 위해서 pH값에 따라 색이 변하는 색소를 이용한다. 즉, pH지시약 리트머스 시험지가 물속에서 적색으로 변하면 그 물은 산성, 청색이면 알칼리성이 된다.
> - pH지시약은 pH 측정시의 간이시험용으로 용이하게 물이 산성인지 중성인지 알칼리성인지를 확인한다.

▼ pH 지시약의 종류

지시약명	산성	중성	알칼리성	용도
메틸오렌지(M.O)	적색	주황색	황색	강산, 약염기에 적정
페놀프탈레인(P·P)	무색	무색	적색	약산, 강염기에 적정
리트머스(Litmus)	적색	보라색	청색	사용하지 않는다.
메틸레트(M.E)	적색	주황색	황색	강산, 약염기에 적정

5) 산도(알칼리 소비량)

산도란, 수중에 함유하고 있는 탄산, 광산, 유기물 등의 산분을 중화하는 알칼리분을 ppm또는 이것에 대응하는 탄산칼슘을 ppm으로 표시한 것이며 이 1ppm을 산도 1도라고 한다.

6) 색도

물의 색도를 나타낸 것으로서 물 1*l* 속에 색도 표준용액 1mL가 함유되면 색도 1도라 한다.

7) 알칼리도(산소비량)

수중에 녹아 있는 중탄산염, 탄산염, 수산화물, 인산염, 규산염 등의 알칼리분을 중화시키기 위한 황산의 양을 알칼리도라 하며 M알칼리도, P알칼리도가 있다.

SECTION 02 급수 속의 불순물과 장해

1. 불순물의 분류

1) 물에 녹지 않고 섞여 있는 것

(1) 찌꺼기
(2) 모래
(3) 석회분
(4) 유기물 유지

2) 물에 녹아 있는 것

(1) 산소
(2) 탄산가스
(3) 질소

3) 물에 녹기 쉬운 것

(1) 중탄산칼슘
(2) 중탄산마그네슘
(3) 초산칼슘
(4) 염화마그네슘
(5) 황산마그네슘
(6) 초산마그네슘
(7) 염화나트륨
(8) 염화칼슘

4) 물에 잘 녹지 않는 것

(1) 탄산칼슘
(2) 황산칼슘
(3) 탄산마그네슘
(4) 규산
(5) 알루미나
(6) 탄산철
(7) 수산화 제2철
(8) 수산화마그네슘

2. 불순물의 종류와 장해

▼ 수중의 주요 불순물에 의해 보일러 설비에서 발생되는 장해

불순물		발생부위	장해 1차적 장해	2차적 장해 혹은 1차적 장해의 보충	비고
경도성분 ($Ca_2^+ Mg_2^+$)	①	급수계통	스케일 부착	보일러 내 처리제의 부적절, 급수의 고온 등에 의해 스케일 부착	지하수 등에 비교적 많이 함유
	②	보일러의 증발관	스케일 부착	열전도 저하 → 국부가열 → 팽출 파열	
	③	보일러의 드럼 저부 (低部)	슬러지 퇴적	부식(용존산소, 기타 산화성 물질이 공존하는 경우)	
철(Fe)		②와 동일			지하수에 많이 함유
		③과 동일			
황산이온 (SO_3^{2-})		②와 동일(Ca^{2+} 공존의 경우)			하천수, 지하수에 함유
		③과 동일(Ca^{2-} 공존의 경우)			
실리카 (SiO_2)	④	과열기관	캐리오버	스케일 부착 → 국부가열 → 팽창파열 과열기관이 막힘 → 막힌 관의 증기유량 0 → 보일러의 발생증기량 감소	하천수, 지하수에 함유
		보일러	부식	스케일 부착 → 효율·출력 저하	
전고형물		④와 동일			
		⑤와 동일			
	⑥	보일러	부식	부식촉진	
M알칼리도 성분 (H^+CO_3 등)	⑦	보일러	부식	강의 응력부식, 동 합금의 부식(보일러수의 알칼리도, pH가 아주 높은 경우)	지하수에 많이 함유
		④와 동일			
		⑤와 동일			
유기물		④와 동일(유기물 자체는 스케일 성분으로 안 되지만 캐리오버 촉진)			지하수, 호수 오염수에 많이 함유
		⑤와 동일(유기물 자체는 스케일 성분으로 안 되지만 캐리오버 촉진)			
		이온교환장치	수지오염	이온교환수지의 능력저하	
용존산소 (O_2)	⑨	각 계통	부식	점식의 주원인	지하수가 대지와 접촉하면 O_2의 용존량을 증가
유리탄산	⑩	각 계통, 특히 복수, 급수계통	부식	일반부식의 주원인	지하수, 호수, 응축수에 많이 함유
유리염소 (Cl_2)	⑪	급수계통, 보일러	부식	전식의 주 원인	수도수의 살균을 위해 정수장에서 인위적으로 주입
	⑫	이온교환 장치	수지의 산화	이온교환수지의 능력저하	
염소이온 (Cl)	⑬	각 계통	부식	부식촉진 특히 오스테나이트계 스테인리스강의 응력부식 촉진	하천수, 지하수에 함유

▼ 물에 대한 스케일 생성성분의 용해도

성분	농도단위	용해도(온도)				비고
탄산칼슘 [$CaCO_3$(방해석)]	ppm	14.3 (25℃)	15.0 (50℃)	17.8 (100℃)		공기 중에 CO_2를 함유하지 않은 경우
수산화칼슘 [$Ca(OH)_2$]	ppm	1,130 (25℃)	910 (50℃)	520 (100℃)	84 (190℃)	
황산칼슘 [$CaSO_4$]	ppm	2,980 (20℃)	2,010 (45℃)	670 (100℃)	76 (200℃)	
황산마그네슘 [$MgSO_4$]	g/100g H_2O	35.6 (20℃)	58.7 (67.5℃)	48.0 (100℃)	1.6 (200℃)	

1) 가스분

(1) 종류 : 산소, 탄산가스, 암모니아, 아황산, 아질산
(2) 장해 : 보일러의 부식 발생

2) 용해고형물

(1) 종류 : 탄산염, 규산염, 유산염, 황산염, 인산염, 중탄산염
(2) 장해
　　① 슬러지 발생으로 관석이 생겨서 열전도가 지연
　　② 캐리오버 발생
　　③ 부식 발생
　　④ 황산염, 규산염으로 관석이 발생

3) 고형협잡물

(1) 종류 : 흙탕, 모래, 유지분, 수산화철, 유기미생물, 콜로이드상의 규산염
(2) 장해
　　① 침전물의 퇴적
　　② 스케일에 의한 열전도 방해
　　③ 부식, 포밍, 캐리오버 발생

4) 염류

(1) **종류** : 탄산칼슘, 탄산마그네슘, 황산칼슘, 황산마그네슘, 염화마그네슘
(2) 장해
  ① 스케일(Scale) 생성
  ② 과열 초래
  ③ 침전물 부착

5) 알칼리분

(1) 장해
  ① 청동을 부식시킨다.
  ② 가성취화 발생으로 열전도 방해
  ③ 균열을 일으킨다.

6) 유지분

(1) 장해
  ① 열전도 방해
  ② 과열을 일으킨다.
  ③ 보일러판의 부식
  ④ 포밍 발생

7) 가수분해

급수 속에 산소 및 탄산가스가 포함되면 부식의 원인이 된다. 급수 속에 공기가 포함되면 이런 가스가 존재하여 열을 받고 분리된다. 특히 20℃의 물속에는 약 6ppm의 산소가 공존한다.

SECTION 03 급수처리의 방법과 해설

1. 급수처리의 방법

- 화학적인 처리방법
- 기계적인 처리방법
- 전기적인 처리방법

1) 보일러수 외처리의 종류

(1) 여과법
(2) 침전법
(3) 응집법
(4) 증류법
(5) 약품처리법
(6) 기폭법
(7) 탈기법

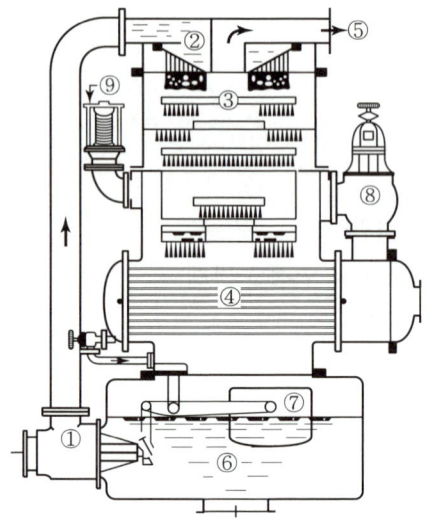

① 자동급수 조절밸브
② 수실상부
③ 살수부
④ 가열관
⑤ 배기구
⑥ 하부 물탱크
⑦ 플로트
⑧ 압력 조절밸브
⑨ 토출밸브

| 탈기기 |

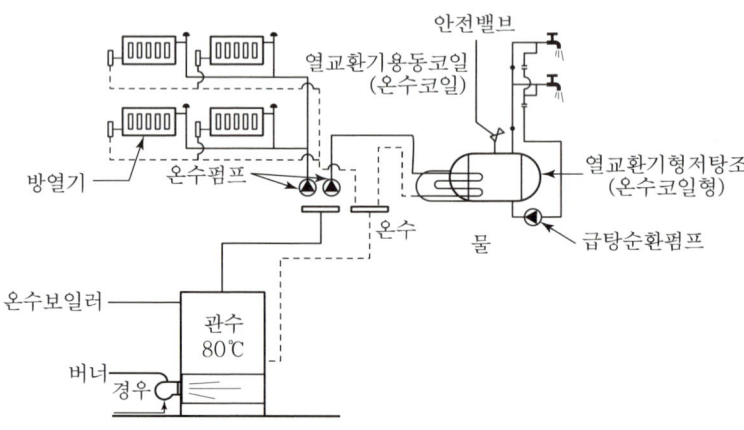

| 보일러 외처리 및 내처리 공정도 |

2) 보일러수 내처리의 종류

(1) 청관제 사용법   (2) 보호피막에 의한 법
(3) 페인트 도장법   (4) 아연판 부착법
(5) 전기를 통하게 하는 법

2. 급수처리 외처리

1) 용존가스분의 처리

(1) 기폭법

① 기폭법의 역할
- 탄산을 분해하여 탄산가스를 처리한다.
- 급수 중의 탄산가스, 철, 망간(CO_2, Fe, Mn) 등을 제거한다.
- 수중에서 기체에 용해되는 주위에 있는 대기 중의 가스의 분압에 비례한다는 헨리법칙을 적용한 것이다.
- 수온이 높을수록 효과적이다.
- 기폭시간이 길수록 결과가 좋다.
- 물과 공기량의 접촉이 많을수록 효과적이다.
- 물의 표면적이 클수록 효과적이다.
- 수중의 가스농도가 높고 주위 대기 중의 가스농도가 낮을수록 커진다.

② 기폭의 방법
- 강수방식 : 공기 중에 물을 유하시킨다.
- 용수 중에 공기를 흡입한 방식

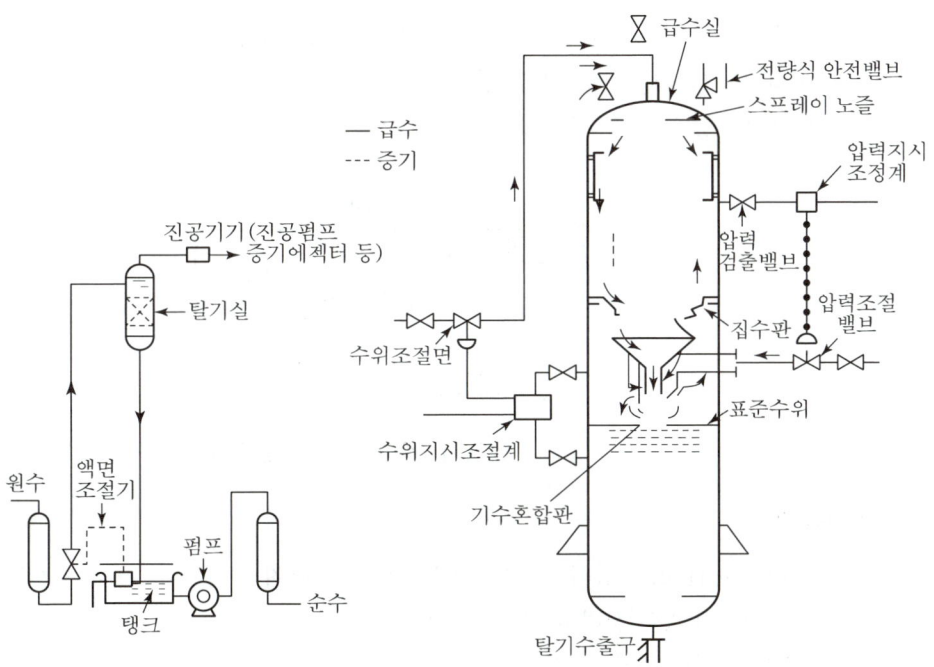

┃ 스프레이형 가열탈기기 구조의 일례 ┃

③ 기폭 처리방법
- 물의 공중낙하에 의한 기폭 → 스프레이식 · 플레이트식, 목제분식 · 강제통풍식
- 공기확산에 의한 기폭 → 압축공기에 의한 방법

(2) 탈기법

① 급수 중에 용존되어 있는 O_2나 CO_2 제거에 사용되지만 주목적은 O_2의 제거이다.

② 탈기효율
- 진동도가 물의 증기압에 가까울수록 높다.
- 처리하는 급수가 미세할수록 높다.

③ 탈기방식
- 진공탈기 : 감압장치는 진공펌프, 공기이젝터 사용
- 가열탈기 : 터빈의 추유 또는 생증기로 물을 비점온도까지 가열해서 탈기한다.(트레이식)
- 스프레이식 : 스프레이 노즐에서 분무시킨다.

2) 현탁질 고형물의 처리

(1) 여과법

① 여과기 내로 급수를 보내어 크기가 0.01~0.1mm 정도 큰 협잡물을 처리한다.
② 침강속도가 느리거나 침강분리가 곤란한 협잡물의 처리에 적용된다.
③ 완속여과와 급속여과가 있으나 급속여과가 주로 사용된다.
④ 여과기는 개방형의 중력식과 밀폐형의 압력식이 있다.
⑤ **여과재** : 모래, 자갈, 활성탄소, 엔트라사이트

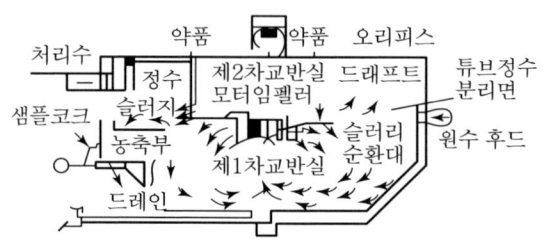

‖ 슬러지-순환식 급속 침전장치 ‖

(2) 침강법

① 크기가 0.1mm 이상의 큰 협잡물은 자연 침강하여 처리된다.
② 처리시간이 많이 걸려서 명반을 사용한다.
③ **방법** : 회분식 침강, 연속식 침강

(3) 응집법

① 콜로이드상의 미세한 입자는 여과나 침전으로는 처리되지 않기 때문에 응집제를 첨가하여 흡착결합 후 자연 침강되게 하여 처리한다.

② 응집제 : 황산알루미늄, 폴리염화알루미늄

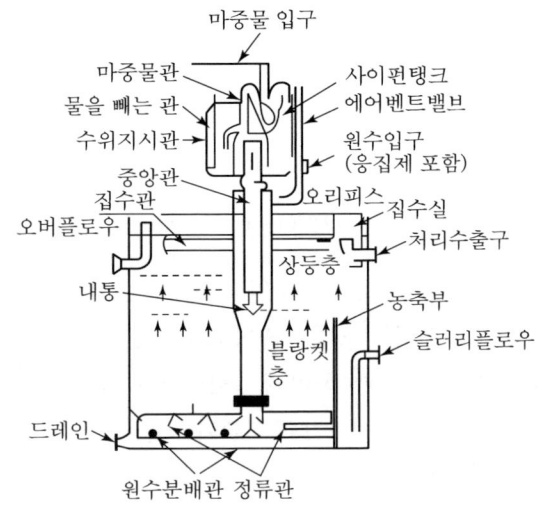

∥ 맥동식 급속 응집침전장치 ∥

3) 용존고형물의 처리

(1) 증류법

① 물을 가열시켜 발생된 증기를 응축하여 좋은 수질을 얻는다.

② 증류법은 비경제적이나 박용 보일러에서는 사용이 가능하다.

(2) 약품첨가법

물속에 소석회, 소다회, 제올라이트 등을 가하여 중탄산염 및 유산염, 탄산염 또는 수산화물로 침전시켜 경수를 연수로 만든다.

(3) 이온교환법 종류

① 단순연화(경수연화) : Na^+ 이외의 양이온을 Na^+로 이온교환시킨다.

② 탈알칼리 연화 : 양이온의 이온교환은 단순연화와 동일하지만 그 외의 알칼리도 성분(중탄산염)의 대부분은 제거된다.

③ 탈염 : 실리카 이외의 모든 전해질(이온상 실리카까지)을 제거한다.

(4) 이온교환법 원리

이온교환법은 이온교환체에 결합하고 있는 특정이온과 급수 중의 이온을 교환하여 경수를 연수로 연화시키는 방법이다.

① 이온교환 수처리 방법은 원수를 Na형의 강산성 양이온 교환수지에 통과시켜 원수 중에 칼슘(Ca^{2+}), 마그네슘(Mg^{2+}) 이온을 수지 중에 Na이온과 교환하는 방법이며, 저압보일러의 급수와 세척용 수처리에 사용된다.

② 강산성 양이온 교환수지의 이온 선택성은 $Ca^{2+} > Mg^{2+} > Na^+$ 이므로 경수 연화반응은 다음과 같다.

$$2(RSO_3Na) + Ca^{2+} \rightleftarrows (RSO_3)_2Ca + 2Na^+R$$

③ 경수연화반응은 가역반응이라서 원수 중에 Ca, Mg 이온보다 많은 경우에는 연화반응이 화학평형의 역으로 되어 경도의 누출이 많고 교환용량도 감소한다. 따라서, 이런 경우에는 재생레벨을 높여서 운전해야 하며 재생재로서 5~15% 식염수, 해수는 때에 따라서 황산소다(Na_2SO_4)를 사용한다. 황산칼슘 석출이 되는 것을 줄이기 위하여 재생재의 농도를 낮추어서 비교적 저속으로 재생한다.

$$(RSO_3)_2Ca + NaSO_4 \rightarrow RSO_3Na + CaSO_4 \downarrow$$

④ 양이온 교환수지는 스티렌(Styrene)과 디비닐벤젠(Divinylbenzene)과의 구상 공중합물을 슬폰화한 것이다.(상품은 Na형으로 되어 있다.)

⑤ $Ca(HCO_3)_2$, $Mg(HCO_3)_2$와 같이 중탄산기와 결합한 경도를 일시경도라 한다.
 이와 같은 약산성 양이온 교환수지로 교환이 가능하다.

⑥ 물질수지의 결정
- 역세(Back Washing) : 사용수는 원수 또는 처리수이며 유속은 역세전개율이 50~80% 되는 유속이 필요하며 역세유속은 수온에 따라 변화하며 양이온 교환수지 SKIB의 경우 5℃(10m/h), 10℃(13m/h), 15℃(16m/h), 20℃(19m/h), 25℃(21m/h)이다.
- 세정시간 : 5분
- 약주 : 사용수는 원수 또는 처리수, 약주농도는 10W/V%, 약주시간은 30분
- 압출 : 사용수 또는 처리수, 수량은 수지부피의 1배 이상 회석수의 유속시간은 5분 단위
- 수제 : 사용수는 원수 또는 처리수, 수량은 수지부피의 10배 이상, 시간은 통수, 속도시간은 5분 단위

⑦ 조작법
- 이온교환수지는 수지통에 넣어서 사용하는 것이 편리하고 효율이 좋아서 대부분 이 방법을 사용하고 있다.
- 역세 : 피처리액을 통액하면 수지층 중에 원수 중의 수지층을 풀어주기 위하여 통의 밑면으로부터 위로 물을 통과시킨다.(Back Washing)
- 통약(Regeneration) : 재생제액을 수지통에서부터 아래로 서서히 통과시킨다. 재생제 어양은 수지의 종류, 처리, 목적 등에 따라 다르고 일정하지 않다.
- 치환(Expulsion) : 수지층에는 미반응의 재생제액이 남아 있으므로 이것을 충분히 이용하기 위하여 재생에 있어서 물을 재생액과 같은 요령으로 수지통의 상부에서부터 주입하여 재생과 같은 유속으로 압출한다.
- 수세(Rinse) : 압출공정 후에 수지층에 남아 있는 재생폐약을 씻어내는 공정

> **Reference** KBO 3711 이온교환처리장치의 운전공정

→ 역세 → 통약 → 압출 → 수세 → 부하 ←

3. 급수처리 내처리

1) 청관제의 종류

(1) 종류
① 무기물 : 탄산소다, 가성소다, 인산 제3소다, 아황산소다, 황산알루미늄
② 유기물 : 탄닌류, 전분(녹말) 등
③ 혼합물

(2) 청관제 사용상의 주의사항
① 청관제 주입장치는 급수배관계통에서 주입한다.
② 청관제 사용량은 급수량과의 비율을 충분히 고려하여 비례한다.
③ 청관제를 일시에 다량으로 주입하면 급격한 농도변화가 생긴다.

▼ 보일러 내처리제로 사용되는 약제의 종류 및 작용

약품명	분자식	작용
수산화나트륨 탄산나트륨 제3인산나트륨 제1인산나트륨 핵사메타인산나트륨 인산 암모니아	NaOH Na_2CO_3 Na_3PO_4 NaH_2PO_4 $Na_6P_6O_{18}$ H_3PO_4 NH_3	pH, 알칼리 조정제 (급수, 보일러의 pH 및 알칼리도를 조절하고 스케일 부착 시 보일러 부식방지)
수산화나트륨 탄산나트륨 제3인산나트륨 제2인산나트륨 핵사메탄인산나트륨 메트라인산나트륨	NaOH Na_2CO_3 Na_3PO_4 Na_2HPO_4 $Na_6P_6O_{18}$ $Na_6P_4O_{13}$	경수연화제 (보일러수의 경도 성분을 불용성으로 침전, 측 슬러지로 하여 스케일 부착방지)
탄닌 리그닌 전분 해초추출물 고분자유기화합물	$(C_6H_{10}O_5)n$	슬러지 조정제 (화학적 및 물리적 작용에 의해 슬러지를 보일러수 중에 분산·현탁시켜서 블로하기 쉽게 하고 스케일 부착을 방지)
아황산나트륨 중아황산나트륨 히드라진 탄닌	Na_2SO_3 Na_2HSO_3 NaH_4	탈산소제 (급수 중의 용존산소를 화학적으로 제거하여 부식을 방지)
고급지방산폴리아민 고급지방산폴리알코올		포밍 방지제
질산나트륨 인산나트륨 탄닌 리그린	$NaNO_3$	가성취화 방지제

2) 청관제의 적정 사용처

(1) pH 및 알칼리도 조정제

① 보일러 부식 및 스케일 생성을 방지하기 위해서 사용된다.
② **조정제** : 수산화나트륨(가성소다), 탄산나트륨, 인산3나트륨, 암모니아 등 알칼리 및 pH 조정제이다.
③ 탄산나트륨은 고온수에서 가수분해를 일으키기 때문에 고압보일러에서는 사용이 불가능하다.

(2) 경도성분 연화제

① 용수 중의 경도성분인 불순물을 슬러지로 만들어서 스케일의 생성을 방지한다.
② **연화제** : 수산화나트륨, 탄산나트륨, 각종 인산나트륨

(3) 슬러지조정(Sludge)

① 스케일 성분을 슬러지로 만들어서 관석의 생성을 방지한다.
② **조정제** : 탄닌, 전분, 리그린 등

(4) 탈산청소(탈산소제)

① 용수 중에 산소가 약 6ppm 정도 들어 있다. 이것은 점식의 부식발생 원인이 되므로 산소를 제거해야 한다.
② **탈산청소** : 아황산소다(고압보일러는 히드라진을 사용한다.)
③ 저압보일러용은 아황산소다, 히드라진, 탄닌 등
아황산나트륨 반응 : $2Na_2SO_3 + O_2 \rightarrow 2Na_2SO_4$
히드라진 반응 : $NaH_4 + O_2 \rightarrow N_2 + 2H_2O$

(5) 가성취화 억제제

① 고온고압보일러에서 pH가 12 이상이 되면 알칼리도가 높아져서 Na, H 등이 강재의 결정 경계에 침투하여 재질을 열화시키는 현상이다.
② **억제제** : 인산나트륨, 탄닌, 리그닌, 질산나트륨

(6) 기포방지제(포밍방지제)

① **방지제** : 고급지방산 알코올, 고급지방산 에스테르, 폴리아미드, 프탈산아미드

▼ 내처리 방식에 따른 처리제와의 관계

처리방식 항목	알칼리 처리	인산염 처리	휘발성 물질 처리
처리약제	수산화나트륨 제3인산 나트륨	제3인산 나트륨 제2인산 나트륨	암모니아 히드라진
pH 범위	10.5~11.8	9.0~10.5	8.5~9.0
특징	• 정상상태 및 저온의 경우 방식력이 크다. • pH 조정이 쉽다. • 경도성분에 대응하기 쉽다.	• 정상상태 및 저온의 경우 방식력이 크다. • 경도성분에 대응하기 쉽다.	• 고형물량이 적다. • 블로량이 적다. • 알칼리 성분의 농축이 없다.
문제점	• 고형물 양이 많다. • 알칼리 부식의 우려가 있다. • 인산염의 하이드 아웃	• 고형물 양이 많다. • 국부부식의 우려가 있다. • 인산염의 하이드 아웃	• 냉각수가 주입되는 경우, 인산염의 조기주입이 필요 • 저온에서 부식방지가 어렵다. • 실리카의 허용치가 낮다.

3) 급수와 보일러수의 pH 한계치

(1) 급수의 pH

① 구리합금이 없는 경우 : pH 범위는 8.0~9.0
② 구리합금이 있는 경우 : pH 범위는 9.0 이하 엄수

(2) 보일러수의 pH

① 일반적으로 pH는 10.5~11.8
② 일반적으로 pH는 12 이하로 유지한다.

4) pH 알칼리도 조정제, 경수연화제, 탈산청소 개요와 반응식

(1) pH 알칼리도 조정제

pH와 부식에 관계하여 부식을 방지하는 조건으로 pH를 적당한 범위의 높은 수치로 유지하여야 한다. 또 보일러수 중의 경도성분을 불용성의 것으로 하여 스케일 부착방지를 위해서도 pH를 적당히 높게 하여야 하며, pH가 커지면 Ca나 Mg 화합물의 용해도는 감소하게 된다. 알칼리 조정제에는 관수에 알칼리를 부여하는 부여제와 과도한 알칼리 농도를 억제하는 억제제의 두 가지가 있다.

① 알칼리 부여제 : 수산화나트륨, 탄산나트륨, 고압보일러에는 수산화나트륨, 인산 제3나트륨, 암모니아가 있다. 수산화나트륨은 조해성이 강해 피부를 상하게 하고 눈에 들어가면 수정체를 상하게 하여 실명하는 경우가 있으므로 취급에 주의를 요한다.(수산화나트륨 NaOH의 반응식)

$Ca(HCO_3)_2 + 2NaOH \rightarrow CaCO_3 + NaCO_3 + 2H_2O$

$Mg(HCO_3)_2 + 4NaOH \rightarrow Mg(OH)_2 + Na_2CO_3 + 2H_2O$

$MgCl_2 + 2NaOH \rightarrow Mg(OH)_2 + 2NaCl$

② 탄산나트륨(소다회 : Na_2CO_3)을 사용하면 대기 중에서 비교적 안정하고 가격이 싸며 수산화나트륨보다 위험성이 적다.

$NaCO_3 + H_2O \rightarrow 2NaOH + CO_2$

③ 인산나트륨 : 고압보일러에서는 내부 부식 때문에 보일러수 pH치를 유지하는 방법으로 사용된다.

(2) 경수연화제

① 경도 성분을 불용성의 화합물, 즉 슬러지로 변화시켜 스케일의 부착을 방지하는 약제이다. 종류는 수산화나트륨, 탄산나트륨, 인산나트륨 등이다.

$Ca(HCO_3)_2 \rightarrow CaCO_3 + CO_2 + H_2O$

$Mg(HCO_3)_2 \rightarrow Mg(OH)_2 + 2CO_2$

$CuSO_4 + NaCO_3 \rightarrow CaCO_3 + Na_2SO_4$

$MgCl_2 + 2NaOH \rightarrow Mg(OH)_2 + 2NaCl$

② 중화인산나트륨 : 트리폴리인산나트륨($Na_3P_4O_{13}$), 헥사메타인산나트륨($Na_6P_6O_{18}$)이 있다.

(3) 탈산청소(용존산청소거제)

① 아황산소다(Na_2SO_3) : 물 속의 산소와 결합하여 황산소다가 된다.

$2Na_2SO_3 + O_2 \rightarrow 2Na_2SO_4$(산소와 아황산소다의 비는 1 : 7.88)

이 반응은 pH가 9.6~10.6에서 가장 효과가 좋고 pH 12에서 가장 느리다.

② 히드라진(N_2H_4) : 인화점이 낮고 환원성이며 유독성 물질이다. 위험을 줄이기 위하여 35% 수용액으로 판매한다.

$N_2H_4 + O_2 \rightarrow 2H_2O + H_2 \uparrow$

SECTION 04 슬러지 및 스케일

1. 슬러지(Sludge)와 스케일(Scale) 생성

1) 슬러지(Sludge)

가마검댕이라 하며 보일러 동내부의 바닥에 침전하여 앙금 상태로 쌓여 있는 연질의 불순물이다. 고착하지 않은 관계로 분출 시에 일부가 배출된다.

(1) 주성분

   탄산염, 수산화물, 산화철 등이다.

(2) 슬러지의 장해

   ① 부식
   ② 과열
   ③ 취출관의 폐쇄원인

2) 스케일(Scale)

(1) 스케일의 주성분은 칼슘, 마그네슘의 탄산염, 유산염, 실리카, 황산칼슘, 황산마그네슘이다.
(2) 관석은 규산칼슘, 황산칼슘이 주성분이다.
(3) 슬러지는 탄산칼슘, 인산칼슘, 수산화마그네슘, 탄산마그네슘이다.
(4) 스케일이 보일러에 미치는 영향은 스케일의 열전도율이 0.2~2kcal/mh℃ 정도로서 단열재와 같아서 열전도의 방해로 인한 전열면이 과열되어 각종 부작용이 일어난다.

(5) 스케일의 장해

   ① 보일러 효율 저하
   ② 연료소비가 증대한다.
   ③ 배기가스의 온도를 높인다.
   ④ 과열로 인한 파열사고가 일어난다.
   ⑤ 보일러 순환의 장해
   ⑥ 전열면의 국부과열 현상

(6) 스케일의 생성원인

   ① 높은 온도에 의해 용해도가 낮은 형태로 변화하여 석출하는 경우
   ② 온도의 상승에 의해 용해도가 저하하여 석출하는 경우

③ 농축에 의하여 과포화상태로부터 석출하는 경우
④ 이온화 경향이 낮은 물질이 보일러에 유입하여 석출하는 경우
⑤ 알칼리성의 용액에서 용해도가 저하하여 석출하는 경우

(7) 스케일의 생성과정
① **중탄산칼슘** : $Ca(HCO_3)_2 \rightarrow CaCO_3 + H_2O + CO_2 = CaCO_3$(탄산칼슘 생성)
② **중탄산마그네슘** : $Mg(HCO_3)_2 \rightarrow MgCO_3 + H_2O + CO_2 = MgCO_3$(탄산마그네슘 생성)
③ **탄산마그네슘** : $MgCO_3 + H_2O \rightarrow Mg(OH)_2 + CO_2 = MgOH_2$(수산화마그네슘 생성)
④ **염화마그네슘** : $MgCl_2 + 2H_2O \rightarrow Mg(OH)_2 + 2HCl = MgOH_2$(수산화마그네슘 생성)
⑤ **황산칼슘** : $3CaSO_4 + 2Na_3PO_4 \rightarrow Ca_3(PO_4)_2 + 3Na_2SO_4$
⑥ **황산마그네슘** : $MgSO_4 + CaCO_3 + H_2O \rightarrow CaSO_4 + Mg(OH)_2 + CO_2$

(8) 스케일의 생성원인
① 가온에 의해 용해도가 낮은 형태로 변화하여 석출하는 경우
　　탄산칼슘($CaCO_3$)이나 탄산마그네슘($MgCO_3$)은 물에 대한 용해도가 매우 낮아 스케일이 되기 쉬운데 이들은 원수 중에서 용해도가 높은 중탄산염의 형태로 존재하고 있다가 열을 받게 되면 분해하여 CO_2를 방출, 용해도가 낮은 탄산염 형태로 석출하여 스케일이 된다.
　　$Ca(HCO_3)_2 \rightarrow CaCO_3 + CO_2 \uparrow + H_2O$
② 온도상승에 따라 용해도가 저하하여 석출되는 경우
　　물의 불순물 중에는 수온의 상승에 따라 용해도가 증가하는 물질이 많으나 탄산칼슘이나 황산칼슘($CaSO_4$) 등은 이와 반대로 용해도가 저하하여 전열면에 석출한다.
③ 농축에 의하여 포화상태로부터 석출되는 경우
　　수온의 상승에 따라 용해도가 증가하는 물질이라도 그 한계를 넘어서 과포화상태가 되면 그 잉여분은 고형물로 석출하여 전열면에 점착 스케일이 된다.
④ 알칼리성 용액에서 용해도가 저하하여 석출되는 경우
　　급수의 불순물 중 철분은 높은 알칼리성 용액에서는 용해도가 낮기 때문에 알칼리성인 보일러수(pH 10.5~11.5)에서 석출하여 전열면에 스케일이 된다.
⑤ 이온화경향이 낮은 물질이 보일러에 유입 석출되는 경우
　　급수계통에서 동(구리)이온이 보일러에 유입하면 보일러 구성재료인 철과 이온반응을 일으켜 철을 부식시키고 전열면에 석출 부착한다.
⑥ 물에 불용성 물질이 유입되는 경우
　　급수 중에 불순물인 규산(SiO_2) 및 유지분 등은 물에 용해되지 않아 보일러에 유입하면 전열면에 석출 부착하여 스케일이 된다.

3) 보일러수의 농축

(1) 장해

① 침전물의 생성
② pH 상승
③ 물의 순환방해
④ 전열면의 과열
⑤ 포밍의 유발
⑥ 수면계의 수위판별 곤란
⑦ 가성취화 발생
⑧ 각종 연락관의 폐쇄

SECTION 05 보일러의 부식

1. 보일러의 외부부식

1) 외부부식의 발생원인

(1) 보일러 외면의 습기나 수분 등과 접촉할 때
(2) 보일러의 이음부나 맨홀, 청소구, 수관 등에서 물이 누설될 때
(3) 연료 내의 황분이나 회분 등에 의하여

2) 외부부식의 종류

(1) 전면부식

공기 속의 산소나 습기, 탄산가스 등이 보일러의 표면에 접촉 작용하여 산화철이 되면서 부식하면 보일러 외면의 부식 원인이 된다.

(2) 고온부식

중유의 연소 시에 중유 중에 포함되어 있는 바나듐(V)이 연소산화된 후 오산화바나듐(V_2O_5)으로 되어 고온의 전열면에 융착하여 550℃ 이상이 되면 전열면에 부착하여 그 부분이 부식된다.

① 고온부식의 발생장소 : 과열기나 재열기 등
② 고온부식 방지대책
- 중유 중의 바나듐 성분을 제거한다.
- 첨가제를 사용하여 바나듐의 융점을 550℃ 이상 훨씬 높여 준다.(돌로마이트나 알루미나 분말)
- 전열면의 온도가 높아지지 않게 설계한다.
- 연소가스의 온도를 낮게 하여 바나듐의 융점 이하가 되게 한다.
- 고온의 전열면에 보호피막을 씌울 것
- 고온의 전열면에 내식재료를 사용할 것
- 공기비를 적게 하여 바나듐의 산화를 방지한다.

(3) 저온부식

연료 중의 유황(S)이 연소하여 아황산가스(SO_2)로 되고, 그 일부는 다시 산소와 산화하여 무수황산(SO_3)으로 된다. 이것이 가스 중의 수분(H_2O)과 화합하여 황산으로 된 후 보일러의 저온 전열면에 융착한 후 그 부분을 부식시킨다.

① 저온부식의 생성과정

$$S + O_2 \rightarrow SO_2 (아황산가스)$$
$$SO_2 + \frac{1}{2}O_2 \rightarrow SO_3 (무수황산가스)$$
$$H_2O + SO_3 \rightarrow H_2SO_4 (진한 황산증기)$$

② 무수황산(SO_3)의 노점온도 150℃에서 수증기와 마주치면 진한 황산이 된 후 부식이 촉진된다.

③ 저온부식의 방지법
- 연료 중의 황분(S)을 제거한다.
- 저온의 전열면 표면에 내식재료를 사용한다.
- 저온의 전열면에 보호피막을 씌운다.
- 배기가스의 온도를 노점온도 이상으로 유지시킨다.
- 배기가스 중의 CO_2양을 높여서 황산가스의 노점을 강하시킨다.
- 과잉공기를 적게 하여 배기가스 중의 산소를 감소시켜 아황산가스(SO_2)의 산화를 방지한다.
- 연료에 첨가제를 사용하여 노점온도를 낮춘다.(돌로마이트, 암모니아, 아연 등을 사용한다.)

④ 저온부식 발생위치 : 절탄기, 공기예열기

2. 보일러 내부부식

1) 발생원인

(1) 강재에 포함된 인, 유황 등이 온도 상승과 함께 산화하여 산을 만들어 부식시킨다.
(2) 강은 포금이나 동에 대해 양극이 된다. 온도상승과 더불어 그 반응이 활발하여 부식된다.
(3) 공장에서 전기의 누전에 의하여 보일러로 통하면 부식이 증가한다.
(4) 급수 중에 유지분, 산소, 탄산가스 등에 의해 부식된다.
(5) 보일러에서 온도차가 생기면 전류가 흘러 고온도가 양극이 되어 부식된다.
(6) 굽힘에 의하여 조직이 변화하고 굽힘이 없는 부분과 전위차가 생겨 전류가 흐른다.
(7) 강재가 다른 금속과 접하면 전류가 흐르고 양극이 된 금속이 부식된다.
(8) 보일러판의 표면에 녹이 부착하면 국부적으로 전위차가 생기게 되고 전류가 흘러서 양극이 된 부분이 부식된다.
(9) 급수처리가 부적당하면 부식이 일어난다.
(10) 수질이 불량하면 부식이 일어난다.

2) 부식의 종류

(1) 일반부식(전면식)

일반부식은 비교적 면적이 넓은 판면에 부식하는 것으로 물과 접촉하는 철판 표면에서 철이온(Fe^{++})을 용출하여 물의 일부가 해리한 ($H_2O \rightleftarrows H^+ + OH^-$) OH^-와 철이온(Fe^{++})과 결합하여 $Fe(OH)_2$를 침전시킨다. 이때 $Fe(OH)_2$가 물의 pH가 낮거나 물속에 용존산소가 있을 때 또 물의 온도가 높으면 부식이 촉진되는 것이 일반부식이다.

① $Fe + 2H_2O \rightarrow Fe(OH)_2 + H_2$ (pH 값이 낮을 때)
② $4Fe(OH)_2 + O_2 + 2H_2O \rightarrow 4Fe(OH)_2 2H_2 + O_2 \rightarrow 2H_2O$ (용존산소가 있을 때)
③ $3Fe(OH)_2 \rightarrow Fe_3O_4 + 2H_2O + H_2$ (물의 온도가 높을 때)

(2) 점식(Pitting)

① 원인

보일러수 중의 산소에 의한 국부전지가 구성되어 생기는 전기화학적 부식이다. 특히 고온에서 산소의 용해가 심하다. 부식의 모양은 보일러 내면에 반점모양으로 생기는 부식이다.

② 발생하는 위치
- 물의 순환이 잘 되지 않고 화염이 접촉되는 곳
- 연관의 외면이나 노통 상부, 입형 보일러의 화실 관판

③ 발생하기 쉬운 곳
- 산화철 피막이 파괴되어 있는 곳
- 표면의 성분이 고르지 못한 곳
- 표면에 돌출부가 많은 강재
- 슬러지가 침전된 부분

④ 점식의 방지법
- 아연판을 매달아 둔다.
- 내면에 도료를 칠한다.
- 염류 등의 불순물을 처리한다.
- 산이나 O_2, CO_2 등을 제거한다.

(3) 구식(Grooving)

① 원인
강재가 팽창, 수축 등에 의해 생긴 재질의 피로한 부분에 전기적이나 화학적 작용이 되어 부식이 발생되며 단면이 V형 또는 U자형으로 어느 범위의 길이에 도랑 모양의 홈이 생기는 부식이다.

② 구식을 일으키는 위치
- 입형 보일러의 화실천장판의 연돌관을 부착하는 플랜지의 만곡부
- 노통보일러의 경판과 노통이 접합하는 부분
- 거싯스테이(Gusset Stay) 부착부
- 리벳이음의 겹친 테두리
- 접시형 경판의 구석 둥근 부분
- 경판에 뚫린 급수구멍
- 노통과 경판과의 부착된 만곡부 및 아담슨 조인트의 만곡부

③ 구식의 방지법
- 플랜지 만곡부의 반경을 작게 하지 않는다.
- 230mm 이상의 브리딩 스페이스(Breathing Space)를 유지할 것
- 노통의 열팽창을 일으키지 않도록 스케일을 제거할 것
- 나사버팀의 경우 양단부 이외의 나사산을 깎아내서 탄력성을 줄 것

(4) 알칼리 부식

① 원인 : 보일러수 중에 알칼리 농도가 지나치거나 농축된 부분에서 수산화 제1철($Fe(OH)_2$)이 용해되어 발생된다.

② 방지법 : 보일러수의 pH가 12~13 이상 올라가지 않게 한다.

(5) 가성취화

① 원인 : 보일러판의 리벳 구멍 등 농후한 알칼리 작용에 의해 강조직을 침범하여 균열이 생기는 부식의 일종이다. 즉, 철강조직의 입자 간이 부식되어 취약하게 되고 결정압계에 따라 균열이 생기는 현상이 가성취화이다.

(6) 염화마그네슘에 의한 부식

물에 염화마그네슘($MgCl_2$)이 용해된 상태에서 온도가 180℃ 이상이 되면 염화마그네슘은 가수분해가 일어나서 수산화마그네슘($Mg(OH)_2$)으로 된다.

① $MgCl_2 + 2H_2O \rightarrow Mg(OH)_2 + 2HCl$(염산)

② $Fe + 2HCl \rightarrow FeCl_2 + H_2$(염화철 발생)

③ $FeCl_2$(염화철)이 철의 표면을 부식시킨다.

(7) 탄산가스 부식

① 물에 CO_2가 용해하면 탄산(H_2CO_3)이 된다.

② 철(Fe)이 탄산과 작용하면 중탄산철($Fe(HCO_3)_2$)이 된다.

$Fe + 2H_2CO_2 \rightarrow Fe(HCO_3)_2 + H_2$

③ 중탄산철($Fe(HCO_3)_2$)이 되면 부식이 일어난다.

3) 내면부식의 방지법

(1) 급수나 관수 중의 불순물 제거

(2) 보일러수의 pH 조절

(3) 균일한 가열로 국부가열 방지

(4) 급열, 급랭을 피하여 열응력 작용 방지

(5) 보일러수의 순환촉진

(6) 분출을 적당히 하여 농축수를 제거한다.

(7) 정기적인 내부청소로 부식성 물질인 슬러지 생성이나 불순물을 제거한다.

2. 부식속도 측정법

1) 부식속도 측정방법

(1) 전기화학적법

① tafel 외삽법
② 선형분극법
③ 임피던스법

(2) 비전기화학적법

① 무게감량법
② 용액분석법

3. 보일러의 보일러수 농축과 국부가열

1) 보일러수의 농축

(1) 농축수의 장해

① 침전물의 생성
② 물의 순환방해
③ 전열면의 과열
④ 포밍의 유발(물거품 솟음)
⑤ 수면계의 수위판단 곤란
⑥ 가성취화가 발생된다.

(2) 방지법

① 적당한 간격으로 분출을 실시한다.
② 보일러수에 알맞은 급수처리를 한다.

2) 전열면의 국부가열

(1) 원인

① 관석이 부착된 곳에 방사열을 받을 때
② 화염이 어느 한쪽에만 집중 가열될 때

(2) 방지법
① 버너 장착을 바르게 한다.
② 화염의 분사각도를 고르게 한다.
③ 노내의 온도분포를 고르게 한다.
④ 급열을 피한다.
⑤ 보일러 설계를 개선시킨다.
⑥ 연소장치를 개선한다.

(3) 국부가열의 장해
① 열응력이 발생한다.
② 과열이 일어난다.
③ 부식을 초래한다.

3) 보일러수의 순환불량

(1) 원인
① 보일러수의 지나친 농축
② 스케일 부착으로 관경이 좁아졌을 때
③ 전열면에 스케일이나 침전물이 발생하였을 때
④ 연소실 구조가 양호하지 못할 때
⑤ 보일러 설계가 옳지 못할 때

(2) 장해
① 전열면의 과열발생
② 증기발생 시간이 길어진다.
③ 열손실이 많아진다.
④ 열효율이 떨어진다.

SECTION 06 보일러의 청소(Boiler Cleaning)

1. 청소방법

1) 내부청소

(1) 기계적인 청소방법
(2) 화학적인 청소방법

2) 외부청소

기계적인 청소방법

2. 보일러 청소의 목적

(1) 열전도를 좋게 한다.
(2) 과열이나 파열을 방지한다.
(3) 전열면에 부착된 그을음, 재, 스케일을 제거한다.
(4) 부식을 방지한다.
(5) 보일러 연료소비를 감소시킨다.
(6) 보일러 열효율을 증가시킨다.
(7) 보일러의 수명을 연장시킨다.
(8) 통풍력을 크게 한다.
(9) 보일러수의 순환을 좋게 한다.
(10) 보일러 효율저하를 방지한다.

3. 보일러 내부 청소시기

(1) 연간 1회 이상 청소를 실시한다.
(2) 급수처리를 하지 않는 저압 보일러는 연간 2회 이상 실시한다.
(3) 본체나 노통수관, 연관 등에 부착된 스케일 두께가 1~1.5mm 정도에 달하면 청소한다.
(4) 보일러 사용시간이 1,500~2,000시간 정도에서 청소를 실시한다.

4. 보일러 외부 청소시기

(1) 배기가스의 온도가 별안간 높아진 때
(2) 통풍력이 갑자기 저하한 때
(3) 보일러 증기발생 시간이 길어질 때
(4) 월 2회 정도 청소한다.
(5) 연소관리 상황이 현저하게 차이가 날 때
(6) 장기간 매연이 발생할 때

5. 청소요령

1) 외부 청소요령

(1) 노가 완전히 냉각되도록 기다린다.
(2) 댐퍼를 열고 통풍을 유지시킨다.
(3) 청소는 고온부에서 저온부 쪽으로 이동한다.
(4) 수트 블로어를 사용할 때에는 응축수를 제거한 후 실시한다.
(5) 와이어브러시는 연관 내경보다 조금 작은 것을 사용한다.
(6) 청소가 끝나면 강한 통풍력으로 불어낸다.(통풍력을 크게 한다.)

 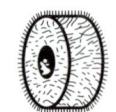 

| 전동클리너 |

[청소가 끝난 후 주의사항]
① 보일러 외면의 부식 및 손상유무를 조사한다.
② 고온부의 전열면의 변색이나 변형조사
③ 노벽 및 연도벽의 상태와 내화재의 피복부분, 이탈된 내화물 등을 조사한다.
④ 석탄보일러는 클링커를 제거한다.
⑤ 배플 등의 손상에 의한 부분을 조사한다.
⑥ 매연취출장치가 바른지 확인한다.

2) 보일러 내부 청소요령

(1) 다른 보일러와 연결되었으면 주증기 밸브를 닫고 연락을 차단한다.
(2) 소화작업 후 서서히 냉각시킨 후 청소한다.
(3) 보일러 압력이 떨어지고 냉각되면 공기빼기를 열고 분출을 하여 내부의 물을 완전히 뺀다.
(4) 동 내부로 들어가기 전에 다시 한번 잠가 놓은 밸브가 이상이 없나 확인한다.
(5) 보일러 내로 충분한 공기를 삽입시키고 유독가스를 배기시킨다.
(6) 동내부에 사람이 들어가 있는 표시를 반드시 설치한다.
(7) 사고를 방지하기 위해 내부청소는 반드시 2인 이상이 한다.
(8) 내부조명을 위하여 안전가이드가 있는 전구를 사용한다.
(9) 조명을 위한 전압은 감전사를 방지하기 위하여 낮은 것을 사용한다.
(10) 급수내관이나 구멍에 찌꺼기가 들어가지 않게 조심한다.
(11) 튜브클리너 등을 가지고 청소할 때에는 한 자리에 3초 이상 청소를 하지 않는다.
(12) 고온의 전열면이나 구석진 부분의 청소는 반드시 조심한다.
(13) 청소가 끝나면 물로 씻어낸 후 대청소를 실시한다.
(14) 분해가 되는 부속품은 떼어내서 청소하고 결합 시는 누설이 되지 않게 잘 결합시킨다.

6. 각종 보일러에 알맞은 내부 청소방법과 공구

1) 노통보일러

기계적인 방법 : 스크레이퍼, 해머, 튜브 클리너 등 공구 사용

2) 연관보일러와 노통연관보일러

화학세관방법 : 산 세관, 알칼리 세관, 유기산 세관

3) 수관식 보일러

(1) 기계적인 방법 : 해머, 튜브 클리너 등 공구 사용
(2) 화학세관방법 : 산 세관, 알칼리 세관, 유기산 세관

7. 각종 보일러에 알맞은 외부 청소방법과 공구

1) 원통형 보일러

사용공구 : 스크레이퍼, 튜브 클리너, 와이어 브러시

2) 수관식 보일러

[사용방법]

(1) 압축공기 분무제거(에어소킹법)
(2) 증기 분무제거(스팀소킹법)
(3) 물 분무제거(워터소킹법)
(4) 모래 사용제거(샌드블루법)
(6) 작은 강구 사용제거(스틸쇼트클리닝법)

8. 보일러 수관, 연관의 외부 청소방법

[기계적인 청소방법]

(1) **수관** : 수트 블로어 사용
(2) **연관** : 와이어 브러시, 튜브 클리너
(3) **동체** : 스크레이퍼, 튜브 클리너
(4) **노통** : 스크레이퍼, 튜브 클리너

SECTION 07 보일러 화학세관

1. 화학세관방법

1) 산 세관방법

사용약품 : 염산, 황산, 인산, 기타 부식억제제 첨가

2) 알칼리 세관방법

사용약품 : 수산화나트륨, 탄산나트륨, 인산소다, 암모니아, 기타 질산나트륨 첨가

3) 유기산 세관방법

사용약품 : 구연산, 익산, 초산, 옥살산, 술파민산

2. 화학세관처리

1) 산세관

(1) 산의 종류
① 염산(HCl) ② 황산(H_2SO_4)
③ 인산(H_3PO_4) ④ 질산(HNO_3)

(2) 세관처리
일반적으로 염산을 물속에 5~10% 용해하여 온도를 60±5℃ 정도로 유지하고 5시간 보일러 내부를 순환시켜 관석을 제거한다. 그러나 염산의 약성에 의해 부식이 촉진되므로 부식억제제인 인히비터(Inhibitor)를 0.2~0.6% 혼합하여 함께 처리한다.

(3) 부식억제제의 종류
① 수지계 물질 ② 알코올류
③ 알데히드계 ④ 머캡탄류
⑤ 아민유도체

(4) 스케일 용해 촉진제
황산염, 규산염 등의 경질스케일은 염산에 잘 용해되지 않아 소 용해촉진제(불화수소산 : HF)를 사용한다.

(5) 부식억제제의 구비조건
① 부식억제능력이 클 것 ② 침식발생이 없을 것
③ 물에 대한 용해도가 클 것 ④ 세관액의 온도농도에 대한 영향이 작을 것
⑤ 시간적으로 안정할 것

(6) 염산의 특징
① 취급이 용이하며 위험성이 적다.
② 부식억제제가 많다.
③ 가격이 싸서 경제적이다.
④ 스케일의 용해능력이 비교적 크다.
⑤ 물에 대한 용해도가 커서 세척이 용이하다.

(7) 산세관방법
① 순환법 : 펌프식 이용
② 침적법 : 수치식 이용

(8) 중화방청처리 산세척 수 씻은 물의 pH가 5 이상이 될 때까지 충분히 물로 씻은 후 중화나 방청 처리를 실시한다.

① **사용약품** : 탄산나트륨(Na_2CO_3), 수산화나트륨(NaOH), 인산나트륨(Na_3PO_4), 아황산나트륨($NaSO_3$), 히드라진(N_2H_4), 암모니아(NH_3) 등

② **방법** : pH 9~10 정도로 하여 약액의 온도를 80~100℃로 가열하여 약 24시간 정도 순환시킨 후 천천히 냉각 후 배출하고 처리는 필요에 따라 물로 씻어낸다.

2) 알칼리 세관

(1) 알칼리 세관 약품

암모니아(NH_3), 가성소다(NaOH), 탄산소다(Na_2CO_3), 인산소다(Na_3PO_4) 등

(2) 세관처리

물속에 알칼리를 0.1~0.5% 넣고 온도를 70℃ 정도로 하여 순환시킨다.

(3) 가성취화 방지제

알칼리 세관을 하면 알칼리에 의해 가성취화가 일어난다. 이것을 방지하기 위하여 질산나트륨($NaNO_3$), 인산나트륨(Na_3PO_4) 등의 가성취화 방지제를 첨가한다.

3) 유기산 세관

(1) 유기산 세관약품

구연산, 옥살산, 설파민산 등 사용

(2) 세관처리

중성에 가까운 구연산 등을 물속에 약 3% 정도 용해하여 수용액을 90±5℃ 정도로 하여 특히 오스테나이트계 스테인리스강에 세관시킨다.

(3) 부식억제제

사용이 불필요하다.

(4) 특징

① 가격이 비싸다.
② 관석의 용해능력은 크다.
③ 구연산이 많이 사용된다.

SECTION 08 최근의 보일러 화학세정 및 스케일 제거

1. 화학세정의 목적

(1) 최근 보일러는 고온, 고압, 고효율화와 더불어 보일러 내면의 각종 부착물에 의한 사고가 발생되는 경향이 있어서 보일러 내 부착물에 의한 부식과 열전달률의 저하로 과열, 파열사고를 미연에 방지하고 보일러의 제 성능과 보일러 내면을 깨끗이 유지하기 위하여 화학세정을 해야 한다.

(2) 중·저압 보일러는 튜브클리너(Tube Cleaner) 등에 의한 기계적인 방법에 의해서도 가능하지만 보일러가 대형화되고 구조가 복잡하여 기계적인 방법만으로는 충분한 효과를 거두지 못하므로 반드시 화학세정이 필요하다.

2. 신설보일러 및 보일러 보수 시의 화학세정

1) 플러싱(Flushing)

(1) 플러싱은 알칼리 세정과 소다끓임을 실시하기에 앞서 전처리로서 실시하는 조작이다.

(2) 물로 플러싱을 실시하는 경우에는 깨끗한 물을 펌프로부터 고유속으로 분사시켜 세정 출구수가 깨끗해질 때까지 실시하여야 한다.

(3) 플러싱을 효과적으로 또 내부에 물이 남아있지 않도록 실시하기 위해서는 세정계통의 배수 가능한 구역을 몇 계통으로 나누어서 가장자리 구역으로 플러싱을 실시하면서 그 효과가 나타난 다음에 다른 인접구역으로 진행시켜야 한다.

(4) 배수가 가능하지 않은 구역은 수증기나 순수에 히드라진 약 100ppm을 첨가한 세정수로 플러싱을 하면 효과적이다.

2) 알칼리 세정

(1) 고압 순환보일러나 관류보일러는 급수, 복수계통이 플러싱이 끝난 다음에 유지 제거를 위하여 알칼리 세정을 실시하는 경우가 많다.

(2) 세정액은 다음의 알칼리 약품과 계면활성제를 녹인 물이 사용된다.
   ① 계면활성제
   ② NaOH(또는 Na_2CO_3)
   ③ Na_3PO_4

(3) 전농도는 0.2~0.5% 정도이다.

(4) 세정액의 적정온도를 60~80℃로 유지하고 세정계통을 순환시키며 세정출구에서 세정액의

탁도 또는 유지농도가 일정하게 유지되면 세정액을 배출하고 수세수와 pH가 9 이하로 유지될 때까지 수세를 하여야 한다.

3) 소다끓임(Soda Boiling)

소다끓임은 신설보일러 또는 수관식 보일러나 절탄기(연도에서 급수가열기) 내부의 유지나 모래, 먼지 등을 제거하는 데 그 목적이 있다.

(1) 소다끓임의 준비

① 보일러 드럼 내부에 있는 장치 중 약액 예정수위보다 상부에 있는 장치는 분리하여 약액의 순환을 방해하지 않도록 약액 예정수위의 아래쪽에 두어야 한다.
② 수면계나 기타 드럼에 부착되어 있는 계기는 원래의 밸브는 닫아 놓고 별도로 가수면계를 설치한다.
③ 패킹은 수압시험용을 그대로 사용하며 필요한 경우 정상가동 시 패킹(Packing)을 교체하도록 한다.
④ 드럼의 공기빼기 밸브(Air Vent Value) 및 과열기가 부착된 경우에는 그 출구 헤더(Header)의 공기빼기 밸브와 드레인 밸브, 절탄기가 부착된 경우에는 보일러와의 사이에 있는 밸브를 열어두고 그 외에 밸브는 모두 닫아둔다.

(2) 약액의 조성

약액이 보일러 내에서 급수와 혼합하여 계획된 조성으로 되게 미리 농도를 맞추어 조제하여야 한다. 약액의 조성은 보일러 내부에 있는 오염물의 종류나 양에 따라 가감된다.

> **Reference** 약액 조성 약품
>
> - $NaOH$(수산화나트륨)
> - Na_2CO_3(탄산나트륨)
> - $Na_3PO_4 12H_2O$(제3인산나트륨)
> - Na_2SO_3(황산나트륨)

(3) 소다끓임 조작

① 먼저 드럼의 맨홀을 열어 맨홀 밖으로 물이 넘치지 않도록 급수하고 약액을 넣은 후 맨홀을 닫고 수면계의 하부까지 급수한다.
② 드럼이 2개 이상 있는 경우에는 아래쪽의 드럼으로부터 순차적으로 급수하고 약액 분할 주입 후 맨홀을 닫은 후 수면계의 하부까지 급수해서 약액의 주입을 끝낸다.
③ 과열기가 부착된 경우에는 그 내부에 약액이 주입되지 않도록 주의하여야 한다.
④ 보일러 점화를 행함에 있어서 벽돌건조를 겸하여 소다끓임을 행하는 경우에는 건조가 끝날 때까지 증기압력을 상승시키지 않을 정도로 화력을 조정한다.

⑤ 가열은 천천히 행하고 압력 2kg/cm²에서부터 약 8시간 정도 걸쳐서 최종압력까지 승압한다.
⑥ 최종압력은 상용압력에 대응해서 정하는 것이 보통이며 다음의 압력에 맞추는 것이 이상적이다.

보일러의 상용압력(kg/cm²)	소다끓임 최종압력(kg/cm²)
7 미만	상용압력
7 이상 35 미만	7
35 이상 105 미만	상용압력의 1/5
105 이상	21

⑦ 최종압력은 약 8시간 유지시킨다. 중간 블로를 행하는 경우에는 약 4시간 유지한 후에 불을 꺼서 블로가 가능한 정도의 압력까지 압력을 떨어뜨린 후 각 블로 밸브로부터 수면계가 150mm 정도로 떨어지게 블로를 행하고 다시 기준 수면까지 급수하여 점화를 행한 다음 최종 압력으로 약 4시간 유지시킨다.
⑧ 소다끓임 조작 중에는 정기적으로 약액을 시험하여 유지가 거의 없고 탁도·알칼리도·실리카 농도가 변화하지 않음을 확인해서 조작완료 시점을 고려하여야 한다.
⑨ 소다끓임 조작 중에는 약액농도를 알칼리도 등으로 조사하여 농도계획의 1/2 이하가 되면 다시 약액을 보충함이 바람직하며 산세척 설비가 부착되어 있으면 최초의 약액농도의 감시와 더불어 중간에 약액을 보충하는 데에 이용할 수 있다.

(4) 약액의 배출과 수세

① 보일러를 소화(消火)한 후 냉각될 때부터 천천히 블로를 행하며 압력이 약 1kg/cm²로 되면 각 블로 밸브를 열어서 약액을 전부 배출한다.
② 각 부의 온도가 90℃ 이하가 되면 맨홀, 기타 점검부를 열어서 유지가 완전히 제거되었는가의 여부를 확인하고 난 다음 수세한다.
③ 수관보일러에서 수관의 수세는 각각 1개씩 증기 드럼 측으로부터 호스를 이용하여 수세하거나 혹은 급수블로를 2~3회 반복 실시하거나, 급수 → 점화 → 수저(水底)를 1회 실시하면 된다.

(5) 운전준비

보일러를 운전 가능한 상태로 복귀시켜야 하며 가능한 빨리 급수·운전 개시에 들어가야 한다. 단, 즉시 운전으로 들어가지 않을 경우, "보존방법"에 따라서 보존하고 부식발생을 방지하여야 한다.

3. 스케일과 부식생성물의 제거

1) 산세척

보일러에서 산세척이라 함은 보일러 내부의 스케일과 부식생성물 등을 산액으로 용해·분해시켜 제거하는 산액처리와 중화·방철처리를 중심으로 하는 일련의 처리공정을 조합시킨 화학세정이다.

(1) 산세척의 처리공정

소다끓임 조작이 끝난 후에 신설보일러 내부에 남아있는 부착물은 밀(Mill)스케일과 녹 등의 철산화물로 되어 있기 때문에 산액처리만으로도 제거될 수 있다.

그러나 가동보일러의 내부에 부착된 스케일과 부식생성물은 산액처리만으로는 완전히 제거될 수 없는 조성과 상태로 되어 있는 수가 있으므로 이와 같은 경우에서는 선세척의 제1처리공정으로서 전처리를 행하여야 한다. 산세척의 처리공정은 다음과 같다.

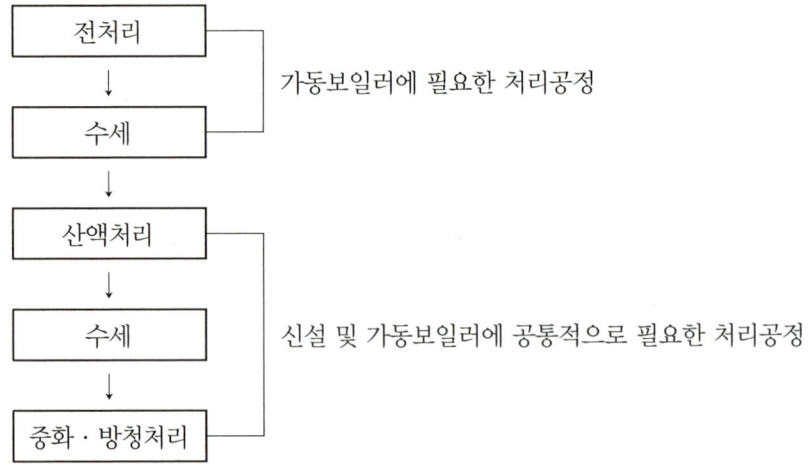

(2) 가동보일러에 부착된 스케일

보일러 내부에 부착되어 있는 스케일과 부식생성물의 조성 및 양을 조사하는 것은 전처리의 필요성 여부, 산액의 조성 및 농도를 결정하는 데 중요한 역할을 한다. 따라서 보일러 내부로부터 채취한 부착물을 분석하여 평균조성을 조사하고 일정 면적당의 평균 부착량을 실측하여 부착물의 전량을 추산하고 또 실제 약액으로 부착물 용해시험을 실시하여 약액의 조성 및 농도를 결정함이 바람직하다. 그리고 원수의 수질에 따라서는 대략 다음과 같이 부착물성분 및 양을 축적할 수가 있다.

① 보일러 내부에 부식이 발생한 경우 : 철의 산화물이 많다.
② 원수를 급수하는 경우 : 부착물의 주성분은 Ca염, Mg염, 규산염, 실리카이며 부착량은 많다.
③ 연화수, 탈염수를 급수하는 경우 : 부착물의 주성분은 실리카, 산화철이며 부착량은 비교적 많다.
④ 순수를 급수하는 경우 : 부착물의 주성분은 산화철이며 부착량은 미량이다.

(3) 전처리

실리카, 규산염 및 황산염이 주성분인 스케일은 산액처리만으로는 쉽게 붕괴 및 용해가 되지 않는다. 특히 실리카의 함유율이 높은 스케일은 염산 및 황산과 같은 강산을 사용하여도 쉽사리 제고되지 않는 성질을 갖고 있다.

그러나 위와 같은 성분이 주성분으로 함유된 스케일도 가성 알칼리와 불화물을 사용하면 쉽게 용해 또는 팽윤될 수 있다.

일반적으로 실리카가 40% 이상 함유된 경질 스케일이 부착되어 있는 경우에는 0.5~5%의 NaOH에 적당량의 불화물을 첨가한 가열약액으로 대부분의 스케일을 용해 또는 팽윤시킬 수 있는 전처리를 행하면 그 후의 산액처리로 스케일이 쉽게 제거될 수 있다.

특히, 금속동(金屬銅)은 처리하기에 까다로운 것 중의 하나로서 산액처리에 사용하는 염산 및 황산으로는 녹지 않으나 산화제(예를 들면 과황산암몬)와 암모니아를 혼합 가온용액으로 사용하면, 용해가 될 뿐만 아니라 안정된 착화물이 된다. 따라서 이러한 전처리를 암모니아 처리 또는 암모니아 세정이라고 하며 그 처리조건의 일례는 다음과 같다.

① 약액 조성 : 과황산암모늄 0.5% + 암모니아 1.5%
② 처리온도, 시간 : 60℃에서 6시간

(4) 전처리 후의 수세

가능하면 온수를 사용하여 수세를 하고 수세 폐수의 pH가 9 이하가 될 때까지 수세를 계속한다.

(5) 산액처리

① **사용되는 산액** : 산액으로는 염산, 황산, 인산, 구연산 등의 수용액이 사용된다.

일반적으로 가격이 저렴하고 산화철과 대부분의 스케일에 대한 용해력이 강한 염산을 5~10%의 농도로 사용하지만, 염화물에 의해서 응력부식을 일으키는 오스테나이트계 스테인리스강을 사용한 보일러에는 염산을 사용하지 않고 약 3%의 구연산과 5% 전후의 황산을 사용한다.

산액의 농도는 보일러 내면으로부터 채취한 부착물, 혹은 수관으로부터 떼어낸 스케일 시험판을 이용하여 예비시험을 행하고, 필요로 하는 농도를 결정하는 방법이 가장 좋지만, 정기적으로 산세척을 행하는 보일러에는 급수수질과 보일러 처리·운전조건이 거의 변동되지 않는다면, 과거의 실적을 참고로 정하는 수도 있다.

② **부식방지** : 산은 강을 녹이는 성질이 있으며 염산과 황산은 특히 이 성질에 강하므로 산액에는 필히 소량의 부식을 억제시켜야 한다.

③ **처리온도 및 시간** : 산액처리의 온도는 온도를 높일수록 스케일과 부식생성물이 제거되기 쉬우나 부식 억제제의 부식 억제율은 대략 60~90℃ 이상에서 저하되기 때문에 이 온도를 초과하지 않도록 한다.

산액처리 시간은 약 6시간 정도가 보통이지만 산액이 산, 철 이온 등의 농도를 정기적으로 실측해서 그 시간을 결정함이 바람직하다.

(6) 산액의 배출과 수세

산액처리가 끝나면 가능한 빨리 산액을 배출하고 수세수(온수)로 급수, 순환, 배수를 반복하여 수세폐수의 pH가 5 이상으로 될 때까지 실시한다. 이때 산액과 수세수를 질소가스로 치환 및 배출하고 보일러 내부에 공기가 들어가지 않도록 보일러 내부에 녹이 발생함을 방지할 수 있다.

(7) 중화, 방청처리

산액처리를 실시한 후 아무리 수세를 여러 번 행한다 하더라도 미량의 산이 남아 있을 가능성이 높기 때문에 보일러 내면은 녹이 발생하기 쉬운 상태에 있다. 따라서 이러한 경우에는 중화, 방청처리를 실시하여 금속표면에 보호피막을 형성시키도록 하여야 한다.

중화, 방청은 별개의 공정으로 행하여지는 수도 있으며 하나의 공정으로 처리되는 경우 약액조성의 일 예는 다음과 같다.

[중화, 방청처리액의 예]
NaOH : 1%
NaPO : $12H_2O$ ↑ 0.3%
Na_2SO : 0.1%

SECTION 09 보일러의 보존방법

1. 보일러 보존의 목적

1) 보존의 목적

(1) 보일러 휴지 시 보일러 내면 외면에 부식방지
(2) 보일러 휴지 시 수명단축 방지
(3) 보일러 휴지기간 부식으로 인한 보일러 강도의 안전도 저하방지

2. 보일러 보존방법

- 만수보존(소다만수보존법)
- 페인트 도장법(특수보존법)
- 건조보존(석회밀폐건조법, 질소가스봉입법)
- 기체보존법(질소보존법)

1) 만수보존법(단기보존, Wet Method)

만수보존법은 2~3개월 정도 보일러 휴지기간 동안 보존하는 방법이며, 보일러 내에 물을 가득 채운 후 $0.35kg/cm^2$ 정도의 압력을 올려 물을 비등시키고 용존산소나 탄산가스를 제거시킨 후 수산화나트륨(NaOH)을 넣어서 알칼리도 300ppm을 수용액으로 한 보존법이다.

(1) 주의사항

① 건조보전이 어려운 경우에만 실시한다.
② 동결의 염려가 있으면 사용이 부적당하다.
③ 보일러 동 내부에 만수한 후 누수가 없도록 밀폐, 보존시킨다.
④ 2~3개월 이상은 효과가 없다.
⑤ 10~20일 정도 pH를 조사한다.(pH는 11~12 유지)

(2) 폐하(pH) 11~12 정도를 위한 약품 사용

물 톤에 대한 사용약품의 용해량은 다음과 같다.
① 가성소다(NaOH) 0.3kg(저압보일러용)
② 아황산소다(Na_2SO_3) 0.1kg(저압보일러용)
③ 히드라진(N_2H_4) 0.1kg(고압보일러용)
④ 암모니아(NH_3) 0.83kg(고압보일러용)

2) 건조보존법(Dry Method, 장기보존법)

일반적으로 보일러 휴지 시 6개월 이상이 될 때 밀폐건조보존을 실시한다. 특히, 겨울에 동결의 우려가 있거나 급수에 부식성 성분이 존재할 때에는 만수보존보다 건조보존이 우수하다.

(1) 주의사항

① 동 내부의 산소를 제거하기 위하여 숯불을 용기에 넣어서 태운다.
② 습기방지를 위하여 흡습제를 내용적($1m^3$)에 대하여 다음과 같이 사용한다.
- 생석회(산화칼슘) 0.25kg
- 실리카겔(규산겔) 1.2kg
- 염화칼슘($CaCl_2$) 1.2kg
- 활성알루미나 : 1~1.3kg

③ 흡습제 교환은 2~3개월마다 한다.

3) 질소보존법(질소건조법)

보일러 동 내부로 질소가스를 $0.6kg/cm^2$ 정도로 가압시켜 밀폐 건조시킨다. 질소의 순도는 99.5% 이상이 요구된다.(보일러 동 내부의 산소를 제거하기 위하여)

4) 페인트 도장법

(1) 보일러에 도료를 칠하여 보존한다.
(2) 도료의 주성분은 흑연, 아스팔트, 타르 등이 사용된다.

(3) 주의사항

① 작업 중 휘발성으로 인한 인화의 위험에 주의한다.
② 작업 시 환기에 주의한다.
③ 보일러 재사용 시에는 알칼리 세관으로 세정한다.

CHAPTER 003 출제예상문제

01 보일러 취급자의 부주의로 생기는 사고의 원인은?

① 사용압력 이상으로 증기가 발생할 경우
② 보일러 구조상의 결함이 있을 경우
③ 설계상의 결함이 있을 경우
④ 재료가 부적당할 경우

> **풀이** 보일러 취급자의 부주의에 의한 사고
> - 사용압력 이상으로 증기가 발생하는 경우
> - 급수처리의 부족으로 스케일에 의한 과열
> - 이상 감수에 의한 저수위 사고
> - 보일러 취급 부주의에 의한 사고
> - 미연 가스의 충만에 의한 가스 폭발사고

02 부식방지용 약제가 아닌 것은?

① 염산   ② 아황산소다
③ 아민   ④ 가성소다

> **풀이**
> - 염산 : 보일러의 화학세관에서 사용되는 세관제이다. 부식방지약이 아니다.
> - 가성소다나 아황산소다 등은 청관제이다.

03 다음 중 연도 내에서 폭발을 일으키는 원인을 설명한 것으로 가장 옳은 것은?

① 보일러 기사가 미숙하여 아궁이문의 개폐를 민첩하게 조작하였기 때문에
② 연소장치에 통풍이 강하기 때문에
③ 열량이 높은 석탄을 다량으로 연소시키기 때문에
④ 부하의 변동이 있었을 때 연료 및 공기의 증감을 잘못하였기 때문에

> **풀이**
> - 부하의 변동이 있었을 때 연료 및 공기의 증감을 잘못하면 불완전연소가 되어 미연가스가 발생연도 내에서 폭발을 일으킨다.
> - 가스의 폭발을 방지하려면 방폭문이 설치되어야 한다.

04 다음 중 포밍의 발생원인이 아닌 것은?

① 보일러수가 너무 농축하였을 때
② 보일러수 중에 가스분이 많이 포함되었을 때
③ 보일러수 중에 유지분이나 부유물질이 다량 함유되었을 때
④ 수위가 너무 높을 때

> **풀이**
> - 보일러수 중에 가스분이 많이 포함되면 포밍(물거품)과 부식의 원인이 된다. 포밍의 발생원인은 고형물, 농축수, 가스분, 유지분, 부유물의 혼입 등이다.
> - 수위가 높으면 프라이밍(비수)의 원인이 된다.

05 다음 중 이상 감수의 원인이 아닌 것은?

① 급수펌프 또는 인젝터에 고장이 생겼다.
② 유리수면계의 구멍이 막혔다.
③ 스케일이 보일러 저면에 쌓였다.
④ 급수내관의 구멍이 스케일 등으로 막혔다.

> **풀이** 스케일이 보일러 저면에 쌓이는 것은 급처리 불량으로서 보일러수의 수질불량이 원인이 되며 이상 감수(물이 안전수위 이하로 낮아지는 현상)의 원인은 아니다.

06 보일러의 파열사고를 일으키는 가장 큰 취급불량 원인은?

① 급수불량과 저수위   ② 재료불량
③ 구조불량   ④ 공작불량

> **풀이**
> - 파열사고의 원인에서 가장 큰 원인은 구조상의 결함과 취급상의 결함이 있는데 급수불량이 오면 안전저수위의 감수로 인하여 급격한 압력상승 및 과열에 의한 파열사고가 급작스럽게 일어난다.
> - 취급자의 사고 : 압력초과, 저수위 사고, 가스폭발, 부식, 급수불량
> - 제작상의 사고 : 재료불량, 설계불량, 구조불량, 용접불량

정답 01 ① 02 ① 03 ④ 04 ④ 05 ③ 06 ①

07 전체 조명에 비하여 국부 조명은 약 얼마 정도 더 밝게 해야 하는가?

① 2배 ② 5배
③ 10배 ④ 20배

풀이
- 일반 전체조명 : 150럭스
- 정밀조명 : 300럭스
- 국부조명 : 500럭스

08 기관 조작불량으로 불완전가스가 배출될 때 가장 많이 배출되고 인체에 제일 나쁜 것은?

① 일산화탄소(CO) ② 이산화탄소(CO_2)
③ 수소가스(H_2) ④ 아황산가스(SO_2)

풀이
- 불완전 가스 : 일산화탄소
- $C + \frac{1}{2}O_2 \rightarrow CO$(일산화탄소) → 불완전연소식
- $C + O_2 \rightarrow CO_2$(탄산가스) → 완전연소식

09 보일러의 안전밸브는 규정 압력보다 얼마 이상일 때 자동적으로 작동하도록 되어 있어야 하는가?

① 1배 ② 1.03배
③ 2배 ④ 2.5배

풀이 보일러에서 안전밸브는 규정압력보다 1.03배 이하에서 자동적으로 작동할 수 있어야 하나 설정압 이상이 되면 작동이 가능해진다.

10 보일러수 100cc 속에 산화칼슘(CaO) 2mg, 산화마그네슘(MgO) 1mg이 포함되어 있는 경우 경도(°dH)는?

① 1°dH ② 2°dH
③ 3°dH ④ 3.4°dH

풀이
- 독일 경도(°dH) : 물 100cc당 CaO(산화칼슘) 1mg을 함유하면 1°dH로 표시한다.
- 산화마그네슘(MgO) 1mg=산화칼슘(CaO) 1.4mg
∴ MgO 1mg×1.4=CaO 1.4mg
   2mg+1.4mg=3.4mg
   100cc 속에 CaO 3.4mg=3.4°dH가 된다.

11 보일러의 급수로서 가장 적합한 pH 값은?

① 6.5 이하
② 7 이하
③ 7~9 정도
④ 9 이상

풀이
- 보일러에서 급수의 pH는 8.0~9.0이 좋으나 급수계통에 동합금이 있으면 pH는 9 이하가 유지되는 것이 바람직하다. 그러나 관수(보일러수)의 pH는 10.5~11.8 정도가 좋으며 pH가 12 이하 수치가 관수로 알맞다.
- 보일러수 pH가 12 이상이면 가성취화가 발생하여 알칼리 부식이 일어난다.

12 유류 화재 소화작업 시 가장 적당한 소화기는?

① 수조부 펌프 소화기
② 분말 소화기
③ 산알칼리 소화기
④ CO_2 소화기

풀이
- 분말 소화제의 소화약제는 중탄산나트륨($NaHCO_3$), 중탄산칼륨($KHCO_3$), 인산암모늄($NH_4H_2PO_4$), 염화바륨($BaCl_2$) 등이 있으며 유류화재나 전기화재 시 적응성이 좋다.
- CO_2는 전기화재에 용이하다.
- 물을 이용한 수조부는 일반 화재이다.(종이류, 목재 등의 화재)

13 압축기 등 실린더 헤드 볼트를 조일 때 토크 렌치를 사용하는 이유는?

① 강하게 조이기 위해서
② 규정대로 조이기 위해서
③ 신속하게 조이기 위해서
④ 작업상 편리를 위해서

풀이 토크 렌치를 사용하는 이유는 규정대로 조이기 위해서이다.

14 수면계의 파손원인과 관계없는 것은?

① 유리가 뜨거워져서 열화된 때
② 유리관의 상하 콕의 중심선이 일치하지 않을 때
③ 수위가 너무 높을 때
④ 유리관의 상하 콕이 패킹 압용 너트를 너무 지나치게 죄었을 때

풀이 ③의 수위가 너무 높으면 보일러에서 프라이밍(비수)과 캐리오버(기수공발)의 원인이지 수면계의 파손과는 무관하다.

15 다음 동력전동장치 중 가장 재해가 많은 것은?

① 기어
② 차축
③ 커플링
④ 벨트

풀이 동력전동장치에서 재해가 많은 부분은 벨트 부분이다.

16 보일러의 보수와 검사에 해당되지 않는 것은?

① 연 1회는 반드시 안전검사를 받는다.
② 주요부를 변경하였을 때는 변경검사를 받고 나서 운전한다.
③ 질이 좋은 물을 사용하는 보일러는 검사 없이 사용할 수 있다.
④ 장기간 쉬게 할 때는 청소 후 보일러관 속을 점검한다.

풀이 보일러는 질이 좋은 물을 사용한다 하더라도 검사 없이 사용할 수는 없다.

17 보일러에서 과열되는 원인은?

① 보일러 동체의 부식
② 수관 내의 청소 불량
③ 안전밸브의 기능부족
④ 압력계를 주의 깊게 관찰하지 않았을 때

풀이 보일러 파열의 원인 : 수관 내의 청소불량

18 프라이밍이나 포밍이 일어날 경우 필요한 조치가 아닌 것은?

① 증기밸브를 열고 수면계 수위의 안정을 기다린다.
② 연소량을 가볍게 한다.
③ 보일러수의 자료를 얻어 수질시험을 한다.
④ 보일러수의 일부를 취출하여 새로운 물을 넣는다.

풀이
- 프라이밍이나 포밍이 일어날 때 매우 심하면 증기밸브를 닫고 수위의 안정을 기다린다.
- 프라이밍(비수)과 포밍(물거품)이 일어나면 ① 증기밸브를 닫고 ②, ③, ④ 항에 대한 조치를 취해야 한다.

19 다음은 인젝터의 정지순서를 나열한 것이다. 이 중 옳은 것은?

㉠ 급수밸브를 닫는다.
㉡ 증기밸브를 닫는다.
㉢ 핸들을 닫는다.
㉣ 출구 정지밸브를 닫는다.

① ㉠-㉡-㉢-㉣
② ㉠-㉢-㉣-㉡
③ ㉢-㉡-㉠-㉣
④ ㉢-㉡-㉣-㉠

[풀이] 인젝터의 정지순서(소형 보조펌프)
- 핸들을 닫는다.
- 증기밸브를 닫는다.
- 급수밸브를 닫는다.
- 출구 정지밸브를 닫는다.

20 인젝터 작동불량의 원인이 아닌 것은?
① 내부의 노즐에 이물질의 부착
② 증기의 압력이 0.3~1MPa일 때
③ 증기에 수분이 너무 많다.
④ 급수의 온도가 너무 높다.

[풀이] 인젝터(소형 펌프)에서는 증기압력이 0.2MPa 이하이거나 급수의 온도가 너무 높을 때 내부의 노즐에 이물질이 부착되거나 수증기의 다량 발생 시에 급수불능의 원인이 된다. 또한 증기의 압력이 1MPa 이상이 되면 열에너지가 커서 급수불능이 된다.

21 수격작용(Water Hammer)의 방치조치이다. 적당치 않은 것은?
① 급수관 도중에 에어포켓이 형성되게 한다.
② 스팀트랩을 설치한다.
③ 주증기관은 관체 가까이에 약간의 구배를 준다.
④ 용량이 큰 주증기변은 드레인 빼기를 붙인다.

[풀이]
- ②, ③, ④는 수격작용의 방지법이다. 급수관의 에어포켓은 급수공급이 방해된다.
- 수격작용(워터해머)이란 응축수가 관 내부에서 증기에 밀려 관을 타격하는 나쁜 현상이다.

22 보일러의 처음 시동 시 취급자의 태도는?
① 보일러의 측면에서 점화
② 보일러의 위에서 점화
③ 보일러의 정면에서 점화
④ 보일러의 후면에서 점화

[풀이]
- 보일러의 처음 점화 시 가스폭발이나 역화의 발생 시 화상을 입을 염려가 있으므로 보일러 측면에서 점화하여야 한다.
- 점화 시에 정면 점화는 금물이다. 역화로 인하여 사고를 당하는 것을 막기 위함이다.

23 보일러를 오랫동안(6개월 이상) 사용하지 않고 보존하는 방법으로 가장 적당한 것은?
① 만수보존　　② 청관보존
③ 분해보존　　④ 건조보존

[풀이]
- 보일러를 6개월 이상 장기간 보존할 때에는 장기보존법인 건조보존법이 좋다.
- 습기를 방지하기 위하여 보일러 외부에 생석회 등을 뿌려 준다.
- 6개월 미만의 단기보전 시는 pH 12(알칼리)정도의 물을 가득 채운 만수보존을 한다.

24 버너에서 가동 중 소음이 극히 심할 때의 조치는?
① 연료를 많이 주입한다.
② 전기의 흐름을 낮춘다.
③ 전기의 전압을 낮춘다.
④ 가동을 중지한다.

[풀이]
- 버너에서 가동 중 소음이 극심하면 원인분석을 위해 가동을 중시해야 한다.
- 버너는 액체연료, 기체연료, 미분탄을 사용한다.

25 연소가스의 폭발을 방지하기 위한 안전장치 중 옳은 것은?
① 방폭문을 부착한다.
② 배관을 굵게 한다.
③ 연료를 가열한다.
④ 스케일을 제거한다.

정답　20 ②　21 ①　22 ①　23 ④　24 ④　25 ①

풀이
- 불완전연소에 의하여 가스가 충만하면 연소가스의 폭발이 일어나기 쉽다. 이것을 방지하기 위하여 보일러 후부에 안전장치인 방폭문을 설치한다.
- 고압 보일러는 스프링식 방폭문, 소용량 보일러는 개방식 방폭문을 부착한다.

26 보일러 취급 중 증기발생 시의 주의사항이 아닌 것은?

① 수위에 조심한다.
② 압력이 일정하게 되도록 연료를 공급한다.
③ 과잉공기를 많게 한다.
④ 완전연소하도록 댐퍼를 조절한다.

풀이 보일러의 취급 중 증기발생 시 주의사항
- 수위에 조심한다.
- 압력이 일정하게 되도록 연료를 공급한다.
- 과잉공기를 되도록 적게 한다.
- 완전연소하도록 댐퍼를 조절한다.

27 재의 인출작업 시 주의사항이 아닌 것은?

① 석탄분일 때는 버드 네스트 클링커의 부착 상황을 살핀다.
② 연도의 댐퍼를 열어 통풍을 충분히 하고 저온부로부터 고온부로 작업을 한다.
③ 가스의 흐름이 사각(死角)되는 개소는 특히 주의한다.
④ 보일러 가까운 곳에서 방금 끌어낸 재에 물을 뿌리지 않는다.

풀이 ②에서 재의 인출 시에는 댐퍼를 열고 통풍을 충분히 한 후 고온부에서 저온부로 작업을 진행한다.
※ 버드 네스트는 재의 용융에 의한 부착으로 보일러판의 오손현상이다. 회분이 많은 석탄연소의 경우에 재의 연화나 용융된 물질이 고온의 연소가스와 접촉하는 과열기 표면에 부착하여 생성된 알칼리성 산화물이다.

28 배관 내부에 존재한 응축수가 증기에 밀려 배관 내부를 심하게 타격하여 소음을 발생시키는 현상을 무엇이라 하는가?

① 증발력 증강현상
② 수격작용(워터해머)
③ 포밍
④ 캐리오버

풀이 ㉠ 수격작용 : 응축수가 관 내부에서 증기에 밀려서 배관의 내부를 심하게 타격하여 관에 무리를 주며 소음을 발생시킨다.
㉡ 수격작용 방지법
- 주증기 밸브를 천천히 연다.
- 프라이밍(비수), 포밍(물거품) 방지
- 보온을 철저히 한다.
- 증기 트랩을 부착하여 응축수 제거

29 엔진의 연료공급과 화재예방방법 중 안전수칙에 맞지 않는 것은?

① 연료의 공급은 공회전 상태에서 한다.
② 연료공급 시 화염 방지장치를 설치한다.
③ 포말 소화기를 설치한다.
④ 점화 스위치를 끈 다음 연료를 공급한다.

풀이 연료의 공급은 엔진의 가동정지 상태에서 공급한다. 공회전 상태에서 하면 안 된다.

30 스패너와 렌치의 사용방법으로 적당하지 않은 것은?

① 스패너나 렌치는 뒤로 밀어 돌릴 것
② 파이프 렌치 사용 시는 정지장치를 확실히 할 것
③ 너트에 맞는 것을 사용할 것
④ 해머 대용으로 사용하지 말 것

정답 26 ③ 27 ② 28 ② 29 ① 30 ①

풀이
- 스패너 또는 렌치는 앞으로 당길 것(뒤로 밀어 돌리면 안 된다.)
- 너트에 맞는 것을 사용할 것
- 스패너는 해머 대용으로 사용하지 말 것
- 파이프 렌치를 사용할 때는 정지장치를 확실히 할 것
- 스패너나 렌치는 앞으로 당겨 돌릴 것

31 다음 중 펌프에서 공동현상의 피해와 가장 관계가 없는 것은?

① 소음, 진동이 발생한다.
② 부식이 생긴다.
③ 운전불능이 된다.
④ 양정 및 효율이 상승한다.

풀이
- 공동현상이란 펌프에서 순간적으로 낮은 압력이 일어날 때 생긴다.
- 급수펌프에서 공동현상(캐비테이션) 상태에서는 양정 및 효율이 상승하지 못하고 소음, 진동, 부식, 운전불능 등 각종 부작용을 초래한다.
- 양정이란, 급수펌프가 물을 급수할 수 있는 높이를 말한다.

32 프라이밍(Priming)의 원인으로서 옳게 설명된 것은?

① 수위가 낮을 때
② 보일러의 부하가 적을 때
③ 증기변을 급개할 때
④ 급격히 급수를 공급했을 때

풀이
- 프라이밍(비수)은 증기밸브(변)를 급히 열었을 때 일어난다. 그 원인은 증기밸브를 급개하면 압력저하에 의해 수분의 증발비수가 일어나기 때문이다.
- 비수(프라이밍)란 보일러의 수면 위에서 증기와 물방울이 함께 증발하는 현상이다.

33 그라인더 사용 시 안전수칙이다. 적합지 않은 것은?

① 작업 시 반드시 보안경을 사용할 것
② 숫돌 바퀴의 받침대와의 간격은 3mm 이내로 할 것
③ 숫돌 바퀴의 측면에 서서 작업할 것
④ 사용 전에 숫돌 바퀴(Wheel)의 균열상태를 확인할 것

풀이
- ③항의 내용 중 숫돌 바퀴의 측면에 서서 작업할 것은 틀린 내용이며 그라인더 사용 시 안전수칙에서 작업은 측면에서 하는 것이 아니고 정면에서 해야 한다.
- 그라인더 작업 시는 보안경과 장갑이 필요하다.
- 숫돌 바퀴와 받침대 간격이 3mm를 벗어나면 새것으로 갈아준다.
- 사용 전에 숫돌 바퀴의 균열상태를 확인할 것

34 보일러의 물 부족으로 과열되어 위험할 때 가장 먼저 하는 응급처치로 적당한 방법은?

① 연료공급을 중단하고 서서히 냉각시킨다.
② 증기관을 열고 압력을 낮춘다.
③ 안전판을 열고 압력을 낮춘다.
④ 증기관을 열고 즉시 급수한다.

풀이
- 보일러에서 물의 부족으로 이상 감수가 되어 과열이 일어나면 즉시 연료 공급을 중단하고 서서히 냉각시킨다.
- 석탄 보일러는 연료 공급보다는 젖은 재로 꺼버리는 것이 안전하다.

35 규산염은 세관에서 염산에 잘 녹지 않으므로 용해 촉진제를 사용한다. 다음 중 어느 것을 사용하는가?

① 불화수소산   ② 탄산소다
③ 히드라진   ④ 암모니아

정답 31 ④ 32 ③ 33 ③ 34 ① 35 ①

[풀이]
- 불화수소산 : 규산염 등의 스케일(관석)이 용해되지 않으면 염산의 산세관시에 촉진제로서 사용된다.
- 세관이란 배관 속의 스케일을 제거하는 작업이며 무기산인 염산을 하는 산세관이 가장 많이 한다.

36 안전관리의 주된 목적은?

① 사고의 미연방지 ② 사상자의 치료
③ 사고횟수를 줄임 ④ 사고 후 처리

[풀이] 안전관리의 목적 : 사고의 미연방지

37 보일러의 외부 부식의 원인으로 볼 수 없는 것은?

① 청소 구멍의 주위에서 누설된다.
② 빗물이 침입한다.
③ 지면에 습기가 있다.
④ 보일러관이 연소실의 강한 화염에 접촉되기 때문이다.

[풀이] 보일러 외부 부식의 원인
- 청소 구멍의 주위에서 물이 누설된다.
- 빗물이 침입한다.
- 지면에 습기가 있다.

38 일반적으로 보일러는 3~6개월에 1회 정도 내부점검을 겸하여 청소하고 안전운전을 하게 되는데 다음 중 필요한 공구가 아닌 것은?

① 압력게이지 ② 스크레이퍼
③ 와이어 브러시 ④ 튜브 클리너

[풀이]
- 압력게이지는 증기압력 측정용 계측기기이지 청소용 공구가 아니다.
- 보일러실에는 부르동관식(탄성식) 압력계가 사용된다.

39 보일러에 사용하는 급수 처리방법 중 물리적 처리방법에 속하지 않는 것은?

① 여과법 ② 탈기법
③ 증류법 ④ 이온교환법

[풀이]
㉠ 물리적 급수 처리방법
- 여과법
- 증류법

㉡ 탈기법 : 기계적인 탈기법, 화학적인 탈기법(인산, 소다, Na_2PO_3 사용)

㉢ 이온교환법 : 양이온체 Na^+, H^-, NH_4^-, 음이온 OH^-, Cl^-. 이온교환법은 화학적 처리방법이다.

40 보일러 버너의 착화 시 안전상 제일 먼저 취해야 할 것은?

① 기름 밸브를 연다.
② 댐퍼를 열고 가스(Gas)를 배출시킨다.
③ 연료를 가열한다.
④ 증기를 분사시킨다.

[풀이]
- 보일러의 버너에 착화(점화) 시에는 제일 먼저 댐퍼를 열고 가스를 배출시킨다. 가스폭발을 방지하기 위하여 실시한다.
- 가스폭발로 인한 사고방지를 위하여 방폭문을 설치한다.

41 보일러가 급수 부족으로 과열되었을 때의 조치 중 가장 적당한 방법은?

① 냉각수를 급속히 급수하여 냉각시킨다.
② 화실에 물을 부어서 속히 끈다.
③ 안전변으로 증기를 배출시키고 연소실의 불을 끄고 서서히 냉각시킨다.
④ 공기를 계속 공급한다.

[풀이] 보일러가 급수 부족으로 과열되면 증기를 배출시키고 연소실의 불을 신속히 끈 후 서서히 냉각시킨다.

정답 36 ① 37 ④ 38 ① 39 ④ 40 ② 41 ③

42 다음 안전관리의 의의 중 가장 적당한 것은?

① 연료사용 기기의 품질향상 및 단가절감을 위한 것이다.
② 관계자의 능력 향상을 위한 것이다.
③ 경제적인 보일러 운전과 연료 절감을 목적으로 한 것이다.
④ 각종 연료사용기기로 인한 위해방지를 위한 것이다.

풀이 안전관리란 각종 연료사용기기로 인한 위해방지를 위한 것이다.

43 알칼리 세관을 하면 가성취화의 부식이 발생하기 쉽다. 이것을 방지하기 위하여 사용되는 약품은?

① 수산화나트륨   ② 탄산나트륨
③ 질산나트륨   ④ 황산나트륨

풀이 알칼리 세관을 하면 가성취화의 부식이 생긴다. 이것을 방지하기 위하여 질산나트륨이나 인산나트륨을 사용한다.

44 보일러의 증기압력을 지시하는 계기로 부르동관 압력계가 사용된다. 압력계의 취급상 가장 안전한 방법이 아닌 것은?

① 보일러 제한 압력(최고 사용압력)의 0.8~1배 능력을 가진 것을 장치해야 한다.
② 오랜 시간의 압력변화를 알기 위해 자동기록압력계를 사용한다.
③ 압력계는 1개 이상 규정에 적합한 것을 장착해야 한다.
④ 연결관은 스케일의 부착을 특히 주의할 필요가 있다.

풀이 부르동관식 증기압력계는 보일러 최고사용압력의 1.5~3배 이하의 능력을 가져야 한다. ②, ③, ④는 부르동관 압력계의 사용 시 주의사항이다.

45 다음 중 탈산청소나 부식방지용 약제가 아닌 것은?

① 염산   ② 아황산소다
③ 아민   ④ 가성소다

풀이
- 가성소다 : pH 및 알칼리의 조정제
- 아황산소다 : 청관제(탈산청소)
- 염산 : 부식방지용이 아니고 산세관시 사용되는 세관제이다. 세관이란 1년에 한번 정도 보일러 내의 스케일 등의 대청소를 실시하는 것이며 염산, 황산, 인산 등의 약품을 사용하는 세관이 산세관이다.

청관제의 효과와 약품

종류	약품	작용
pH 조절제	가성소다, 제1인산소다, 제3인산소다, 암모니아, 히드라진	pH 조절
연화제	탄산소다, 인산소다, 종합 인산소다	급수의 연화
슬러지 조절제	전분, 덱스트린, 탄닌, 리그닌	결정 성장방지 스케일 생성방지
탈산청소	탄닌, 아황산소다, 히드라진	부식방지
가성취화 방지제	질산소다, 탄닌, 리그닌	가성취화 방지
기포 방지제	고급 지방산의 에스테르, 폴리아미드	거품의 안전화

46 다음 중 옳지 않은 것은?

① 증기발생 중에는 수위에 조심하고, 안전 저수위 이하로 되지 않도록 해야 한다.
② 압력이 일정하게 되도록 연료를 공급하여 과잉공기는 되도록 적게 하여 완전연소하도록 댐퍼를 조절한다.
③ 보일러수는 계속 사용하면 농축되어 순환이 나빠지고 물때가 부착되기 쉽다.
④ 각부의 증기가 누설되지 않게 하고 밸브를 급히 열고 닫아야 한다.

정답 42 ④ 43 ③ 44 ① 45 ① 46 ④

풀이
- 보일러에서 증기를 배출할 때 밸브를 열 때는 천천히 열고 닫을 때는 급히 닫는다.
- 증기밸브를 급히 열면 증기관 내에 남아 있는 응축수가 증기의 유속에 밀려서 수격작용이 일어난다.
- 수격작용이 일어나면 배관에 무리가 온다.

47 안전사고의 정의에 모순되는 것은?

① 작업능률을 저하시킨다.
② 불안전한 조건이 선행된다.
③ 고의성이 게재된 사고이다.
④ 인명, 재산의 손실을 가져올 수 있다.

풀이
㉠ 안전사고는 고의성이 게재된 사고가 아니다.
㉡ 안전사고가 일어나면
  - 작업능률을 저하시킨다.
  - 불안전한 조건이 선행된다.
  - 고의성 없는 사고이다.
  - 인명의 손실이 있다.
  - 재산의 손실을 가져온다.

48 보일러의 취급에서 잘못 설명된 것은?

① 댐퍼를 열고 연도가스를 빼고 점화한다.
② 상용압력에 가까워질 때 안전밸브에서 누수가 있으면 밸브의 압력을 높인다.
③ 관내의 복수를 제거하고 조금씩 증기밸브를 연다.
④ 점화 후에는 서서히 연소량을 증가하여 압력, 온도를 높인다.

풀이 안전밸브에서 증기의 누수가 상용압력에서 일어나면 밸브의 압력을 높이지 말고, 보일러 가동을 중지한 후 원인을 살펴서 대책을 강구하여야 한다.

49 로터리 버너에 있어서 중유연소 중에 갑자기 불이 꺼진 경우 최초로 조사해야 할 사항은 다음 중 어느 것인가?

① 2차공을 닫는다.   ② 댐퍼를 만개한다.
③ 유면을 닫는다.   ④ 댐퍼를 닫는다.

풀이 버너에서 가동 중 갑자기 불이 꺼지면(소화) 먼저 연료를 차단시키기 위하여 유면(기름밸브)을 닫아야 한다.

50 수격작용(Water Hammer)을 방지하기 위한 방법으로 옳지 않은 것은?

① 증기관의 보온
② 증기관 말단의 트랩 설치
③ 캐리오버(Carry Over)를 방지
④ 안전변을 설치

풀이 안전변(안전밸브)은 수격작용 방지용이 아니고 증기의 압력 초과를 방지하기 위한 안전장치이다.
①, ②, ③는 수격작용 방지법이다.

51 가스 폭발을 방지하는 방법과 가장 거리가 먼 것은?

① 점화 시는 공기공급을 먼저 하고, 소화 시는 연료밸브를 먼저 잠근다.
② 연소율 증가를 위해 연료공급을 일시에 다량으로 공급한다.
③ 점화 전에 댐퍼를 개방하여 노내를 환기시킨다.
④ 연소 중 실화(失火)가 발생하면 버너 밸브를 닫고 노내 환기 후 재점화한다.

풀이
- 연소율의 증가를 위해 연료를 공급할 때에는 일시에 다량으로 공급하지 말고 점차 증가시켜야 한다.
- 연료를 일시에 다량 공급하면 불완전 연소가 된다.

정답 47 ③ 48 ② 49 ③ 50 ④ 51 ②

52 증기파이프 관 내의 워터해머링(Water Hammering) 현상을 방지하기 위한 예방책이 아닌 것은?

① 증기관의 보온을 완전히 할 것
② 드레인이 고이기 쉬운 곳이나 대형 정지 밸브에는 드레인 빼기를 설치할 것
③ 증기 정지밸브를 열고 난 다음 필히 드레인 밸브를 열어서 드레인을 배제할 것
④ 증기 정지밸브를 여는 경우에는 먼저 조금 열어 소량의 증기를 통하게 하고 증기관의 난관(暖管)을 행하고 그 뒤에 정지밸브를 서서히 열 것

[풀이] 워터해머링(수격작용)
응축수가 고여서 관을 타격하는 현상이며 증기 정지 밸브를 열기 전에 미리 드레인(응축수) 밸브를 열고 드레인을 배제한 후에 증기 정지밸브를 연다.

53 와이어 로프로 물건을 운반할 때의 주의사항으로 옳지 못한 것은?

① 무게를 정확히 예측할 것
② 무게의 중심이 가능한 한 아래쪽으로 오도록 할 것
③ 4개의 와이어를 사용할 것
④ 와이어 각도는 90° 이상으로 할 것

[풀이] 와이어 로프로 물건을 운전할 때 와이어 각도는 30°가 이상적이다.

54 무거운 물건을 들어올리기 위하여 체인 블록을 사용하는 경우 가장 옳다고 생각되는 것은?

① 체인 및 리프팅은 중심부에 튼튼히 묶어야 한다.
② 노끈 및 밧줄은 튼튼한 것을 사용하여야 한다.
③ 체인 및 철선으로 엔진을 묶어도 무방하다.
④ 반드시 체인만으로 묶어야 한다.

[풀이] 체인 블록의 사용 시에는 중심부에 튼튼히 묶어야 안정성이 좋다.

55 보일러 내부의 보수 청소 시 맨홀이 아주 작을 경우에 많이 사용하는 방법은?

① 브러시를 사용한다.
② 스크레이퍼를 사용한다.
③ 아세트산 용액을 사용한다.
④ 해머를 사용한다.

[풀이] 보일러 내부의 보수 청소 후 맨홀이 아주 작아서 사람이 들어갈 수 없으면 아세트산용액으로 대청소를 실시한다.(아세트산은 빙초산이다.)

56 보일러 휴관 시 건조법에서 투입한 생석회 교체가 필요한 기간은?

① 1~5개월
② 2~3개월
③ 4~5개월
④ 교체할 필요가 없다.

[풀이] 보일러의 휴관 시 건조 보존에서 습기의 방지를 위하여 생석회는 2~3개월마다 교체시킨다.

57 보일러 밑바닥에 연질의 침전물 슬러지(Sludge)가 생길 경우 보일러에 미치는 영향이 아닌 것은?

① 전열면이 잘 과열되어 열효율이 높아진다.
② 수관 보일러에서는 1mm의 슬러지가 생기면 10%의 연료 손실이 생긴다.
③ 고압 수관 보일러에서는 파괴되는 예도 있다.
④ 균열의 위험을 초래하기도 한다.

[풀이]
• ①에서 전열면이 과열되면 열효율이 높아지는 것이 아니라 낮아진다.
• 슬러지란 불순물이 용해하여 보일러 하부에 쌓인 찌꺼기를 말한다. 이것이 장기화되면 스케일(관석)이 된다.
• 열효율이라 보일러 효율이다.

정답 52 ③ 53 ④ 54 ① 55 ③ 56 ② 57 ①

58 다음 중 저온부(급수예열기, 공기예열기)를 부식하는 물질은 어느 것인가?

① SO_2
② 염소 및 염산(HCl)
③ 바드네스트
④ 바나듐

풀이
- SO_2 : 저온부식의 원인
- 바드네스트 : 재가 녹아서 고착된 것
- 바나듐 : 고온부식의 원인
- 저온부식은 아황산가스(SO_2)에 의해 부식이 촉진된다.

59 수면계 수위가 보이지 않을 시 응급처리사항은?

① 연료의 공급 차단
② 냉수 공급
③ 증기보충
④ 자연냉각

풀이 수면계에서 수위가 보이지 않으면 보일러에서 물이 안전저수위 이하로 내려가서 보일러의 과열이나 위급한 사항이 되므로 연료의 공급을 차단시켜야 한다.(저수위 사고)

60 연도에서 2차 연소를 일으킬 때 나타나는 현상이 아닌 것은?

① 물의 순환이 양호
② 공기예열기 소손
③ 벽돌 쌓은 곳을 소손
④ 케이싱의 소손

풀이 연도에서 2차 연소 발생 시의 장해현상
- 벽돌 쌓은 곳을 소손
- 공기예열기 등의 여열장치 소손
- 케이싱 소손

61 급수에 있어 불순물과 관계가 먼 것은?

① 물때
② 슬러지
③ 전열양호
④ 부식

풀이
- ③의 전열(열전달)이 양호하다는 것은 불순물이 없다는 뜻이다. 불순물이 없으면 스케일 생성이 방지되며 열전달이 우수하므로 전열이 양호해진다.
- 보일러에 물때, 슬러지(찌꺼기), 부식이 생기면 스케일이 쌓여서 보일러 과열의 원인이 된다.

62 연도에서 폭발이 있었다면 그 원인을 조사하기 위해서 제일 먼저 할 일은?

① 송풍기 자동 중지
② 연료공급중지
③ 증기출구 차단
④ 급수 중단

풀이 연도에서 폭발이 일어나면 그 원인을 조사하기 위하여 먼저 연료의 공급을 중지한다.

63 보일러관의 점식을 일으키는 것은?

① 급수 중에 포함된 공기나 산소, CO_2
② 급수 중에 포함된 황산칼슘
③ 급수 중에 포함된 탄산칼슘
④ 급수 중에 포함된 황산마그네슘

풀이 점식(피팅)
약 8할 이상이 점식에 의한 부식으로 급수 중에 포함된 공기(산소)에 의해 점식이 일어나며 보일러 관부에 점점이 일어나는 부식이다.

64 비수의 원인이 아닌 것은?

① 증기밸브를 갑자기 열어 한꺼번에 송기를 개시했을 때
② 보일러 안의 수위가 높을 때
③ 갑자기 연소를 중지시켰을 때
④ 보일러수가 농축되었을 때

정답 58 ① 59 ① 60 ① 61 ③ 62 ② 63 ① 64 ③

[풀이] 비수의 원인(프라이밍)
- 증기밸브를 급히 열 때
- 보일러 안의 수위가 고수위일 때
- 보일러수가 농축되었을 때
- 보일러 과부하 시
※ 비수(프라이밍)란 보일러에서 수면의 물방울이 증기와 같이 심하게 솟아오르는 현상이다.

65 다음 중 Boiler 취급방법으로 맞지 않은 것은?
① 역화의 위험을 막기 위해 댐퍼를 닫아 놓아야 한다.
② 점화 후 화력의 급상승은 금지해야 한다.
③ 부속장치작용의 정확성에 대한 점검을 게을리해서는 안 된다.
④ 내부 청소는 아세트산 용액을 사용하는 것이 좋다.

[풀이]
- 역화의 위험을 막기 위하여 댐퍼를 열어 놓아야 한다. 닫아 놓으면 역화가 일어난다.
- 댐퍼 : 연기의 양을 조절한 것
- 댐퍼는 연기 댐퍼와 공기 댐퍼가 있다.
※ 아세트산 : 빙초산

66 보일러를 새로 제작 혹은 수리하였을 때는 어떤 시험을 한 후 사용하여야 하는가?
① 진공시험　　② 증발시험
③ 유압시험　　④ 수압시험

[풀이]
- 보일러를 새로 제작하면 필히 수압시험을 실시하여야 한다. 또한 장기간 휴지하였다가 재차 가동하기 전에도 수압시험을 하여야 한다.
- 수압시험이란 보일러 최고 사용압력보다 높게 실시한다.

67 고압가스 용기도색으로 적당하지 못한 것은?
① 아세틸렌 - 황색　　② 산소 - 회색
③ 이산화탄소 - 청색　　④ 수소 - 주황색

[풀이] 고압가스의 용기도색 중 산소탱크는 공업용은 녹색, 의료용은 흰색으로 구별된다.

68 수면계의 수면이 불안정한 원인 중 옳은 것은?
① 급수가 되지 않을 경우
② 고수위가 된 경우
③ 비수가 발생한 경우
④ 분출판에서 누수가 생길 경우

[풀이]
- 수면계의 수면이 불안정한 것은 비수(프라이밍)의 발생 원인이 가장 크다.
※ 비수란 보일러 수면에서 증기와 물방울이 심하게 솟아오르게 현상
- 비수는 고수위로 가동하거나 보일러 부하가 크면 일어난다. 또 증기밸브를 급히 열면 발생한다.

69 절탄기에 열가스를 보낼 때 가장 주의해야 할 점은?
① 유리 수면계에서의 물의 움직임
② 절탄기 내의 물의 움직임
③ 연소가스의 온도
④ 급수온도

[풀이] 연도의 배가스로 급수를 가열하기 위하여 절탄기를 이용하는데, 사용하기 전 절탄기 내의 물의 움직임이 제대로 되는지 확인하여야 한다. 물이 움직이지 않으면 과열되어 절탄기가 파손된다.

70 Boiler 효율 저하를 방지하기 위한 작업 전 점검사항에 속하지 않는 것은?
① 노의 건조
② 부속품의 철저한 점검
③ 보일러 청소와 점검
④ 급수장치의 최고 수위조절 여부

정답　65 ①　66 ④　67 ②　68 ③　69 ②　70 ①

풀이 노의 건조는 보일러의 최소 설치 시 30일간 이미 건조된 것이므로 보일러 효율 저하 방지와는 관련이 없다.

71 안전표시 중 주의를 요하는 색은?

① 진한 보라색 ② 노란색
③ 적색 ④ 검은색

풀이 ①은 방사능 위험 표시
②는 주의 표시
③은 방화금지
④는 방향 표시

72 기계 작동 중 갑자기 정전되었을 때의 조치로 틀린 것은?

① 즉시 스위치를 끈다.
② 그 공작물과 공구를 떼어 놓는다.
③ 퓨즈를 검사한다.
④ 스위치를 넣어 둔다.

풀이 기계가 가동 중 갑자기 정전되면 공작물을 떼어 놓고 즉시 스위치를 끈다. ④와 같이 스위치를 넣어 두면 안 된다.

73 고온의 화염이 닿는 전열면 내측에 어느 정도의 스케일이 붙으면 청소하여야 하는가?

① 1mm 이하 ② 1~1.5mm 이내
③ 2mm 이하 ④ 2.3mm 이내

풀이 연소실 내에서 화염이 닿는 전열면 내측에 스케일이 1~1.5mm 정도 붙으면 청소를 해야 한다.

74 보일러수에 함유된 탄산가스는 어떤 장해를 일으키는가?

① 부식 ② 절연
③ 부하 ④ 점식과 부식

풀이 보일러수(水) 중에 함유된 CO_2(탄산가스)나 O_2(산소)는 점식 등 부식 촉진의 원인이 된다.

75 보일러의 수위가 낮으면 어떤 현상이 생기는가?

① 습증기의 발생원인이 된다.
② 보일러가 과열되기 쉽다.
③ 수면계에 물때가 붙는다.
④ 수증기압이 높아 누설된다.

풀이
- 보일러의 수위가 낮으면 과열이 된다.
- 보일러 수위가 낮다는 것은 물이 안전 수위 이하로 내려갔다는 뜻이다.
- 과열이 지나쳐서 소손이 되면 보일러의 강도가 완전히 상실된다.

76 연돌 내에서 폭발현상이 발생하였다면 무엇이 부족한 건지 가장 관련이 깊은 것은?

① 1차 공기 ② 2차 공기
③ 댐퍼 차단 ④ 연료의 수분함량

풀이
- 연돌 내의 폭발현상은 2차 공기(송풍기에 의한 투입공기)의 부족에서 일어난다.
- 1차 공기는 연료 점화용 공기이다.
- 연돌은 굴뚝이다.

77 보일러의 증기 압력을 지시하는 계기로 부르동관 압력계가 사용된다. 압력계의 취급상 가장 안전한 방법이 아닌 것은?

① 보일러 제한압력(최고사용압력)의 4~6배 능력을 가진 것을 장치해야 한다.
② 압력계의 지름은 100mm 이상이어야 한다.
③ 압력계는 1개 이상 규정에 적합한 것을 장착해야 한다.
④ 연결관은 반드시 사이펀관을 설치한다.

정답 71 ② 72 ④ 73 ② 74 ④ 75 ② 76 ② 77 ①

풀이 보일러에서 설치되는 압력계는 보일러 제한압력의 1.5~3배에 해당하는 압력계의 부착이 필요하다. 4~6배 능력을 가진 압력계는 제작되지 않는다.

78 급수로 가장 이상적인 물은?
① 증류수나 연수 ② 센물
③ 수돗물 ④ 천연수

풀이
- 보일러의 급수로 가장 이상적인 물은 연수 또는 증류수이다.
- 센물 : 경수(물속에 불순물에 많이 들어 있어 경도가 10도 이상인 물이다.)이며, 경도 10도 미만은 연수(단물)이다.

79 다음 중 연료를 사용할 때의 방법 중에서 취급자가 행하는 사항으로 틀린 것은?
① 과잉공기량은 되도록 많이 공급하여 연료를 연소시킨다.
② 손실열을 고려하여 최대로 목적물에 열을 도입시킨다.
③ 적은 연료로 많은 열을 발생시킨다.
④ 폐열을 최대로 이용하여 열효율을 높임으로써 연료를 절약한다.

풀이
- 과잉공기량은 되도록 적게 공급하여 연소시킨다. 과잉공기량이 많으면 배기가스 열손실이 많아진다.
- 연소상태가 가장 좋은 공기량은 이론공기량에 가깝게 연소시킨다.

80 보일러 관수처리가 부적당하면?
① 캐리오버 위험이 생긴다.
② 침식의 위험이 생긴다.
③ 침식의 위험이 생긴다.
④ 응력, 부식, 균열의 위험이 커진다.

풀이
- 보일러에서 관수처리가 부적당하면 각종 부식에 의한 균열 및 응력의 원인이 된다.
- 관수란 보일러 내에서 순환하고 있는 물이고, 보일러로 새로 공급되는 물은 급수이다.

81 다음은 보일러의 청정작업을 할 때 분리해야 하는 것을 나열한 것이다. 틀린 것은?
① 연관 ② 급수내관
③ 취출밸브 ④ 수위검출기

풀이
- 보일러에서 청정작업을 할 때는 부속장치 중 분리가 될 수 있는 것도 있지만 수관 또는 연관은 분리가 용이하지 못하다.
- 급수내관이나 취출밸브(분출밸브), 수위 검출기는 청정작업 시 분리해야 한다.

82 화상을 당했을 때 응급처리 중 가장 옳은 것은?
① 잉크를 바른다.
② 아연화 연고를 바른다.
③ 옥시풀을 바른다.
④ 붕대를 감는다.

풀이 화상을 당했을 때 응급처치는 아연화 연고를 바른다.

83 보일러 동의 강도는 원주 방향이 축 방향보다 몇 배가 되는가?
① 2배 ② 4배
③ 6배 ④ 8배

풀이 보일러 본체의 동의 강도는 원주 방향이 축 방향보다 2배가 되어야 한다.

정답 78 ① 79 ① 80 ④ 81 ① 82 ② 83 ①

84 보일러의 증기관 쪽에 보내는 증기에 수분이 많이 함유되는 것을 무엇이라고 하는가?

① 아웃오버(Out Over)
② 프라이밍(Priming)
③ 포밍(Forming)
④ 캐리오버(Carry Over)

풀이 ② 프라이밍이란 증발 수면부에서 물방울이 솟아오르는 현상이다.
③ 포밍이란 보일러수에 물거품이 발생되는 현상이다.
④ 캐리오버(기수공법)란 증기관 쪽에 보내는 증기에 수분이 많이 함유되는 현상이다.

캐리오버(Carry Over)
보일러에서 증기관 쪽에 보내는 증기에 비수의 발생 등에 의한 물방울이 많이 함유되어 배관 내부에 응축수나 물이 고여서 수격작용(워터해머)의 원인이 만들어지는 현상이다.
㉠ 캐리오버(기수공발)의 물리적 원인
　• 증발수 면적이 좁다.
　• 보일러 내의 수위가 높다.
　• 증기 정지밸브를 급히 열었다.
　• 보일러 부하가 별안간 증가할 때
　• 압력의 급강하로 격렬한 자기 증발을 일으킬 때
㉡ 화학적 원인
　• 나트륨 등 염류가 많고 특히 인산나트륨이 많을 때
　• 유지류나 부유물 고형물이 많고 용해 고형물이 다량 존재할 때

프라이밍(Priming)
프라이밍(비수)이란, 관수의 급격한 비등에 의하여 기포가 수면을 파괴하고 교란시키며 수적이 증기 속으로 비산하는 현상이다.

포밍(Forming)
포밍(물거품 솟음)이란, 유지분이나 부유물 등에 의하여 보일러수의 비등과 함께 수면부에 거품을 발생시키는 현상이다. 즉 프라이밍이나 포밍이 발생하면 필연적으로 캐리오버가 발생한다.

※ 프라이밍, 포밍의 발생원인
　• 주증기 밸브의 급개
　• 고수위의 보일러 운전

• 증기 부하의 과대
• 보일러수의 농축
• 보일러수 중에 부유물, 유지물, 불순물 함유

85 역화현상이 일어나는 원인이 아닌 것은?

① 연료의 공급이 불안정할 때
② 연료밸브를 과다하게 급히 열었을 때
③ 점화 시에 착화가 늦어졌을 때
④ 댐퍼가 너무 닫힌 때나 흡입통풍이 부족할 때

풀이 **역화의 원인**
　• 연료 밸브를 과다하게 급히 열었을 때
　• 점화 시에 착화가 늦어졌을 때
　• 댐퍼가 너무 닫힌 때나 흡입 통풍이 부족할 때
　• 압입 통풍이 지나치게 많을 때
　• 연소실 내에 미연가스가 충만할 때

86 다음 중 적절한 안전관리 상태가 아닌 것은?

① 안전보호구를 잘 착용토록 한다.
② 안전사고 발생요인을 사전에 제거한다.
③ 안전교육을 철저히 한다.
④ 안전사고 사후대책을 잘 세운다.

풀이 **안전관리자의 직무**
　• 안전보호구를 잘 착용토록 한다.
　• 안전사고 발생원인을 사전에 제거한다.
　• 안전교육을 철저히 한다.
　• 재해 발생 시 그 원인 조사 및 대책 강구
　• 안전사고 예방대책을 잘 세운다.

87 다음 중 안전밸브를 부착하지 않는 것은?

① 보일러 본체
② 절탄기 출구
③ 과열기 출구
④ 재열기 입구

정답 84 ④　85 ①　86 ④　87 ②

풀이 ㉠ 안전밸브를 부착하는 곳
- 보일러 본체
- 과열기 출구
- 재열기 입구 등

㉡ 절탄기나 공기예열기의 경우에는 각 유체의 전후 온도를 측정할 수 있는 온도계가 필요하다.

88 보일러에는 인젝터(Injector)가 부착되어 있다. 시동할 때 가장 먼저 열어야 하는 밸브는?

① 증기밸브 ② 토출밸브
③ 일수밸브 ④ 급수밸브

풀이 인젝터(Injector)
비동력 급수펌프로서 중소형 보일러의 예비 급수용으로 많이 사용된다.(보일러에서 발생된 증기를 사용한다.)

㉠ 급수의 원리 : 증기의 열에너지 → 운동에너지로 변화 → 압력에너지로 변화 → 급수

㉡ 종류
- 메트로폴리탄형(Metropolitan) : 급수온도 65℃ 이하 사용
- 그레샴형(Gresham) : 급수온도 50℃ 이하 사용

㉢ 내부의 노즐(노즐 이용)
- 증기 노즐
- 혼합 노즐
- 토출 노즐(분출 노즐)

㉣ 인젝터의 작동순서(시동순서)
- 출구 정지밸브를 연다.(토출밸브)
- 흡수밸브를 연다.(급수밸브)
- 증기밸브를 연다.
- 핸들을 연다.

㉤ 인젝터의 정지순서
- 핸들을 닫는다.
- 증기밸브를 닫는다.
- 급수밸브를 닫는다.
- 출구 정지밸브를 닫는다.

㉥ 인젝터 사용상의 이점
- 구조가 간단하고 다른 펌프에 비해 모양이 작다.
- 설치장소를 적게 차지한다.
- 증기와 물이 혼합하여 급수가 예열된다.
- 시동과 정지가 용이하다.
- 가격이 싸다.

㉦ 인젝터 사용상의 단점
- 급수 용량이 부족하여 장기간 사용에는 부적당하다.
- 대용량 보일러에는 사용이 부적당하다.
- 급수량의 조절이 곤란하다.
- 급수의 효율이 낮다.
- 급수에 시간이 많이 걸린다.
- 흡입양정이 낮다.

㉧ 인젝터 급수 불능의 원인
- 급수의 온도가 50~65℃ 이상이면 사용이 불가능하다.(급수 불능)
- 증기압력이 0.2MPa 이하일 때
- 흡입관에 공기가 새어들 때
- 노즐의 마모나 폐쇄
- 체크밸브의 고장
- 인젝터 자체의 과열
- 증기가 매우 습할 때

89 보일러의 정상운전 시 수면계의 수위 위치는?

① 수면계 최상위까지 항상 수위를 유지시킨다.
② 수면계 하부에 수위를 유지시킨다.
③ 수면계 중앙에 수위를 유지시킨다.
④ 수면계 위치는 안전 부위까지 하강시킨다.

풀이 보일러의 정상 운전 시 수면계의 수위는 수면계의 중앙에 유지시킨다.

90 다음 중 보일러에 쓰이는 중화 방청 약품이 아닌 것은?

① 탄산칼슘, 탄산마그네슘
② 히드라진
③ 암모니아
④ 인산소다

풀이 ㉠ 보일러에 사용되는 중화 방청제 : 탄산소다, 인산소다, 히드라진, 암모니아

ⓒ 보일러의 산세관 시에는 강의 부식을 촉진시키므로 중화방청제로 방청처리를 해야 한다.
ⓒ 산 세관 시 산의 종류
- 염산(HCl)
- 황산(H_2SO_4)
- 인산(H_3PO_4)
- 질산(HNO_3)
- 술파민산 등

ⓓ 탄산칼슘, 탄산마그네슘, 수산화마그네슘, 인산칼슘 등은 슬러지(가마검댕) 및 스케일(관석)을 일으킨다.

91 보일러 부식의 종류 중 내부 부식이 아닌 것은?

① 점식
② 그루빙
③ 전면식
④ 저온 부식

풀이
- 내부 부식 : 점식, 그루빙(구식), 전면식, 국부 부식
- 외부 부식 : 저온 부식, 고온 부식

92 오일 연소장치에서 역화가 생기는 원인으로 틀린 것은?

① 1차 공기의 압력 부족
② 2차 공기의 과대한 예열
③ 물 또는 협잡물의 혼합
④ 점화 시 프러퍼지 부족

풀이 오일 연소장치의 역화 원인
- 1차 공기의 압력 부족, 2차 공기의 공급 부족
- 기름 속에 물 또는 협잡물의 혼입
- 점화 시 프리퍼지(환기) 부족

93 일산화탄소 중독이 된 경우 응급조치 설명으로 잘못된 것은?

① 신선한 공기를 쐬게 한다.
② 인공호흡을 실시한다.
③ 산소를 흡입시킨다.
④ 일산화탄소의 발생요인을 제거한다.

풀이
ⓐ 일산화탄소 중독 시 응급조치사항
- 신선한 공기를 쐬게 한다.
- 인공 호흡을 실시한다.
- 산소를 흡입시킨다.
ⓑ ④항은 응급조치가 아닌 사후조치이다.

94 보일러 연소실 내벽에 카본이 쌓이는 원인이 아닌 것은?

① 연료유의 점도가 과대하다.
② 연소용 공기가 부족하다.
③ 연료유입이 과대하다.
④ 노내 온도가 높다.

풀이 보일러 연소실 내벽에 카본(탄화물)이 쌓이는 원인
- 분무 직접 충돌
- 기름 점도의 과대
- 연소용 공기의 부족
- 노내 온도가 낮다.
- 불완전 연소
- 유압의 과대
- 버너팁의 모양 위치가 나쁘다.
- 노내 가스가 단락되는 곳

95 연소상태가 파동치듯 떨고 화염이 일정치 않으면서 심하게 변하는 현상을 맥동이라 한다. 그 원인과 관계가 없는 것은?

① 배인 각도의 불일치
② 송풍기의 용량 부족
③ 연료유에 수분이 많을 때
④ 연료량에 변화가 있을 때

풀이 맥동현상의 원인
- 배인 각도의 불일치
- 송풍기의 용량 과대
- 연료유에 수분이 많을 때
- 연료량에 변화가 있을 때

정답 91 ④ 92 ② 93 ④ 94 ④ 95 ②

96 다음은 급수할 때의 주의사항이다. 옳은 것은?

① 증기 사용량이 적을 때에는 수위를 높게 유지하도록 한다.
② 급수는 과부족 없이 항상 상용 수위를 유지하도록 한다.
③ 증기 사용량이 많을 때는 수위를 얕게 유지하도록 한다.
④ 증기 압력이 높을 때에는 수위를 높게 유지하도록 한다.

풀이
- 보일러 급수 시 급수는 과부족 없이 항상 상용 수위를 유지하여야 한다.
- 상용 수위란 수면계의 중심선 $\left(\dfrac{1}{2}\right)$이 된다.

97 강철제 보일러 수면계의 수위를 판별하기 어려울 때 조치할 사항이 아닌 것은?

① 연료의 공급을 차단시킨다.
② 급수의 보급을 실시한다.
③ 증기를 보충한다.
④ 자연냉각을 기다린다.

풀이 수면계의 수위를 판별하기 어려울 때 조치할 사항 (저수위 사고 발생)
- 연료 공급 차단
- 냉수 보급 엄금(단주철제 보일러)
- 자연냉각을 기다린다.

98 보일러의 연료계통에서 유류 화재가 발생한 경우 적합하지 못한 소화방법은?

① 모래를 살포한다.
② 가연물질을 차단한다.
③ 유류용 소화기를 사용한다.
④ 소화전을 사용하여 물을 뿜는다.

풀이
㉠ 보일러 연료계통에서 화재가 발생하면
- 가연물질을 차단한다.
- 유류용 소화기를 사용한다.
- 모래를 살포한다.
㉡ 연료가 기름일 때는 물을 뿌리면 안 된다.

99 신설 보일러는 제조 때 내부에 부착한 유지나 페인트 등을 제거하기 위하여 소다 보링 시 어떤 약품을 넣고 끓이는가?

① 질산소다
② 탄산소다
③ 염산
④ 염화나트륨

풀이 신설 보일러는 녹, 유지나 페인트 등을 제거하기 위하여 보일러 내 소다 보링을 실시하여 유지분이나 페인트를 제거한다.
- 소다 보링 기간 : 2~3일간 끓여 반복 배출시킨다.
- 보일러 압력 : 0.3~0.5kg/cm^{2}의 저압
- 소다 보링 약액 : 탄산소다, 가성소다, 제3인산소다

100 증기 보일러의 분출밸브 조작에 대한 설명으로 틀린 것은?

① 보일러 가동 후 증발량이 많을 때 실시한다.
② 점개밸브보다 급개밸브(콕)를 먼저 연다.
③ 분출량의 조절은 점개밸브로 한다.
④ 분출이 끝나고 잠글 때는 점개밸브를 먼저 닫는다.

풀이 분출 시 주의사항
- 보일러 가동 후 증발량이 가장 적을 때 또는 보일러 휴지 시 실시한다.
- 점개밸브보다 급개밸브를 먼저 연다.
- 분출량의 조절은 점개밸브로 한다.
- 분출이 끝나고 잠글 때는 점개밸브를 먼저 닫는다.
- 분출 콕을 먼저 연다.
- 분출 시는 반드시 2명 이상이어야 하며, 분출밸브의 크기는 25mm 이상이어야 한다.

정답 96 ② 97 ③ 98 ④ 99 ② 100 ①

101 오일 버너의 화염이 불안정한 이유로 적당치 않은 것은?

① 분무유압이 비교적 높을 경우
② 연료 중에 슬러지 등의 협잡물이 들어 있을 경우
③ 무화용 공기량이 적절치 않을 경우
④ 연료용 공기의 과다로 인하여 노내 온도가 저하될 경우

풀이 오일 버너의 화염 불안정
- 연료 중에 슬러지 등의 협잡물 혼입
- 무화용 공기량의 부적절
- 연료용 공기의 과다로 인하여 노내 온도 저하
- 분무 유압이 비교적 낮을 경우

102 보일러의 압력을 급격하게 올려서는 안 되는 이유로 옳은 것은?

① 보일러수의 순환을 해친다.
② 압력계를 파손한다.
③ 보일러 벽돌에 악영향을 주고 파괴의 원인이 된다.
④ 보일러 효율을 저하시킨다.

풀이 보일러의 압력을 급격하게 올리면 안 되는 이유는 보일러 벽돌에 악영향을 주고 파괴의 원인이 되기 때문이다.

103 다음 중 비수의 원인으로 적당하지 않은 것은?

① 보일러 안의 수위가 너무 낮을 때
② 보일러수가 너무 농축되었을 때
③ 증기의 발생량이 과다할 때
④ 수증기 밸브를 급개할 때

풀이 ㉠ 비수(프라이밍)의 원인
- 보일러 안의 수위가 너무 높을 때
- 보일러 증기 발생량이 과다할 때
- 수증기 밸브의 급개

- 보일러수의 농축(용존 고형물 등의 과다)
㉡ 보일러 안의 수위가 너무 낮으면 과열이나 보일러파열의 원인이 된다.

104 보일러의 과열원인으로 틀린 것은?

① 분출밸브가 새는 경우
② 스케일 누적이 많은 경우
③ 수면계의 설치 위치가 낮은 경우
④ 안전밸브의 분출량이 부족한 경우

풀이 ㉠ 보일러 과열이 원인
- 스케일 누적이 많은 경우
- 분출밸브가 새서 저수위 사고가 나는 경우
- 수면계의 설치 위치가 낮은 경우
- 보일러수 속의 유지분의 함유
㉡ 안전밸브의 분출이 부족하면 보일러 파열의 원인이 일어날 수 있다.

105 유리수면계의 유리관 파손원인이 아닌 것은?

① 상하의 너트를 너무 조였을 경우
② 상하의 바탕쇠 중심선이 일치하지 않을 경우
③ 외부에 충격을 받았을 경우
④ 안전저수위 이상으로 급수가 되었을 경우

풀이 ㉠ 유리수면계 파손원인
- 상하 너트를 조였을 경우
- 수면계의 상하 바탕쇠 중심선이 일치하지 않을 경우
- 외부에서 충격을 받았을 때
- 유리관의 노후
㉡ 수면계의 시험 횟수 : 수면계는 1일 1회 이상 반드시 수면계를 시험하여 고장이나 연락관의 폐쇄를 방지하여야 한다.
㉢ 수면계의 점검시기
- 보일러의 점화 전
- 증기의 압력이 올라갈 때
- 두 개의 수면계에 수위가 다르게 나타날 때

정답 101 ① 102 ③ 103 ① 104 ④ 105 ④

- 수위의 지시차가 의심이 날 때
- 프라이밍(비수), 포밍(물거품의 솟음)의 발생 시
- 수면계를 새 것으로 교체한 후

㉣ 수면계의 시험순서
- 증기 연락관과 물 연락관을 닫는다.(물 연락관이 우선)
- 수면계 내의 드레인 콕을 열고 내부의 물을 배출한다.
- 증기 연락관을 열고 증기 분출 여부를 확인한 후 다시 닫는다.
- 물연락관을 열고 물을 분출한 후 다시 닫는다.
- 수면계의 드레인 밸브를 닫는다.
- 물밸브를 연다.
- 마지막으로 증기밸브를 연다.

106 보일러 사고의 원인과 결과가 옳게 연결되지 않는 것은?

① 급수처리 – 스케일 퇴적
② 증기밸브의 급개 – 동체의 팽창
③ 연소가스가 150℃ 이하일 때 – 저온 부식
④ 보일러수의 감소 – 과열로 폭발

풀이
- 급수처리 불량 : 스케일의 퇴적
- 증기밸브의 급개 : 비수발생 및 캐리오버 발생, 수격작용 발생
- 연소가스가 150℃ : 폐열 회수장치의 저온부식
- 보일러수의 감소 : 과열로 폭발

107 수면계의 수면이 불안정한 원인으로 옳은 것은?

① 급수가 너무 잘 되는 경우
② 고수위가 된 경우
③ 프라이밍이 발생한 경우
④ 안전밸브의 고장

풀이 수면계의 수면이 불안정한 원인은 보일러 수면에서 비수(프라이밍)가 발생되기 때문이다.

108 보일러 내면에 부착한 스케일의 영향이 아닌 것은?

① 열효율 저하
② 과열의 원인
③ 보일러수의 순환 저해
④ 포밍의 발생

풀이 스케일(관석)의 부착 시 영향
- 열효율 저하
- 과열의 원인
- 보일러수의 순환 저해
※ 포밍(물거품 솟음)

109 보일러에서 과열되는 원인은?

① 보일러 동체의 부식
② 수관 내의 스케일 퇴적
③ 안전밸브의 기능부족
④ 압력계를 주의 깊게 관찰하지 않았을 때

풀이 수관식 보일러에서 수관의 청소 불량은 스케일의 부착으로 보일러가 과열된다.

110 보일러 내부 청소와 관계가 먼 것은?

① 저온 부식방지제
② 브러시
③ 스크레이퍼
④ 아세트산 용액

풀이 보일러 내부의 청소
- 기계식 공구 : 스케일 해머, 스크레이퍼, 와이어 브러시, 튜브클리너(저온부식 : 외부부식)
- 화학식 약액 : 아세트산(빙초산) 용액 등의 화공약품

111 보일러 용수처리의 목적이 아닌 것은?

① 스케일 생성 및 고착을 방지한다.
② 저온부식 및 고온부식을 방지한다.
③ 가성취화의 발생을 감소한다.
④ 포밍과 프라이밍의 발생을 방지한다.

정답 106 ② 107 ③ 108 ④ 109 ② 110 ① 111 ②

[풀이] ㉠ 보일러 용수처리의 목적
- 스케일 생성 및 고착을 방지
- 가성취화의 발생 감소
- 포밍(물거품), 프라이밍(비수)의 발생방지
- 보일러수의 가스류 제거
- 경수성분의 연화처리

㉡ 저온부식과 고온부식은 보일러 폐열 회수장치에서(절탄기, 공기예열기, 과열기, 재열기) 발생되며 이것은 외부 부식으로서 연소가스에 의해 생긴다.

112 수동식 보일러가 가동 중 갑자기 전원이 차단되었을 경우 가장 먼저 조치해야 할 사항은?

① 주증기 밸브를 잠근다.
② 연료밸브를 차단시킨다.
③ 댐퍼를 닫는다.
④ 급수밸브를 차단시킨다.

[풀이] 수동식 보일러의 가동 중 갑자기 전원이 차단되면 먼저 신속히 연료밸브를 차단하여 보일러 가동을 중지하여야 한다.

113 응결수가 많이 모여 있을 때 고압의 증기를 보내면 어떤 현상이 발생하는가?

① 증발력 증강
② 수격작용
③ 밸브의 핸들 폐쇄
④ 효율증대

[풀이]
- 응결수가 많이 모여 있을 때 고압의 증기를 보내면 응축수가 관을 타격하는 수격작용(워터해머)이라는 나쁜 현상이 일어난다.
- 수격 작용(워터해머)을 방지하려면 반드시 주증기 밸브(앵글밸브)를 천천히 연다.

114 보일러 수면계의 기능 점검시기로서 적합하지 못한 것은?

① 보일러를 가동하기 직전
② 포밍이 발생할 때
③ 두 조의 수면계의 수위에 차이가 있을 때
④ 수위의 움직임이 민감하게 나타날 때

[풀이] 수면계의 점검시기
- 보일러를 가동하기 직전
- 포밍이 발생할 때
- 두 조의 수면계의 수위에 차이가 날 때
- 수위의 움직임이 둔할 때

115 보일러 동 안에 항상 보유해야 할 수위는?

① $\frac{1}{7}$
② $\frac{1}{3}$
③ $\frac{1}{2}$
④ $\frac{2}{3} \sim \frac{4}{5}$

[풀이] 보일러 동 안에 보유해야 할 수위는 항상 $\frac{2}{3} \sim \frac{4}{5}$ 이며 수면계로부터는 $\frac{1}{2}$ 이다.

116 보일러 비상정지 시 1차적으로 연료의 공급을 차단한다. 그 다음 단계는 어떤 조치를 취해야 하는가?

① 급수를 실시한다.
② 연소용 공기의 공급을 중단한다.
③ 주증기 밸브를 닫는다.
④ 포스트 퍼지를 행한다.

[풀이] 보일러 비상정지 순서
① 연료는 즉시 차단
② 연소용 공기 차단
③ 주증기 밸브 차단
④ 포스트 퍼지(송풍기로 환기)

정답 112 ② 113 ② 114 ④ 115 ④ 116 ②

117 보일러 내면의 스케일이 보일러에 미치는 영향으로 가장 옳은 것은?

① 수격작용을 유발한다.
② 프라이밍, 포밍을 일으킨다.
③ 열효율을 증대시킨다.
④ 보일러 동의 과열로 균열 파괴를 유발한다.

> **풀이** 보일러 내면에 스케일이 쌓이면 보일러 등의 과열로 균열 파괴를 유발한다.

118 보일러의 물 부족으로 과열되어 위험할 때 가장 먼저 하는 응급처치로 옳은 것은?

① 연료공급 중단 후 보일러 차단
② 증기관을 열고 압력을 낮춘다.
③ 안전판을 열고 압력을 낮춘다.
④ 증기판을 열고 즉시 급수한다.

> **풀이** 보일러 가동 중 비상조치로 가장 우선하는 응급조치는 연료공급의 차단이다.

119 보일러를 비상정지시키는 경우의 조치방법으로서 옳지 않은 것은?

① 압입통풍을 멈춘다.
② 댐퍼는 개방하고 노내 가스를 배출한다.
③ 주증기 밸브를 열어 놓는다.
④ 연료공급을 중단한다.

> **풀이** 보일러 비상정지 조치방법
> - 압입통풍을 멈춘다.
> - 댐퍼는 개방하고 노내 가스를 배출한다.(포스트 퍼지)
> - 주증기 밸브를 닫아준다.
> - 연료의 공급을 신속히 차단한다.

120 다음 작업안전에 대한 설명 중 잘못된 것은?

① 해머 작업 시는 장갑을 끼지 않는다.
② 스패너는 너트에 꼭 맞는 것을 사용한다.
③ 간편한 작업복 차림으로 작업에 임한다.
④ 핸드 드릴 작업 시는 손을 보호하기 위하여 면장갑을 낀다.

> **풀이** 장갑 착용이 금지된 작업
> - 드릴 작업
> - 해머 작업
> - 그라인더 작업
> - 목공기계 작업
> - 선반작업
> - 기타 정밀 기계작업

121 중유 연소에서 안전점화를 할 때 다음 중 제일 먼저 해야 할 사항은?

① 댐퍼를 열고 프리퍼지 실시
② 증기밸브를 연다.
③ 불씨를 넣는다.
④ 기름을 넣는다.

> **풀이** 중유 연소에서 안전점화시 가장 먼저 댐퍼를 열고 환기작업(프리퍼지)을 실시하여야 가스 폭발이나 역화가 방지된다.

122 송기를 하는 경우 주증기 밸브를 급개하면 여러 가지 나쁜 현상이 발생하는데 그 중 가장 큰 영향을 주는 것은?

① 수면의 급강화
② 압력의 급강화
③ 워터해머의 발생
④ 포밍의 발생

> **풀이** 증기를 내보내는 송기작업 시 주증기 밸브를 급히 열면 배관 내의 응축수가 관이나 밸브류를 타격하는 나쁜 부작용인 수격현상(워터해머)이 발생한다.

123 안전관리의 목적과 관계없는 것은?

① 작업자의 안전사고 방지
② 생산 경비손실 방지
③ 생산제품의 품질향상
④ 생산능률의 향상

풀이 안전관리
- 안전사고방지
- 생산경비 손실방지
- 생산능률의 향상

124 유류 연소장치에서 역화의 발생원인이 아닌 것은?

① 흡입 통풍의 부족
② 2차 공기의 예열부족
③ 착화지연
④ 협잡물의 혼입

풀이 역화의 원인
- 흡입 통풍의 부족
- 착화의 지연으로 가스 발생
- 기름 속에 협잡물의 혼입
- 압입 통풍의 부족
- 환기의 불충분
- 2차 공기의 공급 부족

125 가스배관이 가스누설 시험에 사용되는 것은?

① 알코올   ② 비눗물
③ 윤활유   ④ 가스분석기

풀이 배관의 가스누설 시험에는 가장 간단한 비눗물 검사가 편리하다.

126 긴급히 의사에게 치료를 받아야 하는 화상은?

① 1도 화상   ② 1.5도 화상
③ 2도 화상   ④ 3도 화상

풀이 3도 화상을 입게 되면 생명이 위독하므로 긴급히 의사에게 치료를 받아야 한다.

127 다음 중 산업재해에 속하지 않는 것은?

① 화재폭발재해   ② 기계장치재해
③ 풍수해   ④ 원동기 재해

풀이
- 풍수해는 산업재해가 아니고 자연재해가 된다.
- 화재폭발이나 기계장치 재해, 원동기(보일러) 재해는 산업재해이다.

128 노(爐)의 신설 시 자연 건조는 며칠이 필요한가?

① 2~3일   ② 5~6일
③ 6~9일   ④ 10~14일

풀이 노의 설치 시에 자연적인 내화벽돌의 건조는 10~14일간이 이상적이다.

129 다음 보일러의 파열원인을 열거한 것 중 틀린 것은?

① 이상 감수로 수위가 저하되었을 때
② 수중에 기름유가 혼입되었을 때
③ 보일러 내면에 스케일이 두껍게 퇴적했을 때
④ 보일러의 수위가 높을 때

풀이
- ①, ②, ③은 보일러 파열의 원인
- ④는 습증기 발생의 원인과 프라이밍(비수)의 원인이 된다. 증기 속에 수분이 증가하는 것은 수위가 높게 보일러를 가동하거나 보일러 부하가 클 경우에 해당한다.

130 보일러 내부 청소와 관계가 먼 것은?

① 드레인   ② 브러시
③ 스크레이퍼 ④ 아세트산

정답 123 ③ 124 ② 125 ② 126 ④ 127 ③ 128 ④ 129 ④ 130 ①

풀이 ㉠ 보일러 내부 청소와 관계있는 것
- 브러시
- 스크레이퍼
- 아세트산 용액

㉡ 드레인 : 응축수나 불순물을 배출하는 작업이다.(증기배관에서 응축수가 생긴다.)

131 보일러 점화 직전에 연소실 및 연도의 환기를 충분히 하는 이유는?

① 미연가스 폭발방지
② 신속한 착화도모
③ 연도의 부식방지
④ 통풍력의 조절

풀이
- 프리퍼지(환기)의 목적 : 보일러 점화 직전에 연소실 및 연도의 환기를 충분히 하는 이유는 미연가스 폭발방지를 위해서이다.
- 보일러 가동이 끝난 후에 연도나 연소실의 환기를 충분히 하는 것은 포스트 퍼지이다.

132 다음 중 작업환경과 거리가 먼 것은?

① 복장
② 소음
③ 조명
④ 대기(大氣)

풀이 작업환경과 관계되는 것 : 복장, 소음, 조명

133 다음 중 가스누설 여부를 검사할 때 간단하게 사용하는 물질로 가장 적합한 것은?

① 성냥불
② 촛불
③ 엷은 껌
④ 비눗물

풀이
- 가스의 누설 여부는 비눗물 검사로 실시한다.
- 가스가 누설되면 비눗물이 방울거품을 형성한다.

134 안전관리의 목적으로 가장 적당한 것은?

① 생산능률을 올리기 위함이다.
② 관계자의 능력향상을 위한 것이다.
③ 공공상의 위해를 사전에 방지하기 위함이다.
④ 화재로 인한 재산피해를 막기 위함이다.

풀이 안전관리란 공공상의 위해를 사전에 방지하기 위한 것이다.

135 다음은 가스 폭발 방지대책을 열거한 것이다. 틀린 것은?

① 점화 전에 연소실 내의 잔존가스를 배출한다.
② 급유량과 송풍량을 줄이고 점화한다.
③ 불씨를 우선 준비한 후 급유조작한다.
④ 1차 점화에 실패하면 즉시 계속해서 2차 점화를 시도한다.

풀이
- ①, ②, ③항의 설명은 가스 폭발 방지대책이다.
- 1차 점화에 실패하면 즉시 2차 점화를 하지 말고 포스트퍼지(환기) 후에 점화를 하여야 가스폭발이나 역화가 방지된다.

136 다음은 토치램프 사용 시의 주의사항을 나열한 것이다. 틀린 것은?

① 사용하기 전에 근처 인화물질의 유무를 확인한다.
② 소화기, 모래 등을 준비한다.
③ 충분히 예열한 후 밸브를 열어준다.
④ 가열횟수가 많을수록 좋다.

풀이
- 토치램프를 가지고 배관작업을 할 때에는 ①, ②, ③항을 구비하여야 한다.
그리고 가열횟수는 적당하게 하여야 하며 가열온도가 맞도록 하여야 한다. 강관의 적정 가열온도는 800~900℃이다.
- 토치램프의 사용목적은 강관을 가열하여 관을 구부리는 데 있다.

정답 131 ① 132 ④ 133 ④ 134 ③ 135 ④ 136 ④

137 보일러에 점화하기 전 가장 우선적으로 점검해야 할 사항은?

① 수위확인 및 급수계통 점검
② 과열기 점검
③ 매연 CO_2 농도 점검
④ 증기압력 점검

- 보일러에 점화하기 전에는 반드시 수위 확인 및 급수계통 점검을 한 후 점검한다.
- ②, ③, ④항은 보일러 점화 후 가동된 상태의 점검사항이다.

138 가마울림의 발생방지법으로 맞지 않는 것은?

① 습분이 적은 연료를 사용한다.
② 연소실 내에서 연료를 천천히 연소시킨다.
③ 2차 공기의 가열, 통풍의 조절을 개선한다.
④ 석탄분에서는 연도 내의 가스 포켓이 되는 부분에 재를 남기도록 한다.

- 가마울림(연소실의 공명음)의 발생방지법은 ①, ③, ④ 등이고, 연소실 내에서는 연료를 빨리 연소시켜야 가마울림이 방지된다.
- 가마울림이란 연소가스가 연도 내에서 소리를 내는 공명음 현상이다.

139 기름 연소 보일러의 점화 시 역화의 원인과 거리가 먼 것은?

① 연료의 인화점이 매우 높을 때
② 액체연료 중 수분이 다량 함유되어 있을 때
③ 분사공기 또는 증기의 압력이 부족할 때
④ 연료의 압력이 과다할 때

- 기름 연소의 점화 시 연료의 인화점이 매우 높은 것과 역화의 원인과는 관련이 없다.
- ②, ③, ④항은 역화의 원인과 관계가 있다.

140 수면계 수위가 보이지 않을 때의 응급처리사항은?

① 연료의 공급차단
② 프리퍼지
③ 증기 보충
④ 급수 공급

수면계에서 수위가 보이지 않으면 보일러 내의 수위가 안전저수위 이하로 감소하는 나쁜 상태가 되므로 과열방지로 연료의 공급차단을 하여 보일러 가동을 중지시킨다.

141 공구의 안전취급방법에 대한 설명으로 잘못된 것은?

① 손잡이에 묻은 기름은 잘 닦아낸다.
② 해머를 사용할 때는 장갑을 끼지 않는다.
③ 측정공구는 항상 기름에 담가 놓는다.
④ 공구는 던지지 않는 것이 좋다.

 공구의 안전취급
- 손잡이에 묻는 기름은 잘 닦아낸다.
- 해머 사용 시는 장갑을 끼지 않는다.
- 공구는 던지지 않는 것이 좋다.

142 저온부식의 방지대책으로 틀린 것은?

① 저유황 연료 사용
② 연료에 돌로마이트 등의 첨가제 사용
③ 금속 표면에 알루미늄 등을 코팅하여 사용
④ 과잉공기를 적게 하여 운전

- ①, ②, ④ 항의 내용은 저온부식의 방지법이다.
- 돌로마이트의 첨가제 사용은 저온부식의 방지법이다.
- 고온부식은 바나듐(V)이 과열기나 재열기에서 500℃ 이상의 온도에서 용해하여 부식이 발생된다.

정답 137 ① 138 ② 139 ① 140 ① 141 ③ 142 ③

143 보일러의 장시간 휴지시 보존방법은 건조보존법을 사용하는데 이때 보일러 내부에 넣어두는 약품으로 적합지 못한 것은?

① 생석회 ② 실리카겔
③ 탄산나트륨 ④ 염화칼슘

풀이
- 보일러의 장기보존(건조보존) 시에는 습기를 방지하기 위하여 생석회, 실리카겔, 염화칼슘 등의 수분 흡수제를 넣어둔다.
- 탄산나트륨은 급수처리용 청관제이다.
- 장기간 보일러 보존을 위하여 건조보존 시에는 흡습제를 넣어둔다.

144 보일러에 점화할 때 역화와 폭발을 방지하기 위해 어떤 조치를 하는 것이 좋은가?

① 점화 시는 언제나 방화수를 준비한다.
② 댐퍼는 열고 프리퍼지를 실시한다.
③ 연료의 점화가 빨리 고르게 전파되게 한다.
④ 점화 시 화력의 상승속도를 빠르게 한다.

풀이 점화 전에 역화의 폭발장치를 위하여 댐퍼를 열고 미연소가스를 배출시켜야 한다.

145 신설 보일러를 설치 후 보일러 내부에 축적되어 있는 기름과 그리스 등을 제거하기 위하여 가성소다나 제3인산나트륨을 넣어 끓인다. 이때 보일러수의 총 용량이 42,000L였다면 몇 kg의 약품을 첨가하면 되겠는가?

① 40kg ② 60kg
③ 84kg ④ 100kg

풀이 보일러수 1,000kg에 가성소다 또는 인산나트륨을 2kg 정도 첨가시킨다.
$$\frac{42,000}{1,000} \times 2 = 84kg$$
※ 보일러수 1L는 1kg으로 본다.

146 다음 중 안전을 표시하는 색은?

① 녹색 ② 적색
③ 황색 ④ 청색

풀이
- 녹색 : 안전
- 적색 : 금지
- 황색 : 주의
- 청색 : 주의, 금지표시, 수리 중

147 석탄연료는 소화할 때 완전연소하지 않고 매화를 시킨다. 매화방법으로 옳은 것은?

① 수면계의 수위는 상용 수위로 유지한다.
② 수면계의 수위는 기준 수위보다 100mm 높게 한 후 매화한다.
③ 수면계의 수위는 기준 수위를 유지한다.
④ 수면계의 수위는 기준 수위보다 약간 낮게 한다.

풀이
- 석탄의 매화작업(불을 묻어두는 작업) 시에는 다음 날 아침에 분출(불순물을 빼내는 작업)하기 좋도록 수면계의 수위가 기준수위보다 약 100mm 높게 급수하여야 한다.
- 매화란 석탄불을 묻어두고 퇴근하는 방식이다.
- 매화작업을 하는 이유는 다음날 석탄의 점화를 손쉽게 하기 위함이다.

148 다음 중 인젝터의 기능이 떨어지는 원인은?

① 급수의 가열이 55℃ 이상 지나쳤을 때
② 수면계가 고장이 나서 보일러수가 저하될 때
③ 증기압력이 최고 사용압력을 넘어서 안전밸브가 작용할 때
④ 급수 처리해야 할 것을 행하지 않았을 때

풀이 인젝터의 기능이 떨어지는 원인
- 급수의 가열이 50℃ 이상 지나쳤을 때
- 인젝터 노즐의 마모
- 증기 공급압력이 0.2MPa 이하일 때
- 증기가 너무 습하거나 인젝터 자체 과열 시

정답 143 ③ 144 ② 145 ③ 146 ① 147 ② 148 ①

149 연소 중 연소실이나 연도 내에서 연속적인 울림을 내는 가마울림 현상이 있는데 이것을 방지하기 위한 대책으로 맞지 않는 것은?

① 수분이 적은 연료를 사용한다.
② 2차 공기를 가열하여 통풍조절을 적정하게 한다.
③ 연소실 내에서 연료를 천천히 연소시킨다.
④ 연소실이나 연도를 연소가스가 원활하게 흐르도록 개량한다.

풀이) 연소실 가마울림 방지법
- 수분이 적은 연료 사용
- 2차 공기를 가열하여 통풍조절을 적정하게 할 것
- 연소실 내에서 연료를 신속히 연소할 것
- 연소실이나 연도의 연소가스가 원활하게 흐르도록 개량한다.
- 연도의 에어 포켓을 막는다.

150 산소 또는 LPG 가스 봄베에서 가스의 누출 여부를 확인하는 방법으로 가장 안전하고 쉬운 것은?

① 기름을 사용   ② 수돗물 사용
③ 비눗물 사용   ④ 부취제 사용

풀이) 가스의 누출검사
비눗물 사용이 용이하다.

151 수격작용(Water Hammer)을 방지하기 위한 방법과 관련이 없는 것은?

① 증기관의 보온
② 증기관 말단에 트랩 설치
③ 비수방지관 설치
④ 온수순환펌프 설치

풀이) • 수격작용(워터해머)방지법 : 증기관의 보온, 증기관 말단에 트랩 설치, 비수방지관의 설치
• 온수순환펌프는 강제식 온수보일러에서 온수순환을 촉진시킨다.

152 보일러 내의 고온에 부딪혀 수산화마그네슘과 염산으로 분해되어 염산이 보일러판을 부식하는 물질은 어느 것인가?

① 중탄산칼슘   ② 공기
③ 염화마그네슘   ④ 동식물류

풀이) • 염화마그네슘은 고온에 부딪혀 수산화마그네슘과 염산으로 분해되어 보일러 판을 부식시킨다.
$Cl_2 + H_2O \rightarrow HCl + HClO$
$2HCl + Fe - FeCl_2 + H_2$
• 물속에 염화마그네슘이 용해하고 있으면 180℃ 이상의 고온에서 기수분해가 되어 철을 부식시킨다.

153 클링커(Clinker)의 생성을 방지하는 대책이 아닌 것은?

① 재받이에 떨어진 넘친 석탄을 태우지 말 것
② 1차 공기의 온도를 낮게 보존할 것
③ 화층을 흐트러지게 하지 말 것
④ 반드시 재받이 문으로 통풍을 조절할 것

풀이) 클링커란 재가 녹아서 달라붙는 나쁜 현상이며 공기 댐퍼로 공기를 조절해야 클링커 생성을 방지하게 된다. 그러므로 ④번은 잘못된 내용이다.

154 보일러를 비상정지시키기 위한 조치에 해당되지 않는 것은?

① 연료의 공급을 정지한다.
② 연소용 공기의 공급을 정지한다.
③ 수증기 밸브를 닫는다.
④ 댐퍼를 닫고 통풍을 막는다.

풀이) 비상정지 조치순서
① 연료공급 차단
② 연소용 공기정지
③ 수증기 밸브 차단
④ 수위유지 도모
⑤ 댐퍼는 개방시킨 채로 통풍을 시킨다.

정답) 149 ③ 150 ③ 151 ④ 152 ③ 153 ④ 154 ④

155 다음 중 코킹(Cauking)을 하는 목적은?

① 기밀 유지   ② 리벳 이음과 보강
③ 인장력 증가   ④ 압축력 증가

풀이 코킹 : 물체의 누설을 방지하기 위한 기밀 유지를 위해 사용한다.

156 기름을 저장한 장소에 상비하는 소화물질로서 가장 적절한 것은?

① 흙   ② 물
③ 석회   ④ 모래

풀이
- 모래 : 만능 소화제(질식 소화)
- 질식 소화기 : 포말 소화기, 분말 소화기, 할로겐화물 소화기, CO_2 소화기
- 냉각소화기 : 산알칼리 소화기, 물 소화기

157 수면계에 수위가 나타나지 않는 원인으로 맞지 않는 것은?

① 수면계가 막혀 있을 때
② 포밍이 발생했을 때
③ 화력이 너무 강할 때
④ 수위가 너무 낮을 때

풀이 수면계의 수위가 나타나지 않는 원인
- 수면계가 막혀 있을 때
- 포밍이 발생할 때
- 수위가 너무 낮을 때
위의 상태가 나타나면 보일러의 가동을 중지한다.

158 청소를 하기 위해 보일러를 냉각시킬 경우는 서서히 할 때도 있지만 부득이 급히 냉각시킬 때가 있다. 이때 어느 방법이 가장 좋은가?

① 안전밸브를 열어서 증기 취출을 하면서 급수한다.
② 물을 다량으로 급수한다.
③ 상용 수위를 유지하도록 급수하고 노에 부착되어 있는 댐퍼를 열어서 냉각시킨다.
④ 수증기 밸브를 열어서 보일러 내의 압력을 내린다.

풀이
- 보일러를 부득이 급히 냉각시키려고 하여도 상용 수위는 유지시켜야 한다.
- 상용수위란 수면계에서 1/2의 높이 즉, 수면계의 중심선이다.

159 보일러 전열면의 오손을 방지하는 방법으로 옳지 않은 것은?

① 연료 중 회분의 융점을 강하한다.
② 황분이 적은 연료를 사용한다.
③ 내식성이 강한 재료를 사용한다.
④ 배기가스의 노점을 강하시킨다.

풀이 전열면의 오손방지법
- 바나듐 등 회분의 융점을 높여야 한다.
- 황분이 적은 연료 사용
- 내식성이 강한 재료 사용
- 배기가스의 노점을 강하시킨다.(황산가스의 노점을 내린다.)
- 회분의 융점을 상승시킨다.

160 석탄을 사용하는 보일러가 과열되었을 때 처리방법으로 가장 옳은 것은?

① 석탄에 급히 물을 뿌린다.
② 물기가 젖은 재로 불을 덮는다.
③ 재빨리 석탄을 끌어낸다.
④ 댐퍼를 급히 닫는다.

풀이 석탄을 연료로 사용하는 보일러는 과열이 일어났을 때 젖은 재로 불을 덮는다. 물을 뿌려서는 안 된다.

정답 155 ① 156 ④ 157 ③ 158 ③ 159 ① 160 ②

161 보일러에 염류나 아세트산 용액을 사용했을 때의 조치사항으로 가장 적당한 것은?

① 청소 후 연료를 점화하여 급수하지 않고 보일러를 가열한다.
② 부식되지 않도록 보일러 내부에 기름칠을 한다.
③ 청소 후 중화시켜야 한다.
④ 보일러를 만수시켜 오랜 시간 보존한다.

풀이
- 염산 등 보일러 청소 시에 약품을 사용한 후에는 약품의 제거를 위하여 중화시켜야 한다.
- 약품 제거를 하지 않으면 부식이 생긴다.

162 보일러의 과열 소손방지 대책이 아닌 것은?

① 보일러 수위를 너무 낮게 하지 말 것
② 보일러수를 농축시킬 것
③ 보일러수의 순환을 좋게 할 것
④ 화염을 국부적으로 집중시키기 말 것

풀이 보일러의 과열방지법
- 보일러 수위를 너무 낮게 하지 말 것(안전수위 이하 방지)
- 보일러수를 농축시키지 말 것
- 보일러수의 순환을 좋게 할 것
- 화염을 국부적으로 집중시킬지 말 것
- 보일러수 속에 유지분을 제거할 것

163 보일러 안전밸브의 분출면적은 고압일수록 저압일 때보다 어떠해야 하는가?

① 지름이 작은 것을 쓴다.
② 넓어야 한다.
③ 일정하다.
④ 무관하다.

풀이 안전밸브의 분출면적은 압력에 반비례(고압일수록 적은 것, 저압일수록 큰 것)하고 전열면에는 정비례한 크기로 한다.

164 보일러수로 적당하지 못한 것은?

① 경도가 낮은 연수일 것
② 유지분이 없는 물일 것
③ 약산성 또는 중성인 물일 것
④ 가스류를 발산시킨 물일 것

풀이 보일러수
- 경도가 낮은 연수(단물)일 것
- 유지분이 없는 물일 것
- 가스류를 발산시켜 가스를 제거한 물일 것
- 보일러수는 pH가 10.5~11.8 정도의 약알칼리일 것
- 보일러수는 산성이나 중성은 사용하지 못한다.

165 압력용기에서 세로 방향의 응력은 원주 방향 응력의 약 몇 배인가?

① 0.5배 ② 1.0배
③ 2.0배 ④ 3.0배

풀이 압력용기에서 세로 방향의 응력은 원주방향의 응력 약 2.0배이다.

166 보일러 급수 속의 불순물 중 그 농도가 높아지면 가성취화를 일으켜 크랙(Crack)의 원인이 되는 것은?

① 염류 ② 산분
③ 알칼리분 ④ 유지분

풀이 알칼리분
급수 속의 불순물 중 pH가 12 이상인 강한 알칼리가 되어 머리카락(크랙) 같은 균열 부식을 일으킨다. 이것을 가성취화라 한다.

167 아세틸렌가스의 압력이 몇 기압 이상이면 위험한가?

① 3기압 ② 1.5기압
③ 1기압 ④ 0.5기압

풀이 아세틸렌가스의 압력은 1.5기압 이상이 되면 위험하다.
(반응식) $C_2H_2 + 2.5O_2 \rightarrow 2CO_2 + H_4O$
$C_2H_2 \rightarrow C_2 + H_2 + 54.2kcal$ 분해폭발 1.5기압

168 증기와 수분이 분리되지 않고 수면에서 솟아오르는 현상을 무엇이라 하는가?

① 수격작용　　② 프라이밍
③ 캐리오버　　④ 포밍

풀이
- 증기와 수분이 분리되지 않고 수면에서 솟아오르는 현상이 프라이밍(비수)이다.
- 프라이밍이나 포밍이 일어나면 캐리오버(기수공발)가 일어난다.

169 보일러 관수 분출작업은 안전상 최소 몇 명이 하는 것이 좋은가?

① 1명　　② 2명
③ 3명　　④ 4명

풀이
- 분출이란 보일러의 불순물을 외부로 배출하는 작업이며 항상 2명 이상이 한 조가 된다.
- 분출관은 일반적으로 보일러 하부에 설치된다.(수저분출에서)
- 분출관은 내경이 25mm 이상이어야 한다.

170 보일러의 급수 처리방법이 아닌 것은?

① 화학적 처리　　② 물리적 처리
③ 전기적 처리　　④ 기계적 처리

풀이
- 급수의 처리는 화학적 처리, 기계적 처리, 전기적 처리가 있다.
- 기계적 처리는 보일러 세관이나 청소 작업 시에 행하는 처리방법이다. 물리적 처리방법은 급수처리방법에는 해당되지 않는다.

171 기계 가동 중 갑자기 정전이 되었을 때의 조치로 틀린 것은?

① 즉시 전기 스위치를 차단한다.
② 비상 발전기가 있으면 가동준비를 한다.
③ 퓨즈를 검사한다.
④ 공작물과 공구는 원상태로 놓아둔다.

풀이 기계 가동 중 갑자기 정전이 되면 공작물과 공구는 떼어 놓아야 한다.

172 안전사고 조사의 목적으로 가장 타당한 것은?

① 사고 관련자의 책임 규명을 위하여
② 불안한 상태, 행동의 발견으로 사고의 재발방지를 위하여
③ 사고 관련자의 처벌을 정확하고 명확히 하기 위하여
④ 사고 종류, 재산, 인명 등의 피해 정도를 정확히 하기 위하여

풀이 안전사고 조사의 목적은 ②에 포함된다.

173 다음은 액체연료 사용 시 불이 났을 때의 주의사항을 나열한 것이다. 틀린 것은?

① 물을 사용해서 끈다.
② 모래를 사용해서 끈다.
③ 소화기로 끈다.
④ 전원스위치를 차단시킨다.

풀이 기름 연료의 사용 시에 화재가 나면 분말소화기나 포말소화기 등의 질식소화기가 사용이 편리하나 물은 냉각소화기이므로 좋지 않다.

정답 168 ②　169 ②　170 ②　171 ④　172 ②　173 ①

174 수면계가 파손되었을 때는 어떻게 하는가?

① 물콕을 먼저 연다.
② 증기콕과 물콕을 동시에 닫는다.
③ 증기콕을 먼저 닫는다.
④ 드레인 콕(Drain Cock)을 먼저 닫는다.

풀이 수면계가 파손되면 물콕 및 증기콕을 먼저 닫아야 한다.(저수위 사고방지)

175 보일러수는 다음 중 어느 것이 가장 적합한가?

① 약알칼리   ② 강알칼리
③ 약산성   ④ 강산성

풀이
- 보일러수는 약알칼리인 pH10.5~11.8이다.
- pH가 13이면 가성취화(강알칼리에 의해)가 일어난다.

176 보일러의 관에 부식을 일으키는 것은?

① 급수 중의 탄산칼슘
② 급수 중에 포함된 공기나 기체
③ 급수 중의 황산칼슘
④ 급수 중의 인산

풀이 보일러의 관에 부식을 일으키는 것은 급수 중에 포함된 산소, CO_2 등의 기체와 공기가 주된 원인이다.

177 보일러 파열사고원인 중 보일러 취급과 관계있는 것은?

① 이상감수와 저수위 사고
② 재료불량
③ 구조불량
④ 공작불량

풀이
- 급수불량, 압력 초과, 이상감수 등의 사고는 보일러 취급과 관계있다.
- ②, ③, ④는 제작상의 사고와 관계있다.

178 부식의 원인과 가장 관계가 없는 것은?

① 급수 속에 유지, 산류, 탄산가스 등을 포함하는 경우
② 강재 속에 포함된 유황이나 인이 온도상승과 더불어 산화되어 녹을 발생하는 경우
③ 보일러 관의 표면에 녹이 슬어서 국부적으로 전위차가 생겨 전류가 흐르는 경우
④ 보일러 청정제의 사용이 부적당한 경우

풀이
- 보일러 부식의 원인은 ①, ②, ③이며 강재 속에 포함된 유황이나 인은 온도 상승 시 산을 만들고 적열취성이 일어난다. 그리고 부식시키게 된다.
- 보일러 청정제의 사용이 부적당할 경우에는 스케일의 퇴적 원인이 된다.

179 연도에서 폭발이 있었다면 그 원인을 조사하기 위해서 제일 먼저 할 일은?

① 송풍기 가동 중지   ② 버너 작동 중지
③ 증기 출구 차단   ④ 급수 중단

풀이 연도에서 가스 폭발이 일어나면 제일 버너 작동 중지로 먼저 연료 공급을 중지하여야 한다.

180 다음 중 보일러의 증기발생 중에 주의해야 할 사항이 아닌 것은?

① 안전저수위 이하로 되지 않도록 주의할 것
② 증기압력이 일정하도록 연료를 공급할 것
③ 과잉 공기는 되도록 적게 하여 완전연소하도록 댐퍼를 조절할 것
④ 댐퍼를 조절하여 농도가 4도 이하가 유지되도록 할 것

풀이 ①, ②, ③항은 증기발생 중 주의해야 할 사항이다.
- 댐퍼를 조절하여 매연의 농도가 2도(40%) 이하로 유지되도록 하여야 한다.
- 매연농도가 4도이면 매연농도가 80%가 된다.(매연이 너무 많다.)

정답 174 ② 175 ① 176 ② 177 ① 178 ④ 179 ② 180 ④

- 링겔만 매연농도계는 0도에서 5도까지 있다.(6단계 분류)
- ※ 매연 1도당 매연이 20%이다.

181 안전밸브가 작동하지 않는 경우가 아닌 것은?

① 스프링의 지나친 조임이나 하중이 과대한 경우
② 밸브시트 구경과 밸브로드와의 사이 간격이 좁아 열팽창 등에 의하여 밸브로드가 밀착한 경우
③ 밸브시트의 구경과 밸브로드와의 사이의 간격이 커서 밸브로드가 풀어져 고착된 경우
④ 밸브와 밸브시트의 마찰이 나쁜 경우

풀이 안전밸브가 작동하지 않는 경우는 ①, ②, ④이며, ③은 안전밸브의 작동 불능과는 무관하다.

182 원통형 보일러수의 pH는 얼마로 유지하는 것이 좋은가?

① 4.5~8.5
② 5.5~7
③ 8.5~9.0
④ 11.0~11.8

풀이 원통형 보일러 급수의 pH는 8.5~9.0이 좋고 보일러수의 pH는 11.0~11.8이 좋다.

183 인간 또는 기계의 과오나 동작상의 실패가 있어도 안전사고를 발생시키지 않도록 2중 또는 3중으로 통제를 가하는 것은?

① 올 세이프(All Safe)
② 더블 세이프(Double Safe)
③ 컨트롤 세이프(Control Safe)
④ 폴 세이프(Fall Safe)

풀이
- Fall(폴) : 쓰러지다, 넘어지다, 자해, 실각
- 세이프(Safe) : 안전한, 무사한, 위험성이 없는
- 올(All) : 모든, 전부, 있는 대로
- 컨트롤(Control) : 지배, 관리통제, 단속, 감독
- 더블(Double) : 두 곱, 갑절, 2배 복식

184 중유 연소 시 역화의 원인과 가장 거리가 먼 것은?

① 무화가 불량하고 관통력이 클 때
② 통풍이 나쁠 때
③ 기름에 수분, 공기 등이 포함되었을 때
④ 노내에 미연소 가스가 충만되어 있을 때

풀이 역화의 원인
- 무화가 불량할 때
- 통풍이 나쁠 때
- 기름에 수분공기 등이 포함되었을 때
- 노내에 미연 가스가 충만되어 있을 때 점화하는 경우
- 흡입 통풍이 약할 때
※ 역화란 불길이 화구 앞으로 나오는 나쁜 현상이다.

185 엔진을 고속으로 운전하려 하여도 정상적으로 되지 않을 때가 있다. 다음의 원인 중 관계가 가장 적은 것은?

① 연료 분사량의 증가
② 분사밸브의 불량
③ 연료 여과장치 기능의 비정상
④ 연료 속에 공기의 유입

풀이 엔진이 정상적으로 되지 않는 사항은 ②, ③, ④이며, ①은 정상 운전과 관계가 된다.

186 보일러의 가동순서를 설명한 것이다. 가장 적합한 것은?

① 블로 가동-배기밸브 장치-버너 점화-보일러 급수-증기밸브를 연다.
② 보일러 급수-블로 가동-버너 점화-댐퍼조절-증기밸브를 연다.
③ 증기밸브를 연다.-블로 가동-보일러 급수-버너 점화-배기밸브 장치
④ 배기밸브를 정지-블로 가동-보일러 급수-버너 점화-증기밸브를 연다.

정답 181 ③ 182 ④ 183 ④ 184 ① 185 ① 186 ②

풀이
- ②항은 보일러 가동순서이다.
- 블로 : 보일러 하부 찌꺼기(슬러지)의 분출

187 보일러를 청소하기 위해 연도 내에 들어가는 경우 조치사항으로 맞지 않는 것은?

① 보일러의 연도가 다른 보일러와 연락하고 있는 경우에는 댐퍼를 열고 연소가스의 역류를 방지한다.
② 통풍을 충분히 하기 위하여 댐퍼는 적당하게 열어 놓는다.
③ 연도 내에 사람이 들어가 있는 사실을 알리는 표시를 한다.
④ 높은 곳의 배플 등에 고여 있는 뜨거운 재의 낙하에 의한 화상이 없도록 조치한다.

풀이
- 보일러의 연도가 다른 보일러와 연락하고 있는 경우에는 댐퍼를 닫고서 연소 가스의 역류를 방지하여야 한다. 댐퍼를 열면 역류가 방지되지 않는다.
- 연도 내에 들어가서 청소를 하려면, ②, ③, ④항을 철저히 지킨다.

188 다음 사항 중 틀린 것은?

① 보일러실의 비상구는 실내에서 쉽게 열리도록 한다.
② 보일러실에는 항상 예비광원을 비치한다.
③ 예비 급수장치에는 소화호수의 결합이 불가능하게 설비한다.
④ 보일러에 이르는 통로는 방해가 없도록 한다.

풀이 예비 급수장치에는 소화 호스의 결합이 가능하게 설비하여야 한다.

189 보일러 휴지 시 건조보존법으로 기체를 넣어 봉입하는 경우 어떤 기체를 사용하는가?

① 이산화탄소
② 질소
③ 아황산가스
④ 메탄가스

풀이 질소봉입 보일러 보존법
순도 99.5%의 질소가스를 0.6kg/cm² 정도로 가압 봉입하여 공기와 치환하는 건조보존법으로서 대용량 보일러에 사용이 가능하다.

190 화기 전 이물질의 일반적 주의사항에 포함되지 않는 것은?

① 폭발성이나 발화성의 인화물질은 직사광선 쪽에 저장한다.
② 발화되는 물질 등을 혼합해서는 안 된다.
③ 독립된 내화 또는 준내화 구조로 한다.
④ 환기, 채광, 조명이 충분할 것

풀이 폭발성이나 발화성의 인화물질은 직사광선을 피하여 통풍이 잘되고 그늘진 곳에 저장한다.

191 강철제 또는 주철제 증기 보일러에 안전밸브가 1개 설치된 경우 밸브 작동 시험 시 분출(작동) 압력은?

① 상용압력 이하
② 최저사용압력 이상
③ 최고사용압력 이하
④ 최고사용압력이 1.03배 이하

풀이 보일러에서 안전밸브가 1개 설치된 경우는 최고사용압력 이하에서 작동되도록 조절한다.

192 보일러 보수와 검사에 관한 안전사항을 열거하였다. 맞지 않는 것은?

① 급수의 질(質)이 나쁘면 스케일이 발생한다.
② 브러시, 스크레이퍼, 해머 또는 수관클리너를 사용해서 청소한다.
③ 맨홀이 작은 보일러의 청소는 용액을 사용함이 효과적이다.
④ 보일러를 새로 제작 시에만 반드시 수압시험을 할 필요가 있다.

[풀이] 보일러를 새로 제작 시에만 수압시험을 할 필요가 있는 것이 아니고 휴지하였다가 재가동 시에도 수압시험을 하고 계속 사용 안전검사 시에도 수압시험을 실시한다. ①, ②, ③은 안전사항이다.

193 이상감수가 되는 원인으로 맞지 않는 것은?
① 급수펌프 흡입관에 여과기를 설치하였을 경우
② 수면계의 물연락관이 막혀 수위를 오인하였을 경우
③ 분출변에 누수가 생길 경우
④ 급수내관에 스케일이 쌓여 급수가 되지 않는다든지 불량할 경우

[풀이]
- ②, ③, ④항은 이상감수(안전저수위 이하)의 원인에 속한다.
- 여과기(스트레이너)의 설치는 불순물 제거에 사용된다.

194 보일러 동체의 리벳에 코킹하는 목적은?
① 연소가스의 누설을 막기 위해서
② 리벳 조인트의 기밀도를 유지하기 위하여
③ 리벳 조인트의 파손을 막기 위하여
④ 포화증기의 누설을 막기 위하여

[풀이] 코킹의 목적
- 리벳 조인트의 기밀도를 유지
- 물체의 누설방지

195 몸 전체에 어느 정도 화상을 입으면 생명이 위험한가?
① $\dfrac{1}{12}$　　② $\dfrac{1}{9}$
③ $\dfrac{1}{6}$　　④ $\dfrac{1}{3}$

[풀이] 몸 전체에 $\dfrac{1}{3}$ 정도 이상의 화상을 입으면 생명이 위독하다.(30% 이상)

196 증기발생 중의 주의사항에 해당되지 않는 것은?
① 안전저수위 이하로 되지 않도록 한다.
② 수면은 너무 높아져도 안 된다.
③ 압력이 일정하게 되도록 연료를 공급한다.
④ 연소용 공기는 되도록 많게 하여 완전연소를 한다.

[풀이]
- ①, ②, ③항의 설명은 증기발생 중 주의사항이다.
- 과잉공기는 되도록 적게 하여 완전연소시키는 것이 유리하다.

197 안전업무의 중요성으로 맞지 않는 것은?
① 기업경영에 기여함이 크다.
② 생산능률 향상
③ 경비절약 기대
④ 근로자의 작업능률 지연

[풀이]
- 안전업무를 하게 하면 근로자의 작업능률이 증가하며 지연되지는 않는다.
- ①, ②, ③은 안전업무의 중요성이다.

198 다음 중 겨울철에 동파를 방지하기 위해 사용하는 부동액으로 가장 좋은 것은?
① 글리세린　　② 에틸알코올
③ 에틸렌글리콜　　④ 메탄올

[풀이]
- 에틸렌글리콜 : 겨울철 부동액으로 사용한다.(독성이 있다.)
- 글리세린은 제3석유로서 단맛이 있고 $C_3H_5(OH)_3$이다.
- 메탄올(CH_3OH)은 알코올류($R \cdot OH$)이며 독성이 있다.
- 에틸알코올(C_2H_5OH 100%) → 인화점 12.8℃

정답　193 ①　194 ②　195 ④　196 ④　197 ④　198 ③

199 보일러 연소실 내의 가스 폭발을 일으킨 원인으로 가장 적합한 것은?

① 프리퍼지 부족으로 미연소가스가 충만되어 있다.
② 2차 댐퍼가 열려 있다.
③ 연소용 공기를 다량 주입하였다.
④ 연료공급장치의 결함으로 연료의 공급이 원활하지 못하였다.

풀이 프리퍼지(연소실 내에 환기작업)가 불충분하면 미연소가스가 가득 차서 점화 시 가스폭발이나 역화(백파이어)가 발생한다.

200 일반적으로 보일러는 3~6개월에 1회 정도 내부 점검을 겸한 청소를 하여 안전운전을 하게 되는데 필요한 공구가 아닌 것은?

① 익스팬더   ② 스크레이퍼
③ 와이어 브러시   ④ 튜브 클리너

풀이
- ②, ③, ④항은 내부 점검 청소를 위한 공구이다.
- 익스팬더는 동관의 확관기이다.

201 기름 연소 보일러의 수동 점화 시 5초 이내에 점화되지 않으면 어떻게 하는가?

① 연료밸브를 더 많이 열어 연료공급을 증가시킨다.
② 연료분무용 증기 및 공기를 더 많이 분사시킨다.
③ 불씨를 제거하고 처음 단계부터 재점화 조작한다.
④ 점화봉은 그대로 두고 프리퍼지를 행한다.

풀이 기름 연소의 수동 점화 시 5초 이내에 점화되지 않으면 불씨를 제거하고 처음 단계부터 재점화 조작한다.

202 보일러가 부식되는 원인이 아닌 것은?

① 급수처리가 부적당했을 때
② 더러운 물을 사용했을 때
③ 증기 발생이 많았을 때
④ 급수에 불순물이 포함되었을 때

풀이 보일러의 부식원인
- 급수처리가 부적당했을 때
- 더러운 물을 사용하였을 때
- 급수에 불순물이 포함되었을 때
- 분출을 제때 하지 않았을 때

203 인화액 증발과 점화 폭발방지에 대한 안전사항 중 맞지 않는 것은?

① 온도의 상승을 미연에 방지할 것
② 정전기의 스파크 전구장치를 설치할 것
③ 인화액 저장탱크는 공인된 것일 것
④ 공구사용은 불꽃이 나지 않게 할 것

풀이 인화점이 낮은 기름 종류 등을 사용할 때는 ①, ③, ④의 사항을 주의하여야 하며 ②의 정전기 스파크 전구장치를 설치하게 되면 위험하므로 잘못된 내용이 된다.

204 다음 중 장갑을 착용할 수 있는 경우는?

① 가스용접 작업
② 기계가공 작업
③ 해머작업
④ 기계톱 작업

풀이 가스용접 작업 시에는 장갑을 착용할 수 있다. ②, ③, ④의 작업 시에는 장갑착용이 금지된다.

205 다음 중 작업장에서 착용해서는 안 되는 것은?

① 작업모   ② 넥타이
③ 작업화   ④ 작업복

풀이 작업장에서 넥타이는 착용하여서는 아니 된다.

정답 199 ① 200 ① 201 ③ 202 ③ 203 ② 204 ① 205 ②

206 프라이밍과 포밍의 원인이 아닌 것은?

① 증기 부하가 과대한 경우
② 증기 정지밸브를 급히 여는 경우
③ 저수위인 경우
④ 보일러수가 농축된 경우

풀이
- ①, ②, ④는 프라이밍(비수)과 포밍(물거품)의 원인이 된다. 그러나 ③의 저수위 사고는 보일러의 과열 사고의 원인에 해당된다.
- 프라이밍이나 포밍이 일어나면 증기밸브를 닫고 수위의 안정을 기다리며 연소량을 가볍게 하고 수질의 분석이 필요하다.

207 보일러 점화 직전에 행해야 할 조치와 무관한 것은?

① 수면계 및 수위 점검
② 압력계 및 콕 핸들 점검
③ 보일러수 pH 적정 여부 점검
④ 보일러 연도 내 미연가스 유무 점검

풀이
- 보일러수의 pH 적정 여부의 점검은 연간 1~2회 정도이며 점화 전에는 하지 않는 내용이다.
- pH가 7 이하면 물이 산성이라서 부식이 초래되고 pH가 7 이상이면 물이 알칼리이다.
- ①, ②, ④는 보일러 점화 직전에 실시한다.

정답 206 ③ 207 ③

CHAPTER 04 에너지법과 에너지이용 합리화법

에너지법

제1조(목적) 이 법은 안정적이고 효율적이며 환경친화적인 에너지 수급(需給) 구조를 실현하기 위한 에너지정책 및 에너지 관련 계획의 수립·시행에 관한 기본적인 사항을 정함으로써 국민경제의 지속가능한 발전과 국민의 복리(福利) 향상에 이바지하는 것을 목적으로 한다. [전문개정 2010.6.8.]

제2조(정의) 이 법에서 사용하는 용어의 뜻은 다음과 같다. 〈개정 2013.3.23., 2013.7.30., 2014.12.30., 2019.8.20., 2021.9.24.〉

1. "에너지"란 연료·열 및 전기를 말한다.
2. "연료"란 석유·가스·석탄, 그 밖에 열을 발생하는 열원(熱源)을 말한다. 다만, 제품의 원료로 사용되는 것은 제외한다.
3. "신·재생에너지"란 「신에너지 및 재생에너지 개발·이용·보급 촉진법」 제2조 제1호 및 제2호에 따른 에너지를 말한다.
4. "에너지사용시설"이란 에너지를 사용하는 공장·사업장 등의 시설이나 에너지를 전환하여 사용하는 시설을 말한다.
5. "에너지사용자"란 에너지사용시설의 소유자 또는 관리자를 말한다.
6. "에너지공급설비"란 에너지를 생산·전환·수송 또는 저장하기 위하여 설치하는 설비를 말한다.
7. "에너지공급자"란 에너지를 생산·수입·전환·수송·저장 또는 판매하는 사업자를 말한다.
7의2. "에너지이용권"이란 저소득층 등 에너지 이용에서 소외되기 쉬운 계층의 사람이 에너지공급자에게 제시하여 냉방 및 난방 등에 필요한 에너지를 공급받을 수 있도록 일정한 금액이 기재(전자적 또는 자기적 방법에 의한 기록을 포함한다)된 증표를 말한다.
8. "에너지사용기자재"란 열사용기자재나 그 밖에 에너지를 사용하는 기자재를 말한다.
9. "열사용기자재"란 연료 및 열을 사용하는 기기, 축열식 전기기기와 단열성(斷熱性) 자재로서 산업통상자원부령으로 정하는 것을 말한다.
10. "온실가스"란 「기후위기 대응을 위한 탄소중립·녹색성장 기본법」 제2조 제5호에 따른 온실가스를 말한다. [전문개정 2010.6.8.]

제4조(국가 등의 책무) ① 국가는 이 법의 목적을 실현하기 위한 종합적인 시책을 수립·시행하여야 한다.

② 지방자치단체는 이 법의 목적, 국가의 에너지정책 및 시책과 지역적 특성을 고려한 지역에너지시책을 수립·시행하여야 한다. 이 경우 지역에너지시책의 수립·시행에 필요한 사항은 해당 지방자치단체의 조례로 정할 수 있다.

③ 에너지공급자와 에너지사용자는 국가와 지방자치단체의 에너지시책에 적극 참여하고 협력하여야 하며, 에너지의 생산·전환·수송·저장·이용 등의 안전성, 효율성 및 환경친화성을 극대화하도록 노력하여야 한다.

④ 모든 국민은 일상생활에서 국가와 지방자치단체의 에너지시책에 적극 참여하고 협력하여야 하며, 에너지를 합리적이고 환경친화적으로 사용하도록 노력하여야 한다.

⑤ 국가, 지방자치단체 및 에너지공급자는 빈곤층 등 모든 국민에게 에너지가 보편적으로 공급되도록 기여하여야 한다. [전문개정 2010.6.8.]

제7조(지역에너지계획의 수립) ① 특별시장·광역시장·특별자치시장·도지사 또는 특별자치도지사(이하 "시·도지사"라 한다)는 관할 구역의 지역적 특성을 고려하여 「저탄소 녹색성장 기본법」 제41조에 따른 에너지기본계획(이하 "기본계획"이라 한다)의 효율적인 달성과 지역경제의 발전을 위한 지역에너지계획(이하 "지역계획"이라 한다)을 5년마다 5년 이상을 계획기간으로 하여 수립·시행하여야 한다. 〈개정 2014.12.30.〉

② 지역계획에는 해당 지역에 대한 다음 각 호의 사항이 포함되어야 한다.
1. 에너지 수급의 추이와 전망에 관한 사항
2. 에너지의 안정적 공급을 위한 대책에 관한 사항
3. 신·재생에너지 등 환경친화적 에너지 사용을 위한 대책에 관한 사항
4. 에너지 사용의 합리화와 이를 통한 온실가스의 배출감소를 위한 대책에 관한 사항
5. 「집단에너지사업법」 제5조 제1항에 따라 집단에너지 공급대상지역으로 지정된 지역의 경우 그 지역의 집단에너지 공급을 위한 대책에 관한 사항
6. 미활용 에너지원의 개발·사용을 위한 대책에 관한 사항
7. 그 밖에 에너지시책 및 관련 사업을 위하여 시·도지사가 필요하다고 인정하는 사항

③ 지역계획을 수립한 시·도지사는 이를 산업통상자원부장관에게 제출하여야 한다. 수립된 지역계획을 변경하였을 때에도 또한 같다. 〈개정 2013.3.23.〉

④ 정부는 지방자치단체의 에너지시책 및 관련 사업을 촉진하기 위하여 필요한 지원시책을 마련할 수 있다. [전문개정 2010.6.8.]

제9조(에너지위원회의 구성 및 운영) ① 정부는 주요 에너지정책 및 에너지 관련 계획에 관한 사항을 심의하기 위하여 산업통상자원부장관 소속으로 에너지위원회(이하 "위원회"라 한다)를 둔다. 〈개정 2013.3.23.〉

② 위원회는 위원장 1명을 포함한 25명 이내의 위원으로 구성하고, 위원은 당연직위원과 위촉위원으로 구성한다.

③ 위원장은 산업통상자원부장관이 된다. 〈개정 2013.3.23.〉

④ 당연직위원은 관계 중앙행정기관의 차관급 공무원 중 대통령령으로 정하는 사람이 된다.

⑤ 위촉위원은 에너지 분야에 관한 학식과 경험이 풍부한 사람 중에서 산업통상자원부장관이 위촉하는 사람이 된다.

이 경우 위촉위원에는 대통령령으로 정하는 바에 따라 에너지 관련 시민단체에서 추천한 사람이 5명 이상 포함되어야 한다. 〈개정 2013.3.23.〉
⑥ 위촉위원의 임기는 2년으로 하고, 연임할 수 있다.
⑦ 위원회의 회의에 부칠 안건을 검토하거나 위원회가 위임한 안건을 조사·연구하기 위하여 분야별 전문위원회를 둘 수 있다.
⑧ 그 밖에 위원회 및 전문위원회의 구성·운영 등에 관하여 필요한 사항은 대통령령으로 정한다. [전문개정 2010.6.8.]

제10조(위원회의 기능) 위원회는 다음 각 호의 사항을 심의한다.
1. 「저탄소 녹색성장 기본법」 제41조 제2항에 따른 에너지 기본계획 수립·변경의 사전심의에 관한 사항
2. 비상계획에 관한 사항
3. 국내외 에너지개발에 관한 사항
4. 에너지와 관련된 교통 또는 물류에 관련된 계획에 관한 사항
5. 주요 에너지정책 및 에너지사업의 조정에 관한 사항
6. 에너지와 관련된 사회적 갈등의 예방 및 해소 방안에 관한 사항
7. 에너지 관련 예산의 효율적 사용 등에 관한 사항
8. 원자력 발전정책에 관한 사항
9. 「기후변화에 관한 국제연합 기본협약」에 대한 대책 중 에너지에 관한 사항
10. 다른 법률에서 위원회의 심의를 거치도록 한 사항
11. 그 밖에 에너지에 관련된 주요 정책사항에 관한 것으로서 위원장이 회의에 부치는 사항 [전문개정 2010.6.8.]

제11조(에너지기술개발계획) ① 정부는 에너지 관련 기술의 개발과 보급을 촉진하기 위하여 10년 이상을 계획기간으로 하는 에너지기술개발계획(이하 "에너지기술개발계획"이라 한다)을 5년마다 수립하고, 이에 따른 연차별 실행계획을 수립·시행하여야 한다.
② 에너지기술개발계획은 대통령령으로 정하는 바에 따라 관계 중앙행정기관의 장의 협의와 「국가과학기술자문회의법」에 따른 국가과학기술자문회의의 심의를 거쳐서 수립된다. 이 경우 위원회의 심의를 거친 것으로 본다. 〈개정 2013.3.23., 2018.1.16.〉
③ 에너지기술개발계획에는 다음 각 호의 사항이 포함되어야 한다.
1. 에너지의 효율적 사용을 위한 기술개발에 관한 사항
2. 신·재생에너지 등 환경친화적 에너지에 관련된 기술개발에 관한 사항
3. 에너지 사용에 따른 환경오염을 줄이기 위한 기술개발에 관한 사항
4. 온실가스 배출을 줄이기 위한 기술개발에 관한 사항
5. 개발된 에너지기술의 실용화의 촉진에 관한 사항
6. 국제 에너지기술 협력의 촉진에 관한 사항
7. 에너지기술에 관련된 인력·정보·시설 등 기술개발 자원의 확대 및 효율적 활용에 관한 사항 [전문개정 2010.6.8.]

제12조(에너지기술 개발) ① 관계 중앙행정기관의 장은 에너지기술 개발을 효율적으로 추진하기 위하여 대통령령으로 정하는 바에 따라 다음 각 호의 어느 하나에 해당하는 자에게 에너지기술 개발을 하게 할 수 있다. 〈개정 2011.3.9., 2015.1.28., 2016.3.22., 2019.12.31., 2021.4.20., 2023.6.13.〉
1. 「공공기관의 운영에 관한 법률」 제4조에 따른 공공기관
2. 국·공립 연구기관
3. 「특정연구기관 육성법」의 적용을 받는 특정연구기관
4. 「산업기술혁신 촉진법」 제42조에 따른 전문생산기술연구소
5. 「소재·부품·장비산업 경쟁력 강화 및 공급망 안정화를 위한 특별조치법」에 따른 특화선도기업 등
6. 「정부출연연구기관 등의 설립·운영 및 육성에 관한 법률」에 따른 정부출연연구기관
7. 「과학기술분야 정부출연연구기관 등의 설립·운영 및 육성에 관한 법률」에 따른 과학기술분야 정부출연연구기관
8. 「연구산업진흥법」 제2조 제1호 가목의 사업을 전문으로 하는 기업
9. 「고등교육법」에 따른 대학, 산업대학, 전문대학
10. 「산업기술연구조합 육성법」에 따른 산업기술연구조합
11. 「기초연구진흥 및 기술개발지원에 관한 법률」 제14조의2 제1항에 따라 인정받은 기업부설연구소
12. 그 밖에 대통령령으로 정하는 과학기술 분야 연구기관 또는 단체
② 관계 중앙행정기관의 장은 제1항에 따른 기술개발에 필요한 비용의 전부 또는 일부를 출연(出捐)할 수 있다. [전문개정 2010.6.8.]

제13조(한국에너지기술평가원의 설립) ① 제12조 제1항에 따른 에너지기술 개발에 관한 사업(이하 "에너지기술개발사업"이라 한다)의 기획·평가 및 관리 등을 효율적으로 지원하기 위하여 한국에너지기술평가원(이하 "평가원"이라 한다)을 설립한다.
② 평가원은 법인으로 한다.
③ 평가원은 그 주된 사무소의 소재지에서 설립등기를 함으로써 성립한다.
④ 평가원은 다음 각 호의 사업을 한다.
1. 에너지기술개발사업의 기획, 평가 및 관리
2. 에너지기술 분야 전문인력 양성사업의 지원
3. 에너지기술 분야의 국제협력 및 국제 공동연구사업의 지원
4. 그 밖에 에너지기술 개발과 관련하여 대통령령으로 정하는 사업
⑤ 정부는 평가원의 설립·운영에 필요한 경비를 예산의 범위에서 출연할 수 있다.
⑥ 중앙행정기관의 장 및 지방자치단체의 장은 제4항 각 호의 사업을 평가원으로 하여금 수행하게 하고 필요한 비용의 전부 또는 일부를 대통령령으로 정하는 바에 따라 출연할 수 있다.
⑦ 평가원은 제1항에 따른 목적 달성에 필요한 경비를 조달하기 위하여 대통령령으로 정하는 바에 따라 수익사업을 할 수 있다.

⑧ 평가원의 운영 및 감독 등에 필요한 사항은 대통령령으로 정한다.
⑨ 삭제 〈2014.12.30.〉
⑩ 평가원에 관하여 이 법에 규정되지 아니한 사항은 「민법」 중 재단법인에 관한 규정을 준용한다. [전문개정 2010.6.8.]

제14조(에너지기술개발사업비) ① 관계 중앙행정기관의 장은 에너지기술개발사업을 종합적이고 효율적으로 추진하기 위하여 제11조 제1항에 따른 연차별 실행계획의 시행에 필요한 에너지기술개발사업비를 조성할 수 있다.
② 제1항에 따른 에너지기술개발사업비는 정부 또는 에너지 관련 사업자 등의 출연금, 융자금, 그 밖에 대통령령으로 정하는 재원(財源)으로 조성한다.
③ 관계 중앙행정기관의 장은 평가원으로 하여금 에너지기술개발사업비의 조성 및 관리에 관한 업무를 담당하게 할 수 있다.
④ 에너지기술개발사업비는 다음 각 호의 사업 지원을 위하여 사용하여야 한다.
 1. 에너지기술의 연구·개발에 관한 사항
 2. 에너지기술의 수요 조사에 관한 사항
 3. 에너지사용기자재와 에너지공급설비 및 그 부품에 관한 기술개발에 관한 사항
 4. 에너지기술 개발 성과의 보급 및 홍보에 관한 사항
 5. 에너지기술에 관한 국제협력에 관한 사항
 6. 에너지에 관한 연구인력 양성에 관한 사항
 7. 에너지 사용에 따른 대기오염을 줄이기 위한 기술개발에 관한 사항
 8. 온실가스 배출을 줄이기 위한 기술개발에 관한 사항
 9. 에너지기술에 관한 정보의 수집·분석 및 제공과 이와 관련된 학술활동에 관한 사항
 10. 평가원의 에너지기술개발사업 관리에 관한 사항
⑤ 제1항부터 제4항까지의 규정에 따른 에너지기술개발사업비의 관리 및 사용에 필요한 사항은 대통령령으로 정한다. [전문개정 2010.6.8.]

제15조(에너지기술 개발 투자 등의 권고) 관계 중앙행정기관의 장은 에너지기술 개발을 촉진하기 위하여 필요한 경우 에너지 관련 사업자에게 에너지기술 개발을 위한 사업에 투자하거나 출연할 것을 권고할 수 있다. [전문개정 2010.6.8.]

제16조(에너지 및 에너지자원기술 전문인력의 양성) ① 산업통상자원부장관은 에너지 및 에너지자원기술 분야의 전문인력을 양성하기 위하여 필요한 사업을 할 수 있다. 〈개정 2013.3.23.〉
② 산업통상자원부장관은 제1항에 따른 사업을 하기 위하여 자금지원 등 필요한 지원을 할 수 있다. 이 경우 지원의 대상 및 절차 등에 관하여 필요한 사항은 산업통상자원부령으로 정한다. 〈개정 2013.3.23.〉 [전문개정 2010.6.8.]

제17조(행정 및 재정상의 조치) 국가와 지방자치단체는 이 법의 목적을 달성하기 위하여 학술연구·조사 및 기술개발 등에 필요한 행정적·재정적 조치를 할 수 있다.
[전문개정 2010.6.8.]

제18조(민간활동의 지원) 국가와 지방자치단체는 에너지에 관련된 공익적 활동을 촉진하기 위하여 민간부문에 대하여 필요한 자료를 제공하거나 재정적 지원을 할 수 있다.

제20조(국회 보고) ① 정부는 매년 주요 에너지정책의 집행 경과 및 결과를 국회에 보고하여야 한다.
② 제1항에 따른 보고에는 다음 각 호의 사항이 포함되어야 한다.
 1. 국내외 에너지 수급의 추이와 전망에 관한 사항
 2. 에너지·자원의 확보, 도입, 공급, 관리를 위한 대책의 추진 현황 및 계획에 관한 사항
 3. 에너지 수요관리 추진 현황 및 계획에 관한 사항
 4. 환경친화적인 에너지의 공급·사용 대책의 추진 현황 및 계획에 관한 사항
 5. 온실가스 배출 현황과 온실가스 감축을 위한 대책의 추진 현황 및 계획에 관한 사항
 6. 에너지정책의 국제협력 등에 관한 사항의 추진 현황 및 계획에 관한 사항
 7. 그 밖에 주요 에너지정책의 추진에 관한 사항
③ 제1항에 따른 보고에 필요한 사항은 대통령령으로 정한다. [전문개정 2010.6.8.]

에너지법 시행령

제2조(에너지위원회의 구성) ① 「에너지법」(이하 "법"이라 한다)에서 "대통령령으로 정하는 사람"이란 다음 각 호의 중앙행정기관의 차관(복수차관이 있는 중앙행정기관의 경우는 그 기관의 장이 지명하는 차관을 말한다)을 말한다. 〈개정 2013.3.23., 2017.7.26.〉
 1. 기획재정부
 2. 과학기술정보통신부
 3. 외교부
 4. 환경부
 5. 국토교통부

제4조(전문위원회의 구성 및 운영) ① 법 제9조 제7항에 따른 분야별 전문위원회는 다음 각 호와 같다. 〈개정 2013.1.28., 2024.5.7.〉
 1. 에너지정책전문위원회
 2. 에너지기술기반전문위원회
 3. 에너지산업자원개발전문위원회
 4. 원자력발전전문위원회
 5. 삭제〈2024.5.7.〉
 6. 에너지안전전문위원회
② 에너지정책전문위원회는 다음 각 호의 사항과 관련하여 위원회의 회의에 부칠 안건이나 위원회가 위임한 안건을 조사·연구한다. 〈개정 2013.1.28., 2024.5.7.〉
 1. 에너지 관련 중요 정책의 수립 및 추진에 관한 사항
 2. 장애인·저소득층 등에 대한 최소한의 필수 에너지 공급 등 에너지복지정책에 관한 사항
 3. 비상시 에너지수급계획의 수립에 관한 사항

4. 에너지 산업의 구조조정에 관한 사항
5. 에너지와 관련된 교통 및 물류에 관한 사항
6. 에너지와 관련된 재원의 확보, 세제(稅制) 및 가격정책에 관한 사항
7. 에너지 관련 국제 및 남북 협력에 관한 사항
8. 에너지 부문의 녹색성장 전략 및 추진계획에 관한 사항
9. 에너지ㆍ산업 부문의 기후변화 대응과 온실가스의 감축에 관한 기본계획의 수립에 관한 사항
10. 「기후변화에 관한 국제연합 기본협약」 관련 에너지ㆍ산업 분야 대응 및 국내 이행에 관한 사항
11. 에너지ㆍ산업 부문의 기후변화 및 온실가스 감축을 위한 국제협력 강화에 관한 사항
12. 온실가스 감축목표 달성을 위한 에너지ㆍ산업 등 부문별 할당 및 이행방안에 관한 사항
13. 에너지 및 기후변화 대응 관련 갈등관리에 관한 사항
14. 그 밖에 에너지 및 기후변화와 관련된 사항으로서 에너지정책전문위원회의 위원장이 회의에 부치는 사항

③ 에너지기술기반전문위원회는 다음 각 호의 사항과 관련하여 위원회의 회의에 부칠 안건이나 위원회가 위임한 안건을 조사ㆍ연구한다. 〈개정 2024.5.7.〉
1. 에너지기술개발계획 및 신ㆍ재생에너지 등 환경친화적 에너지와 관련된 기술개발과 그 보급 촉진에 관한 사항
2. 에너지의 효율적 이용을 위한 기술개발에 관한 사항
3. 에너지기술 및 신ㆍ재생에너지 관련 국제협력에 관한 사항
4. 신ㆍ재생에너지 및 에너지 분야 전문인력의 양성계획 수립에 관한 사항
5. 신ㆍ재생에너지 관련 갈등관리에 관한 사항
6. 그 밖에 에너지기술 및 신ㆍ재생에너지와 관련된 사항으로서 에너지기술기반전문위원회의 위원장이 회의에 부치는 사항

④ 에너지산업자원개발전문위원회는 다음 각 호의 사항과 관련하여 위원회의 회의에 부칠 안건이나 위원회가 위임한 안건을 조사ㆍ연구한다. 〈개정 2013.1.28., 2024.5.7.〉
1. 외국과의 전략적 에너지(에너지 중 열 및 전기는 제외한다. 이하 이 항에서 같다)산업 및 자원개발 촉진에 관한 사항
2. 국내외 에너지산업 및 자원개발 관련 전략 수립 및 기본계획에 관한 사항
3. 국내외 에너지산업 및 자원개발 관련 기술개발ㆍ인력양성 등 기반 구축에 관한 사항
4. 에너지산업 및 자원개발 관련 기업 지원 시책 수립에 관한 사항
5. 에너지산업 및 자원개발 관련 국제협력 지원 및 국내 이행에 관한 사항
6. 에너지의 가격제도, 유통, 판매, 비축 및 소비 등에 관한 사항
7. 에너지산업 및 자원개발 관련 갈등관리에 관한 사항
8. 남북 간 에너지산업 및 자원개발 협력에 관한 사항
9. 에너지산업 및 자원개발 관련 경쟁력 강화 및 구조조정에 관한 사항
10. 에너지자원의 안정적 확보 및 위기 대응에 관한 사항
11. 에너지자원 관련 품질관리에 관한 사항
12. 그 밖에 에너지산업 및 자원개발과 관련된 사항으로서 에너지산업자원개발전문위원회의 위원장이 회의에 부치는 사항

⑤ 원자력발전전문위원회는 다음 각 호의 사항과 관련하여 위원회의 회의에 부칠 안건이나 위원회가 위임한 안건을 조사ㆍ연구한다. 〈개정 2024.5.7.〉
1. 원전(原電) 및 방사성폐기물관리와 관련된 연구ㆍ조사와 인력양성 등에 관한 사항
2. 원전산업 육성시책의 수립 및 경쟁력 강화에 관한 사항
3. 원전 및 방사성폐기물관리에 대한 기본계획 수립에 관한 사항
4. 원전연료의 수급계획 수립에 관한 사항
5. 원전 및 방사성폐기물 관련 갈등관리에 관한 사항
6. 원전 플랜트ㆍ설비 및 기술의 수출 진흥, 국제협력 지원 및 국내 이행에 관한 사항
7. 그 밖에 원전 및 방사성폐기물과 관련된 사항으로서 원자력발전전문위원회의 위원장이 회의에 부치는 사항

⑥ 삭제 〈2024.5.7.〉

⑦ 에너지안전전문위원회는 다음 각 호의 사항과 관련하여 위원회의 회의에 부칠 안건이나 위원회가 위임한 안건을 조사ㆍ연구한다. 〈신설 2013.1.28., 2024.5.7.〉
1. 석유ㆍ가스ㆍ전력ㆍ석탄 및 신ㆍ재생에너지의 안전관리에 관한 사항
2. 에너지사용시설 및 에너지공급시설의 안전관리에 관한 사항
3. 그 밖에 에너지안전과 관련된 사항으로서 에너지안전전문위원회의 위원장이 회의에 부치는 사항

⑧ 각 전문위원회는 위원장을 포함한 20명 이내의 위원으로 성별을 고려하여 구성한다. 〈신설 2024.5.7.〉

⑨ 각 전문위원회의 위원장은 각 전문위원회의 위원 중에서 호선(互選)한다. 〈개정 2013.1.28., 2024.5.7.〉

⑩ 각 전문위원회의 위원(제12항에 따른 간사위원은 제외한다)은 다음 각 호의 사람 중에서 산업통상자원부장관이 위촉한다. 〈개정 2013.1.28., 2013.3.23., 2024.5.7.〉
1. 전문위원회 소관 분야에 관한 전문지식과 경험이 풍부한 사람
2. 경제단체, 「민법」 제32조에 따라 설립된 비영리법인 중 에너지 관련 단체, 「소비자기본법」 제29조에 따라 등록한 소비자단체 또는 제2조 제2항에 따른 에너지 관련 시민단체의 장이 추천하는 관련 분야 전문가
3. 중앙행정기관의 고위공무원단에 속하는 공무원 또는 지방자치단체의 이에 상응하는 직급에 속하는 공무원 중에서 해당 기관의 장이 추천하는 사람

⑪ 제10항에 따라 위촉된 위원의 임기는 2년으로 하며, 연임할 수 있다. 다만, 위촉위원이 궐위된 경우 후임 위원의 임기는 전임 위원 임기의 남은 기간으로 한다. 〈개정 2013.1.28., 2024.5.7.〉

⑫ 각 전문위원회의 사무를 처리하기 위하여 간사위원 1명을 각각 두며, 간사위원은 고위공무원단에 속하는 산업통상자원부 소속 공무원 중 에너지에 관한 업무를 담당하는 사람으로서 산업통상자원부장관이 지명하는 사람으로 한다. 〈개정 2013.1.28., 2013.3.23., 2024.5.7.〉
⑬ 제1항부터 제12항까지에서 규정한 사항 외에 전문위원회의 구성 및 운영에 필요한 사항은 위원회의 의결을 거쳐 위원장이 정한다. 〈개정 2013.1.28., 2024.5.7.〉
[전문개정 2011.9.30.]

제8조(연차별 실행계획의 수립) ① 산업통상자원부장관은 법 제11조 제1항에 따른 에너지기술개발계획에 따라 관계 중앙행정기관의 장의 의견을 들어 연차별 실행계획을 수립·공고하여야 한다. 〈개정 2013.3.23.〉
② 제1항에 따른 연차별 실행계획에는 다음 각 호의 사항이 포함되어야 한다. 〈개정 2013.3.23.〉
1. 에너지기술 개발의 추진전략
2. 과제별 목표 및 필요 자금
3. 연차별 실행계획의 효과적인 시행을 위하여 산업통상자원부장관이 필요하다고 인정하는 사항 [전문개정 2011.9.30.]

제8조의2(에너지기술 개발의 실시기관) "대통령령으로 정하는 과학기술 분야 연구기관 또는 단체"란 다음 각 호의 연구기관 또는 단체를 말한다. 〈개정 2013.3.23.〉
1. 「민법」 또는 다른 법률에 따라 설립된 과학기술 분야 비영리법인
2. 그 밖에 연구인력 및 연구시설 등 산업통상자원부장관이 정하여 고시하는 기준에 해당하는 연구기관 또는 단체
[전문개정 2011.9.30.]

제11조(평가원의 사업) 법 제13조 제4항 제4호에서 "대통령령으로 정하는 사업"이란 다음 각 호의 사업을 말한다. 〈개정 2013.3.23.〉
1. 에너지기술개발사업의 중장기 기술 기획
2. 에너지기술의 수요조사, 동향분석 및 예측
3. 에너지기술에 관한 정보·자료의 수집, 분석, 보급 및 지도
4. 에너지기술에 관한 정책수립의 지원
5. 법 제14조 제1항에 따라 조성된 에너지기술개발사업비의 운용·관리(같은 조 제3항에 따라 관계 중앙행정기관의 장이 그 업무를 담당하게 하는 경우만 해당한다)
6. 에너지기술개발사업 결과의 실증연구 및 시범적용
7. 에너지기술에 관한 학술, 전시, 교육 및 훈련
8. 그 밖에 산업통상자원부장관이 에너지기술 개발과 관련하여 필요하다고 인정하는 사업 [전문개정 2011.9.30.]

제11조의2(협약의 체결 및 출연금의 지급 등) ① 중앙행정기관의 장 및 지방자치단체의 장은 법 제13조 제6항에 따라 평가원에 같은 조 제4항 각 호의 사업을 수행하게 하려면 평가원과 다음 각 호의 사항이 포함된 협약을 체결하여야 한다.
1. 수행하는 사업의 범위, 방법 및 관리책임자
2. 사업수행 비용 및 그 비용의 지급시기와 지급방법
3. 사업수행 결과의 보고, 귀속 및 활용
4. 협약의 변경, 해지 및 위반에 관한 조치

5. 그 밖에 사업수행을 위하여 필요한 사항
② 중앙행정기관의 장 및 지방자치단체의 장은 평가원에 법 제13조 제6항에 따라 출연금을 지급하는 경우에는 여러 차례에 걸쳐 지급한다. 다만, 수행하는 사업의 규모나 시작 시기 등을 고려하여 필요하다고 인정하는 경우에는 한 번에 지급할 수 있다.
③ 제2항에 따라 출연금을 지급받은 평가원은 그 출연금에 대하여 별도의 계정을 설정하여 관리하여야 한다. [전문개정 2011.9.30.]

제11조의3(사업연도) 평가원의 사업연도는 정부의 회계연도에 따른다. [본조신설 2009.4.21.]

제11조의4(평가원의 수익사업) 평가원은 법 제13조 제7항에 따라 수익사업을 하려면 해당 사업연도가 시작하기 전까지 수익사업계획서를 산업통상자원부장관에게 제출하여야 하며, 해당 사업연도가 끝난 후 3개월 이내에 그 수익사업의 실적서 및 결산서를 산업통상자원부장관에게 제출하여야 한다. 〈개정 2013.3.23.〉 [전문개정 2011.9.30.]

제12조(에너지기술 개발 투자 등의 권고) ① 법 제15조에 따른 에너지 관련 사업자는 다음 각 호의 자 중에서 산업통상자원부장관이 정하는 자로 한다. 〈개정 2013.3.23.〉
1. 에너지공급자
2. 에너지사용기자재의 제조업자
3. 공공기관 중 에너지와 관련된 공공기관
② 산업통상자원부장관은 법 제15조에 따라 에너지 관련 사업자에게 에너지기술 개발을 위한 사업에 투자하거나 출연할 것을 권고할 때에는 그 투자 또는 출연의 방법 및 규모 등을 구체적으로 밝혀 문서로 통보하여야 한다. 〈개정 2013.3.23.〉 [전문개정 2011.9.30.]

제15조(에너지 관련 통계 및 에너지 총조사) ① 법 제19조 제1항에 따라 에너지 수급에 관한 통계를 작성하는 경우에는 산업통상자원부령으로 정하는 에너지열량 환산기준을 적용하여야 한다. 〈개정 2013.3.23.〉
③ 법 제19조 제5항에 따른 에너지 총조사는 3년마다 실시하되, 산업통상자원부장관이 필요하다고 인정할 때에는 간이조사를 실시할 수 있다. 〈개정 2013.3.23.〉 [전문개정 2011.9.30.]

에너지법 시행규칙

제3조(전문인력 양성사업의 지원대상 등) ① 산업통상자원부장관이 필요한 지원을 할 수 있는 대상은 다음 각 호와 같다. 〈개정 2013.3.23.〉
  1. 국·공립 연구기관
  2. 「특정연구기관 육성법」에 따른 특정연구기관
  3. 「정부출연연구기관 등의 설립·운영 및 육성에 관한 법률」에 따른 정부출연연구기관
  4. 「고등교육법」에 따른 대학(대학원을 포함한다)·산업대학(대학원을 포함한다) 또는 전문대학
  5. 「과학기술분야 정부출연연구기관 등의 설립·운영 및 육성에 관한 법률」에 따른 과학기술분야 정부출연연구기관
  6. 그 밖에 에너지 및 에너지자원기술 분야의 전문인력을 양성하기 위하여 산업통상자원부장관이 필요하다고 인정하는 기관 또는 단체

② 산업통상자원부장관은 제2항에 따른 지원신청서가 접수되었을 때에는 60일 이내에 지원 여부, 지원 범위 및 지원 우선순위 등을 심사·결정하여 지원신청자에게 알려야 한다. 〈개정 2013.3.23.〉

제4조(에너지 통계자료의 제출대상 등) ① 산업통상자원부장관이 자료의 제출을 요구할 수 있는 에너지사용자는 다음 각 호와 같다. 〈개정 2013.3.23.〉
  1. 중앙행정기관·지방자치단체 및 그 소속기관
  2. 「공공기관 운영에 관한 법률」 제4조에 따른 공공기관
  3. 「지방공기업법」에 따른 지방직영기업, 지방공사, 지방공단
  4. 에너지공급자와 에너지공급자로 구성된 법인·단체
  5. 「에너지이용 합리화법」 제31조 제1항에 따른 에너지다소비사업자
  6. 자가소비를 목적으로 에너지를 수입하거나 전환하는 에너지사용자

② 제1항에 따른 에너지사용자가 자료의 제출을 요구받았을 때에는 특별한 사유가 없으면 그 요구를 받은 날부터 60일 이내에 산업통상자원부장관에게 그 자료를 제출하여야 한다. 〈개정 2013.3.23.〉

제5조(에너지열량 환산기준) ① 영 제15조 제1항에 따른 에너지열량환산기준은 별표와 같다. 〈개정 2017.12.28.〉

② 에너지열량환산기준은 5년마다 작성하되, 산업통상자원부장관이 필요하다고 인정하는 경우에는 수시로 작성할 수 있다. 〈개정 2013.3.23., 2017.12.28.〉

[전문개정 2011.12.30.]
[제목개정 2017.12.28.]

[별표]
〈개정 2022.11.21.〉

에너지열량 환산기준(제5조 제1항 관련)

구분	에너지원	단위	총발열량			순발열량		
			MJ	kcal	석유환산톤 (10^{-3}toe)	MJ	kcal	석유환산톤 (10^{-3}toe)
석유	원유	kg	45.7	10,920	1.092	42.8	10,220	1.022
	휘발유	L	32.4	7,750	0.775	30.1	7,200	0.720
	등유	L	36.6	8,740	0.874	34.1	8,150	0.815
	경유	L	37.8	9,020	0.902	35.3	8,420	0.842
	바이오디젤	L	34.7	8,280	0.828	32.3	7,730	0.773
	B-A유	L	39.0	9,310	0.931	36.5	8,710	0.871
	B-B유	L	40.6	9,690	0.969	38.1	9,100	0.910
	B-C유	L	41.8	9,980	0.998	39.3	9,390	0.939
	프로판(LPG1호)	kg	50.2	12,000	1.200	46.2	11,040	1.104
	부탄(LPG3호)	kg	49.3	11,790	1.179	45.5	10,880	1.088
	나프타	L	32.2	7,700	0.770	29.9	7,140	0.714
	용제	L	32.8	7,830	0.783	30.4	7,250	0.725
	항공유	L	36.5	8,720	0.872	34.0	8,120	0.812
	아스팔트	kg	41.4	9,880	0.988	39.0	9,330	0.933
	윤활유	L	39.6	9,450	0.945	37.0	8,830	0.883
	석유코크스	kg	34.9	8,330	0.833	34.2	8,170	0.817
	부생연료유1호	L	37.3	8,900	0.890	34.8	8,310	0.831
	부생연료유2호	L	39.9	9,530	0.953	37.7	9,010	0.901
가스	천연가스(LNG)	kg	54.7	13,080	1.308	49.4	11,800	1.180
	도시가스(LNG)	Nm³	42.7	10,190	1.019	38.5	9,190	0.919
	도시가스(LPG)	Nm³	63.4	15,150	1.515	58.3	13,920	1.392
석탄	국내무연탄	kg	19.7	4,710	0.471	19.4	4,620	0.462
	연료용 수입무연탄	kg	23.0	5,500	0.550	22.3	5,320	0.532
	원료용 수입무연탄	kg	25.8	6,170	0.617	25.3	6,040	0.604
	연료용 유연탄(역청탄)	kg	24.6	5,860	0.586	23.3	5,570	0.557
	원료용 유연탄(역청탄)	kg	29.4	7,030	0.703	28.3	6,760	0.676
	아역청탄	kg	20.6	4,920	0.492	19.1	4,570	0.457
	코크스	kg	28.6	6,840	0.684	28.5	6,810	0.681
전기 등	전기(발전기준)	kWh	8.9	2,130	0.213	8.9	2,130	0.213
	전기(소비기준)	kWh	9.6	2,290	0.229	9.6	2,290	0.229
	신탄	kg	18.8	4,500	0.450	-	-	-

비고
1. "총발열량"이란 연료의 연소과정에서 발생하는 수증기의 잠열을 포함한 발열량을 말한다.
2. "순발열량"이란 연료의 연소과정에서 발생하는 수증기의 잠열을 제외한 발열량을 말한다.
3. "석유환산톤"(toe : ton of oil equivalent)이란 원유 1톤(t)이 갖는 열량으로 10^7kcal를 말한다.
4. 석탄의 발열량은 인수식(引受式)을 기준으로 한다. 다만, 코크스는 건식(乾式)을 기준으로 한다.
5. 최종 에너지사용자가 사용하는 전력량 값을 열량 값으로 환산할 경우에는 1kWh=860kcal를 적용한다.
6. 1cal=4.1868J이며, 도시가스 단위인 Nm^3은 0℃ 1기압(atm) 상태의 부피 단위(m^3)를 말한다.
7. 에너지원별 발열량(MJ)은 소수점 아래 둘째 자리에서 반올림한 값이며, 발열량(kcal)은 발열량(MJ)으로부터 환산한 후 1의 자리에서 반올림한 값이다. 두 단위 간 상충될 경우 발열량(MJ)이 우선한다.

에너지이용 합리화법

제1장 총칙

제1조(목적) 이 법은 에너지의 수급(需給)을 안정시키고 에너지의 합리적이고 효율적인 이용을 증진하며 에너지소비로 인한 환경피해를 줄임으로써 국민경제의 건전한 발전 및 국민복지의 증진과 지구온난화의 최소화에 이바지함을 목적으로 한다.

제3조(정부와 에너지사용자·공급자 등의 책무) ① 정부는 에너지의 수급안정과 합리적이고 효율적인 이용을 도모하고 이를 통한 온실가스의 배출을 줄이기 위한 기본적이고 종합적인 시책을 강구하고 시행할 책무를 진다.
② 지방자치단체는 관할 지역의 특성을 고려하여 국가에너지정책의 효과적인 수행과 지역경제의 발전을 도모하기 위한 지역에너지시책을 강구하고 시행할 책무를 진다.
③ 에너지사용자와 에너지공급자는 국가나 지방자치단체의 에너지시책에 적극 참여하고 협력하여야 하며, 에너지의 생산·전환·수송·저장·이용 등에서 그 효율을 극대화하고 온실가스의 배출을 줄이도록 노력하여야 한다.
④ 에너지사용기자재와 에너지공급설비를 생산하는 제조업자는 그 기자재와 설비의 에너지효율을 높이고 온실가스의 배출을 줄이기 위한 기술의 개발과 도입을 위하여 노력하여야 한다.
⑤ 모든 국민은 일상 생활에서 에너지를 합리적으로 이용하여 온실가스의 배출을 줄이도록 노력하여야 한다.

제2장 에너지이용 합리화를 위한 계획 및 조치 등

제4조(에너지이용 합리화 기본계획) ① 산업통상자원부장관은 에너지를 합리적으로 이용하게 하기 위하여 에너지이용 합리화에 관한 기본계획(이하 "기본계획"이라 한다)을 수립하여야 한다. 〈개정 2008.2.29., 2013.3.23.〉
② 기본계획에는 다음 각 호의 사항이 포함되어야 한다. 〈개정 2008.2.29., 2013.3.23.〉
  1. 에너지절약형 경제구조로의 전환
  2. 에너지이용효율의 증대
  3. 에너지이용 합리화를 위한 기술개발
  4. 에너지이용 합리화를 위한 홍보 및 교육
  5. 에너지원간 대체(代替)
  6. 열사용기자재의 안전관리
  7. 에너지이용 합리화를 위한 가격예시제(價格豫示制)의 시행에 관한 사항
  8. 에너지의 합리적인 이용을 통한 온실가스의 배출을 줄이기 위한 대책
  9. 그 밖에 에너지이용 합리화를 추진하기 위하여 필요한 사항으로서 산업통상자원부령으로 정하는 사항
③ 산업통상자원부장관이 제1항에 따라 기본계획을 수립하려면 관계 행정기관의 장과 협의한 후「에너지법」제9조에 따른 에너지위원회(이하 "위원회"라 한다)의 심의를 거쳐야 한다. 〈개정 2008.2.29., 2013.3.23., 2018.4.17.〉
④ 산업통상자원부장관은 기본계획을 수립하기 위하여 필요하다고 인정하는 경우 관계 행정기관의 장에게 필요한 자료를 제출하도록 요청할 수 있다. 〈신설 2018.4.17.〉

제6조(에너지이용 합리화 실시계획) ① 관계 행정기관의 장과 특별시장·광역시장·도지사 또는 특별자치도지사(이하 "시·도지사"라 한다)는 기본계획에 따라 에너지이용 합리화에 관한 실시계획을 수립하고 시행하여야 한다.
② 관계 행정기관의 장 및 시·도지사는 제1항에 따른 실시계획과 그 시행 결과를 산업통상자원부장관에게 제출하여야 한다. 〈개정 2008.2.29., 2013.3.23.〉
③ 산업통상자원부장관은 위원회의 심의를 거쳐 제2항에 따라 제출된 실시계획을 종합·조정하고 추진상황을 점검·평가하여야 한다. 이 경우 평가업무의 효과적인 수행을 위하여 대통령령으로 정하는 바에 따라 관계 연구기관 등에 그 업무를 대행하도록 할 수 있다. 〈신설 2018.4.17.〉

제7조(수급안정을 위한 조치) ① 산업통상자원부장관은 국내외 에너지사정의 변동에 따른 에너지의 수급차질에 대비하기 위하여 대통령령으로 정하는 주요 에너지사용자와 에너지공급자에게 에너지저장시설을 보유하고 에너지를 저장하는 의무를 부과할 수 있다. 〈개정 2008.2.29., 2013.3.23.〉
② 산업통상자원부장관은 국내외 에너지사정의 변동으로 에너지수급에 중대한 차질이 발생하거나 발생할 우려가 있다고 인정되면 에너지수급의 안정을 기하기 위하여 필요한 범위에서 에너지사용자·에너지공급자 또는 에너지사용기자재의 소유자와 관리자에게 다음 각 호의 사항에 관한 조정·명령, 그 밖에 필요한 조치를 할 수 있다. 〈개정 2008.2.29., 2013.3.23.〉
  1. 지역별·주요 수급자별 에너지 할당
  2. 에너지공급설비의 가동 및 조업
  3. 에너지의 비축과 저장
  4. 에너지의 도입·수출입 및 위탁가공
  5. 에너지공급자 상호 간의 에너지의 교환 또는 분배 사용
  6. 에너지의 유통시설과 그 사용 및 유통경로
  7. 에너지의 배급
  8. 에너지의 양도·양수의 제한 또는 금지
  9. 에너지사용의 시기·방법 및 에너지사용기자재의 사용 제한 또는 금지 등 대통령령으로 정하는 사항
  10. 그 밖에 에너지수급을 안정시키기 위하여 대통령령으로 정하는 사항

제8조(국가·지방자치단체 등의 에너지이용 효율화조치 등) ① 다음 각 호의 자는 이 법의 목적에 따라 에너지를 효율적으로 이용하고 온실가스 배출을 줄이기 위하여 필요한 조치를 추진하여야 한다. 이 경우 해당 조치에 관하여 위원회의 심의를 거쳐야 한다. 〈개정 2018.4.17.〉
  1. 국가
  2. 지방자치단체
  3. 「공공기관의 운영에 관한 법률」제4조 제1항에 따른 공공기관
② 제1항에 따라 국가·지방자치단체 등이 추진하여야 하는 에너지의 효율적 이용과 온실가스의 배출 저감을 위하여 필요한 조치의 구체적인 내용은 대통령령으로 정한다.

제9조(에너지공급자의 수요관리투자계획) ① 에너지공급자 중 대통령령으로 정하는 에너지공급자는 해당 에너지의 생산·전환·수송·저장 및 이용상의 효율향상, 수요의 절감 및 온실가스배출의 감축 등을 도모하기 위한 연차별 수요관리투자계획을 수립·시행하여야 하며, 그 계획과 시행 결과를 산업통상자원부장관에게 제출하여야 한다. 연차별 수요관리투자계획을 변경하는 경우에도 또한 같다. 〈개정 2008.2.29., 2013.3.23.〉
② 산업통상자원부장관은 에너지수급상황의 변화, 에너지가격의 변동, 그 밖에 대통령령으로 정하는 사유가 생긴 경우에는 제1항에 따른 수요관리투자계획을 수정·보완하여 시행하게 할 수 있다. 〈개정 2008.2.29., 2013.3.23.〉

제10조(에너지사용계획의 협의) ① 도시개발사업이나 산업단지개발사업 등 대통령령으로 정하는 일정규모 이상의 에너지를 사용하는 사업을 실시하거나 시설을 설치하려는 자(이하 "사업주관자"라 한다)는 그 사업의 실시와 시설의 설치로 에너지수급에 미칠 영향과 에너지소비로 인한 온실가스(이산화탄소만을 말한다)의 배출에 미칠 영향을 분석하고, 소요에너지의 공급계획 및 에너지의 합리적 사용과 그 평가에 관한 계획(이하 "에너지사용계획"이라 한다)을 수립하여, 그 사업의 실시 또는 시설의 설치 전에 산업통상자원부장관에게 제출하여야 한다. 〈개정 2008.2.29., 2013.3.23.〉
② 산업통상자원부장관은 제1항에 따라 제출한 에너지사용계획에 관하여 사업주관자 중 제8조 제1항 각 호에 해당하는 자(이하 "공공사업주관자"라 한다)와 협의하여야 하며, 공공사업주관자 외의 자(이하 "민간사업주관자"라 한다)로부터 의견을 들을 수 있다. 〈개정 2008.2.29., 2013.3.23.〉
③ 사업주관자가 제1항에 따라 제출한 에너지사용계획 중 에너지 수요예측 및 공급계획 등 대통령령으로 정한 사항을 변경하려는 경우에도 제1항과 제2항으로 정하는 바에 따른다.
④ 사업주관자는 국공립연구기관, 정부출연연구기관 등 에너지사용계획을 수립할 능력이 있는 자로 하여금 에너지사용계획의 수립을 대행하게 할 수 있다.
⑤ 제1항부터 제4항까지의 규정에 따른 에너지사용계획의 내용, 협의 및 의견청취의 절차, 대행기관의 요건, 그 밖에 필요한 사항은 대통령령으로 정한다.
⑥ 산업통상자원부장관은 제4항에 따른 에너지사용계획의 수립을 대행하는 데에 필요한 비용의 산정기준을 정하여 고시하여야 한다. 〈개정 2008.2.29., 2013.3.23.〉

제11조(에너지사용계획의 검토 등) ① 산업통상자원부장관은 에너지사용계획을 검토한 결과, 그 내용이 에너지의 수급에 적절하지 아니하거나 에너지이용의 합리화와 이를 통한 온실가스(이산화탄소만을 말한다)의 배출감소 노력이 부족하다고 인정되면 대통령령으로 정하는 바에 따라 공공사업주관자에게는 에너지사용계획의 조정·보완을 요청할 수 있고, 민간사업주관자에게는 에너지사용계획의 조정·보완을 권고할 수 있다. 공공사업주관자가 조정·보완요청을 받은 경우에는 정당한 사유가 없으면 그 요청에 따라야 한다. 〈개정 2008.2.29., 2013.3.23.〉
② 산업통상자원부장관은 에너지사용계획을 검토할 때 필요하다고 인정되면 사업주관자에게 관련 자료를 제출하도록 요청할 수 있다. 〈개정 2008.2.29., 2013.3.23.〉
③ 제1항에 따른 에너지사용계획의 검토기준, 검토방법, 그 밖에 필요한 사항은 산업통상자원부령으로 정한다. 〈개정 2008.2.29., 2013.3.23.〉

제3장 에너지이용 합리화 시책

제1절 에너지사용기자재 및 에너지관련기자재 관련 시책
〈개정 2013.7.30.〉

제15조(효율관리기자재의 지정 등) ① 산업통상자원부장관은 에너지이용 합리화를 위하여 필요하다고 인정하는 경우에는 일반적으로 널리 보급되어 있는 에너지사용기자재(상당량의 에너지를 소비하는 기자재에 한정한다) 또는 에너지관련기자재(에너지를 사용하지 아니하나 그 구조 및 재질에 따라 열손실 방지 등으로 에너지절감에 기여하는 기자재를 말한다. 이하 같다)로서 산업통상자원부령으로 정하는 기자재(이하 "효율관리기자재"라 한다)에 대하여 다음 각 호의 사항을 정하여 고시하여야 한다. 다만, 에너지관련기자재 중 「건축법」 제2조 제1항의 건축물에 고정되어 설치·이용되는 기자재 및 「자동차관리법」 제29조 제2항에 따른 자동차부품을 효율관리기자재로 정하려는 경우에는 국토교통부장관과 협의한 후 다음 각 호의 사항을 공동으로 정하여 고시하여야 한다. 〈개정 2008.2.29., 2013.3.23., 2013.7.30.〉
  1. 에너지의 목표소비효율 또는 목표사용량의 기준
  2. 에너지의 최저소비효율 또는 최대사용량의 기준
  3. 에너지의 소비효율 또는 사용량의 표시
  4. 에너지의 소비효율 등급기준 및 등급표시
  5. 에너지의 소비효율 또는 사용량의 측정방법
  6. 그 밖에 효율관리기자재의 관리에 필요한 사항으로서 산업통상자원부령으로 정하는 사항
② 효율관리기자재의 제조업자 또는 수입업자는 산업통상자원부장관이 지정하는 시험기관(이하 "효율관리시험기관"이라 한다)에서 해당 효율관리기자재의 에너지 사용량을 측정받아 에너지소비효율등급 또는 에너지소비효율을 해당 효율관리기자재에 표시하여야 한다. 다만, 산업통상자원부장관이 정하여 고시하는 시험설비 및 전문인력을 모두 갖춘 제조업자 또는 수입업자로서 산업통상자원부령으로 정하는 바에 따라 산업통상자원부장관의 승인을 받은 자는 자체측정으로 효율관리시험기관의 측정을 대체할 수 있다. 〈개정 2008.2.29., 2013.3.23.〉
③ 효율관리기자재의 제조업자·수입업자 또는 판매업자가 산업통상자원부령으로 정하는 광고매체를 이용하여 효율관리기자재의 광고를 하는 경우에는 그 광고내용에 제2항에 따른 에너지소비효율등급 또는 에너지소비효율을 포함하여야 한다. 〈개정 2008.2.29., 2013.3.23.〉

제17조(평균에너지소비효율제도) ① 산업통상자원부장관은 각 효율관리기자재의 에너지소비효율 합계를 그 기자재의 총수로 나누어 산출한 평균에너지소비효율에 대하여 총량적인 에너지효율의 개선이 특히 필요하다고 인정되는 기자재로서

「자동차관리법」 제3조 제1항에 따른 승용자동차 등 산업통상자원부령으로 정하는 기자재(이하 이 조에서 "평균효율관리기자재"라 한다)를 제조하거나 수입하여 판매하는 자가 지켜야 할 평균에너지소비효율을 관계 행정기관의 장과 협의하여 고시하여야 한다. 〈개정 2008.2.29., 2013.3.23.〉

② 산업통상자원부장관은 제1항에 따라 고시한 평균에너지소비효율(이하 "평균에너지소비효율기준"이라 한다)에 미달하는 평균효율관리기자재를 제조하거나 수입하여 판매하는 자에게 일정한 기간을 정하여 평균에너지소비효율의 개선을 명할 수 있다. 다만, 「자동차관리법」 제3조 제1항에 따른 승용자동차 등 산업통상자원부령으로 정하는 자동차에 대해서는 그러하지 아니하다. 〈개정 2008.2.29., 2013.3.23., 2013.7.30.〉

③ 평균효율관리기자재를 제조하거나 수입하여 판매하는 자는 에너지소비효율 산정에 필요하다고 인정되는 판매에 관한 자료와 효율측정에 관한 자료를 산업통상자원부장관에게 제출하여야 한다. 다만, 자동차 평균에너지소비효율 산정에 필요한 판매에 관한 자료에 대해서는 환경부장관이 산업통상자원부장관에게 제공하는 경우에는 그러하지 아니하다. 〈개정 2008.2.29., 2013.3.23., 2013.7.30.〉

제17조의2(과징금 부과) ① 환경부장관은 「자동차관리법」 제3조 제1항에 따른 승용자동차 등 산업통상자원부령으로 정하는 자동차에 대하여 「기후위기 대응을 위한 탄소중립·녹색성장 기본법」 제32조 제2항에 따라 자동차 평균에너지소비효율기준을 택하여 준수하기로 한 자동차 제조업자·수입업자가 평균에너지소비효율기준을 달성하지 못한 경우 그 정도에 따라 대통령령으로 정하는 매출액에 100분의 1을 곱한 금액을 초과하지 아니하는 범위에서 과징금을 부과할 수 있다. 다만, 「대기환경보전법」 제76조의5 제2항에 따라 자동차 제조업자·수입업자가 미달성분을 상환하는 경우에는 그러하지 아니하다. 〈개정 2021.9.24.〉

② 자동차 평균에너지소비효율기준의 적용·관리에 관한 사항은 「대기환경보전법」 제76조의5에 따른다.

③ 제1항에 따른 과징금의 산정방법·금액, 징수시기, 그 밖에 필요한 사항은 대통령령으로 정한다. 이 경우 과징금의 금액은 「대기환경보전법」 제76조의2에 따른 자동차 온실가스 배출허용기준을 준수하지 못하여 부과하는 과징금 금액과 동일한 수준이 될 수 있도록 정한다.

④ 환경부장관은 제1항에 따라 과징금 부과처분을 받은 자가 납부기한까지 과징금을 내지 아니하면 국세 체납처분의 예에 따라 징수한다.

⑤ 제1항에 따라 징수한 과징금은 「환경정책기본법」에 따른 환경개선특별회계의 세입으로 한다. [본조신설 2013.7.30.]

제18조(대기전력저감대상제품의 지정) 산업통상자원부장관은 외부의 전원과 연결만 되어 있고, 주기능을 수행하지 아니하거나 외부로부터 켜짐 신호를 기다리는 상태에서 소비되는 전력(이하 "대기전력"이라 한다)의 저감(低減)이 필요하다고 인정되는 에너지사용기자재로서 산업통상자원부령으로 정하는 제품(이하 "대기전력저감대상제품"이라 한다)에 대하여 다음 각 호의 사항을 정하여 고시하여야 한다. 〈개정 2008.2.29., 2009.1.30., 2013.3.23.〉

1. 대기전력저감대상제품의 각 제품별 적용범위
2. 대기전력저감기준
3. 대기전력의 측정방법
4. 대기전력 저감성이 우수한 대기전력저감대상제품(이하 "대기전력저감우수제품"이라 한다)의 표시
5. 그 밖에 대기전력저감대상제품의 관리에 필요한 사항으로서 산업통상자원부령으로 정하는 사항

제19조(대기전력경고표지대상제품의 지정 등) ① 산업통상자원부장관은 대기전력저감대상제품 중 대기전력 저감을 통한 에너지이용의 효율을 높이기 위하여 제18조 제2호의 대기전력저감기준에 적합할 것이 특히 요구되는 제품으로서 산업통상자원부령으로 정하는 제품(이하 "대기전력경고표지대상제품"이라 한다)에 대하여 다음 각 호의 사항을 정하여 고시하여야 한다. 〈개정 2008.2.29., 2013.3.23.〉

1. 대기전력경고표지대상제품의 각 제품별 적용범위
2. 대기전력경고표지대상제품의 경고 표시
3. 그 밖에 대기전력경고표지대상제품의 관리에 필요한 사항으로서 산업통상자원부령으로 정하는 사항

제20조(대기전력저감우수제품의 표시 등) ① 대기전력저감대상제품의 제조업자 또는 수입업자가 해당 제품에 대기전력저감우수제품의 표시를 하려면 대기전력시험기관의 측정을 받아 해당 제품이 제18조 제2호의 대기전력저감기준에 적합하다는 판정을 받아야 한다. 다만, 제19조 제2항 단서에 따라 산업통상자원부장관의 승인을 받은 자는 자체측정으로 대기전력시험기관의 측정을 대체 할 수 있다. 〈개정 2008.2.29., 2013.3.23.〉

② 제1항에 따른 적합 판정을 받아 대기전력저감우수제품의 표시를 하는 제조업자 또는 수입업자는 제1항에 따른 측정 결과를 산업통상자원부령으로 정하는 바에 따라 산업통상자원부장관에게 신고하여야 한다. 〈개정 2008.2.29., 2013.3.23.〉

제21조(대기전력저감대상제품의 사후관리) ① 산업통상자원부장관은 대기전력저감우수제품이 제18조 제2호의 대기전력저감기준에 미달하는 경우 산업통상자원부령으로 정하는 바에 따라 대기전력저감대상제품의 제조업자 또는 수입업자에게 일정한 기간을 정하여 그 시정을 명할 수 있다. 〈개정 2008.2.29., 2013.3.23.〉

② 산업통상자원부장관은 대기전력저감대상제품의 제조업자 또는 수입업자가 제1항에 따른 시정명령을 이행하지 아니하는 경우에는 그 사실을 공표할 수 있다. 〈개정 2008.2.29., 2013.3.23.〉

제22조(고효율에너지기자재의 인증 등) ① 산업통상자원부장관은 에너지이용의 효율성이 높아 보급을 촉진할 필요가 있는 에너지사용기자재 또는 에너지관련기자재로서 산업통상자원부령으로 정하는 기자재(이하 "고효율에너지인증대상기자재"라 한다)에 대하여 다음 각 호의 사항을 정하여 고시하여야 한다. 다만, 에너지관련기자재 중 「건축법」 제2조 제1항의 건축물에 고정되어 설치·이용되는 기자재 및 「자동차관리법」 제29조 제2항에 따른 자동차부품을 고효율에너지인증대상기자재로 정하려는 경우에는 국토교통부장관과

협의한 후 다음 각 호의 사항을 공동으로 정하여 고시하여야 한다. 〈개정 2008.2.29., 2013.3.23., 2013.7.30.〉
1. 고효율에너지인증대상기자재의 각 기자재별 적용범위
2. 고효율에너지인증대상기자재의 인증 기준·방법 및 절차
3. 고효율에너지인증대상기자재의 성능 측정방법
4. 에너지이용의 효율성이 우수한 고효율에너지인증대상기자재(이하 "고효율에너지기자재"라 한다)의 인증 표시
5. 그 밖에 고효율에너지인증대상기자재의 관리에 필요한 사항으로서 산업통상자원부령으로 정하는 사항

② 고효율에너지인증대상기자재의 제조업자 또는 수입업자가 해당 기자재에 고효율에너지기자재의 인증 표시를 하려면 해당 에너지사용기자재 또는 에너지관련기자재가 제1항 제2호에 따른 인증기준에 적합한지 여부에 대하여 산업통상자원부장관이 지정하는 시험기관(이하 "고효율시험기관"이라 한다)의 측정을 받아 산업통상자원부장관으로부터 인증을 받아야 한다. 〈개정 2008.2.29., 2013.3.23., 2013.7.30.〉

③ 제2항에 따라 고효율에너지기자재의 인증을 받으려는 자는 산업통상자원부령으로 정하는 바에 따라 산업통상자원부장관에게 인증을 신청하여야 한다. 〈개정 2008.2.29., 2013.3.23.〉

④ 산업통상자원부장관은 제3항에 따라 신청된 고효율에너지인증대상기자재가 제1항 제2호에 따른 인증기준에 적합한 경우에는 인증을 하여야 한다. 〈개정 2008.2.29., 2013.3.23.〉

⑤ 제4항에 따라 인증을 받은 자가 아닌 자는 해당 고효율에너지인증대상기자재에 고효율에너지기자재의 인증 표시를 할 수 없다.

⑥ 산업통상자원부장관은 고효율에너지기자재의 보급을 촉진하기 위하여 필요하다고 인정하는 경우에는 제8조 제1항 각 호에 따른 자에 대하여 고효율에너지기자재를 우선적으로 구매하게 하거나, 공장·사업장 및 집단주택단지 등에 대하여 고효율에너지기자재의 설치 또는 사용을 장려할 수 있다. 〈개정 2008.2.29., 2013.3.23.〉

⑦ 제2항의 고효율시험기관으로 지정받으려는 자는 다음 각 호의 요건을 모두 갖추어 산업통상자원부령으로 정하는 바에 따라 산업통상자원부장관에게 지정 신청을 하여야 한다. 〈개정 2008.2.29., 2013.3.23.〉
1. 다음 각 목의 어느 하나에 해당할 것
  가. 국가가 설립한 시험·연구기관
  나. 「특정연구기관육성법」 제2조에 따른 특정연구기관
  다. 「국가표준기본법」 제23조에 따라 시험·검사기관으로 인정받은 기관
  라. 가목 및 나목의 연구기관과 동등 이상의 시험능력이 있다고 산업통상자원부장관이 인정하는 기관
2. 산업통상자원부장관이 고효율에너지인증대상기자재별로 정하여 고시하는 시험설비 및 전문인력을 갖출 것

⑧ 산업통상자원부장관은 고효율에너지인증대상기자재 중 기술 수준 및 보급 정도 등을 고려하여 고효율에너지인증대상기자재로 유지할 필요성이 없다고 인정하는 기자재를 산업통상자원부령으로 정하는 기준과 절차에 따라 고효율에너지인증대상기자재에서 제외할 수 있다. 〈신설 2013.7.30.〉

제23조(고효율에너지기자재의 사후관리) ① 산업통상자원부장관은 고효율에너지기자재가 제1호에 해당하는 경우에는 인증을 취소하여야 하고, 제2호에 해당하는 경우에는 인증을 취소하거나 6개월 이내의 기간을 정하여 인증을 사용하지 못하도록 명할 수 있다. 〈개정 2008.2.29., 2013.3.23.〉
1. 거짓이나 그 밖의 부정한 방법으로 인증을 받은 경우
2. 고효율에너지기자재가 제22조 제1항 제2호에 따른 인증기준에 미달하는 경우

② 산업통상자원부장관은 제1항에 따라 인증이 취소된 고효율에너지기자재에 대하여 그 인증이 취소된 날부터 1년의 범위에서 산업통상자원부령으로 정하는 기간 동안 인증을 하지 아니할 수 있다. 〈개정 2008.2.29., 2013.3.23.〉

제24조(시험기관의 지정취소 등) ① 산업통상자원부장관은 효율관리시험기관, 대기전력시험기관 및 고효율시험기관이 다음 각 호의 어느 하나에 해당하는 경우에는 그 지정을 취소하거나 6개월 이내의 기간을 정하여 시험업무의 정지를 명할 수 있다. 다만, 제1호 또는 제2호에 해당하면 그 지정을 취소하여야 한다. 〈개정 2008.2.29., 2013.3.23.〉
1. 거짓이나 그 밖의 부정한 방법으로 지정을 받은 경우
2. 업무정지 기간 중에 시험업무를 행한 경우
3. 정당한 사유 없이 시험을 거부하거나 지연하는 경우
4. 산업통상자원부장관이 정하여 고시하는 측정방법을 위반하여 시험한 경우
5. 제15조 제5항, 제19조 제5항 또는 제22조 제7항에 따른 시험기관의 지정기준에 적합하지 아니하게 된 경우

② 산업통상자원부장관은 제15조 제2항 단서, 제19조 제2항 단서에 따라 자체측정의 승인을 받은 자가 제1호 또는 제2호에 해당하면 그 승인을 취소하여야 하고, 제3호 또는 제4호에 해당하면 그 승인을 취소하거나 6개월 이내의 기간을 정하여 자체측정업무의 정지를 명할 수 있다. 〈개정 2008.2.29., 2013.3.23.〉
1. 거짓이나 그 밖의 부정한 방법으로 승인을 받은 경우
2. 업무정지 기간 중에 자체측정업무를 행한 경우
3. 산업통상자원부장관이 정하여 고시하는 측정방법을 위반하여 측정한 경우
4. 산업통상자원부장관이 정하여 고시하는 시험설비 및 전문인력 기준에 적합하지 아니하게 된 경우

제2절 산업 및 건물 관련 시책

제25조(에너지절약전문기업의 지원) ① 정부는 제3자로부터 위탁을 받아 다음 각 호의 어느 하나에 해당하는 사업을 하는 자로서 산업통상자원부장관에게 등록을 한 자(이하 "에너지절약전문기업"이라 한다)가 에너지절약사업과 이를 통한 온실가스의 배출을 줄이는 사업을 하는 데에 필요한 지원을 할 수 있다. 〈개정 2008.2.29., 2013.3.23.〉
1. 에너지사용시설의 에너지절약을 위한 관리·용역사업
2. 제14조 제1항에 따른 에너지절약형 시설투자에 관한 사업

3. 그 밖에 대통령령으로 정하는 에너지절약을 위한 사업
② 에너지절약전문기업으로 등록하려는 자는 대통령령으로 정하는 바에 따라 장비, 자산 및 기술인력 등의 등록기준을 갖추어 산업통상자원부장관에게 등록을 신청하여야 한다. 〈개정 2008.2.29., 2013.3.23.〉

제26조(에너지절약전문기업의 등록취소 등) 산업통상자원부장관은 에너지절약전문기업이 다음 각 호의 어느 하나에 해당하면 그 등록을 취소하거나 이 법에 따른 지원을 중단할 수 있다. 다만, 제1호에 해당하는 경우에는 그 등록을 취소하여야 한다. 〈개정 2008.2.29., 2013.3.23.〉
1. 거짓이나 그 밖의 부정한 방법으로 제25조 제1항에 따른 등록을 한 경우
2. 거짓이나 그 밖의 부정한 방법으로 제14조 제1항에 따른 지원을 받거나 지원받은 자금을 다른 용도로 사용한 경우
3. 에너지절약전문기업으로 등록한 업체가 그 등록의 취소를 신청한 경우
4. 타인에게 자기의 성명이나 상호를 사용하여 제25조 제1항 각 호의 어느 하나에 해당하는 사업을 수행하게 하거나 산업통상자원부장관이 에너지절약전문기업에 내준 등록증을 대여한 경우
5. 제25조 제2항에 따른 등록기준에 미달하게 된 경우
6. 제66조 제1항에 따른 보고를 하지 아니하거나 거짓으로 보고한 경우 또는 같은 항에 따른 검사를 거부·방해 또는 기피한 경우
7. 정당한 사유 없이 등록한 후 3년 이내에 사업을 시작하지 아니하거나 3년 이상 계속하여 사업수행실적이 없는 경우

제27조(에너지절약전문기업의 등록제한) 제26조에 따라 등록이 취소된 에너지절약전문기업은 등록취소일부터 2년이 지나지 아니하면 제25조 제2항에 따른 등록을 할 수 없다.

제27조의2(에너지절약전문기업의 공제조합 가입 등) ① 에너지절약전문기업은 에너지절약사업과 이를 통한 온실가스의 배출을 줄이는 사업을 원활히 수행하기 위하여 「엔지니어링산업 진흥법」 제34조에 따른 공제조합의 조합원으로 가입할 수 있다.
② 제1항에 따른 공제조합은 다음 각 호의 사업을 실시할 수 있다.
  1. 에너지절약사업에 따른 의무이행에 필요한 이행보증
  2. 에너지절약사업을 위한 채무 보증 및 융자
  3. 에너지절약사업 수출을 위한 주거래은행 설정에 관한 보증
  4. 에너지절약사업으로 인한 매출채권의 팩토링
  5. 에너지절약사업의 대가로 받은 어음의 할인
  6. 조합원 및 조합원에 고용된 자의 복지 향상을 위한 공제사업
  7. 조합원 출자금의 효율적 운영을 위한 투자사업
③ 제2항 제6호의 공제사업을 위한 공제규정, 공제규정으로 정할 내용 등에 관한 사항은 대통령령으로 정한다. [본조신설 2011.7.25.]

제28조(자발적 협약체결기업의 지원 등) ① 정부는 에너지사용자 또는 에너지공급자로서 에너지의 절약과 합리적인 이용을 통한 온실가스의 배출을 줄이기 위한 목표와 그 이행방법 등에 관한 계획을 자발적으로 수립하여 이를 이행하기로 정부나 지방자치단체와 약속(이하 "자발적 협약"이라 한다)한 자가 에너지절약형 시설이나 그 밖에 대통령령으로 정하는 시설 등에 투자하는 경우에는 그에 필요한 지원을 할 수 있다.
② 자발적 협약의 목표, 이행방법의 기준과 평가에 관하여 필요한 사항은 환경부장관과 협의하여 산업통상자원부령으로 정한다. 〈개정 2008.2.29., 2013.3.23.〉

제29조(온실가스배출 감축실적의 등록·관리) ① 정부는 에너지절약전문기업, 자발적 협약체결기업 등이 에너지이용 합리화를 통한 온실가스배출 감축실적의 등록을 신청하는 경우 그 감축실적을 등록·관리하여야 한다.
② 제1항에 따른 신청, 등록·관리 등에 관하여 필요한 사항은 대통령령으로 정한다.

제30조(온실가스의 배출을 줄이기 위한 교육훈련 및 인력양성 등) ① 정부는 온실가스의 배출을 줄이기 위하여 필요하다고 인정하면 산업종사자 등 온실가스배출 감축 관련 업무담당자에 대하여 교육훈련을 실시할 수 있다.
② 정부는 온실가스 배출을 줄이는 데에 필요한 전문인력을 양성하기 위하여 「고등교육법」 제29조에 따른 대학원 및 같은 법 제30조에 따른 대학원대학 중에서 대통령령으로 정하는 기준에 해당하는 대학원이나 대학원대학을 기후변화협약특성화대학원으로 지정할 수 있다.
③ 정부는 제2항에 따라 지정된 기후변화협약특성화대학원의 운영에 필요한 지원을 할 수 있다.
④ 제1항에 따른 교육훈련대상자와 교육훈련 내용, 제2항에 따른 기후변화협약특성화대학원 지정절차 및 제3항에 따른 지원내용 등에 필요한 사항은 대통령령으로 정한다.

제31조(에너지다소비사업자의 신고 등) ① 에너지사용량이 대통령령으로 정하는 기준량 이상인 자(이하 "에너지다소비사업자"라 한다)는 다음 각 호의 사항을 산업통상자원부령으로 정하는 바에 따라 매년 1월 31일까지 그 에너지사용시설이 있는 지역을 관할하는 시·도지사에게 신고하여야 한다. 〈개정 2008.2.29., 2013.3.23., 2014.1.21.〉
  1. 전년도의 분기별 에너지사용량·제품생산량
  2. 해당 연도의 분기별 에너지사용예정량·제품생산예정량
  3. 에너지사용기자재의 현황
  4. 전년도의 분기별 에너지이용 합리화 실적 및 해당 연도의 분기별 계획
  5. 제1호부터 제4호까지의 사항에 관한 업무를 담당하는 자(이하 "에너지관리자"라 한다)의 현황
② 시·도지사는 제1항에 따른 신고를 받으면 이를 매년 2월 말일까지 산업통상자원부장관에게 보고하여야 한다. 〈개정 2008.2.29., 2013.3.23.〉
③ 산업통상자원부장관 및 시·도지사는 에너지다소비사업자가 신고한 제1항 각 호의 사항을 확인하기 위하여 필요한 경우 다음 각 호의 어느 하나에 해당하는 자에 대하여 에너지다소비사업자에게 공급한 에너지의 공급량 자료를 제출하도록 요구할 수 있다. 〈신설 2014.1.21.〉

1. 「한국전력공사법」에 따른 한국전력공사
2. 「한국가스공사법」에 따른 한국가스공사
3. 「도시가스사업법」 제2조 제2호에 따른 도시가스사업자
4. 「집단에너지사업법」 제2조 제3호에 따른 사업자 및 같은 법 제29조에 따른 한국지역난방공사
5. 그 밖에 대통령령으로 정하는 에너지공급기관 또는 관리기관

제32조(에너지진단 등) ① 산업통상자원부장관은 관계 행정기관의 장과 협의하여 에너지다소비사업자가 에너지를 효율적으로 관리하기 위하여 필요한 기준(이하 "에너지관리기준"이라 한다)을 부문별로 정하여 고시하여야 한다. 〈개정 2008.2.29., 2013.3.23.〉
② 에너지다소비사업자는 산업통상자원부장관이 지정하는 에너지진단전문기관(이하 "진단기관"이라 한다)으로부터 3년 이상의 범위에서 대통령령으로 정하는 기간마다 그 사업장에 대하여 에너지진단을 받아야 한다. 다만, 물리적 또는 기술적으로 에너지진단을 실시할 수 없거나 에너지진단의 효과가 적은 아파트·발전소 등 산업통상자원부령으로 정하는 범위에 해당하는 사업장은 그러하지 아니하다. 〈개정 2008.2.29., 2013.3.23., 2015.1.28.〉
③ 산업통상자원부장관은 대통령령으로 정하는 바에 따라 에너지진단업무에 관한 자료제출을 요구하는 등 진단기관을 관리·감독한다. 〈개정 2008.2.29., 2013.3.23.〉
④ 산업통상자원부장관은 자체에너지절감실적이 우수하다고 인정되는 에너지다소비사업자에 대하여는 산업통상자원부령으로 정하는 바에 따라 에너지진단을 면제하거나 에너지진단주기를 연장할 수 있다. 〈개정 2008.2.29., 2013.3.23.〉
⑤ 산업통상자원부장관은 에너지진단 결과 에너지다소비사업자가 에너지관리기준을 지키고 있지 아니한 경우에는 에너지관리기준의 이행을 위한 지도(이하 "에너지관리지도"라 한다)를 할 수 있다. 〈개정 2008.2.29., 2013.3.23.〉

제33조(진단기관의 지정취소 등) 산업통상자원부장관은 진단기관의 지정을 받은 자가 다음 각 호의 어느 하나에 해당하면 그 지정을 취소하거나 2년 이내의 기간을 정하여 그 업무의 정지를 명할 수 있다. 다만, 제1호에 해당하는 경우에는 그 지정을 취소하여야 한다. 〈개정 2008.2.29., 2013.3.23., 2014.1.21.〉
1. 거짓이나 그 밖의 부정한 방법으로 지정을 받은 경우
2. 에너지관리기준에 비추어 현저히 부적절하게 에너지진단을 하는 경우
3. 진단기관으로서 적절하지 아니하다고 판단되는 경우
4. 지정기준에 적합하지 아니하게 된 경우
5. 보고를 하지 아니하거나 거짓으로 보고한 경우 또는 같은 항에 따른 검사를 거부·방해 또는 기피한 경우
6. 정당한 사유 없이 3년 이상 계속하여 에너지진단업무 실적이 없는 경우

제34조(개선명령) ① 산업통상자원부장관은 에너지관리지도 결과, 에너지가 손실되는 요인을 줄이기 위하여 필요하다고 인정하면 에너지다소비사업자에게 에너지손실요인의 개선을 명할 수 있다. 〈개정 2008.2.29., 2013.3.23.〉
② 제1항에 따른 개선명령의 요건 및 절차는 대통령령으로 정한다.

제35조(목표에너지원단위의 설정 등) ① 산업통상자원부장관은 에너지의 이용효율을 높이기 위하여 필요하다고 인정하면 관계 행정기관의 장과 협의하여 에너지를 사용하여 만드는 제품의 단위당 에너지사용목표량 또는 건축물의 단위면적당 에너지사용목표량(이하 "목표에너지원단위"라 한다)을 정하여 고시하여야 한다. 〈개정 2008.2.29., 2013.3.23.〉
② 산업통상자원부장관은 산업통상자원부령으로 정하는 바에 따라 목표에너지원단위의 달성에 필요한 자금을 융자할 수 있다. 〈개정 2008.2.29., 2013.3.23.〉

제36조(폐열의 이용) ① 에너지사용자는 사업장 안에서 발생하는 폐열을 이용하기 위하여 노력하여야 하며, 사업장 안에서 이용하지 아니하는 폐열을 타인이 사업장 밖에서 이용하기 위하여 공급받으려는 경우에는 이에 적극 협조하여야 한다.
② 산업통상자원부장관은 폐열의 이용을 촉진하기 위하여 필요하다고 인정하면 폐열을 발생시키는 에너지사용자에게 폐열의 공동이용 또는 타인에 대한 공급 등을 권고할 수 있다. 다만, 폐열의 공동이용 또는 타인에 대한 공급 등에 관하여 당사자 간에 협의가 이루어지지 아니하거나 협의를 할 수 없는 경우에는 조정을 할 수 있다. 〈개정 2008.2.29., 2013.3.23.〉
③ 「집단에너지사업법」에 따른 사업자는 같은 법 제5조에 따라 집단에너지공급대상지역으로 지정된 지역에 소각시설이나 산업시설에서 발생되는 폐열을 활용하기 위하여 적극 노력하여야 한다.

제36조의2(냉난방온도제한건물의 지정 등) ① 산업통상자원부장관은 에너지의 절약 및 합리적인 이용을 위하여 필요하다고 인정하면 냉난방온도의 제한온도 및 제한기간을 정하여 다음 각 호의 건물 중에서 냉난방온도를 제한하는 건물을 지정할 수 있다. 〈개정 2013.3.23.〉
1. 자가 업무용으로 사용하는 건물
2. 에너지다소비사업자의 에너지사용시설 중 에너지사용량이 대통령령으로 정하는 기준량 이상인 건물
② 산업통상자원부장관은 제1항에 따라 냉난방온도의 제한온도 및 제한기간을 정하여 냉난방온도를 제한하는 건물을 지정한 때에는 다음 각 호의 구분에 따라 통지하고 이를 고시하여야 한다. 〈개정 2013.3.23.〉
1. 제1항 제1호의 건물 : 관리기관(관리기관이 따로 없는 경우에는 그 기관의 장을 말한다. 이하 같다)에 통지
2. 제1항 제2호의 건물 : 에너지다소비사업자에게 통지
③ 제1항 및 제2항에 따라 냉난방온도를 제한하는 건물로 지정된 건물(이하 "냉난방온도제한건물"이라 한다)의 관리기관 또는 에너지다소비사업자는 해당 건물의 냉난방온도를 제한온도에 적합하도록 유지·관리하여야 한다.
④ 산업통상자원부장관은 냉난방온도제한건물의 관리기관 또는 에너지다소비사업자가 해당 건물의 냉난방온도를 제한온도에 적합하게 유지·관리하는지 여부를 점검하거나 실태를 파악할 수 있다. 〈개정 2013.3.23.〉
⑤ 제1항에 따른 냉난방온도의 제한온도를 정하는 기준 및 냉난방온도제한건물의 지정기준, 제4항에 따른 점검 방

법 등에 필요한 사항은 산업통상자원부령으로 정한다. 〈개정 2013.3.23.〉 [본조신설 2009.1.30.]

제36조의3(건물의 냉난방온도 유지ㆍ관리를 위한 조치) 산업통상자원부장관은 냉난방온도제한건물의 관리기관 또는 에너지다소비사업자가 해당 건물의 냉난방온도를 제한온도에 적합하게 유지ㆍ관리하지 아니한 경우에는 냉난방온도의 조절 등 냉난방온도의 적합한 유지ㆍ관리에 필요한 조치를 하도록 권고하거나 시정조치를 명할 수 있다. 〈개정 2013.3.23.〉 [본조신설 2009.1.30.]

제4장 열사용기자재의 관리

제37조(특정열사용기자재) 열사용기자재 중 제조, 설치ㆍ시공 및 사용에서의 안전관리, 위해방지 또는 에너지이용의 효율관리가 특히 필요하다고 인정되는 것으로서 산업통상자원부령으로 정하는 열사용기자재(이하 "특정열사용기자재"라 한다)의 설치ㆍ시공이나 세관(洗罐 : 물이 흐르는 관 속에 낀 물때나 녹따위를 벗겨 냄)을 업(이하 "시공업"이라 한다)으로 하는 자는 「건설산업기본법」 제9조 제1항에 따라 시ㆍ도지사에게 등록하여야 한다. 〈개정 2008.2.29., 2013.3.23.〉

제38조(시공업등록말소 등의 요청) 산업통상자원부장관은 제37조에 따라 시공업의 등록을 한 자(이하 "시공업자"라 한다)가 고의 또는 과실로 특정열사용기자재의 설치, 시공 또는 세관을 부실하게 함으로써 시설물의 안전 또는 에너지효율 관리에 중대한 문제를 초래하면 시ㆍ도지사에게 그 등록을 말소하거나 그 시공업의 전부 또는 일부를 정지하도록 요청할 수 있다. 〈개정 2008.2.29., 2013.3.23.〉

제39조(검사대상기기의 검사) ① 특정열사용기자재 중 산업통상자원부령으로 정하는 검사대상기기(이하 "검사대상기기"라 한다)의 제조업자는 그 검사대상기기의 제조에 관하여 시ㆍ도지사의 검사를 받아야 한다. 〈개정 2008.2.29., 2013.3.23.〉
② 다음 각 호의 어느 하나에 해당하는 자(이하 "검사대상기기설치자"라 한다)는 산업통상자원부령으로 정하는 바에 따라 시ㆍ도지사의 검사를 받아야 한다. 〈개정 2008.2.29., 2013.3.23.〉
  1. 검사대상기기를 설치하거나 개조하여 사용하려는 자
  2. 검사대상기기의 설치장소를 변경하여 사용하려는 자
  3. 검사대상기기를 사용중지한 후 재사용하려는 자
③ 시ㆍ도지사는 제1항이나 제2항에 따른 검사에 합격된 검사대상기기의 제조업자나 설치자에게는 지체 없이 그 검사의 유효기간을 명시한 검사증을 내주어야 한다.
④ 검사의 유효기간이 끝나는 검사대상기기를 계속 사용하려는 자는 산업통상자원부령으로 정하는 바에 따라 다시 시ㆍ도지사의 검사를 받아야 한다. 〈개정 2008.2.29., 2013.3.23.〉
⑤ 제1항ㆍ제2항 또는 제4항에 따른 검사에 합격되지 아니한 검사대상기기는 사용할 수 없다. 다만, 시ㆍ도지사는 제4항에 따른 검사의 내용 중 산업통상자원부령으로 정하는 항목의 검사에 합격되지 아니한 검사대상기기에 대하여는 검사대상기기의 안전관리와 위해방지에 지장이 없는 범위에서 산업통상자원부령으로 정하는 기간 내에 그 검사에 합격할 것을 조건으로 계속 사용하게 할 수 있다. 〈개정 2008.2.29., 2013.3.23.〉
⑦ 검사대상기기설치자는 다음 각 호의 어느 하나에 해당하면 산업통상자원부령으로 정하는 바에 따라 시ㆍ도지사에게 신고하여야 한다. 〈개정 2008.2.29., 2013.3.23.〉
  1. 검사대상기기를 폐기한 경우
  2. 검사대상기기의 사용을 중지한 경우
  3. 검사대상기기의 설치자가 변경된 경우
  4. 제6항에 따라 검사의 전부 또는 일부가 면제된 검사대상기기 중 산업통상자원부령으로 정하는 검사대상기기를 설치한 경우

제40조(검사대상기기관리자의 선임) ① 검사대상기기설치자는 검사대상기기의 안전관리, 위해방지 및 에너지이용의 효율을 관리하기 위하여 검사대상기기의 관리자(이하 "검사대상기기관리자"라 한다)를 선임하여야 한다. 〈개정 2018.4.17.〉
② 검사대상기기관리자의 자격기준과 선임기준은 산업통상자원부령으로 정한다. 〈개정 2008.2.29., 2013.3.23., 2018.4.17.〉
③ 검사대상기기설치자는 검사대상기기관리자를 선임 또는 해임하거나 검사대상기기관리자가 퇴직한 경우에는 산업통상자원부령으로 정하는 바에 따라 시ㆍ도지사에게 신고하여야 한다. 〈개정 2008.2.29., 2013.3.23, 2018.4.17.〉
④ 검사대상기기설치자는 검사대상기기관리자를 해임하거나 검사대상기기관리자가 퇴직하는 경우에는 해임이나 퇴직 이전에 다른 검사대상기기관리자를 선임하여야 한다. 〈개정 2018.4.17.〉
[제목개정 2018.4.17.]

제6장 한국에너지공단 〈개정 2015.1.28.〉

제45조(한국에너지공단의 설립 등) ① 에너지이용 합리화사업을 효율적으로 추진하기 위하여 한국에너지공단(이하 "공단"이라 한다)을 설립한다. 〈개정 2015.1.28.〉
② 정부 또는 정부 외의 자는 공단의 설립ㆍ운영과 사업에 드는 자금에 충당하기 위하여 출연을 할 수 있다.
③ 제2항에 따른 출연시기, 출연방법, 그 밖에 필요한 사항은 대통령령으로 정한다. [제목개정 2015.1.28.]

제57조(사업) 공단은 다음 각 호의 사업을 한다. 〈개정 2008.2.29., 2013.3.23., 2013.7.30., 2015.1.28.〉
  1. 에너지이용 합리화 및 이를 통한 온실가스의 배출을 줄이기 위한 사업과 국제협력
  2. 에너지기술의 개발ㆍ도입ㆍ지도 및 보급
  3. 에너지이용 합리화, 신에너지 및 재생에너지의 개발과 보급, 집단에너지공급사업을 위한 자금의 융자 및 지원
  4. 제25조 제1항 각 호의 사업
  5. 에너지진단 및 에너지관리지도
  6. 신에너지 및 재생에너지 개발사업의 촉진
  7. 에너지관리에 관한 조사ㆍ연구ㆍ교육 및 홍보
  8. 에너지이용 합리화사업을 위한 토지ㆍ건물 및 시설 등의 취득ㆍ설치ㆍ운영ㆍ대여 및 양도
  9. 「집단에너지사업법」 제2조에 따른 집단에너지사업의 촉진을 위한 지원 및 관리

10. 에너지사용기자재·에너지관련기자재의 효율관리 및 열사용기자재의 안전관리
11. 사회취약계층의 에너지이용 지원
12. 제1호부터 제11호까지의 사업에 딸린 사업
13. 제1호부터 제12호까지의 사업 외에 산업통상자원부장관, 시·도지사, 그 밖의 기관 등이 위탁하는 에너지이용의 합리화와 온실가스의 배출을 줄이기 위한 사업

제7장 보칙

제65조(교육) ① 산업통상자원부장관은 에너지관리의 효율적인 수행과 특정열사용기자재의 안전관리를 위하여 에너지관리자, 시공업의 기술인력 및 검사대상기기관리자에 대하여 교육을 실시하여야 한다. 〈개정 2008.2.29., 2013.3.23., 2018.4.17.〉
② 에너지관리자, 시공업의 기술인력 및 검사대상기기관리자는 제1항에 따라 실시하는 교육을 받아야 한다. 〈개정 2018.4.17.〉
③ 에너지다소비사업자, 시공업자 및 검사대상기기설치자는 그가 선임 또는 채용하고 있는 에너지관리자, 시공업의 기술인력 또는 검사대상기기관리자로 하여금 제1항에 따라 실시하는 교육을 받게 하여야 한다. 〈개정 2018.4.17.〉
④ 제1항에 따른 교육담당기관·교육기간 및 교육과정, 그 밖에 교육에 관하여 필요한 사항은 산업통상자원부령으로 정한다. 〈개정 2008.2.29., 2013.3.23.〉

제66조(보고 및 검사 등) ① 산업통상자원부장관이나 시·도지사는 이 법의 시행을 위하여 필요하면 산업통상자원부령으로 정하는 바에 따라 효율관리기자재·대기전력저감대상제품·고효율에너지인증대상기자재의 제조업자·수입업자·판매업자 및 각 시험기관, 에너지절약전문기업, 에너지다소비사업자, 진단기관과 검사대상기기설치자에 대하여 그 업무에 관한 보고를 명하거나 소속 공무원 또는 공단으로 하여금 효율관리기자재 제조업자 등의 사무소·사업장·공장이나 창고에 출입하여 장부·서류·에너지사용기자재, 그 밖의 물건을 검사하게 할 수 있다. 〈개정 2008.2.29., 2013.3.23.〉
② 제1항에 따른 검사를 하는 공무원이나 공단의 직원은 그 권한을 표시하는 증표를 지니고 이를 관계인에게 내보여야 한다.

제67조(수수료) 다음 각 호의 어느 하나에 해당하는 자는 산업통상자원부령으로 정하는 바에 따라 수수료를 내야 한다. 〈개정 2008.2.29., 2013.3.23., 2016.12.2.〉
1. 고효율에너지기자재의 인증을 신청하려는 자
2. 에너지진단을 받으려는 자
3. 검사대상기기의 검사를 받으려는 자
4. 검사대상기기의 검사를 받으려는 제조업자

제68조(청문) 산업통상자원부장관은 다음 각 호의 어느 하나에 해당하는 처분을 하려면 청문을 하여야 한다. 〈개정 2008.2.29., 2011.7.25., 2013.3.23.〉
1. 효율관리기자재의 생산 또는 판매의 금지명령
2. 고효율에너지기자재의 인증 취소
3. 각 시험기관의 지정 취소
4. 자체측정을 할 수 있는 자의 승인 취소

5. 에너지절약전문기업의 등록 취소. 다만, 같은 조 제3호에 따른 등록 취소는 제외한다.
6. 진단기관의 지정 취소

제69조(권한의 위임·위탁) ① 이 법에 따른 산업통상자원부장관의 권한은 대통령령으로 정하는 바에 따라 그 일부를 시·도지사에게 위임할 수 있다. 〈개정 2008.2.29., 2013.3.23.〉
② 시·도지사는 제1항에 따라 위임받은 권한의 일부를 산업통상자원부장관의 승인을 받아 시장·군수 또는 구청장(자치구의 구청장을 말한다)에게 재위임할 수 있다. 〈개정 2008.2.29., 2013.3.23.〉
③ 산업통상자원부장관 또는 시·도지사는 대통령령으로 정하는 바에 따라 다음 각 호의 업무를 공단·시공업자단체 또는 대통령령으로 정하는 기관에 위탁할 수 있다. 〈개정 2008.2.29., 2009.1.30., 2013.3.23., 2016.12.2., 2018.4.17., 2022.10.18.〉
1. 에너지사용계획의 검토
2. 이행 여부의 점검 및 실태파악
3. 효율관리기자재의 측정결과 신고의 접수
4. 대기전력경고표지대상제품의 측정결과 신고의 접수
5. 대기전력저감대상제품의 측정결과 신고의 접수
6. 고효율에너지기자재 인증 신청의 접수 및 인증
7. 고효율에너지기자재의 인증취소 또는 인증사용정지 명령
8. 에너지절약전문기업의 등록
9. 온실가스배출 감축실적의 등록 및 관리
10. 에너지다소비사업자 신고의 접수
11. 진단기관의 관리·감독
12. 에너지관리지도
12의2. 진단기관의 평가 및 그 결과의 공개
12의3. 냉난방온도의 유지·관리 여부에 대한 점검 및 실태 파악
13. 검사대상기기의 검사, 검사증의 교부 및 검사대상기기 폐기 등의 신고의 접수
13의2. 검사대상기기의 검사 및 검사증의 교부
14. 검사대상기기관리자의 선임·해임 또는 퇴직신고의 접수 및 검사대상기기관리자의 선임기한 연기에 관한 승인

제8장 벌칙

제72조(벌칙) 다음 각 호의 어느 하나에 해당하는 자는 2년 이하의 징역 또는 2천만원 이하의 벌금에 처한다.
1. 에너지저장시설의 보유 또는 저장의무의 부과시 정당한 이유 없이 이를 거부하거나 이행하지 아니한 자
2. 조정·명령 등의 조치를 위반한 자
3. 제63조를 위반하여 직무상 알게 된 비밀을 누설하거나 도용한 자

제73조(벌칙) 다음 각 호의 어느 하나에 해당하는 자는 1년 이하의 징역 또는 1천만원 이하의 벌금에 처한다. 〈개정 2016.12.2.〉
1. 검사대상기기의 검사를 받지 아니한 자
2. 제39조 제5항을 위반하여 검사대상기기를 사용한 자
3. 제39조의2 제3항을 위반하여 검사대상기기를 수입한 자

제74조(벌칙) 제16조 제2항에 따른 생산 또는 판매 금지명령을 위반한 자는 2천만원 이하의 벌금에 처한다.

제75조(벌칙) 검사대상기기관리자를 선임하지 아니한 자는 1천만원 이하의 벌금에 처한다. 〈개정 2018.4.17.〉
[전문개정 2009.1.30.]

제76조(벌칙) 다음 각 호의 어느 하나에 해당하는 자는 500만원 이하의 벌금에 처한다.
1. 삭제 〈2009.1.30.〉
2. 효율관리기자재에 대한 에너지사용량의 측정결과를 신고하지 아니한 자
3. 삭제 〈2009.1.30.〉
4. 대기전력경고표지대상제품에 대한 측정결과를 신고하지 아니한 자
5. 대기전력경고표지를 하지 아니한 자
6. 대기전력저감우수제품임을 표시하거나 거짓 표시를 한 자
7. 시정명령을 정당한 사유 없이 이행하지 아니한 자
8. 제22조 제5항을 위반하여 인증 표시를 한 자

제78조(과태료) ① 다음 각 호의 어느 하나에 해당하는 자에게는 2천만원 이하의 과태료를 부과한다. 〈개정 2013.7.30., 2017.10.31.〉
1. 제15조 제2항을 위반하여 효율관리기자재에 대한 에너지소비효율등급 또는 에너지소비효율을 표시하지 아니하거나 거짓으로 표시를 한 자
2. 제32조 제2항을 위반하여 에너지진단을 받지 아니한 에너지다소비사업자
3. 제40조의2 제1항을 위반하여 한국에너지공단에 사고의 일시·내용 등을 통보하지 아니하거나 거짓으로 통보한 자

② 다음 각 호의 어느 하나에 해당하는 자에게는 1천만원 이하의 과태료를 부과한다. 〈개정 2009.1.30.〉
1. 제10조 제1항이나 제3항을 위반하여 에너지사용계획을 제출하지 아니하거나 변경하여 제출하지 아니한 자. 다만, 국가 또는 지방자치단체인 사업주관자는 제외한다.
2. 제34조에 따른 개선명령을 정당한 사유 없이 이행하지 아니한 자
3. 제66조 제1항에 따른 검사를 거부·방해 또는 기피한 자

③ 제15조 제4항에 따른 광고내용이 포함되지 아니한 광고를 한 자에게는 500만원 이하의 과태료를 부과한다. 〈신설 2009.1.30., 2013.7.30.〉

④ 다음 각 호의 어느 하나에 해당하는 자에게는 300만원 이하의 과태료를 부과한다. 다만, 제1호, 제4호부터 제6호까지, 제8호, 제9호 및 제9호의2부터 제9호의4까지의 경우에는 국가 또는 지방자치단체를 제외한다. 〈개정 2009.1.30., 2015.1.28.〉
1. 제7조 제2항 제9호에 따른 에너지사용의 제한 또는 금지에 관한 조정·명령, 그 밖에 필요한 조치를 위반한 자
2. 제9조 제1항을 위반하여 정당한 이유 없이 수요관리투자계획과 시행결과를 제출하지 아니한 자
3. 제9조 제2항을 위반하여 수요관리투자계획을 수정·보완하여 시행하지 아니한 자
4. 제11조 제1항에 따른 필요한 조치의 요청을 정당한 이유 없이 거부하거나 이행하지 아니한 공공사업주관자
5. 제11조 제2항에 따른 관련 자료의 제출요청을 정당한 이유 없이 거부한 사업주관자
6. 제12조에 따른 이행 여부에 대한 점검이나 실태 파악을 정당한 이유 없이 거부·방해 또는 기피한 사업주관자
7. 제17조 제4항을 위반하여 자료를 제출하지 아니하거나 거짓으로 자료를 제출한 자
8. 제20조 제3항 또는 제22조 제6항을 위반하여 정당한 이유 없이 대기전력저감우수제품 또는 고효율에너지기자재를 우선적으로 구매하지 아니한 자
9. 제31조 제1항에 따른 신고를 하지 아니하거나 거짓으로 신고를 한 자

9의2. 제36조의2 제4항에 따른 냉난방온도의 유지·관리 여부에 대한 점검 및 실태 파악을 정당한 사유 없이 거부·방해 또는 기피한 자

9의3. 제36조의3에 따른 시정조치명령을 정당한 사유 없이 이행하지 아니한 자

9의4. 제39조 제7항 또는 제40조 제3항에 따른 신고를 하지 아니하거나 거짓으로 신고를 한 자

10. 제50조를 위반하여 한국에너지공단 또는 이와 유사한 명칭을 사용한 자
11. 제65조 제2항을 위반하여 교육을 받지 아니한 자 또는 같은 조 제3항을 위반하여 교육을 받게 하지 아니한 자
12. 제66조 제1항에 따른 보고를 하지 아니하거나 거짓으로 보고를 한 자

⑤ 제1항부터 제4항까지의 규정에 따른 과태료는 대통령령으로 정하는 바에 따라 산업통상자원부장관이나 시·도지사가 부과·징수한다. 〈개정 2008.2.29., 2009.1.30., 2013.3.23.〉

에너지이용 합리화법 시행령

제2장 에너지이용 합리화를 위한 계획 및 조치 등

제3조(에너지이용 합리화 기본계획 등) ① 산업통상자원부장관은 5년마다 법 제4조 제1항에 따른 에너지이용 합리화에 관한 기본계획(이하 "기본계획"이라 한다)을 수립하여야 한다. 〈개정 2013.3.23.〉
② 관계 행정기관의 장과 특별시장·광역시장·도지사 또는 특별자치도지사(이하 "시·도지사"라 한다)는 매년 법 제6조 제1항에 따른 실시계획(이하 "실시계획"이라 한다)을 수립하고 그 계획을 해당 연도 1월 31일까지, 그 시행 결과를 다음 연도 2월 말일까지 각각 산업통상자원부장관에게 제출하여야 한다. 〈개정 2013.3.23.〉
③ 산업통상자원부장관은 제2항에 따라 받은 시행 결과를 평가하고, 해당 관계 행정기관의 장과 시·도지사에게 그 평가 내용을 통보하여야 한다. 〈개정 2013.3.23.〉

제12조(에너지저장의무 부과대상자) ① 법 제7조 제1항에 따라 산업통상자원부장관이 에너지저장의무를 부과할 수 있는 대상자는 다음 각 호와 같다. 〈개정 2010.4.13., 2013.3.23.〉
1. 전기사업자
2. 도시가스사업자
3. 「석탄가공업자」
4. 집단에너지사업자
5. 연간 2만 석유환산톤(「에너지법 시행령」 제15조 제1항에 따라 석유를 중심으로 환산한 단위를 말한다. 이하 "티오이"라 한다) 이상의 에너지를 사용하는 자

② 산업통상자원부장관은 제1항 각 호의 자에게 에너지저장의무를 부과할 때에는 다음 각 호의 사항을 정하여 고시하여야 한다. 〈개정 2013.3.23.〉
1. 대상자
2. 저장시설의 종류 및 규모
3. 저장하여야 할 에너지의 종류 및 저장의무량
4. 그 밖에 필요한 사항

제13조(수급 안정을 위한 조치) ① 산업통상자원부장관은 법 제7조 제2항에 따른 에너지수급의 안정을 위한 조치를 하려는 경우에는 그 사유·기간 및 대상자 등을 정하여 조치 예정일 7일 이전에 에너지사용자·에너지공급자 또는 에너지사용기자재의 소유자와 관리자에게 예고하여야 한다. 〈개정 2013.3.23.〉

제14조(에너지사용의 제한 또는 금지) ① "에너지사용의 시기·방법 및 에너지사용기자재의 사용제한 또는 금지 등 대통령령으로 정하는 사항"이란 다음 각 호의 사항을 말한다.
1. 에너지사용시설 및 에너지사용기자재에 사용할 에너지의 지정 및 사용 에너지의 전환
2. 위생 접객업소 및 그 밖의 에너지사용시설에 대한 에너지사용의 제한
3. 차량 등 에너지사용기자재의 사용제한
4. 에너지사용의 시기 및 방법의 제한
5. 특정 지역에 대한 에너지사용의 제한

② 산업통상자원부장관이 제1항 제1호에 따른 사용 에너지의 지정 및 전환에 관한 조치를 할 때에는 에너지원 간의 수급상황을 고려하여 에너지사용시설 및 에너지사용기자재의 소유자 또는 관리인이 이에 대한 준비를 할 수 있도록 충분한 준비기간을 설정하여 예고하여야 한다. 〈개정 2013.3.23.〉
③ 산업통상자원부장관이 제1항 제2호부터 제5호까지의 규정에 따른 에너지사용의 제한조치를 할 때에는 조치를 하기 7일 이전에 제한 내용을 예고하여야 한다. 다만, 긴급히 제한할 필요가 있을 때에는 그 제한 전일까지 이를 공고할 수 있다. 〈개정 2013.3.23.〉
④ 산업통상자원부장관은 정당한 사유 없이 법 제7조 제2항에 따른 에너지의 사용제한 또는 금지조치를 이행하지 아니하는 자에 대하여는 에너지공급자로 하여금 에너지공급을 제한하게 할 수 있다. 〈개정 2013.3.23.〉

제15조(에너지이용 효율화조치 등의 내용) 법 제8조 제1항에 따라 국가·지방자치단체 등이 에너지를 효율적으로 이용하고 온실가스의 배출을 줄이기 위하여 추진하여야 하는 필요한 조치의 구체적인 내용은 다음 각 호와 같다.
1. 에너지절약 및 온실가스배출 감축을 위한 제도·시책의 마련 및 정비
2. 에너지의 절약 및 온실가스배출 감축 관련 홍보 및 교육
3. 건물 및 수송 부문의 에너지이용 합리화 및 온실가스배출 감축

제16조(에너지공급자의 수요관리투자계획) ① "대통령령으로 정하는 에너지공급자"란 다음 각 호에 해당하는 자를 말한다. 〈개정 2013.3.23.〉
1. 「한국전력공사법」에 따른 한국전력공사
2. 「한국가스공사법」에 따른 한국가스공사
3. 「집단에너지사업법」에 따른 한국지역난방공사
4. 그 밖에 대량의 에너지를 공급하는 자로서 에너지 수요관리투자를 촉진하기 위하여 산업통상자원부장관이 특히 필요하다고 인정하여 지정하는 자

② 제1항에 따른 에너지공급자는 연차별 수요관리투자계획(이하 "투자계획"이라 한다)을 해당 연도 개시 2개월 전까지, 그 시행 결과를 다음 연도 2월 말일까지 산업통상자원부장관에게 제출하여야 하며, 제출된 투자계획을 변경하는 경우에는 그 변경한 날부터 15일 이내에 산업통상자원부장관에게 그 변경된 사항을 제출하여야 한다. 〈개정 2013.3.23.〉
③ 투자계획에는 다음 각 호의 사항이 포함되어야 한다.
1. 장·단기 에너지 수요 전망
2. 에너지절약 잠재량의 추정 내용
3. 수요관리의 목표 및 그 달성 방법
4. 그 밖에 수요관리의 촉진을 위하여 필요하다고 인정하는 사항

④ 투자계획 및 그 시행 결과의 구체적인 기재 사항, 작성 방법, 그 밖에 필요한 사항은 산업통상자원부장관이 정하여 고시한다. 〈개정 2013.3.23.〉

제18조(수요관리전문기관) "대통령령으로 정하는 수요관리전문기관"이란 다음 각 호의 어느 하나에 해당하는 기관을 말한다. 〈개정 2013.3.23., 2015.7.24.〉
1. 설립된 한국에너지공단
2. 그 밖에 수요관리사업의 수행능력이 있다고 인정되는 기관으로서 산업통상자원부령으로 정하는 기관

제20조(에너지사용계획의 제출 등) ① 에너지사용계획을 수립하여 산업통상자원부장관에게 제출하여야 하는 사업주관자는 다음 각 호의 어느 하나에 해당하는 사업을 실시하려는 자로 한다. 〈개정 2013.3.23.〉
  1. 도시개발사업
  2. 산업단지개발사업
  3. 에너지개발사업
  4. 항만건설사업
  5. 철도건설사업
  6. 공항건설사업
  7. 관광단지개발사업
  8. 개발촉진지구개발사업 또는 지역종합개발사업
② 에너지사용계획을 수립하여 산업통상자원부장관에게 제출하여야 하는 공공사업주관자(법 제10조 제2항에 따른 공공사업주관자를 말한다. 이하 같다)는 다음 각 호의 어느 하나에 해당하는 시설을 설치하려는 자로 한다. 〈개정 2013.3.23.〉
  1. 연간 2천5백 티오이 이상의 연료 및 열을 사용하는 시설
  2. 연간 1천만 킬로와트시 이상의 전력을 사용하는 시설
③ 에너지사용계획을 수립하여 산업통상자원부장관에게 제출하여야 하는 민간사업주관자(법 제10조 제2항에 따른 민간사업주관자를 말한다. 이하 같다)는 다음 각 호의 어느 하나에 해당하는 시설을 설치하려는 자로 한다. 〈개정 2013.3.23.〉
  1. 연간 5천 티오이 이상의 연료 및 열을 사용하는 시설
  2. 연간 2천만 킬로와트시 이상의 전력을 사용하는 시설
④ 제1항부터 제3항까지의 규정에 따른 사업 또는 시설의 범위와 에너지사용계획의 제출 시기는 별표 1과 같다.
⑤ 산업통상자원부장관은 에너지사용계획을 제출받은 경우에는 그날부터 30일 이내에 공공사업주관자에게는 그 협의 결과를, 민간사업주관자에게는 그 의견청취 결과를 통보하여야 한다. 다만, 산업통상자원부장관이 필요하다고 인정할 때에는 20일의 범위에서 통보를 연장할 수 있다. 〈개정 2013.3.23.〉

제21조(에너지사용계획의 내용 등) ① 에너지사용계획(이하 "에너지사용계획"이라 한다)에는 다음 각 호의 사항이 포함되어야 한다. 〈개정 2013.3.23.〉
  1. 사업의 개요
  2. 에너지 수요예측 및 공급계획
  3. 에너지 수급에 미치게 될 영향 분석
  4. 에너지 소비가 온실가스(이산화탄소만 해당한다)의 배출에 미치게 될 영향 분석
  5. 에너지이용 효율 향상 방안
  6. 에너지이용의 합리화를 통한 온실가스(이산화탄소만 해당한다)의 배출감소 방안
  7. 사후관리계획
  8. 그 밖에 에너지이용 효율 향상을 위하여 필요하다고 산업통상자원부장관이 정하는 사항

제22조(에너지사용계획·수립대행자의 요건) 에너지사용계획의 수립을 대행할 수 있는 기관은 다음 각 호의 어느 하나에 해당하는 자로서 산업통상자원부장관이 정하여 고시하는 인력을 갖춘 자로 한다. 〈개정 2011.1.17., 2013.3.23.〉
  1. 국공립연구기관
  2. 정부출연연구기관
  3. 대학부설 에너지 관계 연구소
  4. 「엔지니어링산업 진흥법」 제2조에 따른 엔지니어링사업자 또는 「기술사법」 제6조에 따라 기술사사무소의 개설등록을 한 기술사
  5. 법 제25조 제1항에 따른 에너지절약전문기업

제23조(에너지사용계획에 대한 검토) ① 산업통상자원부장관은 에너지사용계획의 검토 결과에 따라 다음 각 호의 사항에 관하여 필요한 조치를 하여 줄 것을 공공사업주관자에게 요청하거나 민간사업주관자에게 권고할 수 있다. 〈개정 2013.3.23.〉
  1. 에너지사용계획의 조정 또는 보완
  2. 사업의 실시 또는 시설설치계획의 조정
  3. 사업의 실시 또는 시설설치시기의 연기
  4. 그 밖에 산업통상자원부장관이 그 사업의 실시 또는 시설의 설치에 관하여 에너지 수급의 적정화 및 에너지사용의 합리화와 이를 통한 온실가스(이산화탄소만 해당한다)의 배출 감소를 도모하기 위하여 필요하다고 인정하는 조치

제24조(이의 신청) 공공사업주관자는 요청받은 조치에 대하여 이의가 있는 경우에는 산업통상자원부령으로 정하는 바에 따라 그 요청을 받은 날부터 30일 이내에 산업통상자원부장관에게 이의를 신청할 수 있다. 〈개정 2013.3.23.〉

제26조(에너지사용계획의 사후관리 등) ① 공공사업주관자는 에너지사용계획에 대한 협의절차가 완료된 경우에는 그 에너지사용계획 및 이행계획 중 그 사업 또는 시설의 실시설계서에 반영된 내용을 그 실시설계서가 확정된 후 14일 이내에 산업통상자원부장관에게 제출하여야 한다. 〈개정 2013.3.23.〉
② 산업통상자원부장관은 법 제12조에 따라 에너지사용계획 또는 제23조 제1항에 따른 조치의 이행 여부를 확인하기 위하여 필요한 경우에는 공공사업주관자에 대하여는 소속 공무원으로 하여금 현지조사 또는 실태파악을 하게 할 수 있으며, 민간사업주관자에 대하여는 권고조치의 수용 여부 등의 실태파악을 위한 관련 자료의 제출을 요구할 수 있다. 〈개정 2013.3.23.〉

제27조(에너지절약형 시설투자 등) ① 법 제14조 제1항에 따른 에너지절약형 시설투자, 에너지절약형 기자재의 제조·설치·시공은 다음 각 호의 시설투자로서 산업통상자원부장관이 정하여 공고하는 것으로 한다. 〈개정 2013.3.23., 2021.1.5.〉
  1. 노후 보일러 및 산업용 요로(燎爐) 등 에너지다소비 설비의 대체
  2. 집단에너지사업, 열병합발전사업, 폐열이용사업과 대

체연료사용을 위한 시설 및 기기류의 설치
3. 그 밖에 에너지절약 효과 및 보급 필요성이 있다고 산업통상자원부장관이 인정하는 에너지절약형 시설투자, 에너지절약형 기자재의 제조·설치·시공

② 법 제14조 제1항에 따라 지원대상이 되는 그 밖에 에너지이용 합리화와 이를 통한 온실가스배출의 감축에 관한 사업은 다음 각 호의 사업으로서 산업통상자원부장관이 인정하는 사업으로 한다. 〈개정 2013.3.23.〉
1. 에너지원의 연구개발사업
2. 에너지이용 합리화 및 이를 통하여 온실가스배출을 줄이기 위한 에너지절약시설 설치 및 에너지기술개발사업
3. 기술용역 및 기술지도사업
4. 에너지 분야에 관한 신기술·지식집약형 기업의 발굴·육성을 위한 지원사업

제3장 에너지이용 합리화 시책

제1절 에너지사용기자재 관련 시책

제28조(효율관리기자재의 사후관리 등) ① 산업통상자원부장관은 효율관리기자재의 사후관리를 위하여 필요한 경우에는 관계 행정기관의 장에게 필요한 자료의 제출을 요청할 수 있다. 〈개정 2013.3.23.〉
② 산업통상자원부장관은 시정명령 및 생산·판매금지 명령의 이행 여부를 소속 공무원 또는 한국에너지공단으로 하여금 확인하게 할 수 있다. 〈개정 2013.3.23., 2015.7.24.〉

제28조의3(과징금의 부과 및 납부) ① 과징금의 부과기준은 별표 1의2와 같다.
② 환경부장관은 과징금을 부과할 때에는 과징금의 부과사유와 과징금의 금액을 분명하게 적어 평균에너지소비효율을 이월·거래 또는 상환하는 기간이 지난 다음 연도에 서면으로 알려야 한다.
③ 제2항에 따라 통지를 받은 자동차 제조업자 또는 수입업자는 통지받은 해 9월 30일까지 과징금을 환경부장관이 정하는 수납기관에 내야 한다. 〈개정 2023.12.12.〉

제2절 산업 및 건물 관련 시책

제30조(에너지절약전문기업의 등록 등) ① 에너지절약전문기업으로 등록을 하려는 자는 산업통상자원부령으로 정하는 등록신청서를 산업통상자원부장관에게 제출하여야 한다. 〈개정 2013.3.23.〉
② 에너지절약전문기업의 등록기준은 별표 2와 같다.

제31조(에너지절약형 시설 등) "그 밖에 대통령령으로 정하는 시설 등"이란 다음 각 호를 말한다. 〈개정 2013.3.23.〉
1. 에너지절약형 공정개선을 위한 시설
2. 에너지이용 합리화를 통한 온실가스의 배출을 줄이기 위한 시설
3. 그 밖에 에너지절약이나 온실가스의 배출을 줄이기 위하여 필요하다고 산업통상자원부장관이 인정하는 시설
4. 제1호부터 제3호까지의 시설과 관련된 기술개발

제32조(온실가스배출 감축사업계획서의 제출 등) ① 온실가스배출 감축실적의 등록을 신청하려는 자(이하 "등록신청자"라 한다)는 온실가스배출 감축사업계획서(이하 "사업계획서"라 한다)와 그 사업의 추진 결과에 대한 이행실적보고서를 각각 작성하여 산업통상자원부장관에게 제출하여야 한다. 〈개정 2013.3.23.〉

제33조(온실가스배출 감축 관련 교육훈련 대상 등) ① 교육훈련의 대상자는 다음 각 호의 어느 하나에 해당하는 자를 말한다.
1. 산업계의 온실가스배출 감축 관련 업무담당자
2. 정부 등 공공기관의 온실가스배출 감축 관련 업무담당자
② 교육훈련의 내용은 다음 각 호와 같다.
1. 기후변화협약과 대응 방안
2. 기후변화협약 관련 국내외 동향
3. 온실가스배출 감축 관련 정책 및 감축 방법에 관한 사항

제34조(기후변화협약특성화대학원의 지정기준 등) ① "대통령령으로 정하는 기준에 해당하는 대학원 또는 대학원대학"이란 기후변화 관련 교통정책, 환경정책, 온난화방지과학, 산업활동과 대기오염 등 산업통상자원부장관이 정하여 고시하는 과목의 강의가 3과목 이상 개설되어 있는 대학원 또는 대학원대학을 말한다. 〈개정 2013.3.23.〉
② 기후변화협약특성화대학원으로 지정을 받으려는 대학원 또는 대학원대학은 산업통상자원부장관에게 지정신청을 하여야 한다. 〈개정 2013.3.23.〉
③ 산업통상자원부장관은 지정된 기후변화협약특성화대학원이 그 업무를 수행하는 데에 필요한 비용을 예산의 범위에서 지원할 수 있다. 〈개정 2013.3.23.〉
④ 제1항 및 제2항에 따른 지정기준 및 지정신청 절차에 관한 세부적인 사항은 산업통상자원부장관이 환경부장관, 국토교통부장관 및 해양수산부장관과의 협의를 거쳐 정하여 고시한다. 〈개정 2013.3.23.〉

제35조(에너지다소비사업자) "대통령령으로 정하는 기준량 이상인 자"란 연료·열 및 전력의 연간 사용량의 합계(이하 "연간 에너지사용량"이라 한다)가 2천 티오이 이상인 자(이하 "에너지다소비사업자"라 한다)를 말한다.

제36조(에너지진단주기 등) ① 에너지다소비사업자가 주기적으로 에너지진단을 받아야 하는 기간(이하 "에너지진단주기"라 한다)은 별표 3과 같다.
② 에너지진단주기는 월 단위로 계산하되, 에너지진단을 시작한 달의 다음 달부터 기산(起算)한다.

제37조(에너지진단전문기관의 관리·감독 등) 산업통상자원부장관은 다음 각 호의 사항에 관하여 에너지진단전문기관(이하 "진단기관"이라 한다)을 관리·감독한다. 〈개정 2013.3.23.〉
1. 진단기관 지정기준의 유지에 관한 사항
2. 진단기관의 에너지진단 결과에 관한 사항
3. 에너지진단 내용의 이행실태 및 이행에 필요한 기술지도 내용에 관한 사항
4. 그 밖에 진단기관의 관리·감독을 위하여 산업통상자원부장관이 필요하다고 인정하여 고시하는 사항

제38조(에너지진단비용의 지원) ① 산업통상자원부장관이 에너지진단을 받기 위하여 드는 비용(이하 "에너지진단비용"이라 한다)의 일부 또는 전부를 지원할 수 있는 에너지다소비사업자는 다음 각 호의 요건을 모두 갖추어야 한다. 〈개정 2009. 7. 27., 2013. 3. 23.〉
　1.「중소기업기본법」제2조에 따른 중소기업일 것
　2. 연간 에너지사용량이 1만 티오이 미만일 것
② 제1항에 해당하는 에너지다소비사업자로서 에너지진단비용을 지원받으려는 자는 에너지진단신청서를 제출할 때에 제1항 제1호에 해당함을 증명하는 서류를 첨부하여야 한다.
③ 에너지진단비용의 지원에 관한 세부기준 및 방법과 그 밖에 필요한 사항은 산업통상자원부장관이 정하여 고시한다. 〈개정 2013. 3. 23.〉

제40조(개선명령의 요건 및 절차 등) ① 산업통상자원부장관이 에너지다소비사업자에게 개선명령을 할 수 있는 경우는 10퍼센트 이상의 에너지효율 개선이 기대되고 효율 개선을 위한 투자의 경제성이 있다고 인정되는 경우로 한다. 〈개정 2013. 3. 23.〉
② 산업통상자원부장관은 제1항의 개선명령을 하려는 경우에는 구체적인 개선 사항과 개선 기간 등을 분명히 밝혀야 한다. 〈개정 2013. 3. 23.〉
③ 에너지다소비사업자는 제1항에 따른 개선명령을 받은 경우에는 개선명령일부터 60일 이내에 개선계획을 수립하여 산업통상자원부장관에게 제출하여야 하며, 그 결과를 개선 기간 만료일부터 15일 이내에 산업통상자원부장관에게 통보하여야 한다. 〈개정 2013. 3. 23.〉
④ 산업통상자원부장관은 제3항에 따른 개선계획에 대하여 필요하다고 인정하는 경우에는 수정 또는 보완을 요구할 수 있다. 〈개정 2013. 3. 23.〉

제41조(개선명령의 이행 여부 확인) 산업통상자원부장관은 개선명령의 이행 여부를 소속 공무원으로 하여금 확인하게 할 수 있다. 〈개정 2013. 3. 23.〉

제42조의2(냉난방온도의 제한 대상 건물 등) ① "대통령령으로 정하는 기준량 이상인 건물"이란 연간 에너지사용량이 2천 티오이 이상인 건물을 말한다.

제42조의3(시정조치 명령의 방법) 시정조치 명령은 다음 각 호의 사항을 구체적으로 밝힌 서면으로 하여야 한다.
　1. 시정조치 명령의 대상 건물 및 대상자
　2. 시정조치 명령의 사유 및 내용
　3. 시정기한 [본조신설 2009. 7. 27.]

제6장 보칙

제50조(권한의 위임) 산업통상자원부장관은 과태료의 부과·징수에 관한 권한을 시·도지사에게 위임한다. 〈개정 2009. 7. 27., 2013. 3. 23.〉

제51조(업무의 위탁) ① 산업통상자원부장관 또는 시·도지사의 업무 중 다음 각 호의 업무를 공단에 위탁한다. 〈개정 2009. 7. 27., 2013. 3. 23., 2017. 11. 7., 2018. 7. 17., 2023. 1. 17.〉
　1. 에너지사용계획의 검토
　2. 이행 여부의 점검 및 실태파악
　3. 효율관리기자재의 측정 결과 신고의 접수
　4. 대기전력경고표지대상제품의 측정 결과 신고의 접수
　5. 대기전력저감대상제품의 측정 결과 신고의 접수
　6. 고효율에너지기자재 인증 신청의 접수 및 인증
　7. 고효율에너지기자재의 인증취소 또는 인증사용 정지 명령
　8. 에너지절약전문기업의 등록
　9. 온실가스배출 감축실적의 등록 및 관리
　10. 에너지다소비사업자 신고의 접수
　11. 진단기관의 관리·감독
　12. 에너지관리지도
　12의2. 진단기관의 평가 및 그 결과의 공개
　12의3. 냉난방온도의 유지·관리 여부에 대한 점검 및 실태 파악
　13. 검사대상기기의 검사
　14. 검사증의 발급(제13호에 따른 검사만 해당한다)
　15. 검사대상기기의 폐기, 사용 중지, 설치자 변경 및 검사의 전부 또는 일부가 면제된 검사대상기기의 설치에 대한 신고의 접수
　16. 검사대상기기관리자의 선임·해임 또는 퇴직신고의 접수

에너지이용 합리화법 시행규칙

제1조의2(열사용기자재) 「에너지이용 합리화법」(이하 "법"이라 한다) 제2조에 따른 열사용기자재는 별표 1과 같다. 다만, 다음 각 호의 어느 하나에 해당하는 열사용기자재는 제외한다. 〈개정 2013. 3. 23., 2017. 1. 26., 2021. 10. 12.〉
　1.「전기사업법」제2조 제2호에 따른 전기사업자가 설치하는 발전소의 발전(發電)전용 보일러 및 압력용기. 다만, 「집단에너지사업법」의 적용을 받는 발전전용 보일러 및 압력용기는 열사용기자재에 포함된다.
　2.「철도사업법」에 따른 철도사업을 하기 위하여 설치하는 기관차 및 철도차량용 보일러
　3.「고압가스 안전관리법」및「액화석유가스의 안전관리 및 사업법」에 따라 검사를 받는 보일러(캐스케이드 보일러는 제외한다) 및 압력용기
　4.「선박안전법」에 따라 검사를 받는 선박용 보일러 및 압력용기
　5.「전기용품 및 생활용품 안전관리법」및「의료기기법」의 적용을 받는 2종 압력용기
　6. 이 규칙에 따라 관리하는 것이 부적합하다고 산업통상자원부장관이 인정하는 수출용 열사용기자재 [본조신설 2012. 6. 28.]

제3조(에너지사용계획의 검토기준 및 검토방법) ① 에너지사용계획의 검토기준은 다음 각 호와 같다.
1. 에너지의 수급 및 이용 합리화 측면에서 해당 사업의 실시 또는 시설 설치의 타당성
2. 부문별·용도별 에너지 수요의 적절성
3. 연료·열 및 전기의 공급 체계, 공급원 선택 및 관련 시설 건설계획의 적절성
4. 해당 사업에 있어서 용지의 이용 및 시설의 배치에 관한 효율화 방안의 적절성
5. 고효율에너지이용 시스템 및 설비 설치의 적절성
6. 에너지이용의 합리화를 통한 온실가스(이산화탄소만 해당한다) 배출감소 방안의 적절성
7. 폐열의 회수·활용 및 폐기물 에너지이용계획의 적절성
8. 신·재생에너지이용계획의 적절성
9. 사후 에너지관리계획의 적절성

② 산업통상자원부장관은 제1항에 따른 검토를 할 때 필요하면 관계 행정기관, 지방자치단체, 연구기관, 에너지공급자, 그 밖의 관련 기관 또는 단체에 검토를 의뢰하여 의견을 제출하게 하거나, 소속 공무원으로 하여금 현지조사를 하게 할 수 있다. 〈개정 2013.3.23.〉

제4조(변경협의 요청) 공공사업주관자(법 제10조 제2항에 따른 공공사업주관자를 말한다. 이하 같다)가 에너지사용계획의 변경 사항에 관하여 산업통상자원부장관에게 협의를 요청할 때에는 변경된 에너지사용계획에 다음 각 호의 사항을 적은 서류를 첨부하여 제출하여야 한다. 〈개정 2011.1.19., 2013.3.23.〉
1. 에너지사용계획의 변경 이유
2. 에너지사용계획의 변경 내용

제5조(이행계획의 작성 등) 이행계획에는 다음 각 호의 사항이 포함되어야 한다. 〈개정 2013.3.23.〉
1. 영 제23조 제1항 각 호의 사항에 관하여 산업통상자원부장관으로부터 요청받은 조치의 내용
2. 이행 주체
3. 이행 방법
4. 이행 시기

제7조(효율관리기자재) ① 법 제15조 제1항에 따른 효율관리기자재(이하 "효율관리기자재"라 한다)는 다음 각 호와 같다. 〈개정 2013.3.23.〉
1. 전기냉장고
2. 전기냉방기
3. 전기세탁기
4. 조명기기
5. 삼상유도전동기(三相誘導電動機)
6. 자동차
7. 그 밖에 산업통상자원부장관이 그 효율의 향상이 특히 필요하다고 인정하여 고시하는 기자재 및 설비

② 제1항 각 호의 효율관리기자재의 구체적인 범위는 산업통상자원부장관이 정하여 고시한다. 〈개정 2013.3.23.〉

③ "산업통상자원부령으로 정하는 사항"이란 다음 각 호와 같다. 〈개정 2011.12.15., 2013.3.23.〉
1. 효율관리시험기관(이하 "효율관리시험기관"이라 한다) 또는 자체측정의 승인을 받은 자가 측정할 수 있는 효율관리기자재의 종류, 측정 결과에 관한 시험성적서의 기재 사항 및 기재 방법과 측정 결과의 기록 유지에 관한 사항
2. 이산화탄소 배출량의 표시
3. 에너지비용(일정기간 동안 효율관리기자재를 사용함으로써 발생할 수 있는 예상 전기요금이나 그 밖의 에너지요금을 말한다)

제8조(효율관리기자재 자체측정의 승인신청) 효율관리기자재에 대한 자체측정의 승인을 받으려는 자는 별지 제1호 서식의 효율관리기자재 자체측정 승인신청서에 다음 각 호의 서류를 첨부하여 산업통상자원부장관에게 제출하여야 한다. 〈개정 2013.3.23.〉
1. 시험설비 현황(시험설비의 목록 및 사진을 포함한다)
2. 전문인력 현황(시험 담당자의 명단 및 재직증명서를 포함한다)
3. 「국가표준기본법」 제23조에 따른 시험·검사기관 인정서 사본(해당되는 경우에만 첨부한다)

제9조(효율관리기자재 측정 결과의 신고) ① 법 제15조 제3항에 따라 효율관리기자재의 제조업자 또는 수입업자는 효율관리시험기관으로부터 측정 결과를 통보받은 날 또는 자체측정을 완료한 날부터 각각 90일 이내에 그 측정 결과를 법 제45조에 따른 한국에너지공단(이하 "공단"이라 한다)에 신고하여야 한다. 이 경우 측정 결과 신고는 해당 효율관리기자재의 출고 또는 통관 전에 모델별로 하여야 한다. 〈개정 2014.11.5., 2015.7.29., 2018.9.18.〉

② 제1항에 따른 효율관리기자재 측정 결과 신고의 방법 및 절차 등에 관하여 필요한 사항은 산업통상자원부장관이 정하여 고시한다. 〈신설 2018.9.18.〉

제10조(효율관리기자재의 광고매체) 광고매체는 다음 각 호와 같다. 〈개정 2013.3.23.〉
1. 「신문 등의 진흥에 관한 법률」 제2조 제1호 및 제2호에 따른 신문 및 인터넷 신문
2. 「잡지 등 정기간행물의 진흥에 관한 법률」 제2조 제1호에 따른 정기간행물
3. 「방송법」 제9조 제5항에 따른 상품소개와 판매에 관한 전문편성을 행하는 방송채널사용사업자의 채널
4. 「전기통신기본법」 제2조 제1호에 따른 전기통신
5. 해당 효율관리기자재의 제품안내서
6. 그 밖에 소비자에게 널리 알리거나 제시하는 것으로서 산업통상자원부장관이 정하여 고시하는 것

[전문개정 2011.12.15.]

제10조의2(효율관리기자재의 사후관리조사) ① 산업통상자원부장관은 조사(이하 "사후관리조사"라 한다)를 실시하는 경우에는 다음 각 호의 어느 하나에 해당하는 효율관리기자재를 사후관리조사 대상에 우선적으로 포함하여야 한다. 〈개정 2013.3.23.〉
1. 전년도에 사후관리조사를 실시한 결과 부적합율이 높은 효율관리기자재

2. 전년도에 법 제15조 제1항 제2호부터 제5호까지의 사항을 변경하여 고시한 효율관리기자재
② 산업통상자원부장관은 사후관리조사를 위하여 필요하면 다른 제조업자·수입업자·판매업자나 「소비자기본법」 제33조에 따른 한국소비자원 또는 같은 법 제2조 제3호에 따른 소비자단체에게 협조를 요청할 수 있다. 〈개정 2013.3.23.〉
③ 그 밖에 사후관리조사를 위하여 필요한 사항은 산업통상자원부장관이 정하여 고시한다. 〈개정 2013.3.23.〉 [본조신설 2009.7.30.]

제11조(평균효율관리기자재) ① "「자동차관리법」 승용자동차 등 산업통상자원부령으로 정하는 기자재"란 다음 각 호의 어느 하나에 해당하는 자동차를 말한다.
1. 「자동차관리법」 제3조 제1항 제1호에 따른 승용자동차로서 총중량이 3.5톤 미만인 자동차
2. 「자동차관리법」 제3조 제1항 제2호에 따른 승합자동차로서 승차인원이 15인승 이하이고 총중량이 3.5톤 미만인 자동차
3. 「자동차관리법」 제3조 제1항 제3호에 따른 화물자동차로서 총중량이 3.5톤 미만인 자동차

② 제1항에도 불구하고 다음 각 호의 어느 하나에 해당하는 자동차는 제1항에 따른 자동차에서 제외한다.
1. 환자의 치료 및 수송 등 의료목적으로 제작된 자동차
2. 군용(軍用)자동차
3. 방송·통신 등의 목적으로 제작된 자동차
4. 2012년 1월 1일 이후 제작되지 아니하는 자동차
5. 「자동차관리법 시행규칙」 별표 1 제2호에 따른 특수형 승합자동차 및 특수용도형 화물자동차 [전문개정 2016.12.9.]

제12조(평균에너지소비효율의 산정 방법 등) ① 평균에너지소비효율의 산정 방법은 별표 1의2와 같다. 〈개정 2012.6.28.〉
② 평균에너지소비효율의 개선 기간은 개선명령을 받은 날부터 다음 해 12월 31일까지로 한다.
③ 개선명령을 받은 자는 개선명령을 받은 날부터 60일 이내에 개선명령 이행계획을 수립하여 산업통상자원부장관에게 제출하여야 한다. 〈개정 2013.3.23.〉
④ 제3항에 따라 개선명령이행계획을 제출한 자는 개선명령의 이행 상황을 매년 6월 말과 12월 말에 산업통상자원부장관에게 보고하여야 한다. 다만, 개선명령이행계획을 제출한 날부터 90일이 지나지 아니한 경우에는 그 다음 보고 기간에 보고할 수 있다. 〈개정 2013.3.23.〉
⑤ 산업통상자원부장관은 제3항에 따른 개선명령이행계획을 검토한 결과 평균에너지소비효율의 개선계획이 미흡하다고 인정되는 경우에는 조정·보완을 요청할 수 있다. 〈개정 2013.3.23.〉
⑥ 제5항에 따른 조정·보완을 요청받은 자는 정당한 사유가 없으면 30일 이내에 개선명령이행계획을 조정·보완하여 산업통상자원부장관에게 제출하여야 한다. 〈개정 2013.3.23.〉
⑦ 법 제17조 제5항에 따른 평균에너지소비효율의 공표 방법은 관보 또는 일간신문에의 게재로 한다.

제14조(대기전력경고표지대상제품) ① 대기전력경고표지대상제품(이하 "대기전력경고표지대상제품"이라 한다)은 다음 각 호와 같다. 〈개정 2010.1.18.〉
1. 삭제 〈2022.1.26.〉
2. 삭제 〈2022.1.26.〉
3. 프린터
4. 복합기
5. 삭제 〈2012.4.5.〉
6. 삭제 〈2014.2.21.〉
7. 전자레인지
8. 팩시밀리
9. 복사기
10. 스캐너
11. 삭제 〈2014.2.21.〉
12. 오디오
13. DVD플레이어
14. 라디오카세트
15. 도어폰
16. 유무선전화기
17. 비데
18. 모뎀
19. 홈 게이트웨이

제16조(대기전력경고표지대상제품 측정 결과의 신고) 대기전력경고표지대상제품의 제조업자 또는 수입업자는 대기전력시험기관으로부터 측정 결과를 통보받은 날 또는 자체측정을 완료한 날부터 각각 60일 이내에 그 측정 결과를 공단에 신고하여야 한다.

제17조(대기전력시험기관의 지정신청) 대기전력시험기관으로 지정받으려는 자는 별지 제3호 서식의 대기전력시험기관 지정신청서에 다음 각 호의 서류를 첨부하여 산업통상자원부장관에게 제출하여야 한다. 〈개정 2013.3.23.〉
1. 시험설비 현황(시험설비의 목록 및 사진을 포함한다)
2. 전문인력 현황(시험 담당자의 명단 및 재직증명서를 포함한다)
3. 「국가표준기본법」 제23조에 따른 시험·검사기관 인정서 사본(해당되는 경우에만 첨부한다)

제18조(대기전력저감우수제품의 신고) 대기전력저감우수제품의 표시를 하려는 제조업자 또는 수입업자는 대기전력시험기관으로부터 측정 결과를 통보받은 날 또는 자체측정을 완료한 날부터 각각 60일 이내에 그 측정 결과를 공단에 신고하여야 한다.

제19조(시정명령) 산업통상자원부장관은 대기전력저감우수제품이 대기전력저감기준에 미달하는 경우 대기전력저감우수제품의 제조업자 또는 수입업자에게 6개월 이내의 기간을 정하여 다음 각 호의 시정을 명할 수 있다. 다만, 제2호는 대기전력저감우수제품이 대기전력경고표지대상제품에도 해당되는 경우에만 적용한다. 〈개정 2013.3.23.〉
1. 대기전력저감우수제품의 표시 제거
2. 대기전력경고표지의 표시

제20조(고효율에너지인증대상기자재) ① 고효율에너지인증대상기자재(이하 "고효율에너지인증대상기자재"라 한다)는 다음 각 호와 같다. 〈개정 2013.3.23.〉
1. 펌프
2. 산업건물용 보일러
3. 무정전전원장치
4. 폐열회수형 환기장치
5. 발광다이오드(LED) 등 조명기기
6. 그 밖에 산업통상자원부장관이 특히 에너지이용의 효율성이 높아 보급을 촉진할 필요가 있다고 인정하여 고시하는 기자재 및 설비

제21조(고효율에너지기자재의 인증신청) 고효율에너지기자재의 인증을 받으려는 자는 별지 제4호 서식의 고효율에너지기자재 인증신청서에 다음 각 호의 서류를 첨부하여 공단에 인증을 신청하여야 한다. 〈개정 2012.10.5.〉
1. 고효율시험기관의 측정 결과(시험성적서)
2. 에너지효율 유지에 관한 사항

제22조(고효율시험기관의 지정신청) 고효율시험기관으로 지정받으려는 자는 별지 제5호 서식의 고효율시험기관 지정신청서에 다음 각 호의 서류를 첨부하여 산업통상자원부장관에게 제출하여야 한다. 〈개정 2013.3.23.〉
1. 시험설비 현황(시험설비의 목록 및 사진을 포함한다)
2. 전문인력 현황(시험 담당자의 명단 및 재직증명서를 포함한다)
3. 「국가표준기본법」 제23조에 따른 시험·검사기관 인정서 사본(해당되는 경우에만 첨부한다)

제25조(에너지절약전문기업 등록증) ① 공단은 신청을 받은 경우 그 내용이 에너지절약전문기업의 등록기준에 적합하다고 인정하면 별지 제7호 서식의 에너지절약전문기업 등록증을 그 신청인에게 발급하여야 한다.
② 제1항에 따른 등록증을 발급받은 자는 그 등록증을 잃어버리거나 헐어 못 쓰게 된 경우에는 공단에 재발급신청을 할 수 있다. 이 경우 등록증이 헐어 못 쓰게 되어 재발급신청을 할 때에는 그 등록증을 첨부하여야 한다.

제26조(자발적 협약의 이행 확인 등) ① 에너지사용자 또는 에너지공급자가 수립하는 계획에는 다음 각 호의 사항이 포함되어야 한다.
1. 협약 체결 전년도의 에너지소비 현황
2. 에너지를 사용하여 만드는 제품, 부가가치 등의 단위당 에너지이용효율 향상목표 또는 온실가스배출 감축목표(이하 "효율향상목표 등"이라 한다) 및 그 이행 방법
3. 에너지관리체제 및 에너지관리방법
4. 효율향상목표 등의 이행을 위한 투자계획
5. 그 밖에 효율향상목표 등을 이행하기 위하여 필요한 사항
② 자발적 협약의 평가기준은 다음 각 호와 같다.
1. 에너지절감량 또는 에너지의 합리적인 이용을 통한 온실가스배출 감축량
2. 계획 대비 달성률 및 투자실적
3. 자원 및 에너지의 재활용 노력
4. 그 밖에 에너지절감 또는 에너지의 합리적인 이용을 통한 온실가스배출 감축에 관한 사항

제26조의2(에너지경영시스템의 지원 등)
① 삭제〈2015.7.29.〉
② 전사적(全社的) 에너지경영시스템의 도입 권장 대상은 연료·열 및 전력의 연간 사용량의 합계가 영 제35조에 따른 기준량 이상인 자(이하 "에너지다소비업자"라 한다)로 한다. 〈신설 2014.8.6.〉
③ 에너지사용자 또는 에너지공급자는 지원을 받기 위해서는 다음 각 호의 사항을 모두 충족하여야 한다. 〈개정 2014.8.6.〉
1. 국제표준화기구가 에너지경영시스템에 관하여 정한 국제규격에 적합한 에너지경영시스템의 구축
2. 에너지이용효율의 지속적인 개선
④ 지원의 방법은 다음 각 호와 같다. 〈개정 2013.3.23., 2014.8.6.〉
1. 에너지경영시스템 도입을 위한 기술의 지도 및 관련 정보의 제공
2. 에너지경영시스템 관련 업무를 담당하는 자에 대한 교육훈련
3. 그 밖에 에너지경영시스템의 도입을 위하여 산업통상자원부장관이 필요하다고 인정한 사항
⑤ 제4항에 따른 지원을 받으려는 자는 다음 각 호의 사항이 포함된 계획서를 산업통상자원부장관에게 제출하여야 한다. 〈개정 2013.3.23., 2014.8.6.〉
1. 에너지사용량 현황
2. 에너지이용효율의 개선을 위한 경영목표 및 그 관리체제
3. 주요 설비별 에너지이용효율의 목표와 그 이행 방법
4. 에너지사용량 모니터링 및 측정 계획

제27조(에너지사용량 신고) 에너지다소비사업자가 법 제31조 제1항에 따라 에너지사용량을 신고하려는 경우에는 별지 제8호서식의 에너지사용량 신고서에 다음 각 호의 서류를 첨부하여 제출해야 한다.
1. 사업장 내 에너지사용시설 배치도
2. 에너지사용시설 현황(시설의 변경이 있는 경우로 한정한다)
3. 제품별 생산공정도 [전문개정 2022.1.26.]

제28조(에너지진단 제외대상 사업장) "산업통상자원부령으로 정하는 범위에 해당하는 사업장"이란 다음 각 호의 어느 하나에 해당하는 사업장을 말한다. 〈개정 2011.1.19., 2013.3.23.〉
1. 「전기사업법」 제2조 제2호에 따른 전기사업자가 설치하는 발전소
2. 「건축법 시행령」 별표 1 제2호 가목에 따른 아파트
3. 「건축법 시행령」 별표 1 제2호 나목에 따른 연립주택
4. 「건축법 시행령」 별표 1 제2호 다목에 따른 다세대주택
5. 「건축법 시행령」 별표 1 제7호에 따른 판매시설 중 소유자가 2명 이상이며, 공동 에너지사용설비의 연간 에너지사용량이 2천 티오이 미만인 사업장
6. 「건축법 시행령」 별표 1 제14호 나목에 따른 일반업무시설 중 오피스텔

7. 「건축법 시행령」 별표 1 제18호 가목에 따른 창고
8. 「산업집적활성화 및 공장설립에 관한 법률」 제2조 제13호에 따른 지식산업센터
9. 「군사기지 및 군사시설 보호법」 제2조 제2호에 따른 군사시설
10. 「폐기물관리법」 제29조에 따라 폐기물처리의 용도만으로 설치하는 폐기물처리시설
11. 그 밖에 기술적으로 에너지진단을 실시할 수 없거나 에너지진단의 효과가 적다고 산업통상자원부장관이 인정하여 고시하는 사업장

제29조(에너지진단의 면제 등) ① 에너지진단을 면제하거나 에너지진단주기를 연장할 수 있는 자는 다음 각 호의 어느 하나에 해당하는 자로 한다. 〈개정 2011.3.15., 2013.3.23., 2014.2.21., 2015.7.9., 2015.7.29., 2016.12.9., 2023.8.3.〉

1. 자발적 협약을 체결한 자로서 자발적 협약의 평가기준에 따라 자발적 협약의 이행 여부를 확인한 결과 이행 실적이 우수한 사업자로 선정된 자
1의2. 에너지경영시스템을 도입한 자로서 에너지를 효율적으로 이용하고 있다고 산업통상자원부장관이 정하여 고시하는 자
2. 에너지절약 유공자로서 「정부표창규정」 제10조에 따른 중앙행정기관의 장 이상의 표창권자가 준 단체표창을 받은 자
3. 에너지진단 결과를 반영하여 에너지를 효율적으로 이용하고 있다고 산업통상자원부장관이 인정하여 고시하는 자
4. 지난 연도 에너지사용량의 100분의 30 이상을 다음 각 목의 어느 하나에 해당하는 제품, 기자재 및 설비(이하 "친에너지형 설비"라 한다)를 이용하여 공급하는 자
   가. 금융·세제상의 지원을 받는 설비
   나. 효율관리기자재 중 에너지소비효율이 1등급인 제품
   다. 대기전력저감우수제품
   라. 인증 표시를 받은 고효율에너지기자재
   마. 「산업표준화법」 제15조에 따라 설비인증을 받은 신·재생에너지 설비
5. 산업통상자원부장관이 정하여 고시하는 요건을 갖춘 에너지관리시스템을 구축하여 에너지를 효율적으로 이용하고 있다고 산업통상자원부장관이 고시하는 자
6. 「기후위기 대응을 위한 탄소중립·녹색성장 기본법 시행령」 제17조 제1항 각 호의 기관과 같은 법 시행령 제19조 제1항에 따른 온실가스배출관리업체(이하 "목표관리업체"라 한다)로서 온실가스 목표관리 실적이 우수하다고 산업통상자원부장관이 환경부장관과 협의한 후 정하여 고시하는 자. 다만, 「온실가스 배출권의 할당 및 거래에 관한 법률」 제8조 제1항에 따라 배출권 할당 대상업체로 지정·고시된 업체는 제외한다.

제30조(에너지진단전문기관의 지정절차 등) ① 진단기관으로 지정받으려는 자 또는 진단기관 지정서의 기재 내용을 변경하려는 자는 법 제32조 제8항에 따라 별지 제9호 서식의 진단기관 지정신청서 또는 진단기관 변경지정신청서를 산업통상자원부장관에게 제출하여야 한다. 〈개정 2013.3.23., 2023.8.3.〉

② 제1항에 따른 진단기관 지정신청서에는 다음 각 호의 서류(변경지정신청의 경우에는 지정신청을 할 때 제출한 서류 중 변경된 것만을 말한다)를 첨부하여야 한다. 이 경우 신청을 받은 산업통상자원부장관은 「전자정부법」 제36조 제1항에 따른 행정정보의 공동이용을 통하여 법인 등기사항증명서(신청인이 법인인 경우만 해당한다)를 확인하여야 한다. 〈개정 2010.1.18., 2011.1.19., 2013.3.23.〉
  1. 에너지진단업무 수행계획서
  2. 보유장비명세서
  3. 기술인력명세서(자격증 사본, 경력증명서, 재직증명서를 포함한다)

제31조(진단기관의 지정취소 공고) 산업통상자원부장관은 진단기관의 지정을 취소하거나 그 업무의 정지를 명하였을 때에는 지체 없이 이를 관보와 인터넷 홈페이지 등에 공고하여야 한다. 〈개정 2013.3.23.〉

제31조의2(냉난방온도의 제한온도 기준) 냉난방온도의 제한온도(이하 "냉난방온도의 제한온도"라 한다)를 정하는 기준은 다음 각 호와 같다. 다만, 판매시설 및 공항의 경우에 냉방온도는 25℃ 이상으로 한다.
  1. 냉방 : 26℃ 이상
  2. 난방 : 20℃ 이하
[본조신설 2009.7.30.]

제31조의4(냉난방온도 점검 방법 등) ① 냉난방온도제한건물의 관리기관 및 에너지다소비사업자는 냉난방온도를 관리하는 책임자(이하 "관리책임자"라 한다)를 지정하여야 한다. 〈개정 2011.1.19., 2014.8.6.〉

② 관리책임자는 냉난방온도 점검 및 실태파악에 협조하여야 한다.

③ 산업통상자원부장관이 냉난방온도를 점검하거나 실태를 파악하는 경우에는 산업통상자원부장관이 고시한 국가교정기관지정제도운영요령에서 정하는 방법에 따라 인정기관에서 교정 받은 측정기기를 사용한다. 이 경우 관리책임자가 동행하여 측정결과를 확인할 수 있다. 〈개정 2013.3.23.〉

④ 그 밖에 냉난방온도 점검을 위하여 필요한 사항은 산업통상자원부장관이 정하여 고시한다. 〈개정 2013.3.23.〉 [본조신설 2009.7.30.]

제31조의9(검사기준) 법 제39조 제1항·제2항·제4항 및 법 제39조의2 제1항에 따른 검사대상기기의 검사기준은 「산업표준화법」 제12조에 따른 한국산업표준(이하 "한국산업표준"이라 한다) 또는 산업통상자원부장관이 정하여 고시하는 기준에 따른다. 〈개정 2013.3.23., 2017.12.1., 2018.7.23.〉 [본조신설 2012.6.28.]

제31조의10(신제품에 대한 검사기준) ① 산업통상자원부장관은 검사기준이 마련되지 아니한 검사대상기기(이하 "신제품"이라 한다)에 대해서는 제31조의11에 따른 열사용기자재기술위원회의 심의를 거친 검사기준으로 검사할 수 있다.

〈개정 2013.3.23.〉
② 산업통상자원부장관은 제1항에 따라 신제품에 대한 검사기준을 정한 경우에는 특별시장·광역시장·도지사 또는 특별자치도지사(이하 "시·도지사"라 한다) 및 검사신청인에게 그 사실을 지체 없이 알리고, 그 검사기준을 관보에 고시하여야 한다. 〈개정 2013.3.23.〉 [본조신설 2012.6.28.]

제31조의14(용접검사신청) ① 검사대상기기의 용접검사를 받으려는 자는 별지 제11호 서식의 검사대상기기 용접검사신청서를 공단이사장 또는 검사기관의 장에게 제출하여야 한다. 〈개정 2017.12.1.〉
② 제1항에 따른 신청서에는 다음 각 호의 서류를 첨부하여야 한다. 다만, 검사대상기기의 규격이 이미 용접검사에 합격한 기기의 규격과 같은 경우에는 용접검사에 합격한 날부터 3년간 다음 각 호의 서류를 첨부하지 아니할 수 있다.
1. 용접 부위도 1부
2. 검사대상기기의 설계도면 2부
3. 검사대상기기의 강도계산서 1부 [본조신설 2012.6.28.]

제31조의15(구조검사신청) ① 검사대상기기의 구조검사를 받으려는 자는 별지 제11호 서식의 검사대상기기 구조검사신청서를 공단이사장 또는 검사기관의 장에게 제출하여야 한다. 〈개정 2017.12.1.〉
② 제1항에 따른 신청서에는 용접검사증 1부(용접검사를 받지 아니하는 기기의 경우에는 설계도면 2부, 제31조의13에 따라 용접검사가 면제된 기기의 경우에는 제31조의14 제2항 각 호에 따른 서류)를 첨부하여야 한다. 다만, 검사대상기기의 규격이 이미 구조검사에 합격한 기기의 규격과 같은 경우에는 구조검사에 합격한 날부터 3년 해당 서류를 첨부하지 아니할 수 있다. [본조신설 2012.6.28.]

제31조의17(설치검사신청) ① 검사대상기기의 설치검사를 받으려는 자는 별지 제12호 서식의 검사대상기기 설치검사신청서를 공단이사장에게 제출하여야 한다. 〈개정 2017.12.1.〉
② 제1항에 따른 신청서에는 다음 각 호의 구분에 따른 서류를 첨부하여야 한다. 〈개정 2017.12.1.〉
1. 보일러 및 압력용기의 경우에는 검사대상기기의 용접검사증 및 구조검사증 각 1부 또는 제31조의21 제8항에 따른 확인서 1부(수입한 검사대상기기는 수입면장 사본 및 법 제39조의2 제1항에 따른 제조검사를 받았음을 증명하는 서류 사본 각 1부, 제31조의13 제1항에 따라 제조검사가 면제된 경우에는 자체검사기록 사본 및 설계도면 각 1부)
2. 철금속가열로의 경우에는 다음 각 목의 모든 서류
   가. 검사대상기기의 설계도면 1부
   나. 검사대상기기의 설계계산서 1부
   다. 검사대상기기의 성능·구조 등에 대한 설명서 1부
[본조신설 2012.6.28.]

제31조의18(개조검사신청, 설치장소 변경검사신청 또는 재사용검사신청) ① 검사대상기기의 개조검사, 설치장소 변경검사 또는 재사용검사를 받으려는 자는 별지 제12호 서식의 검사대상기기 개조검사(설치장소 변경검사, 재사용검사)신청

서를 공단이사장에게 제출하여야 한다. 〈개정 2017.12.1.〉
② 제1항에 따른 신청서에는 다음 각 호의 서류를 첨부하여야 한다.
1. 개조한 검사대상기기의 개조부분의 설계도면 및 그 설명서 각 1부(개조검사인 경우만 해당한다)
2. 검사대상기기 설치검사증 1부 [본조신설 2012.6.28.]

제31조의19(계속사용검사신청) ① 검사대상기기의 계속사용검사를 받으려는 자는 별지 제12호 서식의 검사대상기기 계속사용검사신청서를 검사유효기간 만료 10일 전까지 공단이사장에게 제출하여야 한다. 〈개정 2017.12.1.〉
② 제1항에 따른 신청서에는 해당 검사대상기기 설치검사증 사본을 첨부하여야 한다. [본조신설 2012.6.28.]

제31조의20(계속사용검사의 연기) ① 계속사용검사는 검사유효기간의 만료일이 속하는 연도의 말까지 연기할 수 있다. 다만, 검사유효기간 만료일이 9월 1일 이후인 경우에는 4개월 이내에서 계속사용검사를 연기할 수 있다.
② 제1항에 따라 계속사용검사를 연기하려는 자는 별지 제12호 서식의 검사대상기기 검사연기신청서를 공단이사장에게 제출하여야 한다.
③ 다음 각 호의 어느 하나에 해당하는 경우에는 해당 검사일까지 계속사용검사가 연기된 것으로 본다.
1. 검사대상기기의 설치자가 검사유효기간이 지난 후 1개월 이내에서 검사시기를 지정하여 검사를 받으려는 경우로서 검사유효기간 만료일 전에 검사신청을 하는 경우
2. 「기업활동 규제완화에 관한 특별조치법 시행령」 제19조 제1항에 따라 동시검사를 실시하는 경우
3. 계속사용검사 중 운전성능검사를 받으려는 경우로서 검사유효기간이 지난 후 해당 연도 말까지의 범위에서 검사시기를 지정하여 검사유효기간 만료일 전까지 검사신청을 하는 경우 [본조신설 2012.6.28.]

제31조의21(검사의 통지 등) ① 공단이사장 또는 검사기관의 장은 규정에 따른 검사신청을 받은 경우에는 검사지정일 등을 별지 제14호 서식에 따라 작성하여 검사신청인에게 알려야 한다. 이 경우 검사신청인이 검사신청을 한 날부터 7일 이내의 날을 검사일로 지정하여야 한다.
② 공단이사장 또는 검사기관의 장은 규정에 따라 신청된 검사에 합격한 검사대상기기에 대해서는 검사신청인에게 별지 제15호 서식부터 별지 제19호 서식에 따른 검사증을 검사일부터 7일 이내에 각각 발급하여야 한다. 이 경우 검사증에는 그 검사대상기기의 설계도면 또는 용접검사증을 첨부하여야 한다.
③ 공단이사장 또는 검사기관의 장은 제1항에 따른 검사에 불합격한 검사대상기기에 대해서는 불합격사유를 별지 제21호 서식에 따라 작성하여 검사일 후 7일 이내에 검사신청인에게 알려야 한다.
④ "산업통상자원부령으로 정하는 항목의 검사"란 계속사용검사 중 운전성능검사를 말한다. 〈개정 2013.3.23.〉
⑤ "산업통상자원부령으로 정하는 기간"이란 검사에 불합격한 날부터 6개월(철금속가열로는 1년)을 말한다. 〈개정

⑥ 제4항에 따라 계속사용검사 중 운전성능검사를 받으려는 자는 별지 제12호 서식의 검사대상기기 계속사용검사신청서에 검사대상기기 설치검사증 사본을 첨부하여 공단이사장에게 제출하여야 한다.

제31조의22(검사에 필요한 조치 등) ① 공단이사장 또는 검사기관의 장은 검사를 받는 자에게 그 검사의 종류에 따라 다음 각 호 중 필요한 사항에 대한 조치를 하게 할 수 있다.
1. 기계적 시험의 준비
2. 비파괴검사의 준비
3. 검사대상기기의 정비
4. 수압시험의 준비
5. 안전밸브 및 수면측정장치의 분해 · 정비
6. 검사대상기기의 피복물 제거
7. 조립식인 검사대상기기의 조립 해체
8. 운전성능 측정의 준비

② 제1항에 따른 검사를 받는 자는 그 검사대상기기의 관리자(용접검사 및 구조검사의 경우에는 검사 관계자)로 하여금 검사 시 참여하도록 하여야 한다. 〈개정 2018.7.23.〉

제31조의23(검사대상기기의 폐기신고 등) ① 검사대상기기의 설치자가 사용 중인 검사대상기기를 폐기한 경우에는 폐기한 날부터 15일 이내에 별지 제23호 서식의 검사대상기기 폐기신고서를 공단이사장에게 제출하여야 한다.

② 검사대상기기의 설치자가 그 검사대상기기의 사용을 중지한 경우에는 중지한 날부터 15일 이내에 별지 제23호 서식의 검사대상기기 사용중지신고서를 공단이사장에게 제출하여야 한다.

③ 제1항 및 제2항에 따른 신고서에는 검사대상기기 설치검사증을 첨부하여야 한다. [본조신설 2012.6.28.]

제31조의24(검사대상기기의 설치자의 변경신고) ① 검사대상기기의 설치자가 변경된 경우 새로운 검사대상기기의 설치자는 그 변경일부터 15일 이내에 별지 제24호 서식의 검사대상기기 설치자 변경신고서를 공단이사장에게 제출하여야 한다.

② 제1항에 따른 신고서에는 검사대상기기 설치검사증 및 설치자의 변경사실을 확인할 수 있는 다음 각 호의 어느 하나에 해당하는 서류 1부를 첨부하여야 한다.
1. 법인 등기사항증명서
2. 양도 또는 합병 계약서 사본
3. 상속인(지위승계인)임을 확인할 수 있는 서류 사본 [본조신설 2012.6.28.]

제31조의25(검사면제기기의 설치신고) ① 신고하여야 하는 검사대상기기(이하 "설치신고대상기기"라 한다)란 별표 3의6에 따른 검사대상기기 중 설치검사가 면제되는 보일러를 말한다.

② 설치신고대상기기의 설치자는 이를 설치한 날부터 30일 이내에 별지 제13호 서식의 검사대상기기 설치신고서에 검사대상기기의 용접검사증 및 구조검사증 각 1부 또는 제31조의21 제8항에 따른 확인서 1부(수입한 검사대상기기는 수입면장 사본 및 법 제39조의2 제1항에 따른 제조검사를 받았음을 증명하는 서류 사본 각 1부, 제31조의13 제1항에 따라 제조검사가 면제된 경우에는 자체검사 기록 사본 및 설계도면 각 1부)를 첨부하여 공단이사장에게 제출하여야 한다. 〈개정 2017.12.1.〉

제31조의26(검사대상기기관리자의 자격 등) ① 법 제40조 제2항에 따른 검사대상기기관리자의 자격 및 관리범위는 별표 3의9와 같다. 다만, 국방부장관이 관장하고 있는 검사대상기기의 관리자의 자격 등은 국방부장관이 정하는 바에 따른다. 〈개정 2018.7.23.〉

② 별표 3의9의 인정검사대상기기관리자가 받아야 할 교육과목, 과목별 시간, 교육의 유효기간 및 그 밖에 필요한 사항은 산업통상자원부장관이 정한다. 〈개정 2013.3.23., 2018.7.23.〉
[본조신설 2012.6.28.]
[제목개정 2018.7.23.]

제31조의27(검사대상기기관리자의 선임기준) ① 법 제40조 제2항에 따른 검사대상기기관리자의 선임기준은 1구역마다 1명 이상으로 한다. 〈개정 2018.7.23.〉

② 제1항에 따른 1구역은 검사대상기기관리자가 한 시야로 볼 수 있는 범위 또는 중앙통제 · 관리설비를 갖추어 검사대상기기관리자 1명이 통제 · 관리할 수 있는 범위로 한다. 다만, 압력용기의 경우에는 검사대상기기관리자 1명이 관리할 수 있는 범위로 한다. 〈개정 2018.7.23.〉
[본조신설 2012.6.28.]
[제목개정 2018.7.23.]

제31조의28(검사대상기기관리자의 선임신고 등) ① 법 제40조 제3항에 따라 검사대상기기의 설치자는 검사대상기기관리자를 선임 · 해임하거나 검사대상기기관리자가 퇴직한 경우에는 별지 제25호서식의 검사대상기기관리자 선임(해임, 퇴직)신고서에 자격증수첩과 관리할 검사대상기기 검사증을 첨부하여 공단이사장에게 제출하여야 한다. 다만, 제31조의26 제1항 단서에 따라 국방부장관이 관장하고 있는 검사대상기기관리자의 경우에는 국방부장관이 정하는 바에 따른다. 〈개정 2018.7.23.〉

② 제1항에 따른 신고는 신고 사유가 발생한 날부터 30일 이내에 하여야 한다.

③ 법 제40조 제4항 단서에서 "산업통상자원부령으로 정하는 사유"란 다음 각 호의 어느 하나의 해당하는 경우를 말한다. 〈개정 2013.3.23., 2018.7.23.〉
1. 검사대상기기관리자가 천재지변 등 불의의 사고로 업무를 수행할 수 없게 되어 해임 또는 퇴직한 경우
2. 검사대상기기의 설치자가 선임을 위하여 필요한 조치를 하였으나 선임하지 못한 경우

④ 검사대상기기의 설치자는 제3항 각 호에 따른 사유가 발생한 경우에는 별지 제28호서식의 검사대상기기관리자 선임기한 연기신청서를 시 · 도지사에게 제출하여 검사대상기기관리자의 선임기한의 연기를 신청할 수 있다. 〈개정 2018.7.23.〉

⑤ 시 · 도지사는 제4항에 따른 연기신청을 받은 경우에는 그 사유가 제3항 각 호의 어느 하나에 해당되는 것으로서

연기가 부득이하다고 인정되면 그 신청인에게 검사대상 기기관리자의 선임기한 및 조치사항을 별지 제29호서식에 따라 알려야 한다. 〈개정 2018.7.23.〉
[본조신설 2012.6.28.]
[제목개정 2018.7.23.]

제32조(에너지관리자에 대한 교육) ① 에너지관리자에 대한 교육의 기관·기간·과정 및 대상자는 별표 4와 같다.
② 산업통상자원부장관은 제1항에 따라 교육대상이 되는 에너지관리자에게 교육기관 및 교육과정 등에 관한 사항을 알려야 한다. 〈개정 2013.3.23.〉
③ 공단이사장은 다음 연도의 교육계획을 수립하여 매년 12월 31일까지 산업통상자원부장관의 승인을 받아야 한다. 〈개정 2012.6.28., 2013.3.23.〉

제32조의2(시공업의 기술인력 등에 대한 교육) ① 시공업의 기술인력 및 검사대상기기관리자에 대한 교육의 기관·기간·과정 및 대상자는 별표 4의2와 같다. 〈개정 2018.7.23.〉
② 산업통상자원부장관은 제1항에 따라 교육의 대상이 되는 시공업의 기술인력 및 검사대상기기관리자에게 교육기관 및 교육과정 등에 관한 사항을 알려야 한다. 〈개정 2013.3.23., 2018.7.23.〉
③ 제1항에 따른 교육기관의 장은 다음 연도의 교육계획을 수립하여 매년 12월 31일까지 산업통상자원부장관의 승인을 받아야 한다. 〈개정 2013.3.23.〉
④ 제1항부터 제3항까지의 규정에도 불구하고 제31조의26 제1항 단서에 따라 국방부장관이 관장하는 검사대상기기관리자에 대한 교육은 국방부장관이 정하는 바에 따른다. 〈개정 2018.7.23.〉
[본조신설 2012.6.28.]

제33조(보고 및 검사 등) ① 산업통상자원부장관이 보고를 명할 수 있는 사항은 다음 각 호와 같다. 〈개정 2013.3.23.〉
1. 효율관리기자재·대기전력저감대상제품·고효율에너지인증대상기자재의 제조업자·수입업자 또는 판매업자의 경우 : 연도별 생산·수입 또는 판매 실적
2. 에너지절약전문기업(법 제25조 제1항에 따른 에너지절약전문기업을 말한다. 이하 같다)의 경우 : 영업실적(연도별 계약실적을 포함한다)
3. 에너지다소비사업자의 경우 : 개선명령 이행실적
4. 진단기관의 경우 : 진단 수행실적

② 산업통상자원부장관, 시·도지사가 소속 공무원 또는 공단으로 하여금 검사하게 할 수 있는 사항은 다음 각 호와 같다. 〈개정 2012.6.28., 2013.3.23., 2018.7.23., 2023.8.3.〉
1. 에너지소비효율등급 또는 에너지소비효율 표시의 적합 여부에 관한 사항
2. 효율관리시험기관의 지정 및 자체측정의 승인을 위한 시험능력 확보 여부에 관한 사항
3. 효율관리기자재의 사후관리를 위한 사항
4. 대기전력시험기관의 지정 및 자체측정의 승인을 위한 시험능력 확보 여부에 관한 사항
5. 대기전력경고표지의 이행 여부에 관한 사항
6. 대기전력저감우수제품 표시의 적합 여부에 관한 사항
7. 대기전력저감대상제품의 사후관리를 위한 사항
8. 고효율에너지기자재 인증 표시의 적합 여부에 관한 사항
9. 고효율시험기관의 지정을 위한 시험능력 확보 여부에 관한 사항
10. 고효율에너지기자재의 사후관리를 위한 사항
11. 효율관리시험기관, 대기전력시험기관 및 고효율시험기관의 지정취소요건의 해당 여부에 관한 사항
12. 자체측정의 승인을 받은 자의 승인취소 요건의 해당 여부에 관한 사항
13. 에너지절약전문기업이 수행한 사업에 관한 사항
14. 에너지절약전문기업의 등록기준 적합 여부에 관한 사항
15. 에너지다소비사업자의 에너지사용량 신고 이행 여부에 관한 사항
16. 에너지다소비사업자의 에너지진단 실시 여부에 관한 사항
17. 진단기관의 지정기준 적합 여부에 관한 사항
18. 진단기관의 지정취소 요건의 해당 여부에 관한 사항
19. 에너지다소비사업자의 개선명령 이행 여부에 관한 사항
20. 검사대상기기설치자의 검사 이행에 관한 사항
21. 검사대상기기를 계속 사용하려는 자의 검사 이행에 관한 사항
22. 검사대상기기 폐기 등의 신고 이행에 관한 사항
23. 검사대상기기관리자의 선임에 관한 사항
24. 검사대상기기관리자의 선임·해임 또는 퇴직의 신고 이행에 관한 사항

③ 공단이사장 또는 검사기관의 장은 매달 검사대상기기의 검사 실적을 다음 달 10일까지 별지 제30호 서식에 따라 작성하여 시·도지사에게 보고하여야 한다. 다만, 검사 결과 불합격한 경우에는 즉시 그 검사 결과를 시·도지사에게 보고하여야 한다. 〈신설 2012.6.28.〉

[별표 1]
〈개정 2022.1.21.〉

열사용 기자재(제1조의2 관련)

구분	품목명	적용범위
보일러	강철제 보일러, 주철제 보일러	다음 각 호의 어느 하나에 해당하는 것을 말한다. 1. 1종 관류보일러 : 강철제 보일러 중 헤더(여러 관이 붙어 있는 용기)의 안지름이 150mm 이하이고, 전열면적이 $5m^2$ 초과 $10m^2$ 이하이며, 최고사용압력이 1MPa 이하인 관류보일러(기수분리기를 장치한 경우에는 기수분리기의 안지름이 300mm 이하이고, 그 내부 부피가 $0.07m^3$ 이하인 것만 해당한다) 2. 2종 관류보일러 : 강철제 보일러 중 헤더의 안지름이 150mm 이하이고, 전열면적이 $5m^2$ 이하이며, 최고사용압력이 1MPa 이하인 관류보일러(기수분리기를 장치한 경우에는 기수분리기의 안지름이 200mm 이하이고, 그 내부 부피가 $0.02m^3$ 이하인 것에 한정한다) 3. 제1호 및 제2호 외의 금속(주철을 포함한다)으로 만든 것. 다만, 소형 온수보일러·구멍탄용 온수보일러·축열식 전기보일러 및 가정용 화목보일러는 제외한다.
	소형 온수보일러	전열면적이 $14m^2$ 이하이고, 최고사용압력이 0.35MPa 이하의 온수를 발생하는 것. 다만, 구멍탄용 온수보일러·축열식 전기보일러·가정용 화목보일러 및 가스사용량이 17kg/h(도시가스는 232.6kW) 이하인 가스용 온수보일러는 제외한다.
	구멍탄용 온수보일러	「석탄산업법 시행령」 제2조 제2호에 따른 연탄을 연료로 사용하여 온수를 발생시키는 것으로서 금속제만 해당한다.
	축열식 전기 보일러	심야전력을 사용하여 온수를 발생시켜 축열조에 저장한 후 난방에 이용하는 것으로서 정격(기기의 사용조건 및 성능의 범위)소비전력이 30kW 이하이고, 최고사용압력이 0.35MPa 이하인 것
	캐스케이드 보일러	「산업표준화법」 제12조 제1항에 따른 한국산업표준에 적합함을 인증받거나 「액화석유가스의 안전관리 및 사업법」 제39조 제1항에 따라 가스용품의 검사에 합격한 제품으로서, 최고사용압력이 대기압을 초과하는 온수보일러 또는 온수기 2대 이상이 단일 연통으로 연결되어 서로 연동되도록 설치되며, 최대 가스사용량의 합이 17kg/h(도시가스는 232.6kW)를 초과하는 것
	가정용 화목보일러	화목(火木) 등 목재연료를 사용하여 90℃ 이하의 난방수 또는 65℃ 이하의 온수를 발생하는 것으로서 표시 난방출력이 70kW 이하로서 옥외에 설치하는 것
태양열 집열기		태양열 집열기
압력용기	1종 압력용기	최고사용압력(MPa)과 내부 부피(m^3)를 곱한 수치가 0.004를 초과하는 다음 각 호의 어느 하나에 해당하는 것 1. 증기 그 밖의 열매체를 받아들이거나 증기를 발생시켜 고체 또는 액체를 가열하는 기기로서 용기 안의 압력이 대기압을 넘는 것 2. 용기 안의 화학반응에 따라 증기를 발생시키는 용기로서 용기 안의 압력이 대기압을 넘는 것 3. 용기 안의 액체의 성분을 분리하기 위하여 해당 액체를 가열하거나 증기를 발생시키는 용기로서 용기 안의 압력이 대기압을 넘는 것 4. 용기 안의 액체의 온도가 대기압에서의 끓는점을 넘는 것

구분	품목명	적용범위
압력용기	2종 압력용기	최고사용압력이 0.2MPa를 초과하는 기체를 그 안에 보유하는 용기로서 다음 각 호의 어느 하나에 해당하는 것 1. 내부 부피가 0.04m^3 이상인 것 2. 동체의 안지름이 200mm 이상(증기헤더의 경우에는 동체의 안지름이 300mm 초과)이고, 그 길이가 1,000mm 이상인 것
요로 (窯爐 : 고온가열장치)	요업요로	연속식유리용융가마 · 불연속식유리용융가마 · 유리용융도가니가마 · 터널가마 · 도염식가마 · 셔틀가마 · 회전가마 및 석회용선가마
	금속요로	용선로 · 비철금속용융로 · 금속소둔로 · 철금속가열로 및 금속균열로

[별표 2]
〈개정 2022.1.26.〉

대기전력저감대상제품(제13조 제1항 관련)

1. 삭제〈2022.1.26.〉
2. 삭제〈2022.1.26.〉
3. 프린터
4. 복합기
5. 삭제〈2012.4.5〉
6. 삭제〈2014.2.21〉
7. 전자레인지
8. 팩시밀리
9. 복사기
10. 스캐너
11. 삭제〈2014.2.21〉
12. 오디오
13. DVD플레이어
14. 라디오카세트
15. 도어폰
16. 유무선전화기
17. 비데
18. 모뎀
19. 홈 게이트웨이
20. 자동절전제어장치
21. 손건조기
22. 서버
23. 디지털컨버터
24. 그 밖에 산업통상자원부장관이 대기전력의 저감이 필요하다고 인정하여 고시하는 제품

[별표 3]
〈개정 2016.12.9.〉

에너지진단의 면제 또는 에너지진단주기의 연장 범위(제29조 제2항 관련)

대상사업자	면제 또는 연장 범위
1. 에너지절약 이행실적 우수사업자	
가. 자발적 협약 우수사업장으로 선정된 자(중소기업인 경우)	에너지진단 1회 면제
나. 자발적 협약 우수사업장으로 선정된 자(중소기업이 아닌 경우)	1회 선정에 에너지진단주기 1년 연장
1의2. 에너지경영시스템을 도입한 자로서 에너지를 효율적으로 이용하고 있다고 산업통상자원부장관이 정하여 고시하는 자	에너지진단주기 2회마다 에너지진단 1회 면제
2. 에너지절약 유공자	에너지진단 1회 면제
3. 에너지진단 결과를 반영하여 에너지를 효율적으로 이용하고 있는 자	1회 선정에 에너지진단주기 3년 연장
4. 지난 연도 에너지사용량의 100분의 30 이상을 친에너지형 설비를 이용하여 공급하는 자	에너지진단 1회 면제
5. 에너지관리시스템을 구축하여 에너지를 효율적으로 이용하고 있다고 산업통상자원부장관이 고시하는 자	에너지진단주기 2회마다 에너지진단 1회 면제
6. 목표관리업체로서 온실가스·에너지 목표관리 실적이 우수하다고 산업통상자원부장관이 환경부장관과 협의한 후 정하여 고시하는 자	에너지진단주기 2회마다 에너지진단 1회 면제

비고
1. 에너지절약 유공자에 해당되는 자는 1개의 사업장만 해당한다.
2. 제1호, 제1호의2 및 제2호부터 제6호까지의 대상사업자가 동시에 해당되는 경우에는 어느 하나만 해당되는 것으로 한다.
3. 제1호가목 및 나목에서 "중소기업"이란 「중소기업기본법」 제2조에 따른 중소기업을 말한다.
4. 에너지진단이 면제되는 "1회"의 시점은 다음 각 목의 구분에 따라 최초로 에너지진단주기가 도래하는 시점을 말한다.
  가. 제1호 가목의 경우 : 중소기업이 자발적 협약 우수사업장으로 선정된 후
  나. 제2호의 경우 : 에너지절약 유공자 표창을 수상한 후
  다. 제4호의 경우 : 100분의 30 이상의 에너지사용량을 친에너지형 설비를 이용하여 공급한 후

[별표 3의3]
〈개정 2021.10.12.〉

검사대상기기(제31조의6 관련)

구분	검사대상기기	적용범위
보일러	강철제 보일러, 주철제 보일러	다음 각 호의 어느 하나에 해당하는 것은 제외한다. 1. 최고사용압력이 0.1MPa 이하이고, 동체의 안지름이 300mm 이하이며, 길이가 600mm 이하인 것 2. 최고사용압력이 0.1MPa 이하이고, 전열면적이 $5m^2$ 이하인 것 3. 2종 관류보일러 4. 온수를 발생시키는 보일러로서 대기개방형인 것
	소형 온수보일러	가스를 사용하는 것으로서 가스사용량이 17kg/h(도시가스는 232.6kW)를 초과하는 것
	캐스케이드보일러	별표 1에 따른 캐스케이드 보일러의 적용범위에 따른다.
압력용기	1종 압력용기, 2종 압력용기	별표 1에 따른 압력용기의 적용범위에 따른다.
요로	철금속가열로	정격용량이 0.58MW를 초과하는 것

[별표 3의4]
〈개정 2022.1.21.〉

검사의 종류 및 적용대상(제31조의7 관련)

검사의 종류		적용대상	근거 법조문
제조검사	용접검사	동체·경판(동체의 양 끝부분에 부착하는 판) 및 이와 유사한 부분을 용접으로 제조하는 경우의 검사	법 제39조 제1항 및 법 제39조의2 제1항
	구조검사	강판·관 또는 주물류를 용접·확대·조립·주조 등에 따라 제조하는 경우의 검사	
설치검사		신설한 경우의 검사(사용연료의 변경에 의하여 검사대상이 아닌 보일러가 검사대상으로 되는 경우의 검사를 포함한다)	법 제39조 제2항 제1호
개조검사		다음 각 호의 어느 하나에 해당하는 경우의 검사 1. 증기보일러를 온수보일러로 개조하는 경우 2. 보일러 섹션의 증감에 의하여 용량을 변경하는 경우 3. 동체·돔·노통·연소실·경판·천정판·관판·관모음 또는 스테이의 변경으로서 산업통상자원부장관이 정하여 고시하는 대수리의 경우 4. 연료 또는 연소방법을 변경하는 경우 5. 철금속가열로로서 산업통상자원부장관이 정하여 고시하는 경우의 수리	
설치장소 변경검사		설치장소를 변경한 경우의 검사. 다만, 이동식 검사대상기기를 제외한다.	법 제39조 제2항 제2호
재사용검사		사용중지 후 재사용하고자 하는 경우의 검사	법 제39조 제2항 제3호
계속사용 검사	안전검사	설치검사·개조검사·설치장소 변경검사 또는 재사용검사 후 안전부문에 대한 유효기간을 연장하고자 하는 경우의 검사	법 제39조 제4항
	운전성능 검사	다음 각 호의 어느 하나에 해당하는 기기에 대한 검사로서 설치검사 후 운전성능부문에 대한 유효기간을 연장하고자 하는 경우의 검사 1. 용량이 1t/h(난방용의 경우에는 5t/h) 이상인 강철제 보일러 및 주철제 보일러 2. 철금속가열로	

[별표 3의5]
〈개정 2023.12.20.〉

검사대상기기의 검사유효기간(제31조의8 제1항 관련)

검사의 종류		검사유효기관
설치검사		1. 보일러 : 1년. 다만, 운전성능 부문의 경우에는 3년 1개월로 한다. 2. 캐스케이드 보일러, 압력용기 및 철금속가열로 : 2년
개조검사		1. 보일러 : 1년 2. 캐스케이드 보일러, 압력용기 및 철금속가열로 : 2년
설치장소 변경검사		1. 보일러 : 1년 2. 캐스케이드 보일러, 압력용기 및 철금속가열로 : 2년
재사용검사		1. 보일러 : 1년 2. 캐스케이드 보일러, 압력용기 및 철금속가열로 : 2년
계속사용검사	안전검사	1. 보일러 : 1년 2. 캐스케이드 보일러 및 압력용기 : 2년
	운전성능검사	1. 보일러 : 1년 2. 철금속가열로 : 2년

비고
1. 보일러의 계속사용검사 중 운전성능검사에 대한 검사유효기간은 해당 보일러가 산업통상자원부장관이 정하여 고시하는 기준에 적합한 경우에는 2년으로 한다.
2. 설치 후 3년이 지난 보일러로서 설치장소 변경검사 또는 재사용검사를 받은 보일러는 검사 후 1개월 이내에 운전성능검사를 받아야 한다.
3. 개조검사 중 연료 또는 연소방법의 변경에 따른 개조검사의 경우에는 검사유효기간을 적용하지 않는다.
4. 다음 각 목의 구분에 따른 검사대상기기의 검사에 대한 검사유효기간은 각 목의 구분에 따른다. 다만, 계속사용검사 중 운전성능검사에 대한 검사유효기간은 제외한다.
   가. 「고압가스 안전관리법」 제13조의2 제1항에 따른 안전성향상계획과 「산업안전보건법」 제44조 제1항에 따른 공정안전보고서 모두를 작성하여야 하는 자의 검사대상기기(보일러의 경우에는 제품을 제조·가공하는 공정에만 사용되는 보일러만 해당한다. 이하 나 목에서 같다) : 4년. 다만, 산업통상자원부장관이 정하여 고시하는 바에 따라 8년의 범위에서 연장할 수 있다.
   나. 「고압가스 안전관리법」 제13조의2 제1항에 따른 안전성향상계획과 「산업안전보건법」 제44조 제1항에 따른 공정안전보고서 중 어느 하나를 작성하여야 하는 자의 검사대상기기 : 2년. 다만, 산업통상자원부장관이 정하여 고시하는 바에 따라 6년의 범위에서 연장할 수 있다.
   다. 「의약품 등의 안전에 관한 규칙」 별표 3에 따른 생물학적 제제 등을 제조하는 의약품제조업자로서 같은 표에 따른 제조 및 품질관리 기준에 적합한 자의 압력용기 : 4년
5. 제31조의25 제1항에 따라 설치신고를 하는 검사대상기기는 신고 후 2년이 지난 날에 계속사용검사 중 안전검사(재사용검사를 포함한다)를 하며, 그 유효기간은 2년으로 한다.
6. 법 제32조 제2항에 따라 에너지진단을 받은 운전성능검사대상기기가 제31조의9에 따른 검사기준에 적합한 경우에는 에너지진단 이후 최초로 받는 운전성능검사를 에너지진단으로 갈음한다(비고 4에 해당하는 경우는 제외한다).

[별표 3의6]
〈개정 2022.1.21.〉

검사의 면제대상 범위(제31조의13 제1항 제1호 관련)

검사대상 기기명	대상범위	면제되는 검사
강철제 보일러, 주철제 보일러	1. 강철제 보일러 중 전열면적이 $5m^2$ 이하이고, 최고사용압력이 0.35MPa 이하인 것 2. 주철제 보일러 3. 1종 관류보일러 4. 온수보일러 중 전열면적이 $18m^2$ 이하이고, 최고사용압력이 0.35MPa 이하인 것	용접검사
	주철제 보일러	구조검사
	1. 가스 외의 연료를 사용하는 1종 관류보일러 2. 전열면적 $30m^2$ 이하의 유류용 주철제 증기보일러	설치검사

	1. 전열면적 $5m^2$ 이하의 증기보일러로서 다음 각 목의 어느 하나에 해당하는 것
	   가. 대기에 개방된 안지름이 25mm 이상인 증기관이 부착된 것
	   나. 수두압(水頭壓 : 압력을 물기둥의 높이로 표시하는 단위)이 5m 이하이며 안지름이 25mm 이상인 대기에 개방된 U자형 입관이 보일러의 증기부에 부착된 것
	2. 온수보일러로서 다음 각 목의 어느 하나에 해당하는 것
	   가. 유류·가스 외의 연료를 사용하는 것으로서 전열면적이 $30m^2$ 이하인 것
	   나. 가스 외의 연료를 사용하는 주철제 보일러
		계속사용검사

소형 온수보일러	가스사용량이 17kg/h(도시가스는 232.6kW)를 초과하는 가스용 소형 온수보일러	제조검사
캐스케이드 보일러	캐스케이드 보일러	제조검사
1종 압력용기, 2종 압력용기	1. 용접이음(동체와 플랜지와의 용접이음은 제외한다)이 없는 강관을 동체로 한 헤더 2. 압력용기 중 동체의 두께가 6mm 미만인 것으로서 최고사용압력(MPa)과 내부 부피(m^3)를 곱한 수치가 0.02 이하(난방용의 경우에는 0.05 이하)인 것 3. 전열교환식인 것으로서 최고사용압력이 0.35MPa 이하이고, 동체의 안지름이 600mm 이하인 것	용접검사
	1. 2종 압력용기 및 온수탱크 2. 압력용기 중 동체의 두께가 6mm 미만인 것으로서 최고사용압력(MPa)과 내부 부피(m^3)를 곱한 수치가 0.02 이하(난방용의 경우에는 0.05 이하)인 것 3. 압력용기 중 동체의 최고사용압력이 0.5MPa 이하인 난방용 압력용기 4. 압력용기 중 동체의 최고사용압력이 0.1MPa 이하인 취사용 압력용기	설치검사 및 계속사용검사
철금속가열로	철금속가열로	제조검사, 재사용검사 및 계속사용검사 중 안전검사

[별표 3의9]
〈개정 2018.7.23.〉

검사대상기기관리자의 자격 및 조종범위(제31조의26 제1항 관련)

관리자의 자격	관리범위
에너지관리기능장 또는 에너지관리기사	용량이 30t/h를 초과하는 보일러
에너지관리기능장, 에너지관리기사 또는 에너지관리산업기사	용량이 10t/h를 초과하고 30t/h 이하인 보일러
에너지관리기능장, 에너지관리기사, 에너지관리산업기사 또는 에너지관리기능사	용량이 10t/h 이하인 보일러
에너지관리기능장, 에너지관리기사, 에너지관리산업기사, 에너지관리기능사 또는 인정검사대상기기관리자의 교육을 이수한 자	1. 증기보일러로서 최고사용압력이 1MPa 이하이고, 전열면적이 10 제곱미터 이하인 것 2. 온수발생 및 열매체를 가열하는 보일러로서 용량이 581.5킬로와트 이하인 것 3. 압력용기

비고
1. 온수발생 및 열매체를 가열하는 보일러의 용량은 697.8킬로와트를 1t/h로 본다.
2. 제31조의27 제2항에 따른 1구역에서 가스 연료를 사용하는 1종 관류보일러의 용량은 이를 구성하는 보일러의 개별 용량을 합산한 값으로 한다.
3. 계속사용검사 중 안전검사를 실시하지 않는 검사대상기기 또는 가스 외의 연료를 사용하는 1종 관류보일러의 경우에는 검사대상기기관리자의 자격에 제한을 두지 아니한다.
4. 가스를 연료로 사용하는 보일러의 검사대상기기관리자의 자격은 위 표에 따른 자격을 가진 사람으로서 제31조의26 제2항에 따라 산업통상자원부장관이 정하는 관련 교육을 이수한 사람 또는 「도시가스사업법 시행령」 별표 1에 따른 특정가스사용시설의 안전관리 책임자의 자격을 가진 사람으로 한다.

[별표 4]
〈개정 2015.7.29.〉

에너지관리자에 대한 교육(제32조 제1항 관련)

교육과정	교육기간	교육대상자	교육기관
에너지관리자 기본교육과정	1일	법 제31조 제1항 제1호부터 제4호까지의 사항에 관한 업무를 담당하는 사람으로 신고된 사람	한국에너지공단

비고
1. 에너지관리자 기본교육과정의 교육과목 및 교육수수료 등에 관한 세부사항은 산업통상자원부장관이 정하여 고시한다.
2. 에너지관리자는 법 제31조 제1항에 따라 같은 항 제1호부터 제4호까지의 업무를 담당하는 사람으로 최초로 신고된 연도(年度)에 교육을 받아야 한다.
3. 에너지관리자 기본교육과정을 마친 사람이 동일한 에너지다소비사업자의 에너지관리자로 다시 신고되는 경우에는 교육대상자에서 제외한다.

[별표 4의2]
〈개정 2018.7.23.〉

시공업의 기술인력 및 검사대상기기관리자에 대한 교육(제32조의2 제1항 관련)

구분	교육과정	교육기간	교육대상자	교육기관
시공업의 기술인력	1. 난방시공업 제1종 기술자과정	1일	「건설산업기본법 시행령」 별표 2에 따른 난방시공업 제1종의 기술자로 등록된 사람	법 제41조에 따라 설립된 한국열관리시공협회 및 「민법」 제32조에 따라 국토교통부장관의 허가를 받아 설립된 전국보일러설비협회
	2. 난방시공업 제2종·제3종 기술자과정	1일	「건설산업기본법 시행령」 별표 2에 따른 난방시공업 제2종 또는 난방시공업 제3종의 기술자로 등록된 사람	
검사대상 기기관리자	1. 중·대형 보일러 관리자과정	1일	법 제40조 제1항에 따른 검사대상기기관리자로 선임된 사람으로서 용량이 1t/h(난방용의 경우에는 5t/h)를 초과하는 강철제 보일러 및 주철제 보일러의 관리자	공단 및 「민법」 제32조에 따라 산업통상자원부장관의 허가를 받아 설립된 한국에너지기술인협회
	2. 소형 보일러·압력용기 관리자과정	1일	법 제40조 제1항에 따른 검사대상기기관리자로 선임된 사람으로서 제1호의 보일러 관리자과정의 대상이 되는 보일러 외의 보일러 및 압력용기 관리자	

비고
1. 난방시공업 제1종 기술자과정 등에 대한 교육과목, 교육수수료 및 교육 통지 등에 관한 세부사항은 산업통상자원부장관이 정하여 고시한다.
2. 시공업의 기술인력은 난방시공업 제1종·제2종 또는 제3종의 기술자로 등록된 날부터, 검사대상기기관리자는 법 제40조 제1항에 따른 검사대상기기관리자로 선임된 날부터 6개월 이내에, 그 후에는 교육을 받은 날부터 3년마다 교육을 받아야 한다.
3. 위 교육과정 중 난방시공업 제1종 기술자과정을 이수한 경우에는 난방시공업 제2종·제3종 기술자과정을 이수한 것으로 보며, 중·대형 보일러 관리자과정을 이수한 경우에는 소형 보일러·압력용기 관리자과정을 이수한 것으로 본다.
4. 산업통상자원부장관은 제도의 변경, 기술의 발달 등 안전관리환경의 변화로 효율 향상을 위하여 추가로 교육하려는 경우에는 교육의 기관·기간·과정 등에 관한 사항을 미리 고시하여야 한다.

CHAPTER 04 출제예상문제

01 검사대상기기에 대하여 에너지이용 합리화법에 의한 검사를 받지 않아도 되는 경우는?

① 검사대상기기를 설치 또는 개조하여 사용하고자 하는 경우
② 검사대상기기의 설치장소를 변경하여 사용하고자 하는 경우
③ 유효기간이 만료되는 검사대상기기를 계속 사용하고자 하는 경우
④ 검사대상기기의 사용을 중지하고자 하는 경우

풀이
- ①, ②, ③은 검사를 필히 받아야 한다.
- ④는 15일 이내에 한국에너지공단 이사장에게 중지신고서를 제출한다.

02 특정 열사용기자재의 설치, 시공 또는 세관을 업으로 하는 자는 어느 법에 따라 등록해야 하는가?

① 에너지이용 합리화법   ② 집단에너지사업법
③ 고압가스 안전관리법   ④ 건설산업기본법

풀이 특정 열사용기자재의 설치, 시공, 세관업은 건설산업기본법에 의해 시·도지사에게 등록하여야 한다.

03 에너지사용량이 대통령령이 정하는 기준량 이상이 되는 에너지 사용자가 매년 1월 31일까지 신고해야 할 사항과 관계없는 것은?

① 전년도 에너지 사용량
② 전년도 제품 생산량
③ 에너지사용 기자재 현황
④ 당해 연도 에너지관리 진단현황

풀이 에너지 사용량 신고
- 전년도 에너지 사용량, 제품생산량
- 당해 연도의 에너지사용 예정량, 제품생산 예정량
- 에너지사용 기자재의 현황
- 전년도의 에너지이용 합리화 실적 및 당해연도의 계획

04 검사에 합격되지 아니한 검사대상기기를 사용한 자에 대한 벌칙은?

① 1년 이하의 징역 또는 1천만 원 이하의 벌금
② 2년 이하의 징역 또는 2천만 원 이하의 벌금
③ 1천만 원 이하의 벌금
④ 5백만 원 이하의 벌금

풀이 검사에 불합격한 보일러나 압력용기 등을 사용하다 적발되거나 검사대상기기의 검사를 받지 않거나 하면 1년 이하의 징역이나 1천만 원 이하의 벌금에 처한다.

05 효율관리기자재에 대한 에너지의 소비효율, 소비효율등급 등을 측정하는 시험기관은 누가 지정하는가?

① 대통령
② 시·도지사
③ 산업통상자원부장관
④ 한국에너지공단 이사장

풀이 시험기관, 진단기관 등의 지정은 산업통상자원부장관이 지정한다.

06 산업통상자원부장관은 에너지이용 합리화 기본계획을 몇 년마다 수립하는가?

① 1년   ② 2년
③ 3년   ④ 5년

정답 01 ④ 02 ④ 03 ④ 04 ① 05 ③ 06 ④

[풀이] • 에너지 기본계획기간 : 5년마다 실시
• 에너지 총조사기간 : 3년마다 실시

07 검사대상기기인 보일러의 검사를 받는 자에게 필요한 사항에 대한 조치를 하게 할 수 있다. 조치에 해당되지 않는 것은?

① 비파괴검사의 준비
② 수압시험의 준비
③ 검사대상기기의 피복물 제거
④ 단열재의 열전도율 시험준비

[풀이] 보일러 검사 시 단열재의 열전도율 시험은 별도로 하지 않는다.

08 검사대상기기의 설치, 개조 등을 한 자가 검사를 받지 않은 경우의 벌칙은?

① 1년 이하의 징역 또는 1천만 원 이하의 벌금
② 2년 이하의 징역 또는 2천만 원 이하의 벌금
③ 500만 원 이하의 벌금
④ 300만 원 이하의 과태료

[풀이] 검사대상기기의 설치자가 설치검사나 개조검사 등의 검사를 받지 않으면 1년 이하의 징역이나 1천만 원 이하의 벌금에 처한다.

09 산업통상자원부장관이 에너지 기술개발을 위한 사업에 투자 또는 출연할 것을 권고할 수 있는 대상이 아닌 것은?

① 에너지 공급자
② 대규모 에너지 사용자
③ 에너지사용기자재의 제조업자
④ 에너지 관련 기술용역업자

[풀이] 에너지 기술개발 투자의 권고
• 에너지 공급자
• 에너지사용기자재의 제조업자
• 에너지 관련 기술용역업자

10 대통령령이 정하는 일정량 이상이 되는 에너지를 사용하는 자가 신고하여야 할 사항이 아닌 것은?

① 전년도의 에너지 사용량
② 해당 연도 수입, 지출 예산서
③ 해당 연도 제품생산 예정량
④ 전년도의 에너지이용 합리화 실적

[풀이] • 일정량 : 연간 석유환산 2,000TOE 이상
• 신고일자 : 매년 1월 31일까지
• 신고사항 : ①, ③, ④ 외에 에너지사용기자재 현황

11 에너지사용량을 신고하여야 하는 에너지사용자는 연료 및 열과 전력의 연간 사용량 합계가 몇 티오이(TOE) 이상인 자인가?

① 500
② 1,000
③ 1,500
④ 2,000

[풀이] 연간 에너지 사용량이 석유 환산계수 2,000TOE 이상이면 시장 도지사에게 신고하여야 한다.

12 검사대상기기의 사용정지 명령을 위반한 자에 대한 범칙금은?

① 500만 원 이하의 벌금
② 1천만 원 이하의 벌금
③ 1년 이하의 징역 또는 1천만 원 이하의 벌금
④ 2천만 원 이하의 벌금

[풀이] 검사대상기기의 사용정지 명령을 위반한 자의 벌칙은 ③에 해당된다.

정답 07 ④ 08 ① 09 ② 10 ② 11 ④ 12 ③

13 에너지 절약형 시설투자를 이용하는 경우 금융, 세제상의 지원을 받을 수 있는데 해당되는 시설투자는 산업통상자원부장관이 누구와 협의하여 고시하는가?

① 국토교통부장관
② 환경부장관
③ 과학기술정보통신부장관
④ 기획재정부장관

풀이 세제상의 지원 투자금액의 고시는 산업통상자원부장관이 기획재정부장관과 협의한다.

14 특정 열사용기자재의 설치·시공은 원칙적으로 어디에 따르는가?

① 대통령령으로 정하는 기준
② 국토교통부장관이 정하는 기준
③ 한국에너지공단 이사장이 정하는 기준
④ 한국산업규격

풀이 특정 열사용기자재의 설치·시공은 한국산업규격에 의한다.

15 검사대상기기의 검사종류 중 제조검사에 해당하는 것은?

① 설치검사   ② 제조검사
③ 계속사용검사   ④ 구조검사

풀이 제조검사: 구조검사, 용접검사

16 에너지수요관리 투자계획을 수립하여야 하는 대상이 아닌 곳은?

① 한국전력공사   ② 한국에너지공단
③ 한국지역난방공사   ④ 한국가스공사

풀이 에너지수요관리 투자계획에서 에너지공급자
- 한국가스공사
- 한국지역난방공사
- 기타 대량의 에너지를 공급하는 자
- 한국전력공사

17 에너지이용 합리화법에 따라 2천만 원 이하의 벌금에 처하는 경우는?

① 검사대상기기의 사용정지 명령에 위반한 자
② 산업통상자원부장관이 생산 또는 판매금지를 명한 효율관리기자재를 생산 또는 판매한 자
③ 검사대상기기의 관리자를 선임하지 아니한 자
④ 검사대상기기의 검사를 받지 아니한 자

풀이 ① 1년 이하의 징역 또는 1천만 원 이하의 벌금
② 2천만 원 이하의 벌금
③ 1천만 원 이하의 벌금
④ 1년 이하의 징역이나 또는 1천만 원 이하의 벌금

18 검사대상기기관리자를 선임하지 아니한 경우 벌칙은?

① 5백만 원 이하의 과태료
② 5백만 원 이하의 징역
③ 1년 이하의 징역
④ 1천만 원 이하의 벌금

풀이 ㉠ 검사대상기기
- 강철제 보일러
- 주철제 보일러
- 가스용 온수보일러
- 압력용기
- 철금속 가열로

㉡ 관리자를 채용하지 않으면 1천만 원 이하의 벌금에 처한다.

정답 13 ④ 14 ④ 15 ④ 16 ② 17 ② 18 ④

19 에너지 사용자의 에너지 사용량이 대통령령이 정하는 기준량 이상일 때는 전년도 에너지 사용량 등을 매년 언제까지 신고를 해야 하는가?

① 1월 31일 ② 3월 31일
③ 7월 31일 ④ 12월 31일

> 풀이
> - 기준량 : 석유환산 2,000TOE 이상
> - 시장, 도지사에게 매년 1월 31일까지 신고한다.(에너지관리대상자 지정자)

20 에너지이용 합리화법상의 연료단위인 티오이(TOE)란?

① 석탄환산론 ② 전력량
③ 중유환산톤 ④ 석유환산톤

> 풀이
> 티오이(TOE 석유환산톤)
> TOE(Ton of Oil Equivalent) 약자인 에너지의 단위로서 원유 1톤이 가지고 있는 열량 (10^7kcal) 또는 전기 4,000kWh에 해당된다.
> 1배럴=158.988L이다.

21 산업통상자원부장관이 지정하는 효율관리기자재의 에너지 소비효율, 사용량, 소비효율등급 등을 측정하는 기관은?

① 확인기관 ② 진단기관
③ 검사기관 ④ 시험기관

> 풀이
> 시험기관 : 소비효율, 사용량, 등급측정

22 일정량 이상의 에너지를 사용하는 자는 법에 의하여 신고를 해야 하는데, 연간 에너지(연료 및 열과 전기의 합) 사용량이 얼마 이상인 경우인가?

① 3천 TOE ② 2천 TOE
③ 1천 TOE ④ 1천 5백 TOE

> 풀이
> 에너지관리대상자 : 연간 석유환산 2천 TOE 이상 사용하면 매년 1월 31일까지 시장·도지사에게 신고를 하여야 한다.

23 에너지이용 합리화법상 에너지사용 기자재의 에너지 소비효율, 사용량 등을 측정하는 기관은?

① 진단기관 ② 시험기관
③ 검사기관 ④ 전문기관

> 풀이
> 시험기관에서 하는 일
> - 에너지소비효율 측정
> - 에너지사용량 측정 등

24 에너지사용자에 대하여 에너지관리지도를 할 수 있는 경우는?

① 에너지관리기준을 준수하지 아니한 경우
② 에너지소비효율기준에 미달된 경우
③ 에너지사용량 신고를 하지 아니한 경우
④ 에너지관리진단 명령을 위반한 경우

> 풀이
> 산업통상자원부장관은 에너지사용자가 에너지관리기준을 준수하지 못한다고 인정되면 에너지관리지도를 할 수 있다.

25 다음 중 에너지 손실요인 개선명령을 행할 수 있는 경우가 아닌 것은?

① 에너지관리상태가 에너지관리기준에 현저하게 미달된다고 인정되는 경우
② 에너지관리 진단결과 10% 이상의 에너지 효율 개선이 기대되는 경우
③ 효율개선을 위한 투자의 경제성이 있다고 인정되는 경우
④ 효율기준미달 기자재를 생산, 판매하는 경우

> 풀이
> 열사용기자재의 효율 기준미달 기자재를 생산, 판매하는 경우에는 수거, 파기 등의 명령을 내리게 된다.

정답 19 ① 20 ④ 21 ④ 22 ② 23 ② 24 ① 25 ④

26 검사대상기기의 검사종류 중 제조검사에 해당되는 것은?

① 설치검사　　② 용접검사
③ 개조검사　　④ 계속사용검사

> 풀이) 제조검사 : 용접검사, 구조검사

27 다음 중 효율관리기자재에 대하여 지정·고시하는 기준이 아닌 것은?

① 에너지의 목표소비효율의 기준
② 에너지의 소비효율등급의 기준
③ 에너지의 최대사용량의 기준
④ 에너지의 최대소비효율의 기준

> 풀이) 효율관리 기자재의 지정·고시 기준
> • 에너지의 목표 소비효율의 기준
> • 에너지의 소비효율 등급의 기준
> • 에너지의 최대사용량의 기준

28 효율관리기자재에 대한 에너지 소비효율 등의 측정시험기관은 누가 지정하는가?

① 시·도지사
② 한국에너지공단이사장
③ 시장, 군수
④ 산업통상자원부장관

> 풀이) 에너지소비효율 등의 측정을 하는 시험기관은 산업통상자원부장관이 지정한다.

29 에너지 수급안정을 위한 비상조치에 해당되지 않는 것은?

① 에너지 판매시설의 확충
② 에너지 사용의 제한
③ 에너지의 배급
④ 에너지의 비축과 저장

> 풀이) 에너지 수급안정의 비상조치 : 에너지의 배급, 에너지의 사용제한, 에너지의 비축과 저장

30 에너지이용 합리화법상 에너지사용기자재의 정의로서 옳은 것은?

① 연료 및 열만을 사용하는 기자재
② 에너지를 생산하는 데 사용되는 기자재
③ 에너지를 수송, 저장 및 전환하는 기자재
④ 열사용기자재 및 기타 에너지를 사용하는 기자재

> 풀이) 에너지사용기자재란 열사용기자재 기타 에너지를 사용하는 기자재이다.

31 에너지소비효율 관리기자재로 지정은 에너지사용기자재에 대하여 에너지소비효율 등은 누가 표시하는가?

① 산업통상자원부장관
② 기자재 제조업자
③ 시·도지사
④ 시험기관

> 풀이) 열사용기자재 제조업자는 에너지소비효율 표시를 한 후 판매하여야 한다.(수입업자도 표시하여야 한다.)

32 검사대상기기 관리자 채용기준에 합당한 것은?

① 1구역에 보일러가 2대인 경우 1명
② 1구역에 보일러가 2대인 경우 2명
③ 구역과 보일러의 수에 관계없이 1명
④ 2구역으로서 각 구역에 보일러가 1대씩일 경우 1명

> 풀이) 검사대상기기 관리자의 경우 1구역에는 보일러 대수에 관계없이 1인 이상 채용한다.

정답　26 ②　27 ④　28 ④　29 ①　30 ④　31 ②　32 ①

33 특정 열사용기자재 시공업의 범위에 포함되지 않는 것은?

① 기자재의 설치
② 기자재의 검사
③ 기자재의 시공
④ 기자재의 세관

> 풀이) 기자재의 검사는 시공업이 아닌 검사권자의 권리

34 에너지이용 합리화법에 따라 2천만 원 이하의 벌금에 처하는 경우는?

① 검사대상기기의 사용정지 명령에 위반한 자
② 산업통상자원부장관이 생산 또는 판매금지를 명한 효율관리기자재를 생산 또는 판매한 자
③ 검사대상기기의 관리자를 선임하지 아니한 자
④ 검사대상기기의 검사를 받지 아니한 자

> 풀이) ① 1년 이하의 징역 또는 1천만 원 이하의 벌금
> ③ 1천만 원 이하의 벌금
> ④ 1년 이하의 징역 또는 1천만 원 이하의 벌금

35 에너지이용 합리화법상의 목표 에너지원 단위를 가장 옳게 설명한 것은?

① 에너지를 사용하여 만드는 제품의 연간 연료사용량
② 에너지를 사용하여 만드는 제품의 단위당 연료사용량
③ 에너지를 사용하여 만드는 제품의 연간 에너지사용 목표량
④ 에너지를 사용하여 만드는 제품의 단위당 에너지사용 목표량

> 풀이) 목표 에너지원 단위 : 에너지를 사용하여 만드는 제품의 단위당 에너지사용목표량

36 에너지이용 합리화법의 목적이 아닌 것은?

① 에너지의 수급안정
② 에너지의 합리적이고 효율적인 이용 증진
③ 에너지의 소비촉진을 통한 경제발전
④ 에너지의 소비로 인한 환경피해 감소

> 풀이) 에너지법의 목적
> ①, ②, ④ 외에도 국민경제의 건전한 발전과 국민복지의 증진에 이바지하여야 한다.

37 에너지이용 합리화법상 연료에 해당되지 않는 것은?

① 원유   ② 석유
③ 코크스 ④ 핵연료

> 풀이) • 에너지 : 연료, 열, 전기
> • 연료 : 석유, 석탄, 대체에너지, 기타 열을 발생하는 열원(핵연료만은 제외한다.)

38 에너지이용 합리화 기본계획에 포함되지 않는 것은?

① 에너지절약형 경제구조로의 전환
② 에너지의 대체계획
③ 에너지이용효율의 증대
④ 에너지의 보존계획

> 풀이) 우리나라는 에너지 97%가 수입이고 생산이 되지 않기 때문에 보존계획은 필요 없고 절약 대책이 필요하다.

정답 33 ② 34 ② 35 ④ 36 ③ 37 ④ 38 ④

39 산업통상자원부장관이 에너지관리대상자에게 에너지손실효율의 개선을 명하는 경우는 에너지관리자도 결과 몇 % 이상의 에너지효율 개선이 기대되는 경우인가?

① 5%   ② 10%
③ 15%   ④ 20%

풀이 에너지손실효율의 개선명령은 10% 이상의 에너지효율 개선이 기대되는 경우이다.

40 제2종 압력용기를 시공할 수 있는 난방시공업종은?

① 제1종   ② 제2종
③ 제3종   ④ 제4종

풀이 보일러, 압력용기 등은 제1종 난방시공업종에 해당된다.(건설산업기본법)

41 검사대상기기를 설치, 증설, 개조 등을 한 자가 검사를 받지 않은 경우의 벌칙은?

① 1년 이하의 징역 또는 1천만 원 이하의 벌금
② 2년 이하의 징역 또는 2천만 원 이하의 벌금
③ 500만 원 이하의 벌금
④ 300만 원 이하의 과태료

풀이 검사대상기기의 검사를 받지 않으면 ①의 벌칙이 적용된다.

42 에너지다소비업자는 전년도 에너지사용량, 제품생산량을 누구에게 신고하는가?

① 산업통상자원부장관
② 한국에너지공단 이사장
③ 시·도지사
④ 한국난방시공협회장

풀이 에너지다소비업자는(연간 2,000TOE 이상 사용자)는 시장 또는 도지사에게 1월 31일까지 신고

43 에너지다소비업자는 에너지손실요인의 개선명령을 받은 경우 며칠 이내에 개선계획을 제출해야 하는가?

① 30일   ② 45일
③ 50일   ④ 60일

풀이 에너지손실요인의 개선명령을 받은 에너지다소비업자는 개선명령을 받은 날로부터 60일 이내에 산업통상자원부장관에게 개선계획을 제출해야 한다.

44 다음 중 1년 이하의 징역 또는 1천만 원 이하의 벌금에 처하는 경우는?

① 에너지관리진단 명령을 거부, 방해 또는 기피한 경우
② 에너지의 소비효율 또는 사용량을 표시하지 아니하였거나 허위의 표시를 한 경우
③ 검사대상기기의 검사를 받지 않은 경우
④ 열사용기자재 파기명령을 위반한 경우

풀이 ② 500만 원 이하의 벌금
③ 1년 이하의 징역 또는 1천만 원 이하의 벌금

45 산업통상자원부장관은 몇 년마다 에너지 총조사를 실시하는가?

① 1년   ② 2년
③ 3년   ④ 5년

풀이
• 에너지 총조사 : 3년
• 간이조사 : 필요할 때마다

정답 39 ② 40 ① 41 ① 42 ③ 43 ④ 44 ③ 45 ③

46 특정 열사용기자재 시공업 등록의 말소 또는 시공업의 전부 또는 일부의 정지요청은 누가 누구에게 하는가?

① 시·도지사가 산업통상자원부장관에게
② 시공업자단체장이 산업통상자원부장관에게
③ 산업통상자원부장관이 시·도지사에게 요청한다.
④ 국토교통부장관이 산업통상자원부장관에게

> 풀이 특정 열사용기자재 시공업등록의 말소 또는 시공업의 전부 또는 일부의 정지요청은 산업통상자원부장관이 시·도지사에게 한다.

47 검사에 불합격한 검사대상기기를 사용한 자에 대한 벌칙은?

① 1년 이하의 징역 또는 1천만 원 이하의 벌금
② 2년 이하의 징역 또는 2천만 원 이하의 벌금
③ 500만 원 이하의 벌금
④ 300만 원 이하의 벌금

> 풀이 검사에 불합격한 검사대상기기를 사용한 자는 1년 이하의 징역이나 또는 1천만 원 이하의 벌금에 처한다.

48 제3자로부터 위탁을 받아 에너지절약을 위한 관리·용역과 에너지절약형 시설투자에 관한 사업 등을 하는 자로서 산업통상자원부장관에게 등록을 한 자는?

① 에너지관리진단기업
② 에너지절약전문기업
③ 한국에너지공단
④ 수요관리전문기관

> 풀이 에너지절약전문기업은 제3자로부터 위탁을 받아 에너지절약을 위한 관리용역과 에너지절약형 시설투자에 관한 사업을 하는 자이다. 그 등록은 산업통상자원부장관이 한국에너지공단에게 위탁하였다.

49 에너지이용 합리화 에너지 공급설비에 포함되지 않는 것은?

① 에너지 생산설비   ② 에너지 판매설비
③ 에너지 수송설비   ④ 에너지 전환설비

> 풀이 에너지 공급설비 : 에너지를 생산, 전환, 수송, 저장하기 위하여 설치하는 설비이다.

50 에너지이용 합리화법상 목표에너지원 단위란?

① 제품의 단위당 에너지사용 목표량
② 제품의 종류별 연간 에너지사용 목표량
③ 단위 에너지당 제품생산 목표량
④ 단위 연료당 목표 주행거리

> 풀이 목표에너지원 단위 : 에너지를 만드는 제품의 단위당 에너지사용 목표량이다.

51 에너지이용 합리화법상의 에너지에 해당되지 않는 것은?

① 원유   ② 석유
③ 석탄   ④ 우라늄

> 풀이 우라늄(핵연료)은 에너지에서는 제외된다.

52 대통령이 정한 일정 규모 이상의 에너지를 사용하는 자가 신고하여야 할 사항이 아닌 것은?

① 대체에너지 이용현황
② 전년도 제품 생산량
③ 전년도 에너지사용량
④ 에너지사용 기자재 현황

> 풀이 대체에너지 이용현황은 연간 석유환산 2,000TOE 이상 되는 에너지다소비업자가 매년 1월 31일까지 시장 또는 도지사에게 신고할 내용에서 제외되는 항목이다.

정답 46 ③ 47 ① 48 ② 49 ② 50 ① 51 ④ 52 ①

53 에너지이용 합리화법을 만든 취지에 가장 알맞은 것은?

① 보일러 제조업체의 경영 개선
② 대체에너지 개발 및 에너지 절약
③ 에너지의 수급안정 및 합리적이고 효율적인 이용
④ 석유제품의 합리적 판매

풀이 ③의 내용은 에너지이용 합리화법의 제정 목적이다.

54 에너지절약형 시설투자를 하는 경우 금융, 세제상의 지원을 받을 수 있는데 해당되는 시설투자는 산업통상자원부장관이 누구와 협의하여 고시하는가?

① 국토교통부장관
② 환경부장관
③ 과학기술정보통신부장관
④ 기획재정부장관

풀이 세제금융상의 지원은 산업통상자원부장관이 기획재정부장관과 협의하여 고시한다.

55 권한의 위임, 위탁 규정에 따라 에너지절약 전문기업의 등록은 누구에게 하도록 되어 있는가?

① 산업통상자원부 장관
② 시·도지사
③ 한국에너지공단 이사장
④ 시공업자단체장

풀이 에너지절약 전문기업 등록권자 : 한국에너지공단 이사장

56 검사대상기기 관리자의 선임, 해임 또는 퇴직 신고는 누구에게 하는가?

① 한국에너지공단 이사장
② 시·도지사
③ 산업통상자원부장관
④ 한국난방시공협회장

풀이 검사대상기기 관리자의 선임, 해임, 퇴직, 신고권자는 한국에너지공단 이사장이다.

57 다음 중 한국에너지공단 이사장에게 위탁한 권한은?

① 검사대상기기의 검사
② 에너지관리대상자의 지침
③ 특정 열사용기자재 시공업 등록 말소의 요청
④ 목표에너지원단위의 지정

풀이 ② 시장 또는 도지사
③ 시장 또는 도지사가 국토교통부장관에게
④ 산업통상자원부장관

58 사용 중인 검사대상기기를 폐기한 경우 폐기한 날로부터 며칠 이내에 신고해야 하는가?

① 7일   ② 10일
③ 15일 ④ 30일

풀이 검사대상기기를 폐기처분하면 15일 이내에 한국에너지공단 이사장에게 신고한다.

59 한국에너지공단 이사장에게 권한이 위탁된 업무는?

① 에너지 저소비업자의 에너지사용량 신고의 접수
② 특정 열사용기자재 시공업 등록의 말소 신청
③ 에너지관리기준의 지정 및 고시
④ 검사대상기기의 설치, 개조 등의 검사

풀이 검사대상기기의 설치나 개조, 제조검사는 한국에너지공단 이사장에게 그 권한이 위탁된 사항이다.

정답 53 ③ 54 ④ 55 ③ 56 ① 57 ① 58 ③ 59 ④

60 산업통상자원부장관이 도지사에게 권한을 위임, 위탁한 사항은?

① 에너지다소비업자(2,000TOE 이상)의 에너지사용 신고 접수
② 에너지절약 전문기업의 등록
③ 검사대상기기 관리자의 선임 신고 접수
④ 확인대상기기의 설치 시공 확인에 관한 업무

풀이 에너지다소비업자의 에너지사용 신고접수는 2002년 3월 25일 법률개정에 의해 시장·도지사에게 신고한다.

61 에너지절약 전문기업의 등록은 누구에게 하는가?

① 대통령
② 시·도지사
③ 산업통상자원부장관
④ 한국에너지공단 이사장

풀이 ESCO(에스코사업) 등록은 한국에너지공단 이사장에게 한다.

62 에너지이용 합리화법상의 열사용기자재 종류에 해당되는 것은?

① 급수장치   ② 압력용기
③ 연소기기   ④ 버너

풀이 제1종, 2종 압력용기는 열사용기자재이다.

63 온수보일러로서 검사대상기기에 해당하는 것은 가스 사용량이 몇 kg/h를 초과하는 경우인가?(단, 도시가스가 아닌 가스를 연료로 사용하는 경우임)

① 15kg/h   ② 17kg/h
③ 20kg/h   ④ 23kg/h

풀이 가스사용량이 17kg/h를 초과하거나 도시가스가 232.6kW를 초과하면 검사대상기기이다.

64 검사대상기기에 포함되지 않는 것은?

① 압력용기
② 유류용 소형 온수보일러
③ 주철제 증기보일러
④ 철금속가열로

풀이 온수보일러로 대기개방형은 검사대상기기가 아니다.

65 검사대상기기 관리자의 교육기간은 며칠 이내로 하는가?

① 1일   ② 3일
③ 5일   ④ 10일

풀이 검사대상기기 관리자의 교육기간은 1일 이내로 한다.

66 에너지이용 합리화법에 의한 검사대상기기 관리자의 자격이 아닌 것은?

① 에너지관리기사
② 에너지관리기능사
③ 에너지관리산업기사
④ 위험물취급기사

풀이 검사대상기기 : 보일러, 압력용기, 철금속 가열로

검사대상기기 관리자 자격
- 에너지관리기능사
- 에너지관리산업기사
- 에너지관리기능장
- 에너지관리기사

정답 60 ① 61 ④ 62 ② 63 ② 64 ② 65 ① 66 ④

67 에너지이용 합리화법에 의한 검사대상기기가 아닌 것은?

① 주철제 보일러 ② 2종 압력용기
③ 철금속가열로 ④ 태양열 집열기

풀이 태양열 집열기는 열사용기자재이다.

검사대상기기
- 강철제 보일러
- 주철제 보일러
- 가스용 온수보일러
- 요업 철금속가열로
- 1, 2종 압력용기

68 특정 열사용기자재 중 검사대상기기에 해당되는 것은?

① 온수를 발생시키는 대기개방형 강철제 보일러
② 최고사용압력이 $2kg/cm^2$인 주철제 보일러
③ 축열식 전기보일러
④ 가스사용량이 15kg/h인 소형 온수보일러

풀이 주철제 보일러는 최고사용압력이 $1kg_f/cm^2$(0.1MPa) 초과, 전열면적 $5m^2$ 이상이면 검사 대상기기이다.

69 특정 열사용기자재에 해당되는 것은?

① 2종 압력용기 ② 유류용 온풍난방기
③ 구멍탄용 연소기 ④ 에어핸들링 유닛

풀이 특정 열사용기자재
- 기관 : 강철제, 주철제, 온수, 구멍탄용 온수, 축열식, 태양열 집열기 등의 보일러
- 압력용기 : 제1, 2종 압력용기
- 요업요로
- 금속요로

70 검사대상기기 설치자가 변경된 때는 신설치자는 변경된 날로부터 며칠 이내에 신고해야 하는가?

① 15일 ② 20일
③ 25일 ④ 30일

풀이
- 검사대상기기 설치자 변경 : 15일 이내
- 검사대상기기 사용중지신고 : 15일 이내
- 검사대상기기 폐기신고 : 15일 이내
- 신고접수권자 : 한국에너지공단 이사장

71 검사대상기기의 검사종류 중 유효기간이 없는 것은?

① 설치검사 ② 계속사용검사
③ 설치장소변경검사 ④ 구조검사

풀이
- 설치검사 : 보일러(1년 이내), 압력용기나 철금속가열로(2년 이내)
- 계속사용검사 : 보일러(1년), 압력용기(2년)
- 설치장소변경검사 : 보일러(1년), 압력용기 및 철금속가열로(2년)
- 구조검사와 용접검사는 제조검사이며 유효기간이 없다.

72 온수보일러 용량이 몇 kcal/h 이하인 경우 제2종 난방 시공업자가 시공할 수 있는가?

① 5만 kcal/h ② 8만 kcal/h
③ 10만 kcal/h ④ 15만 kcal/h

풀이 제2종 시공난방법 : 5만 kcal/h 이하 보일러 시공

73 모든 검사대상기기 관리자가 될 수 없는 자는?

① 에너지관리기사 자격증 소지자
② 에너지관리산업기사 자격증 소지자
③ 에너지관리기능사 자격증 소지자
④ 에너지관리정비사 자격증 소지자

풀이 검사대상기기 관리자
- 에너지관리기능사
- 에너지관리산업기사
- 에너지관리기사
- 에너지관리기능장

정답 67 ④ 68 ② 69 ① 70 ① 71 ④ 72 ① 73 ④

74 다음 중 인정검사대상기기 관리자가 관리할 수 없는 검사대상기기는?

① 증기보일러로서 최고사용압력이 1MPa 이하이고, 전열면적이 10m² 이하인 것
② 압력용기
③ 온수발생 보일러로서 출력이 0.58mW 이하인 것
④ 가스사용량이 17kg/h를 초과하는 소형 온수보일러

> 풀이 가스사용량 17kg/h 초과나 도시가스 사용량 232.6 kW 초과(약 20만 kcal/h)용 온수보일러는 인정 검사대상기기 관리자가 조정할 수 없다.

75 검사대상기기 설치자가 그 사용 중인 검사대상기기를 사용중지한 때는 그 중지한 날로부터 며칠 이내에 신고해야 하는가?

① 10일 ② 15일
③ 20일 ④ 30일

> 풀이 검사대상기기(보일러, 압력용기 등)를 사용중지하면 15일 이내에 한국에너지공단 이사장에게 신고한다.

76 인정검사기기 관리자가 관리할 수 없는 기기는?

① 최고사용압력이 5kgf/cm²이고, 전열면적이 10m² 이하인 증기보일러
② 출력 40만 kcal/h인 열매체 가열보일러
③ 압력용기
④ 전열면적이 20m²인 관류보일러

> 풀이 인정검사기기 관리자는 관류보일러의 경우 최고사용압력 1MPa(10kgf/cm²) 이하로서 전열면적이 10m² 이하만 가능하다.

77 특정 열사용기자재의 기관에 해당되지 않는 것은?

① 금속요로   ② 태양열 집열기
③ 축열식 전기보일러 ④ 온수보일러

> 풀이 기관
> • 강철제 보일러
> • 주철제 온수보일러
> • 축열식 전기보일러
> • 구멍탄용 온수보일러
> • 태양열 집열기
> • 온수보일러

78 검사대상기기 관리자의 선임에 대한 설명으로 틀린 것은?

① 에너지관리기능사 자격증 소지자는 보일러 10톤/h 이하 검사대상기기를 관리할 수 있다.
② 1구역당 1인 이상의 관리자를 채용해야 한다.
③ 관리자를 선임치 아니한 경우 1천만 원 이하의 벌금에 처한다.
④ 압력용기는 에너지관리기사 자격증 소지자만 관리할 수 있다.

> 풀이 압력용기는 자격증을 소지하지 아니한 자는 인정검사기기 관리자 수첩으로 가름된다.

79 검사대상기기의 개조검사 대상이 아닌 것은?

① 보일러의 설치장소를 변경하는 경우
② 연료 또는 연소방법을 변경하는 경우
③ 증기보일러를 온수보일러로 개조하는 경우
④ 보일러 섹션의 증감에 의하여 용량을 변경하는 경우

> 풀이 ①의 내용은 설치장소 변경검사를 한국에너지공단 이사장에게 신청한다.

정답 74 ④ 75 ② 76 ④ 77 ① 78 ④ 79 ①

80 에너지이용 합리화법상 검사대상기기의 폐기신고는 언제, 누구에게 하여야 하는가?

① 폐기 15일 전에 시·도 경찰청장에게
② 폐기 10일 전에 시·도지사에게
③ 폐기 후 15일 이내에 한국에너지공단 이사장에게
④ 폐기 후 15일 이내에 관할 세무서장에게

풀이 검사대상기기 폐기신고 : 15일 이내 한국에너지공단 이사장에게 신고한다.

81 열사용기자재인 소형 온수보일러의 적용범위는?

① 전열면적 12m² 이하이고, 최고사용압력 3.5kgf/cm² 이하인 온수가 발생하는 것
② 전열면적 14m² 이하이고, 최고사용압력 2.5kgf/cm² 이하인 온수가 발생하는 것
③ 전열면적 12m² 이하이고, 최고사용압력 4.5kgf/cm² 이하인 온수가 발생하는 것
④ 전열면적 14m² 이하이고, 최고사용압력 3.5kgf/cm² 이하인 온수가 발생하는 것

풀이 소형 온수보일러
전열면적 14m² 이하(최고사용압력 3.5kgf/cm² 이하)의 온수가 발생하는 보일러

82 검사대상기기의 계속사용검사 유효기간 만료일이 9월 1일 이후인 경우는 몇 개월의 기간 내에서 이를 연기할 수 있는가?

① 1개월   ② 2개월
③ 3개월   ④ 4개월

풀이 • 검사의 연기 : 당해연도 말까지
• 9월 1일 이후 : 4개월의 기간 내에서

83 검사대상기기의 계속사용검사 신청서는 유효기간 만료 며칠 전까지 제출해야 하는가?

① 10일   ② 15일
③ 20일   ④ 30일

풀이 계속사용검사신청서는 유효기간 만료 10일 전까지 한국에너지공단 이사장에게 신고한다.

84 제2종 난방시공업 등록을 한 자가 시공할 수 있는 온수보일러의 용량은?

① 15만 kcal/h 이하
② 10만 kcal/h 이하
③ 5만 kcal/h 이하
④ 3만 kcal/h 이하

풀이 제2종 난방시공업자는 온수보일러 용량 50,000kcal/h 이하를 시공할 수 있다.(건설산업기본법에 의하여)

85 열사용기자재의 축열식 전기보일러의 정격 소비전력은 몇 kW 이하이며, 최고사용압력은 몇 MPa 이하인 것인가?

① 30, 0.35   ② 40, 0.5
③ 50, 0.75   ④ 100, 1

풀이 축열식 전기보일러는 30kW 이하로서 최고사용압력이 0.35MPa 이하이다.

86 에너지이용 합리화법상 열사용기자재가 아닌 것은?

① 태양열 집열기
② 구멍탄용 온수보일러
③ 전기순간온수기
④ 2종 압력용기

풀이 전기순간온수기는 에너지법상 열사용기자재에서 제외된다.

정답 80 ③   81 ④   82 ④   83 ①   84 ③   85 ①   86 ③

87 특정 열사용기자재 중 검사대상기기의 검사 종류에서 유효기간이 없는 것은?

① 설치검사 ② 계속사용검사
③ 설치장소 변경장소 ④ 용접검사

풀이 유효기간이 없는 검사
구조검사, 용접검사, 개조검사

88 에너지이용 합리화법의 특정 열사용기자재의 기관에 포함되지 않는 것은?

① 1종 압력용기
② 태양열 진열기
③ 구멍탄용 온수보일러
④ 축열식 전기보일러

풀이 압력용기는 제1종, 제2종이다.

89 에너지이용 합리화법상 소형 온수보일러는 전열면적 몇 m³ 이하인 것인가?

① 10 ② 14
③ 18 ④ 20

풀이 소형 온수보일러는 압력 0.35MPa 이하 전열면적 14m² 이하이다.

90 검사대상기기인 보일러의 검사 유효기간으로 옳은 것은?

① 개조검사 : 2년
② 계속사용안전검사 : 1년
③ 구조검사 : 1년
④ 용접검사 : 3년

풀이 • 개조검사, 구조검사, 용접검사는 유효기간이 없다.
• 계속사용안전검사는 1년

91 검사대상기기의 검사 종류별 유효기간이 옳은 것은?

① 용접검사 – 1년 ② 구조검사 – 없음
③ 개조검사 – 2년 ④ 설치검사 – 없음

풀이 • 용접검사, 구조검사, 개조검사 시는 유효기간이 정해져 있지 않다.
• 보일러 설치검사는 설치가 끝나면 1년 이내에 한국에너지공단 이사장에게 설치검사를 신청한다.

92 검사대상기기에 해당되는 소형 온수보일러는 가스 사용량이 몇 kg/h를 초과하는 경우인가?

① 10kg/h ② 15kg/h
③ 17kg/h ④ 20kg/h

풀이 검사대상기기
소형 온수보일러 : 가스사용량 17kg/h 초과 또는 도시가스 232.6kW 초과

93 특정열사용기자재 시공업의 기술인력에 대한 교육은 며칠 이내에 하도록 되어 있는가?

① 1일 ② 3일
③ 5일 ④ 10일

풀이 모든 교육은 연간 1일 이내이다.(에너지법규 시행규칙 제59조) : 별표 4−2항 참고

94 검사대상기기인 보일러의 검사분류 중 검사 유효기간이 1년인 것은?

① 용접검사 ② 구조검사
③ 계속사용검사 ④ 개조검사

풀이 계속사용검사 중 보일러인 경우(안전검사, 성능검사) 그 유효기간은 1년이다.

정답 87 ④ 88 ① 89 ② 90 ② 91 ② 92 ③ 93 ① 94 ③

PART 02

INDUSTRIAL ENGINEER ENERGY MANAGEMENT

설비구조 및 시공

CHAPTER 01 　요로
CHAPTER 02 　내화재
CHAPTER 03 　배관, 단열 보온재
CHAPTER 04 　보일러의 종류 및 특성
CHAPTER 05 　보일러 부속장치
CHAPTER 06 　보일러 설치시공 및 검사기준
CHAPTER 07 　신재생 및 기타 에너지

요로

SECTION 01 요(Kiln)로(Furnace) 일반

요(Kiln)란 물체를 가열소성하며 주로 비금속 재료를 취급하나 노(Furnace)는 물체를 가열 용융하며 주로 금속류를 취급한다.

1. 요로 분류

1) 가열방법에 의한 분류

(1) **직접가열** : 강재 가열로(가공을 위한 가열)
(2) **간접가열** : 강재 소둔로(강재의 내부조직 변화 및 변형의 제거)

2) 가열열원에 의한 분류

(1) 연료의 발열반응을 이용
(2) 연료의 환원반응을 이용
(3) 전열을 이용

3) 조업방법에 의한 분류

(1) 연속식 요
 ① 터널식 요 : 도자기 제조용
 ② 윤요 : 시멘트, 벽돌제조

(2) 반연속식 요
 ① 셔틀요 : 도자기 제조용
 ② 등요 : 옹기, 석기제품 제조

(3) 불연속식 요
 ① 승염식 요(오름 불꽃) : 석회석 제조
 ② 횡염식 요(옆 불꽃) : 토관류 제조
 ③ 도염식 요(꺾임 불꽃) : 내화벽돌, 도자기 제조

4) 제품 종에 의한 분류

(1) **시멘트 소성요** : 회전요, 윤요, 선요
(2) **도자기 제조용** : 터널요, 셔틀요, 머플요, 등요
(3) **유리용융용** : 탱크로, 도가니로
(4) **석회소성용** : 입식요, 유동요, 평상원형요

SECTION 02 요(Kiln)의 구조 및 특징

1. 불연속 요

가마내기를 하기 위해서는 불을 끄고 가마를 냉각한 후 작업한다.(단속적)

1) 횡염식요(Horizontal Draft Kiln) : 옆 불꽃가마

아궁이에서 발생한 불꽃이 소성실 내에 들어가 수평방향으로 진행하면서 피가열체를 가열하는 방식으로 중국의 경덕전가마, 뉴캐슬가마, 자주가마 등이 있다.

[특징]
- 가마 내 온도분포가 고르지 못하다.
- 가마 내 입출구 온도차가 크다.
- 소성온도에 적당한 피소성품을 배열한다.
- 토관류 및 도자기 제조에 적합하다.

2) 승염식요(Up Draft Kiln) : 오름불꽃가마

아궁이에서 발생한 불꽃이 소성실 내를 상승하면서 피가열체를 가열하는 방식

[특징]
- 구조가 간단하나 설비비 및 보수비가 비싸다.
- 가마 내 온도가 불균일하다.
- 고온소성에 부적합하다.
- 1층 가마, 2층 가마가 있고 용도는 도자기 제조

3) 도염식요(Down Draft Kiln) : 꺾임 불꽃가마

연소불꽃이 천장에 부딪친 다음 바닥의 흡입구멍을 통하여 배출되는 구조로서 원요와 각요가 있다.

[특징]
- 가마 내 온도분포가 균일하다.
- 연료소비가 적다.
- 흡입공기구멍 화교(Fire Bridge) 등이 있다.
- 가마내기 재임이 편리하다.
- 도자기, 내화벽돌 등, 연삭지석, 소성에 적합하다.

2. 반연속식 요

요업제품을 넣어 소성실에서 한정된 구간까지는 연속적인 소성작업이 가능하지만 이후 소성작업이 끝나면 불을 끄고 냉각 이후 가마내기, 재임을 하는 가마

1) 등요(오름가마)

언덕의 경사도가 $\frac{3}{10} \sim \frac{5}{10}$ 정도인 소성실을 4~5개 인접시켜 설치된 구조로 앞의 소성실의 폐가스와 냉각공기가 보유한 열을 뒷 소성실에서 이용하도록 한 가마로 반연속요의 대표적이다.

[특징]
- 가마의 경사도에 따라 통풍력의 영향을 받는다.
- 내화 점토로만 축요한다.
- 벽 두께가 얇다.
- 소성실 내 온도분포가 불균일하다.
- 토기, 옹기 소성용이다.

2) 셔틀요(Shuttle Kiln)

단가마의 단점을 줄이기 위하여 대차식으로 된 셔틀요를 사용하는 형식으로 1개의 가마에 2개의 대차를 사용

[특징]
- 작업이 간편하고 조업주기 단축
- 요체의 보유열을 이용할 수 있어 경제적
- 일종의 불연속요

3. 연속식 요

가마내기 및 게임을 연속적으로 할 수 있도록 만든 가마로서 여러 개의 단가마를 연도로서 연결한 형태의 가마이고 3~4개의 소성실을 거쳐서 폐가스가 배출된다.

[특징]
- 대량제품생산이 가능
- 작업능률 향상
- 열효율이 높고 연료비가 절약된다.

1) 윤요(Ring Kiln)

고리모양의 가마로서 12~18개의 소성실을 설치한 구조로 종이 칸막이를 옮겨가며 연속적으로 가마내기 및 재임이 가능한 요

(1) 종류

해리슨형, 호프만형, 복스형, 지그재그형

(2) 특징

- 소성실모양은 원형과 타원형 구조로 두 가지가 있다.
- 배기가스 현열을 이용하여 제품을 예열시킨다.
- 가마의 길이는 보통 80m 정도이다.
- 벽돌, 기와, 타일 등 건축자재의 소성가마로 이용
- 제품의 현열을 이용하여 연소성 2차 공기를 예열시킨다.

2) 연속실 가마

윤요의 개량형으로 여러 개의 도염식 가마를 설치

[특징]
- 각소성실이 벽으로 칸막이 되어 있다.
- 윤요보다 고온소성이 가능하다.
- 소성실마다 온도조절이 가능하다.
- 꺾임 불꽃 소성이다.
- 내화벽돌 소성용가마이다.

3) 터널요(Tunnel Kiln)

가늘고 긴 터널형의 가마로 피열물을 실은 레일 위의 대차는 연소가스 진행의 레일 위를 진행하면서 예열 → 소성 → 냉각과정을 통하여 제품이 완성된다.

(1) 터널요의 특징

① 장점
- 소성이 균일하며 제품의 품질이 좋다.
- 소성시간이 짧으며 대량생산이 가능하다.
- 열효율이 높고 인건비가 절약된다.
- 자동온도제어가 쉽다.
- 능력에 비하여 설치면적이 적다.
- 배기가스의 현열을 이용하여 제품을 예열시킨다.

② 단점
- 능력에 비하여 건설비가 비싸다.
- 제품을 연속처리해야 한다.(생산조정이 곤란하다.)
- 제품의 품질, 크기, 형상에 제한을 받는다.
- 작업자의 기술이 요망된다.

(2) 용도

산화염 소성인 위생도기, 건축용 도기 및 벽돌

(3) 터널요의 구성

① 예열대 : 대차입구부터 소성대 입구까지
② 소성대 : 가마의 중앙부 아궁이
③ 냉각대 : 소성대 출구부터 대차출구까지
④ 대차 : 운반차(피소성 운반차)
⑤ 푸셔 : 대차를 밀어넣는 장치

4) 반터널요

터널을 3~5개 방으로 구분하고 각 소성실의 온도범위를 정하고 대차를 단속적으로 이동하여 제품을 소성하며 대표적으로 도자기, 건축용 도기소성, 건축용 벽돌소성 용도로 사용한다.

4. 시멘트제조용 요

시멘트 제조용 가마는 회전가마와 선가마가 있고 회전가마는 선가마보다 노 내 온도의 분포가 균일하다.

1) 회전요(Rotaty Kiln)

회전요는 건조, 가소, 소성, 용융작업 등을 연속적으로 할 수 있어 시멘트 클링커의 소성은 물론 석회소성 및 화학공업까지 광범위하게 사용된다.

[특징]
- 건식법, 습식법, 반건식법이 있다.
- 열효율이 비교적 불량하다.
- 기계적 고장을 일으킬 수 있다.
- 기계적 응력에 저항성이 있어야 한다.
- 원료와 연소가스의 방향이 반대이다.
- 경사도가 5% 정도이다.
- 외부는 20mm 정도의 강판과 내부는 내화재로 구성된다.

5. 머플가마

단가마의 일종이며 직화식이 아닌 간접 가열식 가마를 말한다. 주로 꺾임 불꽃가마이다.

SECTION 03 노(Furnace)의 구조 및 특징

1. 철강용로

1) 배소로
광석이 용해되지 않을 정도로 가열하여 제련상 유리한 상태로 변화시키는 것

2) 괴상화용로(소결로)
분상의 철광석을 괴상화시켜 용광로의 능률을 향상시키기 위하여 사용

3) 용광로(고로)

제련에 가장 중요한 노의 하나로 제철공장에서 선철을 제조하는 데 사용하는 노로서 크기 용량은 1일 동안 출선량을 톤으로 표시한다.

(1) 용광로의 종류
① **철피식** : 노흉부를 철피로 보강하고 하중을 6~8개 지주로 지탱한다.
② **철대식** : 노 상층부의 하중을 철탑으로 지지한다. 노의 흉부는 철대를 두르고 6~8개 지주로 지탱한다.
③ **절충식** : 노 상층부 하중을 철탑으로 지지하고 노흉부 하중은 철피로 지지한다.

(2) 열풍로
고로의 입구에 병렬로 설치되어 있으며 용광로 1기당 3~4기 정도로 설치하며 고로가스를 사용하여 공기를 800~1,300℃ 정도로 예열 후 용광로로 송풍하는 기능으로 전열식과 축열식 등의 열풍로가 있다.(종류 : 환열식, 마클아식, 축열식, 카우버식)

4) 혼선로

고로와 제철공장 사이의 중간에서 용융선철을 일시 저장하는 노로 보조버너를 설치하여 출선 시 일정온도를 유지한다.(황분이 제거된다.)

2. 제강로

용광로에서 나온 신철 중의 불순물을 제거하고 탄소량을 감소시켜 강을 만드는 것으로 평로, 전로, 전기로로 구분된다.

1) 평로

연소열로 선철과 고철을 용융시켜 강을 제조하는 것으로 일종의 반사형 형태이며 노의 양쪽에 축열실을 가지고 있으며 일종의 반사로로서 그 크기용량은 1회 출강량을 톤으로 표시한다.

(1) 평로의 종류 및 특성

① **염기성 평로**
- 염기성 내화재 사용
- 양질의 강을 얻는다.(순철제조용)

② **산성 평로**(탈황, 탈인이 힘든 제강로)
- 규석질 내화물 사용
- 석회를 함유한 슬래그 생성

(2) 축열실

배기가스의 현열을 흡수하여 공기의 연료 예열에 이용할 수 있도록 한 장치로 연소온도를 높이고 연료소비량을 줄일 수 있다. 수직식과 수평식이 있으며 축열식 벽돌은 샤모트벽돌, 고알루미나질 벽돌이 사용된다.

2) 전로

용융선철을 강철로 만들기 위하여 고압의 공기나 순수 산소를 취입시켜 산화열에 의해 선철 중의 불순물을 산화시켜 제련하는 노로서 노체가 270° 이상 기울어진다.

(1) **베세머 전로** : 산성전로(Si 제거, 고규소 저인선제강, 고탄소강 제조)
(2) **토마스 전로** : 염기성 전로(인, 황 제거, 저규소 고인선제강, 연강제조용)
(3) **LD 전로** : 순산소 전로(산소를 1MPa 정도로 공급)
(4) **칼도 전로** : 베세머 전로와 비슷(노가 15~20° 경사지며 순산소를 0.3MPa로 공급하여 수냉파이프로 통해 제강하고 노체의 회전속도는 30rpm 정도)

3) 전기로

전기로는 고온을 얻을 수 있을 뿐만 아니라 온도제어가 자유롭고 취급이 편리하다.
(1) 전기로   (2) 아크로   (3) 유도로

3. 주물용해로

1) 큐플라(용선로)

주물 용해로이며 노 내에 코크스를 넣고 그 위에 지금(소재금속), 코크스, 석회석, 선철을 넣은 후 송풍하여 연소시켜 주철을 용해한다. 이 용선로는 대량의 쇳물을 얻고 다른 용해로보다 효율이 좋고 용해시간이 빠르며 용량표시는 1시간당 용해량을 톤으로 표시한다.

2) 반사로

낮은 천장을 가열하여 천정 복사열에 의하여 구리, 납, 알루미늄, 은 등을 제련

3) 도가니로

동합금, 경합금 등의 비철금속 용해로로 사용하며 흑연도가니와 주철제 도가니가 있다.
※ 용량 : 1회 용해할 수 있는 구리의 중량(kg)으로 표시한다.

4. 금속가열 및 열처리로

1) 균열로
강괴를 균일 가열하기 위하여 사용하는 노

2) 연속가열로
강편을 압연 온도까지 가열하기 위하여 사용되는 노

3) 단조용 가열로
금속의 단조를 위한 가열로

4) 열처리로
금속재료의 내부응력을 제거하여 기계적 성질을 변화시키는 노이다.

(1) 풀림로 : 열경화된 재료를 가열한 후 서서히 냉각하여 강의 입도를 미세화하여 내부응력을 제거하는 것
(2) 불림로 : 단조, 압연, 소성가공으로 거칠어진 조직을 미세화하고 내부응력을 제거하는 것
(3) 담금질로 : 재료를 일정온도로 가열한 후 물, 기름 등에 급랭시켜 재료의 경도를 높이는 것
(4) 뜨임로 : 단금질 재료는 취성이 증가하기 때문에 적정온도로 가열하여 응력을 제거
(5) 침탄로 : 침탄재(숯)을 침탄로에 넣어 재료 표면에 탄소를 침투시켜 표면의 경도를 높이고 담금질한 재료를 재가열하여 강인성을 부여하는 것
(6) 질화로 : 500~550℃ 암모니아 가스 기류 속에 넣고 50~100시간 가열 후 150℃ 이하까지 서랭

5) 연소식 열처리로
가스, 경유, 중유 등의 연료를 연소하여 열처리하는 방법으로 직화식 또는 레이디언튜브를 사용하는 방법이 있다.

SECTION 04 축요

1. 지반의 선택 및 설계순서

1) 지반의 선택

(1) 지반이 튼튼한 곳
(2) 지하수가 생기지 않는 곳
(3) 배수 및 하수처리가 잘 되는 곳
(4) 가마의 제조 및 조립이 편리한 곳

※ 지반의 적부시험 : 지하탐사, 토질시험, 지내력 시험

2) 가마의 설계순서

(1) 피열물의 성질을 결정한다.
(2) 피열물의 양을 결정한다.
(3) 이론적으로 소요될 열량을 결정한다.
(4) 사용연료량을 결정한다.
(5) 경제적 인자를 결정한다.
(6) 부속설비를 설계한다.

2. 축요

1) 기초공사

가마의 하중에 견딜 수 있는 충분한 두께의 석재지반 및 콘크리트 지반을 시공한다.

2) 벽돌쌓기

길이쌓기, 넓이쌓기, 영국식, 네덜란드식, 프랑스식 등이 있으며 측벽의 경우 강도를 고려하여 붉은 벽돌이나 철강재로 보강한다.(한 장 쌓기, 한 장 반 쌓기, 두 장 쌓기로 벽돌을 쌓는다.)

> **주의사항**
> - 가마바닥은 충분한 두께로 한다.
> - 불순물을 제거 후 쌓는다.
> - 내화벽돌이나 단열벽돌은 건조한 것을 사용하며 보통벽돌의 경우 물에 적셔 사용한다.
> - 가마벽은 외면을 강철판으로 보강한다.

3) 천장

노의 천장은 편평형과 아치형으로 있으나 아치형이 강도상 유리하다.

4) 가마의 보강

강철재료를 이용하여 가마조임을 한다.

5) 굴뚝시공

자연통풍 시 굴뚝의 높이는 중요시 하며 강제통풍 시는 적당히 한다.

> **Reference**
> - 담금질(Quenching)
> - 뜨임(Tempering)
> - 풀림(Annealing)
> - 불림(Normalizing)

출제예상문제

01 도염식 단요의 구조 부분과 관계가 먼 것은?
① 화교　　② 흡입구
③ 연도　　④ 발열체

풀이 요로에서 도염식 단요의 구조
화교, 흡입구, 연도

02 다음 중 사용목적에 의한 요로의 분류는?
① 도염식요로　　② 연속요로
③ 소결요로　　　④ 중유요로

풀이 사용목적에 의한 요로
- 가열로　• 용융로　• 소결로
- 서냉로　• 분해로　• 용광로
- 균열로

03 소성실 용적이 같고 피소성 제품과 연료도 같을 때 가열 능력이 가장 큰 것은?
① 셔틀(Shuttle)가마
② 터널(tunnel)가마
③ 도염식 불연속 각 가마
④ 도염식 불연속 둥근 가마

풀이 소성실 용적이 같고 피소성 제품과 연료도 같을 때 가열능력이 가장 큰 것은 연속식 가마인 터널가마나 윤요이다.

04 가마 내의 온도가 비교적 균일한 것은?
① 직염식 가마　　② 승염식 가마
③ 횡염식 가마　　④ 도염식 가마

풀이 불연속 가마 내에서 가마 내의 온도가 비교적 균일한 것은 도염식 가마이다.

05 시멘트 소성용 회전요(Kiln)와 관계없는 것은?
① Suspension Preheater
② Cooler
③ NSP
④ Injector

풀이 인젝터(Injector)는 증기분사 급수펌프이다.

06 다음 중 레큐퍼레이터의 종류가 아닌 것은?
① 축열식　　　　② 회전식
③ 히트파이프식　④ 열관류식

풀이 환열기(레큐퍼레이터)
- 축열식, 히트파이프식, 열관류식
- 공기예열기와 비슷하나 고온가스와 저온가스의 상호 열교환에 의하여 이루어진다. 즉, 열효율을 향상시킨다.(고온공업용)

07 다음 중 포틀랜드 시멘트 소성용 회전 가마의 소성대에 사용하는 내화물로서 가장 적합한 것은?
① 점토질 벽돌　　② 탄화규소 벽돌
③ 돌로마이트 벽돌　④ 크롬마그네시아 벽돌

풀이 크롬마그네시아 벽돌은 시멘트 소성용가마에 사용된다.

08 다음 금속 용해로 중 주물 용해로로 쓸 수 없는 것은?
① 반사로　　② 큐폴라
③ 회전로　　④ 전로

풀이 전로는 주물용해가 아닌 강철의 제조로이다.(염기성전로 : 토마스전로, 산성전로 : 베세머전로)

정답 01 ④　02 ③　03 ②　04 ④　05 ④　06 ②　07 ④　08 ④

09 다음 중 대차(Kiln Car)를 쓸 수 있는 가마는?
① 선가마(Shaft Kiln)
② 등요(Uphil Kiln)
③ 회전요(Rotary Kiln)
④ 셔틀가마(Shuttle Kiln)

풀이 반연속요인 셔틀가마는 대차를 이용한 요이다.

10 연속가마(Continuous Kiln)의 구조에서 결정의 성숙에 의한 제품의 완성이 이루어지는 부분은?
① 예열대
② 소성대
③ 냉각대
④ 균열대

풀이 소성대
연속가마의 구조에서 결정의 성숙에 의한 제품의 완성이 이루어진다.(터널가마 용)

11 가마 바닥에 여러 개의 흡입공(吸入孔)이 마련되어 있는 가마는?
① 승염식 가마
② 횡염식 가마
③ 도염식 가마
④ 고리 가마

풀이 도염식 가마
가마 바닥에 여러 개의 흡입공이 마련되어 있는 가마이다.(불연속 가마)

12 다음 중 도자기를 소성하는 터널요의 주요부가 아닌 것은?
① 예열대
② 과열대
③ 소성대
④ 냉각대

풀이 터널요의 구성요소 : 예열대, 소성대, 냉각대

13 로 내에서 연소가스가 확산될 때 평균 유속은?
① 1~5m/s
② 5~10m/s
③ 10~15m/s
④ 15~20m/s

풀이 로 내에서 연소가스의 확산 평균유속은 5~10m/s이다.

14 다음 중 가마에서 사용목적에 따라 요로를 분류한 것은?
① 도염식요로
② 연속요로
③ 소결요로
④ 중유요로

풀이
- 소결요로 : 사용목적에 따른 분류
- 중유요로 : 연료의 종류에 따른 분류
- 도염식요, 연속요로 : 조업방식에 따른 분류

15 고온용 요로의 벽구조로 가장 합리적인 것은?
① 내화벽돌 만으로 쌓은 것
② 고온부는 내화벽돌로 하고, 저온부는 보통벽돌로 한 것
③ 고온부는 내화벽돌로 쌓고, 저온부분은 보통벽돌로 하되 그 사이에 단열벽돌을 쌓은 것
④ 저온부는 보통벽돌과 고온부는 단열벽돌로 한 것

풀이 요로의 벽구조

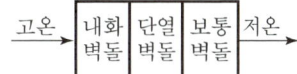

16 불연속가마, 연속가마, 반연속가마의 구분 방식은 어느 것인가?
① 사용 목적
② 온도상승 속도
③ 전열 방식
④ 조업 방식

풀이 요의 조업방식에 의한 분류(요 : 가마)
- 불연속 가마
- 반연속 가마
- 연속 가마

정답 09 ④ 10 ② 11 ③ 12 ② 13 ② 14 ③ 15 ③ 16 ④

17 다음 중 도염식 가요의 구조부분이 아닌 것은?

① 화교(Bag wall)
② 흡입공(Suction pore)
③ 연도
④ 종이 칸막이

> **풀이** 가마에서 종이 칸막이가 있는 요는 연속요의 일종인 윤요(Ring kilm), 즉 고리가마이다.
> ※ 윤요의 종류 : 호프만 요, 지그재그 요, 해리슨 요, 복스형 요

18 다음 중 배소로의 역할을 가장 알맞게 설명한 것은?

① 광석이 융해되지 않을 정도로 가열하여서 화학적, 물리적 변화를 일으킨다.
② 광석을 용융시켜 화학적 변화를 일으킨다.
③ 괴상의 광석을 미분화시킨다.
④ 분말광석을 괴상으로 소결시킨다.

> **풀이** 배소로 : 광석이 융해되지 않을 정도로 가열하여서 화학적 물리적 변화를 일으킨다.

19 노(爐) 내에서 어떠한 경우에 휘염 방사가 일어나는가?

① 연소 가스에 탄산가스 및 수증기가 포함되어 고온일 때
② 탄화수소가 풍부한 가스를 공기공급을 불충분하게 하여 연소시킬 때
③ 공기를 예열하여 가스의 유속을 크게 할 때
④ 연소가스에 공기량을 충분히 공급하여 완전 연소시킬 때

> **풀이** 노 내에서 휘염 방사가 일어나는 경우는 탄화수소가 풍부한 가스를 연소용 공기가 부족한 상태로 연소시키면 발생된다.

20 시멘트 소성가마 중 회전가마에 있어서 냉각대(Cooling Zone)에 해당되는 대략적인 온도 범위는?

① 200~650℃
② 820~1,380℃
③ 110~1,600℃
④ 650~820℃

> **풀이** 시멘트 소성가마(선가마, 회전요)에서 냉각대의 대략적인 온도는 110~1,600℃ 정도이다.

21 다음 중 시멘트 원료 분말을 회전가마에서 배출되는 연소가스와 별도로 연료를 연소시킨 연소가스 중에 부유시키는 열교환 시멘트 소성용 가마는?

① 레폴 가마
② 선 가마
③ SP 가마
④ 새로운 SP가마(NSP)

> **풀이** SP가마(서스펜션 프리히이터 : Suspension preheater)
> • 원료분말을 킬른(Kiln) 배기가스 중에 부유시켜 열교환을 행하는 시멘트 소성요이다.
> • NSP 새로운가마 : 연료를 연소시킨 연료가스 중에 부유시켜 열교환시키는 킬른은 NSP가마이다.

22 산소를 노속에 공급하여 불순물을 제거하고 강철을 제조하는 노는?

① 큐폴라
② 반사로
③ 전로
④ 고로

> **풀이** 전로(제강로)는 산소를 노속에 공급하여 불순물을 제거하고 강철을 제조한다.

정답 17 ④ 18 ① 19 ② 20 ③ 21 ④ 22 ③

23 다음에서 탄화실, 연소실, 축열실로 구성되어 있는 노는?

① LD 전로
② Coke 로
③ 배소로
④ 도가니로

풀이 Coke 로 : 탄화실, 연소실, 축열실로 구성된다. 석탄의 건류로도 사용된다.

24 주로 점토 제품 등에 사용하는 연속식 가마(일명 Hoffman식 가마)로서 인접하여 있는 각 소성실 가운데 있는 주연도를 통하여 굴뚝으로 연결되고 열효율은 좋지만 소성 내의 온도분포가 균일치 못한 것이 결점인 이 가마는 어떠한 것인가?

① 고리 가마
② 도염식 가마
③ 각 가마
④ 터널 가마

풀이 연속가마 : 호프만식요(윤요)는 고리 가마이며 소성실이 12~18개이다. 가마길이가 80m 정도여서 소성 내의 온도분포가 일정하지 못하다.

25 용해로, 소둔로, 소성로, 균열로의 분류 방식은?

① 조업방식
② 전열방식
③ 사용목적
④ 온도상승속도

풀이 사용목적에 따른 분류
- 가열로
- 소둔로
- 용해로
- 평로
- 고로

26 다음 중 요로의 배가스열을 회수, 이용하는데 관계없는 것은?

① 온수발생기
② 폐열 보일러
③ 축열기(Regenarator)
④ 디어레이터(脫氣器)

풀이
- 축열기, 온수발생기, 폐열보일러 : 배가스열 회수
- 디어레이터(탈기기) : 급수처리에서 용존가스 제어

27 용광로의 용량표시는 무엇을 기준으로 하여 나타내는가?

① 광석, 톤/회
② 광석, 톤/일
③ 선철, 톤/회
④ 선철, 톤/일

풀이 용광로의 크기는 일일 선철 생산량을 톤으로 계산한다.

28 다음 중에서 반연속식 가마는?

① 회전가마
② 선가마
③ 오름가마
④ 고리가마

풀이 불연속 및 반연속식 가마(오름가마, 셔틀가마)
- 오름가마(통굴가마)
- 옆불꽃가마
- 꺾임불꽃가마
- 원불꽃가마
- 셔틀가마

29 다음 중에서 가마 내의 온도분포가 가장 고른 것은?

① 승염식 가마(윗불꽃 가마)
② 도염식 가마(꺾임불꽃 가마)
③ 횡염식 가마(옆불꽃 가마)
④ 오름 가마(통굴 가마)

풀이 도염식 불연속 가마
불연속 가마 중 가마 내의 온도분포가 가장 고르다.

정답 23 ② 24 ① 25 ③ 26 ④ 27 ④ 28 ③ 29 ②

30 가마에서 가스 유량을 측정하는 기기가 아닌 것은?

① 오리피스미터(Orifice Meter)
② 오르사트(Orsat) 분석기
③ 피토관(Pitot Tube)
④ 벤투리미터(Venturi Meter)

풀이 오르사트 분석기
배기가스의 성분 측정, ①, ②, ④는 유량측정계기

31 요업요로에서 옹기, 기와 등을 제조하는 데 많이 사용되는 요는?

① 횡요   ② 견요
③ 원요   ④ 셔틀요

풀이 횡요(불연속요)는 옹기나 기와 등을 제조한다.

32 다음 중 철강재 가열로의 연소가스는?

① SO_2가스가 많아야 한다.
② CO가스가 검출되어서는 안 된다.
③ 환원성 분위기여야 한다.
④ 산성 분위기여야 한다.

풀이 철강재 가열로의 연소가스는 CO 가스 등이 검출되는 환원성 분위기여야 산화가 방지된다.

33 대표적인 연속식 가마로 조업이 쉽고 인건비, 유지비가 적게 들며, 열효율이 좋고 열손실이 적은 가마는?

① 등요(Uphil Kiln)
② 셔틀요(Shuttle Kiln)
③ 터널요(Tunnel Kiln)
④ 승염식요(Up Draft Kiln)

풀이 연속요로에서 윤요, 터널요

34 터널 형식의 요로서 작업이 1회씩 단절되는 것으로 고온도기 및 자기 제품에 쓰이는 요는?

① 셔틀요(Shuttle Kiln)
② 터널요(Tunnel Kiln)
③ 회전요(Rotary Kiln)
④ 윤요(Ring Kiln)

풀이 셔틀요는 대차를 이용한 반연속식의 터널 형식이며 요로의 작업이 1회씩 단절된다.

35 내화물의 시험 종류가 아닌 것은?

① 내화도   ② 비중
③ 샌드실   ④ 하중연화점

풀이 샌드실 : 터널요에서 고온부의 열이 레일위치부 즉, 저온부로 이동하지 않도록 설치한다.

36 LD 전로법을 평로법에 비교한 것이다. 옳지 못한 것은?

① 평로법보다 공장 건설비가 싸다.
② 평로법보다 생산 능률이 높다.
③ 평로법보다 작업비, 관리비가 싸다.
④ 평로법보다 고철의 배합량이 많다.

풀이 반사로인 평로가 LD 전로법보다 고철의 배합량이 많다.

37 고온용 요로의 벽구조로 가장 합리적인 설명으로 옳은 것은?

① 내화벽돌만으로 쌓은 것
② 고온부는 내화벽돌로 하고, 저온부는 보통 벽돌로 한 것
③ 고온부는 내화벽돌로 쌓고, 저온부는 보통 벽돌로 하되 그 사이에 단열벽돌을 쌓은 것
④ 저온부는 보통 벽돌로, 고온부는 단열벽돌로 한 것

정답 30 ② 31 ① 32 ③ 33 ③ 34 ① 35 ③ 36 ④ 37 ③

풀이 고온용 요로는 벽구조에서 고온부는 내화벽돌, 저온부는 보통 벽돌, 그 사이에 단열벽돌을 쌓는다.

38 상취전로의 장점이 아닌 것은?

① 단순한 설비
② 높은 생산성
③ 용이한 슬래그 조성제어
④ 산소 JET의 국부적 충돌(교반력 미흡)

풀이
- 전로의 공기공급 방법 : 저취형, 횡취형, 상취형
- 상취식 전로는 고압 산소 공급형과 수냉 파이프를 설치한다.(전로는 노체가 270° 이상 기울어지는 로이다.)

39 용광로의 능률 향상 대책에 속하지 않는 것은?

① 미분말 철광석의 사용 조업
② 증습 조업
③ 산소 부화 조업
④ 고압 조업

풀이 용광로의 능률 향상 대책(용광로 : 고로이며 선철을 제조한다.)
- 미분말 철광석의 사용 조업
- 산소 부화 조업
- 고압 조언

40 석회 소성로에서 액체연료 사용의 입식요(立式窯)와 관계없는 것은?

① 직원통로(Westofen 로)
② 이중원통로(Beckenbach 로)
③ 병류축열로(Maerz 로)
④ 로폴 킬른로(Lopol Kiln 로)

풀이
- 액체연료 석회 소성로(입식요) : 직원통로, 이중원통로, 병류축열로
- 로플킬른로 : 회전가마 중 예열기부속설비 짧은가마로서 시멘트 제조

41 다음 중 시멘트 소성용으로 주로 사용하는 요로는?

① 회전요(Rotary Kiln)
② 셔틀요(Shuttle Kiln)
③ 도가니로(Pot Furnace)
④ 탱크로(Tank Furnace)

풀이 시멘트 소성용 : 회전요, 선가마

42 가마 내 모든 부분의 온도가 비교적 균일하게 유지되는 형식의 가마는?

① 승염식 가마
② 도염식 가마
③ 횡염식 가마
④ 직상염식 가마

풀이 요로 중 불연속 대표인 도염식 가마는 가마 내 모든 부분의 온도가 비교적 균일하게 유지된다.

43 전기저항가마 발열체의 저항을 R[Ω]로 하고 여기에 I[A]의 전류를 보낼 때 초당 발생하는 열량 [cal/sec]은?

① $0.241R$
② 0.241^2R
③ $0.421R$
④ 42.21^2R

풀이 줄의 법칙 : $H = P_t = IRt(J) = 0.24I^2Rt(cal)$

44 디젤엔진 배기가스의 열회수에 관한 설명으로 틀린 것은?

① 디젤 엔진의 연료는 연화점이 높아 사용 중에 산화에 의한 탄화 변질이 적은 것이 좋다.
② 산화방지 및 부식방지를 하지 못한다.
③ 엔진 배기가스는 400℃ 정도이다.
④ 보통 선박에서는 거의 보일러를 설치하여 증기로서 열회수를 한다.

풀이 디젤엔진 배기가스의 열회수에서 산화방지 및 부식방지가 가능하다.

45 다음에서 요로 중 탄화실, 연소실, 축열실로 구성되어 있는 노는?

① LD 전로   ② Coke 로
③ 배소로   ④ 도가니로

풀이 Coke 로는 탄화실, 연소실, 축열실로 구성된다.

46 산소를 노 속에 공급하여 불순물을 제거하고 강철을 제조하는 노는?

① 큐폴라   ② 반사로
③ 전로   ④ 고로

풀이 요로 중 전로는 산소를 노 속에 공급하여 불순물을 제거하고 강철을 제조하는 노이다.

47 용광로에서 코크스가 사용되는 이유로 합당하지 않은 것은?

① 열량을 공급한다.
② 환원성 가스를 생성시킨다.
③ 일부의 탄소는 선철 중에 흡수된다.
④ 철광석을 녹이는 융제 역할을 한다.

풀이 용광로(고로)에서는 석회석은 철광석을 녹이는 융제 역할을 한다.

48 머플가마 사용이 적합하지 않은 경우는?

① 완전한 산화 분위기를 필요로 할 때
② 전열 효과를 크게 하고자 할 때
③ 연소가스 중의 황분, 재 등을 피하고자 할 때
④ 소성실에 불꽃이 들어가지 않게 하기 위해서

풀이 요로에서 머플가마(간접가열식)는 전열효과가 나쁘다.

49 요로의 분류 중 불꽃의 방향에 따른 것이 아닌 것은?

① 황염식   ② 도염식
③ 직화식   ④ 승염식

풀이 요로에서 직화식과 간접 가열식은 가열방법에 따른 분류이다.(주로 꺾임불꽃가마 사용)

50 단독가마와 비교할 때 터널가마의 장점에 해당되지 않는 것은?

① 설비비가 싸게 든다.
② 연료가 절약된다.
③ 균일하게 소성된다.
④ 소성시간이 단축된다.

풀이 터널가마나 윤요는 연속식 가마이나 처음에 설비비가 많이 든다.

51 반연속 요로서 작업이 1회씩 단절되는 것으로 고온 도기 및 자기 제품에 주로 쓰이는 용도는?

① 셔틀요(Shuttle Kiln)
② 터널요(Tunnel Kiln)
③ 회전요(Rotary Kiln)
④ 윤요(Ring Kiln)

풀이 셔틀요, 등요 : 반연속요

정답 44 ② 45 ② 46 ③ 47 ④ 48 ② 49 ③ 50 ① 51 ①

52 큐폴라(Cupola)의 또 다른 명칭은?
① 용광로　② 반사로
③ 용선로　④ 평로

풀이　큐폴라 : 주물 용해로의 한 종류(용선로)

53 요(窯)를 조업방법에 따라 분류할 때 불연속 요는?
① 윤요　② 터널요
③ 도염식요　④ 셔틀요

풀이　불연속요 : 횡염식요, 승염식요, 도염식요

54 축열식 반사로를 사용하여 선철을 용해, 정련하는 방법으로 지멘스마틴법(Siemensmartins Process)이라고도 하는 것은?
① 셔틀요　② 터널요
③ 평로　④ 전로

풀이　평로 : 축열식 반사로(용강의 온도는 1,500℃ 제강 시간은 5~10분)로서 염기성, 산성평로가 있다. 평로의 용량은 1회 출강량을 ton(톤)으로 표시한다.

55 노정부에 있는 수랭렌즈를 통하여 순산소를 흡입, 약 20~30분 정도로 제강하는 것으로 주로 염기성 제강에 사용되는 것은?
① 도염식 각가마
② 균열로
③ LD전로
④ 큐폴라

풀이　• LD전로 : 염기성 제강에 사용하는 제강로이다.
　　• 전로종류 : 토마스법, 벳세머법

56 전기 저항로의 발열체에서 1kWh의 전력으로 발생되는 열량은?
① 0.24kcal　② 550kcal
③ 780kcal　④ 860kcal

풀이　$1kW = 102 kg \cdot m/sec,\ 1kW = 1kJ/s$
$1kW - h = 102 kg \cdot m/s \times 1h \times 3,600 s/h$
$\times \dfrac{1}{427} kcal/kg \cdot m$
$= 860 kcal\,(3,600 kJ)$

57 다음 중 도염식 각요의 구성 부분이 아닌 것은?
① 화교(Bag Wall)　② 흡입공(Suction Pore)
③ 연도　④ 종이 칸막이

풀이　• 종이 칸막이가 필요한 곳은 연속요인 윤요부속품이다.
　　• 도염식각요 : 불연속꺾임불꽃가마(불연속요의 대표적인 요)

58 가마에서 연소 후 배기가스 유량을 측정하는 기기가 아닌 것은?
① 오리피스 미터(Orifice Meter)
② 오르사트(Orsat) 분석기
③ 피토관(Pitot Tube)
④ 벤투리 미터(Venturi Meter)

풀이　오르사트 가스 분석기는 [CO_2, O_2, CO] 가스를 분석하는 화학적 가스 분석기이다.

59 다음 중 비철금속 용해로에 잘 쓰이지 않는 것은?
① 반사로　② 도가니로
③ 유동층로　④ 회전로

정답　52 ③　53 ③　54 ③　55 ③　56 ④　57 ④　58 ②　59 ③

풀이 유동층로는 석탄의 연소로이다.(고체연소방법 : 분해연소, 표면연소, 유동층연소)

60 가마의 축열 손실 산출식은?(단, W : 가마 재료의 무게, C : 재료의 평균비열, Δt : 재료의 평균온도와 기준온도와의 차)

① $WC\Delta t$
② $W/C\Delta t$
③ $WC(\Delta t)^2$
④ $W/C(\Delta t)^2$

풀이 가마 축열 손실 산출계산 : $W \times C \times \Delta t$(kcal/h)

61 푸셔형 3대식 연속 강재 가열로에서 강재가 가열되는 구간(대)으로 생각할 수 없는 것은?

① 냉각대
② 예열대
③ 가열대
④ 균열대

풀이
- 냉각대는 연속요에서 피열물(도자기 등)을 공기를 이용하여 냉각시키는 곳이다.
- 가열도 : 압연 공장에서 압연하기에 적당한 온도를 가열하기 위하여 사용되는 노로서 노의 형식에 의하여 회분로, 노상회전로, 연속로(푸셔식, 워어킹하이스식, 워어킹비임식, 경사낙하식)이 있다.

정답 60 ① 61 ①

CHAPTER 002 내화재

SECTION 01 내화물 일반

내화물이란 비금속 무기재료로 고온에서 불연성, 난연성 재료로서 SK26(1,580℃) 이상의 내화도를 가지며 공업 또는 요업요로 등의 고온 내화벽에 사용되는 것을 말한다.

1. 내화물의 기능

(1) 요로 내의 고열을 차단
(2) 열 방산을 막아 효율적 열 이용
(3) 요로의 안정성 유지

2. 내화물의 구비조건

(1) 사용온도에 연화 및 변형이 적을 것
(2) 팽창수축이 적을 것
(3) 사용온도에 충분한 압축강도를 가질 것
(4) 내마멸성 내침식성이 클 것
(5) 고온에서 수축팽창이 적을 것
(6) 사용온도에 적합한 열전도율을 가질 것
(7) 내스폴링성이 크고 온도 급변화에 충분히 견딜 것

3. 내화물의 분류

1) 화학조성에 의한 분류

(1) 산성내화물[RO_2] : 규산질(SiO_2)이 주원료이다.
(2) 중성내화물[R_2O_3] : 크롬질(Cr_2O_3), 알루미나질(Al_2O_3)이 주원료이다.
(3) 염기성 내화물[RO] : 고토질(MgO), 석회질(CaO)과 같은 물질이 주원료이다.

2) 열처리에 의한 분류

(1) **소성 내화물** : 내화벽돌(소성에 의하여 소결시킨 내화물)
(2) **불소성 내화물** : 열처리를 하지 않은 내화물(화학적 결합제를 사용하여 결합시킨 것)
(3) **용융내화물** : 원료를 전기로에서 용해하여 주조한 내화물

4. 내화물의 시험항목

1) 내화도

열반응 온도의 정도로 시편을 만들어 노 중에서 가열하여 굴곡 연화되는 정도를 제게르콘(Seger Cone)표준시편과 비교하여 측정한다.

(1) 제게르콘(Seger Cone)번호를 내화도로 표시하며 SK 26의 용융온도는 1,580℃이다. 제게르 콘 추는 SK 022~01, SK1~20, SK 26~42번 까지 59종이 있다.)

2) 내화물의 비중

$$참비중 = \frac{무게}{참부피}, \quad 겉보기 비중 = \frac{무게}{참부피 \times 밀봉기공}$$

※ 비중이 크면 기공율이 작고 압축강도가 크며 열전도율이 크다.

3) 열적성질(내화물의 재료적 평가기준)

(1) **열적 팽창**

내화물의 열에 대한 팽창과 수축
① 열간 선팽창 : 일시적 열팽창으로 온도변화에 따라 신축
② 잔존 선팽창 : 영구적 열팽창으로 팽창 후 원상태로 되지 않는 현상

(2) **하중 연화점**

축요 후 하중을 받는 내화재를 가열하였을 때 평소보다 더 낮은 온도에서 변형하는 온도

(3) **박락현상(Spalling : 스폴링)**

불균일한 가열 또는 냉각 등으로 발생하는 열팽창의 차에 의하여 내화재의 변형과 균열이 생기는 현상으로 ① 열적(열팽창) 스폴링, ② 조직적(화학적) 스폴링, ③ 기계적(축요불량)스폴링으로 구분할 수 있다.

4) 슬래킹(Slaking) 현상

마그네시아 또는 돌로마이트를 포함한 내화벽돌은 수증기의 작용을 받는 경우 체적변화로 분화가 되어 떨어져 나가는 노벽의 균열과 붕괴하는 현상으로 소화성이다.

5) 버스팅(Bursting) 현상

크롬철광을 원료로 하는 내화물은 1,600℃ 이상에서 산화철을 흡수한 후 표면이 부풀어 오르고 떨어져 나가는 현상

5. 내화물 제조공정

1) 분쇄

미 분쇄기에 의해 0.1mm 이하의 크기로 분쇄

2) 혼련

분쇄원료에 물이나 첨가제를 사용하여 혼합하는 과정

3) 성형

혼련 후 배포한 원료를 일정한 형상으로 만드는 과정

4) 건조

성형내화물의 수분을 제거하는 과정으로 터널식 건조장치를 주로 사용한다.

5) 소성

원료에 열화학적 변화를 일으켜서 내화물로서의 강도를 가지게 하는 과정

6) 소결

소지를 소성할 때 짙어지는 현상

SECTION 02 내화물 특성

1. 산성내화물

1) 규석질 내화물

이산화규소, 규석 및 석영을 870℃ 이상 가열하여 안정화시키고 분쇄 후 결합제를 가하여 성형한다. (평로용, 전기로용, 코크스로용, 유리공업용로)

[특징]
- 내화도(SK 31~34)와 하중연화점온도(1,750℃)가 높다.
- 고온강도가 매우 크다.
- 고온에서 팽창계수가 적고 안정하다.
- 열전도율이 비교적 높다.
- 용도는 가마 천정용, 산성 제강로 등에 사용된다.
- 비중이 작다.

2) 반규석질 내화물

규석과 샤모트로 만든 벽돌로서 SiO_2를 50~80% 함유하고 있다.

[특징]
- 규석내화물과 점토질 내화물의 혼합형이다.
- 내화도 SK 28~30이다.
- 저온에서 강도가 크며 가격이 싸다.
- 수축 팽창이 적으며 내스폴링성이 크다.
- 용도는 야금로, 배소로, 저온용 벽돌 등

3) 납석질 내화물

납석을 주원료로 한다. ($Al_2O_2 + 4SiO_2 + H_2O$)

[특징]
- 내화도 SK 26~34이며 하중연화점온도가 낮다.
- 흡수율이 작고 압축 및 고온강도가 크다.

- 슬래그 등의 침입에 의하여 내식성이 우수하다.
- 가열에 의한 잔존 수축이 적고 열전전도도가 적다.
- 용도는 일반요로, 큐폴라의 내장형, 금속공업 등
- 일산화탄소에 대한 안정도가 크다.
- 압축강도가 크다.

4) 샤모트질 내화물

내화점토를 SK 10~13 정도로 하소하여 분쇄하여 만든 벽돌을 샤모트 벽돌이라 한다.(소성 시에 균열을 방지하기 위해 샤모트한다.)

[특징]
- 내화도 SK 28~34이다.
- 성분범위가 넓고 제적이 쉽다.
- 가소성이 없어 10~30% 생점토를 첨가한다.
- 고온강도가 낮으며 가격이 싸다.
- 열팽창, 열전도가 작다.
- 보일러 등 일반 가마에 많이 사용된다.

2. 염기성 내화물

1) 마그네시아 내화물

원료는 해수 마그네시아 마그네사이트 수활성 등이며 마그네시아를 주원료로 하며 소성마그네시아 내화물과 성형과정 후 소성과정을 거치지 않고 건조하는 불소성 마그네시아(메탈케이스, 스틸클라드)내화물로 구분한다.

[소성 마그네시아의 특징]
- 내화도 SK 36 이상으로 높다.
- 용도는 염기성 제강로, 전기제강로, 비철금속제강로, 시멘트 소성가마 등에 이용된다.
- 슬래킹 현상이 발생한다.
- 하중연화점이 높고 비중 및 열전도도는 크다.
- 열팽창이 크나, 내스폴링성이 적다.

2) 크롬마그네시아 내화물

크롬철강과 마그네시아를 주원료로 한다. 즉 마그네시아 클링커에 크롬철광을 혼합성형하여 SK 17~20정도로 소성한 것이다.

[특징]
- 내화도(SK 42)와 하중연화점이 높다.
- 용융온도가 2,000℃ 이상이다.
- 염기성 슬래그에 대한 저항이 크다.
- 사용용도는 염기성 평로, 전기로, 시멘트회전로 등에 이용된다.
- 내스폴링성이 크고 조직이 치밀하고 무겁다.
- 버스팅 현상이 발생하나 슬랙에 대한 저항성은 크다.

3) 돌로마이트 내화물

백운석을 주원료로 하여 1,600℃ 정도로 소성하여 제조하며 돌로마이트는 탄산칼슘($CaCO_3$)과 탄산마그네슘($MgCO_3$)을 주원료로 염기성 제강로에 사용된다.

[특징]
- 내화도가 SK 36~39이며 하중연화점이 높다.
- 염기성 슬래그에 대한 저항이 크다.(단, 산화분위기에는 약하다.)
- 내스폴링성이 크다.(내침식성은 있으나 내슬래킹성이 약하다.)
- 염기성 제강로, 시멘트소성가공, 전기로 등에 사용된다.

4) 폴스테라이트 내화물

감람석, 사문암 등에 마그네시아 클링커를 배합하여 만든 벽돌이며, 주물사로 이용하기도 한다.

[특징]
- 내화도(SK 36 이상)와 하중연화점이 높다.
- 내식성이 좋고 기공률이 크다.
- 사용용도는 반사로, 저주파 유도전기로, 염기성 평로 등에 사용된다.
- 소화성이 없고 소성온도는 1,500℃ 내외
- 고온에서 용적변화가 적고 열전도율이 낮다.

3. 중성내화물

1) 고알루미나질 내화물(고알루미나질 샤모트벽돌, 전기 용융 고알루미나질 벽돌)

50% 이상의 알루미나를 함유한 내화물($Al_2O_3 + SiO_3$계 내화물)

[특징]
- 내화도 SK 35~38이다.
- 내식성 내마모성이 매우 크다.
- 고온에서 부피변화가 적다.
- 급열 또는 급랭에 대한 저항이 적다.
- 사용용도는 유리가마, 화학공업용로, 회전가마, 터널가마 등에 사용된다.

2) 크롬질 내화물

크롬철강($Cr_2O_3 + FeO$)을 분쇄하여 점결제를 혼합하여 성형 및 건조한 내화물이다.

[특징]
- 내화도(SK 38)가 높다.
- 마모에 대한 저항성이 크다.
- 하중연화점이 낮고 스폴링이 쉽게 발생한다.
- 산성 노재와 염기성 노재의 접촉부에 사용하여 서로 침식을 방지한다.
- 고온에서 버스팅 현상이 발생한다.

3) 탄화규소질 내화물

탄화규소(SiC)를 주원료로 사용한다. (규소 65% + 탄소 30%)

[특징]
- 내화도와 하중연화점이 상당히 높다.
- 고온에서 산화되기 쉽다.
- 전기 및 열전도율이 높다.
- 내스폴링성이 크고 열팽창계수가 적다.
- 사용용도는 전기저항 발열체, 열교환실의 내화재 등에 사용된다.

4) 탄소질 내화물

탄소 및 흑연, 코크스, 무연탄을 주원료로 사용되며 타르 또는 피치 같은 탄소질이나 점토류를 점결제로 사용하여 소성한 내화물(무정형탄소, 결정형 흑연이 있다.)

[특징]
- 내화도와 전기 및 열전도율이 높다.
- 화학적 침식에 잘 견디며 수축이 적다.
- 내 스폴링성이 강하다.
- 큐폴라의 내장, 도가니 등에 사용된다.
- 공기 중에서 온도가 상승되면 산화한다.
- 재가열시 수축이 적다.

4. 부정형 내화물

일정한 모양 없이 시공현장에서 원료에 물을 가하여 필요한 모양으로 성형

1) 캐스터블 내화물

알루미나 시멘트를 배합한 내화콘크리트(소결시킨 내화성 골재 + 수경성 알루미나 시멘트)

[특징]
- 접합부 없이 축요
- 잔존수축이 크고 열팽창이 작다.
- 내스폴링성이 크고 열전도율이 작다.
- 사용용도는 보일러로, 연도 및 소둔로의 천정 등에 사용된다.
- 소성이 불필요하고 가마의 열손실이 적다.
- 시공 후 24시간 만에 사용온도로 상승하여 사용이 가능하다.

2) 플라스틱 내화물

내화골재에 시공성 및 고온에서의 강도를 가지게 하기 위하여 가소성 점토 및 물유리(규산소다)와 유기질 결합제를 첨가하여 시공

[특징]
- 캐스터블보다 고온에 사용된다.
- 소결력이 좋고 내식성이 크다.

- 팽창 및 수축이 적으며 내스폴링성이 크다.
- 하중 연화온도가 높다.
- 내식성·내마모성이 크다.
- 내화도가 SK 35~37 이다.
- 해머로 두들겨 사용한다.
- 사용용도는 보일러 수관벽, 버너 입구, 가마의 응급보수 등에 사용된다.

3) 내화 모르타르

내화 시멘트라 하며 내화벽돌의 접합용이나 노벽 손상 시 보수용으로 사용되며 경화방법에 따라 열경화성, 기경성, 수경성 모르타르로 구분된다.
슬랙이 침식하기 쉬운 부분에 보호하고 냉공기의 유입을 방지하며 내화벽돌 결합용이다.

5. 특수내화물

1) 지르콘 내화물

$ZrSiO_4$(지르콘)원광을 1,800℃ 정도에서 (SiO_2)를 휘발시키고 정제시켜 강하게 굽고 물, 유리 등의 결합제를 혼합하여 성형 소성한 내화물

[특징]
- 이상 팽창 및 수축이 없고 열팽창계수가 적다.
- 내스폴링성이 크고 산화용재에 강하다.
- 사용용도는 실험용도가니, 대형 가마, 연소관 등에 사용된다.

2) 지르코니아질 내화물

천연광석인 지르코니아를 화학적으로 정제한 후 산화마그네슘(MgO)을 소량 배합하여 강한 열에 구어 분쇄한 후 결합제를 섞어 소성한 것으로 2,400℃ 이상의 고온에 사용된다. 열팽창계수기 적고 열전도율이 적으며 용융점이 2,700℃로 높다. 또한 내스폴링성이 크고 염기성이나 산성 광재에 견딘다.

3) 베릴리아질 내화물

BeO인 베릴리아를 원료로 하며 용융점이 2,500℃로 높기 때문에 원자로의 감속제, 로켓연소실의 내장제로 사용된다.

열의 양도체이며 온도급변화 시에는 강하지만 산성에는 약하고 염기성에는 강하다.

4) 토리아질 내화물

ThO_2인 토리아를 원료로 하며 용융점이 3,000℃로 높다. 사용온도는 원자로, 특수금속용융내화물, 가스터빈용 초순도금속의 용융내화물에 사용된다.

백금이나 토륨 등의 용융에 사용하며 열팽창계수가 크고 염기성에는 강하나 내스폴링성이 적고 탄소와 고온에서 탄화물을 만든다.

CHAPTER 002 출제예상문제

01 고온에서 염기성 슬랙과 접촉되는 곳에 사용할 수 있는 내화물은?

① 규석질 내화물
② 크롬질 내화물
③ 마그네시아 내화물
④ 샤모트질 내화물

풀이
- 염기성 내화물 : 마그네시아 벽돌, 크롬 마그네시아 벽돌, 돌로마이트 벽돌, 폴스테라이트질
- 마그네시아 벽돌 : 염기성 슬랙에 강하며 내화도가 높다.

02 산성 내화물의 중요 화학성분의 형은?

① R_2O형
② RO형
③ RO_2형
④ R_2O_3형

풀이 산성 내화물의 중요 화학성분
$RO_2(SiO_2, Al_2O_3)$

03 1,100℃ 내외에 가열하는 일반 가열 가마의 내벽용 벽돌로 일반적으로 가장 타당하다고 인정되는 벽돌은?

① 납석 벽돌
② 규석 벽돌
③ 크로마그 벽돌
④ 지르콘 벽돌

풀이 산성내화물
- 납석벽돌은 저온(SK8~SK10 정도)에서 소결성이 양호하다.
- 납석벽돌은 1,100℃ 내외에 가열하는 일반 가열 가마의 내벽용 벽돌은 일반적으로 가장 타당성이 인정된다.

04 점토질 내화물에 속하지 않는 것은?

① 샤모트질
② 납석질
③ 반규석질
④ 돌로마이트

풀이
㉠ 점토질벽돌(산성)
- 샤모트 벽돌
- 납석 벽돌
- 규석질 벽돌
㉡ 염기성
- 마그네시아질 벽돌
- 크롬마그네시아 벽돌
- 돌로마이트 벽돌
- 폴스테라이트질

05 중성 내화물로서 열전도율이 가장 큰 내화물은?

① 규석질 내화물
② 샤모트질 내화물
③ 탄화규소질 내화물
④ 고알루미나질 내화물

풀이 열전도율
- 규석질 : 1~1.8kcal/mh℃
- 샤모트질 : 1~1.5kcal/mh℃
- 탄화규소질 : 500℃에서 5~20kcal/mh℃
- 고알루미나질 : 1.2~2.0(2.5~4)kcal/mh℃

06 다음 중 노벽 표면을 엷게 피복하는 내화물과 관계있는 것은?

① 패칭 내화물(Patching Refractories)
② 코팅 내화물(Coating Refractories)
③ 슬링 내화물(Sling Refractories)
④ 주입 내화물(Injection Refractories)

풀이 코팅내화물 : 노벽 표면을 엷게 피복한다.

정답 01 ③ 02 ③ 03 ① 04 ④ 05 ③ 06 ②

07 어떤 내화벽돌의 무게를 측정한 결과가 아래와 같을 때 겉보기비중, 부피비중, 겉보기기공률, 흡수율의 순서로 옳게 배열되어 있는 것은?

[측정결과]
- w_1 : 괴상의 벽돌(표준형 벽돌의 절반크기)을 105~120℃에서 건조 평량한 무게 = 200g
- w_2 : W1의 벽돌을 수중에서 3시간 끓인 후 상온까지 냉각하고 수중에서 매달아 평량한 무게 = 150g
- w_3 : w_2의 시료를 수중에서 꺼내 표면의 물을 습포(濕布)로 닦은 다음 평량한 무게 = 300g

① 4, 1.333, 66.67%, 50%
② 3, 1.444, 64.52%, 48%
③ 4, 1.444, 66.67%, 50%
④ 3, 1.333, 64.52%, 48%

풀이
- 겉보기 비중 = $\dfrac{w_1}{w_1 - w_2} = \dfrac{200}{200 - 150} = 4$
- 부피비중 = $\dfrac{w_1}{w_3 - w_2} = \dfrac{200}{300 - 150} = 1.33$
- 겉보기기공률 = $\dfrac{w_3 - w_1}{w_3 - w_2} = \dfrac{300 - 200}{300 - 150} = 66.67\%$
- 흡수율 = $\dfrac{w_3 - w_2}{w_1} = \dfrac{300 - 200}{200} \times 100 = 50\%$

08 마그네시아(Magnesia) 벽돌을 사용하는 경우로서 옳은 것은?
① 혼선로의 내벽
② 전기로의 천정
③ 코크스로의 탄화실벽
④ 평로의 천정

풀이 마그네시아 벽돌 사용처(염기성 내화물)
혼선로 내장, 전기성 제강로의 노상이나 노벽에 사용

09 염기성 내화물의 주성분이 아닌 것은?
① 마그네시아
② 돌로마이트
③ 실리카
④ 펄스테라이트(Forsterite)

풀이 산성내화물 : 점토질, 규석질, 석영질이며 주원료는 샤모트, 내화점토, 납석, 규석, 실리카(Sillica)이다.

10 내화 모르타르의 구비 조건으로 맞지 않는 것은?
① 필요한 내화도를 가져야 한다.
② 화학 조성이 사용 벽돌과 동질이어야 한다.
③ 건조, 소성에 의한 수축 또는 팽창이 커야 접합 강도가 커진다.
④ 시공성이 좋아야 한다.

풀이 부정형내화물인 내화모르타르는 건조, 소성에 의한 수축 팽창이 적어야 한다.

11 가장 치밀한 내화물의 조직은?
① 결합조직
② 응고조직
③ 복합조직
④ 다공조직

풀이 치밀한 내화물의 조직 : 응고조직

12 내화점토질 벽돌의 주된 화학성분은?
① MgO, Al_2O_3
② FeO, Cr_2O_3
③ MgO, SiO_2
④ Al_2O_3, SiO_2

풀이
- 내화점토질 화학성분 : Al_2O_3, SiO_2
- 고알루미나질 화학성분 : Al_2O_3
- 포오스테라이트질 화학성분 : MgO, SiO_2

정답 07 ① 08 ① 09 ③ 10 ③ 11 ② 12 ④

13 일반적으로 부피비중이 가장 크다고 인정되는 내화물은?

① 샤모트질 소성내화물
② 마그네시아질 불소성내화물
③ 지르콘질 용융내화물
④ 알루미나질 소성내화물

풀이 특수내화물
- 지르콘 내화물
- 지르코니아질 내화물
- 베릴리아 내화물
- 토리아 내화물

14 실리카의 전이(轉移)특성을 잘 나타낸 것은?

① 규석은 가장 안정된 광물로서 온도변화에 따라 영향을 받지 않는다.
② 가열온도가 높아질수록 비중이 커진다.
③ 내화물에서 중요한 것은 실리카의 고온형 변태이다.
④ 실리카의 전이는 오랜 시간을 요해서만 이루어진다.

풀이 내화물에서 실리카의 고온형 변태는 실리카의 전이 특성이다.

15 다음 중 크롬마그네시아 벽돌의 가장 우수한 특성은?

① 내화도와 하중 연화점이 낮다.
② 내스폴링성이 크다.
③ 비중이 적다.
④ 팽창률이 크다.

풀이 크롬-마그네시아 염기성 내화물은 SK 42(2,000℃)의 고온용 벽돌이다. 특히 내스폴링성 또는 슬랙에 대한 저항성이 크다.(고온 기계적 강도가 크지 않고 버스팅현상이 발생한다.)

16 마그네시아 및 돌로마이트질 노재의 성분인 MgO, CaO는 대기 중의 수분 등과 결합하여, 열팽창의 차이에 의하여 노벽에 균열이 발생하거나 붕괴되는 현상이 나타나는데 이를 무엇이라 하는가?

① 열적 스폴링(Thermal Spalling)
② 소화성(Slaking)
③ 조직적 스폴링(Structural Spalling)
④ 버스팅(Bursting)

풀이 마그네시아 또는 돌로마이트 즉, MgO 및 CaO는 내화물의 슬래킹 현상(소화성)을 일으킨다.(수분과 반응)

17 한국산업규격으로 규정하고 있는 가장 용도가 넓은 보통형 내화벽돌의 치수는?(단, 단위는 mm)

① $230 \times 114 \times 65$
② $230 \times 124 \times 75$
③ $250 \times 114 \times 65$
④ $250 \times 124 \times 75$

풀이 표준벽돌형

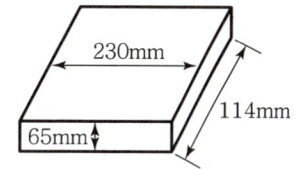

18 다음 중 알루미나 시멘트를 원료로 사용하는 것은?

① 캐스타블 내화물
② 플라스틱 내화물
③ 내화모르타르
④ 고알루미나질 내화물

풀이 캐스타블 부정형 내화물
- 내화성 골재(점토질, 샤모트, 고알루미나질, 크롬질)
- 수경성 시멘트
- 경화제(알루미나 시멘트 10~30% 배합)

정답 13 ③ 14 ③ 15 ② 16 ② 17 ① 18 ①

19 염기성 슬래그와 접촉하는 부분에 사용하기 가장 적당한 벽돌은?

① 납석벽돌 ② 샤모트 벽돌
③ 마그네시아 벽돌 ④ 반규석 벽돌

풀이 염기성 내화물
- 마그네시아 벽돌
- 포스테라이트질 벽돌
- 마그크로질 벽돌
- 돌로마이트질 벽돌

20 캐스터블 내화물에 대한 특성 설명 중 잘못된 것은?

① 현장에서 필요한 형상으로 성형 가능
② 접촉부없이 로체를 수축할 수 있음
③ 잔존 수축이 크고 열팽창도 작음
④ 내스폴링성이 작고 열전도율이 큼

풀이 캐스터블(부정형 내화물)은 내스폴링성이 크고 그 특징은 ①, ②, ③과 같다. 열전도율이 큰 부정형 내화물은 플라스틱 내화물이다.

21 SK34의 내화벽돌로 연소실을 축로할 때 내화모르타르는 어떤 것을 사용하는 것이 합리적인가?

① SK30 모르타르 ② SK32 모르타르
③ SK34 모르타르 ④ SK36 모르타르

풀이 SK(제겔콘)NO
- SK26 : 1,580℃
- SK34 : 1,750℃
- SK36 : 1,790℃
- SK42 : 2,000℃
- SK022 : 600℃
- SK20 : 1,530℃
- ※ SK36 내화모르타르 : SK34의 내화벽돌 연소실 축로용

22 내화 모르타르 사용 목적과 거리가 먼 것은?

① 내화벽돌의 결합 ② 침식 부분의 보호
③ 냉공기 유입 방지 ④ 내화도 향상

풀이 내화 모르타르 사용 목적
- 내화벽돌의 결합
- 침식 부분의 보호
- 냉공기의 유입 방지

23 핀팅현상을 가장 잘 설명한 것은?

① 점토질 벽돌이 고온에서 발포성의 용적 팽창을 일으키는 현상
② 가열에 의한 압축강도 저하로 찌부러져 파손되는 현상
③ 내화벽돌 표면이 얇은 껍질처럼 벗겨지는 현상
④ 라이닝 벽이 급격한 온도상승이나 벽돌포갬으로 국부적 접촉에 의하여 접촉부에 균열박리가 생기는 현상

풀이 핀팅현상이란 라이닝 벽이 급격한 온도상승이나 벽돌포갬으로 국부적 접촉에 의하여 접촉부에 균열박리가 생기는 현상이다.

24 산성 내화물의 주성분 형태는?(단, R은 금속원소, O는 산소)

① R_2O ② RO
③ R_2O_3 ④ RO_2

풀이
- 산성 내화물 : RO_2형
- 염기성 내화물 : RO형
- 중성 내화물 : R_2O_3형

25 캐스터블 내화물의 특징으로 잘못된 것은?

① 가마의 열손실이 적다.
② 건조·소성시 수축이 적다.
③ 해머로 두들겨 시공한다.
④ 소성이 불필요하다.

정답 19 ③ 20 ④ 21 ④ 22 ④ 23 ④ 24 ④ 25 ③

풀이
- 캐스터블 부정형 내화물은 현장에서 필요한 형상으로 성형할 수 있고 접합부 없이 노체를 수축할 수 있다.
- 캐스터블내화물 : 치밀하게 소결시킨(내화성골재+수경성 알루미나 시멘트) 분말상태 배합

26 실리카의 전이(轉移) 특성을 잘 나타낸 것은?

① 규석은 가장 안정된 광물로서 온도변화에 따라 영향을 받지 않는다.
② 가열온도가 높아질수록 비중이 커진다.
③ 내화물에서 중요한 것은 실리카의 고온형 변태이다.
④ 실리카의 전이는 오랜 시간이 지나서야 이루어진다.

풀이 내화물에서 중요한 것은 실리카(SiO_2계) 산성내화물의 고온형 변태이다.

27 내화 골재에 주로 규산나트륨을 섞어 만든 내화물은?

① 용융 내화물　　② 내화 모르타르
③ 플라스틱 내화물　④ 캐스터블 내화물

풀이 플라스틱 부정형 내화물재료
내화 골재+점토+물유리(규산소다)를 사용하는 이유는 내화골재에 가소성을 주기 위함이다.

28 플라스틱 내화물의 주원료로 적당한 것은?

① 고령토 샤모트와 알루미나 시멘트
② 고령토 샤모트와 포틀랜드 시멘트
③ 고령토 샤모트와 점토
④ 고령토 샤모트와 마그네시아 시멘트

풀이 플라스틱 내화물재질 : 고령토와(샤모트화) + 점토

29 다음 중 알루미나 시멘트를 원료로 사용하는 것은?

① 캐스터블 내화물　② 플라스틱 내화물
③ 내화 모르타르　　④ 고알루미나질 내화물

풀이
- 캐스터블 내화물 = 골재+알루미나 시멘트
- 플라스틱 내화물 = 골재+내화점토+물유리

30 규석질 벽돌의 공통적인 주용도는?

① 가마의 내벽　　② 가마의 외벽
③ 가마의 천장　　④ 연도구축물

풀이 산성내화물 규석질 벽돌의 용도
- 가마의 천장
- 염기성의 평로 유리탱크
- 산성제강로 가마의 벽
- 전기로, 축열실, 코오크스의 가마벽 등

31 다음 중 화학적 조성에 의한 내화물의 분류 방법으로 적합한 것은?

① 소성 내화물　　② 화학 내화물
③ 이형 내화물　　④ 중성 내화물

풀이 ㉠ 내화물의 화학조성
- 산성 내화물
- 중성 내화물
- 염기성 내화물

㉡ 이형내화물 : 형상에 따른 분류로서 표준형, 이형, 아아치형이 있다.

32 다음 중 일반적인 부정형 내화물에 속하지 않는 것은?

① 내화 모르타르　　② 캐스터블 내화물
③ 플라스틱 내화물　④ 불소성 내화물

풀이 소성 내화물, 불소성 내화물 : 내화물의 건조방식에 의한 분류

정답　26 ③　27 ③　28 ③　29 ①　30 ③　31 ④　32 ④

33 크로마그네시아(Chrome-magnesia) 내화물의 주요한 특성은?

① 소성품을 사용할 때는 접합부에 철판을 넣어 사용한다.
② 비중이 크고 염기성 슬래그에 대한 저항이 크다.
③ 버스팅(Bursting) 현상을 방지하기 위하여 MgO의 함량을 줄인다.
④ 소성품이 불소성품보다 스폴링저항이 우수하다.

[풀이] 크로마그네시아 내화물
- 비중이 크고(마그네시아+크롬질) 염기성이며 슬래그에 대한 저항이 크다.
- 슬래그에 대한 저항이 크다.

34 내화물의 시험방법이 아닌 것은?

① 내화도 ② 비중
③ 샌드실 ④ 하중연화점

[풀이] 연소요의 배표적인 터널요의 Sandseal : 요로의 구조체이다.

35 크롬이나 크롬마그네시아 벽돌이 고온에서 산화철을 흡수하여 표면이 부풀어 오르거나 떨어져 나가는 현상을 의미하는 것은?

① 스폴링(Spalling) ② 열화현상
③ 슬래킹(Slaking) ④ 버스팅(Bursting)

[풀이] 버스팅 현상
크롬이나 크롬마그네시아 벽돌이 고온에서 산화철을 흡수하여 표면이 부풀어 오르거나 떨어져 나가는 현상이다.

36 내화 모르타르를 경화시키는 방법에 따라 구분하지 않은 것은?

① 열경화성 ② 기경화성
③ 열가소성 ④ 수경화성

[풀이] 내화 모르타르 경화법
- 열경화성(화기로 건조)
- 기경성(공기 건조)
- 수경성(물 속에서 건조)

37 노(爐) 내에서 어떠한 경우에 휘염방사가 일어나는가?

① 연소가스에 탄산가스 및 수증기가 포함되어 고온일 때
② 탄화수소가 풍부한 가스를 공기공급을 불충분하게 하여 연소시킬 때
③ 공기를 예열하여 가스의 유속을 크게 할 때
④ 연소가스에 공기량을 충분히 공급하여 완전연소시킬 때

[풀이] 휘염방사 발생원인
탄화수소가 풍부한 가스 연소 시 공기공급이 불충분하게 연소시킬 때

38 다음 중 중성내화물의 주요 화학 성분은?

① Al_2O_3 ② MgO
③ FeO ④ SiC

[풀이]
- 산성 내화물 : SiO_2, Al_2O_3
- 중성 내화물 : SiO_2, Al_2O_3, Cr_2O_3, MgO
- 염기성 내화물 : MgO, Cr_2O_3, CaO

39 마그네시아를 원료로 하는 내화물이 수증기의 작용을 받아 $Mg(OH)_2$를 생성, 비중변화에 의한 체적변화를 일으켜 노벽에 균열이 발생하는 현상은?

① 슬래킹(Slaking)
② 스폴링(Spalling)
③ 버스팅(Bursting)
④ 해밍(Hamming)

정답 33 ② 34 ③ 35 ④ 36 ③ 37 ② 38 ① 39 ①

풀이 슬래킹
마그네시아 또는 돌로마이트를 원료로 하는 내화물이 수증기의 작용을 받아 Ca(OH)$_2$나 Mg(OH)$_2$를 생성한다. 이때 큰 비중 차에 의해 체적변화로 벽이 붕괴하거나 균열을 발생시킨다.

40 소성 고알루미나질 내화물의 특성에 대한 설명 중 틀린 것은?

① 내화도가 높다.
② 열전도율이 나쁘다.
③ 급열, 급랭에 대한 저항성이 크다.
④ 하중연화 온도가 높고 고온에서 용적 변화가 작다.

풀이 중성내화물인 고알루미나질 벽돌은 열전도율이 좋고 내스폴링성이 크다.(SK35이상에 사용)

41 고온에서 염기성 슬래그와 접촉되는 곳에 사용할 수 있는 내화물은?

① 규석질 내화물
② 크롬질 내화물
③ 마그네시아질 내화물
④ 샤모트질 내화물

풀이 마그네시아질 내화물
염기성 내화물이며 고온에서 염기성 슬래그와 접촉되는 곳에 사용이 가능하며 소성, 불소성 내화물이 있다. 용도는 염기성제강로, 전기제강로, 비철금속제강로 시멘트소성가마에 사용

42 염기성 내화물의 주성분이 아닌 것은?

① 마그네시아
② 돌로마이트
③ 실리카
④ 포스테라이트

풀이 ㉠ 염기성 내화물
• 마그네시아질
• 돌로마이트질
• 포스테라이트질
• 크롬-마그네시아질
㉡ 산성 내화물
• 규석질
• 반규석질
• 납석질
• 샤모트질
㉢ 중성 내화물
• 고알루미나질
• 탄화규소질
• 크롬질
• 탄소질

43 크롬 철광을 원료로 하는 내화물은 온도가 1,600℃ 이상에서 산화철을 흡수하여, 표면이 부풀어 올라 떨어져 나가는 현상을 무엇이라 하는가?

① 버스팅(Bursting)
② 스폴링(Spalling)
③ 라미네이션(Lamination)
④ 블리스터(Blister)

풀이 버스팅 현상
크롬 철광을 원료로 하는 크롬 마그네시아 염기성 벽돌은 1,600℃ 이상에서 산화철을 흡수하여 표면이 부풀어 떨어져 나가는 현상

정답 40 ② 41 ③ 42 ③ 43 ①

CHAPTER 003 배관, 단열 보온재

SECTION 01 배관의 종류 및 용도

1. 강관(Steel Pipe)

1) 강관의 특징

(1) 내충격성 굴요성이 크며 인장강도가 크다.
(2) 관의 접합이 쉬우며 연관이나 주철관보다 가격이 저렴하다.
(3) 부식에 약하다.
(4) 물, 공기, 기름, 가스, 공기, 수도용 등에 사용된다.

2) 강관의 규격기호

종류		KS 기호	용도
배관용	배관용 탄소강관	SPP	10kgf/cm² 이하에 사용
	압력배관용 탄소강관	SPPS	350℃ 이하, 10~100kgf/cm²까지 사용
	고압배관용 탄소강관	SPPH	350℃ 이하, 100kgf/cm² 이상에 사용
	고온배관용 탄소강관	SPHT	350℃ 이상에 사용
	배관용 아크용접 탄소강	SPW	10kgf/cm² 이하에 사용
	배관용 합금강관	SPA	주로 고온용
	배관용 스테인리스 강관	STS×T	내식용, 내열용, 저온용
	저온배관용 강관	SPLT	빙점 이하의 저온도배관
수도용	수도용 아연도금 강관	SPPW	SPP관에 아연 도금한 관, 정수두 100m 이하의 수도관
	수도용 도복장 강관	STPW	정수두 100m 이하 급수배관용
열전달용	보일러열교환기용 탄소강관	STBH	관의 내외면에 열의 접촉을 목적으로 하는 장소에 사용
	보일러 열교환기용 합금강관	STHA	보일러의 수관, 연관, 과열관, 공기예열관 등에 사용

열전달용	보일러 열교환기용 스테인리스 강관	STS×TB	보일러의 수관, 연관, 과열관, 공기예열관 등에 사용
	저온열교환기용 강관	STLT	빙점 이하에서 사용
구조용	일반구조용 탄소강관	SPS	토목, 건축, 철탑에 사용
	기계구조용 탄소강관	STM	기계, 항공기, 자동차, 자전거에 사용

3) 관의 표시법

(1) 배관용 탄소강관

상표	규격	관종류	제조방법	호칭방법	제조년	길이
G-Yun	ⓚ	SPP	E	25A	2009	6

(2) 수도용 탄소강관

합격표시	상표	규격	관종류	제조방법	호칭방법	제조년	길이
OMF		ⓚ	SPPW	E	20A	2009	6

(3) 압력배관용 강관

상표	규격	관종류	제조방법	제조년	호칭방법	스케줄	길이
G-Yun	ⓚ	SPPS	SA	2006	50A	Sch. 40	6

(4) 제조방법 기호

기호	용도	기호	용도
E	전기저항용접관	A	아크 용접관
B	단접관	SA	열간가공 Seamless관

4) 스케줄 번호(SCH)

$$10 \times \frac{P}{S}$$

단, P : 사용압력[kgf/cm²], S : 허용응력[kgf/mm²]

스케줄 번호란 관의 두께를 나타내는 번호이다.

5) 강관의 접합

(1) 나사이음
50A 이하의 소구경

(2) 용접접합
① 접합강도가 크고 누수 염려가 없다.
② 중량이 가볍다.
③ 유체저항손실이 적고, 유지보수가 절감된다.
④ 보온피복이 용이하다.

(3) 플랜지접합
① 관지름이 65A 이상인 것
② 배관의 중간이나 밸브 등 및 교환이 빈번한 곳에 이용된다.

6) 배관부속품
(1) 동일 직경관의 직선연결 : 소켓, 니플, 유니언, 플랜지
(2) 배관의 방향 등 유로의 변화 : 엘보우, 밴드
(3) 관의 도중에서 관의 분기 : 티, 크로스, 가지관
(4) 이경관의 연결 : 리듀서, 부싱, 이경소켓, 이경티
(5) 관 끝을 막을 때 : 플러그, 캡

2. 동관(Cooper Tube)

1) 동관의 특징

(1) 유연성이 크고 가공하기가 용이하다.
(2) 내식성이 우수하며 외부충격에 약하다.
(3) 저온취성이 적으며 마찰손실이 적다.
(4) 담수에는 내식성이 크나 연수에는 부식된다.
(5) 탄산가스를 포함한 공기 중에는 푸른 녹색이 생긴다.
(6) 급유관, 급수관, 급탕관, 압력배관, 냉매관, 열교환기용
(7) 열전도율이 크다.
(8) 가격이 비싸다.
(9) 비철금속이다.

2) 동관의 표준치수는 K, L, M 형 3가지가 있다.

(1) 표준치수

① K : 의료배관용
② L, M : 의료배관, 급수배관, 급탕배관, 난방배관

> **Reference 동관의 기계적 성질**
>
> - 연질(O) : 인장강도 21kg/mm² 이상
> - 반열질(OL) : 인장강도 21kg/mm² 이상
> - 반경질($\frac{1}{2}$H) : 인장강도 25~33kg/mm² 이상
> - 경질(H) : 인장강도 32kg/mm² 이상

> **Reference 동관의 외경산출방법**
>
> 동관의 외경 = 호칭경(인치) × 25.4 + $\frac{1}{8}$ × 25.4

3) 동관의 접합

① 압축접합(Flare Joint) : 20A 이하용이며 동관의 점검 및 분해가 필요한 경우
② 용접접합(Welding Joint) : 연납(솔더링), 경납(브레이징)으로 나눈다.
③ 플랜지 접합(Flange Joint)

3. 주철관(Cast Iron Pipe)

주철관은 수도용, 배수용, 가스용, 광산용으로 사용된다.

1) 특징

(1) 내구성, 내마모성, 내식성이 크다.(내식성이 강해 지중매설시 부식이 적다.)
(2) 인장에 약하고 압축에 강하다.(10kg$_f$/cm² 이하에 적합)
(3) 수도관, 배수관, 오수관, 통기관 등에 사용된다.

2) 주철관의 접합

(1) 소켓이음(Socket Joint) : 관의 소켓부에 납과 얀을 넣어 접합
(2) 플랜지 이음(Flange Joint) : 고압 및 펌프 주위 배관에 이용

(3) 빅토릭 이음(Victoric Joint) : 가스배관용으로 고무링과 금속제 컬러로 구성
(4) 기계적 이음(Mechanical Joint) : 수도관 접합에 이용되며 가요성이 풍부하여 지층변화에도 누수되지 않는다.
(5) 타이톤 접합(Tyton Joint) : 원형의 고무링 하나만으로 접합한다.

4. 연관(Lead Pipe)

연관은 수도관, 기구배수관, 가스배관, 화학공업용 배관에 사용된다.

1) 특징

(1) 전연성이 풍부하고 굴곡이 용이하다.
(2) 상온가공이 용이하며 내식성이 뛰어나다.
(3) 해수나 천연수에 안전하게 사용할 수 있으나 초산, 농염산, 증류수 등에 침식된다.
(4) 비중이 커서 수평배관 시 늘어진다.
(5) 위생배관, 화학배관, 가스배관 등에 사용된다.
(6) 산에는 강하나 알칼리에는 약하다.

2) 연관의 접합

(1) 납땜 접합 : 토치램프로 녹여 접합
(2) 플라스탄 접합 : 납 60%+주석 40% 합금, 용융점 232℃

5. 비금속관

(1) 원심력 철근콘크리트관(흄관)
(2) 철근콘크리트관
(3) 석면시멘트관

6. 경질염화비닐관(PVC)

사용온도(-10~60℃)는 비교적 낮으나 내식성, 내알칼리성, 내산성이 크며 전기 절연성이 크다.

SECTION 02 밸브의 종류 및 배관지지

1. 밸브의 종류

1) 글로브밸브(Glove Valve)

(1) 구형밸브이다.
(2) 개폐양정이 짧다.
(3) 디스크의 리프트량에 따라 유량을 제어한다.(유량조절이 용이하다.)
(4) 압력손실이 크기 때문에 Y형 글로브 밸브를 사용하는 것이 유리하다.
(5) 가볍고 가격이 싸다.
(6) 유체의 흐름방향과 평행하게 밸브가 개폐된다.

2) 앵글밸브(Angle Valve)

(1) 엘보+글로브밸브(직각으로 굽어지는 장소에 사용한다.)
(2) 흐름의 방향이 90°로 변화한다.(유체의 저항을 막는다.)

3) 게이트 밸브(Gate Valve : Sluice Valve : 슬루스 밸브)

(1) 유량조절용으로 부적합하며, 유체흐름 차단용 밸브로 사용된다.
(2) 전개 또는 전폐용이다.
(3) 조작이 가벼우며 대형밸브로 사용된다.
(4) 밸브 리프트가 커서 개폐에 시간이 소요된다.
(5) 드레인이 체류해서는 안 되는 난방 배관용에 적합하며 압력손실이 적다.
(6) 디스크의 구조에 따라 웨지게이트, 페럴렐 슬라이드, 더블 디스크게이트, 제수밸브 등이 있다.

4) 콕밸브(Cock Valve)

(1) 유체저항이 적으며 유로를 완전 개폐할 수 있다.
(2) 원추상의 디스크가 90°로 회전하여 전개 또는 전폐한다.
(3) 기밀유지가 어려워 고압대용량에 부적당하다(2방콕, 3방콕, 4방콕 등이 있다.)

5) 체크밸브(Check Valve)

(1) 유체 역류 방지용 밸브
(2) 종류
    ① 리프트형 : 수평배관용
    ② 스윙형 : 수평 또는 수직배관용
    ③ 스몰렌스키(Smolensky Check Valve)

6) 감압밸브

(1) 고압과 저압관 사이에 설치하여 부하측이 압력을 일정하게 유지시킨다.
(2) 종류
    ① 작동방법에 따라 : 피스톤식, 다이어프램식, 벨로스식
    ② 구조에 따라 : 스프링식, 추식

2. 신축이음(Expansion Joint)

증기나 온수 배관의 팽창과 수축을 흡수하는 장치

1) 미끄럼형(Sleeve Type)

슬리브의 미끄럼에 의해 신축을 흡수하며 온수 또는 저압배관용

2) 벨로스형(Bellows Type)

벨로스의 변형에 의해 흡수, $10 kg_f/cm^2$ 이하의 증기배관

3) 만곡형(Loop Type)

(1) 루프관의 휨에 의해 흡수, 옥외 고압배관용
(2) 설치공간이 크며 신축에 따른 자체 응력이 생긴다.
(3) 곡률반경은 관 지름의 6배 이상이 좋다.

4) 스위블형(Swivel Type)

2개 이상의 엘보를 연결하여 비틀림에 의해 흡수, 저압증기난방에서 방열기 배관용, 또는 온수난방용으로 사용
※ 흡수량의 크기 : 루프형 > 슬리브형 > 벨로스형 > 스위블형

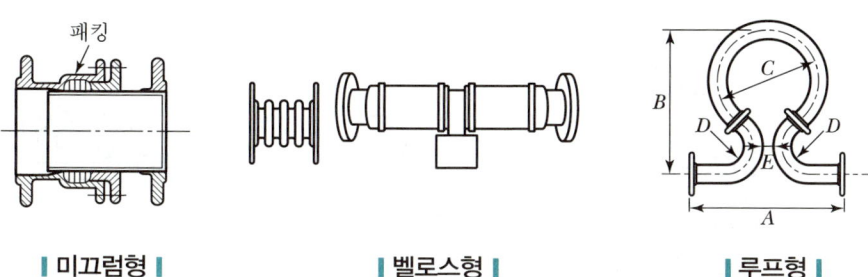

| 미끄럼형 | | 벨로스형 | | 루프형 |

3. 배관지지 기구

1) 행거(Hanger) : 배관을 천장에 고정

(1) **콘스턴트 행거**(Constant Hanger) : 배관의 상·하 이동을 허용하면서 관지지력을 일정하게 유지(지정 이동거리 범위 내에서 사용)

(2) **리지드 행거**(Rigid Hanger) : 빔에 턴버클을 연결하여 파이프 아래를 받쳐 달아 올린 구조로 상하변위가 없다.(수직방향에 변위가 없는 곳에 사용)

(3) **스프링 행거**(Spring Hanger) : 배관에서 발생하는 소음과 진동을 흡수하기 위하여 턴버클 대신 스프링을 설치한 것

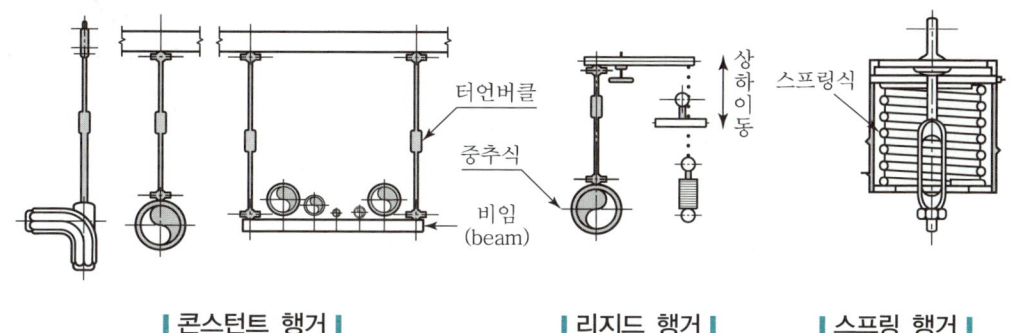

| 콘스턴트 행거 | | 리지드 행거 | | 스프링 행거 |

2) 서포트(Support)

배관의 하중을 아래에서 위로 지지하는 지지쇠

(1) **롤러 서포트** : 배관의 축 방향이동을 허용하는 지지대로서 롤러가 관을 받친다.
(2) **리지드 서포트** : 파이프의 하중변화에 따라 상하 이동을 허용하는 지지대
(3) **스프링 서포트** : 파이프의 하중변화에 따라 상하 이동을 허용하는 지지대
(4) **파이프슈** : 배관의 곡관부 및 수평부분에 관으로 영구히 지지

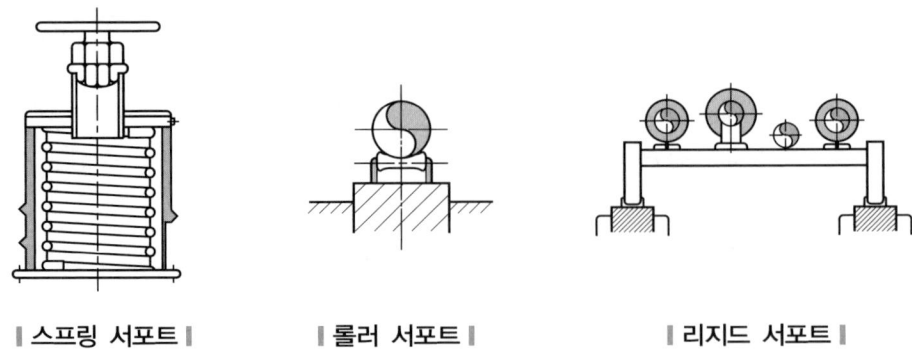

| 스프링 서포트 | | 롤러 서포트 | | 리지드 서포트 |

3) 리스트레인트(Restraint)

열팽창에 의한 배관의 좌우 배관의 움직임을 제한하거나 고정

(1) **앵커(Anchor)** : 관의 이동 및 회전을 방지하기 위하여 배관을 완전고정
(2) **스토퍼(Stopper)** : 일정한 방향의 이동과 관의 회전을 구속
(3) **가이드(Guide)** : 관의 축과 직각 방향의 이동을 구속한다. 배관 라인의 축방향의 이동을 허용하는 안내 역할도 담당한다.

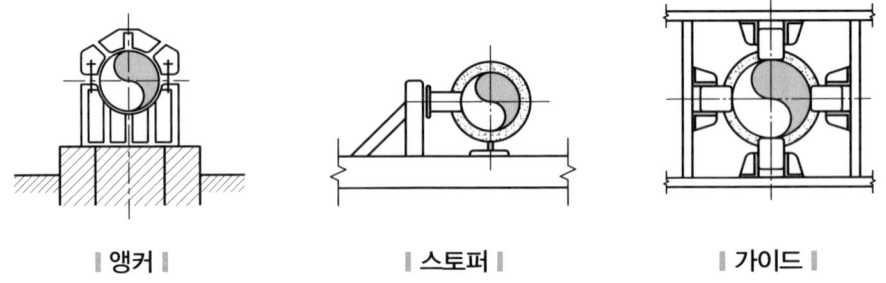

| 앵커 | | 스토퍼 | | 가이드 |

SECTION 03 단열재 및 보온재

1. 단열재 및 보온재의 구비조건

(1) 열전도율이 작을 것
(2) 다공질이며 기공이 균일할 것
(3) 비중이 작을 것
(4) 장시간 사용 시 변질되지 않을 것
(5) 흡수성이 적을 것

> **Reference** 방지법
>
> - 열전도도가 작아진다.
> - 에너지 소비 감소
> - 노내 온도가 균일하게 된다.
> - 에너지의 효율적 이용
> - 축열 용량이 작아진다.

2. 내화, 단열, 보온재의 구분

(1) 내화재 : 1,580℃ 이상에 사용
(2) 내화단열재 : 1,300℃ 이상에 사용
(3) 단열재 : 800~1,200℃에 사용
(4) 무기질 보온재 : 200~800℃에 사용(통상 500~800℃ 사이)

▼ 무기질 보온재 특성

종류	안전사용온도 [℃]	열전도율 [kcal/mh℃]	특징
탄산마그네슘	250 이하	0.042~0.05	염기성 탄산마그네슘 85% + 석면 15%
유리섬유 (그라스울)	300 이하	0.036~0.042	• 용융유리를 섬유화 • 흡음률이 크며, 흡습성이 크다.(방습 필요) • 보냉, 보온재
규조토	500 이하	0.083~0.097	• 규조토 분말에 석면 혼합 • 접착성은 좋으나 건조시간이 필요
석면 (아스베스토스)	350~550	0.048~0.065	• 800℃ 정도에서 강도, 보온성 상실 • 진동을 받는 부분이나 곡관부에 사용
암면	400 이하	0.039~0.048	• 안산암, 현무암 등을 용융 후 섬유화, 흡수성이 적다. • 알칼리에는 강하나 강산에는 약하다. • 풍화의 염려가 적다.
펄라이트	650 이하	0.05~0.065	흑요석, 진주암 등을 팽창시켜 다공질화
세라믹 화이버	1,300 이하	0.035~0.06	실리카울 및 고석회질 사용

(5) 유기질 보온재 : 100~200℃에 사용(통상 500℃ 이하용)

▼ 유기질 보온재 특성

종류	안전사용온도 [℃]	열전도율 [kcal/mh℃]	특징
폼류	80 이하	0.03 이하	염화비닐폼, 경질폴리우레탄폼, 폴리스틸렌폼, 보온, 보냉재
펠트	100 이하	0.042~0.05	• 우모, 양모 • 곡면 시 공용, 방습필요(부식)
텍스	120 이하	0.057~0.058	• 톱밥, 목재, 펄프 • 실내벽, 천정 등의 보온 빛 방음
탄화콜크	130 이하	0.046~0.049	• 코르크 입자를 가열 제조 • 냉장고, 보온, 보냉재

(6) 보냉재 : 100℃ 이하에 사용한다.

3. 보온효율

$$\eta_i = \frac{Q_b - Q_i}{Q_b} \times 100\,(\%)$$

Q_b : 보온하지 않은 나관손실[kcal/h]
Q_i : 보온 후 손실[kcal/h]

CHAPTER 003 출제예상문제

01 다음의 단열재를 같은 두께로 보온시공을 했다면 보온효과가 가장 뛰어난 것은?

① 탄산마그네슘 ② 스티로폼
③ 유리면 ④ 탄화콜크

풀이 스티로폼(합성수지)은 보냉제로서 유기질 보온재이며 열전도율이 매우 적다.

02 다음 중 비중이 가장 작은 보온재는?

① 우레탄 폼 ② 우모펠트
③ 탄화콜크 ④ 폼 그라스

풀이
- 우레탄폼 부피비중 : $0.03g/cm^3$
- 탄화콜크 부피비중 : $0.13 \sim 0.18g/cm^3$
- 폼 그라스 부피비중 : $0.16 \sim 0.18g/cm^3$

03 다음 중 단열성 원료로 사용되지 않는 것은?

① 규조토 ② 규석
③ 석면 ④ 질석

풀이 단열재는 저온용은 규조토질 고온용은 점토질을 사용하며 규석벽돌은 SiO_2를 주성분으로 하는 산성 내화물이다.

04 보온재의 선택에 있어서 고려할 사항이 아닌 것은?

① 사용온도가 적당할 것
② 보온면을 부식시키지 않을 것
③ 경제적으로 유리할 것
④ 흡습성이 높을 것

풀이 보온재는 흡수성이나 흡습성이 없을수록 좋은 편이다.

05 폴리스틸렌 폼의 최고 안전사용온도(℃)는?

① 100 ② 70
③ 300 ④ 250

풀이 플라스틱 폼
- 폼 레버 : 50℃
- 염화비닐 폼 : 60℃
- 폴리스틸렌 폼 : 70℃
- 우레탄 폼 : 130℃

06 일정한 흐름방향에 대하여 역류를 막는 목적으로 사용되는 밸브는?

① 게이트(Gate)밸브
② 글로브(Globe)밸브
③ 플러그(Plug)밸브
④ 체크(Check)밸브

풀이 급수배관들에 사용하는 체크밸브(스윙식, 리프트식)는 일정한 흐름방향에 대하여 역류를 막는 목적으로 사용된다.

07 다음 보온재 종류 중 설계 비중이 가장 작은 보온재는?

① 우레탄 폼 ② 우모펠트
③ 탄화콜크 ④ 폼 그라스

풀이
㉠ 기포성 수지(스폰지) : 합성수지, 고무 등으로 다공질 제품으로 만든 폼(Foam)류이다.
- 경질 우레탄 폼(설계 비중이 작다)
- 폴리스틸렌 폼
- 염화비닐 폼

㉡ 펠트(Felt) : 양모, 우모를 이용한 보온재로서 곡면에 편리하다.

정답 01 ② 02 ① 03 ② 04 ④ 05 ② 06 ④ 07 ①

08 다음 중 주철관의 접합법으로 적절치 않은 것은?

① 소켓 접합 ② 플랜지 접합
③ 메커니컬 접합 ④ 용접 접합

> 풀이 강철은 전기용접성이 우수하나 주철은 탄소함량 증가 및 너무 강하여 용접이 되지 않는다.

09 다음 중 보온재의 보온효율을 가장 합리적으로 나타낸 것은?(단, Q_o = 보온을 하지 않았을 때 표면으로부터의 방열량, Q = 보온을 하였을 때 표면으로부터의 방열량)

① $\dfrac{Q_o}{Q}$ ② $\dfrac{Q_o - Q}{Q}$
③ $\dfrac{Q_o - Q}{Q_o}$ ④ $\dfrac{Q}{Q_o}$

> 풀이 보온재의 보온효율 = $\dfrac{Q_o - Q}{Q_o} \times 100(\%)$

10 다음의 단열재 중 주로 저온용으로 사용할 수 있는 것은?

① 카오 울(Kao wool)
② 우레탄 폼(Urethan foam)
③ 펄라이트(Pearlite)
④ 캐스터블(Castable)

> 풀이 우레탄 폼은 유기질 폼류보온재이며 80℃ 이하에서 사용하는 저온용 보냉재이다.

11 밸브봉을 돌려서 열 때 밸브 좌면과 직선적으로 미끄럼운동을 하는 밸브로서 슬라이딩밸브의 일종이며 고압에 견디고 밸브관이 유체 통로를 전개하므로 흐름의 저항이 거의 없는 밸브는?

① 앵글밸브 ② 슬루스밸브
③ 글로브밸브 ④ 회전밸브

> 풀이 ㉠ 슬루스 밸브(게이트 밸브)
>   • 고압에 견딘다.
>   • 흐름에 저항이 거의 없다.
> ㉡ 글로브밸브 : 압력손실이 크고 유량조절이 용이하다.

12 증기배관의 구경을 정할 때 포화증기 수송관 내 속도로 비교적 적정한 값은?

① 5m/s ② 15m/s
③ 25m/s ④ 50m/s

> 풀이 증기배관 내의 포화증기 속도는 일반적으로 20~30m/s(적정선 25m/s 정도)이다.

13 다음의 보온재 중 안전사용 온도가 제일 높은 것은?

① 규산칼슘 ② 유리섬유
③ 규조토 ④ 탄화마그네슘

> 풀이 보온재 안전사용 온도
>   • 규산칼슘 : 650℃
>   • 유리섬유 : 300℃ 이하
>   • 규조토 : 250℃~500℃
>   • 탄화마그네슘 : 250℃ 이하

14 판상보온재를 사용하는 경우 소정의 두께의 보온판을 철사로 묶어서 밀착시킨다. 보온재의 두께가 다음 중 어느 정도가 넘을 경우 가능한 한 2층으로 나누어 시공하는가?

① 25mm ② 50mm
③ 75mm ④ 10mm

> 풀이 보온재의 보온층 두께가 75mm 이상이면 통상 2층으로 나누어 시공을 한다.

정답 08 ④ 09 ③ 10 ② 11 ② 12 ③ 13 ① 14 ③

15 보온재가 가져야 할 특성과 관계가 없는 것은?

① 흡수성 및 흡습성 ② 기공의 크기
③ 재질의 유동성   ④ 재질의 조밀도

> **풀이** 보온재의 특성
> - 흡수성 및 흡습성
> - 기공의 크기
> - 재질의 조밀도

16 증기관으로부터 손실되는 열량이 600W에서 관 주위를 보온한 후의 열손실은 100W이었다. 보온재의 보온 효율은?

① 80.3%   ② 89.3%
③ 66.7%   ④ 83.3%

> **풀이** 보온재효율
> $$\frac{Q_o - Q}{Q_o} \times 100 = \frac{600 - 100}{600} \times 100 = 83.3\%$$

17 보온재의 열전도율을 가장 크게 지배하는 것은?

① 보온재를 구성하는 고체물질의 열전도율
② 보온재에 포함된 공기포나 그 층의 크기와 분포
③ 안전사용온도 범위에서 보온재의 온도
④ 보온재의 두께

> **풀이** 보온재의 공기포나 그 층의 크기와 분포는 보온재의 열전도율(kcal/mh℃)을 가장 크게 지배한다.

18 관경 200mm인 급수관 속에 6m/s의 평균속도로 물이 흐르고 있다. 관 길이가 200m이고, 마찰손실계수가 0.009일 때 마찰손실수두(mH$_2$O)를 구하면?

① 8.2mH$_2$O   ② 16.5mH$_2$O
③ 33.0mH$_2$O ④ 24.8mH$_2$O

> **풀이** 마찰손실수두$(H) = \lambda \times \frac{L}{D} \times \frac{V^2}{2g}$
> $$= 0.009 \times \frac{200}{0.2} \times \frac{(6)^2}{2 \times 9.8}$$
> $$= 16.5 \text{mH}_2\text{O}$$

19 구리, 황동관의 호칭지름은 어디를 표시하는가?

① 파이프 나사의 바깥지름
② 파이프의 안지름
③ 파이프의 바깥지름
④ 파이프의 유효지름

> **풀이** 구리나 황동관의 호칭지름은 파이프의 바깥지름(외경기준)이다.

20 밸브봉을 돌려서 열 때 밸브 좌면과 직선적으로 미끄럼 운동을 하는 밸브로서 슬라이딩밸브의 일종이며 고압에 견디고 밸브관이 유체 통로를 전개하므로 흐름의 저항이 거의 없는 밸브는?

① 앵글밸브   ② 게이트밸브
③ 글로브밸브 ④ 회전밸브

> **풀이** 슬루스밸브(게이트밸브)는 흐름의 저항이 거의 없다.

21 다음 보온재 중 안전사용온도가 가장 높은 것은?

① 세라믹 파이버 ② 암면
③ 규산칼슘   ④ 규조토

> **풀이** 보온재 안전사용온도
> - 세라믹 파이버 : 1,300℃
> - 암면 : 400~600℃
> - 규산칼슘 : 650℃
> - 규조토 : 500℃(석면 사용 시)

정답 15 ③ 16 ④ 17 ② 18 ② 19 ③ 20 ② 21 ①

22 다음 보온재 중 안전사용 온도가 가장 높은 것은?

① 스티로폼　　② 규산칼슘
③ 세라믹울　　④ 경질폴리우레탄폼

풀이 안전사용온도
- 스티로폼 : 130℃ 이하
- 규산칼슘 : 650℃ 이하
- 폼류 : 80℃ 이하
- 세라믹울 : 1,300℃ 이하

23 Q_1을 미보온상태에서 표면으로부터의 방산열량, Q_2를 보온 시공상태에서 표면으로부터의 방산열량이라고 할 때, 보온효율을 바르게 나타낸 것은?

① $\eta = \dfrac{Q_2}{Q_1}$　　② $\eta = \dfrac{Q_1 - Q_2}{Q_1}$

③ $\eta = \dfrac{Q_2}{Q_1 + Q_2}$　　④ $\eta = \dfrac{Q_1}{Q_1 + Q_2}$

풀이 $\eta = \dfrac{Q_1 - Q_2}{Q_1}$

24 일정한 흐름방향에 대하여 역류를 막는 목적으로 스윙식, 리프트식이 주로 사용되는 밸브는?

① 게이트(Gate) 밸브　　② 글로브(Globe) 밸브
③ 플러그(Plug) 밸브　　④ 체크(Check) 밸브

풀이 체크밸브 : 역류방지 급수밸브 등에 사용된다.

25 강관의 호칭지름은 어디를 표시하는가?

① 파이프의 유효지름
② 파이프의 두께
③ 파이프의 안지름
④ 파이프나사의 바깥지름

풀이 강관은 파이프의 안지름이 기준이다.

26 배관자료에 대한 설명으로 틀린 것은?

① 주철관은 용접이 용이하고 인장강도가 높기 때문에 고압용 배관에 사용된다.
② 탄소강 강관은 인장강도가 크고 접합작업이 용이하여 일반배관 및 고압의 유압, 고온고압의 증기배관으로 사용된다.
③ 동관은 내식성, 굴곡성이 우수하고 전기열의 양도체로서 열교환기용관, 압력계용관으로 사용된다.
④ 알루미늄관은 열전도도가 좋으며, 가공이 용이하여 전기기기, 광학기기, 열교환기 등에 사용된다.

풀이 주철관
용접이 불가능한 관으로서 너무 강하여 충격에 약하여 저압용배관으로 사용가능하다.

27 최고 사용압력이 0.7MPa 이상 되는 보일러의 증기 공급, 차단을 위하여 설치하는 밸브는?

① 스톱밸브　　② 게이트밸브
③ 감압밸브　　④ 체크밸브

풀이 스톱밸브 : 0.7MPa(7kgf/cm²) 이상에 사용한다.

28 슬루스밸브에 대한 설명 중 옳지 않은 것은?

① 드레인(Drain)이 체류해서는 안 되는 배관에 적합하다.
② 개폐에 많은 시간이 소요된다.
③ 기체배관에 적합하다.
④ 유체의 흐름에 따른 마찰저항손실이 적다.

풀이
- 슬루스밸브 : 기름이나, 급수배관용
- 볼밸브 : 기체배관용

정답 22 ③　23 ②　24 ④　25 ③　26 ①　27 ①　28 ③

29 관의 지름을 D, 유체의 밀도를 ρ, 정압비열을 C_p, 점도를 μ, 질량속도를 G, 열전도도를 K, 열전달계수를 h라고 할 때 다음 중 무차원이 되지 않는 것은?

① $\dfrac{K}{\rho C_p}$ ② $\dfrac{h}{C_p G}$
③ $\dfrac{C_p \mu}{K}$ ④ $\dfrac{hD}{K}$

풀이 무차원수 : 프란틀 수, 레이놀즈 수, 그라쇼프스, 오일러 수, 프라우스 수, 웨버 수, 마하 수

30 다음 중 동관의 공작에 소요되지 않는 기기는?

① 만능관 공작기 ② 확관기
③ 티뽑기 ④ 리이머

풀이 만능관 공작기는 동관용이 아닌 강관용이다.

31 저온 보온재의 부피 비중이 크면 클수록 열전도율은?

① 작아진다. ② 커진다.
③ 일정하다. ④ 증가하다 감소한다.

풀이 보온재는 부피비중이 크면 열전도율이 커진다.

32 다음 중 보온재가 갖추어야 할 구비조건이 아닌 것은?

① 장시간 사용해도 사용온도에 견디어야 하며 변질되지 않을 것
② 어느 정도의 기계적 강도를 가질 것
③ 열전도율이 작을 것
④ 부피 비중이 클 것

풀이 보온재는 부피 비중이 적어야 열전도율이 적어지고 보온을 좋게 한다.

정답 29 ① 30 ① 31 ② 32 ④

CHAPTER 004 보일러의 종류 및 특성

SECTION 01 보일러의 구성 부분

1. 보일러

밀폐된 용기의 내부에 물이나 열의 매체를 넣고서 연료를 연소시켜 연소열을 전달하여 대기압보다 높은 증기를 발생시키는 기구이다.

보일러 3대 구성요소 : 본체, 연소장치, 부속장치

2. 보일러 본체

동(드럼)이라 하며 내부에 물이나 열매체를 넣고 연소열을 전해서 내부의 유체를 가열한 후 소요압력의 온수 또는 증기를 발생시키는 부분이다.

3. 보일러 연소장치

연료를 공급하여 연소시켜서 열을 발생시키는 연소실 등을 포함해서 연소장치라 한다.

4. 부속기구장치

보일러의 가동에 도움을 주며 생성된 증기를 사용처에 보내기 위한 보조기구로, 급수장치, 송기장치, 폐열회수장치, 제어장치, 분출장치, 안전장치, 급수장치, 처리장치 등이 있다.

SECTION 02 보일러의 용량과 전열면적

1. 보일러의 용량 표시방법

1) 정격용량

100℃의 포화수를 100℃의 건조된 증기로 발생시켰을 때를 말하며 상당 증발량(환산증발량)으로 표시한다.

(1) 상당증발량 $= \dfrac{\text{시간당 실제 증기발생량}(h_2 - h_1)}{2,256} = \text{kg}_f/\text{hr}$

(2) 상당증발량 $= \dfrac{\text{시간당 급수사용량}(h_2 - h_1)}{539} = \text{kg}_f/\text{hr}$

여기서, h_2 : 포화증기엔탈피[kJ/kg], h_1 : 급수엔탈피[kJ/kg]

(3) 상당증발량 = 실제 증기발생량 × 증발계수 = kgf/hr

2) 전열면적

전열면적이란 한쪽면이 연소가스와 접촉되며 다른 면이 물 또는 열매체에 접촉되는 것이며, 보일러 용량은 마력으로 표시함에 있어 그 전열면적으로 환산하는 것이다.

(1) **노통보일러** : 전열면적 0.465m^2가 1마력
(2) **연관보일러 · 수관보일러** : 전열면적이 0.929m^2가 1마력이다.

2. 보일러의 전열면적 계산

전열이란 한쪽면이 연소가스와 접촉되고 다른 면이 물 또는 열매체에 접촉되는 면으로 전열면적의 계산은 연소가스가 접촉되는 면을 기준한다.

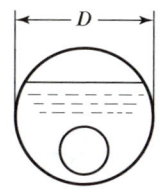 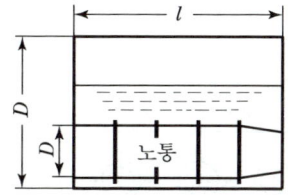

| 코니시보일러 |

1) 둥근 보일러

(1) 랭커셔보일러 : $HA = 4Dl(\text{m}^2)$

(2) 입횡관보일러 : $HA = \pi D_1(H+dn)(\text{m}^2)$

(3) 코니시보일러 : $HA = \pi Dl(\text{m}^2)$

(4) 횡연관보일러 : $HA = \pi l\left(\dfrac{D}{2}+d_1 n\right)+D^2(\text{m}^2)$

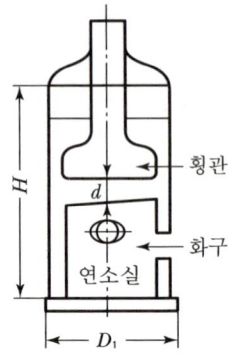

┃ 입횡관보일러 ┃

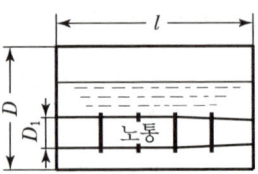

┃ 랭커셔보일러 ┃

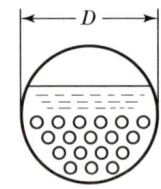 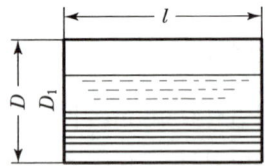

┃ 횡연관보일러 ┃

2) 수관식 보일러

(1) 스페이스드 튜브형 : $HA = \pi D l_1 n$

(2) 메인스페이스드 튜브형 : $HA = \dfrac{\pi d}{2} l_1 n$

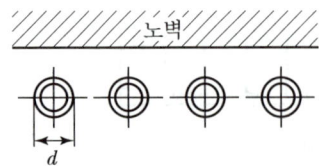 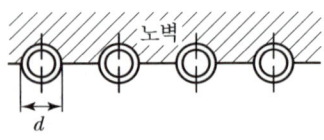

┃ 스페이스드 튜브형 ┃ ┃ 메인스페이스드 튜브형 ┃

(3) 탄젠셜형 : $HA = \dfrac{\pi d}{2} l_1 n$

(4) 메인 사각 튜브형 : $HA = b l_1$

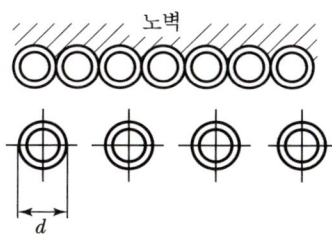

| 탄젠셜형 |

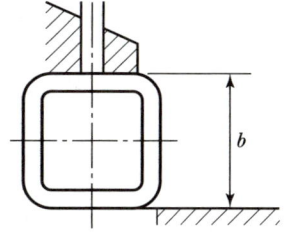

| 메인 사각 튜브형 |

(5) 핀 패널형 : $HA = (\pi d + Wa) l_1 n \quad W : (b-d)$

    a : 열전달에 따른 계수

열전달의 종류	계수
양면에서 방사열을 받는 경우	1.0
한쪽면에 방사열, 다른 면에는 접촉열을 받는 경우	0.7
양면에 접촉열을 받는 경우	0.4

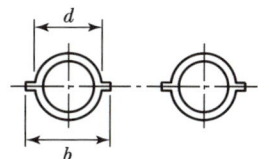

| 핀 패널형 |

(6) 메인 핀 패널형 : $HA = \left(\dfrac{\pi d}{2} + Wa\right) l_1 n$

    a : 열전달에 따른 계수

열전달의 종류	계수
방사열을 받는 경우	0.5
접촉열을 받는 경우	0.2

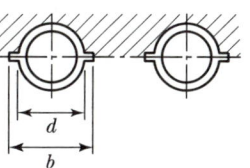

| 메인 핀 패널형 |

(7) 스파이럴형 : $HA = \left\{\pi d l_1 + \dfrac{\pi d}{4}(d_1{}^2 - d^2) n_1 \beta\right\} n$

(8) 내화물 피복형 : $HA = d l_1 \, n$

(9) 베일리형 : $HA = b l_1$

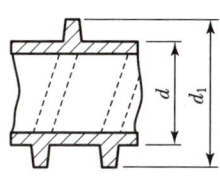

| 스파이럴형 |

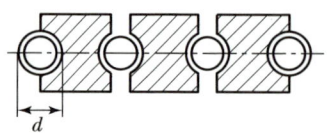

| 내화물 피복형 |

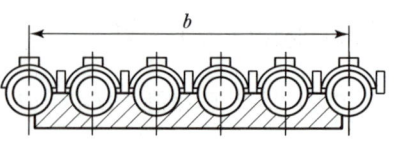

| 베일리형 |

(10) 스터드 튜브로서 내화물로 피복된 것

$$HA = \pi d l_1 n$$

(11) 스터드 튜브로서 연소가스 등에 접촉되는 것

$$HA = (\pi d l + 0.15 \pi d_m l_2 n_2) n$$

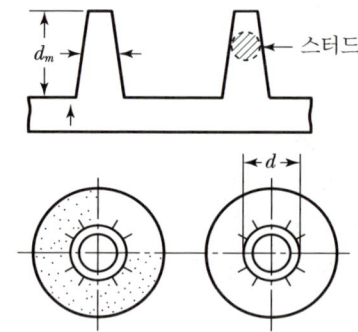

| 스터드 튜브로서 내화물로 피복된 것 |

여기서, HA : 전열면적[m²]
D : 동의 외경[m]
l : 동의 길이[m]
l_2 : 스터드의 길이[mm]
d_1 : 연관의 내경[m]
d_m : 스터드의 평균지름[m]
n_1 : 핀의 개수
β : 정수로서 0.2로 한다.
H : 연소실의 높이[m]
D_1 : 노통의 내경[m]
l_1 : 수관 또는 헤더의 길이[m]
d : 수관의 외경[m]
d_a : 핀의 바깥지름[m]
n : 수관의 개수
n_2 : 스터드의 수

3) 보일러 마력

시간당 100℃의 포화수 15.65kg을 100℃의 건포화 증기로 발생시키는 능력을 보일러 1HP(마력)라 한다. 또한 열량으로 환산하면 15.65×539=8435kcal/hr

4) 정격출력

정격 용량을 열량으로 표시한 것이며 시간당 증기나 온수가 가지고 나오는 열량(kcal/hr)을 말한다.

(1) 539 × 정격용량(kcal/hr) = kcal/hr

(2) 매시 실제증발량($h_2 - h_1$) = kcal/hr

(3) 매시 급수사용량(출탕온도 − 급수온도) × 급수의 비열 = kcal/hr

※ 수관식 보일러는 전열면적에는 드럼은 전열면적에 포함시키지 않고 수관의 면적만 계산한다.

5) E.D.R(상당 방열면적)

난방용 보일러에서 매시간 방열된 양을 방열기의 방열면적으로 환산하여 나타내는 방식

SECTION 03 보일러의 구조 및 특징

1. 본체의 구조

(1) 동판
(2) 경판
(3) 관판
(4) 버팀(스테이)
(5) 수관 및 연관
(6) **연소실 및 노통** : 거의가 원통형으로 둥글게 제작하며 공작상의 분류는 3가지로 구분한다.
　① 이음부가 용접된 것
　② 이음부 없이 화조에 의해 형성된 것
　③ 이음부가 리벳 조인트로 형성된 것

2. 본체의 구조 각 기기의 해설

1) 리벳 조인트

(1) 랩 조인트(겹친이음)
(2) 버트 조인트(맞댄이음)

2) 경판

(1) 반구형 경판(아주 강하다.)
(2) 반타원형 경판(강하다.)
(3) 접시형 경판(양호하다.)
(4) 평형 경판(약하다.)

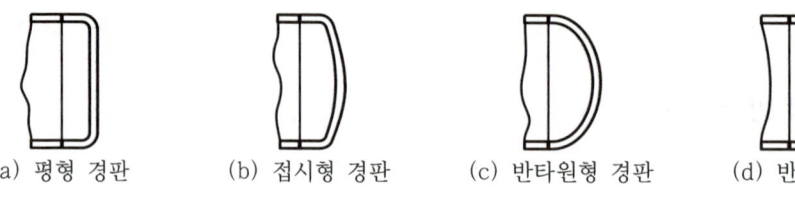

| 경판의 모양 |

3) 관판

관이나 노통을 지지해 주는 판이며 보일러 동체내부에 부착된다.

4) 버팀(스테이)

(1) **경사버팀** : 경판과 동판이나 관판과 동판을 지지하는 보강재이다.
(2) **거시버팀** : 평경판이나 접시형 경판에 사용하며 경판과 동판 또는 관판이나 동판의 지지 보강 대로서 판에 접속되는 부분이 크다.
(3) **관버팀(튜브 스테이)** : 연관의 팽창에 따른 관판이나 경판의 팽출에 대한 보강재
(4) **막대버팀(바 스테이)** : 진동, 충격 등에 따른 동체의 진동(움직임)의 방지 목적이며, 화실 천장의 압궤방지를 위한 가로버팀이며, 관판이나 경판 양측을 보강하는 행거스테이(메달림)라 한다.
(5) **나사버팀(볼트 스테이)** : 기관차 보일러의 화실 측면과 경판의 압궤를 방지하기 위한 버팀
(6) **나막신버팀(거더 스테이)** : 화실 천장 과열 부분의 압궤현상을 방지하는 버팀
(7) **도그 스테이** : 맨홀 뚜껑의 보강재 버팀

> **Reference**
> - 거싯 스테이의 부착 시 브리딩 스페이스를 충분히 두어야 한다. 이것이 불충분하면 그루빙(구식)의 부식이 초래된다. 브리딩 스페이스는 최소한 225mm 이상 떨어져야 한다.
> - 브리딩 스페이스 : 거싯 스테이 부착 시 노통의 열팽창에 의한 호흡거리이다.
>
> | 두께(mm) | 13 | 15 | 17 | 19 | 19 초과 |
> |---|---|---|---|---|---|
> | 브리딩 스페이스(mm) | 230 | 260 | 280 | 300 | 320 |

5) 노통(원통형 보일러의 연소실)

(1) 평형노통
① 고압력에 견디기 어렵다.
② 접합부가 손상에 의해 누설을 일으키기 쉽다.
③ 구조가 간단하고 제작이 용이하다.

(2) 파형노통
① 고열에 의한 노통의 이상 신축 현상을 흡수, 완화시킨다.
② 전열면적을 넓힐 수 있다.
③ 보일러 압력에 크게 견딜 수 있다.
④ 구조가 복잡하고 설비가 비싸다.
⑤ 제작이 까다롭다.

> **Reference 파형노통의 강도 계산**
>
> 파형노통에서 그 끝 평형부의 길이가 230mm 미만의 것의 최소두께 및 최고사용압력은 다음 식에 따른다.
>
> $$t = \frac{PD}{C}, \quad P = \frac{Ct}{C}$$
>
> 여기서, t : 노통의 최소두께[mm]
> P : 최고사용압력[kg/cm^2]
> D : 노통의 평균지름으로 모리슨형에서는 최소 안지름에 50mm를 가한 것으로 한다.
> C : 계수(모리슨형-1,100, 데이톤형-985, 폭스형-985, 파브스형-985, 리즈포지형-1,220, 브라운형-985)

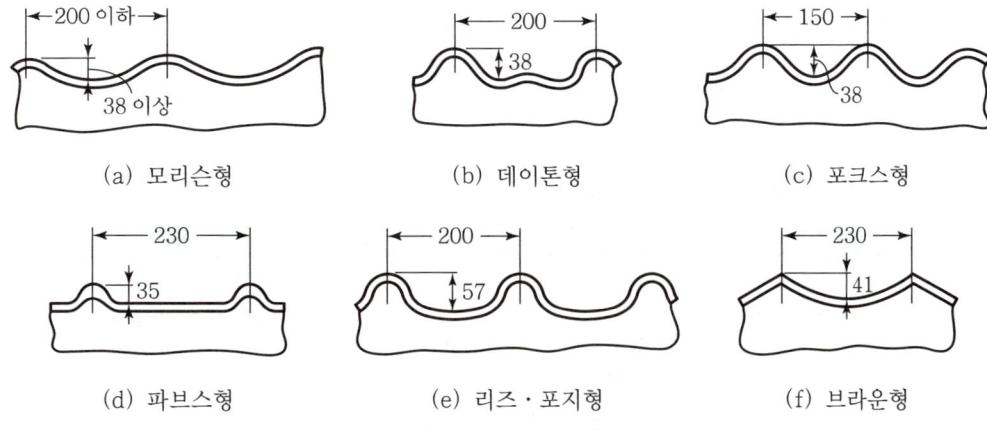

(a) 모리슨형   (b) 데이톤형   (c) 포크스형
(d) 파브스형   (e) 리즈·포지형   (f) 브라운형

| 파형노통의 종류 |

6) 아담슨 조인트

평형노통의 약한 단점을 보완하기 위하여 약 1m 정도의 노통거리마다 접합한다.

[특징]
(1) 이상신축 방지
(2) 사용압력에 견디는 힘이 강하다.
(3) 리벳을 보호한다.

7) 노벽의 종류

(1) **벽돌의 벽** : 벽돌로 구축되며 방산 열손실과 클링커의 형성 및 균열이 쉬운 노벽이다.
(2) **공냉노벽** : 벽돌벽이 이중으로 되어 그 공간 사이에 공기를 넣어서 냉각시키는 벽이며, 연소용 공기가 예열되면서 노벽 전후면의 온도구배가 적어 노재의 손상이 적은 벽이나 많이 쓰지는 않는다.
(3) **수냉노벽** : 연소실의 주위벽에 수관을 다수 배치하여 복사열을 흡수하며 노벽을 보호함으로써 노재의 과열을 방지하고 노의 기밀을 유지하며 수명을 길게 한다. 또한 가압연소 및 연소실의 열부하를 높일 수 있는 노벽이다.

SECTION 04 원통형 보일러

1. 둥근(원통형) 보일러

1) 수직형 보일러

동이 직립형(입형)이며 연소실이 하부에 자리잡고 있다. 내분식 보일러이며 화염이 위로 상승하는 형태이다.

▼ 수직형 보일러의 종류 및 장단점

종류	장점	단점
• 입형 횡관 보일러 • 입형 연관 보일러 • 코크란 보일러 • 스파이럴 보일러	• 구조가 매우 간단하다. • 설치면적이 작다. • 벽돌의 쌓음이 필요 없다.	• 전열면적이 작다. • 전체 열효과가 적다. • 소용량의 보일러다. • 내부 청소 시 까다롭다. • 수면부가 적어 습증기가 배출된다. • 연소실이 작아서 불완전연소가 된다.

> **Reference** 횡관(갤러웨이관)의 특징
>
> - 전열면적의 증가
> - 물의 순환 양호
> - 노통의 강도보강

(1) 입형 보일러(입형 횡관 보일러)

횡관(갤러웨이 튜브) 설치상의 이점
① 전열면적이 증가한다.
② 화실벽의 강도를 보강한다.
③ 관수(순환을 양호하게 한다.)
  ※ 횡관은 1~4개 정도 설치

(2) 입형 다관식(연관식) 보일러

① 다수의 연관을 사용한다.
② 상부 관판이나 연관은 부식되기 쉽다.

(3) 코크란 보일러

① 입형보일러 중 열효율이 가장 높다.
② 입형보일러 중 전열면적이 가장 크다.
③ 입형보일러 중 가장 고압에 잘 견딘다.

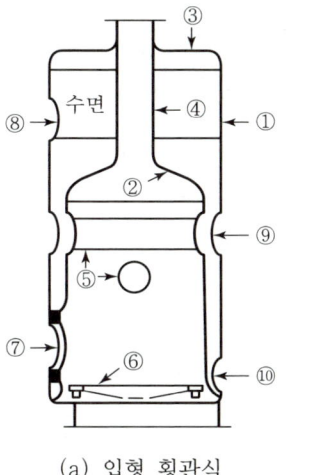

(a) 입형 횡관식 　　　(b) 입형 다관식

| 입형 보일러 |

CHAPTER 04. 보일러의 종류 및 특성

2) 노통 보일러

둥근 보일러이며 횡치형이면서 동내에 노통을 구비한 보일러이다.

(1) 종류
① 랭커셔보일러(노통 2개)
② 코니시보일러(노통 1개)

(2) 장점
① 구조가 간단하고 제작이 간편하다.
② 청소나 검사가 용이하다.
③ 부하 변동에 적응하기 쉽다.
④ 급수처리가 그다지 까다롭지 않다.

(3) 단점
① 전열면적에 비해 보유수량이 많아서 습증기 발생이 많다.
② 연소실의 크기가 제한되어 연료의 선택 및 연료사용량이 제한된다.
③ 증기 발생시간이 길다.(가동 후부터)
④ 파열 시 보유수량이 많아 피해가 크다.
⑤ 고압이나 대용량에는 사용상 문제가 있다.

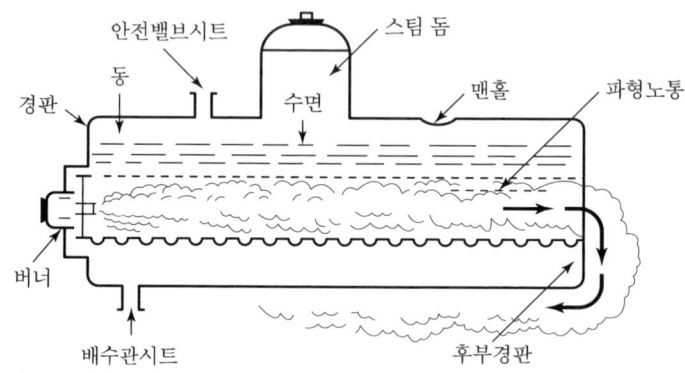

┃코니시보일러┃

3) 연관식 보일러

노통보일러에서 다소 개량된 보일러이며 기관차 보일러, 기관차형(케와니) 보일러, 횡연관보일러 등이 있다.

▼ 연관식 보일러의 장단점

장점	단점
• 노통보일러에 비하여 전열면적이 커서 전열효과가 좋다. • 외분식 연소실일 경우 연소실의 증축은 자유로이 할 수 있어 저질 연료도 연소가 가능하다. • 급수처리가 그다지 까다롭지 않다. • 노통보일러에 비해 부하 변동에 응하기가 쉽다.	• 노통보일러에 비해 내부 청소가 다소 불편하다. • 외분식은 열손실이 크다. • 연관과 관판의 접속부에 손상을 일으키기 쉽다. • 연관의 길이에 제한을 받고 대용량 설비에는 부적당하다. • 연관이 가열되어 늘어지기가 쉽다.

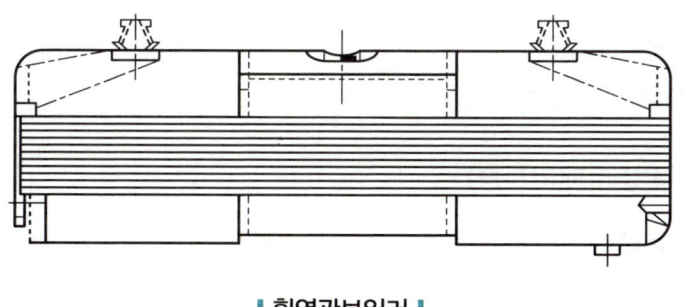

┃ 횡연관보일러 ┃

Reference 연관의 최소피치를 구하는 공식

- 관 내부에 연소가스가 흐르는 관을 말하며, 그 관경은 50~100mm 정도의 것이 가장 많이 사용되고 있다.
- 연관보일러의 연관의 최소피치는 다음 식에 따른다.

$$P = \left(1 + \frac{4.5}{t}\right)d$$

여기서, P : 연관의 최소피치[mm]
t : 관판의 두께[mm]
d : 관구멍의 지름[mm]

Reference 증기돔(Steam Dome)의 설치목적과 용도

보일러 내에 물의 요동으로 인한 습증기의 건도를 높이기 위함이며, 용도로 소용량의 노통연관, 횡연관 특히 이동식 보일러에 사용한다.

(1) 외분식 횡연관 보일러

외분식의 대표적 보일러, 연소실에 외부설치

① 최고사용압력 : 5~12kg/cm²

② 증발량 : 4ton/h 연관의 외경 65~102A의 강관

(2) 기관차 보일러(철도차량용 보일러)

① 최고사용압력 : 16~18kg/cm²

② 보일러의 중량이 가볍다.

③ 우톤형과 클램프톤형이 있다.

(3) 기관차형 보일러(케와니보일러)

기관차 보일러를 개조(내분식 보일러)

① 최고사용압력 : 10kg/cm²

② 증발량 : 4t/h

③ 난방용, 취사용에 사용

4) 노통연관보일러(패키지형)

연관 보일러의 단점을 보완한 것이며 조립하여 패키지형으로 많이 제작하고 있다. 즉, 보일러 동내에 노통과 연관을 조립하여 설치한 이상적인 둥근 보일러의 대표급이다.

▼ 노통연관 보일러의 장단점

장점	단점
• 둥근 보일러 중 효율이 85~90% 정도로 가장 높다. • 증발 속도가 빠르다. • 벽돌의 쌓음이 없어도 된다. • 운반이나 장착 부착이 용이하다. • 전열효율이 좋다. • 노의 구조가 밀폐되어서 가압 연소가 가능하다.	• 관수의 농축 속도가 급격하여 급수를 좋게 해야 한다. • 구조가 복잡하고 내부가 좁아서 청소작업이 곤란하다. • 증기급수요에는 용이하나 보유수가 적어서 부하 변동에 적응이 힘들다. • 대용량 보일러에는 조금 부적당하다. • 연관 등에 불순물 및 클링커가 부착되기 쉽다.

(1) 박용 보일러(노통연관식)

박용 보일러는 선박에서 많이 쓰는 보일러이며 선박(배)의 특수한 구조에 의해 몸통의 직경은 크고 길이는 짧은 마치 둥근 북 모양을 한 바다의 선박에 많이 쓰는 보일러이며 대표적인 스코치보일러이다.

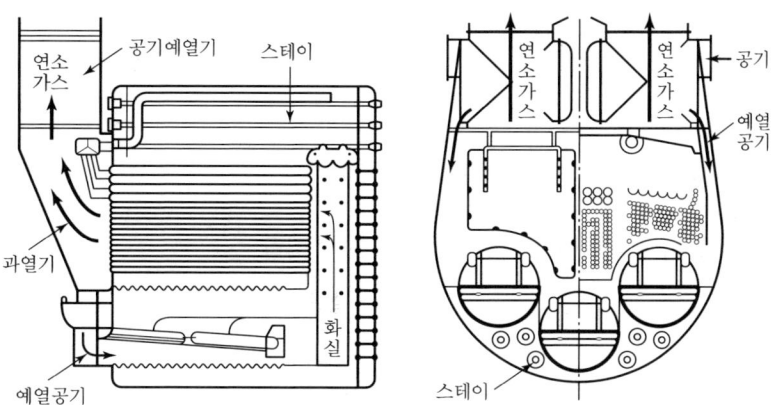

│웨트백식│

[웨트백식(습연실 보일러 : 박용 스코치보일러)]
① 노통의 수는 동체의 직경에 따라서 1~4개까지 설치(3개가 가장 많이 사용)
② 전열면적=노통+연소실+연관(전열면적의 총 85% 차지)
③ 선박용 동력 보일러
④ 일면 양면 보일러가 있다.
⑤ 최고사용압력 18kg/cm² 정도
   ※ 보일러의 효율 60~75%

(2) 박용 건연실 보일러(노통연관식)

① 하우드존슨보일러
② 부르동카프스보일러

(3) 육용강제 패키지 보일러

① 육지에서 사용하는 노통연관식 보일러이다.
② 열효율이 85~90%로 높다.
③ 산업용, 난방용으로 가장 많이 사용한다.

SECTION 05 수관식 보일러

1. 직관식 수관 보일러(자연순환식)

곧은 수관을 동이나 렛터에 연결하여 만든 보일러이다.

1) 종류

(1) 다쿠마보일러(가수관과 승수관의 조합)
(2) 쓰네기찌보일러
(3) 하이네보일러
(4) 밥콕보일러

2) 장점

(1) 수관의 청소가 용이하다.
(2) 구조가 간단하여 제작 시 간편하다.
(3) 관의 교체가 용이하다.

3) 단점

(1) 관수의 순환이 불량하다.
(2) 관모음(헤더)이 필요하다.
(3) 고압 대용량에는 적당하지 못하다.
(4) 관의 열팽창에 대한 무리가 발생하기 쉽다.

▼ 직관식 보일러의 경사도

보일러 명	경사각도
다쿠마보일러	45°
쓰네기찌보일러	30°
하이네보일러	15°(드럼이 경사져 있다.)
밥콕보일러	15°

2. 직관식 수관 보일러 종류와 구조

1) 밥콕보일러(수관식 섹셔널 보일러)

1개의 동과 분할식 헤드 수관 등으로 구성

(1) 종류

① CTM형 : 동판에 직접 수관연결(고압용)
② WIF형 : 동판에 크로스박스를 설치하여 크로스박스에 수관연결(저압용)
　　　→ (1개 헤드에 7개 정도 수관연결)

(2) 특징

① 수관이 수평에서 15°의 경사이다.
② 물드럼 대신 교환이 용이한 헤더를 설치한다.
③ 수관의 외경은 89~102A의 강관이 사용된다.

2) 하이네보일러(연소실이 없다.) : 폐열 보일러의 일종

(1) 드럼이 1~2개이며 15° 정도 경사져 있다.
(2) 수관은 직관이며 수평이다.
(3) 관모음 헤더가 일체식이다.

3) 쓰네기찌보일러(경사수관식 = 직관식)

(1) 관의 경사 30°이며 수관은 직관이다.
(2) 수관이 경판에 부착되어 있다.(수관은 경판 크기에 제한을 받는다.)
(3) 4t/h 이하의 소형 난방용에 주로 사용
　　※ 드럼의 길이가 짧으며 수관이 경판에 부착(증기드럼과 물드럼이 받침대 위에 놓여 있어서 수관의 신축을 자유롭게 허용)

4) 다쿠마보일러

(1) 경사도가 45°이다.
(2) 강수관 : 열가스의 접촉을 방지하고 물의 하강을 원활히 하기 위해 관주위는 2중관으로 구성한다.
　　　⇨ 승수관 보다 직경이 크다.(저온부에 설치)
(3) 승수관 : 가열된 물이 증기드럼으로 상승하는 관

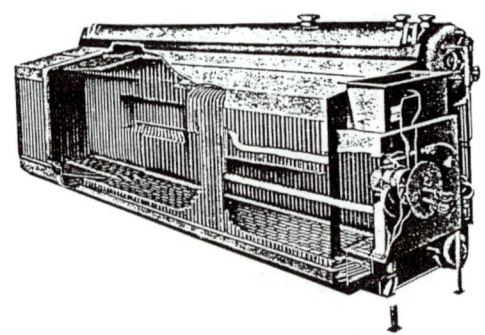

▎2동 D형 수관식 패키지 보일러 ▎

3. 곡관식 수관 보일러(자연순환식)

관이 휘어 곡관으로 된 보일러이며 연소실의 방사전열면인 수관군의 배치를 멤브레인 휠의 구조로 된 보일러이다. 또한 노내의 기밀이 유지되어 가압 연소가 가능하다.

1) 종류

(1) 단동형 곡관식 보일러

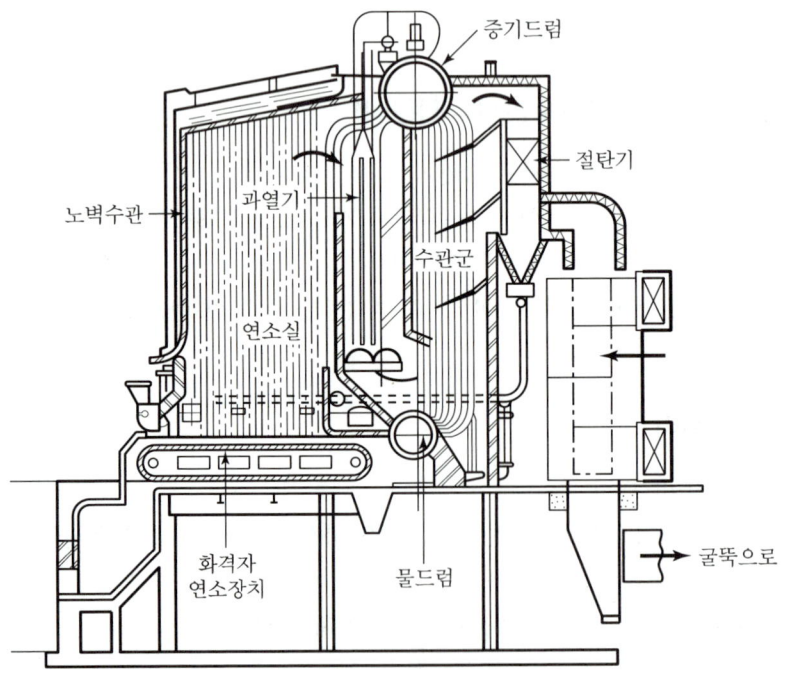

▎자연순환식 수관 보일러(곡관식) ▎

(2) 2동 D형 곡관식 보일러

수관군을 수직 또는 수직선에서 15° 경사지게 결합
① 증발량 최고 50t/h
② 효율은 약 80~90% 정도

※ 수관식 곡관 보일러에서 효율이 우수하고 제작 시 패키지형으로 제작하며 근대 산업에서 산업용으로 가장 많이 쓰이는 대표적인 수관 보일러이다. 상부의 증기 드럼과 하부의 물드럼에 의해 수관을 D자형으로 경사지게 하여 고열의 강도에 적합하게끔 제작된 산업용 난방용 등 다양하게 쓰인다.

2) 장점

(1) 관의 배치 모양에 따라 연소실 구조를 마음대로 제작할 수 있다.
(2) 전열면이 커서 급수의 증발속도가 빠르다.
(3) 방산열의 손실을 줄일 수 있다.
(4) 고압이나 대용량에 적당하다.
(5) 관수의 순환상태가 양호하다.
(6) 고부하의 연소가 가능하다.
(7) 보일러 효율이 85~95% 정도로 높다.

3) 단점

(1) 곡관이라 내부 청소가 불편하다.
(2) 관의 과열이 우려된다.
(3) 관 외면에 클링커의 생성이 일어나기 쉽다.
(4) 직관식 보일러에 비해 제작이 까다롭다.
(5) 연소실의 구조가 복잡하여 통풍의 저항이 뒤따를 수 있다.

4. 강제 순환식 수관 보일러

보일러에서 압력이 높아지면 포화수의 온도가 상승하여 증기와 포화수 간의 비중차가 적어지며 하강하는 강수와 상승하는 승수와의 비중차가 많지 않아 보일러관수의 순환이 불량해진다.
이것을 노즐이나 순환펌프를 사용하여 강제로 순환시키는 보일러이다.

1) 종류

(1) 라몬트 노즐 보일러
　① 압력 중 고저, 관배치, 순서, 경사 등에 제한 없다.
　② 보일러 높이를 낮게 할 수 있다.

③ 수관 내 유속이 빠르고 관석 부착이 적다.
④ 관경이 적고 두께를 얇게 할 수 있다.
⑤ 용량에 비해 소형으로 제작할 수 있다.
⑥ 시동 시간이 단축된다.
⑦ 보일러 각부의 열신축이 균등하다.
⑧ 라몬트 노즐을 설치하여 송수량을 조절한다.

※ 펌프양정 : 2.5~3kg/cm^2

(2) 베록스보일러(2차대전 시 네덜란드에서 제작 선박용 보일러로 사용)

① 2.5~3kg$_f$/cm^{2}의 가압 연소 및 유속 200~300m/s의 배가스 속도로 연소하며 시동시간은 6~7분 정도이다.

※ 강제순환 이외 가압 연소 사용

 Reference **가압 연소**

> 압축된 공기와 중유 또는 가스연료를 연소실로 분입시켜 2.5~3kg/cm^{2}의 압력하에서 연소시킨다.

② 특징
- 노내는 가압 연소
- 연소가스의 유속은 200~300m/s
- 열전달률은 다른 보일러의 10~20배 정도(가스의 압력이 높고 유속이 빠르기 때문에)

2) 장점

(1) 관경을 작게 하여도 무방하다.
(2) 관수의 순환이 좋다.
(3) 수관의 배치가 자유로워서 보일러 설계가 용이하다.
(4) 관의 두께가 적어도 되며 전열효과가 높다.
(5) 단위시간당 전열면의 열부하가 매우 높다.
(6) 증기의 생성 속도가 빠르다.

3) 단점

(1) 각기 수관을 흐르는 관수의 속도가 일정하게 유지되어야 한다.
(2) 관수의 농축속도가 빨라서 급수처리가 까다롭다.
(3) 관수의 흐름이 일정치 못하면 관의 파열이 온다.

(4) 노즐이나 순환펌프가 있어야 한다.

※ 자연순환의 한계압력은 180kgf/cm² 이하이다.

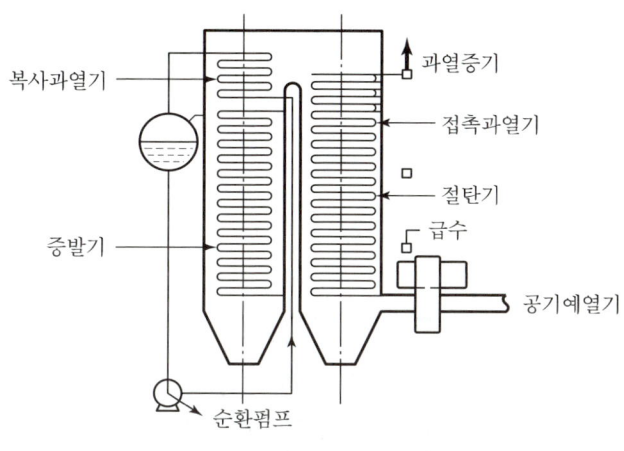

| 라몬트보일러의 약도 |

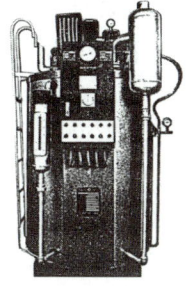

| 관류보일러 |

5. 관류보일러

하나의 긴 관 등을 휘어서 만든 배관만의 보일러이며 보일러의 압력이 고압이 되면 동드럼이 견딜 수 없을 시에 이러한 편리한 관만으로 구성된 보일러를 제작하며 수관에다 급수를 행하여 가열, 증발, 과열 등의 순서로서 증기를 생산하는 강제순환식 보일러의 일종이다.

종류	벤슨 보일러, 슐쳐보일러, 램진보일러
장점	• 증기 드럼이 필요 없다. • 고압 보일러로서 적당하다. • 콤팩트하게 관을 자유로이 배치할 수 있다. • 증발 속도가 매우 빠르다. • 임계압력 이상의 고압에 적당하다. • 증기의 가동 발생시간이 매우 짧다. • 보일러 효율이 95% 정도로 매우 높다. • 연소실의 구조를 임의대로 할 수 있어 연소효율을 높일 수 있다.
단점	• 예민한 급수처리가 요망된다. • 스케일로 인한 관의 폐색이 쉽다. • 부하 변동에 적응이 어려워서 자동제어가 필요하다.
특징	• 수면계가 필요 없다.(단관식의 경우) • 드럼이 없다. • 급수의 압력이 매우 높다. • 1개의 수관의 증발량은 15~20ton/h이다.

1) 벤슨보일러

다소의 수관을 병렬로 배치한 관류 보일러의 가장 대표적인 고압용 보일러이다.

(1) 최고사용압력 : 124kg/cm²
(2) 증발량 : 110t/h 정도
(3) 관경 : 20~30A 정도
(4) 수관전달을 위한 헤더 설치

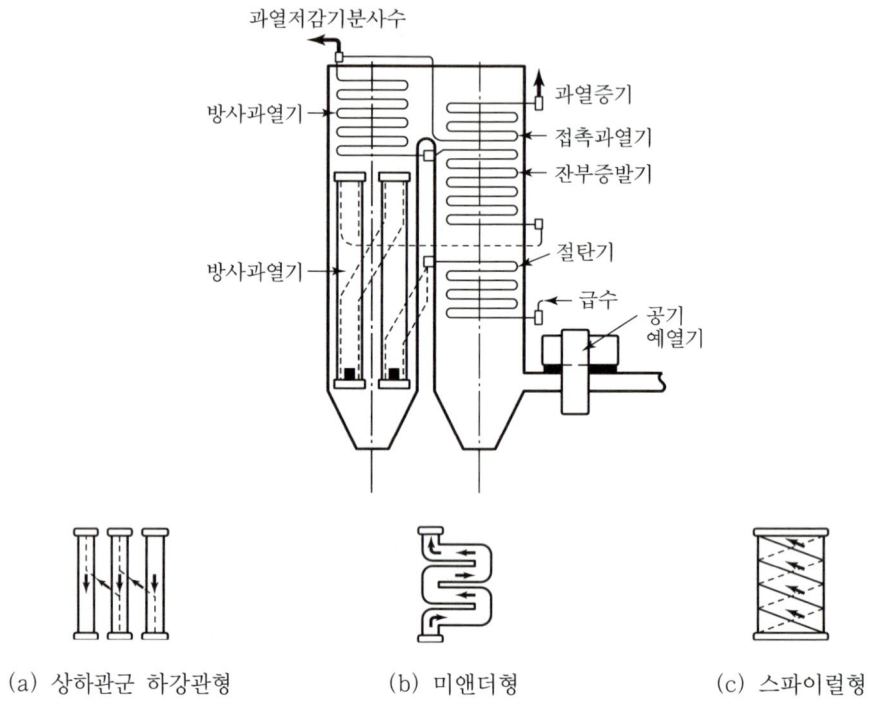

(a) 상하관군 하강관형   (b) 미앤더형   (c) 스파이럴형

벤슨보일러의 증발관 배열

2) 슐처보일러

(1) 헤더가 없다.
(2) 1개의 긴 연속관(길이 약 1,500m 까지)이다.
(3) 증발부 끝부분에 기수분리기(염분리기) 설치
  ※ 염분리기 : 급수 중의 염류분과 수분을 배제한다.
(4) 단점
  ① 충분한 급수처리를 해야 한다.
  ② 자동제어장치가 필요하다.

③ 부하 변동에 견디기 힘들다.
④ 스케일의 생성이 빨라서 관이 쉽게 폐색된다.

6. 방사 보일러

발전용 보일러로서 많이 사용하며 미분탄과 중유의 혼합연료를 많이 소모시키며 하나의 드럼에서 강수관을 보일러 하단부 헤더에 연결하여 보일러 자연순환을 순조롭게 한 보일러이다. 또 65%의 방사열이 흡수를 하며 500~550℃의 고온의 증기 생성이 가능한 수관식 보일러로서 노벽전면이 수냉노벽으로 이루어졌다.

7. 주철제 보일러

보일러 용량에 따라 섹션을 5~18개 정도 니플로 조합하여 만든 보일러이며 강도가 낮고 취성이 강하여 낮은 압력에만 사용한다. 온수 사용 시는 수두압 30m 이하에서 사용하고 증기난방 시는 압력 0.1MPa 이하의 저압에 사용하는 저압 보일러이다.

1) 종류

(1) 증기 난방용
(2) 온수 난방용

2) 조합 방법에 따른 분류

(1) 전후 조합
(2) 좌우 조합
(3) 맞세움 전후 조합
  ※ 섹션의 두께는 8mm 이상이어야 한다.

3) 장점

(1) 섹션의 증감에 따라 용량조절이 이루어진다.
(2) 내식성 및 내열성이 우수하다.
(3) 급수처리가 까다롭지 않다.
(4) 설치장소가 적어도 된다.
(5) 구조가 복잡하여도 제작이 용이하다.

4) 단점

(1) 강도가 약하고 취성이 강해서 고압에 부적당하다.
(2) 청소나 검사 시에 불편하다.
(3) 대용량 보일러에는 매우 부적당하다.
(4) 열에 의한 부동 팽창으로 인하여 균열의 발생이 쉽다.
(5) 연소효율 및 전열효율이 좋지 않다.

5) 특징

(1) 온수보일러의 부착계기는 온도계, 수고계, 일수관만 필요하다.
(2) 난방용 온수보일러는 표준 방열량이 450kcal/m²h이다.
(3) 난방용 증기보일러의 표준 방열량은 650kcal/m²h이다.

▼ 증기 보일러와 온수 보일러의 부속품 차이

증기 보일러	온수 보일러
압력계	수고계(수두압)
수면계	온도계
안전변(밸브)	안전밸브 및 방출관(일수관)

8. 특수보일러

1) 열매체 보일러

(1) 압력은 올리지 않고서도 고온의 증기를 얻기 위하여 특수한 유체를 가지고서 증기를 발생시키는 보일러이다. 즉, 비점이 낮은 매체를 이용하며 저압에서도 고온의 증기가 발생하나 물이 필요 없어서 급수처리 및 내부의 청관제 약품 사용이 필요 없고 겨울에는 동파에 위험이 없는 특수 보일러이다.
(2) **종류** : 다우삼 A · B, 수은, 카네크롤

2) 특수 연료 보일러(산업폐기물 이용)

(1) 바크보일러 : 나무껍질을 건조하여 연료로 사용
(2) 바케스보일러 : 쓰레기, 사탕수수 찌꺼기, 펄프의 폐액 등을 연료로 사용하는 보일러
  ※ 흑액(펄프의 폐액), 진개(쓰레기)

3) 폐열 보일러

(1) 연소장치가 필요 없고 용광로나 가열로 가스 터빈 등에서 나오는 배가스를 이용하여 대류열을 이용한 보일러이다. 그러나 폐가스의 더스트나 그을음이 전열면에 부착하기 쉬우므로 매연분출장치나 기타 불순물 제거장치가 필요하다.

(2) **종류** : 하이네보일러, 리보일러

4) 간접가열 보일러(2중증발 보일러)

(1) 증발부가 2개이며 1차 증발부에 있는 급수는 완전히 불순물을 제거한 급수이며 1차 증발부의 발생된 증기가 2차 증발부에 있는 관수를 가열하여서 사용증기를 발생시키는 소형 보일러이다. 주로 수질이 불량한 화학공장에서 사용한다.

(2) **종류** : 슈미트보일러, 레플러보일러

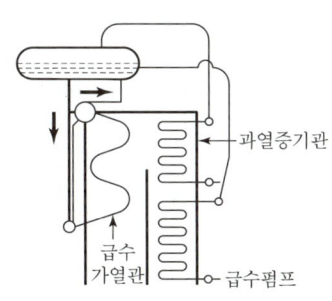

| 슈미트보일러의 약도 |

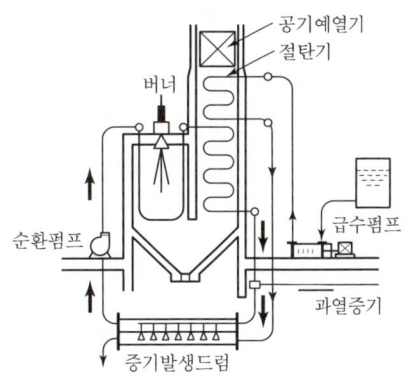

| 레플러보일러 |

Reference 보일러의 종류 총 정리

형식	보일러의 종류
둥근 보일러	• 입형 : 입횡관보일러, 입연관보일러, 코크란보일러 • 노통 : 코니시보일러, 랭커셔보일러 • 연관 : 횡연관보일러, 기관차보일러, 기관차형보일러 • 노통연관 : 육용강제보일러, 박용보일러
수관 보일러	• 자연순관 : 밥콕보일러, 다쿠마보일러, 야로보일러, 2동 D형 보일러 • 강제순환식 : 베록스보일러, 라몬트보일러 • 관류 : 벤슨보일러, 슐처보일러, 램진보일러
주철 보일러	주철제 : 온수 증기
특수 보일러	• 폐열 : 하이네보일러, 리보일러 • 특수 연료 : 버개스 보일러, 바크보일러, 진개(쓰레기)보일러 • 특수 유체 : 다우삼보일러, 카네크롤보일러 • 간접가열 : 레플러보일러, 슈미트보일러

SECTION 06 보일러의 청소구멍 및 검사구멍

1. 맨홀(Manhole)

소제나 검사의 목적으로 내부에 출입하기 위한 구멍

(1) **크기** : 타원형일 때 장경 375mm 이상, 단경 275mm 이상, 원형일 때 375mm 이상
(2) **동의 내경** : 750mm 미만 보일러, 1,000mm 미만 입형 보일러는 맨홀대신 청소구멍이나 검사구멍으로 대체가 가능하다.
(3) **방향** : 원주 방향 → 장경, 길이 방향 → 단경

2. 손구멍(소제구멍 = Cleaning Hole)

(1) 장경 90mm 이상, 단경 70mm 이상
(2) 원형일 때는 90mm 이상이고, 노통연관 보일러의 소제구멍의 크기는 장경 120mm 이상, 단경 90mm 이상, 원형일 때는 120mm 이상

3. 검사구멍(Inspection Hole)

크기가 지름 30mm 이상의 원형

> **Reference** 보일러 제작 시 온도제한
>
> - 230°C 이하 : 회주철품 사용
> - 350°C 이하 : 림드강 사용
> - 350°C 초과 : 킬드강 사용

SECTION 07 보일러의 성능시험

1. 성능시험 종류

- 정부하 성능시험   ① 정격부하
                  ② 과부하
                  ③ 경제부하(정격부하의 60~80%)
- 특성을 구하는 성능시험 : 각 부하 별로 정부하시험 실시
- 정상조업의 성능시험 : 평균성적을 구하는 시험이며 일반적으로 행하는 보일러의 성능시험

1) 안전밸브의 작동시험

안전밸브의 분출압력은 최고사용압력의 그 6%를 최고사용압력에 더한 압력을 초과해서는 안 된다. 단, 6%의 값이 $0.35kg/cm^2$ 미만 시는 $0.35kg/cm^2$으로 계산한다.

2) 안전방출 밸브의 온수 보일러 작동시험

온수보일러의 안전방출 밸브의 분출압력은 다음 각 항에 따라서 최고사용압력의 그 10%를 최고사용압력에 더한 압력 이하에서 작동이 실시되어야 한다. 단, 10%의 값이 $0.35kg/cm^2$ 미만 시는 $0.35kg/cm^2$로 계산한다.

3) 배기가스 온도

유류 보일러는 배기가스의 온도가 정격부하 시 상온과의 차가 315deg 이하이어야 한다. 다만, 열매체 보일러는 출구의 열매체와 배기가스의 온도차가 150deg 이하이어야 한다. 단, 배기가스의 온도는 보일러 전열면의 최종출구나 공기예열기가 있으면 공기예열기 출구로 한다.
※ 소용량 보일러는 제외된다.

4) 배기가스의 성분

유류 보일러에서 배가스 속에 CO_2는 12% 이상이 되어야 하며 다만 경유 보일러나 소용량 시에는 10% 이상이면 된다. 또한, CO_2와 CO의 비율은 0.02% 이하이어야 한다.

5) 주위벽의 온도

보일러 주위의 벽온도는 상온보다 30deg를 초과하여서는 안 된다.

6) 저수위 안전장치

(1) 연료차단 전에 경보기가 울려야 한다.
(2) 온수 보일러의 온도 및 연소제어장치는 120℃ 이내에서 연료가 차단되어야 한다.

7) 열정산 기준

(1) 보일러의 증발량은 사용부하로 조정하며 가동 후 1~2시간부터 측정한다.
(2) 측정시간은 1시간 이상 해야 한다.
(3) 열계산 시는 연료 1kg에 대하여 한다.
(4) 벙커C유의 열량은 9,750kcal/L로 한다.
(5) 연료의 비중은 0.963kg/L
(6) 증기의 건도는 0.98로 한다.
(7) 압력의 변동은 ±7% 이내로 한다.
(8) 측정은 10분마다 한다.

8) 보일러 성능의 계산

(1) 보일러의 연소에 관한 성능계산

① 매시 연료소비량

$$매시\ 연료소비량 = \frac{시험\ 중\ 전\ 연료소비량(kg_f)}{시험시간(h)} kg_f/h \cdot Nm^3/h$$

② 버너 연소율 : 버너 1대당 연료의 연소량

$$버너\ 연소율 = \frac{매시\ 연료소비량(kg_f/h)}{가동\ 버너수} kg_f/h \cdot Nm^3/h$$

③ 화격자 연소율 : 1m²당 석탄연료의 연소량

$$화격자\ 연소율 = \frac{매시\ 연료소비량(kg_f/h)}{화격자면적(m^2)} kg_f/m^2 \cdot h$$

④ 연소실 열발생률(연소실 열부하) : 연소실 용적 1m³당 1시간에 발생된 열량

$$연소실\ 열발생률 = \frac{매시\ 연료소비량(kg/h)\{H_e + Q_a + Q_f\}}{연소\ 실용적(m^3)} kJ/m^3 \cdot h$$

여기서, H_e : 연료의 저위발열량[kJ/kg], Q_f : 연료의 현열[kJ/kg], Q_a : 공기의 현열[kJ/kg]

(2) 보일러의 증발량 또는 열부하에 관한 성능계산

① **매시 실제증발량** : 보일러로부터 1시간에 발생된 증기량으로서 급수량과 동일하게 취급한다.

$$매시\ 실제증발량 = \frac{시험\ 중\ 전급수량(kg)}{시험시간(h)} kg/h$$

② **매시 환산(상당) 증발량** : 보일러의 실제증발량을 기준증발량으로, 환산한 것으로서 기준증발량이란 100℃의 포화수를 100℃의 건포화증기로 발생시킨 것을 말한다.

$$매시\ 환산증발량 = \frac{매시\ 실제증발량 \times (h'' - h')}{2,256} kg/h$$

여기서, $\frac{(h''-h')}{2,256}$ 는 증발계수로서 실제증발일 때의 증발열과 기준증발일 때의 증발열의 "비"이다.
h'' : 발생증기의 엔탈피(kJ/kg)
h' : 급수의 엔탈피(kJ/kg)

(3) 보일러의 열출력

열매체가 보일러로부터 1시간동안 갖고 나오는 열량

① **증기 보일러의 열출력**

매시 실제증발량$(h''-h')$ 또는 환산증발량$\times 2,256(kJ/h)$

② **온수 보일러의 열출력**

매시 온수발생량$\times H_c \times (t_2 - t_1)$

여기서, t_1 : 보일러 급수의 온도(℃)
t_2 : 보일러 출구 온수의 온도(℃)
H_c : 온수의 평균비열(kJ/kg℃)

(4) 보일러의 전열면 증발률

보일러의 전열면 1m²당 실제증발량(또는 환산증발량)

$$전열면(환산)\ 증발률 = \frac{매시\ 실제(환산)증발량}{보일러\ 증발전열면적} kg/m^2 \cdot h$$

(5) 전열면 열부하

매시 증기발생열량을 전열면적으로 나눈 값

$$\text{전열면 열부하} = \frac{\text{매시 실제증발량}(h'' - h')}{\text{증발전열면적}} \text{kJ/m}^2 \cdot \text{h}$$

※ 온수보일러의 전열면 열부하 $= \dfrac{\text{매시 온수발생량} \times H_c \times (t_2 - t_1)}{\text{전열면적}}$

$\qquad\qquad\qquad\qquad\qquad = \dfrac{\text{온수보일러의 열출력}}{\text{전열면적}} \text{kJ/m}^2 \cdot \text{h}$

(6) 폐열 회수장치의 열부하

각 장치의 전열면 1m²당 열발생률

① 과열기의 열부하 $= \dfrac{\text{매시 과열증기량}(h_x - h'')}{\text{과열기 전열면적}} \text{kJ/m}^2 \cdot \text{h}$

② 절탄기의 열부하 $= \dfrac{\text{매시 급수량}(h_e - h')}{\text{절탄기 전열면적}} \text{kJ/m}^2 \cdot \text{h}$

③ 공기예열기의 열부하 $= \dfrac{\text{공기의 평균비열} \times \text{시간당 공기투입량}(t_n - t_a)}{\text{공기예열기 전열면적}}$

여기서, h_x : 과열증기의 엔탈피
$\qquad\quad h''$: 발생증기 엔탈피
$\qquad\quad h_e$: 절탄기 출구의 급수 엔탈피
$\qquad\quad h'$: 절탄기 입구의 급수 엔탈피
$\qquad\quad t_n$: 공기예열기 출구의 온도
$\qquad\quad t_a$: 공기예열기 입구의 온도(보일러실온도)

(7) 환산증발배수

연료 1kg당(또는 1Nm³당)의 환산증발량

$$\text{환산증발배수} = \frac{\text{매시 환산증발량}}{\text{매시 연료소모량}} \text{kg}_f/\text{kg}(\text{kg}_f/\text{Nm}^3)$$

(8) 부하율

보일러의 정격용량과 실제 증발량과의 비율

$$부하율 = \frac{매시\ 실제증발량}{매시\ 최대연속증발량} \times 100(\%)$$

※ 매시 최대연속증발량이란 보일러의 최대용량으로서 정격용량과 같다.

(9) 보일러의 효율

보일러의 효율은 보일러에 공급되는 열량과 실제 사용할 수 있는 유효열과의 비율로서 일반적으로 공급열은 연료의 저위발열량 Hl을 취한다.

① 온수 보일러의 효율 $= \dfrac{매시\ 온수발생량 \times 온수의\ 비열(t_2 - t_1)}{매시\ 연료소비량 \times Hl} \times 100(\%)$

② 증기 보일러의 효율 $= \dfrac{매시\ 실제증발량(h'' - h')}{매시\ 연료소비량 \times Hl} \times 100(\%)$

$\qquad\qquad\qquad\quad = \dfrac{상당증발량 \times 539}{매시\ 연료소비량 \times 연료의\ 저위발열량} \times 100(\%)$

여기서, We : 상당증발량, 환산증발량[kgf/h]
$\qquad\quad Hl$: 연료의 저위발열량[kJ/kg, kJ/Nm³]
$\qquad\quad C_p$: 온수의 비열[W/kg℃]
$\qquad\quad t_2$: 온수의 출구온도[℃]
$\qquad\quad t_1$: 보일러수 입구온도[℃]
$\qquad\quad h''$: 발생증기엔탈피[kJ/kg]
$\qquad\quad h'$: 급수엔탈피[kJ/kg]

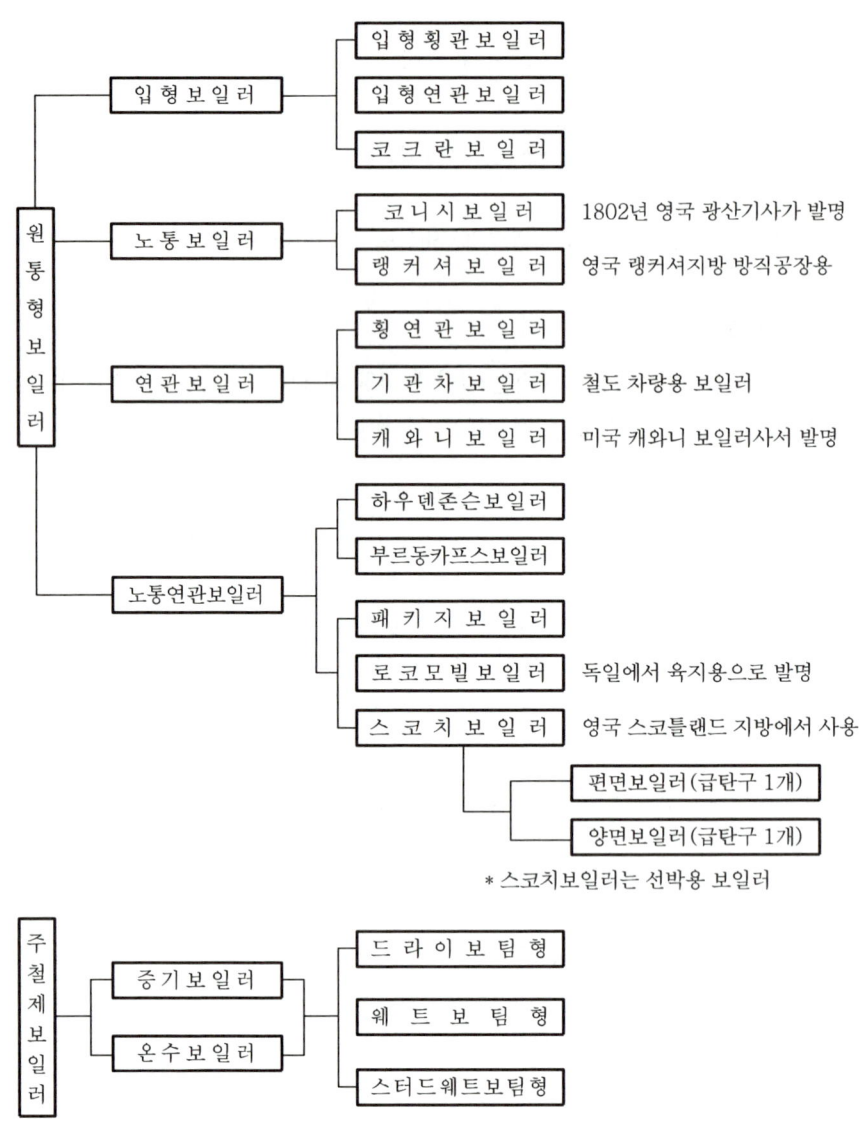

| 각종 보일러의 분류(1) |

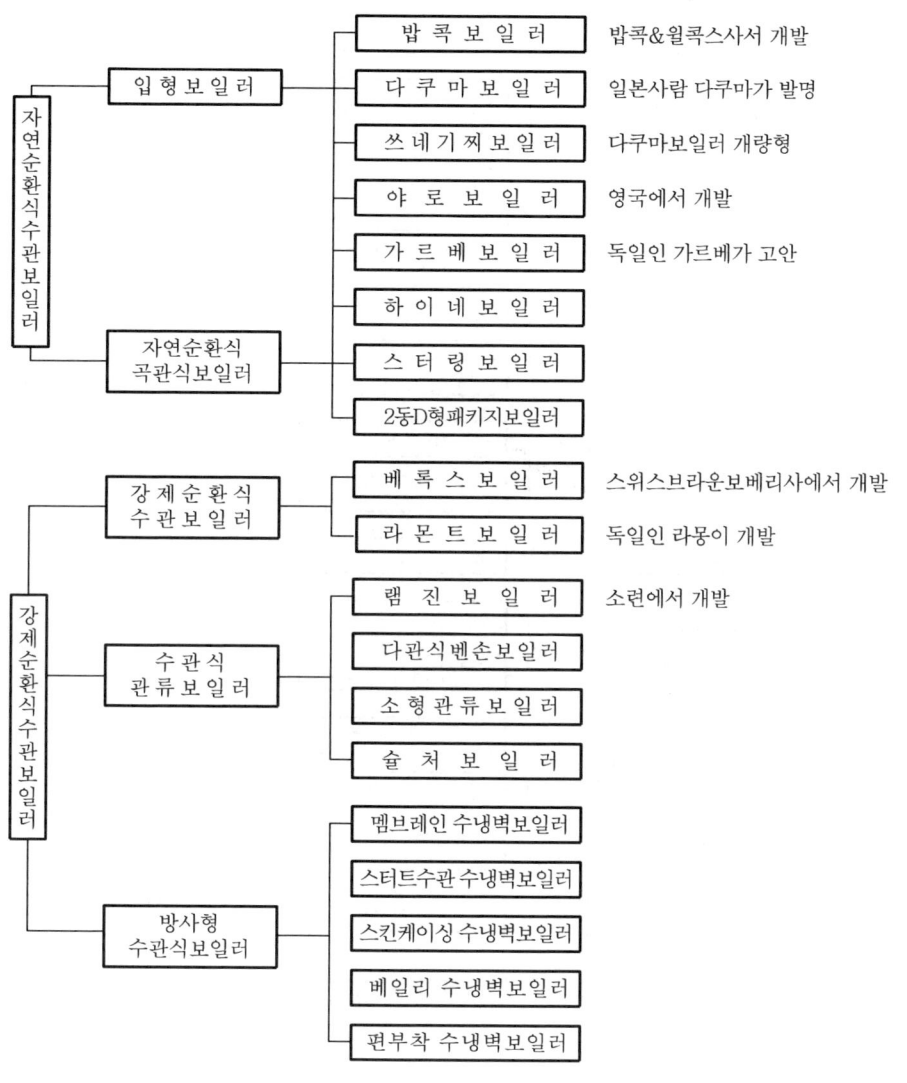

| 각종 보일러의 분류(2) |

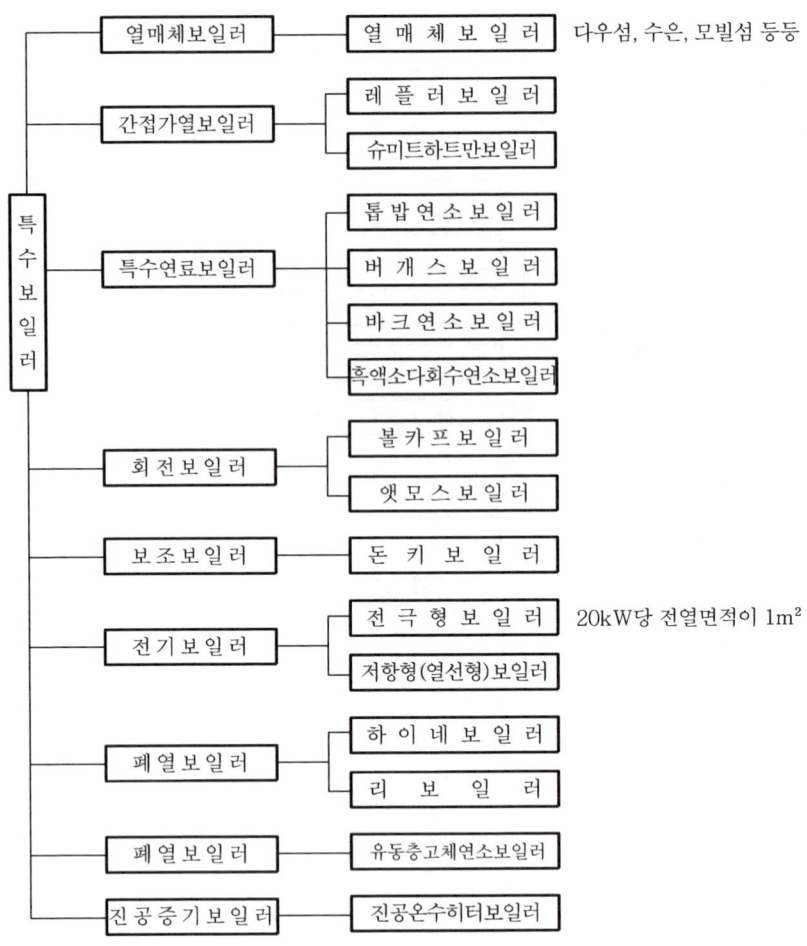

| 각종 보일러의 분류(3) |

SECTION 08 최근의 신형 보일러

1. 응축형 보일러(콘덴싱보일러)

1) 개요

가스보일러는 천연가스(CH_4)를 사용하기 때문에 배기가스 중 수분의 농도가 약 17~18% 정도이기 때문에 천연가스 $1Nm^3$를 연소시키면 배기가스 중의 수분이 1.7kg이 발생된다.

이 배기가스의 열을 회수하여 배기가스 온도를 낮추게 되면 배기가스 중의 17~18% 수분이 응축하여 이 때 발생되는 응축잠열을 이용해(연료 $1Nm^3$의 잠열 약 600kcal) 약 6%의 효율이 증대된다. 이 응축열을 회수하기 위하여 보일러 후단에 연소가스 중의 수분이 응축되도록 설계된 응축형 보일러를 일명 콘덴싱(Condensing) 보일러라고도 한다.

2) 구조 및 특성

(1) 응축형 보일러에서 발생되는 배기가스 중의 수분이 응축된 응축수는 pH가 4~6인 산성이기 때문에 이 응축수는 그대로 방류하는 경우 수질을 오염시킬 수 있기 때문에 응축형 보일러는 응축수 중화처리 설비를 구비하는 것이 필요하다.

(2) 시중에 판매되는 콘덴싱보일러는 공기예열기에 히트파이프를 사용하였으며 그 후단에 응축형 절탄기를 직렬로 설치하였다.

(3) 응축형 보일러의 열정산 결과는 저위발열량을 기준으로 열효율이 100~103%(고위발열량 기준 약 90%)로 나타난다.

(4) 응축형 보일러는 보일러 효율을 극대화하기 위하여 도입된 보일러로서, 보일러 가장 후단에 설치되는 절탄기(급수가열기)는 배기가스와 급수의 온도차가 작기 때문에 전열면적을 크게 해야 하고 응축수로 인한 부식을 방지하기 위하여 고가의 내식성 재료를 사용하여야 한다.

(5) 편심노통 2-Pass 구조의 노통연관식 보일러는 보일러 연관 내부로 효율을 향상시키기 위해 터뷰레이터(Turbulator)가 삽입된 것이 있다.

(6) 윈드박스에 압입송풍기가 부착된다.

(7) 절탄기(이코노마이저)의 표면 산부식을 방지하기 위해 SUS316 스파이럴튜브를 사용하고 케이싱은 SUS304 스테인리스판을 이용한 절탄기도 있다.

(8) 보일러 용량은 1~15ton/h까지 중온수보일러는 1기가cal(1Gcal/h)에서 10기가cal/h(10Gcal/h) 또한 최고사용압력은 10~14kg/cm² 범위의 것도 생산된다.

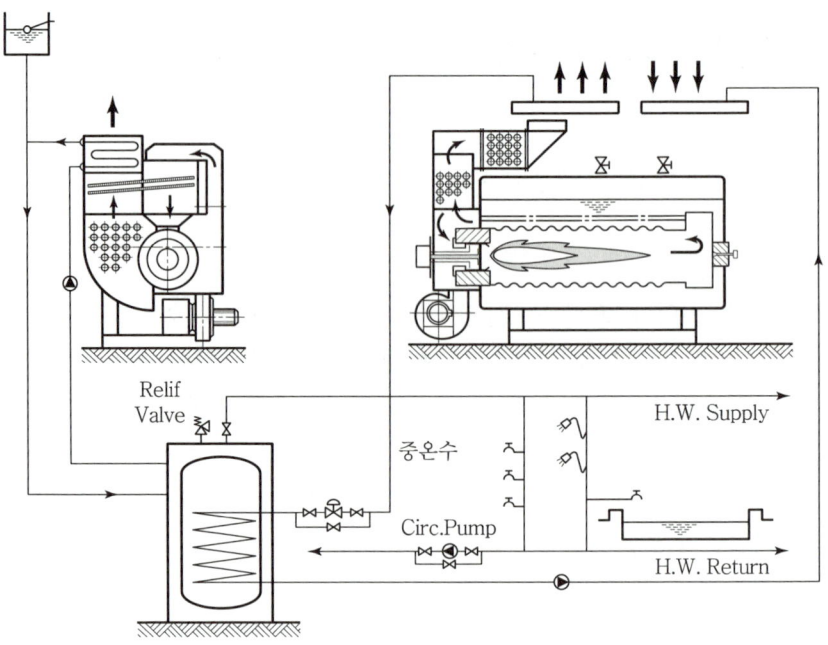

❙ DMFX 콘덴싱보일러 급탕가열 Flow System ❙

① 급탕용 온수는 이코노마이저에서 가열되어 급탕탱크로 자동공급되고 온수사용량이 증가하여 온도가 떨어질 때에는 급탕탱크에 스팀(중온수)을 공급하여 Heating Coil로 가열한다.
② 온수를 사용하지 않을 경우 급탕탱크 내의 온수의 온도와 압력은 일정한도까지 높아지나 상부에 팽창탱크가 연결되어 있고 탱크상부에는 릴리프 밸브(Relief Valve)가 부착되어 있어 사용상 전혀 문제가 없다.

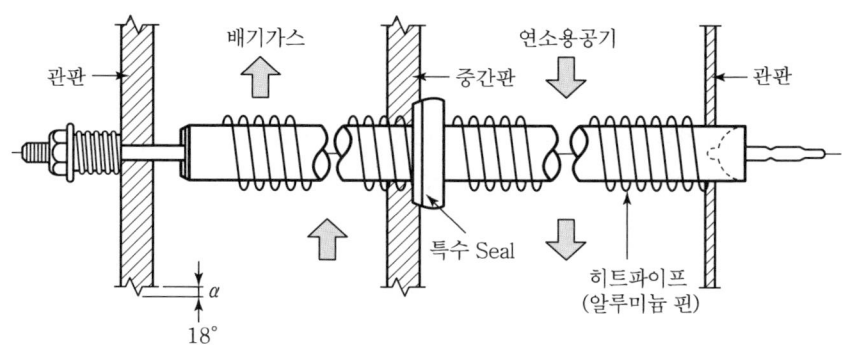

┃ 히트파이프식 공기예열기의 구조와 명칭 ┃

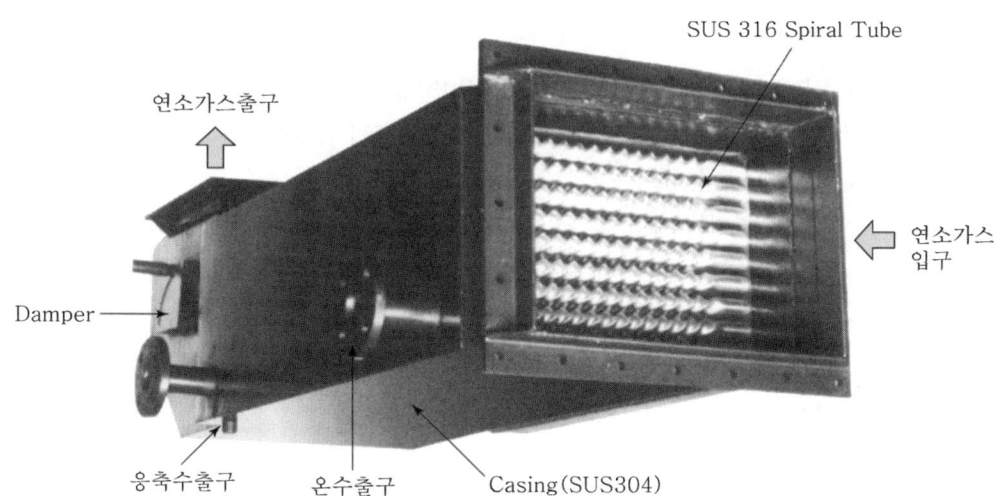

┃ 콘덴싱 이코노마이저의 구조와 명칭 ┃

2. 인버터 보일러

1) 개요

일반적인 보일러는 계절별 또는 시간대별로 실제 부하가 크게 된다. On-off 운전방식의 관류 보일러는 시간당 수 회 또는 수십 회씩 On-off 작동을 한다.
이 경우에 송풍기와 급수펌프도 일정한 회전속도로 On-off 동작을 반복한다.
비례제어방식의 대용량 보일러도 운전부하와 관계없이 송풍기와 급수펌프는 항상 일정 속도로 운전되며 기존 보일러의 송풍기와 급수펌프는 부하 변동에 관계없이 항상 최대속도로 운전되고 계속되는 On-off(단속운전)로 전력이 많이 소모되는 단점을 보완하게 만들어진 보일러가 인버터 보일러이다.

2) 구조 및 특성

(1) 인버터 보일러는 송풍기와 급수펌프에 인버터(Inverter)를 부착하여 운전부하에 따라 송풍기와 급수펌프의 회전수를 가감시켜 연소용 공기량과 급수량을 조절한다. 이렇게 함으로써 보일러의 전기소모량을 줄이는 것이 주목적이다.

(2) 이 인버터 보일러는 전력소모가 줄어들 뿐 아니라 기타 부가적인 효과도 있는 보일러이다.

(3) 일반적인 보일러는 송풍기나 펌프와 같은 회전기기의 유량은 회전수에 비례하고 소모전력은 회전수의 3승에 비례한다. 이것을 개선하기 위해 송풍기나 급수펌프에 인버터를 부착하여 운전부하 변동에 따라 회전수를 가감시켜 연소용 공기량과 급수량을 조절하여 전력소모를 줄이는 보일러이다.

> **Reference** 인버터 콘덴싱 온수보일러의 개요
>
> - 콘덴싱 온수보일러는 종래 보일러의 후단에 잠열회수용 이코노마이저를 설치하여 효율을 100% 이상 향상시킨 보일러입니다.
> - 인버터 콘덴싱 온수보일러는 콘덴싱 보일러의 송풍기에 고효율 모터와 인버터를 부착시켜 부하변동에 맞게 송풍기의 회전수를 조절하여 비례제어 연속운전을 할 수 있게 하므로 사용전력을(50%) 절감시키고 퍼지 손실을 줄여 운전효율을 크게 향상시키고 고장 없이 오래 상용할 수 있도록 개발한 초절전, 초고효율, 저소음, 긴 수명의 온수보일러입니다.
> - 호텔, 병원, 학교, 주상복합, 아파트, 은행, 대욕장, 골프장, 빌딩, 레미콘공장 등은 물론 ESCO사업, 턴키설계, 현상설계에 이상적인 보일러입니다.

3. 진공온수보일러

1) 개요

진공온수보일러란 보일러 동체 내부의 압력이 진공압(대기압 이하)으로 운전이 된다. 즉, 보일러 열매수 온도가 10℃에서 진공도 750mmHg 전후(절대압 10mmHg 전후)에서 초기에 운전이 되다가 점차 온도가 10℃에서 상승되면서 상대적으로 진공도는 떨어지며 온도 컨트롤 상한치 약 88℃ (진공도 300mmHg) 부근에서 온도부하 변동에 따라 작동 또는 정지를 반복하는 자동운전 보일러이다. 이 과정에서 열매수는 비등 → 증발작용 → 열교환기 → 응축낙하 → 비등 → 증발상승 등의 상변화를 반복하므로 열교환기를 통하여 온수의 온도가 상승된다. 만일 보일러운전 중 열매수나 내부 스팀의 온도가 88℃를 넘어서 96℃에 이르게 되면 안전장치인 온도 퓨즈가 용해되어 버너가 정지되고 보일러 내부 스팀을 외부로 방출하여 안전하게 보일러가 정지된다.

진공식 온수보일러는 진공이 최우선이므로 진공펌프에 의해 1일 3회 3분 주기적으로 가동하여 적정한 진공도를 유지시켜 진공도 150mmHg 이하가 되면 다시 진공펌프가 작동되는 진공시스템의 보일러이다.

2) 구조 및 특징

(1) 진공식 온수보일러는 안전장치가 안전밸브(용해전 등)와 진공 스위치가 장착된다.
(2) 안전장치는 100℃ 이하에서 증기스팀을 방출하고 진공밸브는 대기압 이하에서 열매의 증기를 방출하는 구조로 된다.
(3) 진공식은 일반보일러와 같이 내압을 받는 구조가 아니라 외압을 받는 구조로 되어 있다.
(4) 진공 온수보일러는 그 하부에 설치된 연소실의 노통과 대류 전열면은 열매(물)와 접촉하고 이곳에서 연소열이 열매로 전달되어 증기가 발생한다.
(5) 발생된 증기는 자연대류에 의해 보일러 내 상부로 이동하고 이 증기는 상부에 설치된 열교환기에서 온수를 발생시킨 후 열을 잃고 다시 물로 되어 하부로 낙하한다.
(6) 상부의 열교환기에서는 열매증기의 응축열을 흡수하여 난방용 또는 급탕용으로 사용되는 온수를 생산한다.
(7) 진공식 온수보일러는 난방온수 및 급탕온수를 만들 때 버너의 연소열로 하지 않고 내부에서 봉입된 열매증기에 의해 간접적으로 가열된다.
(8) 보일러가 밀폐이므로(진공을 위하여) 내부에 봉입된 열매(물)는 손실이 없어서 열매의 보충은 필요 없다.
(9) 난방만 하는 경우에는 열교환기가 1개, 급탕을 동시에 하는 경우에는 열교환기가 2대(2회로식) 설치된다.
(10) 운전 초기에는 −760mmHg 진공도가 유지되나 운전이 시작되어 열매가 증발하면 내부 온도

가 93℃ 정도에 다다르게 되면 내부 압력이 −150mmHg(절대압 610mmHg) 진공 압력이 걸린다.

⑾ 온수의 온도는 약 85℃까지 얻을 수 있고 그 용량은 10만~250만kcal/h(4.16t/h증기 보일러 용량 정도)까지 출력이 되는 보일러가 제작된다.

⑿ 연소실 구조는 다관식 관류보일러에 사용되는 수관과 유사한 구조의 수관으로 구성된 것도 있고 노통구조로 제작되는 경우가 있다. 또한 연소실이 전반부에는 노통 그리고 후부의 대류전열부는 수관형으로 된 혼합형도 있다.

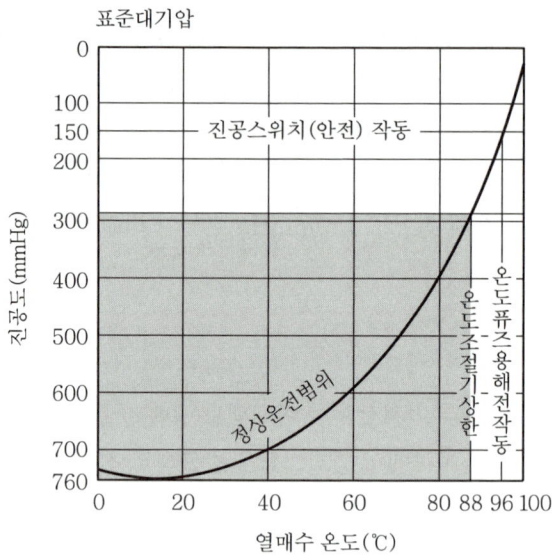

| 표준대기압 |

4. 무압관수식 온수보일러

1) 개요

이 보일러는 대기압수준의 압력이 보일러 동체에 작용하는 보일러이다. 보일러 내부에 물을 완전히 채우는 구조로서 물을 열매로 사용한다. 진공식과 달리 열교환기에 공급되는 열매도 온수이기 때문에 자연대류만으로는 전열이 잘 이루어지지 않고 순환도 신속하지가 못하다. 그렇기 때문에 순환을 촉진하기 위하여 순환펌프를 설치한 후 열매(보일러수)를 강제 순환시킨다.

2) 구조 및 특성

⑴ 열교환기 외부에 설치된 순환펌프에서 물을 흡입하여 보일러 하부로 보내주면 열교환기 안쪽 끝에서 가열된 온수가 흡입되어 열교환기에서 강제대류 열전달이 이루어진다.

(2) 보일러상부에 팽창탱크를 설치하고 이 팽창탱크에서 오버플로(Overflow)를 방출하기도 하고 보충수를 이곳으로 공급하기도 하기 때문에 진공온수보일러는 밀폐식이나, 무압관수식은 개방형으로 본다.
(3) 팽창탱크에는 저수위 경보기 및 차단기가 설치되어 보일러 열교환기가 확실하게 물속(열매속)에 잠기게 한다.
(4) 진공식 온수보일러 용량은 5만~350만kcal/h까지 다양하게 제작된다.(온수 60만kcal/h는 증기보일러 1톤 정도)
(5) 무압관수식 온수보일러는 연소실 구조는 다관식 관류보일러와 유사한 구조의 수관으로 구성된 것도 있고 또한 노통구조로 제작되는 경우도 있다. 그 중 연소실은 노통구조로 구성되고 그 후부에 대류전열부가 수직형 수관으로 구성되는 경우는 무압관수식 노통수관 보일러라고도 한다.
(6) 무압관수식 보일러는 진공온수식과는 달리 열매의 보충이 필요하다. 그러나 새로운 보충수는 소량의 양만 필요하고 연수처리가 되기 때문에 스케일이나 부식이 적게 발생하여 그 수명이 길다.(진공식 온수보일러는 밀폐형이고 외부와의 공기도 완전차단되어 스케일이나 부식 또한 녹 발생이 거의 없다.)
(7) 열교환기가 1개이면 (1회로식 난방용), 2개이면 (2회로식) 난방 급탕이 동시에 해결된다.

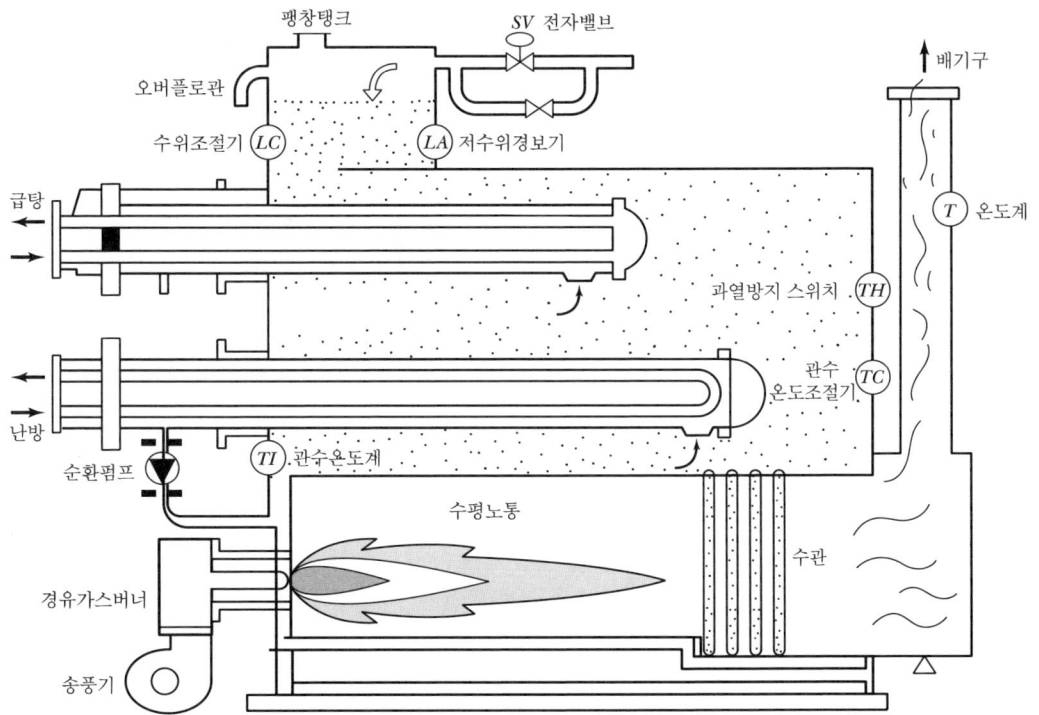

| 경유사용 무압관수식 온수보일러 |

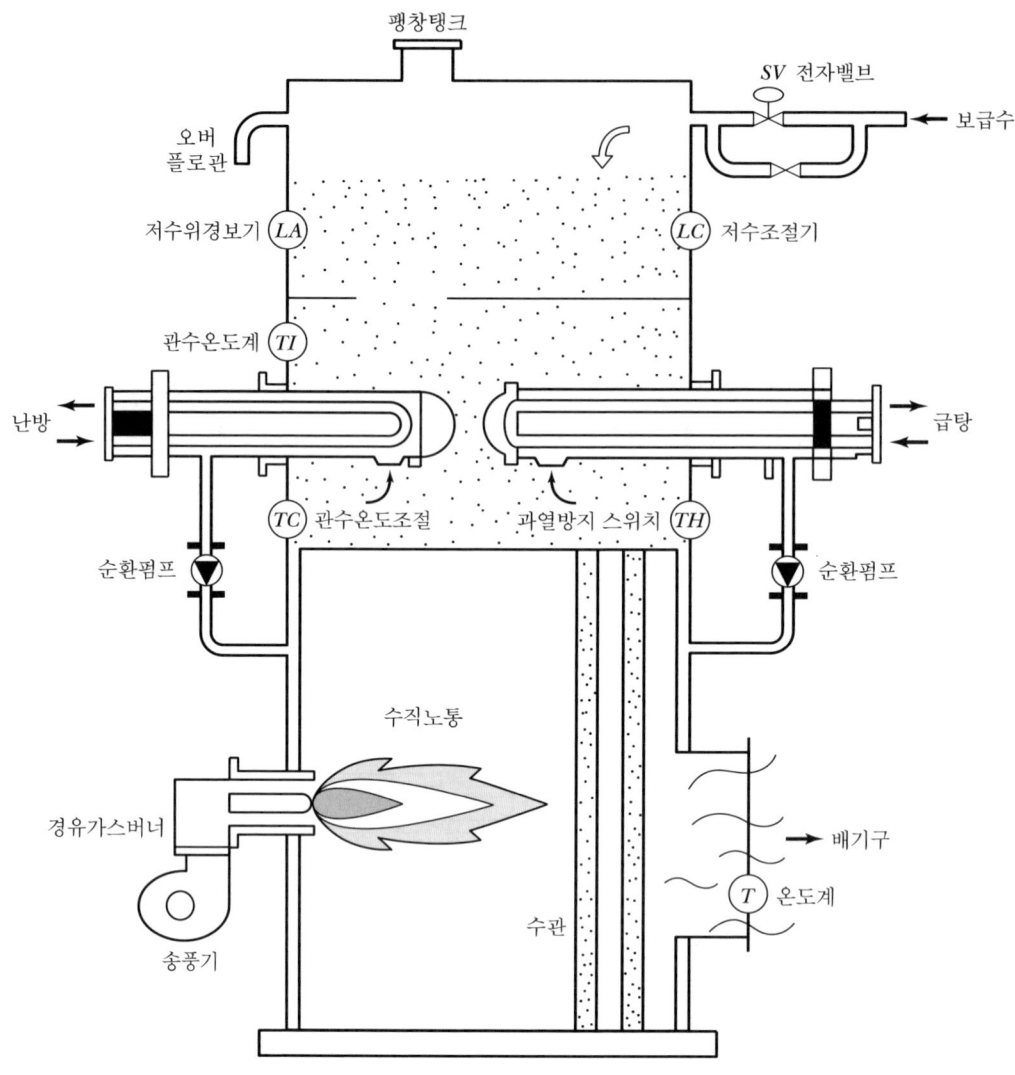

▎경유, 가스 겸용 무압관수식 온수보일러 ▎

CHAPTER 04 출제예상문제

01 기수드럼이 없으며, 보일러수가 관 내에서 증발하여 과열증기로 되는 보일러는?

① 열매체보일러 ② 수관식 보일러
③ 관류보일러   ④ 연관보일러

풀이 관류 보일러는 기수드럼이 없고 보일러수가 관내에서 증발하여 과열증기를 만들 수 있다.

02 주철제 보일러의 장단점을 설명한 것으로 잘못된 것은?

① 섹션의 증감에 의하여 보일러 용량의 증감이 매우 편리하다.
② 고온, 고압의 증기를 얻을 수 있다.
③ 강철제에 비하여 내식성, 내열성이 좋다.
④ 열에 의한 부동팽창으로 균열이 발생하기 쉽다.

풀이 주철제 보일러는 충격에 약하여 저압, 저온의 증기나 난방용에만 사용이 가능하다.

03 강제순환 수관보일러에서 보일러수를 강제순환시키는 이유는?

① 증기압력이 높아지면 보일러수와 증기의 비중차가 적어지므로
② 보일러 용량을 증대시키기 위하여
③ 파열사고 시 폭발범위를 줄이기 위하여
④ 수관보일러의 수관 지름이 작기 때문에

풀이 보일러수를 강제순환시키는 이유는 증기압력이 높아지면 보일러수와 증기의 비중차가 적어지기 때문이다.

04 관류 보일러에 속하는 것은?

① 베록스보일러   ② 라몬트보일러
③ 레플러보일러   ④ 벤슨보일러

풀이 관류보일러
- 슐처보일러(스위스제품)
- 벤슨보일러
- 앳모스보일러
- 소형관류보일러(단관식, 다관식)

05 원통보일러에 대한 설명으로 틀린 것은?

① 본체가 지름이 큰 드럼으로 되어 있는 저압보일러로서, 용량이 작은 곳에 사용된다.
② 보일러 파열 시 보유수량이 적으므로 피해가 작다.
③ 노통보일러, 연관보일러, 노통연관보일러, 직립보일러 등이 있다.
④ 부하 변동에 의한 압력 변동이 적다.

풀이 원통형 보일러는 보일러 파열 시 보유수량이 많아 피해가 크다.
- 입형 보일러
- 노통보일러
- 연관식 보일러
- 노통연관식 보일러

06 입형횡관식 보일러에서 횡관을 설치하는 목적으로 틀린 것은?

① 횡관을 설치함으로써 연소상태가 양호하고, 연소가 촉진된다.
② 횡관을 설치하면 전열면적이 증가되고 증발량도 많아진다.
③ 횡관에 의해 내압이 약한 화실벽이 보강된다.
④ 횡관을 설치함으로써 수(水) 순환이 좋아진다.

풀이 입형횡관 보일러는 횡관을 설치하면 물의 순환량이 증가한다.

정답 01 ③ 02 ② 03 ① 04 ④ 05 ② 06 ①

07 입형 보일러에 대한 설명으로 잘못된 것은?
① 비교적 장소가 좁은 곳에도 설치가 가능하다.
② 수관 보일러에 비하여 효율이 높다.
③ 고압력의 보일러로는 부적합하다.
④ 수면이 좁고 증기부가 적어 습증기가 발생할 수 있다.

풀이 입형 보일러는 효율이 매우 낮다.

08 보일러의 3대 구성요소에 해당되지 않는 것은?
① 보일러 본체 ② 연소장치
③ 부속설비   ④ 보일러실

풀이 보일러의 3대 구성요소
- 본체
- 연소장치
- 부속설비

09 주철제 보일러의 특징 설명으로 잘못된 것은?
① 저압이기 때문에 사고 시 피해가 적다.
② 내식성, 내열성이 좋다.
③ 구조가 간단하여 청소, 수리가 용이하다.
④ 굽힘, 충격 강도가 약하다.

풀이 주철제 보일러는 구조가 간단하나 청소나 수리는 매우 불편하다.

10 보일러 분류의 기준이 될 수 없는 것은?
① 보일러 본체의 구조 ② 물의 순환방식
③ 가열방식   ④ 통풍방식

풀이 통풍방식(부대장치)
- 자연통풍 : 굴뚝에 의존(소형 보일러용)
- 강제통풍 : 송풍기에 의존(대형 보일러용)

11 외분식 보일러의 특징 설명으로 잘못된 것은?
① 연소실의 크기나 형상을 자유롭게 할 수 있다.
② 연소율이 좋다.
③ 사용연료의 선택이 자유롭다.
④ 방사열의 흡수가 크다.

풀이 방사열의 흡수가 큰 것은 내분식 연소실을 가진 보일러이다.

12 수관식 보일러의 특징을 잘못 설명한 것은?
① 전열면적이 커서 증기의 발생이 빠르다.
② 구조가 간단하여 청소, 검사, 수리 등이 용이하다.
③ 철저한 급수처리가 요구된다.
④ 용량에 비해 가벼워서 운반과 설치가 쉽다.

풀이 수관식(대용량) 보일러는 구조가 복잡하고 수관이 많아서 청소, 검사, 수리가 매우 불편하다.

13 수관 보일러와 비교한 원통 보일러의 장점을 틀리게 설명한 것은?
① 제작이 쉽고 설비비가 싸다
② 보유수량이 적어 부하변동에 따른 압력변화가 적다.
③ 내부 청소 및 보수가 적다.
④ 구조가 간단하고 취급이 용이하다.

풀이 원통 보일러는 보유수량이 많아 부하변동에 따른 압력변화가 적다.

14 케와니보일러 또는 스코치보일러는 어떤 형식의 보일러인가?
① 원통보일러   ② 노통연관 보일러
③ 수관식 보일러 ④ 관류보일러

정답 07 ② 08 ④ 09 ③ 10 ④ 11 ④ 12 ② 13 ② 14 ①

풀이 원통형보일러
노통연관 보일러(선박용의 경우), 케와니보일러(연관식 보일러)
㉠ 습식 : 스코치 보일러
㉡ 건식
• 부르동카프스보일러
• 하우드존슨보일러

15 관류보일러의 특징 설명으로 잘못된 것은?
① 증기 취출 및 급수를 위하여 기수 드럼이 필요하다.
② 부하변동에 따라 압력 변화가 심하다.
③ 양질의 급수가 필요하다.
④ 보유수량이 적어 기동시간이 짧다.

풀이 관류보일러(단관식, 다관식)는 기수모음 헤더는 있으나 기수드럼은 불필요하다.

16 증기 또는 온수 보일러로서 여러 개의 섹션(Section)을 조합하여 제작하는 보일러는?
① 열매체보일러 ② 강철제보일러
③ 관류보일러   ④ 주철제보일러

풀이 주철제보일러 : 섹션보일러(내열성, 내식성이 크고 난방용으로 사용)

17 원통 보일러의 장점이 아닌 것은?
① 구조가 간단하고 취급이 용이하다.
② 부하변동에 비하여 압력변화가 적다.
③ 보유수량이 적어 파열 시 피해가 적다.
④ 내부청소, 보수가 쉽다.

풀이 원통 보일러는 보유수량이 많아서 파열 시 열수가 지나치게 분출하므로 그 피해가 크다.

18 원통 보일러에 관한 설명으로 틀린 것은?
① 보일러 내 보유수량이 많다.
② 일반적으로 수관 보일러보다 효율이 떨어진다.
③ 구조가 간단하고 정비, 취급이 용이하다.
④ 전열면적이 커서 증기 발생시간이 짧다.

풀이 원통형 보일러는 전열면적이 작아서 증기발생에 시간이 많이 걸린다.

19 원통 보일러와 비교한 수관식 보일러의 특징을 잘못 설명한 것은?
① 고압 대용량에 적합하다.
② 과열기, 공기예열기 설치가 용이하다.
③ 증발량당 수부(水部)가 적어 부하변동에 따른 압력변동이 적다.
④ 용량에 비해 경량이며 효율이 좋고 운반, 설치가 용이하다.

풀이 • 수관식 보일러는 수부가 적고 용량이 커서 부하변동 시 압력변동이 심하다.
• 원통형 보일러는 보유수량이 많아 부하변동 시 압력변화가 적다.

20 주철제 섹셔널 보일러의 특징을 잘못 설명한 것은?
① 강판제 보일러에 비하여 내부식성이 크다.
② 조립식이므로 보일러 용량을 쉽게 증감할 수 있다.
③ 재질이 주철이므로 충격에 강하다.
④ 고압 및 대용량에 부적당하다.

풀이 주철제 보일러는 탄소(C)함량이 많아서 충격에 약하여 저압이나 난방용 보일러에만 사용한다.

정답 15 ① 16 ④ 17 ③ 18 ④ 19 ③ 20 ③

21 보일러 노통에서 가장 열손실이 큰 부위는?
① 바닥
② 측벽
③ 후면
④ 천장

풀이 노내에서 연소가스의 온도가 높을수록 밀도가 감소하며 상부로 이동하는 능력이 크다.

22 주철제보일러는 어떤 용도로 많이 사용되는가?
① 발전용
② 소형 난방용
③ 제조가공용
④ 일반 동력용

풀이 주철제는 저압보일러이므로 소형 난방용의 용도가 이상적이다.

23 수관식 보일러의 특징을 잘못 설명한 것은?
① 전열면적이 커서 증기의 발생이 빠르다.
② 구조가 간단하여 청소, 검사, 수리 등이 용이하다.
③ 철저한 급수처리가 요구된다.
④ 용량에 비해 가벼워서 운반과 설치가 쉽다.

풀이 수관식 보일러 : 구조가 복잡하고 청소나 검사, 수리가 불편하다.

24 주철제보일러의 특징 설명으로 옳은 것은?
① 부식되기 쉽다.
② 고압 및 대용량으로 적합하다.
③ 섹션의 증감으로 용량을 조절할 수 없다.
④ 인장 및 충격에 약하다.

풀이 주철제보일러의 특징
- 부식이 잘 되지 않는다.
- 저압이며 소용량 난방용에 용이하다.
- 섹션의 증감으로 용량조절이 가능하다.
- 인장 및 충격에 약하다.

25 드럼 없이 초임계압력하에서 증기를 발생시키는 강제순환 보일러는?
① 특수 열매체보일러
② 2중 증발보일러
③ 연관보일러
④ 관류보일러

풀이 관류보일러
- 고압에 잘 견딘다.
- 열효율이 높다.
- 드럼이 없어도 된다.(기수분리기는 필요하다.)
- 단관식, 다관식이 있다.

26 열매체보일러의 열매체로 주로 많이 사용되는 것은?
① 물
② 수은
③ 다우섬
④ 알코올

풀이 열매체
- 다우섬
- 수은
- 카네크롤
- 모빌섬

27 각종 보일러에 대한 설명 중 옳은 것은?
① 노통보일러는 내부 청소가 힘들고 고장이 자주 생겨 수명이 짧다.
② 원통형 보일러는 보유 수량이 많아 파열 시 피해가 크며 구조상 고압 대용량에 부적합하다.
③ 수관 보일러는 고온, 고압 증기용으로 중용량 이상의 보일러에 적합하며 내분식이다.
④ 코니시 및 랭커셔보일러의 노통은 2개 이상이다.

풀이 원통형 보일러는 보유수량이 많아 파열 시 피해가 크며 구조상 고압대용량에 부적합하다. 노통 보일러는 내부 청소가 수월하며 고장이 적고 코니시보일러는 노통이 1개이다.)

정답 21 ④ 22 ② 23 ② 24 ④ 25 ④ 26 ③ 27 ②

28 노통연관식 보일러의 특징을 잘못 설명한 것은?

① 내분식이므로 연소실의 크기에 제한을 받는다.
② 보유수량이 적어 파열 시 피해가 작다.
③ 구조상 고압 대용량에 부적당하다.
④ 내부 구조가 복잡하여 보수 점검이 곤란하다.

풀이 보유수량이 적어 파열 시 피해가 적은 보일러는 수관식 보일러이다.

29 연관에 대한 설명으로 옳은 것은?

① 관의 내부로 연소가스가 지나가는 관
② 관의 외부로 연소가스가 지나가는 관
③ 관의 내부로 물이 지나가는 관
④ 관의 내부로 증기가 지나가는 관

풀이
• 연관 : 관 내부로 연소가스가 이송된다.
• 수관 : 관 내부로 열수가 이송된다.

30 다음 보일러 중 일반적으로 효율이 가장 높은 보일러는?

① 노통보일러   ② 노통연관식 보일러
③ 수직(입형) 보일러   ④ 수관식 보일러

풀이 보일러 효율
관류보일러 > 수관식 보일러 > 노통연관식 보일러 > 연관식 보일러 > 노통보일러 > 입형 보일러

31 노통보일러 특징에 대한 설명 중 틀린 것은?

① 구조가 간단하고 취급이 용이하다.
② 부하변동에 비하여 압력변화가 적다.
③ 보유수량이 적어 파열 시 재해가 적다.
④ 내부 청소 보수가 쉽다.

풀이 노통보일러는 보유수량이 많아 파열 시 피해가 크다.

32 랭커셔보일러에 브리딩 스페이스를 너무 적게 하면 다음 중 어느 현상이 일어나는가?

① 발생 증기가 습하기 쉽다.
② 수격작용이 일어나기 쉽다.
③ 그루빙을 일으키기 쉽다.
④ 불량 연소가 되기 쉽다.

풀이 랭커셔보일러에 브리딩 스페이스(노통의 신축호흡 거리)를 너무 적게 하면 그루빙(구식=도랑부식)을 일으키기 쉽다.

33 주철제보일러의 특징 설명으로 옳은 것은?

① 부식되기 쉽다.
② 고압 및 대용량으로 적합하다.
③ 섹션의 증감으로 용량을 조절할 수 있다.
④ 인장 및 충격에 강하다.

풀이 주철제보일러는 용접이 어려워 용량의 증감 시 섹션의 증감으로 조절이 가능하다.

34 주철제보일러의 장점 설명으로 틀린 것은?

① 복잡한 구조도 제작이 가능하다.
② 저압이기 때문에 사고 시 피해가 적다.
③ 조립식으로 반입 및 해체가 쉽다.
④ 청소, 검사, 수리가 용이하다.

풀이 주철제보일러는 연소실의 용적이 적어서 청소나 검사, 수리가 불편하다.

35 강제순환식 수관보일러의 특징은?

① 수관의 배치가 자유롭고 설계가 쉽다.
② 보일러 제작이 용이하다.
③ 온도상승에 따른 물의 비중차로 순환한다.
④ 순환펌프가 필요 없다.

정답 28 ② 29 ① 30 ④ 31 ③ 32 ③ 33 ③ 34 ④ 35 ①

풀이 강제순환식 수관보일러는 수관의 배치가 자유롭고 설계가 용이하다.

36 외분식 보일러의 특징 설명으로 잘못된 것은?

① 연소실의 크기나 형상을 자유롭게 할 수 있다.
② 연소율이 좋다.
③ 사용연료의 선택이 자유롭다.
④ 방사열의 흡수가 크다.

풀이 외분식 보일러의 특징은 방사열의 흡수가 매우 적고 내분식 보일러는 방사열의 흡수가 매우 크다.

37 강제순환식 수관보일러의 순환비를 구하는 식으로 옳은 것은?

① $\dfrac{발생증기량}{공급급수량}$　　② $\dfrac{순환수량}{발생증기량}$

③ $\dfrac{발생증기량}{연료사용량}$　　④ $\dfrac{연료사용량}{증기발생량}$

풀이 순환비 $= \dfrac{순환수량}{발생증기량}$

38 보일러에서 스테이를 설치하는 목적은?

① 물 순환을 좋게 하기 위해서
② 보일러의 부식을 방지하기 위해서
③ 강도를 증가시키기 위해서
④ 재료를 절감시키기 위해서

풀이 보일러에서 스테이를 부착하는 목적은 강도를 증가시키기 위해서이다.

39 수관식 보일러의 특징 설명으로 틀린 것은?

① 전열면적이 크고, 증발률이 크므로 고온, 고압의 대용량 보일러로 적합하다.
② 보일러의 효율이 원통 보일러에 비해 좋다.
③ 드럼의 지름과 수관의 지름이 작으므로 고압에 잘 견딘다.
④ 고압 보일러이므로 급수처리를 잘 할 필요가 없다.

풀이 수관식 보일러의 특징
• 고압에 잘 견딘다.
• 전열면적이 크다.
• 보일러 효율이 높다.
• 스케일 생성이 빠르다.
• 철저한 급수처리가 요망된다.

40 원통형 보일러와 비교하여 수관식 보일러의 특징을 설명한 것으로 틀린 것은?

① 급수에 대한 수위변동이 적어 수위조절이 쉽다.
② 구조상 고압 대용량에 적합하다.
③ 보유수량이 적어 파열 시 피해가 적다.
④ 증기 발생에 소요되는 시간이 짧다.

풀이 수관식 보일러는 전열면적은 크나 보유수량이 적어서 급수에 대한 수위변동이 커서 수위조절이 용이하지 못하다.

41 원통보일러의 종류에 속하지 않는 것은?

① 노통보일러　　② 연관보일러
③ 직립보일러　　④ 관류보일러

풀이 수관식 보일러
• 자연순환식 보일러
• 강제순환식 보일러
• 관류보일러
• 방사보일러

정답 36 ④ 37 ② 38 ③ 39 ④ 40 ① 41 ④

42 코니시보일러에서 노통을 편심으로 설치하는 이유는?

① 보일러수위 순환을 좋게 하기 위함이다.
② 연소장치의 설치를 쉽게 하기 위함이다.
③ 온도변화에 따른 신축량을 흡수하기 위함이다.
④ 보일러의 강도를 크게 하기 위함이다.

풀이 노통의 편심 목적 : 보일러수의 순환촉진

43 곡관식과 비교하여 직관식 수관보일러의 특징을 잘못 설명한 것은?

① 수관의 파손 시 교체가 편리하다.
② 곡관식보다 제작이 까다롭고 가격이 비싸다.
③ 물의 순환이 비교적 원활하다.
④ 수관이 경사지지 않으면 물의 순환이 불량하다.

풀이 곡관식 수관보일러는 제작이 까다로워서 가격이 비싸다.

44 입형 보일러의 일반적인 특징 중 틀린 것은?

① 일반적으로 소용량 보일러이다.
② 설치장소가 넓지 않아도 된다.
③ 설비비가 적게 든다.
④ 중유 등 저급 연료를 주로 사용한다.

풀이 입형 보일러는 노내가 협소하여 불완전연소가 발생되기 때문에 연소가 용이한 연료 공급이 우선되어야 한다.

45 수관보일러에 있어서 강제 순환식으로 하는 이유는?

① 관지름이 작고 보유수량이 많기 때문이다.
② 보일러 드럼이 1개뿐이기 때문이다.
③ 고압에서 포화수와 포화증기의 비중차가 작기 때문이다.
④ 보일러 드럼이 상부에 위치하기 때문이다.

풀이 강제순환의 이유는 고압에서 포화수와 포화증기의 비중차가 작아서 자연순환이 제대로 되지 않기 때문이다.

46 비교적 저압에서 고온의 증기를 얻을 수 있는 보일러는?

① 벤슨보일러 ② 주철제보일러
③ 다우섬보일러 ④ 레플러보일러

풀이 다우섬 열매체 보일러는 비교적 저압에서 고온의 증기를 얻을 수 있다.

47 수관보일러의 특징 설명으로 잘못된 것은?

① 고압이기 때문에 급수의 수질에 영향을 받지 않는다.
② 보일러 파열시에 피해가 비교적 적다.
③ 고온, 고압의 대용량 보일러로 적합하다.
④ 효율이 비교적 높다.

풀이 수관 보일러는 고압 대용량 보일러이며 스케일 생성이 빨라서 급수의 수질에 큰 영향을 받는다.

48 보일러 동체의 수실에 연소가스의 통로가 되는 많은 연관을 설치한 보일러는?

① 복합보일러 ② 연관보일러
③ 노통보일러 ④ 직립보일러

풀이 연관보일러 : 수실에 연관을 설치한 보일러

49 원통보일러 중 외분식 보일러인 것은?

① 횡연관보일러 ② 노통보일러
③ 입형 보일러 ④ 노통연관 보일러

풀이 외분식 보일러
• 원통형(횡연관 외분식 보일러)
• 수관식형

정답 42 ① 43 ② 44 ④ 45 ③ 46 ③ 47 ① 48 ② 49 ①

50 보일러 스테이 종류 중 주로 경판의 강도를 보강할 목적으로 경판과 동판 사이에 설치되는 판 모양의 스테이는?

① 볼트 스테이 ② 튜브 스테이
③ 바 스테이   ④ 거싯 스테이

풀이 거싯 스테이는 보일러 스테이 종류 중 주로 경판의 강도를 보강하기 위해 경판과 동판 사이에 설치되는 판 모양의 스테이다.

51 수관식 보일러 중 관류식에 해당되는 것은?

① 슐처보일러 ② 라몬트보일러
③ 베록스보일러 ④ 다쿠마보일러

풀이 관류보일러 : 슐처보일러, 벤슨보일러

52 드럼 없이 초임계 압력에서 증기를 발생시키는 보일러는?

① 복사보일러 ② 관류보일러
③ 수관보일러 ④ 노통연관보일러

풀이 관류보일러의 특징
- 드럼이 없다.(단 전열면적은 크다.)
- 초임계 압력하에서 사용가능
- 스케일 생성이 빠르다.
- 습증기 발생으로 기수분리가 필요하다.
- 증기의 생성이 빠르다.

53 원통보일러 중 외분식 보일러로서 대표적인 것은?

① 횡연관보일러 ② 노통보일러
③ 코크란 보일러 ④ 노통연관보일러

풀이 외분식 보일러
- 횡연관보일러(원통형)
- 수관식 보일러(관류보일러 포함)

54 크기에 비하여 전열면적이 크고 보유 수량이 적으므로 증기의 발생도 빠르고 또한 고압용으로 만들기 쉬우므로 육상용 및 선박용으로 많이 사용되는 보일러는?

① 수관식 보일러 ② 연관식 보일러
③ 원통형 보일러 ④ 특수보일러

풀이 수관식 보일러의 특징
- 크기에 비하여 전열면적이 크다.
- 보유수량이 적어 압력의 변화가 크다.
- 증기의 발생속도가 빠르다.
- 고압보일러에 이상적이다.

55 긴 관의 한 끝에서 펌프로 압송된 급수가 관을 지나는 동안 차례로 가열, 증발, 과열되어 마지막에 과열증기가 되어 나가는 형식의 보일러는?

① 수관보일러 ② 관류보일러
③ 원통연관보일러 ④ 입형 보일러

풀이 관류보일러는 긴 관의 한 끝에서 펌프로 압송된 급수가 관을 지나는 동안 차례로 가열, 증발, 과열되어 증기가 배출된다.

56 일반 개인 가정용 난방보일러로 주로 사용되는 보일러 형식은?

① 노통연관식 ② 관류식
③ 입형   ④ 수관식

풀이 입형 보일러는 가정용 난방보일러로 사용된다.

57 일반적으로 효율이 매우 높은 보일러 형식은?

① 노통연관식 ② 관류식
③ 입형   ④ 수관식

풀이 효율 : 관류 > 수관식 > 노통연관식 > 입형

정답 50 ④ 51 ① 52 ② 53 ① 54 ① 55 ② 56 ③ 57 ②

CHAPTER 005 보일러 부속장치

SECTION 01 안전장치

설치 목적은 보일러 내의 압력 상승이나 유사시에 기계적으로 압력초과 및 여러 가지 장해 요인을 사전에 막아 주어서 기관 자체의 악영향을 미연에 방지하기 위한 것이다.

1. 안전밸브

1) 종류

스프링식, 지렛대식(레버식), 추식

(1) 안전밸브의 설치개수

① 증기 보일러 : 2개 이상 설치
② 전열면적 50m² 이하 증기보일러 : 1개 이상

(2) 안전밸브의 부착 시 주의사항

① 본체에 직접 부착시킨다.
② 밸브 축을 수직으로 세운다.

(3) 안전밸브의 크기

보일러 최대 증발량을 분출할 수 있게 크기를 정하여야 한다.

(4) 안전밸브의 초과범위

① 처음의 것은 최고 사용압력 이하에서 분출되어야 한다.
② 나중의 보조 안전밸브는 최고 사용압력 1.03배 이내에서 분출되어야 한다.

(5) 안전밸브의 호칭 크기

① 호칭 지름 25mm 이상이어야 한다.
② 다만 소용량 보일러는 20mm 이상일 수도 있다.

(6) 과열기에 부착된 안전밸브의 설치개수 및 주의사항

① 과열기 출구에 1개 이상 설치한다.

② 분출량은 과열기의 온도를 설계온도 이하로 유지하는 데 필요한 양이어야 한다.
③ 과열기 안전밸브의 분출 압력은 증기 발생부의 안전밸브보다 낮게 조정한다.
④ 관류 보일러의 안전밸브는 과열기 출구에 소요분출 용량의 안전밸브를 설치한다.

2) 안전밸브의 KSB 6216에 의거하여야 한다.

(1) 스프링식 안전밸브

① **저양정식** : 양정이 밸브디스크 지름의 1/40~1/15의 것
② **고양정식** : 양정이 밸브디스크 지름의 1/15~1/7의 것
③ **전양정식** : 양정이 밸브디스크 지름의 1/7 이상인 것
④ **전양식** : 밸브시트구에 있어서 증기의 통로면적이 다른 최소의 단면적(밸브의 목 부분)의 통로면적보다 큰 것(변좌지름이 목부지름의 1.15배 이상)

(2) 스프링식 안전밸브의 용량 계산식

① 저양정식 : $E = \dfrac{(1.03P+1)SC}{22}$ (kg/h)

② 고양정식 : $E = \dfrac{(1.03P+1)SC}{10}$ (kg/h)

③ 전양정식 : $E = \dfrac{(1.03P+1)SC}{5}$ (kg/h)

④ 전양식 : $E = \dfrac{(1.03P+1)AC}{2.5}$ (kg/h)

여기서, S : 밸브시트의 면적(mm²)(단, 밸브시트가 45°일 때는 그 면적에 0.707배를 한다.)
P : 안전밸브의 분출압력(kgf/cm²)
C : 계수로서 증기압력 120kgf/cm² 이하, 증기의 온도가 280℃ 이하일 때는 1로 한다.
A : 안전밸브의 최소증기 통로면적(목부단면적 mm²)

(3) 지렛대식(레버식) 안전밸브 분출용량 계산식

$$W = \dfrac{(\dfrac{\pi}{4}D^2 P - W_1)l_1}{L} - \dfrac{W_2 l_2}{L} (\text{kg}_\text{f})$$

여기서, W : 추의 중량[kgf]　　　　　l_1 : 지점과 밸브의 거리[cm]
W_1 : 안전밸브의 중량[kgf]　　l_2 : 지점과 지레 중심과의 거리[cm]
W_2 : 지레의 중량[kg]　　　　L : 지점과 추의 거리[cm]
P : 분출압력[kgf/cm²]　　　D : 밸브지름[cm]

(4) 추식 안전밸브의 분출용량 계산식

추의 중량 $W(\text{kg}) = \dfrac{\pi D^2 P}{4}$

여기서, D : 밸브디스크 지름[cm], P : 압력[kgf/cm²]

(5) 복합식 안전밸브

이것은 스프링식의 안전밸브와 지렛대식 안전밸브의 혼합형식 안전밸브이다.

(6) 압력용기의 안전밸브 분출용량 계산식

$$E(\text{kg}_f/\text{h}) = 230 A (P+1) \sqrt{\dfrac{M}{T}}$$

여기서, E : 안전밸브의 불어내는 양[kgf/h]
 A : 안전밸브의 유효면적[cm²]으로 다음에 따른다. 다만, 밸브가 열렸을 때의 밸브자리, 구멍의 증기통로로의 면적이 목 부분의 면적보다 클 때에 최소 증기통로의 면적을 취한다.

① 밸브의 리프트가 밸브자리 구멍 지름의 $\dfrac{1}{4}$ 미만인 안전밸브

$A = 2.22 Dl$

② 밸브의 리프트가 밸브자리 구멍 지름의 $\dfrac{1}{4}$ 이상인 안전밸브

$A = 0.758 D^2$

여기서, D : 안전밸브의 지름[cm]으로 ①에 있어서는 밸브자리 구멍의, 지름 ②에 있어서는 목 부분의 지름을 취한다.
 l : 안전밸브 리프트[cm] P : 안전밸브의 불어내기 압력[kgf/cm²]
 M : 불어나오는 기체의 분자량 T : 불어나오는 기체의 온도[절대온도 °K]

(7) 고체연료 연소 시 안전밸브의 최소지름(mm)

① 로스터의 면적이 0.37m²를 넘는 경우의 안전밸브의 최소지름

$D = 27.3 G + 15 \text{mm}$

② 로스터의 면적이 0.37m² 이하인 경우의 안전밸브 최소지름

$D = 68 G \text{mm}$

여기서, D : 안전밸브의 최소지름[mm]으로서 변좌구의 지름으로 한다.
 G : 로스터의 면적[m²]으로서 가스 또는 액체연료를 사용하는 보일러에 있어서는 석탄을 사용하는 것으로 간주한다.

위의 식에 의하여 밸브시트의 총면적은

$$A = \frac{\pi D^2}{4} = (\text{mm}^2)$$

(8) 안전밸브의 분출 총 면적(밸브시트) 계산

$$A = \frac{22E}{1.03P+1} = (\text{mm}^2)$$

여기서, E : 시간당 증기발생량(정격용량)[kg_f/h]
P : 증기의 분출압력[kg_f/cm^2]

① 최고 사용압력이 $1kg_f/cm^2$를 넘는 증기보일러
② 최고 사용압력이 $1kg_f/cm^2$ 이하의 증기보일러

2. 고저 수위 경보기

증기보일러 및 모든 보일러에서 보일러를 안전하게 쓸 수 있는 최저수위(일반 저수위) 및 최고수위와 온수보일러에서 120℃ 이상이 넘기 직전에 자동적으로 경보가 울리는 장치이며 이 경보가 울린 후 50~100초 이내에 자동적으로 연료공급이 차단된다.

1) 종류

(1) **기계식** : 맥도널드식, 자석식
(2) **전극식(전기 플로트식)**

3. 방출밸브

온수보일러에서 최고 사용압력의 초과 시에 보일러를 안전하게 유지하기 위한 고온수 배출기구의 안전장치

1) 120℃ 이하 온수 보일러

(1) 방출밸브 지름은 20mm 이상
(2) 온수보일러 최고 사용압력에 그 10%를 더한 값을 초과하지 않게 설정한다.(단, 10%가 $0.35kg_f/cm^2$ 미만일 때는 $0.35kg_f/cm^2$로 한다.)

2) 120℃ 이상 초과 시 온수보일러

안전밸브를 설치하고 지름은 20mm 이상

▼ **방출관의 크기**

전열면적(m²)	방출관의 안지름(mm)
10 미만	25 이상
10 이상~15 미만	30 이상
15 이상~20 미만	40 이상
20 이상	50 이상

4. 가용전(가용마개)

관수의 이상 감수 시 보일러 수위가 안전 저수위 이하로 내려갈 때 과열로 인한 동의 파열이나 압궤 등 사고를 미연에 방지하기 위하여 설치한 안전장치기구이다. 그 재질은 주석과 납의 합금 등으로 되어 있다.

주석 : 납	용융온도(℃)	주석 : 납	용융온도(℃)
3 : 10	250	3 : 3	200
10 : 3	150		

5. 방폭문

연소실 내 미연가스(CO)에 의한 폭발이나 역화의 발생 시 그 폭발을 외부로 배출시켜서 보일러 손상 및 안전사고를 사전에 방지하기 위한 장치

1) 종류

(1) **스프링식(밀폐식)** : 압입통풍에 많이 사용하며 일반적으로 노통연관보일러 등에 설치
(2) **스윙식(개방식)** : 자연통풍 시에 많이 사용하며 주철제 보일러 등에 설치하며 충격 진동 등에 의한 주철의 균열방지용으로도 쓰인다.

6. 화염검출기

연소실 내 화염의 유무를 판정하여 연소실 내 가스의 폭발 및 안정된 연소를 위하여 설치한 기구이다.

1) 스택 스위치

(1) 연소실의 배가스가 연도를 지나면서 그 연도 가스의 온도변화를 감지하여 연소상태를 검출하는 기구로서 저압보일러 또는 소형 온수기나 소형 온풍로에 많이 쓴다.

(2) 사용온도 : 300~550℃까지 사용

2) 광전관 검출기(플레임 아이)

광전관은 물체에 빛이 닿으면 광전자를 방출하는 현상을 이용한 화염검출기이며 전기적신호로 변화하여 화염의 상태파악

(1) 용도 : 기름 연소

(2) 온도 : 상온(최고온도 50℃)

(3) 수명 : 2,000시간

3) 플레임 로드

내열성 금속인 스테인리스, 칸탈 등으로 된 4mmϕ 정도의 막대로 불꽃 속에 직접 넣어서 불꽃의 유무를 검출

(1) 용도 : 파일럿 불꽃, 때로는 주버너의 불꽃검출에도 사용한다.

(2) 특징 : 불꽃의 길이, 불꽃의 강도 등을 검출할 수 있다.

(3) 온도 : 칸탈 로드는 1,100℃ 이하, 그로버 로드는 1,450℃ 이하

4) 자외선 검출기

불꽃의 파장분포 가운데서 자외선 영역의 특정파장을 압력으로 하여 동작하는 검출기다.

(1) 용도 : 기름연소, 가스연소

(2) 온도 : -30~60℃

(3) 특징 : 백열전구, 형광전구에는 응답하지 않는다.

SECTION 02 급수계통(급수장치)

보일러에서는 항상 최대증기 발생량을 충족시킬 수 있는 급수펌프를 2대 이상 갖추어야 한다.(다만, 소용량의 경우는 1대 이상)

1. 급수탱크(저수조)

(1) 강판으로 제작하며 용량은 1일 최대 증기사용량의 1시간분 이상의 용량이 되어야 한다.
(2) 급수탱크에서는 과대급수로 인한 오버플로를 방지하기 위하여 액면의 제어용인 플로트 밸브를 설치하는 것이 좋다.

2. 급수장치

1) 종류

(1) 급수펌프
(2) 환수탱크(리턴트랩)
(3) 인젝터(소형)

2) 급수펌프의 구비조건

(1) 고온이나 고압력에 견디어야 한다.
(2) 작동이 확실하고 조작 및 취급이 간편하여야 한다.
(3) 부하 변동에 적절히 대응할 수 있어야 한다.
(4) 고속회전에 지장이 없어야 한다.
(5) 병열운전 시에 지장이 없어야 한다.
(6) 저부하 시에도 효율이 좋을 것

3. 급수펌프의 종류

- 원심펌프 : 벌류트펌프, 터빈펌프
- 왕복동펌프 : 워싱턴펌프, 웨어펌프, 플런저펌프

1) 원심펌프

(1) 벌류트펌프

안내 날개는 설치하지 않고 벌류트(스파이럴) 케이싱 내부에 있는 임펠러에 의한 원심력을 이용한 것으로 양정 20m 이하의 저양정에 사용하는 펌프이다.

(2) 다단터빈펌프

임펠러 및 안내 날개가 있으며 물의 유통을 정돈하며 유속을 작게 하여 수압을 높여 양정 20m 이상의 고양정에 사용하는 펌프이다.

(3) 특징

① 고속회전에 적합하며 소형으로서 대용량에 적합하다.
② 토출 시 맥동이 적고 효율이 높고 안정된 성능을 얻는다.
③ 토출 시 흐름이 고르고 운전상태가 조용하다.
④ 구조가 간단하고 취급이 용이하며 보수관리가 용이하다.
⑤ 양수의 효율이 높다.

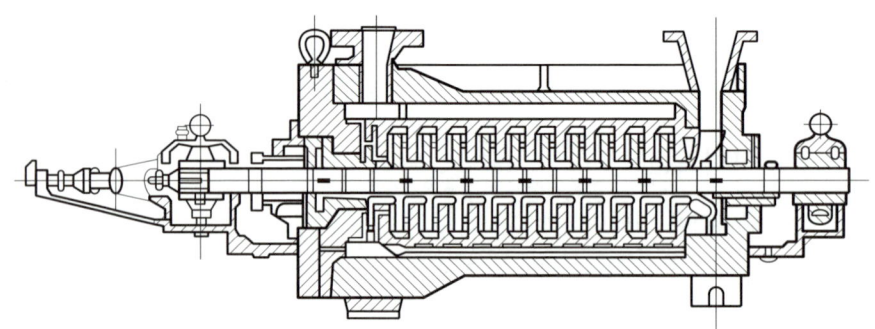

▎ 다단식 터빈펌프 ▎

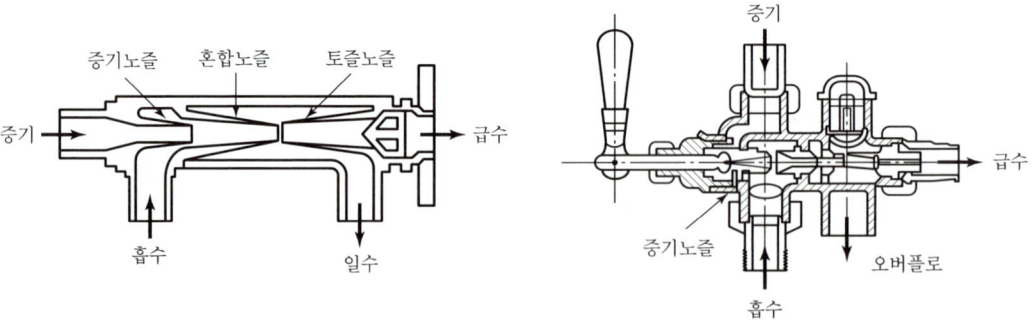

▎ 메트로폴리탄형 인젝터 ▎   ▎ 인젝터의 구조 ▎

2) 왕복동펌프

(1) 플런저펌프
전동기의 회전에 의해 플런저가 움직여서 왕복운동으로 급수가 된다.

(2) 워싱턴펌프
① 증기피스톤, 급수의 피스톤이 연결되어 증기의 압력을 받아서 급수한다.
② 비교적 고점도의 액체수송에 적합하다.
③ 유체의 흐름에 맥동을 가져온다.
④ 토출압의 조정이 가능하다.
⑤ 증기 측의 피스톤 지름이 물의 피스톤 지름보다 크고 면적이 2배 정도로 설계된다.

(3) 웨어펌프
① 증기 측의 피스톤과 펌프피스톤이 1개의 피스톤으로 연결되며 피스톤이 1조뿐이다.
② 고압용에 적당하다.
③ 유체흐름 시 맥동이 일어난다.
④ 토출압의 조절이 용이하다.
⑤ 고점도의 유체수송에 적합하다.

3) 인젝터(소형 급수설비)

증기의 분사에 의해 속도에너지를 운동에너지로 그 다음 압력에너지로 변화시켜서 급수를 행하는 것이다.

(1) 종류
① 메트로폴리탄형 : 급수가 65℃ 이상이면 급수가 불능
② Grasham형 : 급수가 50℃ 이상이면 급수가 불능

(2) 노즐
① 증기노즐
② 혼합노즐
③ 토출노즐

(3) 장점
① 구조가 매우 간단하다.
② 매우 소형이다.
③ 장소가 좁아도 된다.

④ 동력이 필요 없다.
⑤ 급수가 예열되어 열효율이 좋다.

(4) 인젝터 작동불능의 원인

① 급수의 온도가 높을 때
② 증기압이 $2kg/cm^2$ 이하이거나 $10kg/cm^2$ 이상일 때
③ 공기가 누입할 때
④ 관 속에 불순물이 투입할 때
⑤ 인젝터가 과열일 때
⑥ 증기 속에 수분이 과다할 때
⑦ 역정지변이 고장일 때

(5) 인젝터의 정지순서

① 핸들을 닫는다.
② 증기밸브 차단
③ 급수밸브를 닫는다.
④ 정지밸브 차단

(6) 인젝터의 작동 시 순서

① 출구정지밸브를 연다.
② 흡수밸브를 연다.
③ 증기밸브를 연다.
④ 핸들을 연다.

4) 환원기

응결수 탱크로서 보일러 상부 1m 이상 위치에서 증기의 압력과 물의 압력으로 급수하는 소용량이다.

4. 급수펌프의 용량 및 양정

급수펌프는 보일러에서 최대증기 발생량의 2배 성능을 갖추어야 한다.

1) 급수펌프의 축마력과 축동력

(1) 마력(PS) : $\dfrac{rQH}{75 \times 60}$

(2) 동력(kW) : $\dfrac{rQH}{120 \times 60}$

여기서, r : 물의 비중량[1,000kg/m²], H : 양정[m], Q : 유량[m³/min], η : 펌프효율[%]

2) 시간당 전장치 내의 응축수량

일반적으로 증기배관 내의 응축수량은 방열기 내 응축수량의 30%로 취하므로, 장치 내의 전응축수량 Q_c는

$$Q_c = \dfrac{650}{539} \times 1.3 \times 상당방열면적 (\text{kg}_f/\text{h})$$

여기서, H : 전양정, h_1 : 증기압력양정, h_2 : 흡입양정, h_3 : 토출양정
h_4 : 마찰손실수두양정, h_5 : 여유분의 양정

3) 시간당 방열기 내의 응축수량

$$Q_r = \dfrac{방열기 면적\ 1\text{m}^2당\ 방열량}{539} = \dfrac{650}{539} = 1.21\text{kg}_f/\text{m}^2\text{h}$$

표준 응축수량은 방열기 면적 1m²당 1.21kg_f/m²h로 한다.

4) 응축수 펌프의 용량

응축수 펌프의 용량은 1분간의 양수량으로 하고, 펌프의 양수량은 발생 응축수량의 3배로 한다. 이에 따라 펌프의 용량 Q는 분당 계산이다.

$$Q = \dfrac{장치\ 내의\ 전응축수량}{60} \times 3 (\text{kg}_f/\text{min})$$

5) 응축수 탱크의 용량

(1) 응축수 탱크용량은 응축수 펌프용량의 2배로 계산한다.

$$Q_2 = Q_1 \times 2 = \dfrac{\dfrac{650}{539} \times 1.3 \times 상당방열면적 \times 3 \times 2}{60} (\text{kg}_f/\text{min})$$

(2) 응축수 탱크의 유효수량$(V) = 2Q = 6\dfrac{Q_c}{60} = 0.1Q_c(\text{kg})$

5. 기타 급수설비

1) 급수량계

보일러 급수의 양을 측정하는 계기는 거의가 용적식 유량계로서 오벌식과 루츠식의 2가지를 많이 쓴다.

(1) 특징

① 정밀도가 높다.
② 계측이 간편하다.
③ 점성이 강한 유체측정에 편리하다.
④ 80~100℃ 고온의 유체측정도 가능하다.

(2) 캐비테이션 현상(공동현상)

관내의 유체가 급히 꺾여져 흐를 시 압력이 저하할 때 관수 중의 기포가 분리되어 오는 현상이다.

(3) 서징 현상(맥동현상)

공동현상에 의하여 발생된 기포의 흐름이 정상으로 돌아올 때 기포가 깨지고 맥동현상을 일으키는 것이다.

2) 환수탱크(리턴트랩)

배관 중에 모인 응축수를 회수하여 보일러의 동내로 공급하는 것이며 응축수, 수두와 보일러의 압력이 작용하여 보일러 증기드럼 내의 압력보다 더 큰 압력이 생겨서 응축수가 공급되는 것

3) 급수정지 밸브

보일러 내에 급수되는 급수량을 조절하고 차단하는 밸브이다.
또한 급수정지 밸브 옆에 급수의 역류방지를 위한 역정지 밸브(체크밸브)도 함께 된다. 즉, 보일러 가까이는 급수정지 밸브이고 보일러에서 먼 거리에는 역정지 밸브를 단다.

4) 급수내관

보일러 증기드럼에 물을 급수할 때 너무 위에 급수하면 부동팽창이 일어나고 너무 낮게 급수하면 대류작용을 방해하기 때문에 안전 저수위 이하에서 물을 골고루 뿌리는 기구인 둥근 관이며 직경 38~75mm의 강관으로 다수의 구멍이 나 있어 그 사이로 골고루 물이 급수된다. 설치 위치는 정확히 안전 저수위 하방 50mm이다.

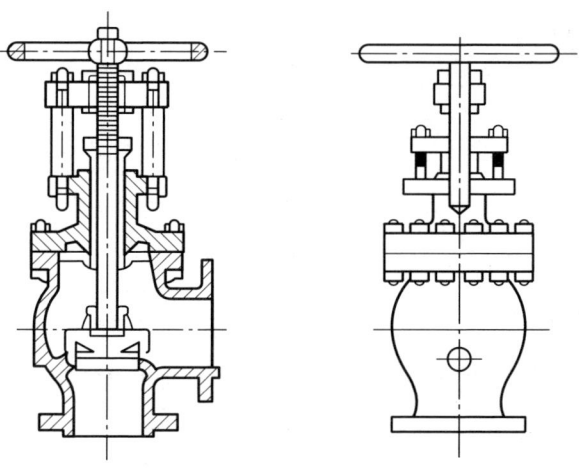

┃앵글밸브┃

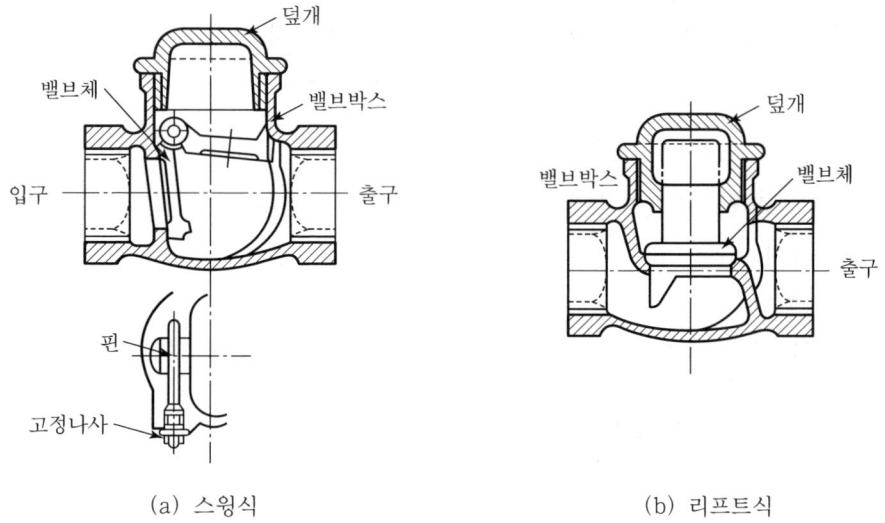

(a) 스윙식　　　　　　　　(b) 리프트식

┃급수체크 밸브┃

SECTION 03 분출장치

관수 중의 유지분이나 부유물 또는 관수중의 불순물을 낮게 하고 pH를 조정하기 위하여 설치하는 것

1. 종류

1) 수면분출장치

포밍의 현상을 방지하기 위하여 안전 저수위 선상에다 부착하며 분출관과 분출밸브 또는 분출콕으로 연결되어 있다.

2) 수저분출장치

관수 중의 불순물 농도를 저하시키며 또한 pH를 조절하기 위한 장치로서 분출관 분출밸브 또는 분출콕 등을 설치하여 동하부에서 불순물을 제거하는 장치

2. 분출의 목적

(1) 동저부의 스케일 부착방지
(2) 관수의 pH 조절
(3) 관수의 농축방지
(4) 프라이밍, 포밍 방지
(5) 고수위의 방지
(6) 세관작업 후 불순물 제거

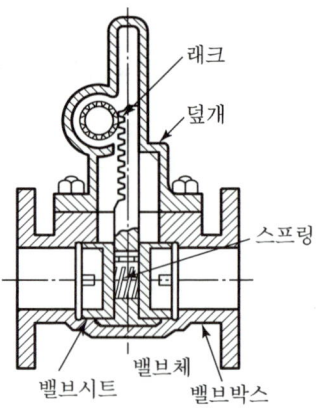

| 급개밸브 |

3. 분출시기

(1) 보일러 가동 직전
(2) 연속가동 시 열부하가 가장 낮을 때
(3) 비수나 프라이밍이 일어날 때

4. 분출작업 시 주의사항

(1) 작업 시는 2인 1조로 하여 이상 감수를 방지한다.
(2) 가능한 신속하게 하여야 한다.
(3) 불순물의 농도에 따라 분출량을 설정한다.
(4) 분출 시에는 다른 작업을 하여서는 아니 된다.
(5) 분출 시에는 콕을 먼저 열고 밸브를 나중에 연다.
(6) 분출이 끝난 후는 밸브를 먼저 닫고 콕을 나중에 닫는다.
(7) 2대의 보일러를 동시에 분출하여서는 아니 된다.

5. 분출량의 계산

$$W = \frac{G_a(1-R)d}{r-d}$$

$$R(\%) = \frac{응축수량}{실제증발량} \times 100$$

$$분출률(K) = \frac{d}{r-d} \times 100\%$$

여기서, W : 1일 분출량[L]
G_a : 1일 급수량[L]
R : 응축수 회수율[%]
d : 급수 중의 허용고형분[ppm]
r : 관수 중의 허용고형분[ppm]

SECTION 04 급유계통

1. 저유조(스토리지탱크, 메인탱크)

보통 10~15일분(1~2주)의 연료를 소비하는 양을 저장하는 유류탱크이다.

부속장치	• 액면체 • 가열장치(점도를 낮춘다.) • 송유관(기름 송유관) • 오버플로관	• 통기관(공기빼기관) • 드레인밸브(응축수 배출) • 맨홀 • 방유벽
가열방법	전면가열, 국부가열, 복합가열	
송유관의 지상높이	0.1m 높이 이상	
열원에 의한 가열방식	증기식, 온수식, 전기식	
송유에 필요한 점도	800~500cst(센티스토크)	
송유 시의 온도	40~50℃ 정도	

2. 서비스 탱크

저유조에서 적당량(2시간~1일분)을 수용하여 버너에 공급하는 유류탱크이다.

탱크형식	직립원통형, 횡치원통형, 각형, 횡치타원형
설치위치	버너선단에서 1.5~2m 상단높이
설비위치	보일러로부터 2m 이상의 거리
보온재	규조토, 암면, 석면 등
예열온도	60±5℃(60~70℃)
여유용량	소요용량 ±10%의 여유

1) 서비스 탱크의 용량계산식

(1) 횡치원통형의 내용적

내용적은 ①, ②, ③의 합이므로

$$V = \frac{\pi r^2}{3}\ell_1 + \pi r^2 \ell + \frac{\pi r^2}{3}\ell_2 = \pi r^2 (\ell + \frac{\ell_1 + \ell_2}{3})(\text{m}^3)$$

(2) 직립원통형의 내용적

직립원통형의 탱크는 그 지붕에 의한 용적이 탱크의 유효용적에서 제외되므로 탱크의 내용적은

$$V = \pi r_2 \ell \,(\mathrm{m}^3)$$

(3) 횡치타원형의 내용적

횡치타원형도 횡치원통형과 동일한 방법으로 내용적 V는 ①, ②, ③의 합이므로

$$V = \frac{1}{4} \cdot \frac{\pi ab}{3} \ell_1 + \frac{1}{4} \pi ab \times \ell + \frac{1}{4} \cdot \frac{\pi ab}{3} \ell_2$$
$$= \frac{\pi ab}{4}(\ell + \frac{\ell_1 + \ell_2}{3})(\mathrm{m}^3)$$

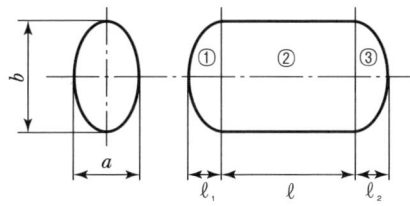

| 횡치타원형 | | 횡치원통형 탱크 |

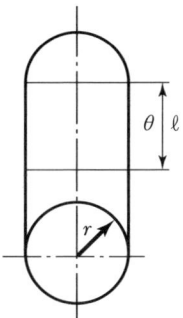

| 직립 원통형 탱크 |

3. 오일프리히터(연료예열기)

버너 입구 전에 최종적으로 전열기에 의해(또는 증기식) 연료를 가열하여 점도를 낮추어서 무화를 양호하게 하는 기구이다.

1) 종류
(1) 전기식
(2) 증기식

2) 예열온도
80~90℃(인화점보다 5℃ 낮게)

3) 점도
20~40cst(센티스토크)

4) 오일프리히터 용량계산

(1) 전기식

$$\frac{G_f \times f_{cp} \times (t' - t'')}{860 \times 연료예열기의 효율} (\text{kWh})$$

여기서, G_f : 보일러의 최대연료 사용량[kg/h], 1kW-h=860kcal
f_{cp} : 연료의 평균비열[kcal/kg℃]
t' : 예열기 출구오일온도[℃]
t'' : 예열기 입구오일온도[℃]

(2) 증기식

$$\frac{G_f \times C \times (t_2 - t_1)}{r \times \eta} (\text{kg/h})$$

여기서, r : 증기의 잠열[kcal/kg]
G_f : 시간당 연료사용량[kg/h]
η : 히터 효율[%]
C : 연료의 비열[kcal/kg℃]
t_2 : 히터 출구오일온도[℃]
t_1 : 히터 입구오일온도[℃]

4. 여과기(오일스트레너)

(1) 연료 속의 불순물 방지
(2) 유량계 및 펌프의 손상방지
(3) 버너 노즐 폐색방지

(4) 종류
  ① U자형 여과기
  ② V자형 여과기
  ③ Y형 여과기

(5) 여과망
  ① 유량계전에는 20~30메시 사용
  ② 버너 입구에는 60~120메시 사용

> **Reference**
>
> - **분연펌프(미터링펌프)** : 부하에 따른 연료사용량과 버너의 분무압 조절장치
> - **전자밸브(솔레노이드밸브)** : 보일러의 이상 감수 시나 유사시에 안전사고를 방지하기 위하여 자동적으로 연료를 차단하는 밸브이다.

5. 오일펌프

1) 원심펌프

(1) 저점도의 유체에 적합
(2) 밸브의 조절이 양호
(3) 유량 및 토출압 증감이 용이함

2) 기어펌프

(1) 고점도의 유체수송에 적합
(2) 토출 흐름에 맥동이 없음
(3) 기계의 유압장치에 적당

3) 스크루 펌프

(1) 고속회전에 적합
(2) 고양정이 가능
(3) 고점도 유체에도 가능
(4) 95℃까지 고온에도 수송 가능

SECTION 05 송기장치(증기이송장치)

1. 비수방지관

둥근 보일러에 부착하며 동 내부의 증기취출구에 부착하여 송기 시 비수 발생을 막고 캐리오버 현상을 방지하기 위하여 다수의 구멍이 뚫린 횡관을 설치한 것으로서 내관의 구멍 총 면적이 주증기 정지밸브 면적의 1.5배 이상이 되도록 설계된 기구이다.

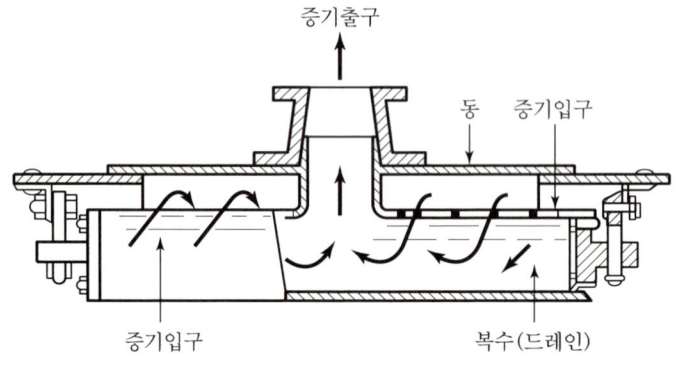

| 비수방지관 |

2. 기수분리기

고압수관 보일러에서 기수 드럼 또는 배관에 부착하여 승수관을 통하여 상승하는 증기 중에 혼입된 수적을 분리하기 위한 부속기구이며 4가지 형식이 있다.

1) 부속기구

(1) 스크레버형 : 다수의 강판을 조합하여 만든 것

(2) **사이클론형** : 원심분리기를 사용한 것
(3) **배플형** : 방향의 변화를 이용한 것
(4) **건조 스크린형** : 금속의 망을 이용한 것(금속망판)

2) 부착 시의 장점

(1) 워터해머 방지
(2) 건증기 취출
(3) 규산 캐리오버에 의한 증기계통의 부속장치 및 밸브의 손상방지
(4) 드레인(응축수)에 의한 열손실 방지
(5) 송기의 저항감소

3. 주증기 밸브

일반적으로 글로브앵글밸브(스톱밸브)를 사용하며 최소한 $7kg_f/cm^2$ 이상의 압력에 견디어야 한다. 보일러에서 발생한 증기를 최초로 송기시킬 때 필요한 배관라인 중 가장 중요한 부분의 밸브이며 주철제 주증기 밸브는 $16kg_f/cm^2$의 증기압 미만에 사용하며 주강제(강철주물)는 $16kg_f/cm^2$의 이상 증기압력에 사용한다.

4. 신축관(신축조인트)

증기나 온수의 송기 시에 고온의 열에 의한 관의 팽창으로 관 또는 증기계통의 부속기구에 악현상을 초래하는 것을 흡수 완화하는 것을 목적으로 설치하는 신축조인트이다.

1) 종류

(1) **미끄럼형(슬리브형)**

압력이 $5kg/cm^2$, $10kg/cm^2$용의 두 개가 있으며 저압증기 및 온수배관의 신축이음에 적합한 실내용이다.

(2) **파상형(벨로스형)**

청동이나 스테인리스로 제작한 저압 증기용, 옥내용이며 관의 온도변화에 따라 관의 신축을 벨로스의 변형에 의해 흡수시키는 것. 종류는 $5kg/cm^2$, $10kg/cm^2$의 것이 있다.

(3) **루프형(만곡형)**

장소를 많이 차지하며 옥외 설비용이다. 강관을 원형으로 굽혀서 제작하며 고압에 많이 필요하고 고장이 적다.

곡관의 필요길이 L은

$$L(\text{m}) = 0.073\sqrt{d \cdot \Delta L}$$

여기서, d : 곡관에 사용되는 관의 외경[mm]
ΔL : 흡수해야 하는 배관의 신장[mm]

※ 철선 팽창계수는 0.000012. 따라서 온도 1℃의 변화에 있어서 1m에 대해 0.012m로 잡으면 된다.

(4) 스위블이음(스윙형)

2개 이상의 엘보를 사용하여 나사의 회전에 의해 신축이 흡수되며 저압의 증기 및 온수난방에 사용된다.

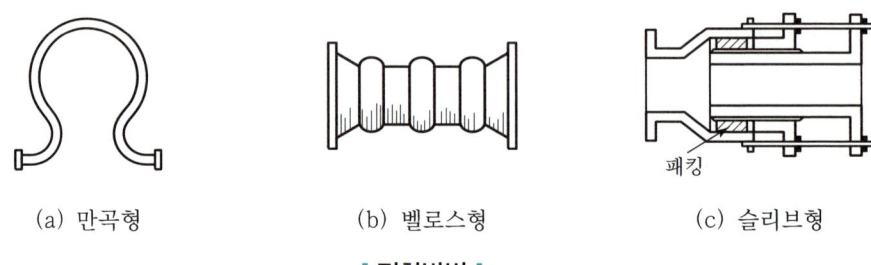

(a) 만곡형   (b) 벨로스형   (c) 슬리브형

│ 점화방법 │

5. 증기헤더(증기저장고)

주증기 밸브에서 나온 증기를 잠시 저장한 후 각 소요처에 증기량을 조절하여 보내주는 설비이다.(그 크기는 주증기관 지름의 2배 이상 크기로 한다.)

▼ 배관 내의 유체표시 약자

유체	약자	유체	약자
공기	A	물	W
증기	S	가스	G
기름	O		

6. 증기 축열기(어큐뮬레이터)

여분의 발생증기를 일시 저장하며 잉여분의 증기를 물탱크에 저장하여 온수로 만든 후 과부하 시에 방출하여 증기의 부족량을 보충하는 기구이며 송기계통에 설치하는 변압식과 급수계통에 설치하는 정압식이 있다. 즉, 여분의 증기를 물에 저장하는 것이다.

7. 증기트랩(스팀트랩)

증기계통이나 증기관 방열기 등에서 고인 응축수(드레인)를 연속 응축수 탱크로 배출시키는 기구이다.

1) 증기트랩의 구비조건

(1) 유체에 대한 마찰저항이 적어야 한다.
(2) 공기빼기를 할 수 있을 것
(3) 작동이 확실할 것
(4) 내구력이 있을 것
(5) 내식성이 클 것
(6) 작동 시 소음이 적고 수격작용에 강할 것

2) 증기트랩의 부착 시 장점

(1) 워터해머(수격작용)가 방지된다.
(2) 응축수에 의한 부식을 방지한다.
(3) 열설비의 효율 저하가 감소된다.
(4) 배관계통에 저항방지

3) 증기트랩의 종류

(1) 기계식 트랩의 종류

① 상향 버킷식

장점	단점
• 작동이 확실하다. • 증기의 손실이 없다.	• 배기의 능력이 빈약하다. • 겨울에 동결의 우려가 있다. • 구조가 대형이다.

② 하향 버킷식(역 버킷식)

장점	단점
배기 시 능력이 양호하다.	• 부착이 불편하다. • 겨울에 동결 우려가 있다. • 증기의 손실량이 많다.

③ 프리 플로트형(자유식)

장점	단점
• 구조가 간단하고 소형이다. • 증기의 누출이 거의 없다. • 연속적 배출형이다. • 공기빼기가 필요 없다. • 작동 시 소음이 나지 않는다. • 플로트와 밸브시트의 교환 시 매우 용이하다.	• 옥외설치 시 동결의 위험이 있다.(겨울) • 워터해머에 약하여 조치가 필요하다.

④ 레버플로트형

장점	단점
저부하 시 양호하다.	• 수격작용에 약하다. • 레버의 연결부에 마모로 인한 고장이 잦다.

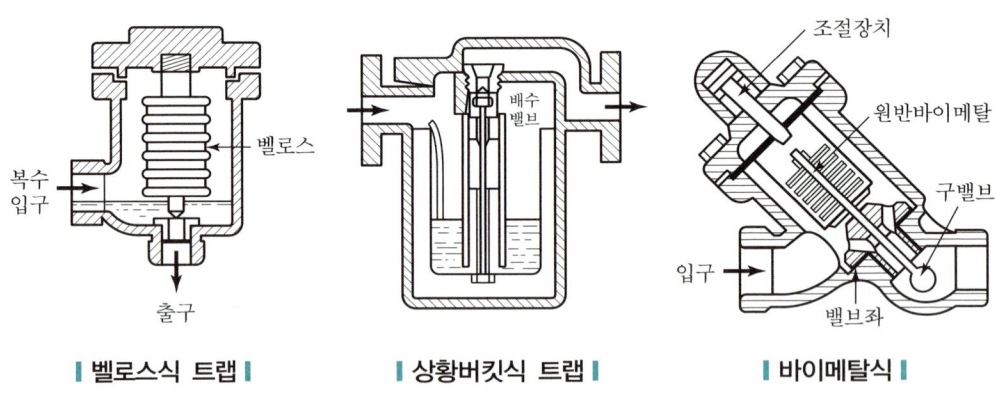

| 벨로스식 트랩 | 상향버킷식 트랩 | 바이메탈식 |

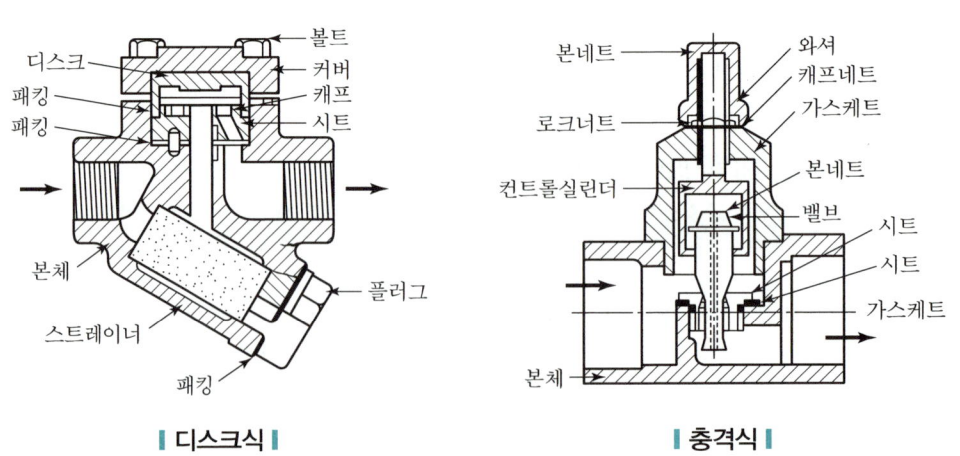

| 디스크식 | 충격식 |

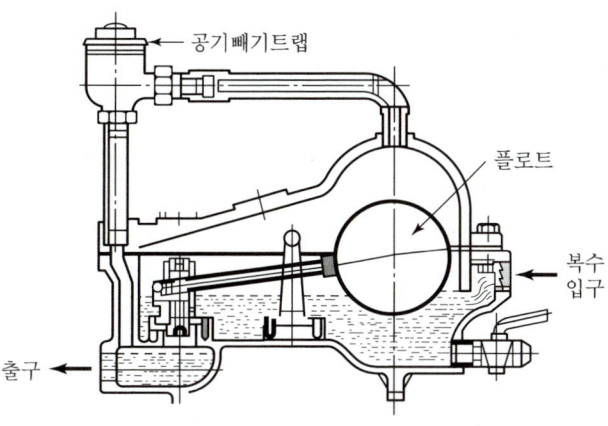

┃플로트식┃

(2) 온도조절식 트랩(응축수와 증기온도차 이용)

① 벨로스식 트랩

장점	단점
• 배기능력이 우수하다. • 소형이라 취급이 편하다. • 응축수의 온도 조절이 가능하다. • 저압의 증기에 사용한다. • 압력변동에 적응이 잘 된다.	• 워터해머에 약하다. • 고압력에는 부적당하다. • 과열증기에는 사용이 불가능하다.

② 바이메탈식

장점	단점
• 배기능력이 우수하다. • 고압용에 편리하다. • 증기의 누출이 없다. • 부착 시 수직 수평이 가능하다. • 밸브의 폐색의 우려가 없다.	• 개폐 시 온도차가 크다. • 과열증기에는 취급하지 못한다. • 오래 사용하면 특성이 변한다.

③ 디스크식(열역학적 및 유체의 역학 이용)

장점	단점
• 소형이고 구조가 간단하다. • 작동 시 효율이 높다. • 과열증기 사용에 적합하다. • 공기 빼기가 필요없다. • 워터해머에 강하다. • 증기온도와 동일한 온도의 응축수가 배출된다.	• 배압의 허용도가 50% 이하이다. • 최저작동 압력차가 4PSI이다.(0.3kgf/cm^2) • 배기의 능력이 미약스럽다. • 증기의 누출이 많다. • 작동 시 소음이 매우 크다.

※ 트랩의 배합허용도 = $\dfrac{\text{최대허용배압}}{\text{입구압}} \times 100(\%)$

④ 오리피스형(충격식)

장점	단점
• 설치가 자유롭다. • 과열증기 사용에 적합하다. • 작동 시 효율이 높다. • 공기빼기가 필요 없다.	• 배압의 허용도가 30% 미만이다. • 정밀한 구조로서 고장이 잦다. • 증기의 누설이 잦다.

※ 트랩의 용량표시 : kg/h=lb/h

8. 감압밸브

증기 통로의 면적을 증감하여 유속의 변화를 일으켜서 고압의 증기를 저압의 증기로 만드는 밸브이다.

1) 목적

(1) 고압의 증기를 저압으로 만든다.
(2) 고정적인 증기압력을 유지한다.(부하 측의 압력을 일정하게 유지시킨다.)
(3) 고압, 저압의 증기로 사용이 동시에 가능

2) 종류

(1) 스프링식
(2) 다이어프램식
(3) 추식

3) 설치 시 주의사항

(1) 감압변의 전후에 압력계를 단다.
(2) 감압변 전에는 여과기와 기수분리기를 설치한다.
(3) 감압변 뒤편에는 인크러셔와 안전변을 부착한다.
(4) 바이패스 라인을 설치한다.(고장 시 대비)
(5) 바이패스 관의 직경은 주관 직경의 $\frac{1}{2}$이어야 된다.

SECTION 06 통풍장치

1. 통풍의 종류

1) 자연통풍

장점	단점
• 소음이 안 난다. • 동력소비가 없다. • 소용량에 적당하다.	• 통풍의 효율이 낮다. • 통풍력은 연돌의 높이, 배가스 및 외기의 온도에 영향을 받는다. • 연소실 구조가 복잡한 곳에는 부적당하다.

※ 배기가스의 유속은 3~4m/sec이다.

2) 강제통풍(인공통풍)

(1) 특징

① 통풍의 효율이 높다.
② 통풍의 조절이 양호하다.
③ 동력의 소비가 많다.
④ 소음이 많이 난다.
⑤ 외기온도나 배가스온도의 영향을 받지 않는다.
⑥ 연돌의 높이가 낮아도 된다.

(2) 종류 : 압입통풍, 흡입통풍(유인통풍), 평형통풍

① 압입통풍

장점	단점
• 연소용 공기가 예열된다. • 가압연소가 가능하다. • 연소실 열부하를 높일 수 있다. • 노내압 정압이 유지된다. • 보일러 효율을 높일 수 있다.	열부하가 높아서 노벽의 수명이 단축된다.

※ 배기가스의 유속은 6~8m/sec이다.

② 흡입통풍(유인통풍)

장점	단점
압입식에 비해 통풍력이 높다.	• 소요동력이 많이 든다. • 연소가스에 의한 부식이 많다. • 연소효율이 낮다.(연소실 온도 저하로) • 송풍기의 수명이 짧다. • 보수 관리가 불편하다.(배풍기) • 배가스에 의한 마모가 많다. • 대형의 배풍기가 필요하다. • 연도에 설치해야 한다.

※ 배가스의 유속은 10m/sec

③ **평형통풍** : 보일러 전면, 후면에 각 송풍기 및 배풍기를 부착한 병용식 통풍방식

장점	단점
• 연소실의 구조가 복잡하여도 통풍이 양호하다. • 통풍력이 강해서 대형 보일러에 적합하다. • 노내 압력의 조절이 용이하다.	• 설비비나 유지비가 많이 든다. • 설치 시 소음이 매우 크다.

2. 풍량 및 통풍조절

송풍기에 의하여 유입된 공기량을 말하며 0℃ 760mmHg의 표준상태에서 풍량의 단위는 Nm³/min (즉, 분당의 풍량)을 기준한다.

1) 통풍의 조절

(1) 전동기의 회전수에 의한 조절방법

① 제작 시에 경비가 많이 든다.
② 부착 시에 면적을 많이 차지한다.
③ 저부하 시에 제어가 용이하다.

(2) 댐퍼의 조절에 의한 조절방법

① 운전효율이 나쁘다.
② 불필요한 동력이 낭비된다.
③ 조절방식이 매우 간단하다.

(3) 섹션 베인의 개도에 의한 방식

① 제작비가 적게 든다.
② 조작이나 취급이 용이하다.
③ 설치 시 면적을 적게 차지한다.
④ 가동 시 효율이 가장 좋다.
⑤ 풍량의 제어에 적합하다.(약 60~70% 정도)

3. 통풍력 계산

1) 자연통풍력의 상승조건

(1) 배기가스의 온도가 높을수록
(2) 외기의 온도가 저하될수록
(3) 연돌의 높이가 높을수록
(4) 연돌의 단면적이 클수록

2) 통풍력의 계산

표준상태(0℃, 760mmHg)에서 공기의 비중량은 $r_a = 1.293 \text{kg}_f/\text{m}^3$이고, 연소가스의 비중량이 $r_g = 1.354 \text{kg}_f/\text{m}^3$이므로, 표준상태에서 통풍력은 다음과 같이 된다.

$$Z = h\left(\frac{1.29 \times 273}{273+t_1} - \frac{1.354 \times 273}{273+t_2}\right) \text{mmAq}$$

$$= h\left(\frac{353}{273+t_1} - \frac{367}{273+t_2}\right) \text{mmAq}$$

$$= h\left(\frac{353}{T_1} - \frac{367}{T_2}\right) \text{mmAq}$$

단, T_1, T_2는 절대온도(273+섭씨온도) °K이다. 그런데, 실제적으로 위의 이론 통풍력의 80%인 것을 연돌의 실제 통풍력으로 한다. 따라서, 연돌의 실제 통풍력 Zp는

$$Zp = 0.8h\left(\frac{353}{T_1} - \frac{367}{T_2}\right) \text{mmAq}$$

$$Z = 273H\left[\frac{ra}{273+ta} - \frac{rg}{273+tg}\right] \text{mmH}_2\text{O}$$

$$Z = H(ra - rg) = (\text{mmH}_2\text{O})$$

Reference

1. 약식의 통풍력 계산

① 약식으로 통풍력은 공기와 가스의 밀도차로 이루어지므로
   $Z = (ra - rg)H$

② 통상 공기와 가스의 밀도차는 0.56 정도이므로 $Z = 0.56H$로 표시할 수 있다.
   여기서, Z : 이론통풍력[mmAq], H : 연돌높이[m], ra : 0℃ 때의 공기밀도[kg/m³]
   rg : 0℃ 때의 가스밀도[kg/m³], ta : 대기의 평균온도[℃], tg : 배기가스의 평균온도[℃]

2. 연돌의 높이와 직경의 비율관계

$d \geq 2.5 \rightarrow H \geq (25 \sim 30)d$, $d > 2.5 \rightarrow H \leq 20d$
   여기서, d : 연돌의 직경[m], H : 연돌의 높이[m]

또 석탄의 사용량을 계산하면
$B = (147A - 27\sqrt{A})\sqrt{H}$, $B = (116_2 - 24d)\sqrt{H}$이 성립된다.
   여기서, B : 석탄 연소량[kg/h], A : 연돌 단면적[m²], H : 연돌의 높이[m], d : 연돌의 지름[m]

연소량을 증가시키려면 연돌을 높게 하는 것보다 지름을 크게 하는 것이 효과적이다.

Reference 요점

- 배기가스온도는 연돌높이 1m에 대해 약 1~2℃씩 낮아진다.
- 연돌의 높이는 주위 건물의 2.5배 이상 높게 설치한다.

3) 연돌 상부 단면적(F)

일정한 압력하에서 기체의 체적은 1℃ 변화하는 데 대해서 0℃때의 체적의 $\frac{1}{273}$만큼 변화한다.

$$G = Go + Go \times \frac{t}{273} = Go\left(1 + \frac{t}{273}\right)$$

여기서, G : t℃ 때의 가스용적[m³]
Go : 0℃ 때의 가스용적[Nm³]

유량 $Q = AV$에서 $A(\text{m}^2) = \frac{Q(\text{m}^3/\text{s})}{V(\text{m}/\sec)}$

$$\therefore A = \frac{Go\left(1 + \frac{t}{273}\right)}{V} = \frac{Go\left(1 + \frac{1}{273}t\right)}{V}$$

V는 m/s이므로 3,600s/h를 곱하면 m/h가 나온다.

$$F = \frac{Go(1 + 0.0037t)}{3,600\,V}(\text{m}^2)$$

그러나 연소가스량이 Nm³/h로 표시될 때에는 배기가스 온도와 압력하에서 양(m³)으로 표시해야 되므로 보일 샤를의 법칙에 적용한다.

즉, $\frac{PV}{T} = \frac{P_1V_1}{T_1}$에 의하여 $V_1 = \frac{PVT_1}{P_1T}$

$$F = \frac{G \times Q \times \frac{760 \times T_g}{273 \times P_g}}{3600\,V}(\text{mm}^2)$$

4. 송풍기의 종류(통풍기)

1) 원심형의 종류

(1) 시로크형(다익형이며 전향 날개형)
(2) 터보형(후향 날개형)
(3) 플레이트형(경향 날개형)

2) 축류형의 종류

(1) 디스크형

(2) 프로펠러형

3) 송풍기의 특징

(1) 시로크형

① 날개가 60~90개 정도이다.(짧은 날개)
② 소음이 적고 설치 시 면적을 적게 차지한다.
③ 풍량의 변화에 대하여 풍압의 변화는 적은 편이다.
④ 효율이 45~50% 정도이며 풍압은 15~200mmH$_2$O 정도이다.
⑤ 고속운전에는 부적당하며 구조가 약한 편이다.

(2) 터보형

① 보일러의 압입통풍에서 가장 많이 사용한다.
② 견고하면서도 구조가 간단한 편이다.
③ 내마모성이 좋다.
④ 효율은 55~80% 정도이다.
⑤ 풍압은 200~800mmH$_2$O 정도이다.
⑥ 풍량의 변화에 대하여 풍압변화는 적다.
⑦ 날개의 수는 약 8~24매 정도이다.

(3) 플레이트형

① 배기가스의 흡출용이다.
② 6~12매의 날개가 있다.
③ 구조가 매우 견고하고 내마모성이 크다.
④ 풍량이 매우 많고 날개의 고장 시 교체가 용이하다.
⑤ 부식이 많은 곳에서도 잘 견딘다.

(4) 디스크형

① 송풍량은 크나 효율이 40~50% 정도로 낮다.
② 저압용으로 많이 쓴다.
③ 소음이 난다.

(5) 프로펠러형

① 대용량의 보일러 압입식 송풍기로 적당하다.
② 운전이 양호하다.
③ 고속운전에 적합하다.
④ 구조는 간단하나 고장이 적다.
⑤ 효율은 약 50~70% 정도이다.
⑥ 소음이 매우 커서 옥외용으로 쓴다.

5. 송풍기의 성능

1) 원심형 송풍기

(1) 풍량은 송풍기의 회전수에 비례
(2) 풍압(mmH_2O)은 송풍기 회전수의 2제곱에 비례
(3) 풍마력(PS)은 송풍기 회전수의 3제곱에 비례

2) 송풍기의 회전수 증가에 의한 풍압을 구하는 공식

(1) 풍량(M) = $M_1 \times \left(\dfrac{N_2}{N_1}\right)$ = m^3

(2) 풍압(P) = $P_1 \times \left(\dfrac{N_2}{N_1}\right)^2$ = mmH_2O

(3) 풍동력(PS) = $HP_1 \times \left(\dfrac{N_2}{N_1}\right)^3$ = PS

여기서, N_1, N_2 : 처음과 나중의 회전수, M_1 : 처음의 풍량[m^3/min]
P_1 : 처음의 풍압[mmH_2O], HP_1 : 처음의 동력[PS]

6. 송풍기의 소요마력 및 소요동력 계산

$$B \cdot PS = \dfrac{PS \times Q}{75 \times 60} (PS)$$

동력으로 구하려면 $B \cdot kW = \dfrac{PS \times Q}{120 \times 60} (kW)$

여기서, $B \cdot PS$: 송풍기의 필요마력[HP], $B \cdot kW$: 송풍기의 필요동력[kW]
PS : 송풍기에서 발생하는 정압[mmH_2O], ηs : 송풍기의 정압효율[%]
Q : 송풍량[m^3/min]

7. 송풍기 공기 마력의 계산

$$A \cdot PS = \frac{PS \times Q}{75 \times 60}(\text{PS})$$

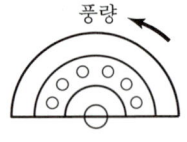 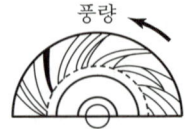 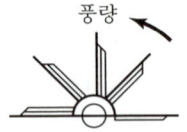

(a) 시로크형　　　　(b) 터보형　　　　(c) 플레이트형

│ 원심형 송풍기의 날개와 특성 │

8. 캔버스 조인트

송풍기와 덕트의 접속 시에 진동이나 소음을 흡수시키는 기구이며 재질은 천을 사용하며 조인트의 폭은 100mm 정도이다.

9. 덕트

(1) 공기나 가스 기체 등을 보내기 위한 통로로서 금속판(함석이나 양철 등이 흔히 쓰인다.)으로 만든다.
(2) 덕트의 댐퍼
　① 루버댐퍼(소형덕트에 사용)
　② 버터플라이댐퍼(대형닥트에 사용)
　③ 스플릿댐퍼(풍량조절)
　④ 가이드베인(와류의 감소장치)

10. 통풍 계기

(1) 통풍력의 측정계기이다.
(2) 종류
　① 액주식 압력계
　② 침종식 압력계
　③ 링 밸런스식 압력계

11. 덕트의 소음(경음)방지 방식

(1) 흡음재를 부착시킨다.
(2) 송풍기 출구에 프리넘·체임버를 단다.
(3) 적당한 곳에 셀형, 플레이트형의 흡음장치 부착

12. 원형덕트송풍량 계산(덕트의 송풍량)

$$Q = 단면적(m^2) \times 덕트속공기의유속(m/sec) \times 60 = m^3/min$$

13. 연돌(굴뚝)

연돌의 높이는 주위 건물보다 높이가 2.5배 이상 높게 설치하여야 한다.

SECTION 07 매연과 집진장치

1. 매연의 종류

(1) 연소에 의해 발생하는 유황산 산화물
(2) 연소 시 발생하는 매진 및 분진
(3) 기타 처리과정에서 카드뮴, 염소, 불화수소 등

2. 매연농도와 측정

1) 링겔만 매연 농도표

0도에서 5도까지 6종으로 나타낸 것이며 연기의 색깔과 비교하여 측정한다.(백색 바탕에 10mm 간격으로 검은 선을 그어 만든다.)

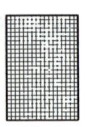

No.5   No.4   No.3   No.2   No.1   No.0

| 14×21(cm) 크기로 제작 |

No	0	1	2	3	4
농도율	0	20%	40%	60%	80%
흑선(mm)	–	1	2.3	3.7	5.5
백선(mm)	전백	9	7.7	6.3	4.5
연기색	무색	엷은 회색	회색	엷은 흑색	흑색

2) Ringelman(링겔만)매연농도의 측정방식

(1) 측정하는 굴뚝에서 39m 떨어진 곳에서 측정한다.
(2) 매연농도표는 측정자 위치에서 굴뚝 쪽으로 16m의 거리에 측정자의 눈의 위치와 동일한 높이로 설치한다.
(3) 연기의 측정 시 측정기준은 연돌정상에서 30~40cm의 높이를 기준한다.
(4) 태양의 직접광선을 피한 방향에서 실시한다.
(5) 타의에 의해 연기의 색깔이 어두워지는 것을 피한다.
(6) 몇 회 반복하여 평균을 낸다.(10초의 간격)

3) 매연발생의 원인

(1) 통풍력이 부족하거나 산소공급이 부족할 때
(2) 무리하게 연소할 때
(3) 유온 및 유압이 부족할 때
(4) 기술이 미숙할 때
(5) 연소기구가 불량할 때
(6) 저질연료가 연소할 때
(7) 매연의 농도율(R) 공식

$$R = \frac{\text{총 매연값}}{\text{측정 총 시간(분)}} \times 20(\%)$$

3. 매연농도계

1) 광전관식 매연농도계
표준전구와 광전관을 부착하여 연기의 색도에 따라서 표준전구로부터 투과된 방사관의 양을 광전관에 의해 농도를 지시케하는 매연농도계

2) 매연포집 중량법
연도가스를 여과지(석면이나 암면 기타의 내열성광 물질이 섬유)를 통과시켜 부착된 매연의 양으로 매연 농도율을 측정하는 것

3) 바카라치 스모그 테스트기
매연포집 중량법과 비슷하며 색도로서 측정하는 방식의 매연농도계

4. 집진장치

열의 설비 시 연소에 의해 배출되는 가스가 대기의 오염에 심각한 영향을 주게 되므로 이를 방지하기 위하여 설치되는 기구이다.

1) 집진장치 설치 시 설치기구 선정 유의사항
(1) 배기 및 분진의 입자 크기 및 비중과 성분조성 파악
(2) 사용연료의 종류 및 연소방식
(3) 배기가스량과 온도 및 습도
(4) SO_3의 농도
(5) 입자의 전기저항이나 친수성 및 흡수성

2) 집진장치의 종류
(1) 건식
　① 관성식　　② 중력식　　③ 음파진동식
　④ 사이클론식(원심식)　⑤ 여과식

(2) 습식
　① 저유수식　② 가압수식　③ 회전식

(3) 전기식 : 코트렐식

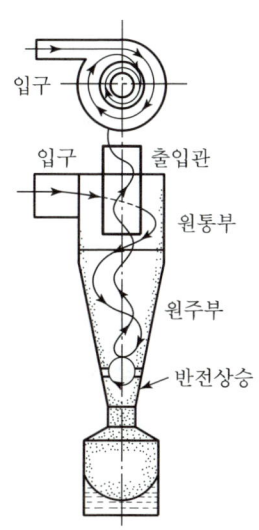

| 사이클론식 |

3) 집진장치의 해설

(1) 중력 집진장치
관성력을 소멸시킨 후 입자가 가진 그 자체의 중력을 이용하여 자연적으로 침강시켜 청정가스와 분진을 분리시키는 것

(2) 관성식 집진장치
① 배기가스를 집진장치 내에 충돌시키거나 배가스의 기류에 급격한 방향전환을 주어서 입자의 관성력에 의해 집진시켜 입자와 분리시킨다.
② 종류
- 충돌식
- 반전식

(3) 사이클론식 집진장치
둥근 원통형 상부에서 접선방향으로 선회운동을 주어 하강시킨 후 연소가스 중의 입자가 원심력에 의해 벽면에 충돌하게 되면 입자가 침강되고 청정가스는 상승하여 외부로 분리되는 집진장치이다.(원심식)

(4) 멀티사이클론 집진장치
사이클론을 몇 개 조합하여 분진 집진율을 크게 하기 위하여 능력을 개선한 성능이 좋은 집진장치이다.(원심식)

(5) 블로다운형 집진장치
사이클론 집진장치 내의 반전부 부근에서 분진이 밀려나가는 것을 방지하고 장치 내부 흐름의 상호간섭을 방지한 형식으로서 집진장치의 하부와 연도 입구에 연결한 닥트를 설치하여 그 사이 중간에 블로다운용 사이클론을 설치한 집진장치이다.(원심식)

(6) 표면여과 집진장치(백필터식)
여재표면(여포 또는 여지)에 초층을 형성하여 그 사이를 통과할 때 집진되는 방식이다.(여과식)

(7) 내면 여과법 집진장치
유리섬유와 광면재 등을 사용하여 그 섬유층 내부에 배기가스를 통과시킨 후 여과 집진시키는 방법이다.(여과식)

(8) 저유수식 집진장치
① 일정한 양의 물 또는 액체를 장치 내에 담아 연소가스를 수중에 통과시켜 집진입자를 포집하는 방식이다.(세정식)

② 종류
- 피이보디 스크레버식
- 에어텀블러식
- 전류형 스크레버식

(9) 가압수식 집진장치

① 물을 가압 분사시킨 후 연소가스를 투입시켜 충돌이나 확산시켜 포집하는 방식(세정식)이며 집진 시 배가스의 압력손실이 400~850mmH$_2$O이다.

② 종류
- 벤투리 스크레버식(성능이 우수하다.)
- 사이클론 스크레버식
- 제트 스크레버식
- 충전탑

(10) 회전식 집진장치

① 물을 임펠러의 회전에 의하여 분산시켜서 송풍기의 풍량으로 그 수적을 연소가스 중에 불어넣어서 접촉한 후 포집시키는 방식이 세정식이다. 이 방식은 회전 시에 동력이 많이 소모되고 장치에 부식이 많이 생기기 쉽다.(세정식)

② 종류
- 임펠스 스크레버식(충격식)
- 타이젠 와셔식

(11) 전기식 집진장치

① 집진기 내에 방전극 집진극을 만들어서 방전극 측에 많은 볼트의 전압을 걸어 양극 간에 일어나는 코로나 방전을 부여하고 이 대전입자를 정전기력에 의해 분리한다. 유지비 및 장치비가 많이 드나 성능이 우수하고 처리 시 용량이 매우 크다. 특히 석탄연소 시 미분탄 연소의 집진에 가장 우수한 방식이다.

② 종류 : 코트렐식

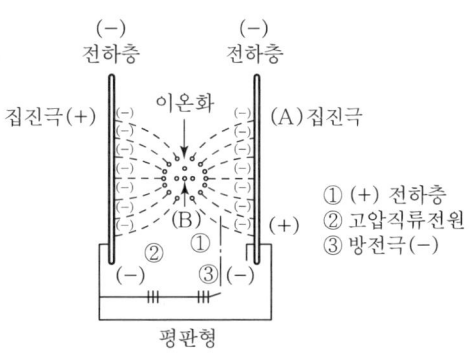

∥ 전기집진장치 ∥

▼ 집진인자의 포집

집진장치 종류	집진입자의 크기	가스압력 손실
중력식	20μ	$10mmH_2O$
관성식	$10 \sim 100\mu$	$50mmH_2O$
사이클론식	$10 \sim 200\mu$	$100 \sim 200mmH_2O$
여과식	1μ 이하	
세정식	0.1μ	
가압수식	0.1μ	$400 \sim 850mmH_2O$

SECTION 08 여열장치(폐열 회수장치)

연도로 배출되는 배기가스의 폐열을 이용하여 발생된 동작유체의 능력을 높이고 보일러의 열효율을 향상시키는 장치이다.

1. 과열기

동에서 발생된 습포화증기의 수분을 제거한 후 압력은 올리지 않고 건도만 높인 후 온도를 올리는 기구이다.

1) 방사(복사)과열기

연도 입구의 노벽에 설치하며 화염의 방사 전열을 이용한다. 단점이라면 증기 생성량에 따라 과열도가 저하된다.

2) 접촉과열기

연도에 설치하는 과열기이며 고온의 배기가스 대류 전열을 이용한 것이다. 증기 생성량에 따라(증가 시) 과열의 온도가 증가된다.

3) 복사(방사)접촉 과열기

균일한 과열도를 얻으며 노벽과 연도 입구사이에 부착하는 방사와 접촉 과열기의 중간 형식이다.

4) 과열증기의 온도조절방식

(1) 연소가스량의 증감에 의한 방식
(2) 과열 저감기 사용방식
(3) 연소실 화염의 위치이동 방식
(4) 절탄기 출구의 저온 배가스를 연소실 내로 재순환시켜 온도를 증가시키는 방식

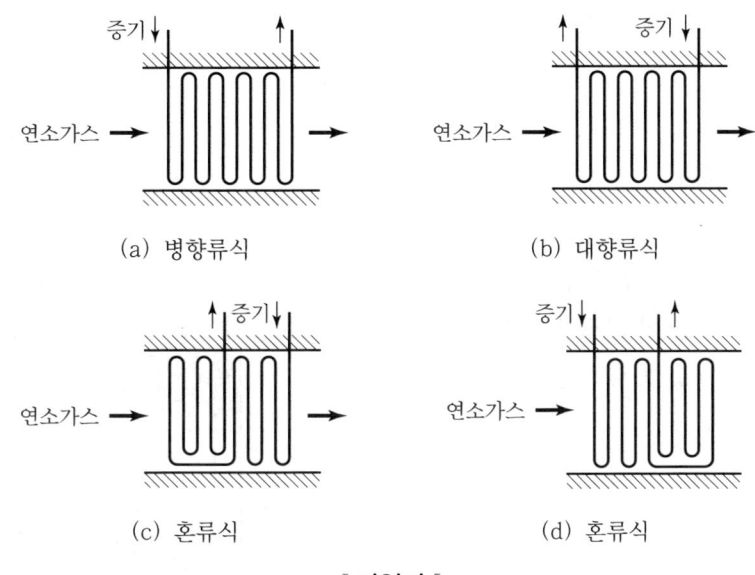

┃과열기┃

5) 과열 저감기의 해설

과열기에 급수를 분산시키거나 과열증기의 일부분을 냉각수와 열교환시켜 증기의 온도가 상용온도에 맞게끔 만드는 방식

6) 과열기의 부착 시 장점

(1) 보일러 열효율 증대
(2) 증기의 마찰손실 감소
(3) 부식의 방지

2. 재열기

과열증기가 고압터빈 등에서 열을 방출한 후 온도의 저하로 팽창되어 포화온도까지 하강한 과열증기를 고온의 열가스나 과열증기로 재차 가열시켜서 저온의 과열증기로 만든 후 저압터빈 등에서 다시 이용하는 장치

3. 절탄기(이코노마이저)

폐가스(배기가스)의 여열을 이용하여 보일러에 급수되는 급수의 예열기구

1) 부착 시 장점

(1) 부동팽창의 방지
(2) 보일러 증발능력 증대
(3) 일시 불순물 및 경도성분 완해
(4) 보일러 효율 및 증발력 증대
(5) 연료의 절약

2) 종류

(1) 주철제

① 저압용-(20~35kg$_f$/cm^2)
② 플랜지형과 평활관형이 있다.

(2) 강관형

① 고압용-(35/cm^2 이상)
② 평활관형과 플랜지 부착형이 있다.

▎주철관형 절탄기▎

3) 절탄기 내로 보내는 급수의 온도

(1) 전열면의 부식을 방지하기 위하여 35~40℃ 정도로 유지한다.
(2) 보일러의 포화수 온도보다 20~30℃가 낮게 한다.

4. 공기예열기

배기가스의 여열을 이용하여 연소실에 투입되는 공기를 예열한다.

1) 종류

(1) **전열식** : 관형, 판형
(2) **재생식** : 융그스트롬식

> **Reference 열원에 의한 방식**
>
> - 배기가스에 의한 방식
> - 증기나 온수에 의한 방식

2) 공기예열기 해설

(1) **전열식**

① 연소가스와 공기를 연속적으로 접촉시켜 전열을 행하는 것이다.
② 종류 : 강관형, 강판형

(2) **재생식**

금속에 일정기간 배기가스를 투입시켜 전열을 한 후 별도로 공기를 불어넣어 교대시키면서 공기를 예열하는 기구(일명 축열식)

① **종류** : 회전식, 고정식
② **장점**
- 전열효율이 전열식에 비해 24배
- 소형으로도 가능하다.
③ **단점** : 공기와 가스의 누설이 있다.
④ **공기예열기 설치 시 장점**
- 노내의 온도상승으로 연소가 잘된다.
- 저질 연료의 연소도 가능하다.
- 보일러 효율이 향상된다.
- 과잉 공기량을 줄여도 된다.

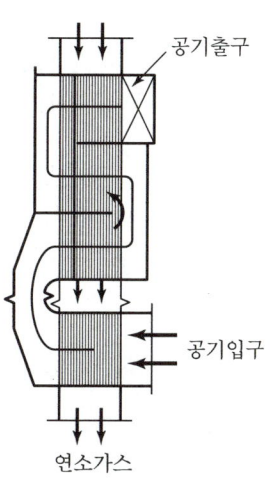

| 관형 공기예열기 |

▼ 공기의 예열온도 기준

연소방식	공기예열온도
스토커연소	120~160℃ 정도
버너연소	270℃ 정도
미분탄연소	350℃ 정도
대형 버너	350℃ 정도

SECTION 09 수면계

보일러 속 관수의 수위를 나타내는 기구로서 저수위, 고수위, 기준수위 등을 보일러 가동 시에 수면의 높이를 보고 안전하게 가동하는 데 필요한 안전기구의 일종이다.

1. 수면계의 종류

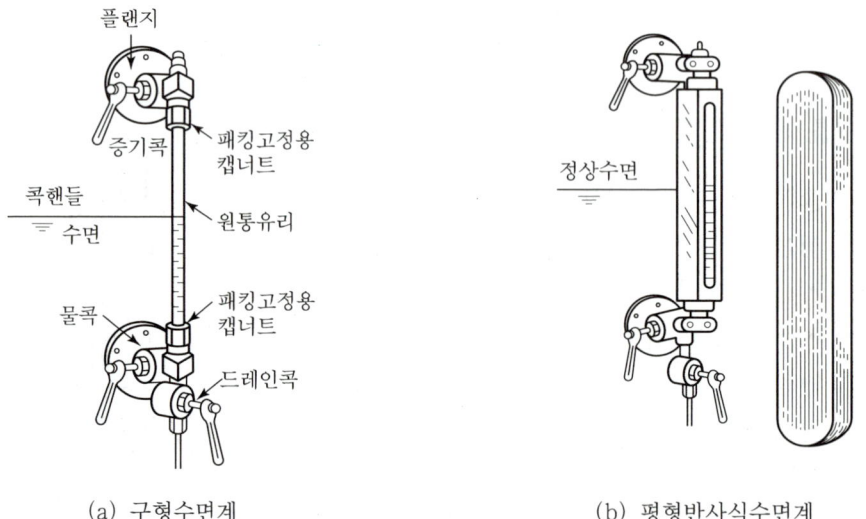

(a) 구형수면계　　　　　　(b) 평형반사식수면계

| 수면계의 종류 |

1) 유리수면계(구형수면계)

일반적으로 저압(10kg/cm² 이하)에 사용하는 수면계로서 모세관의 현상을 방지하기 위하여 수면계의 직경을 10mm 이상으로 하여야 하는 수면계이다. 수면계의 최상부는 최고수위에 일치하며 수면계 하단부는 안전 저수위에 해당한다.

2) 평형반사식 수면계

금속테 속에 경질의 평형유리를 끼워서 만든 것이며 유리 내면에 삼각의 세로 홈이 있어 이에 의해 투과된 빛을 난반사시켜 관수가 있는 부분은 검게 보이게 하고 증기부는 흰 부분으로 나타내도록 구성되어 있다.
- 종류 : 사용압력 16kg/cm² 이하, 사용압력 25kg/cm² 이하

3) 평형투시식 수면계

평형반사식에 의해서 측정을 용이하게 만든 수면계로서 발전소 발전용이나 고압 대용량으로 만든 보일러의 수면계이며 종류는 2가지가 있다.
- 종류 : 45kg/cm² 이하, 75kg/cm² 이하

4) 멀티포트식 수면계

초고압용 보일러 등에 사용하는 수면계이며 구조가 고압력에 견딜 수 있도록 유리판의 외부를 강판의 케이싱에 세로로 2열의 둥근 구멍을 내어서 수위의 높이가 표시되도록 된 수면계이다(사용압력은 210kg/cm² 이하).

5) 차압식 수면계

U자관(마노미터)의 형식으로 만들어졌으며 내부에 수은을 봉입하여 수은의 차압을 측정하여 만든 수면계이고 원격지시를 할 수 있도록 설계되어 있다.

6) 2색수면계

평형투시식 수면계보다 수위 판별이 쉽도록 하기 위해 2매의 경질 평유리와 적색, 녹색의 두 장의 색유리와 광원의 위치를 연구하여 액상의 빛 굴절률의 차를 이용하여 증기부가 적색, 수부가 녹색으로 보이도록 한 수면계이다. 발전용이나 고압, 대용량 보일러 등에 사용된다.

※ 수면계의 부착위치 : 원통상의 수주에다 수면계를 부착하고 수면계 유리판 최하단부가 보일러 안전저수위와 일치하게 한다.

2. 기타 사항

1) 수주계

수면계의 보호기구로서 보일러 등에서 직접 수면계를 달 때, 불순물에 의하여 수면계의 연락관이 막힐 경우를 대비하여 수주관을 먼저 달고 수주관에다 수면계를 달아주는 기구이다. 보일러와 수주관의 연결 시 연락관은 호칭 20A 이상으로 하고 또한 20A 이상의 분출관도 장치해야 한다.

2) 상용수위

수면계에 표시하여야 하며 가장 이상적인 수위의 높이를 상용(일상수위) 수위 또는 기준수위라 한다. 수위의 높이는 노통 보일러나 노통연관 보일러에서는 동체에서 수위의 높이가 65% 이내에 있어야 하며 수면계에서는 수위가 중심선에 있으면 가장 이상적이다.

3) 검수콕

수면계의 대용으로 사용되며 동의 직경이 750mm 이하인 증기보일러에 사용하고 주철제 보일러나 소량의 보일러에도 사용된다.

일반적으로 최고 수위와 최저 수위 사이에 3개 정도 설치를 요한다.

SECTION 10 기타 장치

1. 맨홀

보일러 내부의 청소 및 검사 시 대비하는 설치구경을 맨홀이라 한다.

1) 맨홀 및 구멍의 크기

　(1) **맨홀** : 장경 375mm, 단경 275mm의 타원형이나 지름 375mm의 원형으로 한다.
　(2) **청소구멍** : 장경 120mm 이상, 단경 90mm 이상의 타원형이나 지름 120mm 이상의 원형으로 한다.
　(3) **손구멍** : 장경 90mm 이상, 단경 70mm 이상의 타원형이나 지름 90mm 이상의 원형으로 한다.
　(4) **검사구멍** : 지름 30mm 이상의 원형으로 할 수 있다.

2) 구멍의 설치위치 및 개수

(1) 보일러에는 내부의 청소와 검사에 필요한 청소구멍 및 검사구멍을 설치한다.
(2) 외부 연소형 수평연관 보일러에는 동체에 설치하는 청소구멍 외에 앞 관 판의 아랫부분 청소구멍을 동시에 설치한다.
(3) 노통연관 보일러에는 동체 아랫부분 부근에 청소구멍 1개 이상을, 동체 측면의 노통이 보이는 위치에 검사구멍을 좌우에 각 1개 이상 설치한다.
(4) 랭커셔 보일러에는 동체에 설치하는 청소구멍 외에 앞 경판의 하부에 청소구멍을 설치한다.

2. 청관제 약액 주입기구

관수의 청정 및 pH의 조절을 하기 위한 약품의 주입기구로서 별도의 부속기구이다.

1) 종류

(1) 개방형 중력 주입기(수동식 투입)
(2) 밀폐형 중력 주입기(보충수의 양에 비례해서 투입)
(3) 포트형 비례 주입기(서행투입용)

2) 약품 투입시기

(1) 30~45일에 1회 투입방식
(2) 90일에 1회 투입방식

3) 약품 투입 시 약액펌프 순환용량

30분 이내에 보일러에 관수시킬 수 있는 능력이어야 한다.

4) 약액 순환용 탱크용량

관수량(보일러수)의 $\frac{1}{10}$ 이상 용량의 것

3. 점화장치(착화버너)

주버너를 착화시키기 위하여 사용한다. 변압기는 전압 5,000~15,000V의 고압으로 승압시켜 착화한다.

※ 오일버너 : 10,000~15,000V, 가스버너 : 5,000~7,000V

4. 슈트 블로어(그을음의 불기)

연소가 시작되면 분진, 회, 클링커, 탄화물, 카본, 그을음 등의 부착으로 열전도가 방해되어 매연 분출기로 그을음을 불어내기 위한 기구가 슈트 블로어다. 특히 관형의 공기 예열기에 부착된 그을음 제거기가 에어히터 크리너형이다.

1) 매연분출기(슈트 블로어)

(1) 종류
① 고온 전열면 블로어 : 롱 리트랙터블형
② 연소노벽 블로어 : 쇼트 리트랙터블형
③ 전열면 블로어 : 건타입형
④ 저온 전열면 블로어 : 로터리형
⑤ 공기예열기 크리너 : 롱 리트랙터블형, 트래블링, 포레임형

(2) 사용 시의 주의사항
① 부하가 50% 이하인 때는 슈트블로어 금지
② 소화 후 슈트블로어 금지(폭발위험)
③ 분출횟수와 시기는 연료종류, 분출위치, 증기온도 등에 따라 결정한다.
④ 분출 시에는 유인 통풍을 증가시킨다.
⑤ 분출 전에는 분출기 내부에 드레인을 제거시킨다.

5. 부넘기(화염의 방해판)

화격자 버너의 연소 시 고체(석탄 등)연료가 기준범위 밖으로 벗어나지 못하게 하여 불꽃의 안정을 도모하기 위한 기구

6. 배플(화염의 방해판)

(1) 수관보일러에서 화염의 진행방향을 조절하기 위하여 만든 기구
(2) 특징
① 화염의 방향이 원하는 곳에 갈 수 있다.
② 노내의 배기가스 체류시간의 연장이 된다.
③ 노내의 국부적 과열을 막는다.

7. 멤브레인 월

수냉로 벽을 설치한 수관에서 수냉로 벽과 벽 사이를 연결한 강판의 일종이다.

8. 화염투시구

연소 시 연소실 내의 화염상태를 파악하기 위하여 경질유리로 만든 기구이며 육안으로 들여다보기로 설치되어 있다.

> **Reference** 보일러 부속장치의 총 정리

종류	기구
안전장치	안전변, 화염검출기, 고저수위경보기, 가용전, 방폭문, 전자변, 압력제한기, 압력조절기, 팽창변
지시장치	온도계, 수면계, 유면계, 압력계, 통풍계, 급유계, 수량계, 수고계, 가스미터기
분출장치	분출관, 분출콕, 분출밸브
송기장치	주증기변, 기수분리기, 비수방지관, 신축조인트, 감압변, 스팀헤드, 증기트랩
급수장치	급수펌프, 인젝터, 급수배관, 급수탱크, 급수정지변, 체크밸브, 수량계, 응축수탱크
여열장치	과열기, 재열기, 절탄기, 공기예열기
통풍장치	송풍기, 댐퍼, 연도, 통풍계, 연돌
송유계통	스토리지탱크, 서비스탱크, 여과기, 원심펌프, 기어펌프, 스크루펌프(고압), 급유량계
유류가열장치	증기식, 온수식, 전기식, 드레인밸브, 오일프리히터
처리장치	집진장치, 회분처리장치

SECTION 11 가스공급장치

1. 가스트레인

(1) LNG 저장탱크 (2) LNG 기화장치 (3) 대형가스 정압기
(4) 가스공급배관 (5) 중간지역 정압기 (6) 가스중간공급배관
(7) 가스내관 (8) 소형정압기 (9) 가스자동 또는 수동차단밸브
(10) 가스미터기(막식, 터빈식) (11) 가스압력계(저압용) (12) 가스정압기(가버너)
(13) 가스안전차단밸브 (14) 가스누설경보장치 (15) 가스버너
(16) 압송기 등

CHAPTER 005 출제예상문제

01 보일러 증기통로에 증기트랩을 설치하는 가장 주된 이유는?

① 증기관의 신축작용을 방지하기 위하여
② 증기관 속의 과다한 증기를 방출하기 위하여
③ 증기관 속의 응결수를 배출하기 위하여
④ 증기 속의 불순물을 제거하기 위하여

풀이 배관에 증기트랩을 설치하는 가장 주된 이유는 증기관 속에 응결수를 배출하기 위해서이다.

02 보일러 공기예열기에 대한 설명으로 잘못된 것은?

① 연소 배기가스의 여열을 이용한다.
② 보일러 효율이 약 5[%] 이상 향상된다.
③ 배기가스와의 접촉이 절탄기보다 먼저 이루어진다.
④ 저온부식에 유의해야 한다.

풀이 • 공기예열기는 배기가스와의 접촉이 절탄기보다 나중에 이루어진다.
• 과열기 > 제열기 > 절탄기 > 공기예열기

03 난방용 방열기에 사용되는 증기트랩으로 직각(앵글)형과 직선(스트레이트)형으로 구분되는 트랩은?

① 실로폰트랩
② 플로트트랩
③ 버킷트랩
④ 충격식 트랩

풀이 • 실로폰트랩은 난방용 방열기에 사용되는 증기트랩이다.
• 종류 : 앵글형, 스트레이트형

04 급유배관에 여과기를 설치하는 주된 이유는?

① 기름의 열량을 증가시키기 위해서이다.
② 기름의 점도를 조절하기 위해서이다.
③ 기름배관 중의 공기를 빼기 위해서이다.
④ 기름 중의 이물질을 제거하기 위해서이다.

풀이 여과기는 y, u, v 형이 있으며 급유배관에는 u자형 여과기를 많이 사용하는 편이며 설치이유는 기름 중의 이물질을 제거하기 위해서이다.

05 과열증기를 사용할 때의 이점에 속하지 않는 것은?

① 증기손실의 방지
② 마찰저항 감소
③ 관의 부식 방지
④ 안전사고 발생 방지

풀이 과열증기사용 시 이점
• 증기손실의 방지
• 마찰저항의 감소
• 관의 부식 방지
• 엔탈피 증가로 적은 증기양으로도 많은 일을 할 수 있다.

06 증기트랩이 갖추어야 할 조건으로 틀린 것은?

① 마찰저항이 클 것
② 유압, 유량이 변해도 작동이 확실할 것
③ 증기가 배출되지 않을 것
④ 내구력이 클 것

풀이 증기트랩은 어떠한 경우에도 마찰저항이 작아야 한다.

정답 01 ③ 02 ③ 03 ① 04 ④ 05 ④ 06 ①

07 소요전력이 40kW이고, 효율이 90%, 흡입양정 6m, 토출량이 20m인 보일러 급수펌프의 송출량은?

① 0.13m³/min
② 7.53m³/min
③ 8.50m³/min
④ 11.77m³/min

풀이
$$kW = \frac{1,000 \times Q \times H}{102 \times 60 \times \eta}$$
$$= \frac{1,000 \times Q \times (6+20)}{102 \times 60 \times 0.9} = 40$$
$$Q = \frac{102 \times 60 \times 0.9 \times 40}{1,000 \times 26}$$
$$= 8.47 \text{m}^3/\text{min}$$

08 인젝터의 작동불량의 원인에 해당되지 않는 것은?

① 흡입관에 공기 누입이 있을 때
② 급수온도가 너무 낮을 때
③ 증기압력이 너무 낮을 때
④ 인젝터가 과열되었을 때

풀이 급수의 온도가 낮아도 인젝터는 정상운전할 수 있다.(50℃ 이하 유지)

09 증기트랩의 불량으로 응축수 제거가 되지 않을 때의 현상 설명으로 틀린 것은?

① 가열효과가 떨어지고 가열시간이 길어진다.
② 수격현상을 일으켜 설비와 배관을 손상시킨다.
③ 증기관의 내부부식을 촉진시킨다.
④ 설비 재질의 노화를 둔화시킨다.

풀이 증기트랩의 불량으로 응축수가 제거되지 않으면 설비 재질의 노화를 촉진시킨다.

10 보일러 급수펌프의 구비조건에 대한 설명으로 옳은 것은?

① 고가이고 용량이 커야 한다.
② 병렬운전에 지장이 없어야 한다.
③ 수동조작하기가 어려워야 한다.
④ 전원공급 없이 작동되어야 한다.

풀이 급수펌프는 병렬운전에 지장이 없어야 한다.

11 체크밸브(Check Valve)에 관한 설명으로 잘못된 것은?

① 유체의 역류 방지용으로 사용된다.
② 크게 나누어 리프트형과 스윙형의 2종류가 있다.
③ 스윙형은 수직, 수평배관에 모두 사용할 수 있다.
④ 리프트형은 수직배관에만 사용할 수 있다.

풀이 체크밸브(스윙형, 리프트형, 스모렌스키형) 중 리프트형은 수평배관용에만 적용이 가능하다.

12 공기예열기에 대한 설명으로 잘못된 것은?

① 보일러 효율을 높인다.
② 연소상태가 좋아진다.
③ 연료 중의 황분에 의한 부식이 방지된다.
④ 적은 과잉공기로 완전연소시킬 수 있다.

풀이 공기예열기나 절탄기는 연료 중 황분에 의해 저온 부식이 발생한다.

13 과열증기의 온도를 조절하는 방법으로 적합하지 않은 것은?

① 과열증기를 통하는 열가스량 조절
② 과열증기에 습증기를 분무
③ 댐퍼의 개도 조절
④ 과열저감기를 사용

정답 07 ③ 08 ② 09 ④ 10 ② 11 ④ 12 ③ 13 ③

풀이 댐퍼의 개도 조절은 배기가스의 열손실 방지 및 통풍력을 조절시킨다.

14 보일러 급수배관에서 급수의 역류를 방지하기 위하여 설치하는 밸브는?

① 체크밸브　　　② 슬루스밸브
③ 글로브밸브　　④ 앵글밸브

풀이 체크밸브(역류방지 밸브)
- 스윙식
- 리프트식
- 스모렌스키식

15 다음 중 인젝터의 급수불량 원인으로 옳은 것은?

① 급수온도가 너무 낮을 때
② 흡입관(급수관)에 공기 누입이 없을 때
③ 인젝터 자체의 온도가 높을 때
④ 증기압력이 높을 때

풀이 인젝터 급수불량 원인
- 인젝터 자체의 과열
- 증기압력이 0.2MPa 이하
- 인젝터 내의 공기 유입
- 체크 밸브 고장
- 인젝터 노즐 확장

16 보일러 급수장치의 원리를 설명한 것으로 틀린 것은?

① 환원기 : 수두압과 증기압력을 이용한 급수장치
② 인젝터 : 보일러의 증기에너지를 이용한 급수장치
③ 워싱턴펌프 : 기어의 회전력을 이용한 급수장치
④ 회전펌프 : 날개의 회전에 의한 원심력을 이용한 급수장치

풀이 회전식 기어펌프는 기어의 회전력 이용

17 다음 중 별도의 동력원 없이 증기를 이용하여 보일러에 급수하는 장치는?

① 인젝터　　　② 터빈펌프
③ 진공펌프　　④ 벌류트펌프

풀이 무동력 펌프
- 인젝터
- 워싱턴 펌프(왕복식)
- 웨어펌프

18 다음 중 왕복식 펌프가 아닌 것은?

① 플런저펌프　　② 피스톤펌프
③ 워싱턴펌프　　④ 터빈펌프

풀이 터빈펌프, 벌류트펌프는 원심식 펌프이다.

19 다음 트랩(Trap) 중 증기트랩의 종류가 아닌 것은?

① 버킷트랩　　② 플로트트랩
③ 벨로스트랩　④ 벨트랩

풀이 벨트랩이란 증기트랩이 아닌 배수트랩이다.

20 급수펌프 중에서 왕복식이며 증기를 동력으로 사용하는 것은?

① 인젝터　　② 워싱턴펌프
③ 터빈펌프　④ 기어펌프

풀이 워싱턴펌프나 웨어펌프는 왕복식이며 증기를 동력으로 사용한다.

21 버킷트랩은 어떤 종류의 트랩인가?

① 열역학적 트랩　　② 온도조절 트랩
③ 금속 팽창형 트랩　④ 기계적 트랩

정답 14 ①　15 ③　16 ③　17 ①　18 ④　19 ④　20 ②　21 ④

[풀이] ㉠ 기계적 트랩
- 버킷트랩
- 플로트트랩

㉡ 온도조절식 트랩
- 바이메탈트랩
- 벨로스트랩

㉢ 열역학적 트랩
- 디스크트랩
- 오리피스트랩

22 보일러 부속장치 중 연소가스 여열을 이용한 효율 증대장치가 아닌 것은?

① 급탄기　　　② 절탄기
③ 공기예열기　④ 과열기

[풀이] 폐열회수장치
- 절탄기　　・공기예열기
- 과열기　　・재열기

23 증기트랩이 갖추어야 할 조건이 아닌 것은?

① 동작이 확실할 것
② 마찰저항이 클 것
③ 내구성이 있을 것
④ 공기를 뺄 수 있을 것

[풀이] 증기트랩의 구비조건
- 동작이 확실할 것
- 마찰저항이 작을 것
- 내구성이 있을 것
- 공기빼기가 양호할 것

24 보일러 증기 통로에 증기트랩을 설치하는 가장 주된 이유는?

① 증기관의 팽창 또는 수축을 증가시키기 위하여
② 증기관 속의 과다한 증기를 응축하기 위하여
③ 증기관 속의 응결수를 배출하기 위하여
④ 증기 속의 불순물을 제거하기 위하여

[풀이] 증기 통로의 증기트랩은 증기관 속의 응결수를 배출하여 수격작용을 방지한다.

25 부력을 이용한 트랩은?

① 바이메탈식　　② 벨로스식
③ 오리피스식　　④ 플로트식

[풀이] 부력을 이용한 트랩 : 플로트식 증기트랩

26 증기트랩에 대한 설명으로 틀린 것은?

① 배관 중의 응축수와 공기를 배출하는 것이다.
② 응축수를 배출할 때 마찰저항이 커야 한다.
③ 내마모성 및 내식성이 커야 한다.
④ 정지 후에도 응축수 배출이 가능해야 한다.

[풀이] 증기트랩은 응축수의 배출 시 마찰저항이 작아야 한다.

27 다음 그림은 증기 과열기의 증기와 연소가스의 흐름 방향을 나타낸 것이다. 이 과열기는 어떤 종류의 과열기인가?

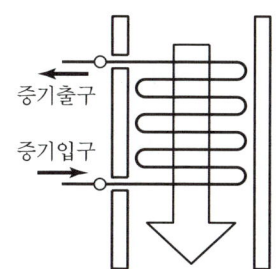

① 병류형　　　② 향류형
③ 복사대류형　④ 혼류형

[풀이] 연소가스와 증기가 흐르는 방향이 정반대이므로 향류형 과열기이다.

정답 22 ① 23 ② 24 ③ 25 ④ 26 ② 27 ②

28 수관식 보일러에 있어서, 연소실에서부터 연돌까지의 연소가스 흐름을 옳게 나열한 것은?

① 과열기 - 증발기 - 공기예열기 - 절탄기
② 과열기 - 증발관 - 절탄기 - 공기예열기
③ 증발관 - 공기예열기 - 과열기 - 절탄기
④ 증발관 - 과열기 - 절탄기 - 공기예열기

풀이 수관식 보일러 전열순서
증발관 > 과열기 > 절탄기 > 공기예열기

29 보일러 절탄기의 설명으로 틀린 것은?

① 절탄기 외부에 저온부식이 발생할 수 있다.
② 절탄기는 주철제와 강철제가 있다.
③ 보일러 열효율을 증대시킬 수 있다.
④ 연소가스 흐름이 원활하여 통풍력이 증대된다.

풀이 절탄기(급수가열기)의 설치 시
• 열효율 증가
• 연료소비량 감소
• 급수 중 일부의 불순물 제거
• 저온부식의 발생 및 통풍력 감소

30 루프형 신축이음을 바르게 설명한 것은?

① 굽힘 반지름은 관지름의 2배 이상으로 한다.
② 응력이 생기는 결점이 있다.
③ 주로 저압에 사용한다.
④ 강관의 경우 10m마다 1개씩 설치한다.

풀이 루프형 신축이음(곡관형 신축이음)은 응력이 생기는 결점이 있으나 옥외 배관에 설치가 가능하고 신축 흡수가 가장 크다.

31 전열방식에 따른 보일러 과열기의 종류가 아닌 것은?

① 복사형   ② 대류형
③ 복사대류형   ④ 혼류형

풀이 전열방식에 따른 과열기의 종류
• 복사과열기
• 대류과열기
• 복사대류과열기

32 공기예열기에 대한 설명으로 틀린 것은?

① 보일러의 열효율을 향상시킨다.
② 적은 공기비로 연소시킬 수 있다.
③ 연소실의 온도가 높아진다.
④ 통풍저항이 작아진다.

풀이 공기예열기(폐열회수장치)의 설치 시 연도에 설치하면 통풍 저항이 커지고 저온부식이 발생되나 열효율은 향상된다.

33 슈트블로어 사용 시의 주의사항으로 틀린 것은?

① 압축공기를 사용하는 경우 습공기를 사용한다.
② 보일러 정지 시 슈트블로어 작업을 하지 않는다.
③ 분출 시에는 유인 통풍을 증가시킨다.
④ 분출 전에는 분출기 내부의 드레인을 제거한다.

풀이 슈트블로어 사용 시에 압축공기를 사용할 경우 건조한 공기를 사용한다.

34 슈트블로어 사용 시의 주의사항으로 틀린 것은?

① 저부하(50% 이하)일 때 슈트블로어를 사용해야 한다.
② 소화 후 슈트블로어의 사용을 금지한다.
③ 분출 시에는 유인 통풍을 증가시킨다.
④ 분출 전에 분출기 내부의 드레인을 제거한다.

풀이 슈트블로어(그을음제거기)는 저부하 시에 사용을 금지한다.

정답 28 ④ 29 ④ 30 ② 31 ④ 32 ④ 33 ① 34 ①

35 보일러 슈트블로어 사용 시의 주의사항으로 옳은 것은?
① 가급적 부하가 높을 때 사용한다.
② 보일러 소화 후에 사용해야 한다.
③ 분출 시 유인 통풍을 감소시켜야 한다.
④ 분출 전에 분출기 내부의 드레인을 제거한다.

풀이 슈트블로어(그을음 제거기)는 가급적 부하 50[%] 이상에서 실시하며 분출 시 유인 통풍을 증가시킨다.(분출 전에 분출기 내부의 드레인을 제거한다.)

36 부력(浮力)을 이용한 트랩은?
① 바이메탈식   ② 벨로스식
③ 오리피스식   ④ 플로트식

풀이 플로트 증기트랩은 부력을 이용하여 응축수를 드레인 한다.

37 트랩 설치상의 주의사항 중 잘못된 것은?
① 트랩 입구관은 끝올림으로 한다.
② 트랩 출구관은 굵고 짧게 하여 배압을 적게 한다.
③ 트랩 출구관이 입상이 되는 경우에는 출구 직후에 역지밸브를 부착한다.
④ 트랩 설치 시는 바이패스 라인을 부설한다.

풀이 증기트랩 설치 시 트랩 입구관은 언제나 끝내림 기울기로 한다.

38 공기예열기가 보일러에 주는 효과와 관계 없는 것은?
① 배기가스에 의한 열손실을 감소시킨다.
② 보일러 열효율을 높인다.
③ 공기의 온도를 높이므로 연소효율을 높일 수 있다.
④ 보일러 통풍력을 증대시킨다.

풀이 공기예열기가 연도에 설치되면 열효율은 향상되고 완전연소가 용이하며 연소용 공기공급량이 감소하지만 저온부식 또는 통풍력의 감소가 일어난다.

39 보일러 공기예열기에 대한 설명으로 잘못된 것은?
① 연소 배기가스의 여열을 이용한다.
② 보일러 효율이 향상된다.
③ 배기가스와의 접촉이 과열기보다 먼저 이루어진다.
④ 저온부식에 유의해야 한다.

풀이 폐열회수장치 설치순서
과열기 > 재열기 > 절탄기 > 공기예열기

40 증기난방 배관 시공에서 난방 중 증기관 내의 응축수를 환수관으로 배출하기 위해서 설치하는 장치는?
① 공기빼기 밸브   ② 증기트랩
③ 드레인 밸브   ④ 리프트 피팅

풀이 증기트랩은 증기관 내의 응축수를 환수관으로 배출하기 위해서 설치한다.
• 기계적 트랩
• 온도차에 의한 트랩
• 열역학적 트랩

41 보일러 부속장치 중 가장 낮은 온도의 연소가스가 통과하는 곳에 설치되는 것은?
① 절탄기   ② 공기예열기
③ 과열기   ④ 재열기

풀이 증발관 → 과열기 → 절탄기 → 공기예열기(고온의 배기가스 → 저온의 배기가스로 변화)

정답 35 ④ 36 ④ 37 ① 38 ④ 39 ③ 40 ② 41 ②

42 보일러 공기예열기의 종류에 속하지 않는 것은?

① 전열식　　② 재생식
③ 증기식　　④ 방사식

풀이 공기예열기
- 전열식 : 판형, 관형
- 재생식 : 융그스트롬식
- 증기식

43 보일러 과열기의 전열방식에 따른 종류에 해당되지 않는 것은?

① 대류형　　② 전도형
③ 방사형　　④ 방사 대류형

풀이 과열기의 전열방식에 따른 종류
- 대류과열기(접촉과열기)
- 방사과열기
- 방사 대류과열기

44 증기트랩의 역할이 아닌 것은?

① 수격작용을 방지한다.
② 관의 부식을 막는다.
③ 열효율을 증가시킨다.
④ 응축수의 누출을 방지한다.

풀이 증기트랩은 열효율을 증가시키고 수격작용 방지 및 관의 부식을 방지한다.

45 전열방식에 의해 증기 과열기를 분류한 것은?

① 병류과열기　　② 복사과열기
③ 향류과열기　　④ 혼류과열기

풀이 ⊙ 전열방식의 과열기
- 복사과열기
- 대류과열기
- 복사 대류과열기(방사 대류과열기)

ⓒ 병류형, 향류형, 혼류형은 열가스 흐름방식에 의한 과열기이다.

46 다음 보일러 부속장치 중 연돌 쪽에 가장 가까이 설치되는 것은?

① 절탄기　　② 과열기
③ 공기예열기　　④ 재열기

풀이 연소가스>증발관>과열기>재열기>공기예열기>굴뚝으로 배기

47 연도 내의 배기가스로 보일러 급수를 예열하는 장치는?

① 재열기　　② 과열기
③ 절탄기　　④ 예열기

풀이 절탄기는 연도 내의 연소가스로 보일러 급수를 예열하는 장치이다.

48 공기예열기 설치에 따른 문제점 설명으로 옳은 것은?

① 고온부식이 발생할 수 있다.
② 열효율이 감소된다.
③ 통풍력을 감소시킨다.
④ 가성취화가 발생한다.

풀이 연도에 공기예열기를 설치하면 저온부식발생 또한 통풍력 감소, 배기가스의 온도저하 등이 발생

정답 42 ④　43 ②　44 ④　45 ②　46 ③　47 ③　48 ③

49 보일러 내부의 부속장치를 연소실에 가까운 것부터 나열할 때 옳은 것은?

① 절탄기 – 과열기 – 공기예열기
② 공기예열기 – 절탄기 – 과열기
③ 과열기 – 공기예열기 – 절탄기
④ 과열기 – 절탄기 – 공기예열기

풀이 연소실 → 과열기 → 절탄기 → 공기예열기

50 보일러 연도가스를 이용한 급수예열장치는?

① 공기예열기   ② 과열기
③ 절탄기   ④ 재열기

풀이 절탄기(연도의 급수가열기)를 설치하면 급수와 관수의 온도차가 적어 본체 응력을 감소시킨다. 또한 급수 중 불순물 일부가 제거되고 급수온도의 10℃ 상승 시마다 열효율이 1.5% 증가한다.

51 보일러의 폐열회수장치 중 급수를 예열하는 장치는?

① 과열기   ② 절탄기
③ 재열기   ④ 공기예열기

풀이 부속장치 중 절탄기는 연도에서 배기가스로 급수를 예열하여 열효율을 높인다.

52 연소가스 여열(餘熱)을 이용해 급수를 가열하는 보일러 부속장치는?

① 재열기   ② 탈기기
③ 절탄기   ④ 증발기

풀이
- 절탄기는 연소가스의 여열을 이용해 급수를 가열한다. 보일러의 열효율을 높이는 폐열회수장치이다.
- 폐열회수장치 : 재열기, 과열기, 절탄기, 공기예열기

53 보일러 폐열회수장치 중 연돌에 가장 가까이 설치되는 것은?

① 절탄기   ② 공기예열기
③ 과열기   ④ 재열기

풀이 폐열회수장치 설치순서
전열관 → 과열기 → 재열기 → 절탄기 → 공기예열기 → 연돌

54 전열방식에 의해 증기 과열기를 분류한 것은?

① 병류과열기   ② 대류과열기
③ 향류과열기   ④ 혼류과열기

풀이 전열방식의 과열기
복사과열기, 대류과열기, 복사대류 과열기

55 전열식 공기예열기의 종류에 해당되는 것은?

① 회전식   ② 이동식
③ 강판형   ④ 고정식

풀이
㉠ 전열식 공기예열기
- 강판형
- 강관형
㉡ 재생식 공기예열기 : 융그스트롬식
㉢ 공기예열식 : 증기식, 온수식, 가스식

56 보일러 부속기기 중 열효율 증대장치가 아닌 것은?

① 절탄기   ② 압력계
③ 과열기   ④ 공기예열기

풀이 압력계는 급수, 급유, 증기, 가스의 게이지 압력 측정

정답 49 ④ 50 ③ 51 ② 52 ③ 53 ② 54 ② 55 ③ 56 ②

57 방열기 주위의 신축이음으로 가장 적합한 것은?

① 신축곡관　　② 스위블형
③ 벨로스형　　④ 미끄럼형

> 풀이) 방열기는 수직형이므로 스위블형 신축이음의 사용이 편리하다.

58 보일러 부속장치인 증기과열기를 설치할 때 위치에 따라 분류한 것이 아닌 것은?

① 대류식(접촉식)
② 복사식
③ 전도식
④ 복사대류식(복사접촉식)

> 풀이) 전열방식에 의한 과열기는 대류식, 복사식, 복사대류식의 3가지가 있다.

59 보일러의 부속설비 중 열교환기의 형태가 아닌 것은?

① 절탄기　　② 공기예열기
③ 방열기　　④ 과열기

> 풀이) 방열기(라지에이터)는 주형, 길드형, 콘벡터 등의 난방방열장치이다.

60 보일러의 부속장치 중 일반적으로 증발관 바로 다음에 배치되는 것은?

① 재열기　　② 절탄기
③ 공기 예열기　　④ 과열기

> 풀이) 증발관 → 과열기 → 재열기 → 절탄기 → 공기예열기

61 보일러 전열면에 부착된 그을음이나 재를 분출시켜 전열효과를 증대시키는 장치는?

① 슈트블로어　　② 수저분출장치
③ 스팀트랩　　④ 기수분리기

> 풀이) 슈트블로어(그을음 제거)는 전열면의 부착된 그을음을 제거시킨다. 그을음 1mm는 열효율 12%가 손실된다.

62 인젝터의 급수불능 원인이 아닌 것은?

① 증기압이 낮을 때
② 급수온도가 낮을 때
③ 흡입관 내에 공기가 누입될 때
④ 인젝터가 과열되었을 때

> 풀이) 인젝터는 급수온도가 50℃ 이상이면 급수불능의 원인이 된다.

63 펌프의 종류 중 원심 펌프에 속하는 것은?

① 워싱턴펌프　　② 플런저펌프
③ 웨어펌프　　④ 다단터빈펌프

> 풀이) 원심식 펌프
> • 터빈펌프
> • 벌류트펌프

64 버킷트랩에서 수직관 속의 응축수가 트랩에 간헐적으로 역류하는 것을 방지하기 위하여 트랩 출구 측에 설치하는 밸브는?

① 체크밸브　　② 앵글밸브
③ 게이트밸브　　④ 스톱밸브

> 풀이) 상향 버킷트랩에서는 수직관 속의 응축수가 역류하는 것을 방지하기 위해 체크밸브를 설치한다.

정답　57 ②　58 ③　59 ③　60 ④　61 ①　62 ②　63 ④　64 ①

65 급수펌프 중 왕복식 펌프가 아닌 것은?

① 워싱턴 펌프
② 웨어 펌프
③ 터빈 펌프
④ 플런저 펌프

풀이 왕복식 펌프 : 워싱턴 펌프, 웨어 펌프, 플런저 펌프

66 보일러 급수펌프의 구비조건에 대한 설명 중 맞는 것은?

① 고가이고 용량이 커야 한다.
② 회전식은 고속회전에 지장이 없어야 한다.
③ 수동조작하기가 어려워야 한다.
④ 전원 공급 없이 작동되어야 한다.

풀이 급수펌프의 구비조건
- 가격이 싸야 한다.
- 병렬운전에 지장이 없어야 한다.
- 고속회전에 지장이 없어야 한다.
- 조작이 수월하고 수리가 간편해야 한다.

67 보일러 부속장치 설명 중 잘못된 것은?

① 기수분리기 : 증기 중에 혼입된 수분을 분리하는 장치
② 슈트블로어 : 보일러 동 저면의 스케일, 침전물 등을 밖으로 배출하는 장치
③ 증기헤드 : 발생증기를 한 곳에 모아 필요한 양을 필요한 곳에 분배 공급하는 장치
④ 스팀트랩 : 응결수를 자동으로 배출하는 장치

풀이 보일러 분출장치
보일러 동 저면의 스케일 침전물 등을 밖으로 배출하는 장치이다.

68 소용량 온수보일러에 사용되는 화염검출기의 한 종류로서 화염의 발열을 이용하는 것은?

① 플레임 아이
② 플레임 로드
③ 스택 스위치
④ CbS 셀

풀이 스택 스위치(바이메탈 스위치)는 소형 온수보일러 연도에 설치하는 화염검출기이다.

69 보일러 수저 분출장치의 주된 기능은?

① 보일러 동(胴) 내 압력을 조절한다.
② 보일러 동 내 부유물을 배출한다.
③ 보일러 하부의 침전물이나 농축수를 배출한다.
④ 수격작용을 방지하기 위하여 응축수를 배출한다.

풀이 보일러 수직 분류장치는 보일러 내부 침전물이나 농축수를 배출한다.

70 보일러 화염검출기 종류 중 화염검출의 응답이 느려 버너 분사, 정지에 시간이 많이 걸리므로 주로 소용량 보일러에 사용되는 것은?

① 스택 스위치
② 플레임 아이
③ 플레임 로드
④ 광전관식 검출기

풀이 스택 스위치
- 연도에 설치
- 소용량 보일러용
- 화염의 검출응답이 느리다.

71 보일러 인젝터의 기능이 저하되는 경우가 아닌 것은?

① 인젝터 자체의 온도가 낮을 때
② 증기에 수분이 많을 때
③ 급수 온도가 너무 높을 때
④ 흡입 관로 중에 누설이 있을 때

풀이 인젝터 자체가 가열되면 기능이 저하되고 인젝터 내로 공급되는 물의 온도는 50℃ 이상이 되지 않아야 한다.

정답 65 ③ 66 ② 67 ② 68 ③ 69 ③ 70 ① 71 ①

72 플런저 펌프의 특징 설명으로 잘못된 것은?
① 증기압을 이용하며, 고압용으로 적합하다.
② 비교적 고점도의 액체 수송용으로 적합하다.
③ 유체의 흐름에 맥동을 가져온다.
④ 토출량과 토출압력의 조절이 어렵다.

풀이 플런저 펌프(왕복식 펌프)는 토출량과 토출압력의 조절이 편리하다.

73 인젝터(Injector)의 구성 요소에 해당되지 않는 것은?
① 혼합노즐   ② 급수구
③ 토출노즐   ④ 고압부

풀이 인젝터
- 혼합노즐   • 흡입노즐
- 토출노즐   • 흡수밸브
- 급수정지 밸브 • 체크밸브
- 증기밸브

74 스트레이너(여과기)의 형상이 아닌 것은?
① Y   ② U
③ T   ④ V

풀이 스트레이너의 형상
- Y자형
- U자형
- V자형 등

75 인젝터의 작동 순서로 옳은 것은?
① 급수밸브 – 핸들 – 증기밸브 – 출구관의 밸브 개방
② 핸들 – 증기밸브 – 출구관의 밸브 개방 – 급수밸브
③ 증기밸브 – 핸들 – 급수밸브 – 출구관의 밸브 개방
④ 출구관의 밸브 개방 – 급수밸브 – 증기밸브 – 핸들

풀이 인젝터는 ④항의 순서대로 작동시킨다.

76 팩리스 신축이음이라고 하는 신축이음은?
① 슬리브형 신축이음
② 벨로스형 신축이음
③ 루프형 신축이음
④ 스위블형 신축이음

풀이 팩리스 신축이음 : 벨로스형 신축이음

77 고압에 견디며 고장이 적으므로 옥외배관에 많이 사용되는 신축이음은?
① 벨로스형   ② 슬리브형
③ 루프형   ④ 스위블형

풀이 루프형(곡관형)은 대형이며 고압용으로 고장이 적고 옥외배관에 많이 사용되는 신축이음쇠이다.

78 방열기 자체의 신축에 의한 변위를 흡수할 목적으로 설치되는 신축이음 종류는?
① 스위블 이음   ② 볼 조인트 이음
③ 벨로스 이음   ④ 루프형 이음

풀이 방열기의 입상관에는 스위블 이음을 설치하여 신축을 흡수한다.

79 2개 이상의 엘보를 사용하여 나사부의 회전에 의해 배관의 신축을 흡수하는 것으로, 나사이음이 헐거워지면 누설의 우려가 있는 신축조인트는?
① 루프형   ② 스위블형
③ 슬리브형   ④ 벨로스형

풀이 2개 이상의 엘보를 사용하여 나사부의 회전에 의해 신축을 흡수하는 신축조인트는 스위블형이다.

정답 72 ④ 73 ④ 74 ③ 75 ④ 76 ② 77 ③ 78 ① 79 ②

80 신축곡관이라고 부르는 신축이음쇠는?

① 슬리브형 ② 루프형
③ 스위블형 ④ 벨로스형

풀이 신축조인트 중 곡관형(옥외용)은 루프형이다.

81 온수난방 방열기 배관에 주로 사용되는 신축조인트는?

① 벨로스형
② 스위블형
③ 슬리브형 조인트
④ 루프형 조인트

풀이 방열기는 입상관이므로 엘보를 사용한 스위블형 신축조인트가 필요하다.

82 방열기 설치라인 주위에 설치하는 신축이음으로 가장 적합한 것은?

① 벨로스 이음 ② 슬리브 이음
③ 루프 이음   ④ 스위블 이음

풀이 벨로스 이음은 방열기 주위에 설치하는 신축이음이다.

83 주로 증기 및 온수 난방 방열기 주위에 적용되는 신축이음으로 2개 이상의 엘보를 이용하는 것은?

① 스위블 신축이음
② 볼 신축이음
③ 벨로스 신축이음
④ 슬리브 신축이음

풀이 스위블 신축이음은 2개 이상의 엘보를 이용하여 주로 저압증기배관이나 온수배관에 많이 사용한다.

84 신축곡관이라고도 하며 강관을 구부려 그 신축성을 이용한 것으로 고압증기의 옥외 배관에 많이 사용하는 것은?

① 스위블 이음
② 슬리브 신축이음
③ 벨로스형 신축이음
④ 루프형 신축이음

풀이 루프형 신축곡관
- 강관을 구부려 그 신축성을 이용한다.
- 고압증기의 옥외배관용이다.
- 곡률반지름은 관 지름의 6~8배이다.

85 보일러 배관 중에 신축이음을 하는 목적은?

① 증기 속의 복수를 제거하기 위하여
② 열팽창에 의한 관의 파열을 막기 위하여
③ 증기의 통과를 잘 시키기 위하여
④ 증기 속의 수분을 분리하기 위하여

풀이
- 신축이음은 열팽창에 의한 관의 파열을 막기 위하여 배관에 설치한다.
- 루프형 > 슬리브형 > 벨로스형 > 스위블형

86 고압에 견디며 고장이 적으므로 옥외배관에 많이 사용되는 신축이음은?

① 벨로스형 ② 슬리브형
③ 루프형   ④ 스위블형

풀이 루프형(곡관형) 신축이음은 대형이라 옥외배관에 많이 설치한다.

87 배관의 신축이음 종류가 아닌 것은?

① 슬리브형 ② 벨로스형
③ 루프형   ④ 파일럿형

정답 80 ② 81 ② 82 ① 83 ① 84 ④ 85 ② 86 ③ 87 ④

풀이 신축이음
- 슬리브형
- 벨로스형
- 루프형
- 스위블형

88 보일러에서 슈트블로어 설치목적은?
① 급수 중의 이물질을 제거하기 위한 장치
② 포화증기를 과열증기로 만드는 장치
③ 증발관 내의 비수를 방지하기 위한 장치
④ 보일러 전열면에 부착된 재를 불어내는 장치

풀이 슈트블로어
보일러 전열면에 부착된 재를 불어내는 장치

89 슈트블로어의 기능 설명으로 옳은 것은?
① 보일러 동 내면의 슬러지를 배출시킨다.
② 보일러 수면상의 부유물을 배출시킨다.
③ 보일러 전열면의 그을음을 불어낸다.
④ 보일러 급수를 원활하게 해준다

풀이 슈트블로어(그을음 제거)는 압축공기나 건조증기 등을 이용하여 전열면에 부착된 그을음을 제거시킨다.

90 보일러 연소 안전장치의 종류에 속하지 않는 것은?
① 윈드박스
② 보염기
③ 버너 타일
④ 슈트블로어

풀이 슈트블로어 : 그을음 제거기

91 다음 중 보일러의 수위가 낮아 보일러가 과열되었을 때 작용하는 안전장치는?
① 가용 마개
② 인젝터
③ 수위개
④ 방폭문

풀이 가용마개(납+주석)
저수위 사고 시 과열되었을 때 사용되는 안전장치(원통형 보일러에 많이 사용된다.)

92 유량 조절용으로는 부적합하고, 완전히 열리거나 닫히는 형태로서 차단밸브로 가장 널리 사용되는 것은?
① 글로브밸브
② 체크밸브
③ 슬루스밸브
④ 콕

풀이 슬루스밸브의 특징
- 유량 조절용으로는 부적합하다.
- 완전히 열리거나 닫히는 형태이다.
- 차단 밸브용이다.
- 반개하면 부러질 염려가 있다.
- 물, 오일 등의 유체배관에 용이하다.

93 보일러 전열면의 그을음을 청소하는 장치는?
① 수저 분출장치
② 슈트블로어
③ 절탄기
④ 인젝터

풀이 슈트블로어는 보일러 전열면의 그을음을 청소하는 장치이다.

94 안전밸브의 밸브 및 밸브시트에 포금을 사용하는 이유로 가장 합당한 것은?
① 과열되어도 조직의 변화가 없다.
② 부식에 강하고 주조하기 쉽다.
③ 가열되어도 변형이 없다.
④ 열의 전도가 양호하다.

풀이 안전밸브에 포금을 사용하는 이유는 부식에 강하고 주조, 가공성이 높기 때문이다.(포금=청동=구리+주석)

정답 88 ④ 89 ③ 90 ④ 91 ① 92 ③ 93 ② 94 ②

95 안전밸브로부터 증기가 누설되는 경우가 아닌 것은?

① 밸브의 디스크 지름이 증기압에 대하여 너무 작다.
② 밸브 시트를 균등하게 누르고 있지 않다.
③ 밸브 스프링 장력이 감쇄되었다.
④ 밸브 시트가 더러워져 있다.

> 풀이 │ 밸브의 디스크 지름은 안전밸브의 분출용량에 맞게 제작되기 때문에 작거나 크게 할 수가 없다.

96 안전밸브의 종류가 아닌 것은?

① 레버 안전밸브
② 추 안전밸브
③ 스프링 안전밸브
④ 휨 안전밸브

> 풀이 │ 안전밸브의 종류 : 레버식, 스프링식, 추식, 복합식

97 보일러 안전장치의 종류가 아닌 것은?

① 고저수위 경보기   ② 안전밸브
③ 가용마개   ④ 드레인 콕

> 풀이 │ 드레인 콕은 물이나 오일 탱크, 관에서 유체를 외부로 추출하는 기구이다.

98 보일러 화염검출기 종류 중 화염검출의 응답이 느려 버너 분사, 정지에 시간이 많이 걸리므로 주로 소용량 보일러에 사용되는 것은?

① 스택 스위치
② 플레임 아이
③ 플레임 로드
④ 광전관식 검출기

> 풀이 │ 스택 스위치(화염검출기)는 검출의 응답이 느려 버너 분사, 정지에 시간이 많이 걸리므로 주로 소용량 보일러 연도에 부착한다.

99 보일러 화염 유무를 검출하는 스택 스위치에 대한 설명으로 틀린 것은?

① 가격이 싸다.
② 구조가 간단하다.
③ 버너 용량이 큰 곳에 사용된다.
④ 바이메탈의 신축작용으로 화염 유무를 검출한다.

> 풀이 │ 스택 스위치는 온수 보일러나 소용량 보일러에 사용한다.

100 고저수위 경보장치에서 경보는 연료차단 몇 초 전에 울려야 하는가?

① 30초   ② 10~50초
③ 30~70초   ④ 50~100초

> 풀이 │ 저수위 경보장치는 연료차단 50~100초 전에 울려야 한다.

101 보일러 연소가스의 폭발 시에 대비한 안전장치는?

① 안전밸브   ② 파괴판
③ 방출밸브   ④ 방폭문

> 풀이 │ 방폭문은 연소가스(잔류가스)의 폭발 시 안전을 위하여 부착하는 폭발구이다.

102 부르동관 압력계에 고온의 증기가 직접 들어가는 것을 방지하는 방법은?

① 신축 이음쇠를 설치한다.
② 균압관을 사용하여 설치한다.
③ 사이펀관을 사용하여 설치한다.
④ 안전밸브와 함께 설치한다.

> 풀이 │ 부르동관 압력계 사이펀관 내부에는 물이 들어 있고 고온의 증기가 부르동관에 직접 들어 가는 것을 방지한다.

정답 95 ① 96 ④ 97 ④ 98 ① 99 ③ 100 ④ 101 ④ 102 ③

103 사이펀관(Siphon Tube)과 특히 관계가 있는 것은?

① 수면계 ② 안전밸브
③ 어큐뮬레이터 ④ 탄성식 압력계

풀이 압력계에서 사이펀관에는 물을 저장한 후 압력계 부르동관을 보호한다.

104 배관 내에 흐르는 유체 중의 찌꺼기를 제거하기 위해 장치나 기기 앞에 설치하는 배관 부품은?

① 신축이음 ② 배니밸브
③ 증기트랩 ④ 스트레이너

풀이 스트레이너(여과기)는 급수, 급유, 증기배관 등에서 찌꺼기를 제거시키는 기기이다.

105 증기배관에 설치된 감압밸브의 기능을 가장 옳게 설명한 것은?

① 증기의 엔탈피를 낮추는 장치이다.
② 증기의 과열도를 낮추는 장치이다.
③ 증기의 온도와 압력을 낮추는 장치이다.
④ 증기의 압력을 낮추고, 부하 측의 압력을 일정하게 유지하는 장치이다.

풀이 감압밸브
- 증기의 압력을 감소시킨다.
- 부하 측의 압력을 일정하게 공급한다.
- 고압과 저압을 동시에 공급할 수 있다.

106 저수위 안전장치가 작동할 때 연동하여 이루어지는 부속장치의 동작으로 잘못된 것은?

① 자동경보가 울렸다.
② 오일 버너가 꺼졌다.
③ 연도 댐퍼가 닫혔다.
④ 2차 공기송풍기는 계속 돌고 있다.

풀이 저수위 사고와 연도 댐퍼 차단과는 관련성이 없는 내용이다.

107 전개 시 유체의 흐름에 지장이 가장 적은 밸브는?

① 슬루스밸브 ② 앵글밸브
③ 니들밸브 ④ 글로브밸브

풀이 슬루스밸브는 관내 유체의 흐름에 대한 마찰저항이 적다.

108 사이펀관(Siphon Tube)과 특히 관계가 있는 것은?

① 수면계 ② 안전밸브
③ 어큐뮬레이터 ④ 부르동관 압력계

풀이 부르동관 압력계를 보호하기 위하여 사이펀관을 설치하고 내부에 물을 넣어둔다.

109 유체의 저항이 적고, 유로를 급속하게 개폐하며 1/4 회전으로 완전 개폐되는 것은?

① 글로브밸브 ② 체크밸브
③ 슬루스밸브 ④ 콕

풀이 콕은 유체의 저항이 적고 유로를 급속하게 90도 개폐한다.

110 펌프 배관에서 펌프의 양정이 불량한 이유와 무관한 것은?

① 흡입관의 이음쇠 등에서 공기가 샌다.
② 펌프 내에 공기가 차 있다.
③ 회전 방향이 역회전 방향이다.
④ 흡입양정이 낮다.

풀이 흡입양정이 높으면 캐비테이션(공동)현상이 발생된다.

정답 103 ④ 104 ④ 105 ④ 106 ③ 107 ① 108 ④ 109 ④ 110 ④

111 파이프 축에 대해서 직각방향으로 개폐되는 밸브로 유체의 흐름에 따른 마찰저항 손실이 적으며 난방배관 등에 주로 이용되나 유량 조절용으로는 부적합한 밸브는?

① 앵글밸브 ② 슬루스밸브
③ 글로브밸브 ④ 다이어프램밸브

풀이 슬루스밸브(게이트밸브) 특징
- 파이프 축에 대해서 직각방향으로 개폐된다.
- 마찰저항 손실이 적다.
- 유량조절은 부적당하다.

112 배관에서 바이패스관의 설치 목적은?

① 트랩이나 스트레이너 등의 고장 시 수리, 교환을 위해 설치한다.
② 고압증기를 저압증기로 바꾸기 위해 사용한다.
③ 온수공급관에서 온수의 신속한 공급을 위해 설치한다.
④ 고온의 유체를 중간과정 없이 직접 저온의 배관부로 전달하기 위해 설치한다.

풀이 배관의 바이패스관의 설치목적
증기트랩이나 스트레이너, 유량계 등의 고장 시 수리나 교환을 용이하게 하기 위해 설치한다.

113 감압밸브의 기능을 가장 옳게 설명한 것은?

① 증기의 엔탈피를 낮추는 장치이다.
② 증기의 과열도를 낮추는 장치이다.
③ 증기의 온도와 압력을 낮추는 장치이다.
④ 증기의 압력을 낮추고, 부하 측의 압력을 일정하게 유지하는 장치이다.

풀이
- 감압밸브는 증기의 압력을 일정하게 공급하며 고압의 증기를 저압으로 감압시킨다.
- 종류 : 벨로스식, 다이어프램식, 피스톤식

114 보일러 부속장치에 관한 설명으로 틀린 것은?

① 배기가스로 급수를 예열하는 장치를 절탄기라 한다.
② 배기가스의 열로 연소용 공기를 예열하는 것을 공기예열기라 한다.
③ 고압 증기터빈에서 팽창되어 압력이 저하된 증기를 가열하는 것을 과열기라 한다.
④ 오일프리히터는 기름을 예열하여 점도를 낮추고, 연소를 원활히 하는 데 목적이 있다.

풀이 고압 증기터빈에서 팽창되어 압력이 저하된 증기를 가열하는 것은 재열기라 한다.

115 공기예열기 전후의 배기가스 온도차가 100℃이면 이 공기예열기에 의해 보일러 열효율은 몇 % 정도 향상되는가?

① 1~2% ② 4~5%
③ 7~8% ④ 10% 이상

풀이 공기예열기에서 배기가스의 온도가 30℃ 감소하면 열효율은 1~2% 정도 증가한다.

116 보일러 가동 중 실화되거나 압력이 규정값을 초과하는 경우는 연료 공급이 자동적으로 차단되어야 한다. 이때 직접적으로 연료를 차단하는 기구는?

① 광전관 ② 화염검출기
③ 유전자밸브 ④ 체크밸브

풀이 유전자밸브는 압력이 초과하거나 저수위 사고 등이 있을 때 연료공급을 직접 차단하여 보일러 사고를 사전에 예방한다.

정답 111 ② 112 ① 113 ④ 114 ③ 115 ② 116 ③

117 보일러 화염 유무를 검출하는 스택 스위치에 대한 설명으로 틀린 것은?

① 가격이 싸다.
② 구조가 간단하다.
③ 버너 용량이 큰 곳에 사용된다.
④ 바이메탈의 신축작용으로 화염 유무를 검출한다.

> **풀이** 화염검출기
> - 스택스위치(버너용량이 소규모일 때 사용)
> - 플레임 아이
> - 플레임 로드

118 보일러 급수자동조절장치 형식이 아닌 것은?

① 플로트식　② 코프식
③ 전극식　　④ 레버식

> **풀이** 자동급수 조절기
> - 플로트식　・코프식
> - 전극식　　・차압식

119 부르동관 압력계에 연결되는 관으로 증기가 직접 압력계 내부로 들어가는 것을 방지하는 역할을 하는 것은?

① 균형관　② 베로스관
③ 압력관　④ 사이펀관

> **풀이** 사이펀관은 증기가 직접 압력계에 들어가지 못하게 방지한다.

120 열교환기의 용도와 거리가 먼 것은?

① 증발 및 응축
② 냉각 및 가열
③ 잠열 증가
④ 폐열회수

> **풀이** 열교환기 용도
> - 증발 및 응축
> - 냉각 또는 가열
> - 폐열회수

121 보일러 증기압력 측정에 주로 사용되는 압력계는?

① 다이어프램식 압력계
② 침종식 압력계
③ 부르동관식 압력계
④ 액주식 압력계

> **풀이** 부르동관식 압력계 : 고압의 증기 압력계

122 보일러의 슈트블로어 장치에 대한 설명으로 잘못된 것은?

① 보일러 전열면 외측의 그을음이나 재를 제거하는 장치이다
② 연도 댐퍼를 닫고 통풍력을 약하게 하여 작동한다.
③ 부하가 50% 이하일 때는 사용을 금한다.
④ 응결수를 제거한 건조증기를 사용한다.

> **풀이** 보일러 슈트블로어(그을음 제거기) 사용 시에는 연도의 댐퍼를 활짝 열고 통풍력을 강하게 하여 그을음을 외부로 제거시킨다.

123 슈트블로어 사용 시의 주의사항으로 틀린 것은?

① 저부하(50% 이하)일 때, 슈트블로어를 사용해야 한다.
② 보일러 정지 시 슈트블로어 작업을 하지 않는다.
③ 분출 시에는 유인 통풍을 증가시킨다.
④ 분출 전에 분출기 내부의 드레인을 제거한다.

> **풀이** 슈트블로어는 부하가 50% 이상일 때 슈트블로어(그을음 제거)를 사용한다.

정답 117 ③　118 ④　119 ④　120 ③　121 ③　122 ②　123 ①

124 부력을 이용하여 밸브를 개폐하고, 공기를 배출할 수 없으므로 열동식 트랩을 병용하기도 하며 다량 트랩이라고도 불리는 트랩은?

① 버킷트랩 ② 임펄스 증기트랩
③ 플로트트랩 ④ 실로폰트랩

풀이 플로트트랩은 다량 트랩이며 비중차를 이용한 기계식 트랩이다.

125 포화온도에서 액체 내부에 증기가 발생되면서 액면이 심하게 요동하는 현상은?

① 증발 ② 기화
③ 비등 ④ 승화

풀이 비등이란 포화온도에서 액체 내부에 증기가 발생되면서 액면이 심하게 요동하는 현상이다.

126 원통 보일러에서 거싯 스테이를 많이 사용하는 이유는?

① 보일러수의 손실을 방해하지 않기 때문에
② 설치가 용이하기 때문에
③ 스테이로서 경판을 유효하게 지지하기 때문에
④ 청소와 검사가 용이하기 때문에

풀이 거싯 스테이는 경판을 유효하게 지지한다.

127 보일러의 증기관 중 필히 보온을 해야 하는 곳은?

① 난방하고 있는 실내에 노출된 배관
② 방열기 주위 배관
③ 주증기 공급관
④ 관말 증기트랩장치의 냉각 레그

풀이 주증기 공급관이나 온수관은 필히 보온을 해야 한다.

128 중유 보일러의 연소 보조장치에 속하지 않는 것은?

① 여과기 ② 인젝터
③ 오일프리히터 ④ 화염검출기

풀이 인젝터는 펌프의 일종이다.

129 보일러 분출 시의 유의사항 중 잘못된 것은?

① 분출 도중 다른 작업을 하지 말 것
② 2대 이상의 보일러를 동시에 분출하지 말 것
③ 안전저수위 이하로 분출하지 말 것
④ 계속 운전 중인 보일러는 부하가 가장 클 때 할 것

풀이 보일러 분출(수면 분출) 시에 계속 운전 중인 보일러는 부하가 가장 작을 때 실시하여 저수위 사고를 방지한다.

130 방열기 출구에 설치되어 응축수만을 보일러에 환수시키는 역할을 하는 것은?

① 열동식 트랩 ② 박스트랩
③ 밸트랩 ④ 방열기 밸브

풀이 열동식 트랩은 방열기 출구에 설치되어 응축수만을 보일러에 흡수시키는 역할을 한다.

131 부력을 이용해 간헐적으로 응축수를 배출하며, 상향식과 하향식이 있고 증기압에 의해 입상이 가능하며, 주로 관말트랩에 사용하는 증기트랩의 종류는?

① 벨로스트랩 ② 플로트트랩
③ 버킷트랩 ④ 디스크트랩

풀이 버킷트랩(기계식 트랩)
응축수 배출용이며 상향식, 하향식이 있다.

정답 124 ③ 125 ③ 126 ③ 127 ③ 128 ② 129 ④ 130 ① 131 ③

CHAPTER 006 보일러 설치시공 및 검사기준

SECTION 01 설치·시공기준

1. 설치장소

1) 옥내설치

보일러를 옥내에 설치하는 경우에는 다음 조건을 만족시켜야 한다.

(1) 보일러는 불연성물질의 격벽으로 구분된 장소에 설치하여야 한다. 다만, 소용량강철제보일러, 소용량주철제보일러, 가스용온수보일러, 1종 관류보일러(이하 "소형보일러"라 한다)는 반격벽으로 구분된 장소에 설치할 수 있다.

(2) 보일러 동체 최상부로부터(보일러의 검사 및 취급에 지장이 없도록 작업대를 설치한 경우에는 작업대로부터) 천정, 배관 등 보일러 상부에 있는 구조물까지의 거리는 1.2m 이상이어야 한다. 다만, 소형보일러 및 주철제보일러의 경우에는 0.6m 이상으로 할 수 있다.

(3) 보일러 동체에서 벽, 배관, 기타 보일러 측부에 있는 구조물(검사 및 청소에 지장이 없는 것은 제외)까지 거리는 0.45m 이상이어야 한다. 다만, 소형보일러는 0.3m 이상으로 할 수 있다.

(4) 보일러 및 보일러에 부설된 금속제의 굴뚝 또는 연도의 외측으로부터 0.3m 이내에 있는 가연성 물체에 대하여는 금속 이외의 불연성 재료로 피복하여야 한다.

(5) 연료를 저장할 때에는 보일러 외측으로부터 2m 이상 거리를 두거나 방화격벽을 설치하여야 한다. 다만, 소형보일러의 경우에는 1m 이상 거리를 두거나 반격벽으로 할 수 있다.

(6) 보일러에 설치된 계기들을 육안으로 관찰하는데 지장이 없도록 충분한 조명시설이 있어야 한다.

(7) 보일러실은 연소 및 환경을 유지하기에 충분한 급기구 및 환기구가 있어야 하며 급기구는 보일러 배기가스 닥트의 유효단면적 이상이어야 하고 도시가스를 사용하는 경우에는 환기구를 가능한 한 높이 설치하여 가스가 누설되었을 때 체류하지 않는 구조이어야 한다.

(8) 보일러의 연도는 내식성의 재질을 사용하거나, 배가스 중 응축수의 체류를 방지하기 위하여 물 빼기가 가능한 구조이거나 장치를 설치하여야 한다.

2) 옥외설치

보일러를 옥외에 설치할 경우에는 다음 조건을 만족시켜야 한다.

(1) 보일러에 빗물이 스며들지 않도록 케이싱 등의 적절한 방지설비를 하여야 한다.
(2) 노출된 절연재 또는 래깅 등에는 방수처리(금속커버 또는 페인트 포함)를 하여야 한다.
(3) 보일러 외부에 있는 증기관 및 급수관 등이 얼지 않도록 적절한 보호조치를 하여야 한다.
(4) 강제 통풍팬의 입구에는 빗물방지 보호판을 설치하여야 한다.

3) 보일러의 설치

보일러는 다음 조건을 만족시킬 수 있도록 설치하여야 한다.

(1) 기초가 약하여 내려앉거나 갈라지지 않아야 한다.
(2) 강구조물은 빗물이나 증기에 의하여 부식이 되지 않도록 적절한 보호조치를 하여야 한다.
(3) 수관식 보일러의 경우 전열면을 청소할 수 있는 구멍이 있어야 하며, 구멍의 크기 및 수는 제9장에 따른다. 다만, 전열면의 청소가 용이한 구조인 경우에는 예외로 한다.
(4) 보일러에 설치된 폭발구의 위치가 보일러기사의 작업장소에서 2m 이내에 있을 때에는 당해보일러의 폭발가스를 안전한 방향으로 분산시키는 장치를 설치하여야 한다.
(5) 보일러의 사용압력이 어떠한 경우에도 최고사용압력을 초과할 수 없도록 설치하여야 한다.
(6) 보일러는 바닥 지지물에 반드시 고정되어야 한다. 소형보일러의 경우는 앵커 등을 설치하여 가동 중 보일러의 움직임이 없도록 설치하여야 한다.

4) 배관

보일러 실내의 각종 배관은 팽창과 수축을 흡수하여 누설이 없도록 하고, 가스용 보일러의 연료배관은 다음에 따른다.

(1) 배관의 설치

① 배관은 외부에 노출하여 시공하여야 한다. 다만, 동관, 스테인리스 강관, 기타 내식성 재료로서 이음매(용접이음매를 제외한다)없이 설치하는 경우에는 매몰하여 설치할 수 있다.
② 배관의 이음부(용접이음매를 제외한다)와 전기계량기 및 전기개폐기와의 거리는 60cm 이상, 굴뚝(단열조치를 하지 아니한 경우에 한한다)·전기점멸기 및 전기접속기와의 거리는 30cm 이상, 절연전선과의 거리는 10cm 이상, 절연조치를 하지 아니한 전선과의 거리는 30cm 이상의 거리를 유지하여야 한다.

(2) 배관의 고정

배관은 움직이지 아니하도록 고정 부착하는 조치를 하되 그 관경이 13mm 미만의 것에는 1m 마다, 13mm 이상 33mm 미만의 것에는 2m 마다, 33mm 이상의 것에는 3m 마다 고정장치를 설치하여야 한다.

(3) 배관의 접합

① 배관을 나사접합으로 하는 경우에는 KS B 0222(관용 테이퍼나사)에 의하여야 한다.
② 배관의 접합을 위한 이음쇠가 주조품인 경우에는 가단주철제이거나 주강제로서 KS표시허가제품 또는 이와 동등이상의 제품을 사용하여야 한다.

(4) 배관의 표시

① 배관은 그 외부에 사용가스명 · 최고사용압력 및 가스흐름방향을 표시하여야 한다. 다만, 지하에 매설하는 배관의 경우에는 흐름방향을 표시하지 아니할 수 있다.
② 지상배관은 부식방지 도장 후 표면색상을 황색으로 도색한다. 다만, 건축물의 내 · 외벽에 노출된 것으로서 바닥(2층 이상의 건물의 경우에는 각층의 바닥을 말한다)에서 1m의 높이에 폭 3cm의 황색띠를 2중으로 표시한 경우에는 표면색상을 황색으로 하지 아니할 수 있다.

5) 가스버너

가스용 보일러에 부착하는 가스버너는 액화석유가스의 안전관리 및 사업법 제21조의 규정에 의하여 검사를 받은 것이어야 한다.

2. 급수장치

1) 급수장치의 종류

(1) 급수장치를 필요로 하는 보일러에는 다음의 조건을 만족시키는 주펌프(인젝터를 포함한다. 이하 같다) 세트 및 보조펌프세트를 갖춘 급수장치가 있어야 한다. 다만, 전열 면적 12m² 이하의 보일러, 전열면적 14m² 이하의 가스용 온수보일러 및 전열면적 100m² 이하의 관류보일러에는 보조펌프를 생략할 수 있다.
  ① 주펌프세트 및 보조펌프세트는 보일러의 상용압력에서 정상가동상태에 필요한 물을 각각 단독으로 공급할 수 있어야 한다. 다만, 보조펌프세트의 용량은 주펌프세트가 2개 이상의 펌프를 조합한 것일 때에는 보일러의 정상상태에서 필요한 물의 25% 이상이면서 주펌프세트 중의 최대펌프의 용량 이상으로 할 수 있다.

(2) 주펌프세트는 동력으로 운전하는 급수펌프 또는 인젝터여야 한다. 다만, 보일러의 최고사용압력이 0.25MPa(2.5kgf/cm^2) 미만으로 화격자면적이 0.6m^2 이하인 경우, 전열면적이 12m^2 이하인 경우 및 상용압력이상의 수압에서 급수할 수 있는 급수탱크 또는 수원을 급수장치로 하는 경우에는 예외로 할 수 있다.

(3) 보일러 급수가 멎는 경우 즉시 연료(열)의 공급이 차단되지 않거나 과열될 염려가 있는 보일러에는 인젝터, 상용압력 이상의 수압에서 급수할 수 있는 급수탱크, 내연기관 또는 예비전원에 의해 운전할 수 있는 급수장치를 갖추어야 한다.

2) 2개 이상의 보일러에 대한 급수장치

1개의 급수장치로 2개 이상의 보일러에 물을 공급할 경우 6-1.2의 규정은 이들 보일러를 1개의 보일러로 간주하여 적용한다.

3) 급수밸브와 체크밸브

급수관에는 보일러에 인접하여 급수밸브와 체크밸브를 설치하여야 한다. 이 경우 급수가 밸브디스크를 밀어 올리도록 급수밸브를 부착하여야 하며, 1조의 밸브디스크와 밸브시트가 급수밸브와 체크밸브의 기능을 겸하고 있어도 별도의 체크밸브를 설치하여야 한다. 다만, 최고사용압력 0.1MPa(1kgf/cm^2) 미만의 보일러에서는 체크밸브를 생략할 수 있으며, 급수 가열기의 출구 또는 급수펌프의 출구에 스톱밸브 및 체크밸브가 있는 급수장치를 개별 보일러마다 설치한 경우에는 급수밸브 및 체크밸브를 생략할 수 있다.

4) 급수밸브의 크기

급수밸브 및 체크밸브의 크기는 전열면적 10m^2 이하의 보일러에서는 호칭 15A 이상, 전열면적 10m^{2}를 초과하는 보일러에서는 호칭 20A 이상이어야 한다.

5) 급수장소

복수를 공급하는 난방용 보일러를 제외하고 급수를 분출관으로부터 송입해서는 안 된다.

6) 자동급수조절기

자동급수조절기를 설치할 때에는 필요에 따라 즉시 수동으로 변경할 수 있는 구조이어야 하며, 2개 이상의 보일러에 공통으로 사용하는 자동급수조절기를 설치하여서는 안 된다.

7) 급수처리 등

(1) 용량 1t/h 이상의 증기보일러에는 수질관리를 위한 급수처리(이하 "수처리시설"라 한다) 또는 스케일 부착방지 및 제거를 위한(이하 "음향처리시설"이라 한다)시설을 하여야 한다.
(2) (1)의 수처리시설 및 음향처리시설은 국가공인시험 또는 검사기관의 성능결과를 에너지관리공단에 제출하여 인증받은 것에 한하며, 에너지관리공단은 인증 업무를 효과적으로 수행하기 위하여 내부 운영 규정을 수립할 수 있다.
(3) (2)의 수처리시설 및 음향처리시설의 인증기준은 다음에 따른다.
  ① 이온교환처리법
    ㉠ 이온교환수지의 성능은 이온교환수지 1L당 $CaCO_3$ 환산 60g 이상
    ㉡ 이온교환수지량은 시간당 원수통과 수량 $1m^3$ 기준으로 최소 20L 이상
    ㉢ 원수 수질기준 : 경도 250mg $CaCO_3$/L 이상
    ㉣ 이온교환된 수질기준 : 경도 1mg $CaCO_3$/L 이하
    ㉤ 용기의 조건 : 내식성 재질
    ㉥ 기기 구성 : 이온교환수지탑, 약품용해조, 자동경도측정장치, 자동절환장치
  ② 음향처리법
    ㉠ 초음파의 주파수 조정가능 : 사용주파수범위 15~22kHz
    ㉡ 발생파형 : 펄스파형으로서 한 파형의 지속시간이 5ms 이하일 것
    ㉢ 최대진폭 : 모든 시험조건에서 peak to peak치가 $0.7\mu m$(용접 후) 이상
    ㉣ 변환기 권선의 재질 : 내전압 1,000V 이상, 내사용온도 -190℃~260℃의 자재

3. 압력방출장치

1) 안전밸브의 개수

(1) 증기보일러에는 2개 이상의 안전밸브를 설치하여야 한다. 다만, 전열면적 $50m^2$ 이하의 증기보일러에서는 1개 이상으로 한다.
(2) 관류보일러에서 보일러와 압력방출장치와의 사이에 체크밸브를 설치할 경우 압력방출장치는 2개 이상이어야 한다.

2) 안전밸브의 부착

(1) 안전밸브는 쉽게 검사할 수 있는 장소에 밸브축을 수직으로 하여 가능한 한 보일러의 동체에 직접 부착시켜야 하며, 안전밸브와 안전밸브가 부착된 보일러 동체 등의 사이에는 어떠한 차단밸브도 있어서는 안 된다.

(2) 안전밸브의 방출관은 단독으로 설치하되, 2개 이상의 방출관을 공동으로 설치하는 경우에 방출관의 크기는 각각의 방출관 분출용량의 합계 이상이어야 한다.

3) 안전밸브 및 압력방출장치의 용량

안전밸브 및 압력방출장치의 용량은 다음에 따른다.

(1) 안전밸브 및 압력방출장치의 분출용량은 제19장에 따른다.
(2) 자동연소제어장치 및 보일러 최고사용압력의 1.06배 이하의 압력에서 급속하게 연료의 공급을 차단하는 장치를 갖는 보일러로서 보일러 출구의 최고사용압력 이하에서 자동적으로 작동하는 압력방출장치가 있을 때에는 동 압력방출장치의 용량(보일러의 최대증발량의 30%를 초과하는 경우에는 보일러 최대증발량의 30%)을 안전밸브용량에 산입할 수 있다.

4) 안전밸브 및 압력방출장치의 크기

안전밸브 및 압력방출장치의 크기는 호칭지름 25A 이상으로 하여야 한다. 다만, 다음 보일러에서는 호칭지름 20A이상으로 할 수 있다.

(1) 최고사용압력 0.1MPa(1kgf/cm^2) 이하의 보일러
(2) 최고사용압력 0.5MPa(5kgf/cm^2) 이하의 보일러로 동체의 안지름이 500mm 이하이며 동체의 길이가 1,000mm 이하의 것
(3) 최고사용압력 0.5MPa(5kgf/cm^2) 이하의 보일러로 전열면적 2m^2 이하의 것
(4) 최대증발량 5t/h 이하의 관류보일러
(5) 소용량강철제보일러, 소용량주철제보일러

5) 과열기 부착보일러의 안전밸브

(1) 과열기에는 그 출구에 1개 이상의 안전밸브가 있어야 하며 그 분출용량은 과열기의 온도를 설계온도 이하로 유지하는데 필요한 양(보일러의 최대증발량의 15%를 초과하는 경우에는 15%) 이상이어야 한다.
(2) 과열기에 부착되는 안전밸브의 분출용량 및 수는 보일러 동체의 안전밸브의 분출용량 및 수에 포함시킬 수 있다. 이 경우 보일러의 동체에 부착하는 안전밸브는 보일러의 최대증발량의 75% 이상을 분출할 수 있는 것이어야 한다. 다만, 관류보일러의 경우에는 과열기 출구에 최대증발량에 상당하는 분출용량의 안전밸브를 설치할 수 있다.

6) 재열기 또는 독립과열기의 안전밸브

재열기 또는 독립과열기에는 입구 및 출구에 각각 1개 이상의 안전밸브가 있어야 하며 그 분출용량의 합계는 최대통과증기량 이상이어야 한다. 이 경우 출구에 설치하는 안전밸브의 분출용량의 합계는 재열기 또는 독립과열기의 온도를 설계온도 이하로 유지하는데 필요한 양(최대통과증기량의 15%를 초과하는 경우에는 15%) 이상이어야 한다. 다만, 보일러에 직결되어 보일러와 같은 최고사용압력으로 설계된 독립과열기에서는 그 출구에 안전밸브를 1개 이상 설치하고 그 분출용량의 합계는 독립과열기의 온도를 설계온도 이하로 유지하는데 필요한 양(독립과열기의 전열면적 $1m^2$당 30kg/h로 한 양을 초과하는 경우에는 독립과열기의 전열면적 $1m^2$당 30kg/h로 한 양) 이상으로 한다.

7) 안전밸브의 종류 및 구조

(1) 안전밸브의 종류는 스프링안전밸브로 하며 스프링안전밸브의 구조는 KS B 6216(증기용 및 가스용 스프링 안전밸브)에 따라야 하며, 어떠한 경우에도 밸브시이트나 본체에서 누설이 없어야 한다. 다만, 스프링안전밸브 대신에 스프링 파이로트 밸브부착 안전밸브를 사용할 수 있다. 이 경우 소요분출량의 1/2 이상이 스프링안전밸브에 의하여 분출되는 구조의 것이어야 한다.
(2) 인화성증기를 발생하는 열매체 보일러에서는 안전밸브를 밀폐식구조로 하든가 또는 안전밸브로부터의 배기를 보일러실 밖의 안전한 장소에 방출시키도록 한다.
(3) 안전밸브는 산업안전보건법 제33조 제3항의 규정에 의한 성능검사를 받은 것이어야 한다.

8) 온수발생보일러(액상식 열매체 보일러 포함)의 방출밸브와 방출관

(1) 온수발생보일러에는 압력이 보일러의 최고사용압력(열매체 보일러의 경우에는 최고사용압력 및 최고사용온도)에 달하면 즉시 작동하는 방출밸브 또는 안전밸브를 1개 이상 갖추어야 한다. 다만, 손쉽게 검사할 수 있는 방출관을 갖출 때는 방출밸브로 대응할 수 있다. 이때 방출관에는 어떠한 경우든 차단장치(밸브 등)를 부착하여서는 안 된다.
(2) 인화성 액체를 방출하는 열매체 보일러의 경우 방출밸브 또는 방출관은 밀폐식 구조로 하든가 보일러 밖의 안전한 장소에 방출시킬 수 있는 구조이어야 한다.

9) 온수발생보일러(액상식 열매체 보일러 포함)의 방출밸브 또는 안전밸브의 크기

(1) 액상식 열매체 보일러 및 온도 393K(120℃) 이하의 온수발생보일러에는 방출밸브를 설치하여야 하며, 그 지름은 20mm 이상으로 하고, 보일러의 압력이 보일러의 최고사용압력에 그 10%[그 값이 0.035MPa(0.35kgf/cm^2) 미만인 경우에는 0.035MPa(0.35kgf/cm^2)로 한다]를 더한 값을 초과하지 않도록 지름과 개수를 정하여야 한다.

(2) 온도 393K(120℃)를 초과하는 온수발생보일러에는 안전밸브를 설치하여야 하며, 그 크기는 호칭지름 20mm 이상으로 하고 7)을 적용한다. 다만, 환산증발량은 열출력을 보일러의 최고사용압력에 상당하는 포화증기의 엔탈피와 급수엔탈피의 차로 나눈 값(kg/h)으로 한다.

10) 온수발생 보일러(액상식 열매체 보일러 포함)방출관의 크기

방출관은 보일러의 전열면적에 따라 다음의 크기로 하여야 한다.

▼ 방출관의 크기

전열면적(m^2)	방출관의 안지름(mm)
10 미만	25 이상
10 이상 15 미만	30 이상
15 이상 20 미만	40 이상
20 이상	50 이상

4. 수면계

1) 수면계의 개수

(1) 증기보일러에는 2개(소용량 및 1종 관류보일러는 1개)이상의 유리 수면계를 보일러내의 수위를 육안으로 확인할 수 있도록 동일한 높이에 나란히 부착하여야 한다. 다만, 단관식 관류보일러는 제외한다.
(2) 최고사용압력 1MPa(10kgf/cm^2) 이하로서 동체안지름이 750mm 미만인 경우에 있어서는 수면계중 1개는 다른 종류의 수면측정장치로 할 수 있다.
(3) 2개 이상의 원격지시 수면계를 시설하는 경우에 한하여 유리수면계를 1개 이상으로 할 수 있다.

2) 수면계의 구조

유리수면계는 보일러의 최고사용압력과 그에 상당하는 증기온도에서 원활히 작용하는 기능을 가지며, 또한 수시로 이것을 시험할 수 있는 동시에 용이하게 내부를 청소할 수 있는 구조로서 다음에 따른다.

(1) 유리수면계는 KS B 6208(보일러용 수면계 유리)의 유리를 사용하여야 한다.
(2) 유리수면계는 상·하에 밸브 또는 코크를 갖추어야 하며, 한눈에 그것의 개·폐 여부를 알 수 있는 구조이어야 한다. 다만, 1종 관류보일러에서는 밸브 또는 코크를 갖추지 아니할 수 있다.
(3) 스톱밸브를 부착하는 경우에는 청소에 편리한 구조로 하여야 한다.

5. 계측기

1) 압력계

보일러에는 KS B 5305(부르동관 압력계)에 따른 압력계 또는 이와 동등 이상의 성능을 갖춘 압력계를 부착하여야 한다.

(1) 압력계의 크기와 눈금

① 증기보일러에 부착하는 압력계 눈금판의 바깥지름은 100mm 이상으로 하고 그 부착높이에 따라 용이하게 지침이 보이도록 하여야 한다. 다만, 다음의 보일러에 부착하는 압력계에 대하여는 눈금판의 바깥지름을 60mm 이상으로 할 수 있다.
- 최고사용압력 0.5MPa(5kgf/cm^2) 이하이고, 동체의 안지름 500mm 이하 동체의 길이 1,000mm 이하인 보일러
- 최고사용압력 0.5MPa(5kgf/cm^2) 이하로서 전열면적 2m^2 이하인 보일러
- 최대증발량 5t/h 이하인 관류보일러
- 소용량 보일러

② 압력계의 최고눈금은 보일러의 최고사용압력의 3배 이하로 하되 1.5배보다 작아서는 안 된다.

(2) 압력계의 부착

증기보일러의 압력계 부착은 다음에 따른다.

① 압력계는 원칙적으로 보일러의 증기실에 눈금판의 눈금이 잘 보이는 위치에 부착하고, 얼지 않도록 하며, 그 주위의 온도는 사용상태에 있어서 KS B 5305(부르동관 압력계)에 규정하는 범위 안에 있어야 한다.

② 압력계와 연결된 증기관은 최고사용압력에 견디는 것으로서 그 크기는 황동관 또는 동관을 사용할 때는 안지름 6.5mm 이상, 강관을 사용할 때는 12.7mm 이상이어야 하며, 증기온도가 483K{210℃}를 초과할 때에는 황동관 또는 동관을 사용하여서는 안 된다.

③ 압력계에는 물을 넣은 안지름 6.5mm 이상의 사이폰관 또는 동등한 작용을 하는 장치를 부착하여 증기가 직접 압력계에 들어가지 않도록 하여야 한다.

④ 압력계의 코크는 그 핸들을 수직인 증기관과 동일방향에 놓은 경우에 열려 있는 것이어야 하며 코크 대신에 밸브를 사용할 경우에는 한눈으로 개·폐 여부를 알 수가 있는 구조로 하여야 한다.

⑤ 압력계와 연결된 증기관의 길이가 3m 이상이며 내부를 충분히 청소할 수 있는 경우에는 보일러의 가까이에 열린 상태에서 봉인된 코크 또는 밸브를 두어도 좋다.

⑥ 압력계의 증기관이 길어서 압력계의 위치에 따라 수두압에 따른 영향을 고려할 필요가 있을 경우에는 눈금에 보정을 하여야 한다.

(3) 시험용 압력계 부착장치

보일러 사용 중에 그 압력계를 시험하기 위하여 시험용 압력계를 부착할 수 있도록 나사의 호칭 $PF\frac{1}{4}$, $PT\frac{1}{4}$ 또는 $PS\frac{1}{4}$의 관용나사를 설치해야 한다. 다만, 압력계 시험기를 별도로 갖춘 경우에는 이 장치를 생략할 수 있다.

2) 수위계

(1) 온수발생 보일러에는 보일러 동체 또는 온수의 출구 부근에 수위계를 설치하고, 이것에 가까이 부착한 코크를 달 경우 이외에는 보일러와의 연락을 차단하지 않도록 하여야 하며, 이 코크의 핸들은 코크가 열려 있을 경우에 이것을 부착시킨 관과 평행되어야 한다.
(2) 수위계의 최고눈금은 보일러의 최고사용압력의 1배 이상 3배 이하로 하여야 한다.

3) 온도계

아래의 곳에는 KS B 5320(공업용 바이메탈식 온도계) 또는 이와 동등이상의 성능을 가진 온도계를 설치하여야 한다. 다만, 소용량 보일러 및 가스용 온수보일러는 배기가스온도계만 설치하여도 좋다.

(1) 급수 입구의 급수 온도계
(2) 버너 급유입구의 급유온도계. 다만, 예열을 필요로 하지 않는 것은 제외한다.
(3) 절탄기 또는 공기예열기가 설치된 경우에는 각 유체의 전후 온도를 측정할 수 있는 온도계. 다만, 포화증기의 경우에는 압력계로 대신할 수 있다.
(4) 보일러 본체 배기가스온도계. 다만 (3)의 규정에 의한 온도계가 있는 경우에는 생략할 수 있다.
(5) 과열기 또는 재열기가 있는 경우에는 그 출구 온도계
(6) 유량계를 통과하는 온도를 측정할 수 있는 온도계

4) 유량계

용량 1t/h 이상의 보일러에는 다음의 유량계를 설치하여야 한다.

(1) 급수관에는 적당한 위치에 KS B 5336(고압용 수량계) 또는 이와 동등 이상의 성능을 가진 수량계를 설치하여야 한다. 다만 온수발생 보일러는 제외한다.
(2) 기름용 보일러에는 연료의 사용량을 측정할 수 있는 KS B 5328(오일 미터) 또는 이와 동등이상의 성능을 가진 유량계를 설치하여야 한다. 다만, 2t/h 미만의 보일러로써 온수발생보일러 및 난방전용 보일러에는 CO_2 측정장치로 대신할 수 있다.
(3) 가스용 보일러에는 가스사용량을 측정할 수 있는 유량계를 설치하여야 한다. 다만, 가스의 전체 사용량을 측정할 수 있는 유량계를 설치하였을 경우는 각각의 보일러마다 설치된 것으로 본다.

① 유량계는 당해 도시가스 사용에 적합한 것이어야 한다.
② 유량계는 화기(당해 시설 내에서 사용하는 자체화기를 제외한다)와 2m 이상의 우회거리를 유지하는 곳으로서 수시로 환기가 가능한 장소에 설치하여야 한다.
③ 유량계는 전기계량기 및 전기개폐기와의 거리는 60cm 이상, 굴뚝(단열조치를 하지 아니한 경우에 한한다)·전기점멸기 및 전기접속기와의 거리는 30cm 이상, 절연조치를 하지 아니한 전선과의 거리는 15cm 이상의 거리를 유지하여야 한다.
④ 각 유량계는 해당온도 및 압력 범위에서 사용할 수 있어야 하고 유량계 앞에 여과기가 있어야 한다.

5) 자동 연료차단장치

(1) 최고사용압력 0.1MPa(1kgf/cm^2)를 초과하는 증기보일러에는 다음 각 호의 저수위 안전장치를 설치해야 한다.
　① 보일러의 수위가 안전을 확보할 수 있는 최저수위(이하 "안전수위"라 한다)까지 내려가기 직전에 자동적으로 경보가 울리는 장치
　② 보일러의 수위가 안전수위까지 내려가는 즉시 연소실 내에 공급하는 연료를 자동적으로 차단하는 장치
(2) 열매체보일러 및 사용온도가 393K(120℃) 이상인 온수발생보일러에는 작동유체의 온도가 최고사용온도를 초과하지 않도록 온도 – 연소제어장치를 설치해야 한다.
(3) 최고사용압력이 0.1MPa(1kgf/cm^2)(수두압의 경우 10m)를 초과하는 주철제 온수보일러에는 온수온도가 388K(115℃)를 초과할 때에는 연료공급을 차단하거나 파이로트연소를 할 수 있는 장치를 설치하여야 한다.
(4) 관류보일러는 급수가 부족한 경우에 대비하기 위하여 자동적으로 연료의 공급을 차단하는 장치 또는 이에 대신하는 안전장치를 갖추어야 한다.
(5) 가스용 보일러에는 급수가 부족한 경우에 대비하기 위하여 자동적으로 연료의 공급을 차단하는 장치를 갖추어야 하며, 또한 수동으로 연료공급을 차단하는 밸브 등을 갖추어야 한다.
(6) 유류 및 가스용 보일러에는 압력차단 장치를 설치하여야 한다.
(7) 동체의 과열을 방지하기 위하여 온도를 감지하여 자동적으로 연료공급을 차단할 수 있는 온도상한스위치를 보일러 본체에서 1m 이내인 배기가스출구 또는 동체에 설치하여야 한다.
(8) 폐열 또는 소각보일러에 대해서는 (7)의 온도상한스위치를 대신하여 온도를 감지하여 자동적으로 경보를 울리는 장치와 송풍기의 가동을 멈추는 등 보일러의 과열을 방지하는 장치가 설치가 되어야 한다.

6) 공기유량 자동조절기능

가스용 보일러 및 용량 5t/h(난방전용은 10t/h) 이상인 유류보일러에는 공급연료량에 따라 연소용공기를 자동조절하는 기능이 있어야 한다. 이때 보일러용량이 MW(kcal/h)로 표시되었을 때에는 0.6978MW(600,000kcal/h)를 1t/h로 환산한다.

7) 연소가스 분석기

6)의 적용을 받는 보일러에는 배기가스성분(O_2, CO_2 중 1성분)을 연속적으로 자동 분석하여 지시하는 계기를 부착하여야 한다. 다만, 용량 5t/h(난방전용은 10t/h) 미만인 가스용 보일러로서 배기가스온도 상한스위치를 부착하여 배기가스가 설정온도를 초과하면 연료의 공급을 차단할 수 있는 경우에는 이를 생략할 수 있다.

8) 가스누설 자동차단장치

가스용 보일러에는 누설되는 가스를 검지하여 경보하며 자동으로 가스의 공급을 차단하는 장치 또는 가스누설자동차단기를 설치하여야 하며 이 장치의 설치는 도시가스사업법 시행규칙 [별표 7]의 규정에 따라 지식경제부장관이 고시하는 가스사용시설의 시설기준 및 기술기준에 따라야 한다.

9) 압력조정기

보일러실내에 설치하는 가스용 보일러의 압력조정기는 액화석유가스의 안전관리 및 사업법 제21조 제2항 규정에 의거 가스용품 검사에 합격한 제품이어야 한다.

6. 스톱밸브 및 분출밸브

1) 스톱밸브의 개수

(1) 증기의 각 분출구(안전밸브, 과열기의 분출구 및 재열기의 입구·출구를 제외한다)에는 스톱밸브를 갖추어야 한다.
(2) 맨홀을 가진 보일러가 공통의 주 증기관에 연결될 때에는 각 보일러와 주증기관을 연결하는 증기관에는 2개 이상의 스톱밸브를 설치하여야 하며, 이들 밸브사이에는 충분히 큰 드레인밸브를 설치하여야 한다.

2) 스톱밸브

(1) 스톱밸브의 호칭압력(KS규격에 최고사용압력을 별도로 규정한 것은 최고사용압력)은 보일러의 최고사용압력 이상이어야 하며 적어도 0.7MPa(7kgf/cm^2) 이상이어야 한다.

(2) 65mm 이상의 증기스톱밸브는 바깥나사형의 구조 또는 특수한 구조로 하고 밸브 몸체의 개폐를 한눈에 알 수 있는 것이어야 한다.

3) 밸브의 물빼기

물이 고이는 위치에 스톱밸브가 설치될 때에는 물빼기를 설치하여야 한다.

4) 분출밸브의 크기와 개수

(1) 보일러 아랫부분에는 분출관과 분출밸브 또는 분출코크를 설치해야한다. 다만, 관류보일러에 대해서는 이를 적용하지 않는다.

(2) 분출밸브의 크기는 호칭지름 25mm 이상의 것이어야 한다. 다만, 전열면적이 $10m^2$ 이하인 보일러에서는 호칭지름 20mm 이상으로 할 수 있다.

(3) 최고사용압력 0.7MPa($7kgf/cm^2$) 이상의 보일러(이동식 보일러는 제외한다)의 분출관에는 분출밸브 2개 또는 분출밸브와 분출코크를 직렬로 갖추어야 한다. 이 경우에 적어도 1개의 분출밸브는 닫힌 밸브를 전개하는데 회전축을 적어도 5회전하는 것이어야 한다.

(4) 1개의 보일러에 분출관이 2개 이상 있을 경우에는 이것들을 공통의 어미관에 하나로 합쳐서 각각의 분출관에는 1개의 분출밸브 또는 분출코크를, 어미관에는 1개의 분출밸브를 설치하여도 좋다. 이 경우 분출밸브는 닫힌 상태에서 전개하는데 회전축을 적어도 5회전하는 것이어야 한다.

(5) 2개 이상의 보일러에서 분출관을 공동으로 하여서는 안 된다. 다만, 개별보일러마다 분출관에 체크밸브를 설치할 경우에는 예외로 한다.

(6) 정상시 보유수량 400kg 이하의 강제 순환 보일러에는 닫힌 상태에서 전개하는데 회전축을 적어도 5회전 이상 회전을 요하는 분출밸브 1개를 설치하여야 좋다.

5) 분출밸브 및 코크의 모양과 강도

(1) 분출밸브는 스케일 그 밖의 침전물이 퇴적되지 않는 구조이어야 하며 그 최고사용압력은 보일러 최고사용압력의 1.25배 또는 보일러의 최고사용압력에 1.5MPa($15kgf/cm^2$)를 더한 압력 중 작은 쪽의 압력이상이어야 하고, 어떠한 경우에도 0.7MPa($7kgf/cm^2$)[소용량 보일러, 가스용 온수보일러 및 주철제보일러는 0.5MPa($5kgf/cm^2$), 관류보일러는 1MPa($10kgf/cm^2$)] 이상이어야 한다.

(2) 주철제의 분출밸브는 최고사용압력 1.3MPa($13kgf/cm^2$) 이하, 흑심가단 주철제의 것은 1.9MPa($19kgf/cm^2$) 이하의 보일러에 사용할 수 있다.

(3) 분출코크는 글랜드를 갖는 것이어야 한다.

6) 기타 밸브

보일러 본체에 부착하는 기타의 밸브는 그 호칭압력 또는 최고사용압력이 보일러의 최고사용압력 이상이어야 한다.

7. 운전성능

1) 운전상태

보일러는 운전상태(정격부하 상태를 원칙으로 한다)에서 이상진동과 이상소음이 없고 각종 부분품의 작동이 원활하여야 한다.

(1) 다음의 압력계들의 작동이 정확하고 이상이 없어야 한다.
① 증기드럼압력계(관류보일러에서는 절탄기입구 압력계)
② 과열기출구 압력계(과열기를 사용하는 경우)
③ 급수압력계
④ 노내압계

(2) 다음의 계기들의 작동이 정확하고 이상이 없어야 한다.
① 급수량계
② 급유량계
③ 유리수면계 또는 수면측정장치
④ 수위계 또는 압력계
⑤ 온도계

(3) 급수펌프는 다음 사항이 이상없고 성능에 지장이 없어야 한다.
① 펌프 송출구에서의 송출압력상태
② 급수펌프의 누설유무

2) 배기가스 온도

(1) 유류용 및 가스용 보일러(열매체 보일러는 제외한다) 출구에서의 배기가스 온도는 주위온도와의 차이가 정격용량에 따라 다음 표와 같아야 한다. 이때 배기가스온도의 측정위치는 보일러 전열면의 최종출구로 하며 폐열회수장치가 있는 보일러는 그 출구로 한다.

(2) 열매체 보일러의 배기가스 온도는 출구열매 온도와의 차이가 150 K{℃} 이하이어야 한다.

▼ 배기가스 온도차

보일러 용량(t/h)	배기가스 온도차(K)(℃)
5 이하	300 이하
5 초과 20 이하	250 이하
20 초과	210 이하

[비고] 1. 보일러용량이 MW(kcal/h)로 표시되었을 때에는 0.6978MW(600,000kcal/h)를 1t/h로 환산한다.
2. 주위 온도는 보일러에 최초로 투입되는 연소용 공기 투입위치의 주위 온도로 하며 투입위치가 실내일 경우는 실내온도, 실외일 경우는 외기온도로 한다.

3) 외벽의 온도

보일러의 외벽온도는 주위온도보다 30K(℃)를 초과하여서는 안 된다.

4) 저수위안전장치

(1) 저수위안전장치는 연료차단 전에 경보가 울려야 하며, 경보음은 70dB 이상이어야 한다.
(2) 온수발생보일러(액상식 열매체 보일러 포함)의 온도-연소제어장치는 최고사용온도 이내에서 연료가 차단되어야 한다.

SECTION 02 설치검사 기준

1. 검사의 신청 및 준비

1) 검사의 신청

검사의 신청은 관리규칙 제39조의 규정에 의하되, 시공자가 이를 대행할 수 있으며 제조검사가 면제된 경우는 자체검사기록서(별지 제4호서식)를 제출하여야 한다.

2) 검사의 준비

검사신청자는 다음의 준비를 하여야 한다.

(1) 기기조종자는 입회하여야 한다.
(2) 보일러를 운전할 수 있도록 준비한다.

(3) 정전, 단수, 화재, 천재지변 등 부득이한 사정으로 검사를 실시할 수 없을 경우에는 재신청 없이 다시 검사를 하여야 한다.

2. 검사

1) 수압 및 가스누설시험

(1) 수압시험대상
① 수입한 보일러
② 6-2, 2.10)의 검사를 받아야 하는 보일러

(2) 가스누설시험대상
가스용 보일러

(3) 수압시험압력
① 강철제 보일러
㉠ 보일러의 최고사용압력이 0.43MPa(4.3kgf/cm^2) 이하일 때에는 그 최고사용압력의 2배의 압력으로 한다. 다만, 그 시험압력이 0.2MPa(2kgf/cm^2) 미만인 경우에는 0.2MPa(2kgf/cm^2)로 한다.
㉡ 보일러의 최고 사용압력이 0.43MPa(4.3kgf/cm^2) 초과 1.5MPa(15kgf/cm^2) 이하일 때에는 그 최고사용압력의 1.3배에 0.3MPa(3kgf/cm^2)를 더한 압력으로 한다.
㉢ 보일러의 최고사용압력이 1.5MPa(15kgf/cm^2)를 초과할 때에는 그 최고사용압력의 1.5배의 압력으로 한다.

② 가스용 온수보일러
강철제인 경우에는 ①의 ㉠에서 규정한 압력

③ 주철제보일러
㉠ 보일러의 최고사용압력이 0.43MPa(4.3kgf/cm^2) 이하일 때는 그 최고사용압력의 2배의 압력으로 한다. 다만, 시험압력이 0.2MPa(2kgf/cm^2) 미만인 경우에는 0.2MPa(2kgf/cm^2)로 한다.
㉡ 보일러의 최고사용압력이 0.43MPa(4.3kgf/cm^2)를 초과할 때는 그 최고사용압력의 1.3배에 0.3MPa(3kgf/cm^2)을 더한 압력으로 한다.

(4) 수압시험 방법
① 공기를 빼고 물을 채운 후 천천히 압력을 가하여 규정된 시험 수압에 도달된 후 30분이 경과된 뒤에 검사를 실시하여 검사가 끝날 때까지 그 상태를 유지한다.

② 시험수압은 규정된 압력의 6% 이상을 초과하지 않도록 모든 경우에 대한 적절한 제어를 마련하여야 한다.

③ 수압시험 중 또는 시험 후에도 물이 얼지 않도록 하여야 한다

(5) 가스누설시험 방법

① **내부누설시험** : 차압누설감지기에 대하여 누설확인작동시험 또는 자기압력기록계 등으로 누설유무를 확인한다. 자기압력기록계로 시험할 경우에는 밸브를 잠그고 압력발생기구를 사용하여 천천히 공기 또는 불활성 가스등으로 최고사용압력의 1.1배 또는 840mmH$_2$O 중 높은 압력이상으로 가압한 후 24분 이상 유지하여 압력의 변동을 측정한다.

② **외부누설시험** : 보일러 운전 중에 비눗물시험 또는 가스누설검사기로 배관접속부위 및 밸브류 등의 누설유무를 확인한다.

(6) 판정기준

수압 및 가스누설시험결과 누설, 갈라짐 또는 압력의 변동 등 이상이 없어야 한다. 가스누설검사기의 경우에 있어서는 가스농도가 0.2% 이하에서 작동하는 것을 사용하여 당해 검사기가 작동되지 않아야 한다.

2) 설치장소

6-2.1.1) 및 6-2.1.2)에 따른다.

3) 보일러의 설치

6-2.1.3), 6-2.1.4) 및 6-2.1.5)에 따른다.

4) 급수장치

6-2.2에 따른다.

5) 압력방출장치

6-1.3 및 다음에 따른다.

(1) 안전밸브 작동시험

① 안전밸브의 분출압력은 1개일 경우 최고사용압력 이하, 안전밸브가 2개 이상인 경우 그중 1개는 최고사용압력 이하 기타는 최고사용압력의 1.03배 이하일 것

② 과열기의 안전밸브 분출압력은 증발부 안전밸브의 분출압력 이하일 것

③ 재열기 및 독립과열기에 있어서는 안전밸브가 하나인 경우 최고사용압력 이하, 2개인 경우

하나는 최고사용압력 이하이고 다른 하나는 최고사용압력의 1.03배 이하에서 분출하여야 한다. 다만, 출구에 설치하는 안전밸브의 분출압력은 입구에 설치하는 안전밸브의 설정압력보다 낮게 조정되어야 한다.

④ 발전용 보일러에 부착하는 안전밸브의 분출정지 압력은 분출압력의 0.93배 이상이어야 한다.

(2) 방출밸브의 작동시험

온수발생보일러(액상식 열매체 보일러 포함)의 방출밸브는 다음 각 항에 따라 시험하여 보일러의 최고사용압력 이하에서 작동하여야 한다.

① 공급 및 귀환밸브를 닫아 보일러를 난방시스템과 차단한다.
② 팽창탱크에 연결된 관의 밸브를 닫고 탱크의 물을 빼내고 공기쿠션이 생겼나 확인하여 공기쿠션이 있을 경우 공기를 배출시킨다. 다만, 가압 팽창탱크는 배수시키지 않으며 분출시험 중 보일러와 차단되어서는 안 된다.
③ 보일러의 압력이 방출밸브의 설정압력의 50% 이하로 되도록 방출밸브를 통하여 보일러의 물을 배출시킨다.
④ 보일러수의 압력과 온도가 상승함을 관찰한다.
⑤ 보일러의 최고사용압력 이하에서 작동하는지 관찰한다.

(3) 온수발생 보일러의 압력방출장치의 작동시험

6-1.3.8) 및 6-1.3.9)에 적합한 방출관을 부착한 보일러는 압력방출장치의 작동시험을 생략할 수 있다.

(4) 압력방출장치 작동시험의 생략

제조연월일로부터 1년 이내인 압력방출장치가 부착된 경우에는 그 작동시험을 생략할 수 있다.

6) 수면계

6-1.4에 따른다.

7) 계측기

6-1.5에 따른다.

8) 스톱밸브 및 분출밸브

6-1.6에 따른다.

9) 운전성능

(1) 6-1,7 및 다음에 따른다.
(2) 가스용 보일러 및 용량 5t/h(난방용은 10t/h)이상인 유류보일러는 부하율을 90±10%에서 45±10%까지 연속적으로 변경시켜 배기가스 중 O_2 또는 CO_2 성분이 사용연료별로 아래 표에 적합하여야 한다. 이 경우 시험은 반드시 다음 조건에서 실시하여야 한다.
　① 매연농도 바카락카 스모크 스켈 4 이하, 다만, 가스용 보일러의 경우 배기가스 중 CO의 농도는 200ppm 이하이어야 한다.
　② 부하변동 시 공기량은 별도 조작없이 자동조절

▼ 배기가스 성분

성분	O_2(%)		CO_2(%)	
부하율	90±10	45±10	90±10	45±10
중유	3.7 이하	5 이하	12.7 이상	12 이상
경유	4 이하	5 이하	11 이상	10 이상
가스	3.7 이하	4 이하	10 이상	9 이상

10) 내부검사 등

(1) 유류 및 가스를 제외한 연료를 사용하는 전열면적이 30m² 이하인 온수발생 보일러가 연료변경으로 인하여 검사대상이 되는 경우의 최초검사는 6-3.2, 6-3.3 및 제2장을 추가로 검사하여 이상이 없어야 한다.
(2) 검사대상이 아닌 유류용 및 기타 연료용 보일러가 가스로 연료를 변경하여 검사대상으로 되는 경우의 최초검사는 24.2항, 24.3항을 추가로 검사하여 이상이 없어야 한다.

3. 검사의 특례

(1) 다음에 해당하는 경우에는 6-1.1.1)의 (1), (2) 및 (5)는 적용하지 아니한다.
　① 출력 0.5815MW(500,000kcal/h) 미만인 온수발생 보일러가 82.1.31이전에 준공된 건물에 설치된 경우
　② 유류용 이외의 온수발생 보일러가 85.10.7이전에 준공된 건물에 설치된 경우
　③ 가스용 온수보일러 및 가스용 1종 관류보일러가 88.11.27이전에 준공된 건물에 설치된 경우
(2) 6-1.1.1)의 (3), 6-1.1.3)의 (6), 6-1.5.3)의 (6), 6-1.5.5)의 (8)은 2000. 4. 1이전에 설치된 보일러에 대해서는 적용하지 않는다.

(3) 대량제조보일러 일부검사

　① 관리규칙 제35조 제1항 제1호의 일부가 면제되는 검사는 동일 시공업체에 한하여 동일 시·도 지사 관할 내 7일 범위 이내에 3대 이상의 동일 형식 보일러에 대한 설치검사를 신청할 경우 이를 1조로 하여 그 조에서 임의로 선정한 1대에 대하여 표본검사를 시행한다.

　② ①의 규정에 의해 실시된 표본검사에 불합격된 경우에는 해당 1조에 대한 전수검사를 실시하여야 한다.

(4) 응축수회수이용등으로 인해 KS B 6209(보일러급수 및 보일러수의 수질)에 의한 급수처리 기준값 (mg $CaCO_3$/L)이하로 관리되는 보일러는 6-1,2,7) (1)의 시설을 하지 않아도 된다. 다만, 급수처리된 값은 에너지관리공단에 제출하여 인정받아야 한다.

(5) 6-1,2,7)의 (1)은 2005.7.1 이전에 설치된 보일러에 대해서는 적용하지 않는다.

(6) 이 고시의 시행일 전에 설치된 보일러는 6-1,3,2)의 (2), 6-1,4,1)의 (1) 규정의 적용을 받지 아니한다.

SECTION 03 계속사용검사기준

1. 검사의 신청 및 준비

1) 검사의 신청

관리규칙 제41조의 규정에 따른다.

2) 검사의 준비

(1) 개방검사

　① 연료공급관은 차단하며 적당한 곳에서 잠궈야 한다. 기름을 사용하는 곳에서는 무화장치들을 버너로부터 제거한다. 가스를 사용하는 경우에는 공급관에 이중 블럭과 블라이드(2개의 차단밸브와 그 사이에 한 개의 통기구멍이 있는)가 설비되어 있지 않으면 공급관을 비게 하든지 가스차단밸브와 버너사이의 연결관을 떼어내야 한다.

　② 보일러에 대한 손상을 방지하고 가열면에 고착물이 굳어져 달라붙지 않도록 충분히 냉각시켜야 한다. 맨홀과 청소구멍 또는 검사구멍의 뚜껑을 열어 환기시킬 때에는 보일러의 내부가 마를 수 있기에 충분한 열이 아직 보일러에 남아 있을 때 배수한다.

　③ 모든 맨홀과 선택된 청소구멍 또는 검사구멍의 뚜껑세척, 플러그 및 수주 연결관을 열고 보일

러 장치 안에 들어가기 전에 체크밸브와 증기 스톱밸브는 반드시 잠그고 개폐여부를 표시하여 고정시키며 두 밸브사이의 배수밸브 또는 코크는 열어야 한다. 급수밸브는 잠그고 개폐여부를 표시하여 고정시키는 것이 좋으며 두 밸브사이의 배수밸브나 코크들은 열어야 한다. 보일러를 배수한 후에 블로우오프 밸브는 잠그고 고정하여야 한다. 실제로 가능한 경우에는 내압 부분과 밸브사이의 블로우오프 배관은 떼어 낸다. 모든 배수 및 통기배관은 열어야 한다.

④ **내부조명** : 검사를 위한 내부조명은 축전지로부터 전류가 공급되는 12볼트램프나 이동램프를 사용하여야 한다.

⑤ **화염 측 청소** : 보일러의 내벽, 배플 및 드럼은 철저히 청소되어야 하고 모든 부품을 검사원이 철저히 검사할 수 있도록 재와 매연을 제거시켜야 한다.

⑥ **수부 측 청소** : 동체, 급수내관 등 보일러의 수부 측의 스케일, 슬러지, 퇴적물 등은 깨끗이 제거하여야 하며, 급수내관, 비수방지판은 동체에서 분리시켜야 한다.

⑦ 압력방출장치 및 저수위 감지장치는 분해 정비하여야 한다. 다만, 제조연월일로부터 1년 이내인 압력방출장치가 부착된 경우는 예외로 한다.

⑧ 화재, 천재지변 등 부득이한 사정으로 검사를 실시할 수 없는 경우에는 재신청없이 다시 검사를 받을 수 있다.

(2) **사용중검사**

① 보일러를 가동 중이거나 또는 운전할 수 있도록 준비하고 부착된 각종 계측기 및 화염감시장치, 저수위안전장치, 온도상한스위치, 압력조절장치 등은 검사하는데 이상이 없도록 정비되어야 한다.

② 정전, 단수, 화재, 천재지변 등 부득이한 사정으로 검사를 실시할 수 없는 경우에는 재신청없이 다시 검사를 하여야 한다.

2. 검사

1) 개방검사

(1) **외부**

① 내용물의 외부유출 및 본체의 부식이 없어야 한다. 이때 본체의 부식상태를 판별하기 위하여 보온재 등 피복물을 제거하게 할 수 있다.

② 보일러는 깨끗하게 청소된 상태이어야 하며 사용상에 현저한 부식과 그루우빙이 없어야 한다.

③ 시험용 해머로 스테이볼트 한쪽 끝을 가볍게 두들겨 보아 이상이 없어야 한다.

④ 가용플러그가 사용된 경우에는 플러그 주위 금속부위와 플러그면의 산화피막을 적절히 제거하여 육안으로 관찰하였을 때 사용상 이상이 없어야 하며 불완전한 경우에는 교환토록 해야 한다.

⑤ 보일러가 매달려 있는 경우에는 지지대와 고정구대를 검사하여 구조물의 과도한 변형이 없어야 한다.
⑥ 리벳이음 보일러에서 이음부분에 누설 또는 그 밖의 유해한 결함이 없어야 한다.
⑦ 보일러 지지대의 균열, 내려앉음, 지지부재의 변형 또는 파손 등 보일러의 설치상태에 이상이 없어야 한다.
⑧ 모든 배관계통의 관 및 이음쇠 부분에 누기 및 누수가 없어야 한다.
⑨ 벽돌쌓음에서 벽돌의 이탈, 심한 마모 또는 파손이 없어야 한다.
⑩ 보일러 동체는 보온과 케이싱이 되어 있어야 하며, 손상이 없어야 한다.

(2) 내부

① 관의 부식 등을 검사할 수 있도록 스케일은 제거되어야 하며, 관 끝부분의 손모, 취화 및 빠짐이 없어야 한다.
② 보일러의 내부에는 균열, 스테이의 손상, 이음부의 현저한 부식이 없어야 하며, 침식, 스케일 등으로 드럼에 현저히 얇아진 곳이 없어야 한다.
③ 화염을 받는 곳에는 그을음을 제거하여야 하며 얇아지기 쉬운 관 끝부분을 가벼운 해머로 두들겨 보았을 때 현저한 얇아짐이 없어야 한다.
④ 관의 표면은 팽출, 균열 또는 결함있는 용접부가 없어야 한다.
⑤ 관의 지나친 찌그러짐이 없어야 한다.
⑥ 급수관 및 그 밑의 물받이의 상태는 퇴적물이 없어야 하며, 이음쇠는 헐거워지거나 가스켓의 손상이 없어야 한다.
⑦ 관판에 있는 관구멍 사이의 리거먼트를 조사하여 파단이나 누설이 없어야 한다.
⑧ 노벽 보호부분은 벽체의 현저한 균열 및 파손 등 사용상 지장이 없어야 한다.
⑨ 맨홀 및 기타 구멍과 보강관, 노즐, 플랜지이음, 나사이음 연결부의 내외부를 조사하여 균열이나 변형이 없어야 한다. 이때 검사는 가능한 보일러 안쪽부터 시행한다.
⑩ 저수위 차단 배관 등의 외부 부착 구멍들이나 방출밸브 구멍들에 흐름의 차단 또는 지장을 줄 수 있는 퇴적물 등의 장애물이 없어야 한다.
⑪ 연소실 내부에는 부적당하거나 결함이 있는 버너 또는 스토커의 설치운전에 의한 현저한 열의 국부적인 집중으로 인한 현상이 없어야 한다.
⑫ 보일러 각부에 불룩해짐 팽출, 팽대, 압궤 또는 누설이 없어야 한다.

(3) 수압시험

중지 신고 후 1년 이상 경과한 보일러의 재사용검사 또는 부식등 상태가 불량하다고 판단되는 경우에 한하여 실시하며 시험압력은 최고사용압력으로 하며 시험방법 6-2.2.4)의 규정에 따르고, 이에 대한 판정 기준은 6-2.2.6)의 규정에 따른다.

(4) 설치상태

6-1.3 및 6-2.3.2) 내지 6-2.2.8)(6-2.2.5)은 제외한다)의 규정에 따른다.

2) 사용중검사

(1) 6-1.3, 6-2.3.2) 내지 6-2.2.4) 및 6-2.2.6) 내지 6-2.2.9) 규정에 따르고, 대상기기의 가동상태에서 화염감시장치, 저수위안전장치, 온도상한스위치, 압력조절장치 등의 정상 작동여부를 검사하여야 하며, 이때 시험방법 및 시험범위가 안전장치의 작동실패 시에도 안전사고로 이어지지 않도록 당해 검사대상기기조종자와 협의하여 충분한 주의를 기울여야 한다.
(2) 보일러가 매달려 있는 경우에는 지지대와 고정구대를 검사하여 구조물의 과도한 변형이 없어야 한다.
(3) 리벳이음 보일러에서 이음부분에 누설 또는 그 밖의 유해한 결함이 없어야 한다.
(4) 보일러 지지대의 균열, 내려앉음, 지지부재의 변형 또는 파손 등 보일러의 설치상태에 이상이 없어야 한다.
(5) 보일러 본체의 누설, 변형이 없어야 한다.
(6) 보일러와 접속된 배관, 밸브 등 각종 이음부에는 누기, 누수가 없어야 한다.
(7) 연소실 내부가 충분히 청소된 상태이어야 하고, 축로의 변형 및 이탈이 없어야 한다.
(8) 보일러 동체는 보온과 케이싱이 되어 있어야 하며, 손상이 없어야 한다.

3) 판정기준

(1) 6-3.2의 검사결과 이상이 없어야 한다. 다만, 안전사고와 직접 관련이 없는 경미한 사항에 대하여는 검사대상기기별로 특성을 고려하여 동사항을 검사증에 기재하고 가능한 최단시일 내에 보수하는 조건으로 합격판정을 하여야 한다.
(2) 보일러의 부식에 따른 잔존수명의 평가는 다음 식에 따른다. 잔존수명이 1년 이하인 경우에는 잔존수명기한 내에 기기를 교체하는 조건으로 합격판정을 하여야 한다.

잔존수명 = (t측정 - t허용)/부식속도

여기서, t측정 : 경판, 노통, 화실, 관 등 부식발생부위에서 측정한 판두께[mm]
t허용 : 제작 시 해당부위의 최소두께[mm]
부식속도 : 연간 부식에 의해 제거되는 두께

(3) 관리규칙 제46조의2 제1항에 따라 설치신고를 한 검사대상기기(이하 "설치신고대상기기"라 한다)는 6-3.2.1)(1), 6-3.2.1)만을 적용하여 이상이 없어야 한다.

3. 검사의 특례

1) 적용제외

1987.3.31 이전에 설치된 보일러는 규정을 적용하지 아니한다. 다만, 1987.3.31 이후 연료를 가스로 변경한 경우에는 배기 가스온도 상한스위치를 부착하여야 한다.

2) 검사주기

개방검사 주기 등 검사방법은 다음 각 호에 따른다.

(1) 연속 2년 자체검사, 3년째는 개방검사

① 설치한 날로부터 15년 이내인 보일러 및 관련 압력용기로서, 검사기관이 인정하는 순수처리에 대한 수질시험성적서를 검사기관에 제출하여 인정을 받은 검사대상기기
② 순수처리라 함은 다음 각 호 수질기준을 만족하여야 한다.
- pH[298K(25℃)에서] : 7~9
- 총경도(mg $CaCO_3$/L) : 0
- 실리카(mg SiO_2/L) : 흔적이 나타나지 않음
- 전기 전도율[298K(25℃)에서의] : 0.5μs/cm 이하

(2) 연속 2년 사용중검사, 3년째는 개방검사

설치한 날로부터 5년 이내인 보일러로서 6-1,2,7)의 수처리시설을 하고 자동으로 경도를 측정하여 표시되는 장치를 설치하여 KS B 6209(보일러 급수 및 보일러수의 수질)규격 기준이상의 수질(1mg $CaCO_3$/L 이하)을 유지하고 있다고 검사기관이 인정하는 검사대상기기

(3) 2년마다 개방검사

관리규칙 제46조의2 제1항에 따라 설치신고를 한 검사대상기기

(4) 1년 사용중검사, 2년째는 개방검사

6-3,3,1) 내지 6-3,3,3)을 제외한 검사대상기기.

(5) 기타 안전장치의 장착 등

기타 안전장치의 장착 등에 의하여 수처리와 동등 이상의 안전관리 효과가 있다고 에너지관리공단 이사장이 인정하는 검사대상기기에 대하여 각각 6-3,3,1) 및 6-3,3,2)의 기준을 적용할 수 있다.

(6) 개방검사의 적용

① 설치자의 요구가 있을 때에는 개방검사를 할 수 있다.

② 사용중검사 시 보일러 본체의 누설, 변형으로 불합격한 경우의 재검사는 누설 및 변형의 원인과 손상을 확인하기 위하여 개방검사로 하여야 한다.
③ 사용중지 후 재사용검사, 개조검사(연료 또는 연소방법 변경에 따른 개조검사는 제외)는 개방검사로 하여야 한다.
④ 설치검사 후 최초로 시행하는 계속사용검사는 개방검사로 한다.
⑤ 보일러를 설치한 날로부터 15년을 경과한 보일러는 개방검사로 한다.

SECTION 04 계속사용검사 중 운전성능 검사기준

1. 검사의 신청 및 준비

1) 검사의 신청

관리규칙 제41조의 규정에 따른다.

2) 검사의 준비

(1) 보일러를 가동 중이거나 운전할 수 있도록 준비하고 부착된 각종 계측기는 검사하는데 이상이 없도록 정비되어야 한다.
(2) 정전, 단수, 화재, 천재지변, 가스의 공급중단 등 부득이한 사정으로 검사를 실시할 수 없는 경우에는 재신청없이 다시 검사를 하여야 한다.

2. 검사

사용부하에서 다음 해당사항에 대한 검사를 실시하여 적합하여야 한다.

1) 열효율

유류용 증기보일러는 열효율이 다음 표를 만족하여야 한다.

▼ 열효율

용량(t/h)	1 이상 3.5 미만	3.5 이상 6 미만	6 이상 20 미만	20 이상
열효율(%)	75 이상	78 이상	81 이상	84 이상

2) 유류보일러로서 증기보일러 이외의 보일러

유류보일러로서 증기보일러 이외의 보일러는 배기가스중의 CO_2 용적이 중유의 경우 11.3% 이상, 경유 및 보일러 등유의 경우 9.5% 이상이어야 하며 출구에서의 배기가스온도와 주위온도와의 차는 다음 표를 만족하여야 한다. 다만, 열매체보일러는 출구 열매유 온도와 차가 150K(℃) 이하이어야 한다.

▼ 배기가스 온도차

보일러 용량(t/h)	배기가스 온도차(K)(℃)
5 이하	315 이하
5 초과 20 이하	275 이하
20 초과	235 이하

[비고] 1. 폐열회수장비가 있는 보일러는 그 출구에서 배기가스온도를 측정한다.
2. 보일러용량이 MW(kcal/h)로 표시되었을 때에는 0.6978MW(600,000kcal/h)를 1t/h로 환산한다.
3. 주위온도는 보일러에 최초로 투입되는 연소용 공기 투입 위치의 주위 온도로 하며, 투입위치가 실내일 경우는 실내온도, 실외일 경우는 실외온도로 한다.

3) 가스용 보일러

가스용 보일러의 배기가스 중 일산화탄소(CO)의 이산화탄소(CO_2)에 대한 비는 0.002 이하이고, 그 성분은 〈표 23.1〉에 적합하여야 하며, 출구에서의 배기가스온도와 주위 온도차는 6-4,2,2)에 따른다.

4) 보일러의 성능시험방법

보일러의 성능시험방법은 KS B 6205(육용 보일러 열정산 방식) 및 다음에 따른다.

(1) 유종별 비중, 발열량은 다음 표에 따르되 실측이 가능한 경우 실측치에 따른다.

▼ 유종별 비중 및 발열량

유종	경유	B-A유	B-B유	B-C유
비중	0.83	0.86	0.92	0.95
저위발열량 kJ/kg (kcal/kg)	43,116 (10,300)	42,697 (10,200)	41,441 (9,900)	40,814 (9,750)

(2) 증기건도는 다음에 따르되 실측이 가능한 경우 실측치에 따른다.
    ① 강철제 보일러 : 0.98
    ② 주철제 보일러 : 0.97
(3) 측정은 매 10분마다 실시한다.
(4) 수위는 최초 측정 시와 최종측정 시가 일치하여야 한다.
(5) 측정기록 및 계산양식은 검사기관에서 따로 정할 수 있으며, 이 계산에 필요한 증기의 물성치, 물의 비중, 연료별 이론공기량, 이론배기가스량, CO_2 최대치 및 중유의 용적보정계수 등은 검사기관에서 지정한 것을 사용한다.

3. 검사의 특례

(1) 검사대상기기 관리일지와 연소효율 자동측정 기록자료를 검사기관에 제출하여 25.2항의 검사기준에 적합하다고 판정을 받은 자에 대하여는 운전성능 검사에 대한 검사유효기간을 2년 단위로 하여 연장할 수 있다.
(2) 이 특례를 적용받는 자는 검사대상기기 관리일지와 연소효율 자동측정 기록 자료를 계속사용검사 시 확인할 수 있도록 하여야 한다.
(3) 검사기관은 (2)에 의한 확인 시에 검사기준에 미달될 경우에는 지체없이 특례적용을 취소하고 운전성능 검사를 실시하여야 한다.
(4) 검사대상기기 관리일지에 배가스 성분(CO_2, CO, O_2, 바카락스모그스켈 No) 및 수질(급수의 pH 및 총경도, 관수의 pH 및 M알칼리도)를 매분기 1회 이상 측정하고 그 기록을 유지하여야 한다.
(5) 1996. 5. 14일 이전에 계속사용 운전측정을 받은 보일러는 다음을 적용한다.

용량(t/h)	1 이상 1.5 미만	1.5 이상 2 미만	2 이상 3.5 미만	3.5 이상 6 미만	6 이상 12 미만	12 이상 20 미만	20 이상
열효율(%)	71 이상	73 이상	74 이상	77 이상	79 이상	80 이상	82 이상

(6) 다음에 해당하는 경우는 6-4.2를 적용하지 않는다.
    ① 혼소용 보일러
    ② 폐목 등 고체연료용 보일러
    ③ 공정부생가스 또는 폐가스를 사용하는 보일러
(7) 설치신고대상기기는 6-4.2.4)에 따른 성능시험 시 열손실법으로 산정할 수 있다.

> **Reference**
>
> - 열전도율 : W/mK, W/m℃, kcal/mh℃
> - 열손실 : kcal/h, kW, kcal/m²h, kW/m², W/m², kJ/h
> - 비열 : kJ/kg · K, kcal/kg · ℃, kJ/kg · ℃
> - 발열량 : kcal/kg, kJ/kg, MJ/kg
> - 전열량 : W, W/m², kcal/m²h, kJ/h
> - 엔탈피 : kcal/kg, kJ/kg
> - 열전달율, 연관류율, 열통과율 : W/m²℃, W/m²K
> - 1kW=860kcal/h=3,600kJ/h
> - 출력=kcal/h=kJ/s=W=kW

CHAPTER 006 출제예상문제

01 증기온도가 210℃(283K)를 넘는 경우 압력계와 연결되는 증기관의 재질과 관경으로 옳은 것은?

① 12.7mm 이상의 강관
② 12.7mm 이상의 황동관
③ 6.5mm 이상의 강관
④ 6.5mm 이상의 동관

풀이 증기온도가 283K를 넘으면 동관 사용은 부적당하고 강관을 사용하며 그 내경은 12.7mm 이상의 강관이 사용된다.

02 열매체 보일러의 배기가스온도와 출구열매온도의 차이는 보일러 설치·시공 기준상 몇 도 이하이어야 하는가?

① 300K(℃)   ② 250K(℃)
③ 210K(℃)   ④ 150K(℃)

풀이 열매체 보일러 : 배기가스온도와 열매체 출구온도의 차이는 150K 이하 이내이어야 한다.

03 보일러 설치·시공기준상 가스용 보일러의 연료 배관 관경이 25mm인 경우 몇 m마다 고정, 부착하여야 하는가?

① 3m   ② 2m
③ 1.5m   ④ 1m

풀이 가스배관관경
- 13mm 미만 : 1m
- 13mm 이상 33mm 미만 : 2m
- 33mm 이상 : 3m

04 강철제 보일러의 최고사용압력이 0.43MPa(4.3kgf/cm²)를 초과, 1.5MPa(15kgf/cm²) 이하인 경우 수압시험압력은 최고사용압력의 몇 배로 하는가?

① 2배
② 1.5배
③ 1.3배 + 3kgf/cm²(0.3MPa)
④ 2.5배

풀이 최고사용압력이 4.3~15kgf/cm² 이하에 해당되는 모든 보일러의 그 수압시험 압력은 최고사용압력 ×1.3배+3kgf/cm²가 된다.

05 최고사용압력 얼마 미만의 보일러에서는 급수장치의 급수관에 체크밸브를 생략해도 되는가?

① 10kgf/cm²   ② 1kgf/cm²
③ 5kgf/cm²   ④ 3kgf/cm²

풀이 보일러 최고사용압력이 1kgf/cm²(0.1MPa) 미만이면 체크밸브(역정지 밸브)를 생략하여도 된다.

06 분출밸브 2개(또는 분출밸브와 분출콕)를 직렬로 갖추어야 하는 보일러는 최고사용압력 몇 kgf/cm² 이상인 보일러인가?

① 0.1MPa 이상   ② 0.3MPa 이상
③ 0.5MPa 이상   ④ 0.7MPa 이상

풀이 분출콕이나 밸브는 어떠한 경우에도 0.7MPa(7kgf/cm²) 이상의 압력에 견디어야 한다.

정답 01 ① 02 ④ 03 ② 04 ③ 05 ② 06 ④

07 최고사용압력이 1MPa인 강철제 보일러의 안전밸브 크기는?

① 20A 이상　　② 25A 이상
③ 32A 이상　　④ 38A 이상

풀이 안전밸브의 크기 : 25A 이상

08 가스용 보일러의 연료 배관 설치에 관한 설명으로 옳은 것은?

① 배관의 관경이 13mm 미만이면 1m마다 고정장치를 설치해야 한다.
② 배관 표면 색상은 흰색으로 한다.
③ 강관은 매몰하여 시공할 수 있다.
④ 배관과 전기개폐의 거리는 10cm 이상 유지한다.

풀이 가스용 배관
- 배관 표면은 황색
- 강관은 노출하여 시공한다.(가스누설 확인을 위해)
- 배관과 전기개폐기와의 거리는 60cm 이상 유지한다.

09 강철재 또는 주철제 증기보일러에 안전밸브가 1개 설치된 경우 밸브 작동시험 시 분출(작동)압력은?

① 사용압력 이하
② 최저사용압력 이상
③ 최고사용압력 이하
④ 최고사용압력의 1.03배 이하

풀이 안전밸브 1개가 설치된 경우는 작동시험을 최고사용압력 이하에서 실시한다.

10 증기보일러에는 최소 몇 개 이상의 유리수면계를 부착해야 하는가?(소용량 및 소형 관류보일러, 단관식 관류보일러 제외)

① 1개 이상　　② 2개 이상
③ 3개 이상　　④ 4개 이상

풀이 증기보일러에는 최소한 2개 이상의 유리수면계가 필요하다.

11 증기보일러의 안전밸브에 관한 설명으로 틀린 것은?

① 2개 이상 설치하는 것이 원칙이다.
② 가능한 한 보일러 동체에 직접 부착한다.
③ 호칭지름 15A 이상의 크기로 한다.
④ 스프링 안전밸브를 주로 사용한다.

풀이 증기보일러의 안전밸브 호칭지름은 특별한 경우가 없는 한 25mm 이상이어야 한다.

12 보일러 설치시공 기준상 가스용 보일러의 연료 배관 설치에 있어서 관경이 13mm 이상 33mm 미만인 경우 고정은 몇 m마다 해야 하는가?

① 1m　　② 2m
③ 3m　　④ 4m

풀이
- 13mm 미만 : 1m 마다 고정
- 13mm 이상 33mm 미만 : 2m마다 고정
- 33mm 이상 : 3m 마다 고정

13 강철제 보일러의 설치·시공기준을 잘못 설명한 것은?

① 보일러 외벽온도는 주위 온도보다 50℃를 초과해서는 안 된다.
② 배기가스 온도의 측정위치는 보일러 전열면의 최종 출구로 한다.
③ 저수위안전장치는 연료차단 전에 경보가 울려야 한다.
④ 보일러는 정격부하 상태에서 이상진동과 이상소음이 없어야 한다.

풀이 강철제 보일러의 설치, 시공기준에서 보일러 외벽온도는 주위 온도보다 30℃를 초과해서는 안 된다.

정답 07 ② 08 ① 09 ③ 10 ② 11 ③ 12 ② 13 ①

14 보일러에서 압력계로 가는 증기관이 강관일 경우 지름은 몇 mm 이상이어야 하는가?

① 6.5mm
② 9.5mm
③ 12.7mm
④ 15.8mm

풀이
- 강관 : 12.7mm 이상
- 동관이나 황동관 : 6.5mm 이상

15 온수의 사용온도가 120℃ 이상인 온수 발생 강철제보일러에는 온수온도가 최고사용온도를 초과하지 않도록 무엇을 설치해야 하는가?

① 온도 연소 제어장치
② 압력조절기
③ 공기유량 자동조절기
④ 안전장치

풀이 온수의 사용온도가 120℃ 이상인 온수발생 강철제보일러에서는 온도-연소 제어장치를 설치해야 한다.

16 어떤 강철제 증기보일러의 최고사용압력이 0.35MPa(3.5kg$_f$/cm^2)이면 수압시험압력은?

① 0.35MPa(3.5kg$_f$/cm^2)
② 0.5MPa(5kg$_f$/cm^2)
③ 0.7MPa(7kg$_f$/cm^2)
④ 0.95MPa(9.5kg$_f$/cm^2)

풀이
- 최고사용압력 4.3kg$_f$/cm^2(0.43MPa) 이하는 최고압력의 2배가 수압시험압력이다.
- 단, 그 시험압력이 2kg$_f$/cm^2 미만인 경우 2kg$_f$/cm^2 (0.2MPa)로 한다.

17 보일러를 옥내에 설치할 때의 설치 시공기준 설명으로 틀린 것은?

① 보일러에 설치된 계기들을 육안으로 관찰하는 데 지장이 없도록 충분한 조명시설을 한다.
② 보일러 동체에서 벽까지의 거리는 0.6m 이상으로 하고, 소형 보일러는 0.3m 이상으로 한다.
③ 보일러실은 충분한 급기구 및 환기구가 있어야 하며, 급기구는 보일러 배기가스 덕트의 유효단면적 이상으로 한다.
④ 소형보일러 및 주철제 보일러는 보일러 동체 최상부로부터 천장, 배관 등 상부 구조물까지의 거리를 0.6m 이상으로 한다.

풀이 보일러 옥내설치 시 벽까지의 거리는 0.3m 이상이면 소형보일러는 보일러 상부에서 천장까지는 0.6m 이상의 이격거리가 필요하다.

18 강철제 증기보일러의 가스연료 배관 관경이 33mm 이상인 경우 배관의 고정은 몇 m마다 해야 하는가?

① 1m   ② 2m
③ 3m   ④ 5m

풀이
- 13mm 미만 : 1m
- 13mm 이상 33mm 미만 : 2m
- 33mm 이상 : 3m

19 액상식 열매체 보일러 및 온도 120℃ 이하의 온수 발생보일러에 설치하는 방출밸브의 지름은 몇 mm 이상으로 해야 하는가?

① 10mm   ② 20mm
③ 25mm   ④ 30mm

풀이
- 방출밸브 : 20A 이상
- 120℃ 초과 온수보일러(안전밸브 부착 시 20A 이상)

정답 14 ③ 15 ① 16 ③ 17 ② 18 ③ 19 ②

20 열사용 기자재인 소형 온수보일러의 적용범위는?

① 전열면적 12m² 이하이며, 최고사용압력 0.35MPa 이하의 온수를 발생하는 것
② 전열면적 14m² 이하이며, 최고사용압력 0.25MPa 이하의 온수를 발생하는 것
③ 전열면적 12m² 이하이며, 최고사용압력 0.45MPa 이하의 온수를 발생하는 것
④ 전열면적 14m² 이하이며, 최고사용압력 0.35MPa 이하의 온수를 발생하는 것

풀이 소형온수 보일러
- 전열면적 14m² 이하
- 최고사용압력 0.35MPa(3.5kg$_f$/cm²) 이하에 해당되는 것

21 강철제 증기보일러에 압력계를 부착하는 경우 증기온도가 몇 도 이상이면 압력계로 가는 증기관을 황동관 또는 동관으로 해서는 안 되는가?

① 373K   ② 423K
③ 453K   ④ 483K

풀이 483−273=210℃(483K)
증기의 온도가 210℃(483K)를 초과하면 증기연락관은 동관 또는 황동관 사용이 불필요하다.

22 보일러 설치 검사기준상 보일러 안전밸브 작동시험 시, 안전밸브가 2개 이상인 경우 그중 1개는 최고사용압력 이하, 기타는 최고사용압력의 몇 배 이하에서 분출되어야 하는가?

① 0.95배   ② 1.01배
③ 1.06배   ④ 1.03배

풀이 2개 중 기타는 1.03배 이하에서 분출(1개는 최고사용압력 이하에서)

23 강철제 증기보일러의 최고사용압력 P가 1.5MPa 초과 시의 수압시험압력은?

① 2P   ② 1.3P+0.3
③ 1P   ④ 1.5P

풀이
- 4.3kg$_f$/cm² 이하는 2배
- 4.3kg$_f$/cm² 초과 15kg$_f$/cm² 이하는 P×1.3배+0.3MPa
- 15kg$_f$/cm² 초과는 1.5배

24 어떤 강철제 증기보일러의 최고사용압력이 1.2MPa(12kg$_f$/cm²)이다. 이 보일러의 수압시험압력은?

① 1.6MPa(16kg$_f$/cm²)
② 1.86MPa(18.6kg$_f$/cm²)
③ 2.4MPa(24kg$_f$/cm²)
④ 2.86MPa(28.6kg$_f$/cm²)

풀이 P″=P×1.3배+3kg$_f$/cm²
=P×1.3배+0.3MPa
=1.2×1.3+0.3=1.86MPa

25 최고사용압력이 0.3MPa(3kg$_f$/cm²)인 강철제 증기보일러의 수압시험압력은?

① 0.3MPa(3kg$_f$/cm²)
② 0.6MPa(6kg$_f$/cm²)
③ 0.45MPa(4.5kg$_f$/cm²)
④ 0.9MPa(28.6kg$_f$/cm²)

풀이 최고사용압력 4.3kg$_f$/cm² 이하는 2배
∴ 3×2=6kg$_f$/cm²(0.3×2=0.6MPa)

26 최고사용압력 얼마 미만의 보일러에서는 급수장치의 급수관에 체크밸브를 생략해도 되는가?

① 1MPa   ② 0.1MPa
③ 0.5MPa   ④ 0.3MPa

정답 20 ④ 21 ④ 22 ④ 23 ④ 24 ② 25 ② 26 ②

풀이 최고사용압력이 0.1MPa(1kgf/cm²) 미만의 보일러 급수배관에는 체크밸브(역류방지밸브)가 생략된다.

27 가스용 보일러의 연료배관에서 관경이 40mm인 경우, 보일러 설치·시공기준상 몇 m마다 고정해야 하는가?

① 1m ② 2m
③ 3m ④ 4m

풀이 관경 33mm 초과 : 3m마다 고정

28 전열면적 20m² 이상인 온수발생 강철제 보일러의 방출관 안지름은 얼마 이상으로 해야 하는가?

① 50mm ② 40mm
③ 30mm ④ 20mm

29 강철제 온수발생보일러에 안전밸브를 설치해야 되는 경우는 온수온도 몇 ℃ 이상인 경우인가?

① 60℃(333K) ② 80℃(353K)
③ 100℃(373K) ④ 120℃(393K)

풀이 강철제 온수 보일러
- 온수온도 120℃(393K) 이상 : 안전밸브
- 온수온도 120℃(393K) 미만 : 방출밸브

30 보일러 설치 시공기준상 보일러 운전성능은 어떤 부하상태에서 검사하는 것이 원칙인가?

① 상용부하 상태
② 정격부하 상태
③ 정격부하의 80% 상태
④ 상용부하의 90% 상태

풀이 보일러 운전성능시험
정격부하상태에서 실시한다.

31 보일러 안전밸브 작동시험 시 안전밸브가 2개 이상인 경우 그중 1개는 최고사용압력 이하, 기타는 최고사용압력의 몇 배 이하에서 분류되어야 하는가?

① 0.95배 ② 1.0배
③ 1.01배 ④ 1.03배

풀이 안전밸브가 2개인 경우
- 1개는 최고사용압력 이하에서 분출
- 기타는 최고사용압력 1.03배 이하에서 분출

32 강철제 또는 주철제 보일러의 용량이 몇 t/h 이상이면 각종 유량계를 설치해야 하는가?

① 1t/h ② 1.5t/h
③ 2t/h ④ 3t/h

풀이 1ton/h 이상의 보일러는 각종 유량계를 설치하여야 한다.

33 가스를 연료로 사용하는 강철제 증기보일러의 연료배관에 관한 설명으로 틀린 것은?

① 배관은 매몰 시공을 원칙으로 하되, 이음매가 없는 동관, 스테인리스강관 등은 노출배관으로 해야 한다.
② 배관이음부와 전기계량기 및 전기개폐기와의 거리는 60cm 이상 둔다.
③ 배관의 관경이 13mm 이상 33mm 미만의 것은 2m마다 고정장치를 설치한다.
④ 배관을 나사접합으로 하는 경우에는 KS B 0222 (관용테이프나사)에 의하여야 한다.

풀이 가스배관은 매몰시공은 불가하며 노출배관으로 설치하여야 한다.

정답 27 ③ 28 ④ 29 ④ 30 ② 31 ④ 32 ① 33 ①

34 강철제 및 주철제 보일러의 동체 최상부로부터 상부 구조물까지의 거리는 몇 m 이상이어야 하는가?

① 1.2m   ② 1.8m
③ 2.2m   ④ 2.8m

풀이 강철제 및 주철제 보일러는 보일러 동체 최상부로부터 상부구조물까지의 거리가 1.2m 이상이다.

35 강철제 증기보일러의 분출밸브 크기는 호칭 25 이상이어야 하지만 전열면적이 몇 m² 이하이면 지름 20mm 이상으로 할 수 있는가?

① 8m²   ② 10m²
③ 15m² ④ 20m²

풀이 보일러 전열면적이 10m² 이하이면 안전밸브의 지름은 20mm 이상으로 할 수 있다.

36 열매체보일러의 배기가스온도와 출구 열매온도와의 차이는 보일러 설치시공 기준상 얼마 이하이어야 하는가?

① 300K(℃)   ② 250K(℃)
③ 210K(℃)   ④ 150K(℃)

풀이 열매체 보일러는 배기가스온도와 출구열매온도의 차이가 150K 이하이다.

37 증기온도가 483K(210℃)를 넘지 않는 경우 압력계와 연결되는 증기관의 재질과 관경(안지름)으로 옳은 것은?

① 12.7mm 이상의 강관
② 12.7mm 이상의 황동관
③ 6.5mm 이상의 강관
④ 6.5mm 이상의 동관

풀이
- 동관 : 6.5mm 이상
- 강관 : 12.7mm 이상
- 사이펀관 : 6.5mm 이상

38 강철제 증기보일러의 최고사용압력이 2MPa일 때 수압시험압력은?

① 2MPa   ② 2.9MPa
③ 3MPa   ④ 4MPa

풀이 2MPa=20kg$_f$/cm²(15kg$_f$/cm² 초과는 1.5배가 수압시험)
∴ 2×1.5=3MPa

39 소형 보일러 또는 주철제 보일러 설치에 있어 보일러 동체 최상부로부터 천장 배관 또는 그 밖의 보일러 동체상부에 있는 구조물까지의 거리는 얼마 이상이어야 하는가?

① 0.6m   ② 1.0m
③ 1.2m   ④ 1.5m

풀이
- 대형 : 1.2m 이상
- 소형 : 0.6m 이상

40 에너지이용합리화법에 따른 열사용기자재 중 소형온수보일러의 적용범위로 옳은 것은?

① 전열면적 24m² 이하이며, 최고사용압력 0.5MPa 이하의 온수를 발생하는 보일러
② 전열면적 14m² 이하이며, 최고사용압력 0.35MPa 이하의 온수를 발생하는 보일러
③ 전열면적 10m² 이하인 온수보일러
④ 최고사용압력 0.2MPa 이하의 온수를 발생하는 보일러

풀이 소형온수보일러 : 최고사용압력 0.35MPa 이하이면서 전열면적 14m² 이하인 보일러

정답 34 ①　35 ②　36 ④　37 ④　38 ③　39 ①　40 ②

41 보일러실 내에 연료를 저장하는 경우, 방화격벽을 설치하거나, 보일러 외측으로부터 몇 m 이상 거리를 두어야 하는가?

① 1m　　② 1.5m
③ 1.8m　　④ 2m

풀이 보일러실 내에 연료의 저장 시 보일러 외측으로부터 2m 이상의 거리를 두어야 한다.

42 증기보일러에는 원칙적으로 2개 이상의 안전밸브를 부착해야 되는데 전열면적이 몇 m^2 이하이면 안전밸브를 1개 이상 부착해도 되는가?

① $50m^2$　　② $30m^2$
③ $80m^2$　　④ $100m^2$

풀이 전열면적이 $50m^2$ 이하이면 안전밸브는 1개 이상 부착해도 된다.

43 강철제 증기보일러의 급수밸브 크기는 호칭 얼마 이상이어야 하는가?(단, 보일러 전열면적은 $10m^2$를 초과한다.)

① 15A　　② 20A
③ 25A　　④ 32A

풀이
- 전열면적 $10m^2$ 이하 : 15A 이상
- 전열면적 $10m^2$ 초과 : 20A 이상

44 강철제 보일러의 최고사용압력이 1MPa($10kg_f/m^2$) 이하인 경우 수압시험 압력은 최고사용압력의 몇 배로 하는가?

① 2배　　② 1.5배
③ 1.3배+0.3MPa　　④ 2.5배

풀이 강철제 보일러의 최고사용압력 0.43~1.5MPa 이하의 경우 수압시험압력은 최고사용압력의 1.3배+0.3MPa로 한다.

45 보일러 설치·시공 및 검사기준상 배기가스 온도의 측정위치는?(단, 폐열회수장치는 없음)

① 연돌의 출구　　② 연돌 내
③ 전열면 최종 출구　　④ 연소실 내

풀이 보일러 설치·시공 및 검사기준상 배기가스온도의 측정위치는 전열면의 최종 출구에서 한다.

46 보일러 급수장치로 주펌프세트 및 보조펌프세트를 갖추어야 하는데 주펌프세트만 있어도 되는 경우는?

① 전열면적 $14m^2$의 강철제 증기보일러
② 전열면적 $10m^2$의 관류보일러
③ 전열면적 $15m^2$의 가스용 온수보일러
④ 전열면적 $13m^2$의 주철제 증기보일러

풀이 전열면적 $100m^2$ 이하 관류보일러는 보조펌프세트는 갖추지 아니하여도 된다.

47 강철제 증기보일러의 분출밸브 크기는 호칭 25 이상이어야 하지만 전열면적이 몇 m^2 이하이면 지름 20mm 이상으로 할 수 있는가?

① $8m^2$　　② $10m^2$
③ $15m^2$　　④ $20m^2$

풀이 전열면적 $10m^2$ 이하에서 분출밸브는 20A 이상 $10m^2$ 초과 시는 25mm 이상

48 소형이나 주철제가 아닌 경우 보일러 동체 상부로부터 천장 배관 또는 그 밖의 보일러 동체 상부에 있는 구조물까지의 거리는 몇 m 이상이어야 하는가?

① 0.6m　　② 1m
③ 1.2m　　④ 1.7m

정답　41 ④　42 ①　43 ②　44 ③　45 ③　46 ②　47 ②　48 ③

풀이 보일러 동체 상부로부터 천장 배관 동체 상부에 있는 구조물까지의 거리는 1.2m 이상이어야 한다.

49 최고사용압력이 0.25MPa인 강철제 증기보일러의 수압시험압력은?

① 0.5MPa
② 0.75MPa
③ 0.25MPa
④ 0.625MPa

풀이 최고사용압력 4.3kgf/cm² 미만에서는 수압시험은 2배
∴ 2.5×2=5kgf/cm²

50 보일러 설치·시공기준상 유류를 사용하는 보일러로서 용량이 몇 t/h 이상이면 공급연료량에 따라 연소용 공기를 자동조절하는 기능이 있어야 하는가?(단, 난방 및 급탕 겸용 보일러인 경우임)

① 1t/h   ② 3t/h
③ 5t/h   ④ 10t/h

풀이 보일러용량 5t/h 이상이면 연료공급량에 따른 연소용 공기를 자동조절하는 기능이 필요하다.

51 강철제 증기보일러의 설치 검사기준상 안전밸브 작동시험을 하는 경우 안전밸브가 1개만 부착되어 있다면 그 분출압력은?

① 최고사용압력의 1.03배
② 최고사용압력 이하
③ 최고사용압력의 1.2배
④ 최고사용압력의 1.25배

풀이 안전밸브가 1개만 장착된 경우에는 안전밸브 작동시험을 최고사용압력 이하에서 분출이 가능하도록 조절한다.

52 강철제보일러 또는 주철제보일러의 설치기준을 잘못 설명한 것은?

① 기초가 약하여 내려앉거나 갈라지지 않아야 한다.
② 강구조물은 접지되어야 하고, 빗물이나 증기에 의하여 부식되지 않도록 적절한 보호조치를 해야 한다.
③ 보일러는 바닥에 고정시키지 않아야 한다.
④ 보일러의 사용압력이 어떠한 경우에도 최고사용압력을 초과할 수 없도록 설치해야 한다.

풀이 보일러는 진동현상을 방지하기 위하여 바닥에 고정시킨다.

53 강철제보일러의 수압시험방법에 관한 설명으로 틀린 것은?

① 물을 채운 후 천천히 압력을 가한다.
② 규정된 시험수압에 도달된 후 30분이 경과한 뒤에 검사를 실시한다.
③ 시험수압은 규정된 압력의 10% 이상을 초과하지 않도록 적절한 제어를 마련한다.
④ 수압시험 중 또는 시험 후에도 물이 얼지 않도록 해야 한다.

풀이 강철제보일러의 수압시험에서 시험수압은 규정된 압력의 6% 이상을 초과하지 않도록 적절한 제어를 마련한다.

54 최고사용압력이 7kgf/cm²(0.7MPa)인 강철제 증기보일러의 안전밸브 크기는 호칭 얼마 이상으로 하는가?

① 25A   ② 30A
③ 15A   ④ 20A

풀이 최고사용압력 1kg/cm² 초과 보일러의 안전밸브 크기는 호칭 25A 이상으로 한다.

정답 49 ① 50 ③ 51 ② 52 ③ 53 ③ 54 ①

55 보일러 수압시험 시의 시험수압은 규정 압력의 몇 % 이상을 초과하지 않도록 해야 하는가?

① 3%　　② 4%
③ 5%　　④ 6%

풀이 보일러 수압시험 시의 시험수압은 규정압력의 6% 이상을 초과하지 않는다.

56 강철제 증기보일러의 옥내 설치 시 보일러 동체 상부로부터 천장까지의 거리는?

① 0.5m 이상　　② 0.8m 이상
③ 1.0m 이상　　④ 1.2m 이상

풀이 강철제 증기보일러는 옥내 설치 시 보일러 동체상부로부터 천장까지는 1.2m 이상의 거리가 확보되어야 한다.

57 온수의 사용온도가 120℃(393K) 이상인 온수발생 강철제보일러에는 온수온도가 최고사용온도를 초과하지 않도록 무엇을 설치해야 하는가?

① 온도-연소 제어장치
② 압력조절기
③ 공기유량 자동조절기
④ 안전장치

풀이 온수 사용온도가 120℃(393K) 이상인 온수발생 강철제보일러에는 온수온도가 최고사용온도를 초과하지 못하도록 온도-연소제어장치가 설치되어야 한다.

58 보일러 안전밸브 크기는 25A 이상이어야 하나 일부 보일러는 호칭지름 20A 이상으로 할 수 있다. 다음 중 호칭지름 25A 이상으로 해야 하는 것은?

① 최고사용압력이 0.1MPa(1kg$_f$/cm^2)인 보일러
② 소용량 강철제보일러
③ 최고사용압력 0.3MPa(3kg$_f$/cm^2)이고, 전열면적 2m^{2}인 보일러
④ 최대증발량 10t/h인 관류보일러

풀이 안전밸브 호칭지름이 20mm 이상의 경우에 해당되는 것은 ①, ②, ③항 외에 최대증발량 5t/h 이하의 관류보일러, 최고압력 0.5MPa(5kg$_f$/cm^2) 이하의 보일러로 동체의 안지름이 500mm 이하이며 동체의 길이가 1,000mm 이하의 것이다. 기타는 25A 이상이어야 한다.

59 증기보일러에는 원칙적으로 2개 이상의 유리수면계를 설치해야 하는데, 수면계 중 1개를 다른 종류의 수면측정장치로 할 수 있는 경우는?

① 최고사용압력 1MPa(10kg$_f$/cm^2) 이하로서 동체 안지름이 750mm 미만인 경우
② 최고사용압력 1MPa(10kg$_f$/cm^2) 이하로서 동체 안지름이 1,000mm 미만인 경우
③ 최고사용압력 0.5MPa(5kg$_f$/cm^2) 이하로서 동체 안지름이 1,000mm 미만인 경우
④ 최고사용압력 1.5MPa(15kg$_f$/cm^2) 이하로서 동체 안지름이 750mm 미만인 경우

풀이 보일러 최고사용압력이 1MPa 이하로서 동체 안지름이 750mm 미만의 경우 2개의 유리수면계 중 1개는 다른 종류 수면계로 가름할 수 있다.

60 주철제증기보일러의 최고사용압력이 0.4MPa인 경우 수압시험압력은?

① 0.16MPa　　② 0.2MPa
③ 0.8MPa　　④ 1.2MPa

풀이 0.43MPa 이하는 2배
∴ 0.4×2=0.8MPa(8kg$_f$/cm^2)

정답 55 ④　56 ④　57 ①　58 ④　59 ①　60 ③

61 다음 중 안전밸브 크기를 호칭지름 25A 이상으로 해야 하는 강철제 증기보일러는?

① 최고사용압력이 0.08MPa인 보일러
② 최고사용압력 0.4MPa, 동체의 내경 400mm, 동체의 길이 800mm인 보일러
③ 최고사용압력 0.6MPa, 전열면적 5m²인 보일러
④ 최대증발량 4t/h인 관류보일러

풀이 ③은 0.5MPa 이하 전열면적 2m² 이하만 20A 이상이 가능하다.

62 액상식 열매체 보일러의 방출밸브 지름은 몇 mm 이상으로 하여야 하는가?

① 10mm   ② 20mm
③ 30mm   ④ 40mm

풀이 액상식 열매체 보일러의 방출밸브 지름은 20mm 이상이어야 한다.

63 증기보일러에 설치하는 유리수면계는 2개 이상이어야 하는데 1개만 설치해도 되는 경우는?

① 소형 관류보일러
② 최고사용압력 2MPa 미만의 보일러
③ 동체 안지름 800mm 미만의 보일러
④ 1개 이상의 원격지시 수면계를 설치한 보일러

풀이
- 소형 관류보일러는 수면계가 1개 이상
- 단관식 관류보일러는 수면계가 필요 없다.

64 강철제보일러 수압시험 시 규정된 시험 수압에 도달된 후 시간이 얼마 동안 경과된 뒤에 검사를 실시하는가?

① 30분 이상   ② 1시간 이상
③ 1시간 30분 이상 ④ 2시간 이상

풀이 수압시험 시간 : 30분 이상 경과된 뒤 검사 실시

65 보일러 설치시공 기준상 압력계 부착 시의 설명으로 잘못된 것은?

① 압력계는 얼지 않도록 해야 한다.
② 압력계와 연결된 증기관이 동관인 경우 안지름을 6.5mm 이상으로 한다.
③ 증기의 온도가 210℃(483K)를 초과할 경우 황동관을 사용할 수 있다.
④ 압력계와 연결된 증기관이 강관인 경우 안지름 12.7mm 이상이어야 한다.

풀이 증기의 온도가 210℃(483K)를 초과하면 압력계는 동관이나 황동관 사용이 불가능하다.

66 보일러 압력계와 연결된 증기관을 강관으로 할 때 강관의 안지름은 보일러 설치·시공기준상 몇 mm 이상이어야 하는가?

① 6.5mm   ② 12.7mm
③ 25.4mm   ④ 32mm

풀이 압력계 증기연락관
- 강관 : 12.7mm 이상
- 동관 : 6.5mm 이상

67 주철제보일러에서 보일러를 옥내에 설치하는 경우의 시공기준 설명으로 틀린 것은?

① 보일러는 불연성 물체의 격벽으로 구분된 장소에 설치해야 한다.
② 보일러 동체 최상부로부터 보일러실 천장까지의 거리는 0.5m 이상이어야 한다.
③ 연료를 저장할 때는 보일러 외측으로부터 2m 사이를 두거나 방화격벽을 설치해야 한다.
④ 보일러실의 조명은 보일러에 설치된 계기를 육안으로 관찰하는 데 지장이 없어야 한다.

풀이 보일러 옥내 설치 시에 동체 최상부로부터 보일러실의 천장까지의 거리는 1.2m 이상이다.(단, 소용량 및 주철제보일러의 경우는 0.6m 이상)

정답 61 ③ 62 ② 63 ① 64 ① 65 ③ 66 ② 67 ②

68 강철제 대형 보일러 설치·시공기준에 따라 보일러를 옥내에 설치하는 경우 틀리게 설명한 것은?

① 보일러에 설치된 계기들을 육안으로 볼 수 있도록 충분한 조명시설을 한다.
② 보일러 최상부로부터 천장까지의 거리는 0.5m 이상 되게 한다.
③ 불연성 물질의 격벽으로 구분된 장소에 설치한다.
④ 연료를 함께 저장할 때는 보일러 외측으로부터 2m 이상 거리를 두거나 방화격벽을 설치한다.

풀이 보일러는 최상부로부터 천장까지의 거리는 1.2m 이상(소형 보일러는 0.6m 이상) 간격을 두고 설치한다.

69 보일러의 수압시험을 하는 주된 목적은?

① 제한압력을 결정하기 위하여
② 열효율을 측정하기 위하여
③ 균열의 여부를 알기 위하여
④ 설계의 양부를 알기 위하여

풀이 보일러수압시험의 목적은 보일러 본체의 균열이나 누설시험의 여부를 알기 위하여서이다.

70 강철제보일러의 최고사용압력이 2MPa일 때 수압시험압력은?

① 2.5MPa   ② 3MPa
③ 3.5MPa   ④ 4MPa

풀이 1.5MPa 초과 시는 1.5배의 수압시험이다.
2×1.5=3MPa

71 온도 몇 ℃를 초과하는 강철제 온수발생 보일러에는 안전밸브를 설치해야 하는가?

① 100℃   ② 105℃
③ 115℃   ④ 120℃

풀이 강철제 온수보일러는 120℃를 초과하면 방출밸브 대신 안전밸브를 부착시킨다.

72 보일러에서 온도계를 설치해야 할 위치가 아닌 것은?

① 절탄기가 있는 경우 절탄기 입구 및 출구
② 보일러 본체의 급수 입구
③ 버너 급유 입구
④ 과열기가 있는 경우 과열기 입구

풀이 과열기에는 온도계 설치 시 과열기 출구에 설치한다.

73 최고사용압력이 1.2MPa이고, 동체 안지름 1,800mm인 증기보일러에 설치해야 할 유리수면계 개수는?

① 1   ② 2
③ 3   ④ 4

풀이 최고사용압력 12kg$_f$/cm^2(1.2MPa)인 고압용 보일러에는 수면계가 2개 이상 설치된다.

74 보일러 설치 검사·기준상 가스용 보일러의 연료배관 외부에 표시하지 않아도 되는 사항은?

① 사용가스명
② 가스의 온도
③ 최고사용압력
④ 가스의 흐름방향

풀이 가스보일러의 연료배관 외부에 표시되는 사항
• 사용가스명
• 최고사용압력
• 가스의 흐름방향

정답 68 ② 69 ③ 70 ② 71 ④ 72 ④ 73 ② 74 ②

75 증기보일러의 압력계 부착방법 설명으로 잘못된 것은?

① 눈금판의 눈금이 잘 보이는 위치에 설치한다.
② 압력계와 연결되는 증기관이 동관인 경우 안지름 6.5mm 이상이어야 한다.
③ 압력계 콕은 핸들이 증기관과 나란히 놓일 때 열린 상태가 되어야 한다.
④ 압력계에는 증기가 압력계에 직접 들어가도록 한다.

> 풀이) 증기압력계에는 증기가 압력계에 직접 들어가지 않고 사이펀관 내의 물에 연결하여야 한다.

76 보일러에서 온도계를 설치해야 할 위치가 아닌 것은?

① 절탄기가 있을 경우 절탄기 입구 및 출구
② 급수 입구
③ 버너 급유 입구
④ 과열기 및 재열기가 있는 그 입구

> 풀이) 과열기에 설치하는 온도계는 그 출구에 설치하여야 한다.

정답 75 ④ 76 ④

CHAPTER 007 신재생 및 기타 에너지

SECTION 01 신·재생에너지

신·재생에너지라 함은 신에너지 및 재생에너지 개발, 이용, 보급 촉진법 제2조 제1호의 규정에 따른 에너지이다.

1. 정의

기존의 화석에너지를 변환시켜 이용하거나 햇빛, 물, 지열, 강수, 생물유기체 등을 포함하는 재생가능한 에너지를 변환시켜 이용하는 에너지로서 다음과 같은 에너지가 신·재생에너지이다.

(1) 태양에너지
(2) 생물자원을 변환시켜 이용하는 바이오에너지
(3) 풍력
(4) 수력
(5) 연료전지
(6) 석탄을 액화, 가스화한 에너지 및 중질잔사유를 가스화한 에너지
(7) 해양에너지
(8) 폐기물에너지
(9) 지열에너지
(10) 수소에너지
(11) 그 밖에 석유, 석탄, 원자력 또는 천연가스가 아닌 에너지로서 대통령령이 정하는 에너지

SECTION 02 신 · 재생에너지의 종류

1. 태양에너지

1) 태양열에너지의 장점

(1) 무공해로서 청정에너지이며 CO_2 저감 등 환경개선에 기여한다.
(2) 태양열에너지 사용으로 석유 등 화석에너지 사용량 절감
(3) 기술국산화로 보급이 용이하다.
(4) 다른 동력에너지원이 불필요하다.
(5) 1차적으로 생산되는 열에너지를 바로 사용이 가능하다.

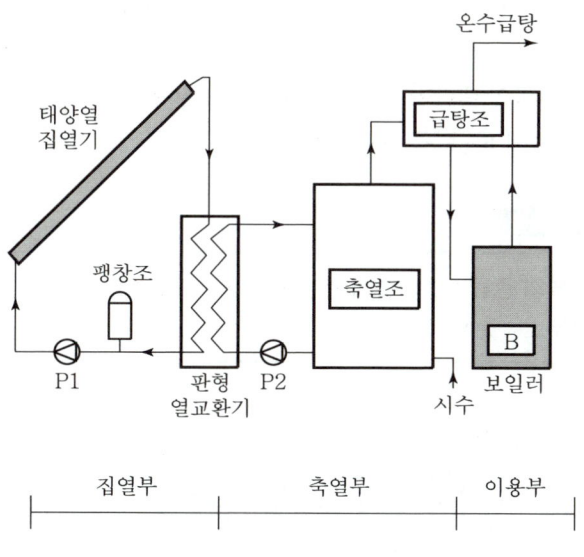

∥ 태양열 온수 · 급탕설비 구성도 ∥

2) 태양열에너지의 단점

(1) 단위면적당 공급받을 수 있는 에너지양이 적다.
(2) 흐린 날이나 비오는 날에는 일사량이 적다.
(3) 초기설치비용이 높아 오일값에 비해 비경제적이다.
(4) 계절별, 시간별 변화가 심하다.

3) 태양에너지의 활용

(1) **태양광** : 전기생산
(2) **태양열 발전** : 난방 및 급탕온수 사용
(3) **태양열 주택** : 남측으로 향해 있는 곳의 바깥쪽을 유리창으로 만들고 그 안에 집열벽을 두어 낮 동안의 태양열을 모으고 이 열로 데워진 공기가 순환되어 난방이 되고 밤에는 집열벽에 모아진 열이 벽체를 통해 방안으로 전달되어 난방이 된다.

4) 태양열 시스템

(1) **시스템** : 집열부, 축열부, 이용부
   ① **집열부** : 태양의 에너지를 모아 열로 변환하는 장치
   ② **축열부** : 집열부를 거쳐 흡수된 열에너지를 저장하였다가 약간 흐린 날 태양에너지가 부족하거나 급탕부하가 증가하는 시간대에 이용부에서 사용할 수 있도록 열저장 및 취출용으로 사용된다.
   ③ **이용부** : 건물의 냉난방 및 급탕, 산업공정, 농수산분야, 열발전 등에 활용이 가능한 기술로서 활용온도에 따라 시스템이 구분된다.

> **Reference**
> - 집열부의 종류 : 평판형(가장 많이 사용), 포물경형, 집광형
> - 이용부 : 자연형, 강제순환형 등

▼ **태양열이용기술의 분류**

구분	자연형		강제순환형	
	저온용		중온용	고온용
활용온도	60℃ 이하	100℃ 이하	300℃ 이하	300℃ 이상
집열부	자연형 시스템 공기식 집열기	평판형 집열기	PTC형 집열기 CPC형 집열기 진공관형 집열기	Dish형 집열기 Power Tower 태양로
축열부	Tromb Wall (자갈, 현열)	저온축열 (현열, 잠열)	중온축열 (잠열, 화학)	고온축열 (화학)
이용분야	건물공간난방	냉난방, 급탕, 농수산(건조, 난방)	건물 및 농수산 분야 냉·난방, 담수화, 산업공정열, 열발전	산업공정열, 열발전, 우주용, 광촉매폐수처리 광화학, 신물질 제조

5) 집열시스템(집열부)

(1) 자연형(저온용)
① 60℃ 이하용은 공기식 집열기
② 100℃ 이하용은 평판형 집열기

(2) 강제순환형
① 중온용 : 300℃ 이하용은 PTC형, CPC형, 진공관형 등의 집열기 사용
② 고온용 : 300℃ 이상용은 Dish형, Power Tower, 태양로 등의 집열기 사용

> **Reference 집열 시스템**
>
> **자연형 시스템**
> 집열부와 축열부가 상하로 분리된다. 그 사이를 열매체 이동관으로 연결시킨 구조로 집열부에서 가열된 열매체는 비중차이에 의해 상승하여 축열부로 유입된다. 축열부 내에서는 온도차에 의해 하부에 모인 저온 열매체가 압력차에 의해 집열부 쪽으로 하강하여 태양열을 집열한다. 즉, 자연대류에 의해 열매체를 가열 저장하는 형태로서 60℃ 내외의 건물 난방용이다.
>
> **강제순환형 시스템**
> 집열부와 축열부가 완전히 분리되어 있고 대개 집열부는 지붕에 설치하고 축열부는 지상에 설치하며 열매체는 강제순환을 위하여 펌프가 사용된다. 저온용은 100℃ 이하, 난방용 중온용은 300℃ 이하 산업공정분야에 사용되고 300℃ 이상의 고온용은 열발전분야에 활용된다.

6) 태양광발전시스템

햇빛을 반도체 소자인 태양전지 판에 쏘이면 전기가 발생하는 원리(광전자 효과)를 이용한다.

(1) 태양광 발전시스템 구성
① 태양전지로 구성된 모듈
② 제어기
③ 축전지
④ 인버터

(2) 태양전지 종류

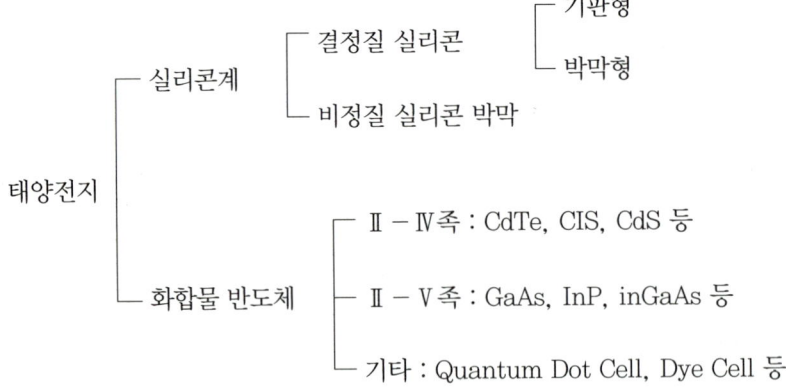

(3) 태양전지 구분(시스템 이용방법에 따른 구분)
① 독립형 시스템 : 산간, 벽지 및 섬 등의 원격지와 주택에 설치
② 계통연계형 시스템 : 외부의 전선에 연결하여 사용되고 남은 잉여전력을 전력회사에 판매
③ 복합발전형(하이브리드) 시스템 : 태양광 발전기에 디젤발전, 풍력발전 등을 복합적으로 연결하여 발전생산

▼ 실리콘(벌크)태양전지 관련공정 기술의 요약과 추후의 기술개발 전망

기술	기술내용	세부기술	기술전망
소재	박판 태양전지용 기판개발	• EFG, Ribbon Type 기판 소재 • Thin Wafer Slicing	• 기판 절단과정에서 손실이 없는 다결정 실리콘 기판 제조기술 • Low Kerf Loss Wafering
	태양전지 및 모듈 소재	• 스크린 인쇄용 Al 금속배선 • 스크린 인쇄용 Ag 금속배선 • 모듈 제조용 유리, EVA	• 자동 도핑이 될 수 있는 소재 • 저접촉 저항 금속배선 소재 • 저철분 유리, 빠른 경화, 장수명, EVA
소자 설계	태양전지 구조	• 입사된 태양광 반사저감 • 유효 표면면적 확대	전극에 의한 빛의 반사를 최소화시킬 수 있는 구조의 전극형태
	표면설계	후면전계, 반사방지막, 후면 반사판, 반전층 이용기술	파장 흡수 또는 표면으로서의 반사 구조
공정 기술	게터링	• 불순물 저감 • 양자효율 증대 • Blue 파장분관 특성개선	산소, 탄소, 금속 불순물을 줄일 수 있는 열처리 기술개발

공정 기술	텍스처링 (Texturing)	• 습식 비등방성 식각 • 건식 플라즈마 식각 • 빛 포획(Light Tampping) 구조개발	결정의 방향성이 있는 다결정 실리콘 표면을 건식과 환경친화 공법 개발
	금속배선 (Metalization)	• 무전해 도금 • 스퍼트링 진공 증착 • 스크린 인쇄	스크린 인쇄, 무전해 도금, 표면에서의 결함 저감 실현, 선폭 미세화 및 저저항화
	표면처리 (Surface Passivation)	• 열산화막, －수소화 • 플라즈마 질화막 • 상압 티타늄 산화막	Texturing된 피라미드 표면에서의 결함저감
	확산 (Cliffusion)	• POCl₃ 확산 • SOD • 스크린 인쇄	최적의 접합 깊이, 도핑 프로파일, 표면 농도, 면저항
특성 평가	특성규명 (Characterization)	• 전기적 특성 • 물리적 특성 • 화학적 특성 • 기계적 특성	Voc, Jsc, FF, n factor Series Resistance 변수 개선 측정
	공정 (Monitoring)	• Carrier Lifetime 측정 • 접합특성 분석	비파괴 공정 모니터링 기술

(4) 전력조절장치와 인버터

태양광발전에 필요한 태양전지(실리콘계, 화합물 반도체)에서는 기본적으로 직류전압, 직류전류가 생산되며 독립형 태양광발전시스템에서 축전지에 저장되거나 혹은 인버터를 통해 직류를 교류로 변환시켜 전력계통으로 보내지며 이는 전적으로 직류조절장치를 통해 이루어진다. 직류조절장치는 태양광 발전시스템이 최적화된 상태로 운전되고 연결된 전기장치와 안전 및 최적운전이 가능하도록 구성되어야 한다.

① 직류조절장치의 구성
- DC/AC(Converters Inverters)
- DC/DC(Converters, Charge Controller)

② 직류가 교류로 변환하는 장치의 조건
- 전력변환회로의 입력전류의 리플이 매우 작아야 한다.
- 변환효율이 어떤 부하에도 높아야 한다.

③ 태양광 발전의 출력을 최대로 하기 위한 방법
- 정전압 제어법
- 비선형 함수발생기에 의한 방법
- 임피던스 비교법
- 최대 전력 추종법

(5) 태양전지 모듈 구성

태양전지 응용제품의 전력용량에 따라서 모듈화라는 과정을 거친다. 태양전지를 각각 전기적으로 연결하도록 배선재료인 탭을 달아서 이를 모두 연결화하는 회로를 구성한다. 최종적인 태양전지 모듈 상용제품의 외관을 출력과 단결정 다결정 실리콘 태양전지 모듈로 구분한다.

2. 풍력에너지

1) 풍력발전의 원리

풍력발전이란 자연의 바람으로 풍차를 돌리고 이것을 증속기어장치 등을 이용해 속도를 높여 발전기를 돌리는 발전방식이다. 풍력발전은 발전기를 풍속에 관계없이 일정한 속도로 회전시킬 필요가 있기 때문에 제어를 하기 위해 풍속에 따라서 풍차 날개의 기울기를 바꿔서 이용한다. 즉, 공기의 유동이 가진 운동에너지의 공기역학적 특성을 이용하여 회전자 로터를 회전시켜 기계적인 에너지로 변환시키고 약 30%의 풍력에너지가 이 기계적 에너지로 전기를 얻는 기술이 풍력발전이다.

2) 풍력발전시스템

(1) 기계동력전달시스템
① 회전자(Blade) : 회전날개
② 허브(Hub) : 회전날개를 고정지지한다.
③ 증속장치(Gear Box) : 주축과 주축으로부터 전달된 회전동력을 발전기의 동기속도에 맞게 한다.

(2) 발전기(지면에 대한 회전축의 방향에 따라 수평형, 수직형이 있다.)
(3) 발전기 제어장치 및 요(Yaw) 제어장치
(4) 출력제어장치
(5) 안전장치
(6) 중앙 감시제어장치 감시시스템
(7) 지지타워대
(8) 풍력기 : 수평축(프로펠러형), 수직형(다리우스형)

3) 기타 장치해설

▼ 풍력발전 시스템의 분류

구조상 분류 (회전축 방향)	• 수평축 풍력발전시스템(프로펠러형) • 수직축 풍력발전시스템(다리우스형)
운전방식상 분류	• 정속운전(Fixed Rotor Speed Turbine) • 가변속운전(Variable Rotor Speed Turbine)
출력제어방식상 분류	• 실속제어방식(Stall Regulated Type) • 피치제어방식(Grid Regulated Type)
전력사용방식상 분류	• 계통연계(Grid Connected Type) • 독립 및 복합운전(Stand-alone and Hybrid Type)

(1) 요 제어장치 : 바람의 방향변화를 추적하여 기계동력전달시스템의 방향과 일치시키도록 요잉(Yawing)시키는 장치로서 제어감시시스템장치이다.

(2) 발전기 : 전기시스템으로 발생된 기계적 회전동력을 전기동력으로 변환하는 발전기로서 전기시스템

(3) 발전기 제어장치 : 유도형, 동기형 및 영구자석형 등 발전기의 형태에 따라 발전기의 정상출력 및 과출력을 제어한다. 하나의 전기시스템이다.

(4) 발전기에 의해 생산된 전력을 계통에 안정된 품질을 유지하며 공급하는 인버터 또는 컨버터 등의 계통연계장치와 기타 역률 보상장치 및 Soft-starter 등의 전기시스템

(5) 요 제동기(Yaw Brake) : 비상 점검 시의 회전자 및 발전기의 제동과 일정방향의 유지를 위하는 제어감시시스템의 제동장치

(6) 중앙제어 감시장치 : 풍력발전시스템의 안전운전감시를 위한 안전장치와 전시스템의 운전감시와 제어를 통한 안전운전을 보장하는 장치이다.

4) 풍력발전시스템(구조상의 분류, 회전축방향)

(1) 주축이 지면에 대해 수평시스템인 "수평축 풍력발전시스템"
(2) 주축이 수직시스템인 "수직축 풍력발전시스템"

5) 풍력발전시스템 운전방식 분류

(1) 정속운전

정속운전은 발전기의 형식에 따라 회전자의 운전방식이 정속운전과 관계되며 발전기가 농형유도기일 경우 발전기와 회전자의 회전속도가 구속되어 일정 회전속도를 유지하며 운전하는 방식이다.

(2) 가변속운전

권선형 유도발전기가 동기발전기 또는 영구자석발전기를 사용 시 일정범위 이상으로 회전자의 가능 회전속도 운전범위가 허용되는 방식이다.

6) 풍력발전시스템 출력제어방식 분류

(1) 실속제어방식

과속시(과풍속) 날개에 발생하는 실속현상에 의해 날개에 작용하는 회전토크를 제어하는 소동적 방식의 출력제어방식

(2) 피치제어방식

능동적으로 날개의 피치각을 유압기기나 전동기기로서 제어하여 날개의 변환효율을 제어함으로써 과출력을 제어한다.

7) 풍력발전시스템 전력사용방식 분류

(1) 계통연계

한전계통과 연계운전에 의한 방식

(2) 독립 및 복합운전

미전화 섬이나 도서 낙도 등지에서 독립적인 전원 형태의 독립형 발전방식 또는 디젤과 기타의 타 전원과 복합연계 운전의 복합운전방식이다.

3. 지열에너지

1) 지열이란

토양, 지하수, 지표수 등 모든 지중에 저장된 태양 복사에너지를 말하며 지구에 도달하는 전체 태양 복사에너지 중 약 47%를 차지하는 열을 의미한다.

(1) 지열에너지의 특성

① 지중에 분포한다.
② 연중 자원 상태 변화가 거의 없이 일정하다.
③ 전 국토 모든 곳에 큰 차이가 없다.
④ 이용상태에 따라 한시적인 상태변화만이 있을 뿐으로 원상태로 재복구된다.
⑤ 태양에너지 51% 정도가 지중이나 해양에 흡수되어 보존되어 있다가 우주로 방사되며 또한 지구 중심부에서 핵분열시 열에너지가 지구 표면을 통과하여 영속적으로 우주에 방사된다.

(2) 지열의 분류

① **천부지열** : 지표로부터 약 200m까지 저장된 지열이다. 일반적으로 온도는 약 10~20℃ 정도이다.

② **심부지열** : 지하 200m 아래 존재하는 지열에너지로서 약 40~150℃ 이상의 온도이다.

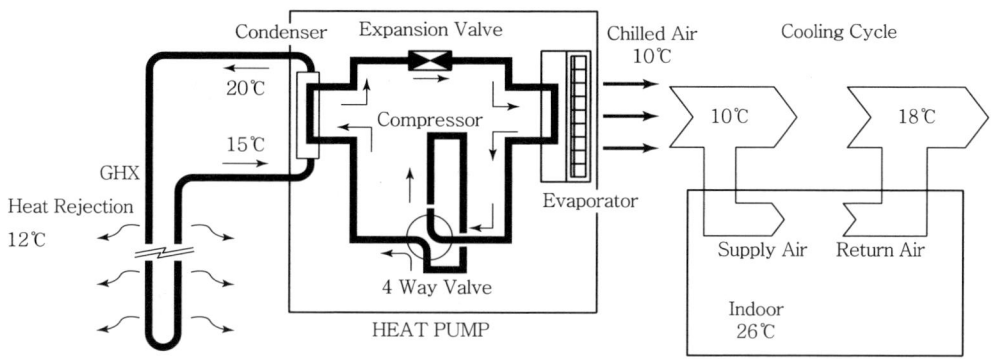

(a) 지열원 냉난방시스템 - 냉방 사이클

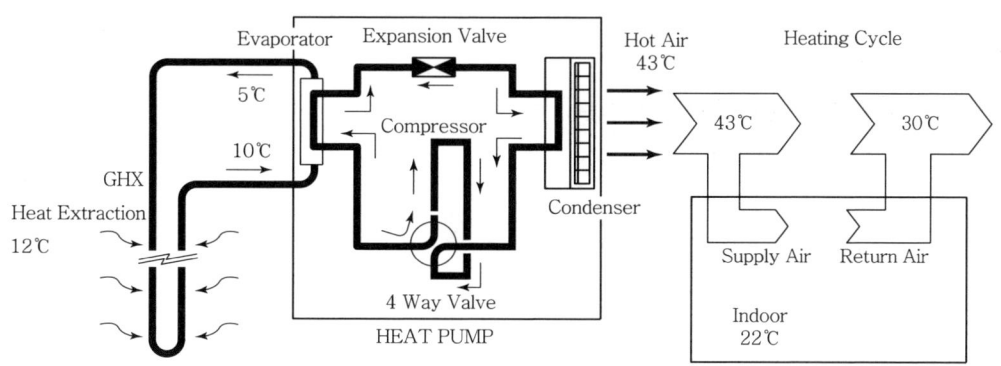

(b) 지열원 냉난방시스템 - 난방 사이클

|| 지열원 냉난방시스템의 냉방 및 난방 사이클 ||

(3) 지열원 사용기기

① **지열원 냉난방시스템** : 주로 물 대 공기방식의 히트펌프를 사용하고 있다.

② **지열원 냉난방시스템 적용 사용처** : 소규모 사무실, 모델하우스, 레스토랑, 레저시설 등

2) 지열원 냉난방시스템

(1) 수직형 지중열교환기 채택방식
(2) 수평 중 지중열교환 채택방식

3) 지열원 냉난방시스템

(1) 종류
물 대 물 타입, 물 대 공기 타입이 있다.

(2) 원리
① 지열원 냉난방시스템은 크게 지중열 교환기 및 열펌프(히트펌프)로 구성된다.
② 냉방사이클로 작동하는 지열원 열펌프는 실내에서 흡수한 열을 지중 열교환기를 통해 지중으로 방출한다.
③ 난방사이클인 경우 지중열교환기는 지중에서 열을 흡수하여 실내로 공급한다.

(3) 지열원 히트펌프 구성
① **지열원 히트펌프** : 지중 열교환기, 부동액순환펌프, 실내용히트펌프, 실내측 분배장치, 연결배관으로 구성된다.
② 실내용 히트펌프는 압축기, 증발기, 응축기, 4방밸브, 팽창밸브로 구성된 후 하나의 유닛(Unit)에 들어 있는 패키지형이다.
③ 지중 열교환기와 열펌프를 순환하는 작동유체로 물을 사용하나 겨울철 동파방지를 위해 부동액을 주로 사용한다.
④ **지열원 냉난방시스템 구분**
- 토양이용 히트펌프
- 지하수이용 히트펌프
- 지표수이용 히트펌프
- 복합지열원 히트펌프

4) 지열원을 이용한 지열에너지 특성

(1) 장점
① 외기의 급격한 변화에도 영향을 받지 않고 일정하게 온도를 유지한다.
② 효율이 높은 에너지절약시스템이다.
③ 약간의 전기를 제외하면 전적으로 자연계 지열로부터 무한정 얻어진다.
④ 상용 공기열원 히트펌프보다 에너지 소비량이 적고 대기 중에 노출되는 기기가 없으며 사용되는 냉매의 양이 적다.
⑤ 시스템 설계 및 적용이 유연하다.
⑥ 운전비용이 저렴하고 환경부하가 감소된다.

(2) 단점
　① 설치비용이 높고 부동액의 사용으로 인한 반송동력이 증가한다.
　② 개방형 시스템의 열원이 문제된다.

4. 수소에너지

1) 수소에너지 특성

(1) 수소는 무한정인 물 또는 유기물질을 원료로 하여 제조할 수 있으며 사용 후에 다시 물로 재순환된다. 수소는 가스나 액체로서 쉽게 수송이 가능하며 고압가스, 액체수소, 금속수소화물 등의 다양한 형태로 저장이 용이하다.
(2) 연료로 사용 시 연소 시 극소량의 질소산화물(NO_x)을 제외하고는 공해물질이 생성되지 않으며 환경오염의 우려가 없다.
(3) 수소의 이용분야는 산업용의 기초소재로부터 일반연료 수소자동차, 수소비행기, 연료전지 등에서 거의 모든 분야에 적용된다.
(4) 현재 수소는 기체로 저장하고 있으나 단위부피당 수소저장 밀도가 너무 낮아 경제성과 안전성이 부족하여 액체나 고체저장법의 연구가 필요하다.
(5) 수소는 무한정인 물(水)을 원료로 하여 제조가 가능하며 사용 후 다시 물(H_2O)로 재순환이 가능하다. 고도 자원의 고갈 우려가 없으나 경제성이 낮아서 충분한 제조기술이 요망된다.

▼ 기술별 개발현황

기술별		기술개발내용
제조 분야	물로부터 제조	전기분해(알칼리 전해, SPE 전해 등 상용화) → 고효율화
		열화학 사이클 분해(금속산화물, 유황화합물 등 이용) → 개발단계, 일부 실증 완료
		광촉매 분해(금속산화물, 페롭스카이트 화합물 등) → 개발단계
		생물학적 방법(광합성, 혐기 발효 등) → 개발단계
	천연가스로부터 제조	수증기 개질 → 상용화
		플라즈마 개질(Pilot 플랜트 건설) → 상용화
		고온열분해/분해촉매 → 개발단계
	고순도 경제	고순도 수소제조(PSA 등) → 상용화
저장 분야	물리적 전망	고압기체 저장(FRP 복합재료 이용) → 상용화
		저온액체 저장(액화기술, 저장기술 등) → 상용화
		저장화합물 이용(재료개발 등) → 2차 전지용 상용화
		나노재료 이용(제조공정기술 등) → 개발단계

이용 분야	이용	프리-피스톤 수소기관발전시스템 → 개발단계
		수소-천연가스 중대형 동력시스템 → 실용화추진
		수소이용 신시스템 및 안전기술 → 일부실증단계

2) 수소에너지 제조

(1) 수소에너지 제조는 태양광 및 촉매에 의한 전해방법, 제올라이트법, 전기방법 이용
(2) 화석연료로부터 생산하는 방법 및 대체 에너지로부터 생산
(3) 물로부터 수소를 추출하는 방법

5. 바이오에너지

1) 바이오매스

(1) 들판을 가득 매운 곡식, 과일나무, 울창한 산림자원 등이 바이오매스이다. 그러나 신재생에너지에서는 이들을 그대로 태워서 열과 빛을 얻거나 혹은 이들을 좀 더 편리하게 이용할 수 있는 형태의 에너지인 가스, 알코올 등으로 바꾸어 에너지가 필요한 곳에 사용한다.
즉 화학공학, 생물공학, 유전공학 기술들을 사용하면 여러 종류의 바이오매스들을 메탄올, 에탄올이나 도시가스와 비슷한 메탄가스, 수소가스 그리고 전기로 바꿀 수 있다. 이렇게 만들어진 알코올이나 가스 혹은 왕겨탄 같은 연료를 바이오 연료라 한다.

(2) 썩을 수 있는 유기물들을 모두 바이오매스라 볼 수 있으며 다음과 같은 여러 종류의 바이오에너지 원료의 종류가 있다.
① **농산물과 그 부산물** : 볏짚, 보릿짚, 콩대, 옥수수대, 참깨줄기, 고추줄기, 왕겨탄
② **축산물과 그 부산물** : 소, 돼지, 염소, 닭, 오리 등 가축의 배설물이나 우지(소기름), 돈지(돼지기름) 등
③ **임산물과 그 부산물** : 나무, 장작, 참나무 숯, 톱밥
④ 도시쓰레기 및 산업쓰레기

▼ 바이오에너지 기술분류

대분류	중분류	내용
바이오 액체연료 생산기술	연료바이오에탄올 생산기술	당질계, 전분질계, 목질계
	바이오디젤 생산기술	바이오디젤 전환 및 엔진적용 기술
	바이오매스 액화기(열적전환)	바이오매스 액화, 연소, 엔진이용기술
바이오매스 가스화 기술	혐기소화에 의한 메탄가스화 기술	유기성 폐수의 메탄가스화 기술 및 매립지 가스 이용기술(LFG)
	바이오매스 가스화기술(열전환)	바이오매스 열분해, 가스화, 가스화발전 기술
	바이오매스 수소생산기술	생물학적 바이오 수소 생산기술
바이오매스 생산, 가공 기술	에너지 작물 기술	에너지 작물재배, 육종, 수집, 운반, 가공 기술
	생물학적 CO_2 고정화 기술	바이오매스 재배, 산림녹화, 미세조류 배양기술
	바이오 고형연료 생산 이용기술	바이오 고형연료 생산 및 이용기술[왕겨탄, 바이오칩, RDF(폐기물연료)] 등

2) 바이오매스의 활용

(1) 축산물의 폐기물 메탄 가스화공장

농장에서 키우는 가축들의 배설물과 같은 폐기물들을 메탄가스화 공장으로 운반하여 메탄가스 제조

(2) 난방이용 및 건초발전

버려지는 마른 풀인 건초들을 모아서 난방연료로 사용하거나 건초를 사용하여 발전을 한다.

(3) 자동차 연료

옥수수와 같은 바이오매스를 액화시켜 바이오에탄올을 만들어 자동차 연료로 사용하고 또한 대두(콩), 해바라기와 같은 바이오매스로부터 기름성분을 추출하여 바이오 디젤을 만들어 자동차연료로 사용한다.

(4) 목재 연료

목공소나 제재소에 사용하고 남은 조각난 나무들을 모아서 압축하여 연료로 사용한다.

3) 국내 바이오에너지 사용

(1) 하수에서 발생되는 슬러지 및 생활폐기물 축산분뇨 등을 발효시켜 메탄가스를 발생시킨다.
(2) 매립지의 생활폐기물에서 나오는 LFG가스로 가스엔진을 구동하여 LFG발전이나 지역난방 열 공급설비로 사용
(3) 곡물에서 나오는 식물성 유지를 원료로 하여 에스테르화하여 자동차 연료로 사용

6. 해양에너지(조력, 조류, 수온차, 밀도차 이용)

1) 해양에너지 종류

(1) 조력
(2) 파력
(3) 해양온도차
(4) 바람, 파랑, 해류, 항류 같은 유체의 흐름
(5) 밀도차

2) 해양에너지 발전활용

(1) **조력발전**

조석을 동력원으로 하여 해수면의 상승 및 하강현상을 이용 전기를 생산하는 발전방식이다. 일정 중량의 부체가 받는 부력을 이용하는 부체식, 조위의 상승하강에 따라 밀실에 공기를 압축시키는 압축공기식과 방조제를 축조하여 해수저수지 즉 조지(潮池)를 형성하여 발전하는 조지식으로 나눌 수 있다.

(2) **조류발전**

조석현상을 이용하는 점은 조력발전과 동일하나 조력발전은 댐을 만들어서 댐 내외의 수위차를 이용하여 발전을 하는 데 반해 조류발전은 흐름이 빠른 곳을 선정하여 그 지점에 수차 발전기를 설치하고 자연적인 조류의 흐름을 이용하여 수차발전기를 가동시켜 발전하는 것이 조류발전이다. 따라서 조력댐 없이 발전에 필요한 수차발전기만을 설치하기 때문에 비용은 적게 드나 발전적지를 선정하는 데는 어려움이 많고 발전을 조절할 수 있는 조력발전에 비하여 자연적인 흐름의 세기에 따라 발전량이 좌우된다는 단점이 있다. 그러나 해수유통이 자유롭고 해양환경에 미치는 영향이 거의 없어 환경친화적이다.

(3) **파력발전**

파력발전이란 입사하는 파랑에너지를 터빈같은 원동기의 구동력으로 변환하여 발전하는 방식이다.

① 수력에너지로의 변환방식은 파랑에너지를 물의 위치에너지로 변환하는 방법으로 파랑이 월파되면서 얻어지는 저수지와 해면 사이의 수두차로 저낙차 터빈을 회전시키는 것과 위치에너지와 수류에너지를 병용하여 저낙차로 발전하는 것이 있다.

② 전기에너지로의 변환방식은 파랑의 상하운동 또는 수평운동에 의한 입사에너지를 이용하여 기계를 작동시키는 것으로서 기계운동력으로 변환된 에너지는 다시 펌프유압, 공기압으로 변환되거나 또는 그대로 발전기에 입력되는 것 등이 있다.

③ 공기에너지로의 변환방식은 공기실을 설치하여 내부의 공기가 파랑의 상하운동에 의하여 압축, 팽창될 때에 생기는 공기의 흐름으로 터빈을 움직이는 것으로 공진효과를 이용하여 파랑의 상하운동을 증폭시킬 수도 있다.

(4) 해양온도차 발전

해양의 표층수는 태양에너지로 가열되어 수온이 높고 심층부의 수온은 상대적으로 낮다. 따라서 해면 표층의 해수를 고온원으로 하고 심층의 해수를 저온으로 하여 그 사이에서 열사이클을 행하면 에너지를 추출할 수 있다.

① 해양의 표층수와 표층수의 온도차를 이용하는 것이 해양온도차발전이다.

② 발전방식
- 개방사이클방식 : 작동유체가 해수이다.
- 폐쇄사이클방식 : 해수가 아닌 암모니아, 프로판, 부탄 같은 것을 작동유체로 한다.

7. 소수력에너지

1) 소수력의 정의

소수력이란 일반적으로 10,000kW 이하의 수력발전을 의미한다.

(1) 소수력의 특징

① 설치지점 확보가 용이하다.
② 민원에 의한 보상 등의 소지가 적다.
③ 생태계 훼손이 미미하다.
④ 원유의 절감으로 에너지 수급안정
⑤ 청정에너지 사용이 가능하다.
⑥ 타 대체에너지에 비해 높은 에너지 밀도
⑦ 타 에너지원에 비해 경제성이 우수

(2) 소수력의 응용

① **하수처리장의 이용방안** : 하수처리장에서 방류수를 이용한 발전
② **정수장의 이용방안** : 취수댐으로부터 착수정까지 자연유하시키는 정수장의 경우 취수댐과 착수정 사이의 낙차를 이용한 발전
③ **농업용 저수지의 이용방안** : 농업용 저수지 관개시 표면수를 취수하여 사용한다.
   - Cone 밸브 전단에 Y자관을 설치하여 수차발전기를 설치하는 방법
   - 사이폰관 이용방법
④ **농업용 보의 이용방안** : 보의 높이는 위치에 따라 다르지만 대부분 2m 이하로 다소 낙차에 한계가 있다.
⑤ **다목적 댐의 용수로와 조정지의 이용**
   대형 다목적 댐의 경우 하천의 유량을 유지하기 위하여 항상 일정한 유량을 하천유지 용수로 방출할 때 다목적 댐의 하천유지용수 조정지를 이용한 소수력발전이 가능
⑥ **기타 이용방안**
   - 양식장의 순환수 이용
   - 화력발전소의 냉각수 및 양수발전소의 하부댐 이용

2) 소수력 발전방식에 따른 분류

(1) 수로식 또는 자연유하식

수로식 소수력발전소는 하천을 따라서 완경사의 수로를 결정하고 하천의 급경사와 굴곡 등을 이용하여 낙차를 얻는 방식이다.
수로식은 일반적으로 하천의 경사가 급한 상, 중류에 적합한 방식이며 댐은 원류식을 채택하는 경우가 많다.

(2) 댐식 또는 저수식

댐식 소수력 발전소는 주로 댐에 의해서 낙차를 얻는 형식으로 발전소는 댐에 근접해서 건설하고 일반적으로 하천경사가 작은 중, 하류로서 유량이 풍부한 지점이 유리하다.

3) 소수력 발전에 필요한 수차

(1) 종류

① **중력수차** : 물레방아와 같이 단순히 중력에 의해 회전한다.
② **충격수차** : 저유량 고낙차에 적합한 형으로 물의 에너지 전체를 운동에너지로 바꿔 이 충격으로 회전력을 얻는다.

③ 반동수차 : 저낙차와 중낙차에 사용되는 형태로 물이 수차를 통과할 때 압력과 속도를 동시에 감소시켜 회전력을 얻는다.

8. 폐기물 자원화 기술

1) 폐기물 대체에너지화 기술

(1) 폐기물 대체에너지 제조 및 이용특성

① **폐기물 고형연료(RDF)** : 종이, 나무, 플라스틱 등의 가연성 폐기물을 파쇄, 분리, 건조, 성형 등의 공정을 거쳐 제조된 고체연료
② **폐유 정제유** : 자동차 폐윤활유 등의 폐유를 이온정제법, 열분해정제법, 감압증류법 등의 공정으로 정제하여 생산된 재생유
③ **플라스틱 열분해 연료유** : 플라스틱 합성수지, 고무, 타이어 등의 고분자 폐기물을 열분해하여 생산되는 청정연료유
④ **폐기물 연료가스** : 폐기물을 열분해하고 가스화하여 생산되거나 매립지로부터 나오는 가연성 연료가스
⑤ **폐기물 소각열** : 가연성 폐기물 소각열 회수에 의한 스팀생산 및 발전, 시멘트 퀼른 및 철강석 소성로 등에서 열원으로 이용
⑥ **기타 폐기물 에너지** : 위의 ①~⑤ 외에 폐기물에서 얻을 수 있는 고상, 액상, 기상의 에너지 이용이 가능한 물질

9. 연료전지 에너지

1) 연료전지 원리

연료전지란 전기화학반응을 이용하여 연료가 가지고 있는 화학에너지를 연소과정 없이 직접 전기에너지로 변환시키는 전기화학 발전장치이다. 기존의 발전방식은 터빈이나 엔진구동은 연료를 연소시켜 발전기를 돌리는 것과는 달리 연소나 기계적인 구동없이 연료에서 직접 전기에너지를 얻어낸다.

(1) 특징

① 기계적인 구동부분이 필요 없다.
② 환경친화적이다.
③ 부산물로 물과 열을 얻게 된다.

④ 획기적인 에너지의 효율향상을 도모할 수 있다.
⑤ CO_2 발생량도 화력발전에 비해 60% 가량 적게 배출된다.
⑥ 연료전지 발전은 에너지의 70~80% 정도로 화력발전 40%에 비하여 에너지 효율이 높다.
⑦ 용도가 다양하다.

(2) 수소와 산소의 전기화학반응에 의한 전기생산 및 온수생산 시스템

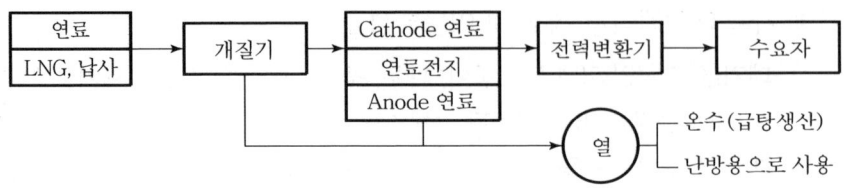

2) 전기화학반응에 따른 종류 구분

연료전지는 사용되는 전해질 및 전기화학반응의 종류에 따라 5가지로 구분한다.

(1) PAFC(인산형염)
(2) MCFC(용융탄산염형)
(3) AFC
(4) SOFC(고체산화물)
(5) PEMFC(고분자 전해질)

CHAPTER 007 출제예상문제

01 태양열 이용기술이 아닌 것은?
① 집열기술　　　② 축열기술
③ 시스템 제어기술　④ 시스템 제조기술

풀이 시스템 제조기술 = 시스템 설계기술

02 태양열 이용시스템에 대한 설명 중 틀린 것은?
① 태양열 이용시스템은 자연형과 설비형이 있다.
② 자연형은 별도의 집열판이나 펌프, 송풍기가 없이 건물구조를 이용해서 집열 또는 축열을 한다.
③ 설비형 태양열 이용시스템은 집열장치, 축열장치, 이용장치로 구성된다.
④ 집열장치에는 평판형, 접시형, 대기관형이 있다.

풀이
- 진공관형
- 평판형 집열장치 : 100℃
- 진공관형 집열장치 : 300℃
- 접시형 집열장치 : 300℃ 이상 고온용

03 태양열 발전장치의 일사광선을 집광하는 집광장치에 대한 내용 중 틀린 것은?
① 추적형 집광장치는 이동하는 태양을 따라가면서 집광한다.
② 집광장치 중 비추적형 집광장치도 있다.
③ 중·고온용 집광장치에는 포물선 형태의 반사판을 가진 CPC 집열장치, 위성안테나와 같은 반사판을 가진 PTC 집광장치, 접시형 집광장치 등이 있다.
④ 건물일체형 태양열 집열장치는 건물과 집광장치가 분리되어 있다.

풀이 건물일체형
　건물과 태양열 집광이 일체형으로 설계된다.

04 태양광발전에 대한 내용 중 틀린 것은?
① 태양광을 직접 전기로 변환하는 기술로 발전을 한다.
② 실리콘반도체로 만든 태양전지를 여러 개 조합하여 모듈을 만든다.
③ 태양광은 수명이 거의 영구적이며 태양광발전 시 태양전지의 면적에는 관계없다.
④ 태양광발전은 기상조건에 의해 발전량이 좌우되고 에너지밀도가 낮아 많은 면적이 필요하며 밤에는 발전이 불가능하다.

풀이 태양광 발전 용량을 많이 필요로 하면 태양전지의 면적이 커야 한다.

05 다음 내용 중 틀린 내용은?
① 태양전지 여러 개를 직렬로 연결하여 전압을 높인 것이 태양전지 모듈이다.
② 태양전지 모듈을 직렬 또는 병렬로 10~30개씩 연결한 것을 태양전지 어레이라 한다.
③ 태양전지에서 생산된 교류전기를 직류전기로 전환하는 것을 인버터라 한다.
④ 태양광발전에서 발전된 전기를 저항하는 것을 축전지(Battery)라고 한다.

풀이 인버터 : 직류전기를 교류전기로 전환시킨다.

06 다음 중 신에너지가 아닌 것은?
① 바이오에너지　　② 석탄액화가스화
③ 수소에너지　　　④ 연료전지

풀이
- 바이오에너지 : 재생에너지(신에너지는 ②, ③, ④ 3개)
- 재생에너지 : 태양열, 태양광, 풍력, 수력, 폐기물, 바이오, 해양에너지, 지열 등 8개

정답 01 ④　02 ④　03 ④　04 ③　05 ③　06 ①

CHAPTER 07. 신재생 및 기타 에너지

07 다음 풍력발전시스템의 설명 중 틀린 것은?

① 바람의 방향과 세기가 수시로 변하기 때문에 발전출력이 고르지 못하다.
② 바람만 불면 연중 계속발전이 가능하여 태양광 발전보다 높다.
③ 풍력발전장치는 몸체, 회전날개, 동력전달장치, 동력변환장치, 제어장치로 구성된다.
④ 수직축발전장치는 대형 발전기이며, 수평축발전기는 주로 100kW 이하의 소형에 사용된다.

풀이
- 수직축발전장치 : 100kW 이하 소형 풍력발전기
- 수평축발전장치 : 대형발전설비

08 풍력발전단지 조성 입지조건 중 맞지 않는 것은?

① 출력이 풍속의 3승에 비례하므로 바람의 속도가 빠른 곳이 좋다.
② 넓은 설치면적 확보가 가능하고 송전선과의 연결거리가 길어야 좋다.
③ 날개, 기둥, 발전기 등 대형 기자재의 이송도로 확보가 필요하다.
④ 내륙지역보다는 해안지대 또는 바다 안쪽이 풍력발전에 용이하다.

풀이 풍력발전은 송전선과의 연결거리가 짧아야 한다.

09 바이오매스 생물유기체로 사용하는 것이 아닌 것은?

① 곡물과 감자 등의 전분질계 자원
② 볏짚이나 나무 및 왕겨 등의 셀룰로스계 자원
③ 사탕수수나 사탕무 등 전분질계 자원
④ 가축분뇨와 동물의 사체, 미생물균체 등의 단백질계 자원

풀이 사탕수수, 사탕무우 등 당질계 자원을 이용한다.

10 바이오 재생에너지가 아닌 것은?

① 바이오에탄올
② 바이오디젤
③ 바이오경유
④ 우드칩 및 펠릿(Pellet)

풀이
- 바이오경유가 아닌 바이오가스
  - 바이오에탄올 : 가솔린에 옥수수 등 전분질계, 사탕수수 등 당질계와 혼합하여 만든다.
  - 바이오디젤 : 유채, 콩 등 유지를 추출한 채종류를 에스테르화시켜 만든다.
  - 바이오가스 : 음식물쓰레기, 축분, 동물체 등을 공기가 없는 분위기에서 혐기발효시키면 메탄가스가 발생된다.
  - 칩(Chip), 펠릿(Pellet) : 벌체된 나무를 가공하여 보일러용으로 사용한다.
  - 바이오매스 : 생물유기체의 재생에너지

11 지열냉난방장치의 구성이 아닌 것은?

① 지열열교환기
② 히트펌프
③ 보일러
④ 냉난방기

풀이 보일러 ≠ 열교환기여야 한다.

12 지열에너지 사용구성에 대한 내용으로 틀린 것은?

① 지열에는 땅속 깊은 곳의 열을 이용하는 심부지열과 또한 천부지열은 회수온도가 낮은 지표면 밑의 지열이다.
② 지열에 사용하는 열교환기에는 토양열교환기, 지하수열교환기, 우물형 열교환기가 있다.
③ 토양열교환기에는 수직형 열교환기와 수평형열교환기가 있으며, 재질은 동관이나 강관이 사용된다.
④ 수평형 열교환기는 지하 1.5m 깊이에, 수직형 열교환기는 지하 100~200m에 열교환기를 매설한다.

정답 07 ④ 08 ② 09 ③ 10 ③ 11 ③ 12 ③

풀이 토양열교환기 재질
고밀도 폴리에틸렌파이프 사용

13 댐이나 호수에 있는 물은 위치에너지를 보유한다. 다음 중 수차와 발전기를 돌려 발전이 가능한 것은?

① 수력발전 ② 태양광발전
③ 풍력발전 ④ 화력발전

풀이 수력발전
댐이나 호수의 물의 위치에너지를 이용한 발전

14 다목적댐을 다수 건설하여 작은 규모의 수계를 이용하는 1만 kW 이하의 발전은?

① 풍력발전 ② 조력발전
③ 소수력발전 ④ 화력발전

풀이 소수력발전
다목적댐을 건설하여 1만 kW 이하의 발전 사용

15 해양에너지를 이용한 발전이 아닌 것은?

① 조력발전 ② 소수력발전
③ 파력발전 ④ 온도차발전

풀이 ② 소수력발전 ≠ 조류발전

해양에너지를 이용한 발전
- 조력발전 : 조석간만을 동력원으로 하여 해수면의 상승하강운동을 이용한 발전
- 조류발전 : 수중의 해수흐름을 이용한 발전
- 파력발전 : 바다 수면 위의 파도를 이용한 발전
- 온도차발전 : 바다의 표면층과 500~1,000m 깊이의 심해 온도차(약 17℃)를 이용하여 발전
- 농도차 발전 : 민물과 바닷물이 혼합되는 강어귀 부근에서 소금의 농도차에 의한 삼투압을 이용한 발전

16 석탄가스화에 대한 내용 중 옳지 않은 것은?

① 석탄을 고온·고압하에서 완전연소 및 가스화 반응시켜 CO_2 가스와 H_2 가스가 주성분인 합성가스로 만든다.
② 석탄가스화는 가스터빈이나 발전보일러용을 사용한다.
③ 석탄가스화는 복합발전(IGCC)에 이용하면 발전효율이 향상되고 유황성분이 제거된다.
④ 석탄은 가채연수가 200년 정도로, 오랫동안 광맥이 유지되는 석탄가스화자원이다.

풀이 석탄가스화
불완전연소하여 만든 CO나 H_2 가스의 합성가스

17 가연성 폐기물을 고형연료(RDF)로 만들어 이용하는 신재생에너지인 폐기물에너지의 자원연료로 사용이 불가능한 것은?

① 폐플라스틱
② 폐고무 및 폐타이어
③ 폐윤활유 및 폐식용유
④ 폐지

풀이 ①, ②, ③ : 가연성 폐기물에너지 자원

18 가연성 폐기물 중 폐플라스틱이 60% 이상 함유된 고체로서 직경 50mm 이하로 발열량 6,000 kcal/kg 이상의 폐기물에너지 기호는?

① LPG ② RPF
③ RDF ④ CNG

풀이 RPF : 폐플라스틱이 60% 이상 함유된 폐기물 고체연료

정답 13 ① 14 ③ 15 ② 16 ① 17 ④ 18 ②

19 자연상태로 존재하지 않아서 물을 전기분해하여 만든 에너지는?

① LPG
② H_2
③ LNG
④ NG

풀이 수소(H_2)에너지 : 물을 전기분해하여 얻는다.

20 수소(H_2)에너지 제조방법이 아닌 것은?

① 수증기개질법 및 부분적 산화법
② 천연가스의 열분해 및 석탄의 가스화
③ 생물자원 이용 및 가스의 전기분해
④ 열화학적 반응사이클 및 광분해

풀이 물에서 전기분해하면 H_2 가스가 발생된다.

21 수소의 이용방법이 아닌 것은?

① 수소자동차 및 선박 잠수함의 동력
② 항공기용 및 발전용 연료
③ 보일러용 및 암모니아 합성
④ 석유의 정제 및 금속의 제련

풀이 발전용으로 사용하려면 연료전지를 생산해야 하며, 순수한 수소는 발전시스템에서 냉각매체로 사용된다.

22 수소를 전기화학반응에 의해 전기에너지로 변환시키는 발전장치는?

① 연료전지
② 수은전지
③ 베터리전지
④ 자동차용 전지

풀이
- 연료전지 : 수소를 전기화학반응에 의해 전기에너지로 변환시키는 발전장치이다.
- 연료전지의 종류 : 전해질의 종류에 따라 알칼리형, 양자교환막형(PEM), 인산형, 용융탄산염형, 고체산화물형이 있다.

정답 19 ② 20 ③ 21 ② 22 ①

PART 03 계측 및 에너지진단

INDUSTRIAL ENGINEER ENERGY MANAGEMENT

CHAPTER 01 계측일반과 온도측정
CHAPTER 02 유량계측
CHAPTER 03 압력계측
CHAPTER 04 액면계측
CHAPTER 05 가스의 분석 및 측정
CHAPTER 06 자동제어 회로 및 장치
CHAPTER 07 열에너지 진단
CHAPTER 08 전열과 열교환
CHAPTER 09 육용보일러의 열정산방식

CHAPTER 001 계측일반과 온도측정

SECTION 01 계측일반(계량과 측정)

계측과 제어의 목적	계기의 보전
• 조업조건의 안정화 • 열설비의 고효율화 • 안전위생관리 • 작업인원 절감	• 검사 및 수리 • 정기점검 및 일상점검 • 보존관리자의 교육 • 예비부품 및 예비계기 상비 • 관련 자료의 정비기록 등

1. 계측기의 구비조건

(1) 구조가 간단하고 취급이 용이할 것
(2) 보수가 용이할 것
(3) 견고하고 신뢰성이 있을 것
(4) 원거리 지시 및 기록이 가능하고 연속적 측정이 가능할 것
(5) 경제적일 것
(6) 구입이 용이하며 경제적일 것

2. 계측단위

1) 기본단위(Fundamental Unit)

기본량	이름	단위	기본량	이름	단위
길이	meter	m	온도	Kelvin	K
질량	kilogram	kg	물질량	mole	mol
시간	second	s	광도	candela	cd
전류	Ampere	A			

2) 유도단위(조립단위 : Drived Unit)

유도량	SI 유도단위	
	명칭	유도단위
넓이	제곱미터	m^2
부피	세제곱미터	m^3
속력, 속도	미터 매 초	m/s
가속도	미터 매 초 제곱	m/s^2
파동수	역 미터	m^{-1}
밀도, 질량밀도	킬로그램 매 세제곱미터	kg/m^3
비(比)부피	세제곱미터 매 킬로그램	m^3/kg
전류밀도	암페어 매 제곱미터	A/m^2
자기장의 세기	암페어 매 미터	A/m
(물질량의) 농도	몰 매 세제곱미터	mol/m^3

3) 보조단위

배량, 분량	호칭법	기호	배량, 분량	호칭법	기호
10^{12}	테라	T	10^{-2}	센티	C
10^9	기가	G	10^{-3}	밀리	m
10^6	메가	M	10^{-6}	마이크로	μ
10^3	킬로	K	10^{-9}	나노	n
10^2	헥토	h	10^{-12}	피코	p
10	데카	da	10^{-15}	펨토	f
10^{-1}	데시	d	10^{-18}	아토	a

4) 특수단위

습도, 비중, 입도, 인장강도, 내화도, 굴절도

5) 절대단위계

단위	양	차원	CGS단위계	MKS단위계	중력단위계(FPS)
기본단위	질량	M	g_f	kg	lb_f
	길이	L	cm	m	in, ft
	시간	T	sec	sec, hr	sec, hr

(1) 중력단위계에서는 절대단위계 질량(M), 길이(L), 시간(T)인 질량 대신 힘(F)이 기본단위다.

(2) CGS단위계에서는 물리량이 유도할 때 cm, g, s의 단위를 나타낸다.

6) 국제단위계(SI)

(1) 기본단위 : 길이(m), 질량(kg), 시간(s)

(2) 힘 : N(뉴턴), $1kg_f = 9.81N$이다.

2. 측정과 오차

1) 측정

(1) 정의

물리적 양을 기기를 사용하여 그 단위를 비교하여 헤아리는 것

(2) 측정방법

① 직접 : 측정하려는 양을 측정기기와 비교하여 측정하는 것(길이, 시간, 무게 등)

② 간접 : 측정하려는 양과 일정한 관계를 가지고 있는 다른 양을 계산과정을 통하여 측정값을 구하는 것

2) 오차(Error)

측정값과 참값과의 차이를 절대오차 또는 오차라고 한다.

(1) 계통오차

측정값에 어떤 일정한 영향을 주는 원인에 의해서 생기는 오차(원인을 알 수 있는 오차)

① 측정기기(계기) 자체의 오차(고유오차)

② 측정자 습관에 의한 오차(개인오차)

③ 온도, 습도 등 환경조건에 의한 오차(이론오차)

(2) 과오에 의한 오차

측정자의 부주의에 의한 오차로 눈금을 잘못 읽거나 기록을 잘못하는 경우 등이 있다.

(3) 우연오차

계측상태의 미소 변화에 따른 오차(흩어짐의 원인이 되는 오차)
① 관측자의 주위의 동요 등에 의한 오차
② 온도, 습도, 진동, 미소공기유동, 조명 등에 의한 오차
- 원인 : 측정기의 산포, 측정자에 의한 오차, 측정환경에 의한 오차
- 특징 : 원인을 알 수 없어 원인제거가 되지 않는다.

SECTION 02 온도계의 종류 및 특징

 **Reference** 온도계 선정 시 유의사항

- 견고하고 내구성이 있을 것
- 취급하기 쉽고 측정이 간편할 것
- 온도의 측정범위 및 정밀도가 적당할 것
- 지시나 기록 등을 쉽게 할 수 있을 것
- 피측온도체와의 화학반응 등에 의한 온도계에 영향이 없을 것
- 피측온 물체의 크기가 온도계 크기에 비해 적당할 것

1. 온도계의 종류 및 특징

1) 접촉식 온도계

온도계의 감온부를 측정하고자 하는 대상에 직접 접촉

[특징]
- 측정오차가 비교적 적다.
- 피 측정체의 내부온도만을 측정한다.
- 이동물체의 온도측정이 곤란하다.
- 온도변화에 대한 반응이 늦다.(측정시간 지연)
- 1,000℃ 이하의 저온 측정용

(1) 유리제온도계(Glass Thermometer)

온도계 내 액체의 열팽창에 의한 변위를 계측

① **수은온도계** : 수은(Hg)의 비열은 0.033[kcal/kg℃]으로 비열이 작고 열전도율이 크기 때문에 응답성이 빠르다. 또한 모세관 현상이 적다.
  ※ 사용온도 : -35~360℃, 불활성기체를 사용하는 경우 : 750℃
② **알코올온도계** : 저온용으로 많이 사용(-150~100℃)되며 표면장력이 적어 모세관 현상이 크다.
③ **베크만온도계** : 모세관 상부에 수은을 고이게 하여 측정온도에 따라 수은의 양을 조절 미소 범위의 온도변화를 정밀하게 측정할 수 있다. 다만 온도계를 읽을 때 시차에 주의하여야 한다.
  ※ 사용온도 : 150℃이며, 0.01℃까지 측정

(2) 바이메탈 온도계(Bimetal Thermometer)

열팽창계수가 다른 2종 박판의 금속을 맞붙인 것으로 온도변화에 의하여 휘어지는 변위를 지시하는 구조가 간단하며 내구성이 있어 자동온도조절, 지시, 기록장치에 많이 사용된다.

[특징]
- 현장 지시용으로 많이 사용
- 응답이 늦고 히스테리시스(Hysteresis)오차가 발생한다.
- 유리온도계보다 견고하다.
- 사용온도 : -50~500℃

(3) 압력식 온도계(Pressure Thermometer)

밀폐관 내에 수은과 같은 액체 또는 기체를 넣은 것으로 온도변화에 따른 체적변화를 압력변화로 변환하여 계측하는 온도계로서 이 압력식 온도계는 대개의 경우 자력으로 동작한다.

[특징]
- 연속기록이 가능하기 때문에 자동제어 등이 가능하다.
- 감온부, 도압부, 감압부로 구성된다.
- 진동이나 충격에 강하다.
- 금속의 피로에 의하여 관이 파열될 수 있다.
- 외기온도에 의한 영향으로 온도지시가 느리다.

① 액체압력식 온도계
- 모세관으로 된 도압부 길이를 50m까지 길게 할 수 있다.
- 사용봉입액에 따라 수은(-30~600℃), 알코올(200℃), 아닐린(400℃)의 측정

② 증기압력식 온도계
- 봉입기체의 온도에 따른 증기압의 변화를 이용
- 기체의 비점 : 프레온(-30℃), 에틸에테르(34.6℃), 톨루엔, 아닐린, 에틸알코올, 염화메틸 등을 사용

③ 기체압력식 온도계
- 온도변화에 따른 기체(불활성가스인 헬륨, 네온, 질소)의 체적변화를 이용
- 고온에서 기체가 금속에 침입할 수 있다.(-130~420℃) 이하에 사용
- 모세관길이는 50~90m까지 할 수 있다.
- 순수한 기체만을 봉입한 온도계는 일명 아네로이드형 온도계라 한다.

> **Reference 고체 팽창식 압력계**
> - 선팽창계수가 큰 황동의 온도에 따른 변위를 이용
> - 구조가 간단하며 보수가 용이하다.
> - On-Off 제어용(온도, 경보 등)
> - 압력식 온도계에 포함되지 않는다.

(4) 저항온도계(Resistance Thermometer)

온도가 증가함에 따라 도체 또는 반도체인 직경 0.03~0.1mm 정도 금속저항체로서 저항이 증가하는 성질을 이용(측온저항의 변화)

[특징]
- 온도의 지시, 기록, 조절용으로 원격측정용에 적합하다.
- 별도의 전원이 불필요하다.
- 측온저항체가 가늘어 진동 등에 의하여 단선될 수 있다.
- 500℃ 이하의 정밀 측정에 적합하다.
- 표준 저항값 : 25Ω, 50Ω, 100Ω(백금) 등을 사용

① 측온 저항체의 구비조건
- 일정온도에서 일정저항을 가져야 한다.
- 내열성이 있어야 한다.

- 저항온도계수가 크며 규칙적이어야 한다.
- 물리화학적으로 안정되며 동일 특성을 갖는 재료일 것

② 측온저항

$$R = R_o(1 + \alpha t)$$

여기서, R : 온도 측정 시 저항[Ω], R_o : 온도계 저항체의 저항[Ω]
α : 저항온도계수, t : 측정온도(임의의 온도 – 기준온도)

③ 측온저항체의 종류 및 특징

㉠ 백금(Pt)저항온도계
- 정밀측정용으로 안정성 및 재현성이 뛰어나다.
- 고온에서 열화가 적으며 저항온도계수가 적다.
- 온도측정 시 시간지연이 크며 가격이 고가이다.
- -200~500℃에서 사용된다.

㉡ 니켈(Ni)저항온도계
- 상온에서 안정성이 있다.
- 사용온도(-50~150℃)가 좁다.
- 저항온도계수가 커서(0.6%/deg) 백금 다음으로 많이 사용된다.
- 가격이 저렴하다.
- 사용범위가 좁다.

㉢ 동(Cu)저항온도계
- 가격이 싸고 비례성이 좋다.
- 저항률이 낮아 선을 길게 감을 필요가 있다.
- 0~120℃에서 사용된다.
- 고온에서 산화하므로 상온 부근의 온도측정에 사용한다.

㉣ 서미스터(Thermister)저항온도계
- 니켈(Ni), 망간(Mn), 코발트(Co), 철(Fe), 구리(Cu) 등의 금속산화물의 분말을 혼합 소결시켜 만든 반도체(응답이 빠르다.)
- 전기저항이 온도에 따라 크게 변화(저항온도계수가 다른 금속에 비하여 크다.)
- -100~300℃에서 사용된다.

(5) 열전대 온도계(Thermoelectric Thermometer)

자유전자밀도가 다른 두 금속선을 접합시켜 양접점에 온도를 다르게 하면 온도차에 의하여 열기전력이 발생되는 원리를 이용. 즉 제백(Seeback Effect)효과를 이용한다.

① 열전대 온도계의 구성
- 열전대 : 열기전력을 일으키는 한 쌍의 금속선

  예 백금-백금로듐, 크로멜-알루멜, 철-콘스탄탄, 동-콘스탄탄
- 보호관 : 열전대를 보호하기 위하여 측온개소에 삽입되는 것
- 보상도선 : 열전대 단자로부터 기준접점까지의 최대거리

  예 동, 동-니켈합금선
- 두 접합점 : 측온접점(측정부 삽입), 냉접점(냉각기에 삽입해 0℃로 유지)
- 구리도선 : 기준접점에서 지시계까지의 최대거리
- 지시계 : 전위차계
- 냉접점 : 열전대의 측온 접점에 대해 냉접점을 기준온도를 유지해야 하므로 듀워병에 얼음과 증류수의 혼합물을 채운 냉각기에 사용(반드시 0℃를 유지한다.)

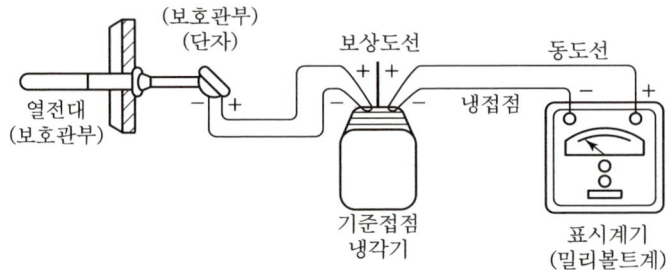

② 열전대온도계의 구비조건
- 열기전력이 크고 온도 증가에 따라 연속적으로 상승할 것
- 열기전력이 안정되며 장시간 사용에도 이력현상이 없을 것
- 내열성과 내식성이 있을 것
- 재생성과 가공성이 좋으며 가격이 저렴할 것
- 전기저항, 저항온도 계수 및 열전도율이 작을 것
- 보호관 단자에서 냉접점까지는 가격이 비싼 열전대 대신 동선이나 구리-니켈 합금선 등의 보상도선 이용이 가능하여야 한다.

③ 열전대 온도계의 특성
- 원격측정 및 자동제어 적용이 용이하다.
- 접촉식 온도계 중에서 가장 고온 측정이 가능
- 측정 시 전원이 불필요
- 전위차계 또는 밀리볼트계를 사용하기 때문에 공업용에는 자동평형기록계를 사용한다.
- 측정 시 전원이 불필요
- 측정범위와 회로의 저항에 영향이 적은 전위차계를 사용한다.

- 냉접점 및 보상도선으로 인한 오차가 발생되기 쉽다.
- 정확한 온도, 고온, 연속기록이 가능하며 경보 및 제어가 가능하여 실험실, 공장용으로 널리 쓰인다.

④ 열전대 온도계의 종류와 특징

종류	기호	사용금속 (+)	사용금속 (−)	사용온도	특징
백금−백금로듐	PR	백금로듐 (Rt87, Rh13)	순백금	0~1,600	고온측정에 유리, 환원성 분위기에는 약하나 산화분위기에 강하다.
크로멜−알루멜	CA	크로멜 (Ni90, Cr10)	알루멜 (Ni94, Mn2) (Si1, Al3)	−20~1,200	• 열기전력이 크다. • 환원분위기에 강하다. • 산화성 분위기에는 약하다.
철−콘스탄탄	IC	순철(Fe)	콘스탄탄 (Cu55, Ni45)	−20~800	• 열기전력이 가장 크다. • 환원성에는 강하나 산화성에는 약하다.
동−콘스탄탄	CC	순동(Cu)	콘스탄탄 (Cu55, Ni45)	−200~350	• 저온용으로 사용 • 열기전력이 크다. • 저항 및 온도계수가 작다.

※ 보상도선 : 열전대와 거의 같은 기전력 특성을 갖는 전선을 보상도선이라 하며 주로 동(Cu)과 동−니켈 합금의 조합으로 되어 있다.

⑤ 열전대온도계의 취급상 주의사항
- 계기의 충격을 피하고 일광, 먼지, 습기 등에 주의
- 도선을 접속하기 전에 지시계의 0점 조정을 정확히 할 것
- 지시계와 열전대의 결합을 확인(단자+, −를 보상도선의 +, −와 일치)
- 사용온도 한계에 주의할 것
- 열전대 삽입길이는 보호관 바깥지름의 1.5배 이상으로 한다.
- 표준계기로 정기적인 교정을 한다.
- 눈금을 읽을 때 시차에 주의하며 정면에서 읽을 것

⑥ 보호관 : 열전대를 기계적 화학적으로 보호하기 위하여 보호관(금속, 비금속 사용)에 넣어 사용한다.

⑦ 기타 열전대 온도계
- 흡인식 열전대 온도계 : 물체로부터 방사열을 받거나 반대로 낮은 온도의 물체에 방사열을 줌으로써 생기는 오차를 방지한다.
- 시이드 열전대 온도계 : 열전대 보호관 속에 산화마그네슘(MgO), 산화알루미늄(Al_2O_3)를 넣은 것으로 매우 가늘게 만든 보호관으로 가요성이 있다.
- 표면온도계 : 열전대의 냉접점을 손으로 잡았을 경우에 열접점을 물체의 표면에 접촉시켜서 표면 온도를 측정한다.

2) 비접촉온도계

(1) 광고온계(Optical Pyrometer)

고온물체로부터 방사되는 특정파장(0.65μ)을 온도계 속으로 통과시켜 온도계 내의 전구 필라멘트의 휘도를 육안(가스광선)으로 직접 비교하여 온도 측정

[특징]
방사온도계에 비해 방사율에 대한 보정량이 적다.

[측정 시 주의사항]
- 비접촉식온도계 중 가장 정도가 높다.
- 구조가 간단하고 휴대가 편리하지만 측정인력이 필요하다.
- 측정온도 범위는 700~3,000℃이며 900℃ 이하의 경우 오차가 발생한다.
- 측정에 시간 지연이 있으며 연속측정이나 자동제어에 응용할 수 없다.
- 광학계의 먼지 흡입 등을 점검한다.
- 개인차가 있으므로 여러 사람이 모여서 측정한다.
- 측정체와의 사이에 먼지, 스모그(연기) 등이 적도록 주의한다.

(2) 방사온도계(Radiation Pyrometer)

물체로부터 방사되는 모든 파장의 전방사 에너지를 측정하여 온도를 계측하는 것으로 이동물체의 온도측정이나 비교적 높은 온도의 측정에 사용된다. 렌즈는 석영 등을 사용하고 석영은 3μ 정도까지 적외선 방사를 잘 투과시킨다.

[특징]
- 구조가 간단하고 견고하다.
- 피측정물과 접촉하지 않기 때문에 측정조건이 까다롭지 않다.
- 방사율에 의한 보정량이 크지만 연속측정이 가능하고 기록이나 제어가 가능하다.
- 1,000℃ 이상의 고온에 사용하며 이동물체의 온도측정이 가능하다.(50~3,000℃ 측정)

- 발신기를 이용하여 기록 및 제어가 가능
- 측온체와의 사이에 수증기나 연기 등의 영향을 받는다.
- 방사 발신기 자체에 의한 오차가 발생하기 쉽다.
- $Q = 4.88 \times 방사율 \times \left(\dfrac{T}{100}\right)^4$ kcal/m²h로 표시한다.(스테판볼츠만 법칙)

(3) 광전관 온도계(Photoelectric Pyrometer)

광고온계의 수동측정이라는 결점을 보완한 자동화한 온도계로 2개의 광전관을 배열한 구조

[특징]
- 응답속도가 빠르고 온도의 연속측정 및 기록이 가능하며 자동제어
- 이동물체의 온도측정이 가능
- 개인오차가 없으나 구조가 복잡하다.
- 온도측정범위 700~3,000℃
- 700℃ 이하 측정시에는 오차발생
- 정도는 ±10~15deg로서 광고온계와 같다.

(4) 색온도계

색온도계는 일반적으로 물체는 600℃ 이상 되면 발광하기 시작하므로 고온체를 보면서 필터를 조절하여 고온체의 색을 시야에 있는 다른 기준색과 합치시켜 온도를 알아내는 방법

[특징]
- 방사율이 영향이 적다.
- 광흡수에 영향이 적으며 응답이 빠르다.
- 구조가 복잡하며 주위로부터 빛 반사의 영향을 받는다.
- 750℃ 정도부터 측정이 가능하며 기록조절용으로 사용된다.

▼ 온도와 색의 관계

온도[℃]	색	온도[℃]	색
600	어두운 색	1,500	눈부신 황백색
800	붉은색	2,000	매우 눈부신 흰색
1,000	오렌지색	2,500	푸른기가 있는 흰백색
1,200	노란색		

CHAPTER 001 출제예상문제

01 중유를 사용하는 로 내의 온도를 일정하게 유지시키기 위한 제어량은?

① 로 내의 압력
② 중유의 유출압력
③ 중유의 유량
④ 로 내의 온도

풀이 중유 사용로에서 로 내의 온도를 일정하게 하기 위하여 중유의 유량을 제어한다.

02 비접촉식 온도계의 특성 중에서 잘못 짝지어진 것은?

① 서머컬러 : 내화물의 내화도 측정
② 광고온도계 : 한 파장의 방사에너지 측정
③ 방사온도계 : 전 파장의 방사에너지 측정
④ 색온도계 : 고온체의 색 측정

풀이 서머컬러(Thermocolor)온도계는 열의 전열속도나 열의 분포를 조사하는데 이용하며 내화물의 내화도 측정은 제에겔콘이다.

03 $-200°F$는 몇 ℃인가?

① $-128.9℃$
② $-93.2℃$
③ $-111.8℃$
④ $-168℃$

풀이 $℃ = \dfrac{5}{9}(°F - 32)$

∴ $\dfrac{5}{9}\{(-200) - 32\} = -128℃$

04 보일러 내의 온도를 재는 데 적당치 않은 계기는?

① 열전대 온도계
② 압력 온도계
③ 저항 온도계
④ 건습구 온도계

풀이 건습구(건구) 온도계는 액주식 온도계로서 보일러의 로 내(고온)온도 측정은 불가능하다.(즉 건구온도, 습구온도로부터 도표로 습도를 구한다.)

05 CA type 열전대의 온도측정 범위로 적당하지 않은 것은?

① $-20 \sim 300℃$
② $300 \sim 600℃$
③ $600 \sim 1,000℃$
④ $1,000 \sim 1,600℃$

풀이
• CA(크로멜-알루멜)는 최고 측정온도가 $0 \sim 1,200℃$ 상용온도가 $1,000℃$ 이하이다.
• ④는 P-R(백금-백금로듐)는 $0 \sim 1,600℃$ 정도 열전대 온도계의 측정용이다.

06 물체의 형상 변화를 이용하여 온도를 측정하는 것은?

① 제어겔콘
② 방사온도계
③ 광고온도계
④ 색온도계

풀이 제어겔콘(점토, 규석질 및 내열성의 금속산화물)은 물체의 형상 변화를 이용하여 내화물 온도를 측정하는 것이다.

07 다음 중 보상도선이 필요한 온도계는?

① 저항온도계
② 열전온도계
③ 표면온도계
④ Thermister

풀이 접촉식 열전온도계는 보상도선(구리, 구리-니켈 합금)이 필요한 온도계이다.

정답 01 ③ 02 ① 03 ① 04 ④ 05 ④ 06 ① 07 ②

08 보일러의 자동제어에서 제어량 대상이 아닌 것은?

① 증기압력 ② 보일러 수위
③ 증기온도 ④ 급수온도

> 풀이: 급수량이나 수위는 제어량 대상이나 급수온도는 제어량 대상이 아니고, 검출대상이다.

09 다음 물질 중 온도 측정에 사용되지 않는 재료는?

① 수정 결정 ② 수은
③ 백금 ④ 아연

> 풀이: 금속의 종류인 아연은 온도계로서는 사용되지 않는다.(구리+아연=황동, 구리+주석=청동)

10 비접촉식 온도계 중 광파장 에너지로 측정하는 계기는?

① 광고온도계 ② 방사온도계
③ 서머컬러 ④ 복사온도계

> 풀이: 광고온도계(비접촉식 온도계)는 고온체에서 방사되는 에너지 중에서 특정한 파장(0.65μ인 적외선)의 방사 에너지를 이용하여 온도를 측정한다.

11 연소실 내의 온도를 관리할 때 가장 적합한 온도계는?

① 수은(水銀)온도계
② 알코올온도계
③ 금속온도계
④ 열전대(熱電對)온도계

> 풀이: 연소실 내의 온도는 1,000℃ 이상이므로 열전대(백금-백금로듐) 온도계로서 측정이 가능하다.

12 원거리 지시 및 기록이 가능하여 1대의 계기로 여러 개소의 온도를 측정할 수 있는 온도계는?

① 유리온도계 ② 압력온도계
③ 열전온도계 ④ 방사온도계

> 풀이: 열전온도계는 원거리 지시 및 기록이 가능하다.

13 전기적 절연성을 가지며 급열·급랭에 견디고 기계적 충격에 약한 것이 결점이다. 또한 알칼리에는 약하나 산에는 강하며 상용온도가 1,000℃ 이하인 비금속 보호관은?

① 자기관(반응 알루미나 소결품)
② 카르보랜덤관
③ 석영관
④ 고알루미나 자기관

> 풀이: 석영관(비금속 열전대 보호관)
> - 급열·급랭에 견딤
> - 기계적 강도가 작다.
> - 산성에 강하고 알칼리에 약하다.
> - 환원성 가스에 기밀성이 떨어진다.
> - 사용온도 1,000℃ 이하에서 비금속 보호관이다.

14 방사온도계의 방사에너지는 절대온도에 어떻게 비례하는가?

① 2제곱 ② 3제곱
③ 4제곱 ④ 5제곱

> 풀이: 비접촉식 방사온도계의 방사에너지는 절대온도에 4제곱에 비례한다.

15 다음 중 열전도율이 가장 큰 것은?

① 공기 ② 수소
③ 질소 ④ 이산화탄소

정답 08 ④ 09 ④ 10 ① 11 ④ 12 ③ 13 ③ 14 ③ 15 ②

풀이 기체의 열전도율
- 공기(0.556×10^{-4} kcal/cm·S·℃)
- 수소(3.965×10^{-4} kcal/cm·S·℃)
- 질소(0.568×10^{-4} kcal/cm·S·℃)
- 이산화탄소(0.349×10^{-4} kcal/cm·S·℃)

16 비접촉식 온도계가 아닌 것은?
① 압력온도계
② 광전관식 온도계
③ 방사온도계
④ 색온도계

풀이 압력식 온도계(기체, 액체, 증기)는 접촉식 온도계이다.

17 열전대 온도계는 어떤 현상을 이용한 온도계인가?
① 치수의 증대
② 전기저항의 변화
③ 기전력의 발생
④ 압력의 발생

풀이 열전대 온도계 : 기전력의 발생을 이용한 접촉식 온도계로서 접촉식 중 가장 고온측정용이다.

18 니켈, 망간, 코발트 등의 금속 산화물의 분말을 혼합, 소결시켜 만든 반도체로서 전기저항이 온도에 따라 크게 변화하므로 응답이 빠른 감열소자로 이용할 수 있는 온도계는?
① 광온도계
② 서미스터
③ PR 열전온도계
④ 서머컬러

풀이 서미스터 측온 저항체의 부속 산화물
- 니켈
- 망간
- 철
- 구리
- 코발트

19 온도계의 교정 시에 사용하는 표준 온도는 몇 도인가?
① 20℃
② 0℃
③ 100℃
④ 5℃

풀이 온도계의 교정 시 표준 온도는 상온(20℃)이다.

20 200°F는 몇 ℃인가?
① 93℃
② -93.2℃
③ -111.8℃
④ -168℃

풀이 $℃ = \frac{5}{9} \times (°F - 32)$, $\frac{5}{9} \times (200 - 32) = 93℃$

21 보일러의 화염 온도를 측정하는 데 가장 적합한 온도계는?
① 알코올 온도계
② 광고온계
③ 수은유리온도계
④ 표면온도계

풀이 보일러 화염은 1,000℃ 이상의 고온계라서 광고온도계가 이상적이다.(700~3,000℃까지 측정)
- 알코올 온도계 : -100~200℃
- 수은 온도계 : -30~350℃
- 표면 지시 온도계 : 0~300℃

22 서미스터(Thermistor)에 관한 설명이다. 틀린 것은?
① 온도변화에 따라 저항치가 크게 변하는 반도체로 Ni, Co, Mn, Fe 및 Cu 등의 금속 산화물을 혼합하여 만든 것이다.
② 서미스터는 넓은 온도범위 내에서 온도계수가 일정하다.
③ 25℃에서 서미스터 온도계수는 약 -2~6%/℃의 매우 큰 값으로서 백금선의 약 10배이다.
④ 측정온도 범위는 -100~300℃ 정도이며, 측온부를 작게 제작할 수 있어 시간 지연이 매우 적다.

정답 16 ① 17 ③ 18 ② 19 ① 20 ① 21 ② 22 ②

풀이 서미스터 저항온도계는 금속에 비하여 비저항이 크고 온도계수의 변화도 크다. 재질이나 제조법에 따라 저항값이 다르다. 저항온도계수는 0.04~0.06으로 금속의 10배가 되며 정밀한 측정이 가능하다.(-50~300℃)

23 다음 중 압력식 온도계에 속하지 않는 것은?

① 고체 팽창식 온도계 ② 액체압식 온도계
③ 증기압식 온도계 ④ 기체압식 온도계

풀이 ㉠ 압력식 온도계
- 액체압식(-40~540℃)
- 증기압식(-45~320℃)
- 기체압식(-30~430℃)
㉡ 고체팽창식 온도계 : 바이메탈 온도계(-50~500℃)

24 고온체에서 방사되는 에너지 중 특정한 파장($0.65\mu m$인 적외선)의 방사에너지를 다른 온도의 고온 물체로 사용되는 전구의 필라멘트의 휘도와 비교하여 온도를 측정하는 온도계는?

① 방사온도계
② 서모컬러(Thermocolor)
③ 제거콘
④ 광고온도계

풀이 비접촉식 광고온도계는 $0.65\mu m$ 적외선의 방사 에너지를 다른 온도의 고온 물체로 사용되는 전구의 필라멘트의 휘도와 비교하여 온도를 측정한다.(측정범위 : 700~3,000℃)

25 다음 중 주로 인화점이 80℃ 이하인 석유제품의 인화점 시험방법으로서 래커솔벤트, 저인화점의 희석제, 연료 유류 등에서 적용하지 않는 시험법은?

① 타그 개방방식
② 타그 밀폐식
③ 클리블랜드 개방식
④ 펜스키 마르텐스 밀폐식

풀이 클리블랜드 개방식 인화점 측정
아스팔트나 특별한 경우 인화점이 80℃ 이상인 윤활유의 인화점 측정용

26 그림의 관로에서 온도계의 설치위치로 가장 적당한 곳은?(단, 관로는 연도가스 덕트(Duct)로 간주한다.)

① 1
② 2
③ 3
④ 4

풀이 온도계 설치위치 : 3번

27 국제 미터원기(백금·이리듐 합금)로 표시된 1미터의 길이는 온도 몇 도에서 나타내는 값인가?

① 0℃ ② 15℃
③ 20℃ ④ 25℃

풀이 국제 미터원기로 표시된 1m 길이의 백금과 이리듐 합금은 0℃에서 나타내는 것이 기준이 된다.

28 다음 중 접촉식 온도계가 아닌 것은?

① 바이메탈 온도계
② 백금저항 온도계
③ 열전(대) 온도계
④ 광고온계

풀이 광고온계 : 비접촉식 고온계

정답 23 ① 24 ④ 25 ③ 26 ③ 27 ① 28 ④

29 계측기기의 구비조건으로 잘못된 것은?

① 연속 측정이 되어야 한다.
② 정도가 높고 구조가 간단하여야 한다.
③ 견고하고 신뢰성이 낮아야 한다.
④ 설치장소 및 주위 조건에 내구성이 있어야 한다.

[풀이] 계측기는 견고하고 신뢰성이 높아야 한다.

30 다음 중 보상도선을 써야 하는 온도계는?

① 열전식 온도계   ② 광고온계
③ 방사온도계   ④ 전기식 온도계

[풀이] 열전대식 접촉식 온도계는 반드시 보상도선을 사용한다.(보상도선 : 동, 동-니켈 합금)

31 다음 중 체적 변화에 의하여 온도를 측정하는 온도계는?

① 전기저항온도계   ② 열전온도계
③ 가스온도계   ④ 광고온계

[풀이] 가스온도계는 체적변화에 의하여 온도를 측정하는 온도계이다.

32 열전대의 종류 중 상용온도가 200~1,400℃인 열전대는?

① CC   ② PR
③ CA   ④ IC

[풀이] PR(백금, 백금로듐) 온도계 상용온도범위는 200~1,400℃이다.(최고온도는 600~1,600℃)

33 CC열전대의 (-)측 재료로 사용되는 것은?

① 크로멜(Crommel)
② 콘스탄탄(Constantan)
③ 순동(Copper)
④ 알루멜(Alummel)

[풀이] CC ⊕측(구리), ⊖측(콘스탄탄)
열전대는 -180~350℃ 측정가능

34 다음 열전대 중 가장 고온을 측정할 수 있는 것은?

① 백금-백금로듐(PR)
② 동-콘스탄탄(CC)
③ 철-콘스탄탄(IC)
④ 크로멜-알루멜(CA)

[풀이] ① 백금-백금로듐 : 0~1,600℃
② 동-콘스탄탄 : -200~350℃
③ 철-콘스탄탄 : -200~800℃
④ 크로멜-알루멜 : 0~1,200℃(300~1,200)

35 다음 중 측온 저항체에 속하지 않는 것은?

① 백금 측온 저항체
② 동 측온 저항체
③ 실리콘 측온 저항체
④ 비금속 측온 저항체

[풀이] 측온 저항체 온도계 재질
- 백금   · 구리(동)
- 니켈   · 실리콘
- 서미스터

36 비접촉식 온도계의 특성 중 잘못 짝지어진 것은?

① 광전관 고온계 : 내화물 내화도 측정
② 광고온계 : 한 파장의 방사에너지 측정
③ 방사온도계 : 전 파장의 방사에너지 측정
④ 색온도계 : 고온체의 색 측정

[풀이] 광전관 고온계는 비접촉식 온도계이며, 내화물의 내화도 측정은 제거콘으로 측정한다.

정답 29 ③ 30 ① 31 ③ 32 ② 33 ② 34 ① 35 ④ 36 ①

37 열전대의 종류 중 상용 사용한도 온도가 650~1,000℃인 열전대는?

① CC
② PR
③ CA
④ IC

풀이
- CC : -180~350℃
- PR : 200~1,400℃
- CA : 300~1,000℃
- IC : 0~600℃

38 물체의 형상변화를 이용하여 온도를 측정하는 것은?

① 저항온도계
② 광온도계
③ 제거콘(Seger Cones)
④ 열전대온도계

풀이 제거콘은 내화물 등의 물체의 형상변화를 이용하여 온도를 측정한다.

39 열전대 온도계가 구비해야 할 사항을 설명한 것이다. 맞지 않는 것은?

① 주위의 고온 물체로부터의 복사열을 받지 않도록 주의한다.
② 열전대 재료는 열기전력이 크고 온도증가에 따라 연속적으로 상승할 것
③ 열전대는 측정지점에 정확히 삽입하고 그 점에 냉기가 유입되지 않도록 주의한다.
④ 단자의 극성과 보상선의 극성을 바꾸어 결선해야 한다. 즉 단자의 +, -와 보상선의 -, +극을 결선한다.

풀이 열전대 온도계는 단자의 극성(+, -)과 보상도선의 극성(+, -)을 일치시켜 결선해야 한다.

40 다음 중 압력식 온도계에 속하지 않는 것은?

① 방사압식 온도계
② 액체압식 온도계
③ 증기압식 온도계
④ 기체압식 온도계

풀이 복사고온계 즉 방사 온도계는 비접촉식 온도계이다.

41 다음 온도계 중 가장 높은 온도를 측정할 수 있는 것은?

① 바이메탈 온도계
② 수은 온도계
③ 백금저항 온도계
④ P·R 열전대 온도계

풀이 백금·로듐(P·R) 열전 온도계
600~1,600℃까지(접촉식 온도계 중 가장 고온측정 가능)

42 다음 중 열전대 온도계의 구조에 해당되지 않는 것은?

① 보호관
② 보상도선
③ 냉접점
④ 열전퇴

풀이 열전대 온도계 구조
열전대, 보호관, 보상도선, 냉접점 등

43 물의 삼중점에 해당되는 온도(℃)는?

① -273.87℃
② 0℃
③ 0.01℃
④ 4℃

풀이 물의 삼중점=273.16K
∴ 273.16-273.15=0.01℃

44 휘도를 표준온도의 고온 물체와 비교하여 온도를 측정하는 온도계는?

① 액주 온도계
② 광고 온도계
③ 열전대 온도계
④ 기체팽창 온도계

정답 37 ③ 38 ③ 39 ④ 40 ① 41 ④ 42 ④ 43 ③ 44 ②

풀이 광고 온도계는 비접촉식 고온계로서 휘도를 표준온도의 고온물체와 비교하여 온도를 측정한다.(700~3,000℃ 측정용)

45 다음 중 온도계측기기가 아닌 것은?
① 열전대   ② 파이로미터
③ 스트레인게이지   ④ 바이메탈

풀이 스트레인게이지 : 압력계로 많이 사용한다.

46 다음 중 가장 높은 온도에서 사용 가능한 접촉식 열전대 종류는?
① 크로멜-알루멜   ② 구리-콘스탄탄
③ 철-콘스탄탄   ④ 백금-백금·로듐

풀이
- 백금-백금·로듐 : 1,600~600℃
- 크로멜-알루멜 : 1,200~-20℃
- 철-콘스탄탄 : 800~-20℃
- 구리-콘스탄탄 : 350~-180℃

47 열전대를 보호하기 위하여 사용되는 보호관 중 내식성, 내열성, 기계적 강도가 크고 황을 함유한 산화염, 환원염에서도 사용할 수 있는 것은?
① 내열강관   ② 황동관
③ 연강관   ④ 카보랜덤관

풀이 내열강(고크롬강관) : (SEH-5) 특성
크롬 25%~니켈 20%의 내식성, 내열성, 기계적 강도가 큰 보호관이며 산화염, 환원염에도 사용이 가능하다.

48 액체압력(팽창)식 온도계의 봉입액으로 사용되지 않는 것은?
① 알코올   ② 아닐린
③ 톨루엔   ④ 수은

풀이 액체팽창식 온도계
- 알코올(200℃ 이하)
- 아닐린(400℃ 이하)
- 수은(600℃ 이하)
- 톨루엔(저온에서 가끔씩 사용이 가능하다.)

49 0℃에서의 저항이 100Ω이고 저항 온도계수가 0.002인 저항 온도계로서 읽은 저항 값이 200Ω이라면 온도는 몇 ℃인가?
① 200   ② 300
③ 400   ④ 500

풀이 $t = \dfrac{1}{a} \times \left(\dfrac{R_t}{R_o} - 1\right)$
$= \dfrac{1}{0.002} \times \left(\dfrac{200}{100} - 1\right) = 500℃$

50 비접촉식 온도계로서 내화물의 내화도 측정에 주로 사용되는 온도계는?
① 제게르콘(Segercone)
② 백금-백금·로듐 열전대온도계
③ 백금저항온도계
④ 기체식 압력온도계

풀이 제게르콘
내화도 측정(점토, 규석질 및 내열성의 금속산화물 배합용)

51 다음 중 스테판-볼츠만의 원리를 이용한 온도계는?
① 광고온계   ② 색온도계
③ 방사온도계   ④ 광전관식 온도계

풀이 방사온도계
스테판-볼츠만의 원리 이용($4.88 \times \varepsilon \times \left(\dfrac{T}{100}\right)^4$)

정답 45 ③ 46 ④ 47 ① 48 ③ 49 ④ 50 ① 51 ③

52 서미스터(Thermistor)에 대한 설명 중 틀린 것은?

① 좁은 장소에서의 온도 측정에 적합하다.
② 온도 저항 특성이 비직선적이다.
③ 응답이 빠르다.
④ 충격에 대한 기계적 강도가 양호하고, 흡습 등에 열화되지 않는다.

풀이 서미스터 저항식 온도계(니켈, 코발트, 망간, 철, 구리 등 금속산화물 분말소결체)
- 흡습 등으로 열화된다.
- $-100 \sim 300$℃ 정도 사용
- 저항 온도계수가 크다.
- 응답이 빠르며 장소설치가 좁아도 상관없다.

53 전기적 절연성을 가지며 급열, 급랭에 견디고 기계적 충격에 약한 것이 결점이다. 또한 알칼리에는 약하나 산에는 강하며 상용온도가 1,000℃ 이하인 비금속 보호관은?

① 자기관(반응 알루미나 소결품)
② 카보랜덤관
③ 석영관
④ 고알루미나 자기관

풀이 석영관(비금속보호관)
- 급열·급랭에 강하다.
- 기계적 충격에 약하다.
- 알칼리에는 약하다.
- 산에는 강하다.
- 상용온도가 1,000℃ 이하
- 환원가스에 다소 기밀성이 떨어진다.

54 다음 중 급열·급랭에 강하며 이중 보호관 외관에 사용되는 비금속 보호관은?(단, 상용온도 1,600℃이다.)

① 유리
② 카보런덤관
③ 내열성 점토
④ 석영관

풀이 카보런덤관 비금속 보호관은 상용온도가 1,600℃ 다공질로서 급열·급랭에 강하나 이중 보호관의 외관, 방사온도계의 외관용으로 사용된다.

55 계량 계측기기의 정도(精度)를 확보, 유지하기 위한 제도 중에서 강제 제도가 아닌 것은?

① 검정제도
② 정기검사
③ 비교검사
④ 수시검사

풀이 강제제도
- 검정제도
- 정기검사
- 수시검사

56 유압식 신호전달 방식의 특징 중 틀린 것은?

① 전달의 지연이 적고 조작량이 강하다.
② 주위의 온도변화에 영향을 받지 않는다.
③ 인화의 위험성이 있다.
④ 비압축성이므로 조작속도 및 응답이 빠르다.

풀이 유압식 신호전달 방식은 기름에 의한 온도변화에 따른 점도 변화에 유의하여야 한다.

정답 52 ④ 53 ③ 54 ② 55 ③ 56 ②

CHAPTER 002 유량계측

SECTION 01 유량계의 분류

1. 유량측정방법

유량측정방법에는 용적유량 측정 $Q(\mathrm{m^3/s})$, 중량유량 측정 $\dot{G}(\mathrm{kg_f/s})$, 적산유량 측정, 순간유량, 질량유량 $\dot{m}(\mathrm{kg_m/s})$ 측정 등의 방법이 있다.

2. 유량계 측정방법 및 원리

측정방법	측정원리	종류
속도수두	전압과 정압의 차에 의한 유속 측정	피토관
유속식	프로펠러나 터빈의 회전수 측정	바람개비형, 터빈형
차압식	교축기구 전후의 차압 측정	오리피스, 벤투리, 플로우-노즐
용적식	일정한 용기에 유체를 도입시켜 측정	오벌식, 가스미터, 루트식, 로터리팬, 로터리피스톤
면적식	차압을 일정하게 하고 교축기구의 면적을 변화	플로우트형(로터미터), 게이트형, 피스톤형
와류식	와류의 생성속도 검출	칼만식, 델타, 스와르미터
전자식	도전성 유체에 자장을 형성시켜 기전력 측정	전자유량계
열선식	유체에 의한 가열선의 흡수열량 측정	미풍계, Thermal유량계, 토마스미터
초음파식	도플러 효과 이용	초음파 유량계

SECTION 02 유량계의 종류 및 특징

1. 피토관(Pitot Tube)식 유량계(유속식 유량계)

유체 중에 피토관을 설치하여 전압과 정압에 의하여 측정된 동압으로부터 유량을 계측할 수 있다.

1) 속도수두 측정법

베르누이 방정식에 의한 유속

$$\frac{P_1}{r_1} + \frac{v_1^2}{2g} + Z_1 = \frac{P_2}{r_2} + \frac{v_2^2}{2g} + Z_2 \quad (Z_1 = Z_2 \text{이고}, \ v_2 = 0, \ r_1 = r_2 \text{이면})$$

$$v_1 = \sqrt{2g\frac{(P_2 - P_1)}{r}} = \sqrt{2gh\left(\frac{r_s}{r} - 1\right)}$$

$$\left\{\frac{P_2 - P_1}{r} = h\left(\frac{r_s}{r} - 1\right)\right\} = \sqrt{2gh}$$

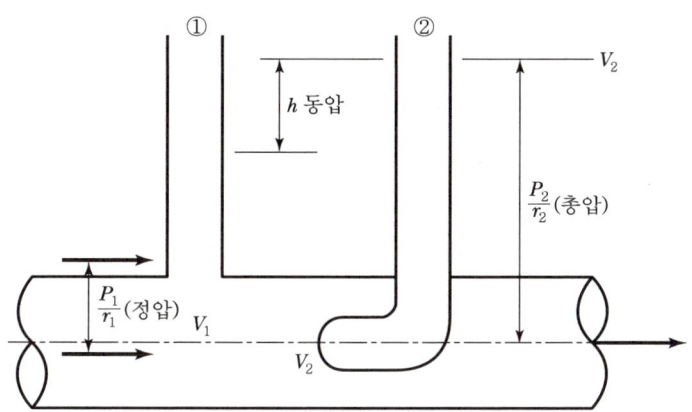

| 피토관 |

$$\text{유량}(Q) = A \cdot v = A \cdot C\sqrt{2g\frac{(P_2 - P_1)}{r}}$$

여기서, P_1 : 1지점의 압력[kg$_f$/m²]
P_2 : 2지점의 압력[kg$_f$/m²]
r : 비중량[kg$_f$/m³], C : 유량계수
A : 관의 단면적[m²], g : 중력가속도[9.8m/s²]

2) 피토관의 특징(베르누이의 법칙 이용)

(1) 기체의 유속 5m/s 이상인 경우 시험용으로 사용된다.
(2) 비행기의 속도측정, 송풍기의 풍량 측정, 수력발전소의 유량측정에 활용
(3) 피토관의 단면적은 관 단면적의 1% 이하가 되어야 하고 유입측은 관지름의 20배 이상의 직관거리가 필요하다.
(4) 피토관의 앞부분은 유체흐름방향과 평행하게 설치한다.
(5) 더스트나 미스트 등이 많은 유체측정에는 부적당하다.
(6) 피토관은 사용 유체의 압력에 충분한 강도를 가져야 한다.

2. 차압식 유량계

측정관로 내에 교축기구(오리피스, 플로우노즐, 벤투리관)를 설치하여 교축기구 전·후 압력차를 이용하여 베르누이의 정리를 이용하여 유속과 유량을 계측하는 장치

1) 오리피스(Orifice)

오리피스 미터는 피토관과 같이 베르누이 방정식에 의하여 계산할 수 있다.
(1) 오리피스의 종류는 베나탭, 코너탭, 플랜지탭이 있다.
(2) 제작 및 설치가 쉽고 경제적이다.
(3) 압력손실이 크고 내구성이 부족하다.
(4) 정도는 2% 이내이다. 그리고 레이놀드수가 작아지면 유량계수는 증가한다.

2) 플로우 노즐(Flow-Nozzle)

(1) 노즐의 교축을 완만하게 하여 압력손실을 줄인 것으로 내구성이 있다.
(2) 고압(50~300kg_f/cm^2)의 유체에서 레이놀드수가 클 때 사용한다.
(3) 오리피스에 비해 구조가 복잡하고 가공이 어렵다.
(4) 레이놀즈수가 작아지면 유량계수도 감소한다.

3) 벤투리(Venturi)

(1) 단면의 축소부와 확대부 형상이 원추형이다.
(2) 압력손실이 가장 적고 측정 정도가 높다.
(3) 구조가 복잡하고 대형이며 설치 시 파이프를 절단해야 한다.
(4) 값이 고가이며 설치장소를 크게 차지한다.
(5) 입구와 출구각은 각각 20°와 7° 정도이다.

(6) 조리개부가 유선형에 가까우며 축류의 영향도 비교적 적고 고압부의 정압공은 직관부에 설치하고 저압 측의 정압공은 조리개부에 설치한다.

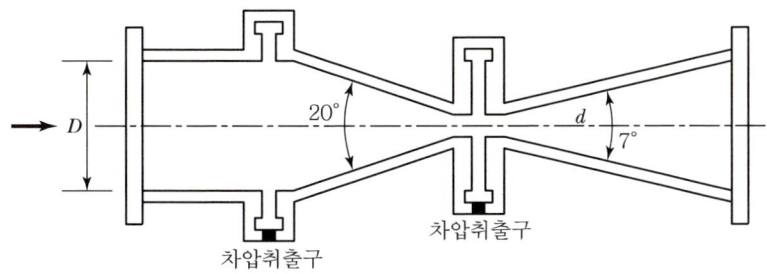

┃벤투리 유량계┃

4) 압력손실의 크기 비교

오리피스 > 플로우노즐 > 벤투리

5) 차압식 유량계 취급 시 주의사항

(1) 교축장치를 통과할 때의 유체는 단일상이이어야 한다.
(2) 레이놀즈수가 10^5 정도 이하에서는 유량계수가 무너진다.
(3) 측정범위를 넓게 잡을 수 없다.
(4) 저유량에서는 정도가 저하한다.
(5) 맥동 유체나 고점도 액체의 측정은 오차가 발생한다.

3. 면적식 유량계

면적식 유량계는 차압식 유량계와는 달리 교축기구 전후의 압력차를 일정하게 하고 면적을 변화시켜 유량을 측정하는 기구로 플로트(부자식, 로터미터), 피스톤, 게이트식이 있다.

(1) 유체의 밀도에 따라 보정해야 한다.
(2) 압력손실이 적고 균등 유량눈금을 얻는다.
(3) 기체 및 액체뿐만 아니라 부식성 유체나 슬러리(Slurry)의 유량측정이 가능
(4) 정도는 ±1~2% 내로 정밀측정에 부적당하다.
(5) 수직배관만이 사용가능하다.
(6) 소유량이나 고점도 유체의 측정이 가능하다.
(7) 액체, 기체 측정용이며 순간유량 측정계이다.
(8) 플로우트가 오염된다.
(9) 100mm 구경 이상 대형의 값은 비싸다.

$$유량(Q) = (S - S_o)\sqrt{\frac{2P}{C \cdot P}} = (S - S_o) = \sqrt{\frac{2W}{C \cdot \rho \cdot S_o}}$$

여기서, S_o : 부자의 유효 횡단면적
ρ : 유체밀도, C : 보정계수, P : 차압
W : 부자중량에서 유체의 부력을 뺀 값

4. 용적식 유량계

유체가 흐르는 용기 내에 일정한 공간을 만들어 유체를 흐르게 하여 운동체의 회전 횟수를 연속 측정하는 방식으로 유체의 밀도에는 무관하고 체적유량을 적산하는 유량계로 이용된다. 종류에는 오벌식(Oval), 루트식, 드럼식, 로터리피스톤식이 있다.

[특징]
- 적산정도($\pm 0.2 \sim 0.5\%$)가 높아 상업 거래용으로 사용된다.
- 측정유체의 맥동에 의한 영향이 적다.
- 유량계 이전에 여과기를 설치한다.
- 고점도의 유체 유량 측정에 사용된다.
- 압력손실이 적으며 설치가 간단하지만 구조가 복잡하다.
- 고형물의 혼입을 막기 위해 입구 측에 반드시 여과기가 필요하다.

1) 로터리 피스톤형 유량계

원통 속의 로터리 피스톤의 회전을 회전기어에 의해 적산, 즉 그 왕복수에서 통과체적을 알 수 있다.

2) 회전자형 유량계

밀폐된 케이스 내에 비원형의 회전자를 설치한 것으로 전후의 압력차에 의해 피측정물이 회전자를 흐를 때의 회전수를 계측

(1) 회전자의 형상에 따라 오벌(Oval)기어식과 루트(Root)형이 있다.
(2) 점성이 큰 액체 또는 기체의 유량측정이 가능하다.
(3) 측정유체의 맥동에 의한 영향이 적다.

3) 드럼형 가스미터 유량계

가스 및 공기 등의 유량적산에 사용되며 회전드럼의 회전수에 의하여 유량을 계측, 건식과 습식이 있다. 습식 가스미터는 드럼이 1개, 건식가스미터는 2개의 드럼이 있다.

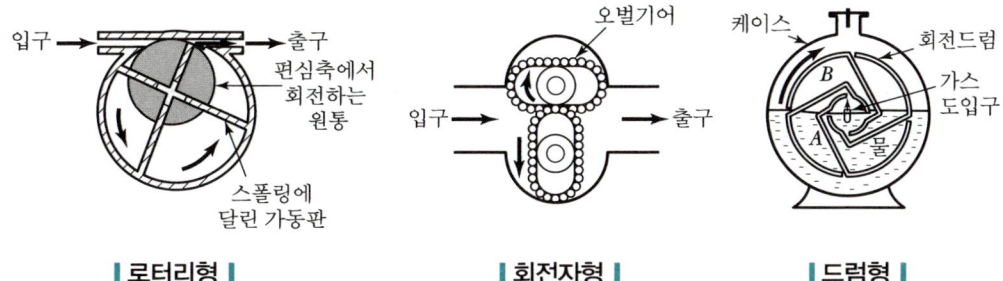

| 로터리형 | 회전자형 | 드럼형 |

5. 와류식 유량계

인위적으로 와류를 일으켜 와류의 소용돌이 발생수가 유속과 비례한다는 사실을 응용한 유량계로 델타, 스와르메타, 칼만 유량계가 있다. 압력손실이 적고 측정범위가 넓으며 연도와 같이 부식성 있는 유체의 유량측정에는 퍼지식 와류 유량계가 사용된다.

특징은 가동부분이 없고 흐름 속에 놓여진 원주 배후에 생기는 카르만 와열은 레이놀즈수의 범위에서 유속과 관계된 정해진 발생수를 나타낸다.(소용돌이 발생수로 유속측정)

6. 전자식 유량계

패러데이의 전자유도법칙에 의하여 전기도체가 자계 내에서 자력선을 짜를 때 기전력이 발생하는 원리를 이용한 것으로 유량은 기전력에 비례한다. 즉 고체나 유체가 자계 내를 움직일 때(자속을 Cutting할 때) 전압이 발생한다.(기전력 E는 유속 V에 비례한다.)

[특징]
- 응답이 매우 빠르며 압력손실이 전혀 없다.
- 고점도의 액체나 슬러지를 포함한 액체 측정이 가능하다.
- 도전성 액체의 유량측정만 가능
- 미소 기전력을 증폭하는 증폭기가 필요하다.
- 유리 등으로 라이닝하여 내식성이 있으나 고가이다.
- 공업용 액체는 거의 유량측정이 가능하나 증기와 같은 유체는 도전율이 너무 낮아 측정이 곤란하다.
- 액체의 성상이나 부식 등에 영향을 받지 않는다.
- 감도가 높고 정도가 비교적 좋으며 유속의 측정범위에 제한이 없다.

7. 열선유량계(유속식 유량계 일종)

저항선에 전류를 공급하여 열을 발생시키고 유체를 통과하면 저항선의 온도변화로 유속을 측정하여 유량을 계측하는 방법(미풍계, 토마스미터, Thermal 유량계)의 유량계이다.

[특징]
- 변동하는 유체의 속도측정이 가능하다.
- 흩어짐의 측정이 가능하다.
- 국부적인 흐름의 측정이 가능하다.
- 유속식 유량계이다.

8. 임펠러식 유량계(날개바퀴식)

날개바퀴, 프로펠러 등의 회전속도와 유속과의 관계를 고려하여 유량을 측정한다.

[특징]
- 기상 쪽에서는 로빈슨 풍속계(1~50m/s)가 많이 사용된다. 최근에는 프로펠러 형식의 것도 사용된다.(유속식 유량계의 일종)
- 물의 사용량 측정으로는 워싱턴형, 월트맨형이 사용된다.
- 수(水)량 미터의 대부분은 이 형식의 것에 적산기구를 첨부해 사용된다.

9. 초음파 유량계

도플러 효과(Doppler Effect)를 이용한 것으로 초음파가 유체속을 진행할 때 유속의 변화에 따라 주파수 변화를 계측하는 방법(유체의 흐름에 따라 초음파 발사)

[특징]
- 대 유량 측정용으로 적합하다.
- 비전도성 액체의 유량측정이 가능하다.(기체 사용도 가능하다.)
- 압력손실이 없다.

10. 연도와 같은 악조건하에서의 유량측정기

(1) 퍼지식 유량계(연속측정용) (2) 아뉴바 유량계(연속측정용)
(3) 서멀 유량계(연속측정용) (4) 고온용 열선 풍속계식 유량계(휴대용)
(5) 웨스턴형 유량계(휴대용) (6) 피토관 유량계(휴대용)

CHAPTER 02 출제예상문제

01 차압식 유량계의 압력손실의 크기를 표시한 것 중 옳은 것은?

① 오리피스 > 플로 노즐 > 벤투리관
② 플로 노즐 > 오리피스 > 벤투리관
③ 벤투리관 > 플로 노즐 > 오리피스
④ 오리피스 > 벤투리관 > 플로 노즐

풀이 차압식 유량계의 압력손실 크기
오리피스 > 플로 노즐 > 벤투리관

02 다음 중 고속, 고온 및 고압 유체의 유량 측정에 가장 알맞은 것은?

① 오리피스 ② 플로 노즐
③ 벤투리   ④ 피토관

풀이 플로 노즐 차압식 유량계는 고속, 고온 및 고압유체의 유량측정에 가장 알맞다.(50~300kg/cm²)

03 고점도 유체나 작은 유량도 측정할 수 있으며, 슬러리나 부식성 액체의 유량 측정이 가능하나 압력손실이 커 정밀 측정에는 부적당하고 구경이 100mm 이상의 대형은 값이 매우 비싼 이 유량계는?(단, 예를 들면 피스톤형 유량계가 있다.)

① 유속식 유량계
② 속도수두 측정식 유량계
③ 면적식 유량계
④ 와류식 유량계

풀이 면적식 유량계는 고점도 유체나 작은 유량도 측정이 가능하며 슬러리나 부식성 유체의 유량 측정이 가능하다. 그 대표적인 것으로 로터미터나 게이트식 또는 피스톤형이 있다.(로터미터, 피스톤식, 게이트식이 있다.)

04 차압식 유량계의 압력손실의 크기를 바르게 표기한 것은?

① Flow-Nozzle > Venturi > Orifice
② Venturi > Flow-Nozzle > Orifice
③ Orifice > Venturi > Flow-Nozzle
④ Orifice > Flow-Nozzle > Venturi

풀이 압력손실의 크기
오리피스 > 플로-노즐 > 벤투리

05 차압식 유량계에 대한 설명이다. 틀린 것은?

① 교축장치 통과 시 유체의 상변화가 없어야 한다.
② 액체의 측정용으로는 좋으나 기체측정에는 적당하지 않다.
③ 점도가 큰 유체의 측정시에는 오차가 발생한다.
④ 레이놀즈 수 10^5 이하에서는 유량계수가 변한다.

풀이 차압식 유량계는 유로의 교축기구 전후의 온도와 압력차에 의해 유량을 측정하며 액체나 기체의 측정에 사용되고 레이놀즈 수가 10^5 이하에서는 유량계수가 변화한다.(유량은 차압의 제곱근에 비례한다.)

06 다음 식 중 베르누이 방정식(Bernoulli equation)이 아닌 것은?

① $\dfrac{p}{r} + \dfrac{v^2}{2g} + z = H$
② $p + \dfrac{rv^2}{2g} = Pt$
③ $\dfrac{dr}{r} + \dfrac{dv}{v} + \dfrac{dA}{A}$
④ $d\left(\dfrac{p}{r} + \dfrac{v^2}{2g} + z\right) = 0$

풀이 베르누이 방정식
$$\dfrac{P_1}{r} + \dfrac{V_1^2}{2g} + Z_1 = \dfrac{P_2}{r} + \dfrac{V_2^2}{2g} + Z_2 = H$$
(H : 전수두, $\dfrac{P_1}{r}, \dfrac{P_2}{r}$: 압력수두, Z, Z_2 : 위치수두)

정답 01 ① 02 ② 03 ③ 04 ④ 05 ② 06 ③

07 물이 들어있는 저장탱크의 수면에서 5m 깊이에 노즐이 있다. 이 노즐의 속도계수(C_v)가 0.95일 때 실제 유속은?

① 14m/sec
② 9.4m/sec
③ 17.74m/sec
④ 11m/sec

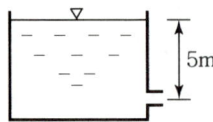

[풀이] 유속(V) = $K\sqrt{2gh}$
= $0.95\sqrt{2 \times 9.8 \times 5}$ = 9.4m/s

08 다음 중 와류식 유량계가 아닌 것은?
① 칼만식 유량계
② 델타식 유량계
③ 스와르미터 유량계
④ 전자 유량계

[풀이] 전자 유량계는 패러데이(Faraday)의 전자유도 법칙에 의해 기전력 E(V)가 발생하는 원리를 이용한다.

09 관속을 흐르는 유체가 층류가 되려면?
① 레이놀즈수가 2,320이어야 한다.
② 레이놀즈수가 2,320보다 작아야 한다.
③ 레이놀즈수가 2,320보다 많아야 한다.
④ 레이놀즈수와 관계가 없다.

[풀이] 관속의 유체흐름이 층류가 되려면 레이놀즈수가 2,320보다 작아야 한다.

10 아래 계측기 중 유량 측정용에 사용하는 것들로만 묶여진 것은?

1. 오리피스(Orifice)계	2. 벤투리(Venturi)계
3. 피토(Pitot)관	4. 피에조(Piezo)미터
5. 로터(Rota)미터	6. 마노미터(Manometer)

① 3, 4, 6
② 1, 2, 3, 4
③ 1, 2, 5
④ 1, 2, 5, 6

[풀이] 유량계
- 오리피스계
- 벤투리계
- 로터미터
- 피토관(유속식유량계)

11 교축식 유량계에서 압력손실에 대한 결과를 올바르게 나열한 것은?
① 벤투리 유량계 < 오리피스 유량계 < 플로 노즐 유량계
② 벤투리 유량계 < 플로 노즐 유량계 < 오리피스 유량계
③ 플로 노즐 유량계 < 벤투리 유량계 < 오리피스 유량계
④ 오리피스 유량계 < 플로 노즐 유량계 < 벤투리 유량계

[풀이] 압력손실 : 벤투리 < 플로 노즐 < 오리피스

12 다음 중 차압식 유량계가 아닌 것은?
① 오리피스 유량계
② 벤투리미터 유량계
③ 볼텍스(Voltex) 유량계
④ 플로 노즐(Flow-nozzle) 유량계

[풀이] ㉠ ①, ②, ④ 유량계 : 차압식 유량계
㉡ 볼텍스 : 차압식에서 제외된다.

13 차압식 유량계로 유량을 측정 시 차압이 2,500mmH$_2$O일 때 유량이 300m³/h라면, 차압이 900mmH$_2$O일 때의 유량은 약 몇 m³/h인가?

① 108
② 150
③ 180
④ 200

[풀이] $Q = \dfrac{\sqrt{900}}{\sqrt{2,500}} \times 300 = 180 \text{m}^3/\text{h}$

정답 07 ② 08 ④ 09 ② 10 ③ 11 ② 12 ③ 13 ③

14 용적식 유량계의 특징에 대한 설명 중 틀린 것은?

① 정도가 높은 경우에도 측정이 가능하다.
② 직관부는 필요 없으나 정도가 비교적 낮다.
③ 맥동의 영향이 적다.
④ 유량계 전단에 스트레이너가 필요하다.

풀이 용적식 유량계는 정도가 매우 높아 상업거래용으로 활용

15 다음 중 전자유량계의 기전력 E(V)에 대한 식으로 옳은 것은?(단, C : 유량계수, D : 관경[cm], B : 자속밀도[Gauss], ε : 자속분포의 수정계수, H : 자장의 세기, V : 유체의 속도[cm/s]이다.)

① $E = CD \times \dfrac{B}{H}$
② $E = CD \times \dfrac{H}{B}$
③ $E = \varepsilon\, BDH \times 10^{-8}$
④ $E = \varepsilon\, BDV \times 10^{-8}$

풀이 기전력$(E) = \varepsilon \cdot B \cdot D \cdot V \times 10^{-8}$
자속밀도(wb/m²), 기전력(Volt)
전자유량계 : 관경은 25~61cm 정도 사용

16 다음 중 용적식 유량계가 아닌 것은?

① 벤투리(Venturi)식
② 오벌(Oval)기어식
③ 로터리피스톤식
④ 루트식

풀이 벤투리식 유량계 : 차압식 유량계

17 안지름 10cm인 관에 물이 흐를 때 피토관으로 측정한 유속이 3m/s였다면 유량은 약 몇 kg/s인가?

① 14
② 24
③ 34
④ 55

풀이 단면적$(A) = \dfrac{\pi}{4}D^2 = \dfrac{3.14}{4} \times (0.1)^2$
$\qquad = 0.00785\text{m}^2$
유량$(Q) = A \times V$
$\qquad = 0.00785 \times 3 = 0.02355\text{m}^3$
$\qquad = 0.02355 \times 1{,}000 = 23.55\text{kg/s}$
$\qquad ≒ 24\text{kg/s}$

18 유속 3m/s인 물의 흐름 속에 피토관(Pitot Tube)을 흐름의 방향으로 세웠을 때 그 수주의 높이는 약 몇 m인가?

① 0.46
② 0.92
③ 4.5
④ 9

풀이 $3 = \sqrt{2gh}$, $3 = \sqrt{2 \times 9.8 \times H}$
$H = \dfrac{(3)^2}{2 \times 9.8}$, $H = 0.46\text{m}$

19 직경 100mm인 관로에서 물의 평균속도가 2m/sec이다. 이때 유량은 몇 kg/sec인가?(단, 물의 비중량은 1,000kg/m³이다.)

① 0.157
② 15.7
③ 6.28
④ 62.8

풀이 유량(Q) = 단면적 × 유속 = (m³/s)
100mm = 10cm
단면적$(A) = \dfrac{\pi}{4}D^2 = \dfrac{3.14}{4} \times (0.1)^2$
$\qquad = 0.00785\text{m}^2$
$\therefore Q = 0.00785 \times 2 = 0.0157\text{m}^3/\text{s}$
$\qquad = 0.0157 \times 1{,}000 = 15.7\text{kg/s}$

정답 14 ② 15 ④ 16 ① 17 ② 18 ① 19 ②

20 관로 내를 흐르는 유체의 유속을 측정하고 그 값에 관로의 단면적을 곱하여 유량을 측정하는 유량계는?

① Flow-nozzle 유량계
② Oval 유량계
③ Delta 유량계
④ 피토관식 유량계

풀이 피토관식 유량계는 유속측정
유량=유속×단면적(m^3/s)
$Q = A_1 V_1 = A_2 V_2 (m^3/s)$

21 어느 관로의 유속을 피토관으로 측정한 결과 마노미터(압력계) 수주의 높이가 35cm로 나타난 경우 유속은 몇 m/s인가?

① 1.25
② 2.62
③ 3.83
④ 22.14

풀이 H35cm=0.35m
∴ 유속(V) = $K\sqrt{2gh}$
= $\sqrt{2 \times 9.8 \times 0.35}$ = 2.62m/s

22 차압식 유량계는 어떤 원리를 이용한 것인가?

① 토리첼리의 정리
② 베르누이의 정리
③ 아르키메데스의 정리
④ 탈튼의 정리

풀이 차압식 유량계(오리피스, 플로 노즐, 벤투리미터)는 베르누이의 정리를 이용한 유량계이다.

23 습식 가스미터의 측정원리와 무엇을 계측하고자 하는지 계측 목적이 맞게 짝지어진 것은?

① 피스톤-로터리형 : 액체 유량
② 다이어프램형 : 액면 측정
③ 오발형 : 기체 유량
④ 드럼형 : 기체 유량

풀이 • 가스미터 : 건식, 습식, 습식은 정도가 매우 높다.
• 건식(다이어프램식), 습식(드럼형)

24 고점도 유체나 작은 유량도 측정할 수 있으며, 슬러리나 부식성 액체의 유량 측정이 가능하나 압력손실이 커 정밀측량에는 부적당한 유량계는? (단, 예로 로터미터가 포함된다.)

① 유속실 유량계
② 속도수두 측정식 유량계
③ 면적식 유량계
④ 와류식 유량계

풀이 게이트식, 피스톤형이나 로터미터는 면적식 유량계이다.

25 압력손실은 크나 값이 싸고 정도가 높아 제어 및 측정분야에 가장 많이 쓰이는 유량계는?

① 면적식 유량계
② 오리피스 유량계
③ 벤투리관식 유량계
④ 열전식 유량계

풀이 오리피스 차압식 유량계(베나탭, 코너탭, 플랜지탭 사용)
• 압력손실이 크다.
• 정도가 높다.
• 차압식 유량계이다.

26 다음 중 파라데이 법칙을 이용한 유량계는?

① 전자 유량계
② 델타 유량계
③ 스와르메타
④ 초음파 유량계

풀이 전자 유량계는 파라데이의 법칙을 이용한 유량계이다.(전기도체가 자계 내에서 자력선을 자를 때 기전력 발생원리 이용)

정답 20 ④ 21 ② 22 ② 23 ④ 24 ③ 25 ② 26 ①

27 점도가 높은 유체의 유량 측정에 적합한 유량계는?

① 용적식 유량계
② 오리피스 유량계
③ 유속식 유량계
④ 차압식 유량계

풀이 용적식 유량계는 점도가 높은 유체의 유량 측정에 이상적이다.(오벌식, 루트식, 가스미터기 등)

28 다음 중 순간 유량을 측정할 수 없는 유량계는?

① 벤투리식 유량계
② 오리피스식 유량계
③ 오벌식 유량계
④ 노즐식 유량계

풀이 오벌식이나 루트식 유량계는 유체 흐름에 따라서 그 용적을 일정한 용기에서 측정하는 용적식 유량계로서 순간유량 측정기구에 해당되지 않는다.

29 피토관은 어떤 측정계인가?

① 유속계
② 압력계
③ 수고계
④ 온도계

풀이 피토관은 베르누이 정리를 이용한 유속계로 사용한다.

30 차압식 유량계에 대한 설명이다. 틀린 것은?

① 교축장치 통과시 유체의 상변화가 없어야 한다.
② 저유량에서는 정도가 저하하고 기체 측정에는 적당하지 않다.
③ 점도가 큰 유체의 측정 시에는 오차가 발생한다.
④ 레이놀즈수 10^5 이하에서는 유량계수가 변한다.

풀이 차압식 유량계는 고온 고압의 액체나 기체를 측정한다.

31 보일러에 사용하는 급수조절장치로 수위제어방식에 적용되는 방식이 아닌 것은?

① 플로트식
② 전극식
③ 전압식
④ 열팽창식

풀이 수위제어방식
- 플로트식
- 전극식
- 열팽창식
- 차압식

32 피토관으로 관로의 유속을 측정하였을 때 마노미터의 수주 높이는 40cm였다. 이때의 유속은 몇 m/sec인가?

① 1.25
② 1.8
③ 2.8
④ 7.8

풀이 40cm = 0.4m
$$\therefore V = k\sqrt{2gh}$$
$$= 1 \times \sqrt{2 \times 9.8 \times 0.4} = 2.8 \text{m/s}$$

33 차압식 유량계에서 처음보다 압력이 2배로 커지고, 이때 관경은 오히려 1/3배로 감소되는 경우의 처음 유량 Q_1과 나중 유량 Q_2의 관계식은?

① $Q_2/Q_1 = 0.25$
② $Q_2/Q_1 = 0.707$
③ $Q_2/Q_1 = 0.354$
④ $Q_2/Q_1 = 6.364$

풀이 $P_1 = 1, P_2 = 2$
$d_1 = 1, d_2 = 1/3$
$$\frac{Q_1}{Q_2} = \frac{d_1^2 \sqrt{\Delta P_1}}{d_2^2 \sqrt{\Delta P_2}} = \frac{d_1^2 \sqrt{\Delta P_1}}{(d_2/2)^2 \sqrt{2\Delta P_1}}$$

34 차압을 일정하게 유지하면서 조리개(Orifice)의 개구부를 변화시켜 유량을 측정하는 방식은?

① 용적식
② 유속식
③ 면적식
④ 열선식

정답 27 ① 28 ③ 29 ① 30 ② 31 ③ 32 ③ 33 ④ 34 ③

풀이 로터미터 등 면적식 유량계는 차압을 일정하게 유지하면서 조리개의 개구부를 변화시켜 유량을 측정한다.

35 유체가 흐르는 관 속에 직접 설치하지 않고 유량을 측정하는 유량계는?

① 용적식 유량계
② 차압식 유량계
③ 초음파 유량계
④ 로터미터

풀이 초음파 유량계는 흐르는 관 속에 직접 설치하지 않고 초음파를 발사하여 그 전송시간은 유속에 비례하여 감속하는 것을 이용하여 유량을 측정한다.

36 오리피스(Orifice)에 의한 유량측정 시 관계있는 것은?

① 유로의 교축기구 전후의 압력차
② 유로의 교축기구 전후의 온도차
③ 유로의 교축기구 입구에 가해지는 압력
④ 유로의 교축기구 출구에 가해지는 압력

풀이 오리피스 차압식 유량계는 유로의 교축기구 전후의 압력차를 이용하여 유량을 측정

37 다음 중 와류식 유량계가 아닌 것은?

① 스와르메타   ② 델타
③ 칼만형   ④ 게이트형

풀이 ㉠ 와류식 유량계(소용돌이 발생수에 의해 유속을 알 수 있다.)
  • 스와르메타형
  • 델타형
  • 칼만형
㉡ 게이트 형은 면적식 유량계

38 차압식(베르누이 정리이용) 유량에 오리피스(Orifice)에 의한 유량측정 시 관계있는 것은?

① 유로의 교축기구 전후의 압력차
② 유로의 교축기구 전후의 온도차
③ 유로의 교축기구 입구에 가해지는 압력
④ 유로의 교축기구 출구에 가해지는 압력

풀이 오리피스 차압식 유량계는 유로의 교축기구 전후의 압력차를 이용하여 유량을 측정

$$Q = \frac{\pi d^2}{4} \times \frac{C_V}{\sqrt{1-m^2}} \times \sqrt{2g \times \left(\frac{r_s - r}{r}\right) \times R} = (\text{m}^3/\text{sec})$$

39 공기의 유속을 피토관으로 측정하여 차압 60mmAq를 얻었다. 피토관계수를 1로 하여 유속을 계산하면?(단, 공기의 비중량을 1.20kgf/m³로 한다.)

① 28.3m/s   ② 31.3m/s
③ 34.3m/s   ④ 37.3m/s

풀이 60mmAq=0.06m

$$\text{유속}(V) = \sqrt{2 \times 9.8 \frac{(1,000-1.20)}{1.20} \times 0.06}$$
$$= 31.3 \text{m/s}$$

∴ 물의 비중량=1,000kg/㎥

40 다음 중 차압식 유량계로만 짝지어진 것은?

① 오리피스, 벤투리, 플로 노즐
② 로터미터, 피스톤형 유량계, 칼만식 유량계
③ 칼만식 유량계, 델타 유량계, 스와르미터
④ 전자유량계, 토마스미터, 오벌유량계

풀이 차압식 유량계
  • 오리피스
  • 벤투리
  • 플로 노즐

정답 35 ③ 36 ① 37 ④ 38 ① 39 ② 40 ①

41 다음 중 압력손실이 가장 적은 유량측정방식은?

① 오리피스
② 플로 노즐
③ 벤투리
④ 오벌기어형 유량계

풀이 벤투리 미터 : 차압식 유량계이며 압력손실이 적다.

42 정도(情度)가 높은 유체의 유량 측정에 적합한 유량계는?

① 차압식 유량계   ② 용적식 유량계
③ 면적식 유량계   ④ 유속식 유량계

풀이 용적식 유량계는 적산정도가 0.2~0.5%로서 정도가 매우 높다.

43 차압식 유량계로 유량 측정 시 차압이 2,500mmH₂O일 때 유량이 300m³/h라면, 차압이 900mmH₂O일 때의 유량은?

① 180m³/h   ② 200m³/h
③ 108m³/h   ④ 150m³/h

풀이 유량$(Q) = 300 \times \dfrac{\sqrt{900}}{\sqrt{2,500}} = 180 \text{m}^3/\text{h}$

44 다음 중 유량계가 설치된 전·후에 직관부를 설치하여야 하는 유량계가 아닌 것은?

① 터빈식 유량계   ② 차압식 유량계
③ 델타 유량계   ④ 면적식 유량계

풀이 면적식 유량계는 압력차를 일정하게 유지하고 유체가 흐르는 조리개부의 횡단면적을 따라서 단면적을 변하게 하여 유량을 측정한다.(그 대표적인 것은 로터미터이다.)

45 전자유량계는 어떤 유체의 유량을 측정하는데 주로 쓰이는가?

① 순수한 물   ② 과열된 증기
③ 도전성 유체 ④ 비전도 유체

풀이 전자식 유량계는 패러데이의 법칙을 이용한 도전성 유체의 유량 측정계이다.

46 피토 정압관(Pitot Static Tube)은 어느 것을 측정할 때 사용하는가?

① 유동하고 있는 유체의 동압
② 유동하고 있는 유체의 정압
③ 유동하고 있는 유체의 전압(全壓)
④ 유동하고 있는 유체의 정압과 동압의 차

풀이 피토정압관=(전압 - 정압=동압측정)

47 유체에 의한 가열선의 흡수열량 측정에 의해 유량을 측정하는 것은?

① 토마스미터   ② 칼만식유량계
③ 오벌유량계   ④ 플로노즐

풀이 열선식 유량계 : 유체에 의한 가열선의 흡수열량 측정에 의해 유량을 측정한다.
• 토마스식 가스미터
• 킹스식 열선풍계

48 수도미터에 주로 사용되는 유량계로 옳은 것은?

① 유속식   ② 용적식
③ 임펠러식 ④ 전자식

풀이 유속식 유량계
  ㉠ 피토관식 유량계
  ㉡ 임펠러식 유량계
    • 풍속계 : 로빈슨, 프로펠러형
    • 수도용 : 워싱턴형, 월트맨형 사용

정답 41 ③ 42 ② 43 ① 44 ④ 45 ③ 46 ① 47 ① 48 ③

49 고압유체의 유량측정이나 고속의 유체측정에 가장 적합한 교축기구는?

① 오리피스 ② 피토관
③ 플로노즐 ④ 벤투리

> 풀이) 플로노즐 차압식 유량계
> - 오리피스보다 구조가 복잡하고 설계 및 가공이 어렵다.
> - 레이놀즈수가 작아지면 유량계수도 작아진다.
> - 압력 50~300kgf/cm² 정도의 고압유체 측정에 적당하다.

50 직경이 100mm인 수평 원형관 속을 밀도가 80kg/m³이고 점성계수가 0.02kgf·sec/m²인 유체가 20m/sec의 속도로 흐를 때 레이놀즈수는 얼마인가?

① 8,000 ② 7,000
③ 6,000 ④ 6,500

> 풀이) $Re = \dfrac{\rho \cdot V \cdot d}{M}$, 100mm = 0.1m
> ∴ $\dfrac{80 \times 20 \times 0.1}{0.02} = 8,000$

51 유체 관로에 설치된 오리피스(Orifice) 전후의 압력차는 (㉠)에 (㉡)한다. 괄호 안 ㉠, ㉡에 알맞은 내용은?

① 유량의 제곱, 비례 ② 유량의 평방근, 비례
③ 유량, 반비례 ④ 유량의 평방근, 반비례

> 풀이) 오리피스 차압식 유량계의 탭
> - 베나 탭
> - 코너 탭
> - 플랜지 탭
> ※ 유량은 관직경의 제곱에 비례하고, 유량은 차압의 제곱근에 비례한다.

52 다음 유량을 나타내는 단위 중 틀린 것은?

① m³/h ② kg/min
③ l/sec ④ m/sec

> 풀이) 유량단위
> - m³/h
> - kg/min
> - l/sec

53 그림과 같이 Pitot 정압관의 액주계 눈금(h)이 10mm일 때 관내 유속은?(단, 액주계 내 수은 비중은 13.6이다.)

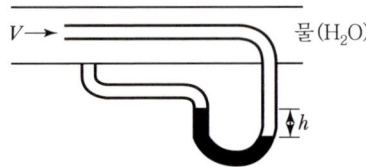

① 1.57m/sec ② 3.5m/sec
③ 6.09m/sec ④ 6.32m/sec

> 풀이) 유속$(V) = \sqrt{2g\left(\dfrac{S_0 - S}{\gamma}\right)h}$
> $= \sqrt{2 \times 9.8 \left(\dfrac{13.6 - 1}{1}\right) \times 0.01}$
> $= 1.57$m/s
> 10mm = 0.01m, 물의 비중 : 1

정답 49 ③ 50 ① 51 ① 52 ④ 53 ①

CHAPTER 003 압력계측

SECTION 01 압력측정방법

1. 기계식

1) 액체식(1차 압력계)
링밸런스식(환상천평), 침종식, 피스톤식, 유자관식, 경사관식

2) 탄성식(2차 압력계)
부르동관식, 벨로스식, 다이어프램식(금속, 비금속)

2. 전기식(2차 압력계)
저항선식, 압전식, 자기변형식

3. 압력의 단위
N/m^2(Pa), mmHg, mmH_2O, kg_f/cm^2, bar 등이 사용된다.

SECTION 02 액주식 압력계

1. 액주식 압력계

액주관 내 물이나 수은(Hg)을 봉입, 압력차에 의한 액주의 높이로 압력을 측정하는 방식으로 액의 비중량과 높이에 의하여 계산 가능하다.

$$P = \gamma \cdot h$$

여기서, P : 압력[kg$_f$/m^2], γ : 비중량[kg$_f$/m^3], h : 높이[m]

[액주식 압력계 액의 구비조건]
- 온도변화에 의한 밀도 변화가 적을 것
- 점성이나 팽창계수가 적을 것
- 화학적으로 안정하고 휘발성, 흡수성이 적을 것
- 모세관 현상이 작을 것
- 항상 액면은 수평을 만들고 액주의 높이를 정확히 읽을 수 있을 것

1) U자식 압력계

U자형의 유리관에 물, 기름, 수은 등을 넣어 한쪽 관에 측정하고자 하는 대상 압력을 도입 U자 관 양쪽 액의 높이차에 의해 압력을 측정(10~2,000mmAq 사이 압력측정)한다. U자 관의 크기는 특수 용도의 것을 제외하고는 보통 2m 정도이다.

$$P_1 - P_2 = \gamma h$$

여기서, γ : 액의 비중량[kg$_f$/m^3], h : 액의 높이차[m]

2) 경사관식 압력계

U자 관을 변형한 것으로서 측정관을 경사시켜 눈금을 확대하므로 미세압을 정밀측정하며 U자 관보다 정밀한 측정이 가능

$$P_1 - P_2 = \gamma h, \ h = x, \ \sin\theta$$
$$P_1 - P_2 = \gamma \cdot x \sin\theta$$
$$P_1 = P_2 + \gamma \cdot h = P_2 + \gamma \cdot x \sin\theta$$

여기서, P_1 : 측정하려는 압력, 도입압력, P_2 : 경사관의 압력
γ : 액의 비중량[kgf/m³], θ : 적은 관의 경사각

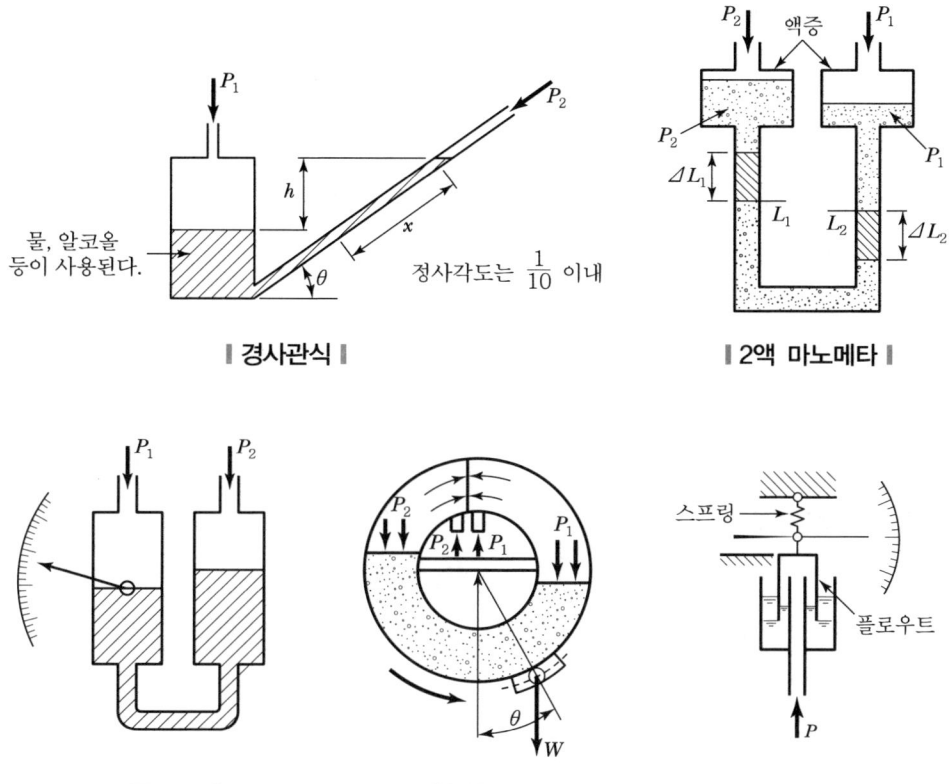

| 경사관식 | | 2액 마노메타 |

| 플로트식 | | 환상천평식 | | 침종식 압력계 |

3) 2액 마노미터 압력계

압력계의 감도를 크게 하고 미소압력을 측정하기 위하여 비중이 다른 2액을 사용[물(1)+클로로포름(1.47)]하여 압력을 측정한다.

4) 플로트 액주형 압력계

액의 변화를 플로트로 기계적 또는 전기적으로 변환하여 압력 측정

5) 환상 천평식 압력계

링 밸런스 압력계라고도 하며 원형관 내에 수은 또는 기름을 넣고 상부에 격벽을 두면 경계로 발생하는 압력차로 의하여 회전하며 추의 복원력과 회전력이 평형을 이룰 때 환상체는 정지한다. 원환의 내부에는 바로 위에 격벽이 있어서 액체와의 사이에 2실로 되어 있고 개개의 압력에 하나는 대기압, 또 하나는 측정하고자 하는 압력에 연결된다.

(1) 특징

① 원격전송이 가능하고 회전력이 크므로 기록이 쉽다.
② 평형추의 증감이나 취부장치의 이동에 의하여 측정범위를 변경할 수 있다.
③ 측정범위는 25~3,000mmAq이다.
④ 저압가스의 압력측정에 사용된다.

(2) 설치 및 취급상 주의사항

① 진동 및 충격이 없는 장소에 수평 또는 수직으로 설치한다.
② 온도변화(0~40℃)가 적은 장소일 것
③ 부식성 가스나 습기가 적은 장소에 설치
④ 압력원과 가까운 장소에 설치(도압관은 굵고 짧게 한다.)
⑤ 보수점검이 원활한 장소에 설치

6) 침종식 압력계

종 모양의 플로트를 액중에 담근 것으로 압력에 의한 플로트의 편위가 그 내부 압력에 비례하는 것을 이용한 것으로 금속제의 침종을 띄워 스프링을 지시하는 단종식과 복종식이 있다.

(1) 특징

① 진동 및 충격의 영향이 적다.
② 미소 차압의 측정과 저압가스의 유량측정이 가능
③ 측정범위 : 단종 100mmAq 이하, 복종 5~30mmAq

(2) 설치 및 취급상 주의사항

① 봉입액(수은, 기름, 물)을 청정하게 유지하여야 한다.
② 봉입액의 양을 일정하게 한다.
③ 계기는 수평으로 설치한다.
④ 과대 압력 또는 큰 차압측정은 피해야 한다.

2. 탄성식 압력계

탄성체에 힘을 가할 때 변형량을 계측하는 것으로, 힘은 압력과 면적에 비례하고 힘의 변화는 탄성체의 변위에 비례하는 것을 이용한 계측 압력계로서 후크법칙에 의한 원리를 이용한다.

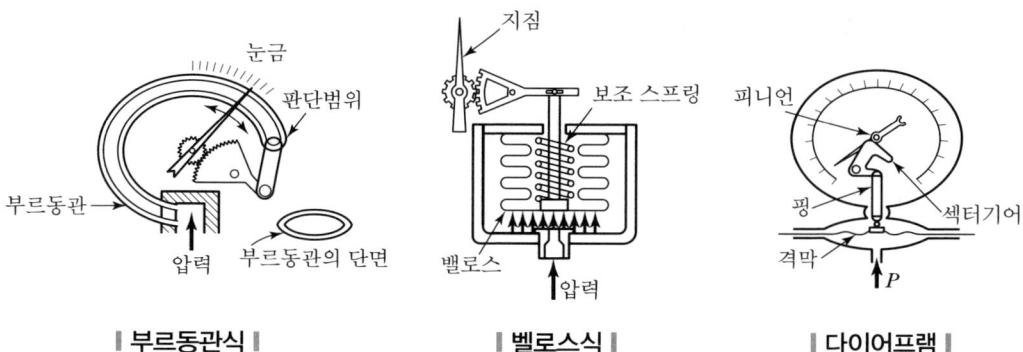

| 부르동관식 | | 벨로스식 | | 다이어프램 |

1) 부르동관식(Bourdon)압력계

단면이 편평형인 관을 원호상으로 구부린 가장 보편화되어 있는 압력계로 부르동관 내 압력이 대기압보다 클 경우 곡률 반경이 커지면서 지시계 지침을 회전시킨다. 부르동관 형식으로는 C형, 와선형, 나선형이 있다.

(1) 측정범위

① 압력계 : $0 \sim 3,000 \mathrm{kg_f/cm^2}$이며, 보편적으로 $2.5 \sim 1,000 \mathrm{kg_f/cm^2}$에 사용
② 진공계 : $0 \sim 760 \mathrm{mmHg}$

(2) 재료

① 저압용 : 황동, 인청동, 알루미늄 등
② 고압용 : 스테인리스강, 합금강 등

(3) 취급상 주의사항

① 급격한 온도변화 및 충격을 피한다.
② 동결되지 않도록 한다.
③ 사이폰관 내 물의 온도가 80℃ 이상 되지 않도록 한다.

2) 벨로스식(Bellows)압력계(진공압 및 차압 측정용)

주름형상의 원형 금속을 벨로스라 하며 벨로스와 히스테리시스를 방지하기 위하여 스프링을 조합한 구조로 자동제어장치의 압력 검출용으로 사용된다.
압력에 의한 벨로스의 변위를 링크기구로 확대 지시하도록 되어 있고 측정범위는 $0.01 \sim 10 \mathrm{kg/cm^2}(0.1 \sim 1,000 \mathrm{kPa})$로 재질은 인청동, 스테인리스이다.

3) 다이어프램식(Diaphragm) 압력계

얇은 고무 또는 금속막을 이용하여 격실을 만들고 압력변화에 따른 다이어프램의 변위를 링크, 섹터, 피니언에 의하여 지침에 전달하여 지시계로 나타내는 방식

[특징]
- 감도가 좋으며 정확성이 높다.
- 재료 : 금속막(베릴륨, 구리, 인청동, 양은, 스테인리스 등), 비금속막(고무, 가죽)
- 측정범위는 20~5,000mmAq이다.
- 부식성 액체에도 사용이 가능하고 먼지 등을 함유한 액체도 측정이 가능하다.
- 점도가 높은 액체에도 사용이 가능하고 연소로의 통풍계로도 널리 사용된다.

3. 전기식 압력계

압력을 직접 측정하지 않고 압력 자체를 전기저항, 전압 등의 전기적 량으로 변환하여 측정하는 계기

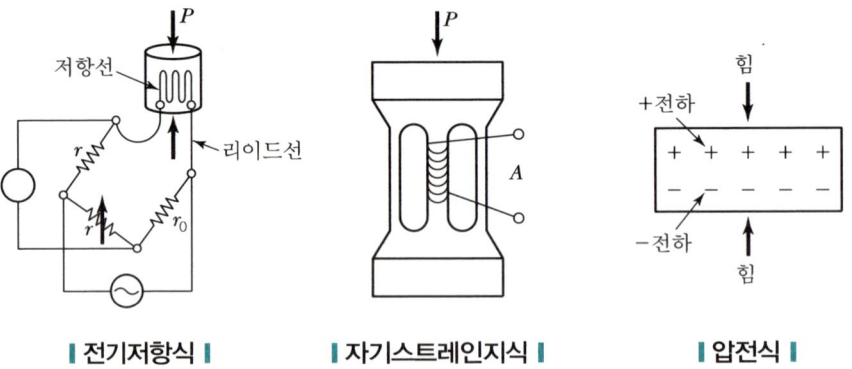

| 전기저항식 | | 자기스트레인지식 | | 압전식 |

1) 저항선식

저항선(구리-니켈)에 압력을 가하면 선의 단면적이 감소하여 저항이 증가하는 현상을 이용한 게이지로 검출부가 소형이며 응답속도가 빠르며 $0.01~100 kg_f/cm^2$의 압력에 사용

2) 자기 스테인리스식(Strain Gauge) 압력계

강자성체에 기계적 힘을 가하면 자화상태가 변화하는 자기변형을 이용한 압력계로 수백기압의 초고압용 압력계로 이용된다.

3) 압전식(Piezo) 압력계

수정이나 티탄산 바륨 등은 외력을 받을 때 기전력이 발생하는 압전현상을 이용한 것으로 피에조(Piezo)식 압력계라 한다.

[특징]
- 원격측정이 용이하며 반응속도와 빠르다.
- 지시, 기록, 자동제어와 결속이 용이하다.
- 정밀도가 높고 측정이 안정적이다.
- 구조가 간단하며 소형이다.
- 가스폭발 등 급속한 압력변화 측정에 유리하다.
- 응답이 빨라서 백만분의 일초 정도이며 급격한 압력 변화를 측정

4. 표준 분동식 압력계(피스톤 압력계)

분동에 의하여 압력을 측정하는 형식으로 다른 탄성압력계의 기준, 교정 또는 검정용 표준기로 사용된다. 측정범위는 5,000kgf/cm²이며 사용기름에 따라 달라진다.

$$압력(P) = \frac{램의\ 중량 + 분동\ 중량}{램의\ 단면적}$$

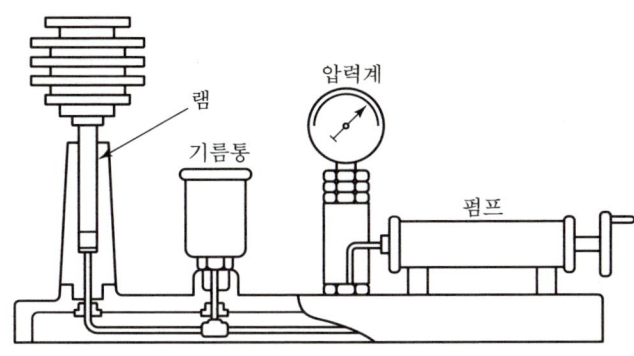

| 표준분동식 압력계 |

5. 아네로이드식 압력계(빈통압력계)

동심원 파상원판을 2장 겹쳐서 외주의 합친 것을 납땜하여 기밀하게 만든 것으로서 양은과 그 밖의 박판으로 만든 것을 체임버라 한다. 주로 기압측정에 사용된다. 휴대가 간편하고 내부의 바이메탈은 온도를 보정한다. 측정범위는 약 10~3,000mmH$_2$O이다.

6. 진공압력계

대기압 이하의 압력을 측정하는 계기이다. 저진공에는 U자 관이나 탄성식이 사용되지만 고진공에는 기체의 성질을 이용한 진공계가 사용된다.

1) 맥클라우드(MacLeod)진공계

1Torr = 1mmHg

10^{-4}Torr까지 측정

2) 열전도형 진공계

(1) 피라니 진공계 : 10~10^{-5}Torr까지 측정
(2) 서미스터 진공계
(3) 열전대 진공계 : 1~10^{-5}Torr까지 측정

3) 전리 진공계

10^{-3}~10^{-10}Torr까지 측정

4) 방전전리를 이용한 진공계

(1) 가이슬러관 : 10^{-3}mmHg까지, 어두운 암실에서는 10^{-4}mmHg까지 측정
(2) 열전자 전기진공계 : 10^{-11}mmHg 정도까지 측정
(3) α선 전리진공계 : 10^{-3}mmHg 정도까지 측정

CHAPTER 003 출제예상문제

01 다음 압력계 중 가장 정도가 낮은 것은?
① 부르동관 압력계 ② 분동식 압력계
③ 경사식 액주 압력계 ④ 전기식 압력계

풀이 부르동관 압력계의 정밀도는 ±1~2%이므로 정도가 매우 낮다.

02 압력측정 범위가 약 10~1,500mmH₂O인 탄성식 압력계는?
① 캡슐식 압력계 ② 부르동관식 압력계
③ 링밸런스 압력계 ④ 다이어프램식 압력계

풀이 캡슐식 압력계 측정범위는 10~1,500mmAq

03 압력 측정에 사용할 액체의 특성 설명으로 틀린 것은?
① 점성이 클 것
② 열팽창계수가 적을 것
③ 모세관 현상이 적을 것
④ 일정한 화학 성분을 가질 것

풀이 액주식 압력계의 액체는 점성이나 팽창계수가 작아야 한다.

04 기체식 압력온도계에 쓰이는 기체만으로 이루어진 것은?
① 수소, 펜탄, 에틸에테르, 네온
② 헬륨, 네온, 수소, 질소
③ 산소, 질소, 염소, 프레온
④ 질소, 펜탄, 헬륨, 에틸에테르

풀이 기체식 압력 온도계
사용기체 : 헬륨, 네온, 수소, 질소 등의 기체이용

05 보일러의 압력계가 10atg를 표시하고 있고, 이때의 대기압이 750mmHg였다. 이 보일러의 절대압력(kg/cm²)은?
① 11.02
② 21.04
③ 32.06
④ 8.02

풀이 $1.033 \times \dfrac{750}{760} = 1.019 \text{kg/cm}^2$ (대기압)

∴ 절대적압력(abs) = 1.019 + 10
= 11.02 kg/cm²

06 다음 중 벨로스 압력계에 대한 설명 가운데 옳지 않은 것은?
① 정도는 ±1~2%이다.
② 벨로스 재질은 인청동이 사용된다.
③ 측정압력 범위는 0.1~5kg/cm²정도이다.
④ 벨로스 압력에 의한 신축을 이용한 것이다.

풀이 벨로스 압력계의 측정범위는 0.01~10kg/cm² 정도이고, 정도는 ±1~2%이다.

07 다음 중 보일러 연소가스의 통풍계로 사용되는 것은?
① 분동식 압력계
② 다이어프램식 압력계
③ 부르동(Bourdon)관 압력계
④ 벨로스 압력계

풀이 탄성식압력계인 다이어프램식(미압계)은 연소가스 통풍계로 이상적이다.

정답 01 ① 02 ① 03 ① 04 ② 05 ① 06 ③ 07 ②

08 다음 중 공업 계측용으로 가장 적합한 온도계는?

① 유리온도계 ② 압력온도계
③ 열전대온도계 ④ 방사온도계

풀이 접촉식온도계인 열전대 온도계는 공업 계측용으로 가장 적합하다.

09 다음 중 측온 저항체에 속하지 않는 것은?

① 백금 측온 저항체
② 동측온 저항체
③ 실리콘 측온 저항체
④ 비금속 측온 저항체

풀이
- 비금속 측온 저항체는 존재하지 않는다.
- 측온 저항체는 백금측온, 니켈측온, 구리측온, 서미스터 측온 등이 있다.

10 부르동관(Bourdon Tube)에서 측정된 압력은 다음 중 어느 것인가?

① 절대압력 ② 게이지압력
③ 진공압 ④ 대기압

풀이 탄성체인 부르동관에서 측정된 압력은 게이지 압력이다.

11 다음 중 탄성 압력계에 속하는 것은?

① 침종식 압력계 ② 피스톤 압력계
③ U자관 압력계 ④ 부르동관 압력계

풀이 탄성식 압력계
- 부르동관 압력계
- 다이어프램 압력계
- 벨로스 압력계
- 체임버 압력계(아네로이드식)
- 캡슐식 압력계

12 액주식 압력계의 봉입액으로 적당하지 않은 것은?

① 물 ② 수은
③ 석유 ④ 실리콘 오일

풀이 실리콘 오일
액주식 압력계의 봉입액으로는 부적당하다.

13 부르동관 압력계의 정압시험을 하였다. 옳은 시험방법과 합격의 기준을 기술한 것은?

① 최대 압력에서 12시간 방치 후 시도시험을 행한다.
② 최대 압력에서 30분간 지속할 때 그 차가 1/2눈금 이하가 되어야 한다.
③ 최대 압력에서 72시간 지속할 때 크리프 현상은 1/2눈금 이하가 되어야 한다.
④ 보통형, 내열형은 30cm에서 낙하하고, 내진형은 150cm에서 낙하하여도 이상이 없어야 한다.

풀이 부르동관 압력계의 정압시험은 최대 압력으로 72시간 지속할 때이고 크리프 현상은 왕복의 차가 1/2 눈금이하 이어야 한다.

14 다음 중 탄성압력계의 일반교정에 쓰이는 정도(精度)가 좋은 시험기는?

① 격막식 압력계 ② 기준 분동식 압력계
③ 침종식 압력계 ④ 정밀식 압력계

풀이 기준 분동식 압력계 용도는 탄성식압력계의 교정에 사용된다.(측정범위 : $0.005 \sim 5,000 kg/cm^2$)

15 부르동(관)식 압력계에 대한 설명 중 잘못된 것은?

① 유입측에는 사이폰관을 사용한다.
② 고압 측정용으로 사용한다.

③ 부르동관식의 재질은 인청동, 황동, 강 등을 사용한다.
④ 내부의 온도가 200℃ 이상이 되지 않도록 한다.

풀이 부르동관식 압력계의 특징은 ①, ②, ③항이다.(내부온도 70℃ 이하 유지)

16 그림과 같은 경사관 압력계에서 P_1의 압력을 나타내는 식으로 옳은 것은?(단, r : 액체의 비중량)

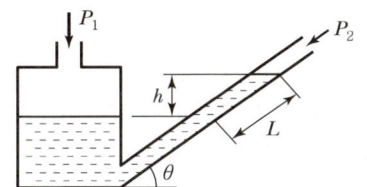

① $P_1 = P_2/r \times L$
② $P_1 = P_2 \times r \times L \times \cos\theta$
③ $P_1 = P_2 + r \times L \times \tan\theta$
④ $P_1 = P_2 + r \times L \times \sin\theta$

풀이 $P_1 - P_2 = rh, h = x \cdot \sin\theta$
∴ $P_1 = P_2 + r \times L \times \sin\theta$

17 다음 중 다이어프램 재질로서 옳지 않는 것은?
① 고무
② 탄소강
③ 양은
④ 스테인리스강

풀이 다이어프램의(격막) 재질
- 얇은 박판
- 가죽
- 고무막
- 고무(천연, 특수용)
- 베릴륨, 구리, 인청동, 스테인리스강

18 다음 중 공기식 전송을 하는 계장용 압력계의 공기압 신호 압력은?
① 0.2~1.0kg/cm²
② 4~20kg/cm²
③ 0~10kg/cm²
④ 3~5kg/cm²

풀이
- 공기식 전송기 : 공기압이 0.2~1kg/cm²
- 유압식 전송기 : 조작력이 크다.
- 전기식 전송기 : 4~20mA 직류

19 다음 중 보일러(Boiler)의 통풍계로 사용되고 있는 액주식 압력계는?
① U자관식
② 경사관식
③ 침종식
④ 아네로이드식

풀이 보일러 통풍계 : 유자관식 압력계 사용

20 다음 중 미세한 압력 측정용으로 가장 적합한 압력계는?
① 부르동관 압력계
② 경사식 액주압력계
③ 분동식 압력계
④ 전기식 압력계

풀이 경사식 액주압력계는 정밀하고(±0.05mmH₂O) 미세한 압력측적용이다.(측정범위 : 10~50mmH₂O)

21 어느 보일러 냉각기의 진공도가 700mmHg일 때 절대압으로 표시하면 몇 kg/cm²a인가?
① 0.12
② 0.18
③ 0.08
④ 0.02

풀이 절대압 = 760 − 700 = 60mmHg
∴ $1.0332 \times \dfrac{60}{760} = 0.08$kg/cm²a

정답 16 ④ 17 ② 18 ① 19 ① 20 ② 21 ③

22 액주에 의한 압력 측정에서 정밀한 측정을 위해서 필요하지 않은 보정은?

① 모세관 현상의 보정 ② 높이의 보정
③ 중력의 보정   ④ 온도의 보정

> **풀이** 액주에 의한 정확한 압력측정시의 보정
> • 모세관 현상의 보정
> • 중력의 보정
> • 온도의 보정

23 미세압 측정용에 가장 적절한 압력계는?

① 부르동관 압력계
② 탄성식 압력계
③ 경사관액주형 압력계
④ 벨로스식 압력계

> **풀이** 20번 문제 참고

24 습기가 흡입된 가스의 전(全)압력 P를 나타내는 관계식으로 옳은 것은?(단, ϕ는 포화도, P_g는 가스의 분압, P_w는 수증기의 분압을 나타낸다.)

① $P = (P_g / P_w) \times 100$
② $P = P_g + P_w$
③ $P = P_g - P_w$
④ $P = P_g + \phi P_w$

> **풀이** 습기가 흡입된 가스의 전압력
> $P = P_g + P_w$

25 로 내압을 제어하는 데 필요하지 않은 조작은?

① 공기량 조작
② 급수량 조작
③ 연소가스 배출량 조작
④ 댐퍼의 조작

> **풀이** 로 내압 제어 조작
> • 공기량 조작
> • 연소가스 배출량 조작
> • 댐퍼의 조작

26 다음 계측기 중 고압측정용 압력계는?

① 부르동관압력계
② 다이어프램압력계
③ 벨로스압력계
④ U자관압력계

> **풀이**
> • 부르동관 : $0.5 \sim 3,000 kg/cm^2$
> • 다이어프램 : $10 mmH_2O \sim 20 kg/cm^2$(금속막)
> • 벨로스 : $10 mmH_2O \sim 10 kg/cm^2$
> • U자관 : $10 \sim 2,000 mmAq$

27 다음 중 진공계의 종류에 해당하지 않는 것은?

① 맥로이드(Mcloed)형 진공계
② 전리(電離) 진공계
③ 열 전도형 진공계
④ 액주식 진공계

> **풀이** 진공계
> • 맥로이드형(10^{-4}Torr)
> • 전리형($10^{-3} \sim 10^{-10}$Torr)
> • 열전도형($10^{-3} \sim 10^{-5}$Torr)

28 다음 중 보일러 연돌가스의 압력 측정용으로 원격 전송이 가능한 압력계는?

① 부르동관식 압력계
② 분동식 압력계
③ 링 밸런스식 압력계
④ 다이어프램식 압력계

정답 22 ② 23 ③ 24 ② 25 ② 26 ① 27 ④ 28 ③

풀이 링 밸런스식 압력계(환상천칭식)는 원격전송이 가능하며 저압의 기체 압력 측정에도 사용되고 단면적을 크게 하면 회전력이 증대하고 정도를 얻을 수 있다.

29 오리피스에 의한 유량 측정에서 유량은 압력차와 어떤 관계인가?

① 압력차에 반비례
② 압력차에 비례
③ 압력차의 평방근에 비례
④ 압력차의 평방근에 반비례

풀이 오리피스 차압식 유량계 유량은 압력차의 평방근에 비례한다.

30 부르동관(Bourdon Tube)에서 측정된 압력은 다음 중 어느 것인가?

① 절대압력　　② 게이지압력
③ 진공압　　　④ 대기압

풀이 각종 압력계에서 지시하는 압력은 게이지 압력이다.

31 액주식 압력계에 사용하는 액체의 구비조건 중 틀린 것은?

① 액주의 높이를 정확히 읽을 수 있을 것
② 점도, 팽창계수가 클 것
③ 항상 액면은 수평으로 만들 것
④ 모세관 현상이 적을 것

풀이 액주식 압력계는 점도나 팽창계수가 작아야 한다.

32 다음 중 브르동관압력계의 일반 교정에 쓰이는 시험기는?

① 침종식 압력계　　② 격막식 압력계
③ 정밀 압력계　　　④ 기준분동식 압력계

풀이 기준분동식 압력계 : 탄성식 압력계 일반 교정용

33 링밸런스식 압력계에 대한 설명으로 올바른 것은?

① 압력원에 가깝도록 계기를 설치한다.
② 부식성 가스나 습기가 많은 곳에는 다른 압력계보다 정도가 높다.
③ 도입관은 될 수 있는 한 가늘고 긴 것이 좋다.
④ 측정 대상유체는 주로 액체이다.

풀이 링밸런스식 압력계(환산 천평식)는 압력원에 가깝도록 계기를 설치한다. 부식성 가스나 습기가 적은 장소에 설치하며 저압의 기체 압력에 사용된다.

34 액주에 의한 압력측정에서 정밀측정을 위해 필요한 보정이 아닌 것은?

① 중력의 보정
② 계절변화의 보정
③ 모세관 현상의 보정
④ 온도의 보정

풀이 액주에 의한 보정
• 중력의 보정
• 모세관 현상의 보정
• 온도의 보정

35 다음 중 보일러 연소가스의 통풍계로 사용되는 것은?

① 기준분동식 압력계
② 다이어프램식 압력계
③ 탄성식 압력계
④ 부르동(Bourdon)관 압력계

풀이 다이어프램식 압력계는 다이어프램식 압력을 이용하여 연소가스의 통풍계로 사용한다.

정답 29 ③ 30 ② 31 ② 32 ④ 33 ① 34 ② 35 ②

36 다음 수치 중 표준 대기압이 아닌 것은?

① 760mmHg ② 76Torr
③ 1.0332kg/cm² ④ 1,013.25mbar

풀이 1atm = 760mmHg = 760Torr = 1.0332kg/cm²
= 1,013.25mbar = 14.7PSI
= 101,325N/m² = 101,325Pa
= 101.325kPa

37 압력계 선택 시 유의해야 할 사항으로 틀린 것은?

① 진동이나 충격 등을 고려하여 필요한 부속품을 준비하여야 한다.
② 사용목적이나 중요도에 따라 압력계의 크기, 등급, 정도를 결정한다.
③ 사용압력에 따라 압력계의 범위를 결정한다.
④ 사용용도 등은 고려치 않아도 된다.

풀이 압력계 선정 시 사용용도는 당연히 고려하여야 한다.

38 진공계의 눈금이 510mmHg, 대기압이 710mmHg를 가리킬 때의 절대 압력(kg/cm²)은?(단, 760mmHg = 1.0332kg/cm²)

① 0.2716 ② 0.435
③ 0.651 ④ 0.868

풀이 710 − 510 = 200mmHg(절대압력)
∴ $1.0332 \times \dfrac{200}{760} = 0.2716 \text{kg/cm}^2$

39 연돌가스 압력측정에 가장 적당한 압력계는?

① 링밸런스식 압력계 ② 압전식 압력계
③ 분동식 압력계 ④ 부르동관식 압력계

풀이 링밸런스식 압력계는 연돌가스 압력측정에 용이하다.

40 다음 중 진공계의 종류가 아닌 것은?

① 맥라우드(Mcloed) 진공계
② 열전도형 진공계
③ 전리 진공계
④ 음향식 진공계

풀이 진공계 : 맥라우드식, 열전도형식, 전리식

41 그림은 증기압력제어의 병렬제어방식의 구성을 표시한 것이다. ( ) 안에 적당한 용어는?

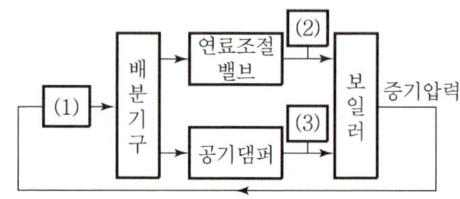

① 1 : 동작신호, 2 : 목표치, 3 : 제어량
② 1 : 조작량, 2 : 설정신호, 3 : 공기량
③ 1 : 압력조절기, 2 : 연료공급량, 3 : 공기량
④ 1 : 연료공급량, 2 : 공기량, 3 : 압력조절기

풀이 병렬제어방식 : 압력조절기, 연료공급량, 공기량

42 다음과 같은 압력측정장치에서 용기압력은 어떻게 표시되나?(단, 유체의 밀도 ρ, 중력가속도 g로 표시한다.)

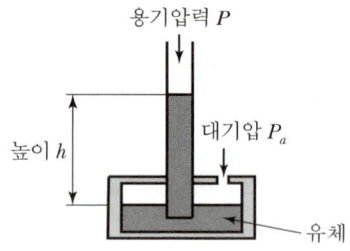

① $P = P_a$ ② $P = \rho g h$
③ $P = P_a + \dfrac{1}{2} \rho g h$ ④ $P = P_a + \rho g h$

풀이 용기압력$(P) = P_a + \rho g h$

정답 36 ② 37 ④ 38 ① 39 ① 40 ④ 41 ③ 42 ④

43 다음 중 압력의 계량단위로 틀린 것은?

① Bar ② Torr
③ mH₂O ④ atm

풀이 압력 : Bar, Torr, mH₂O, atm, MPa, kg/cm², Lb/in²(mH₂O : 압력보조단위)

44 탄성식 압력계가 아닌 것은?

① 부르동관 압력계 ② 다이어프램 압력계
③ 벨로스 압력계 ④ 환상 천평식 압력계

풀이 환상 천평식 압력계는 수은을 이용한 액주식 압력계이며 측정범위는 25~3,000mmH₂O이다.

45 다음 단위 중 압력에 대한 단위가 아닌 것은?

① Pa ② N/m²
③ J/s ④ kgf/m²

풀이 J(Joule, 줄)은 열량의 유도 단위이다.

46 다음 중 탄성식 고압측정 압력계에 속하는 것은?

① 침종식 압력계 ② 피스톤 압력계
③ U자관 압력계 ④ 부르동관 압력계

풀이 탄성식 압력계 : 부르동관, 벨로스식, 다이어프램식

47 액주식 압력계(Manometer)에 사용하는 액체의 구비조건 중 옳지 않은 것은?

① 화학적으로 안정할 것
② 점도나 팽창계수가 클 것
③ 팽창계수가 적을 것
④ 모세관 현상이 적을 것

풀이 액주식 압력계에서 액체는 점도가 적어야 한다.

48 환상천평(링벨런스)식 압력계에 대한 설명 중 옳은 것은?

① 원격전송이 가능하고 저압가스 압력측정용이다.
② 부식성 가스나 습기가 많은 곳에는 다른 압력계보다 정도가 높다.
③ 도압관은 될 수 있는 한 가늘고 긴 것이 좋다.
④ 측정 대상 유체는 주로 액체이다.

풀이 링벨런스식 압력계는 압력원에 가깝도록 계기를 설치하여야 한다. 또한 원격전송이 가능하고 측정대상은 거의 기체이다.

49 다음 중 진공계의 종류에 해당하지 않는 것은?

① 맥로이드(Mcloed)형 진공계
② 전리(電離) 진공계
③ 피라니 게이지
④ 열전대 온도계

풀이 진공계 측정기 중 열전대 구조는 시판되지 않는다.

50 압력측정범위가 0.01~10kg/cm²인 탄성식 압력계로 진공압 및 차압의 측정에 주로 사용하는 것은?

① 캡슐식 압력계 ② 벨로스식 압력계
③ 부르동관식 압력계 ④ 다이어프램식 압력계

풀이 벨로스식 압력계
0.01~10kg/cm²인 탄성식 압력계

51 어느 보일러 냉각기의 진공도가 730mmHg일 때 절대압으로 표시하면 약 몇 kg/cm²인가?

① 0.02 ② 0.04
③ 0.12 ④ 0.18

정답 43 ③ 44 ④ 45 ③ 46 ④ 47 ② 48 ① 49 ④ 50 ② 51 ②

풀이) $760 - 730 = 30\text{mmHg}$(절대압력)

∴ $1.033 \times \dfrac{30}{760} = 0.04\text{kg/cm}^2$

52 액주식 압력계에서 압력측정에 사용되는 액체의 구비조건으로 틀린 것은?

① 액면은 수직을 만들 것
② 열팽창계수가 적을 것
③ 모세관 현상이 적을 것
④ 일정한 화학성분을 가질 것

풀이) 액주식 압력계의 액체는 항상 수평을 만들 것

53 다음 중 10~50mmH₂O 정도 미세한 압력 측정용으로 가장 적절한 압력계는?

① 부르동관식　② 벨로스식
③ 경사관식　④ 분동식

풀이) 경사관식 압력계
　• 측정범위 : 10~50mmH₂O
　• 정도 : 0.05mmH₂O

54 그림과 같은 경사관 압력계에서 P_1의 압력을 나타내는 식으로 옳은 것은?(단, γ는 액체의 비중량이다.)

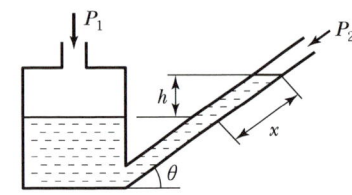

① $P_1 = \dfrac{P_2}{\gamma \times L}$
② $P_1 = P_2 \times \gamma \times x \times \cos\theta$
③ $P_1 = P_2 + \gamma \times x \times \tan\theta$
④ $P_1 = P_2 + \gamma \times x \times \sin\theta$

풀이) $P_1 = P_2 + \gamma \cdot x \times \sin\theta$

55 수주 50mmH₂O는 몇 kg/m²인가?

① 0.55　② 5.5
③ 50　④ 550

풀이) $1\text{mmH}_2\text{O} \times 10^4 = 10,000\text{mm}^2 = 1\text{kg/m}^2$
$50\text{mmH}_2\text{O} = 50\text{kg/m}^2$

56 다음 중 압력을 표시하는 단위가 아닌 것은?

① kPa　② N/m²
③ bar　④ kgf

풀이) kgf : 중량단위

57 전압(Total Pressure)에 대하여 옳게 나타낸 것은?

① 전압＝정압＋동압
② 전압＝정압＋대기압
③ 전압＝동압＋대기압
④ 전압＝대기압－동압

풀이) 전압＝정압＋동압

58 다음 중 액압이 있는 경우 압력계를 보호하기 위해 사용되는 탄성식 압력계 부품은?

① 니들 밸브　② 댐퍼
③ 사이폰관　④ 세관코일

풀이) 사이폰관은 탄성식인 부르동관 압력계에 설치하며 액압이 있는 경우 압력계를 보호한다.

정답　52 ①　53 ③　54 ④　55 ③　56 ④　57 ①　58 ③

CHAPTER 04 액면계측

액위의 측정방법은 직접법과 간접법의 두 종류로 구분되고 있다.

SECTION 01 액면측정방법

1. 직접측정

액면의 위치를 직접 관측에 의하여 측정하는 방법으로 직관식(유리관식), 검척식, 플로트식(부자식)이 있다.

2. 간접측정

압력이나 기타 방법에 의하여 액면위치와 일정 관계가 있는 양을 측정하는 것으로 차압식, 저항 전극식, 초음파식, 방사선식, 음향식 등의 액면계가 있다.

3. 액면계의 구비조건

(1) 연속 측정 및 원격측정이 가능할 것
(2) 가격이 싸고 보수가 용이할 것
(3) 고온 및 고압에 견딜 것
(4) 자동제어장치에 적용이 가능할 것
(5) 구조가 간단하며 내식성이 있고 정도가 높을 것

SECTION 02 액면계의 종류 및 특징

1. 직접측정식

1) 유리관식(직관식) 액면계

유리관(細管)또는 플라스틱의 투명한 세관을 측정 탱크에 설치하여 탱크 내 액면변화를 계측

2) 검척식 액면계

개방형 탱크나 저수조의 액면을 자로 직접 계측

3) 부자식(Float)액면계

밀폐탱크나 개방탱크 겸용으로서 액면에 플로트를 띄워 액면의 상·하 움직임을 플로트의 변위로 나타내는 형식으로 공기압 또는 전기량으로 전송이 가능하다.
Wire나 Chain을 사용하는 방법과 lever을 사용하는 방법이 있다. 액면 위의 변동폭이 25~50cm 정도까지 사용되며 구조가 간단하고 고압, 고온밀폐탱크(500℃, 1,000psi)의 압력까지 측정 사용이 가능하고 조작력이 크기 때문에 자력조절에도 사용된다.

2. 간접측정식

1) 압력검출식 액면계

탱크 내에 압력계를 설치하여 액면을 측정하는 장치로 저점도의 액체 측정용으로 기포식과 다이어프램식이 있다.

2) 차압식

기준 수위에서 압력과 측정액면에서의 압력차를 비교하여 액위를 측정하는 것으로 고압밀폐 탱크에 사용된다. 종류로는 다이어프램식과 U자관식이 있고 정압을 측정함으로써 액위를 구할 수 있다.

3) 편위식

디스플레이스먼트 액면계라 하며 액중에 잠겨있는 플로우트의 깊이에 의한 부력으로부터 토크튜브(Torque Tube)의 회전각이 변화하여 액면을 지시하며 일명 아르키메데스의 원리를 이용하여 액면을 측정하고 있는 방식이다.

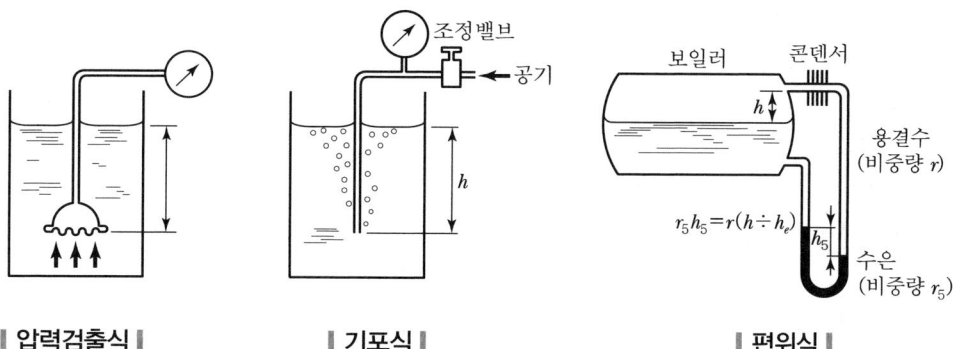

| 압력검출식 | 기포식 | 편위식 |

4) 정전용량식

동심원통형의 전극인 검출소자(Probe)를 액 중에 넣어 이때 액 위에 따른 정전용량의 변화를 측정하여 액면의 높이를 측정한다.

5) 전극식

전도성 액체 내부에 전극을 설치하여 낮은 전압을 이용 액면을 검지하여 자동 급·배수 제어장치에 이용

[특징]
- 고유저항이 큰 액체에는 사용이 어렵다.
- 내식성 재료의 전극봉이 필요하다.
- 저압변동이 큰 곳에서 사용해서는 안 된다.

6) 초음파식

측정에 시간을 요하지 않는 관계로 여러 소의 액면을 한 장치로 측정할 수 있고 완전히 밀폐된 고압탱크와 부식성 액체에 대해서도 측정이 가능하고 측정범위가 매우 넓고 정도가 높은 액면계이다. 그러나 긴 거리는 통과할 수 없고 초음파는 수정이나 티탄산, 바륨 등에 발진 회로를 써서 10Kc~5Mc 진동을 주어서 얻는다.

(1) 초음파진동식

기체 또는 액체에 초음파를 사용하여 진동막의 진동변화를 측정

[특징]
- 형상이 단순하며 용기 내 삽입되는 부분이 적다.
- 가동부가 없으며 용도가 다양하다.
- 진동막에 액체나 거품의 부착은 오차발생의 원인이 된다.

(2) 초음파 레벨식

가청주파수 이상의 음파를 액면에 발사시켜 반사되는 시간을 측정

[특징]
- 액체가 직접 접촉하지 않고 측정이 가능
- 이물질에 대한 영향이 적다.
- 청량음료나 유유탱크의 레벨베어에 사용된다.
- 부식성 유체(산, 알칼리)나 고점성 액체의 레벨 계측이 가능하다.

7) 기포식 액면계(Purge Type 액면계)

액조 속에 관을 삽입하고 이 관을 통해 압축공기를 보낸다. 압력을 조절해서 공기가 관 끝에서 기포를 일으키게 하면 압축공기의 압력은 액압력과 동등하다고 생각되므로 압축공기를 압력을 측정하여 액면을 측정한다.

8) γ선 액면계

γ선 액면계는 동위원소에서 나오는 γ선은 액면상 또는 탱크 밑바닥에서 방사시켜 그것을 측정함으로써 액위를 측정한다.

그 종류는 플로트식, 투과식, 추종식이 있으며 밀폐된 고압탱크나 부식성 액체의 탱크 등에서도 액면 측정이 가능하며 방사선으로는 Co^{60} 등의 γ선이 사용된다.

출제예상문제

01 보일러에 사용하는 급수 조절장치로 수위제어 방식에 적용되는 방식이 아닌 것은?

① 플로트식
② 전극식
③ 전압식
④ 열팽창식

풀이 수위제어 방식 : 플로트식(부자식), 전극식, 열팽창식(코프식), 차압식

02 아르키메데스의 원리를 이용하여 측정하는 액면계는?

① 부자식 액면계
② 전극식 액면계
③ 편위식 액면계
④ 기포식 액면계

풀이 편위식 액면계 : 아르키메데스의 원리이용

03 부자식 액면계에 대한 설명 중 틀린 것은?

① 기구가 간단하고 고장이 적다.
② 측정범위가 크다.
③ 액면이 심하게 움직이는 곳에서는 사용하기가 곤란하다.
④ 습기가 있거나 전극에 피측정체를 부착하는 곳에서는 사용하기가 부적당하다.

풀이 부자식 액면계는 습기가 있어도 사용이 용이하다. (단, 침전물이 부자에 부착되는 곳에는 사용부적당)

04 밀폐 고압탱크나 부식성 탱크의 액면측정에 가장 적절한 액면계는?

① 차압식
② 플로트(Float)식
③ 노즐식
④ 감마(γ) 선식

풀이 방사선식 액면계(감마선식)
밀폐고압탱크나 부식성 액의 탱크 등에서 발신기 설치가 곤란한 경우에 사용하는 간접법 액면계(방사선 : C_o^{60} 등의 γ선 사용)

05 편위식 액면계는 어떤 원리를 이용한 것인가?

① 도플러의 원리
② 아르키메데스의 부력원리
③ 토리첼리의 법칙
④ 돌턴의 분압법칙

풀이 편위식 액면계 : 아르키메데스의 부력원리 이용(디스플레이스먼트 액면계)

06 액면계에서 액면측정 방식을 기술한 것으로 틀린 것은?

① 부자식
② 차압식
③ 편위식
④ 분동식

풀이 기준분동식은 압력계를 교정하는 교정압력계이다.

정답 01 ③ 02 ③ 03 ④ 04 ④ 05 ② 06 ④

07 다음 중 액면측정 방법이 아닌 것은?

① 부자식 액면계
② 편위식 액면계
③ 다이어프램식 액면계
④ 분동식 액면계

풀이
- 기준분동식 압력계는 압력계 교정용이다.
- 직접식 액면계 : 유리관식, 부자식, 편위식, 검척식
- 간접식 액면계 : 차압식, 기포퍼지식, 초음파식, 방사선 감가선식

08 밀폐 고압탱크나 부식성 탱크의 액면 측정이 가장 용이한 액면계는?

① 차압식
② 플로트(Float)식
③ 노즐식
④ 감마(γ)선식

풀이
- γ선 액면계 : 밀폐된 고압탱크나 부식성 액체의 탱크 등에 사용되며 방사선으로는 Co^{60} 등의 γ선이 사용된다.
- 부자식(플로트식) : 밀폐탱크, 개방탱크용

정답 07 ④ 08 ④

CHAPTER 005 가스의 분석 및 측정

SECTION 01 가스분석방법

가스분석은 계측이 간접적이며 정성적인 선택성이 나쁜 것이 많다. 가스는 온도나 압력에 의해 영향을 받기 때문에 항상 조건을 일정하게 한 후 검사가 이루어져야 한다.

1. 연소가스 분석목적

(1) 연료의 연소상태를 파악
(2) 연소가스의 조성파악
(3) 공기비 파악 및 열손실 방지
(4) 열정산 시 참고자료

2. 연소가스의 조성

CO_2, CO, SO_2, NH_3, H_2O, N_2 등

3. 시료채취 시 주의사항

(1) 연소가스 채취 시 흐르는 가스의 중심에서 채취한다.
(2) 시료 채취 시 공기의 침입이 없어야 한다.
(3) 가스성분과 화학적 반응을 일으키는 재료는 사용하지 않는다.(600℃ 이상에서는 철판 사용금지)
(4) 채취 배관을 짧게 하여 시간지연을 최소로 한다.
(5) 드레인 배출장치를 설치한다.
(6) 시료가스 채취는 연도의 중심부에서 실시한다.
(7) 채취구의 위치는 연소실 출구의 연도에서 하고 연도 굴곡 부분이나 가스가 교차되는 부분 및 유속 변화가 급격한 부분은 피한다.

> **Reference**
>
> 가스 채취관의 재료
> • 고온가스 : 석영관   • 저온가스 : 철금속관
>
> 시료가스의 흐름
> 1차 필터(아람담) → 가스냉각기(냉각수) → 2차 필터(석면, 솜)

SECTION 02 가스분석계의 종류 및 특징

1. 화학적 가스분석계

화학반응을 이용한 성분분석

1) 측정방법에 따른 구분

(1) 체적감소에 의한 방법 : 오르사트식
(2) 연속측정방법 : 자동화학식 CO_2계
(3) 연소열법에 의한 방법 : 연소식 O_2계, 미연소계(H_2+CO)

2) 오르사트(Orzat)식 가스분석계

시료가스를 흡수제에 흡수시켜 흡수 전후의 체적변화를 측정하여 조성을 정량하는 방법이며 100cc 체적의 뷰렛과 수준병, 고무관, 흡수병, 연결관으로 구성되어 있다.

(1) 분석순서 및 흡수제의 종류

① 분석순서 : $CO_2 \rightarrow O_2 \rightarrow CO$
② 흡수제의 종류
- CO_2 : KOH 30% 수용액(순수한 물 70cc+KOH 30g 용해)
- O_2 : 알칼리성 피롤카롤(용액 200cc+15~20g의 피롤가롤 용해)
- CO : 암모니아성 염화 제 1동 용액(암모니아 100cc 중+7g의 염화제 1동 용해)
- $N_2 = 100 - (CO_2 + O_2 + CO)$

(2) 특징

① 구조가 간단하며 취급이 용이하다.
② 숙련되면 고정도를 얻는다.
③ 수분은 분석할 수 없다.
④ 분석순서를 달리하면 오차가 발생한다.

3) 자동화학식 CO_2계

오르사트 가스 분석법과 원리는 같으나 유리실린더를 이용 연속적으로 가스를 흡수시켜 가스의 용적변화로 측정하며 KOH 30% 수용액에 CO_2를 흡수시켜 시료가스의 용적의 감소를 측정하여 CO_2 농도를 측정

[특징]
- 선택성이 좋다.
- 흡수제 선택으로 O_2와 CO 분석이 가능
- 측정치를 연속적으로 얻는다.
- 조성가스가 많아도 높게 측정되며, 유리부분이 많아 파손되기는 쉽다.

4) 연소열식 O_2계(연소식 O_2계)

측정해야 할 가스와 H_2 등의 가연성 가스를 혼합하고 촉매에 의한 연소를 시켜 반응열이 산소 농도에 따라 비례하는 것을 이용

[특징]
- 가연성 H_2가 필요
- 원리가 간단하고 취급이 용이
- 측정가스의 유량변화는 오차의 원인
- 선택성이 있다.
- 오리피스나 마노미터 및 열전대가 필요하다.

5) 미연소가스계($CO + H_2$ 가스 분석)

시료 중 미연소 가스에 O_2를 공급하고 백금을 촉매로 연소시켜 온도상승에 의한 휘스톤브리지회로의 측정 셀 저항선의 저항변화로부터 측정한다.

[특징]
- 측정실과 비교실의 온도를 동일하게 유지한다.
- 산소를 별도로 준비하여야 한다.
- 휘스톤브리지회로를 사용한다.

2. 물리적 가스분석계

가스의 비중, 열전도율, 자성 등에 의하여 측정하는 방법

1) 열전도율형 CO_2계

전기식 CO_2계라 하며 CO_2의 열전도율이 공기보다 매우 적다는 것을 이용한 것으로 CO_2 분석에 많이 사용된다. 측정가스를 도입하는 셀과 공기를 채운 비교셀 속에 백금선을 치고 약 100℃의 정전류를 가열여 전기저항치를 증가시키므로 CO_2 농도로 지시한다.

(1) 특징
- 원리나 장치가 비교적 간단하다.
- 열전도율이 큰 수소가 혼입되면 측정오차의 영향이 크다.
- N_2, O_2, CO의 농도가 변해도 CO_2 측정오차는 거의 없다.

(2) 취급 시 주의사항
- 1차 여과기 막힘에 주의할 것
- 계기 내 온도상승을 방지할 것
- 가스 유속을 일정하게 유지할 것
- 브리지의 전류 공급을 점검할 것
- H_2 가스의 혼입을 막아야 한다.
- 가스압력 변동은 지시에 영향을 주므로 압력 변동이 없어야 한다.

2) 밀도식 CO_2계

CO_2의 밀도가 공기보다 1.5배 크다는 것을 이용하여 가스의 밀도차에 의해 수동 임펠러의 회전토크가 달라져 레버와 링크에 의해 평형을 이루어 CO_2 농도를 지시하도록 되어 있다.

(1) 보수와 취급이 용이하고 구조적으로 견고하다.
(2) 측정가스와 공기의 압력과 온도가 같으면 오차를 일으키지 않는다.
(3) CO_2 이외의 가스조성이 달라지면 측정오차에 영향을 준다.

3) 가스 크로마토그래피(Gas Chromatograph)법

흡착제를 충전한 통 한쪽에 시료를 이동시킬 때 친화력이 각 가스마다 다르기 때문에 이동속도차이로 분리되어 측정실내로 들어오면서 측정하는 것으로 O_2와 NO_2를 제외한 다른 성분가스를 모두 분석할 수 있다. 분석 시에는 고체 충전제를 넣어 놓고 캐리어가스인 H_2, N_2, He 등의 혼합된 시료가스를 컬럼 속에 통하게 하여 측정한다.

[특징]
- 여러 종류의 가스분석이 가능하다.
- 선택성이 좋고 고감도 측정이 가능하다.
- 시료가스의 경우 수 cc로 충분하다.
- 캐리어 가스가 필요하다.
- 동일가스의 연속 측정이 불가능하다.
- 적외선 가스분석계에 비하여 응답속도가 느리다.
- SO_2 및 NO_2가스는 분석이 불가능하다.

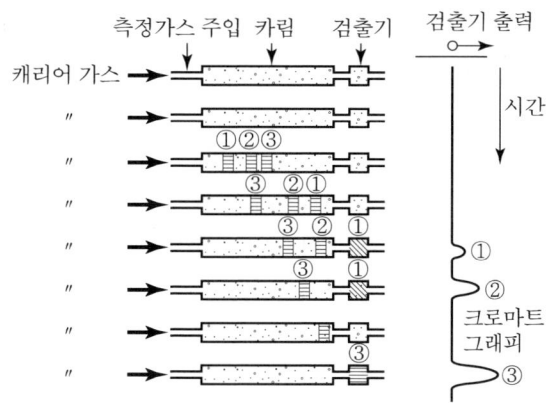

∥ 가스크로마토그래피 ∥

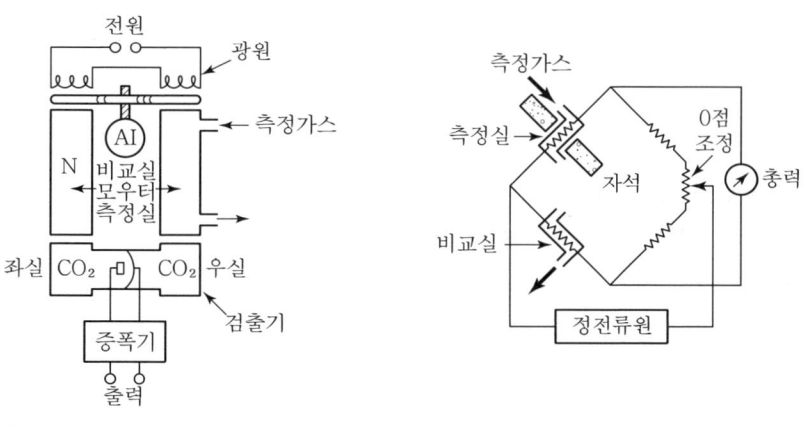

∥ 적외선가스분석기 ∥　　　　　　∥ 자기식 O₂계 ∥

4) 적외선 가스분석계

적외선 스펙트럼의 차이를 이용하여 분석하며 N_2, O_2, H_2 이원자 분자가스 및 단원자분자의 경우를 제외한 대부분의 가스를 분석할 수 있다.

[특징]
- 선택성이 우수하다.
- 측정농도 범위가 넓고 저농도 분석에 적합하다.
- 연속분석이 가능하다.
- 측정가스의 먼지나 습기의 방지에 주의가 필요하다.

5) 자기식 O_2계

산소의 경우 강자성체에 속하기 때문에 산소(O_2)가 자장에 대해 흡인되는 성질을 이용한 것

[특징]
- 가동부분이 없어 구조가 간단하고 취급이 용이하다.
- 시료가스의 유량, 점성, 압력 변화에 대하여 측정오차가 생기지 않는다.
- 유리로 피복된 열선은 촉매작용을 방지한다.
- 감도가 크고 정도는 1% 내외이다.

6) 세라믹식 O_2계

지르코니아(ZrO_2)를 원료로 한 세라믹 파이프를 850℃ 이상 유지하면서 가스를 통과시키면 산소이온만 통과하여 산소농담전자가 만들어진다. 이때 농담전지의 기전력을 측정하여 O_2 농도를 분석한다.

[특징]
- 측정범위가 넓고 응답이 신속하다.
- 지르코니아 온도를 850℃ 이상 유지한다. (전기히터 필요)
- 시료가스의 유량이나 설치장소, 온도변화에 대한 영향이 없다.
- 자동제어 장치와 결속이 가능하다.
- 가연성 가스 혼입은 오차를 발생시킨다.
- 연속측정이 가능하다.

7) 갈바니아 전기식 O_2계

수산화칼륨(KOH)에 이종 금속을 설치한 후 시료가스를 통과시키면 시료가스 중 산소가 전해액에 녹아 각각의 전극에서 산화 및 환원반응이 일어나 전류가 흐르는 현상을 이용한 것

[특징]
- 응답속도가 빠르다.
- 고농도의 산소분석은 곤란하며 저농도의 산소분석에 적합하다.
- 휴대용으로 적당하다.
- 자동제어장치와 결합이 쉽다.

8) 용액 도전율식 가스분석계

시료가스를 흡수용액에 흡수시켜 용액의 도전율 변화를 이용하여 가스농도를 측정한다.

SECTION 03 매연농도측정

1. 링겔만 농도표

링겔만 농도표는 백치에 10mm 간격의 굵은 흑선을 바둑판 모양으로 그린 것으로 농도비율에 따라 0~5번까지 6종으로 구분된다. 관측자는 링겔만 농도표와 연돌상부 30~45cm 지점의 배기가스와 비교하여 매연 농도율을 계산할 수 있다. 농도 1도당 매연 농도율은 20%이다.

2. 로버트 농도표

링겔만 농도표와 비슷하지만 4종으로 되어 있다.

3. 자동매연 측정장치

광전관을 사용

SECTION 04 온·습도 측정

1. 온도

1) 건구온도(Dry Bulb Temperature : DB)

보통 온도계로 지시하는 온도

2) 습구온도(Wet Bulb Temperature : WB)

온도계 감온부를 젖은 헝겊으로 감싸고 측정한 온도(증발잠열에 의한 온도)

3) 노점온도(Dewpoint Temperature : DT)

습공기 수증기 분압이 일정한 상태에서 수분의 증감 없이 냉각할 때 수증기가 응축하기 시작하여 이슬이 맺는 온도

2. 습도

1) 절대습도(Specific Humidity)

건조공기 1kg에 대한 수증기 중량 비

$$절대습도(\psi) = \left(\frac{습가스\ 중의\ 수분}{습가스\ 중의\ 건가스}\right) \times 100(\%)$$

2) 상대습도(Relative Humidity)

습공기 수증기 분압(p)과 동일온도의 포화습공기 수증기 분압(P_S)과의 비

$$\psi = \left(\frac{p}{p_S}\right) \times 100(\%)$$

3) 포화도(비교습도)

습공기 절대습도(x)와 포화습공기 절대습도(x_s)와의 비
즉, 포화습도에 대한 습가스의 절대습도의 비가 포화도이다.

$$r = \left(\frac{x}{x_s}\right) \times 100(\%)$$

3. 습도계 및 노점계 종류

1) 전기식 건습구 습도계

(1) 습구를 항상 적셔 놓아야 하는 단점이 있다.
(2) 저온측정은 곤란하다.
(3) 실내온도를 측정하는 데 많이 사용된다.

2) 전기저항식 습도계

(1) 기체의 압력, 풍속에 의한 오차가 없다.
(2) 구조 및 측정회로가 간단하며 저습도 측정에 적합하다.
(3) 응답이 빠르고 온도계수가 크다.
(4) 경년 변화가 있는 결점이 있다.

3) 듀셀 전기 노점계

(1) 저습도의 측정에 적당하다.
(2) 구조가 간단하고 고장이 적다.
(3) 고압 하에서는 사용이 가능하나 응답이 늦은 결점이 있다.

4) 광전관식 노점 습도계

(1) 경년 변화가 적고 기체의 온도에 영향을 받지 않는다.
(2) 저습도의 측정이 가능하다.
(3) 점도가 높다.

5) 모발습도계

(1) 습도의 증감에 따라 규칙적으로 신축하는 모발의 성질 이용
(2) 안정성이 좋지 않고 응답시간이 길다.
(3) 사용은 간편하다.
(4) 실내 습도조절용, 제어용으로 많이 사용
(5) 보통 10~20개 정도의 머리카락을 묶어서 사용, 수명은 2년 정도

6) 건습구 습도계

(1) 건구와 습구온도계로 이루어진다.
(2) 상대습도의 표에 의해 구한다.
(3) 자연통풍에 의한 간이 건습구 습도계와 온도계의 감온부에 풍속 3~5m/sec 통풍을 행하는 통풍건습구 습도계(assmann형, 기상대형, 저항온도계식)가 있다.

CHAPTER 005 출제예상문제

01 오르사트 가스 분석기로 배기가스 분석 시 가스분석 순서로 옳은 것은?

① $O_2 \to CO \to CO_2$
② $CO_2 \to O_2 \to CO$
③ $CO \to O_2 \to CO_2$
④ $CO \to CO_2 \to O_2$

풀이 화학적인 오르사트 가스 분석기의 배기가스 분석순서
$CO_2 \to O_2 \to CO$(탄산가스 → 산소 → 일산화탄소)

02 다음 중 세라믹법에 사용된 주성분은?

① Zr
② ZrO_2
③ Cr_2O
④ P_2O_5

풀이 물리적인 세라믹 가스 분석계는 O_2가스의 측정용이며 주원료는 지르코니아(ZrO_2)이다.

03 다음 중 연속 측정을 할 수 없는 분석계는?

① 열전도형 분석계
② 오르사트 분석계
③ 세라믹 분석계
④ 도전률식 분석계

풀이 오르사트 분석계(화학적가스 분석계)는 수동식 측정분석이다. 15℃ 이하에서는 흡수제의 성능이 떨어지므로 20℃ 정도에서 가스분석을 하는 것이 좋다.

04 다음 중 화학적 가스분석계가 아닌 것은?

① 오르사트식
② 연소식
③ 자동화학식 CO_2계
④ 밀도식 CO_2 계

풀이 밀도식 가스 분석계는 물리적 가스 분석계이다.(CO_2 측정가스분석계)

05 지르코니아식 O_2 측정기의 특징이 아닌 것은?

① 시료가스 유량이나 설치 장소 등의 주위 온도 변화에 영향이 없다.
② 자동제어 장치와 결속이 용이하다.
③ 측정 범위가 넓고 응답속도가 빠르다.
④ 온도 유지를 위한 전기 히터가 필요 없다.

풀이 지르코니아식 O_2 측정기(세라믹 O_2계)는 측정부의 온도유지를 위해 온도조절용 전기로가 필요하다.

06 연소가스의 현장 분석기에 시료가스 채취시스템을 사용할 경우 고려할 사항이 아닌 것은?

① 가스 온도를 될 수 있는 대로 낮추어서 분석하기 좋게 한다.
② 시료채취시스템이 막히지 않게 한다.
③ 시료채취시스템으로 인한 시간 지연을 고려한다.
④ 가스 채취는 중심부에서 하고 벽에 가까운 가스는 회피한다.

풀이 연소가스의 현장 분석기에 시료가스 채취시스템을 사용할 경우 가스 온도를 될 수 있는 대로 낮추면 수증기가 응축되어서 오히려 가스 분석에 지장을 초래한다.(20℃의 상온에서 측정이 바람직스럽다.)

07 다음 중 자동제어 시정수에 대한 설명으로 올바른 것은?

① 2차 지연요소에서 출력이 최대 출력의 63%에 도달할 때까지의 시간
② 1차 지연요소에서 출력이 최대 입력의 63%에 도달할 때까지의 시간
③ 2차 지연요소에서 입력이 최대 출력의 63%에 도달할 때까지의 시간
④ 1차 지연요소에서 출력이 최대 출력의 63%에 도달할 때까지의 시간

정답 01 ② 02 ② 03 ② 04 ④ 05 ④ 06 ① 07 ④

풀이 1차 지연요소에서 곡선이 평형치에 대하여 출력이 최대출력의 63.2%의 값으로 될 때까지의 시간 T를 시정수(時定數)라 한다.

08 대칭 2원자 분자 및 알곤(Ar) 등의 단원자를 제외하고는 거의 대부분 가스를 분석할 수 있는 가스분석 방법은?

① 적외선 흡습법
② 도전률법
③ 열전도율법
④ 밀도법

풀이 적외선 가스분석계는 2원자 분자나 알곤(Ar) 등의 단원자 가스 분석은 곤란하다.(적외선은 선택성이 우수하다.)

09 주로 오르사트 가스 분석기는 어떤 가스를 분석할 수 있는가?

① CO_2, O_2, CO
② CO_2, O_2, N_2
③ CO_2, CO, SO_2
④ NO_2, CO, O_2

풀이 흡수제를 사용하는 오르사트 화학적 가스 분석계의 측정순서 : $CO_2 \rightarrow O_2 \rightarrow CO$

10 적외선 가스 분석계에서 고유 흡수스펙트럼을 가지지 못하는 것은?

① CH_4 ② CO
③ CO_2 ④ O_2

풀이 적외선 가스 분석계는 H_2, N_2, O_2 등 같은 원자로 이루어지고 2 원자분자는 고유한 흡수 스펙트럼을 가지지 못한다.

11 다음은 가스분석계인 자동화학식 CO_2계에 대한 설명이다. 틀린 것은?

① 오르사트(Orsat)식 가스분석계와 같이 CO_2를 흡수액에 흡수시켜서 이것에 의한 시료 가스 용액의 감소를 측정하고 CO_2 농도를 지시한다.
② 피스톤의 운동으로 일정한 용적의 시료 가스가 KOH용액 중에 분출되며 CO_2는 여기서 용액에 흡수되지 않는다.
③ 조작은 모두 자동화 되어 있다.
④ 흡수액에 따라서는 O_2 및 CO의 분석계로도 사용할 수 있다.

풀이 오르사트 분석계와 비슷한 자동화학식 CO_2계는 30% KOH(수산화칼륨용액)을 흡수제로 사용하여 CO_2의 성분을 측정한다.

12 간단한 원리로 광범위한 가스 분석이 가능하기 때문에 광범위한 분야에 이용되며 연구실용과 공업용으로 사용되는 분석계는?

① 열전도율형 CO_2분석계
② 가스크로마토그래피
③ 밀도식 CO_2계
④ $H_2 + CO$계

풀이 가스크로마토그래피는 간단한 원리로 광범위한 가스 분석이 가능하기 때문에 광범위한 분야에 이용되며 연구실용과 공업용으로 사용되는 분석계이다.

13 열전도형 CO_2계에 대한 특징으로 거리가 가장 먼 것은?

① 원리와 장치가 비교적 간단하다.
② CO_2 측정오차가 거의 없다.
③ 저농도 가스분석에 적합하다.
④ H_2가 혼입되면 측정오차가 발생한다.

풀이 ①, ②, ④항은 열전도형 CO_2 계의 특징이다.

정답 08 ① 09 ① 10 ④ 11 ② 12 ② 13 ③

14 다음 중 화학적 가스분석계는?

① 밀도식 가스분석계
② 오르사트법
③ 자기식 가스분석계
④ 가스크로마토그래피법

풀이 화학적 가스 분석계
- 오르사트식
- 자동화학식
- 연소반응식(연소식 산소계, 미연소 가스계)

15 다음 중 캐리어 가스(운반가스)로서 부적당한 것은?

① H_2　　② N_2
③ CO_2　　④ Ar

풀이 가스크로마토그래피 가스분석계 캐리어 가스
- 수소(H_2)　　• 질소(N_2)
- 알곤(Ar)　　• 헬륨(He)

16 가스크로마토그래피법에 대한 설명으로 가장 거리가 먼 것은?

① 분리능력과 선택성이 우수하다.
② 여러 가지 성분을 가진 가스를 1대의 장치로 분석할 수 있다.
③ 300℃ 이상의 비점을 가진 액체를 측정할 수 있다.
④ 캐리어 가스로 N_2, He 등이 주로 이용된다.

풀이 가스크로마토그래피(물리적 가스 분석계)는 액체분리는 불가능하다. 각 가스의 이동 속도차를 이용하여 가스를 분석한다.

17 세라믹식 O_2계에 대한 설명 중 옳은 것은?

① 응답이 느리다.
② 온도조절용 전기로가 필요 없다.
③ 연속측정이 가능하며 측정범위가 좁다.
④ 측정가스 중에 가연성 가스가 존재하면 사용이 불가능하다.

풀이 세라믹식 O_2계(지르코니아식 O_2계)는 가연성 가스가 포함되는 것은 O_2의 농도를 저하시켜 측정이 불가능하다.

18 오르사트 화학적 가스분석계의 배기가스 분석순서를 바르게 나열한 것은?

① $N_2 \to CO \to O_2 \to CO_2$
② $CO_2 \to CO \to O_2 \to N_2$
③ $N_2 \to O_2 \to CO \to CO_2$
④ $CO_2 \to O_2 \to CO \to N_2$

풀이 오르사트 분석순서
$CO_2 \to O_2 \to CO \to N_2$
※ $N_2 = 100 - [CO_2 + O_2 + CO]$

19 연소가스 중 O_2의 양을 측정하는 방법으로 틀린 것은?

① 자기식　　② 밀도식
③ 연소식　　④ 세라믹식

풀이 밀도식 가스분석계
CO_2 측정(CO_2는 밀도 $44kg/22.4m^3$)을 한다.

20 오르사트 가스분석 장치에 사용되는 흡수제와 흡수되는 가스를 옳게 짝지은 것은?

① 암모니아성 염화제1동 용액 - CO_2
② 무수황산 30% 용액 - CO_2
③ 알칼리성 피로갈롤 용액 - O_2
④ KOH 30% 용액 - CO

풀이 ①은 CO 측정, ③은 O_2 측정, ④는 CO_2 측정

21 가스크로마토그래피에 대한 특징으로 거리가 먼 것은?

① 각종 가스 성분 분석이 가능하다.
② 분리 능력이 우수하다.
③ 선택성이 우수하다.
④ 1회 측정 시간이 수초에서 수십 분 정도이다.

풀이 가스크로마토그래피 가스분석계의 특징은 ①, ②, ③ 외에도 적외선 가스분석계에 비하여는 응답속도가 느리다. 단, SO_2와 NO_2 가스분석은 불가능하다.

22 오르사트 분석계에서 탄산가스의 흡수 용액은?

① 피로카롤용액 30%
② 수산화칼륨 30% 수용액
③ 피로카롤용액 50%
④ 수산화칼륨 50% 수용액

풀이 CO_2 : KOH(수산화 칼륨용액 30%)

23 가스크로마토그래피 장치 사용 시 쓰이지 않는 것은?

① 컬럼검출기
② 유량측정기
③ 직류증폭장치
④ 주사기

풀이 가스크로마토그래피의 구성요소
- 컬럼 검출기
- 유량 측정기
- 주사기
- 캐리어가스통
- 흡착탑

24 보일러 출구의 배기가스를 측정하는 세라믹 O_2계의 특징이 아닌 것은?

① 응답이 신속하다.
② 연속측정이 가능하다.
③ 측정부의 온도유지를 위하여 온도조절용 히터가 필요하다.
④ 분석하고자 하는 가스를 흡수용액에 흡수시켜, 전극으로 그 용액에서의 도전율의 변화를 측정하여 O_2 농도를 측정한다.

풀이 ④항의 가스분석기는 세라믹식이 아닌 용액흡수도전율식(SO_2, CO_2, NH_3 가스의 측정)가스 분석계이다.

25 링겔만 매연농도측정에 관한 다음 설명 중 틀린 것은?

① 굴뚝과 측정자와의 거리는 30~39m정도가 보편적이다.
② 매연 농도표는 측정자의 전방 16m 위치에 놓는다.
③ 연돌에서 배출한 연기를 격자상의 농도표와 비교하여 측정한 농도를 0~5도까지 구분한다.
④ 링겔만 차트는 각각 5%씩 흑색도가 다르다.

풀이 링겔만 차트는 농도 1도당 각각 20%씩 흑색도가 다르다.

26 오르사트 가스분석계의 배기가스 분석 흡수액으로 맞는 것은?

① N_2 = 황산화물
② O_2 : 암모니아성 염화제1동 용액
③ CO : KOH 30% 수용액
④ CO_2 : KOH 30% 수용액

풀이 오르사트 가스분석계 측정 순서
- CO_2 : KOH 30% 수용액
- O_2 : 알칼리성 피로가롤 용액
- CO : 암모니아성 염화제1동 용액
- ※ N_2 = 100 - (CO_2 + O_2 + CO)

정답 21 ④ 22 ② 23 ③ 24 ④ 25 ④ 26 ④

27 다음은 가스분석계인 열전도율형 CO_2 분석계의 사용상 주의사항을 설명한 것이다. 틀린 것은?

① 브리지의 공급전류 점검을 확실하게 한다.
② 셀의 주위온도나 측정가스온도를 거의 일정하게 보존하고 유지하며 과도한 상승을 피한다.
③ H_2의 혼입은 지시를 높인다.
④ 가스압력의 변동은 지시에 영향을 줄 수 있다.

풀이 열전도율형 CO_2계
열전도율이 큰 수소(H_2)가 혼입되면 측정오차의 영향이 크고 지시치가 낮아진다.

28 다음 중 특정 가스의 물성정수인 확산속도를 이용하여 분석하는 것은?

① 자동 화학식 CO_2법
② 가스크로마토 그래프법
③ 오르사트법
④ 연소열식 O_2법

풀이 가스크로마트 그래프법 가스 분석계
가스의 물성상수인 확산속도를 이용하여 가스를 분석한다.

29 다음 중 가스의 비중을 이용하는 가스분석계는?

① 도전율식 CO_2계
② 열전도율식 CO_2계
③ 지르코니아식 O_2계
④ 밀도식 CO_2계

풀이 CO_2는 공기보다 비중이 무겁다.
• CO_2(44), 공기(29)
• $CO_2 = \dfrac{44}{22.4} = 1.51 kg/m^3$(밀도)
• 공기 $= \dfrac{29}{22.4} = 1.294 kg/m^3$(밀도)

30 다음 측정방식 중 물리적 가스분석계가 아닌 것은?

① 오르사트식
② 밀도식
③ 가스크로마토 그래프식
④ 세라믹식

풀이 오르사트식은 화학적인 가스분석계이다.

31 연소가스 중의 O_2 양을 측정하는 방법으로 적당하지 않은 것은?

① 자기식　　② 밀도식
③ 연소식　　④ 세라믹식

풀이 연소가스 중 O_2 가스분석 측정계
• 자기식
• 연소식
• 세라믹식
※ 밀도식 : CO_2 가스가 밀도가 커서 가스분석

32 연소가스 중의 H_2와 CO 분석에 사용되는 가스분석계는?

① 탄소가스분석계
② 질소가스분석계
③ 미연소가스분석계
④ 과잉공기분석계

풀이 미연소가스분석계는 H_2와 CO 가스의 가스 분석을 하는 계측기이다.

33 가스크로마토그래프로 가스를 분석할 때 사용하는 캐리어가스가 아닌 것은?

① H_2　　② CO_2
③ N_2　　④ Ar

풀이 Carrier Gas(캐리어가스) : N_2, H_2, H_e, A_r

정답　27 ③　28 ②　29 ④　30 ①　31 ②　32 ③　33 ②

34 다음 중 도전율식 가스분석계로 가스농도 측정이 곤란한 것은?

① CO
② SO_2
③ CO_2
④ NH_3

풀이 도전율식 가스분석계는 SO_2, CO_2, NH_3 등의 가스 농도 측정에 유리하다.
※ CO : 올쟈트가스분석계 사용

35 가스분석계의 측정법 중 전기적 성질을 이용한 것은?

① 세라믹법
② 자화율법
③ 자동 오르사트(Orsat)법
④ 가스 크로마토그래피(Gas Chromato Graphy)법

풀이 세라믹스 O_2계(지르코니아식 O_2계)는 산소농담 전지를 만든 후 기전력을 얻어서 O_2 가스를 측정한다.

36 시료가스를 채취할 때의 주의사항으로 틀린 것은?

① 채취구로부터 공기침입이 없어야 한다.
② 시료 가스의 배관은 가급적 짧게 한다.
③ 드레인 배출장치 설치 여부와는 무관하다.
④ 가스성분과 화학성분을 발생시키는 부품을 사용하지 않아야 한다.

풀이 시료채취 장치에서는 배관에 경사를 두고 최하단에는 H_2O 응축 드레인 장치가 필요하다.

37 "CO+H_2" 분석계란 어떤 가스를 분석하는 계기인가?

① 과잉공기계
② CO_2계
③ 미연가스계
④ 질소가스계

풀이 미연소가스계는 미연성분 H_2+CO를 측정한다. 미연소가스와 O_2를 공급하고 백금촉매로 연소시켜 온도상승에 의한 휘스톤 브리지 회로의 측정실 저항선의 저항변화로부터 측정한다.

38 물리적 가스분석기의 종류를 열거한 것이 아닌 것은?

① 가스밀도를 이용한 것
② 스펙트럼의 간섭을 이용한 것
③ 적외선 흡수제를 이용한 것
④ 용액 흡수제를 이용한 것

풀이 올쟈트나 헴펠식은 용액 흡수제를 이용한 것은 화학적 가스 분석법이다.

39 대기오염방지를 위해 연소가스 중의 성분을 분석한다. 다음 중 일반적으로 분석하지 않는 것은?

① NOx
② O_2
③ DUST
④ SOx

풀이 대기오염 측정을 위한 성분분석
NOx, DUST, SOx

40 오르사트(Orsat) 가스분석기에 배기가스를 분석할 경우 가스분석 조작 순서로 옳은 것은?

① O_2 → CO → CO_2
② CO_2 → O_2 → CO
③ CO → O_2 → CO_2
④ CO → CO_2 → O_2

풀이 화학적 분석계인 오르사트 가스 분석기의 배기가스 분석순서
CO_2 → O_2 → CO

정답 34 ① 35 ① 36 ③ 37 ③ 38 ④ 39 ② 40 ②

41 다음 가스분석법 중에서 정량 측정범위가 가장 넓은 것은?

① 세라믹법
② 자화율법
③ 도전율법
④ 가스크로마토 그래프법

풀이 세라믹법 O_2 가스 분석계
850℃ 이상에서 산소이온만 통과시킨다. 응답속도가 빠르고 측정 범위가 넓다. 기전력(E)을 측정하여 O_2농도를 분석한다.(정량범위 : 0.1ppm∼100%로 넓다.)

42 다음 중 연소가스 중의 O_2를 분석하는 데 가장 알맞은 것은?

① 적외선 분석계
② 가스크로마토 그래프
③ 수은 증기 분석계
④ 세라믹 분석계

풀이 O_2를 측정하는 계기
- 세라믹식
- 헴펠식
- 오르사트식
- 자기식

43 다음 가스분석장치 중 수소가 혼입할 때 측정오차가 발생하여 가장 큰 영향을 받는 것은?

① 세라믹식 CO_2계
② 밀도식 CO_2계
③ 오르사트가스분석장치
④ 열전도율식 CO_2계

풀이 수소는 열전도율이 커서 열전도율식 CO_2계에 가장 큰 영향력을 미친다.
※ 수소열전도율 : 3.965cal/cm · s

44 가스크로마토그래피 장치 및 장비 중 반드시 필요한 것이 아닌 것은?

① 컬럼검출기 ② 유량측정기
③ 온도보상회로기 ④ 주사기

풀이 가스크로마토그래피 가스분석기에서 온도보상회로기는 부착되지 않는다.

45 오르사트 가스분석장치에서 알칼리성 피로갈롤 용액으로부터 흡수되는 가스는?

① CO_2 ② O_2
③ CO ④ H_2

풀이 ① CO_2 : KOH 30%(수산화칼륨용액 30%)
② O_2 : 알칼리성 피로갈롤 용액
③ CO : 암모니아성 염화제1동 용액

46 오르사트분석계에서 탄산가스(CO_2)의 흡수용액은?

① 알칼리성 피로갈롤용액
② 수산화칼륨 30% 수용액
③ 암모니아성 염화제1구리용액
④ 무수황산 25% 수용액

풀이 CO_2 : KOH 30% 수용액(물 70cc에 수산화칼륨용액 30g 용해)

47 가스크로마토그래피로 가스를 분석할 때 사용되는 캐리어가스가 아닌 것은?

① H_2(수소) ② N_2(질소)
③ Ar(알곤) ④ SO_2(아황산가스)

풀이
- 캐리어가스 : H_2, N_2, Ar, He
- 분석이 불가능한 가스 : SO_2, NO_2

CHAPTER 06 자동제어 회로 및 장치

SECTION 01 자동제어의 개요

1. 자동제어의 정의

제어란 어떤 대상을 어떤 조건에 적합하도록 조작을 가하여 조정하는 역할을 제어라 하며, 조작방법에 따라 제어를 사람이 직접 행하는 것을 수동제어, 기계장치가 행하는 제어를 자동제어라 한다.

2. 자동제어의 이점

(1) 작업능률의 향상
(2) 원료나 연료의 경제적인 운영을 할 수 있다.
(3) 작업에 따른 위험 부담의 감소
(4) 제품의 균일화 및 품질향상을 기할 수 있다.
(5) 인건비의 절약
(6) 사람이 할 수 없는 힘든 조작도 할 수 있다.

> **Reference** 제어계의 설계 또는 조절 시 주의사항
>
> - 제어동작이 발진상태가 되지 않을 것
> - 신속하게 제어동작을 종료할 것
> - 제어량이나 조작량을 과대하게 넘지 않을 것
> - 잔류편차가 요구되는 정도 사이에서 억제할 것

3. 피드백 제어계의 구성

(1) **목표값** : 외부로부터 가하는 설정값으로 제어량의 목표가 되는 값
(2) **제어계** : 제어의 대상이 되는 기기나 계통 전체의 제어대상
(3) **기준입력** : 제어계를 동작시키는 기준 즉 목표치가 설정부에 의하여 변화된 입력신호를 말하는데 목표치는 주 피드백 신호와 같은 종류의 신호로 변환된다.
(4) **비교부** : 검출부에서 검출된 제어량과 목표값을 비교하는 부분(제어편차 존재)

(5) **제어량** : 제어대상에 관한 목적량, 즉 제어되는 양으로서 측정하여 피드백시켜 기준입력과 비교된다.
(6) **동작신호** : 기준입력과 피드백량을 비교한 제어량과의 차이로 제어동작을 일으키는 신호
(7) **외란** : 제어계의 상태를 교란하는 외적작용(가스유출량, 탱크의 주위온도, 가스공급압력, 가스공급온도, 목표치의 변경 등)
(8) **검출부** : 압력, 온도, 유량 등 제어량을 검출하여 이것을 기준입력과 비교할 수 있도록 이 값을 공기압, 유압, 전기 등 신호로 변환하여 비교부에 전송
(9) **조절부** : 기준입력과 검출부의 출력과의 차로 주어지는 동작신호를 조작신호로 변환하여 조작부에 전송
(10) **조작부** : 조절부로부터 나오는 조작신호를 조작량으로 변환하여 제어대상에 가하는 기능

4. 자동 제어의 구분

(1) **시퀀스 제어(Sequence Control)** : 미리 정해진 순서에 의하여 제어의 각 단계를 실행하는 정성적 자동 제어(개회로)
(2) **피드백 제어(Feed Back Control)** : 결과가 원인이 되어 제어의 각 단계를 반복 실행(폐회로)하는 정량적 자동제어이다.

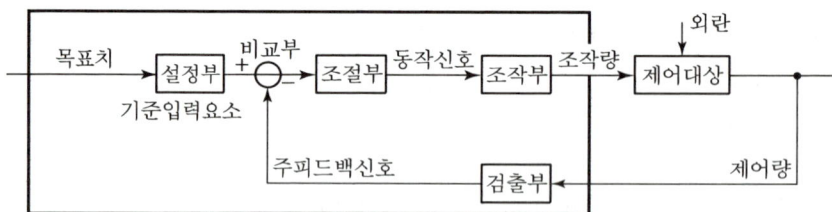

5. 목표값에 따른 자동제어의 종류

1) 정치제어(Constant Value Control)

목표값이 시간변화에 변화하지 않고 항상 일정한 값을 유지하는 제어

2) 추치제어(Flow – Up – Value – Control)

목표값이 시간변화에 따라 변화하는 제어

(1) **추종제어** : 목표값이 시간에 따라 임의로 변화하는 방식의 제어
(2) **프로그램 제어** : 목표값이 시간변화에 따라 미리 정해진 프로그램에 의하여 순차적으로 변화하는 제어

(3) 비율제어 : 목표값이 어떤 변화하는 양과 일정한 비율로 변화하는 제어(유량, 공기비)

3) 캐스케이드제어(Cascade-Control)

2개의 제어계를 조합하여 1차 제어장치의 제어량을 측정하여 제어명령을 발하고 2차 제어장치의 목표치로 설정하는 제어(외란의 영향을 최소화하고 시스템 전체의 지연을 적게 하여 제어효과를 개선하므로 출력 측 낭비시간이나 시간지연이 큰 프로세서 제어에 적합)

6. 블록선도와 등가변환

1) 직렬결합(Series Connection)

제 1요소의 출력신호가 제 2요소의 입력신호로 되는 경우

$X(s) \longrightarrow \boxed{G_1(s)} \xrightarrow{Y(s)} \boxed{G_2(s)} \longrightarrow Z(s)$ $X(s) \longrightarrow \boxed{F(s)} \longrightarrow Z(s)$
$F(s) = G_1(s) \cdot G_2(s)$

전달함수 $G(s) = \dfrac{Z(s)}{X(s)} = G_1(s)G_2(s)$

2) 병렬결합(Parallel Connection)

몇 개의 요소가 입력 측에서 인출되어 출력 측에서 가합 연결된 경우

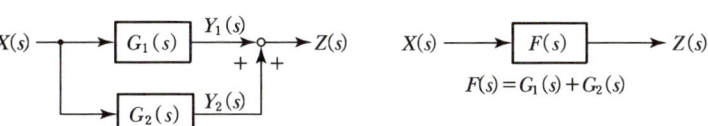

$$Z(s) = Y_1(s) + Y_2(s)$$
$$= G_1(s)X(s) + G_2(s)X(s)$$
$$= [G_1(s) + G_2(s)]X(s)$$

합성전달함수 $G(s) = \dfrac{Z(s)}{X(s)} = G_1(s) \pm G_2(s)$

3) 피드백결합(Feedback Connection)

출력신호를 피드백하여 제어계의 입력신호에 더하거나 (정피드백) 빼는 (부피드백) 경우의 제어

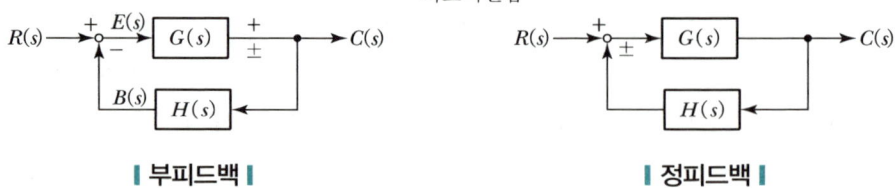

| 부피드백 | 정피드백 |

(1) 부피드백의 경우

$$C(s) = G(s)E(s)$$
$$= G(s)[R(s) - B(s)]$$
$$= G(s)[R(s) - H(s)C(s)]$$

$$C(s)[1 + G(s)H(s)] = G(s)R(s)$$

따라서, 전달함수 $G_o(s) = \dfrac{C(s)}{R(s)} = \dfrac{G(s)}{1 \pm G(s)H(s)}$

(2) 정피드백의 경우

전달함수 $G_o(s) = \dfrac{C(s)}{R(s)} = \dfrac{G(s)}{1 \pm G(s)H(s)}$

SECTION 02 제어동작의 특성

1. 불연속 동작

제어동작이 불연속적으로 일어나는 동작으로 On-Off 동작, 다위치동작 등이 있다.

1) On-Off 동작

On과 Off 두 개의 값 중 한 가지를 택하여 제어하는 방식

[특징]
- 설정값 부근에서 제어량이 일정치 않다.
- 사이클링 현상을 일으킨다.
- 목표값을 중심으로 진동현상이 나타난다.

2) 다위치 동작

3개 이상의 정해진 값 중 한 가지를 택하여 제어하는 방식

3) 불연속 속도동작(부동제어)

제어량 편차에 따라 조작단을 일정한 속도로 정작동이나 역작동 방향으로 움직이게 하는 동작

2. 연속동작

연속적인 제어동작으로 P동작, I동작, D동작, PI동작, PD동작, PID동작이 있다.

1) 비례동작 P동작

출력신호 $y(t)$가 동작신호 e에 비례하는 제어로서 조작량이 동작신호의 값에 비례하는 동작이다. 조작량의 출력변화 Y가 편차ε에 비례하는 동작

$$Y = K_P \cdot e$$

여기서, Y : 조작량, K_P : 비례정수, e : 편차량

전달함수 $G(s) = \dfrac{Y(s)}{X(s)} = K$

[특징]
- 잔류편차(Off-set)가 생긴다.
- 부하변동이 적은 제어에 이용
- 프로세스의 반응속도가 小 또는 中이다.

2) 적분동작 I동작

조작량(Y)가 동작신호(e)의 적분을 비례하는 제어

$$Y = K_P \int \varepsilon \, dt$$

K_P : 비례상수, ε : 편차

전달함수 $G(s) = \dfrac{Y(s)}{X(s)} = \dfrac{1}{T(s)}$

[특징]
- Off-set이 제거된다.(잔류편차 제거)
- 진동하는 경향이 있다.
- 제어의 안정성이 낮다.

[적분동작이 좋은 결과를 얻으려면]
- 전달지연과 불감시간이 작을 때
- 제어대상의 속응도가 클 때
- 제어대상의 평형성을 가질 때
- 측정지연이 작고 조절지연이 작을 때

3) 미분동작 D동작

조작량[$y(t)$]이 동작신호[$x(t)$]의 미분값에 비례하는 동작

$$y(t) = KT_o \dfrac{d(x(t))}{dt}$$

여기서, T_o : 미분시간

전달함수 $G(s) = \dfrac{Y(s)}{X(s)} = KS$

[특징]
- 진동을 제거한다.(안정이 빨라진다.)
- 출력이 제어편차의 시간변화에 비례한다.
- 단독사용이 없고 P동작이나 PI동작과 결합하여 사용한다.
- 응답초과량(Over Shoot) 감소

4) 비례적분 PI동작

P동작에서 발생하는 잔류편차를 제거하기 위한 제어

$$y(t) = K\left(x(t) + \dfrac{1}{T_i}\int x(t)dt\right)$$

여기서, K : 비례감도(Gain)라 하며,

적분시간 $T_i = \dfrac{K_P}{K_I}$, $\dfrac{1}{T_i}$: 리셋률

[특징]
- 반응속도가 빠른 프로세스나 느린 프로세스에 사용된다.
- 부하변화가 커도 잔류편차가 남지 않는다.
- 급변 시에는 큰 진동이 생긴다.
- 전달 느림이나 쓸모없는 시간이 크면 사이클링의 주기가 커진다.

5) 비례미분 PD동작

비례동작과 미분동작을 조합한 제어

$$y(t) = K\left(x(t) + T_D = \dfrac{d(x(t))}{dt}\right)$$

[특징]
- 제어의 안정성을 높인다.
- 편차에 대한 직접적인 효과는 없다.
- 변화속도가 큰 곳에는 크게 작용한다.
- 속응성이 높아진다.

6) PID동작(가장우수)

PI동작, PD동작이 가지는 결점을 제거할 목적으로 결합한 동작인 비례, 적분, 미분동작을 조합한 복합제어

$$y(t) = K\left(x(t) + \dfrac{1}{T_i}\int x(t)dt + T_D\dfrac{dx(t)}{dt}\right)$$

[특징]
- 제어량의 편차에 비례하는 동작 P동작
- 편차의 크기와 지속시간에 비례하는 I동작
- 제어량의 변화속도에 비례하는 D동작 등 3개의 합한 동작

SECTION 03 보일러 자동제어

1. 보일러 자동제어의 종류

보일러 자동제어(ABC : Automatic Boiler Control)는 크게 나누어서 자동연소제어, 급수제어, 과열증기 온도제어, 증기압력제어 등으로 구분할 수 있다.

1) 자동연소제어(ACC : Automatic Combustion Control)

증기보일러의 증기압력 또는 온수보일러의 온수온도, 노내압력 등을 적정하게 유지하기 위하여 연소량과 공기량을 가감하는 제어

2) 자동급수제어(FWC : Feed Water Control)

연속 운전 중인 보일러의 경우 부하변동에 따라 수위변동이 심하다. 따라서 증기발생으로 인한 저감수량 대비하여 급수를 연속적으로 공급하여 적정수위를 유지하기 위한 제어

제어방식	검출요소	조절부	조작부	제어대상
단요소식	수위	수위조절기	급수조작부	보일러수위제어
2요소식	• 수위 • 증기량			
3요소식	• 수위(레벨) • 증기량(유량발산) • 급수량(유량발산)			

3) 증기온도제어(STC : Steam Temperature Control)

과열증기온도제어는 댐퍼앵글, 버너의 각도 등을 조절하여 전열면을 통과하는 전열량을 제어
※ 과열기의 종류 : 복사(방사)과열기, 대류과열기, 방사대류과열기

▼ 제어에 따른 제어량과 조작량

제어장치	제어량	조작량
자동연소제어(ACC)	증기압력 또는 온수온도	연료량 & 공기량
	노내 압력	연소가스량
급수제어(FWC)	보일러 드럼 수위	급수량
증기온도제어(STC)	과열증기온도	전열량

4) 증기압력제어

증기압력을 검출하여 설정압력에 따라 연료량과 공기량을 가감하는 제어

2. 인터록(Inter Lock)

어떤 조건이 충족되지 않으면 다음 동작을 중지하는 것으로 압력초과, 프리퍼지, 불착화 또는 실화, 저수위, 저연소 인터록이 있으며 그 밖에 배기가스상한스위치, 관체온도조절스위치 등도 인터록 기능을 한다.

(1) **압력초과 인터록** : 설정 제한압력 초과 시 연료차단
(2) **프리퍼지 인터록(포스트퍼지 등)** : 점화 전 노내 미연소가스를 퍼지(Purge)하지 않은 경우 연료차단(송풍기의 동작 여부 확인)
(3) **불착화 또는 실화 인터록** : 착화버너의 소염에 의하여 주버너 점화 시 일정 시간 내 점화되지 않거나 운전 중 실화되는 경우 연료차단
(4) **저수위 인터록** : 보일러 수위가 안전수위 이하가 되는 경우 연료차단
(5) **저연소 인터록** : 운전 중 연소상태가 불량하거나 연소 초기 및 연소정지 시 최대부하의 30% 정도로 저연소 전환 시 연소전환이 제대로 안 되는 경우 연료차단

3. 신호전달방법

1) 공기압식

(1) 배관이 용이하며 위험성이 없다.
(2) 취급이 용이하다.
(3) 전송지연이 있으며 전송거리가 짧다.
(4) 희망특성을 얻기 어렵고 제습 및 제진이 요구된다.
(5) 공기압 : $0.2 \sim 1 kg_f/cm^2$, 전송거리 : 100m 이내이다.
(6) 동조 동력원이 필요하다.

2) 유압식

(1) 조작력이 크며 응답이 빠르다.
(2) 전송지연이 적고 부식 염려가 없다.
(3) 희망 특성을 얻는다.
(4) 기름누설로 인한 인화위험성이 있다.
(5) 온도변화에 따른 기름의 유동저항을 고려해야 한다.
(6) 유압 : $0.2 \sim 1 kg_f/cm^2$, 전송거리 : 300m 이내이다.

3) 전기식

(1) 배선이 용이하며 또한 배선 변경이 용이하고 복잡한 신호 및 대규모설비에 적합하다.
(2) 신호지연이 없다.
(3) 전송거리가 수[km]이다.
(4) 취급기술을 요한다.
(5) 방폭이 요구되는 곳은 방폭시설이 필요하다.
(6) 습도에 주의해야 한다.
(7) 제작회사에 따라 10~50mA(DC) 또는 4~20mA(DC)로 서로 다르다.
(8) 컴퓨터 등과의 접속이 우수하다.

4. 신호조절기

1) 공기압식 조절기

(1) 조작장치에는 플래퍼 노즐과 파일럿 밸브가 있다.
(2) 조작장치를 가동하지 못하는 경우 공기식 증폭기가 필요하다.

2) 유압식 조절기

(1) 강대한 조작력이 요구되는 곳에 사용된다.
(2) 수기압 정도의 유압원이 필요하다.

3) 전류신호전송기

(1) 4~20mA(DC) 또는 10~50mA(DC)가 전류로 통일신호로 삼는다.
(2) 전송거리를 길게 해도 지연이 생길 염려가 없다.

CHAPTER 06 출제예상문제

01 계단상 입력(STEP INPUT)변화에 대한 아래 그림은 어떤 제어동작의 특성을 나타낸 것인가?

① 비례 – 미분동작
② 비례 – 적분동작
③ 적분동작
④ 비례 – 적분 · 미분동작

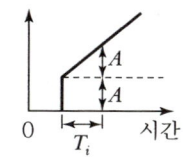

풀이 PI(비례 적분동작)는 비례제어에서는 옵셋을 완전히 0으로 할 수 없기 때문에 이 잔류편차를 제거하기 위해서 시간에 따라 동작신호의 적분치를 합한 신호를 제어 동작으로 하는데 다음 식으로 표시된다.

PI동작 $Y = kp\left(Z + \dfrac{1}{T_1}\int Zdt\right)$

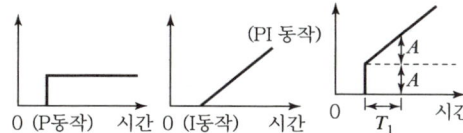

※ Y : 조작량, ε : 편차량, Kp : 비례정수
$\dfrac{1}{T_i}$: 리셋률

02 제어계기의 공기압 신호의 압력 범위는 어느 정도인가?

① 0~1.0kg/cm²
② 0~10kg/cm²
③ 1~3kg/cm²
④ 0.2~1.0kg/cm²

풀이 자동제어 공기압식 조절기의 공기압력은 0.2~1.0 kg/cm² 정도이다.

03 Process계 내에 시간지연이 크거나 외란이 심할 경우 조절계를 이용하여 설정점을 작동시키게 하는 제어방식은?

① 프로그램 제어
② 캐스케이드 제어
③ 피드백 제어
④ 시퀀스 제어

풀이 캐스케이드 제어(측정제어)
단일 루프 제어에 비해서 외란의 영향을 감소시키고 시스템 전체의 지연을 적게 하여 제어 효과가 개선되므로 출력측에 낭비 시간이나 시간 지연이 큰 프로세스의 제어에 적합하다.

04 P동작의 비례이득이 4일 경우 비례대는 몇 (%)인가?

① 20%
② 25%
③ 30%
④ 40%

풀이 비례대 = $\dfrac{1}{비례감도(kp)}$

∴ $\dfrac{1}{4} \times 100 = 25\%$

05 다음 중 불연속 동작은?

① ON – OFF 동작
② P 동작
③ D 동작
④ I 동작

풀이 불연속 동작
- ON – OFF 동작
- 간헐 동작
- 다위치 동작

06 자동제어장치에서 조절계의 종류에 속하지 않는 것은?

① 공기식
② 유압식
③ 전기식
④ 수압식

풀이 자동제어 조절계
① 공기식
② 유압식
③ 전기식

정답 01 ② 02 ④ 03 ② 04 ② 05 ① 06 ④

07 보일러 출구에 설치된 O_2분석기를 통하여 배기가스의 O_2%를 제어하려고 한다. 이때 보일러 부하에 따라 다른 수치의 O_2%의 값을 제어하려면?

① 시퀀스 제어 ② 피드백 제어
③ 캐스케이드 제어 ④ 다위치 제어

풀이 캐스케이드 제어
측정제어라 하며 2개의 제어계를 조합하여 1차 제어 장치가 제어량을 측정하여 제어 명령을 발하고 2차 제어장치가 이 명령을 바탕으로 제어량을 조절하는 제어 방식을 말하는데 출력측에 낭비시간이나 시간 지연이 큰 프로세스 제어에 이상적이다.

08 잔류편차로 인해 단독으로 사용하지 않고 다른 동작과 결합시켜 사용되는 것은?

① D 동작 ② P 동작
③ I 동작 ④ 2위치 동작

풀이 P(비례동작)동작은 잔류 편차로 인해 단독으로 사용하지 않고 다른 동작과 결합시켜 사용한다.

09 프로세스 제어(Process control)의 난이정도를 표시하는 값으로 L(Dead time)과 T(Time Constant)의 비(Ratio), 즉 L/T이 사용되는데 이 값이 작을 경우 어떠한가?

① P동작 조절기를 사용한다.
② PD동작 조절기를 사용한다.
③ 제어가 쉽다.
④ 제어가 어렵다.

풀이 L/T 값이 적을수록 제어가 용이하다.

10 보일러에 사용되는 전자밸브(Solenoid valve)의 동작은 어떤 방식인가?

① 비례동작 ② 미분동작
③ 2위치동작 ④ 간헐동작

풀이 전자밸브(솔레노이드 밸브)는 2위치(개·폐)동작이다.(ON-OFF 동작제어)

11 그림과 같은 블록선도로부터 전달 함수 G(s)를 옳게 표기한 것은?

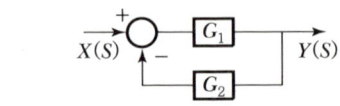

① $\dfrac{G_1}{G_1} + G_2$ ② $\dfrac{G_2}{G_1 + G_2}$
③ $\dfrac{G_1}{1 + G_1 G_2}$ ④ $\dfrac{G_2}{1 + G_1 G_2}$

풀이 전달함수 $G(S) = \dfrac{G_1}{1-(-G_1 G_2)} = \dfrac{G_1}{1+G_1 G_2}$

(모든 초기값을 0으로 한 상태에서 입력 라플라스에 대한 출력라플라스와의 비)

12 자동제어에 관한 설명으로 틀린 것은?

① 궤환량(궤환률×증폭도)이 -1과 0 사이에 있을 때 계는 안정하다.
② On, Off 제어계는 이론상 발진을 완전히 제거하지 못하는 결점이 있다.
③ 비례동작 제어계는 On, Off 제어계보다 항상 정밀제어가 가능하다.
④ 모든 제어계에 피드백이 활용되는 것은 아니다.

풀이 비례동작(P)은 동작신호에 의해 조작량이 정해지므로 잔류편차(off-set)가 생긴다.

13 다음 중 적분동작(I동작)에 가장 많이 쓰이는 제어는?

① 증기압력제어
② 유량압력제어
③ 증기속도제어
④ 유량속도제어

[풀이] 적분동작은 잔류편차가 남지 않아서 P동작과 조합하여 쓰이는데 제어의 안정성이 떨어지고 진동하는 경향이 있다.

14 1차 지연요소에서 시정수(Timeconstant)란 최대 출력의 몇 %에 이를 때까지의 시간인가?

① 54% ② 63%
③ 95% ④ 99%

[풀이] T(시정수)

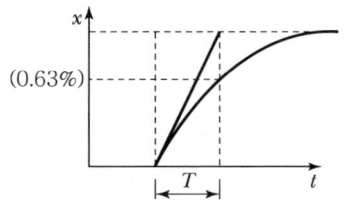

15 다음 중 자동제어의 특징이라고 볼 수 없는 것은?

① 생산성이 향상되어 원가절감이 가능하다.
② 제품의 균일화 등 품질향상을 기할 수 있다.
③ 자동화에 의한 안전성 저해와 인건비 증가를 수반한다.
④ 사람이 할 수 없는 곤란한 작업도 가능하다.

[풀이] 자동제어 사용
- 안전성 양호
- 인건비 감소
- 사람이 할 수 없는 곤란한 작업도 가능

16 프로세스제어계 내에 시간지연이 크거나 외란이 심한 경우에 사용하는 제어는?

① 프로세스제어
② 캐스케이드제어
③ 프로그램제어
④ 비율제어

[풀이] 캐스케이드제어
시간지연이 크거나, 외란이 심한 경우 사용
※ 목표값에 따른 자동제어의 분류 : 정치제어, 추치제어, 캐스케이드 제어

17 보일러의 자동제어에서 제어량 대상이 아닌 것은?

① 증기압력 ② 보일러수위
③ 증기온도 ④ 급수온도

[풀이] 자동보일러(A, B, C)
- 증기온도(압력)
- 수위
- 급수량

18 진동이 일어나는 장치의 진동을 억제시키는데 가장 효과적인 제어동작은?

① On-off 동작 ② 비례동작
③ 미분동작 ④ 적분동작

[풀이] 미분동작
일반적으로 진동이 억제되어 빨리 안정된다.

19 검출기에서 검출한 신호를 증폭하거나 다른 신호로 변환시켜 전달하는 제어기기를 무엇이라 하는가?

① 조작부 ② 조절기
③ 증폭기 ④ 전송기

[풀이] 전송기
검출기에서 검출한 신호를 증폭하거나 다른 신호로 변환시켜 전달하는 제어기기

정답 14 ② 15 ③ 16 ② 17 ④ 18 ③ 19 ④

20 여러 가지 주파수의 정현파(sin파)를 입력신호로 하여 출력의 진폭과 위상각의 지연으로부터 계의 동특성을 규명하는 방법은?

① 시정수 ② 주파수 응답
③ 프로그램 제어 ④ 비례 제어

풀이 주파수 응답
여러 가지 주파수의 정현파를 입력신호로 하여 출력의 진폭과 위상각의 지연으로부터 계의 동특성을 규명하는 응답

21 프로세스 제어의 난이 정도를 표시하는 낭비시간(Dead Time : L)과 시정수(T)와의 비 $\left(\dfrac{L}{T}\right)$는 어떤 성질을 갖는가?

① 작을수록 제어 용이하다.
② 클수록 제어 용이하다.
③ 조작정도에 따라 다르다.
④ 비에 관계없이 일정하다.

풀이 제어의 난이 = $\dfrac{낭비시간(L)}{시정수(T)}$ 의 값이 작을수록 제어가 용이하다.

22 보일러에서 자동연소제어(A.C.C) 장치에 대한 조작량이 틀린 것은?

① 연료량 ② 공기량
③ 연소가스량 ④ 급수량

풀이
• 자동연소제어 조작량 : 연료량, 공기량, 연소가스량
• 급수량은 자동급수제어(F.W.C)의 조작량이다.

23 다음 중 가장 대표적인 조절부의 제어동작은?

① Open-Loop 동작, Closed-Loop 동작
② On-Off 동작, P 동작, I 동작, D 동작
③ 공기식 조절동작, 전기식 조절동작
④ 연속동작, 단속동작

풀이 조절부동작
• 연속동작(P.I.D)
• 불연속동작(On-Off)

24 제어장치를 사용하여 어떤 프로세스(Process)를 운전할 시 자동제어가 잘되고 있는지를 의논할 때 가장 일반적으로 고려되어야 할 사항으로 옳지 않은 것은?

① 잔류편차(Offset)
② 속응성(Quick Response)
③ 외란성(Disturbance)
④ 안정성(Stability)

풀이 외란성은 자동제어의 외적인 혼란이다.

25 다음 중 단요소식 수위제어에 관해서 서술한 것으로 옳은 것은?

① 발전용 고압 대용량 보일러의 수위제어에 사용되고 있다.
② 보일러의 수위만을 검출해서 급수량을 조절한 방식이다.
③ 수위조절기의 제어동작에는 PID 동작이 채용되고 있다.
④ 부하 변동에 의한 수위의 변화폭이 대단히 적다.

풀이
• 단요소식 : 수위 검출
• 2요소식 : 수위, 증기량 검출
• 3요소식 : 수위, 증기량, 급수량 검출

26 보일러의 자동 가동장치에서 부속기기의 일련의 순서를 자동화하여 제어하는 방식은?

① 시퀀스 제어 ② 피드백 제어
③ 캐스케이드 제어 ④ 비율 제어

풀이 시퀀스 제어는 연소제어 및 일련의 순서를 프로그램화하여 제어한다.

27 정해진 순서에 따라 순차적으로 제어하는 방식을 무엇이라고 하는가?
① 시퀀스 제어　② 피드백 제어
③ 추종 제어　④ 프로그램 제어

풀이　시퀀스 제어는 정성적제어로서 정해진 순서에 따라 순차적으로 제어하는 방식이다.

28 자동제어기기 중 유압식 조절기에 대한 설명으로 틀린 것은?
① 조작력과 조작 속도가 빠르다.
② 장치가 견고하다.
③ 주위 온도의 영향을 받는다.
④ 신호의 전달 지연이 거의 없다.

풀이　유압식특성은 ①, ②, ③이고 전기식은 신호의 전달 지연이 거의 없다.

29 다음 중 전기적 성질을 이용한 가스분석계는?
① 자동 오르사트 분석계
② 세라믹 분석계
③ 자율화 분석계
④ 가스크로마토그래피분석계

풀이　세라믹 산소계는 산소농담전지에 의해 기전력을 측정하여 O_2를 측정한다.

30 보일러에 있어서의 자동제어가 아닌 것은?
① 급수제어　② 위치제어
③ 연소제어　④ 온도제어

풀이　보일러 자동제어
　・연소제어
　・증기온도제어
　・급수제어

31 목표치가 미리 일정한 값으로 정해진 제어를 무엇이라고 하는가?
① on-off 제어　② Cascade 제어
③ 정치(正値) 제어　④ 비율 제어

풀이　정치제어란 목표값에 따른 자동제어 분류로서 목표치가 미리 일정한 값으로 정해진 제어이다.

32 다음 중 연속동작이 아닌 것은?
① 비례동작　② 미분동작
③ 적분동작　④ ON-Off동작

풀이　불연속동작
　・On-Off동작(2위치 동작)
　・다위치 동작
　・간헐동작

33 다음 중 P동작(비례동작)의 특징이 아닌 것은?
① 비례대의 폭을 좁히는 등 Off-set은 작게 된다.
② 사이클링을 제거할 수 있다.
③ 동작신호에 의해 조작량이 정해지므로 Off-set 편차가 생긴다.
④ 외란이 큰 제어계에는 부적당하다.

풀이　P동작의 특성
　①, ②, ③ 비례동작 특성이다.

34 다음 자동제어 방법 중 피드백 제어(Feed-back-control)가 아닌 것은?
① 보일러 자동제어　② 증기온도제어
③ 연소제어　④ 급수제어

풀이　연소제어는 시퀀스 제어를 이용한다.

정답　27 ①　28 ④　29 ②　30 ②　31 ③　32 ④　33 ④　34 ③

35 제어 계기의 공기압 신호의 압력 범위는 어느 정도인가?

① 0~1.0kg/cm² ② 0~10kg/cm²
③ 1~3kg/cm² ④ 0.2~1.0kg/cm²

풀이 신호전송방법에서 공기압 신호 전송에서는 0.2~1kg/cm² 압력 범위가 필요하다.

36 보일러의 자동제어 중 시퀀스 제어(Sequence Control)에 의한 것은?

① 자동점화 및 소화 ② 증기 압력제어
③ 온수 온도제어 ④ 수위제어

풀이 보일러에서 시퀀스 제어는 자동점화 및 소화에 이용되는 자동제어이다.

37 2개의 제어계를 조립하여 제어량을 1차 조절계로 측정하고 그의 조작 출력으로 2차 조절계의 목표치를 설정하는 제어 방식은?

① 추종 제어 ② 정치 제어
③ 캐스케이드 제어 ④ 프로그램 제어

풀이 캐스케이드 제어란 2개의 제어계를 조립하여 제어량을 1차 조절계로 측정하고 그의 조작 출력으로 2차 조절계의 목표치를 설정하는 제어 방식이다.

38 다음 중 보일러에서의 자동제어가 아닌 것은?

① 위치제어 ② 연소제어
③ 온도제어 ④ 급수제어

풀이 자동제어(ABC)
- 연소제어(ACC)
- 온도제어(STC)
- 급수제어(FWC)

39 배치(Batch) 프로세스 등에 많이 사용되는 제어 방식으로 가장 적합한 것은?

① 추종 제어 ② 프로그램 제어
③ 캐스케이드 제어 ④ 정치 제어

풀이 프로그램제어란 배치, 프로세스 등에 많이 사용되는 제어방식이다.

40 아래 자동제어계에 대한 블럭선도로부터 (㉠), (㉡), (㉢)을 옳게 표기한 것은?

목표치 → 설정부 → 비교부 → (㉠) → (㉡) → 제어대상 → (㉢)

① 조절부 – 조작부 – 검출부
② 조작부 – 조절부 – 검출부
③ 조절부 – 검출부 – 조작부
④ 조작부 – 검출부 – 조절부

풀이 ㉠ 조절부, ㉡ 조작부, ㉢ 검출부

41 그림은 증기압력제어의 병렬제어방식의 구성을 표시한 것이다. ( ) 안에 적당한 용어는?

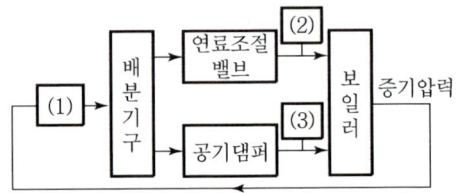

① 1 : 동작신호, 2 : 목표치, 3 : 제어량
② 1 : 조작량, 2 : 설정신호, 3 : 공기량
③ 1 : 압력조절기, 2 : 연료공급량, 3 : 공기량
④ 1 : 연료공급량, 2 : 공기량, 3 : 압력조절기

풀이 증기압력제어 중 병렬제어
- 압력조절기
- 연료공급량
- 공기량

정답 35 ④ 36 ① 37 ③ 38 ① 39 ② 40 ① 41 ③

42 프로세스(Process)계 내에 시간지연이 크거나 외란이 심할 경우 조절계를 이용하여 설정점을 작동시키게 하는 제어 방식은?

① 프로그램 제어
② 캐스케이드 제어
③ 피드백 제어
④ 시퀀스 제어

풀이 캐스케이드 제어는 프로세스계 내에 시간지연이 크거나 외란이 심할 경우 조절계를 이용하여 설정점을 작동시킨다.

43 프로세스 제어의 난이 정도를 표시하는 낭비시간(Dead Time) L과 시정수 T와의 비 L/T는 어떤 경우에 제어가 용이한가?

① 작을수록 제어 용이
② 클수록 제어 용이
③ 조작정도에 따라 다르다.
④ 비에 관계없이 일정하다.

풀이 $\dfrac{L}{T}$ =그 비가 작을수록 제어가 용이하다.

44 1차 제어장치가 제어량을 측정하여 제어명령을 발하고, 2차 제어장치가 이 명령을 바탕으로 제어량을 조절하는 측정제어와 가장 가까운 것은?

① 비율제어(Ratio-control)
② 프로그램 제어(Program-control)
③ 정치제어(Constant value control)
④ 캐스케이드 제어(Cascade-control)

풀이 캐스케이드 제어
1차 제어와 2차 제어 장치가 제어량을 조절하는 측정제어
- 1차 제어장치 : 제어량 측정
- 2차 제어장치 : 제어량 조절

45 다음의 제어동작 중 잔류편차 존재로 인해 단독으로 쓰이지 않고 반드시 다른 동작과 함께 사용되는 동작은?

① 비례동작　　② 적분동작
③ 미분동작　　④ 2위치동작

풀이 비례동작
- 잔류편차가 발생(부하 변화가 작은 프로세스에 적합하다.)
- 단독으로 사용하지 않고 반드시 다른 동작과 함께 사용한다.(반응속도가 小 또는 中이다.)

46 프로세스 제어의 난이정도를 표시하는 값으로 L(Dead time)과 T(Time Constant)의 비, 즉 L/T이 사용되는데 이 값이 클수록 경우 어떠한가?

① P동작 조절기를 사용한다.
② PD동작 조절기를 사용한다.
③ 제어가 쉽다.
④ 제어가 어렵다.

풀이 L/T의 값이 작을수록 제어가 용이하다.(클수록 제어가 어렵다.)

47 다음 중 조절기 방식으로 적당치 못한 것은?

① 공기압식　　② 전기식
③ 유압식　　　④ 자동제어식

풀이 자동제어 조절기 방식 : 공기압식, 전기식, 유압식

48 보일러의 제어 중에서 A.C.C란 무엇의 약칭인가?

① 자동급수 제어
② 자동유입 제어
③ 자동증기온도 제어
④ 자동연소 제어

정답 42 ② 43 ① 44 ④ 45 ① 46 ④ 47 ④ 48 ④

풀이
- 자동급수제어 : F.W.C
- 자동증기온도제어 : S.T.C
- 자동연소제어 : A.C.C
- 자동보일러제어 : A.B.C

49 자동제어계의 동작 순서를 바르게 나열한 것은?

① 비교 → 판단 → 검출 → 조작
② 조작 → 비교 → 검출 → 판단
③ 검출 → 비교 → 판단 → 조작
④ 검출 → 판단 → 비교 → 조작

풀이 자동제어 동작순서
검출 → 비교 → 판단 → 조작

50 전기식 조절기에 대한 설명 중 틀린 것은?

① 배관이 힘들다.
② 계기를 움직이는 곳에 배선을 한다.
③ 신호의 취급 및 변수간의 계산이 용이하다.
④ 신호의 전달 지연이 거의 없다.

풀이 전기식 조절기는 배관이 용이하다.(다만, 조작속도가 빠른 비례조작부를 만들기가 곤란하다.)

51 다음 중 캐스케이드(Cascade) 제어를 바르게 설명한 것은?

① 목표치가 다른 조절기에 출력에 따라 변화되는 제어
② 목표치가 다른 프로세스 변화량과 일정한 비율로 변화되는 제어
③ 목표치의 변화방법이 미리 정해져 있는 제어
④ 목표치가 임의의 시간에 따라 변화되는 제어

풀이 캐스케이드 제어(측정제어)
2개의 제어계를 조합하여 1차 제어장치가 제어량을 측정하고(제어명령을 내린다.) 2차 제어장치가 이 명령을 바탕으로 조절하는 제어방식으로 목표치가 다른 조절기의 출력에 따라 변화되는 제어이다.

52 보일러의 연소제어 시 제어량이 증기압력일 때 조작량은 다음 중 어느 것이 가장 적합한가?

① 급수량 및 공기량
② 공기량 및 연소가스량
③ 연료량 및 공기량
④ 연료량 및 연소가스량

풀이
- 연소제어의 증기압력 조작량 : 연료량, 공기량 이용
- 노내압제어 : 연소가스량

53 조절계의 출력과 제어량이 목표치보다 작게 됨에 따라 감소하는 방향의 작동은?

① 정작동   ② 역작동
③ 정치 작동   ④ 추종 작동

풀이 역작동이란 조절계의 출력과 제어량이 목표치보다 작게 됨에 따라 감소하는 방향으로 동작된다.

54 다음 중 보일러 자동제어장치의 점화순서로 옳은 것은?

① 송풍기 운전 → 연료차단 밸브를 연다. → 점화장치 작동
② 점화장치 작동 → 송풍기 운전 → 연료차단밸브를 연다.
③ 송풍기 운전 → 점화장치 작동 → 연료차단밸브를 연다.
④ 연료차단밸브를 연다. → 송풍기 운전 → 점화장치 작동

풀이 보일러 자동제어 점화순서
송풍기 운전(프리퍼지) → 점화장치 작동 → 연료차단밸브 개방

정답 49 ③ 50 ① 51 ① 52 ③ 53 ② 54 ③

CHAPTER 007 열에너지 진단

SECTION 01 여열장치(폐열 회수장치)

연도로 배출되는 배기가스의 폐열을 이용하여 발생된 동작유체의 능력을 높이고 보일러의 열효율을 향상시키는 장치이다.

1. 과열기

보일러 동에서 발생된 습포화증기의 수분을 제거한 후 압력은 올리지 않고 건도만 높인 후 온도를 올리는 기구이다.

1) 방사(복사)과열기

연도 입구의 노벽에 설치하며 화염의 방사 전열을 이용한다. 단점이라면 증기 생성량에 따라 과열도가 저하된다.

2) 접촉과열기

연도에 설치하는 과열기이며 고온의 배기가스 대류 전열을 이용한 것이다. 증기 생성량에 따라(증가 시) 과열의 온도가 증가된다.

3) 복사(방사)접촉 과열기

균일한 과열도를 얻으며 노벽과 연도 입구사이에 부착하는 방사와 접촉 과열기의 중간 형식이다.

(1) 과열증기의 온도조절방식

① 연소가스량의 증감에 의한 방식
② 과열 저감기 사용방식
③ 연소실 화염의 위치이동 방식
④ 절탄기 출구의 저온 배가스를 연소실 내로 재순환시켜 온도를 증가시키는 방식

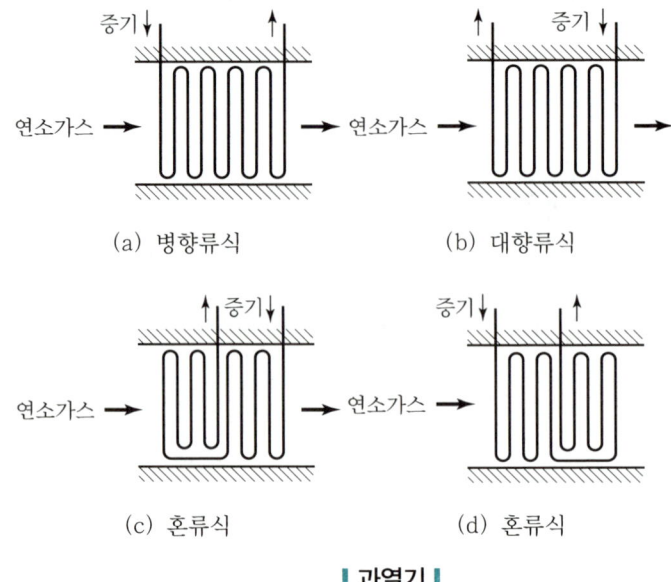

과열기

(2) 과열 저감기의 해설

과열기에 급수를 분산시키거나 과열증기의 일부분을 냉각수와 열교환시켜 증기의 온도가 상용온도에 맞게끔 만드는 방식

(3) 과열기의 부착 시 장점

① 보일러 열효율 증대
② 증기의 마찰손실 감소
③ 부식의 방지

2. 재열기

과열증기가 고압터빈 등에서 열을 방출한 후 온도의 저하로 팽창되어 포화온도까지 하강한 과열증기를 고온의 열가스나 과열증기로 재차 가열시켜서 저온의 과열증기로 만든 후 저압터빈 등에서 다시 이용하는 장치

3. 절탄기(이코노마이저)

폐가스(배기가스)의 여열을 이용하여 보일러에 급수되는 급수의 예열기구

1) 부착 시 장점

(1) 부동팽창의 방지
(2) 보일러 증발능력 증대
(3) 일시 불순물 및 경도성분 완해
(4) 보일러 효율 및 증발력 증대
(5) 연료의 절약

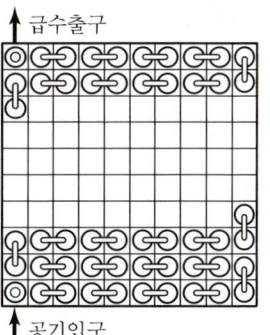

▎주철관형 절탄기▎

2) 종류

(1) 주철제

① 저압용($20 \sim 35\,kgf/cm^2$)
② 플랜지형과 평활관형이 있다.

(2) 강관형

① 고압용(3.5MPa 이상)
② 평활관형과 플랜지 부착형이 있다.

3) 절탄기 내로 보내는 급수의 온도

(1) 전열면의 부식을 방지하기 위하여 35~40℃ 정도로 유지한다.
(2) 보일러의 포화수 온도보다 20~30℃가 낮게 한다.

4. 공기예열기

배기가스의 여열을 이용하여 연소실에 투입되는 공기를 예열한다.

1) 종류

(1) 전열식 : 관형, 판형
(2) 재생식 : 융그스트롬식

> **Reference** 열원에 의한 방식
>
> • 배기가스에 의한 방식
> • 증기나 온수에 의한 방식

2) 공기예열기 해설

(1) **전열식** : 연소가스와 공기를 연속적으로 접촉시켜 전열을 행하는 것이다.
　　※ 종류 : 강관형, 강판형

(2) **재생식** : 금속에 일정기간 배기가스를 투입시켜 전열을 한 후 별도로 공기를 불어넣어 교대시키면서 공기를 예열하는 기구(일명 축열식)

　① 종류 : 회전식, 고정식

　② 장점
　　• 전열효율이 전열식에 비해 24배
　　• 소형으로도 가능하다.

　③ 단점 : 공기와 가스의 누설이 있다.

　④ 공기예열기 설치 시 장점
　　• 노내의 온도상승으로 연소가 잘된다.
　　• 저질 연료의 연소도 가능하다.
　　• 보일러 효율이 향상된다.
　　• 과잉 공기량을 줄여도 된다.

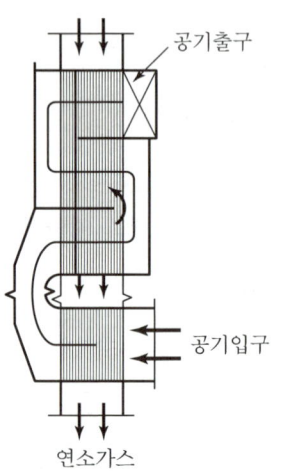

┃관형 공기예열기┃

▼ 공기의 예열온도 기준

연소방식	공기예열온도
스토커연소	120~160℃ 정도
버너연소	270℃ 정도
미분탄연소	350℃ 정도
대형버너	350℃ 정도

SECTION 02 열전달

1. 열의 이동(傳熱)

1) 열전도(熱傳導)

물체에서 온도구배(온도차)가 있을 때는 높은 온도에서 낮은 온도로, 즉 물체는 움직이지 않고 열만 이동되는 '푸리에의 법칙'에 따르는 열의 이동이나 열전도에 의한 열전달에는 평판의 열전도와 원통관의 열전도가 있다. 열전도계수(열전도율)의 단위는 kcal/mh℃이다.

(1) 열전도율

넓이가 $1m^2$인 물체에서 길이가 1m일 때 양쪽 온도 차이가 1℃를 유지할 때 1시간 동안에 통과한 열량이다.

> **Reference**
>
> 물체에 인접한 두 부분 사이의 온도차에 의해서 생기는 에너지의 이동현상을 열전도라고 한다. 열량이 단면을 통하여 이동할 때 시간이 대한 이동률을 열전도율(K)이라 하며 온도차에 대한 물체의 두께는 (dt/dx) 온도기울기로 정의된다. 여기서 K는 열전도율이라는 비례상수이다. 그리고 열전도 현상은 열과 온도의 개념이 분명히 다르다는 것을 보여준다.
> 어떤 막대의 양단 온도차가 같다 하여도 막대의 종류가 다르면 같은 시간 내에 막대를 흐르는 열량도 다르다.

2) 열대류(熱對流)

고체벽이 온도가 다른 유체와 접촉하고 있을 때 유체 내 유동이 생기면서 열이 이동하는 현상이다. 즉, 유체는 열을 받으면 밀도가 작아져서 부력이 생기기 때문에 상승현상이 생겨 유체 스스로 자연적인 대류의 현상이 생긴다. 그러나 송풍기나 그 밖의 장치로 대류를 촉진시키는 대류는 강제대류이다.

(1) 대류에 의한 전열량 계산(Q)

Q = 열전달률×고체표면적(m^2)[고체 표면온도 − 유체온도](kcal/h)

※ 열전달률(α) = $kcal/m^2h℃$

> **Reference**
>
> 대류현상은 서로 다른 온도를 유지하고 있는 2개의 물체가 어떤 유체와 접촉하고 있을 때 일어난다. 따뜻한 물체와 접촉하고 있는 유체는 에너지를 흡수하여 대부분의 경우 팽창한다. 그러면 이 유체는 주위의 차가운 유체 때문에 밀도가 작아지고 부력을 받고 상승한다.
> 공허한 부분은 차가운 유체에 의해 채워지며 이것 역시 따뜻한 물체로부터 에너지를 얻고 같은 방법으로 상승한다. 이와 동시에 차가운 물체에 접하여 있는 유체는 에너지를 잃고 밀도가 커져서 가라앉게 된다. 이것이 대류현상이다.

3) 열복사

열에너지는 전도나 대류와 같이 물질을 매체로 하여 열전달될 뿐 아니라 두 개의 물체 사이가 진공(Vacuum)일 경우라도 빛과 같이 열에너지가 전자파 형태의 물체로부터 복사되며 이것이 다른 물체에 도달하여 흡수되면 열로 변하는데, 이를 복사열전달 또는 열복사라 한다. 또 열복사가 에너지로 물체에 도달하면 그 일부는 표면에서 반사되고 일부는 흡수되며 나머지는 투과된다.

> **Reference**
>
> 복사현상은 모든 물질들의 전자기적인 복사로 일어나는데, 그 양과 복사의 성질은 그 구성 물질과 물체의 표면적 그리고 온도에 의해서 결정된다. 일반적으로 에너지방출률은 물체의 온도 T의 4제곱에 비례하여 증가한다. 따라서 뜨거운 물체는 에너지를 방출하면 그 중 일부는 근접하여 다른 물체에 흡수된다. 차가운 물체도 역시 복사를 하지만 그 자신이 흡수하는 양보다 적다. 왜냐하면 주위보다 저온이기 때문이다. 그 결과 따뜻한 물체에서 차가운 물체로 에너지가 전달된다.
> 전자기복사는 진공 중을 전파하기 때문에 에너지 전달을 위한 물질적인 접촉을 필요로 한다. 따라서 태양으로부터 지구로 그 사이에 사실상 아무런 물질이 없어도 복사현상에 의해서 에너지는 전달된다.

(1) 스테판-볼츠만(Stefan-Boltzmann)의 법칙

흑체열 복사력(E)는 흑체표면의 온도에 의해서 구해진다는 원리로서 다음과 같은 관계식을 가진다.

$$E = 4.88 \times 10^{-8} \times 흑체표면의\ 절대온도$$
$$= 4.88 \left(\frac{T}{100}\right)^4 (kcal/m^2 h)$$

$$E = 4.88 \times \varepsilon \left[\left(\frac{T}{100}\right)^4 - \left(\frac{T}{100}\right)^4\right] (kcal/m^2 h)$$

※ 스테판-볼츠만의 정수 : $4.88 \times 10^{-8}(\text{kcal/m}^2\text{h}°\text{K}^4)$
흑체표면의 절대온도(T) : (℃+273.15)
방사능(흑도) : ε

4) 열관류(熱寬流)

열이 한 유체에서 벽을 통하여 다른 유체로 전달되는 현상이며 열통과라고도 한다.

(1) 열관류율(K)

$$K = \cfrac{1}{\cfrac{1}{\text{실내벽의 열전달률}} + \cfrac{\text{벽의 두께}}{\text{열전도율}} + \cfrac{1}{\text{실외벽의 열전달률}}} = (\text{kcal/m}^2\text{h}℃)$$

$$\therefore K = \cfrac{1}{\cfrac{1}{\alpha_1} + \cfrac{b}{\lambda} + \cfrac{1}{\alpha_2}}$$

여기서, α : 열전달률[kcal/m²h℃]
λ : 열전도율[kcal/mh℃]
b : 벽의 두께[m]

CHAPTER 007 출제예상문제

01 공기예열기에 대한 설명으로 잘못된 것은?
① 보일러 효율을 높인다.
② 연소상태가 좋아진다.
③ 연료 중의 황분에 의한 부식이 방지된다.
④ 적은 과잉공기로 완전연소시킬 수 있다.

풀이 ▶ 공기예열기나 절탄기는 연료 중 황분에 의해 저온 부식이 발생한다.

02 과열증기의 온도를 조절하는 방법으로 적합하지 않은 것은?
① 과열증기를 통하는 열가스량 조절
② 과열증기에 습증기를 분무
③ 댐퍼의 개도 조절
④ 과열저감기를 사용

풀이 ▶ 댐퍼의 개도 조절은 배기가스의 열손실 방지 및 통풍력을 조절시킨다.

03 보일러 부속장치 중 연소가스 여열을 이용한 효율 증대장치가 아닌 것은?
① 급탄기
② 절탄기
③ 공기예열기
④ 과열기

풀이 ▶ 폐열회수장치
 • 절탄기
 • 공기예열기
 • 과열기
 • 재열기

04 다음 그림은 증기 과열기의 증기와 연소가스의 흐름 방향을 나타낸 것이다. 이 과열기는 어떤 종류의 과열기인가?

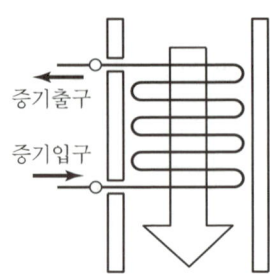

① 병류형
② 향류형
③ 복사대류형
④ 혼류형

풀이 ▶ 연소가스와 증기가 흐르는 방향이 정반대이므로 향류형 과열기이다.

05 수관식 보일러에 있어서, 연소실에서부터 연돌까지의 연소가스 흐름을 옳게 나열한 것은?
① 과열기 – 증발기 – 공기예열기 – 절탄기
② 과열기 – 증발관 – 절탄기 – 공기예열기
③ 증발관 – 공기예열기 – 과열기 – 절탄기
④ 증발관 – 과열기 – 절탄기 – 공기예열기

풀이 ▶ 수관식 보일러 전열순서
증발관 > 과열기 > 절탄기 > 공기예열기

06 보일러 절탄기의 설명으로 틀린 것은?
① 절탄기 외부에 저온부식이 발생할 수 있다.
② 절탄기는 주철제와 강철제가 있다.
③ 보일러 열효율을 증대시킬 수 있다.
④ 연소가스 흐름이 원활하여 통풍력이 증대된다.

정답 01 ③ 02 ③ 03 ① 04 ② 05 ④ 06 ④

풀이 절탄기(급수가열기)의 설치 시
- 열효율 증가
- 연료소비량 감소
- 급수 중 일부의 불순물 제거
- 저온부식의 발생 및 통풍력 감소

07 전열방식에 따른 보일러 과열기의 종류가 아닌 것은?

① 복사형 ② 대류형
③ 복사대류형 ④ 혼류형

풀이 전열방식에 따른 과열기의 종류
- 복사과열기
- 대류과열기
- 복사대류과열기

08 공기예열기에 대한 설명으로 틀린 것은?

① 보일러의 열효율을 향상시킨다.
② 적은 공기비로 연소시킬 수 있다.
③ 연소실의 온도가 높아진다.
④ 통풍저항이 작아진다.

풀이 공기예열기(폐열회수장치)의 설치 시 연도에 설치하면 통풍 저항이 커지고 저온부식이 발생되나 열효율은 향상된다.

09 공기예열기가 보일러에 주는 효과와 관계없는 것은?

① 배기가스에 의한 열손실을 감소시킨다.
② 보일러 열효율을 높인다.
③ 공기의 온도를 높이므로 연소효율을 높일 수 있다.
④ 보일러 통풍력을 증대시킨다.

풀이 공기예열기가 연도에 설치되면 열효율은 향상되고 완전연소가 용이하며 연소용 공기공급량이 감소하지만 저온부식 또는 통풍력의 감소가 일어난다.

10 보일러 공기예열기에 대한 설명으로 잘못된 것은?

① 연소 배기가스의 여열을 이용한다.
② 보일러 효율이 향상된다.
③ 배기가스와의 접촉이 과열기보다 먼저 이루어진다.
④ 저온부식에 유의해야 한다.

풀이 폐열회수장치 설치순서
과열기 > 재열기 > 절탄기 > 공기예열기

11 보일러 부속장치 중 가장 낮은 온도의 연소가스가 통과하는 곳에 설치되는 것은?

① 절탄기 ② 공기예열기
③ 과열기 ④ 재열기

풀이 증발관 → 과열기 → 절탄기 → 공기예열기(고온의 배기가스 → 저온의 배기가스로 변화)

12 보일러 공기예열기의 종류에 속하지 않는 것은?

① 전열식 ② 재생식
③ 증기식 ④ 방사식

풀이 공기예열기
- 전열식 : 판형, 관형
- 재생식 : 융그스트롬식
- 증기식

13 보일러 과열기의 전열방식에 따른 종류에 해당되지 않는 것은?

① 대류형 ② 전도형
③ 방사형 ④ 방사 대류형

풀이 과열기의 전열방식에 따른 종류
- 대류과열기(접촉과열기)
- 방사과열기
- 방사 대류과열기

정답 07 ④ 08 ④ 09 ④ 10 ③ 11 ② 12 ④ 13 ②

14 전열방식에 의해 증기 과열기를 분류한 것은?

① 병류과열기　　② 복사과열기
③ 향류과열기　　④ 혼류과열기

[풀이] ㉠ 전열방식의 과열기
- 복사과열기
- 대류과열기
- 복사 대류과열기(방사 대류과열기)

㉡ 병류형, 향류형, 혼류형은 열가스 흐름방식에 의한 과열기이다.

15 다음 보일러 부속장치 중 연돌 쪽에 가장 가까이 설치되는 것은?

① 절탄기　　② 과열기
③ 공기예열기　　④ 재열기

[풀이] 연소가스 > 증발관 > 과열기 > 재열기 > 공기예열기 > 굴뚝으로 배기

16 연도 내의 배기가스로 보일러 급수를 예열하는 장치는?

① 재열기　　② 과열기
③ 절탄기　　④ 예열기

[풀이] 절탄기는 연도 내의 연소가스로 보일러 급수를 예열하는 장치이다.

17 공기예열기 설치에 따른 문제점 설명으로 옳은 것은?

① 고온부식이 발생할 수 있다.
② 열효율이 감소된다.
③ 통풍력을 감소시킨다.
④ 가성취화가 발생한다.

[풀이] 연도에 공기예열기를 설치하면 저온부식발생 또한 통풍력 감소, 배기가스의 온도저하 등이 발생

18 보일러 내부의 부속장치를 연소실에 가까운 것부터 나열할 때 옳은 것은?

① 절탄기-과열기-공기예열기
② 공기예열기-절탄기-과열기
③ 과열기-공기예열기-절탄기
④ 과열기-절탄기-공기예열기

[풀이] 연소실 → 과열기 → 절탄기 → 공기예열기

19 보일러 연도가스를 이용한 급수예열장치는?

① 공기예열기　　② 과열기
③ 절탄기　　④ 재열기

[풀이] 절탄기(연도의 급수가열기)를 설치하면 급수와 관수의 온도차가 적어 본체 응력을 감소시킨다. 또한 급수 중 불순물 일부가 제거되고 급수온도의 10℃ 상승 시마다 열효율이 1.5% 증가한다.

20 보일러의 폐열회수장치 중 급수를 예열하는 장치는?

① 과열기　　② 절탄기
③ 재열기　　④ 공기예열기

[풀이] 부속장치 중 절탄기는 연도에서 배기가스로 급수를 예열하여 열효율을 높인다.

21 연소가스 여열(餘熱)을 이용해 급수를 가열하는 보일러 부속장치는?

① 재열기　　② 탈기기
③ 절탄기　　④ 증발기

[풀이]
- 절탄기는 연소가스의 여열을 이용해 급수를 가열한다. 보일러의 열효율을 높이는 폐열회수장치이다.
- 폐열회수장치 : 재열기, 과열기, 절탄기, 공기예열기

정답　14 ②　15 ③　16 ③　17 ③　18 ④　19 ③　20 ②　21 ③

22 보일러 폐열회수장치 중 연돌에 가장 가까이 설치되는 것은?

① 절탄기
② 공기예열기
③ 과열기
④ 재열기

풀이 폐열회수장치 설치순서
전열관 → 과열기 → 재열기 → 절탄기 → 공기예열기 → 연돌

23 전열방식에 의해 증기 과열기를 분류한 것은?

① 병류과열기 ② 대류과열기
③ 향류과열기 ④ 혼류과열기

풀이 전열방식의 과열기
복사과열기, 대류과열기, 복사대류 과열기

24 전열식 공기예열기의 종류에 해당되는 것은?

① 회전식 ② 이동식
③ 강판형 ④ 고정식

풀이 ㉠ 전열식 공기예열기
• 강판형
• 강관형
㉡ 재생식 공기예열기 : 융그스트롬식
㉢ 공기예열식 : 증기식, 온수식, 가스식

25 보일러 부속기기 중 열효율 증대장치가 아닌 것은?

① 절탄기 ② 압력계
③ 과열기 ④ 공기예열기

풀이 압력계는 급수, 급유, 증기, 가스의 게이지 압력 측정

26 보일러 부속장치인 증기과열기를 설치할 때 위치에 따라 분류한 것이 아닌 것은?

① 대류식(접촉식)
② 복사식
③ 전도식
④ 복사대류식(복사접촉식)

풀이 전열방식에 의한 과열기는 대류식, 복사식, 복사대류식의 3가지가 있다.

27 보일러의 부속설비 중 열교환기의 형태가 아닌 것은?

① 절탄기 ② 공기예열기
③ 방열기 ④ 과열기

풀이 방열기(라지에이터)는 주형, 길드형, 콘벡터 등의 난방방열장치이다.

28 보일러의 부속장치 중 일반적으로 증발관 바로 다음에 배치되는 것은?

① 재열기 ② 절탄기
③ 공기 예열기 ④ 과열기

풀이 증발관 → 과열기 → 재열기 → 절탄기 → 공기예열기

29 보일러 부속장치에 관한 설명으로 틀린 것은?

① 배기가스로 급수를 예열하는 장치를 절탄기라 한다.
② 배기가스의 열로 연소용 공기를 예열하는 것을 공기예열기라 한다.
③ 고압 증기터빈에서 팽창되어 압력이 저하된 증기를 가열하는 것을 과열기라 한다.
④ 오일프리히터는 기름을 예열하여 점도를 낮추고, 연소를 원활히 하는 데 목적이 있다.

정답 22 ② 23 ② 24 ③ 25 ② 26 ③ 27 ③ 28 ④ 29 ③

풀이 고압 증기터빈에서 팽창되어 압력이 저하된 증기를 가열하는 것은 재열기라 한다.

30 공기예열기 전후의 배기가스 온도차가 100℃이면 이 공기예열기에 의해 보일러 열효율은 몇 % 정도 향상되는가?
① 1~2% ② 4~5%
③ 7~8% ④ 10% 이상

풀이 공기예열기에서 배기가스의 온도가 30℃ 감소하면 열효율은 1~2% 정도 증가한다.

31 연소가스 여열을 이용해 급수를 가열하는 보일러 부속장치는?
① 재열기 ② 탈기기
③ 절탄기 ④ 증발기

풀이 절탄기(이코노마이저)는 연도에 설치하여 배기가스의 여열을 이용해 보일러에 공급하는 급수를 가열, 열효율을 높이고 급수 중 불순물을 일부 제거시킨다.

정답 30 ① 31 ③

CHAPTER 008 전열과 열교환

SECTION 01 열전달의 기본형태

1. 평면에서의 열유동

1) 대류열전달(Convection Heat Transfer)

고체면을 접하는 액체 또는 기체와의 열이동

$$Q_a = \frac{1}{R_a} \cdot \Delta T = \alpha \cdot A \cdot \Delta T = \alpha \cdot A(t - t_w) \, (\text{kcal/h})$$

여기서, α : 대류전달계수[kcal/m²h℃]
A : 대류전달면적[m²]
t : 유체온도[℃]
t_w : 고체표면의 온도

2) 평판의 열전도(Heat Conduction)

고체를 경계로 한 양쪽면에서의 열 이동

$$Q_c = \frac{1}{R_c} \cdot \Delta T = \lambda \frac{A \cdot \Delta T}{l} = \frac{\lambda \Delta}{l} \Delta T$$
$$= \frac{\lambda A}{l}(T_1 - T_2) \, [\text{kcal/h}]$$

여기서, λ : 열전도율[kcal/mh℃]
A : 열전도 면적[m²]
l : 길이[m]
$T_1 - T_2$: 온도차[℃]

3) 열복사(Thermal Radiation)

전자파에 의한 에너지 이동(매질 없이도 가능)

$$Q_r = \sigma \cdot A \cdot T^4 = \varepsilon \cdot \sigma \cdot A \left[\left(\frac{T_2}{100}\right)^4 - \left(\frac{T_1}{100}\right)^4 \right] (\text{W/h})$$

여기서, σ : 스테판-볼츠만 상수(5.669×10^{-8})[W/m^2K^4, $4.88kcal/m^2hK^4$]
A : 복사전열면적[m^2]
ε : 복사율(흑도)
T_2 : 고온의 K
T_1 : 저온의 K

4) 원형관의 열전도

$$Q = \frac{2\pi L(t_1 - t_2)}{\frac{1}{K} \ln \frac{r_2}{r_1}} (W/h)$$

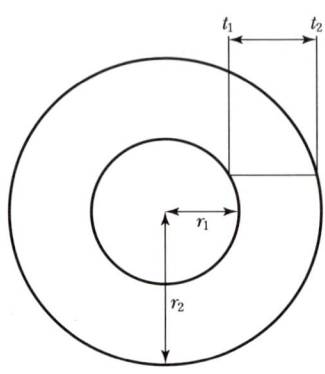

여기서, K : 열전도율[$W/m℃$]
L : 원형관의 길이[m]
r_1 : 내반경[m]
r_2 : 외반경
$t_1 - t_2$: 온도차
Q : 열전도 손실열량[W]

5) 열관류(K)

$$K = \frac{1}{\frac{1}{a_1} + \frac{\delta}{K'} + \frac{1}{a_2}} (W/m^2℃)$$

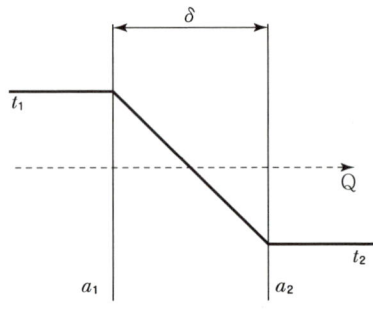

여기서, δ : 두께[m]
K' : 열전도율[$W/m℃$]
a_1, a_2 : 내측 외측 열전달률[$W/m^2℃$]
K : 열관류율[$W/m^2℃$]

6) 열관류에 의한 손실열량(Q)

Q = 면적×열관류율×온도차×방위에 따른 부가계수(kcal/h)

> **Reference** SI단위의 열전달 단위
>
> - 열전달률 : W/m^2K
> - 열전도저항 : $m^2℃/W$
> - 열전도율 : $W/m℃$
> - 열유속 : W/m^2
> - 복사전열량 : W/m^2
> - 열전달계수 : W/m^2K
> - 전열량 : W/m^2
> - 복사정수 : W/m^2K^4

SECTION 02 열교환기 전열

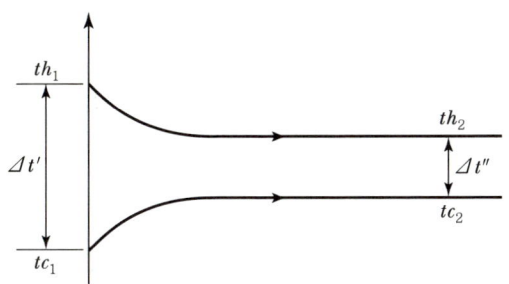

│ 평행류 흐름 │

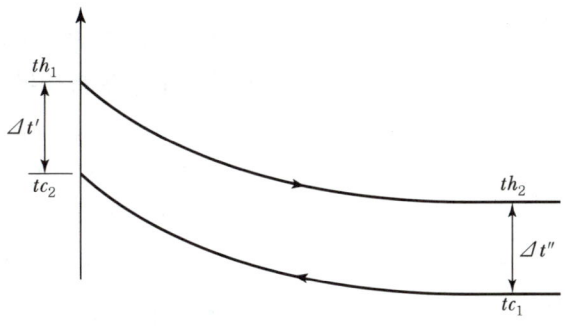

│ 대향흐름 │

전열량$(Q) = K \cdot A \cdot \Delta tm$

산술평균온도차 $= \dfrac{\Delta t' - \Delta t''}{2}$

대수평균온도차 $= \dfrac{\Delta t' - \Delta t''}{\ln \Delta t' - \ln \Delta t''} = \dfrac{\Delta t' - \Delta t''}{\ln \dfrac{\Delta t'}{\Delta t''}}$

여기서, Δtm : 대수평균온도차[℃]
　　　　K : 열관류율[kcal/m²h℃]
　　　　A : 열교환면적[m²]

CHAPTER 008 출제예상문제

01 발생로 가스를 연소하는 연소가스실의 화염 평균온도가 900℃일 때의 방사전열량을 2배로 하기 위하여 화염평균온도를 몇 ℃까지 올려야 하는가?(단, 피가열물의 평균온도는 400℃, 화염과 피가열물의 방사율은 일정하다.)

① 903℃ ② 1,103℃
③ 1,376℃ ④ 1,276℃

풀이 $Q = 4.88\varepsilon\left[\left(\dfrac{T_1}{100}\right)^4 - \left(-\dfrac{T_2}{100}\right)^4\right]$ 이므로,

$\left(\dfrac{900+273}{100}\right)^4 - \left(\dfrac{400+273}{100}\right)^4$
$= 2\left[\left(\dfrac{T_1}{100}\right)^4 - \left(\dfrac{673}{100}\right)^4\right], \dfrac{T_1}{100}$

∴ $T_1 = 1,375.6K = 1,103℃$

02 노(爐) 내의 온도가 600℃에 달했을 때 반사로 있는 0.5m×0.5m의 문을 여는 것으로 손실되는 열량은 몇 kcal/hr인가?(단, 노재의 방사율은 0.38, 실온은 30℃로 한다.)

① 165.4kcal/hr ② 1,654kcal/hr
③ 2,654kcal/hr ④ 265.4kcal/hr

풀이 $Q = 4.88 \times \varepsilon\left[\left(\dfrac{T_1}{100}\right)^4 - \left(\dfrac{T_2}{100}\right)^4\right]F$

$= 4.88 \times 0.38\left[\left(\dfrac{873}{100}\right)^4 - \left(\dfrac{303}{100}\right)^4\right] \times 0.25$

$= 2,653.7 \text{kcal/hr}$

※ $0.5 \times 0.5 = 0.25 m^2$

03 다음은 이중 열교환기의 대수평균 온도차이다. 옳은 것은 어느 것인가?(단, Δ_1은 고온유체 입구 측의 유체온도차, Δ_2는 출구 측의 온도차이다.)

① $\dfrac{\Delta_1 - \Delta_2}{\ln\dfrac{\Delta_1}{\Delta_2}}$ ② $\dfrac{\Delta_1 + \Delta_2}{\ln\dfrac{\Delta_2}{\Delta_1}}$

③ $\dfrac{\Delta_1 + \Delta_2}{\ln\dfrac{\Delta_2}{\Delta_1}}$ ④ $\dfrac{\Delta_1 + \Delta_2}{\ln\dfrac{\Delta_1}{\Delta_2}}$

풀이 대수평균 온도차(LMTD) $= \dfrac{\Delta t_2 - \Delta t_1}{\ln\dfrac{\Delta t_2}{\Delta t_1}} = \dfrac{\Delta_1 - \Delta_2}{\ln\dfrac{\Delta_1}{\Delta_2}}$

04 다음은 열교환기의 능률을 상승시키기 위한 방법이다. 옳지 않은 것은 어느 것인가?

① 유체의 유속을 빠르게 한다.
② 유체의 흐르는 방향을 향류로 한다.
③ 열교환기 입구와 출구의 높이차를 크게 한다.
④ 열전도율이 높은 재료를 사용한다.

풀이 열교환기의 입구와 출구의 높이 차는 수압에는 영향을 미치나 열교환기의 능률에는 영향이 거의 없다. 즉 평균온도차(대수평균 온도차)를 크게 하여야 한다.

05 노내 가스의 온도는 1,000℃, 외기온도는 0℃, 노벽의 두께는 200mm, 열전도율은 0.5W/m℃이다. 가스와 노벽, 외벽과 공기와의 열전달계수는 각각 1,200W/m²℃, 10W/m²℃일 때 노벽 5m²에서 하루에 전달되는 열량은 몇 W인가?

① 1.2×10^5 ② 2.4×10^5
③ 3.6×10^5 ④ 4.8×10^5

풀이 총괄 열전달계수 k를 구하면,

전열저항계수 $(R) = \dfrac{1}{\alpha_1} + \dfrac{\delta}{\lambda} + \dfrac{1}{\alpha_1}$

$= \dfrac{1}{1,200} + \dfrac{0.2}{0.5} + \dfrac{1}{10} = 0.50083$

정답 01 ② 02 ③ 03 ① 04 ③ 05 ②

$$\left(k = \frac{1}{R}\right) \quad k = \frac{1}{0.50083} = 1.997$$

$k = 1.997 \text{W/m}^2\text{℃}$

∴ $Q = kF\Delta t_m \times 24$
$= 1.997 \times 5 \times (1,000 - 0) \times 24$
$= 2.4 \times 10^5 \text{W}$

※ K(열관류율), F(노벽면적), Δt_m(온도차), 24(1일 24시간)

06 열교환기 설계에 있어서 열교환 유체의 압력강하는 중요한 설계인자이다. 이 압력강하는 관내경, 길이 및 유속(평균)을 각각 Di, l, u로 표기하면 강하량 ΔP와 이들 사이의 관계는 다음에서 어느 것이 옳은가?

① $\Delta P \propto lDi / \frac{1}{2g}u^2$
② $\Delta P \propto \frac{l}{Di} \cdot \frac{1}{2g}u^2$
③ $\Delta P \propto \frac{Di}{l} \cdot \frac{1}{2g}u^2$
④ $\Delta P \propto \frac{1}{2g}u^2 \cdot l \cdot Di$

풀이 압력강하 ΔP=관의 길이(l), 마찰계수(λ), 속도에너지$\left(\frac{V^2}{2g}\right)$에 비례하고 관의 내경($Di$)에는 반비례한다.

그러므로 압력강하 $\Delta P = \lambda \cdot \frac{l}{Di} \cdot \frac{rV^2}{2g}$ (단, r은 유체의 비중량)

∴ $\Delta P = \infty, \frac{l}{Di} \cdot \frac{1 \cdot u^2}{2 \cdot g}$

07 방열유체의 유량, 비열, 온도차는 각각 6,000kg/h, 0.53W/m℃, 100℃이고 저온유체와의 사이의 전열에 있어서 열관류율 및 보정 대수 평균 온도차는 각각 200Wl/m²℃, 30.4℃이었다. 전열면적은 얼마인가?(단, 전열에 있어서 손실은 없는 것으로 생각한다.)

① 72.3m²
② 15.6m²
③ 52.3m²
④ 28.9m²

풀이 $Q = kF\Delta t_m$ 에서
$6,000 \times 0.53 \times 100 = 200 \times F \times 30.4$
$F = \frac{Q}{K(LMTD)} = \frac{6,000 \times 0.53 \times 100}{200 \times 30.4} = 52.3 \text{m}^2$

※ LMTD : 보정대수 평균온도차, K : 열관류율, Q : 시간당 방열량

08 수열 유체기준 몰당량비가 10인 대향류 열교환기에서 수열유체의 온도상승을 10℃, 방열유체의 입구온도는 180℃이었다. 출구에서의 방열유체의 온도는 얼마인가?(단, 전열효율은 1로 한다.)

① 50℃
② 30℃
③ 40℃
④ 80℃

풀이 출구에서의 방열유체 온도 t_o는
$(180 - t_o) = 10 \times 10 \times 1$
∴ $t_o = 180 - 100 = 80$ ℃

09 방열유체기준 전열 유닛 수는 NTUh = 3.3, 방열유체의 온도강하는 100℃이었다. 전열효율을 1로 할 때, 이 열교환에서의 대수 평균온도차는 얼마인가?

① 35.6℃
② 30.3℃
③ 49.5℃
④ 42.7℃

풀이 방열유체의 유량을 G, 비열을 C, 온도강하를 Δt라 하고, 열관류 계수를 K, 전열면적을 F, 대수평균온도차를 Δt_m 이라 하면,

$Q = GC\Delta t = KF\Delta t_m$

∴ $\frac{KF}{GC} = \frac{\Delta t}{\Delta t_m}$

여기서, $\frac{KF}{GC}$를 NTU(전열유닛수)라고 한다.

$\Delta t = (NTU) \cdot \Delta t_m$

∴ $\Delta t_m = \frac{100}{3.3} = 30.3$ ℃ (대수평균온도차)

정답 06 ② 07 ③ 08 ④ 09 ②

10 수열 유체기준 전열유닛수 NTUc는 0.33이고, 대수평균온도차가 30℃인 열교환기에서 수열 유체의 온도상승은 얼마인가?(단, 전열손실은 없는 것으로 한다.)

① 8.5℃   ② 9.9℃
③ 7.6℃   ④ 6.9℃

풀이 $NTU_c = 0.33$, $\Delta t_m = 30℃$ 이므로
$\Delta t = NTU_c \cdot \Delta t_m = 0.33 \times 30 = 9.9℃$
※ 즉, $Q = K \cdot F(LMTD) = G \cdot C\Delta t$
온도상승$(\Delta t) = \dfrac{KF}{GC}(LMTD)$
$NTU(전열유닛수) = \dfrac{KF}{GC}$

11 열교환기에서 2유체 각각에 대해서 무차원수의 하나인 전열 유닛수 NTU가 있다. 어떻게 표시된 것인가. 다음에서 옳은 것을 골라라.(단, k : 열관류열, F : 전열면적, G : 유량, C : 비열)

① $\dfrac{CF}{Gk}$ ② $\dfrac{kF}{GC}$
③ $\dfrac{Gk}{FC}$ ④ $\dfrac{Ck}{FG}$

풀이 $NTU = \dfrac{KF}{GC}$, $Q = G \cdot C\Delta t$

12 온도 100℃, 비열 0.8kcal/kg℃의 액체 16t/hr를 40℃까지 냉각시키는 향류열교환기가 있다. 냉각에는 온도 15℃, 냉각수 12t/hr를 사용한다. 대수평균 온도차는 약 몇 도인가?(단, 외부로의 열손실은 없다.)

① 10℃   ② 20℃
③ 23℃   ④ 30℃

풀이 냉각수의 출구측 온도 t를 계산하면
$16 \times 0.8 \times (100-40) = 12 \times 1 \times (t-15)$
$t = 79℃$

따라서 $\Delta t_1 = 100 - 79 = 21℃$,
$\Delta t_2 = 40 - 15 = 25℃$
$\therefore \Delta t_m = \dfrac{\Delta t_1 - \Delta t_2}{\ln\dfrac{\Delta t_1}{\Delta t_2}} = \dfrac{25-21}{\ln\dfrac{25}{21}} = 22.94℃$

13 방에 놓인 난로의 표면온도가 300℃이며 그 전열면적은 1m²이다. 공기는 복사에 대하여 투명하다고 보고 복사전열계수를 구하라.(단, 실내 벽 온도는 30℃이며 난로표면 및 벽은 흑체로 본다.)

① 5.1W/m²·°K   ② 6.6W/m²·°K
③ 10.1W/m²·°K   ④ 20.9W/m²·°K

풀이 복사전열계수는 다음 식으로 표시된다.
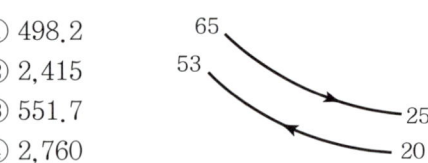
[kcal/m²h°K]
$= 4.88 \times 1 \times [5.73^4 - 3.03^4]/(573-303)$
$= 17.96 \text{kcal/m}^2\text{h℃}$
그런데, 1kWh=860kcal이므로,
1kcal/h=1.163W(1kW=1,000W)
$\therefore ar = 17.96 \times 1.163 = 20.9 \text{W/m}^2\text{h°K}$

14 이중열교환기의 총괄전열계수가 69W/m²℃이고 더운 액체와 찬 액체를 향류로 접속시켰더니 더운 면의 온도가 65℃에서 25℃로 내려가고 찬 면의 온도가 20℃에서 53℃로 올라갔다. 단위면적당의 열교환량(W/m²)은?

① 498.2
② 2,415
③ 551.7
④ 2,760

풀이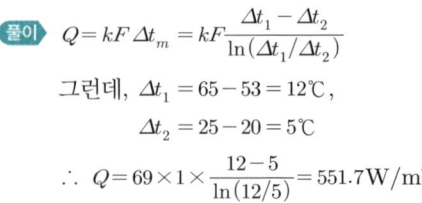
그런데, $\Delta t_1 = 65 - 53 = 12℃$,
$\Delta t_2 = 25 - 20 = 5℃$
$\therefore Q = 69 \times 1 \times \dfrac{12-5}{\ln(12/5)} = 551.7 \text{W/m}^2$

정답 10 ② 11 ② 12 ③ 13 ④ 14 ③

15 여러 개의 병렬로 된 동관 내를 유동하는 냉각수에 의한 관 외에 있는 포화증기를 응축시키는 응축기가 있다. 이 동관의 두께는 1.0mm, 열전도율은 330kcal/mhr℃, 열관류율은 3,000kcal/m²hr℃이다. 지금 응축기에 있어서 동관 대신 두께 3.5mm의 철판(열전도율 45kcal/mh℃)을 사용한다면 이 관의 열관류율은 얼마인가?(단, 응축기의 조작조건은 양자가 동일하다고 본다.)

① 2,150kcal/m²hr℃ ② 2,250kcal/m²hr℃
③ 2,350kcal/m²hr℃ ④ 2,420kcal/m²hr℃

풀이 둥근 관에 대한 열관류율 계산공식이 있으나 개략적으로 다층평판의 식을 적용하면,

동관의 경우 $\dfrac{1}{3,000} = \dfrac{1}{a_1} + \dfrac{0.001}{330} + \dfrac{1}{a_2}$

$\dfrac{1}{a_1} + \dfrac{1}{a_2} = \dfrac{1}{3,000} + \dfrac{0.001}{330} = 3.33633 \times 10^{-4}$

저항계수 $R = 3.33633 \times 10^{-4} + \dfrac{0.0035}{45}$

$\qquad \approx 4.081 \times 10^{-4}$

$k = \dfrac{1}{R} = \dfrac{1}{4.081 \times 10^{-4}}$

∴ $k \approx 2,420\text{kcal/m}^2\text{hr℃}$ (철관의 열관류율)

16 대향류로 전열하는 열교환기에서 방열유체 기준 몰당량비는 0.1, 방열유체의 온도차는 100℃, 수열유체의 출구온도는 40℃였다. 수열유체의 열교환기 입구에서의 온도는 얼마인가?(단, 전열에서의 손실은 없는 것으로 한다.)

① 30℃ ② 40℃
③ 20℃ ④ 10℃

풀이 $t_1 - t_1' = 100℃$이고 방열유체기준 몰당량비가 0.1이므로 몰당량 $= \dfrac{\text{방열유체 온도차}}{\text{수열유체 온도차}}$ 로부터

수열유체 온도차 $= 0.1 \times 100 = 10℃$

∴ 수열유체 입구온도 $t_2 = 40 - 10 = 30℃$

또는 $(40 - t_2) = 0.1 \times 100$

∴ $t_2 = 40 - 10 = 30℃$

17 어느 대향류 열교환기에서 가열유체는 80℃로 들어가서 30℃로 나오고 수열유체는 20℃로 들어가서 30℃로 나온다. 이 열교환기의 대수평균 온도차는?

① 30℃ ② 15℃
③ 50℃ ④ 25℃

풀이 $\Delta t_1 = 80 - 30 = 50℃$, $\Delta t_2 = 30 - 20 = 10℃$

∴ $\Delta t_m = \dfrac{50 - 10}{\ln 50/10} = 24.8℃$

$(\text{LMTD}) = \dfrac{\Delta t_1 - \Delta t_2}{\ln \dfrac{\Delta t_1}{\Delta t_2}}(℃)$

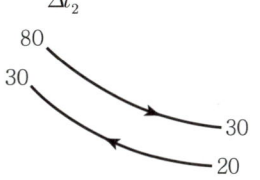

18 온수용 열교환기에서 두께 11mm의 고합금 강관판에 지름 76.2mm의 관을 그림과 같이 규칙적으로 배치했을 때 이 관판의 최고 사용압력 P는 얼마인가?(단, $P = \dfrac{t\sigma\pi d}{A}$, σ는 25kg/cm²임)

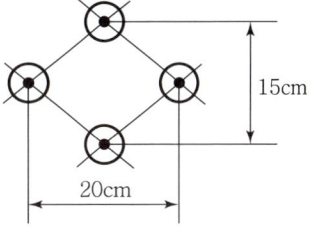

① 2.19kg/cm² ② 2.59kg/cm²
③ 6.30kg/cm² ④ 4.38kg/cm²

풀이 관판의 두께를 t(mm), 허용응력을 σ_a(kg/cm²), 열교환관의 외경을 d(mm), 관배치의 대각선 수평거리와 수직거리를 각각 a_1, a_2라 하면 온수용 열교환기의 관판의 최고 사용압력 P(kg/cm²)는 다음 식에 의한다.

정답 15 ④ 16 ① 17 ④ 18 ①

$$P = \frac{t\sigma_a \pi d}{A} = \frac{t\sigma_a \pi d}{a_1 \times a_2} = \frac{11 \times 25 \times 3.14 \times 76.2}{200 \times 150}$$
$$= 2.19 \text{kg/cm}^2$$
※ 20cm=200mm, 15cm=150mm

19 내부온도가 300℃이고 안지름이 68mm, 바깥지름이 76mm, 열전도율이 0.4W/m℃인 관으로부터 공기에 배출되는 열량은 몇 W/m²인가? (단, 대기의 온도는 25℃로 한다.)

① 4,720　　② 5,900
③ 6,210　　④ 10,800

풀이 $Q = \dfrac{t_1 - t_2}{\dfrac{1}{2\pi\lambda}\ln\dfrac{r_2}{r_1}} = \dfrac{300-25}{\dfrac{1}{2\pi \times 0.4}\ln\dfrac{38}{34}}$
$= 6,211 \text{kcal/m}^2 \text{h}$
※ 76mm(r_2)=38, 68mm(r_1)=34

20 노벽에 깊이 10cm의 구멍을 뚫고 온도를 재 보니 250℃였다. 바깥표면의 온도는 200℃이고 노벽재료의 열전달률이 0.7kcal/mhr일 때 바깥표면 1m²에서 시간당 손실되는 열량은 얼마인가?

① 7.1kcal
② 71kcal
③ 35kcal
④ 350kcal

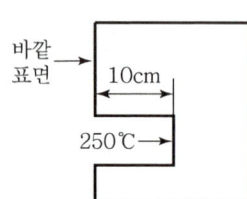

풀이 $Q = \lambda F \dfrac{\Delta T}{l} = 0.7 \times 1 \times \dfrac{250-200}{0.1} = 350\text{kcal}$

• 열전도 $Q = -\lambda \cdot F \dfrac{dt}{dx} \text{kcal/h}$
• 평면벽을 통한 열전도(3층의 경우)
$$Q = \lambda \cdot F \dfrac{(t_1 - t_2)}{\delta} \text{kcal/h}$$
$$= \dfrac{1}{\dfrac{\delta_1}{\lambda_1} + \dfrac{\delta_2}{\lambda_2} + \dfrac{\delta_3}{\lambda_3}} \times F(t_1 - t_2) \text{kcal/h}$$

• 원통에서의 열전도
$$Q = \dfrac{2\pi(t_1 - t_2)}{\ln(r_2/r_1)} = \dfrac{t_1 - t_2}{\dfrac{\ln(r_2/r_1)}{2\pi\lambda}} \text{kcal/h}$$

※ 내면과 외면의 면적의 대수평균치(m²)
$$F_m = 2\pi rm = \dfrac{2\pi(r_2 - r_1)}{\ln(r_2/r_1)}$$

※ 열전도율
• kcal/mh℃
• W/m℃
• kJ/mh℃

21 3가지 서로 다른 고체물질 A, B, C의 평판들이 서로 밀착되어 복합체를 이루고 있다. 정상 상태에서의 온도 분포가 그림과 같다면 A, B, C 중 어느 물질의 열전도도가 가장 작은가?

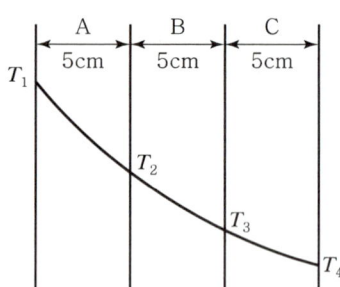

① A　　② B
③ C　　④ 판별이 곤란하다.

풀이 $dQ = -\lambda F \dfrac{dT}{dx}$　　∴ $\lambda = -\dfrac{dQ}{F} / \dfrac{dT}{dx}$

따라서 정상상태에서 열전도율은 온도구배에 반비례하게 된다. 즉, 온도구배가 매우 클수록 열전도율이 커진다.

온도구배 = $\dfrac{dT}{dx}$

즉, $T_1 - T_2$가 온도차가 가장 적기 때문에 열전도도가 가장 적다.

$$Q = \dfrac{1}{\dfrac{\delta_1}{\lambda_1} + \dfrac{\delta_2}{\lambda_2} + \dfrac{\delta_3}{\lambda_3}} \times F(t_1 - t_2) \text{kcal/h}$$

정답　19 ③　20 ④　21 ①

※ $\delta_1 \sim \delta_3$: A, B, C의 두께(m)
  $\lambda_1 \sim \lambda_3$: 각각 벽체의 열전도율(kcal/mh℃)
  F : 전도면적(m²)
  $T_1 \sim T_4$: 내외부의 온도(℃)

22 대류 열전달률 a kcal/m²h℃를 구하기 위하여 무차원수 Nusselt 수를 계산하여 이것으로 a를 구한다. Nusselt 수의 정의를 다음에서 골라라. (단, C, μ, λ, ρ는 그 유체의 비열, 점성계수, 열전도율, 밀도이며, De는 유체의 유로의 상당지름이다.)

① $\dfrac{\lambda D_e}{C}$ ② $\dfrac{\lambda D_e}{\mu}$
③ $\dfrac{\mu D_e}{\lambda}$ ④ $\dfrac{\lambda D_e}{\rho}$

풀이
- Prantl 수 : $\dfrac{C\mu}{\lambda}$
- nusselt 수 : $\dfrac{aD_e}{\lambda} = \dfrac{\mu D_e}{\lambda}$
- Reynolds= $\dfrac{\rho Vd}{\mu} = \dfrac{Vd}{\nu}$

23 판형 공기예열기에서 연소가스로부터 공기에 전달되는 열량은 약 1,500kcal/m²h이다. 매시간 2,000kg의 연료를 연소하는데 필요한 공기를 25℃부터 200℃까지 예열하기 위한 예열기의 면적은 몇 m²인가?(단, 공기의 정압비열은 0.24 kcal/kg℃인 연료 1kg의 연소에 필요한 공기량은 20kg이다.)

① 11.2 ② 112
③ 1,120 ④ 11,200

풀이 연소용 공기량 $A = 20 \times 2,000 = 40,000$ kg/h
$Q = 40,000 \times 0.24 \times (200-25) = F \times 1,500$
$F = \dfrac{40,000 \times 0.24 \times (200-25)}{1,500}$
∴ $F = 1,120$ m²

공기 예열기
연소가스의 여열을 이용하여 연소에 사용되는 공기를 예열시키는 폐열회수장치이다.
㉠ 전열식 : 금속벽을 통하여 연소가스로부터 공기에 열을 전하는 것으로 관형과 판형이 있다.
  - 관형 : 구조가 튼튼하고 상부에서 청소가 간단하며 설치면적이 적어 널리 사용됨
  - 판형 : 관형보다 소형이어서 공작이 어렵고 강도가 약하여 많이 사용되지는 않는다.
㉡ 재생식(축열식) : 다수의 금속판을 교대로 조합하여 연소가스와 공기를 교대로 금속판에 접촉시켜 공기를 예열하는 것으로 전열요소의 운동에 따라 회전식, 고정식, 이동식이 있다. 주로 회전식이 사용되는데 융그스트롬식이 대표적이다.

24 과열기를 설계할 때 고려해야 할 사항으로서 관련이 없는 사항은?

① 연료의 종류 및 연소방법
② 과열기로 공급되는 과열증기의 과열도
③ 증기와 연소가스의 온도차
④ 드레인의 빼기 쉬운 정도

풀이 과열기의 설계 시 고려할 사항은 위 보기의 ①, ②, ③항목이다.

과열기
포화증기를 더욱 가열하여 온도를 상승시켜 과열증기를 만드는 여열장치로 전열방식에 따라 복사과열기, 대류과열기, 복사대류과열기로 나눈다.
㉠ 과열증기의 온도조절방법
  - 과열저감기에 의한 방법
  - 연소가스를 재순환시키는 방법
  - 과열기를 통과하는 증기의 양을 조절하는 방법
  - 연소실 화염의 위치를 조절하는 방법
  - 복사전열면과 대류전열면을 조합하는 방법
㉡ 과열증기의 사용시 이점
  - 증기원동소의 이론적 열효율 증대
  - 보일러에서 열낙차가 증가하고 소형 고출력으로 할 수 있으며 증기 소비량을 감소시킬 수 있다.
  - 관 및 터빈에서의 마찰손실이 적어 내부 효율을 높인다.

정답 22 ③ 23 ③ 24 ④

- 수분에 의한 부식방지
  ※ 폐열회수장치(여열장치) : 과열기, 재열기, 절탄기, 공기예열기

25 병렬로 된 안지름 50mm의 여러 개의 관에 온도 20℃, 평균유속 7m/sec인 공기가 11,200 Nm³/hr로 통과하고 있다. 이 관의 외부로부터 향류로 110℃의 포화증기를 통과시켜 공기를 70℃로 가열하려면 병열로 할 관의 수는 몇 개인가?(단, 공기의 압력은 대기압으로 하고 공기의 정압 비열은 0.32kcal/Nm³℃, 관내면의 대류열전달률은 30kcal/m²h℃로 한다.)

① 243 ② 250
③ 270 ④ 300

풀이 n의 관에 흐르는 공기의 체적(V)은

$$V = \frac{\pi}{4} \times (0.05)^2 \times 7 \times 3,600 \times n = 49.46n \, (m^3)$$

$$n = \frac{\frac{293}{273} \times 11,200}{49.46} = 243 \text{개 또는}$$

$$11,200 \times \frac{273+20}{273} = \frac{3.14}{4} \times 0.05^2 \times 7 \times n \times 3,600$$

∴ $n = 243.05$개다.
※ 1시간(1hr)은 3,600초(sec)이다.
   50mm(0.05m)

26 내부온도가 1,500℃이고 안지름이 68mm, 바깥지름이 76mm, 열전도율이 0.4W/m℃인 관으로부터 공기에 배출되는 열량은 몇 W/m²인가? (단, 대기의 온도는 25℃로 한다.)

① 4,720 ② 59,000
③ 33,310 ④ 10,800

풀이 $Q = \dfrac{\Delta t}{\dfrac{1}{2\pi\lambda} \ln \dfrac{r_2}{r_1}} \times l$

$$= \frac{1,500 - 25}{\dfrac{1}{2 \times 3.14 \times 0.4} \times \ln \dfrac{38}{34}} \times 1 = 33,312.5 \, W/m^2$$

27 자연대류 열전달과 관계가 없는 것은 다음 중 어느 것인가?

① Nusselt 수   ② Reynolds 수
③ Grashof 수   ④ Prandtl 수

풀이 Reynolds 수는(관성력/점성력) 상태를(층류, 난류 상태), Grashof 수는 자연대류의 상태를, Prandtl 수는 열대류를 나타내는데 사용되며 Nusselt 수는 이들 상수의 조합으로 표시된다. 즉, 프란틀 수는 전열면 부근에서의 운동량 수성(점성)의 열에너지 수송에 대한 상대적 크기를 나타낸 것이며, 대류 전열에 관여하는 유체의 고유한 물성치이다.

강제대류열전달
- 레이놀즈 수 : Re(Reynolds Number)
$$Re = \frac{\text{유체의 유속(m/s)} \times \text{관경(m)}}{\text{동점성계수(m}^2\text{/s)}}$$
- 프란틀 수 : Pr(Prandtl Number)
$$Pr = \frac{\text{유체의 밀도(kg/m}^3\text{)} \times \text{유체의 동점성 계수(m}^2\text{/s)}}{\text{열전도율(kcal/mh℃)}}$$
- 누셀 수 : Nu(Nusselt Number)
$$Nu = \frac{\text{열전달 계수(kcal/m}^2\text{h℃)} \times \text{관경(m)}}{\text{열전도율(kcal/mh℃)}}$$
※ Gr(Grashof) : 그라스호프 수

28 노벽의 두께 24cm의 내화벽돌, 두께 10cm의 열절연 벽돌 및 두께 15cm의 적색벽돌로 만들어질 때 벽안쪽과 바깥쪽 표면 온도가 각각 900℃, 90℃라고 하면 근사적 열손실은 몇 kcal/h·m²인가?(단, 내화벽돌, 열절연 벽돌 및 적색벽돌의 열전도율은 각각 1.2kcal/h·m℃, 0.15kcal/mh℃, 1.0kcal/mh℃이다.)

① 4,050kcal/h·m   ② 1,500kcal/h·m
③ 797kcal/h·m²   ④ 350kcal/h·m²

풀이 $R = \dfrac{\delta}{\lambda_m} = \dfrac{0.24}{1.2} + \dfrac{0.1}{0.15} + \dfrac{0.15}{1.0}$

$= 1.016 \, m^2h℃/kcal$(절연저항계수)

∴ 손실량(Q) $= \dfrac{t_2 - t_1}{R} = \dfrac{900 - 90}{1.016} = 797 \, kcal/h \cdot m^2$

정답 25 ① 26 ③ 27 ② 28 ③

29 벙커 C유 연소 보일러의 연소배가스 온도를 측정한 결과 300℃였다. 여기에 공기 예열기를 설치하여 배가스온도를 150℃까지 내리면 연료절감률은 몇 %인가?(단, B/C유의 발열량 9,750kcal/kg, 배가스량 13.6Nm³/kg, 배가스의 비열 0.33 kcal/Nm³℃ 공기예열기의 효율은 0.75로 한다.)

① 4.3% ② 5.2%
③ 6.6% ④ 7.2%

풀이 연료절감률 $= \dfrac{13.6 \times 0.33(300-150) \times 0.75}{9,750} \times 100$
$= 5.2\%$

30 단면이 1m² 절연물체를 통해서 3kW의 열이 전도되고 있다. 이 물체의 두께는 2.5cm이고 열전도 계수는 0.2W/m℃이다. 이 물체의 양면 사이의 온도차는 몇 ℃인가?

① 355℃ ② 365℃
③ 375℃ ④ 385℃

풀이 $Q = \lambda F \dfrac{\Delta t}{\delta}$ 에서

$\Delta t = \dfrac{Q\delta}{\lambda F} = \dfrac{3,000 \times 0.025}{0.2 \times 1} = 375℃$

※ 3kW = 3,000W, 2.5cm = 0.025m

31 직경 60mm 단면적, 0.188m²의 강관이 온도 25℃의 실내에 수평으로 놓여 있다. 이 강관의 단위시간당 방열량은 몇 kcal인가?(단, 강관의 표면온도는 140℃, 방사율은 0.65이고, 강관과 주위 공기와의 자연대류에 의한 평균 열전달률은 12kcal/m²hr℃이다.)

① 376kcal/hr ② 386kcal/hr
③ 396kcal/hr ④ 406kcal/hr

풀이 $Q = 4.88 \times cb \left[\left(\dfrac{T_1}{100}\right)^4 - \left(\dfrac{T_2}{100}\right)^4\right] \times A$

$ar = 4.88 \times 0.65 \left[\left(\dfrac{273+140}{100}\right)^4 - \left(\dfrac{273+25}{100}\right)^4\right]$
$\times \dfrac{1}{140-25}$
$= 5.849 \text{kcal/m}^2 \text{h}℃ \text{(방사열전달계수)}$

∴ $Q = (5.849 + 12) \times (140 - 25) \times 0.188$
$= 385.89 \text{kcal/h}$

32 바깥지름이 516mm이고, 두께가 8mm인 강관의 표면에 다시 두께 25mm의 보온재를 감고, 그 위에 두께 3mm의 보온포를 피복하면, 보온재와 보온포를 사용하지 않았을 때에 비하여 열전도저항은 약 몇 배로 증가하는가?(단, 강의 열전도율: 50kcal/mh℃, 보온재의 열전도율: 0.05kcal/mh℃, 보온포의 열전도율: 0.01kcal/mh℃)

① 1,275 ② 3,454
③ 4,611 ④ 6,879

풀이 강관의 열저항을 R_1, 보온 후 열저항을 R_2로 표시하면,

∴ $\dfrac{R_2}{R_1} = \dfrac{\dfrac{1}{\lambda_1}\ln\dfrac{r_2}{r_1} + \dfrac{l}{\lambda_2}\ln\dfrac{r_3}{r_2} + \dfrac{l}{\lambda_3}\ln\dfrac{r_4}{r_3}}{\dfrac{1}{\lambda_1}\ln\dfrac{r_2}{r_1}}$

∴ $\dfrac{\dfrac{1}{50}\ln\dfrac{516}{500} + \dfrac{1}{0.05}\ln\dfrac{566}{516} + \dfrac{1}{0.01}\ln\dfrac{572}{566}}{\dfrac{1}{50}\times\ln\dfrac{516}{500}} = 4,611$배

$516 - (8 \times 2) = 500\text{mm}$(강관 안지름)
$566 + (3 \times 2) = 572\text{mm}$
$516 + (25 \times 2) = 566\text{mm}$

33 다음 내화물 중 주요 결정 성분으로 페리클레이스(Periclase)를 갖는 주원료는?

① 마그네시아클링커(Magnesia clincer)
② 보크사이트(Bauxite)
③ 크로마이트(Chromite)
④ 실리카(Silica)

정답 29 ② 30 ③ 31 ② 32 ③ 33 ①

풀이 ①의 주요 결정성분(Periclase)
②는 Mullite
③는 Spinel
④는 용융실리카

34 $(Mg, Fe)_3 (Si, Al, Fe)_4 O_{10} (OH)_2 4 H_2O$의 화학식으로 표시되고 운모와 같은 층상 구조를 갖고 있는 광물로서 급열처리에 의하여 겉비중이 작고 열전도율이 낮아 단열재로 많이 쓰이는 이 광물을 무엇이라 하는가?

① 질석　　　　　② 펄라이트
③ 팽창혈암　　　④ 팽창점토

풀이 Vermiculite(질석)는 운모(mica)와 같은 층상의 구조를 가지며 그 층 사이에 수분이 들어있다. 급열처리에 의해 겉 비중이 작고 열전도율이 낮아 단열재로 사용된다.

35 다음 보온재 중 끈으로 만들어 사용할 수 있는 것은?

① 암면　　　　　② 석면사
③ 코르크　　　　④ 그라스울

풀이 석면사는 보온재 중 끈으로 만들어 사용할 수 있다.

36 벽돌쌓기 중에 가장 강도가 높은 벽돌 쌓음 방식은?

① 영식　　　　　② 미식
③ 화란식　　　　④ 프랑스식

37 점토질 내화물에서 주요화학 성분 중 SiO_2(규산질) 다음으로 많이 함유된 성분은?

① Cr_2O_3　　　② MgO
③ Al_2O_3　　　④ CaO

풀이 점토질(주성분은 Al_2O_3, $2SiO_2$, $2H_2O$)은 카올린이 주성분이다.

38 다음 불연속 요(kiln)에서 화염 진행방식 중 열효율이 가장 낮은 것은?

① 윗불꽃식　　　② 횡염식
③ 도염식　　　　④ 승염식

풀이
- 횡염식요(옆불꽃 가마)
- 도염식요(꺾임불꽃 가마)
- 승염식요(오름불꽃·윗불꽃식 가마)

39 마그네시아 내화물은 어느 것에 속하는가?

① 산성 내화물　　② 염기성 내화물
③ 중성 내화물　　④ 양성 내화물

풀이 마그네시아, 돌로마이트, 크롬마그네시아, 포스테라이트질 내화물은 염기성 내화물이다.

40 보일러(Boiler) 전열면에서 연소가스가 1,300℃로 유입하여, 300℃로 나가고, 보일러의 수(水)의 온도는 210℃로 일정하며, 열관류율은 150W/m²℃이다. 이때 단위면적당의 열교환량은 몇 W/m²인가?(단, ln12.1=2.5)

① 20,000(W/m²)　　② 40,000(W/m²)
③ 60,000(W/m²)　　④ 80,000(W/m²)

풀이 $Q = K \cdot F \cdot LMTD$에서

$LMTD = \dfrac{1{,}090 - 90}{2.5} = 400℃$

∴ $Q = 150 \times 400 = 60{,}000 \, W/m^2$

※ 1,300℃ − 210℃ = 1,090℃, 300℃ − 210℃ = 90℃

정답 34 ①　35 ②　36 ①　37 ③　38 ①　39 ②　40 ③

41 공기는 하나의 단열 물질로서 기포성 보온재 속에 존재하므로 보온효과를 증대시킨다. 공기의 열전도율은 얼마인가?(단, 상온에서의 값이다. 단위는 kcal/mh℃이다.)

① 0.07
② 0.05
③ 0.02
④ 0.03

풀이 공기의 열전도율은 20℃에서 0.022kcal/mh℃이다.

42 단면이 1m²인 절연물체를 통해서 3kW의 열이 전도되고 있다. 이 물체의 두께는 2.5cm이고 열전도 계수는 0.2W/m℃이다. 이 물체의 양면 사이의 온도차는?

① 355℃
② 365℃
③ 375℃
④ 385℃

풀이 $Q = \lambda \cdot F \dfrac{\Delta t}{b}$ 에서,

$3,000 = \dfrac{0.2 \times \Delta t \times 1}{0.025}$

$\Delta t = \dfrac{b \cdot Q}{\lambda \cdot F} = \dfrac{0.025 \times 3,000}{0.2 \times 1} = 375℃$

※ 3kW=3,000W, 2.5cm=0.025m

43 열교환기의 오물대책은 성능유지상 중요한 과제이다. 다음 중 오물제거와 관계없는 것은?

① 스펀지 볼(Sponge ball)
② 아스베스토스(Asbestus)
③ 수트 블로우어(Soot blower)
④ 약품(염소이온 등)

풀이 열교환기 오물대책은 성능유지상 필요하다. 중요한 과제는 세척이나 청소에 필요한 스펀지 볼 그을음 제거인 수트 블로우어, 염소약품 등이 있다.

44 벤졸의 혼합액을 증류하여 매시 1,000kg의 순벤졸을 얻는 정류탑이 있다. 그 환류비는 2.5이다. 이 정류탑의 환류비가 1.5로 되었다면 1시간에 몇 kcal의 열량을 절약할 수 있는가?(단, 벤졸의 증발열은 95kcal/kg이다.)

① 95,000kcal/h
② 9,500kcal/h
③ 950kcal/h
④ 950,000kcal/h

풀이 $Q = 1,000 \times 95 \times (2.5 - 1.5) = 95,000$ kcal/hr

$\gamma(환류비) = \dfrac{환류량}{취출량}$

45 보통형 벽돌쌓기 중 스트레처(Stretcher)를 바로 설명한 것은?

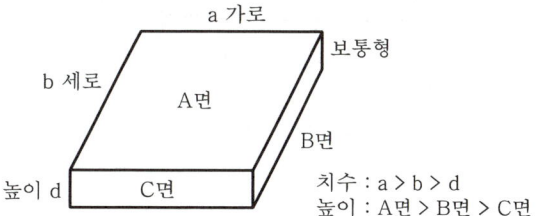

치수 : a > b > d
높이 : A면 > B면 > C면

① A면끼리의 접합
② B면끼리의 접합
③ C면끼리의 접합
④ A면, B면, C면을 교대로 접합

풀이 Stretcher(뻗어서 쌓는) 보통형 벽돌 쌓기는 넓이의 A면·B면·C면을 교대로 접합한다.

46 염기성 슬래그와 접촉하여도 침식을 가장 받기 어려운 것은 다음 중 어느 것인가?

① 샤모트질 내화로재
② 마그네시아질 내화로제
③ 고알루미나질 내화로재
④ 납석질 내화로재

풀이 염기성 슬래그와 접촉하여도 침식을 받지 않는 것은 마그네시아질 내화물이다. 즉 염기성 내화물이 좋다.

정답 41 ③ 42 ③ 43 ② 44 ① 45 ④ 46 ②

47 단열재의 기본적인 필요 요건은?

① 소성에 의하여 생긴 큰 기포를 가진 것이어야 한다.
② 소성이나 유효 열전도율과는 무관하다.
③ 유효 열전도율이 커야 한다.
④ 유효 열전도율이 작아야 한다.

풀이 단열재
단열재란 공업요로에서 발생되는 복사열 및 고온에서의 손실을 적게 하기 위하여 사용되는 자재로서 열전도율이 적고 다공질 또는 세포조직을 가져야 하는 재료이다.
㉠ 단열효과
  • 열전도도가 적어서 열방사에 의한 손실이 적어지므로 노 내 연소열이 많아진다.
  • 노 내 온도가 균일하게 된다.
  • 내화물의 내구력이 증가된다.
  • 노의 내부 외부의 온도차가 적어 박락현상 또는 균열 등의 현상이 방지된다.
㉡ 종류
  • 규조토질 단열재 : 저온용에 사용되며 규조토에 톱밥을 섞어 900~1,200℃에서 소성시켜 다공질로 한 것이다. 안전사용온도는 800~1,200℃
  • 점토질 단열재 : 점토질에 톱밥이나 발포제를 혼합하여 1,300~1,500℃로 소성한 고온용 단열재이나 경량이며 안전사용온도가 1200℃~1,500℃이다.

48 노 내 가스의 온도는 1,000℃ 외기온도는 0℃, 노벽의 두께는 200mm, 열전도율은 0.5kcal/mh℃이다. 가스와 노벽, 외벽과 공기와의 열전달계수는 각각 1,200kcal/m²h℃, 10kcal/m²h℃일 때 노벽 5m²에서 하루에 전달되는 열량은 몇 kcal 인가?

① 120,000   ② 240,000
③ 500,000   ④ 1,000,000

풀이 $Q = \dfrac{\Delta t}{\dfrac{1}{a_1} + \dfrac{b}{\lambda} + \dfrac{1}{a_2}} \cdot A$

$\therefore \dfrac{(1,000-0)}{\dfrac{1}{1,200} + \dfrac{0.2}{0.5} + \dfrac{1}{10}} \times 5 \times 24 = 240,000 \text{kcal/day}$

49 그림과 같은 금속벽을 10,000kcal/hr로 열전달이 일어났다면 고온부의 온도 t_1은?

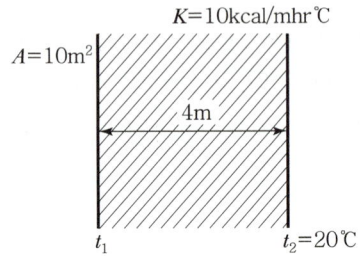

① 380℃   ② 750℃
③ 520℃   ④ 420℃

풀이 $Q = \lambda \times \dfrac{(t_1 - t_2) \times A}{b}$ $t_1 = t_2 + \dfrac{b}{\lambda} \times Q$

$\therefore t_1 = 20 + \dfrac{4}{10} \times \dfrac{10,000}{10} = 420℃$

50 외기의 온도가 13℃이고 표면온도가 69℃ 흑체관의 표면에서 방사에 의한 열전달률은 대략 얼마인가?(단, 관의 방사율은 0.7로 할 것)

① 4.26kcal/m²h℃   ② 4.36kcal/m²h°K
③ 1.66kcal/cm²h℃   ④ 0.166kcal/cm²h°K

풀이 $ar = \dfrac{\varepsilon \cdot cb\left[\left(\dfrac{T_1}{100}\right)^4 - \left(\dfrac{T_2}{100}\right)^4\right]}{t_1 - t_2}$

$= \dfrac{0.7 \times 4.88\left[\left(\dfrac{273+69}{100}\right)^4 - \left(\dfrac{273+13}{100}\right)^4\right]}{69 - 13}$

$= 4.26 \text{kcal/m}^2\text{h℃}$

정답 47 ④ 48 ② 49 ④ 50 ①

51 두께 25mm인 철판이 넓이 1m²마다의 전열량이 매시간 1,000kcal가 되려면 양면의 온도차는 몇 ℃인가?(단 $K = 50$kcal/mh℃이다.)

① 0.5　　② 0.8
③ 1.0　　④ 1.5

풀이 $Q = \lambda \times \dfrac{(t_1 - t_2)A}{b}$,

$\Delta t = \dfrac{b \cdot Q}{\lambda \cdot A} = \dfrac{0.025 \times 1,000}{50 \times 1} = 0.5℃$

52 여러 개의 병렬로 된 동관 내를 유동하는 냉각수에 의해 관외에 있는 포화증기를 응축시키는 응축기가 있다. 이 동관의 두께는 1.0mm, 열전도율은 330kcal/mh℃, 열관류율은 3,000kcal/m²h℃이다. 지금 응축기에 있어서 동관 대신 두께 3.5mm의 철관(열전도율 45kcal/mh℃)을 사용한다면 이 관의 열관류율은 얼마인가?(단, 응축기의 조작조건은 양자가 동일하다고 본다.)

① 2,150kcal/m²h℃
② 2,250kcal/m²h℃
③ 2,350kcal/m²h℃
④ 2,450kcal/m²h℃

풀이 1.0mm = 0.001m, 3.5mm = 0.0035m이다.

동관 $\dfrac{1}{3,000} = \dfrac{1}{a_1} + \dfrac{0.001}{330} + \dfrac{1}{a_2}$

$\dfrac{1}{330} = 0.003030 = 3.303 \times 10^{-4}$

$\dfrac{1}{a_1} + \dfrac{1}{a_2} = 3.303 \times 10^{-4}$

강관 $\dfrac{1}{K} = 3.303 \times 10^{-4} + \dfrac{0.0035}{45} ≒ 4.081 \times 10^{-4}$

$\therefore k = \dfrac{1}{4.081 \times 10^{-4}} = 2,450$ kcal/m²h℃

53 다음 그림과 같은 병행류형 열교환기에서 적용되는 ΔT_m에 관한 식은?(단, 하첨자 h : 고온측, 1 : 입구, c : 저온측, 2 : 출구)

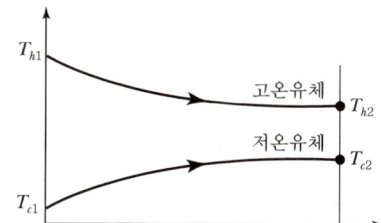

① $\dfrac{(T_{h1} - T_{c1}) - (T_{h2} - T_{c2})}{\ln \dfrac{T_{h2} - T_{c2}}{T_{h1} - T_{c1}}}$

② $\dfrac{(T_{h2} - T_{c2}) - (T_{h1} - T_{c1})}{\ln \dfrac{T_{h2} - T_{c1}}{T_{h1} - T_{c1}}}$

③ $\dfrac{(T_{h1} - T_{c1}) - (T_{h2} - T_{c2})}{\ln \dfrac{T_{h1} - T_{c1}}{T_{h2} - T_{c2}}}$

④ $\dfrac{(T_{h2} - T_{c2}) - (T_{h1} - T_{c1})}{\ln \dfrac{T_{h1} - T_{c1}}{T_{h2} - T_{c2}}}$

풀이 병행류 = $\dfrac{(T_{h1} - T_{c1}) - (T_{h2} - T_{c2})}{\ln \dfrac{T_{h1} - T_{c1}}{T_{h2} - T_{c2}}}$

$= \dfrac{\Delta t_1 - \Delta t_2}{\ln \dfrac{\Delta t_1}{\Delta t_2}}$

정답 51 ①　52 ④　53 ③

54 다음 그림과 같이 가로×세로×높이가 3×1.5×0.03(m)인 탄소강판이 놓여 있다. 열전도계수 $K = 43$W/mK(SI단위)이며 표면온도는 20℃이었다. 이때 탄소강판 아래면에 열유속($q'' = q/A$) 300kcal/m²h를 가할 경우, 탄소강판에 대한 표면온도 상승(ΔT(℃))은?

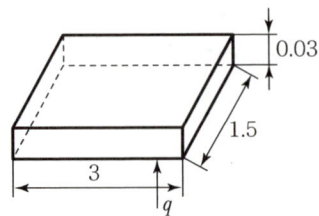

① 0.243℃
② 0.264℃
③ 0.973℃
④ 1.973℃

55 2중관 열교환기에 있어서의 열관류율의 근사식은?(단, K : 열관류율, α_1 : 내관내면과 유체 사이의 경막계수, α_0 : 내관외면과 유체 사이의 경막계수, F_1 : 내관내면적, F_0 : 내관의 면적이며 전열계산은 내관외면기준일 때이다.)

① $\dfrac{1}{K} = \dfrac{1}{\alpha_1 F_1} + \dfrac{1}{\alpha_0 F_0}$

② $\dfrac{1}{K} = \dfrac{1}{\alpha_1 \dfrac{F_1}{F_0}} + \dfrac{1}{\alpha_0}$

③ $\dfrac{1}{K} = \dfrac{1}{\alpha_0 \dfrac{F_1}{F_0}} + \dfrac{1}{\alpha_1}$

④ $\dfrac{1}{K} = \dfrac{1}{\alpha_0 F_1} + \dfrac{1}{\alpha_1 F_0}$

풀이 $\dfrac{1}{K} = \dfrac{1}{\alpha_1 F_1} + \dfrac{1}{\alpha_0 F_0}$

56 다음 중 열교환기에서 입구와 출구의 온도차가 각 $\Delta\theta'$, $\Delta\theta''$일 때 대수평균 온도차 $\Delta\theta_m$의 식으로 맞는 것은?

① $\Delta\theta_m = \dfrac{\ln\dfrac{\Delta\theta'}{\Delta\theta''}}{\Delta\theta' - \Delta\theta''}$

② $\Delta\theta_m = \dfrac{\Delta\theta' - \Delta\theta''}{\ln\dfrac{\Delta\theta'}{\Delta\theta'}}$

③ $\Delta\theta_m = \dfrac{\Delta\theta' - \Delta\theta''}{\ln\dfrac{\Delta\theta'}{\Delta\theta''}}$

④ $\Delta\theta_m = \dfrac{\ln\dfrac{\Delta\theta''}{\Delta\theta'}}{\Delta\theta' - \Delta\theta''}$

풀이 $\Delta\theta_m = \dfrac{\Delta\theta' - \Delta\theta''}{\ln\dfrac{\Delta\theta'}{\Delta\theta''}}$

57 이중관 열교환기(Double-pipe Heat Exchange)중 병류식(Parallel Flow) 난류(Single Path) 교환기를 역류식(Counter Current Flow)과 비교할 때 옳지 않은 것은 무엇인가?

① 전열량이 적다.
② 일반적으로 거의 사용되지 않는다.
③ 한 유체의 출구온도가 다음 유체의 입구온도까지 접근이 불가능하다.
④ 전열면적이 많이 필요하다.

풀이 열교환기
- 다관원통형(고정관판형, 유동두형, U관형, 케틀형)
- 이중관식(병류식 난류형, 역류식)
- 단관식(트롬본형, 탱크형, 코일형)
- 공랭식
- 특수식(플레이트식, 소용돌이식, 자켓식, 비금속제)

58 그림과 같은 온도 분포를 갖는 열교환장치에서 보일러 수의 온도 θ_0=183℃, 가스의 입구 온도 θ_a=700℃, 출구 온도 θ_a=500℃일 때 대수평균 온도차 LMTD의 값은?

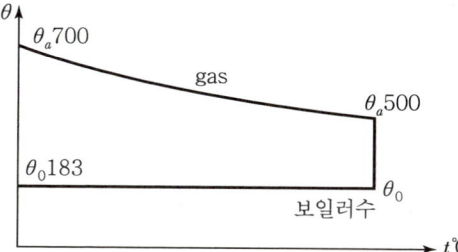

① 409℃ ② -405℃
③ 305℃ ④ 326℃

풀이 $700-183=517℃$, $500-183=317℃$
$$\text{LMTD}=\frac{517-317}{\ln\frac{517}{317}}=409℃$$

대수평균온도차
열교환기에 있어서 전열량 계산시 그 전열면 전체에 걸친 양유체의 평균 대수온도차를 사용하는데 열교환기의 고온 유체의 입구 측에서의 유체온도차를 Δ_1, 그의 출구에서의 온도차를 Δ_2라 하면 대수평균 온도차는 다음 식으로 주어진다.

$$\Delta t_m = \frac{\Delta_1 - \Delta_2}{\ln(\Delta_1/\Delta_2)}$$

 $Q(열량) = KF\Delta t_m = KF\frac{\Delta_1 - \Delta_2}{\ln(\Delta_1/\Delta_2)}$ (kcal/h)

※ K : 열관류율(kcal/m²h℃)
F : 전면적(m²)
Δt_m : 대수평균온도차(℃)

59 내측 반지름 5cm 온도 300℃, 외측 반지름 15cm, 온도 30℃인 중공원관의 길이 1m에서 전열량은 몇 W인가?(단, 열전도율은 0.04W/m℃이다.)

① 61 ② 76
③ 84 ④ 106

풀이 $Q=\dfrac{2\pi l(t_2-t_1)}{\dfrac{1}{\lambda}\ln\dfrac{r_2}{r_1}}=\dfrac{2\times3.14\times1\times(300-30)}{\dfrac{1}{0.04}\cdot\ln\left(\dfrac{0.15}{0.05}\right)}=61\text{W}$

60 중공원관의 내측반지름이 50mm 온도 300℃ 외측의 반지름이 150mm 온도 30℃에서 열전도율이 0.04 W/m℃ 길이가 1m 원관의 중간지점의 온도는 몇 K인가?

① 73 ② 303
③ 373 ④ 403

풀이 $t = t_1 - \dfrac{\ln\dfrac{r}{r_1}}{\ln\dfrac{r_2}{r_1}} \times (t_2 - t_1)$

$= 573 - \dfrac{\ln\dfrac{0.10}{0.05}}{\ln\dfrac{0.15}{0.05}} \times (573-303) = 403\text{ K}$

※ $r = 150-50 = 100\text{mm}(0.10\text{m})$

61 내화벽의 두께 400mm, 노의 내벽온도 1,300℃이고 내화벽의 외부에 단열재벽을 설치하고 이 단열재벽의 사용온도는 850℃, 외기온도는 30℃로 할 때 이 단열벽의 시공상 필요한 두께는 몇 cm인가?(단, 내화벽의 열전도율은 1.2W/m℃, 단열재의 열전도율은 0.12W/m℃하고 단열재와 외기와의 열전달률은 15W/m²℃로 한다.)

① 1.4 ② 2.6
③ 3.8 ④ 6.48

풀이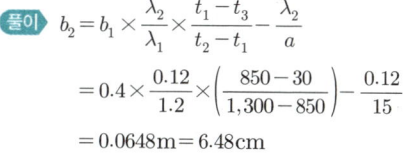
$= 0.4 \times \dfrac{0.12}{1.2} \times \left(\dfrac{850-30}{1,300-850}\right) - \dfrac{0.12}{15}$
$= 0.0648\text{m} = 6.48\text{cm}$

정답 58 ① 59 ① 60 ④ 61 ④

62 금속판의 면적이 6m²에서 전기로 통전가열 시켜 발열면에서 10W의 발열이 발생하였다. 이때 발열면의 내외부 온도차가 5℃라면 대류열전달계수는 몇 W/m²℃인가?

① 0.1
② 0.33
③ 0.47
④ 6.475

풀이 $Q = aA(t_2 - t_1)$
$a = \dfrac{Q}{A(t_2-t_1)} = \dfrac{10}{6 \times 5} = 0.33 \text{W/m}^2\text{℃}$

63 방열기구의 표면온도가 230℃ 실내온도가 30℃일 때 복사열량은 몇 W/m²인가?(단, 방열기구의 표면 복사율은 0.9, 스테판-볼츠만의 정수는 5.669W/m²K⁴이다.)

① 1,925
② 2,455
③ 2,835
④ 4,306

풀이 $Q = \varepsilon \cdot cb\left[\left(\dfrac{T_1}{100}\right)^4 - \left(\dfrac{T_2}{100}\right)^4\right]$
$= 0.9 \times 5.669\left[\left(\dfrac{273+230}{100}\right)^4 - \left(\dfrac{273+30}{100}\right)^4\right]$
$= 2,835 \text{W/m}^2$

64 실내온도 30℃, 외부온도 10℃, 창문 두께 0.004m일 때 단위면적당 이동열량은 몇 W/m²℃인가?(단, 유리의 열전도율은 0.76W/m℃, 내면의 열전달계수는 10W/m²℃, 외면의 열전달계수는 50W/m²℃로 한다.)

① 159
② 195
③ 214
④ 331

풀이 열관류율 = $\dfrac{1}{\dfrac{1}{10} + \dfrac{0.004}{0.76} + \dfrac{1}{50}} = 7.983 \text{W/m}^2\text{℃}$
$Q = K \times \Delta t \times A = 7.983 \times (30-10) = 159 \text{W/m}^2$

65 내화벽두께 2.5cm 내화모르타르 두께 0.32cm, 보온재두께 5cm 혼합벽에서 내부의 온도가 570℃, 외부온도가 10℃일 때 이 벽의 단위면적당 열유동량은 몇 W/m²인가?(단, 벽의 열전도율은 각 86, 0.17, 0.038W/m℃이다.)

① 269
② 373
③ 394
④ 436

풀이 $Q = \dfrac{t_2 - t_1}{\dfrac{b_1}{\lambda_1} + \dfrac{b_2}{\lambda_2} + \dfrac{b_3}{\lambda_3}} = \dfrac{570-10}{\dfrac{0.025}{86} + \dfrac{0.032}{0.17} + \dfrac{0.05}{0.038}}$
$= 373 \text{W/m}^2$

66 고체표면의 온도가 60℃ 상태에서 20℃의 외부공기로 대류열전달에 의해 냉각시키고자 한다. 이 경우 고체표면의 열유속을 구하시오.(단, 열전달계수는 20W/m²K로 한다.)

① 700W/m²
② 800W/m²
③ 1,200W/m²
④ 1,450W/m²

풀이 $Q = a(t_2 - t_1) = 20 \times [(273+60) - (273+20)]$
$= 800 \text{W/m}^2$

67 강판의 두께가 0.004m이고 고온측 면의 온도가 100℃, 저온측 면의 온도가 80℃일 때 단위면적(m²) 당 매분 500kW의 열을 전열하는 경우 이 강판의 열전도율은 얼마인가?

① 20W/m℃
② 35W/m℃
③ 47W/m℃
④ 100W/m℃

풀이 $Q = KA\dfrac{(t_2 - t_1)}{b}$
$\therefore K = \dfrac{Qb}{A(t_2 - t_1)} = \dfrac{500 \times 10^3 \times 0.004}{1 \times (100-80)}$
$= 100 \text{W/m℃}$

정답 62 ② 63 ③ 64 ① 65 ② 66 ② 67 ④

68 급탕온수탱크의 표면적이 24m²이고 이 탱크의 표면에 8cm의 석면보온재를 감아서 보온한다. 이 탱크의 내부온도가 100℃, 외부온도가 10℃라면 24시간 동안 손실열량은 몇 kcal/day인가?(단, 열전도율은 0.1kcal/mh℃이다.)

① 61,000 ② 62,000
③ 64,800 ④ 84,000

풀이 $Q = KA\dfrac{(t_2-t_1)}{b} \times 24 = 0.1 \times 24 \times \dfrac{100-10}{0.08} \times 24$
$= 64,800\,\text{kcal/day}$

69 구형 고압용기의 안쪽 반지름이 55cm, 바깥 반지름이 90cm인 내부 외부의 표면온도가 각각 551K, 543K의 경우라면 열손실은 몇 W인가?(단, 이 용기의 열전도율은 41.87W/m℃로 한다.)

① 5,950 ② 6,400
③ 6,750 ④ 7,001

풀이 $Q = K\dfrac{4\pi(t_2-t_1)}{\dfrac{1}{t_1}-\dfrac{1}{r_2}} = \dfrac{4 \times 3.14(551-543)}{\dfrac{1}{0.55}-\dfrac{1}{0.9}} \times 41.87$
$= 5,950\,\text{W}$

70 창유리 가로가 4m, 세로가 3m, 두께가 10mm 창의 열전도율이 0.8W/m℃일 때 창 안쪽의 온도가 3℃, 외부가 영하 1℃라면 유리를 통한 전열량은 몇 W인가?

① 1,965 ② 2,744
③ 3,840 ④ 4,036

풀이 $Q = \dfrac{KA(t_2-t_1)}{b} = \dfrac{0.8 \times 12 \times [3-(-1)]}{0.01} = 3,840\,\text{W}$

71 내화벽의 두께가 20cm, 단열재의 두께가 10cm, 내화벽의 열전도율이 1.3W/m℃, 단열재의 열전도율이 0.5W/m℃일 때 이 벽의 접촉면의 온도는 몇 K인가?(단, 내화벽쪽의 온도가 500℃, 단열체의 온도가 100℃이다.)

① 226 ② 600
③ 701 ④ 1,200

풀이 $Q = \dfrac{500-100}{\dfrac{0.2}{1.3}+\dfrac{0.1}{0.5}} = 1,130\,\text{W/m}^2$

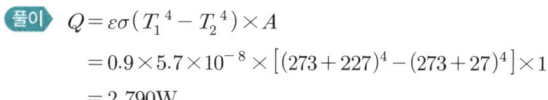

$\therefore\ 326 + 273 = 599\text{K}$

72 온도 27℃인 어떤 실내에 표면온도가 227℃인 고체방열면이 있다. 표면의 복사율은 0.9, 흑체의 복사정수는 $5.7 \times 10^{-8}\,\text{W/m}^2\text{K}^4$이면 복사방열량은 몇 W/m²인가?

① 2,790 ② 3,000
③ 3,279 ④ 3,579

풀이 $Q = \varepsilon\sigma(T_1^{\,4} - T_2^{\,4}) \times A$
$= 0.9 \times 5.7 \times 10^{-8} \times [(273+227)^4 - (273+27)^4] \times 1$
$= 2,790\,\text{W}$

정답 68 ③ 69 ① 70 ③ 71 ② 72 ①

CHAPTER 009 육용보일러의 열정산방식

SECTION 01 열정산의 조건

1. 열정산의 조건은 다음에 따른다.

(1) 보일러의 열정산은 원칙적으로 정격부하 이상에서 정상상태(Steady State)로 적어도 2시간 이상의 운전결과에 따라 한다. 다만, 액체 또는 기체연료를 사용하는 소형보일러에서는 인수·인도 당사자 간의 협정에 따라 시험시간을 1시간 이상으로 할 수 있다. 시험부하는 원칙적으로 정격부하 이상으로 하고, 필요에 따라 3/4, 2/4, 1/4 등의 부하로 한다. 최대출열량을 시험할 경우에는 반드시 정격부하에서 시험을 한다. 측정결과의 정밀도를 유지하기 위하여 급수량과 증기배출량을 조절하여 증발량과 연료의 공급량이 일정한 상태에서 시험을 하도록 최대한 노력하고, 급수량과 연료공급량의 변동이 불가피한 경우에는 가능한 한 그 변동량이 작은 상태에서 시험을 한다.

(2) 보일러의 열정산시험은 미리 보일러 각부를 점검하여, 연료, 증기 또는 물의 누설이 없는가를 확인하고, 시험 중 실제 사용상 지장이 없는 경우 블로다운(Blow Down), 그을음불어내기(Soot Blowing) 등은 하지 않는다. 또한 안전밸브를 열지 않은 운전상태에서 하며 안전밸브가 열린 때는 시험을 다시 한다.

(3) 시험은 시험보일러를 다른 보일러와 무관한 상태로 하여 실시한다.

(4) 열정산 시험시의 연료 단위량, 즉 고체 및 액체 연료의 경우는 1kg, 기체 연료의 경우는 표준상태(온도 0℃, 압력 101.3kPa)로 환산한 $1Nm^3$에 대하여 열정산을 하는 것으로 하고, 단위시간당 총 입열량(총 출열량, 총 손실 열량)에 대하여 열정산을 하는 경우에는 그 단위를 명확히 표시한다. 혼소(混燒)보일러 및 폐열보일러의 경우에는 단위시간당 총 입열량에 대하여 실시한다.

(5) 발열량은 원칙적으로 사용 시 연료의 고발열량(총발열량)으로 한다. 저발열량(진발열량)을 사용하는 경우에는 기준발열량을 분명하게 명기해야 한다.

(6) 열정산의 기준온도는 시험시의 외기온도를 기준으로 하나, 필요에 따라 주위 온도 또는 압입송풍기출구 등의 공기온도로 할 수 있다.

(7) 열정산을 하는 보일러의 표준적인 범위를 그림에 나타낸다. 과열기, 재열기, 절탄기 및 공기예열기를 갖는 보일러는 이들을 그 보일러에 포함시킨다. 다만, 인수·인도당사자 간의 협정에 의해 이 범위를 변경할 수 있다.

(8) 이 표준에서 공기란 수증기를 포함하는 습공기로 하며, 연소가스란 수증기를 포함하지 않은 건조 가스로 하는 경우와 연소에 의하여 발생한 수증기를 포함한 습가스로 하는 경우가 있다. 이들의 단위량은 어느 것이나 연료 1kg(또는 Nm^3)당으로 한다.

(9) 증기의 건도는 98% 이상인 경우에 시험함을 원칙으로 한다(건도가 98% 이하인 경우에는 수위 및 부하를 조절하여 건도를 98% 이상으로 유지한다).

(10) 보일러효율의 산정방식은 다음 방법에 따른다.

입출열법	열손실법
$\eta_1 = \dfrac{Q_s}{H_h + Q} \times 100$ 여기서, η_1 : 입출열법에 따른 보일러 효율 Q_s : 유효 출열 $H_h + Q$: 입열 합계	$\eta_2 = \left(1 - \dfrac{L_h}{H_h + Q}\right) \times 100$ 여기서, η_2 : 열손실법에 따른 보일러 효율 L_h : 열손실 합계

보일러의 효율산정방식은 입출열법과 열손실법으로 실시하고, 이 두 방법에 의한 효율의 차가 과대한 경우에는 시험을 다시 실시한다. 다만, 입출열법과 열손실법 중 어느 하나의 방법에 의하여 효율을 측정할 수밖에 없는 경우에는 그 이유를 분명하게 명기한다.

(11) 온수보일러 및 열매체보일러의 열정산은 증기보일러의 경우에 준하여 실시하되, 불필요한 항목(예를 들면, 증기의 건도 등)은 고려하지 않는다.

(12) 폐열보일러의 열정산은 증기보일러의 경우에 준하여 실시하되, 입열량을 보일러에 들어오는 폐열과 보조연료의 화학에너지로 하고, 단위시간당 총 입열량(총 출열량, 총 손실열량)에 대하여 실시한다.

(13) 전기에너지는 1kW당 860kcal/h로 환산한다.

(14) 증기보일러 열출력 평가의 경우, 시험 압력은 보일러 설계 압력의 80% 이상에서 실시한다. 온수보일러 및 열매체 보일러의 열출력 평가 시에는 보일러 입구 온도와 출구 온도의 차에 민감하기 때문에 설계온도와의 차를 ±1℃ 이하로 조절하고 시험을 실시한다. 이 조건을 만족하지 못하는 경우에는 그 이유를 명기한다.

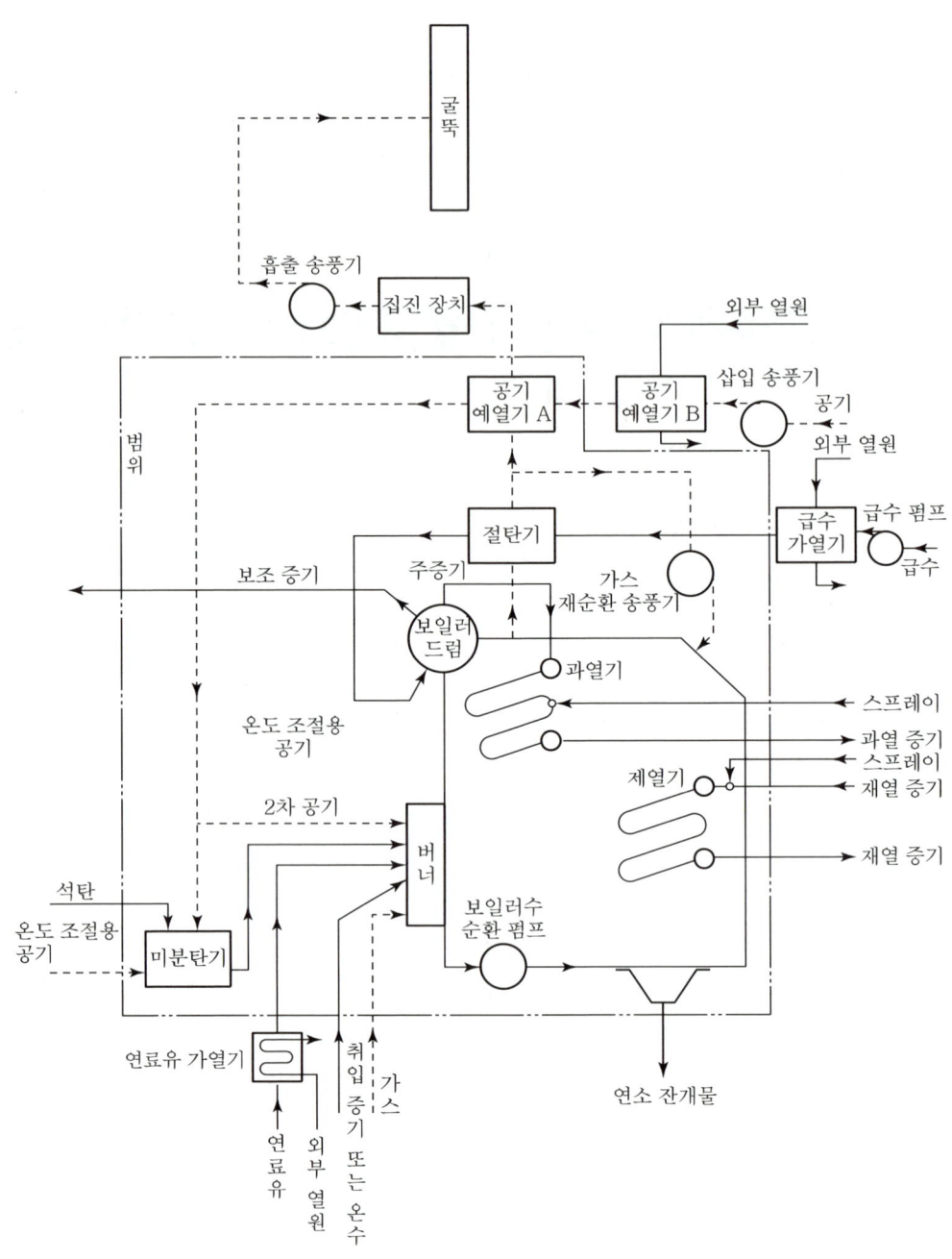

| 보일러의 범위 |

SECTION 02 측정방법

보일러의 열정산에서 측정항목은 다음과 같다. 입출열법에 따른 보일러 효율을 구하는 경우는 연료의 사용량과 발열량 등의 입열 및 발생 증기의 흡수열을, 또한 열 손실법에 따른 보일러 효율을 구하는 경우는 연료 사용량과 발열량 등에 의한 입열 및 각부의 열손실을 구할 필요가 있다.

1. 기준온도

기준온도는 햇빛이나 기기의 복사열을 받지 않는 상태에서 측정한다.

2. 연료

1) 연료사용량의 측정

연료사용량의 측정은 다음과 같다.

(1) 고체 연료

고체 연료는 측정 후 수분의 증발을 피하기 위해 가능한 한 연소 직전에 측정하고, 그때마다 동시에 시료를 채취한다. 측정은 보통 저울을 사용하나, 콜미터나 그 밖의 계측기를 사용할 때에는 지시량을 정확하게 보정한다. 측정의 허용오차는 보통 ±1.5%로 한다.

(2) 액체 연료

① 액체 연료는 중량 탱크식 또는 용량 탱크식 혹은 용적식 유량계로 측정한다. 측정의 허용 오차는 원칙적으로 ±1.0%로 한다.
② 용량 탱크식 또는 용적식 유량계로 측정한 용적 유량은 유량계 가까이에서 측정한 유온을 보정하기 위해 다음 방법으로 중량유량으로 환산한다. 중유의 경우에는 다음과 같은 온도 보정계수를 사용하고, 중유 이외 연료의 온도보정계수는 1로 한다.

$$F = d \times k \times V_t$$

여기서, F : 연료 사용량[kg/h]
d : 연료의 비중
k : 온도보정계수(다음 표에 따른다.)
V_t : 연료사용량[L/h]

▼ 연료(중유)의 온도(t)에 따른 체적보정계수

중유 비중(d 15℃)	온도 범위	k 값
1.000~0.966	15~50℃	$1.000 - 0.00063 \times (t-15)$
	50~100℃	$0.9779 - 0.0006 \times (t-50)$
0.965~0.851	15~50℃	$1.000 - 0.00071 \times (t-15)$
	50~100℃	$0.9754 - 0.00067 \times (t-50)$

(3) 기체 연료

① 기체 연료는 용적식, 오리피스식 유량계 등으로 측정하고, 유량계 입구나 출구에서 압력, 온도를 측정하여 표준 상태의 용적 Nm^3로 환산한다. 측정의 허용 오차는 원칙적으로 ±1.6%로 한다.

② 표준 상태로의 용적 유량 환산은 다음에 따른다. 측정값을 압력·온도에 따라 표준상태(0℃, 101.3kPa)로 환산한다.

$$V_0 = V \times \frac{P}{P_0} \times \frac{T_0}{T}$$

여기서 V_0 : 표준 상태에서 연료 사용량[Nm^3]
 V : 유량계에서 측정한 연료 사용량[m^3]
 P : 연료 가스의 압력([Pa], [mmHg], [mbar] 등)
 P_0 : 표준 상태의 압력([Pa], [mmHg], [mbar] 등)
 T : 연료 가스의 절대온도[K]
 T_0 : 표준 상태의 절대온도[K]

2) 시료의 측정방법

(1) 사용 연료의 시료 채취, 시험, 분석 및 발열량 측정은 일반적으로 다음 표준에 따른다.
 KS E 3707, KS E 3709, KS M 2001, KS M 2002, KS M 2017, KS M 2027, KS E ISO 589, KS M ISO 6245, KS M 2057, KS M ISO 3733

(2) 연소 계산을 위하여 액체 연료와 고체 연료는 원소 분석과 발열량 측정을 하고, 기체 연료는 성분분석과 발열량 측정을 한다.

3. 급수

1) 급수량 측정

(1) 급수량 측정은 중량탱크식 또는 용량 탱크식 혹은 용적식 유량계, 오리피스 등으로 한다. 측정의 허용 오차는 일반적으로 ±1.0%로 한다.

(2) 측정한 급수의 일부를 보일러에 넣지 않은 경우에는 그 양을 보정하여야 한다. 과열기 및 재열기에 증기 온도 조절을 위하여 스프레이 물을 넣는 경우에는 그 양을 측정한다.

(3) 용적 유량을 측정한 경우에는 유량계 부근에서 측정한 온도에 따른 비체적을 증기표에서 찾아 다음 방법으로 급수량을 중량으로 환산한다.

$$W = \frac{W_0}{V_1}$$

여기서, W : 환산한 급수량[kg/h]
W_0 : 실측한 급수량[L/h]
W_1 : 측정 시 급수 온도에서 급수의 비체적[L/kg]

2) 급수 온도의 측정

급수 온도는 절탄기 입구에서(필요한 경우에는 출구에서도) 측정한다. 절탄기가 없는 경우에는 보일러 몸체의 입구에서 측정한다. 또한 인젝터를 사용하는 경우에는 그 앞에서 측정한다.

4. 연소용 공기

1) 공기량의 측정

(1) 연료의 조성(액체 연료와 고체 연료는 원소 분석값, 기체 연료는 성분 분석값)에서 이론 공기량(A_0)을 계산하고, 배기가스 분석 결과에 의해 공기비를 계산하여 실제공기량(A)을 계산한다.

$$A = mA_0$$

여기서, A : 실제 공기량[Nm³/h]
m : 공기 비
A_0 : 이론 공기량(연소 프로그램에서 계산)[Nm³/h]

(2) 필요한 경우에는 압입 송풍기의 출구에서 오리피스, 피토관 등을 사용하여 측정한다. 공기 예열기가 있는 경우에는 그 출구에서 측정한다(KS B 6311 참조).

2) 예열 공기 온도의 측정

공기 온도는 공기 예열기의 입구 및 출구에서 측정한다. 터빈 추기 등의 외부 열원에 의한 공기 예열기를 병용하는 경우는 필요에 따라 그 전후의 공기 온도도 측정한다.

3) 공기의 습도 측정

(1) 송풍기 입구 부근에서 건습구 온도계를 이용하여 건구 온도와 습구 온도를 측정하거나 습도계를 사용하여 상대 습도 또는 절대 습도를 측정한다.

(2) 건습구 온도계의 건구 온도 t ℃와 습구 온도 t' ℃에서 습공기 중의 절대습도 z를 다음과 같이 구한다.

$$z = 0.622 \times \frac{P_w}{P - P_w}$$

여기서, z : 공기의 절대습도[kg-H$_2$O/kg-air]
P : 대기압(즉, 전압)[kPa]
P_w : 수증기의 분압[kPa]

$$P_w = P_s' - \frac{P}{30} \cdot \frac{t-t'}{50}$$

P_s' : 습구온도 t' ℃에서 수증기의 포화압력[kPa]
t : 건구온도[℃]
t' : 습구온도[℃]

(3) 습도계로 상대 습도를 측정한 경우, 절대 습도는 다음과 같이 구한다.

$$z = 0.622 \times \frac{\phi P_s}{P - \phi P_s}$$

여기서, ϕ : 상대 습도[%]
P_s : 공기 온도 t ℃에서 수증기의 포화압력[kPa]

(4) 습도가 보일러의 효율에 미치는 영향이 미미한 경우(습도가 낮은 경우)에는 습도 측정을 생략할 수 있다.

5. 연료 가열용 또는 노내 취입 증기

(1) 연료 가열용 증기량 측정은 유량계로 측정하거나 증기 트랩이 있는 연료 가열기의 경우에는 트랩의 응축수량을 측정할 수도 있다.
(2) 노내 취입 증기량은 증기 유량계로 측정한다.

6. 발생 증기

1) 발생 증기량의 측정

(1) 발생 주증기량은 일반적으로 급수량으로부터 수위 보정(시험 개시 시 및 종료 시에 있어 보일러 수면의 위치변화를 고려한 급수량의 보정)을 통해 산정한다. 증기 유량계가 설비되어 있는 경우는 그 측정값을 참고값으로 한다.
(2) 발생증기의 일부를 연료 가열, 노내 취입 또는 공기 예열에 사용하는 경우 등에는 그 양을 측정하여 급수량에서 뺀다.
(3) 재열기 입구 증기량은 주증기량에서 증기 터빈의 그랜드 증기량 및 추기 증기량을 빼서 구한다.
(4) 과열기와 재열기 출구 증기량은 그 입구 증기량에 과열 저감기에서 분사한 스프레이양을 더하여 구한다.

2) 과열 증기 및 재열 증기 온도의 측정

(1) 과열기 출구 온도는 과열기 출구에 근접한 위치에서 측정하지만, 출구에 온도 조절 장치가 있는 경우에는 그 뒤에서 측정한다.
(2) 재열기 출구 온도는 재열기 출구에 근접한 위치에서 측정하지만, 출구에 온도 조절 장치가 있는 경우에는 그 뒤에서 측정한다. 재열기의 경우는 그 입구에서도 측정한다.

3) 증기 압력의 측정

(1) 포화 증기의 압력은 보일러 몸체 또는 그에 상당하는 부분(노통 연관식 보일러의 경우, 동체의 증기부)에서 측정한다.
(2) 과열 증기 및 재열 증기의 압력은 그 온도를 측정하는 위치에서 측정한다.
(3) 압력 취출구와 압력계 사이에 높이의 차가 있는 경우는 연결관 내의 수주에 따라 압력을 보정한다.

4) 포화 증기의 건도 측정

(1) 포화 증기의 건도는 원칙적으로 보일러 몸체 출구에 근접한 위치 또는 그에 상당하는 부분에서 복수 열량계, 스로틀 열량계 등을 사용하여 측정한다.
(2) 건도계의 온도 측정에는 정밀급 열전대 또는 정밀급 저항 온도계, 정밀급 수은 봉상 온도계를 사용하여 측정하고, 교축 열량계의 경우에는 다음에 의해 건도를 환산한다.

$$x = \frac{[(0.46 \times (t_1 - 99.09) + 638.81 - h')]}{\gamma} \times 100$$

여기서, x : 증기 건도[%]
t_1 : 건도 계출구 증기 온도[℃]
h' : 측정압에서의 포화 엔탈피[kcal/kg]
γ : 측정압력에 대한 증발 잠열[kcal/kg]

(3) 증기의 건도 측정이 불가능한 경우 강제 보일러의 건도는 0.98, 주철제 보일러는 0.97로 한다. 이 경우에는 측정이 불가능한 사유를 명기한다.

7. 배기가스(연소가스)

1) 배기가스 온도의 측정

(1) 배기가스 온도는 보일러의 최종 가열기 출구에서 측정한다. 가스 온도는 각 통로 단면의 평균 온도를 구하도록 한다.
(2) 배기가스 중의 수증기 일부가 응축되는 절탄기나 공기 예열기의 경우에는 그 전후에서 온도를 측정한다. 또한 응축이 일어나지 않는 경우에도 필요에 따라 보일러 본체 출구 및 과열기, 재열기, 절탄기 및 공기 예열기의 입구 및 출구에서 온도를 측정한다.

2) 배기가스 성분 분석

(1) 배기가스의 시료 채취 위치는 절탄기 출구(절탄기가 없는 경우에는 보일러 본체 또는 과열기 출구)로 한다. 또한 공기 예열기가 있는 경우에는 그 출구에서도 측정한다. 시료 채취 방법은 일반적으로 KS I 2202에 따른다. 배기 댐퍼의 조절이 가능한 경우에는 조절하여 배기가스 성분 분석을 위한 시료 채취 위치에 음압이 걸리지 않도록 한다.
(2) 배기가스의 성분 분석은 일반적으로 오르자트 가스 분석기, 전기식 또는 기계식 가스 분석기를 사용한다. 가스 분석기는 센서나 시약의 수명관리를 위해 표준가스(Standard Gas)로 교정하여 사용하여야 한다. 교정을 위한 표준 가스는 분석하고자 하는 배기가스의 성분과 유사한 것을 사용하도록 한다.

3) 공기 비 측정

(1) 유류를 연료로 사용하는 보일러에서는 공기 비 측정시 보일러의 공기 비 측정을 위하여 바카라치 Smoke Scale을 기준으로 사용하여 다음 조건시의 배기가스 분석값 중 O_2 농도나 CO_2 농도를 이용하여 공기 비를 계산한다(다만, 다음 조건을 만족하지 못하는 경우에는 그 이유를 명기한다).
  ① 중유 연소 보일러 : 바카라치스모크 No.4 이하
  ② 경유 연소 보일러 : 바카라치스모크 No.3 이하

(2) 유류 연료의 경우, (1)의 바카라치 Smoke Scale을 만족하는 경우에도 배기가스 중 CO 농도가 300ppm 이상인 경우에는 CO 농도 300ppm 이하로 공기 비를 조정하여 배기가스 분석값 중 O_2 농도나 CO_2 농도를 이용하여 공기 비를 계산한다(다만, 이 조건을 만족하지 못하는 경우에는 그 이유를 명기한다).

(3) 가스 보일러의 경우에는 배기가스 중의 CO 농도가 300ppm 이하인 경우의 배기가스 분석값 중 O_2 농도나 CO_2 농도를 이용하여 공기 비를 계산한다.

(4) 공기 비 계산은 배기가스 분석값 중 O_2 농도나 CO_2 농도를 이용하여 다음과 같이 계산한다.

① 배기가스 중의 산소(O_2) 농도에서 계산하는 경우

$$m = \frac{21}{21 - (O_2)}$$

여기서, m : 공기 비
O_2 : 건 배기가스 중의 산소분(체적 %)

② 배기가스 중의 탄산가스(CO_2) 농도에서 계산하는 경우

$$m = \frac{(CO_2)_{\max}}{(CO_2)}$$

여기서, m : 공기 비
$(CO_2)_{\max}$: 건 배기가스 중의 이산화탄소분 최대값(체적 %)
(CO_2) : 건 배기가스 중의 이산화탄소분(체적 %)

> **Reference** 주요연료의 $(CO_2)_{\max}$
>
> - 등유 : 15.13%
> - 경유 : 15.16%
> - B-A유 : 15.6%
> - B-C : 15.7%
> - LNG : 12.0%
> - LPG : 14.5%

4) 배기가스 중의 응축 수량 측정

(1) 배기가스 중의 수증기가 응축하여 다량의 응축수가 배출되는 경우에는 그 응축수의 배출량을 측정한다. 응축수의 측정을 위해 배기가스가 응축되는 부분에 응축수를 모을 수 있는 배관을 설치하여 응축수를 한 곳으로 유도하여 그 양을 측정한다.

(2) 응축수의 온도를 측정한다.

(3) 응축수의 폐하(pH)를 측정한다.

5) 응축형 보일러의 배기가스 습도 측정

(1) 배기가스 중의 수증기가 응축하여 다량의 응축수가 배출되는 경우에는 습도계를 이용하여 최종 열교환기(공기 예열기 또는 절탄기) 출구에서 배기가스 중의 습도(상대 습도 또는 절대 습도)를 측정한다.

(2) 습도계로 배기가스의 상대 습도를 측정한 경우, 절대 습도는 다음과 같이 구한다.

$$z_g = 0.622 \times \frac{\phi P_s}{P - \phi P_s}$$

여기서, z_g : 배기가스의 절대 습도[kg-H$_2$O/kg-gas]
ϕ : 상대 습도[%]
P_s : 배기 온도 t_g ℃에서 수증기의 포화 압력[kPa]

8. 송풍압

필요에 따라 송풍압(정압)을 측정한다. 정압 측정 방법은 KS B 6311에 따른다.

1) 송풍압(정압)의 측정

송풍압은 수주 압력계 등을 사용하여 압입 송풍기 토출구에서 측정한다. 필요에 따라 공기 예열기의 입구 및 출구 또는 버너 윈드박스 등에서도 측정한다.

2) 배기가스의 압력 측정

배기가스의 압력은 수주 압력계 등을 사용하여 최종 가열기를 나온 위치에서 측정한다. 필요에 따라 노내, 보일러 본체 출구, 절탄기, 공기 예열기, 흡출 송풍기의 입구 및 출구에서도 측정한다.

9. 연소 잔재물

액체 연료나 기체 연료의 경우에는 연소 잔재물이 미량이기 때문에 무시할 수 있고, 고체 연료의 경우에는 다음에 따른다.

1) 연소 잔재물의 양 측정

연소 잔재물의 양은 연료의 사용량, 연료 중의 회분 및 연소 잔재물 중 미연소분의 비율로부터 산정한다. 연소 잔재량을 실측할 수 있는 경우는 그에 따른다.

2) 연소 잔재물의 시료 채취 및 미연소분의 측정

연소 잔재물의 시료 채취는 KS E ISO 589에 따른다. 미연소분의 측정은 KS E 3705 : 2001의 6. (회분정량 방법)에 따른다.

3) 연소 잔재물의 온도 측정

연소 잔재물이 다량인 고체 연료의 경우에는 잔재물에 의한 열 손실을 고려할 수 있도록 잔재물의 배출 온도를 측정한다.

10. 소요전력

(1) 소요전력 측정 시 보일러 시스템의 모든 전원이 동일 제어 패널에서 공급된 경우에는 그 제어 패널에 공급되는 전원에 전력계를 설치하여 측정한다.
(2) 보일러 시스템 작동기기의 전원이 별개의 제어 패널에서 공급되는 경우 송풍기, 펌프 등의 모터나 전기히터의 전력을 측정하는 경우에는 전압, 전류, 소요전력을 측정하여 합산한다.

11. 소음 측정

보일러의 소음은 보일러 주위에서 1.5m 떨어진 여러 위치에서 측정하여 최고값을 기록한다.

12. 폐열 보일러의 측정

(1) 폐열 보일러의 경우에는 보일러의 입열량 계산을 위해 유입되는 가스의 유량, 온도, 압력 및 그 조성을 측정한다.
(2) 폐열 보일러에 유입되는 가스를 발생하는 장치에서 가연성 물질을 소각하여 폐가스가 발생하는 경우 그 가연성 물질의 원소 분석 또는 성분 분석을 실시하고, 그 분석값을 이용하여 연소 반응식에 의해 가스량과 가스 조성을 계산할 수 있다.

1) 가스 유량 측정

(1) 가스 유량 측정 방법은 KS B 6311의 유량 측정법에 따른다.
(2) 표준 상태로의 용적 유량 환산은 다음에 따른다. 측정값을 압력·온도에 따라 표준상태(0℃, 101.3kPa)로 환산한다.

$$V_0 = V \times \frac{P}{P_0} \times \frac{T_0}{T}$$

여기서, V_0 : 표준 상태에서 가스량[Nm³]
V : 측정 조건에서 가스량[m³]
P : 가스의 압력([kPa], [mmHg], [mbar] 등)
P_0 : 표준 상태의 압력(101.3kPa, 760mmHg, 1,013mbar 등)
T : 가스의 절대 온도[K]
T_0 : 표준 상태의 절대 온도(273K)

2) 가스 온도 측정

가스 온도 측정은 보일러 입구와 출구로부터 가까운 위치에서 측정한다. 온도 측정 위치의 단면에서 온도 구배가 있는 경우에는 온도 측정값이 단면 평균 온도가 되도록 여러 점에서 측정하여 평균한다.

3) 가스 조성의 측정

가스 조성은 가스 크로마토그래프와 같은 가스 분석기를 사용하여 가스의 조성을 측정한다. 다만, 폐열 발생원에서 계산(예를 들면, 연소 계산)에 의해 유입 가스의 조성을 명확하게 알 수 있는 경우에는 그 계산 결과를 가스조성으로 사용할 수 있다.

13. 측정 시간 간격

연료 시료의 채취, 증기, 공기, 배기가스의 압력 및 온도 등의 측정은 기록식 계기를 사용하는 경우 이외에는 각각 일정 시간 간격마다 한다. 그 중요한 보기를 표시하면 다음과 같다.

(1) **석탄의 시료 채취** : 시험 시간 중 가능한 한 횟수를 많이 한다(KS E ISO 589 참조).
(2) **액체, 기체 연료의 시료 채취 및 증기의 건도 측정** : 시험 시간 중 2회 이상
(3) **증기 압력 및 온도와 급수 온도** : 10~30분마다
(4) **급수 유량 및 연료 사용량** : 5~10분마다
(5) **공기, 배기가스 등의 압력 및 온도** : 15~30분마다
(6) **배기가스의 시료 채취** : 30분마다(수동식 급탄 연소의 경우에는 되도록 횟수를 많이 한다.)

SECTION 03 시험 준비 및 운전상 주의

1. 보일러의 상태 검사 및 보수

보일러는 미리 각 부분을 검사하여 증기 및 물의 누설(특히 블로 밸브에서의 누설)이 없도록 정비하고, 내화재, 보온재, 그 밖의 파손이 있으면 보수하여 둔다. 내부 및 외부의 오염 상황 또는 관리 상황(시험 전의 청소 기일, 청소 방법, 청소 후의 운전 상황 및 운전 시간, 보수 상황 등)을 기록한다.

2. 보조 기기류의 정비

운전 장치, 연료 공급 장치, 회 처리 장치, 통풍 장치, 급수 장치, 수면계, 자동제어장치, 그 밖의 보조 기기, 계기류의 기능을 미리 점검 조정하여 시험 중에 고장이 생기지 않도록 정비한다.

3. 측정 기구의 정비

필요한 계기류는 미리 검사하고, 정확히 교정하여 소정의 위치에 배치한다. 급수 및 연료의 측정 기구에 바이패스가 있는 경우는 그 곳에 누설이 없는가를 확인한다.

4. 보일러 운전 상황의 조정

보일러를 미리 소기의 운전상태로 조정하고, 보일러의 종류에 따라 적당한 시간 중(일반적으로는 1시간 이상) 그 상태를 지속하여 양호한 운전 상황이 지속될 수 있는지 확인한 다음에 본시험을 하도록 한다.

5. 측정원의 배치

측정원은 미리 부서를 정하여 배치하고, 가능한 한 본 시험 전의 준비 운전에서 훈련하고, 시험 개시와 동시에 즉시 정확한 측정을 할 수 있도록 하여야 한다.

6. 블로다운, 그을음 불어내기, 급수 시료 채취 등

블로다운, 그을음 불어내기 및 급수보일러수, 발생 증기의 시료 채취 등은 시험 개시 전에 하고, 본 시험 중에는 하지 않도록 한다.

7. 측정값의 변동

발생 증기량, 압력 및 온도의 변동은 다음 범위를 넘지 않도록 한다. 다음 범위를 초과한 경우는 그 상황을 측정 결과의 비고란에 기입한다.

(1) **발생 증기량의 변동** : 평균값의 ±10%
(2) **증기 압력 및 온도의 변동** : 평균값의 ±6 %

8. 시험 조건이 계속 변화하는 보일러의 시험

(1) 측정 결과의 정밀도를 유지하기 위하여 급수량과 증기 배출량을 조절하여 증발량과 연료의 공급량이 일정한 상태에서 시험을 실시하도록 최대한 노력하고, 급수량과 연료 공급량의 변동이 불가피한 경우에는 가능한 한 그 변동량이 작은 상태에서 시험을 한다.
(2) 급수량과 연소량은 비교적 일정한 경우에도 증기의 응축수를 회수하는 난방용 증기 보일러 시스템과 같이 운전이 간헐적이고 운전 시간이 짧으면서도 응축수 회수에 의해 급수 온도가 계속적으로 변화하는 보일러의 시험 시에는 Data Logging System이나 기록식 계기를 사용하여 각부 온도의 시간 평균값을 구하여 사용한다. 이 경우, 평균값을 계산할 때는 운전 초기의 측정값과 운전 종료 직전의 측정값은 버리도록 한다.
(3) 회분식 소각로와 함께 설치되는 폐열 보일러와 같이 입열량이 주기적으로 크게 변화하는 경우에는 1회분 전 기간에 걸쳐 누적값을 사용하여 성능 평가를 실시한다.

9. 간접 가열식 보일러의 시험

진공식 온수 보일러, 대기 개방형 온수 보일러, 중탕형 온수 보일러 등과 같이 연소 가스에 의해 열매를 가열하고, 그 열매와 급수와의 열교환에 의해 온수를 발생하는 간접 가열식 보일러의 경우에는 열매가 보유하고 있는 열량이 비교적 크기 때문에 온수 발생량, 연소량, 순환 수량을 조절하여 버너와 순환 펌프가 단속적으로 운전되지 않는 상태, 즉 연속 운전상태에서 시험을 실시한다.

출제예상문제

01 1BHP(보일러마력)를 옳게 설명한 것은?

① 0℃의 물 539kg을 1시간에 100℃의 증기로 바꿀 수 있는 능력이다.
② 100℃의 물 539kg을 1시간에 같은 온도의 증기로 바꿀 수 있는 능력이다.
③ 100℃의 물 15.65kg을 1시간에 같은 온도의 증기로 바꿀 수 있는 능력이다.
④ 0℃의 물 15.65kg을 1시간에 100℃의 증기로 바꿀 수 있는 능력이다.

풀이 보일러마력 1마력이란 100℃의 물 15.65kg을 1시간에 같은 온도의 증기로 바꿀 수 있는 능력이다.

02 보일러 증발배수를 구하는 공식으로 옳은 것은?

① $\dfrac{\text{매시 실제증발량}}{\text{매시 연료소모량}}$
② $\dfrac{\text{매시 실제증발량}}{\text{전열면적}}$
③ $\dfrac{\text{매시 실제증발량}}{\text{매시 환산증발량}}$
④ $\dfrac{\text{매시 환산증발량}}{\text{전열면적}}$

풀이 보일러 증발배수 $= \dfrac{\text{매시 실제증발량}}{\text{매시 연료소모량}}$ [kg/kg]

03 보일러의 열손실에 해당되지 않는 것은?

① 배기가스 손실
② 방산열에 의한 손실
③ 연료의 현열에 의한 손실
④ 불완전 연소가스에 의한 손실

풀이 연료의 현열은 입열에 해당된다.
①, ②, ④항은 열손실이다.

04 보일러의 전열효율(%)을 구하는 옳은 식은?

① $\dfrac{\text{증기발생에 이용된 열}}{\text{보일러실에 공급된 열}} \times 100$
② $\dfrac{\text{증기발생에 이용된 열}}{\text{연료 연소 열량}} \times 100$
③ $\dfrac{\text{연료 연소 열량}}{\text{연료의 저위발열량}} \times 100$
④ $\dfrac{\text{연료 연소 열량}}{\text{증기발생에 이용된 열}} \times 100$

풀이 $\eta = \dfrac{\text{증기발생에 이용된 열}}{\text{보일러실에 공급된 열}} \times 100 [\%]$

05 보일러 관련 용어의 단위가 잘못된 것은?

① 급수엔탈피 $-$ kcal/kg
② 전열면적 $-$ m^2
③ 저위발열량 $-$ kcal/kg
④ 보일러 용량 $-$ kcal/m^2

풀이 보일러 용량 : kg/h, ton/h, kcal/h

06 보일러의 연소배기가스를 분석하는 궁극적인 목적은?

① 노내압 조정
② 연소열량 계산
③ 매연농도 산출
④ 연소의 합리화 도모

풀이 연소배기가스를 분석하는 궁극적인 목적은 연소의 합리화 도모이다.

07 증기보일러의 용량을 표시하는 값으로 일반적으로 가장 많이 사용하는 것은?

① 최고사용압력
② 상당증발량
③ 시간당 발열량
④ 시간당 연료사용량

정답 01 ③ 02 ① 03 ③ 04 ① 05 ④ 06 ④ 07 ②

풀이 증기보일러의 용량을 표시하는 값으로 일반적으로 가장 많이 사용하는 것은 상당증발량이다.

08 1보일러마력을 열량으로 환산하면 약 몇 kcal/h인가?

① 15.65kcal/h ② 539kcal/h
③ 10,780kcal/h ④ 8,435kcal/h

풀이 1마력＝상당증발량 15.65kg/h
물의 증발잠열＝539kcal/kg
∴ 15.65×539＝8,435kcal/h

09 보일러 열정산 시 입열항목에 해당되는 것은?

① 연료의 현열 ② 발생증기 흡수열
③ 배기가스 보유열 ④ 미연가스 보유열

풀이 입열
- 연료의 현열
- 공기의 현열
- 연료의 연소열

10 보일러 열정산 시의 기준온도는?

① 상온 ② 실내온도
③ 외기온도 ④ 측정온도

풀이 보일러 열정산 시 기준온도는 외기온도이다.

11 어떤 보일러의 증발량이 2,000kgf/h, 발생증기 엔탈피가 2,772kJ/kg, 급수온도가 60℃일 때 급수엔탈피는 252kJ/kg이다. 이 보일러의 상당증발량은?(단, 증발열은 2,256kJ/kg이다.)

① 2,234kg/h ② 3,125kg/h
③ 4,105kg/h ④ 5,216kg/h

풀이 $Ge = \dfrac{G(h_2 - h_1)}{2,256} = \dfrac{2,000(2,772 - 252)}{2,256}$
$= 2,234$kg/h

12 1보일러마력을 열량으로 환산하면 몇 kg/h인가?

① 1,566 ② 15.65
③ 9,290 ④ 7,500

풀이 보일러 1마력은 상당증발량 15.65kgf/h(8,435 kcal/h)의 용량이다.

13 전열면적 25m²인 입형 연관보일러를 2시간 가동한 결과 2,000kg의 증기가 발생하였다면 이 보일러의 증발률은?

① 1,000kg/m²h ② 160kg/m²h
③ 100kg/m²h ④ 40kg/m²h

풀이 증발율 $= \dfrac{2,000}{2 \times 25} = 40$kg/m²h

14 증기순환열을 구하는 식으로 옳은 것은?

① 연료 1kg의 발생증기량×(증기엔탈피·증반배수)
② 연료 1kg의 발생증기량×(증기엔탈피－급수엔탈피)
③ 연료 1kg의 발생증기량×(증기엔탈피＋증발배수)
④ 연료 1kg의 발생증기량×(증기엔탈피＋급수엔탈피)

풀이 증기순환열
연료 1kg의 발생증기량×(증기엔탈피－급수엔탈피)

정답 08 ④ 09 ① 10 ③ 11 ① 12 ② 13 ④ 14 ②

15 보일러의 열정산에 관한 설명으로 옳은 것은?

① 열정산과 열수지와는 서로 다른 의미를 지니고 있다.
② 열정산 시 연료의 기준발열량은 저위발열량이다.
③ 열정산은 다른 열설비와 무관한 상태에서 행한다.
④ 열정산 시 압력 변동값은 ±15% 이내로 한다.

풀이 열정산은 다른 열설비와 무관한 상태에서 행한다.
㉠ 입열
- 연료의 연소열
- 공기의 현열
- 연료의 현열
- 노내 분입증기에 의한 입열

㉡ 출열
- 배기가스 손실열
- 불완전 열손실
- 미연탄소분에 의한 열손실
- 방사 열손실
- 노내 분입증기에 의한 손실열

16 어떤 보일러의 증발량이 3,000kgf/h, 증기의 엔탈피가 2,814kJ/kg, 급수의 엔탈피가 84kJ/kg, 연료사용량이 200kgf/h이였다. 증발배수(kg/kg)는 얼마인가?

① 1.2
② 3.25
③ 15
④ 3,617

풀이 증발배수 = $\dfrac{증기량}{연료량} = \dfrac{3,000}{200} = 15\text{kg/kg}$

17 보일러 본체 전열면적 1m²에서의 상당증발량은?

① 전열면 상당증발률
② 전열면 출력
③ 상당면 효율
④ 상당증발 효율

풀이 전열면의 상당증발률 : kg/m²h

18 급수온도 26℃의 물을 공급받아 엔탈피 2,793kJ/kg인 증기를 5,000kg/h 발생시키는 보일러의 상당증발량은?(급수엔탈피는 109.2kJ/kg이다.)

① 5,948kg/h
② 6,169kg/h
③ 7,100kg/h
④ 4,915kg/h

풀이 상당증발량(Ge) = $\dfrac{G(h_2 - h_1)}{2,256}$
$= \dfrac{5,000(2,793 - 109.2)}{2,256}$
$= 5,948\text{kg/h}$

19 50kW의 전기 온수보일러 용량을 kcal/h로 나타내면?

① 43,000kcal/h
② 48,000kcal/h
③ 50,000kcal/h
④ 81,000kcal/h

풀이 1kW-h = 860kcal
50 × 860 = 43,000kcal/h

20 온도 25℃의 급수를 받아 압력 15kg/cm², 온도 300℃의 증기를 1시간당 10,780kg 발생하는 경우의 상당증발량은?(단, 발생증기의 엔탈피는 725kcal/kg이다.)

① 14,000kg/h
② 9,236.6kg/h
③ 645.7kg/h
④ 16,141kg/h

풀이 $Ge = \dfrac{G(h_2 - h_1)}{539} = \dfrac{10,780(725 - 25)}{539}$
$= 14,000\text{kg/h}$

정답 15 ③ 16 ③ 17 ① 18 ① 19 ① 20 ①

21 매시간 1,500kg의 연료를 연소시켜서 시간당 10,000kg의 증기를 발생시키는 보일러의 효율은 약 몇 %인가?(단, 연료의 발열량은 6,000kcal/kg, 발생증기의 엔탈피는 742kcal/kg, 급수의 엔탈피는 20kcal/kg이다.)

① 86% ② 80%
③ 78% ④ 66%

풀이 효율 = $\dfrac{\text{유효열}}{\text{공급열}} \times 100$

$= \dfrac{10,000(742-20)}{1,500 \times 6,000} \times 100 = 80\%$

22 보일러 열손실 종류 중 일반적으로 손실량이 가장 큰 것은?

① 배기가스에 의한 열손실
② 미연소 연료분에 의한 열손실
③ 복사 및 전도에 의한 열손실
④ 불완전연소에 의한 열손실

풀이 보일러 열손실 중에서 배기가스에 의한 열손실이 16~20%로 가장 크다.

23 보일러의 상당증발량을 구하는 옳은 식은? (단, h_1 : 급수엔탈피, h_2 : 발생증기 엔탈피)

① 상당증발량 = 실제증발량 $\times (h_2 - h_1)/2,257$
② 상당증발량 = 실제증발량 $\times (h_1 - h_2)/2,257$
③ 상당증발량 = 실제증발량 $\times (h_2 - h_1)/2,684$
④ 상당증발량 = 실제증발량/539

풀이 상당증발량 = 실제증발량 $\times \dfrac{(h_2 - h_1)}{2,257}$

24 보일러의 효율을 옳게 설명한 것은?

① 증기발생에 이용된 열량과 보일러에 공급한 연료가 완전연소할 때의 열량과의 비
② 증기발생에 이용된 열량과 연소실에서 발생한 열량과의 비
③ 연소실에서 발생한 열량과 보일러에 공급한 연료가 완전연소할 때의 열량과의 비
④ 연료의 연소 열량과 배기가스 열량과의 비

풀이 효율 = $\dfrac{\text{증기발생에 이용된 열량}}{\text{공급 연료의 완전연소 열량}} \times 100\%$

25 증기보일러 용량표시방법으로 일반적으로 가장 많이 사용되는 것은?

① 전열면적[m²]   ② 상당증발량[ton/h]
③ 보일러 마력   ④ 매시 발열량[kcal/h]

풀이 증기보일러 용량표시 : 상당증발량[ton/h]

26 어떤 보일러의 실제증발량이 3,500kg/h, 증기의 엔탈피가 670kcal/kg, 급수의 엔탈피가 20kcal/kg, 연료사용량이 200kg/h이었다. 증발배수 kg/kg는 얼마인가?

① 1.2   ② 3.25
③ 17.5   ④ 3,617

풀이
• 상당증발배수 = $\dfrac{\text{상당증발량}}{\text{연료소비량}}$

$= \dfrac{3,500(670-20)}{539} = \dfrac{4,220}{200}$

$= 21\text{kg/kg}$

• 증발배수 = $\dfrac{\text{실제 증기발생량}}{\text{연료소비량}} = \dfrac{3,500}{200}$

$= 17.5\text{kg/kg}$

27 보일러 열정산 시 입열 항목에 해당되는 것은?

① 발생증기의 보유열
② 배기가스의 보유열량
③ 노내 분입증기의 보유열량
④ 재의 현열

정답 21 ② 22 ① 23 ① 24 ① 25 ② 26 ③ 27 ③

풀이 입열항목
- 연료의 연소열
- 연료의 현열
- 공기의 현열
- 노내 분입증기의 보유열량

28 1보일러마력이란, 1시간에 100℃의 물 몇 kg을 전부 증기로 만들 수 있는 능력을 말하는가?

① 13.65kg ② 14.65kg
③ 15.65kg ④ 17.65kg

풀이 보일러 1마력이란 1시간에 100℃의 물 15.65kg을 100℃의 증기로 만드는 능력이다.

29 보일러 상당증발량을 옳게 설명한 것은?

① 일정온도의 보일러수가 최종의 증발상태에서 증기가 되었을 때의 중량
② 시간당 증발된 보일러수의 중량
③ 보일러에서 단위시간에 발생하는 증기 또는 온수의 보유열량
④ 시간당 실제증발량이 흡수한 전열량을, 온도 100℃의 포화수를 100℃의 증기로 바꿀 때의 열량으로 나눈 값

풀이 상당증발량은 시간당 실제증발량이 흡수한 열량을 온도 100℃의 포화수를 100℃의 증기로 바꿀 때의 열량(539kcal/kg)으로 나눈 값

30 어떤 보일러의 연소효율이 92%, 전열면 효율이 85%이면 보일러 효율은?

① 73.2% ② 74.8%
③ 78.2% ④ 82.8%

풀이 효율 = 연소효율 × 전열효율
= 0.92 × 0.85 = 0.782
∴ 78.2%

31 수소 13%, 수분 0.5%가 포함되어 있는 어떤 중유의 고위발열량이 40,740kJ/kg이다. 이 중유의 저위발열량은?

① 37,788kJ/kg
② 37,800kJ/kg
③ 39,165kJ/kg
④ 40,530kJ/kg

풀이 $Hl = Hh - 2,512 \times (9 \times H + W)$
$= 40,740 - 2,512 \times (9 \times 0.13 + 0.005)$
$= 37,788 kJ/kg$
※ $13/100 = 0.13$ $0.5/100 = 0.005$

32 500kg의 물을 20℃에서 84℃로 가열하는데 40,000kcal의 열을 공급했을 경우 이 설비의 열효율은?

① 70% ② 75%
③ 80% ④ 85%

풀이 $Q = G \times C_p \times \Delta t = 500 \times 1 \times (84-20)$
$= 32,000 kcal$

∴ 열효율 $= \dfrac{가열량}{공급열} \times 100$

$= \dfrac{32,000}{40,000} \times 100 = 80\%$

33 보온하기 전에 손실되는 열량이 600W/h인 증기관을 보온한 후 손실열량을 측정하였더니 열손실이 100W/h이었다. 이 보온재의 보온효율은?

① 80.3% ② 83.3%
③ 86.3% ④ 89.3%

풀이 $\eta = \dfrac{Q_o - Q}{Q_o}$

$= \dfrac{600 - 100}{600} \times 100 = 83.3\%$

정답 28 ③ 29 ④ 30 ③ 31 ① 32 ③ 33 ②

34 매시간당 1,000kg의 연료를 연소시켜 10,200kgf/h의 증기를 발생시키는 보일러의 효율은 몇 %인가?(단, 연료의 저위발열량 40,950kJ/kg, 발생증기엔탈피 3,108kJ/kg, 급수엔탈피 84kJ/kg)

① 82.1   ② 75.3
③ 79.7   ④ 72.3

풀이 효율 = $\dfrac{\text{유효율}}{\text{공급열}} \times 100$

$= \dfrac{10,200(3,108-84)}{1,000 \times 40,950} \times 100 = 75.3\%$

35 어떤 보일러의 연료사용량이 20kg$_f$/h이고, 보일러실에 공급된 열량이 170,000kcal/h이라면, 연소효율은?(단, 연료발열량은 9,750kcal/kg이다.)

① 86.4%   ② 87.2%
③ 90.8%   ④ 92.5%

풀이 연소효율 = $\dfrac{\text{공급받은 열}}{\text{연소실 내 공급열}} \times 100\%$

$= \dfrac{170,000}{20 \times 9,750} \times 100 = 87.2\%$

36 보일러 열정산 시 원칙적인 시험부하는?

① 1/2 부하   ② 정격부하
③ 1/3 부하   ④ 2배 부하

풀이 보일러 열정산 시 시험부하는 정격부하에서 시험한다.

37 보일러 열정산 시 입열항목에 해당되는 것은?

① 발생증기의 보유열량
② 배기가스의 보유열량
③ 공기의 현열
④ 재의 현열

풀이 열정산 시 입열항목
 • 연료의 연소열
 • 공기의 현열
 • 연료의 현열
 • 노내 분입증기의 보유열량

38 전열면적이 25m²인 연관보일러를 4시간 가동시킨 결과 8,000kg의 증기가 발생하였다면 이 보일러의 증발률은?

① 30kg/m²h   ② 40kg/m²h
③ 60kg/m²h   ④ 80kg/m²h

풀이 전열면의 증발률
$= \dfrac{\text{시간당 증기발생량}}{\text{전열면적}}[\text{kg/m}^2\text{h}]$

시간당 증기발생량 $= \dfrac{8,000\text{kg}}{4\text{시간}} = 2,000\text{kg/h}$

$\therefore \dfrac{2,000}{25} = 80\text{kg/m}^2\text{h}$

39 보일러의 연소배기가스를 분석하는 궁극적인 목적은?

① 노내압 조정   ② 연소열량 계산
③ 매연농도 산출   ④ 공기비 산출

풀이 연소배기가스의 분석 목적
연소의 합리화 도모 및 공기비 산출

40 어떤 보일러의 증발량이 40t/h이고 보일러 본체의 전열면적이 580m²일 때 이 보일러의 증발률은?

① 69kg/m²h   ② 57kg/m²h
③ 44kg/m²h   ④ 14.5kg/m²h

풀이 40t/h = 40,000kg/h,

증발률 $= \dfrac{We}{sb} = \dfrac{40,000}{580} = 69\text{kg/m}^2\text{h}$

정답 34 ② 35 ② 36 ② 37 ③ 38 ④ 39 ④ 40 ①

41 1보일러 마력을 열량으로 환산하면 약 몇 kcal/h인가?

① 15.65kcal/h ② 539kcal/h
③ 10,780kcal/h ④ 8,435kcal/h

풀이 보일러 1마력=상당증발량 15.65kg/h
∴ 15.65×539=8,435kcal/h

42 1보일러 마력을 시간당 상당증발량으로 환산하면?

① 15.65kcal/h ② 15.65kg$_f$/h
③ 9,290kcal/h ④ 7,500kcal/h

풀이 보일러 1마력=상당증발량 15.65kg$_f$/h
∴ 15.65kg$_f$/h×539kcal/kg=8,435kcal/h
※ 8,435kcal/h×4.186kJ/kcal/3,600kJ/kWh
=9.81kW

43 보일러 열정산의 조건과 관련된 설명으로 틀린 것은?

① 기준온도는 시험 시의 외기온도를 기준으로 한다.
② 보일러의 정상 조업상태에서 적어도 2시간 이상의 운전 결과에 따른다.
③ 시험부하는 원칙적으로 최대부하로 한다.
④ 시험은 시험 보일러를 다른 보일러와 무관한 상태로 한다.

풀이 보일러 열정산 시 시험부하는 2시간 이상의 운전결과에 따라 정격부하로 시험한다. 기준온도는 외기온도가 기준이며 시험은 다른 보일러와 무관한 상태로 한다.

44 어떤 보일러의 전열면 증발률이 100kg$_f$/m²h이고, 증발량이 5,000kg/h일 때 전열면적은?

① 25m² ② 50m²
③ 100m² ④ 125m²

풀이 $100 = \dfrac{5,000}{x}$ → 전열면적$(x) = \dfrac{5,000}{100} = 50m^2$

45 보일러의 열손실에 해당되지 않는 것은?

① 배기가스 손실
② 방산열에 의한 손실
③ 연료의 현열에 의한 손실
④ 불완전 연소가스에 의한 손실

풀이 연료의 현열은 열손실이 아니고 입열에 속한다.

46 효율이 85%인 보일러를 발열량 9,800kcal/kg의 연료를 200kg 연소시키는 경우의 손실열량은?

① 320,000kcal ② 32,000kcal
③ 294,000kcal ④ 14,700kcal

풀이 효율이 85%이면 손실은 15%
∴ 200×9,800(1-0.85)=294,000kcal

47 보일러 증발계수를 옳게 설명한 것은?

① 실제증발량은 539로 나눈 값이다.
② 상당증발량을 실제증발량으로 나눈 값이다.
③ 상당증발량을 539로 나눈 값이다.
④ 실제증발량을 상당증발량으로 나눈 값이다.

풀이 증발계수(증발력) = $\dfrac{상당증발량}{실제증발량}$

48 보일러의 열손실에 해당되지 않는 것은?

① 불완전연소에 의한 손실
② 미연소 연료에 의한 손실
③ 배기가스에 의한 손실
④ 연료의 연소열

풀이 보일러의 열손실은 ①, ②, ③이며 연료의 연소열은 입열이다.

정답 41 ④ 42 ② 43 ③ 44 ② 45 ③ 46 ③ 47 ② 48 ④

49 효율 80%인 장치로 400kg의 물을 30℃에서 100℃로 가열할 때 필요한 열량은?

① 12,000kcal
② 22,400kcal
③ 28,000kcal
④ 35,000kcal

풀이 $Q = 400 \times 1 \times (100 - 30) = 28,000$ kcal

∴ 가열에 필요한 열량 $= \dfrac{28,000}{0.8} = 35,000$ kcal

---

50 코니시 보일러의 노통 길이가 4,500mm이고, 외경이 3,000mm, 두께가 10mm일 때 전열면적은?

① 54.0m²
② 42.7m²
③ 42.4m²
④ 42.4m²

풀이
- 연관 : $sb = \pi DLN$
- 코니시 보일러 : 전열면적$(sb) = \pi DL$
  $= 3.14 \times 3 \times 4.5$
  $= 42.4 \text{m}^2$

---

51 1보일러마력을 상당증발량으로 환산하면?

① 15.65kg$_f$/h
② 27.56kg$_f$/h
③ 52.25kg$_f$/h
④ 539.0kg$_f$/h

풀이 보일러 1마력 : 상당증발량 15.65kg$_f$/h

---

52 보일러의 용량을 나타내는 것으로 부적합한 것은?

① 상당증발량
② 보일러마력
③ 전열면적
④ 연료사용량

풀이 보일러 용량 표시
- 상당증발량
- 보일러마력
- 전열면적

---

53 발열량 6,000kcal/kg인 연료 80kg을 연소시켰을 때 실제로 보일러에 흡수된 유효열량이 408,000kcal이면, 이 보일러의 효율은?

① 70%
② 75%
③ 80%
④ 85%

풀이 효율$(\eta) = \dfrac{408,000}{80 \times 6,000} \times 100 = 85\%$

---

54 어떤 보일러의 급수온도가 60℃, 증발량이 1시간당 2,500kg, 증기압력 7kg$_f$/cm²일 때 상당증발량은 몇 kg/h인가?(단, 발생증기 엔탈피는 660kcal/kg이다.)

① 2,782
② 2,960
③ 3,265
④ 3,415

풀이 상당증발량

$= \dfrac{\text{시간당 증기발생량}(\text{발생증기엔탈피} - \text{급수엔탈피})}{539}$

$= \dfrac{2,500 \times (660 - 60)}{539} = 2,782.93$ kg/h

---

55 보일러의 열손실에 해당하는 것은?

① 연료의 완전연소에 의한 손실열량
② 과잉공기에 의한 손실열량
③ 보일러 전열면에 전달된 열량
④ 연료의 현열에 의한 손실열량

풀이 보일러 열손실
- 과잉공기에 의한 손실열
- 배기가스에 의한 손실열
- 방사열에 의한 열손실
- 미연탄소분에 의한 손실열

56 보일러 본체 전열면적이 200m²이고 증발률이 40kg/m²h인 보일러의 증발량은 몇 ton/h인가?

① 20　　　　② 8
③ 40　　　　④ 240

풀이 증기량 = 전열면적 × 증발률
　　　　 = 200 × 40
　　　　 = 8,000kg/h = 8ton/h

57 어떤 보일러의 3시간 동안 증발량이 4,500kg이고, 그 때의 증기압력이 9kg$_f$/cm²이며, 급수온도가 25℃, 증기엔탈피가 680kcal/kg이라면 상당증발량은?

① 551kg/h　　　　② 1,684kg/h
③ 1,823kg/h　　　④ 5,051kg/h

풀이 상당증발량 = $\dfrac{\dfrac{4,500}{3} \times (680-25)}{539}$ = 1,823kg/h

58 어떤 연관보일러에서 안지름이 140mm이고, 길이가 8m인 연관이 40개 설치된 경우 연관의 총 전열면적은?

① 65m²　　　　② 83m²
③ 151m²　　　　④ 141m²

풀이 연관의 전열면적(Sb) = πDLN
　　　　 = 3.14 × 0.14 × 8 × 40
　　　　 = 141m²

59 급수의 엔탈피 20kcal/kg, 증기의 엔탈피 650kcal/kg, 증발량이 1,000kg/h, 연료소모량이 75kg/h인 보일러의 효율은?(단, 연료의 저발열량은 10,000kcal/kg이다.)

① 76.4%　　　　② 84.0%
③ 81.5%　　　　④ 88.1%

풀이 보일러효율(η) = $\dfrac{G(h_2 - h_1)}{Gf \times Hl} \times 100$
　　　　 = $\dfrac{1,000 \times (650-20)}{75 \times 10,000} \times 100$
　　　　 = 84.0%

60 보일러의 열손실에 해당되지 않는 것은?

① 불완전연소에 의한 손실
② 미연소 연료에 의한 손실
③ 배기가스에 의한 손실
④ 연료의 현열에 의한 손실

풀이 연료의 현열, 공기의 현열, 연료의 연소열 등은 열정산 시 입열에 속한다.

61 보일러 연소실 열부하 단위는?

① kcal/m³h　　　　② kcal/m²h
③ kcal/h　　　　　 ④ kcal/kg

풀이 연소실 열부하율 단위 : kcal/m³h

62 보일러 관련 계산식 중 잘못된 것은?

① 증발계수 = (발생증기의 엔탈피 − 급수의 엔탈피)/539
② 보일러 마력 = 실제증발량/539
③ 보일러 효율 = 연소효율 × 전열효율
④ 화격자 연소율 = 매시간 석탄 소비량/화격자 면적

풀이 보일러마력 = $\dfrac{상당증발량}{15.65}$

63 어떤 보일러의 증발량이 50t/h이고 보일러 본체의 전열면적이 250m²일 때 이 보일러의 증발률은?

① 20kg/m²h　　　　② 50kg/m²h
③ 500kg/m²h　　　 ④ 200kg/m²h

정답 56 ②　57 ③　58 ④　59 ②　60 ④　61 ①　62 ②　63 ④

[풀이] 증발율 = $\dfrac{50 \times 1,000}{250}$ = 200kg/m²h

64 보일러 열효율을 계산하는 식으로 옳은 것은?

① $\dfrac{공급열량 - 손실열량}{공급열량} \times 100\%$

② $\dfrac{공급열량}{유효열량} \times 100\%$

③ $\dfrac{유효열량 - 손실열량}{유효열량} \times 100\%$

④ $\dfrac{유효열량 - 손실열량}{공급열량} \times 100\%$

[풀이] 열효율 = $\dfrac{공급열량 - 손실열량}{공급열량} \times 100\%$

65 증기보일러의 상당증발량 계산식으로 옳은 것은?(단, G : 실제증발량[kg/h], i_1 : 급수의 엔탈피[kJ/kg], i_2 : 발생증기의 엔탈피[kJ/kg])

① $G(i_2 - i_1)$
② $539 \times G(i_2 - i_1)$
③ $G(i_2 - i_1)/2,257$
④ $639 \times G/(i_2 - i_1)$

[풀이] 상당증발량
= $\dfrac{실제증발량 \times (발생증기\ 엔탈피 - 급수의\ 엔탈피)}{2,257}$ [kg/h]

66 보일러의 열손실에 해당되지 않는 것은?

① 불완전연소에 의한 손실
② 미연소 연료에 의한 손실
③ 과잉공기에 의한 손실
④ 연료의 현열에 의한 손실

[풀이] 연료나 공기의 현열은 열정산 시 입열에 해당된다.

67 어떤 보일러의 증발률이 100kg/m²h이고, 증발량이 6,000kg/h일 때 전열면적은?

① 25m²
② 60m²
③ 100m²
④ 125m²

[풀이] 전열면적 = $\dfrac{증기발생량[kg/h]}{전열면의\ 증발률[kg/m^2h]}$
= $\dfrac{6,000}{100}$ = 60m²

68 일반적으로 증기보일러의 출력(능력)을 나타내는 단위는?

① 상당증발량[kg$_f$/h]
② 연소율[kcal/m²h]
③ 엔탈피[kcal/kg]
④ 연료의 소비량[kg$_f$/h]

[풀이] 보일러의 능력 : 상당증발량[kg$_f$/h]

69 온수보일러의 일반적인 용량 표시방법은?

① 전열면 1m²에서 1시간에 가열시키는 물의 양
② 연소실 용적 1m³에서 발생하는 열량
③ 전열면 1m²에서 물에 전달하는 열량
④ 1시간에 물에 전달하는 열량[kcal/h]

[풀이] 온수보일러 용량 : 정격출력[kcal/h]

70 발열량 6,000kcal/kg인 연료 80kg을 연소시켰을 때 실제로 보일러에 흡수된 열량이 384,000 kcal이면, 이 보일러의 효율은?

① 65%
② 70%
③ 75%
④ 80%

[풀이] 보일러효율 = $\dfrac{384,000}{80 \times 6,000} \times 100 = 80\%$

정답 64 ① 65 ③ 66 ④ 67 ② 68 ① 69 ④ 70 ④

71 보일러마력을 열량으로 환산하면 몇 kcal/h인가?

① 15.65kcal/h ② 8,435kcal/h
③ 9,290kcal/h ④ 7,500kcal/h

풀이 1마력＝상당증발량 15.65kg/h
증발잠열＝539kcal/kg
∴ 15.65×539＝8,435kcal/h

72 온수보일러의 출력 15,000kcal/h, 보일러 효율 90%, 연료의 발열량이 10,000kcal/kg일 때 연료소모량은?(단, 연료의 비중량은 0.9kg/L이다.)

① 1.26L/h ② 1.67L/h
③ 1.85L/h ④ 2.21L/h

풀이 연료소모량 $= \dfrac{15,000}{10,000 \times 0.9 \times 0.9} = 1.85 \text{L/h}$

73 전열면적에 대한 설명 중 옳은 것은?
① 한쪽에 물이 닿고 다른 한쪽은 배기가스가 닿는 면적
② 한쪽에 물이 닿고 다른 한쪽은 공기가 닿는 면적
③ 한쪽에 공기가 닿고 다른 한쪽은 연소가스가 닿는 면적
④ 한쪽에 연소가스가 닿고 다른 한쪽은 물이 닿는 면적

풀이 보일러 전열면적이란 한쪽에 연소가스가 닿고 다른 한쪽은 물이 닿는 면적이다.

74 보일러의 열정산 시 입열사항은?
① 불완전연소에 의한 손실
② 미연소 연료에 의한 손실
③ 배기가스에 의한 손실
④ 연료의 현열

풀이 입열사항
- 연료의 현열
- 공기의 현열
- 연료의 연소열

75 보일러 열정산은 정상 조업상태에서 몇 시간 이상의 운전 결과에 따르는가?
① 10분 ② 20분
③ 30분 ④ 2시간

풀이 보일러 열정산 시 정상 조업상태에서 2시간 이상의 운전결과에 따라 효율을 측정하고 입열, 출열을 계산한다.

76 보일러 효율을 구하는 옳은 식은?
① 연소효율/전열효율
② 전열효율/연소효율
③ 증발량/연소효율
④ 연소효율×전열효율

풀이 보일러 열효율＝연소효율×전열면의 효율

77 보일러 열정산을 하는 목적과 관계없는 것은?
① 연료의 열량계산
② 열의 손실파악
③ 열설비 성능파악
④ 조업방법 개선

풀이 열정산의 목적
- 열의 손실파악
- 열설비 성능파악
- 조업방법 개선

정답 71 ② 72 ③ 73 ④ 74 ④ 75 ④ 76 ④ 77 ①

PART 04 열역학 및 연소관리

INDUSTRIAL ENGINEER ENERGY MANAGEMENT

CHAPTER 01 열역학의 기본사항
CHAPTER 02 열역학의 법칙
CHAPTER 03 내연기관 사이클
CHAPTER 04 증기 및 냉동 사이클
CHAPTER 05 연소공학
CHAPTER 06 연소장치와 가스 폭발

CHAPTER 001 열역학의 기본사항

SECTION 01 열역학의 정의

열역학(Thermodynamics)은 자연과학의 중요한 부분을 차지하며 에너지와 이들 사이의 변환 및 물질의 성질과의 관계를 조사하는 과목으로서, 기계분야에 응용하여 열적인 성질이나 작용 등에 관해 조사하는 학문을 공업열역학(Engineering Thermodynamics)이라 하고 화학적 변화에 대한 것은 화학열역학(Chemical Thermodynamics)에서 다룬다.

즉, 공업열역학은 각종 열기관(Heat Engine) 즉 내연기관(Internal Combustion Engine)이나 증기원동소(Steam Power Plant)과 가스터빈(Gas Turbine), 공기압축기(Air Compressor), 송풍기(Blower) 및 냉동기(Refrigerator) 등을 배우는 데 있어서 기초적인 이론지식과 공업열역학과 열 전달의 개념을 익히는 데 그 기본을 두는 학문이다.

즉, 어떤 물질이 한 형태에서 다른 형태로 변화할 때 그 변화가 열에 의한 것이라면 열역학과 열전달의 범위에 속하며, 상태변화 전후의 일어난 상황을 조사하는 학문을 열역학, 종료 사이의 일을 조사하는 것을 열전달이라 한다.

여기서 상태변화 전과 후란 열적평형을 이룬 상태를 말한다.

일반적으로 물질을 분자 및 원자의 집합체로 고려하여 미소입자의 운동을 통계적으로 전개하는 미시적 방법과 온도, 압력, 체적 등을 계측기를 이용해 직접 측정가능한 양을 대상으로 하는 거시적 방법으로 구분되며 수식 전개에서 편미분을 이용하는 진보된 방법으로 구분된다.

위의 내용을 도표화하면 다음과 같다.

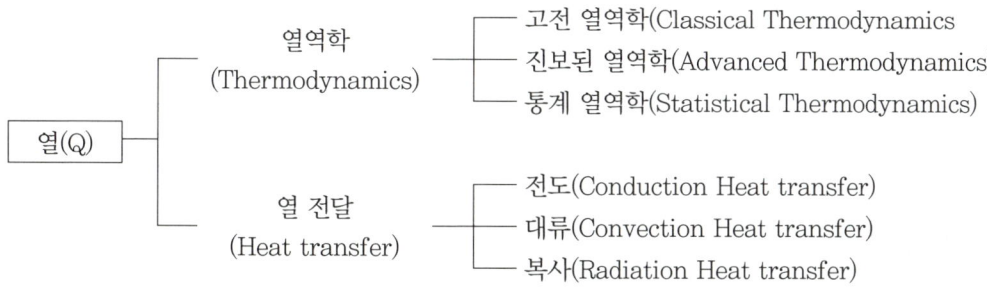

다시 말해서 열역학은 열과 일 및 이들과 관계를 갖는 물질의 열역학적 성질을 다루는 학문이라 정의할 수 있다.

SECTION 02 열의 기본 개념 및 정의

1. 동작물질과 계

열기관에서 열을 일로 또는 일을 열로 전환시킬 때는 반드시 매개물질이 필요한데 주로 열에 의하여 압력이나 체적이 쉽게 변하거나 액화나 증발이 쉽게 일어나는 물질을 동작물질(Working Substance) 또는 작업물질이라고 한다.

열역학에서 대상으로 하는 이들 물질의 한정된 공간을 계(System)라 하고 계의 주위와 계와의 구분을 경계라고 한다.

계의 종류로는 개방계(Open System), 밀폐계(Closed System), 절연계(Isolated System)의 세 가지로 구분되며, 다시 개방계는 정상유와 비정상유로 구분되어 다음과 같다.

1) 절연계(Isolated System)

계의 경계를 통하여 물질이나 에너지의 교환이 없는 계

2) 밀폐계(Closed System)

계의 경계를 통하여 물질의 교환은 없으나 에너지의 교환은 있는 계

3) 개방계(Open System)

계의 경계를 통하여 물질이나 에너지의 교환이 있는 계로 정상류와 비정상류로 구분할 수 있다.

(1) 정상유(Steady State Flow)

과정 간의 계의 열역학적 성질이 시간에 따라 변하지 않는 흐름

(2) 비정상유(Nonsteady State Flow)

과정 간의 계의 열역학적 성질이 시간에 따라 변하는 흐름이다.

2. 열역학적 성질

평형상태에서의 온도, 압력, 체적과 같은 성질들에 의해 정해지는 계를 상태(State)라 하며, 한 상태에서 다른 상태로 변화하는 것을 상태변화라 하고 이 경로를 과정(Process)이라 한다.

한 상태에서 물질의 성질은 특정한 값을 가지며 상태에 도달하기 이전의 경로에는 무관하다. 즉, 성질은 경로에 관계없이 계의 상태에만 관계하는 함수이다.

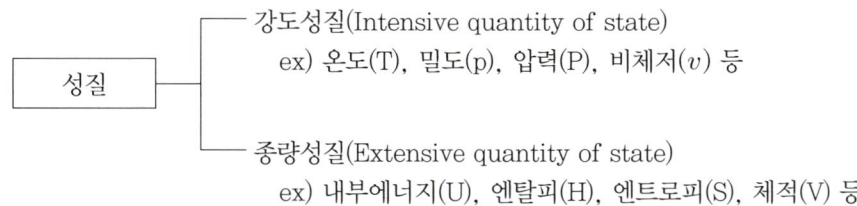

따라서 성질은 강도성질과 종량성질로 구분된다.

3. 과정

어떤 계가 임의의 과정을 지나 다른 상태로 변화할 경우 주위에 아무런 변화도 남기지 않고 이루어지며 그 변화를 반대방향으로도 원래상태로 돌아가는 과정을 가역과정이라 하고 위의 조건이 만족하지 않는 과정을 비가역과정이라 한다. 가역과정은 실제로는 존재하지 않으나 열역학적인 견지에서 비가역 과정에 대응하는 과정으로서 가정하여 받아들이고 있다.

과정의 종류는 다음과 같은 것들이 있다.

(1) **정압과정** : 과정 간의 압력이 일정한 과정

$$\Delta p = 0, \ p_1 = p_2$$

(2) **정적과정** : 과정 간의 체적 또는 비체적이 일정한 과정

$$\Delta v = 0, \ v_1 = v_2$$

(3) **등온과정** : 과정 간의 온도가 일정한 과정

$$\Delta T = 0, \ T_1 = T_2$$

(4) **단열과정(등엔트로피 과정)** : 과정 간의 열량변화가 없는 과정

(5) **폴리트로픽 과정**

다음과 같은 상이한 여러 과정이 일정한 주기로서 이루어지는 것을 사이클(Cycle)이라 하며 사이클은 가역사이클(Reversible Cycle)과 비가역사이클(Irreversible Cycle)로 구분되며 실제 자연현상에서는 가역사이클은 존재하지 않으므로 준평형과정(Guasi-Eguilibrium Process) 또는 준정적과정이라는 가정하에 가역사이클을 해석한다.

4. 단위와 차원

1) 단위

단위계에는 기본단위와 유도단위가 있으며 절대단위제와 공학단위제(중력단위제)로 구분된다.

(1) 기본단위

물리적 현상을 다루는 데 필요한 기본량, 즉 질량 또는 힘, 길이, 시간 등의 단위를 기본단위라고 하며 질량과 힘 중에서 질량을 기본단위로 택하는 경우를 절대 단위제, 힘을 기본단위로 택하는 경우를 중력 단위제 또는 공학 단위제라고 한다.

(2) 유도단위

기본단위를 조합하여 만들어지는 모든 단위, 즉 면적, 속도, 밀도, 에너지 등의 단위는 유도단위이며 절대 단위제에서는 힘의 단위가 유도단위이고 중력 단위제에서는 질량이 유도단위로 된다.

▼ 기본단위와 유도단위

단위제	기본단위	유도단위
중력	kgf, M, S	kgfm, kgf/m² 등
절대	kgm, M, S	N, Nm, N/m² 등

※ 힘은 중력단위제에서는 단위가 kgf로서 기본 단위나 절대 단위제에서는 $N = [kg_m \cdot m/s^2]$이므로 유도단위이다.

(3) 조립단위

단위 사용을 편리하게 하기 위한 접두어

▼ 조립단위

10^{12}	T(Tera)테라	10^{-2}	C(Centi)센티
10^{9}	G(Giga)기가	10^{-3}	M(Milli)밀리
10^{6}	M(Mega)메가	10^{-6}	μ(Micro)마이크로
10^{3}	K(Kilo)킬로	10^{-9}	N(Nano)나노
10^{2}	H(Hecto)헥토	10^{-12}	P(Pico)피코
10^{1}	Da(Deka)데카	10^{-15}	F(Femto)펨토
10^{-1}	D(Deci)데시	10^{-18}	A(Atto)아토

2) 단위계

(1) CGS 단위계

길이, 질량, 시간의 기본단위를 [cm], [gr], [sec]로 하여 물리량의 단위를 유도하는 단위계

(2) MKS 단위계

길이, 질량, 시간의 기본단위를 [m], [kg], [sec]로 하여 물리량의 단위를 유도하는 단위계

3) 차원

모든 물리적 현상은 길이, 시간, 질량 또는 기본량으로서 표시할 수 있는데 이 기본량의 조합을 차원이라고 하며 절대 단위제의 차원을 Mlt, 중력단위제의 차원을 Flt로 표시한다.

(1) MLT계 차원

질량(M), 길이(L), 시간(T)을 기본차원으로 한다.

(2) FLT계 차원

힘(F), 길이(L), 시간(T)을 기본차원으로 한다.

4) 단위와 차원 연습

$$[kg_f] \rightarrow [kg_m \frac{m}{s^2}], \ [F] = [MLT^{-2}]$$

$$[kg_m] \rightarrow [kg_f \frac{s^2}{m}], \ [M] = [FL^{-1}T^2]$$

$$[kg_f/m^2] = [kg_m \frac{m}{s^2}/m^2] \rightarrow \frac{kg_m m}{s^2 m^2}, \ [FL^{-2}] = [ML^{-1}T^{-2}]$$

$$[m^3/kg_m = \frac{m^3}{kg_f} \frac{m}{s^2}], \ [M^{-1}L^3] = [F^{-1}L^4T^{-2}]$$

5. 열평형 및 온도

1) 열평형

분자 운동론에서의 온도는 분자의 운동에너지에 관련한 양으로서 기체 분자의 운동에너지에 비례하는 물질이다.

두 물질의 열 전달이 일어나지 않는다면 두 물질은 서로 열평형상태에 있다고 할 수 있으며, 이것을 열역학 제0법칙(The Zeroth Law Of Thermodynamic)이라 하며 온도계 원리 또는 열평형 법칙이라고 한다.

2) 온도

온도를 표시하는 계측기로 온도계(Thermometer)가 있으며, 섭씨온도[℃], 화씨온도[℉], 절대온도[K], 랭킨온도[°R] 등이 있다.

(1) 섭씨온도[℃]

표준대기압($1.0332kg/cm^2$) 하에서 빙점을 0℃, 비등점을 100℃로 하여 100등분한 눈금

(2) 화씨온도[℉]

빙점을 32℉, 비등점을 212℉로 하여 180등분한 눈금

(3) 절대온도[K]

이론적으로 물체가 도달할 수 있는 최저온도를 기준으로 하여 물의 삼중점(1atm하에서 물, 얼음, 수증기가 평형되어 공존하는 온도)을 273.16K로 정한 온도

$$\frac{[℃]}{100} = \frac{[℉]-32}{180} \qquad [℃] = \frac{5}{9}([℉]-32)$$

$$[K] = [℃] + 273.16$$
$$[°R] = 459.6 + [℉]$$

6. 비중량, 비체적, 밀도 비중

1) 비중량(Specific Weight), [γ]

단위 체적이 갖는 물체의 중량을 비중량이라고 한다.

$$\gamma = \frac{W}{V} = \rho g$$

여기서, W : 유체의 중량, V : 체적

표준기압 4℃의 순수한 물의 비중량은 1,000kgf/m³(9,800N/m³)이다.

2) 밀도(Densite), [ρ]

단위 체적의 물체가 갖는 질량을 밀도라고 한다.

$$\rho = \frac{m}{V}$$

여기서, M : 질량, V : 체적

3) 비체적(Specific Volume), [v_s]

(1) 절대 단위계

단위 질량의 유체가 갖는 질량을 유체가 갖는 체적

$$v_s = \frac{v}{m} = \frac{1}{\rho}$$

(2) 중력 단위계

단위 중량의 유체가 갖는 체적

$$v_s = \frac{V}{W} = \frac{1}{\gamma}$$

물의 비체적은 0.001m³/kg$_m$ = 0.001m³/kg$_f$이다.
즉, 1kg$_m$에 대한 물의 비체적과 1kg$_f$에 대한 물의 비체적은 지구에서는 변화가 없다.

4) 비중(Specific Gravity)

같은 체적을 갖는 4℃의 물을 질량 $[m_w]$ 또는 중량 $[W_w]$에 대한 어떤 물질의 질량 $[M]$ 또는 중량 $[W]$의 비를 말하며, 무차원 수(Dimensionless Number)이다.

$$S = \frac{m}{m_w} = \frac{W}{W_w} = \frac{\rho}{\rho_w} = \frac{\gamma}{\gamma_w}$$

여기서, ρ_w : 물의 밀도, γ_w : 물의 비중량

그러므로 임의 물체의 비중량 및 밀도는

$$\gamma = 9,800S [\text{N}/\text{m}^3]$$
$$\rho = 1,000S ([\text{kg}_m/\text{m}^3] = [\text{NS}^2/\text{m}^4])$$

로 암기하면 편리하다.

7. 에너지와 동력

1) 에너지

일을 할 수 있는 능력으로 표시되며, [kgm(Nm)]이다.

- 위치 에너지 $Gh(mgh)$
- 운동 에너지 $\dfrac{GV^2}{2g}\left(\dfrac{mv^2}{2}\right)$

1kcal=427kgm=4.186kJ
그러므로 열의 단위는 [kcal(kJ)]이며 일의 단위도 [kJ]이므로 열과 일은 에너지단위이다.

2) 동력(Power)

동력은 일(에너지)의 시간에 대한 비율 즉, 단위시간당 일을 동력이라 한다.

1Ps(Pferde Starke)=75kgm/s=735.5W
1HP(Horse Power)=76kgm/s
1kW=1,000W=1,000J/s=102kgm/s
1Psh=632.3kcal
1kWh=860kcal=3,600kJ

8. 압력(P)

압력이란 단위면적당 작용하는 수직 방향의 힘으로 정의된다.

1) 표준 대기압[atm]

$$1[\text{atm}] = 1.0332[\text{kg/cm}^2] = 760[\text{mmHg}] = 10.33[\text{mAq}] = 1.013[\text{bar}] = 14.7[\text{psi}]$$

단, $1[\text{bar}] = 10^5[\text{N/m}^2] = 10^5[\text{Pa}]$

$1[\text{Pa}] = 1[\text{N/m}^2]$

2) 공학 기압[at]

$1[\text{at}] = 1[\text{kg/cm}^2]$

일반적으로 압력의 크기는 완전진공을 기준으로 하는 절대압력(Absolute Pressure)과 국지 대기압을 기준으로 하는 계기압력(Gage Pressure)이 있다.

3) 절대 압력

절대 압력 = 대기압 + 계기압
        = 대기압 − 진공압

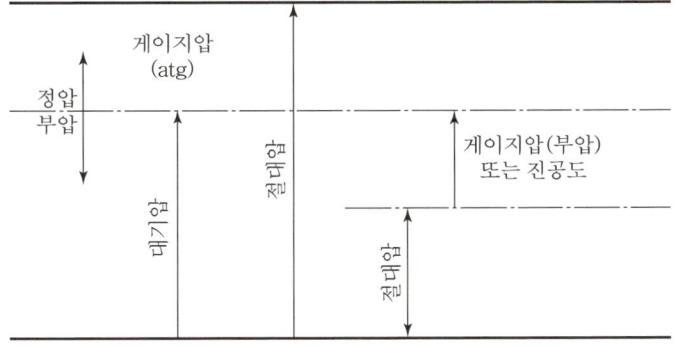

▎절대압력과 게이지 압력과의 관계▎

4) 진공도

$$진공도[\%] = \frac{계기압(진공압)}{대기압} \times 100[\%]$$

9. 열량과 비열

물질에 열을 가하면 일반적으로 온도는 가한 열에 따라 증가하는 성질이 있으나 열을 가하여도 온도가 변하지 않는 구역이 있는데, 그 구역을 잠열이라 하고 온도가 변하는 구역을 현열로 구분한다.
현열 구역에서 1kg의 물체를 1℃ 높이는 데 필요한 열량을 비열이라 하며 기준을 4℃ 물로 하여 1kcal/kg℃로 하고 있다.
또한 절대단위로 표현하면 1kcal가 4.18kJ이므로 4.18kJ/kgK이다.

kcal	Kilogram-Calorie의 약어이며 1kcal는 표준대기압하에서 순수한 물 1kg을 14.5℃에서 15.5℃까지 높이는 데 필요한 열량
Btu	British Thermal Unit의 약어이며 1Btu는 표준대기압하에서 순수한 물 1lb를 32°F에서 212°F까지 올리는 데 필요한 열의 $\frac{1}{180}$이다.
Chu	Centigrade Heat Unit의 약어로서 [kcal]와 [Btu]의 조합단위로서 순수한 물 1lb를 14.5℃에서 15.5℃까지 상승시키는 데 필요한 열량으로 [pcu ; pound celsius unit]로도 표시한다.

$1[\text{kcal}] = 3.9868[\text{Btu}] = 2.205[\text{Chu}] = 4.1867[\text{kJ}]$
$1[\text{kg}] = 2.2046[\text{lb}](\text{Pound})$

1) 잠열

열을 가하게 되면 일반적으로 물질의 온도는 증가한다. 그러나 어느 구간에서는 열을 아무리 가해도 온도의 변화가 일어나지 않게 된다. 즉 표준대기압(1atm)하에서 물은 아무리 많은 열을 가해도 100℃ 이상은 올라가지 않게 된다.
열을 가하거나 감할 시 온도변화가 있는 구역을 감열구역이라 하고 열을 가하거나 감하더라도 온도 변화가 없는 구역을 잠열구역이라 한다.
0℃의 얼음이 0℃의 물로 변할 때의 잠열을 융해잠열이라고 하며 79.8kcal/kg(79.8×4.18=333.5kJ/kg)이고 표준대기압에서 100℃의 물이 100℃의 증기로 변할 때의 증발잠열(539kcal/kg=539×4.18=2,235kJ/kg)이라 한다.
이는 상태가 변할 때 에너지가 필요하거나 방출해야만 하기 때문이다. 예를 들면 100℃의 물로 변하며 0℃의 얼음이 열을 받으면 0℃의 물로 변하고 온도의 변화는 없을 것이다. 그림으로 표시하면 다음과 같다.

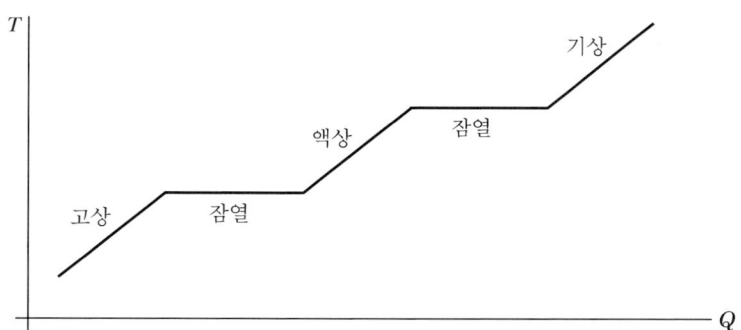

즉, 잠열이란 고상에서 액상으로 액상에서 기상으로 변할 때 혹은 반대의 현상이 될 때 분자 간의 길이를 늘이거나 줄이는 데 에너지가 필요하기 때문이다.

2) 열역학 제0법칙

열역학에는 제0법칙부터 제3법칙까지 4개의 법칙으로 구성된 학문으로서 열역학의 핵심이라 하며 모든 열역학의 기본이 된다.

열역학 제0법칙은 실험법칙으로서 어떤 물질이 또 다른 물질과 열평형을 이루고 있으면 그 두 물질은 서로 열평형 상태에 있다고 한다. 즉 열역학은 종료 전후의 일을 조사하는 학문이므로 시작점도 열평형을 이루어야 하며 종료상태로 열평형을 이루어야 열역학의 범위에 든다고 할 수 있다.

즉, 열역학 제0법칙을 열평형 법칙 또는 온도계 원리라고 할 수 있다.

3) 사이클(Cycle)

어떤 임의 상태의 계가 몇 개의 상이한 과정을 지나서 최초 상태로 돌아올 때 그 계는 사이클을 이루었다고 한다.

따라서 사이클(Cycle)을 이룬 계의 성질은 최초의 성질들과 그 값이 같아야 하며 시계방향으로 회전하면 사이클이라 하고 반시계방향으로 회전하면 역사이클이라고 한다.

4) 함수(Function)

열역학적으로 함수에는 점함수(Point Function)와 경로함수(Path Function)가 있다. 점함수는 경로에 따라서 값의 변화가 없는 함수이며 완전 미분이고, 경로함수는 경로에 따라서 값이 변화하는 함수로 불완전 미분이다.

SECTION 03 일과 열

1. 일(Work)

만일 계(System) 외부의 물체에 대한 전 효과가 무게를 올리는 것이라면 그 계는 일을 한 것이라 한다. 즉 일은 힘과 거리의 곱으로 나타내며 중력단위계에서는 [$kg_f \cdot m$]이며 절대단위계에서는 [$N \cdot m$]로 나타낸다. 즉,

$$1[kg_f \, m] = 9.8[N \cdot m] = 9.8[J]$$

이다. 열역학에서는 힘을 얻기 위해 주로 압력을 사용하므로 $F = P \cdot A$
다음 그림에서 상태가 P_1에서 P_2로 V_1에서 V_2로 변했으므로 시작점 1점에서 종료점 2점으로 피스톤이 후퇴했을 때의 일을 나타내면

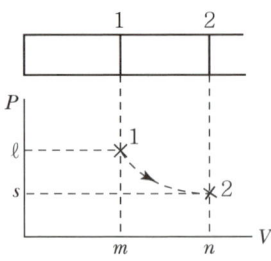

| 밀폐계 일(절대일) |

$$_1W_2 = \int_1^2 \delta W = \int_1^2 F dx = \int_1^2 PA dx = \int_1^2 P dv$$

즉, $_1W_2 = \int_1^2 P dv$

다음의 식을 좌표로 나타내기 위해서는 $P-V$ 선도가 필요하다.

| 절대일과 공업일 |

V축에 투상한 면적, 즉 1, 2, N, M을 절대일(Absolute Work)이라고 하며

$$_1W_2 = \int_1^2 \delta W = \int_1^2 Pdv$$

절대일은 비유동일(밀폐계일＝팽창일)이라고도 한다.
P축에 투상한 면적, 즉 ℓ, 1, 2, S, L을 공업일(Technical Work)이라고 한다.

$$W_t = \int_1^2 \delta W = -\int_1^2 vdP \text{ (면적에는 }(-)\text{가 없으므로 }(+)\text{값으로 만든다.)}$$

공업일은 유동일(정상유일＝압축일)이다.

2. 열(Heat)

앞에서 기술한 일은 열에 의해 발생한 것이다. 열이란 온도차 ($T_1 - T_2$) 혹은 온도구배(D_t)에 의해 계의 경계를 이동하는 에너지 형태이다.

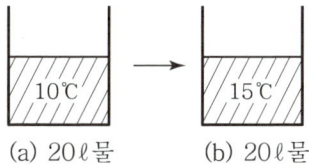

┃에너지 변화┃

위 그림의 (a)에서 (b)로 되기 위해서

$$Q \propto G \, \Delta T$$

즉, 열량은 질량과 온도차에 비례하므로

$$Q = G \, C \, \Delta T$$

로 표현하고

$$C = \frac{Q}{G \, \Delta T} [\text{kcal/kg℃}]$$

이다. 여기서 C는 비열이라 하며 단위 중량의 물질을 1℃ 올리는 데 필요한 열량이라고 정의되며 절대단위제의 단위로 전환하면 [kJ/kgK]이다. 비열은 물질의 고유한 성질로서 같은 열을 가해도 각각의 온도 증가는 다르기 때문에 4℃의 물을 기준으로 하여 측정한다.
4℃ 물의 비열 $C = 1[\text{kcal/kg℃}] = 4.18[\text{kJ/kgK}]$이다.

3. 열과 일의 비교

(1) 열과 일은 둘 다 전이현상(Q[kcal] ↔ W[kgm])이다.
(2) 열과 일은 경계현상이다. 이들은 계의 경계에서만 측정되고 또한 경계를 이동하는 에너지이다.
(3) 열과 일은 모두 경로함수(=과정함수)이며, 불완전 미분이다.
(4) 열은 급열시(+) 방열시(-)이며, 일은 할 때가(+) 받을 시 (-)이다. 그림으로 표시하면 다음과 같다.

| 열과 일의 비교 |

CHAPTER 001 출제예상문제

01 섭씨(℃)와 화씨(℉)의 양편의 눈금이 같게 되는 온도는 몇 ℃인가?

① 40 ② -30
③ 0   ④ -40

풀이 $℃ = \dfrac{9}{5}[℃] + 32$에서

$x = \dfrac{5}{9} + 32$ ∴ $x = -40[℃]$

02 대기압이 750mmHg이고 보일러의 압력계가 12kg/cm²을 지시하고 있을 경우, 이 압력을 절대압력(MPa)으로 환산하여라.

① 1.27   ② 12.7
③ 127×10^3 ④ 1.27×10^6

풀이 $P = 750 \times \dfrac{101.3 \times 10^{-3}}{760} + 12 \times \dfrac{101.3 \times 10^{-3}}{1.0332}$

$= 1.27\text{MPa}$

03 복수기의 진공압력계가 0.8atg를 지시할 때 복수기 내의 절대압력(mmHg) 및 진공도(%)를 구하라.(단, 이때 대기압은 700mmHg이다.)

① 100, 60   ② 120, 70
③ 111, 84   ④ 100, 90

풀이 절대압력 = 대기압 - 진공압

$= 700 - 0.8 \times \dfrac{760}{1.0332} = 111.53\text{mmHg}$

진공도 = $\dfrac{\text{진공압}}{\text{대기압}} \times 100$

$= \dfrac{0.8}{700 \times \dfrac{1.0332}{760}} \times 100 = 84\%$

04 대기압이 700mmHg일 때 다음의 답을 구하시오.

(1) 게이지 압력이 52.3kg/cm²인 증기의 절대압력(mAq)은 얼마인가?
(2) 180mmHg 진공은 절대압력(kg/m²)으로 얼마인가?

① (1) 500, (2) 7.069   ② (1) 520, (2) 70.69
③ (1) 530, (2) 7.069   ④ (1) 540, (2) 706.9

풀이 (1) 절대압력 = 대기압 + 계기압
$= 9.49 + 521.38 = 530.87\text{mAq}$

(2) 절대압력
= 대기압 - 진공압
$= \dfrac{700 \times 1.0332 \times 10^4}{760} - 180 \dfrac{1.0332 \times 10^4}{760}$
$= 7,069.26\text{kg/m}^2$

05 어떤 기름의 체적이 0.5m³이고, 무게가 36kg일 때 이 기름의 밀도(kgs²/m⁴)는 얼마인가?

① 7.35   ② 73.5
③ 735   ④ 0.735

풀이 $\gamma = \dfrac{G}{v} = \dfrac{36}{0.5} = 72\text{kg/m}^3$ $\gamma = \rho g$

기름의 $\rho = \dfrac{\gamma}{g} = \dfrac{72}{9.8} = 7.35\text{kg} \cdot \text{s}^2/\text{m}^4$

06 20t의 트럭이 수평면에서 40km/h의 속력으로 달린다. 이 트럭의 운동에너지를 열(kJ)로 환산하면?(단, 노면마찰은 무시한다.)

① 1.234   ② 12.34
③ 1,234   ④ 123,467

정답 01 ④ 02 ① 03 ③ 04 ③ 05 ① 06 ③

풀이 $\dfrac{mv^2}{2} = \dfrac{20\times 10^3}{2}\left(\dfrac{40\times 10^3}{3,600}\right)^2 \times 10^{-3}$
$= 1,234.7\text{kJ}$

07 $W = 100\text{kg}$인 물체에 $a = 2.5\text{m/s}^2$의 가속도를 주기 위한 힘 F [kg]를 구하여라. (단, 마찰 등은 무시한다.)

① 25.5
② 25
③ 2.25
④ 2.5

풀이 뉴턴의 제2법칙 $F = m \cdot a$ 중량 W는 지구에서 질량(m)과 같으므로
$100 \times 2.5 = 250\text{N}$
구하는 힘 F는 단위가 [kgf]이므로
$F = \dfrac{250}{9.8} = 25.5\text{kg}_f$

08 1kWh와 1Psh를 열량으로 환산하여라.

① 860kcal, 632.3kcal
② 102kcal, 75kcal
③ 632.3kcal, 860kcal
④ 75kcal, 102kcal

09 70℃의 물 500kg과 30℃의 물 700kg을 혼합하면 이 혼합된 물의 온도는 몇 ℃가 되는가?

① 56.67℃
② 50℃
③ 46.67℃
④ 46℃

풀이 $m_1 C_1(t_1 - t) = m_2 C_2(t - t_2)$
$C_1 = C_2$
$\therefore t = \dfrac{m_1 t_1 + m_2 t_2}{m_1 + m_2}$
$= \dfrac{500 \times 70 + 700 \times 30}{500 + 700} = 46.67℃$

10 질량 50kg인 동으로 된 내용기에 물 200L가 들어있다. 90℃의 물속에서 꺼낸 20kg의 연구를 이 속에 넣었더니 수온이 20℃로부터 24℃로 되었다. 연구의 비열은 얼마인가? (단, 동의 비열은 0.386kJ/kgK이다.)

① 2.596
② 0.259
③ 25.9
④ 259

풀이 50kg의 동으로 된 용기와 물 200kg이 얻은 열량은 20kg의 연구가 잃은 열량과 같으므로
$Q = mC\Delta T$에서
$50 \times 0.386 \times (24-20) + 200 \times 4.18 \times (24-20)$
$= 20 \times C \times (90-25)$
$C = 2.596\text{kJ/kgK}$

11 완전하게 보온되어 있는 그릇에 7kg의 물을 넣고 온도를 측정하였더니 $T = 15℃$로 되었다. 그릇의 비열 $C = 0.234\text{kJ/kgK}$, 중량 $G = 0.5\text{kg}$이다. 그 속에 온도 200℃, 중량 $G = 5\text{kg}$의 금속 조각을 넣고 열평형에 도달한 후의 온도가 25℃이였다면, 금속의 비열(kJ/kgK)은 얼마인가?

① 3.36
② 0.336
③ 0.334
④ 3.34

풀이 $7 \times 4.18 \times (25-15) + 0.5 \times 0.23 \times (25-15)$
$= 5C(200-25)$
$C = 0.336\text{kJ/kgK}$

12 공기가 압력일정의 상태에서 0℃에서 50℃까지 변화할 때, 그 비열이 $C = 1.1 + 0.0002t$의 식으로 주어진 평균비열(kJ/kgK)은 얼마인가? (단, T는 ℃이다.)

① 0.55
② 5.5
③ 0.11
④ 1.1

정답 07 ① 08 ① 09 ③ 10 ① 11 ② 12 ④

[풀이] $Q = \int mcdT$ (단위질량으로 계산)

$$Q = \int_0^{50}(1.1+0.0002t)dt$$
$$= [1.1t]_0^{50} + \left[0.0002\frac{t^2}{2}\right]_0^{50}$$
$$= 1.1 \times 50 + 0.0002\frac{50^2}{2} = 55.25 \text{kJ/kg}$$
$$C_m = \frac{Q}{m\Delta T} = \frac{55.25}{50} = 1.1 \text{kJ/kgK}$$

13 0℃일 때 길이 10m, 단면의 지름 3mm인 철선을 100℃로 가열하면 늘어나는 길이는 몇 mm인가?(단, 단면적의 변화는 무시하고 철의 선팽창계수는 1.2×10^{-5}/℃이다.)

① 10   ② 11
③ 12   ④ 13

[풀이] 팽창 길이 δ는 $\delta = l \cdot a \cdot \Delta T$에서
(l : 길이, a : 선팽창 계수, ΔT : 온도차)
$\delta = 10 \times 1.2 \times 10^{-5} \times 100 = 0.012\text{m} = 12\text{mm}$

14 1kL인 기름을 100m의 높이까지 빨아올리는 데 요하는 일량(J)은 얼마인가?(단, 기름의 비중량은 8,130N/m³이고, 마찰이나 그 밖의 손실을 생각하지 않는다.)

① 8.13×10^4 ② 83×10^4
③ 8.3×10^4 ④ 81×10^4

[풀이] $m = \rho \cdot v = \frac{r}{g}v = \frac{8130}{9.8} \times 1 ≒ 830\text{kg}$
$w = mgh = 830 \times 9.8 \times 100 = 81.34 \times 10^4 \text{J}$

15 600W의 전열기로서 3kg의 물을 15℃로부터 90℃까지 가열하는 데 요하는 시간을 구하여라.(단, 전열기의 발생열의 70% 온도 상승에 사용되는 것으로 생각한다.)

① 3.73min   ② 37.3min
③ 0.06min   ④ 300sec

[풀이] $Q = mc\Delta T = 3 \times 4.18 \times (90-15) = 940.5 \text{kJ}$
$t = \frac{940.5}{0.6 \times 0.7} \times \frac{1}{60} = 37.32 \text{min}$

16 중량 20kg인 물체를 로프와 활차를 써서 수직 30m 아래까지 내리는 데는 손과 로프 사이의 마찰로 에너지를 흡수하면서 일정한 속도로 1분간이 걸린다. 손과 로프 사이에서 1시간에 발생하는 열량은 몇 kJ인가?

① 3,528   ② 98
③ 352.8   ④ 58.8

[풀이] $mgh = 20 \times 9.8 \times 30 = 5,880 \text{J}$
$Q = 5,880 \times 60 \times 10^{-3} = 352.8 \text{kJ}$

17 30℃의 물 1,000kg과 90℃의 물 500kg을 혼합하면 물은 몇 ℉가 되는가?

① 50℉   ② 122℉
③ 67.8℉ ④ 154℉

[풀이] $1,000 \times (x-30) = 500 \times (90-x)$
$x = 50℃$
$[℉] = \frac{9}{5}℃ + 32$
$\frac{9}{5} \times 50 + 32 = 122℉$

정답 13 ③ 14 ④ 15 ② 16 ③ 17 ②

18 200m 높이에서 물이 낙하하고 있다. 이 물의 낙하 전 에너지가 손실없이 모두 열로 바뀌었다면 물의 상승온도는 절대온도로 얼마인가?

① 0.468 ② 4.68
③ 46.8   ④ 273.468

19 70℃, 50℃, 20℃인 3종류의 액체가 있다. A와 B를 동일 질량씩 혼합하면 55℃가 되고, A와 C를 같은 질량으로 혼합하면 30℃가 된다면, B와 C를 동일한 무게로 섞으면 그 온도는 몇 ℃가 되겠는가?

① 0.32857 ② 3.2857
③ 0.032857 ④ 32.857

풀이
$C_A \cdot (70-55) = C_B \cdot (55-50)$
$\therefore C_A = \frac{1}{3} C_B$ ······ ①
$C_A \cdot (70-30) = C_C \cdot (30-20)$
$\therefore C_A = \frac{1}{4} C_C$ ······ ②
$C_B \cdot (50-x) = 4C_A \cdot (x-20)$
$\therefore \frac{C_B}{C_C} = \frac{x-20}{50-x}$ ······ ③
$3C_A(50-x) = 4C_A(x-20)$
$\therefore 32.8℃ = 305.8K$

20 0.08m³의 물속에 500℃의 쇠뭉치 3kg을 넣었더니 그의 평균온도가 20℃로 되었다. 물의 온도 상승을 구하라. (단, 쇠의 비열은 0.61kJ/kgK 고, 물과 용기와의 열교환은 없다.)

① 2.61K   ② 2.61℃
③ 275.61K ④ 275.61℃

풀이 물이 얻은 열량과 쇠뭉치가 잃은 열량은 같으므로 물 0.08m³
$G = \gamma_m \cdot V = 1,000kg/m^3 \times 0.08m^3 = 80kg$

$80 \times 4.186 \times \Delta T = 3 \times 0.61 \times (500-20)$
$\Delta T = 2.61$
$\therefore 2.61K$ 상승

21 100ps를 발생하는 기관의 1시간 동안의 일을 kcal로 나타냈을 때의 값은 몇 kcal인가?

① 632.3   ② 6,323
③ 63,230 ④ 632,300

풀이 $100ps \times 1hr = 100psh$
$1psh = 632.3kcal$이므로
$100 \times 632.3 = 63,230kcal$

22 1,200W 커피포트(Coffeepot)로서 0.5L의 물을 15℃로부터 가열하였더니 증발하고 0.2L 남았다. 요하는 시간(min)은?(단, 가열량은 모두 물의 상승온도에 사용된 것으로 하며, 물의 증발비열은 2,257kJ/kg이다.)

① 17.14 ② 18.4
③ 11.87 ④ 12

풀이
$Q = mc\Delta T + 잠열$
$= 0.5 \times 4.18 \times (100-15) + 0.3 \times 2257$
$= 854.75kJ$
$t = \frac{854.75}{1.2 \times 60} = 11.87min$

23 500W의 전열기로 1L의 물을 10℃에서 100℃까지 가열할 경우 유효열량이 30%라면 가열에 필요한 시간(min)은?

① 41.8 ② 51.8
③ 31.8 ④ 0.698

풀이 $Q = mc\Delta T = 1 \times 4.18 \times (100-10) = 376.2kJ$
$[min] = \frac{376.2}{0.5 \times 60 \times 0.3} = 41.8$

정답 18 ① 19 ④ 20 ① 21 ③ 22 ③ 23 ①

24 −5℃의 얼음 20G을 20℃의 물로 만드는 데 필요한 열은 몇 kJ인가?(단, 얼음의 잠열은 333kJ/kg이며 얼음의 비열은 2.1kJ/kgK이다.)

① 8.542　　② 1.882
③ 1.672　　④ 1.868

풀이 $Q = mc\Delta T + $ 잠열
$= 0.02 \times 2.1 \times (0+5) + 333 \times 0.02$
$\quad + 0.02 \times 4.18 \times (20-0)$
$= 8.54 \text{kJ}$

25 −10℃의 얼음 3kg을 120℃의 증기로 만드는 데 필요한 열량은 몇 MJ인가?(단, 표준대기압 상태이며 얼음의 잠열은 333kJ/kg, 비열은 2.1kJ/kgK이며 증기의 잠열은 2,253kJ/kg, 비열은 1.88 kJ/kgK이다.)

① 9.2　　② 92
③ 920　　④ 92,000

풀이 얼음의 비열을 2.1kJ/kgK
증기의 비열을 1.88kJ/kgK로 하면
$Q = 3 \times 2.1 \times (0+10) + 333 \times 3 + 3 \times 4.18 \times 100$
$\quad + 3 \times 1.88 \times (120-100)$
$= 2428.8 \text{kJ} = 2.43 \text{MJ}$
$\therefore 2,428.8 + 3 \times 2,253 = 9187.8 \text{kJ} \fallingdotseq 9.2 \text{MJ}$

26 공기가 체적 일정하에서 변화할 때 그 비열이 $C = 0.717 + 0.00015t [\text{kJ/kgK}]$의 식으로 주어진다. 이 경우 3kg의 공기를 0℃에서 200℃까지 가열할 경우 평균비열(kJ/kgK)은 얼마인가?(단, T는 절대온도이다.)

① 0.732　　② 0.773
③ 0.832　　④ 0.873

풀이 $Q = 3 \left[0.717t + \frac{1}{2} 0.00015 t^2 \right]_{273}^{473} = 463.77 \text{kJ}$
$C_m = \dfrac{Q}{m \Delta T} = \dfrac{463.77}{3 \times 200} = 0.773 \text{kJ/kgK}$

27 질량이 m_1[kg]이고, 온도가 t_1[℃]인 금속을 질량이 m_2[kg]이고, t_2[℃]인 물속에 넣었더니 전체가 균일한 온도 t'로 되었다면, 이 금속의 비열은 어떻게 되겠는가?(단, 외부와의 열교환은 없고, $T_1 > T_2$이다.)

① $C = \dfrac{m_1(t_1 - t')}{m_2(t' - t_2)}$[kcal/kgK]

② $C = \dfrac{m_2(t_2 - t')}{m_1(t' - t_1)}$[kcal/kgK]

③ $C = \dfrac{m_1(t' - t_1)}{m_2(t_2 - t')}$[kcal/kgK]

④ $C = \dfrac{m_2(t' - t_2)}{m_1(t' - t_1)}$[kcal/kgK]

풀이 $m_1 \cdot C \cdot (t_1 - t') = m_2 \cdot 1 \cdot (t' - t_2)$
$C = \dfrac{m_2(t' - t_2)}{m_1(t_1 - t')} = \dfrac{m_2(t_2 - t')}{m_1(t' - t_1)}$

28 진공도 90%란 몇 ata인가?

① 0.10332　　② 10
③ 10.332　　④ 1.0332

풀이 진공도 90% $= 1.0332 \times 0.1 = 0.10332$ ata
$1.0332 - 1.0332 \times 0.9 = 0.10332$ ata

29 어느 증기 터빈에서 입구의 평균 게이지 압력이 0.2MPa이고, 터빈 출구의 증기 평균압력은 진공계로서 700mmHg이었다. 대기압이 760mmHg이라면 터빈 출구의 절대압력(MPa)은 얼마인가?

① 0.006　　② 0.007
③ 0.008　　④ 0.009

풀이 $(760 - 700) \dfrac{101.3 \times 10^{-3}}{760} = 0.008$

정답 24 ①　25 ①　26 ②　27 ②　28 ①　29 ③

30 다음 중 옳은 것은?

① 대기압 = 계기압 + 진공압
② 계기압 = 절대압 - 대기압
③ 절대압 = 계기압 - 대기압
④ 진공압 = 계기압 + 대기압

[풀이] 절대압 = 대기압 + 계기압
            = 대기압 - 진공압

31 열역학 계산에서 압력과 온도는?

① 계기압과 온도계 온도를 쓴다.
② 절대압과 절대온도를 쓴다.
③ 계기단위와 절대단위를 병용한다.
④ 경우에 따라 다르다.

[풀이] 열역학 계산에서 압력은 절대압력(ata) 온도는 절대온도(K)

32 대기 중에 있는 직경 10cm의 실린더의 피스톤 위에 50kg의 추를 얹어 놓을 때 실린더 내의 가스체의 절대압력은 몇 MPa인가?(단, 피스톤의 중량은 무시하고, 대기압은 1.013bar이다.)

① 0.636   ② 1.669
③ 0.163   ④ 163

[풀이] 절대압 = 대기압 + 계기압

계기압 = $\dfrac{G}{\dfrac{\pi d^2}{4}} = \dfrac{4 \times 50 \times 9.8}{\pi \times 0.1^2} = 0.062\text{MPa}$

절대압 = 0.1013 + 0.062 = 0.1633MPa

33 대기압이 760mmHg일 때 진공 게이지로 720mmHg인 증기의 압력은 절대압력으로 몇 kPa인가?

① 0.0533   ② 0.533
③ 5.33   ④ 53.3

[풀이] 절대압 = 대기압 - 진공압
$= (760 - 720) \dfrac{1.013 \times 10^2}{760} = 5.33\text{kPa}$

34 어떤 알코올 밀도가 $7.6\text{kgsec}^2/\text{m}^4$이다. 이 알코올의 비체적($\text{m}^3/\text{kg}$)은 얼마인가?

① 0.13425   ② 1.3425×10^{-2}
③ 1.3425×10^{-3} ④ 1.3425×10^{-4}

[풀이] $\gamma = \rho \cdot g = \dfrac{1}{v} = v = \dfrac{1}{\rho \cdot g}$

$= \dfrac{1}{7.6\text{kgsec}^2/\text{m}^4 \cdot 9.8\text{m/sec}^2}$

$= 0.013425 \text{m}^3/\text{kg}$

35 동작물질에 대한 설명 중 틀린 것은?

① 증기관의 수증기, 내연기관의 연료와 공기의 혼합가스 등으로 일명 작업유체라 한다.
② 계 내에서 에너지를 저장 또는 운반하는 물질이다.
③ 상변화를 일으키지 않아야 한다.
④ 열에 대하여 압력이나 체적이 쉽게 변하는 물질이다.

[풀이] 동작물질
증기관의 수증기, 내연기관의 연료와 공기의 혼합가스 등으로 일명 작업유체라 하며 절연계를 제외하고 계 내에서 에너지 저장 또는 운반상이 변화하기도 한다. 열에 대해 압력이나 체적이 변하기도 한다.

36 중량 20kg의 물체가 공중에서 자유 낙하하여 20m 위치에 도달했을 때 물체의 속도는 몇 m/sec인가?

① 1.98   ② 19.8
③ 0.33   ④ 1,188

정답 30 ② 31 ② 32 ③ 33 ③ 34 ③ 35 ③ 36 ②

풀이 운동에너지 = 위치에너지
$v = \sqrt{2g \cdot h} = \sqrt{2 \times 9.8 \times 20} = 19.8 \text{m/s}$

37 크레인으로 1,000kg을 수직으로 10m 올리는 데 요하는 일(kJ)은 약 얼마인가?

① 10,000 ② 1,000
③ 98 ④ 9.8

풀이 $W = F \cdot s = 1,000 \times 10$
$= 10,000 \text{kg} \cdot \text{m} = 10,000 \times 9.8 \times 10^{-3}$
$= 98 \text{kJ}$

38 연료의 발열량이 28.5MJ/kg이고, 열효율이 40%인 기관에서 연료소비량이 35kg/hr라면 발생동력(ps)은?

① 151 ② 238.1
③ 0.24 ④ 23.81

풀이 1ps = 735J/s
$\eta = \dfrac{[\text{ps}] \times 735 \times 10^{-6} \times 3,600}{35 \times 28.5}$
$[\text{ps}] = \dfrac{35 \times 28.5 \times 0.4}{735 \times 10^{-6} \times 3,600} = 151 \text{ps}$

39 출력 15,000kW의 화력발전소에서 연소하는 석탄의 발열량이 25MJ/kg, 발전소의 열효율이 40%라면 1시간당 석탄의 필요량은 몇 kg인가?

① 5.4 ② 54
③ 540 ④ 5,400

풀이 $\eta = \dfrac{15 \times 3,600}{m \times 25}$
$m = \dfrac{15 \times 3,600}{0.4 \times 25} = 5,400$

40 10인승 정원의 엘리베이터에서 1인당 중량을 60kg으로 하고, 운전속도를 100m/min로 할 경우에 필요한 동력(kW)을 구하여라.

① 1.87 ② 9.8
③ 1.33 ④ 13.3

풀이 $\dfrac{60 \times 9.8 \times 10 \times 100}{60 \times 1,000} = 9.8 \text{kW}$

41 다음 중 동력(공률)의 단위가 아닌 것은?

① kg-m/sec ② kW-H
③ HP ④ PS

풀이 1ps = 75kg · m/s
동력은 단위시간당 일

42 100W의 전등을 매일 7시간 사용할 때 1개월간 사용하는 열량(kJ)을 계산하여라.

① 88 ② 75,600
③ 900 ④ 9,000

43 100ps의 원동기가 2분 동안에 하는 일의 열당량은 몇 kJ인가?

① 900,000 ② 88,200
③ 8,820 ④ 882

풀이 1ps = 75kg · m/sec
∴ $W = 100 \times 75 \times 120 = 900,000 \text{kg} \cdot \text{m}$
$W = 900,000 \times 9.8 \times 10^{-3} = 8,820 \text{kJ}$

44 일과 이동열량은?

① 점함수이다.
② 엔탈피와 같이 도정함수이다.
③ 과정에 의존하므로 성질이 아니다.
④ 엔탈피처럼 성질에 속한다.

정답 37 ③ 38 ① 39 ④ 40 ② 41 ② 42 ② 43 ③ 44 ③

풀이 일(W)과 열량(Q)은 도정(과정, 경로)함수, 엔탈피 등은 점함수이며 성질이다.

45 열 및 열에너지에 대한 설명 중 옳지 않은 것은?

① 어떤 과정에서 열과 일은 모두 그 경로에는 관계 없다.
② 열과 일은 서로 변할 수 있는 에너지이며 그 관계는 1kcal=427kg·m이다.
③ 열은 계에 공급된 때, 일은 계에서 나올 때가 +(정) 값을 가진다.
④ 열역학 제1법칙은 열과 일 에너지의 변환에 대한 수량적 관계를 표시한다.

풀이 열과 일은 도정(과정)함수이므로 어떤 과정에 관계가 있음
- 1kcal=427kg·m
- 열은 공급 시, 일은 나올 때 +
- 열은 나올 때, 일은 공급 시 - 값을 가진다.

46 열전달 과정에서 전도되는 열량은?

① 온도차에 반비례한다.
② 경도의 길이에 반비례한다.
③ 단면적에 반비례한다.
④ 열전도율에 반비례한다.

풀이 열전달에서 전도식은 $Q = KA\dfrac{dT}{dx}$

47 다음 중에서 점함수가 아닌 것은?

① 일   ② 체적
③ 내부 에너지   ④ 압력

풀이
- 점함수 : 강도성질(T, ρ, p, v 등)과 종량성질 (U, H, S, V 등)
- 경로함수(도정함수) : 일(W), 열(Q)

48 50마력을 발생하는 열기관이 1시간 동안에 한 일을 열량으로 환산하면 몇 kJ인가?

① 31,615   ② 1,323.4
③ 132,340   ④ 316.15

풀이 $Q = 50\text{ps} \times 1\text{hr} \times \dfrac{632.3\text{kcal}}{1\text{ps}\,\text{h}}$
$= 31,615\text{kcal}$
$Q = 31,615 \times 4.186 = 132,430\text{kJ}$

49 윈치로 15ton의 하중을 마찰제동하여 20m 아래에서 정지시켰다. 이때 베어링에 마찰 및 그 밖의 손실을 무시하면 제동기로부터 발생하는 열량(kJ)은 얼마인가?

① 2,941   ② 702.57
③ 70,257   ④ 294.1

풀이 $Q = AW$
$= \dfrac{1[\text{kcal}]}{427[\text{kg}\cdot\text{m}]} \times G \cdot h$
$= \dfrac{1[\text{kcal}]}{427[\text{kg}\cdot\text{m}]} \times 15,000[\text{kg}] \cdot 20[\text{m}]$
$= 702.57\text{kcal} = 2941\text{kJ}$

정답 45 ① 46 ② 47 ① 48 ③ 49 ①

CHAPTER 002 열역학의 법칙

SECTION 01 열역학 제1법칙

1. 에너지 보존의 원리

영국의 J. Watt가 열을 기계적 일로 바꾸는 장치인 소형 증기기관을 발명한 이후 열과 일의 관계를 알아내려는 연구가 활발하였다.

J. P. Joule은 1847년 실험장치를 통해 열이 일로 전환되는 변수 즉, 열상당량을 구할 수 있는 실험을 하였으며 열의 관계를 양적으로 표현하였다.

"어떤 계가 임의의 사이클(Cycle)을 이룰 때 이루어진 열전달의 합은 이루어진 일의 합과 같다."라고 표현하며 이를 열역학 제1법칙(The First Law of Thermodynamics)이라 하여 에너지 보존 원리라고도 한다.

중력단위계에서는

$$Q = Aw$$

이다. 여기서

$$A = \frac{Q}{W} = \frac{1}{427}\frac{[kcal]}{[kg] \cdot [m]} \quad (A : 일의\ 열당량)$$

$$W = Jq$$

이다. 여기서

$$J = \frac{W}{Q} = 427[kgM/kcal] \quad (J : 열의\ 일당량)$$

절대단위계에서는 열이나 일이 모두 에너지 단위이므로 A(일의 열당량), J(열의 일당량)이 필요없이 Q = W, W = Q로 사용된다.

1) 제1종 영구운동(Perpetual Motion of The First Kind) 기관

열역학 제1법칙을 위배하는 기관을 일컬으며 에너지의 소비 없이 연속적으로 동력을 발생하는 기관 즉, 스스로 에너지를 창출해서 효율이 100%를 넘는 존재할 수 없는 기관이다.

2) 계의 상태변화에 대한 에너지 보존 원리

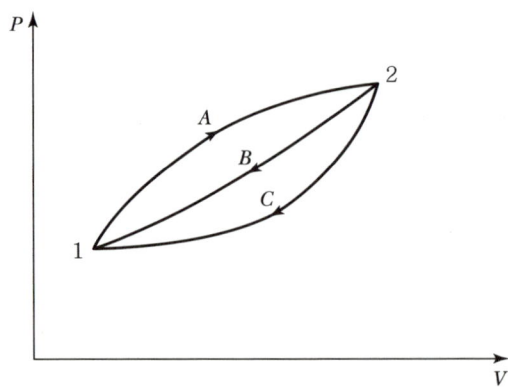

┃ 열역학적 상태량 에너지의 존재의 설명 ┃

Joule의 에너지 보존 원리에 의하면

$$\oint \delta Q = \oint \delta W$$

$$\int_{1A}^{2} \delta Q + \int_{2B}^{1} \delta Q = \int_{1A}^{2} \delta W + \int_{2B}^{1} \delta W \quad \cdots\cdots\cdots ①$$

$$\int_{1A}^{2} \delta Q + \int_{2C}^{1} \delta Q = \int_{1A}^{2} \delta W + \int_{2C}^{1} \delta W \quad \cdots\cdots\cdots ②$$

① - ②

$$\int_{2B}^{1} \delta Q - \int_{2C}^{1} \delta Q = \int_{2B}^{1} \delta W - \int_{2C}^{1} \delta W \quad \cdots\cdots\cdots ③$$

$$\int_{2B}^{1} (\delta Q - \delta W) = \int_{2C}^{1} (\delta Q - \delta W)$$

그러므로 Joule 에너지 보존 원리를 정리하면 $\oint \delta Q = \oint \delta W$ 이다.

열 [Q]과 일 [W] 각각은 도정함수이지만, 열 [Q] - 일 [W]은 점함수가 된다.

$$\therefore \delta Q - \delta W = dE$$
$$= d(\text{내부 에너지} + \text{유동 에너지} + \text{운동 에너지} + \text{위치 에너지})$$
$$= d\left(U + PV + \frac{V^2}{2g} + Z\right)$$

여기서 운동에너지와 위치에너지의 합을 역학적 에너지라고 한다.

역학적 에너지 = $\dfrac{GV^2}{2g} + GZ$

절대단위계에서는

$$\delta Q - \delta W = dE$$

$$\delta Q = d(u) + d(\triangle pv) + d\left(\dfrac{mv^2}{2}\right) + d(mgz) + \delta W$$

그러므로,

$$Q_2 = m(u_2 - u_1) + \int \triangle PV + \dfrac{m(v_2^2 - v_1^2)}{2} + mg(z_2 - z_1) + W_t$$

역학적 에너지 = $\dfrac{mv^2}{2} + mgz$

3) 계에서 에너지 방정식의 적용

1장에서 전술한 바와 같이 계에는 절연계, 밀폐계, 개방계가 있으며 열과 일의 유동성이 없다. 계방계에는 정상류와 비정상류가 있는데, 여기서는 정상류에 관해서만 설명한다.

(1) 정상류 에너지 방정식

① 중력단위제

$$_1Q_2 = G(u_2 - u_1) + A\int_1^2 \triangle PV + \dfrac{G(V_2^2 - V_1^2)A}{2g} + AG(Z_2 - Z_1) + W_t$$

여기서, $G(u_2 - u_1)$: 내부 에너지

$A\int_1^2 \triangle PV$: 유동 에너지

$\dfrac{G(V_2^2 - V_1^2)A}{2g}$: 운동 에너지

$AG(Z_2 - Z_1)$: 위치 에너지

$W_t = -\int vdp$: 공업 일

여기서 내부 에너지와 유동 에너지의 합을 엔탈피(Entalpy)라 한다.

$$G(h_2 - h_1) = G(u_2 - u_1) + A \int \Delta pv$$
$$= G(u_2 - u_1) + A \int_1^2 pdv + A \int_1^2 vdp$$

$v = c$인 정적과정에서 $\Delta h = (u^2 - u^1) + A \int_1^2 pdv$

$p = c$인 정압과정에서 $\Delta h = (u^2 - u^1) + A \int_1^2 vdp$

$p \neq c, \ v \neq c$인 과정에서는 $\Delta h = (u^2 - u^1) + \dfrac{p_2 v_2 - p_1 v_1}{427}$

1점인 경우에는 $h_1 = u_1 + \dfrac{p_1 v_1}{427}$

② 절대단위계

$$_1Q_2 = m(u_2 - u_1) + \int_1^2 \Delta PV + \dfrac{m(v_2^2 - v_1^2)}{2} + mg(Z_2 - Z_1) + W_t$$

엔탈피는 내부 에너지와 유동 에너지의 합이므로

$\Delta H = \Delta U + \Delta PV$

$$m(h_2 - h_1) = m(u_2 - u_1) + \int pdv + \int vdp$$

$v = c$ 인 정적과정에서 $\Delta h = (u_2 - u_1) + v(p_2 - p_1)$
$p = c$ 인 정압과정에서 $\Delta h = (u_2 - u_1) + p(v_2 - v_1)$
$v \neq c, \ p \neq c$인 2점의 상태에서 $\Delta h = (u_2 - u_1) + (p_2 v_2 - p_1 v_1)$
1점의 상태에서 $h = u + \Delta pv$ 이다.

(2) 밀폐계 에너지 방정식(비유동 에너지 방정식)

밀폐계에서는 유동 에너지(ΔPV)의 변화가 없으며 운동에너지와 위치에너지의 크기는 다른 에너지 변화에 비해 작으므로 무시하면

$\delta q = du + pdv$

$_1Q_2 = m(u_2 - u_1) + p(v_2 - v_1)$ ······ ⓐ

식 ⓐ를 비유동에너지 방정식이라고 한다.

4) 과정에 따른 열량의 변화

(1) 비열(Specific Heat)

앞절에서 4℃의 물의 비열을 기준량 1kcal/kg℃로 하여 각각 물질의 비열을 정하였으며, 일(W)은 압력(P)과 체적(V)의 함수로 표기할 수 있으나 열을 함수로 표시하는 데는 적합지 않아 정확한 실험을 통해 비열이 상수가 아님을 찾아내었다.

수식으로 표기하면

$$_1Q_2 = \int \delta Q = \int m C dT$$

여기서 질량(M)은 상수이나 비열은 온도의 함수이므로 상수화 할 수 없었다.
그러므로

$$_1Q_2 = m \int C dT$$

로 표기되었다.

그러나 고상이나 액상에서는 온도차에 의한 비열이 거의 변화가 없기 때문에 평균비열[cm]의 개념을 적용하기로 하였다.

$$_1Q_2 = m \int c dt = m C m \int dt = m C m (T_2 - T_1)$$

$$C_m = \frac{_1Q_2}{m(T_2 - T_1)} = \frac{m \int C dT}{m(T_2 - T_1)} = \frac{\int C dT}{\Delta T} [\text{kJ/kgK}]$$

그러나 고상이나 액상에서는 과정에 따른 비열이 거의 일정하여 열량의 차가 없으나 기상에서는 비열의 차이가 큰 것을 알았다.

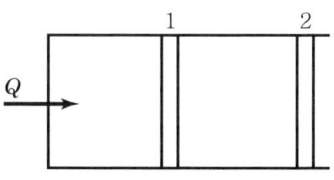

∥ 정압과정의 실린더 ∥

즉, 다음의 두 과정에서의 비열의 차는 시작점(1점) 상태에서 열이 들어오면 피스톤은 마찰을 무시하는 상태에서 끝점(2점)의 상태로 밀려나므로 정압과정이라고 할 수 있다. 이때의 열량을 수식으로 표기하면

$$_1Q_2 = \int mCdT = mC(T_2 - T_1)$$

이다. 위의 피스톤은 정압과정이므로 이를 표기하면

$$Q_p = mC_p \Delta T$$

이다. 여기서 $C_p = \dfrac{Q_p}{m\Delta T}$ [kJ/kgk] 이며 C_p를 정압비열이라 하며 정압과정에서 단위질량을 1℃ 올리는 데 필요한 열량이라 정의한다.

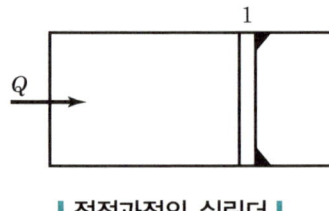

▎정적과정의 실린더▎

피스톤이 열을 공급받았을 때 옆의 그림은 압력[P] 증가, 온도[T]는 증가하나 체적[V]은 일정하므로 정적과정이라 하면 이 때의 열량은

$$Q_v = mC_v \Delta T$$

이다. 여기서

$$C_v = \dfrac{Q_v}{m\Delta T}$$

이며, C_v를 정적비열이라 하고 정적과정에서 단위질량을 1℃ 올리는 데 필요한 열량이라 하며 기상의 상태에서는 동일 온도를 올리는 데 정적과정의 비열과 정압과정의 비열이 다르다는 것을 실험으로 알 수 있었다.

5) 정상류 과정에서 노즐의 에너지 방정식

(1) 중력단위계

$$_1Q_2 = G(u_2 - u_1) + A\int \Delta PV + A\dfrac{G(V_2^2 - V_1^2)}{2g} + AG(Z_2 - Z_1) + W_t$$

$$_1Q_2 = G(h_2 - h_1) + A\dfrac{G(V_2^2 - V_1^2)}{2g} + AG(Z_2 - Z_1) + W_t$$

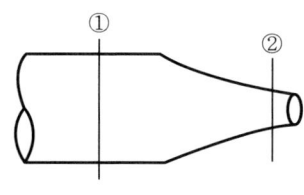

┃ 정상유과정 ┃

노즐 위치가 수평이므로 $Z_1 = Z_1$ 이다.

$$_1Q_2 = G(h_2 - h_1) + A\frac{G(V_2^2 - V_1^2)}{2g}$$

속도가 빠르므로 단열유동을 한다고 가정하면 $_1Q_2$ 와 W_t 는 0(Zero)이다.

$$0 = G(h_2 - h_1) + A\frac{G(V_2^2 - V_1^2)}{2g}$$

입구속도에 비해 출구속도가 매우 빠르므로 초기 속도를 무시하면

$$h_2 - h_1 = A\frac{V_2^2}{2g}$$

$$\therefore V_2 = \sqrt{\frac{2g(h_1 - h_2)}{A}} = \sqrt{2g(h_1 - h_2) \times 427}$$

(2) 절대단위(SI)

$$_1Q_2 = m(h_2 - h_1) + \frac{m(V_2^2 - V_1^2)}{2 \times 1000} + mg(z_2 - z_1) + W_t$$

단열유동을 하며 노즐이 수평이라고 하면

$$0 = m(h_2 - h_1) + \frac{m(V_2^2 - V_1^2)}{2}$$

초속도(V_1)는 출구속도(V_2)에 비해 작으므로 무시하면

$$h_1 - h_2 = \frac{V_2^2}{2}$$

그러므로

$$\therefore V_2 = \sqrt{2(h_1 - h_2)} = \sqrt{2\Delta h}$$

이다. 단위를 표기하면

$$\Delta h = \text{J/kg} = \frac{\text{Nm}}{\text{kg}} = \frac{\text{kg}_m \cdot \text{m}^2}{\text{s}^2 \text{kg}_m} = \text{m}^2/\text{s}^2$$

의 차원이 되므로 V_2^2의 차원과 같다. 그러나 실제 노즐에서는 완전한 단열유동 변화는 일어나지 않으므로 출구속도는 약간의 저하가 발생한다. 속도계수는 이러한 속도의 차를 수정하기 위한 계수이다.

$$\psi = \frac{V_R}{V_{th}}$$

ψ : 속도계수, V_R : 실제속도, V_{th} : 이론속도

SECTION 02 완전가스(이상기체)

물질은 고체와 유체로 구분되며, 유체는 다시 액상과 기상으로 구분된다. 기상은 가스와 증기로 구분되며, 액화가 어려운 것을 가스라 하고 액화가 비교적 쉬운 것을 증기라 한다.
이상기체(완전가스)란 기체분자의 크기가 없으며 따라서 분자 상호간의 인력이 없다. 또한 충돌시는 완전 충돌로 본다.
따라서 보일(Boyle), 샤를(Charles), 게이루삭(Gay-Lussac) 및 Joule의 법칙이 적용되는 즉, 완전가스의 상태방정식을 만족하는 가스를 일컬으나 실제로는 존재하지 않는다. 그러나 원자수가 적은 기체나 온도가 높고 압력이 낮은 경우의 실제기체는 이상기체에 가까워진다.

1. 보일 - 샤를의 법칙

1) 보일의 법칙(Boyle 또는 Mariotte : 1662)

온도가 일정한 경우 가스의 비체적은 압력에 반비례한다.

$$T_1 = T_2$$

$$\frac{v_2}{v_1} = \frac{p_1}{p_2}, \quad p_1 v_1 = p_2 v_2 \quad 즉, \quad pv = c$$

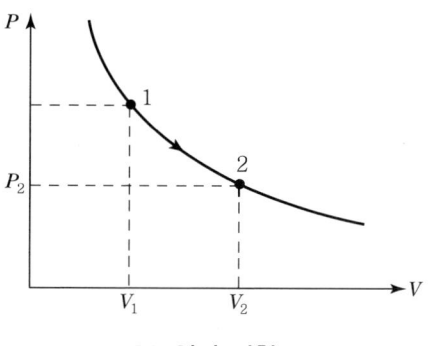

∥ 보일의 법칙 ∥

2) 샤를의 법칙(Charle 혹은 Gay-lussac의 법칙)(1802)

압력이 일정한 경우 가스의 비체적은 온도에 비례한다.

$$p_1 = p_2, \quad \frac{v_2}{v_1} = \frac{T_2}{T_1}, \quad \frac{v}{T} = c$$

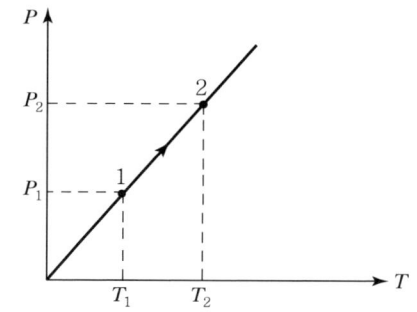 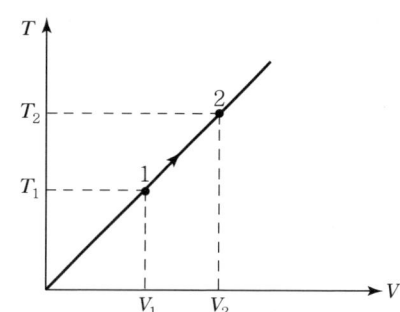

∥ 샤를의 법칙 ∥

3) 보일-샤를의 법칙

일정량의 기체의 압력과 체적의 곱은 온도에 비례한다.

$$\frac{p_1 v_1}{T_1} = \frac{p_2 v_2}{T_2}, \quad \frac{pv}{T} = c$$

2. 완전가스의 상태방정식

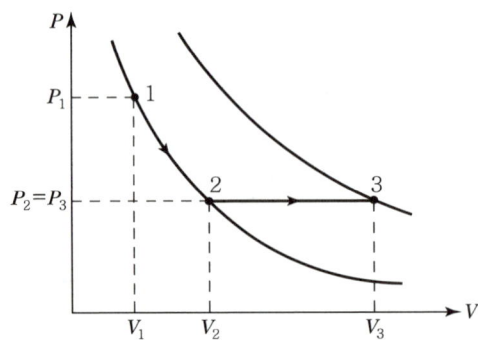

┃완전가스의 상태변화┃

보일-샤를의 법칙에 의해서

$$\frac{PV}{T} = C$$

$$PV = GRT$$

$$Pv = RT \quad (v\text{는 비체적})$$

이 식을 이상기체 상태방정식이라 한다.

$$R = \frac{Pv}{T}$$

일정량의 기체의 압력과 체적의 곱은 절대온도에 비례하며 비례상수 R(가스상수)은 1kg의 기체를 온도 1K 올리는 동안 외부에 행한 일을 의미한다.

기체상수(R)는 기체의 일정한 상태에서는 각각의 기체에 대하여 특유한 값을 가지며 정적과정, 정압과정 등의 과정에 따라 변하는 수치가 아니다. 가장 많이 사용하는 기체가 공기이며 공기의 값은 0℃ 1atm에서의 값을 표준상태(STP)라 하고, 표준상태(Standard Temperature and Pressure)에서 공기의 기체상수(R)를 구해보면,

$$R = \frac{P_0 V_0}{T_0} = \frac{1.0332 \times 10^4}{273} \times 0.7734 = 29.27\,[\text{kg}\cdot\text{M/kgK}]$$

절대단위로 기체상수는

$$29.27 \times 9.8 = 286.85 \fallingdotseq 287\,[\text{M}\cdot\text{m/kgK}] = 287\,[\text{J/kgK}] = 0.287\,[\text{kJ/kgK}]$$

이다. 그러므로 대부분의 기체상수는 표준상태에서의 값을 사용하며 STP 상태라고 한다.

동일한 온도 압력 체적 내의 가스의 분자수는 종류에 관계없이 모두 같다고 하는 아보가드로 (Avogadro) 법칙에 의해 STP 상태에서 분자량을 M이라 하면 $M[\text{kg/kmol}]$이며 체적 $V(22.4\text{m}^3/\text{kmol})$이므로 위의 식에서

$$RM = 848 = \overline{R}[\text{kgm/kmolK}]$$

여기서 $\overline{R}$를 일반기체상수(Universal Gas Constant)라 한다. 절대단위로 환산하면

$$\overline{R} = \frac{PV}{T} = \frac{101,300 \times 22.4}{273} = 8,312[\text{J/kmol} \cdot \text{K}]$$
$$= 8.312[\text{kJ/kmol} \cdot \text{K}]$$

이다. 그러므로 절대단위로서 이상기체의 상태방정식은 $PV = mRT$이다.

3. 완전가스(이상기체)의 비열

열역학 제1법칙에서

$$\delta Q = du + \delta W = du + pdv$$
$$\delta Q = dh - vdp$$
$$\delta Q = CdT$$

여기에서

$$C_v = \left(\frac{\partial Q}{\partial T}\right)_v = \frac{\partial U}{\partial T} \qquad C_p = \left(\frac{\partial Q}{\partial T}\right)_p = \frac{\partial h}{\partial T}$$

위의 식에서

$$\Delta h = \Delta U + \Delta pv$$
$$C_p dT = C_v dT + RdT$$
$$C_p = C_v + R$$
$$\therefore\ C_p - C_v = R$$

양비열의 비를 비열비(k)라 하면

$$k = \frac{C_p}{C_v}, \quad C_p - C_v = R$$
$$kC_v - C_v = R$$

$$C_v = \frac{R}{k-1} \quad C_p = \frac{kR}{k-1} \quad C_p - C_v = R$$

비열비 k는 같은 원자수의 기체분자에서는 같다.

- 1원자 가스 $k = \frac{5}{3} ≒ 1.667$
- 2원자 가스 $k = \frac{7}{5} = 1.4$
- 3원자 가스 $k = \frac{4}{3} ≒ 1.333$

위의 유도식에서 보면 정적비열, 정압비열 기체상수는 온도만의 함수이나 정압비열과 정적비열의 비는 원자수만의 함수임을 알 수 있다. 즉, 산소(O_2)의 비열비와 질소(N_2)의 비열비는 2원자 기체로서 1.4인 것을 알 수 있으며 대부분의 조성이 산소와 질소로 이루어진 공기의 비열비로 1.4인 것을 알 수 있다.

4. 이상기체의 상태변화

앞 절에서의 유도식들은 모두 이상기체에 대한 식들이므로 상태변화에 대한 항을 상태변화의 과정의 관점에서 다시 관찰해볼 필요성이 있다.

상태변화에는 가역변화와 비가역변화가 있는데 표로 표시하면 다음과 같다.

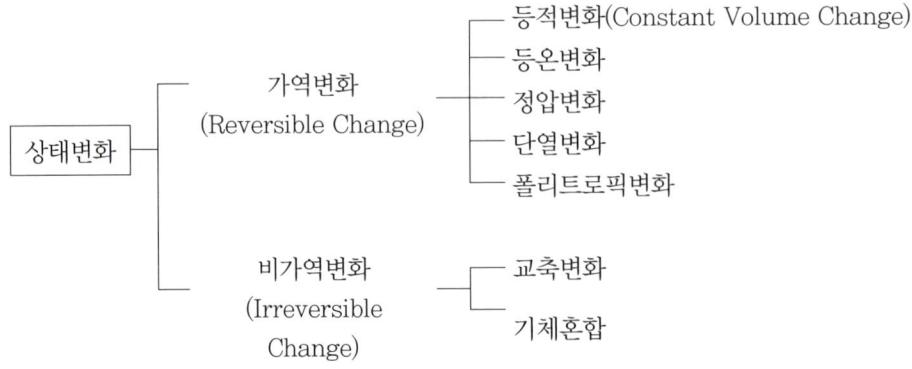

즉 이상기체에 관한 식은 모두 가역변화에 관한 식이며 비가역변화의 식은 교축변화, 기체혼합 이외에 마찰 등의 현상이 있다. 다시말해 우주에서 일어나는 변화는 대부분 비가역 변화라고 할 수 있으나 이상기체는 가역과정이라고 가정하는 과정이다.

1) 등적 변화

체적이 일정한 경우의 상태 변화로 $Pv = RT$에서 $\dfrac{P}{T} = \dfrac{R}{v}$로 우변이 정수이므로

$$\dfrac{P_1}{T_1} = \dfrac{P_2}{T_2} = 일정$$

또 등적변화에서

$$_1W_2 = \int_1^2 Pdv = 0$$

$$_1Q_2 = m(u_2 - u_1) + \int_1^2 Pdv = m(u_2 - u_1)$$

$$_1Q_2 = m(u_2 - u_1) = mC_v(T_2 - T_1) = \dfrac{1}{k-1}V(P_2 - P_1)$$

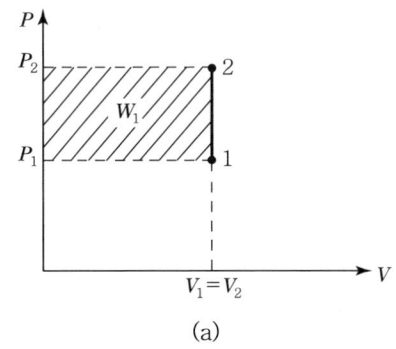
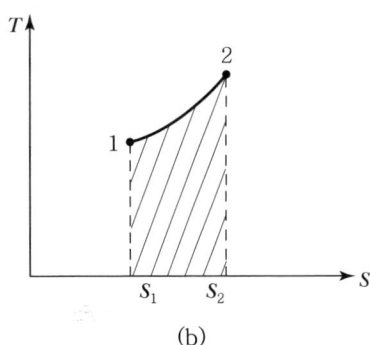

| 등적과정 |

등적변화에서는 외부에서 가해진 열량은 전부 내부 에너지 증가 또는 온도를 높이는 데 소비된다.

2) 등압 변화

일정한 압력에서의 상태변화이므로 $Pv = RT$에서 $\dfrac{v}{T} = \dfrac{R}{P}$ 우변이 정수이므로

$$\frac{v_1}{T_1} = \frac{v_2}{T_2} = 일정$$

$$_1W_2 = \int_1^2 PdV = P(V_2 - V_1) = R(T_2 - T_1)$$

$$_1Q_2 = \int_1^2 \delta Q = \int_1^2 dh - \int_1^2 vdP = C_p \int_1^2 dT = C_p(T_2 - T_1)$$

$$= h_2 - h_1 = \frac{k}{k-1} P(v_2 - v_1)$$

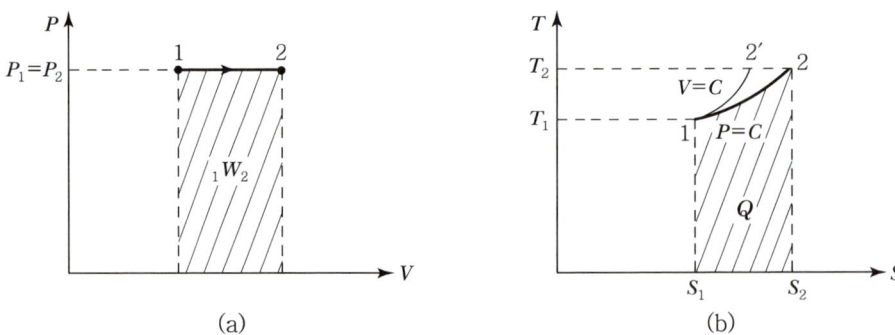

❙ 등압과정 ❙

등압변화에서는 가열량이 전부 엔탈피 증가에 사용된다.

3) 등온 변화

$Pv = $ 일정으로 $P_1v_1 = P_2v_2$, $\dfrac{P_1}{P_2} = \dfrac{v_2}{v_1}$

$\delta Q = C_v dT + Pdv$ 및 $\delta Q = C_v dT + vdP$에서 $dT = 0$이므로

$dQ = Pdv \qquad dQ = -vdP$

$Q = \int Pdv = W_2 = -\int vdP = W_t$

$_1W_2 = \int_1^2 Pdv = P_1v_1\int_1^2 \dfrac{dv}{v} = P_1v_1\ln\dfrac{v_2}{v_1} = RT_1\ln\dfrac{v_2}{v_1}$

$\qquad = P_1v_1\ln\dfrac{P_1}{P_2} = RT_1\ln\dfrac{P_1}{P_2}$

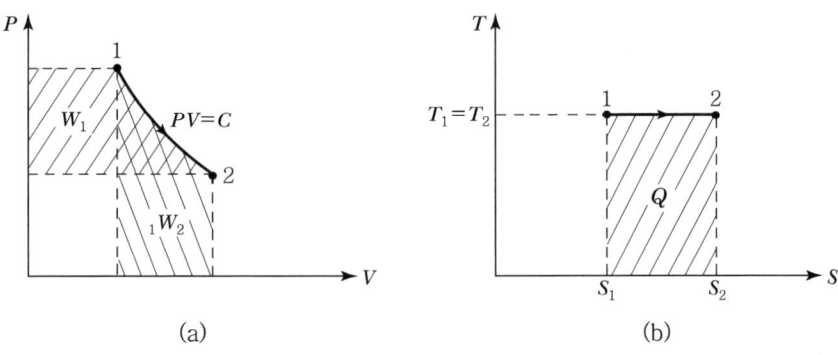

| 등온과정 |

열량은

$\delta Q = C_v dT + Pdv$

$_1Q_2 = {_1W_2} = W_t$

$\therefore {_1Q_2} = RT_1\dfrac{v_2}{v_1} = RT_1\dfrac{P_1}{P_2}$

4) 단열변화

외부와의 열의 출입이 없는 상태변화를 넓은 의미에서 단열변화라 하며 이 경우 계내 발생 되는 마찰열이 작업유체에 전해지는 경우가 비가역 단열변화이며, 안팎으로 전열의 출입이 없는 경우가 가역변화이다.

$$\delta Q = c_v dT + Pdv = 0$$

상태방정식($pv = RT$)을 미분하면

$$Pdv + vdP = RdT$$
$$dT = \frac{1}{R}(Pdv + vdp)$$

따라서 기초식은

$$C_v\left(\frac{Pdv}{R} + \frac{vdP}{R}\right) + Pdv = 0$$
$$\therefore (C_v + R)Pdv + C_v vdp = 0$$

이다. 여기서 $C_p - C_v = R$, $k = \frac{C_p}{C_v}$ 를 대입하면

$$C_p Pdv + C_v vdp = 0$$
$$\therefore k\frac{dv}{v} + \frac{dP}{P} = 0$$

적분해서 $\int k\frac{dv}{v} + \int \frac{dP}{P} = k\ln v + \ln P = C_{1(정수)}$

그러므로 $Pv^k = C_1$, $P_1 v_1^k = P_2 v_2^k$

$P = \frac{RT}{v}$, $v = \frac{RT}{P}$ 를 사용하면

$$Tv^{k-1} = C \qquad T_1 v_1^{k-1} = T_2 v_2^{k-1}$$

또는

$$\frac{T}{P^{\frac{k-1}{k}}} = C \qquad \frac{T_1}{P_1^{\frac{k-1}{k}}} = \frac{T_2}{P_2^{\frac{k-1}{k}}}$$

P, V, T의 관계를 정리하면 다음과 같이 표시된다.

$$\frac{T_2}{T_1} = \left(\frac{v_1}{v_2}\right)^{k-1} = \left(\frac{P_2}{p_1}\right)^{\frac{k-1}{k}}$$

외부에서 하는 일은

$$_1W_2 = \int_1^2 Pdv = P_1v_1^k \int_1^2 \frac{dv}{v_k} = \frac{P_1v_1}{k-1}\left[1-\left(\frac{v_1}{v_2}\right)^{k-1}\right] = \frac{P_1v_1}{k-1}\left[1-\left(\frac{p_1}{P_2}\right)^{\frac{k-1}{k}}\right]$$
$$= \frac{1}{k-1}(P_1v_1 - P_2v_2) = \frac{R}{k-1}(T_1 - T_2) = \frac{C_v}{(T_1 - T_2)}$$

공업일 W는

$$W_t = -\int_1^2 vdP = \int_2^1 vdP = \int_2^1 \left(\frac{P_1}{P_2}\right)^{\frac{1}{k}} dP = \frac{k}{k-1}(P_1v_1 - P_2v_2)$$
$$\therefore W_t = k \cdot {_1W_2}$$

단열 변화에서는 공업일은 절대일의 K배에 해당된다.
내부 에너지 및 엔탈피에 대해서는

$$u_2 - u_1 = C_v(T_2 - T_1) = \frac{(P_2v_2 - P_1v_1)}{k-1} = {_1W_2}$$
$$u_2 - u_1 = C_v(T_2 - T_1) = \frac{(P_2v_2 - P_1v_1)}{k-1} = {_1W_2}$$
$$h_2 - h_1 = C_p(T_2 - T_1) = \frac{k}{k-1}(P_2v_2 - P_1v_1) = k \cdot {_1W_2} = -W_t$$

$P-V$ 선도에서는 단열선이 등온선보다 그 경사가 크다.

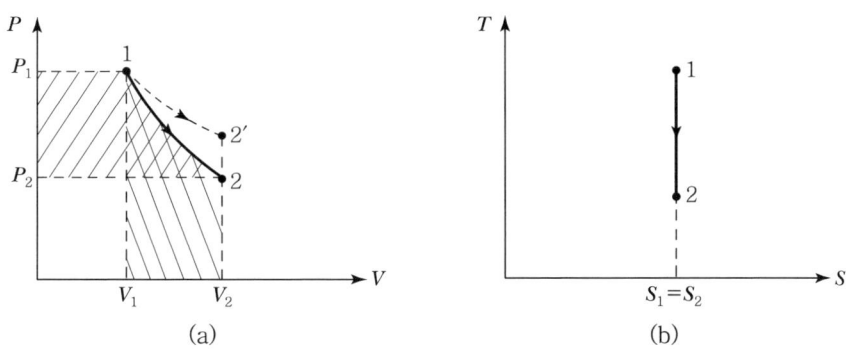

∥ 가역단열과정 ∥

5) 폴리트로픽 변화

임의의 정수를 지수로 하는 다음 상태식으로 표시되는 상태 변화로 내용 등에 따라 여러 가지 변화가 있다.

$$Pv^n = 일정$$

위 식의 n을 폴리트로픽 지수(Polytropic Exponent)라 하며, $+\infty$에서 $-\infty$까지의 값을 가지며 등온변화는 $n=1$, 단열변화는 $n=k$, 등적변화는 $n=\infty$, 등압변화는 $n=0$이다.
가역변화식에서 $k=n$으로 두면

$$P_1 v_1^n = P_2 v_2^n = Pv^n = 일정$$

$$T_1 v_1^{n-1} = T_2 v_2^{n-1} = Tv^{n-1} = 일정$$

$$\frac{T_1}{P_1^{\frac{n-1}{n}}} = \frac{T_2}{P_2^{\frac{n-1}{n}}} = \frac{T}{P^{\frac{n-1}{n}}} = 일정$$

즉,

$$\frac{T_2}{T_1} = \left(\frac{v_1}{v_2}\right)^{n-1} = \left(\frac{P_2}{P_1}\right)^{\frac{n-1}{n}}$$

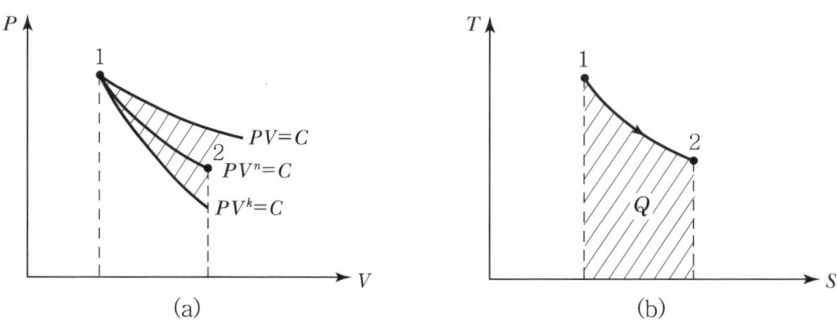

| 폴리트로픽 과정 |

일에 대해서는

$$_1W_2 = \int_1^2 Pdv = P_1 v_1^n \int_1^2 \frac{dv}{v^n} = \frac{1}{n-1}(P_1 v_1 - P_2 v_2) = \frac{P_1 v_1}{n-1}\left(1 - \frac{T_2}{T_1}\right)$$

$$= \frac{P_1 v_1}{n-1}\left[1 - \left(\frac{v_1}{v_2}\right)^{n-1}\right] = \frac{P_1 v_1}{n-1}\left[1 - \left(\frac{P_2}{P_1}\right)^{\frac{n-1}{n}}\right] = \frac{n}{n-1} R(T_1 - T_2)$$

$$-W_t = \int_1^2 v dP = P_1 \frac{1}{n} v_1 \int_1^2 \frac{dP}{P^{1/n}} = \frac{n}{n-1}(P_1 v_1 - P_2 v_2)$$

$$= \frac{nP_1 v_1}{n-1}(1 - \frac{T_2}{T_1}) = \frac{nP_1 v_1}{n-1}\left[1 - \left(\frac{v_1}{v_2^{n-1}}\right)\right] = \frac{nP_1 v_1}{n-1}\left[1 - \left(\frac{P_2}{P_2}\right)^{\frac{n-1}{n}}\right]$$

$$= \frac{n}{n-1}R(T_1 - T_2)$$

외부에서 공급되는 열량은

$$\delta Q = C_v dT + Pdv$$

$$_1Q_2 = C_v(T_2 - T_1) + {_1W_2} = C_v(T_2 - T_1) + \frac{R}{n-1}(T_1 - T_2)$$

$$= C_v \frac{n-k}{n-1}(T_2 - T_1)$$

여기서 $C_v \frac{n-k}{n-1} = C_n$ 이라 표시하고, C_n을 폴리트로픽 비열(Polytropic Spcific Heat)이라 한다.

내부 에너지의 변화는 $u_2 - u_1 = C_v(T_2 - T_1) = \frac{1}{k-1}RT_1\left[\left(\frac{P_2}{P_1}\right)^{\frac{n-1}{n}} - 1\right]$

엔탈피의 변화는 $h_2 - h_1 = C_p(T_2 - T_1) = \frac{k}{k-1}RT_1\left[\left(\frac{P_2}{P_1}\right)^{\frac{n-1}{n}} - 1\right]$

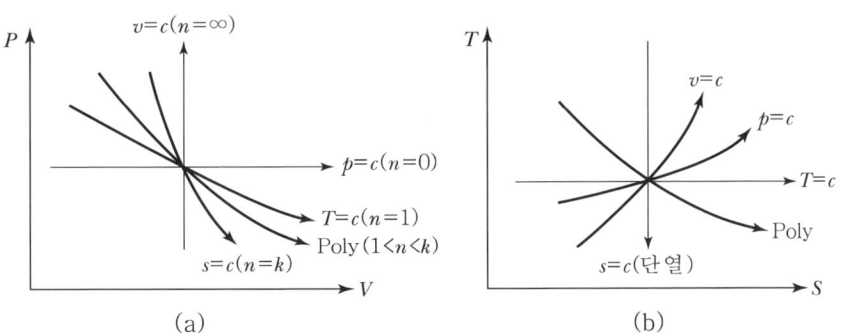

∥ 각 과정에 따른 $P-V$선도와 $T-S$선도 ∥

5. 반완전 가스

반완전 가스 및 실제기체를 이해하는 데 있어서는 이상기체의 제반식을 이해하는 것이 필수적이다. 이상기체에서는 상태방정식 $PV=RT$를 따르며, 내부 에너지 및 엔탈피는 온도만의 함수라고 하였다. 반완전 가스는 이상기체 상태식을 반이론적으로 수정한 것으로 1873년에 Van Der Walls 상태식이 발표되었다. 즉, 이상기체의 상태식에서 압축성 계수

$$Z = \frac{PV}{RT}$$

를 실제가스의 이상기체에 얼마나 접근하는가를 측정하는 척도로 사용하여 압축성 계수(Z)는 압력(P)이 0에 접근하면 압축성 계수는 모든 등온선에 대하여 1에 접근한다는 것을 알 수 있으며, 압축성 계수가 1이면 잔류체적(Residual Volume)과 Joule-Thomson 계수는 항상 0이다.

순수물질에 대한 압축성 계수는 임계점을 포함하며 임계점을 정해주면 임계압력(P_c), 임계온도(T_c), 임계비체적(V_c)이 존재한다.

$$\frac{P}{P_c} \text{ (환산압력)} \quad \frac{T}{T_c} = T_r \text{ (환산온도)} \quad \frac{v}{v_c} = v_r$$

반완전 가스의 상태방정식으로는 Van Der Walls식으로 이상기체식의 수정식이다.

$$P = \frac{RT}{v-b} - \frac{a}{v^2}$$

여기서 상수 b는 분자가 점유하는 체적에 대한 수정이며, $\frac{a}{v^2}$는 분자 간의 인력을 고려한 수정이다. A와 B는 일반상태식의 상수이다. 특히, 이 상수는 임계점에서의 기울기가 0이라는 사실에서 구할 수 있다.

$$\left(\frac{\partial P}{\partial v}\right)_T = -\frac{RT}{(v-b)^2} + \frac{2a}{v^3}$$

$$\left(\frac{\partial^2 P}{\partial v^2}\right)_T = \frac{2RT}{(v-b)^3} + \frac{6a}{v^4}$$

위의 도함수는 임계점에서 0이 되므로

$$\frac{-RT_c}{(v_c-b)^2} + \frac{2a}{v_c^3} = 0 \quad \frac{2RT_c}{(v_c-b)^3} + \frac{6a}{v_c^4} = 0 \quad P_c = \frac{RT_c}{(v_c-b)} - \frac{a}{v_1^2}$$

3개의 방정식을 풀면

$$v_v = 3b \quad a = \frac{27R^2 T_c^{\,2}}{64P_c}, \quad b = \frac{RT_c}{8P_c}$$

그러므로 Van Der Walls의 임계점에 대한 압축성 계수는 $\frac{3}{8}$이다.

그러나 Van Der Walls 식보다도 실제 기체에 더 많이 접근한 식이 많이 제안되어 사용되고 있다. 이러한 각종의 상태식은 각종 물질의 P-V-T 거동을 나타내기 위해 사용되고 있다.

6. 혼합가스

2종 이상의 기체혼합은 돌턴(Dalton)의 법칙이 적용된다. 두 가지 이상의 다른 이상기체를 하나의 용기에 혼합시킬 경우 혼합기체의 전압력은 각 기체의 분압의 합과 같다.

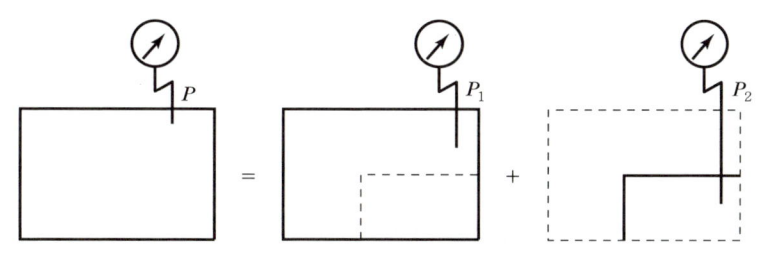

| 돌턴의 분압법칙 |

위의 그림과 같이 동일한 체적과 동일한 온도에서는
$PV = mRT$에서

$$P = \frac{mRT}{V} \quad P = P_1 + P_2 + P_3 \ldots$$

$$\frac{mRT}{V} = \frac{m_1 R_1 T_1}{V_1} + \frac{m_2 R_2 T_2}{V_2} + \ldots$$

$$mR = m_1 R_1 + m_2 R_2 + \ldots$$

$$m\frac{848}{M} = m_1 \frac{848}{M_1} = m_2 \frac{848}{M_2} + \ldots$$

1) 혼합가스의 비중량(γ)

혼합가스 비중량을 각각 $r_1, r_2, r_3, \cdots\cdots r_n$이라 하면
$G = rV$에서

$$G = G_1 + G_2 + \cdots\cdots + G_n = r_1 V_1 + r_2 V_2 + \cdots\cdots + r_n V_n = rV$$

즉, $rV = r_1 V_1 + r_2 V_2 + \cdots\cdots + r_n V_n = \sum_{i=1}^{n} r_i V_i$

$$\gamma = \sum_{i=1}^{n} \gamma_i = \gamma_1 \frac{V_1}{V} + \gamma_2 \frac{V_2}{V} + \cdots + \gamma_n \frac{V_n}{V} = \sum_{i=1}^{n} \gamma_i \frac{P_i}{P} = \gamma_1 \frac{P_1}{P} + \gamma_2 \frac{P_2}{P} + \cdots + \gamma_n \frac{P_n}{P}$$

2) 혼합가스 중량비 $\left(\dfrac{G_i}{G}\right)$

중량비 $\left(\dfrac{G_i}{G}\right)$는 체적비 $\left(\dfrac{V_i}{V}\right)$와 비중량비 $\left(\dfrac{\gamma_i}{\gamma}\right)$의 곱으로 표시되므로

$$\frac{G_i}{G} = \frac{\gamma_i}{\gamma} \frac{V_i}{V} = \frac{M_i}{M} \frac{V_i}{V} = \frac{R}{R_i} \frac{V_i}{V} \qquad (\because \frac{P}{\gamma r} = RT \text{에서 } \gamma \propto M)$$

3) 혼합가스 분자량(M) 및 가스정수(R)

$\gamma V = \sum_{i=1}^{n} \gamma_i V_i$에서

$$\gamma V = \sum_{i=1}^{n} \gamma_i \frac{V_i}{V} = \sum_{i=1}^{n} \gamma \frac{M_i}{M} \frac{V_i}{V} = \sum_{i=1}^{n} r \frac{M_i}{M} \frac{P}{P}$$

로 되므로 혼합가스 분자량(M)은

$$M = \sum_{i=1}^{n} M_i \frac{V_i}{V} = \sum_{i=1}^{n} M_i \frac{P_1}{P}$$

이다. 가스정수 $R = \dfrac{8,312}{M}$ 이므로

$$R = \frac{848}{\sum_{i=1}^{n}} M_1 \frac{V_1}{V} = \frac{848}{\sum_{i=1}^{n}} M_1 \frac{P_1}{P}$$

4) 혼합가스의 비열(C)

혼합가스의 단위 질량당 비열과 질량을 각각 C, M라 하고 각 가스의 단위 질량당 비열과 질량을 각각 C_i, m_i라 하면

$$Cm = \sum_{i=1}^{n} C_i m_i$$

$$\therefore C = \sum_{i=1}^{n} C_i \frac{m_i}{m}$$

5) 혼합가스의 온도(T)

각 가스 온도를 T_i라 하고 혼합 후 온도를 T라 하면 열역학 0법칙에 의하여

$$\sum_{i=1}^{n} m_i C_i (T - T_i) = 0$$

$$\therefore T = \sum_{i=1}^{n} \frac{m_i C_i T_i}{m_i C_i}$$

7. 공기(Air)

고상 또는 액상이 있는 1개의 성분과 접촉하고 있는 이상기체 혼합물에 대한 해석으로는 다음과 같은 가정이 널리 사용되고 있으며 상당한 정확성도 있다.
(1) 고상 또는 액상에는 용해가스가 없다.
(2) 가스상은 이상기체로 한다.
(3) 혼합물과 응축된 상이 있을시 평형은 다른 성분의 존재로 인하여 영향을 받지 않는다.
  즉, 평형이 이루어질 때 포화온도에 대응하는 포화압력이 같다고 가정한다.

1) 기초적인 사항

(1) 습공기

공기는 질소, 산소, 아르곤, 탄산가스, 수증기 등의 혼합물로 대기 중의 공기의 성분은 수증기를 제외하면 그 혼합비율은 거의 일정하지만 수증기는 기후 등에 따라 변동하는 정도가 크다. 이 때문에 수증기를 전혀 함유하지 않은 공기를 건조공기라고 하고 이것에 대해 수증기를 함유한 공기를 습공기라고 한다. 즉, 습공기는 건조공기와 수증기의 혼합물이다.

(2) 습도의 표시방법

① 절대습도(Humidity Ratio) : x, [kg/kgDA]

건조공기 1kg을 함유한 습공기 중의 수증기의 중량으로 공조계산에 가장 널리 사용된다.(Absolute Humidity)

즉, 공기와 수증기의 혼합비로서 x로 표시한다.

$$x = \frac{G_v}{G_a}$$

$$G_v = \frac{P_v V}{R_v T} = \frac{P_v VM}{RT} \quad G_a = \frac{P_a V}{R_a T} = \frac{P_a VM}{RT}$$

② 상대습도(Relative Humidity) : ϕ, [%]

습공기의 수증기 분압과 동일 온도의 포화공기의 수증기 분압과의 비를 [%]로 나타낸 것. 모발, 섬유 등의 신축은 상대습도에 의해 크게 변화한다.

즉, 혼합물 중의 증기의 물분의 동일 온도, 동일 전압하의 포화 혼합물 중의 증기의 물분에 대한 비, 즉 임의의 습공기중 수증기 분압과 동일 온도에서의 증기의 포화압력(p_g)과의 비

$$\phi = \frac{P_v}{P_g} = \frac{\rho_v}{\rho_g} = \frac{v_g}{v_v}$$

절대습도(x)와의 관계에서

$$x = \frac{R_a P_v}{R_v P_a} = \frac{M_v P_v}{M_a P_a}$$

공기수증기 혼합물에서

$R_a = 29.27$[kgm/kgK], $R_v = 47.06$[kgm/kgK]

이므로

$$x = 0.622 \frac{P_v}{P_a} = 0.622 \frac{\phi P_g}{P - \phi P_g}$$

$$\phi P_a = P_v$$

$$\therefore \phi = \frac{xP}{(0.622 + x)P_v}$$

상대습도(ϕ)가 1일 때 절대습도는

$$x = 0.622 \frac{P_g}{P - P_g}$$

이다.

③ 비교습도(Degree of Saturation) : ϕ

습공기의 절대습도(x)와 그 온도에 있어서의 포화공기의 절대습도와의 비를 [%]로 나타낸 것으로 포화도라고도 한다. 상대습도와 비교습도는 온도가 높은 곳에서는 차이가 크지만, 상온부근에서는 차이가 적어 실용도로 볼 때는 같은 수치로 본다.

$$\phi = \frac{x}{x_g} = \phi \frac{P - P_g}{P - \phi P_a}$$

④ 노점온도(Dew Point) : t'', [℃]

포화공기의 절대습도는 온도가 낮아지면 같이 적어지게 된다. 습공기를 냉각하면 포화상태에 도달하고 냉각을 계속하면 공기 중의 수증기의 일부가 응축하여 결로현상이 발생한다. 공기가 포화상태로 되는 온도를 노점온도라고 하고 습공기의 일정 압력하에서의 노점온도는 절대습도에 대하여 일정치를 나타낸다.

⑤ 습구온도(Wet Bulb) : t', [℃]

습도의 측정에는 건습구온도계도 널리 사용된다. 건구온도계는 보통의 온도계로서 공기의 온도를 측정하지만 습구온도계는 감온부를 가재로 싸고 모세관 현상으로 물을 흡상시켜 감온부를 습하게 하면 그 표면에서 물이 증발하여 구부가 냉각되고 주위의 공기에서 구부에 열이 전달되어 균형을 이루면 습구온도계의 눈금은 하강을 정지한다. 이때의 온도가 습구온도이다.

습구온도는 구부의 물의 증발에 의해 건구온도보다 낮은 온도를 나타내지만, 이 차이는 상대습도가 클수록 작다. 또 포화공기의 건습구온도는 같다. 또 이 차이는 온도에 의해서 변화되므로 상대습도의 계산에는 건습구온도의 온도차를 이용하여야 한다.

습구에서의 증발은 기류 속도에 의해서 변화되므로 일정한 풍속에서 측정해야 한다. 이 때문에 풍속이 없는 실내에서 사용하는 오가스트식 건습계와 일정한 풍속을 강제적으로 불어 주는 아스만 습도계가 사용된다. 이러한 것은 동일 온습도의 공기를 측정하여도 다른 습구온도를 나타내므로 수증기 분압이나 상대습도 계산식에는 각각 별개의 것이 사용된다. 또 흐르는 공기 중에 물방울을 분무하면 공기와 물방울 사이에 열전달과 물질이동이라는 것이 이루어지지만 입구공기의 온습도에 의해서 결정된다.

수온의 경우에는 분무수의 증발과 공기로부터의 열전달이 균형을 이뤄 수온이 변화하지 않는다. 공기의 온도는 점차 이 수온에 가까워져 포화상태에서는 이 수온과 같게 된다. 이 온도를 단열포화온도라고 부르며 습구온도는 기류속도가 크게 되면(5m/s 이상) 점차로 단열포화 온도와 같게 된다. 단열 포화온도는 공기의 온습도만으로 결정되고 풍속에는 영향이 없으므로 이론적으로 습구온도 대신에 이것을 사용하면 편리하다.

⑥ 수증기분압(Steam Partial Pressure) : H, P, [mmHg], [kg/cm²]
습공기는 건조공기와 수증기의 혼합물로서 습공기의 전용적을 수증기만으로 점유되고 있다고 가정한 경우에 나타내는 압력 즉, 수증기 분압으로서 이것과 절대습도와의 관계는 달톤의 분압법칙에 의해 다음 식으로 나타낸다.

$$x = 0.622 \frac{p}{P-p} = 0.622 \frac{h}{H-h}$$

여기서, x : 절대습도(kg/kgda)
P : 습공기의 전압(kg/cm²)
p : 수증기 분압(kg/cm²)
H : 습공기의 전압(mmHg)
h : 수증기 분압(mmHg)

⑦ 포화공기(Saturated Air)
공기가 함유할 수 있는 수증기의 양에는 한도가 있고 이것은 온도나 압력에 따라서 다르다. 최대 한도량까지 수증기를 함유한 공기를 포화공기라고 한다. 물을 비등시키는 경우의 압력과 온도와의 관계는 포화증기압으로 알려져 있다. 즉, 100℃ 포화증기압은 1.033 kg/cm²이다.
이 관계는 공기 중의 수증기에 대해서도 포화공기의 수증기 분압을 상기의 포화 증기압이라고 해도 되므로 20℃ 포화공기의 수증기 분압은 0.0238ata가 된다.

2) 습공기 선도

습공기의 상태는 압력, 온도, 습도, 엔탈피, 비용적 등에 의해서 표시된다. 압력이 일정할 때 다른 상태값은 2개의 변수를 좌표축에 잡은 선도로서 나타낼 수가 있다. 이것을 습공기선도라고 한다. 공기선도에서는 엔탈피와 절대습도를 좌표로 사용한 $i-x$ 선도나 건구온도와 절대습도를 사용한 $t-x$ 선도, 건구온도와 엔탈피를 사용한 $t-i$ 선도가 있는데 $i-x$ 선도가 널리 쓰이고 있다. $i-t$ 선도는 냉각탑의 계산에 사용된다.

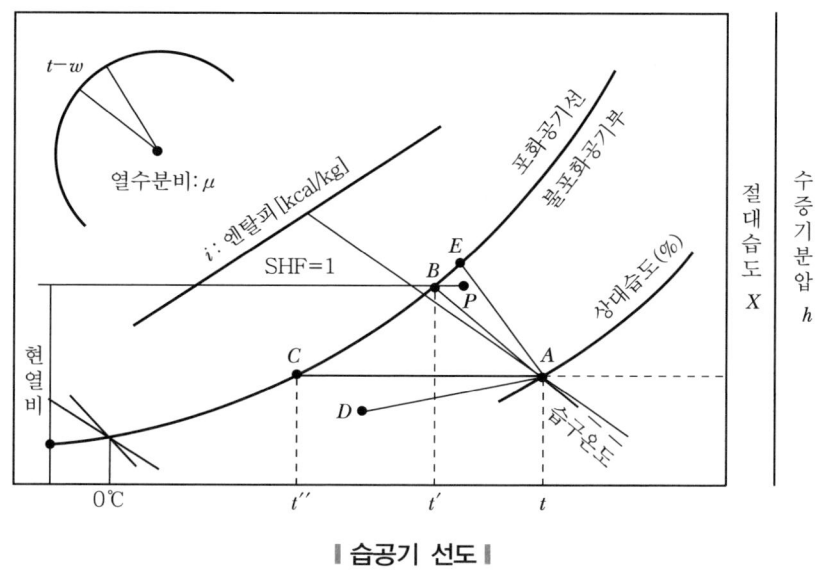

∥ 습공기 선도 ∥

$i-x$ 선도는 종축에 절대습도, 사축에 엔탈피를 사용한 것으로 이것을 기준으로 다른 상태의 값이 표시되어 있다. 또 현열비나 열수분비를 구하는 눈금도 표시되어 있다. 또한 표준대기압을 기준하고 있으며 어떤 상태의 공기도 선도상에서는 한 점으로 표시된다.

선도의 포화곡선은 각 온도에 대한 포화 공기점을 연결한 것으로 상대습도 100%에 해당된다. 이 곡선의 아래쪽은 불포화 공기로서 통상 사용하는 범위이고, 상부쪽은 포화수증기압 이상으로 수증기를 함유한 불안정한 과포화 상태 또는 일부의 수증기가 응축하여 노상으로 부유하고 있는 노입공기(저온에서는 눈을 함유한 설입공기)의 상태이다. 또한 선도의 현열비와 열수분비는 공기의 상태 변화의 기준이 되는 값이며 현열비(S.H.F)는 엔탈피 변화에 대한 현열량 변화의 비율로서

$$\text{Shf} = \frac{C_p \Delta t}{\Delta i} = \frac{q_s}{q_S + q_L}$$

여기서, Δi : 엔탈피 변화량(kcal/kg)
Δt : 온도변화량(℃)
C_P : 공기의 정압비열(kcal/kg℃)

로 구해지는데, 공기 A가 D로 변화하였다면 점 P에서 Ad선의 평행선을 그으면 현열비 눈금을 찾을 수 있다.

열수분비는 절대습도 변화에 대한 엔탈피 변화의 비율로서

$$\mu = \frac{di}{dx}$$

이다. 선도에는 일정한 구배로서 표시되어 있으며 선도의 기준점과 열수분비 눈금상의 점을 연결한 직선과 평행한 변화는 사용하는 매체가 좌우한다. 수온 $tw[℃]$의 수적을 A에 분무하여 그 수적을 완전히 증발시키는 경우에는 $\mu = di/dx = tw$이고 A 공기는 기준 열수분비선에 평행으로 변화해서 E점의 방향으로 진행된다.

더욱이 습구온도에 단열 포화온도를 쓰고 있으므로 습구온도 $t'[℃]$ 일정의 직선은 열수분비선에 평행하다.

SECTION 03 열역학 제2법칙

열역학 제1법칙은 계 내에서 임의의 Cycle 중의 열전달의 합은 일의 합과 같다는 것을 말하는 즉, 하나의 에너지 형태에서 다른 형태의 에너지로 변화할 때의 양적 관계를 표시한 것이다. 그러나 열이나 일이 흐르는 방향에 대해서는 아무런 제한도 없었다.

그러한 일이 일어난다는 것은 있을 수 없으므로 제2법칙이 공식화되었으며 임의의 사이클에서 열역학 제1법칙과 제2법칙을 만족할 때에만 실제로 일어난다. 즉, 제2법칙은 과정이 어떤 한 방향으로만 진행하고 반대방향으로는 진행되지 않는 에너지 변환의 방향성과 비가역성임을 명시했다.

즉 자연계의 현상과 에너지의 변화는 평형상태를 이루며 한 방향으로만 변화하며 그 반대방향으로의 변화는 일어나지 않으며 열을 역학적 에너지로 변환하는 것은 제약을 받아 완전하게 변할 수 없는 비가역과정이라는 것이다.

1. 열역학 제2법칙의 표현

[열저장소]

열용량이 무한대여서 아무리 많은 열을 주거나 받아도 온도의 변화가 없는 저장소로서 이상기체의 등온변화와 같은 물질이 지구상에는 존재하지 않기 때문에 질량이 거의 무한대인 물질을 열저장소로 가정한 것이다. 예를 들면 대기나 바다 등을 그 예로 들 수 있다.

즉, 열저장소의 단위는 $Q = mc\Delta T$에서 질량(m)과 비열(c)의 곱을 열용량이라 하며 단위는 [kcal/℃] 혹은 [kJ/K]로써 단위온도를 높이는 데 필요한 에너지를 열용량으로 정의한다.

1) Kelvin – Plank의 표현

사이클로 작동하면서 아무런 효과도 내지 않고 단일 열저장소에서 기계장치를 구성하여 일을 하는 것은 불가능하다. 즉, 열기관이 동작유체의 의해서 일을 발생시키려면 공급열원보다 더 온도가 낮은 열원이 필요하게 된다는 것이다. 따라서 100%의 열효율을 갖는 열기관을 만드는 것은 불가능하다.

2) Clausius의 표현

사이클로 작동하면서 저온 열저장소로부터 고온 열저장소로 열을 전달하는 것 외에 아무 효과도 내지 않는 기계장치를 만드는 것은 불가능하다. 즉, 냉동기 또는 열펌프에 관련한 표현이다.
이 두 가지 표현에 대해서 열역학 제2법칙을 정리하면

(1) 열은 자연적으로는 저온 물체로부터 고온 물체로는 흐르지 않는다. 따라서 저온물체로부터 고온물체로의 열의 이동은 반드시 일의 소비가 따른다.
(2) 열이 일로 변하기 위해서는 열원 이 외에 이것보다 낮은 열저장소가 있을 것. 즉, 저장소 간 온도의 차이가 있어야 한다.
(3) 사이클 과정에서 열원의 열이 모두 일로 변화할 수 없다.

다음 그림에서처럼 단일 열저장소에서 열교환은 일어날 수가 없다.

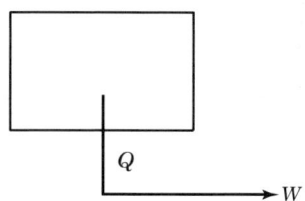

∥ 제2종 영구기관 ∥

열역학 제2법칙에 근거하면 열교환이 일어나려면 최소한 2개 이상의 열저장소가 필요하며 고온체에서 저온체로 열이동을 하며 일(W_A)이 만들어지며 저온체에서 고온체로 열이동이 일어나기 위해서는 일(W_l)이 필요하다는 것이다.

다음의 그림 (a)를 우리는 열기관이라고 하나 저온체에서 고온체로 가는 데 필요한 일(W_l)이 매우 적다고 가정하면 다음과 같은 그림 (b)로 된다. 그림 (b)를 사이클(Cycle)로서 도시하면 그림 (c)와 같다.

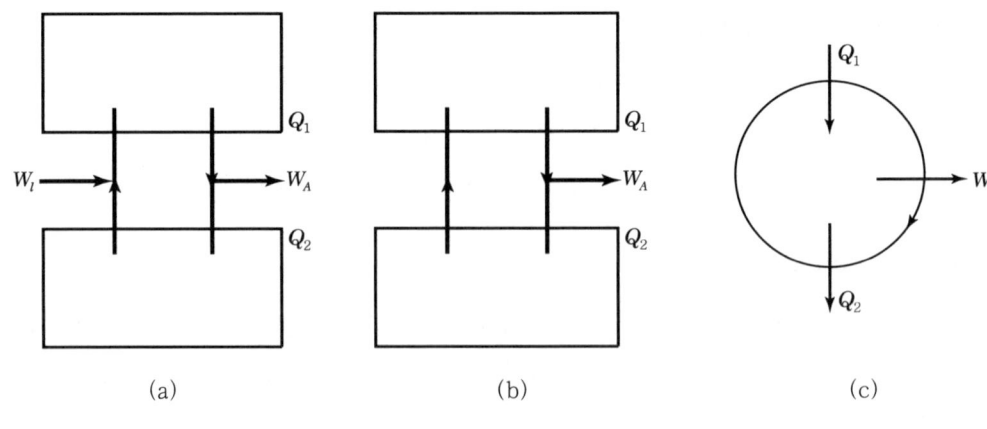

| 가역 사이클 |

위 그림의 사이클을 열기관 사이클이라고 한다. 클라우지우스(Clausius)의 표현은 냉동기 사이클의 정의가 된다. 그림으로 표시하면 다음 그림 (a)와 같이 되며 사이클(Cycle)로 표시하면 그림 (b)와 같이 된다. 이를 역사이클(Irreverse Cycle)이라고 하며 냉동 또는 열펌프 사이클의 기본이다.

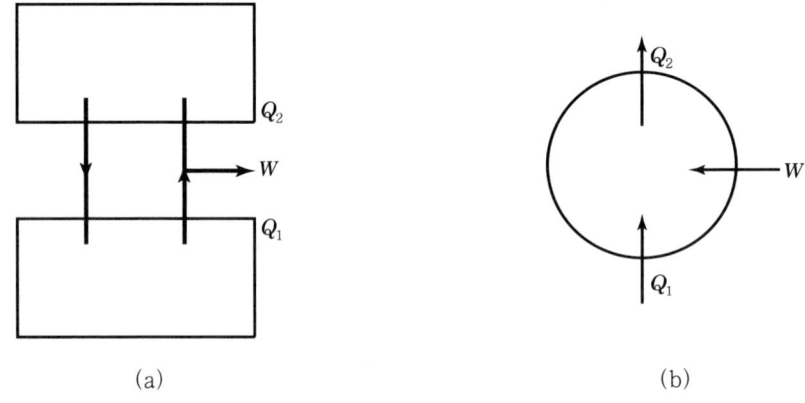

| 역가역 사이클 |

2. 열효율, 성능계수, 가역과정

1) 열기관

열역학 제2법칙에 의해서 열을 일로 변환시키기 위해서는 고온체와 저온체가 있어야 하며, 이와 같은 원리에 의해 일을 발생하는 장치를 열기관이라 한다.

2) 열효율

열기관이 발생하는 일의 양은 고온체에서 준 열(Q_1)과 저온체에서 받은 열(Q_2)과의 차이이며,

$$W = Q_1 - Q_2$$

이다. 여기에서 유효열량과 공급열량의 비를 열효율(Thermal Efficiency)이라 한다.

$$열효율(\eta) = \frac{유효일}{공급\ 열량} = \frac{AW}{Q_1} = \frac{Q_1 - Q_2}{Q_1} = 1 - \frac{Q_2}{Q_1} = 1 - \frac{T_2}{T_1}$$

여기서, η : 열효율, W : 유효일(kg · M)
Q_1 : 공급된 열량(kcal), Q_2 : 일의 열당량(1/427kcal/kg · M)
T_1 : 고온체 온도(K), T_2 : 저온체 온도(K)

절대단위의 표현으로는 열과 일의 단위를 [kJ]로 표기하므로 다음과 같다.

$$\eta = \frac{W}{Q_1} = 1 - \frac{Q_2}{Q_1} = 1 - \frac{T_2}{T_1}$$

3) 성적계수(성능계수)

역사이클로 작동하면서 저온체에서 열을 받아 고온체로 열이동을 성취시키는 기구로 냉동기와 열펌프로 구분된다.

$$\text{cop}(\varepsilon_R) = Q_저$$

$$\text{cop}(\varepsilon_h) = \frac{Q_고}{Aw} = \frac{Q_고}{Q_고 - Q_저} = \frac{T_고}{T_고 - T_저}$$

$$|\varepsilon| > 1 \qquad \varepsilon_h - \varepsilon_R = 1$$

절대단위로 표시하면

$$\text{cop}(\varepsilon_R) = \frac{Q_저}{W} = \frac{Q_저}{Q_고 - Q_저} = \frac{T_저}{T_고 - T_저}$$

$$\text{cop}(\varepsilon_h) = \frac{Q_\text{고}}{W} = \frac{Q_\text{고}}{Q_\text{고} - Q_\text{저}} = \frac{T_\text{고}}{T_\text{고} - T_\text{저}}$$

4) 가역과정

열적 평형을 유지하며 이루어지는 과정이며, 계나 주위에 영향을 주거나 아무런 변화도 남기지 않고 이루어지며 역과정으로 원상태로 되돌려질 수 있는 과정

(1) 가역사이클(Reversible Cycle)

사이클의 상태변화가 모두 가역변화로 이루어지는 사이클

(2) 비가역사이클(Irreversible Cycle)

사이클의 상태변화가 일부분이라도 비가역변화를 포함하는 사이클로서 실제의 사이클은 마찰이나 열전달 등의 비가역변화를 피할 수 없으므로 모두 비가역사이클이다.

3. 영구기관

열역학 제1법칙을 위배하는 기관, 즉 일을 창조하는 혹은 주어진 일보다 많은 일을 하여 효율이 100% 이상인 기관을 말하며 존재하지 않는 기관으로 열역학 제2법칙을 위배하는 기관을 제2종 영구기관이라고 한다. 즉, 열역학 제2법칙은 에너지 전환의 방향성과 비가역성을 명시한 법칙이므로 열기관에서는 효율이 100%의 기관은 존재할 수가 없으며 냉동기에서는 성능계수가 1 이하는 존재할 수가 없는 기관이므로 혹시 결과치가 제2종 영구기관의 효율이 나온다면 가정을 잘못 선정한 것으로 생각하여야 한다.

┌ 제1종 영구기관 : 열역학 제1법칙 위배 기관
└ 제2종 영구기관 : 열역학 제2법칙 위배 기관

4. 카르노 사이클(Carnot Cycle : 1824)

효율이 100%로서 열이 일로 전환되는 것은 열역학 제1법칙을 위배하는 제1종 영구기관이며 불가능하므로 공급열량을 일로 치환시키는 데는 전과정을 가역과정으로 하여 에너지 손실을 적게 한 사이클로서 이상적 가역사이클이라고도 하며 사이클의 개념을 이해하는 데 중요한 사이클이다.

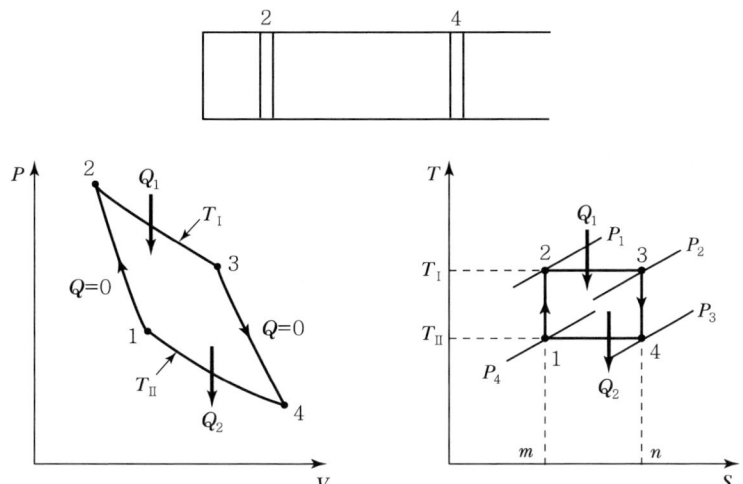

┃ 카르노 열기관 사이클의 $P-V$, $T-S$ 선도 ┃

1) 과정

(1) 과정 1-2 단열압축

저온열원을 제거하고 대신에 실린더 헤드에 단열체를 접촉시켜 상태 1까지 압축을 계속한다. 이때 실린더 내부는 단열상태이며 작동유체에 가해진 압축일은 모두 내부 에너지의 증가로 나타나고, 작동유체의 온도는 T_{II} 에서 T_{I} 으로 상승한다.

(2) 과정 2-3 등온팽창

실린더 헤드에 단열체가 접촉하고 있는 상태에서 피스톤이 2의 상태에 있을 때 단열체를 제거하고, 대신에 실린더 헤드를 고온열원과 접촉시키면 실린더 내의 작동유체는 온도 T_{I} 에서 열량 Q_{1}을 받아 상태 3까지 팽창하여 외부에 일을 한다. 이 과정은 고온열원의 온도가 변하지 않으므로 등온변화이다.

(3) 과정 3-4 단열팽창

고온열원을 제거하고 실린더 헤드를 단열체와 접촉시키고 상태 4까지 팽창을 계속시킨다. 이때 실린더의 내부는 단열상태이므로 작동유체는 내부 에너지를 소비하여 외부에 팽창일을 하며, 작동유체의 온도는 T_{I} 으로부터 T_{II} 로 강하한다.

(4) 과정 4-1 등온압축

단열체를 제거한 후 실린더 헤드를 저온열원에 접촉시키면 열량이 방출되어 피스톤을 왼쪽으로 밀어 압축시킨다. 이 동작에 의해서 작동유체는 온도 T_{II} 의 상태에서 저온열원에 열량 Q_{2}를 방출한다. 이때 저온열원의 온도는 변하지 않으므로 등온압축과정이다.

5. 엔트로피(Entropy)

열과 가장 밀접한 강도성질은 온도(T)이며, 이에 대응하는 종량성질은 엔트로피(S)이다.

- 단위 : S[kcal/K], S[kcal/kgK]
- 절대단위 : [kJ/K], [kJ/kgK]

$$\frac{Q_1}{T_1} - \frac{Q_2}{T_2} = 0$$

1) Clausius의 적분

(1) 가역일 때

$$\eta_R = 1 - \frac{Q_2}{Q_1} = 1 - \frac{T_2}{T_1}$$

$$\frac{Q_2}{Q_1} = \frac{T_2}{T_1}, \quad \frac{T_1}{Q_1} = \frac{T_2}{Q_2} \qquad \frac{Q_1}{T_1} = \frac{Q_2}{T_2}, \quad \frac{Q_1}{T_1} - \frac{Q_2}{T_2} = 0$$

$$\Rightarrow \oint_{R(가역)} \frac{\delta Q}{T} = 0$$

(2) 비가역일 때

$$\eta_{R(가역과정)} > \eta_{비가역} \qquad 1 - \frac{T_2}{T_1} > 1 - \frac{Q'_2}{Q_1}$$

$$\frac{T_2}{T_1} < \frac{Q'_2}{Q_1}, \quad \frac{T_2}{T_1} < \frac{Q'_2}{Q_1} \qquad \frac{Q_1}{T_1} - \frac{Q'_2}{T_2} < 0$$

$$\Rightarrow \oint_{IR(비가역)} \frac{\delta Q}{T} < 0$$

그러므로 Clausius의 적분은 $\oint \frac{\delta Q}{T} \leq 0$ 이다.

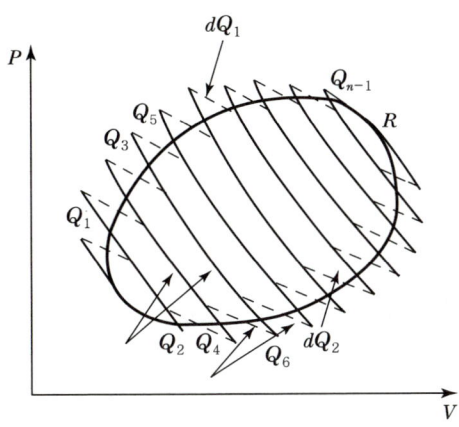

┃임의의 가역사이클을 미소한 카르노 사이클의 집합으로 나타냄┃

- 가역 과정에서 엔트로피(S)의 적분 : $\int_{net} \dfrac{\delta Q}{T} = 0$
- 비가역 과정에서 엔트로피(S)의 적분 : $\int_{net} \dfrac{\delta Q}{T} > 0$

2) 엔트로피의 유도

$$\int_1^2 \dfrac{\delta Q}{T} = \int_1^2 \dfrac{m \cdot C \cdot dt}{T} = m \cdot C \cdot \ln \dfrac{T_2}{T_1} = S_2 - S_1$$
$$= \Delta S [kJ/K] (절대값은\ 없다.)$$

일을 하지 않은 에너지 단위로서 비교치만 준다.
엔트로피(S) 증가가 많다고 해서 일이 많다는 것이 아니다.

$$\Delta S = \int \dfrac{\delta Q}{T}$$

$ds = T \cdot ds$ 여기에서

$\delta Q = T \cdot ds$ ⋯⋯⋯⋯⋯⋯⋯⋯⋯⋯⋯⋯⋯ ⓐ

$\delta Q = dU \cdot Pdv$ ⋯⋯⋯⋯⋯⋯⋯⋯⋯⋯⋯ ⓑ

$dU = C_v dT$ ⋯⋯⋯⋯⋯⋯⋯⋯⋯⋯⋯⋯⋯ ①

$\delta Q = Tds$ ⋯⋯⋯⋯⋯⋯⋯⋯⋯⋯⋯⋯⋯⋯ ②

식 ①, ②를 B에 대입하면

$$Tds = C_v dT + Pdv$$

$$Pv = RT 에서 \quad P = \frac{RT}{v}$$

$$ds = \frac{C_v dT}{T} + \frac{RT}{Tv} \cdot dv$$

$$\Delta S = \int C_v \frac{dT}{T} + \int R \frac{dV}{V} = C_v \ln \frac{T_2}{T_1} + R \ln \frac{V_2}{V_1}$$

P와 V와의 함수

$$\delta Q = Tds = C_v dT + Pdv$$

$$ds = \frac{C_v dT}{T} + \frac{Tdv}{T} 에서 \quad T = \frac{Pv}{R}, \quad dT = \frac{Pdv + vdP}{R}$$

위의 관계를 대입 정리하면

$$ds = C_v \frac{dP}{P} + C_p \frac{dv}{v}$$

$$\therefore \Delta S = \int_1^2 ds = C_v \ln \frac{P_2}{P_1} + C_p \ln \frac{V_2}{V_1}$$

$$\Delta H = \Delta U + pdv + vdp$$

$$\delta Q = dh - vdP$$

$$Pv = RT 에서 \quad v = \frac{RT}{P}$$

$$Tds = C_p dT - \frac{RT}{P} dp$$

$$ds = \frac{C_p dT}{T} - \frac{R}{P} dp$$

$$\int ds = \int \frac{C_p dT}{T} - \int \frac{R}{P} dp$$

$$\Delta S = C_p \ln \frac{T_2}{T_1} - R \ln \frac{P_2}{P_1}$$

(1) 폴리트로픽 변화

완전가스의 경우 열의 출입량

$$\delta q = C_v \frac{n-k}{n-1} dT \text{ 혹은 } q = C_v \frac{n-k}{n-1}(T_2 - T_1)$$

(2) 엔트로피 변화

$$\Delta S = S_2 - S_1 = \int_1^2 \frac{\delta q}{T} = C_v \frac{n-k}{n-1} \int_1^2 \frac{\delta q}{T}$$

$$= C_v \frac{n-k}{n-1} \ln \frac{T_2}{T_1} = C_n \ln \frac{T_2}{T_1} = (n-k)C_v \ln \frac{P_2}{P_1}$$

$$\therefore \frac{T_2}{T_1} = \left(\frac{P_2}{P_1}\right)^{\frac{n-1}{n}} = \left(\frac{v_1}{v_2}\right)^{n-1}$$

여기서 폴리트로픽 지수와 각 특성값에 대한 상태변화는 다음과 같다.

① N=0 등압변화
② N=1 등온변화
③ N=K 단열변화
④ N=∞ 등적변화
⑤ 1<N<K 폴리트로픽 변화

3) 엔트로피식의 정리 및 지수 N의 변화

$$\therefore \Delta S = m \cdot C_v \cdot \ln \frac{T_2}{T_1} + m \cdot R \cdot \ln \frac{V_2}{V_1}$$

$$\therefore \Delta S = m \cdot C_p \cdot \ln \frac{T_2}{T_1} - m \cdot R \cdot \ln \frac{P_2}{P_1}$$

$$\therefore \Delta S = m \cdot C_p \cdot \ln \frac{V_2}{V_1} + m \cdot C_v \cdot \ln \frac{P_2}{P_1}$$

$$\oint \frac{\delta Q}{T} \leq 0 \text{(Clausius의 적분)}$$

$$\Delta S(\text{엔트로피}) = \int \frac{\delta Q}{T} \text{ (단위 : [kJ/K])}$$

(1) 물일 경우

$$\Delta S = m \cdot C \ln \frac{T_2}{T_1}$$

(2) 잠열

$$\Delta S = \frac{Q}{T}$$

(3) 기체, 증기

$$\Delta S = m \cdot C_v \cdot \ln \frac{T_2}{T_1} + mR \ln \frac{V_2}{V_1} = mC_p \cdot \ln \frac{T_2}{T_1} = mC_p \cdot \ln \frac{T_2}{T_1} - mR \ln \frac{P_2}{P_1}$$

$\delta Q = T \cdot dS$ (제2법칙에서 유도)
$\delta Q = dU + PdV$ (제1법칙에서 유도)
$dH = dU + PdV + VdP = \delta Q + VdP$

그러므로

$\delta Q = U + PdV = H - VdP = Tds$

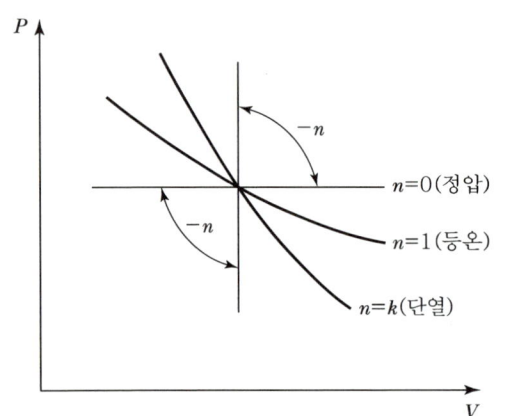
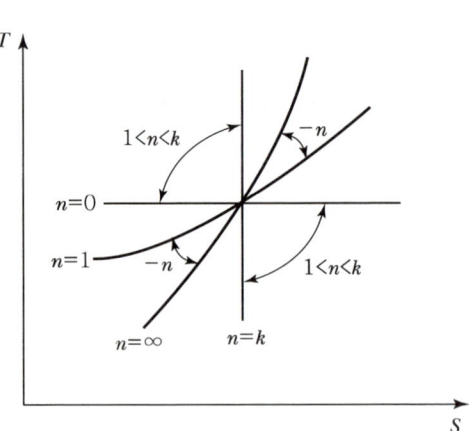

| 지수 N의 변화 |

6. 비가역 과정에서의 엔트로피 변화

$$\oint_R \frac{\delta Q}{T} = \int_{1A}^2 \frac{\delta Q}{T} + \int_{2B}^1 \frac{\delta Q}{T} = 0 \quad \oint_{1R} \frac{\delta Q}{T} = \int_{1A}^2 \frac{\delta Q}{T} + \int_{2C}^1 \frac{\delta Q}{T} = 0$$

첫 번째 식에서 두 번째 식을 빼고 정리하면

$$\int_{2B}^1 \frac{\delta Q}{T} < \int_{2C}^1 \frac{\delta Q}{T}$$

경로 B는 가역적이고 엔트로피는 상태량이므로

$$\int_{2B}^1 \frac{\delta Q}{T} = \int_{2B}^1 dS_B < \int_{2C}^1 dS_c = \int_{2C}^1 \frac{\delta Q}{T}$$

그러므로

$$dS_c - dS_B > 0$$

이다. 정리하면 가역 과정에서 $dS_c - dS_B = 0$이면, 비가역 과정에서는 $dS_c - dS_B > 0$로서 열의 변화가 없거나 증가, 감소일지라도 엔트로피 변화는 항상 증가한다.

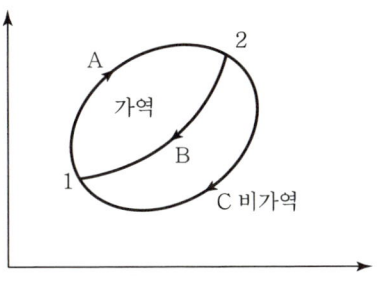

┃ 가역 · 비가역 사이클 ┃

1) 열 이동의 경우

온도 T_1의 물체에서 T_2이 물체로 ΔQ의 열을 이동한다면
고온체의 엔트로피 감소량

$$\Delta S_1 = \frac{\Delta Q}{T_1}$$

저온체의 엔트로피 증가량

$$\Delta S_2 = \frac{\Delta Q}{T_2}$$

여기서 $T_1 > T_2$ 이므로 $\Delta S_1 < \Delta S_2$ 가 되며

$$\therefore \Delta S = \Delta S_2 - \Delta S_1 > 0$$

2) 마찰의 경우

이때는 물체의 마찰 작용에 의하여 생기는 마찰일 W에 의하여 열량 Q가 발생할 때 이 열량이 물체 또는 계에 전달되는 경우이다. 물체의 엔트로피 변화는

$$\Delta S = \frac{Q}{T} = \frac{AW}{T} > 0$$

이다. 따라서 이 계의 엔트로피는 증가한다.

3) 교축의 경우

완전가스가 교축에 의하여 상태 P_1, T_1으로부터 상태 P_2, T_2로 변화하였다면 교축 전후의 엔탈피와 온도는 일정하고 압력은 강하하므로

$$\Delta S = C_p \ln \frac{T_2}{T_1} - R \ln \frac{P_2}{P_1} \text{ 에서 } C_p \ln \frac{T_2}{T_1} = 0$$

따라서

$$\Delta S = -R \ln \frac{P_2}{P_1}$$

가 되면 $P_1 > P_2$이므로 $\Delta S > 0$이 된다. 즉, 엔트로피는 증가한다.

7. 유효에너지와 무효에너지

열량 Q_1을 받고 열량 Q_2를 방열하는 열기관에서 기체적 에너지로 전환된 에너지를 유효 에너지(Available Energy) E_a라 하면

$$E_a = Q_1 - Q_2$$

이다. 따라서 무효에너지(Unavailable Energy)는 $Q_2 = Q_1 - E_a$로 표시된다. 고열원 T_1에서의 엔트로피 변화 ΔS_1은

$$\Delta S_1 = \frac{Q_1}{T_1}$$

또 저열원의 엔트로피 변화 ΔS_2는

$$\Delta S_2 = \frac{Q_2}{T_2}$$

Carnot 사이클이므로 $\Delta S_1 = \Delta S_2$ 즉,

$$\frac{Q_1}{T_1} = \frac{Q_2}{T_2}$$

이다. 따라서 무효에너지

$$Q_2 = T_2 \frac{Q_1}{T_1} = T_2 \Delta S_1$$

주위 온도를 T_0라 하면

$$E_u(Q_2) = T_0 \Delta S_1$$

유효에너지

$$E_a(W) = Q_1 - Q_2 = Q_1 - T_0 \Delta S_1$$

또 Carnot 사이클의 효율을 η_c라 하면

$$\eta_c = 1 - \frac{T_2}{T_1} = 1 - \frac{Q_2}{Q_1} = \frac{W(E_a)}{Q}$$

$$W(E_a) = \eta_c Q_1 = Q_1\left(1 - \frac{T_0}{T_1}\right)$$

$$E_u(Q_2) = Q_1(1 - \eta_c) = Q_1 \frac{T_0}{T_1} = T_0 \Delta S$$

$$W = Q_1 - Q_2 = Q_1 - T_0 \Delta S_1$$

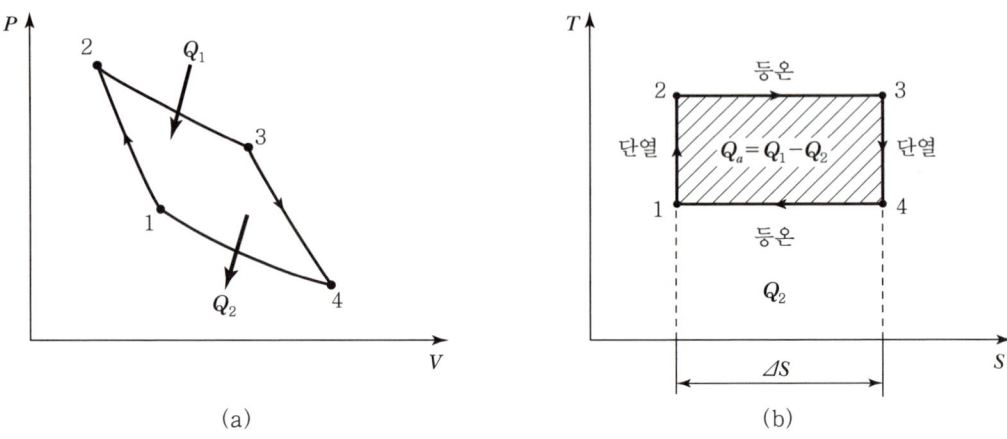

| 카르노 사이클의 유효 · 무효 에너지 |

8. 교축과정 및 줄 톰슨 계수

1) 교축과정(Throttling Process)

교축과정은 대표적인 비가역 과정으로서 열전달이 전혀 없고 일을 하지 않는 과정으로서 H-S 선도에서는 수평선으로 표시되는, 다시 말해 엔탈피가 일정한 과정으로서 엔트로피는 항상 증가하며 압력이 감소되는 과정이다. 종류로는 노즐, 오리피스, 팽창밸브 등이 있다.

2) 줄 톰슨(Joule Thomson) 계수

유체가 단면적이 좁은 곳을 정상유 과정으로 지날 때인 교축과정에서의 흐름은 매우 급속하게 그리고 엔탈피는 일정하게 흐르게 되므로 유체가 가스일 경우는 비체적이 언제나 증가하게 되며, 운동에너지는 증가하게 된다.

$$\mu = \left(\frac{\partial T}{\partial P}\right)_h \quad \text{M : 줄 톰슨 계수}$$

줄 톰슨 계수의 값이 (+)값이면 교축 중에 온도가 감소한다는 것이며, (-)값이면 온도가 증가한다는 것을 의미한다.

9. 최대일과 최소일

열기관의 내부에서 기체를 팽창시킬 때는 일의 양을 최대로 하는 것이 좋으며 압축기에서 기체를 압축할 때는 일의 소요량을 최소로 하는 것이 좋다.

1) 최대일

최대일은 밀폐계 즉 비유동과정에서 해석하여야 하므로 열역학 제1, 제2법칙에서

$$\delta Q = dU + \delta W$$
$$\delta W = Tds - dU$$

이다. 고압고온의 기체가 팽창하여 주위의 상태가 T_0와 P_0가 되며 가역적으로 열교환을 하면 TdS는 $T_0 dS$가 된다.

또한 P_o인 대기를 밀어내는 일($P_0(V_2 - V_1)$)은 주위에 저장되며 유용일로는 이용할 수 없다. 최대열을 W_n 이라 하고 최대일을 구하기 위해서는 $P_0(V_2 - V_1)$, 즉 $P_0 dV$를 빼야 되므로

$$\delta W_n = T_0 dS - du - P_0 dv$$

가 된다. 적분하면

$$\begin{aligned} W_n &= T_0(S_2 - S_1) - (U_2 - U_1) - P_0(V_2 - V_1) \\ &= T_0(S_2 - S_1) + (U_1 - U_2) + P_0(V_1 - V_2) \\ &= (U_1 - U_2) + T_0(S_1 - S_2) + P_0(V_1 - V_2) \end{aligned}$$

위 식에서 $(U_1 - U_2) - T_0(S_1 - S_2)$를 자유 에너지(Free Energy) 또는 헬름홀쯔 함수(Helm Holtz Function)라 하며

$$F_1 - F_2 = (U_2 - U_1) - T_0(S_1 - S_2)$$
$$F = U - TS$$

이다.

2) 최소일

압축기의 압측 시의 일을 해석하므로 열역학 제1, 2법칙에 의하면

$$dh = du + \Delta pv = du + pdv + vdp$$
$$vdp = dh - du - pdv$$

$$-\int vdp = dw_t = du + pdv - dh$$

$$\delta w_t = \delta Q - dh$$

적분하면

$$\begin{aligned} W_t &= T_0(S_2 - S_1) - (H_2 - H_1) \\ &= (H_1 - H_2) - T_0(S_1 - S_2) \\ &= (H_1 - T_0 S_1) - (H_2 - T_0 S_2) \end{aligned}$$

여기서 $H - TS$를 자유 엔탈피(Free Entalpy) 또는 깁스 함수(Gibbs Function)라 하며 G로 표시한다.

$$G = H - TS$$

10. 열역학 제3법칙

열역학 제3법칙은 20세기(1906) 초에 공식화되었으며, W.H. Nernst(1864~1941)와 Max Planck(1858~1947)에 의해서 이루어졌다.

순수물질(완전결정)의 온도가 절대영도(-273℃)에 도달하면 엔트로피는 영에 접근한다는 것이다. 그러므로 각 물질의 엔트로피를 측정할 수 있는 절대 기준을 만들어 주며 이를 엔트로피의 절대값 정리라고도 한다.

$$\lim_{\Delta T \to 0} \frac{\Delta Q}{\Delta T} = 0$$

CHAPTER 02 출제예상문제

01 발열량 42,000kJ/kg인 경유를 사용하여 연료소비율 200g/kWh로 운전하는 디젤기관의 열효율(%)은 얼마인가?

① 15　　② 24
③ 43　　④ 54

풀이 $\eta = \dfrac{1[\text{kwh}] \times 3,600}{0.2 \times 42,000} = 0.428 \fallingdotseq 43\%$

02 매시 19.4kg의 가솔린을 소비하는 출력 100kW인 기관의 열효율은?(단, 가솔린의 저위 발열량은 42,000kJ/kg이다.)

① 84　　② 64
③ 54　　④ 44

풀이 $\eta = \dfrac{100 \times 3,600}{19.4 \times 42,000} = 0.442 \fallingdotseq 44.2\%$

03 두 개의 물체가 또 다른 물체와 열평형을 이루고 있을 때, 그 두 물체가 서로 열평형 상태에 있다고 정의되는 경우는?

① 열역학 제0법칙　　② 열역학 제1법칙
③ 열역학 제2법칙　　④ 열역학 제3법칙

04 내부 에너지 160kJ를 보유하는 물체에 열을 가했더니 내부 에너지가 200kJ 증가하였다. 외부에 0.1kJ의 일을 하였을 때 가해진 열량은 몇 kJ인가?

① 39.9　　② 40.1
③ 40　　④ -39.9

풀이 $Q = U + W = (200 - 160) + 0.1 = 40.1$

05 어떤 물질의 정압 비열이 다음 식으로 주어졌다. 이 물질 1kg이 1atm하에서 0℃, 1m³으로부터 100℃, 3m³까지 팽창할 때의 내부 에너지를 구하여라.

$$C_P = 0.2 + \dfrac{5.7}{t+73}[\text{kJ/kgK}] \quad [t: \text{온도} \cdot ℃]$$

① 20　　② 24.9
③ 29.3　　④ -178

풀이
$$Q = \int_0^{100} mC_p dT$$
$$= m\int_0^{100}\left(0.2 + \dfrac{5.7}{t+73}\right)dT$$
$$= 0.2[t]_0^{100} + 5.7[\ln(t+73)]_0^{100}$$
$$= 0.2 \times 100 + 5.7[\ln(173) - \ln 73]$$
$$= 24.9[\text{kJ}]$$
$$u_2 - u_1 = h_2 - h_1 - p(v_2 - v_1)$$
$$= 24.9 - 101.3(3-1) = -177.7$$

06 어느 증기 터빈에 매시 2,000kg의 증기가 공급되어 80kW의 출력을 낸다. 이 터빈의 입구 및 출구에서의 증기의 속도가 각각 800m/s, 150m/s이다. 터빈의 매시간마다의 열손실(MJ)은 얼마인가?(입구 및 출구에서의 엔탈피가 각각 3,200kJ/kg, 2,300kJ/kg이다.)

① 2,129.5　　② -2,129.5
③ 2,129,500　　④ -2,129,500

풀이
$$Q = m(h_2 - h_1) + \dfrac{m(v_2^2 - v_1^2)}{2} + w_t$$
$$= 2,000(2,300 - 3,200)$$
$$+ \dfrac{2,000(150^2 - 800^2)}{2 \times 1,000} + 80 \times 3,600$$
$$= -2,129,500\text{kJ} = -2,129.5\text{MJ}$$

정답 01 ③　02 ④　03 ①　04 ②　05 ④　06 ①

07 압력 0.2MPa, 온도 460℃, 엔탈피 $h_1 = 3,700$ kJ/kg인 증기가 유입하여서 압력 0.1MPa, 온도 310℃, 엔탈피 $h_2 = 3,400$kJ/kg인 상태로 유출된다. 노즐 내의 유동을 정상유로 보고 증기의 출구속도 V_2를 구하여라. (단, 노즐 내에서의 열손실은 없으며, 초속 V_1은 10m/s이다.)

① 77.5m/s   ② 775m/s
③ 8.06m/s   ④ 80.6m/s

풀이
$$\Delta h = \frac{v_2^2 - v_1^2}{2}$$
$$v_2 = \sqrt{2\Delta h + v_1^2}$$
$$= \sqrt{2(3,700-3,400) \times 10^3 + 10^2}$$
$$= 774.6 \text{m/s}$$

08 팽창일에 대한 설명 중 옳은 것은?

① 가역 정상류 과정의 일
② 밀폐계에서 마찰이 있는 과정에서 한 일
③ 가역 비유동 과정의 일
④ 이상기체만의 한 일

09 열역학 제1법칙을 옳게 설명한 것은?

① 밀폐계의 운동 에너지와 위치 에너지의 합은 일정하다.
② 밀폐계에 전달된 열량은 내부 에너지 증가와 계가 한 일(Work)의 합과 같다.
③ 밀폐계의 가해준 열량과 내부 에너지의 변화량의 합은 일정하다.
④ 밀폐계가 변화할 때 엔트로피의 증가를 나타낸다.

풀이 $Q = U + W$

10 에너지 보존의 법칙에 관해 다음 설명 중 옳은 것은?

① 계의 에너지는 일정하다.
② 계의 에너지는 증가한다.
③ 우주의 에너지는 일정하다.
④ 에너지는 변하지 않는다.

11 $\delta Q = dU + \delta W$의 식은 다음의 어느 경우에 해당되는가? (단, Q: 열량, U: 내부 에너지, W: 일량이다.)

① 비유동 과정에서의 에너지식이다.
② 정상유동 과정에서의 에너지식이다.
③ 정상유동 및 비유동 과정에서의 에너지식이다.
④ 열역학 제2법칙에 대한 식이다.

풀이 $\delta Q = dU + \delta W$는 밀폐계(비유동 과정)에서 열역학 제1법칙의 식이다.

12 한 계가 외부로부터 100kJ의 열과 300kJ의 일을 받았다. 계의 내부 에너지의 변화는?

① 400   ② -400
③ 200   ④ -200

풀이 $Q = U + W$
$\Delta U = Q - W = 100 + 300 = 400$kJ

13 계의 내부 에너지가 200kJ씩 감소하며 630kJ의 열이 외부로 전달되었다. 계가 한 일은 몇 kJ인가?

① 830   ② 430
③ -430   ④ -830

풀이 $Q = U + W$
$W = Q - U = -630 + 200 = -430$kJ

정답 07 ② 08 ③ 09 ② 10 ③ 11 ① 12 ① 13 ③

14 내부 에너지를 잘못 나타낸 것은?

① $du = C_V dT$ ② $du = \delta q - v\,dp$
③ $du = \delta q - p\,dv$ ④ $U = GC_V \Delta T$

15 어느 계의 동작유체인 가스가 40kJ의 열을 공급받고 동시에 외부에 대해서 16.8kJ의 일을 하였다. 이때 가스의 내부 에너지의 변화는 얼마인가?

① 23.2 ② 56.8
③ −23.2 ④ −56.8

풀이 $\Delta U = Q - W = 40 - 16.8 = 23.2$

16 가스 160kJ의 열량을 흡수하여 팽창에 의해 50kJ의 일을 하였을 때 가스의 내부 에너지 증가는?

① 210 ② 110
③ 21 ④ 11

풀이 $\Delta U = Q - W = 160 - 50 = 110\text{kJ}$

17 실린더 내의 가스에 40kJ의 열을 가하였더니 팽창에 의하여 외부에 160kJ의 일을 하였다. 가스의 내부 에너지의 변화량은 얼마인가?

① −120 ② 120
③ 200 ④ −200

풀이 $\Delta U = Q - W = 40 - 160 = -120\text{kJ}$

18 실린더 내의 밀폐된 가스를 피스톤으로 압축하여 5kJ의 열량을 방출하고 20kJ의 압축일을 하였다. 이 가스의 내부 에너지의 증가량(kJ)을 구하여라.

① −25 ② −15
③ 25 ④ 15

풀이 $\Delta U = Q - W = -5 + 20 = 15\text{kJ}$

19 압력 0.3MPa, 체적 0.5m³의 기체가 일정한 압력하에서 팽창하여 체적이 0.6m³으로 되었고, 또 이때 85kJ의 내부 에너지가 증가되었다면 기체에 의한 열량은 얼마인가?

① 30 ② 85
③ 115 ④ 50

풀이 $W = P(V_2 - V_1)$
$= 0.3 \times 10^3 \times (0.6 - 0.5) = 30\text{kJ}$
$Q = U + W = 85 + 30 = 115\text{kJ}$

20 1ata, 15℃에서 공기의 비체적은 0.816m³/kg이다. 10kW의 공기압축기를 사용하여 매분 5m³의 공기를 압축하고 있다. 지금 냉각수에 공기 1kg당 80kJ의 열을 방열한다면 공기가 배출할 때의 엔탈피는 얼마나 증가되는가?

① 600kJ/min ② 680kJ/min
③ 109.8kJ/min ④ 1,098kJ/min

풀이 압축기 일량
=엔탈피의 증가량+냉각수를 통한 방출량
$\Delta H = W - Q = 10 \times 60 - 80 \times \dfrac{5}{0.816}$
$= 109.8\text{kJ/min}$

21 기체가 0.2MPa의 일정한 게이지 압력하에서 4m³가 2.4m³로 마찰없이 압축되면서 동시에 80kJ의 열을 외부로 방출하였다. 내부 에너지의 증가는 몇 kJ인가?

① 240 ② 320
③ 402 ④ 420

정답 14 ② 15 ① 16 ② 17 ① 18 ④ 19 ③ 20 ③ 21 ③

풀이) $\Delta U = Q - W$
$= -80 + (0.2 \times 10^3 + 101.3) \times (4 - 2.4)$
$= 402.08 \text{kJ}$

22 절대압력 0.2MPa의 이상기체가 일정압력 밑에서 그 체적이 10m³에서 4m³로 마찰없이 압축되어 300kJ의 열을 외부로 방출하였다면 내부 에너지의 증가[kJ]는?

① 600 ② 900
③ 1,200 ④ 1,500

풀이) $\Delta U = Q - W$
$= -300 + 0.2 \times 10^3 \times (10 - 4) = 900 \text{kJ}$

23 1kg의 가스가 압력 0.05MPa, 체적 2.5m³의 상태에서 압력 1.2MPa, 체적 0.2m³의 상태로 변화하였다. 만약 가스의 내부 에너지는 일정하다고 하면 엔탈피의 변화량(kJ)은 얼마인가?

① 11.5 ② 115
③ 140 ④ 365

풀이) $\Delta h = \Delta U + \Delta pv$
$= (1.2 \times 0.2 - 0.05 \times 2.5) \times 10^3 = 115 \text{kJ}$

24 유체가 30m/sec의 유속으로 노즐에 들어가서 50m/sec로 유출할 때 마찰이나 열교환을 무시한다면 엔탈피의 변화량(kJ/kg)은 얼마인가?

① 8,000 ② 800
③ 80 ④ 0.8

풀이) $\Delta h = \dfrac{v_2^2 - v_1^2}{2} = \dfrac{50^2 - 30^2}{2}$
$= 800 \text{J/kg} = 0.8 \text{kJ/kg}$

25 중량 20kg인 가스가 0.2MPa, 체적 4.2m³인 상태로부터 압력 1MPa, 체적 0.84m³인 상태로 압축되었다. 이때 내부 에너지의 증가가 없다고 하면 엔탈피의 증가량(kJ)은 얼마인가?

① 0.84 ② 8.4
③ 84 ④ 0

풀이) $\Delta h = \Delta U + \Delta pv$
$= 0 + (p_2 v_2 - p_1 v_1)$
$= (1 \times 0.84 - 0.2 \times 4.2) = 0$

26 압력 1MPa, 용적 0.1m³의 기체가 일정한 압력하에서 팽창하여 용적이 0.2m³로 되었다. 이 기체가 한 일을 kJ로 계산하면 얼마인가?

① 100 ② 10
③ 1 ④ 0.1

풀이) $W = p(v_2 - v_1) = 1 \times 10^3 \times (0.2 - 0.1) = 100 \text{kJ}$

27 내부 에너지가 200kJ 증가하고, 압력의 변화가 1ata에서 5ata로, 체적 변화는 3m³에서 1m³인 계의 엔탈피 증가량(kJ)은?

① 1,000 ② 100
③ 396 ④ 39.6

풀이) $\Delta h = \Delta U + \Delta pv = 200 + (p_2 v_2 - p_1 v_1)$
$= 200 + (5 \times 1 - 1 \times 3) \dfrac{101.3}{1.0332} = 396 \text{kJ}$

28 소형 터빈에서 증기가 300m/sec 속도로 분출하면 유속에 의한 증기 1kg당 에너지 손실은 몇 kJ인가?

① 45 ② 450
③ 45.9 ④ 459

정답 22 ② 23 ② 24 ④ 25 ④ 26 ① 27 ③ 28 ①

풀이 $\Delta h = \dfrac{v^2}{2} = \dfrac{300^2}{2} = 45,000\text{J} = 45\text{kJ}$

29 어느 물질 1kg이 압력 0.1MPa, 용적 0.86 m³의 상태에서 압력 0.5MPa, 용적 0.2m³의 상태로 변화했다. 이 변화에서 내부 에너지의 변화가 없다고 하면 엔탈피의 증가량(kJ)은 얼마로 되는가?

① 14 ② 18.6
③ 140 ④ 186

풀이 $\Delta h = \Delta U + \Delta pv = 0 + (p_2 v_2 - p_1 v_1)$
$= (0.5 \times 0.2 - 0.1 \times 0.86) \times 10^3 = 14\text{kJ}$

30 밀폐된 용기 내에 50℃의 공기 10kg이 들어 있다. 외부로부터 가열하여 120℃까지 온도를 상승시키면 내부 에너지 증가(kJ)는 얼마인가?(단, 증기의 평균 정적비열은 $C_v = 0.7$kJ/kgK이다.)

① 5.01 ② 501
③ 490 ④ 49

풀이 $\Delta U = mC_v(T_2 - T_1)$
$= 10 \times 0.7 \times (120 - 50) = 490\text{kJ}$

31 2,000m의 높이에서 강구를 자유낙하시켰다. 이 강구가 바닥에 떨어질 때 운동 에너지가 전부 열에너지로 바뀌고, 열의 70%를 강구가 흡수하였다면 온도(K) 상승은 얼마인가?(단, 강철의 비열은 0.607kJ/kgK라 한다.)

① 296K ② 29.6K
③ 22.6K ④ 230.6K

풀이 $Q = mC\Delta T = \dfrac{mv^2}{2}\eta$
$\Delta T = \dfrac{gh\eta}{C} = \dfrac{9.8 \times 2,000 \times 0.7}{0.607 \times 1,000} = 22.6\text{k}$

32 10℃에서 160℃까지의 공기의 평균 정적비열은 0.717kJ/kgK이다. 이 온도 범위에서 공기 1kg의 내부 에너지의 변화는 몇 kJ/kg인가?

① 107.55 ② 10.75
③ 1.0135 ④ 0.1

풀이 $\Delta U = mC_v \Delta T$
$= 1 \times 0.717 \times (160 - 10)$
$= 107.55\text{kJ}$

33 어떤 용기에 온도 20℃, 압력 190kPa의 공기를 0.1m³ 투입하였다. 체적의 변화가 없다면 온도가 50℃로 상승했을 경우 압력은 몇 kPa로 되겠는가? 또 압력을 처음 압력으로 유지하려면 몇 kg의 공기를 뽑아야 하는가?

① 209.45, 0.021
② 200.5, 0.21
③ 172.35, 0.021
④ 172.35, 021

풀이 $\dfrac{P_1}{T_1} = \dfrac{P_2}{T_2}, \ P_2 = \dfrac{P_1}{T_1}$
$T_2 = \dfrac{190}{293} \times 323 = 209.45\text{kPa}$
$m_1 = \dfrac{P_1 V_1}{RT_1} = \dfrac{190 \times 0.1}{0.287 \times (20+273)}$
$= 0.226\text{kg}$
$m_3 = \dfrac{P_3 V_3}{RT_3} = \dfrac{190 \times 0.1}{0.287 \times (50+273)}$
$= 0.2049\text{kg}$
$\Delta m = m_3 - m_1 = 0.0211\text{kg}$

34 어떤 이상기체 3kg이 400℃에서 가역단열 팽창하여 그 온도가 200℃로 강하하였고, 또 체적은 2배로 되었다면, 이때 외부에 대해서 93kJ의 일을 했을 때 기체상수와 C_v, C_p을 구하여라.

① $R = 788.75 \text{J/kgK}$ ② $R = 78.875 \text{J/kgK}$
  $C_v = 0.155 \text{kJ/kgK}$ $C_v = 0.155 \text{kJ/kgK}$
  $C_p = 0.26 \text{kJ/kgK}$ $C_p = 0.234 \text{kJ/kgK}$

③ $R = 0.78 \text{J/kgK}$ ④ $R = 78.875 \text{J/kgK}$
  $C_v = 0.155 \text{kJ/kgK}$ $C_v = 0.16 \text{kJ/kgK}$
  $C_p = 0.234 \text{kJ/kgK}$ $C_p = 0.26 \text{kJ/kgK}$

풀이
$$\frac{T_2}{T_1} = \left(\frac{V_1}{V_2}\right)^{k-1} = \left(\frac{P_2}{P_1}\right)^{\frac{k-1}{k}}$$

$$\ln\left(\frac{T_2}{T_1}\right) = (k-1)\ln\left(\frac{V_1}{V_2}\right)$$

$$K = \frac{\ln\left(\frac{T_2}{T_1}\right)}{\ln\left(\frac{V_1}{V_2}\right)} + 1 = \frac{\ln\left(\frac{200+273}{400+273}\right)}{\ln\left(\frac{1}{2}\right)} + 1$$
$$= 1.509$$

$$W = \frac{mR(T_1 - T_2)}{k-1}$$

$$R = \frac{W(k-1)}{m(T_1 - T_2)} = \frac{93 \times 10^3 (1.509-1)}{3(400-200)}$$
$$= 78.875 \text{J/kgK}$$

$$C_v = \frac{R}{k-1} = \frac{78.875}{1.509-1} = 155 \text{J/kgK}$$
$$= 0.155 \text{kJ/kgK}$$

$$C_p = k \cdot C_v = 1.509 \times 0.155 = 0.234 \text{kJ/kgK}$$

35 체적 500L인 탱크 속에 초압과 초온이 0.2 MPa, 200℃인 공기가 들어 있다. 이 공기로부터 126kJ의 열을 방열시킨다면 압력 MPa은 얼마로 되는가?

① 9.9   ② 0.99
③ 0.099   ④ 0.0099

풀이 $P_1 V_1 = mRT_1$

$$m = \frac{P_1 V_1}{RT_1} = \frac{0.2 \times 10^6 \times 0.5}{287 \times (200+273)} = 0.737 \text{kg}$$

$$Q_v = mC_v(T_2 - T_1)$$

$$T_2 = \frac{Q}{mC_v} + T_1$$
$$= \frac{-126}{0.737 \times 0.717} + (200+273) = 234\text{K}$$

$$\frac{P_1}{T_1} = \frac{P_2}{T_2}$$

$$P_2 = T_2 \frac{P_1}{T_1} = 234 \frac{0.2}{473} = 0.099 \text{MPa}$$

36 어느 가스 4kg이 압력 0.3MPa, 온도 40℃ 에서 2m³의 체적을 점유한다. 이 가스를 정적하에서 온도를 40℃에서 150℃까지 올리는 데 209kJ의 열량이 필요하다. 만일 이 가스를 정압하에서 동일 온도까지 온도를 상승시킨다면 필요한 가열량(kJ)은 얼마인가?

① 209   ② 290
③ 420   ④ 500

풀이 $p = c$ 에서 $\dfrac{V_1}{T_1} = \dfrac{V_3}{T_3}$

$$V_3 = \frac{V_1}{T_1} T_3 = \frac{2}{40+273}(150+273) = 2.703 \text{m}^3$$

같은 온도범위이므로
$$\Delta H = \Delta U + \Delta PV$$
$$Q_p = Q_v + P(V_3 - V_1)$$
$$= 209 + 0.3 \times 10^3 (2.703-2)$$
$$= 419.9 = 420 \text{kJ}$$

37 0.2MPa, 30℃인 공기 4kg을 정압하에서 586kJ의 열을 가할 경우 가열 후의 온도를 구하여라. 그리고 이 공기를 정적 과정으로서 처음의 온도까지 하강시키려면 몇 kJ의 열량을 방출해야 하는가?

① 176.5, -420
② 449.5, -420
③ 449.5, 420
④ 76.5, -420

정답 35 ③ 36 ③ 37 ②

풀이
$Q_p = mC_p(T_2 - T_1)$

$T_2 = \dfrac{Q}{mC_p} + T_1$
$= \dfrac{586}{4 \times 1} + (30 + 273) = 449.5\text{K}$

$Q_v = mC_v(T_3 - T_2)$
$= 4 \times 0.717 \times (303 - 449.5) = -420$

방열한 열은 420kJ

38 어느 압축공기 탱크에 공기가 40루베 채워져 있다. 공기밸브를 열었을 때의 압력이 0.7MPa, 얼마 후에 압력이 0.3MPa로 저하했다면 처음의 공기 중량과 최종의 공기 중량은 몇 % 감소하겠는가?(단, 공기의 온도는 26℃이다.)

① 42.8 ② 45.2
③ 55.2 ④ 57.1

풀이
$m_1 = \dfrac{P_1 V_1}{RT_1} = \dfrac{0.7 \times 10^6 \times 40}{287 \times (26 + 273)} = 326.3$

$m_2 = \dfrac{P_2 V_2}{RT_2} = \dfrac{0.3 \times 10^6 \times 40}{287 \times (26 + 273)} = 140$

$\dfrac{m_1 - m_2}{m_1} \times 100 = \dfrac{326.3 - 140}{326.3} \times 100 = 57\%$

39 초온 50℃인 공기 3kg을 등온팽창시킨 다음 다시 처음의 압력까지 가역단열팽창시켰더니 공기의 온도가 95℃로 되었다고 한다. 등온변화 중 공기에 가해진 열량은 얼마인가?

① 1.57 ② 15.7
③ 27 ④ 127

풀이
$\dfrac{T_3}{T_2} = \left(\dfrac{P_3}{P_2}\right)^{\frac{k-1}{k}}$

$\dfrac{P_3}{P_2} = \left(\dfrac{T_3}{T_2}\right)^{\frac{k}{k-1}} = 1.579$

$Q = P_1 V_1 \ln \dfrac{V_2}{V_1} = mRT_1 \ln \dfrac{P_1}{P_2} = mRT_1 \ln \dfrac{P_3}{P_2}$
$= 3 \times 0.287 \times (50 + 273) \ln 1.579 = 127\text{kJ}$

40 온도 30℃, 압력 1atm인 공기 3kg이 단열압축 되어서 체적이 0.6m³로 되었다. 압축일량(kJ)을 구하여라.

① 722.1 ② 555
③ -722.1 ④ -555

풀이
$V_1 = \dfrac{mRT_1}{P_1} = \dfrac{3 \times 0.287 \times (30 + 273)}{101.3}$
$= 2.575\text{m}^3$

단열과정이므로

$T_2 = T_1 \left(\dfrac{V_1}{V_2}\right)^{k-1} = (30 + 273)\left(\dfrac{2.575}{0.6}\right)^{1.4-1}$
$= 542.62\text{K}$

$W = \dfrac{k(P_1 V_1 - P_2 V_2)}{k-1} = \dfrac{kmR(T_1 - T_2)}{k-1}$
$= \dfrac{1.4 \times 3 \times 0.287(303 - 542.62)}{1.4 - 1}$
$= -722.1\text{kJ}$

압축일이므로 $W = 722.1\text{kJ}$

41 어느 가스 10kg을 50℃만큼 온도 상승시키는 데 필요한 열량은 압력 일정인 경우와 체적 일정인 경우에는 837kJ의 차가 있다. 이 가스의 가스상수(kJ/kgK)를 구하라.

① 16.74 ② 8.4
③ 1.674 ④ 0.84

풀이
$Q_p - Q_v = m(C_p - C_v)\Delta T = 837$

$C_p - C_v = \dfrac{837}{m \Delta T} = \dfrac{837}{10 \times 50} = 1.674$

$C_p - C_v = R = 1.674\text{kJ/kgK}$

정답 38 ④ 39 ④ 40 ① 41 ③

42 압력 0.3MPa, 20℃의 공기 5kg이 폴리트로픽 변화하여 335kJ의 열량을 방출하고, 그 온도는 200℃로 되었다. 이 변화에서 최종 체적과 압력을 구하여라.

① $2.2m^3$, 30.5MPa
② $2.2m^3$, 3.05MPa
③ $0.22m^3$, 30.5MPa
④ $0.22m^3$, 3.05MPa

풀이 $Q = mC_n(T_2 - T_1) = mC_v \dfrac{n-k}{n-1}(T_2 - T_1)$

$\dfrac{n-k}{n-1} = \dfrac{Q}{mC_v(T_2 - T_1)}$

$= \dfrac{-335}{5 \times 0.717 \times (200-20)}$ 에서

$n = 1.26$

$\dfrac{T_2}{T_1} = \left(\dfrac{P_2}{P_1}\right)^{\frac{n-1}{n}} = \left(\dfrac{V_1}{V_2}\right)^{n-1}$

$V_2 = \left(\dfrac{T_1}{T_2}\right)^{\frac{n}{n-1}} \cdot V_1$

$= \left(\dfrac{20+273}{200+273}\right)^{\frac{1}{1.26-1}} \times 1.4 = 0.22 m^3$

$P_2 = \left(\dfrac{T_2}{T_1}\right)^{\frac{n}{n-1}} \cdot P_1$

$= \left(\dfrac{200+273}{20+273}\right)^{\frac{1.26}{1.26-1}} \times 0.3 = 3.05 MPa$

43 5kg의 공기를 20℃, 1atg의 상태로부터 등온변화하여 압력 8atg로 한 다음 정압변화시키고, 다시 단열변화시켜 처음 상태로 되돌아왔다. 정압변화 후의 온도 및 변화에 가해진 열량을 구하라. (단, 단위는 kJ)

① 77.83   ② 778.3
③ 1,186.8 ④ 18.68

풀이 문제를 도식화하면
$T_1 = (20 + 273) = 293K$
$P_1 = (1 + 1.0332) \times \dfrac{101.3}{1.0332} = 199.4 kPa$

$\xrightarrow{T=C}$

$P_2 = (8 + 1.0332) \times \dfrac{101.3}{1.0332} = 885.66 kPa$
$T_2 = 20 + 273 = 293K$

$\xrightarrow{P=C} T_3 = ?$

$P_3 = 885.66 kPa$

$\xrightarrow{S=C} P_A = 199.34 kPa$

$T_A = 293K$

$\dfrac{T_4}{T_3} = \left(\dfrac{P_4}{P_3}\right)^{\frac{k-1}{k}}$ 에서

$T_3 = T_4 \left(\dfrac{P_4}{P_3}\right)^{\frac{k-1}{k}} = 293 \left(\dfrac{885.66}{199.34}\right)^{\frac{1.4-1}{1.4}}$

$= 448.66K$

$Q_P = mC_P(T_3 - T_2) = 5 \times 1 \times (448.66 - 293)$
$= 778.3 kJ$

44 체적 56L인 탱크 속에 압력 0.7MPa, 온도 32℃인 공기가 들어있고, 다른 쪽 탱크(체적 64L) 속에는 압력 0.35MPa, 온도 15℃인 공기가 들어있다. 양 탱크 사이에 설치되어 있는 밸브가 열려서 공기가 평행상태로 되었을 때의 공기의 온도가 21℃로 되었다면 압력(kPa)은 얼마인가?

① 5.01   ② 50.1
③ 501   ④ 5,013

풀이 $m_1 = \dfrac{P_1 V_1}{R_1 T_1} = \dfrac{7 \times 10^5 \times 56 \times 10^{-3}}{287 \times 305} = 0.447 kg$

$m_2 = \dfrac{P_2 V_2}{R T_2} = \dfrac{0.35 \times 10^6 \times 64 \times 10^{-3}}{287 \times 288} = 0.266$

정답 42 ④ 43 ② 44 ③

$$\therefore P = \frac{(m_1+m_2)RT}{V_1+V_2}$$
$$= \frac{(0.447+0.266)\times 287 \times 294}{(56+64)\times 10^{-3}}$$
$$= 501{,}345 \text{J/m}^2 = 501 \text{kPa}$$

$$W = \frac{P_1V_1 - P_3V_3}{k-1}$$
$$= \frac{0.2\times 10^6 \times 7 - 0.5\times 10^6 \times 4.335}{1.912-1}$$
$$= -841{,}557 \text{J} = -841.557 \text{kJ}$$

45 초압과 초온이 0.2MPa, 27℃인 어느 가스 5kg이 7m³의 체적을 점유한다. 이 가스를 정적하에서 압력을 0.5MPa까지 높이는 데는 2,302kJ 열량이 필요하다. 만일 가스를 단열적으로 동일 압력까지 압축시키려면 몇 kJ의 일량이 필요한가?

① 933.33 ② 750
③ 191.2   ④ 841.5

46 보일-샤를의 법칙을 설명한 것은 다음 중 어느 것인가?

① 일정량의 기체의 체적과 절대온도의 상승적은 압력에 반비례한다.
② 일정량의 기체의 체적과 절대온도의 상승적은 압력에 비례한다.
③ 일정량의 기체의 체적과 압력의 상승적은 절대온도에 비례한다.
④ 일정량의 기체의 체적과 압력은 상승적은 절대온도에 반비례한다.

풀이 보일-샤를의 법칙
$$\frac{PV}{T} = C$$

풀이
$P_1 = 0.2\times 10^6$Pa 가스
$T_1 = 27+273$, $m = 5$kg
$P_2 = 0.5\times 10^6$Pa, $V_1 = 7$m³
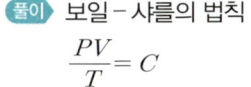
$W = ?$ [kJ]
$R = \dfrac{P_1V_1}{mT_1} = 933.33 \text{J/kgK} = \dfrac{0.2\times 10^6 \times 7}{5\times(27+273)}$
$T_2 = \dfrac{P_2}{P_1} \cdot T_1 = \dfrac{0.5}{0.2}(27+273) = 750\text{K}$
$Q_v = mC_v(T_2-T_1)$ 에서
$C_v = \dfrac{Q_v}{m(T_2-T_1)} = \dfrac{2{,}302\times 10^3}{5(750-300)}$
$= 1{,}023.11 \text{J/kgK}$
$C_v = \dfrac{R}{k-1}$ 에서
$K = \dfrac{R}{C_v}+1 = \dfrac{933.33}{1023.11}+1 = 1.912$
$\left(\dfrac{P_1}{P_3}\right)^{\frac{1}{k}} = \dfrac{V_3}{V_1}$ 에서
$V_3 = V_1\left(\dfrac{P_1}{P_3}\right)^{\frac{1}{k}} = 7\times\left(\dfrac{0.2}{0.5}\right)^{\frac{1}{1.912}} = 4.335\text{m}^3$

47 실제기체가 이상기체의 상태방정식을 근사하게 만족시키는 경우는?

① 압력과 온도가 높을 때
② 압력이 높고 온도가 낮을 때
③ 압력은 낮고 온도가 높을 때
④ 압력과 온도가 낮을 때

풀이 실제기체가 이상기체의 상태 방정식을 만족시키는 조건
- 분자량이 작아야 한다.
- 압력이 낮아야 한다.
- 온도가 높아야 한다.
- 비체적이 커야 한다.

정답 45 ④ 46 ③ 47 ③

48 "같은 온도, 같은 압력의 경우 모든 가스의 1kmol이 차지하는 용적은 같다."라는 법칙은 어느 법칙인가?

① 샤를의 법칙　② 아보가드로의 법칙
③ 돌턴의 법칙　④ 보일의 법칙

49 가스의 비열비($k = C_P/C_v$)의 값은?

① 언제나 1보다 작다.
② 언제나 1보다 크다.
③ 0이다.
④ 0보다 크기도 하고, 1보다 작기도 하다.

[풀이] $1 < n < k$

50 다음 중 기체상수의 단위는?

① kcal/kg · ℃
② kg · m/kg · K
③ kg · m/kmol · K
④ kg · m/m³ · K

[풀이] $R = \dfrac{P_0 \cdot V_0}{T_o}$

$= \dfrac{1.0332 \times 10^4 \text{kg/m}^2 \times 0.7734 \text{m}^2/\text{kg}}{273\text{K}}$

$= 29.27 \text{kgm/kgK}$

51 다음 가스 중 기체상수가 가장 큰 것은?

① H_2　② N_2
③ Ar　④ 공기

[풀이] $R = \dfrac{8,312}{M}$
각 기체의 분자량
$H_2 = 2$, $N_2 = 28$, Ar = 40, 공기 = 29

52 정압비열이 0.92kJ/kgK이고, 정적비열이 0.67kJ/kgK인 기체를 압력 0.4MPa 온도 20℃로 0.25kg을 담은 용기의 체적은 몇 m³인가?

① 0.46　② 46
③ 0.046　④ 4.6

[풀이] $C_p - C_v = R$에서
$R = C_p - C_v = 0.92 - 0.67 = 0.25 \text{kJ/kgK}$

$= \dfrac{0.25 \times 0.25 \times 10^3 \times (20 + 273)}{0.4 \times 10^6}$

$= 0.046 \text{m}^3$

53 $Pv^n = C$에서 n값에 따라 다음과 같이 된다. 다음 중 맞는 것은?

① $n = 0$이면 등온과정
② $n = 1$이면 가역단열과정
③ $n = k$이면 정압과정
④ $n = \infty$이면 정적과정

[풀이] $pv^n = c$　$n = o : p = c$(정압)
$n = 1 : pv = c$(등온)
$n = k : pv^k = c$(단열)

54 C_p가 C_v보다 큰 이유를 설명한 것 중 틀린 것은?

① 정적하에서는 가해진 열이 전부 내부 에너지로 저장되므로
② 정압하에서는 동작물질 팽창일에 에너지가 소요되므로
③ 정압하에서는 분자간 거리가 늘어나는 데 에너지를 소모하므로
④ 정적하에서는 비열이 일정하게 되므로

정답 48 ②　49 ②　50 ②　51 ①　52 ③　53 ④　54 ④

55 압력 294kN/m², 체적 1.66m³인 상태의 가스를 정압하에서 열을 방출시켜 체적을 1/2로 만들었다. 기체가 한 일은 몇 kJ인가?

① 244
② 488
③ -244
④ -488

풀이 $W = P \cdot \Delta V = 294 \times (0.83 - 1.66) = -244 \text{kJ}$

56 노즐 내에서 증기가 가역단열과정으로 팽창한다. 팽창 중 열낙차가 33kJ/kg이라면 노즐 입구에서의 증기 속도를 무시할 때 출구의 속도는 몇 m/sec인가?

① 25.7
② 257
③ 259
④ 26.4

풀이 $V = \sqrt{2\Delta h} = \sqrt{2 \times 33 \times 10^3} = 257 \text{m/s}$

57 이상기체를 정압하에서 가열하면 체적과 온도의 변화는 어떻게 되는가?

① 체적증가, 온도일정
② 체적일정, 온도일정
③ 체적증가, 온도상승
④ 체적일정, 온도상승

풀이 $Q = mC_p(T_2 - T_1)$
$\dfrac{V_1}{T_1} = \dfrac{V_2}{T_2}$
이상기체 정압하가열시에 온도증가, 체적증가이다.

58 비열비 $k = 1.4$인 이상기체를 $PV^{1.2} = C$ 일정한 과정으로 압축하면 온도와 열의 이동은 어떻게 되겠는가?

① 온도 상승, 열방출
② 온도 상승, 열흡수
③ 온도 강하, 열방출
④ 온도 강하, 열흡수

풀이 $Q = mC_v \dfrac{n-k}{n-1}(T_2 - T_1)$
압력증가 시 온도가 증가하여 열은 방출된다. 즉, $n-k$는 음수이다.

59 초기상태가 100℃, 1ata인 이상기체가 일정한 체적의 탱크에 들어 있다. 이 탱크에 열을 가해 온도가 200℃로 되었을 때 탱크 내에 이상기체의 압력은 몇 MPa인가?

① 1.268
② 0.124
③ 12.68
④ 124

풀이 $\dfrac{T_2}{T_1} = \dfrac{P_2}{P_1}$ 에서
$P_2 = P_1 \cdot \dfrac{T_2}{T_1} = \dfrac{101.3}{1.0332} \times \dfrac{473}{373}$
$= 124.3 \text{kPa} = 0.124 \text{MPa}$

60 정압하에서 완전가스를 10~200℃까지 높인다면 비중량은 몇 배가 되겠는가?

① 59.8
② 5.98
③ 0.598
④ 0.0598

풀이 $p = c$ 에서 $pv = RT$
$\dfrac{v}{T}$, $v = \dfrac{1}{r}$ ∴ $\dfrac{1}{T_1 r_1} = \dfrac{1}{T_2 r_2}$
∴ $\dfrac{r_2}{r_1} = \dfrac{T_2}{T_1} = \dfrac{283}{473} = 0.598$배

61 공기 10kg과 수증기 5kg이 혼합되어 10m³의 용기 안에 들어 있다. 이 혼합기체의 온도가 60℃일 때 혼합기체의 압력은 몇 MPa인가?(단, 수증기의 기체상수는 0.46kJ/kg이다.)

① 172.2
② 460
③ 17.2
④ 0.172

정답 55 ③ 56 ② 57 ③ 58 ① 59 ② 60 ③ 61 ④

풀이 돌턴의 분압법칙

$PV = mRT$

$P = \dfrac{m_1 R_1 T}{V} + \dfrac{m_2 R_2 T}{V}$

$= \dfrac{5 \times 0.46 \times 333}{10} + \dfrac{10 \times 0.287 \times 333}{10}$

$= 172.2 \text{kPa} = 0.172 \text{MPa}$

62 $C_v = 0.741 \text{kJ/kgK}$인 이상기체 5kg을 일정한 체적하에서 20~100℃까지 가열하는 데 필요한 열량은?

① 287
② 296.4
③ 28.7
④ 2.87

풀이 $Q_v = mC_v(T_2 - T_1)$
$= 5 \times 0.741 \times (100 - 20)$
$= 296.4 \text{kJ}$

63 공기 3kg을 압력 0.2MPa, 온도 30℃ 상태에서 온도의 변화 없이 압력 1MPa까지 가역적으로 압축하는 데 필요한 일은 몇 kJ인가?

① 42
② 420
③ 4,200
④ 42,000

풀이 $W = p_1 \cdot v_1 \cdot \ln \dfrac{v_2}{v_1} = p_1 \cdot v_1 \cdot \ln \dfrac{P_1}{P_2}$

$= m \cdot R \cdot T \cdot \ln \dfrac{P_1}{P_2}$

$= 3 \times 0.287 \times 303 \times \ln \dfrac{10}{1} = -420 \text{kJ}$

64 온도 10℃, 압력 0.2MPa의 체적 2m³ 공기를 1MPa까지 가역적을 단열압축하였다. 압축일(W)은?

① 819
② 585
③ -819
④ -585

풀이 $\dfrac{T_2}{T_1} = \left(\dfrac{P_2}{P_1}\right)^{\frac{k-1}{k}} = \left(\dfrac{V_1}{V_2}\right)^{k-1}$

$V_2 = \left(\dfrac{P_1}{P_2}\right)^{\frac{1}{k}} \cdot V_1 = \left(\dfrac{0.2}{1}\right)^{\frac{1}{1.4}} \times 2 = 0.634$

$W_t = \dfrac{k(p_1 v_1 - p_2 v_2)}{k-1}$

$= \dfrac{1.4(0.2 \times 2 - 1 \times 0.634) \times 10^3}{1.4 - 1} = -819 \text{kJ}$

압축일이므로 819kJ

65 반완전 가스를 설명한 것 중 옳은 것은?

① 비열은 온도, 압력에 관계없이 일정하다.
② 정압비열과 정적비열의 차가 일정하지 않다.
③ 비열은 압력에 관계없이 온도만의 함수이다.
④ 상태식 $PV = RT$를 따르지 않는다.

풀이 반완전 가스(Semi-perfect Gas or Half Ideal Gas) 완전가스의 상태식 $P_v = RT$를 만족하고 비열이 온도만의 함수로서 정적 및 정압비열의 차가 일정한 가스

66 이상기체의 내부 에너지에 대한 Joule의 법칙에 맞는 것은?

① 내부 에너지는 체적만의 함수이다.
② 내부 에너지는 엔탈피만의 함수이다.
③ 내부 에너지는 압력만의 함수이다.
④ 내부 에너지는 온도만의 함수이다.

67 10ata, 250℃의 공기 5kg이 $PV^{1.3} = C$에 의해서 체적비가 5배로 될 때까지 팽창하였다. 이때 내부 에너지의 변화는 몇 kJ/kg인가?

① 143.6
② 718
③ -143.6
④ -718

정답 62 ② 63 ② 64 ① 65 ③ 66 ④ 67 ③

풀이 $T_2 = T_1 \cdot \left(\dfrac{V_1}{V_2}\right)^{n-1} = 523 \times \left(\dfrac{1}{5}\right)^{1.3-1}$

$\quad\quad = 322.7\text{K}$

$u_2 - u_1 = C_v \cdot (T_2 - T_1)$

$\quad\quad = 0.717 \times (322.7 - 523)$

$\quad\quad = -143.6\text{kJ/kg}$

68 실체기체가 이상기체의 상태식을 근사하게 만족시키는 경우는?

① 압력과 온도가 낮을 때
② 압력과 온도가 높을 때
③ 압력이 높고, 온도가 낮을 때
④ 압력이 낮고, 온도가 높을 때

69 열역학 제1법칙에 어긋나는 것은?

① 받은 열량에서 외부에 한 일을 빼면 내부 에너지의 증가량이 된다.
② 열은 고온체에서 저온체로 흐른다.
③ 계가 한 참일은 계가 받은 참열량과 같다.
④ 에너지 보존의 법칙이다.

풀이 열은 고온체에서 저온체로 흐른다는 열역학 제2법칙이다.

70 열역학 제1법칙을 맞게 설명한 것은?

① 밀폐계에서 공급된 열량은 내부 에너지의 증가와 계가 외부에 한 일의 합과 같다.
② 밀폐계의 공급된 열량은 내부 에너지의 증가와 유동일의 합과 같다.
③ 밀폐계에 공급된 열량은 내부 에너지의 증가와 유동일의 차와 같다.
④ 밀폐계에 공급된 열량은 내부 에너지의 증가와 계가 외부에 한 일의 차와 같다.

71 제1종 영구기관이란?

① 열역학 제0법칙에 위반되는 기관
② 열역학 제1법칙에 위반되는 기관
③ 열역학 제2법칙에 위반되는 기관
④ 열역학 제3법칙에 위반되는 기관

72 동력의 단위가 아닌 것은?

① PS
② BTU/h
③ kg · m/s
④ kWh

73 1HP이 1시간 동안에 한 일을 열량으로 환산하면 몇 MJ인가?

① 2.68
② 26.8
③ 160.8
④ 1,608

풀이 $1\text{HP} \cdot h = 76\text{kgm/s} \dfrac{3,600\text{s} \times 9.8\text{J}}{\text{kgm}}$

$\quad\quad = 2.68\text{MJ}$

74 1kW가 1시간 동안에 한 일을 열량으로 환산하면 몇 MJ인가?

① 3.6
② 36
③ 35.28
④ 353

풀이 $1\text{kWh} = 1\dfrac{\text{kN} \cdot \text{m}}{\text{s}} \cdot \dfrac{h \times 3,600\text{s}}{h}$

$\quad\quad = 1\dfrac{\text{kN} \cdot \text{m}}{\text{s}} \cdot \dfrac{h \times 3,600\text{s}}{h}$

$\quad\quad = 3,600\text{kJ} = 3.6\text{MJ}$

75 어느 냉동기가 1ps의 동력을 소모하여 시간당 13,395kJ의 열을 저열원에서 제거한다면 이 냉동기의 성능계수는 얼마인가?

① 3.06
② 4.06
③ 5.06
④ 6.06

정답 68 ④ 69 ② 70 ① 71 ② 72 ④ 73 ① 74 ① 75 ③

풀이 $\varepsilon_R = \dfrac{Q_{저}}{W} = \dfrac{13{,}395 \times 10^3}{735 \times 3{,}600} = 5.06$

76
어느 발전소가 65,000kW의 전력을 발생한다. 이때 이 발전소의 석탄소모량이 시간당 35ton이라면 이 발전소의 열효율은 얼마인가?(단, 이 석탄의 발열량은 27,209kJ/kg이라 한다.)

① 72　　　　② 52
③ 25　　　　④ 15

풀이 $\eta = \dfrac{W}{Q_{고}} = \dfrac{65{,}000 \times 3{,}600}{35{,}000 \times 27{,}209} \times 100 = 24.57$

77
물 5kg을 0℃에서 100℃까지 가열하면 물의 엔트로피 증가는 얼마인가?

① 6.52　　　② 65.2
③ 652　　　　④ 6,520

풀이 $\Delta S = \dfrac{\Delta Q}{T} = \dfrac{m \cdot C \cdot \Delta T}{T} = m \cdot C \ln \dfrac{T_2}{T_1}$
$= 5 \times \ln \dfrac{373}{237} \times 4.18 = 6.523 \text{kJ/kgK}$

78
완전가스 5kg이 350℃에서 150℃까지 $n = 1.3$ 상수에 따라 변화하였다. 이때 엔트로피 변화는 몇 kJ/kgK가 되는가?(단, 이 가스의 정적비열은 $C_v = 0.67$kJ/kg, 단열지수 = 1.4)

① 0.086　　② 0.03
③ 0.02　　　④ 0.01

풀이 $ds = C_p \cdot \dfrac{dT}{T}$
$\therefore S_2 - S_1 = C_n \displaystyle\int_T^{T_1} \dfrac{dT}{T}$
$= C_v \cdot \dfrac{n-k}{n-1} \ln \dfrac{T_2}{T_1}$

$= 0.67 \times \dfrac{1.3 - 1.4}{1.3 - 1} \times \ln \dfrac{423}{623}$
$= 0.086 \text{kJ/kgK}$

79
어느 열기관이 1사이클당 126kJ의 열을 공급받아 50kJ의 열을 유효일로 사용한다면 이 열기관의 열효율은 얼마인가?

① 30　　　　② 40
③ 50　　　　④ 60

풀이 $\eta = \dfrac{W}{Q_1} = \dfrac{50}{126} = 0.4 \times 100\% = 40\%$

80
공기 2kg을 정적과정에서 20℃로부터 150℃까지 가열한 다음에 정압과정에서 150℃로부터 200℃까지 가열했을 경우의 엔트로피 변화와 무용 에너지 및 유용 에너지를 구하라.(단, 주위 온도는 10℃이다.)

① $\Delta S = 0.75$kJ/K　　② $\Delta S = 75$kJ/K
　$E_u = 21.25$kJ　　　　$E_u = 21.2$kJ
　$E_a = 72.35$kJ　　　　$E_a = 72.3$kJ
③ $\Delta S = 75$kJ/K　　　④ $\Delta S = 0.75$kJ/K
　$E_u = 212.25$kJ　　　$E_u = 212.25$kJ
　$E_a = 72.35$kJ　　　　$E_a = 72.3$kJ

풀이 $Q = mC_v(T_2 - T_1) + mC_p(T_3 - T_2)$
$= 2 \times 0.71 \times (423 - 293) + 2 \times 1 \times (473 - 423)$
$= 284.6 \text{kJ}$

$\Delta S = \Delta S_1 + \Delta S_2 = mC_v \ln \dfrac{T_2}{T_1} + mC_p \ln \dfrac{T_3}{T_2}$
$= 2 \times 0.71 \times \ln\left(\dfrac{423}{293}\right) + 2 \times 1 \times \ln\left(\dfrac{473}{423}\right)$
$= 0.75 \text{kJ/K}$

$E_u = T_0 \Delta S = 283 \times 0.75 = 212.25 \text{kJ}$
$E_a = Q_A - E_u = 284.6 - 212.25 = 72.35 \text{kJ}$

정답　76 ③　77 ①　78 ①　79 ②　80 ④

81 20℃의 주위 물체로부터 열을 받아서 −10℃의 얼음 50kg이 융해하여 20℃의 물이 되었다고 한다. 비가역 변화에 의한 엔트로피 증가(kJ/K)를 구하라. (단, 얼음의 비열은 2.1kJ/kgK, 융해열은 333.6kJ/kg)

① 79.79
② 74.78
③ 50.1
④ 5.01

풀이
$Q = m_{열}C_{열}(T_2 - T_1) + mQ_{융}$
$\quad + m_{물}C_{물}(T_3 - T_2)$
$= 50 \times 2.1 \times (273 - 263) + 50 \times 333.6 + 50$
$= 21,910 \text{kJ}$

$\Delta S_1 = m_{열}C_{열}\ln\dfrac{T_2}{T_1} + \dfrac{Q}{T_2} + m_{물}C_{물}\ln\dfrac{T_3}{T_2}$
$= 50 \times 2.1\ln\left(\dfrac{273}{263}\right) + \dfrac{50 \times 333.6}{273} + 50$
$\quad \times 4.18 \times \ln\left(\dfrac{293}{273}\right)$
$= 79.79 \text{kJ/K}$

$\Delta S_2 = \dfrac{-21,910}{20+273} = -74.78 [\text{kJ/K}]$

그러므로
$\Delta S = \Delta S_1 - \Delta S_2 = 79.79 - 74.78 = 5.01 \text{kJ/K}$

82 열역학 제2법칙을 옳게 표현한 것은?

① 에너지의 변화량을 정의하는 법칙이다.
② 엔트로피의 절대값을 정의하는 법칙이다.
③ 저온체에서 고온체로 열을 이동하는 것 외에 아무런 효과도 내지 않고 사이클로 작동되는 장치를 만드는 것은 불가능하다.
④ 온도계의 원리를 규정하는 법칙이다.

83 어떤 사람이 자기가 만든 열기관이 100℃와 20℃ 사이에서 419kJ의 열을 받아 167kJ의 유용한 일을 할 수 있다고 주장한다면, 이 주장은?

① 열역학 제1법칙에 어긋난다.
② 열역학 제2법칙에 어긋난다.
③ 실험을 해보아야 판단할 수 있다.
④ 이론적으로는 모순이 없다.

풀이 $\eta = \dfrac{W}{Q_h} = \dfrac{167}{419} = 39.85\%$

$\eta = 1 - \dfrac{T_{저}}{T_{고}} = 1 - \dfrac{20+273}{100+273}$
$= 0.21 \times 100\% = 21\%$

84 제2종 영구운동 기관이란?

① 영원히 속도변화 없이 운동하는 기관이다.
② 열역학 제2법칙에 위배되는 기관이다.
③ 열역학 제2법칙에 따르는 기관이다.
④ 열역학 제1법칙에 위배되는 기관이다.

85 열역학 제2법칙은 다음 중 어떤 구실을 하는가?

① 에너지 보존 원리를 제시한다.
② 어떤 과정이 일어날 수 있는가를 제시해 준다.
③ 절대 0도에서의 엔트로피값을 제공한다.
④ 온도계의 원리를 규정하는 법칙이다.

풀이 ①는 제1법칙, ③는 제3법칙이다.

86 열역학 제2법칙을 설명한 것 중 틀린 것은?

① 제2종 영구기관은 동작물질의 종류에 따라 존재할 수 있다.
② 열효율 100%인 열기관은 만들 수 없다.
③ 단일 열저장소와 열교환을 하는 사이클에 의해서 일을 얻는 것은 불가능하다.
④ 열기관에서 동작물질에 일을 하게 하려면 그 보다 낮은 열저장소가 필요하다.

정답 81 ④ 82 ③ 83 ② 84 ② 85 ② 86 ①

87 비가역 과정이 되는 원인이 아닌 것은?

① 압력
② 비탄성 변형
③ 자유 팽창
④ 혼합

88 Clausius의 열역학 제2법칙을 설명해 주는 것은?

① 열은 그 자신으로서는 저온체에서 고온체로 흐를 수 없다.
② 모든 열교환은 계 내에서만 이루어진다.
③ 자연계의 엔트로피값 결정요소는 온도강하이다.
④ 엔탈피와 엔트로피의 관계는 항상 밀접하다.

89 Carnot 사이클은 어떠한 가역변화로 구성되며, 그 순서는?

① 단열팽창 → 등온팽창 → 단열압축 → 등온압축
② 단열팽창 → 단열압축 → 등온팽창 → 등온압축
③ 등온팽창 → 단열팽창 → 등온압축 → 단열압축
④ 등온팽창 → 등온압축 → 단열팽창 → 단열압축

90 어떤 변화가 가역인지 또는 비가역인지를 알려면?

① 열역학 제1법칙을 적용한다.
② 열역학 제3법칙을 적용한다.
③ 열역학 제2법칙을 적용한다.
④ 열역학 제0법칙을 적용한다.

91 다음 과정 중 카르노 사이클에 포함되는 것은?

① 가역등압 과정
② 가역등온 과정
③ 가역등적 과정
④ 비가역 과정

92 카르노 사이클(Carnot Cycle)의 열효율을 높이는 방법에 대한 설명 중 틀린 것은?

① 저온쪽의 온도를 낮춘다.
② 고온쪽의 온도를 높인다.
③ 고온과 저온간의 온도차를 작게 한다.
④ 고온과 저온 간의 온도차를 크게 한다.

93 고온 열원의 온도 500℃인 카르노 사이클(Carnot Cycle)에서 1사이클(Cycle)당 1.3kJ의 열량을 공급하여 0.93kJ의 일을 얻는다면, 저온열원의 온도(℃)는?

① 53
② −53
③ 70.264
④ 73.263

풀이
$$\eta = \frac{W}{Q_1} = 1 - \frac{T_\text{저}}{T_\text{고}}$$
$$T_\text{저} = \left(1 - \frac{W}{Q_1}\right) \cdot T_\text{고} = 773 \times \left(1 - \frac{0.93}{1.3}\right)$$
$$= 220 = -53$$

94 Carnot 사이클 기관은?

① 가솔린 기관의 이상 사이클이다.
② 열효율은 좋으나 실용적으로 이용되지 않는다.
③ 기계효율은 좋고 크기 때문에 많이 이용된다.
④ 평균유효압력이 다른 기관에 비하여 크기 때문에 많이 이용된다.

95 증기를 교축(Throttling)시킬 때 변화 없는 것은?

① 압력(Pressure)
② 엔탈피(Enthalpy)
③ 비체적(Specific Volume)
④ 엔트로피(Entropy)

정답 87 ① 88 ① 89 ③ 90 ③ 91 ② 92 ③ 93 ② 94 ② 95 ②

96 어떤 냉매액을 교축밸브(Expansion Valve)를 통과하여 분출시킬 경우 교축 후의 상태가 아닌 것은?

① 엔트로피는 감소한다.
② 온도는 강하한다.
③ 압력은 강하한다.
④ 엔탈피는 일정 불변이다.

[풀이] 교축과정은 비가역 과정이므로 엔트로피는 증가한다.

97 Carnot 사이클로 작동되는 열기관에 있어서 사이클마다 2.94kJ의 일을 얻기 위해서는 사이클마다 공급열량이 8.4kJ, 저열원의 온도가 27℃이면 고열원의 온도는 몇 ℃가 되어야 하는가?

① 350
② 650
③ 461.5
④ 188.5

[풀이] $\eta = \dfrac{W}{Q} = 1 - \dfrac{T_2}{T_1}$

$\dfrac{2.94}{8.4} = 1 - \dfrac{27+273}{T_1}$

$T_1 = 461.5 - 273 = 188.5$

98 공기 1kg의 작업물질이 고열원 500℃, 저열원 30℃의 사이에 작용하는 카르노 사이클 엔진의 최고 압력이 0.5MPa이고, 등온팽창하여 체적이 2배로 된다면 단열팽창 후의 압력(kPa)은 얼마인가?

① 19
② 25
③ 2.5
④ 9.43

[풀이] 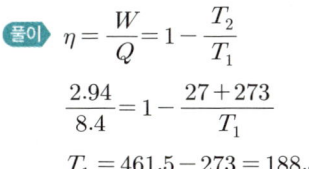 $= 0.5 \times \dfrac{1}{2} = 0.25\text{MPa}$

$P_4 = P_3 \left(\dfrac{T_4}{T_3}\right)^{\frac{k}{k-1}} = 0.25\left(\dfrac{30+273}{500+273}\right)^{\frac{1.4}{0.4}}$

$= 9.427\text{kPa}$

99 고열원 300℃와 저열원 30℃ 사이에 작동하는 카르노 사이클의 열효율은 몇 %인가?

① 40.1
② 43.1
③ 47.1
④ 50.1

[풀이] 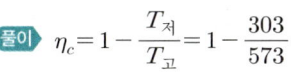 $= 1 - \dfrac{303}{573}$

$= 0.4712 \times 100\% = 47.1\%$

100 2kg의 공기가 Carnot 기관의 실린더 속에서 일정한 온도 70℃에서 열량 126kJ를 공급받아 가역 등온팽창한다고 보면 공기의 수열량(kJ)의 무효 부분은?(단, 저열원의 온도는 0℃로 한다.)

① 100.28
② 116
③ 126
④ 200.6

[풀이] $E_u = T_0 \Delta S$

$= 273 \dfrac{126}{70+273} = 100.28\text{kJ}$

101 우주 간에는 엔트로피가 증가하는 현상도, 감소하는 현상도 있다. 우주의 모든 현상에 대한 엔트로피 변화의 총화에 대하여 가장 타당한 설명은?

① 우주 간의 엔트로피는 차차 감소하는 현상을 나타내고 있다.
② 우주 간의 엔트로피 증감의 총화는 항상 일정하게 유지된다.
③ 우주 간의 엔트로피는 항상 증가하여 언젠가는 무한대가 된다.
④ 산업의 발달로 우주의 엔트로피 감소 경향을 더욱 크게 할 수 있다.

정답 96 ① 97 ④ 98 ④ 99 ③ 100 ① 101 ③

102 온도 – 엔트로피 선도가 편리한 점을 설명하는 데 관계가 가장 먼 것은?

① 면적이 열량을 나타내므로 열량을 알기 쉽다.
② 단열변화를 쉽게 표시할 수 있다.
③ 랭킨 사이클을 설명하기에 편리하다.
④ 면적계(Planimeter)를 쓰면 일량을 직접 알 수 있다.

103 비가역 반응에서 계의 엔트로피는?

① 변하지 않는다.
② 항상 변하며 감소한다.
③ 항상 변하며 증가한다.
④ 최소상태와 최종상태에만 관계한다.

104 다음은 엔트로피 원리에 대한 설명이다. 틀린 것은?

① 등온등압하에서의 엔트로피의 총합는 0이다.
② 모든 작동유체가 열교환을 할 경우 비가역 변화의 엔트로피 값은 증가한다.
③ 가역 사이클에서 엔트로피의 총합는 0이다.
④ 지구상의 엔트로피는 계속 증가한다.

105 절대온도가 T_1 및 T_2인 두 물체가 있다. T_1에서 T_2에 Q의 열이 전달될 때 이 두 개의 물체가 이루는 체계의 엔트로피의 변화는?

① $\dfrac{Q(T_2-T_1)}{T_1 T_2}$　② $\dfrac{Q(T_1-T_2)}{T_1 T_2}$
③ $\dfrac{Q(T_2-T_1)}{T_1}$　④ $\dfrac{Q(T_1-T_2)}{T_2}$

풀이 고열원 T_1, 엔트로피 감소는 $\dfrac{Q}{T_2}$

$\therefore S = \dfrac{Q}{T_1} + \dfrac{-Q}{T_2} = \dfrac{Q(T_1-T_2)}{T_1 \times T_2}$

106 10kg의 공기가 압력 P_1 = 0.5MPa로부터 V_1 = 5m²에서 등온팽창하여 931kJ의 일을 하였다. 엔트로피의 증가량(kJ/K)은 얼마인가?

① 0.698　② 1.07
③ 10.7　④ 69.8

풀이 $T = \dfrac{PV}{mR} = \dfrac{0.5 \times 10^3 \times 5}{10 \times 0.287} = 871$

$\Delta S = \dfrac{Q}{T} = \dfrac{931}{871} = 1.07$

107 300℃의 증기가 1,674kJ/kg의 열을 받으면서 가역 등온적으로 팽창한다. 엔트로피의 변화(kJ/K)는 얼마인가?

① 5.58　② 3.58
③ 2.92　④ 1.02

풀이 $\Delta S = \dfrac{Q}{T} = \dfrac{1,674}{300+273} = 2.92$

108 물 5kg을 0℃로부터 100℃까지 가열하면 물의 엔트로피 증가는?

① 6.52　② 6.52
③ 96.25　④ 962

풀이 $\Delta S = mC\ln\dfrac{T_2}{T_1} = 5 \times 4.18 \times \ln\dfrac{373}{273} = 6.52$

109 2kg의 산소가 일정 압력 밑에서 체적이 0.4M에서 2.0M로 변했을 때 산소를 이상기체로 보고 산소의 C_p = 0.88kJ/kgK이라 할 경우 엔트로피 증가(kJ/K)는?

① 88　② 8.8
③ 4.8　④ 2.8

정답 102 ④　103 ③　104 ①　105 ②　106 ②　107 ③　108 ①　109 ④

풀이 $\Delta S = mC_p \ln\dfrac{T_2}{T_1} = mC_p \ln\dfrac{V_2}{V_1}$

$= 2 \times 0.88 \ln \dfrac{2}{0.4} = 2.83\text{kJ/K}$

110 산소가 체적 일정하에서 온도를 27℃로부터 −10℃로 강하시켰을 때 엔트로피의 변화(kJ/K)는 얼마인가?(단, 산소의 정적비열은 0.654kJ/kgK이다.)

① 0.086
② −0.86
③ 0.86
④ −0.086

풀이 $\Delta S = C_v \cdot \ln\dfrac{T_2}{T_1} = 0.654 \times \ln\dfrac{263}{300}$

$= -0.086\text{kJ/K}$

111 20kWh의 모터를 1시간 동안 제동하였더니 그 마찰열이 $t = 30℃$의 주위에 전달하였다. 엔트로피의 증가는 몇 kJ/K인가?

① 4,752.5
② 237.6
③ 216
④ 3.96

풀이 $\Delta S = \dfrac{Q}{T} = \dfrac{20 \times 3{,}600}{273 + 30} = 237.6\text{kJ/K}$

112 100℃의 수증기 5kg이 100℃ 물로 응결되었다. 수증기의 엔트로피 변화량(kJ/K)은?(단, 수증기의 잠열은 2256kJ/kg이다.)

① 28
② 30.24
③ −28
④ −30.24

풀이 $\Delta S = \dfrac{Q}{T} = \dfrac{5 \times 2{,}256}{273 + 100} = 30.24\text{kJ/K}(감소)$

113 초온 $t_1 = 1{,}900℃$, 초압 3.5MPa인 공기 0.03m³이 온도 $t_2 = 250℃$로 될 때까지 폴리트로픽 팽창(N = 1.3)을 한다. 이 과정에서 가해진 열량(kJ)을 구하여라.(단, 정적비열은 $C_v = 0.717\text{kJ/kg}$, $k = 1.4$이다.)

① 165
② 187
③ 67
④ 21

풀이 $m = \dfrac{PV}{RT} = \dfrac{3.5 \times 10^6 \times 0.03}{287 \times (1{,}900 + 273)} = 0.17$

$Q = mC_v \dfrac{n-k}{n-1}(T_2 - T_1)$

$= 0.17 \times 0.717 \times \dfrac{1.3 - 1.4}{1.3 - 1}(250 - 1{,}900)$

$= 67\text{kJ}$

114 −5℃의 얼음 100kg이 20℃의 대량의 물에서 녹을 때 전체의 엔트로피의 증가(kJ/K)는?(단, 얼음의 비열 2.11kJ/kgK, 융해잠열은 333.6kJ/kg이다.)

① 146
② 155.65
③ 14.6
④ 9.65

풀이 $Q = 100 \times 2.11 \times 5 + 100 \times 333.6 + 100 \times 4.18 \times 20$

$= 42{,}775\text{kJ}$

$\Delta S_1 = \dfrac{-42{,}775}{20 + 273} = -146\text{kJ/K}$

$\Delta S_2 = 100 \times 2.11 \ln\dfrac{273}{273-5} + \dfrac{100 \times 333.6}{273}$

$+ 100 \times 4.18 \ln\dfrac{293}{273}$

$= +155.65\text{kJ/K}$

$\Delta S = \Delta S_2 + \Delta S_1 = 155.65 - 146 = 9.65\text{kJ/K}$

정답 110 ④ 111 ② 112 ④ 113 ③ 114 ④

115 다음 중 무효 에너지가 아닌 것은?
① 기준온도(절대온도)×엔트로피
② 기준온도(절대온도)×엔트로피의 변화
③ 효율이 낮아지면 커진다.
④ 카르노 사이클에서의 방출열량

116 공기 5kg을 정적변화하에 10~100℃까지 가열하고 다음에 정압하에서 250℃까지 가열한다. 주위 온도를 빙점으로 했을 때 무효 에너지는 몇 kJ/kg인가?
① 2.68
② 73.1
③ 268
④ 731

풀이
$$\Delta S = mC_v \ln\frac{T_2}{T_1} + mC_p \ln\frac{T_3}{T_2}$$
$$= 5 \times 0.717 \ln\frac{100+273}{10+273} + 5 \times \ln\frac{250+273}{100+273}$$
$$= 2.68 \text{kJ/K}$$
$$E_u = T_0 \Delta S = 273 \times 2.68 = 731.64 \text{kJ}$$

117 5kg의 물을 일정 압력하에서 25~90℃까지 가열되었을 때 -10℃를 기준온도로 했다면 공급 열량 중에 무효 에너지는?
① 259
② 1,086
③ 108.6
④ 210.13

풀이
$$\Delta S = m \cdot C_p \cdot \ln\frac{T_2}{T_1}$$
$$= 5 \times 4.18 \times \ln\frac{363}{298} = 4.13 \text{kJ/K}$$
$$E_u = T_0 \Delta S = (273-10)\Delta S = 1,086 \text{kJ}$$

118 폴리트로픽 과정에 대한 다음 사항 중 틀린 것은?(단, T_1은 처음온도 T_2는 나중온도이다.)
① $k > n > 1$일 때, $T_1 > T_2$이면 열을 흡수하고 팽창한다.
② $k < n$일 때, $T_1 > T_2$이면 압축일을 하고 방열한다.
③ $k > n > 1$일 때, $T_1 < T_2$이면 방열하고 압축일을 계속한다.
④ $k < n$일 때, $T_1 < T_2$이면 방열하고 압축일을 한다.

119 열역학 제2법칙은 다음 중 어떤 구실을 하는가?
① 에너지 보존의 원리를 제시한다.
② 온도계의 원리를 제공한다.
③ 절대영도에서의 엔트로피값을 제공한다.
④ 어떤 과정이 일어날 수 있는가를 제시해 준다.

정답 115 ① 116 ④ 117 ② 118 ④ 119 ④

CHAPTER 003 내연기관 사이클

SECTION 01 기체 압축기

동작물질(작동유체)가 외부에서 일을 공급받아 저압의 유체를 압축하여 고압으로 송출하는 기계를 압축기(Compressor)라 하며, 작동유체의 대표적인 것은 공기이다.
압축기의 이론적 해석을 위한 가정은 다음과 같다.

(1) 작동유체는 비열이 일정한 완전가스이다.
(2) 정상유동으로 한다.

$$W_t = -\int vdp = mn21m$$

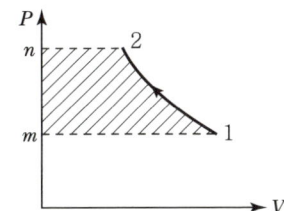

1. 왕복피스톤의 공통 용어

(1) **직경(Bore)** : 실린더의 직경
(2) **상사점(Top Dead Center)** : 실린더 체적이 최소일 때의 피스톤 위치(Tdc)
(3) **하사점(Bottom Dead Center)** : 실린더 체적이 최대일 때의 피스톤의 위치(Bdc)
(4) **행정(Stroke)** : 피스톤이 이동하는 거리 즉, 상사점과 하사점의 사이 길이(L,S)
(5) **통극체적(V_c)** : 피스톤이 상사점에 있을 때 가스가 차지하는 체적
(6) **행정체적(V_s)** : 상사점과 하사점 사이의 가스가 차지하는 체적
(7) **통극(λ)** : 통극체적과 행정체적의 백분율

$$\lambda = \frac{V_c}{V_s} \times 100$$

(8) **압축비(ε)** : 실린더 전체체적과 통극체적과의 비

$$\varepsilon = \frac{V_s + V_c}{V_c} = \frac{V_c}{V_c} + \frac{1}{V_c/V_s} = 1 + \frac{1}{\lambda}$$

$$V_s = \frac{\pi}{4}D^2 \cdot S$$

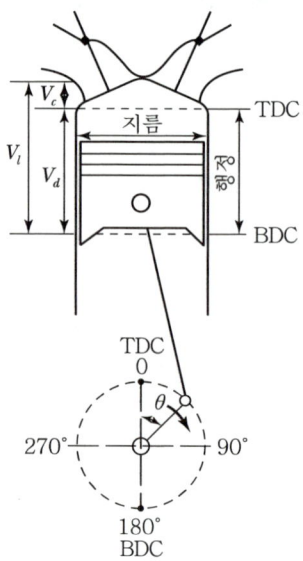

2. 압축일

통극 또는 간극체적(Clearance Volume)이 없는 1단 압축기나 원심 압축기에 의하여 기체를 압력 P_1에서 P_2까지 압축하는 데 필요한 압축일은

$$W = -\int_1^2 V dp$$

1) 등온압축 시

$$W_t = P_1 V_1 \ln\frac{v_1}{v_2} = mRT_1 \ln\frac{P_2}{P_1}$$

2) 단열압축 시

$$W_t = mC_p T_1\left\{\frac{T_2}{T_1} - 1\right\} = \frac{k}{k-1} mRT_1\left\{\left(\frac{P_2}{P_1}\right)^{\frac{k-1}{k}} - 1\right\}$$
$$= \frac{k}{k-1} P_1 V_1\left\{\left(\frac{v_1}{v_2}\right)^{k-1} - 1\right\}$$

$$W_t = \frac{n}{n-1}P_1V_1\left\{\frac{T_2}{T_1}-1\right\} = \frac{n}{n-1}mRT_1\left\{\left(\frac{P_2}{P_1}\right)^{\frac{n-1}{n}}-1\right\}$$

$$= \frac{n}{n-1}mRT_1\left\{\left(\frac{v_1}{v_2}\right)^{\frac{n-1}{n}}-1\right\}$$

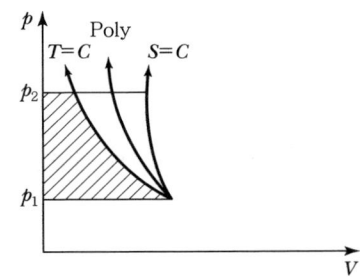

3) 압축 후 온도 및 열량

(1) 등온압축($T_2 = T_1$)

$$q = P_1v_1\ln\frac{P_2}{P_1} = RT_1\ln\frac{v_1}{v_2}$$

(2) 단열압축

$$T_2 = T_1\left(\frac{P_2}{P_1}\right)^{\frac{k-1}{k}} = T_1\left(\frac{v_1}{v_2}\right)^{k-1}, \quad q = 0$$

(3) 폴리트로픽 압축

$$T_2 = T_1\left(\frac{P_2}{P_1}\right)^{\frac{n-1}{n}} = T_1\left(\frac{v_1}{v_2}\right)^{n-1}$$

$$q = C_n(T_2-T_1) = \frac{n-k}{n-1}C_v(T_2-T_1)$$

이들 일을 압축기에서는 등온압축일 때가 최소이고, 단열압축일 때가 최대이다. 즉, 지수 (n)가 증가할수록 압축일은 증가하며, 감소할수록 압축일은 감소한다.

3. 압축기의 효율

압축기의 효율은 기계효율(η_m)과 체적효율(η_v)로 되며, 전효율은 $\eta = \eta_m \cdot \eta_v$이다.

1) 기계효율(η_m)

압축기의 기계효율은 제동일(W_B)과 지시일(W_I)의 비이다.

$$\eta_m = \frac{W_1}{W_B}$$

그러나 열기관에서의 기계효율은 지시일(W_I)과 제동일(W_B)의 비이다.

$$\eta_m = \frac{W_B}{W_I}$$

효율은 항상 1보다 작아야 한다.

2) 체적효율(η_v)

$$\eta_v = \frac{\text{행정당 실제 흡입체적}}{\text{행정체적}} = \frac{V_1 - V_4}{V_s}$$

$$= \frac{V_1 - V_4}{V_s} = \frac{V_s(1+\lambda) - V_4}{V_s} = 1 + \lambda - \frac{V_4}{V_s} = 1 - \lambda\left[\left(\frac{P_2}{P_1}\right)^{\frac{1}{n}} - 1\right]$$

$$= 1 - \lambda\left(\frac{V_4}{V_s} - 1\right) = 1 + \lambda - \lambda\left(\frac{P_2}{P_1}\right)^{\frac{1}{n}}$$

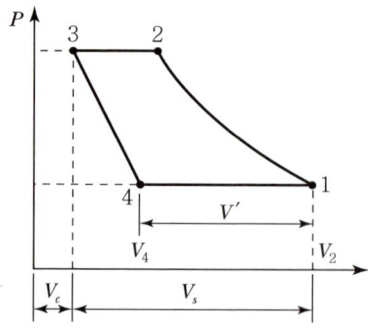

| 이론적인 압축기 지압선도 |

4. 다단 압축 사이클

압력비를 크게 하면 체적효율이 저하되고 배출온도가 높아져 윤활과 기밀에 문제가 발생한다. 그러므로 압력비를 높이고자 할 때와 체적효율의 감소를 방지하기 위해 다단 압축을 한다.

$$W = \int_1^a vdp + \int_a^2 vdp$$

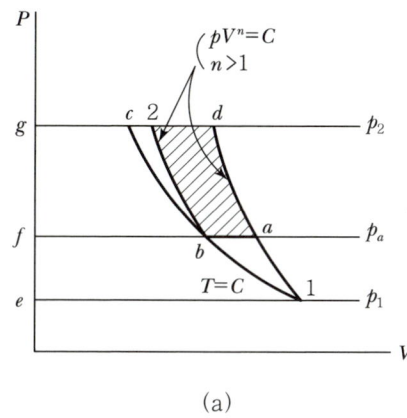
(a)

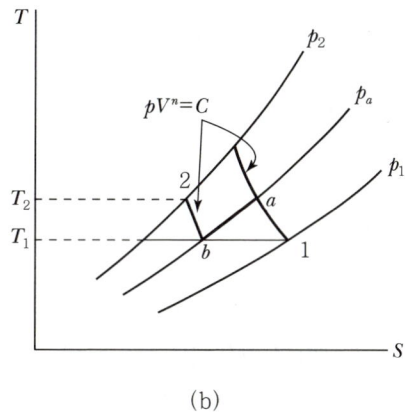
(b)

이때 압축일 W는 저압단과 고압단 모두 폴리트로픽 변화를 한다면

$$W = \frac{n}{n-1}mRT_1\left\{\left(\frac{P_a}{P_1}\right)^{\frac{n-1}{n}} - 1\right\} + \frac{n}{n-1}mRT_{al}\left\{\left(\frac{P_a}{P_1}\right)^{\frac{n-1}{n}} - 1\right\}$$

$$= \frac{n}{n-1}mR\left[T_1\left\{\left(\frac{P_a}{P_1}\right)^{\frac{n-1}{n}}\right\} - 1 + T_{al}\left\{\left(\frac{P_2}{P_a}\right)^{\frac{n-1}{n}} - 1\right\}\right]$$

만약 완전 중간 냉각을 하여 초온 T_1까지 냉각시는 $T_{al} = T_1$이므로

$$W = \frac{n}{n-1}mRT_1\left\{\left(\frac{P_a}{P_1}\right)^{\frac{n-1}{n}} + \left(\frac{P_2}{P_a}\right)^{\frac{n-1}{n}} - 2\right\}$$

여기에서 중간 압력 P_a를 적당히 택하면 W를 최소로 할 수 있다.
즉,

$$\left(\frac{P_a}{P_1}\right)^{\frac{n-1}{n}} + \left(\frac{P_2}{P_a}\right)^{\frac{n-1}{n}}$$

항이 최소가 되면 된다. 따라서 P_a에 대하여 미분하여 $\dfrac{dW}{dP_a}=0$일 때, P_a값은

$$P_a = \sqrt{P_1 P_2}$$

가 된다.

$$\dfrac{P_a}{P_1} = \dfrac{P_2}{P_a} = \sqrt{\dfrac{P_2}{P_1}}$$

각 단의 압력비가 같아서

$$\left(\dfrac{P_2}{P_1}\right)^{\frac{1}{2}}$$

일 때 압축일은 최소가 된다.

2단 이상의 다단의 경우에도 동일하며, 각 단의 압력비를 $\sqrt[3]{P_1 P_2}$, $\sqrt[4]{P_1 P_2}$ …로 하면 된다. 따라서 N단 압축을 행할 경우 압축일 W는

$$W = \dfrac{n \cdot N}{n-1} RT_1 \left\{ \left(\dfrac{P_2}{P_1}\right)^{\frac{n-1}{Nn}} - 1 \right\}$$

이 되고 각 단에 있어서 요하는 일은 W/N이다.

SECTION 02 내연기관 사이클

열기관(Heat Engine)은 연료의 연소에 의해 발생되는 열에너지를 기계적 에너지로 바꾸는 기관으로 내연기관(Internal Combustion Engine)과 외연기관(External Combustion Engine)으로 구분된다.

(1) **내연기관** : 연소가 동작물질 내에서 연소하는 기관으로 실제 사용기관으로 가솔린 엔진, 디젤 엔진, 로터리 엔진, 가스터빈 및 제트 엔진 등이 이에 속한다.
(2) **외연기관** : 동작물질 외에서 연소가 일어나 보일러, 기타 열교환기를 통해 열을 공급받는 기관으로 증기기관 및 밀폐 사이클의 가스터빈 등이다.

1. 공기표준 사이클

내연기관의 동작물질은 공기와 연료의 혼합물 및 잔류가스의 혼합기체이며 연소 후에는 잔류 연소 생성가스도 포함되어 열역학적 기본 특성을 알기 위해서는 공기표준 사이클이라는 가정이 필요하다.

(1) 동작물질은 이상기체인 공기이며, 비열은 일정하다.
(2) 연소과정은 가열과정을 대치하고 밀폐된 상태에서 외부에서 열을 공급받고 외부로 열을 방출한다.
(3) 압축 및 팽창과정은 가역단열과정이다.
(4) 각 과정은 가역과정으로 역 Cycle로 성립한다.

대표적인 Cycle의 종류는 왕복내연기관의 기본 사이클(Otto, Diesel, Sabathe), 가스터빈의 기본 사이클(Braton), 기타 사이클(Ericsson, Stiring, Atkinson, Lenoir Cycle) 등이 있다.

2. 공기표준 오토 사이클

공기표준 오토 사이클은 전기점화기관(Spark Ignition Internal Combustion Engine)의 이상 사이클로서 열공급 및 방열이 정적하에서 이루어지므로 정적 사이클이라고도 한다. 가솔린 기관의 기본 사이클이다.

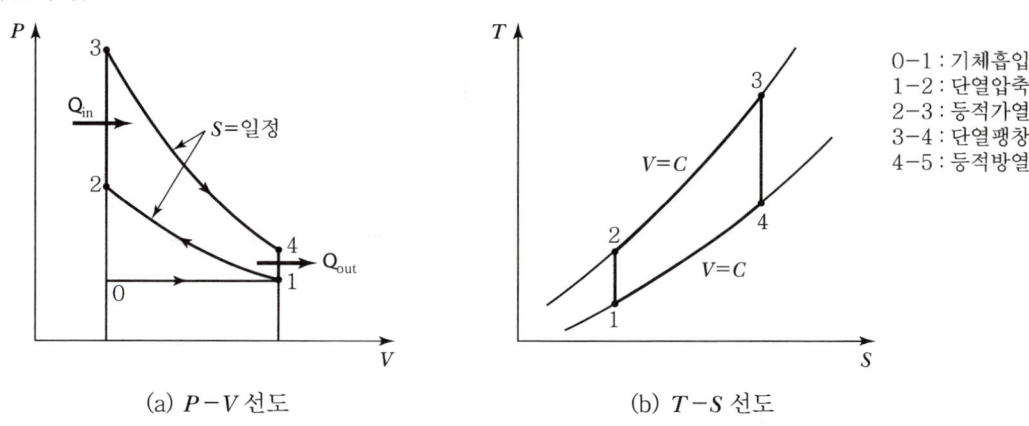

(a) $P-V$ 선도　　(b) $T-S$ 선도

｜공기표준 오토 사이클의 $P-V$, $T-S$ 선도｜

1) 사이클의 구성

(1) 1 → 2 과정 : 단열압축

$$T_1 v_1^{k-1} = T_2 v_2^{k-1} \qquad T_2 = \left(\frac{v_1}{v_2}\right)^{k-1} \cdot T_1 = T_1 \cdot \varepsilon^{k-1}$$

여기서 $\varepsilon = \left(\dfrac{v_1}{v_2}\right)$은 압축비(Compression Ratio)이다.

(2) 3 → 4 과정 : 단열팽창

$$T_3 v_3^{k-1} = T_4 v_4^{k-1}$$

$$T_3 = \left(\frac{v_4}{v_3}\right)^{k-1} \cdot T_4 = \varepsilon^{k-1} \cdot T_4$$

$$\therefore \ T_3 = \varepsilon^{k-1} \cdot T_4$$

2) 공급열량과 방출열량 및 일

(1) 공급열량 $q_1 = C_v(T_3 - T_2)$

(2) 방출열량 $q_2 = C_v(T_4 - T_1)$

(3) 따라서 유효일 $W = q_1 - q_2 = C_p(T_3 - T_2) - C_v(T_4 - T_1)$

3) 열효율

$$\eta_0 = \frac{W}{q_1} = 1 - \frac{q_2}{q_1} = 1 - \frac{T_4 - T_1}{T_3 - T_2} = 1 - \left(\frac{1}{\varepsilon}\right)^{k-1}$$

여기서 ε은 압축비로서 압축 전후의 체적비로 정의된다. 즉,

$$\varepsilon = \frac{v_1}{v_2}$$

오토 사이클의 이론 열효율은 압축비만의 함수이다. 그러나 실제 사이클 기관에서 압축비가 클 경우 이상 폭발현상(Engine Knock)이 발생하므로 압축비는 5~10으로 제한을 한다.

4) 평균유효압력

유효일을 행정체적으로 나눈 값을 평균유효압력(Mean Effective Pressure : P_m)이라 하며, 오토 사이클에서의 평균유효압력(P_{m0})은 다음과 같다.

$$P_{mo} = \frac{W}{v_1 - v_2} = \frac{\eta_0 q_1}{v_1\left(1 - \frac{1}{\varepsilon}\right)}$$

$$= \frac{q_1 P_1}{RT_1} \frac{1 - \left(\frac{1}{\varepsilon}\right)^{k-1}}{1 - \frac{1}{\varepsilon}} = P_1 \frac{a-1}{k-1} \frac{\varepsilon^k - \varepsilon}{\varepsilon - 1} \quad \left(\text{단}, a = \frac{P_3}{P_2}\right)$$

3. 공기표준 디젤 사이클

공기표준 디젤 사이클은 압축착화기관(Compression Ignition Engine)이 저속 디젤 기관 기본 사이클로서 이론적으로 연소가 등압하에서 이루어지므로 등압 사이클이라고 한다.

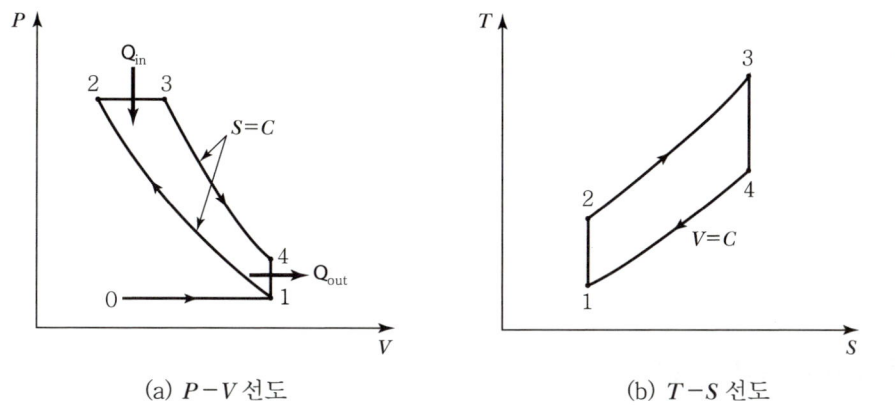

0-1 : 흡입
1-2 : 단열압축
2-3 : 등압가열
3-4 : 단열팽창
4-5 : 등적방열

(a) $P-V$ 선도 (b) $T-S$ 선도

┃ 공기표준 디젤 사이클의 $P-V$, $T-S$ 선도 ┃

1) 사이클의 구성

(1) 1 → 2는 단열압축 $PV^k = C$

$$\frac{T_2}{T_1} = \left(\frac{V_1}{V_2}\right)^{k-1} = \varepsilon^{k-1}$$

$$\therefore\ T_2 = T_1\left(\frac{V_1}{V_2}\right)^{k-1} = T_1\varepsilon^{k-1}$$

(2) 2 → 3 정압가열 $P = C$

$$\frac{T_3}{T_2} = \frac{V_3}{V_2}$$

$$\therefore\ T_3 = T_2\left(\frac{V_3}{v_2}\right) = T_2 \cdot \sigma = \sigma \cdot \varepsilon^{k-1} \cdot T_1$$

여기서 $\sigma = \dfrac{V_3}{V_2}$ 는 체절비 또는 연료단절비(Fuel Cut Off Ratio)

(3) 3 → 4 단열팽창 $PV^k = C$

$$\frac{T_4}{T_3} = \left(\frac{V_3}{V_4}\right)^{k-1} = \left(\frac{P_4}{P_3}\right)^{\frac{k-1}{k}}$$

$$\therefore T_4 = T_3\left(\frac{V_3}{V_4}\right)^{k-1} = T_3\left(\frac{V_3}{V_2} \cdot \frac{V_2}{V_4}\right)^{k-1} = \sigma \cdot \varepsilon^{k-1} T_1$$

(4) 4 → 1 정적방열 $V = C$

$$\frac{P_1}{T_1} = \frac{P_4}{T_4}$$

2) 공급열량과 방출열량 및 일

(1) 공급열량 $q_1 = C_p(T_3 - T_2)$
(2) 방출열량 $q_2 = C_v(T_4 - T_1)$
(3) 사이클의 유효일 $W = q_1 - q_2 = C_p(T_3 - T_2) - C_v(T_4 - T_1)$

3) 디젤 사이클의 이론 열효율

$$\eta_d = \frac{W}{q_1} = 1 - \frac{q_2}{q_1} = 1 - \frac{C_v(T_4 - T_1)}{C_p(T_3 - T_2)}$$

$$= 1 - \frac{(T_4 - T_1)}{k(T_3 - T_2)} = 1 - \left(\frac{1}{\varepsilon}\right)^{k-1} \frac{\sigma^k - 1}{k(\sigma - 1)}$$

여기서, $\sigma = \frac{v_3}{v_2} = \frac{T_3}{T_2}$: 단절비(Cut Off Ratio)

또는 팽창비 디젤 사이클의 이론 열효율(η_d)에서 Σ와 k는 항상 1보다 크므로 $\frac{\sigma^k - 1}{k(\sigma - 1)}$ 항은 1보다 크다. 그러므로 압축비(E)가 동일할 경우 오토 사이클의 열효율이 디젤 사이클의 열효율보다 크나 디젤 사이클에서는 압축비를 오토 사이클보다 더 크게 할 수 있어서 열효율을 증가시킬 수 있다. 디젤기관에 주로 사용되는 실용상 압축비는 13~20의 범위이다.
디젤 사이클의 이론 평균유효압력 P_{md}는

$$P_{md} = \frac{W}{v_1 - v_2} = \frac{\eta_d q_1}{A(v_1 - v_2)} = \frac{P_1 q_1}{RT_1}$$

$$= \frac{1 - \left(\frac{1}{\varepsilon}\right)^{k-1} \frac{\sigma^k - 1}{k(\sigma - 1)}}{1 - \frac{1}{\varepsilon}} = P_1 \frac{\varepsilon^k k(\sigma - 1) - \varepsilon(\sigma^k - 1)}{(k-1)(\varepsilon - 1)}$$

4. 공기표준 사바테 사이클

공기표준 Sabathe Cycle은 고속 디젤기관의 기본 사이클이며 고속 디젤기관에서는 공기를 압축하는 데서 피스톤이 상사점에 도달하기 직전에 연료를 분사하므로 초기 분사연료는 등적연소가 되며, 다음 분사되는 연료는 용적이 증가하므로 거의 등압 연소로 된다. 이러한 사이클을 일명 복합 사이클, 등적·등압 사이클 또는 2중 연소 사이클이라 한다.

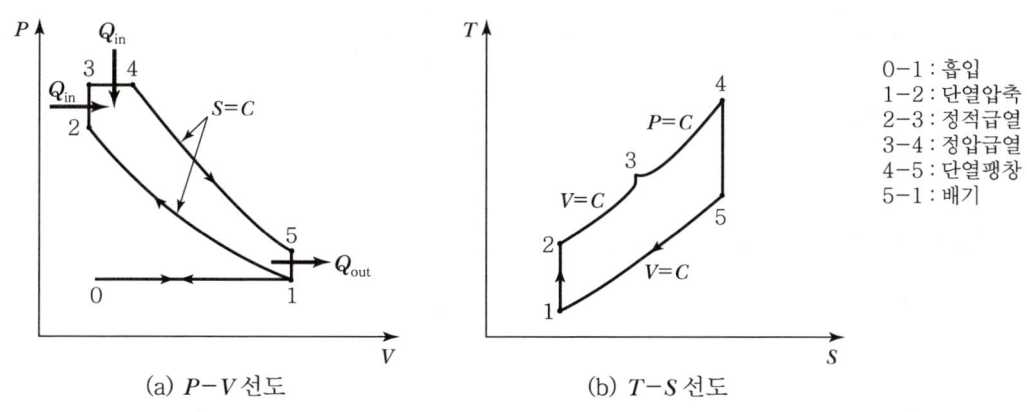

| 공기표준 복합 사이클의 $P-V$, $T-S$ 선도 |

1) 사이클 구성

(1) 단열압축(1 → 2)

$$\frac{T_2}{T_1} = \left(\frac{v_1}{v_2}\right)^{k-1}, \quad T_2 = T_1 \varepsilon^{k-1}$$

(2) 정적가열(2 → 3)

$$v_2 = v_3, \quad \frac{P_2}{T_2} = \frac{P_3}{T_3}, \quad T_3 = \frac{P_3}{P_2} \cdot T_2 = \rho \cdot \varepsilon^{k-1} \cdot T_1$$

$$\frac{P_3{'}}{P_2} = \rho = 폭발비$$

(3) 정압가열(3 → 4)

$$P_4 = P_3, \quad \frac{T_4}{T_3} = \frac{V_4}{V_3}, \quad T_3 = \frac{V_3}{V_4} \cdot T_4$$

$$T_4 = \frac{V_4}{V_3} \cdot T_3 = \frac{V_4}{V_2} \cdot \frac{V_2}{V_3} \cdot T_3 = \sigma \cdot \varepsilon^{k-1} \cdot \rho \cdot T_1$$

(4) 단열팽창(4 → 5)

$$\frac{T_5}{T_4} = \left(\frac{V_4}{V_5}\right)^{k-1}$$

$$T_s = T_4 \left(\frac{V_4}{V_5}\right)^{k-1} = T_4 \left(\frac{V_4}{V_3} \cdot \frac{V_3}{V_5}\right)^{k-1} = \left(\frac{V_4}{V_2} \cdot \frac{V_2}{V_1}\right)^{k-1} \cdot T$$

$$= \left(\sigma \frac{1}{\varepsilon}\right)^{k-1} \cdot \sigma \varepsilon^{k-1} \cdot \rho T_1 = \sigma^k p T_1$$

2) 공급열량과 방출열량 및 유효일

(1) 공급열량 $q_1 = q_v + q_p = C_v(T_3 - T_2) + C_p(T_4 - T_3)$
(2) 방출열량 $q_2 = C_v(T_5 - T_1)$
(3) 유효일 $AW = q_1 + q_2 = C_v(T_3 - T_2) + C_p(T_4 - T_3) - C_v(T_5 - T_1)$

3) 열효율

Sabathe 사이클의 이론 열효율

$$\eta_s = A\frac{W}{q_1} = 1 - \frac{q_2}{q_1} = 1 - \frac{(T_5 - T_1)}{(T_3 - T_2) + k(T_4 - T_2)}$$

$$= 1 - \left(\frac{1}{\varepsilon}\right)^{k-1} \frac{\rho \sigma^k - 1}{(\rho - 1) + k\rho(\sigma - 1)}$$

여기서, $\rho = \dfrac{P_3}{P_2}$: 압력비 또는 폭발비

이다. Sabathe 사이클의 이론 열효율은 ε, σ, ρ, k의 함수이고 ε와 ρ가 클수록, σ는 적을수록 열효율이 높아진다. 또한 $\rho = 1$일 때 Sabathe 사이클의 이론 열효율은 디젤 사이클의 열효율이 된다.

4) 평균유효압력

Sabathe 사이클의 이론 평균유효압력 P_{ms}는

$$P_{ms} = \frac{W}{v_1 - v_2} = \frac{W}{v_1 - v_2} = \frac{\eta_s q_1}{v_1 - v_2} = \frac{\eta_s q_1}{v_1\left(1 - \frac{1}{\varepsilon}\right)}$$

$$= \frac{P_1 q_1}{RT_1} \times \left\{1 - \left(\frac{1}{\varepsilon}\right)^{k-1} \frac{k\sigma^k - 1}{(a-1) + ka(\sigma-1)}\right\}$$

$$= P_1 \frac{[\varepsilon^k\{(a-1) + ka(\sigma-1)\} - \varepsilon(\sigma^k a - 1)]}{(k-1)(\varepsilon-1)}$$

5. 공기표준(오토, 디젤, 사바테) 사이클의 비교

내연기관의 기온 Cycle은 오토 사이클, 디젤 사이클, 사바테 사이클을 비교해 보면 일을 생성하는 과정은 전부 단열팽창 과정인 것을 알 수 있으며 열을 공급받는 과정은 각기 다르지만 열을 배출하는 과정은 전부 정적과정인 것을 알 수 있으며 열효율은 압축비 일정 시에는 그림 (a)에서 나타내는 바와 같이 오토 Cycle이 가장 좋다.

또한 최고 압력 일정 시에는 그림 (b)에서 나타내는 바와 같이 디젤 Cycle이 가장 좋은 것을 알 수 있다. 그러므로 압축비가 같을 때는 오토 사이클의 열효율이 디젤 사이클의 열효율보다 크지만, 디젤 사이클에서는 압축비를 더 높게 할 수 있어 열효율은 더욱 증가시킬 수 있다.

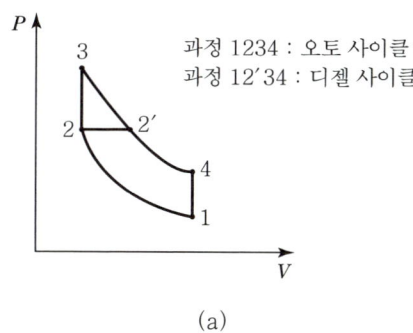

(a)

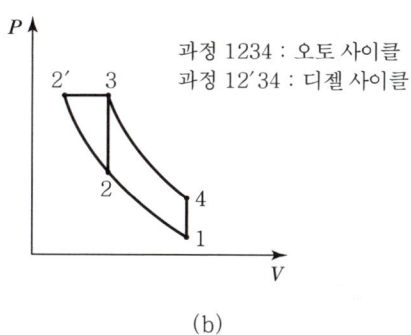

(b)

6. 가스터빈 사이클

가스터빈은 터빈의 깃에 직접 연소가스를 분출시켜 회전일을 얻어 동력을 발생시키는 열기관으로서 3대 기본요소에는 압축기, 연소기, 터빈으로 구성되며, 가스터빈의 공기표준 사이클을 브레이턴(Braton) 사이클이라 한다.

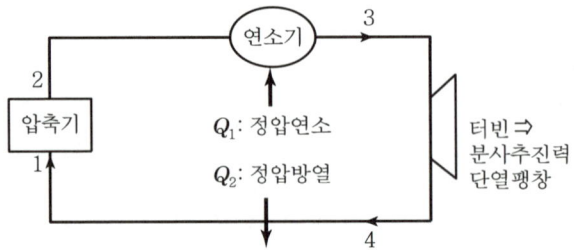

┃공기표준 브레이턴 사이클의 계통도┃

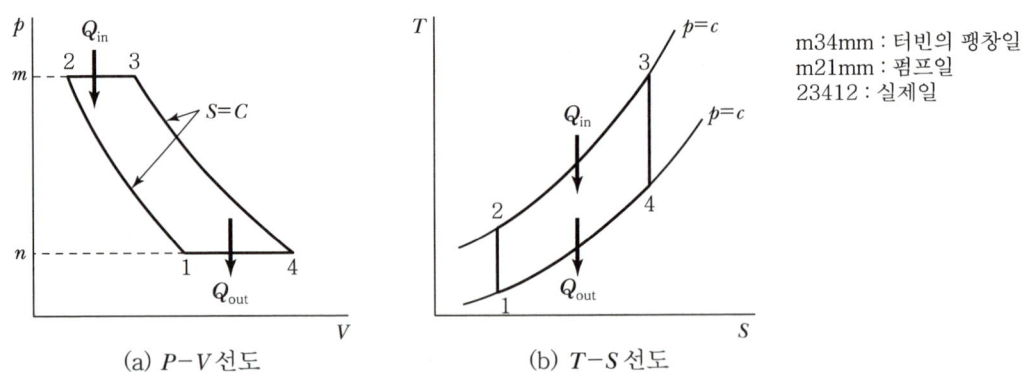

(a) $P-V$ 선도   (b) $T-S$ 선도

┃공기표준 브레이턴 사이클의 $P-V$, $T-S$ 선도┃

1) 공급열량과 방출열량 및 일

(1) 공급열량 $q_1 = C_p(T_3 - T_2) = h_3 - h_2$

(2) 방출열량 $q_2 = C_p(T_4 - T_1) = h_4 - h_1$

(3) 사이클의 유효일 $W = q_1 - q_2 = (h_3 - h_2) - (h_4 - h_1)$

2) 열효율

열효율(η_b)은

$$\eta_b = \frac{AW}{q_1} = 1 - \frac{h_4 - h_1}{h_3 - h_2} = 1 - \frac{T_4 - T_1}{T_3 - T_2} = 1 - \frac{1}{\left(\frac{P_2}{P_1}\right)^{\frac{k-1}{k}}} = 1 - \left(\frac{1}{\gamma}\right)^{\frac{k-1}{k}} = 1 - \frac{T_1}{T_2}$$

여기서, $\gamma = \dfrac{P_2}{P_1}$: 압력비

γ가 클수록 효율은 좋아지나 γ가 너무 크면 출력이 적어지므로 적당한 온도 T_2를 정해야 한다.

3) 최대 출력을 내는 온도

$$\frac{T_4}{T_1} = \frac{T_3}{T_2} \quad T_4 = \frac{T_1 T_3}{T_2}$$

$$W = mC_p(T_3 - T_2) - mC_p(T_4 - T_1)$$
$$= mC_p(T_3 - T_2) - mC_p\left(\frac{T_1 T_3}{T_2} - T_1\right)$$

$$\frac{\delta W}{dT_2} = \frac{mC_p\left(T_3 - T_2 - \dfrac{T_1 T_2}{T_2} - T_1\right)}{dT_2} = 0$$

$$\therefore T_2 = \sqrt{T_1 \cdot T_3}$$

4) 실제기관에서의 단열효율

실제기관에서는 압축과 팽창이 비가역으로 일어나므로 실제일과 가역단열일을 비교한 것을 단열효율이라고 한다.

(1) 터빈의 단열효율

$$\eta_t = \frac{h_3 - h_4'}{h_3 - h_4} = \frac{T_3 - T_4'}{T_3 - T_4}$$

(2) 압축기의 단열효율

$$\eta_c = \frac{h_2 - h_1}{h_2' - h_1} = \frac{T_2 - T_1}{T_2' - T_1}$$

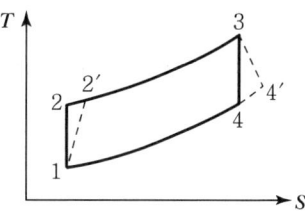

∥ 실제기관의 $T-S$ 선도 ∥

7. 기타 사이클

1) 에릭슨 사이클(Ericsson Cycle)

Braton Cycle의 단열과정을 등온과정으로 대치한 Cycle로서 실현이 곤란한 사이클이다.

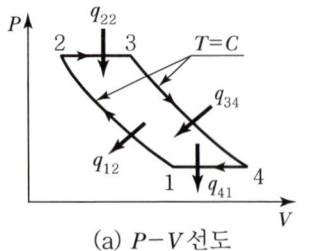
(a) $P-V$ 선도

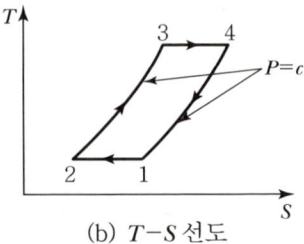
(b) $T-S$ 선도

┃ 에릭슨 사이클의 $P-V$, $T-S$ 선도 ┃

2) 스털링 사이클(Stirling Cycle)

2개의 등온과정과 2개의 등적과정으로 구성된 이상적 사이클로서 역스털링 사이클은 헬륨(H_e)를 냉매로 하는 극저온용 기온 냉동사이클이다.

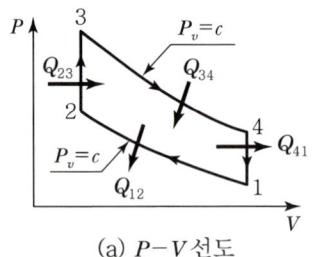
(a) $P-V$ 선도

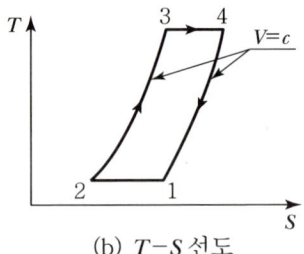
(b) $T-S$ 선도

┃ 스털링 사이클의 $P-V$, $T-S$ 선도 ┃

3) 아트킨슨 사이클(Atkinson Cycle)

일명 등적 Braton Cycle이라고 하며 2개의 단열과정과 등적, 등압과정으로 구성된다.

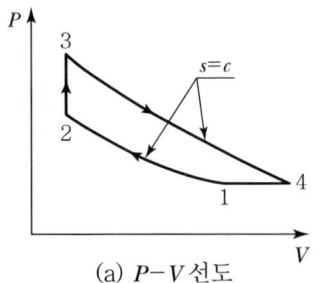
(a) $P-V$ 선도

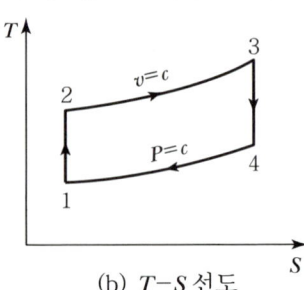
(b) $T-S$ 선도

┃ 아트킨슨 사이클 $P-V$, $T-S$ 선도 ┃

4) 르누아 사이클(Lenoir Cycle)

펄스-제트(Pulse-Jet) 추진 계통의 사이클과 비슷하며 동작물질의 압축과정이 없이 정적하에서 급열하여 압력상승시켜 일을 한 후 정압하에 배출하는 사이클이다.

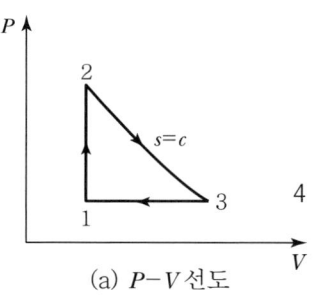
(a) $P-V$ 선도

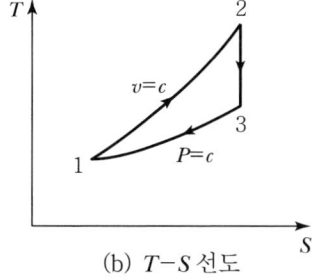
(b) $T-S$ 선도

┃르누아 사이클 $P-V$, $T-S$ 선도┃

CHAPTER 003 출제예상문제

01 피스톤의 행정체적 20,000cc, 간극비 0.05인 1단 공기압축기에서 1ata, 20℃의 공기를 8ata까지 압축한다. 압축과 팽창과정은 모두 $PV^{1.3} = C$에 따라 변화한다면 체적효율은 얼마인가? 또, 사이클당 압축기의 소요일은 얼마인가?

① 82.5%, 8.25kJ ② 42.8%, 82.5kJ
③ 80%, 80kJ ④ 80.25%, 4.2kJ

[풀이]
$$\eta_v = 1 + \lambda - \lambda\left(\frac{P_2}{P_1}\right)^{\frac{1}{n}}$$
$$= 1 + 0.05 - 0.05 \times \left(\frac{8}{1}\right)^{\frac{1}{1.3}} \times 100[\%]$$
$$= 80.25\%$$
$$W = \frac{n}{n-1}P_1V_1\left\{\left(\frac{P_2}{P_1}\right)^{\frac{n-1}{n}} - 1\right\} \times \eta_v$$
$$= \frac{1.3}{1.3-1} \cdot \frac{101.3 \times 10^3}{1.0332} \times 0.02\left\{\left(\frac{8}{1}\right)^{1.3} - 1\right\} \times 0.8025$$
$$= 4,200 = 4.2\text{kJ}$$

02 20℃인 공기 3kg을 0.1MPa에서 0.5MPa까지 가역적으로 압축할 때 등온과정의 압축일 및 압축 후의 온도를 구하여라.(단, $n=1.3$이다.)

① 406kJ, 293K ② 581.96kJ, 191K
③ 58.2kJ, 293K ④ 40.6kJ, 210K

[풀이]
$$W_t = mRT\ln\frac{P_2}{P_1}$$
$$= 3 \times 0.287 \times 293\ln\left(\frac{0.5}{0.1}\right) = 406\text{kJ}$$
$$T_2 = 20 + 273 = 293\text{K}$$

03 통극체적에 대한 설명 중 옳은 것은 다음 중 어느 것인가?

① 실린더의 전체적
② 피스톤이 하사점에 있을 때 가스가 차지하는 체적
③ 상사점과 하사점 사이의 체적
④ 피스톤이 상사점에 있을 때 가스가 차지하는 체적

[풀이] 통극체적=극간체적

04 압력 1.033ata, 온도 30℃의 공기를 10ata까지 압축하는 경우 2단 압축을 하면 1단 압축에 비하여 압축에 필요로 하는 일을 얼마만큼 절약할 수 있는가?(단, 공기의 상태는 $PV^{1.3} = C$를 따른다.)

① 61% ② 71%
③ 81% ④ 91%

[풀이]
• 1단 압축의 경우
$$W_1 = \frac{n}{n-1}RT\left[\left(\frac{P_2}{P_1}\right)^{\frac{n-1}{n}} - 1\right]$$
$$= \frac{1.3}{1.3-1} \times 0.287 \times 303$$
$$\times \left[\left(\frac{10}{1.033}\right)^{\frac{1.3-1}{1.3}} - 1\right] = 259.5\text{kJ}$$

• 2단 압축의 경우
$$W_2 = \frac{n \cdot N}{n-1}RT\left[\left(\frac{P_2}{P_1}\right)^{\frac{n-1}{Nn}} - 1\right]$$
$$= \frac{1.3 \times 2}{1.3-1} \times 0.287 \times 303$$
$$\times \left[\left(\frac{10}{1.033}\right)^{\frac{1.3-1}{2 \times 1.3}} - 1\right] = 1,359\text{kJ}$$

∴ 절약% $= \frac{W_2 - W_1}{W_2} \times 100[\%]$
$$= \frac{1,359 - 259.5}{1,359} \times 100[\%] = 81\%$$

정답 01 ④ 02 ① 03 ④ 04 ③

05 통극비 λ는 다음 중 어느 것인가?(단, V_c : 통극체적, V_s : 행정체적)

① $\lambda = \dfrac{V_c}{V_s}$ ② $\lambda = \dfrac{V_s}{V_c}$

③ $\lambda = \dfrac{V_c + V_s}{V_3}$ ④ $\lambda = \dfrac{V_c}{V_s} - 1$

06 왕복식 압축기의 체적효율은 어느 것인가?

① 행정체적에 대한 간극체적의 비
② 단위체적당의 일
③ 실제의 토출량과 입구상태로 행정체적을 차지하는 기체의 무게와의 비
④ 행정체적에 대한 정미흡입체적의 비

풀이 $\eta_v = \dfrac{V_1 - V_4}{V_s}$

07 다음 중 정상류의 압축이 최소인 것은?

① 등온 과정   ② 폴리트로픽 과정
③ 등엔트로피 과정   ④ 단열 과정

풀이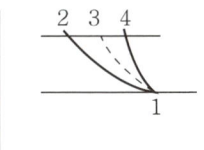
1-2 : 등온 과정
1-3 : 폴리트로픽 과정
1-4 : 단열(등엔탈피) 과정

08 압축기가 폴리트로픽 압축을 할 때 폴리트로픽 지수 n이 커지면 압축일은 어떻게 되는가?

① 작아진다.
② 커진다.
③ 클 수도 있고 작을 수도 있다.
④ 마찬가지이다.

09 공기를 같은 압력까지 압축할 때 비가역 단열압축 후의 온도는 가열 단열압축 후의 온도에 비하여 어떠한가?

① 낮다.
② 높다.
③ 같다.
④ 높을 수도 있고 낮을 수도 있다.

풀이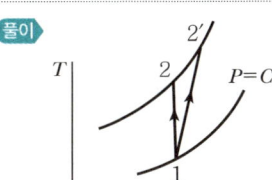
1-2 : 가역단열 과정
1-2′ : 비가역단열 과정
∴ $T_2' > T_2$

10 행정체적 20L, 극간비 5%인 1단 압축기에 의하여 0.1MPa, 20℃인 공기를 0.7MPa로 압축할 때 체적효율은 몇 %인가?(단, $n = 1.3$이다.)

① 75.2%   ② 82.66%
③ 88.24%   ④ 90.21%

풀이 $\eta_v = 1 + \lambda - \lambda \left(\dfrac{P_2}{P_1}\right)^{\frac{1}{n}}$

$= 1 + 0.05 - 0.05 \times \left(\dfrac{0.7}{0.1}\right)^{\frac{1}{1.3}}$

$= 0.8266 \times 100[\%] = 82.66\%$

11 극간비가 증가하면 체적효율은?

① 증가 또는 감소   ② 불변
③ 감소   ④ 증가

풀이 극간비 $\lambda = \dfrac{V_c}{V_s}$

12 온도 15℃의 공기 1kg을 압력 0.1MPa로부터 0.25MPa까지 극간체적이 없는 1단 압축기에서 압축할 경우 압축일은 얼마인가?(단, 등온압축으로 간주한다.)

① 82.6
② 75.6
③ 8.26
④ 7.56

풀이
$$V_1 = \frac{mRT_1}{P_1} = \frac{1 \times 0.287 \times 288}{100} = 0.826 \text{m}^3$$
$$W_t = P_1 V_1 \ln\frac{P_2}{P_1} = 100 \times 0.826 \times \ln\left(\frac{250}{100}\right)$$
$$= 75.68 \text{kJ}$$

13 처음 압력 0.1MPa, 온도가 25℃의 상태에서 $PV^{1.3} = C$의 변화를 하여 압력이 0.7MPa 압축되었다. 통극이 5%라고 하면 체적효율은 얼마인가?

① 60.12%
② 78.19%
③ 82.66%
④ 88.91%

풀이
$$\eta_v = 1 + \lambda - \lambda\left(\frac{P_2}{P_1}\right)^{\frac{1}{n}}$$
$$= 1 + 0.05 - 0.05 \times \left(\frac{700}{100}\right)^{\frac{1}{1.3}}$$
$$= 0.8266 \times 100[\%] = 82.66\%$$

14 1ata, 25℃의 공기를 8ata까지 2단 압축할 경우 중간압력 P_m은 얼마인가?(단, $n = 1.3$ 폴리트로프 변화를 간주한다.)

① 1.182ata
② 2.828ata
③ 3.129ata
④ 4.577ata

풀이 $P_m = \sqrt{P_1 \cdot P_2} = \sqrt{1 \times 8} = 2.828\text{ata}$

15 27℃, 0.1MPa의 공기 10m³/min을 5MPa까지 압축하는 데 필요한 구동마력이 50Ps일 때 전효율을 구하면?

① 50.45%
② 73%
③ 82.14%
④ 90%

풀이 등온도시 마력
$$W = p_1 \cdot v_1 \cdot \ln\frac{p_2}{p_1} = 0.1 \times 10^6 \times \frac{10}{60} \times \ln\frac{5}{1}$$
$$= 26,824 \text{J/S}$$
$$1\text{ps} = 75[\text{kg} \cdot \text{m/s}] = 0.735\text{kJ/s}$$

$$\text{전효율} = \frac{\text{등온도시 마력}}{\text{정미 마력}} = \frac{26.824}{50 \times 0.735}$$
$$= 0.729 = 73\%$$

16 극간비를 맞게 표시한 것은?(단, V_c : 극간체적, V_s : 행정체적)

① $\dfrac{V_c}{V_s}$
② $\dfrac{V_s}{V_c}$
③ $\dfrac{V_c}{V_s + V_c}$
④ $\dfrac{V_s + V_c}{V_s}$

17 극간체적을 맞게 설명한 것은?

① 실린더 체적
② 상사점과 하사점 사이의 체적
③ 피스톤이 하사점에 있을 때 체적
④ 피스톤이 상사점에 있을 때 체적

18 극간체적을 맞게 설명한 것은?

① 실린더 체적에 압축비를 곱한 것
② 행정체적에 압축비를 곱한 것
③ 행정체적을 압축비로 나눈 것
④ 실린더 체적을 압축비로 나눈 것

정답 12 ② 13 ③ 14 ② 15 ② 16 ① 17 ④ 18 ④

- 압축비(ε) = $\dfrac{V_s + V_c}{V_c}$
- 실린더 체적 = $V_s + V_c$
- 극간체적 = V_c

19 이단 압축할 때 압축일이 최소가 되는 중간압력은?

① $(P_1 P_2)^2$ ② $(P_1 P_2)^3$
③ $(P_1 P_2)^{\frac{1}{2}}$ ④ $(P_1 P_2)^{\frac{1}{3}}$

20 극간비가 일정할 때 압력비가 증가하면 체적효율은?

① 압력비와 관계 없다.   ② 불변
③ 증가   ④ 감소

$\eta_v = 1 + \lambda - \lambda \left(\dfrac{P_2}{P_1}\right)^{\frac{1}{n}}$

압력비 = $\dfrac{P_2}{P_1}$

21 압력비가 일정할 때 극간비가 증가하면 체적효율은?

① 극간비와 관계 없다.   ② 불변
③ 증가   ④ 감소

22 기체를 같은 압력까지 압축할 때 비가역 단열압축했을 때 온도가 가역 단열압축했을 때 온도에 비하여 맞는 것은?

① 서로 같다.
② 높을 때도 낮을 때도 있다.
③ 더 높아진다.
④ 더 낮아진다.

23 압축비 8인 가솔린기관이 압축 초의 압력 1ata, 온도 280℃의 오토 사이클을 행할 경우 열효율과 평균 유효압력을 구하여라. (단, 공급열량은 3767kJ/kg이다.)

① 56.47%, 15.32kg/cm
② 56.47%, 18.27kg/cm
③ 72.12%, 20.02kg/cm
④ 72.12%, 25.11kg/cm

$\eta_0 = 1 - \left(\dfrac{1}{\varepsilon}\right)^{k-1} = 1 - \left(\dfrac{1}{8}\right)^{1.4-1}$
$= 0.5647 \times 100[\%] = 56.47\%$

24 사이클의 효율을 높이는 방법으로 유효한 방법이 아닌 것은?

① 급열온도를 높게 한다.
② 방열온도를 낮게 한다.
③ 동작유체의 양을 많게 한다.
④ 카르노 사이클에 가깝게 한다.

25 브레이턴 사이클에서 최고온도가 700K, 팽창말의 온도가 500K인 가스터빈의 터빈 단열효율을 η_t가 80%일 때 터빈의 출구에서의 공기의 온도는 몇 K인가?

① 700   ② 500
③ 240   ④ 540

$\eta_b = \dfrac{h_3 - h_4}{h_3 - h_4} = \dfrac{T_3 - T_4}{T_3 - T_4}$
$\therefore T_4 = T_3 - \eta_b \cdot (T_3 - T)$
$= 700 - 0.8 \cdot (700 - 500) = 540K$

정답 19 ③ 20 ④ 21 ④ 22 ③ 23 ① 24 ③ 25 ④

26 다음은 오토 사이클에 대한 설명이다. 가장 타당성이 없는 표현은?

① 연소가 일정한 체적하에서 일어난다.
② 열효율이 디젤 사이클보다 좋다.
③ 불꽃착화 내연기관의 이상 사이클이다.
④ 압축비가 커지면 열효율도 증가한다.

풀이 오토 사이클은 일정한 체적하에서 연소가 일어나며 불꽃 점화기관의 이상 사이클로서 열효율은 압축비만의 함수이며, 압축비가 커질수록 열효율이 증가한다.

27 디젤 사이클의 효율에 대한 설명 중 옳은 것은?

① 분사단절비(噴射斷切比)가 클수록 효율이 증가한다.
② 압축비가 적으면 효율은 증가한다.
③ 부분부하 운전을 할 때는 열효율이 나빠진다.
④ 분사단절비와 압축비만으로 나타낼 수 있다.

풀이 $\eta_d = 1 - \left(\dfrac{1}{\varepsilon}\right)^{k-1} \cdot \dfrac{\sigma^k - 1}{k(\sigma - 1)}$

디젤 사이클에서는 압축비가 크면 효율이 커지고, 분사 단절비가 커지면 효율은 적어진다.

28 가솔린 기관의 기본 과정은 다음 중 어느 것인가?

① 정압정온 과정
② 정적정압 과정
③ 정적정온 과정
④ 정적단열 과정

풀이 가솔린 기관에서는 오토 사이클이 기본이 된다. 오토 사이클은 2개의 정적과정과 2개의 단열과정으로 이루어져 있다.

29 오토 사이클의 열효율에 대한 설명 중 맞는 것은?

① 단절비가 증가할수록 감소한다.
② 압력상승비가 증가할수록 감소한다.
③ 압축비가 증가할수록 증가한다.
④ 압축비가 증가하고 체절비가 증가할수록 증가한다.

풀이 $\eta_d = 1 - \left(\dfrac{1}{\varepsilon}\right)^{k-1}$

30 어느 가솔린 기관의 압축비(E)가 8일 때, 이 기관의 이론 열효율은?(단, 비열비 $k = 1.4$이다.)

① 40.11
② 56.47
③ 61.49
④ 70.65

풀이 $\eta_0 = 1 - \left(\dfrac{1}{\varepsilon}\right)^{k-1} = 1\left(\dfrac{1}{8}\right)^{1.4-1}$
$= 0.5647 \times 100[\%] = 56.47\%$

31 다음 열기관 사이클(Cycle)이 2개인 정적과정, 2개의 단열과정으로 이루어진다. 이 사이클은 다음 중 어느 것인가?

① 카르노 사이클
② 오토 사이클
③ 디젤 사이클
④ 브레이턴 사이클

32 $k = 1.4$의 공기를 동작물질로 하는 디젤엔진의 최고온도 T_3가 2,500K, 최저온도 T_1이 300K, 최고압력 P_3가 40MPa일 때, 체절비는 얼마인가?

① 1.905
② 2.905
③ 3.114
④ 3.781

풀이 체절비 = 연료 단절비

$$\sigma = \frac{V_3}{V_2} = \frac{T_3}{T_2} > 1$$

1-2 과정은 단열과정이므로

$$\frac{T_2}{T_1} = \left(\frac{P_2}{P_1}\right)^{\frac{k-1}{k}} \text{에서}$$

$$T_2 = \left(\frac{40}{1}\right)^{\frac{1.4-1}{1.4}} \times 300 = 860.7K$$

$$\therefore \sigma = \frac{T_3}{T_2} = \frac{2,500}{860.7} = 2.905$$

33 디젤 사이클의 열효율은 압축비를 ε, σ라 할 때 어떻게 되겠는가?

① ε, σ이 클수록 증가된다.
② ε, σ이 작을수록 증가된다.
③ ε이 크고, σ가 작을수록 증가한다.
④ ε이 작고, σ가 클수록 증가한다.

풀이 $\eta_d = 1 - \left(\frac{1}{\varepsilon}\right)^{k-1} \cdot \left(\frac{\sigma^k - 1}{k(\sigma - 1)}\right)$

34 압력비가 8인 브레이턴 사이클의 열효율은 몇 %인가?(단, $k = 1.4$이다.)

① 45   ② 50
③ 55   ④ 60

풀이 $\mu_0 = 1 - \left(\frac{1}{\gamma}\right)^{\frac{k-1}{k}} = 1 - \left(\frac{1}{8}\right)^{\frac{1.4-1}{1.4}}$
$= 0.45 \times 100 = 45\%$

35 공기 1kg으로 작동하는 500℃와 30℃ 사이의 카르노 사이클에서 최고압력이 0.7MPa으로 등온팽창하여 부피가 2배로 되었다면 등온팽창을 시작할 때의 부피는 몇 m³인가?

① 0.12   ② 0.24
③ 0.32   ④ 0.42

풀이 $P_1 V_1 = mRT$

$$V_1 = \frac{mRT_1}{P_1} = \frac{1 \times 287 \times 773}{0.7 \times 10^6} = 0.32$$

36 디젤 사이클에서 열효율이 48%이고, 단절비 1.5, 단열지수 $k = 1.4$일 때 압축비는 얼마인가?

① 4.348   ② 8.364
③ 6.384   ④ 5.348

풀이 $\eta_d = 1 - \left(\frac{1}{\varepsilon}\right)^{k-1} \cdot \frac{\sigma^k - 1}{k(\sigma - 1)}$

$$= \left[\frac{1.5^{1.4} - 1}{(1 - 0.48) \times 1.4 \cdot (1.5 - 1)}\right]^{\frac{1}{1.4 - 1}}$$

$= 6.384$

37 디젤 사이클에서 압축이 끝났을 때의 온도를 500℃, 연소최고일 때의 온도를 1,300℃라 하면 연료단절비는?

① 1.03   ② 2.03
③ 3.01   ④ 4.01

풀이 $\sigma = \frac{V_3}{V_2} = \frac{T_3}{T_2} = \frac{1,573}{773} = 2.03$

38 디젤기관에서 압축비가 16일 때 압축 전 공기의 온도가 90℃라면 압축 후 공기의 온도는?(단, $k = 1.4$이다.)

① 427.41   ② 671.41
③ 827.41   ④ 724.27

풀이 $T_2 = T_1 \cdot \left(\frac{V_1}{V_2}\right)^{k-1} = 363 \times (16)^{1.4-1}$
$= 1,100.41K = 827.41$

정답 33 ③ 34 ① 35 ③ 36 ③ 37 ② 38 ③

39 Diesel Cycle의 구성요소로서 그 과정이 맞는 것은?

① 단열압축 → 정압가열 → 단열팽창 → 정압방열
② 단열압축 → 정적가열 → 단열팽창 → 정압방열
③ 단열압축 → 정적가열 → 단열팽창 → 정적방열
④ 단열압축 → 정압가열 → 단열팽창 → 정적방열

40 다음 중 2개의 정압과정과 2개의 등온과정으로 구성된 사이클은?

① 브레이턴 사이클(Brayton Cycle)
② 에릭슨 사이클(Ericsson Cycle)
③ 스털링 사이클(Stirling Cycle)
④ 디젤 사이클(Diesel Cycle)

41 정적 사이클에서 동작가스의 가열 전후의 온도가 300℃, 1,200℃이고 방열 전후의 온도가 500℃, 60℃일 때 이론열효율은 몇 %인가?

① 20.5%   ② 40.1%
③ 45.4%   ④ 51.1%

풀이
$$\eta_0 = 1 - \frac{Q_2}{Q_1} = 1 - \frac{m \cdot C_v \cdot (T_4 - T_1)}{m \cdot C_v \cdot (T_4 - T_2)}$$
$$= 1 - \frac{T_4 - T_1}{T_3 - T_2} = 1 - \frac{500 - 60}{1,200 - 300}$$
$$= 0.511 \times 100[\%] = 51.1\%$$

42 통극체적(Clearance Valume)이란 피스톤이 상사점에 있을 때 기통의 최소 체적을 말한다. 만약, 통극이 5%라면 이 기관의 압축비는 얼마일까?

① 16   ② 19
③ 21   ④ 24

풀이
$$압축비 = \frac{행정체적 + 통극체적}{통극체적}$$
$$= 1 + \frac{행정체적}{통극체적} = 1 + \frac{1}{0.05} = 21$$

43 내연기관에서 실린더의 극간체적(Clearance Volume)을 증가시키면 효율은 어떻게 되겠는가?

① 증가한다.
② 감소한다.
③ 변화가 없다.
④ 출력은 증가하나 효율은 감소한다.

풀이
$$압축비 = \frac{행정체적 + 극간체적}{극간체적}$$

44 브레이턴 사이클의 급열과정은?

① 등온과정   ② 정압과정
③ 단열과정   ④ 정적과정

정답 39 ④ 40 ② 41 ④ 42 ③ 43 ② 44 ②

CHAPTER 04 증기 및 냉동 사이클

SECTION 01 증기

1. 증기의 분류와 용어

열기관에서의 작동유체는 가스와 증기로 구분되는데, 내연기관의 연소가스와 같이 액화와 증발현상이 잘 일어나지 않는 것을 가스라 하고, 증기 원동기의 수증기와 냉동기에서의 냉매와 같이 액화와 기화가 용이한 작동유체를 증기라 한다.

따라서 증기는 이상기체와 구분되므로 이상기체의 상태방정식을 비롯한 모든 관계식을 증기에는 적용시킬 수가 없다. 그러므로 증기는 실험치로서 구한 값에 기초하여 도표 또는 선도 등을 이용하게 된다.

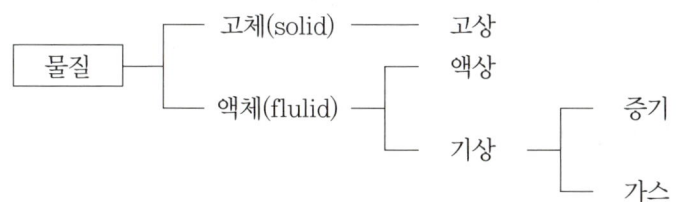

다음 그림은 일정 압력하에서 물이 증발하여 과열증기가 될 때까지의 상태변화를 나타낸 것이다.

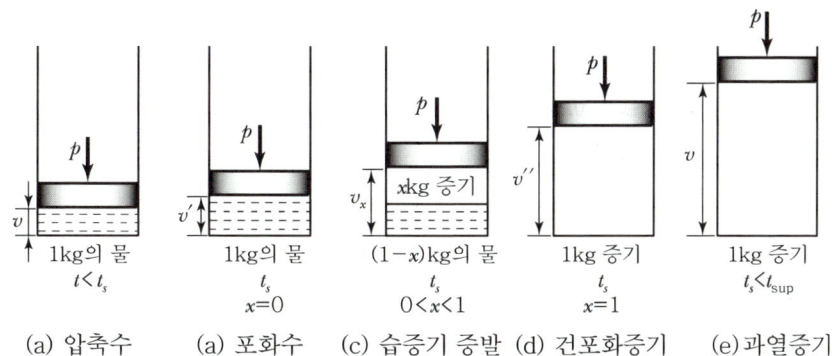

(a) 압축수   (a) 포화수   (c) 습증기 증발   (d) 건포화증기   (e) 과열증기

▮ 증발과정(등압가열)의 상태변화 ▮

1) 과냉액(압축액)
가열하기 전의 상태에 있는 것으로 이때 온도는 포화온도보다 낮은 상태이다.

2) 포화온도
주어진 압력하에서 증발이 일어나는 온도(1Atm, 100℃)

3) 포화수(포화액)
과냉액을 가열하면 온도가 점점 상승하며, 그때 작용하는 압력에서 해당되는 포화온도까지 상승한다.

4) 액체열(감열)
포화수 상태까지 가한 열이다.

5) 습증기(습포화증기)
포화수 상태에서 가열을 계속하면 온도는 상승하지 않으며 증발에 의해 체적이 현저히 증가하여 외부에 일을 하는 상태이다.

6) 건포화증기(포화증기)
액체가 모두 증기로 변한 상태이다.

7) 증발잠열(Latent Heat Of Vaporization)
포화액에서 건포화증기까지 변할 때 가한 열량으로서 1atm에서 2,256kJ/kg(539kcal/kg)이다.

8) 과열증기(Super Heat Vapor)
건포화증기 상태에서 계속 열을 가하면 증기의 온도는 다시 상승하여 포화온도 이상이 되는 증기로 과열증기의 압력과 온도는 독립성질이어서 열을 가할수록 압력이 유지되는 동안 온도는 증가한다.

9) 건도(질)
습증기의 전중량에 대한 증발된 증기중량의 비

$$x = \frac{증기중량}{전중량}$$

10) 습도(Percentage Moisture)

전중량에 대한 남아 있는 액체 중량의 비율

$$y = 1 - x$$

11) 과열도(Degree Of Super Heat)

과열증기의 온도와 포화온도의 차이를 말하는 것으로 과열도가 증가할수록 증기의 성질은 이상기체의 성질에 가까워진다.

12) 임계점(Critical Point)

주어진 압력 또는 온도 이상에서는 습증기가 존재할 수 없는 점

2. 증기의 열적 상태량

증기의 값은 0℃ 포화액을 기준으로 구한다.
즉, 물의 경우 0℃의 포화액(포화압력 0.00622kg/cm²)에서의 엔탈피와 엔트로피를 0으로 가정하고 이것을 기준으로 하나 냉동기에서는 0℃의 포화액 엔탈피를 100kcal/kg, 엔트로피를 1kcal/kgK로 한다.
일반적으로 포화액의 비체적, 내부 에너지, 엔탈피, 엔트로피를 $v'(V_f)$, $u'(u_f)$, $h'(h_f)$, $s'(s_f)$로 표시하며 건포화증기의 비체적, 내부 에너지, 엔탈피, 엔트로피를 $v''(v_g)$, $u''(u_g)$, $h''(h_g)$, $s''(s_g)$로 표시한다.

1) 액체열

1atm하에서 0℃ 물의 엔탈피와 엔트로피는 다음과 같이 가정하므로

$$h_0 = 0 \quad s_o = 0$$

그러므로 열역학 제1법칙에서

$$h_0 = u_0 + P_0 v_0$$
$$u_0 = h_0 - P_0 v_0 = 0 - 0.006228 \times 10^4 \times 0.001 ≒ 0$$

즉, 0℃ 포화액의 엔탈피와 엔트로피, 내부 에너지는 0이 된다.
주어진 압력하에서 임의상태의 과냉액을 포화온도(t_s)까지 가열하는 데 필요한 열을 액체열이라 하면

$$Q_1 = \int_0^{ts} mCdT = mC(t_s - 0) = mCt_s$$

이다. 정압과정에서 열량은 엔탈피와 그 크기가 같다.

$$\Delta H = \Delta U + \Delta Pv$$
$$h' - h_0 = u' - u_0 + P(v' - v_0)$$
$$h' = u' + Pv' = Q_1$$

또한 엔트로피는

$$\Delta S = mC \ln \frac{T_s}{T_0}$$

2) 증발잠열

포화액을 등압하에서 건포화증기가 될 때까지 가열하는 데 필요한 열을 증발열(γ)이라 한다.

$$\delta Q = dU + \Delta PV = dU + PdV$$
$$\gamma = Q = h'' - h' = (u'' - u') + P(v'' - v')$$

여기서, $u'' - u' = \rho$: 내부 증발열, $P(v'' - v') = \psi$: 외부 증발잠열

즉, 잠열의 크기는 그 상태의 건포화증기의 엔탈피에서 포화액의 엔탈피를 뺀 값과 같으며, 내부 증발잠열과 외부 증발잠열의 합이다.

따라서 엔트로피 변화는

$$S'' - S' = \frac{\gamma}{T}$$

이다. 습증기의 상태는 압력, 온도, 건도로 표시할 수 있으며, 건도 x인 습증기의 비체적 엔탈피 내부 에너지 엔트로피는 다음 식이 된다.

$$v_1 = v' + x(v'' - v') = v'' - y(v'' - v')$$
$$h_1 = h' + x(h'' - h') = h'' - y(h'' - h')$$
$$u_1 = u' + x(u'' - u') = u'' - y(u'' - u')$$
$$s_1 = s' + x(s'' - s') = s'' - y(s'' - s')$$

3) 과열증기

건포화증기 상태에서 가열하여 임의의 온도 T_B에 도달할 때까지의 열량을 과열의 열이라 한다.

$$Q_B = h'' - h_B = \int mC_p dT = mC_p(T'' - T_B)$$

$$S_B = S'' + \int mC_p dT = S'' + mC_p \ln \frac{T_B}{T''}$$

$$U_B = U'' + \int mC_p dT = U'' + mC_p(T_B - T'')$$

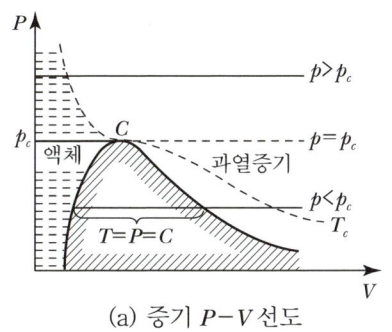 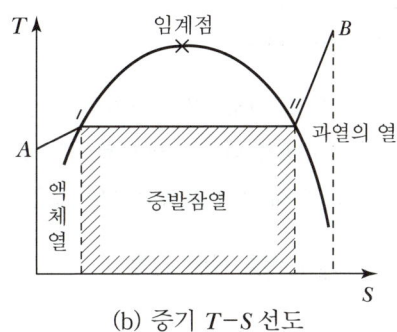

(a) 증기 $P-V$ 선도 (b) 증기 $T-S$ 선도

| 증기선도 |

3. 증기선도

증기선도에서 널리 사용하는 선도는 $P-V$ 선도, $T-S$ 선도, $H-S$ 선도, $P-H$ 선도이다. 그러므로 각기 기관에서 편리한 선도를 선택하여야 한다.

1) $H-S$(Mollier Chart) 선도

열량을 구할 때는 $T-S$ 선도의 면적이며, 일량을 구할 시는 $P-V$ 선도의 면적이지만 증기에서의 가열은 정압과정이므로 열량과 엔탈피의 크기와 같으므로 $H-S$선도가 단열변화에 따른 열량의 차를 쉽게 구할 수가 있어서 고안자의 이름을 따 증기 몰리에르(Mollier) 선도라 한다.

2) $P-H$ 선도

암모니아나 프레온 가스 등의 냉동기의 작동유체인 냉매의 상태변하 $P-H$ 선도를 많이 사용하며, 이 선도를 냉동 몰리에르 선도라 부록에 수록하였다.

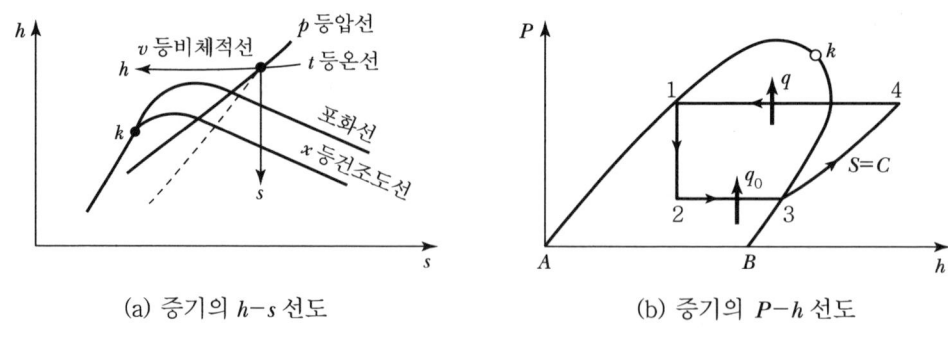

(a) 증기의 $h-s$ 선도   (b) 증기의 $P-h$ 선도

| 증기선도 |

3) 증기의 교축

교축과정은 대표적인 비가역 과정으로서 유체가 교축되면서 압력은 감소, 속도 증가 엔탈피는 불변인 상태가 되면서 엔트로피는 증가된다.

증기선도에서의 교축과정은 다음과 같이 된다.

(1) 습포화증기의 교축

$$h_1 = h_2 = h'_1 + \chi_1(h''_1 - h'_1) = h'_2 + \chi_2(h''_2 - h'_2)$$

$$\chi_2 = \frac{h'_1 - h'_2}{h''_2 - h'_2} + \chi_1 \frac{h''_1 - h'_1}{h''_2 - h'_2} = \frac{h'_1 - h'_2}{\gamma_2} + \chi_1 \frac{\gamma_1}{\gamma_2}$$

여기서, γ_1 : 1점 상태의 증발잠열
          γ_2 : 2점 상태의 증발잠열

(2) 교축 후에 과열증기가 되었을 때

$$h_2 = h_1 = h'_1 + \chi_1(h''_1 - h'_1)$$

$$\chi_2 = \frac{h_2 - h'_1}{h''_1 - h'_1} = \frac{h_1 - h'_1}{\gamma_1}$$

여기서, h_2 : 과열증기의 엔탈피

다음의 식에 의해 습포화증기의 건도를 측정하는 계기를 교축 열량계(Throttling Calorimeter)라 한다.

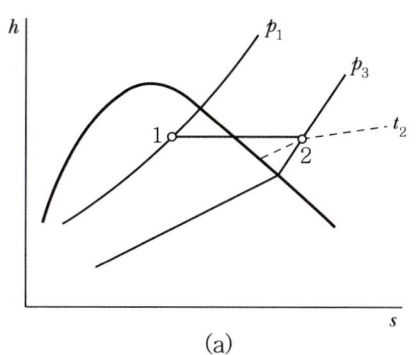 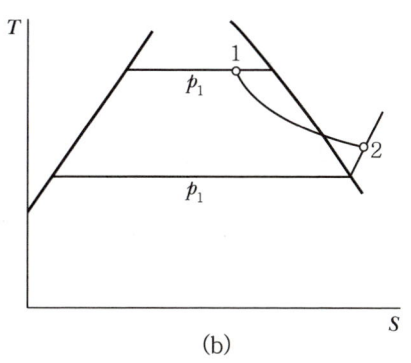

┃ 증기의 교축변화 ┃

SECTION 02 증기원동소 사이클

증기사이클 열기관에서는 작동유체가 주로 물을 사용하며 수증기 원동소(Steam Power Plant)의 작동유체는 수증기(Steam)로 생각한다. 이 열기관에는 고열원에서 열을 얻기 위한 보일러 과열기 재열기와 일을 발생하는 터빈이나 피스톤, 저열원으로 열을 방출하는 복수기(응축기) 등이 필요하며, 이를 구성하는 전체를 증기원동소라 한다.

1. 랭킨 사이클(1854)

증기원동소의 기본 사이클은 랭킨 사이클(Rankine Cycle)이라 하며, 그림과 같이 2개의 단열과정과 2개의 등압과정으로 구성된다.

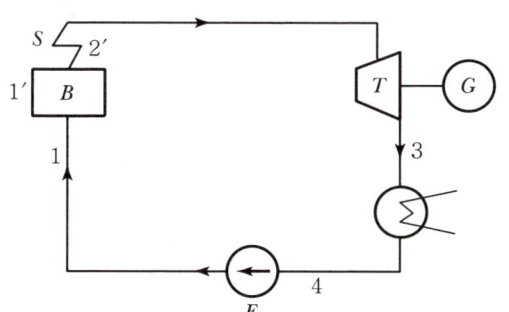

B : 보일러(Boiler)
S : 과열기(Super heater)
T : 터빈(Turbine)
G : 발전기(Generator)
C : 복수기(Condenser)
F : 급수펌프(Feed pump)

┃ 랭킨 사이클의 구성 ┃

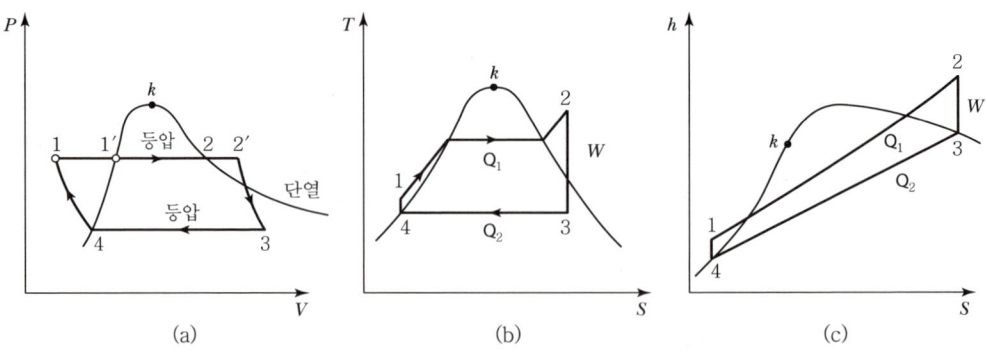

┃ 랭킨 사이클의 $P-V$, $T-S$, $H-S$ 선도 ┃

(1) **등압가열(1-2)** : 급수펌프에서 이송된 압축수를 보일러에서 등압가열하여 포화수가 되고, 계속 가열하여 건포화 증기가 되고, 과열기(Super Heater)에서 다시 가열하여 과열증기가 된다.
(2) **단열팽창(2-3)** : 과열증기는 터빈에 유입되어 단열 팽창으로 일을 하고 습증기가 된다.
(3) **등압방열(3-4)** : 터빈에서 유출된 습증기는 복수기에서 등압방열되어 포화수가 된다.
(4) **단열압축(4-1)** : 일명 등적압축과정이며, 복수기에서 나온 포화수를 복수펌프로 대기압까지 가압하고 다시 급수펌프로 보일러 압력까지 보일러에 급수한다.

Rankine Cycle의 열효율

$$\eta_R = \frac{\text{사이클 중 일에 이용된 열량}}{\text{사이클에서의 가열량}} = \frac{W}{Q_1}$$

$$= \frac{Q_1 - Q_2}{Q_1} = 1 - \frac{Q_2}{Q_1} = \frac{m43nm}{m4123nm}$$

$$= 1 - \frac{h_3 - h_4}{h_2 - h_1} = \frac{h_2 - h_1 - (h_2 - h_4)}{h_3 - h_1}$$

$$= \frac{(h_2 - h_3) - (h_1 - h_4)}{h_2 - h_1} = \frac{(h_2 - h_3) - (h_1 - h_4)}{(h_2 - h_4) - (h_1 - h_4)}$$

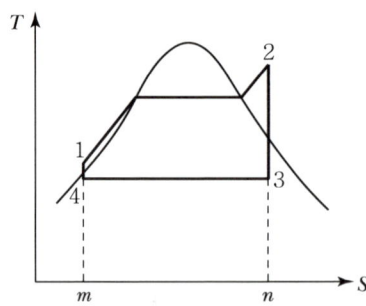

┃ 랭킨 사이클의 $T-S$ 선도 ┃

여기서 펌프일 $(h_1 - h_4)$은 터빈일에 비하여 대단히 적으므로 터빈일을 무시하면

$$\eta_R \fallingdotseq \frac{h_2 - h_3}{h_2 - h_4}$$

이다. 그러므로 랭킨 사이클의 η_R은 초온 및 초압이 높을수록 배압이 낮을수록 증가한다.

2. 재열 사이클(Reheative Cycle)

Rankine Cycle의 열효율은 초온, 초압이 증가될수록 높아진다. 그러나 열효율을 높이기 위해서 초압을 높게 하면 터빈에서 팽창 중 증기의 건도가 감소되어 터빈날개의 마모 및 부식의 원인이 된다. 그러므로 터빈 팽창 도중 증기를 터빈에서 전부 추출하고 재열기에서 다시 가열하여 과열도를 높인 후 터빈에서 다시 팽창시키면 습도가 감소되므로 습도에 의한 터빈 날개의 부식을 방지 또는 감소시킬 수 있다. 이와 같이 터빈날개의 부식을 방지하고 팽창일을 증대시키는 목적으로 이용되는 사이클이 재열 사이클이다.

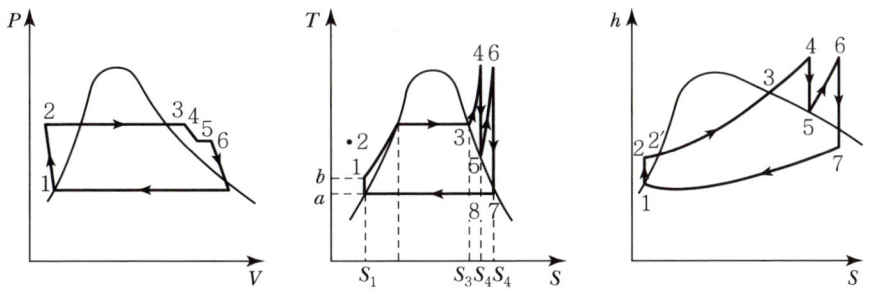

| 재열 사이클의 $P-V$, $T-S$, $H-S$ 선도 |

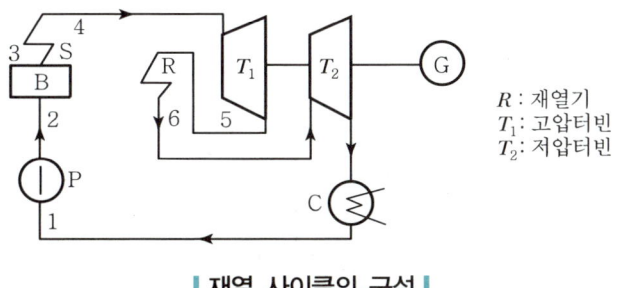

| 재열 사이클의 구성 |

R : 재열기
T_1 : 고압터빈
T_2 : 저압터빈

재열 사이클(Reheat Cycle)의 이론적 열효율 η_{Re}는

$$\eta_{Re} = 1 - \frac{Q_2}{Q_1} = 1 - \frac{h_7 - h_1}{(h_4 - h_2) + (h_6 - h_5)}$$

$$= \frac{(h_4 - h_2) + (h_6 - h_5) - (h_7 - h_1)}{(h_4 - h_2) + (h_6 - h_5)}$$

$$= \frac{(h_4 - h_5) + (h_6 - h_7) - (h_2 - h_1)}{(h_4 - h_2) + (h_6 - h_5) + (h_1 - h_1)}$$

$$= \frac{(h_4 - h_2) + (h_6 - h_5) - (h_7 - h_1)}{(h_4 - h_2) + (h_6 - h_5) - (h_2 - h_1)}$$

펌프일을 무시하면

$$\therefore (h_4 - h_5) + (h_6 - h_7) - (h_2 - h_1)$$

$$\eta_{Re} \fallingdotseq \frac{(h_4 - h_2) + (h_6 - h_5)}{(h_4 - h_2) + (h_6 - h_5)}$$

3. 재생 사이클(Regenerative Cycle)

증기원동소에서 복수기에서 방출되는 열량이 많으므로 열손실이 크다. 이 열손실을 감소시키기 위하여 터빈에서 팽창 도중의 증기를 일부 추출하여 보일러에 공급되는 물을 예열하고 복수기(Condensor)에서 방출되는 증발기의 일부 열량을 급수가열에 이용한다. 이와 같이 방출열량을 회수하여 공급열량을 감소시켜 열효율을 향상시키는 사이클을 재생 사이클이라 한다.

이러한 추기급수가열(Bledsteam Feedwater Heating)을 행하는 사이클을 재생 사이클이라 한다.

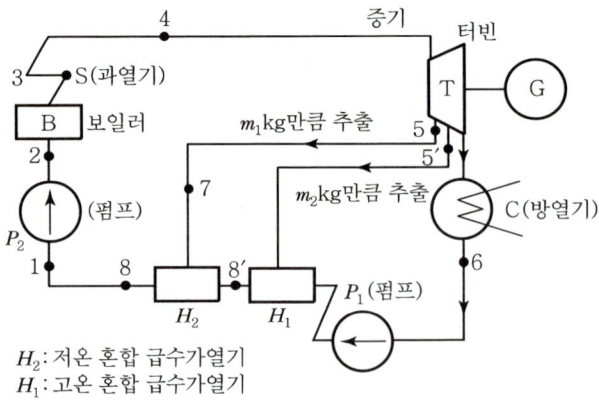

| 재생 사이클의 구성 |

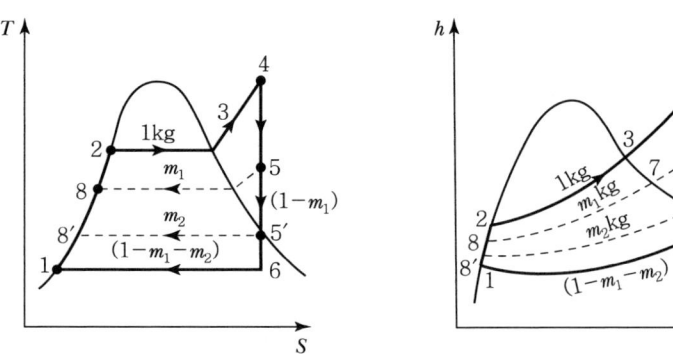

┃ 재생 사이클의 $T-S$ 선도와 $H-S$ 선도 ┃

증기 1kg에 대하여 터빈이 한 일

$$W = (h_4 - h_5) + (1 - m_1)(h_5 - h_5') + (1 - m_1 - m_2)(h_5' - h_6)$$
$$= (h_4 - h_6) + [m_1(h_5 - h_6) + m_2(h_5' - h_6)]$$

가열량 $Q_1 = h_4 - h_8$

그러므로 재생 사이클의 열효율은

$$\eta = 1 - \frac{Q_2}{Q_1} = \frac{W}{Q_1} = \frac{(h_4 - h_6) - [m_1(h_5 - h_6) + m_2(h_5' - h_6)]}{h_4 - h_6}$$

단, 제1추출구에서의 증기추기량은 혼합급수가열기에서의 열교환으로부터

$$m_1(h_5 - h_4) = (1 - m_1)(h_8 - h_8')$$
$$m_1 = \frac{h_8 - h_8'}{h_5 - h_8'}$$

제2추출구에서의 추기량은

$$m_2(h_5 - h_8' - m_2)$$
$$m_2 = \frac{(1 - m_1)(h_8' - h_1)}{h_5' - h_1} = \frac{(h_5 - h_8)(h_8' - h_1)}{(h_5 - h_8)(h_5' - h_1)}$$

4. 재생 재열 사이클

터빈의 팽창 도중 증기를 재가열하는 재열 사이클과 팽창 도중 증기의 일부를 방출시키는 추기 급수가열을 하는 재생 사이클이 두 가지 사이클을 조합한 것으로 이것을 재열·재생 사이클(Reheating And Regenerative Cycle)이라 한다.

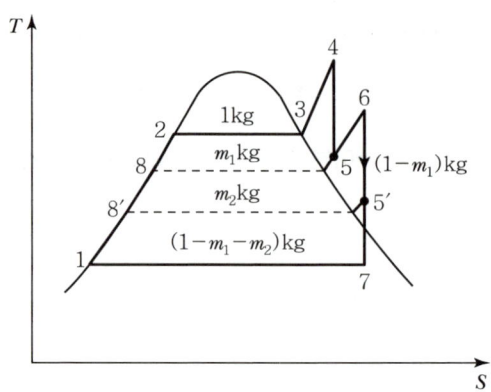

┃ 재생 사이클의 $T-S$ 선도 ┃

재생 재열 사이클의 열효율을 구할 때 일반적으로 펌프일은 작으므로 무시한다.

$$\eta = \frac{(h_4-h_5)+(1-m_1)(h_6-h_5)+(1-m_1-m_2)(h_5-h_7)}{(h_4-h_8)+(h_6-h_5)}$$

추출량 m_1과 m_2는

$$m_1(h_5-h_8) = (1-m_1)(h_8-h_8')$$
$$m_1(h_5-h_8') = (1-m_1-m_2)(h_8'-h_1)$$

5. 2유체 사이클(Binary Cycle)

증기원동소 사이클에서 온도부는 응축기의 냉각수 온도에 의하여 제한을 받고, 고온부는 재료의 강도에 의하여 제한을 받는다. 이와 같이 양열원은 어느 한계를 벗어나지 못함을 알 수 있다. 그러므로 이같은 결점을 보완하기 위하여 2종의 다른 동작물질로 각각의 사이클을 형성하게 하고 고온측의 배열을 저온측 가열에 이용하도록 한 사이클을 2유체 사이클이라 하고 이는 작동압력을 높이지 않고 작동유효 온도범위를 증가시킬 수 있는 특징이 있다.

즉, 동작물질로서 물의 결점을 보완하기 위해서 이다. 고온도에서 포화압력이 낮은 수은을 이용, 저온부에서 수증기 사용 수은 Cycle에서 팽창일을 얻은 후 수은이 증발하는 잠열로서 또 다른 팽창일을 얻어 열효율은 증대한다.

[단점]
수은은 금속면을 적시지 않으므로 보일러에서 열이동이 불량하다. 수은 증기는 유해하므로 취급에 주의를 요하며 값이 비싸다.

6. 증기플랜트의 효율

실제 증기플랜트의 열효율은 다음과 같은 원인 때문에 좀더 낮아진다. 즉 ①보일러에서의 제 손실 ② 증기터빈의 제 손실 ③ 터빈 또는 발전기나 프로펠러 등의 기계적 손실 ④ 수관 또는 증기관 내의 압력손실이 효율이 낮아지는 주요한 원인이다.

1) 보일러 효율

$$\eta_B = \frac{증기가열에 \ 사용된 \ 열량}{연료의 \ 저위발열량}$$

2) 터빈 효율

$$\eta_t = \frac{터빈의 \ 실제적 \ 열낙차}{터빈의 \ 이론적 \ 열낙차}$$

3) 기계효율

$$\eta_m = \frac{터빈의 \ 유효출력}{터빈의 출력}$$

7. 증기소비율과 열소비율

증기소비율(Specific Steam Consumption)은 단위 에너지(1kWh)를 발생하는 데 소요되는 증기량으로

$$SR = \frac{3,600}{W} [\text{kg/kWh}]$$

여기서, W : 출력(kW), SR : 증기소비율(Steam Ration)

로 표시하며 열소비율(Specific Heat Consumption)은 단위 에너지당의 증기에 의해 소비되는 열량으로 열율이라고도 한다.

$$HR = \frac{3,600}{\eta} [\text{kJ/kWh}]$$

여기서, HR : 열율, η : 열효율

SECTION 03 냉동 사이클

냉동(Refrigeration)이란 어떤 물체나 계로부터 열을 제거하여 주위온도보다 낮은 온도로 유지하는 조작을 말하며 방법으로는 얼음의 융해열이나 드라이아이스의 승화열 혹은 액체질소의 증발열 등을 이용할 수가 있다.
이러한 조작을 분류하면 다음과 같다.

- 냉각(Cooling) : 상온보다 낮은 온도로 열을 제거하는 것
- 냉동(Freezing) : 냉각작용에 의해 물질을 응고점 이하까지 열을 제거하여 고체상태로 만드는 것
- 냉장(Storage)
  - Icing Storage : 얼음을 이용하여 0[℃] 근처에서 저장하는 것
  - Cooler Storage : 냉각장치를 이용 0[℃] 이상의 일정한 온도에서 식품이나 공기를 상태 변화 없이 저장하는 것
  - Freezer Storage : 동결장치를 이용, 물체의 응고점 이하에서 상태를 변화시켜 저장하는 것
- 냉방 : 실내공기의 열을 제거하여 주위온도보다 낮추어 주는 조작

열역학 제2법칙에 의하면 저온 측에서 고온 측으로 열을 이동시킬 수 있는 사이클에서 저온측을 사용하는 장치를 냉동기(Refrigerator)라 하며, 동일장치로서 고온 측을 사용하는 장치를 열펌프(Heat Pump)라 한다.

1. 냉동 사이클

열역학 제2법칙에서 언급했듯이 냉동과 냉각을 위해서는 역 Cycle이 성립하여, 저온체에서 고온체로 열이동을 하여야 한다. 그러므로 이상적 가역 Cycle인 Carnot Cycle을 역회전시키면 역카르노 사이클이 된다.

그림은 역카르노 사이클의 $P-V$ 선도 및 $T-S$ 선도이다.

1-2 과정 : 등온팽창
2-3 과정 : 단열압축
3-4 과정 : 등온압축
4-1 과정 : 단열팽창

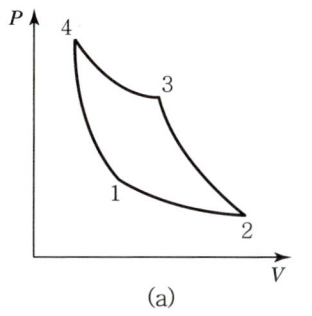
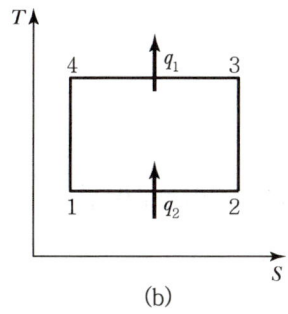

(a)　　　　　　　　　(b)

┃ 역카르노 사이클의 $P-V$ 선도 및 $T-S$ 선도 ┃

위의 과정에서 다음과 같은 관계가 성립한다.

공급일 $W = q_1 - q_2 = T_3(S_3 - S_4) - T_1(S_2 - S_1)$

흡입열량 $q_2 = q_1 + W = T_2(S_2 - S_1)$

냉동기의 효과는 성적계수 또는 성능계수(Coefficiency Of Performance)로 나타내며 다음과 같이 정의된다.

냉동기의 성능계수

$$\varepsilon_r = \frac{q_2}{W} = \frac{저온체에서의\ 흡수열량(냉동효과)}{공급일} = \frac{T_2}{T_1 - T_2}$$

열펌프의 성능계수

$$\varepsilon_h = \frac{q_1}{W} = \frac{고온체에\ 공급한\ 열량}{공급일} = \frac{T_1}{T_1 - T_2}$$

역 Carnot 사이클 즉 이상 냉동 사이클의 성능계수는 동작물질에 관계없이 양 열원의 절대온도에 관계되고, 냉동기의 성능계수는 열펌프의 성능계수보다 항상 1이 적음을 알 수 있다.

즉 $\varepsilon_h - \varepsilon_r = 1$, $|\varepsilon| > 1$

2. 냉동능력

냉동기의 냉동능력은 냉동톤으로 표시하며, 1냉동톤(1RT)이란 0℃의 물 1ton을 24시간 동안에 0℃의 얼음으로 만드는 능력이다.

$$1[\text{RT}] = \frac{79.68 \times 1,000}{24} = 3,320[\text{kcal/hr}] = \frac{333.7 \times 1,000}{24 \times 3,600} = 3.862[\text{kW}] = 5.18[\text{ps}]$$

그러므로

$$1[\text{RT}] = 3.862[\text{kW}] = 5.18[\text{ps}] = 3,320[\text{kcal/hr}]$$

1) 냉동효과[kcal/kg]

냉매 1kg이 증발기에 들어가서 흡수하여 나오는 열량

2) 체적냉동효과[kcal/m³]

압축기 입구에서의 증기 1m³의 흡열량

3) 냉동능력[kcal/Hr]

증발기에서 시간당 제거할 수 있는 열량

4) 냉동톤(Refrigeration Ton)

1RT와 1USRT로 구분되며, 1RT는 0℃의 물 1ton을 24시간 동안에 0℃의 얼음으로 만드는 능력으로 3.862kW(3,320kcal/h)이다.
1USRT는 미국 냉동톤 32°F의 순수한 물 1ton(2,000lb)을 24시간 동안에 32°F의 얼음으로 만드는 필요한 능력으로 3,024kcal/hr이다.

5) 제빙톤

1일의 얼음 생산능력을 [Ton]으로 나타낸 것이다.
1제빙톤＝1.65RT

3. 공기 냉동 사이클(Air-Refrigerator Cycle)

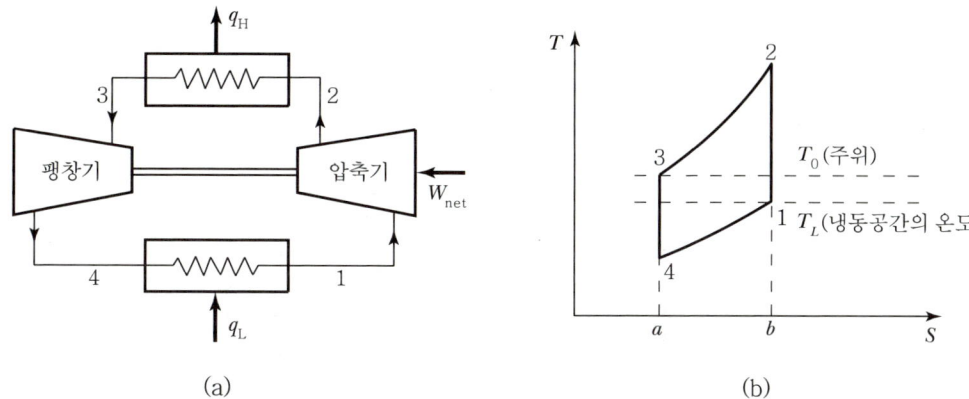

공기 표준 냉동 사이클의 구성 및 $T-S$ 선도

공기 냉동 사이클은 가스 터빈의 이상 사이클인 Brayton 사이클의 역이다.
공기 냉동 사이클의 P-H 및 T-S이다.

(1) 4-1 과정(정압흡열) : $\dfrac{T_1}{T_4} = \left(\dfrac{v_4}{v_1}\right)^{k-1} = \left(\dfrac{P_1}{P_4}\right)^{\frac{k-1}{k}}$

(2) 1-2 과정(단열압축) : (q_2) : $q_2 = C_p(T_2 - T_1)$

(3) 2-3 과정(정압방열) : $\dfrac{T_2}{T_3} = \left(\dfrac{v_3}{v_2}\right)^{k-1} = \left(\dfrac{P_2}{P_3}\right)$

(4) 3-4 과정(단열팽창) : (q_1) : $q_1 = C_p(T_3 - T_4)$

[성능계수]

$$\varepsilon_r = \dfrac{q_2}{W} = \dfrac{q_2}{q_1 - q_2} = \dfrac{T_2 - T_1}{(T_3 - T_4) - (T_2 - T_1)} = \dfrac{1}{\dfrac{T_3 - T_4}{T_2 - T_1} - 1}$$

$$= \dfrac{1}{\left(\dfrac{P_4}{P_1}\right)^{\frac{k-1}{k}} - 1} = \dfrac{T_1}{T_4 - T_1}$$

4. 증기 압축 냉동 사이클

액체와 기체의 이상으로 변하는 물질을 냉매로 하는 냉동 사이클 중에서 증기를 이용하는 사이클을 증기 압축 냉동 사이클이라 한다.

냉동기에서 증발기를 나간 건포화증기가 압축기에 송입되는 도중에 과열증기가 되어 과열증기를 압축하는 사이클을 압축 냉동 사이클이라 한다.

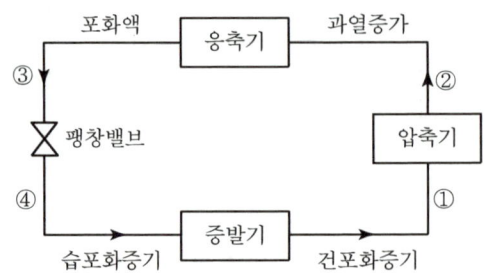

▎증기 압축 냉동 사이클의 구성▎

5. 냉매

냉동 사이클 내를 순환하는 동작유체로서 냉동공간 또는 냉동물질로부터 열을 흡수하여 다른 공간 또는 다른 물질로 열을 운반하는 작동유체이며, 화학적으로 다음과 같이 분류한다.

- 무기 화합물 : NH_3, CO_2, H_2O
- 탄화수소 : CH_4, C_2H_6, C_3H_8
- 할로겐화 탄화수소 : Freon
- 공비(共沸) 혼합물(Azetrope) : R_{500}, R_{501}, R_{502} 등

1) 냉매의 종류

(1) 1차 냉매(직접 냉매)

   냉동 사이클 내를 순환하는 동작유체로서 잠열에 의해 열을 운반하는 냉매(NH_3, Freon 등)

(2) 2차 냉매(간접 냉매)

   통칭(NaCl, $CaCl_2$, $MgCl_2$ 등)을 말하며, 제빙장치의 브라인, 공조장치의 냉수 등이 이에 속한다. 감열에 의해 열을 운반한다.

2) 냉매의 구비조건

(1) 물리적인 조건
① 저온에서도 높은 포화온도(대기압 이상)를 가지고 상온에서 응축액화가 용이할 것
② 임계온도가 높을 것(상온 이상)
③ 응고온도가 낮을 것
④ 증발잠열이 크고 액체비열이 작을 것
⑤ 윤활유, 수분 등과 작용하여 냉동작용에 영향을 미치는 일이 없을 것
⑥ 전열작용이 양호할 것
⑦ 점도와 표면장력이 작을 것
⑧ 누설발견이 쉬울 것
⑨ 비열비가 작을 것
⑩ 전기적 절연내력이 크고 전기절연물질을 침식시키지 않을 것
⑪ 증기와 액체의 비체적이 작을 것(밀도가 클 것)
⑫ 터보 냉동기용 냉매는 가스 비중이 클 것

(2) 화학적인 조건
① 화학적인 결합이 안정될 것
② 금속을 부속하지 말 것
③ 인화, 폭발성이 없을 것

(3) 생물학적인 조건
① 인체에 무해할 것
② 냉장품에 닿아도 냉장품을 손상시키지 않을 것
③ 악취가 없을 것

(4) 경제적인 조건
① 가격이 저렴하고 구입이 용이할 것
② 자동운전이 용이할 것
③ 동일 냉동능력에 대하여 소요동력이 적게 들 것(피스톤 압출량이 적을 것)

출제예상문제

01 증발잠열(增發潛熱)에 대한 설명 중 옳은 것은?

① 포화압력이 높을수록 증발잠열은 감소한다.
② 포화압력이 높을수록 증발잠열은 증가한다.
③ 증발잠열의 증감은 포화압력과 아무 관계가 없다.
④ 정답이 없다.

02 물의 임계온도는 몇 ℃인가?

① 427.1   ② 374.1
③ 225.5   ④ 100

03 수증기의 임계압력은?

① 12.09MPa
② 21MPa
③ 22.09MPa
④ 29.02MPa

04 수증기에 대한 설명 중 틀린 것은?

① 물보다 증기의 비열이 적다.
② 수증기는 과열도가 증가할수록 이상기체에 가까운 성질을 나타낸다.
③ 포화압력이 높아질수록 증발잠열은 감소된다.
④ 임계압력 이상으로는 압축할 수 없다.

05 포화증기를 정적하에서 압력을 증가시키면 어떻게 되는가?

① 고상(固相)이 된다.
② 과냉액체가 된다.
③ 습증기가 된다.
④ 과열증기가 된다.

[풀이] 2점으로 되어 과열증기가 된다.

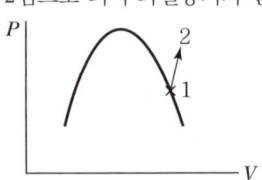

06 포화증기를 단열압축하면?

① 포화액체가 된다.
② 압축액체가 된다.
③ 과열증기가 된다.
④ 증기의 일부가 액화된다.

[풀이] 2점으로 되어 과열증기가 된다.

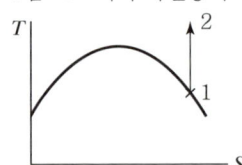

07 증기를 교축시킬 때 변화 없는 것은?

① 압력   ② 엔탈피
③ 비체적   ④ 엔트로피

[풀이] 교축과정에서
$\Delta h = 0$ $\Delta S > 0$
$\Delta T < 0$ $\Delta v > 0$

08 증기의 Mollier Chart는 종축과 횡축을 무슨 양으로 표시하는가?

① 엔탈피와 엔트로피   ② 압력과 비체적
③ 온도와 엔트로피   ④ 온도와 비체적

[풀이] 증기의 몰리에르 선도는 h-s선도이다.

정답 01 ① 02 ② 03 ③ 04 ④ 05 ④ 06 ③ 07 ② 08 ①

09 증발잠열을 설명한 것 중 맞는 것은?
① 증발잠열은 내부잠열과 외부잠열로 이루어진다.
② 증발잠열은 증발에 따르는 내부 에너지의 증가를 뜻한다.
③ 체적의 증가로서 증가하는 일의 열상당량을 뜻한다.
④ 건포화 증기의 엔탈피와 같다.

풀이 ② 내부 증발잠열
③ 외부 증발잠열

10 수증기의 Mollier Chart에서 다음과 같은 두 개의 값을 알아도 습증기의 상태가 결정되지 않는 것은?
① 비체적과 엔탈피 ② 온도와 엔탈피
③ 온도와 압력   ④ 엔탈피와 엔트로피

11 압력 2MPa, 포화온도 211.38°C의 건포화증기는 포화수의 비체적이 0.001749, 건포화증기의 비체적이 0.1016이라면 건도 0.8인 습포화증기의 비체적은?
① $0.00546m^3/kg$ ② $0.08163m^3/kg$
③ $0.13725m^3/kg$ ④ $0.41379m^3/kg$

풀이 ② $v = v' + x(v'' - v')$
$= 0.001749 + 0.8(0.1016 - 0.001749)$
$= 0.08163m^3/kg$

12 H-S 선도에서 교축과정은 어떻게 되는가?
① 원점에서 기울기가 45°인 직선이다.
② 직각 쌍곡선이다.
③ 수평선이다.
④ 수직선이다.

풀이 교축과정은 엔탈피 불변이다.

13 증기의 Mollier Chart에서 잘 알 수 없는 것은?
① 포화수의 엔탈피
② 과열증기의 과열도
③ 과열증기의 단열팽창 후의 습도
④ 포화증기의 엔트로피

14 수증기의 Mollier Chart에서 과열증기 영역에서 기울기가 비슷하여 정확한 교점을 찾기 어려운 선은?
① 등엔탈피선과 등엔트로피선
② 비체적선과 포화증기선
③ 등온선과 정압선
④ 비체적선과 정압선

15 압력 1.2MPa, 건도 0.6인 습포화증기 $10m^3$의 질량은?(단, 포화액체의 비체적은 0.0011373, 포화증기의 비체적은 $0.1662m^3/kg$이다.)
① 약 60.5kg   ② 약 83.6kg
③ 약 73.1kg   ④ 약 99.8kg

풀이 ④ $v = v' + x(v'' - v')$
$= 0.0011373 + 0.6(0.1662 - 0.0011373)$
$= 0.10017492$
$\therefore G = \dfrac{V}{v} = \dfrac{10}{0.10017492} ≒ 99.8kg$

16 2MPa, 211.38°C인 포화수의 엔탈피가 905kJ/kgK, 건포화증기의 엔탈피가 2,798kJ/kgK, 건도 0.8인 습증기의 엔탈피(kJ/kg)는?
① 241.94   ② 2419.4
③ 189.3   ④ 1,893

풀이 $h_1 = h' + x(h'' - h')$
$= 905 + 0.8(2798 - 905) = 2419.1kJ/kg$

정답 09 ① 10 ③ 11 ② 12 ④ 13 ① 14 ④ 15 ④ 16 ②

17 압력 0.2MPa하에서 단위 kg의 물이 증발하면서 체적이 0.9m³로 증가할 때 증발열이 2,177 kJ이면 증발에 의한 엔트로피 변화(kJ/kgK)는? (단, 0.2MPa일 때, 포화 온도는 약 120℃이다.)

① 0.18　　② 1.8
③ 5.54　　④ 18.14

풀이 $\Delta S = \dfrac{\gamma}{T} = \dfrac{2,177}{120+273} = 5.54 \text{kJ/kgK}$

18 일정압력 1MPa(G)하에서 포화수를 증발시켜서 건포화증기를 만들 때 증기 1kg당 내부 에너지의 증가(kJ/kg)는?(단, 증발열은 2,018kJ/kg, 비체적은 $v' = 0.001126$, $v'' = 0.1981\text{m}^3/\text{kg}$)

① 2,018　　② 1,821
③ 2×10^6　　④ 2.07×10^6

풀이 $\Delta U = \Delta H - \Delta PV = (h'' - h') - P(v'' - v')$
$= 2,018 - 1,000 \times (0.1981 - 0.001126)$
$= 1,821 \text{kJ/kg}$

19 온도 300℃, 체적 0.01m³의 증기 1kg이 등온하에서 팽창하여 체적이 0.02m³이 되었다. 이 증기에 공급된 열량(kJ)은?(단, $x_1 = 0.425$, $x_2 = 0.919$, $s' = 3.252$, $s'' = 5.7$이다.)

① 573　　② 1,402.7
③ 693　　④ 14,027

풀이 $Q = T(S'' - S')$
$= 573 \times (5.7 - 3.252)(x_2 - x_1)$
$= 1402.7(0.919 - 0.425) = 693 \text{kJ}$

20 일정한 압력 1MPa하에서 포화수를 증발시켜 건포화 증기를 만들 때 증기 1kg당 내부 에너지의 증가는 얼마인가?(단, 증발열은 2,018kJ/kg, 포화액의 비체적은 0.001126m³/kg, 건포화 증기의 비체적은 0.1981m³/kg이다.)

① 1,821　　② 3,839
③ 197　　④ 2,039

풀이 $\Delta U = \Delta H - \Delta PV$
$= 2,018 - 1,000 \times (0.1981 - 0.001126)$
$= 1,821 \text{kJ/kg}$

21 압력 1MPa, 건도 90%인 습증기의 엔트로피(kJ/kgK)는 얼마인가?(단, 포화수의 엔트로피는 2.129kJ/kgK, 건포화 증기의 엔트로피는 6.591 kJ/kgK이다.)

① 6.591　　② 7.462
③ 6.7158　　④ 6.1448

풀이 $s = s' + x(s'' - s')$
$= 2.129 + 0.9(6.591 - 2.129)$
$= 6.1448 \text{kJ/kgK}$

22 건도가 x인 습증기의 비체적을 구하는 식이다. 맞는 것은?(단, V'' : 건포화 증기의 비체적, V' : 포화액의 비체적)

① $V = V'' + x(V'' - V')$
② $V = V' + x(V'' - V')$
③ $V = V' + x(V' - V'')$
④ $V = V'' + x(V' - V'')$

23 교축열량계는 다음 중 어느 것을 측정하는 것인가?

① 열량　　② 엔탈피
③ 건도　　④ 비체적

24 대기압하에서 얼음에 열을 가했을 때 맞는 것은?

① −5℃의 얼음 1kg이 열을 받으면 0℃까지는 체적이 증가한다.
② 0℃에 도달하면 열을 가해도 온도는 일정하고 체적만 증가한다.
③ 0℃에 도달했을 때 계속 열을 가하면 얼음상태에서 온도가 올라가며 체적이 감소한다.
④ 0℃에 도달했을 때 계속 열을 가하면 얼음상태에서 온도가 올라가며 체적도 증가한다.

25 건도를 x라 하면 $1 > x > 0$일 때는 어느 상태인가?

① 포화수　　② 습증기
③ 건포화 증기　　④ 과열증기

26 포화액의 건도는 몇 %인가?

① 0　　② 30
③ 60　　④ 100

27 건포화 증기의 건도는 몇 %인가?

① 0　　② 30
③ 60　　④ 100

28 과열도를 맞게 설명한 것은?

① 포화온도 − 과열증기온도
② 포화온도 − 압축수온도
③ 과열증기온도 − 포화온도
④ 과열증기온도 − 압축수온도

29 임계점을 맞게 설명한 것은?

① 고체, 액체, 기체가 평형으로 존재하는 점
② 가열해도 포화온도 이상 올라가지 않는 점
③ 그 이상의 온도에서는 증기와 액체가 평형으로 존재할 수 없는 상태
④ 어떤 압력에서 증발을 시작하는 점과 끝나는 점이 일치하는 점

풀이 임계점이란 주어진 온도 압력 이상에서 습증기가 존재하지 않는 점으로 물에서는 374.15℃ 22.1MPa이다.

30 등압하에서 액체 1kg을 0℃에서 포화온도까지 가열하는 데 필요한 열량은?

① 과열의 열　　② 증발열
③ 잠열　　④ 액체열

31 포화증기를 등적하에 압력을 증가시키면 어떻게 되는가?

① 고상　　② 압축수
③ 습증기　　④ 과열증기

32 포화증기를 단열압축하면?

① 포화수　　② 압축수
③ 과열증기　　④ 습증기

정답 23 ③　24 ②　25 ②　26 ①　27 ④　28 ③　29 ④　30 ④　31 ④　32 ③

33 습증기 범위에서 등온변화와 일치하는 것은?
① 등압변화 ② 등적변화
③ 교축변화 ④ 단열변화

34 습증기를 단열압축하면 건도는 어떻게 되는가?
① 불변 ② 감소
③ 증가 ④ 증가 또는 감소

35 수증기 몰리에르 선도에서 종축과 횡축은 무슨 양인가?
① 엔탈피와 엔트로피
② 압력과 비체적
③ 온도와 엔트로피
④ 온도와 비체적

36 체적 400L의 탱크 속에 습증기 64kg이 들어 있다. 온도 350℃인 증기의 건도는 얼마인가? (단, 증기표에서 $V'=0.0017468\,m^3/kg$, $V''=0.008811\,m^3/kg$이다.)
① 0.9 ② 0.8
③ 0.074 ④ 0.64

풀이 $V = V' + x(V'' - V')$

$x = \dfrac{V - V'}{V'' - V'} = \dfrac{\frac{0.4}{64} - 0.0017468}{0.008811 - 0.0017468} = 0.64$

37 수증기의 몰리에르 선도에서 다음의 두 개 값을 알아도 습증기의 상태가 결정되지 않는 것은?
① 비체적과 엔탈피
② 온도와 엔탈피
③ 온도와 압력
④ 엔탈피와 엔트로피

38 Van Der Waals의 식은?
① $\left(P + \dfrac{a}{V_2}\right)(V-b) = RT$
② $\left(P - \dfrac{a}{V_2}\right)(V-b) = RT$
③ $\left(P + \dfrac{V^2}{a}\right)(V-b) = RT$
④ $\left(P - \dfrac{V^2}{a}\right)(V-b) = RT$

39 Van Der Waals의 식에서 A와 B는 무엇을 뜻하는가?
① A : 분자의 크기, B : 분자 사이의 인력
② A : 임계점 온도, B : 임계점의 비체적
③ A : 임계점의 비체적, B : 임계점의 온도
④ A : 분자 사이의 인력, B : 분자의 크기

40 수증기의 몰리에르 선도에서 교축 과정은?
① 직각쌍곡선
② 원점에서 기울기가 45°인 직선
③ 수직선
④ 수평선

41 증발잠열을 설명한 것 중 틀린 것은?
① 증발잠열은 내부잠열과 외부잠열로 이루어진다.
② 증발잠열은 증발에 따르는 내부 에너지의 증가를 뜻한다.
③ 체적의 증가로서 증가하는 일의 열상당량을 뜻한다.
④ 건포화증기의 엔탈피와 같다.

정답 33 ① 34 ④ 35 ① 36 ④ 37 ③ 38 ① 39 ④ 40 ④ 41 ④

42 증발열 γ, 액체열 q, 외부증발열 φ, 내부증발열 ρ, 건도 x라면 맞는 것은?

① $q = \varphi + \rho - \gamma$ ② $q = (1-x)\varphi + x\rho$
③ $\gamma = \varphi + \rho$ ④ $q = xq + r(1-x)$

43 건포화증기를 등적하에 압력을 낮추면 건도는 어떻게 되는가?

① 증가 ② 감소
③ 불변 ④ 증가 또는 감소

풀이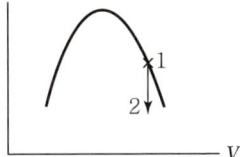

44 건도 x_1인 습증기가 등온하에 건도 x_2로 변할 때 가열량을 맞게 표시한 것은?(단, r은 증발열)

① $(x_1 + x_2)r$ ② $(x_2 - x_1)r$
③ $x_1 r$ ④ $x_2 r$

45 압력 3MPa인 물의 포화온도는 232.75℃인데 이 포화수를 등압하에 300℃의 증기로 가열하면 과열도는 몇 ℃인가?

① 43.17 ② 52.67
③ 62.75 ④ 67.25

풀이 $T_B - T'' = 300 - 232.75 = 67.25[℃]$

46 압력 0.2MPa하에 1kg의 물이 증발하면서 체적이 0.9m³로 증가할 때 증발열이 2,177kJ이면 증발에 의한 엔트로피의 변화는 얼마인가?(단, 0.2MPa일 때 포화온도는 120℃이다.)

① 0.554 ② 5.54
③ 55.4 ④ 554

풀이 $\Delta S = \dfrac{\gamma}{T} = \dfrac{2,177}{120+273} = 5.54 \text{kJ/kgK}$

47 15℃의 물을 가열하여 0.7MPa의 건포화증기 10kg을 발생시키려면 얼마의 열량(kJ)이 필요한가?(단, 15℃의 엔탈피는 62.8kJ/kg, 압력 0.7MPa일 때 포화증기의 엔탈피는 2761.5kJ/kg이다.)

① 26,987 ② 2,698.7
③ 269.87 ④ 1,889

풀이 $Q = (h'' - h')m$
$= (2,761.5 - 62.8) \times 10$
$= 2,698.7 \times 10 = 26,987 \text{kJ}$

48 압력 0.2MPa, 건도 0.2인 포화수증기 10kg을 가열하여 건도를 0.75되게 하려면 가열에 필요한 열량(kJ)은 얼마인가?(단, 압력 2MPa일 때 증발열은 1,895kJ/kg이다.)

① 10,422.5 ② 18,905
③ 14,212.5 ④ 94,750

풀이 $Q = m(x_2 - x_1)r = 10(0.75 - 0.2) \times 1,895$

49 압력 2MPa, 포화온도 211.38℃의 건포화증기는 포화수의 비체적이 0.001749m³/kg, 건포화 증기의 비체적이 0.1016m³/kg이라면 건도 0.8인 습증기의 비체적은 얼마인가?

① 0.1 ② 0.08
③ 0.05 ④ 0.004

풀이
$v = v' + x(v'' - v')$
$= 0.007149 + 0.8(0.1016 - 0.007149)$
$= 0.08162 \text{m}^3/\text{kg}$

50 압력 2MPa, 포화온도 212.42℃인 포화수 엔탈피가 908.79kJ/kg, 포화증기의 엔탈피가 2,799.5kJ/kg, 건도 0.8인 습증기의 엔탈피는 얼마인가?

① 908.79 ② 2,239.6
③ 1,136   ④ 2,493

풀이
$h = h' + x(h'' - h')$
$= 908.79 + 0.8(2,799.5 - 908.79)$
$= 2,493.358 \text{kJ/kg}$

51 압력 1.2MPa, 건도 0.6인 습증기 10m³의 질량은 얼마인가?(단, 포화액체의 비체적은 0.0011373 m³/kg, 건포화 증기의 비체적은 0.662m³/kg이다.)

① 98 ② 49
③ 25 ④ 10

풀이
$v = v' + x(v'' - v')$
$= 0.0011373 + 0.6 \times (0.662 - 0.0011373)$
$= 0.3977 \text{m}^3/\text{kg}$
$m = \dfrac{V}{v} = \dfrac{10}{0.3977} = 25.14 \text{kg}$

52 물 1kg이 압력 0.2MPa하에 증발하여 0.9 m³로 체적이 증가했다. 증발열이 2,177kJ/kg이면 내부증발열은 얼마인가?

① 2,100 ② 180
③ 1,997.2 ④ 199.7

풀이 물 1kg의 체적은 0.001m³이다.
$\Delta U = \Delta H - \Delta PV$

53 온도 200℃, 체적 0.05m³인 증기 1kg이 등온하에 팽창하여 체적이 0.1m³로 되었다. 공급된 열량은 얼마인가?(단, $x_1 = 0.387$, $x_2 = 0.784$, 200℃일 때 $S' = 2.3291 \text{kJ/kgK}$, $S'' = 6.4301 \text{kJ/kgK}$이다.)

① 0.397 ② 1.628
③ 325.6 ④ 770

풀이
$\Delta S = (x_2 - x_1)(s'' - s')$
$= (0.784 - 0.387)(6.4301 - 2.3291)$
$= 1.628$
$\Delta S = \dfrac{Q}{T}$ 에서
$Q = T\Delta S = (200 + 273) \times 1.628 = 770 \text{kJ}$

54 압력 1MPa, 건도 0.4인 습증기 1kg이 가열에 의하여 건도가 0.8로 되었다. 외부에 대한 팽창일은 얼마인가?(단, 포화액체의 비체적은 0.0011262 m³/kg, 포화증기의 비체적은 0.1981m³/kg이다.)

① 0.4   ② 0.8
③ 0.078 ④ 78.789

풀이
$\Delta PV = 1 \times 10^3 \times (0.8 - 0.4) \times (0.1981 - 0.0011262)$
$= 78.789 \text{kJ}$

55 랭킨 사이클의 각 과정은 다음과 같다. 부적당한 것은?

① 터빈에서 가역 단열팽창 과정
② 응축기에서 정압방열 과정
③ 펌프에서 단열압축 과정
④ 보일러에서 등온가열 과정

풀이 보일러는 정압가열 과정

정답 50 ④ 51 ③ 52 ③ 53 ④ 54 ④ 55 ④

56 다음은 랭킨 사이클에 관한 표현이다. 부적당한 것은?

① 응축기(복수기)의 압력이 낮아지면 배출 열량이 적어진다.
② 응축기(복수기)의 압력이 낮아지면 열효율이 증가한다.
③ 터빈의 배기온도를 낮추면 터빈효율은 증가한다.
④ 터빈의 배기온도를 낮추면 터빈날개가 부식한다.

풀이 터빈 배기온도를 낮추면 이론열효율은 증가하나 터빈효율은 감소한다.

57 다음은 랭킨 사이클에 관한 표현이다. 부적당한 것은?

① 보일러 압력이 높아지면 배출열량이 감소한다.
② 주어진 압력에서 과열도가 높으면 열효율이 증가한다.
③ 보일러 압력이 높아지면 열효율이 증가한다.
④ 보일러 압력이 높아지면 터빈에서 나오는 증기의 습도도 감소한다.

풀이 보일러와 터빈은 부속기기이다.

58 다음은 재생 사이클을 사용하는 목적을 들고 있다. 가장 적당한 것은?

① 배열을 감소시켜 열효율 개선
② 공급 열량을 적게 하여 열효율 개선
③ 압력을 높여 열효율 개선
④ 터빈을 나오는 증기의 습도를 감소시켜 날개의 부식방지

59 다음은 2유체 사이클에 관한 표현이다. 부적당한 것은?

① 수은이 응축하는 잠열로써 수증기를 증발시킨다.
② 고온부에서는 수증기를 사용하면 터빈에서 나오는 증기의 습도가 증가한다.
③ 고온에서는 포화압력이 높은 수은 같은 것을 사용한다.
④ 수은의 응축기가 수증기의 보일러 역할을 한다.

풀이 고온에서는 포화압력이 낮은 수은을 사용한다.

60 재열 사이클은 다음과 같은 것을 목적으로 한 것이다. 부적당한 것은?

① 터빈이 증가
② 공급 열량을 감소시켜 열효율 개선
③ 높은 압력으로 열효율 증가
④ 저압축에서 습도를 감소

61 랭킨 사이클에서 열효율이 25%이고 터빈일이 418.6kJ/kg이라고 하면 1kWh의 일을 얻기 위하여 공급되어야 할 열량(kJ/kg)은?

① 104.65   ② 313.95
③ 860   ④ 1674.4

풀이 $\eta = \dfrac{W}{Q}$

$Q = \dfrac{W}{\eta} = \dfrac{418.6}{0.25} = 1,674.4 \,[\text{kJ/kg}]$

62 랭킨 사이클에 있어서 터빈에서 0.7MPa, 엔탈피 3,530kJ/kg로부터 복수기압력 0.004MPa까지 등엔트로피 팽창한다. 펌프일을 고려하여 이론열효율을 구하여라.(단, 복수기압력하의 포화수의 엔탈피는 120kJ/kg, 비체적은 0.001m³/kg이고, 터빈출구에서의 증기의 엔탈피는 2,096kJ/kg이다.)

① 41.2%   ② 42%
③ 42.8%   ④ 43.9%

정답 56 ③ 57 ④ 58 ② 59 ③ 60 ② 61 ④ 62 ②

풀이 $W_P = V(P_2 - P_1)$
    $= 0.001 \times (0.7 - 0.004) \times 10^3 = 0.696$
   $\eta_R = \dfrac{h_2 - h_3 - W_P}{h_2 - h_4 - W_P} = \dfrac{3{,}530 - 2{,}096 - 0.696}{3{,}530 - 120 - 0.696}$
    $= 0.42 = 42\%$

63 랭킨 사이클에서 등적이면서 동시에 단열변화인 과정은 어느 것인가?

① 보일러   ② 터빈
③ 복수기   ④ 펌프

64 랭킨 사이클을 맞게 표시한 것은?

① 등온변화 2, 등압변화 2
② 등압변화 2, 단열변화 2
③ 등압변화 2, 등온변화 1, 단열변화 1
④ 등압변화 1, 등온변화 1, 단열변화 1, 등적변화 1

65 증기 사이클에서 보일러의 초온과 초압이 일정할 때 복수기 압력이 낮을수록 다음 어느 것과 관계 있는가?

① 열효율 증가   ② 열효율 감소
③ 터빈출력 감소   ④ 펌프일 감소

66 T-S 선도에서의 보일러에서 가열하는 과정은?

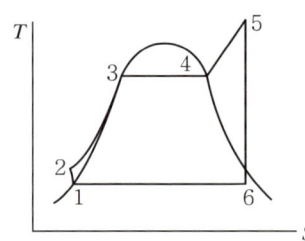

① $6 \rightarrow 1 \rightarrow 2$ ② $1 \rightarrow 2 \rightarrow 3 \rightarrow 4$
③ $2 \rightarrow 3 \rightarrow 4 \rightarrow 5$ ④ $3 \rightarrow 4 \rightarrow 5 \rightarrow 6$

67 10마력의 엔진을 2시간 동안 제동시험하여 생긴 마찰열이 20℃의 주위 공기에 전해졌다면 엔트로피의 증가(kJ/K)는?

① 735.5   ② 293
③ 181   ④ 29.3

풀이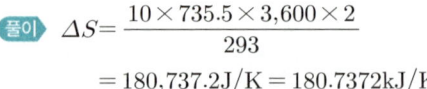
    $= 180{,}737.2 \text{J/K} = 180.7372 \text{kJ/K}$

68 랭킨 사이클은 다음 어느 사이클인가?

① 가스터빈의 이상사이클
② 디젤 엔진의 이상사이클
③ 가솔린 엔진의 이상사이클
④ 증기원동소의 이상사이클

69 T-S 선도에서 재열 재생수를 맞게 표시한 것은?

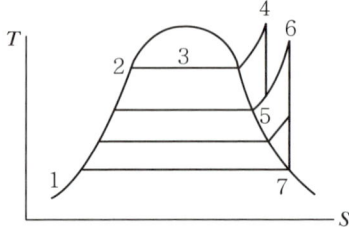

① 3단 재열, 4단 재생   ② 2단 재열, 3단 재생
③ 1단 재열, 3단 재생   ④ 1단 재열, 2단 재생

70 H-S 선도에서 응축과정은?

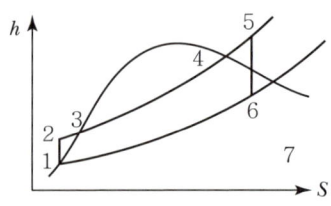

① 1-2   ② 5-6
③ 6-1   ④ 2-5

정답 63 ④ 64 ② 65 ① 66 ③ 67 ③ 68 ④ 69 ④ 70 ③

71 재열 사이클을 시키는 주목적은?

① 펌프일을 줄이기 위하여
② 터빈출구의 증기건도를 상승시키기 위하여
③ 보일러의 효율을 높이기 위하여
④ 펌프의 효율을 높이기 위하여

72 재생 사이클을 시키는 주목적은?

① 펌프일을 감소시키기 위하여
② 터빈출구의 증기의 건도를 상승시키기 위하여
③ 보일러용 공기를 예열하기 위하여
④ 추기를 이용하여 급수를 가열하기 위하여

73 증기터빈에서 터빈효율이 커지면 맞는 것은?

① 터빈출구의 건도가 커진다.
② 터빈출구의 건도가 작아진다.
③ 터빈출구의 온도가 올라간다.
④ 터빈출구의 압력이 올라간다.

74 랭킨 사이클에 대한 표현 중 틀린 것은?

① 주어진 압력에서 과열도가 높으면 열효율이 증가한다.
② 보일러 압력이 높아지면 터빈에서 나오는 증기의 습도를 감소한다.
③ 보일러 온도가 높아지면 열효율이 증가한다.
④ 보일러 압력이 높아지면 열효율이 증가한다.

75 사이클의 고온 측에 이상적인 특징을 갖는 작업물질을 사용하여 작동압력을 높이지 않고 작동 유효 온도범위를 증가시키는 사이클은?

① 카르노 사이클   ② 재생 사이클
③ 재열 사이클   ④ 2유체 사이클

76 증기 사이클에서 터빈 출구의 건도를 증가시키기 위하여 개선한 사이클은?

① 재생 사이클   ② 재열 사이클
③ 2유체 사이클   ④ 개방 사이클

77 랭킨 사이클의 과정은?

① 단열압축 – 등압가열 – 단열팽창 – 응축
② 단열압축 – 단열팽창 – 등압가열 – 응축
③ 등압가열 – 단열압축 – 등온팽창 – 응축
④ 등압가열 – 단열압축 – 단열팽창 – 응축

78 증기 사이클에 대한 설명 중에서 틀린 것은?

① 랭킨 사이클의 열효율은 초온과 초압이 높을수록 커진다.
② 재열 사이클은 증기의 초온을 높여 열효율을 상승시킨 것이다.
③ 재생 사이클은 터빈에서 팽창 도중의 증기를 추출하여 급수를 가열한다.
④ 팽창 과정의 습증기를 줄이고 저압부에서 증기의 용량을 줄이도록 한 것이 재열·재생 사이클이다.

79 증기원동소의 열효율을 맞게 쓴 것은?

① $\eta = \dfrac{\text{연료소비량} \times 4539}{\text{연료의 저발열량}}$

② $\eta = \dfrac{539 \times \text{연료저위 발열량}}{\text{정미발생전력량} \times \text{연료소비율}}$

③ $\eta = \dfrac{\text{정미 발생전력량} \times 860}{\text{연료소비량} \times \text{기계 효율}}$

④ $\eta = \dfrac{860 \times \text{정미발생전력량}}{\text{연료저위발생량} \times \text{연료소비율}}$

정답 71 ② 72 ④ 73 ② 74 ② 75 ④ 76 ② 77 ① 78 ② 79 ④

80 랭킨 사이클의 이론효율식은?

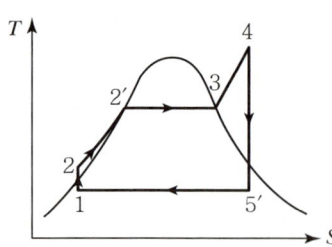

① $\eta = \dfrac{h_4 - h_1}{h_4 - h_5}$ ② $\eta = \dfrac{h_4 - h_5}{h_4 - h_1}$

③ $\eta = \dfrac{h_4 - h_3}{h_4 - h_5}$ ④ $\eta = \dfrac{h_3 - h_5}{h_4 - h_2}$

81 T–S 선도는 무슨 사이클인가?

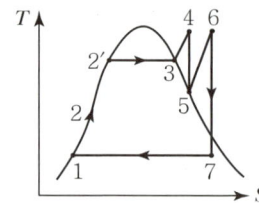

① 1단 재열 사이클 ② 2단 재열 사이클
③ 1단 재생 사이클 ④ 2단 재생 사이클

82 T–S 선도는 무슨 사이클인가?

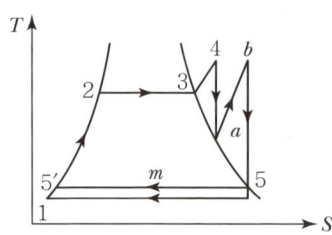

① 1단 재열 1단 재생 사이클
② 1단 재열 2단 재생 사이클
③ 2단 재열 1단 재생 사이클
④ 2단 재열 2단 재생 사이클

83 랭킨 사이클의 각 점에서 증기의 엔탈피는 다음과 같다. 이 사이클의 열효율은 얼마인가?

- 보일러 입구 : 290kJ/kg
- 터빈 출구 : 2,622kJ/kg
- 보일러 출구 : 3,480kJ/kg
- 복수기 출구 : 287kJ/kg

① 26.8% ② 30.6%
③ 35.7% ④ 40.6%

풀이 $\eta = \dfrac{h_2 - h_3}{h_2 - h_4} = \dfrac{3,480 - 2,622}{3,480 - 287}$
$= 0.268 \times 100[\%] = 26.8\%$

84 20ata(484.39K)의 건포화 증기를 배기압 0.5ata(353.81K)까지 팽창시키는 랭킨 사이클의 이론 열효율과 이것과 같은 온도 범위에서 작동하는 카르노 사이클의 열효율과의 비는 몇 %인가?

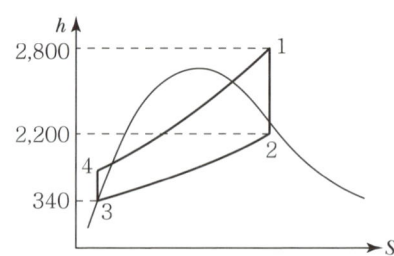

① 90 ② 85
③ 80 ④ 70

풀이 $\eta = \dfrac{2,800 - 2,200}{2,800 - 340} = 0.244$

카르노사이클 $\eta = 1 - \dfrac{353.81}{484.39} = 0.2696$

열효율비 $= \dfrac{0.244}{0.2696} = 0.9$

정답 80 ② 81 ① 82 ① 83 ① 84 ①

85 그림과 같은 랭킨 사이클에서 100ata 700℃의 증기가 터빈에서 공급되었다. 이때 복수기의 압력이 0.08ata일 때 이론 열효율은 얼마인가?(단, 펌프일은 무시하시오.)

- $h_1 = 338.3 \text{kJ/kg}$
- $h_3 = 2,880 \text{kJ/kg}$
- $h_4 = 2,200 \text{kJ/kg}$

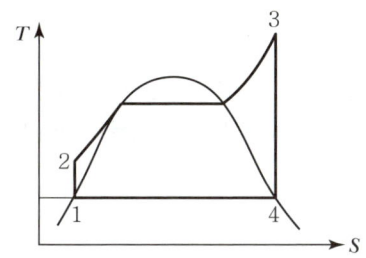

① 27% ② 38%
③ 43% ④ 50%

풀이 $\eta = \dfrac{h_3 - h_4}{h_3 - h_1} = \dfrac{2,880 - 2,200}{2,880 - 338.3}$
$= 0.2675 \times 100[\%] = 26.75\%$

86 보일러에서 201ata, 540℃의 증기를 발생하여 터빈에서 25ata까지 단열팽창한 곳에서 초온까지 재열하여 복수기 압력 0.05ata까지 팽창시키는 증기원동소의 H-S 선도이다. 이 원동소의 이론열효율은 얼마인가?

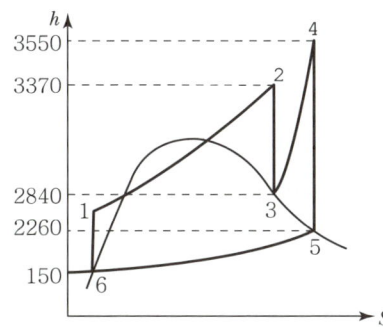

① 30.5% ② 35.7%
③ 40.5% ④ 46.4%

풀이 $\eta = \dfrac{(h_2 - h_3) + (h_4 - h_5)}{(h_2 - h_6) + (h_4 - h_3)}$
$= \dfrac{(3,370 - 2,840) + (3,550 - 2,260)}{(3,370 - 150) + (3,550 - 2,840)}$
$= 0.463 \times 100[\%] = 46.3\%$

87 일단추기 재생 사이클에서 추기점 압력하에서 포화수의 엔탈피가 533kJ/kg, 추기엔탈피 3,060kJ/kg, 터빈의 단열 열낙차는 1,360kJ/kg이다. 터빈 입구에서 증기의 엔탈피는 3,530kJ/kg이고, 추기량은 0.148일 때 재생 사이클의 열효율은 얼마인가?(단, 펌프일은 무시한다.)

① 40.675% ② 40.98%
③ 45.67%   ④ 48.35%

풀이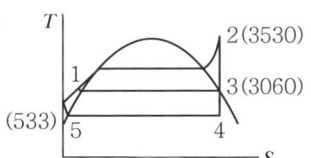

$h_4 = 3,530 - 1,360 = 2,170$
$\eta = \dfrac{(h_2 - h_3) + (1 - m)(h_3 - h_4)}{h_2 - h_6}$
$= \dfrac{(3,530 - 3,060) + (1 - 0.148)(3,060 - 2,170)}{3,530 - 533} = 0.4098$

88 어떤 냉동기가 2kW의 동력을 사용하여 매시간 저열원에서 21,000kJ의 열을 흡수한다. 이 냉동기의 성능계수는 얼마인가? 또, 고열원에서 방출하는 열량은 얼마인가?

① 3.96, 6,270kJ
② 4.96, 6,270kJ
③ 2.92, 28,224kJ
④ 3.92, 32,320kJ

정답 85 ① 86 ④ 87 ② 88 ③

풀이 $\varepsilon_R = \dfrac{Q_2}{W} = \dfrac{21,000[\mathrm{kJ}]}{2[\mathrm{kW \cdot h}]} = \dfrac{21,000}{2 \times 3,600} = 2.92$

$\varepsilon_h = \varepsilon_R + 1 = 3.92$

$\therefore Q_1 = W \cdot \varepsilon_h = 2 \times 3,600 \times 392 = 28,224 \mathrm{kJ}$

89 이상적인 냉동 사이클의 기본 사이클인 것은?
① 카르노 사이클
② 역카르노 사이클
③ 랭킨 사이클
④ 역브레이턴 사이클

90 압축 냉동 사이클에서 다음 기기 중 냉매의 엔탈피가 일정치를 유지하는 것은?
① 컴프레서
② 응축기
③ 팽창밸브
④ 증발기

풀이 팽창밸브 : 교축과정, 비가역 과정, 엔탈피 불변

91 어떤 냉매액을 팽창밸브를 통과하여 분출시 킬 경우 교축 후의 상태가 아닌 것은?
① 엔트로피가 감소한다.
② 압력은 강하한다.
③ 온도가 강하한다.
④ 엔탈피는 일정불변이다.

풀이 교축 후 엔트로피는 항상 증가한다.

92 냉동기의 성능계수는?
① 온도만의 함수이다.
② 고온체에서 흡수한 열량과 공급된 일과의 비이다.
③ 저온체에서 흡수한 열량과 공급된 일과의 비이다.
④ 열기관의 열효율 역수이다.

풀이 $\varepsilon_R = \dfrac{Q_\text{저}}{W}$

93 이상냉동 사이클에서 응축기 온도가 40℃, 증발기 온도가 -20℃인 이상 냉동사이클의 성능 계수는?
① 5.22
② 4.22
③ 3.22
④ 2.22

풀이 $\varepsilon_R = \dfrac{T_2}{T_1 - T_2} = \dfrac{253}{313 - 253} = 4.22$

94 성능계수가 3.2인 냉동기가 20톤의 냉동을 하기 위하여 공급해야 할 동력은 몇 kW인가?
① 14.14
② 18.14
③ 20.14
④ 24.14

풀이 $1[\mathrm{RT}] = 3.862[\mathrm{kW}]$

$\varepsilon_R = \dfrac{Q_\text{저}}{W} \quad 3.2 = \dfrac{20 \times 3.862}{[\mathrm{kW}]}$

$[\mathrm{kW}] = \dfrac{20 \times 3.862}{3.2} = 24.14$

95 100℃와 50℃ 사이에서 냉동기를 작동한다 면 최대로 도달할 수 있는 성능계수는 약 얼마 정도 인가?
① 6.46
② 7.46
③ 8.46
④ 9.46

풀이 $Cop = \dfrac{T_2}{T_1 - T_2} = \dfrac{323}{373 - 323} = 6.46$

96 역카르노 사이클(Carnot Cycle)은 어떠한 과정으로 이루어졌는가?
① 등온팽창 → 단열팽창 → 등온압축 → 단열압축
② 등온팽창 → 단열압축 → 등온압축 → 단열팽창
③ 등온팽창 → 등온압축 → 단열압축 → 단열팽창
④ 단열팽창 → 등온압축 → 단열팽창 → 등압팽창

정답 89 ② 90 ③ 91 ① 92 ③ 93 ② 94 ④ 95 ① 96 ②

97 공기냉동 사이클을 역으로 작용시키면 무슨 사이클이 되는가?

① 오토 사이클 ② 카르노 사이클
③ 사바테 사이클 ④ 브레이턴 사이클

풀이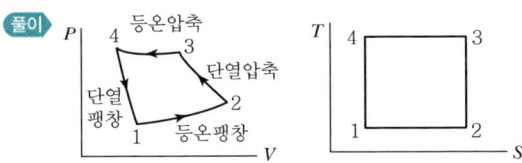

98 이론증기압축 냉동 사이클에서 냉매의 순회 경로로 맞는 것은?

① 팽창변 → 응축기 → 압축기 → 증발기
② 증발기 → 압축기 → 응축기 → 팽창변
③ 증발기 → 응축기 → 팽창변 → 압축기
④ 응축기 → 팽창변 → 압축기 → 증발기

풀이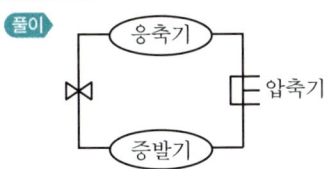

99 냉장고가 저온체에서 1,255kJ/H의 율로 열을 흡수하여 고온체에 1,700kJ/H의 율로 열을 방출하면 냉장고의 성능계수는 얼마인가?

① 1.82 ② 2.82
③ 3.82 ④ 8.32

풀이 $\varepsilon_R = \dfrac{Q_2}{Q_1 - Q_2} = \dfrac{1,255}{1,700 - 1,255} = 2.82$

100 표준 공기 냉동 사이클에서 냉동효과가 일어나는 과정은?

① 등온과정 ② 정압과정
③ 단열과정 ④ 정적과정

풀이 냉동효과(등압팽창 : $q_2 = C_v(T_1 - T_2)$)

101 성적계수가 4.8, 압축기일의 열상당량이 235kJ/kg인 냉동기의 냉동톤당 냉매순환량은 얼마인가?

① 0.8kg/H ② 8.4kg/H
③ 12.26kg/H ④ 16.26kg/H

풀이
$\varepsilon_R = \dfrac{Q}{W}$
$W = \dfrac{Q}{\varepsilon_R} = \dfrac{1[RT]}{4.8} = \dfrac{3.862}{4.8} = 0.8\text{kW}$
$m = \dfrac{0.8}{235} \times 3,600 = 12.26\text{kg/h}$

102 20℃의 물로 0℃의 얼음을 매시간 30kg 만드는 냉동기의 능력은 몇 냉동톤인가?(단, 물의 잠열은 335kJ/kg, 물의 비열은 4.18kJ/kg이다.)

① 0.9RT ② 1.2RT
③ 3.15RT ④ 3.35RT

풀이
$1[RT] = 3.862[kW]$
$Q = mC\Delta T + m \times 335 = 12,558\text{kJ/h}$
$12,558\text{kJ/h} = 3.488\text{kW}$
$[RT] = \dfrac{3.488}{3.862} = 0.9$

103 냉동 용량 5냉동톤인 냉동기의 성능계수가 3이다. 이 냉동기를 작동하는 데 필요한 동력(kW)은 얼마인가?

① 3.87 ② 4.78
③ 3.49 ④ 6.44

풀이 $W = \dfrac{Q_저}{\varepsilon_R} = \dfrac{5 \times 3.862}{3} = 6.44$

정답 97 ④ 98 ② 99 ② 100 ② 101 ③ 102 ① 103 ④

104 역카르노 사이클로 작동하는 냉동기가 30kW의 일을 받아서 저온체로부터 85kJ/S의 열을 흡수한다면 고온체로 방출하는 열량(kJ/S)은 얼마인가?

① 2.8   ② 28
③ 85   ④ 115

풀이 $\varepsilon_n = 1 + \varepsilon_R$

$\dfrac{Q_\text{고}}{W} = 1 + \dfrac{Q_\text{저}}{W}$

$Q_\text{고} = W\left(1 + \dfrac{Q_\text{저}}{W}\right) = 30\left(1 + \dfrac{85}{30}\right) = 115\,\text{kJ/s}$

105 증기압축식 냉동기의 냉매순환 순서로 맞는 것은?

① 증발기 → 압축기 → 응축기 → 팽창밸브
② 증발기 → 응축기 → 팽창밸브 → 압축기
③ 압축기 → 응축기 → 증발기 → 팽창밸브
④ 압축기 → 증발기 → 팽창밸브 → 응축기

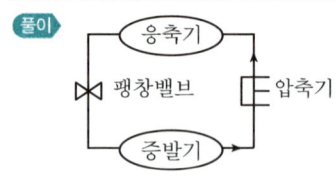

106 냉매의 순환량을 조절하는 것은?

① 증발기   ② 응축기
③ 압축기   ④ 팽창밸브

107 1냉동톤은?

① 1kW   ② 3.86kW
③ 3,330kcal/H ④ 1,000kcal/H

풀이 1RT = 3.862kW = 5.18Ps = 3,320kcal/hr

108 냉매의 압력이 감소되면 증발온도는?

① 불변   ② 올라간다.
③ 내려간다. ④ 알 수 없다.

풀이 냉매
- 냉동 사이클 내를 순환하는 동작유체
- 냉동공간 또는 냉동물질로부터 열흡수
- 다른 공간 또는 다른 물질로 열을 운반

109 냉동장치 중 가장 압력이 낮은 곳은?

① 팽창밸브 직후 ② 수액기
③ 토출밸브 직후 ④ 응축기

110 냉동능력 표시방법 중 틀린 것은?

① 1냉동톤의 능력을 내는 냉매의 순환량
② 냉매 1kg이 흡수하는 열량
③ 압축기 입구증기의 체적당 흡수량
④ 1시간에 냉동기가 흡수하는 열량

풀이 냉동능력
증발기에서 시간당 제거할 수 있는 열량(kcal/hr)

111 프레온이 포함하는 공통된 원소는?

① 질소   ② 산소
③ 불소   ④ 유황

112 공기 냉동 사이클은 어느 사이클의 역사이클인가?

① 오토 사이클   ② 카르노 사이클
③ 디젤 사이클   ④ 브레이턴 사이클

풀이 공기 냉동 cycle ↔ 브레이턴 cycle

정답 104 ④ 105 ① 106 ④ 107 ② 108 ③ 109 ① 110 ① 111 ③ 112 ④

113 증기압축 냉동 사이클에서 틀린 것은?

① 증발기에서 증발과정은 등압·등온과정이다.
② 압축과정은 단열과정이다.
③ 응축과정은 등압·등적과정이다.
④ 팽창밸브는 교축과정이다.

114 냉동장치의 압축기에서 나온 고압증기는 어디로 가는가?

① 팽창밸브   ② 증발기
③ 응축기   ④ 수액기

풀이 증발기 → 압축기 → 응축기 → 팽창밸브

115 냉동기의 압축기의 역할은?

① 냉매를 강제 순환시킨다.
② 냉매가스의 열을 제거한다.
③ 냉매를 쉽게 응축할 수 있게 해준다.
④ 냉매액의 온도를 높인다.

116 다음 중 엔탈피가 일정한 곳은?

① 팽창밸브   ② 압축기
③ 증발기   ④ 응축기

풀이 팽창밸브
- 교축과정
- 엔탈피 불변
- 비가역 과정

117 다음 중 엔트로피가 일정한 곳은?

① 팽창밸브   ② 응축기
③ 증발기   ④ 압축기

118 증발기와 응축기의 열출입량은?

① 같다.   ② 응축기가 크다.
③ 증발기가 크다. ④ 경우에 따라 다르다.

풀이 성능계수는 항상 1보다 크므로 응축기, 즉 고온체의 열량이 증발기, 저온체의 열량보다 크다.

119 냉동장치 내에서 순환되는 냉매의 상태는?

① 기체상태로 순환
② 액체상태로 순환
③ 액체와 기체로 순환
④ 기체와 액체, 때로는 고체로 순환

120 압력이 상승하면 냉매의 증발 잠열과 비체적은?

① 증가, 감소   ② 감소, 증가
③ 감소, 감소   ④ 증가, 증가

121 열펌프란?

① 열에너지를 이용하여 물을 퍼올리는 장치
② 열을 공급하여 저온을 유지하는 장치
③ 동력을 이용하여 저온을 유지하는 장치
④ 동력을 이용하여 고온체에 열을 공급하는 장치

122 냉동기에서 응축온도가 일정할 때 증발온도가 높을수록 동작계수는 어떻게 되는가?

① 증가   ② 감소
③ 불변   ④ 알 수 없다.

풀이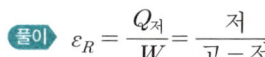

증발기는 저온체이므로 온도가 높을수록 동작계수는 증가한다.

정답 113 ③ 114 ③ 115 ③ 116 ① 117 ④ 118 ② 119 ③ 120 ③ 121 ④ 122 ①

CHAPTER 04. 증기 및 냉동 사이클

123 방에 냉장고를 가동시켜 놓고 냉장고 문을 열어 놓으면 방의 온도는 어떻게 되는가?

① 올라간다.   ② 내려간다.
③ 알 수 없다.   ④ 불변

풀이 증발기의 흡입열량보다 응축기의 방출열량이 크다.

124 냉매가 팽창밸브를 통과한 후의 상태가 아닌 것은?

① 엔탈피 일정   ② 엔트로피 일정
③ 온도 강하   ④ 압력 강하

125 냉동기의 동작계수는?

① 저온체에서 흡수한 열량과 공급된 일과의 비
② 고온체에서 방출한 열량과 공급된 일의 비
③ 저온체에서 흡수한 열량과 고온체에 방출한 열의 비
④ 열기관의 열효율과 같다.

풀이 $\dfrac{\text{저온체에서 흡수한 열량}}{\text{고온체에서 버린 열량} - \text{저온체에서 흡수한 열량}}$

126 온도 T_2인 저온체에서 흡수한 열량 q_2, 온도 T_1인 고온체에 버린 열량 q_1, 동작계수는?

① $\dfrac{q_1 - q_2}{q_1}$ ② $\dfrac{T_1 - T_2}{T_1}$

③ $\dfrac{q_2}{q_1 - q_2}$ ④ $\dfrac{T_1}{T_2 - T_1}$

127 응축기의 역할은?

① 고압증기의 열을 제거, 액화시킨다.
② 배출압력을 증가시킨다.
③ 압축기의 동력을 절약시킨다.
④ 냉매를 압축기에서 수액기로 순환시킨다.

128 이상적인 냉매 식별방법은?

① 불꽃으로 판별한다.
② 냄새를 맡아본다.
③ 암모니아 걸레를 쓴다.
④ 계기 및 온도계를 비교해 본다.

129 냉매의 구비조건이 아닌 것은?

① 증발잠열이 커야 한다.
② 열전도율이 좋을 것
③ 비체적이 클 것
④ 비가연성일 것

풀이 상온에서 응축액화가 용이하며 증발잠열이 커야 한다. 비열비가 작고 열전도율이 좋아야 하며 비체적은 작아야 한다.

130 역카르노 사이클로 동작되는 냉동기에서 응축기 온도가 40℃, 증발기 온도가 -20℃이면 동작계수는 얼마인가?

① 6.76   ② 5.36
③ 4.22   ④ 3.65

풀이 동작계수 $= \dfrac{\text{저온체}}{\text{고온체} - \text{저온체}}$

$\varepsilon_R = \dfrac{-20 + 273}{40 + 20} = 4.22$

131 냉장고가 저온체에서 1,255kJ/H의 율로 열을 흡수하여 고열원에 1,675kJ/H의 율로 열을 방출하면 동작계수는 얼마인가?

① 3   ② 3.5
③ 4   ④ 4.5

풀이 $\varepsilon_R = \dfrac{1,225}{1,675 - 1,255} = 2.99$

$\dfrac{\text{저온체}}{\text{고온체} - \text{저온체}}$

정답 123 ① 124 ② 125 ① 126 ③ 127 ① 128 ④ 129 ③ 130 ③ 131 ①

132 암모니아 냉동기의 응축기 입구의 엔탈피가 1,885kJ/kg이면 이 냉동기의 냉동효과는 얼마인가?(단, 압축기 입구의 엔탈피는 1,675kJ/kg이고, 증발기 입구에서의 엔탈피는 400kJ/kg이다.)

① 4 ② 6,070
③ 1,275 ④ 6.07

풀이

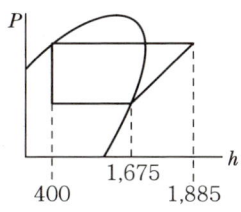

$$\varepsilon_R = \frac{1,675-400}{1,885-1,675} = 6.07$$
$$1,675-400 = 1,275$$

133 냉장고에 F12가 80kg/H의 율로 순환되는데 증발기에 들어갈 때 엔탈피가 71kJ/kg이고 나올 때 엔탈피가 150kJ/kg이라면 이 냉장고의 용량은 얼마인가?

① 1,450kcal/H ② 1,930kJ/S
③ 0.725 냉동톤 ④ 0.456 냉동톤

풀이 $80(150-71) = 6,320\text{kJ/h} = 1.76\text{kW}$
$$\frac{1.76}{3.862} = 0.456$$

134 동작계수가 3.2인 냉동기가 20냉동톤의 냉동을 막기 위하여 공급해야 할 동력은 얼마인가?

① 24kW ② 27kW
③ 32kW ④ 35kW

풀이 $\varepsilon_R = \dfrac{20 \times 3.862}{W}$
$$W = \frac{20 \times 3.862}{3.2} = 24.14\text{kW}$$

135 5RT인 냉동기의 동작계수가 4이다. 이 냉동기를 동작시키는 데 필요한 동력은 얼마인가?

① 5ps ② 8ps
③ 10ps ④ 15ps

풀이 $\varepsilon_R = \dfrac{Q}{W}$
$$W = \frac{Q}{\varepsilon_R} = \frac{5 \times 3,320 \times 4.18}{3,600 \times 4} = 4.81$$

136 제빙공장에서 1시간 동안에 0℃의 물로 0℃의 얼음을 1ton 만드는 데 40kW의 열이 소요된다면 이 냉동기의 동작계수는 얼마인가?(단, 얼음의 융해잠열은 335kJ/kg이다.)

① 2.33 ② 2.78
③ 3.45 ④ 4.63

풀이 $\varepsilon_R = \dfrac{1,000 \times 335}{40 \times 3,600} = 2.326$

137 브라인의 순환량이 10kg/min이고, 증발기 입구온도와 출구온도의 차가 20℃이다. 압축기의 실제 소요마력이 3ps일 때 이 냉동기의 동작계수는 얼마인가?(단, 브라인의 비열은 3.4kJ/kgK이다.)

① 3.26 ② 4.63
③ 5.13 ④ 5.27

풀이 $1[\text{kW}] = 1.36[\text{ps}]$
$$Q = mC_p \Delta T = \frac{10 \times 3.4 \times 20}{60} = 11.33\text{kW}$$
$$\varepsilon_R = \frac{11.33 \times 1.36}{3} = 5.13$$

정답 132 ③ 133 ④ 134 ① 135 ① 136 ① 137 ③

138 0℃와 100℃ 사이에서 역카르노 사이클로 작동하는 냉동기가 1사이클당 21kJ의 열을 흡수하였다면 이 냉동기의 1사이클당 동작계수는 얼마인가?

① 5.27　　② 2.73
③ 1.77　　④ 1.5

풀이 $\varepsilon_R = \dfrac{T_2}{T_1-T_2} = \dfrac{273}{100-0} = 2.73$

139 압축기 실린더와 팽창기 실린더에서 냉매인 공기의 상태변화가 가역 단열변화를 하는 공기냉동 사이클에서 저압이 0.2MPa이고, 고압이 1MPa일 때 이 사이클의 동작계수는 얼마인가?(단, $k=1.4$)

① 1.71　　② 2.53
③ 3.62　　④ 4.91

풀이 역브레이턴 사이클이므로

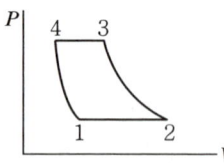

$\dfrac{T_3}{T_2} = \left(\dfrac{P_3}{P_2}\right)^{\frac{k-1}{k}} = \left(\dfrac{1}{0.2}\right)^{\frac{0.4}{1.4}} = 1.584$

$\varepsilon_R = \dfrac{T_2}{T_3-T_2} = \dfrac{1}{\dfrac{T_3}{T_2}-1} = \dfrac{1}{0.584} = 1.71$

140 공기냉동 사이클에서 압축실린더 입구의 온도가 0℃이고 출구온도가 70℃이며 팽창실린더의 온도가 11℃이고 출구온도가 -30℃라면 공기 1kg 당 냉동효과는 얼마인가?kJ/kg(단, 공기의 등압비열은 1.0kJ/kgK이다.)

① 10.65　　② 11.82
③ 30　　　 ④ 58.7

풀이 $Q = mC_p\Delta T = 1 \times 1.0 \times (0+30) = 30\text{kJ/kg}$

141 15℃의 물로 0℃의 얼음을 매시간 50kg 만드는 냉동기의 능력은 몇 냉동톤인가?(단, 물의 융해잠열은 335kJ/kg이다.)

① 1.43RT　　② 2.52RT
③ 3.26RT　　④ 4.27RT

풀이 $Q = \dfrac{50 \times 335 + 50 \times 4.18 \times 15}{3{,}600} = 5.52\text{kW}$

$\therefore \dfrac{5.52}{3.862} = 1.43$

CHAPTER 005 연소공학

SECTION 01 연료의 종류와 특성

1. 연료의 개요

보일러용 연료란 열에너지로 바꿀 수 있는 물질의 총칭이며, 열공학에서는 공기(산소)의 존재 하에서 지속적으로 산화반응을 일으켜 열에너지를 발생하는 물질로서 크게 나누어 고체연료, 액체연료, 기체연료가 있다.

1) 연료의 분류

(1) **고체연료** : 석탄, 목탄, 연탄, 코크스 등
(2) **액체가스** : 가솔린, 등유, 경유, 중유 등
(3) **기체연료** : 천연가스, 석유가스, 고로가스, 발생로가스, 액화석유가스 등
   ① 연료 가연성 성분 : 열을 발생하는 열원(C, H, S)
   ② 연료의 주성분 : (C, H, O)

2) 연료의 구비조건

(1) 단위(중량, 용적)당 발열량이 높을 것
(2) 저장 및 취급이 용이할 것
(3) 유해물질 발생이 적을 것(인체에 유해하지 않을 것)
(4) 점화 및 소화가 용이할 것
(5) 구입이 용이하고 가격이 저렴할 것
(6) 부하변동에 따른 연소조절이 용이할 것

2. 연료의 종류 및 특성

1) 고체연료

고체상태로 사용되는 석탄이나 장작 등의 연료를 고체연료라 하고 주성분은 탄소(C)와 소량의 수소(H)이며 그 외에 회분과 산소(O), 질소(N), 유황(S) 등을 포함하고 있다.

(1) 고체연료의 장단점

장점	단점
• 연소 시 분무 등으로 인한 소음이 없다. • 연료 누설로 인한 역화나 폭발사고가 발생하지 않는다. • 화염에 의한 국부가열을 일으키지 않는다. • 연소장치가 간단하다. • 노천야적이 가능하다. • 저장 및 취급이 용이하다.	• 연료의 회수, 수송, 저장, 취급이 곤란하다. • 단위 중량당 발열량이 낮다. • 연료의 품질이 균일하지 않다. • 석탄이나 장작 등을 연소 시 큰 연소공간과 다량의 과잉공기가 필요하다. • 점화 및 소화가 곤란하다. • 부하변동에 따른 연소조절이 곤란하다. • 회분이 많고 재처리가 곤란하다.

(2) 종류

① 천연산 : 무연탄, 역청탄, 갈탄, 목재 등
② 인공산 : 코크스, 구공탄, 미분탄, 목탄(숯) 등

(3) 고체연료의 종류와 특성

① **목탄** : 목재를 탄화시킨 2차 연료
② **석탄** : 석탄은 탄화도에 따라 이탄, 갈탄, 역청탄, 무연탄, 흑연 등이 있다.
③ **코크스** : 원료탄을 1,000℃ 내외의 온도에서 고온건류시킨 것으로 연료로 사용하는 경우는 거의 없고 야금, 제철, 주조 등에 사용된다.

▼ 고체연료의 특성

연료의 종류	발열량(kcal/kg)	용도	착화온도(℃)
목재	3,000~4,000	가정용	240~270
갈탄	3,000~5,000	보일러	
역청탄(유연탄)	5,000~7,000	가정용	
석탄	3,000~8,000	보일러, 가정용	
무연탄	3,500~5,000	가정용	300 내외
코크스	6,000~7,500	용선로	
목탄(숯)	6,700~7,500	가정용	350~460

※ 코크스의 건류 : 저온건류(500~600℃), 고온건류(1,000~1,200℃)

(4) 석탄의 물리적 성질

① **연료비** : 고정탄소와 휘발분의 비(연료의 가치판단 기준)

$$\text{연료비} = \frac{\text{고정탄소}[\%]}{\text{휘발분}[\%]} \text{ (연료비가 12 이상이면 무연탄)}$$

② **입도**
- 석탄입자의 크기는 Mesh로 표시한다.
- 하드그로브지수(HGI) : 석탄분쇄성의 척도

③ **점결성** : 석탄을 건류하는 과정에서 가스가 발산되면서 코크스화되어 굳어지는 성질

④ **비중** : 석탄 내 기공의 유무에 따라 겉보기비중과 참비중으로 구분

$$\text{기공률} = \left(1 - \frac{\text{겉보기비중}}{\text{참비중}}\right) \times 100[\%]$$

- 겉보기비중(시비중) : 석탄 내 기공을 포함한 상태의 비중
- 참 비중(진비중) : 석탄 내 포함된 기공을 제외한 상태의 석탄 자체의 비중

⑤ **고체연료탄화도가 클 경우의 특성**
- 고정탄소량이 증가
- 수분 및 휘발분의 감소
- 연료비의 증가
- 착화온도의 증가

(5) 석탄의 풍화와 자연발화

① **풍화** : 연료 중 휘발분이 공기 중의 산소와 화합하여 탄의 질이 저하되며 휘발분, 발열량이 감소하고 탄질의 변질, 탄 표면이 탈색된다.

② **자연발화** : 석탄저장 시 내부 온도가 60℃ 이상이 되면 스스로 발화하는 현상

2) 액체연료

원유 또는 석유로부터 얻어지는 연료를 액체연료라 하고 대부분 탄화수소 혼합물이다. 대부분 인공품으로 가공하여 사용한다.

(1) 액체연료의 특성

장점	단점
• 발열량이 높고 품질이 균일하다. • 연소효율이 높고 계량 및 기록이 용이하다. • 점화, 소화 및 연소조절이 비교적 쉽다. • 운반 또는 저장이 쉽고 저장 중 변질이 적다. • 회분 발생이 적다.	• 화재 및 역화의 위험성이 있다. • 국부적 과열을 일으키기 쉽다. • 연소 시 소음이 발생한다. • 황분을 내포하고 있다.

(2) 액체연료의 종류 및 특성

① **휘발유(가솔린)** : 끓는 점 범위는 나프타와 동일하면서 불꽃점화기관에 적합하도록 옥탄가를 조정한 연료로 가솔린 기관의 연료용으로 사용된다.

$$옥탄가 = \frac{이소옥탄}{이소옥탄 + 노르말헵탄} \times 100 [\%]$$

② **나프타** : 나프타는 원유 중 175~240℃의 범위에서 제조되며 발전 및 제트연료용으로 사용된다.

③ **등유** : 인화점이 40℃ 이상이 되도록 조정한 경질유

④ **경유** : 고속 디젤기관용

$$세탄가 = \frac{노르말세탄}{노르말세탄 + (\alpha - 메틸나프탈렌)}$$

⑤ **중유** : 증류 잔유물에 경유를 첨가한 연료로 점도에 따라 A중유, B중유, C중유로 구분한다.
  • A중유 : 점도가 낮아 예열이 필요 없다.
  • B, C중유 : 예열 후 점도를 낮추어 사용한다.

▼ **액체연료의 특성**

연료의 종류	비점	착화점(℃)	발열량(kcal/kg)	용도
원유	30~350	-	10,000~11,000	발전용
중유	300~350	530~580	10,000~10,800	보일러, 디젤엔진
경유	200~350	257	10,500~11,000	디젤엔진, 보일러
등유	160~250	254	10,500~11,000	주방난방, 제트엔진
휘발유(가솔린)	30~200	300내·외	11,000~11,500	가솔린엔진

※ 탄소수소비 $\left(\dfrac{C}{H}\right)$: 석유계 연료로 연소에 필요한 공기량이나 발열량에 관계하는 수치

📖 **Reference** $\left(\dfrac{C}{H}\right)$에 따른 연료의 특성

① 탈계 > 중유 > 경유 > 등유 > 휘발유 순으로 $\left(\dfrac{C}{H}\right)$은 감소한다.

② $\left(\dfrac{C}{H}\right)$비가 클수록
  • 이론공연비는 감소한다.
  • 휘도(방사율)가 크다.
  • 발열량이 적다.
  • 비점이 높으며 매연발생이 쉽다.
  • 화염은 장염이 된다.
  • 인화점이 높아진다.

⑥ 중유의 부식
- 고온 부식 : 중유 연료 중 포함되어 있는 바나듐은 연소 시 500~600℃ 부근에 달하면 오산화바나듐(V_2O_5)으로 되어 전열면에 융착 부식

> **Reference** 방지법
> - 연료를 전처리하여 바나듐 성분을 제거한다.
> - 첨가제를 사용하여 바나듐의 융점을 높인다.
> - 배기가스온도를 융점 이하로 유지한다.
> - 전열면을 내식재료로 피복한다.

- 저온 부식 : 연료 중 황산화물(SO_2, SO_3)에 의하여 폐열회수장치 등에서 부식

$$S + O_2 \rightarrow SO_2, \quad SO_2 + \frac{1}{2}O_2 \rightarrow SO_3(무수황산), \quad SO_3 + H_2O \rightarrow H_2SO_4(황산)$$

> **Reference** 방지법
> - 연료를 전 처리하여 유황분을 제거
> - 과잉공기량을 적게
> - 저유황 중유 사용
> - 배기가스온도를 황의 노점온도 이상으로 유지
> - 연료 첨가제를 사용하여 황의 노점을 낮게
> - 전열면을 내식재료로 피복

⑦ 탈계중유
- 화염방사율이 크다.
- 유황의 해가 적다.
- 슬러지가 생성된다.

3) 기체연료

기체연료는 천연가스와 또는 인공품이나 부산물로 고체연료와 액체연료에서 제조된다. 또한 제철과정에서 발생되는 부생가스도 있다.

(1) 기체연료의 장단점

장점	단점
• 적은 과잉공기로 완전 연소시킬 수 있다. • 연소효율이 높고 매연이 발생하지 않는다. • 연소가 균일하고 연소조절이 용이하다. • 부하변동범위가 넓고 고온을 얻을 수 있다. • 저 발열량의 연료로도 고온을 얻는다.	• 저장 및 수송이 불편하다. • 설비비 및 연료비가 많이 든다. • 취급 시 폭발위험성이 있다. • CO 등 유해가스가 있다.

(2) 기체연료의 종류 및 특성

① **천연가스(Natural Gas)** : 천연상태의 가스 중 탄화수소를 주성분으로 하는 가연성 가스로 주성분은 메탄가스

② **액화천연가스(LNG : Liquified Natural Gas)** : 1기압상태에서 −162℃ 이하의 초저온으로 냉각한 무색 투명한 액체로 80% 이상의 메탄(CH_4)으로 구성되어 있다.

[특징]
- 안전성이 높은 연료로 공기 중에 쉽게 확산한다.
- 분진 및 유황 불순물이 없는 청정연료이다.
- 발열량은 11,000kcal/Nm^3으로 높다.
- 천연가스 중 습성가스는 메탄, 프로판이 주성분이나 건성가스는 메탄이 주성분이다.

③ **액화석유가스(LPG : Liquified Petroleum Gas)** : 액화석유가스는 천연가스와 석유정제과정에서 비교적 액화하기 쉬운 가스를 10℃에서 약 7kg/cm^2로 가압한 가스로 프로판(C_3H_8)과 부탄(C_4H_{10})이 주성분이다.

[특징]
- 수송 및 저장이 편리하고 발열량이 높다.
- 기체일 때 공기보다 무거워 인화 폭발위험성이 있다.
- 액화 시 체적이 적어져 저장 및 수송이 편리하다.(프로판은 $\frac{1}{250}$, 부탄은 $\frac{1}{230}$로 부피 축소)
- 연소속도가 완만하고 연소 시 소요공기가 많이 든다.
- 발열량은 20,000~30,000[kcal/Nm^3]으로 높다.

④ **석탄가스** : 석탄을 1,000℃ 정도로 고온 건류시켜 코크스를 제조할 때 얻어지는 기체연료 [주성분 : 수소(H_2), 메탄(CH_4), 일산화탄소(CO)]이며 발열량은 5,670kcal/Nm^3이다.

⑤ **발생로가스** : 석탄, 코크스, 목재 등 탄소성분이 많은 연료를 불완전연소 시 얻어지는 가스 (주성분 : N_2, H_2, CO)로서 발열량은 1,100kcal/Nm^3 정도이다.

⑥ **고로가스** : 제철용 고로에서 발생되는 부생가스(주성분 : N_2, CO_2, CO)로서 발열량은 900kcal/Nm^3 정도이다.

⑦ **수성가스** : 고온으로 가열된 코크스 등에 수증기를 작용하여 발생된 가스(주성분 : H_2, CO, N_2)로서 발열량은 2,500kcal/Nm^3이다.

⑧ **오일가스** : 석유를 열분해법, 접촉분해법, 부분연소법 등에 의하여 얻어지는 가스(주성분 : H_2, CH_4, CO)로서 발열량은 4,710kcal/Nm^3 정도이다.

⑨ **도시가스** : 천연가스와 기타 저급의 가공한 석탄가스, 부생가스 등을 혼합하여 규정된 발열량을 맞추어 인구 밀집지역에 공급하는 가스로서 발열량은 4,500kcal/Nm^3 정도이다.

SECTION 02 연료의 시험방법 및 관리

1. 고체연료의 시험방법

1) 시료채취방법

(1) **계통시료채취** : 로트(석탄 500ton)에서 단위시료를 1회의 동작으로 무작위 채취하는 방법
(2) **층별 시료채취** : 로트를 몇 부분으로 나누어 무작위로 채취
(3) **2단 시료 채취** : 로트를 몇 개로 나누어 시료를 1차 채취한 후 채취한 시료 중 몇 개의 시료를 2차로 채취하는 방법

※ 단위 시료 채취하는 방법은 화차시료 채취, 선창시료채취, 벨트시료채취가 있다.

2) 베이스(Base) 환산

고체연료에 포함되어 있는 습분(M), 수분(W), 회분(A) 등의 취급 여부에 따라 다음과 같이 표시한다.

(1) **도착베이스** : 전항목(습분, 수분, 회분, 휘발분, 고정탄소)분석
(2) **항습베이스** : 도착베이스 항목에서 습분이 제외된 항목
(3) **무수베이스** : 회분, 휘발분, 고정탄소 3개 항목 측정
(4) **순탄베이스** : 무수베이스에서 회분이 제외된 분석

3) 전수분 빛 습분 측정방법

(1) 예비 건조수분 측정

시료 $0.6g/cm^2$, $35℃$, $0.5\%/h$까지 건조한 후 예비건조수분을 계산

$$예비\ 건조수분율[\%] = \frac{건조감량}{시료중량} \times 100$$

(2) 전수분 측정

① 시료가 석탄의 경우 $107 \pm 2℃$, 코크스 $150 \pm 5℃$로 건조하여 건조감량이 $0.1\%/h$ 이하가 되었을 때의 감량수분

$$열\ 건조수분율[\%] = \frac{열건조감량무게}{예비건조수분\ 측정\ 후의\ 시료무게} \times 100$$

② 전수분 측정 : 연료 표면에 부착되어 있는 습분과 연료의 고유수분의 합

전수분=예비건조 수분감량+열건조 수분감량(%)

4) 석탄류 공업분석방법(시료는 1g 내외)

건류나 연소 등의 방법으로 석탄을 공업적으로 이용할 때 석탄의 특성을 표시하는 분석방법으로 누구나 쉽게 분석할 수 있어 가장 많이 사용

(1) 고정탄소

석탄의 주성분을 이루는 것으로 시료질량에서 수분, 회분, 휘발분의 질량을 뺀 잔량의 비율로 나타낸다.

고정탄소(F) = 100 - {수분 + 회분 + 휘발분}[%]

$$연료비 = \frac{고정탄소}{휘발분}$$

※ 분석순서 : 수분 → 회분 → 휘발분 → 고정탄소

(2) 수분

시료 1g을 107±2℃의 항온조 속에 1시간 동안 건조시킨 후 감량분을 시료의 질량에 대한 백분율로 표시한 것

$$수분(W) = \frac{감량무게}{시료무게} \times 100 [\%]$$

(3) 회분

시료 1g에 전기로에서 공기를 통하면서 800±10℃까지 가열하여 완전연소시킨 후 잔류물의 양을 시료 질량에 대하여 백분율로 나타낸 것

$$회분(A) = \frac{회화량}{시료무게} \times 100 [\%]$$

(4) 휘발분

시료 1g을 뚜껑 달린 백금도가니에 넣어 공기를 차단한 후 900±20℃로 7분간 가열하였을 때의 감량을 시료의 질량에 대한 백분율에서 수분[%]을 뺀 것

$$휘발분(V) = \frac{(가열감량무게 - 수분무게)}{시료무게} \times 100 = \frac{가열감량}{시료무게} \times 100 - 수분\,[\%]$$

▼ 석탄의 분류

종류	연료비	고정탄소(%)	휘발분(%)
갈탄	1 이하	50 이하	50 이상
역청탄(저도, 고도, 반)	1~2.8~4~7	50~87	52~14
무연탄	7~12	87~92	13~3

(5) 공업분석에 따른 각 분석성분에 따른 현상

분석 성분	현상
고정탄소가 많은 경우 (탄화도가 큰 경우)	• 고정탄소가 증가하여 발열량이 커진다. • 휘발분이 감소하여 착화온도가 높아진다. • 연료비가 증가하고 연소속도가 늦어진다.
수분이 많은 경우	• 점화가 어렵고 흰 연기발생이 많다. • 수분이 다량의 연소열을 흡수하게 된다. • 불완전연소로 연소효율이 감소한다. • 통풍이 불량해진다.
회분이 많은 경우	• 발열량이 감소한다. • 불완전 연소생성물의 발생이 많다. • 연소상태가 고르지 못하다. • 통풍 불량(Clinker)이 일어난다.
휘발분이 많은 경우	• 점화가 용이하다. • 연소 시 붉은 장염과 매연이 발생한다. • 발열량이 저하한다.

5) 원소분석

연료의 성분 중 탄소, 수소, 질소, 황, 회분의 함유량을 분석하여 건조시료에 대한 질량비로 표시한다.

(1) 탄소(C) : 셰필드법, 리비히법 적용으로 분석
(2) 수소(H) : 셰필드 고온법과 리비히법 적용으로 분석
(3) 산소(O) : 100 − (탄소＋수소＋연소성황＋질소＋회분)으로 분석
(4) 황(S) : 전황분은 에슈카법, 연소용량법, 산소봄브법으로 적용하나 불연성 황분은 연소중량법, 연소용량법으로 분석
(5) 질소(N) : 켄달법이나 세미마이크 켄달법으로 분석

6) 원소 분석방법

(1) 탄소 및 수소 정량법

① 시료에 산소를 공급하여 건식연소 시킨 후 연소생성물을 흡수제에 흡수하여 정량(리비히법, 셰필드법)

② 흡수제 : CO_2 - 소다 아스베스토, H_2O - 앤하이드론

(2) 황분정량법

① 전황분 정량 : 에쉬카법, 산소봄브법, 연소용량법으로 분석
② 불연소성황분 정량
③ 연소성 유황[%] : 정량결과를 이용하여 산출

- 석탄의 경우 : 전황분 $\times \dfrac{100}{100 - 수분}$ - 불연소성유황[%]
- 코크스의 경우 : 전황분 - 불연소성 유황

(3) 질소 정량법

켄달법, 세미마이크로 켄달법 등으로 분석

(4) 인 정량법

(5) 산소의 산출법

$100 - (C + H + 연소성황 + 질소(N) + 회분)[\%]$

2. 액체연료의 시험방법

1) 비중

석유계 연료의 가장 중요한 성질이며 국내의 경우 15℃인 기름의 밀도를 4℃물의 밀도와의 비로 이용하지만 미국의 경우 비중 (60/60°F)을 기준한 API도를 이용한다. (비중시험은 비중부표법, 비중천평법, 비중병법, 치환법 사용)

(1) API(American Petroleum Institute)

$$\dfrac{141.5}{비중(60/60°F)} - 131.5$$

(2) 온도변화에 따른 중유의 비중

비중의 경우 중유온도 1℃ 상승함에 따라 0.00065씩 감소하고, 체적의 경우 중유온도 1℃ 상승함에 따라 15℃일 때 체적의 0.0007씩 증가한다.

① t(℃)일 때의 비중(S_t)

$$S_t = S_{15} - 0.00065(t-15)$$

② t(℃)일 때의 체적(V_t)

$$V_t = V_{15} \times \{1 + 0.0007(t-15)\}$$

③ t(℃)

t℃는 기름의 예열온도(℃)

2) 유동점

액체연료의 수송과 미립화에 영향을 미치며 유동점은 응고점보다 2.5℃ 높다.
그러나 응고점은 유동점보다 2.5℃ 낮다.

3) 인화점

액체를 가열하면 증발하여 증기가 되고 점화원에 의하여 인화하는 최저의 액체온도로서 휘발유 등은 인화점이 낮다.(인화점이 낮은 액체연료는 취급상 주의요망)

4) 착화점(발화점)

공기를 충분히 공급한 상태에서 점화원 없이 서서히 가열하였을 때 연소하는 최저온도

[착화점을 낮게 하는 방법]
- 발열량이 높을수록
- 산소농도가 클수록
- 압력이 높을수록
- 반응활성도가 클 때

5) 점도 측정

(1) 점성계수(μ)

$$\mu = \frac{\tau \cdot du}{dy} = \frac{[g]}{[cm][sec]} [\text{Poise}]$$

여기서, τ : 점성계수, $\frac{du}{dy}$: 속도구배, ρ : 유체밀도

(2) 동점계수(ν)

$$\nu = \frac{\mu}{\rho} = \frac{[cm^2]}{[sec]} [\text{Stokes}]$$

여기서, μ : 점성계수

6) 황분시험방법

석유제품에 포함된 황분을 정량하는 시험법

(1) **램프식** : 용량법, 중량법으로 시험
(2) **봄브식** : 램프식 적용이 어려운 석유류에서 전황분 정량
(3) **연소관식** : 공기법, 산소법 적용

7) 회분시험방법

$$회분(A) = \frac{재의\ 무게}{시료의\ 무게} \times 100 [\%]$$

8) 인화점시험법

인화점 시험은 가연물이 점화원에 의하여 불이 붙는 최저온도로 위험도를 표시하는 척도

(1) **아벨펜스키식** : 50℃ 이하의 석유제품시험(밀폐식)
(2) **펜스키 마아텐스식** : 50℃ 이상의 석유제품시험(밀폐식)
(3) **타그식** : 80℃ 이하의 석유제품(밀폐식)시험
(4) **클리블랜드식** : 80℃ 이상의 석유제품(개방식)시험

3. 기체연료의 시험방법

1) 연료가스의 시험방법

(1) 헴펠식 분석방법

분석가스	흡수제	참고
CO_2	수산화칼륨(KOH) 30% 수용액	• 분석순서 : $CO_2 \Rightarrow O_2 \Rightarrow CO$ • $N_2 = 100 - (CO_2 + O_2 + CO)$
O_2	알칼리성 피로카롤 용액	
CO	암모니아성 염화 제1동 용액	
C_mH_n	발열황산, 취소수	중탄화수소

(2) 비중측정방법

① 분젠실링법 : 분젠실링 비중계 사용

② 라이드법 : 가스비중 종을 사용

③ 비중병법

2) 발열량 측정

(1) **고체, 액체연료** : 봄브식 열량계 사용

(2) **기체연료** : 융켈스식, 시그마열량계 사용

4. 연료의 관리

1) 고체연료의 관리

옥내 · 외 저장하며 저장 중 풍화나 자연발화에 유의하고 빗물 침입이 없도록 한다.

(1) 풍화의 원인

① 연료 내 수분 및 휘발분이 많은 경우

② 분탄으로 저장 시

③ 외기온도가 너무 높은 경우

※ 석탄의 풍화 : 석탄을 오랜 시간 저장 시 산화작용에 의하여 변질되는 현상

(2) 고체연료(석탄)의 저장

① 저장방법

- 인수시기, 탄종, 입도별로 구별하여 쌓는다.
- 퇴적층의 높이는 2m(실외의 경우 4m) 이하로 하여 소량씩 쌓는다.

- 탄층 속의 온도를 60℃ 이하로 유지(자연발화방지)
- 비 또는 바람에 대한 연료의 손실을 방지하기 위하여 비닐을 덮는다.
- 저장탄은 배수가 잘 되게 하기 위하여 $\frac{1}{100} \sim \frac{1}{150}$의 경사를 둔다.
- 동일 장소에 30일 이상 장시간 저장하지 않는다.

② 석탄의 자연발화 방지법
- 탄층 내에 통기관을 설치한다.
- 탄층온도를 60℃ 이하로 유지
- 물빼기를 잘해야 한다.
- 퇴적층을 단단히 한다.(공기와의 접촉방지)

2) 액체연료의 관리

(1) 액체연료의 선택

액체연료 선정 시 연료의 연소성, 열효율, 안전성, 가격뿐만 아니라 인화점, 유동점, 수분, 황분 등을 고려한다.

(2) 연료의 저장

연료는 용적식 유량계를 이용하여 계측하며 품질저하 및 화재방지가 적합한 곳에 저장한다.

3) 기체연료의 관리

(1) 기체연료의 인수

부피(Nm^3)로 계량하며 온도 및 압력을 측정하여 인수한다.(LNG, LPG의 경우 kg이나 ton으로 계량한다.)

(2) 기체연료의 저장

① 유수식 홀더
- 물탱크와 가스탱크로 구성
- 300mmH_2O 이하 물탱크 내 가스량 3,000m^3 이상을 저장

② 무수식 홀더
- 원통형 내부를 상하이동하는 피스톤으로 구성
- 저장압력은 600mmH_2O 이하

③ 고압홀더
원형 및 구형의 홀더로서 설치면적이 적으며 건설비가 싸고 저장량을 많이 확보할 수 있다.

(3) 기체연료의 관리

① 가스홀더 관리
- 가스홀더는 건축물과 10m 이상 거리 유지
- 외기온도변화에 따른 팽창 및 수축 고려
- 정기적인 점검 및 조사기록을 보관
- 화기 및 전기설비에 주의할 것

② LPG 용기 관리
- 용기로부터 2m 이내에 인화성 및 발화성 물질이 없을 것
- 용기의 저장 및 운반 중에 40℃ 이하로 유지
- 통풍이 잘되는 곳에 저장
- 밸브의 개폐는 서서히 한다.

SECTION 03 연소계산 및 열정산

1. 연소계산

1) 연소

연소란 가연성 물질이 산화반응에 의하여 빛과 열을 동시에 수반하는 현상

2) 연소계산

연소계산은 화학방정식에 의하여 계산할 수 있으며 가연성분에 필요한 산소량 및 공기량, 연소 생성물 등을 알 수 있다.

(1) 연소의 3대 조건

① **가연성분** : 탄소(C), 수소(H), 황(S)
② 산소
③ 점화원

(2) 연소계산에 필요한 원소의 원자량 및 분자량

원소명	원소기호	원자량	분자식	분자량
수소	H	1	H_2	2
탄소	C	12	C	12
질소	N	14	N_2	28
산소	O	16	O_2	32
공기	혼합물			29
황	S	32	S	32
아황산가스			SO_2	64
물			H_2O	18
탄산가스			CO_2	44
일산화탄소			CO	28
메탄			CH_4	16
에탄			C_2H_6	30
프로판			C_3H_6	44
부탄			C_4H_{10}	58

(3) 아보가드로의 법칙

온도와 압력이 같을 때 서로 다른 기체라 해도 부피가 같으면 같은 수의 분자를 포함한다는 법칙으로 "0℃ 1기압 하에서 모든 기체 1몰(mol)이 차지하는 부피는 22.4L이고, 6.02×10^{23}개의 분자"로 이루어진다. (1mol → 22.4L, 1kmol → 22.4Nm³)

(4) 공기의 조성

구분	산소	질소
중량비(1kg 기준)	0.232	0.768
체적비(1Nm³ 기준)	0.21	0.79

3) 고체 및 액체 연료의 연소반응식

(1) 탄소의 연소

① 완전연소

탄소 :	C	+	O_2	=	CO_2	+	97,200kcal/kmol
kg	12		32		44		
kmol	1		1		1		
Nm^3	22.4		22.4		22.4		
$\dfrac{kg}{C \to 1kg}$	1		2.67		3.67	+	8,100kcal/kg
$\dfrac{Nm^3}{C \to 1kg}$	1.87		1.87		1.87		

질소요구량[N_2] : $\dfrac{106[kg]}{12[kg]} = 8.83$kg/kg, $\dfrac{84.27[Nm^3]}{12[kg]} = 7.02Nm^3/kg$

② 불완전연소

탄소 :	C	+	$\dfrac{1}{2}O_2$	=	CO	+	29,400kcal/kmol
kg	12		16		28		
kmol	1		0.5		1		
Nm^3	22.4		11.2		22.4		
$\dfrac{kg}{C \to 1kg}$	1		1.33		2.33	+	2,450kcal/kg
$\dfrac{Nm^3}{C \to 1kg}$	1.87		0.93		1.87		

질소요구량[N_2] : $\dfrac{53[kg]}{12[kg]} = 4.41$kg/kg, $\dfrac{42.13[Nm^3]}{12[kg]} = 3.51Nm^3/kg$

(2) 수소의 연소

수소 :	H_2	+	$\dfrac{1}{2}O_2$	=	H_2O	+	68,400kcal/kmol
kg	2		16		18		
kmol	1		0.5		1		
Nm^3	22.4		11.2		22.4		
$\dfrac{kg}{C \to 1kg}$	1		8		9	+	34,200kcal/kg
$\dfrac{Nm^3}{C \to 1kg}$	11.2		5.6		11.2		

질소요구량[N_2] : $\dfrac{53[kg]}{2[kg]} = 26.5$kg/kg, $\dfrac{42.13[Nm^3]}{2[kg]} = 21.07Nm^3/kg$

(3) 황의 연소

황	:	S	+	O_2	=	SO_2	+	80,000kcal/kmol
kg		32		32		64		
kmol		1		1		1		
Nm^3		22.4		22.4		22.4		
$\dfrac{kg}{C \rightarrow 1kg}$		1		1		2		+ 2,500kcal/kg
$\dfrac{Nm^3}{C \rightarrow 1kg}$		0.7		0.7		0.7		

질소요구량[N_2] : $\dfrac{106[kg]}{32[kg]} = 3.31$ kg/kg, $\dfrac{84.27[Nm^3]}{32[kg]} = 2.63 Nm^3$/kg

4) 기체연료의 연소반응식

기체연료의 경우 고체 및 액체연료와는 달리 분자량에 대한 체적에 대하여 계산한다.

(1) 수소(H_2)의 연소

수소	:	H_2	+	$\dfrac{1}{2}O_2$	=	H_2O	+	57,600kcal/kmol
kmol		1		0.5		1		
Nm^3		22.4		11.2		22.4		
$\dfrac{kg}{C \rightarrow 1kg}$		1		8		9		+ 28,800kcal/kg
$\dfrac{Nm^3}{C \rightarrow 1kg}$		11.2		5.6		11.2		+ 2,570kcal/Nm^3

질소요구량[N_2] : $\dfrac{0.5}{0.21} - 0.5 = 1.88 Nm^3/Nm^3$ ← (산소 0.5Nm^3에 따른 질소량)

(2) 일산화탄소(CO)의 연소

일산화탄소	:	CO	+	$\dfrac{1}{2}O_2$	=	CO_2	+	68,000kcal/kmol
kmol		1		0.5		1		
Nm^3		22.4		11.2		22.4		
$\dfrac{Nm^3}{C \rightarrow 1kg}$		1		0.5		1		+ 3,035kcal/Nm^3

질소요구량[N_2] : $\dfrac{0.5}{0.21} - 0.5 = 1.88 Nm^3/Nm^3$

▼ 연료별 연소반응식

연료	연소반응	고발열량(H_2) [kcal/Nm^3]	산소량(O_0) [Nm^3/Nm^3]	공기량(A_0) [Nm^3/Nm^3]
수소	$H_2 + \frac{1}{2}O_2 = H_2O$	3,050	0.5	2.38
일산화탄소	$CO + \frac{1}{2}O_2 = CO_2$	3,035	0.5	2.38
메탄	$CH_4 + 2O_2 = CO_2 + 2H_2O$	9,530	2	9.52
아세틸렌	$C_2H_2 + \frac{1}{2}O_2 = 2CO_2 + H_2O$	14,080	2.5	11.9
에틸렌	$C_2H_4 + 3O_2 = 2CO_2 + 2H_2O$	15,280	3	14.29
에탄	$C_2H_6 + \frac{1}{2}O_2 = 2CO_2 + 3H_2O$	16,810	3.5	16.67
프로필렌	$C_3H_6 + \frac{1}{2}O_2 = 3CO_2 + 3H_2O$	22,380	4.5	21.44
프로판	$C_3H_8 + 5O_2 = 3CO_2 + 4H_2O$	24,370	5.0	23.81
부틸렌	$C_4H_8 + 6O_2 = 4CO_2 + 4H_2O$	30,080	6.0	28.57
부탄	$C_4H_{10} + \frac{13}{2}O_2 = 4CO_2 + 5H_2O$	32,010	6.5	30.95
반응식	$C_mH_n + (m+\frac{n}{4})O_2 = mCO_2 + \frac{n}{2}H_2O$		$m + \frac{n}{4}$	$O_0 \times \frac{1}{0.21}$

※ 열량의 단위환산 : 1kcal = 4.18kJ = 4.187×10^{-3}MJ, 1kWh = 3,600kJ

5) 산소량 및 공기량계산식

가연성분에 공기를 충분히 공급하고 연소하면 완전연소가 되지만 소요공기 부족 시에는 불완전연소로 인한 매연발생 및 연료손실이 증가한다.

(1) 이론산소량(O_0) 계산

연료를 산화하기 위한 이론적 최소 산소량

① 고체 및 액체연료

- 중량(kg/kg)계산식 : $O_0 = 2.67C + 8\left(H - \frac{O}{8}\right) + S$

- 체적(Nm^3/kg)계산식 : $O_0 = 1.87C + 5.6\left(H - \frac{O}{8}\right) + 0.7S$

> **Reference**
>
> $\left(H - \dfrac{O}{8}\right)$을 유효수소수라 하며 연료 중에 포함된 산소가 연소 전에 수소와 반응하여 실제연소에 영향을 주는 가연성분인 수소는 감소하게 된다. 따라서 실제 연소 가능한 수소를 유효수소라고 한다.

② 기체연료(Nm^3/Nm^3)

$$O_0 = 0.5(H_2 + CO) + 2CH_4 + 2.5C_2H_2 + 3C_2H_4 + 3.5C_2H_6 + \cdots - O_2$$

(2) 이론공기량(A_0)

이론공기량을 공급하기 위해 공급해야 할 최소량의 공기량으로 공기 중 산소의 무게조성과 용적 조성으로 구할 수 있다.

① 고체 및 액체연료의 경우
- 중량(kg/kg) 계산식

$$A_0 = \frac{1}{0.232} \times O_0 = \frac{1}{0.232}\left\{2.67C + 8\left(H - \frac{O}{8}\right) + S\right\}$$
$$= 11.49C + 34.49\left(H - \frac{O}{8}\right) + 4.31S$$

- 체적(Nm^3/kg) 계산식

$$A_0 = \frac{1}{0.21} \times O_0 = \frac{1}{0.21}\left\{1.87C + 5.6\left(H - \frac{O}{8}\right) + 0.7S\right\}$$
$$= 8.89C + 26.7\left(H - \frac{O}{8}\right) + 3.33S$$

② 기체연료의 경우(Nm^3/Nm^3)

$$A_0 = \{0.5(H_2 + CO) + 2CH_4 + 2.5C_2H_2 + 3C_2H_4 + 3.5C_2H_6 + \cdots - O_2\} \times \frac{1}{0.21}$$

(3) 실제공기량(A)

이론산소량에 의해 산출된 이론공기량을 연료와 혼합하여 실제 연소할 경우 이론공기량만으로 완전연소가 불가능하기 때문에 실제 이론공기량 이상의 공기를 공급하게 된다.

실제공기량 = 이론공기량(A_0) + 과잉공기량(A_a) = $m \cdot A_0$(공기비 × 이론공기량)

(4) 공기비(m) : 과잉공기계수

이론공기량에 대한 실제공기량의 비로 공기비에 따라 연소에 미치는 영향이 다르다.

$$m = \frac{실제공기량(A)}{이론공기량(A_o)} = \frac{A_o + (A - A_o)}{A_o} = 1 + \frac{(A - A_o)}{A_o}$$

여기서 $A - A_o$을 과잉공기량이라 하며 완전연소과정에서 공기비(m)는 항상 1보다 크다.

※ 과잉공기량$(A - A_o) = (m-1)A_o$ (Nm³/kg, Nm³/Nm³)

※ 과잉공기율 $= (m-1) \times 100(\%)$

📖 Reference 배기가스와 공기비 계산식

배기가스 분석성분에 따라 공기비를 계산

① 완전 연소 시(H_2, CO 성분이 없거나 아주 적은 경우) 공기비 계산

$$m = \frac{21}{21 - O_2} = \frac{\dfrac{N_2}{0.79}}{\left(\dfrac{N_2}{0.79}\right) - \left(\dfrac{3.76 O_2}{0.79}\right)} = \frac{N_2}{N_2 - 3.76 O_2}$$

② 불완전 연소 시(배기가스 중에 CO성분이 포함) 공기비계산

$$m = \frac{N_2}{N_2 - 3.76(O_2 - 0.5 CO)}$$

③ 탄산가스 최대치(CO_{2max})에 의한 공기비 계산

$$m = \frac{CO_{2\,max}}{CO_2}$$

📖 Reference 공기비가 클 때(과잉공기량 증가) 나타나는 현상

- 연소온도 저하
- 배기가스에 의한 열손실 증대
- SO_3(무수황산)량의 증가로 저온부식 촉진
- 고온에서 NO_2 발생이 심하여 대기오염 유발

📖 Reference 공기비가 작을 때 나타나는 현상

- 미연소 연료에 의한 손실 증가
- 불완전연소에 의한 매연증가
- 연소 효율 감소
- 미연가스에 의한 폭발사고의 위험성 증가

(5) 고체 · 액체연료 연소가스량 계산

① 이론 습 연소가스량(G_{ow})
- 중량[kg/kg]

$$G_{ow} = (1 - 0.232)A_o + 3.67C + 9H + 2S + N + W$$

- 체적[Nm³/kg] 계산식

$$G_{ow} = (1 - 0.21)A_o + 1.867C + 11.2H + 0.7S + 0.8N + 1.244W$$

② 이론 건 연소가스량(G_{od})
- 연소가스 중 수증기량 계산식(Wg)

$$-Wg = 9H + W[kg/kg]$$
$$-Wg = 22.4\left(\frac{1}{2}H + \frac{1}{18}W\right)[Nm^3/kg] = 1.244(9H + W)[Nm^3/kg]$$

- 중량[kg/kg] 계산식

$$G_{ow} - Wg = 이론습연소가스량 - 연소가스 중 수증기 발생량$$

- 체적[Nm³/kg] 계산식

$$G_{ow} - Wg = 이론습연소가스량 - 연소가스 중 수증기 발생량$$

③ 실제 습 연소가스량(G_w)
- 중량[kg/kg] 계산식

$$G_w = G_{ow} + (m - 1)A_o = 이론습연소가스량 + (공기비 - 1) \times 이론공기량$$

- 체적 [Nm³/kg] 계산식

$$G_w = G_{ow} + (m - 1)A_o = 이론습연소가스량 + (공기비 - 1) \times 이론공기량$$

④ 실제 건 연소가스량(G_d)
- 중량[kg/kg] 계산식

$$G_d = G_{od} + (m - 1)A_o = 이론건연소가스량 + (공기비 - 1) \times 이론공기량$$

- 체적 [Nm³/kg$_{fuel}$] 계산식

$$G_d = G_{od} + (m - 1)A_o = 이론건연소가스량 + (공기비 - 1) \times 이론공기량$$

6) 발열량

고체 또는 액체·기체 연료가 연소할 때 발생하는 연소열로 총발열량과 진발열량으로 구분된다.

※ 표시방법 • 고체 및 액체의 경우 : kcal/kg
　　　　　 • 기체의 경우 : kcal/Nm³

(1) 총발열량(고위발열량 : Higher Heating Value)

연료를 완전연소한 후 생성되는 수증기가 응축될 때 방출하는 증발열(응축열)을 포함한 발열량으로 열량계로 실측이 가능하다.

(2) 순발열량(저위발열량 : Lower Heating Value)

연료가 완전연소한 후 연소과정에서 생성되는 수증기 응축잠열을 회수하지 않고 배출하였을 때의 발열량

(3) 고체·액체[kcal/kg]

① 총(고위)위발열량(H_h)

$$H_h = 8{,}100C + 34{,}200\left(H - \frac{O}{8}\right) + 2{,}500S\,[kcal/kg] = H_L + 600(9H + W)$$

$$= 33.9C + 144\left(H - \frac{O}{8}\right) + 10.47S\,[MJ/kg]$$

② 총(저위)위발열량(H_L)

$$H_L = 8{,}100C + 28{,}800\left(H - \frac{O}{8}\right) + 2{,}500S - 600(W)\,[kcal/kg] = H_h - 600(9H + W)$$

$$= 33.9C + 121.4\left(H - \frac{O}{8}\right) + 9.42S - 2.51(W)\,[MJ/kg]$$

③ 고위발열량과 저위발열량의 관계

$$H_h = H_l + 600(9H + W), \quad H_L = H_h - 600(9H + W)$$

> **Reference**
>
> $C + O_2 \rightarrow CO_2 + 97{,}200\,kcal/kmol$
>
> $H + \dfrac{1}{2}O_2 \rightarrow H_2O$ ┌ (액) 68,400 kcal/kmol
> 　　　　　　　　　　　　　　　 └ (기) 57,600 kcal/kmol
>
> $S + O_2 \rightarrow SO_2 + 80{,}000\,kcal/kmol$
>
> W : 연료 중 수분

(4) 기체[kcal/Nm³]

① 고위발열량(H_h)

$$H_h = 3{,}050\mathrm{H}_2 + 3{,}035\mathrm{CO} + 9{,}530\mathrm{CH}_4 + 14{,}080\mathrm{C}_2\mathrm{H}_2 + 15{,}280\mathrm{C}_2\mathrm{H}_4 + \cdots$$

② 저위발열량(H_l)

$$H_h - 480(\mathrm{H}_2 + 2\mathrm{CH}_4 + \mathrm{C}_2\mathrm{H}_4 + 2\mathrm{C}_2\mathrm{H}_4 + 4\mathrm{C}_3\mathrm{H}_8 + \cdots)$$

※ 수증기 증발잠열
- 중량기준 : 600kcal/kg = 2.51MJ/kg
- 부피기준 : 480kcal/Nm³ = 2MJ/kg

7) 연소온도

연소과정에서 가연물질이 완전 연소되어 연소실 벽면이나 방사에 의한 손실이 일체 없다고 가정할 때의 연소실 내 가스온도를 이론연소 온도라 하며 공기 및 연료의 현열 등을 고려한 경우에는 실제 연소온도로 구분된다.

(1) 이론 연소온도(t_o)

$$t_o = \frac{H_l}{G_v C} + t$$

(2) 실제연소온도(t_τ)

$$t_\tau = \frac{H_l + Q_a + Q_f}{G_v C} + t$$

여기서, H_l : 저위발열량[kcal/kg]
G_v : 연소가스량[Nm³/kg]
C : 연소가스 정압 비열[kcal/Nm³℃]
Q_a : 공기의 현열[kcal/kg]
Q_f : 연료의 현열[kcal/kg]
t : 기준온도[℃]

(3) 연소온도에 미치는 인자

① 연료의 단위 중량당 발열량
② 연소용 공기 중 산소의 농도

③ 공급 공기의 온도
④ 공기비(과잉공기 계수)
⑤ 연소 시 반응물질 주위의 온도

(4) 연소온도를 높이려면
① 발열량이 높은 연료를 사용
② 연료와 공기를 예열하여 공급
③ 과잉공기를 적게 공급(이론공기량에 가깝게 공급)
④ 방사 열손실을 방지
⑤ 완전연소

2. 열정산(Heat Balance)

열정산이라 함은 연소장치에 의하여 공급되는 입열과 출열과의 관계를 파악하는 것으로 열감정 또는 열수지라고도 한다.

> **Reference 열정산의 주요목적**
> - 장치 내의 열의 행방을 파악
> - 노의 개축 시 참고자료
> - 손실 열을 찾아 설비 개선
> - 열설비 성능 파악

1) 열평형식

입열(Q_1) = 유효열(Q_A) + 손실열(Q_L) = 출열(Q_o)

(1) 입열(Q_1)
① 연료의 저위발열량(연료의 연소열)
② 연료의 현열
③ 공기의 현열
④ 노내분입증기입열
⑤ 피열물의 보유열

(2) 유효열(Q_A)
온수 또는 증기발생 이용열

(3) 출열(Q_L)

① 미연소분에 의한 손실(Q_{L1})
② 불완전연소에 의한 손실(Q_{L2})
③ 노벽 방사 전도 손실(Q_{L3})
④ 배기가스 손실(Q_{L4})
⑤ 발생증기열

2) 습포화증기엔탈피(h_2)계산식(kJ/kg)

$$h_2 = h' + x(h'' - h') = h' + x(r)$$

여기서, h' : 포화수 엔탈피[kJ/kg$_f$]
h'' : 포화증기 엔탈피[kJ/kg$_f$]
x : 건조도, r : 증잘잠열[kJ/kg$_f$]

3) 상당증발량(kg/h)

(1) 상당증발량(G_e)

1atm 포화수(100℃) 1kg$_f$을 한 시간 동안 포화증기(100℃)로 만드는 능력

$$G_e = \frac{G(h_2 - h_1)}{2,256} \text{(kg/h)}$$

여기서, G : 증기발생량[kJ/h]
h_2 : 증기엔탈피[kJ/kg$_f$]
h_1 : 급수엔탈피[kJ/kg$_f$]
r : 물의 증발열(2,256kJ/kg)

4) 보일러마력

(1) 보일러 1마력의 정의

1atm 포화수 15.65kg$_f$을 1시간 동안 포화증기로 만드는 능력(약 8,435kcal/마력)

(2) 보일러 마력(BHP)

$$BHP = \frac{G}{15.65} = \frac{G(h_2 - h_1)}{539 \times 15.65}$$

5) 보일러 효율

(1) 보일러 효율(η) 계산식

$$\eta = \frac{G(h_2 - h_1)}{Hl \times G_f} \times 100(\%)$$

$$= \frac{539 \times G_e}{Hl \times G_f} \times 100(\%)$$

$$= 연소효율(\eta_C) \times 전열효율(\eta_r)$$

※ 시간당 연료소비량 G_f[kgf/h] = 체적유량[l/h] × 비중량[kgf/l]
$$= 연소율[kg_f/m^3h] \times 전열면적[m^2]$$

(2) 온수보일러 효율

$$\frac{GC(t_2 - t_1)}{Hl \times G_f} \times 100(\%)$$

여기서, G : 시간당 온수발생량[kg/h]
C : 온수의 비열[kcal/m℃]
t_2 : 출탕온도[℃]
t_1 : 급수온도[℃]
Hl : 연료의 저위발열량[kcal/kg]
G_f : 연료소비량[kg/h]

6) 연소효율과 전열면효율

(1) 연소효율(η_C) = $\dfrac{실제연소열량}{연료의\ 발열량} \times 100(\%)$

(2) 전열효율(η_r) = $\dfrac{유효열량(Q_A)}{실제연소열량} \times 100(\%)$

(3) 열효율(η) = $\dfrac{유효열량}{공급열} \times 100(\%)$

7) 증발계수

$$증발계수 = \frac{(h_2 - h_1)}{2,256} (단위없음)$$

8) 증발배수

(1) 실제 증발배수 = $\dfrac{\text{실제증기발생량}(G)}{\text{연료소비량}(G_f)}$ (kgf/kg)

(2) 환산(상당) 증발배수 = $\dfrac{\text{상당증발량}(G_e)}{\text{연료소비량}(G_f)}$ (kgf/kg)

9) 전열면 증발률

전열면 증발률 = $\dfrac{\text{시간당 증기발생량}(G)}{\text{전열면적}(A)}$ [kgf/m²h]

10) 보일러부하율

보일러부하율 = $\dfrac{\text{시간당 증기발생량}(G)}{\text{시간당최대증발량}(G_e)} \times 100$ (%)

CHAPTER 005 출제예상문제

01 석탄의 열전도율은 극히 작아서 내화벽돌의 그것과 같은 정도가 아니면 절반 정도이다. 석탄의 열전도율은 대략 얼마 정도인가?

① 0.012~0.029kcal/m·h·℃
② 0.12~0.15kcal/m·h·℃
③ 0.30~0.45kcal/m·h·℃
④ 0.030~0.045kcal/m·h·℃

풀이 석탄의 열전도율 = 0.12~0.15kcal/m·h·℃

02 기체연료의 관리에 대한 문제점을 열거한 내용 중 잘못 설명된 것은?

① 저장이나 수송에 어려움이 있다.
② 누설 시 화재, 폭발의 위험이 크다.
③ 연소 효율이 낮고 연소 제어가 어렵다.
④ 시설비가 많이 들고 설비공사에 기술을 요한다.

풀이 기체연료는 연소 효율이 높고 연소 제어가 용이하다.

03 다음 중 연료비가 가장 큰 연료는?

① 토탄   ② 갈탄
③ 역청탄   ④ 무연탄

풀이 연료비(고정탄소/휘발분)
무연탄 > 반무연탄 > 역청탄 > 갈탄 > 토탄

04 다음 중 공기과잉계수가 가장 적은 연료는?

① 무연탄   ② 갈탄
③ 가스류   ④ 유류

풀이 공기과잉계수(공기비)가 가장 적은 연료순서
가스류 > 유류 > 갈탄 > 무연탄

05 액체 연료의 저장방법으로 적절치 못한 것은?

① 통기관을 설치하여야 한다.
② 탱크의 강판두께는 3.2mm 이상이어야 한다.
③ 증발 소모가 적어야 한다.
④ 사각기둥형의 탱크를 사용하여야 한다.

풀이 액체연료는 원통형 탱크를 사용한다.

06 다음 중 부피기준의 발열량(고위발열량, kcal/m³)이 가장 많은 연료는?

① 휘발유   ② 등유
③ 경유   ④ 중유

풀이
- 휘발유(8,300kcal/L)
- 등유(8,700kcal/L)
- 경유(9,200kcal/L)
- 중유(9,900kcal/L)

07 석탄에 함유되어 있는 수분이 연소에 미치는 나쁜 영향을 설명한 것으로 틀린 것은?

① 착화가 늦어진다.
② 연소가 완전히 이루어지지 않는다.
③ 화격자 밑으로 떨어지는 재(ash) 중 미연분을 없앤다.
④ 연소장치에 의해서는 석탄을 보내는 것이 불량으로 되어 화층에 지장을 준다.

풀이 석탄의 수분함유 시 장해
- 착화가 늦어진다.
- 완전연소가 불가능하다.
- 석탄이동이 불가능하여 화층에 지장을 준다.

정답 01 ② 02 ③ 03 ④ 04 ③ 05 ④ 06 ④ 07 ③

08 다음 중 액체 연료의 연소방식이 아닌 것은?
① 심지식 ② 포트식
③ 회전컵식 ④ 유동층식

풀이 유동층식 연소방식은 석탄 등 고체연료의 연소방식이다.

09 액체연료는 고체연료 등에 비하여 연료로는 우수하지만 다음과 같은 결점도 있다. 결점 내용이 틀린 것은?
① 연소온도가 낮기 때문에 국부과열을 일으키기 쉽다.
② 화재, 역화 등의 위험이 크다.
③ 사용 버너의 종류에 따라 연소할 때 소음이 난다.
④ 국내 자원이 없고, 모두 수입에 의존한다.

풀이 액체연료는 연소온도가 높아서 국부과열을 일으키기 용이하다.

10 중유의 수송 및 저장 시 관리비용에 가장 큰 영향을 미치는 석유제품의 성질은?
① 황함유량 ② 착화온도
③ 점도 ④ 비중

풀이 중유의 수송이나 저장 시 점도는 큰 영향을 미친다.

11 다음 중 연료의 발열량을 측정하는 방법으로서 가장 부적당한 것은?
① 연소가스에 의한 방법
② 열량계에 의한 방법
③ 원소분석치에 의한 방법
④ 공업분석치에 의한 방법

풀이 발열량 측정법
• 열량계에 의한 방법
• 원소분석치에 의한 방법
• 공업분석치에 의한 방법

12 다음 중 열관리의 기대효과가 될 수 없는 것은?
① 매연 방지
② 에너지 소비절약
③ 연료 및 열의 미이용 자원의 이용수단
④ 환경 개선으로 인한 제품 생산 감소

풀이 열관리의 기대효과는 ①, ②, ③ 항의 내용이다.

13 일반적인 중유의 인화점은?
① 60~150℃ ② 300~350℃
③ 520~580℃ ④ 730~780℃

풀이 일반적인 중유의 인화점 : 60~150℃

14 연료의 연소에 대한 3대 반응에 속하지 않는 것은?
① 산화반응 ② 환원반응
③ 이온화반응 ④ 열분해반응

풀이 연료의 3대 반응
• 산화 반응 • 환원 반응 • 열분해 반응

15 다음 중 액체 연료의 점도와 가장 관련이 없는 것은?
① 캐논-펜스케 ② 몰리에(Mollier)
③ 스토크스(Stokes) ④ 푸아스(Poise)

풀이 몰리에 차트는 냉동기 냉매의 "압력-엔탈피" 선도이다.

정답 08 ④ 09 ① 10 ③ 11 ① 12 ④ 13 ① 14 ③ 15 ②

16 중유를 A, B, C 중유로 나눌 때 이것을 분류하는 기준은 다음 중 어느 것인가?

① 점도에 따라 분류
② 비중에 따라 분류
③ 발열량에 따라 분류
④ 황의 함유율에 따라 분류

풀이 중유 A, B, C 급의 분류는 점도에 따라서 구분된다.

17 석탄의 공업분석 시 필수적으로 측정하는 항이 아닌 것은?

① 수분   ② 황분
③ 휘발분   ④ 회분

풀이 공업분석치 : 수분, 휘발분, 회분, 고정탄소

18 석탄의 원소분석 방법과 관련이 없는 것은?

① 리비히법   ② 세필드법
③ 에쉬카법   ④ 라이드법

풀이 고체연료의 원소 분석
- 리비히법
- 세필드법
- 에쉬카법

19 중유의 분무 연소에 있어서 가장 적당한 기름방울의 평균 입경은?

① 1,000~2,000 μm
② 500~1,000 μm
③ 50~100 μm
④ 10~50 μm

풀이 중유의 분무 연소 시 기름방울의 적당한 무화입경은 50~100 μm 정도이다.

20 중유에서 탄소와 수소의 비가 증가함에 따른 현상으로 옳지 않은 것은?

① 비중이 커진다.
② 발열량이 감소한다.
③ 비열이 증가한다.
④ 그을음(Soot)이 발생하기 쉽다.

풀이 탄화수소비 $\left(\dfrac{C}{H}\right)$가 증가하면 ①, ②, ④ 현상발생

21 석탄의 성분 중에서 휘발분이 연소에 미치는 영향을 서술한 것이다. 틀린 것은?

① 착화가 용이하다.
② 연소속도가 빠르다.
③ 불꽃이 짧게 된다.
④ 검은 연기를 내기 쉽다.

풀이 휘발분의 성분
- 착화가 용이하다.
- 불꽃이 길게 된다.
- 연소 속도가 빨라진다.
- 검은 연기를 내기 쉽다.

22 중유가 석탄보다 발열량이 큰 근본적인 이유는?

① 회분이 적다.   ② 수분이 적다.
③ 연소속도가 크다.   ④ 수소분이 많다.

풀이 중류는 석탄에 비해 수소성분이 많아서 발열량이 크다.

23 일반적으로 고체연료는 액체연료에 비하여 어떠한가?

① H_2의 함량이 크고, O_2의 함량이 적다.
② N_2의 함량이 크고, O_2의 함량이 적다.
③ O_2의 함량이 크고, N_2의 함량이 적다.
④ O_2의 함량이 크고, H_2의 함량이 적다.

정답 16 ① 17 ② 18 ④ 19 ③ 20 ③ 21 ③ 22 ④ 23 ④

[풀이] 고체연료는 액체연료에 비해 산소의 함량이 크고 H_2의 함량이 적다.

24 벙커 C유를 버너로 연소시켜 1,800℃의 고온을 얻고자 할 때 가장 적절한 방법은?

① 공기비를 크게 하여 산소가 충분히 공급되도록 한다.
② 공기 대신 일부는 산소를 불어 준다.
③ 공기비를 가급적 적게 한다.
④ 폐열을 회수하여 공기를 예열한다.

[풀이] 벙커 C유를 버너로 연소시켜 1,800℃의 고온을 얻고자 할 때는 공기대신 일부는 산소를 불어준다.

25 다음 중 석탄의 풍화작용에 의한 효과로 맞지 않는 것은?

① 휘발분이 감소한다.
② 발열량이 감소한다.
③ 탄 표면이 변색된다.
④ 분탄으로 되기 어렵다.

[풀이] 석탄이 풍화작용을 받으면 분탄이 되기 쉽다.

26 연료를 상태에 따라 분류한 것으로 옳은 것은?

① 무연탄, 중유, 경유 및 휘발유
② 도시가스, 석유 및 석탄
③ 고체연료, 액체연료 및 기체연료
④ 천연가스, 석유, 무연탄 및 유연탄

[풀이] 연료의 상태별 분류
- 고체연료
- 액체연료
- 기체연료

27 다음 설명 중에서 틀린 것은?

① 탄화도가 적을수록 고정탄소량이 증가하고 연소 속도가 빨라진다.
② 탄화도가 클수록 연료비가 증가하고 발열량이 크다.
③ 탄화도가 작을수록 연소 속도가 늦어진다.
④ 탄화도가 클수록 휘발분이 감소하고 착화 온도가 높아진다.

[풀이] 탄화도가 클수록 고정 탄소량이 증가하고 연소속도가 완만하여진다.

28 물질을 연소시켜 생긴 화합물에 대한 설명으로 옳은 것은?

① 수소가 연소했을 때는 물로 된다.
② 황이 연소했을 때는 황화수소로 된다.
③ 탄소가 불완전연소할 때는 탄산가스로 된다.
④ 탄소를 완전연소시켰을 때는 일산화탄소가 된다.

[풀이]
① 수소 : $H_2 + \frac{1}{2}O_2 \rightarrow H_2O(물)$
② 황 : $S + O_2 \rightarrow SO_2$
③ 탄소 : $C + \frac{1}{2}O_2 \rightarrow CO$
④ 탄소 : $C + O_2 \rightarrow CO_2$

29 고온건류에서 얻어지는 코크스로 건류온도는?

① 1,000~1,200℃
② 1,500~1,700℃
③ 2,000~2,200℃
④ 2,500~2,700℃

[풀이] 고온건류의 코크스로 온도 : 1,000~1,200℃

정답 24 ② 25 ④ 26 ③ 27 ① 28 ① 29 ①

30 석탄을 공기를 차단하여 가열하면 수분 및 보유 Gas가 나온다. 몇 도 이상이면 열분해가 시작되는가?

① 600℃ ② 500℃
③ 400℃ ④ 300℃

풀이 공기가 차단된 곳에서 석탄은 300℃ 이상이면 열분해가 시작된다.

31 다음 중 탄화도의 크기 순서에 따른 석탄의 분류로서 옳은 것은?

① 무연탄 > 역청탄 > 갈탄 > 토탄
② 역청탄 > 갈탄 > 무연탄 > 토탄
③ 역청탄 > 무연탄 > 갈탄 > 토탄
④ 갈탄 > 역청탄 > 무연탄 > 토탄

풀이 석탄 중 탄화도의 크기
무연탄 > 역청탄(유연탄) > 갈탄 > 토탄

32 중유가 석탄보다 발열량이 큰 근본 이유는?

① 수소분이 많다. ② 연소속도가 적다.
③ 수분이 많다. ④ 회분이 적다.

풀이 중유는 석탄보다 수소(H)의 성분이 많아서 발열량이 크다.
$C + O_2 \rightarrow CO_2 + 8,100 \text{kcal/kg}$
$H + \frac{1}{2}O_2 \rightarrow H_2O + 34,000 \text{kcal/kg}$

33 연료를 상태에 따라 분류한 것으로 옳은 것은?

① 무연탄, 중유, 경유 및 휘발유
② 도시가스, 석유 및 석탄
③ 고체연료, 액체연료, 및 기체연료
④ 천연가스, 석유, 무연탄 및 유연탄

풀이 연료의 상태별 분류
- 고체연료
- 액체연료
- 기체연료

34 연료의 성상(性狀)을 표시하는 것이 아닌 것은?

① 착화온도 ② 인화점
③ 발열량 ④ 포화온도

풀이 연료의 성상 표시사항 분류
- 착화온도
- 인화점
- 발열량

35 다음 중 석탄의 풍화작용에 의한 현상으로 틀린 것은?

① 휘발분이 감소한다.
② 발열량이 감소한다.
③ 탄 표면이 변색된다.
④ 분탄으로 되기 어렵다.

풀이 석탄이 풍화작용을 받으면 분탄이 되기 쉽고 석탄 고유의 광택을 잃어버린다.

36 중유를 A, B, C 중유로 나눌 때 이것을 분류하는 기준은 다음 중 어느 것인가?

① 점도에 따른 분류
② 비중에 따른 분류
③ 발열량에 따른 분류
④ 황의 함유율에 따른 분류

풀이 중유는 점도에 따라 A, B, C급으로 분류한다.

정답 30 ④ 31 ① 32 ① 33 ③ 34 ④ 35 ④ 36 ①

37 중유의 수송 및 저장 시 관리비용에 가장 큰 영향을 미치는 석유제품의 성질은?

① 황 함유량 ② 착화온도
③ 점도 ④ 비중

> 풀이 중류의 점도가 크면 수송이나 저장 시 관리비용에 가장 영향력을 미친다.

38 중유를 사용하여 연소를 시킬 경우, 고온부식의 원인이 되는 성분은?

① 질소 ② 바나듐
③ 산화규소 ④ 황

> 풀이
> - 고온부식인자 : 바나듐, 나트륨
> - 저온부식인자 : 황

39 다음 중 석탄의 연료비의 정의는?

① $\dfrac{고정탄소}{고정탄소 + 휘발분}$
② $\dfrac{고정탄소}{휘발분}$
③ $\dfrac{고정탄소}{공기량}$
④ $\dfrac{(고정탄소 + 휘발분)}{공기량}$

> 풀이 석탄의 연료비 = $\dfrac{고정탄소}{휘발분}$ (연료비가 크면 발열량이 높다.)

40 다음 중 가연원소(可燃元素)가 아닌 것은?

① 탄소 ② 수소
③ 산소 ④ 황

> 풀이 산소는 조연성 가스이다.

41 공업분석법에 따라 성분을 정량할 때의 순서로 옳은 것은?

① 수분 → 휘발분 → 회분 → 고정탄소
② 수분 → 회분 → 휘발분 → 고정탄소
③ 휘발분 → 수분 → 고정탄소 → 회분
④ 수분 → 휘발분 → 고정탄소 → 회분

> 풀이 고체연료의 공업분석 순서
> 수분 → 회분 → 휘발분 → 고정탄소

42 오르사트(Orsat) 분석기 사용 시 흡수 순서로 옳은 것은?

① $CO_2 \to O_2 \to CO$ ② $CO_2 \to CO \to O_2$
③ $O_2 \to CO \to CO_2$ ④ $CO \to CO_2 \to O_2$

> 풀이 오르사트 가스분석기 흡수 순서
> $CO_2 \to O_2 \to CO$
> ※ 질소측정(N_2) = $100 - (CO_2 + O_2 + CO)$

43 석탄의 공업분석에 포함되지 않는 성분은?

① 고정탄소 ② 회분
③ 수분 ④ 황분

> 풀이
> - 공업분석 : 고정탄소, 수분, 휘발분, 회분
> - 황분은 석탄의 원소분석

44 연료 중의 어떤 성분이 주로 저온부식을 일으키는가?

① 탄소 ② 바나듐
③ 황 ④ 회분

> 풀이 황(S) + $O_2 \to SO_2$(아황산)
> $SO_2 + H_2O \to H_2O_3$(무수황산)
> $H_2O_3 + 1/2\ O_2 \to H_2SO_4$(진한 황산 : 저온부식)

정답 37 ③ 38 ② 39 ② 40 ③ 41 ② 42 ① 43 ④ 44 ③

45 다음 중 발열량(MJ/kg)이 가장 큰 연료는?

① 휘발유　　② 등유
③ 경유　　　④ 중유

풀이
- 휘발유 : 11,000~11,300kcal/kg(47MJ)
- 등유 : 10,800~11,200kcal/kg(46.88MJ)
- 경유 : 10,500~11,000kcal/kg(46MJ)
- 중유 : 10,000~10,800kcal/kg(45.21MJ)
- 원유 : 11,000~11,500kcal/kg(48.14MJ)

46 석탄, 목재, 종이와 같은 연료가 연소 초기에 화염을 내면서 연소하는 형태는?

① 표면연소　　② 증발연소
③ 분해연소　　④ 자기연소

풀이 분해연소 : 석탄, 목재, 종이 등이 연소초기에 화염을 내면서 연소한다.

47 인화점 시험법이 아닌 것은?

① 펜스키-마텐스식(Pensky Marten Type)
② 태그식(Tag Type)
③ 클리블랜드식(Cleveland Type)
④ 헴펠식(Hempel Type)

풀이 헴펠식 가스분석계 분석순서
　CO_2 → 중탄화수소 → O_2 → CO

48 주요 연료와 그 연료의 주 가연성분을 연결지은 것으로 틀린 것은?

① 가솔린 - 옥탄
② 고로가스 - 일산화탄소
③ LP가스 - 펜탄
④ 천연가스 - 메탄

풀이 LP가스·프로판가스, 부탄가스, 프로필렌가스, 부틸렌가스

49 액체연료를 옥외저장탱크에 저장할 때에 대한 설명으로 틀린 것은?

① 주위에 공지를 마련해야 한다.
② 탱크판 두께는 3.2mm 이상이어야 한다.
③ 상용압력의 1.5배 압력에 견디어야 한다.
④ 내부의 증발가스가 밖으로 나오는 것을 막아야 한다.

풀이 옥외저장탱크 내부의 액체연료가 증발하는 가스는 증기방출 벤더관으로 방출시킨다.

50 중유에는 A, B, C 중유가 있다. 이 분류의 기준은?

① 발열량　　② 인화점
③ 점도　　　④ 수분

풀이 중유는 점도에 따라 A, B, C가 있다.

51 기체연료의 고위발열량(kcal/Nm³)이 높은 것에서 낮은 순서로 옳게 나열된 것은?

① 오일가스 > 수성가스 > 고로가스 > 발생로가스 > LNG
② LNG > 오일가스 > 수성가스 > 발생로가스 > 고로가스
③ LNG > 발생로가스 > 고로가스 > 수성가스 > 오일가스
④ LNG > 오일가스 > 발생로가스 > 수성가스 > 고로가스

풀이 LNG > 오일가스 > 수성가스 > 발생로가스 > 고로가스
　$kcal/m^3$ = 10,500 > 3,000~10,000 > 2,800 > 1,100 > 900

정답　45 ①　46 ③　47 ④　48 ③　49 ④　50 ③　51 ②

52 중유의 총 발열량(kcal/kg)에 가장 가까운 값은?

① 5,000
② 8,000
③ 10,000
④ 20,000

풀이 중유의 총 발열량
10,700~10,250kcal/kg(44.80~42.91MJ/kg)

53 고체연료의 연소에 대한 설명 중 옳은 것은?

① 착화온도는 탄화도가 클수록 낮아진다.
② 열전도율은 탄화도가 클수록 증가한다.
③ 연료비란 고정탄소(%)와 휘발분(%)의 차이를 말한다.
④ 고정탄소와 휘발분은 대체적으로 비례관계이다.

풀이 고체연료는 탄화도가 크면 열전도율이 증가한다.

54 석탄을 분류하는 방법이 아닌 것은?

① 형상
② 점결성
③ 발열량
④ 입도

풀이 석탄분류방법
- 점결성
- 발열량
- 입도
- 고정탄소비

55 고체연료인 석탄, 장작 등이 불꽃을 내면서 타는 형태의 연소로서 가장 옳은 것은?

① 확산연소
② 증발연소
③ 분해연소
④ 표면연소

풀이 분해연소 : 불꽃을 내면서 타는 형태

56 다음 중 연소온도에 미치는 인자로서 가장 거리가 먼 것은?

① 연료의 비중
② 발열량
③ 공기연료비
④ 산소농도

풀이 연소온도에 미치는 인자
- 발열량
- 산소농도
- 공기연료비

57 다음 중 액체연료 인화점 측정기와 관계없는 것은?

① 펜스키-마텐
② 타그
③ 클리브랜드
④ 헴펠

풀이 헴펠식 가스 분석계기는 화학적인 가스분석계이다.
측정순서(CO_2 → 중탄화 수소 → 산소 → 일산화탄소)

58 다음 중 석탄의 공업분석 항목이 아닌 것은?

① 고정탄소
② 휘발분
③ 질소분
④ 수분

풀이 공업분석 : 고정탄소, 휘발분, 수분, 회분(질소 : 원소분석 값)

59 연소실 내 가스를 완전 연소시키기 위한 조건으로 잘못된 것은?

① 연소실 온도를 착화온도 이상으로 충분히 높게 한다.
② 연소실의 크기를 연소에 필요한 크기 이상으로 한다.
③ 연소실은 기밀을 유지하는 구조로 한다.
④ 이론공기량을 공급한다.

정답 52 ③ 53 ② 54 ① 55 ③ 56 ① 57 ④ 58 ③ 59 ④

[풀이] 완전연소용 공기는 이론공기량이 아닌 실제공기량으로 공급하여야 한다.

60 다음 연료 중에서 연소 중에 매연이 가장 잘 생기는 것은?

① 석유
② 프로판
③ 중유
④ 타르

[풀이] 콜타르(석탄의 건류 중 생기는 중질유)나 중유는 매연이 심하다.

61 다음 중 석탄을 분류하는 방법으로 틀린 것은?

① 용적
② 점결성
③ 발열량
④ 입도

[풀이] 석탄을 분류하는 데는 점결성, 발열량, 입도, 비중 등을 들 수 있다.

62 다음 중 발열량(kcal/kg)이 가장 큰 연료는?

① 휘발유
② 등유
③ 경유
④ 중유

[풀이] 고위발열량
- 휘발유 : 11,000~11,300kcal/kg
- 등유 : 10,800~11,200kcal/kg
- 경유 : 10,500~11,000kcal/kg
- 중유 : 10,800~11,000kcal/kg

63 다음 연료 중 연료비가 가장 큰 것은?

① 토탄
② 갈탄
③ 역청탄(유연탄)
④ 무연탄

[풀이] 연료비가 크면 탄화도가 높다.
무연탄은 연료비가 12 이상이다.
무연탄 > 역청탄 > 갈탄 > 토탄
$$연료비 = \frac{고정탄소}{휘발분}$$

64 공업분석법에 따라 성분을 정량할 때 순서로 옳은 것은?

① 질소 → 휘발분 → 회분 → 고정탄소
② 수분 → 회분 → 휘발분 → 고정탄소
③ 휘발분 → 수분 → 고정탄소 → 회분
④ 수분 → 휘발분 → 고정탄소 → 수소

[풀이] 고체연료의 공업분석 순서
수분 → 회분 → 휘발분 → 고정탄소

65 연소 생성물 CO_2, N_2, H_2O 등의 농도가 높아지면 연소 속도는 어떻게 되는가?

① 연소 속도에는 관계없다.
② 연소 속도가 저하된다.
③ 연소 속도가 빨라진다.
④ 초기에는 저하되나 나중에는 빨라진다.

[풀이] 연소생성물의 농도가 높아지면 산소가 부족하여 연소속도가 저하된다.

66 다음 중 석탄의 공업분석 방법에서 간접적으로 결정하는 성분은?

① 수분
② 고정탄소
③ 휘발분
④ 회분

[풀이] 고정탄소 = 100 − (수분 + 휘발분 + 회분)

정답 60 ④ 61 ① 62 ① 63 ④ 64 ② 65 ② 66 ②

67 다음 중 저온 부식과 관계있는 것은?

① 황산화물 ② 바나듐
③ 나트륨   ④ 염소

풀이 $S + O_2 \rightarrow SO_2$(아황산)
$SO_2 + H_2O \rightarrow H_2SO_3$(무수황산)
$H_2SO_3 + \frac{1}{2}O_2 \rightarrow H_2SO_4$(황산)
황산에 의해 저온부식 발생

68 배기가스 성분 측정용 오르사트(Orsat) 분석기 사용 시 흡수순서로 옳은 것은?

① $CO_2 \rightarrow O_2 \rightarrow CO$
② $CO_2 \rightarrow CO \rightarrow O_2$
③ $O_2 \rightarrow CO \rightarrow CO_2$
④ $CO \rightarrow CO_2 \rightarrow O_2$

풀이 오르사트 화학적 가스분석기 흡수순서
$CO_2 \rightarrow O_2 \rightarrow CO$
$(N_2) = 100 - (CO_2 + O_2 + CO)$

69 탄화도를 기준으로 석탄을 분류할 때 탄화도 증가에 따라 석탄의 성질은 일반적으로 어떻게 변화하는가?

① 휘발성이 증가한다.
② 고정탄소량이 감소한다.
③ 발열량이 증가한다.
④ 착화 온도가 낮아진다.

풀이 탄화도가 증가하면
- 휘발성의 감소
- 고정탄소량 증가
- 발열량 증가
- 착화온도 상승

70 액화석유가스(LPG)가 증발할 때에 흡수한 열은?

① 현열   ② 잠열
③ 융해열   ④ 화학반응열

풀이 액화석유가스(프로판＋부탄가스)는 LPG로서 용기 내에서 증발할 때 증발기화잠열(92～102kcal/kg)이 필요하다.

71 다음 연료 중 고위발열량(kcal/kg)이 가장 큰 것은?

① 중유   ② 프로판
③ 석탄   ④ 코크스

풀이 발열량
- 중유 : 10,000～10,800kcal/kg
- 프로판 : 12,000kcal/kg
- 석탄 : 4,500～6,600kcal/kg
- 코크스 : 6,500kcal/kg

72 액체 연료를 옥외탱크에 저장하는 데 대한 설명으로 틀린 것은?

① 주위에 공지를 마련해야 한다.
② 탱크판 두께는 3.2mm 이상이어야 한다.
③ 사용압력의 1.5배 압력에서 10분 이상 견디어야 한다.
④ 내부의 증발가스가 밖으로 나오게 하여 플레어 스택으로 연소시킨다.

풀이 액체 연료의 옥외탱크 저장 시 주의사항
- 주위에 공지를 마련한다.
- 탱크판 두께는 3.2mm 이상으로 한다.
- 사용압력의 1.5배 압력에서 10분 이상 내압시험에 합격하여야 한다.
- 내부 증발가스는 방출관인 벤더관으로 하여금 외부로 방출시킨다.

정답 67 ① 68 ① 69 ③ 70 ② 71 ② 72 ④

73 다음 연료 중 연료비가 $\left(\dfrac{\text{고정탄소}}{\text{휘발분}}\right)$ 가장 큰 것은?

① 토탄
② 갈탄
③ 역청탄(유연탄)
④ 무연탄

풀이 연료비 = $\dfrac{\text{고정탄소}}{\text{휘발분}}$

고정탄소가 가장 많은 무연탄(연료비 12 이상)이 연료비가 가장 크다.(토탄, 갈탄은 매우적다)

74 석유제품의 황분을 정량하는 시험 방법을 KS 규격에서 분류하고 있다. 다음 중 분류 방법에 포함되지 않는 것은?

① 램프식 부피법
② 봄베식 중량
③ 연소관식 공기법
④ 타그식 투과법

풀이 인화점 시험에서 타그법은 밀폐식으로서 석유제품의 50℃ 이하 인화점을 시험한다.

75 다음 점화원에 대한 설명에서 옳은 것은?

① 전기기기의 불꽃은 점화원이 될 수 없다.
② 수증기는 점화원이 될 수 없다.
③ 금속의 충격에 의한 불꽃은 점화원이 될 수 없다.
④ 정전기에 의한 불꽃은 점화원이 될 수 없다.

풀이
• 수증기(H_2O)는 점화원이 될 수 없다
• ①, ③, ④항은 점화원 역할

76 액체연료의 선택조건이 아닌 것은?

① 잔류탄소분
② 인화점
③ 점결도
④ 황분

풀이
• 액체연료는 잔류탄소분, 인화점, 착화점, 황분, 점성 등이 중요한 인자이다.
• 유연탄(역청탄)의 석탄은 점결성이 양호하다.
• 액체연료는 점성이 적을수록 연소상태가 양호하고 무화가 용이하다.

77 다음 기체연료 중에서 비중이 가장 큰 것은?

① 메탄
② 에탄
③ 에틸렌
④ 프로판

풀이 비중이 큰 가스는 분자량이 큰 가스이다.
• 기체연료 비중계산 : $\dfrac{\text{기체분자량}}{29}$
• 가스분자량 : 메탄(16), 에탄(30), 에틸렌(28), 프로판(44)

78 액체연료를 분석한 결과 그 성분이 다음과 같았다. 이 연료의 연소에 필요한 이론공기량은? (단, 탄소 : 80%, 수소 : 15%, 산소 : 5%)

① 10.95Nm³/kg
② 12.33Nm³/kg
③ 13.56Nm³/kg
④ 15.64Nm³/kg

풀이 이론공기량(A_o)

$A_o = 8.89C + 26.67\left(H - \dfrac{O}{8}\right) + 3.33S$

(C : 탄소, H : 수소, O : 산소, S : 황)

$= 8.89 \times 0.8 + 26.67\left(0.15 - \dfrac{0.05}{8}\right)$

$= 7.112 + 26.67(0.15 - 0.00625)$

$= 10.95 \text{Nm}^3/\text{kg}$

79 탄소 72.0%, 수소 5.3%, 황 0.4%, 산소 8.9%, 질소 1.5%, 수분 0.9%의 조성을 갖는 석탄의 저위발열량(kcal/kg)은?

① 약 5,000
② 약 6,000
③ 약 6,980
④ 약 8,000

정답 73 ④ 74 ④ 75 ② 76 ③ 77 ④ 78 ① 79 ③

풀이 저위발열량

$$= 8{,}100\text{C} + 28{,}600\left(\text{H} - \frac{\text{O}}{8}\right) + 2{,}500\text{S}$$
$$\quad - 600\left(\frac{9}{8}\text{O} + \text{W}\right)$$
$$= 8{,}100 \times 0.72 + 28{,}600 \times \left(0.053 - \frac{0.089}{8}\right)$$
$$\quad + 2{,}500 \times 0.004 - 600 \times \left(\frac{9}{8} \times 0.089 + 0.009\right)$$
$$= (5{,}832 + 1{,}197.625 + 10) - 65.475$$
$$= 6{,}974.15 \text{kcal/kg}$$

※ C : 탄소, H : 수소, O : 산소, S : 황, W : 수분

80 기준 증발량 5,000kg/h의 보일러가 있다. 보일러효율 88%일 때에 벙커C유의 공급량은 약 얼마인가?(단, 벙커C유의 저발열량은 9,700kcal/kg, 비중은 0.96으로 한다.)

① 450L/h ② 400L/h
③ 380L/h ④ 330L/h

풀이 정격출력 = 5,000kg/h × 539kcal/kg
       = 2,695,000kcal/h,
539 : 100℃ 물의 증발잠열

$$\therefore \text{연료공급량} = \frac{2{,}695{,}000}{9{,}700 \times 0.88} \times \frac{1}{0.96}$$
$$= 328.8767 \text{L/h}$$

81 고위발열량과 저위발열량의 차이는?

① 수분의 증발잠열 ② 연료의 증발잠열
③ 수분의 비열   ④ 연료의 비열

풀이
- 고위발열량(H_h) = 저위발열량 + 600(9H+W), H_2O 증발열(600kcal/kg)
- 저위발열량(H_l) = 고위발열량 − 600(9H+W), H_2O 증발열(480kcal/m³)
※ H_2O(수분)의 증발열(H_g) = 600×(9×수소+수분)

82 다음 중 고위발열량(H_h)를 바르게 나타낸 식은?

① $H_h = H_l + 600 - (9H + W)$
② $H_h = H_l + 600 - (6H - W)$
③ $H_h = H_l - 600 + (9H + W)$
④ $H_h = H_l + 600 \times (9H + W)$

풀이 고위발열량(H_h)
H_h = 저위발열량 + 600×(9×수소+수분)

83 연도가스를 분석하였더니 CO_2는 12.0%, O_2는 6.0%였다. CO_{2max}는 몇 %인가?

① 16.8 ② 18.8
③ 20.8 ④ 22.8

풀이 탄산가스 최대양 = $CO_{2max} = \dfrac{21 \times (CO_2)}{21 - (O_2)}$ (%)

$\dfrac{21 \times 12.0}{21 - 6.0} = 16.8\%$

84 프로판(C_3H_8) 11kg을 이론공기량으로 완전연소시켰을 때의 습연소 가스의 부피(Nm³)를 계산하면?(단, 탄소와 수소의 원자량을 각각 12와 1로 계산한다.)

① 115.8 ② 127.9
③ 133.2 ④ 144.5

풀이 $C_3H_8 + 5O_2 \rightarrow 3CO_2 + 4H_2O$
(프로판 1kmol = 44kg)
습연소 가스량(G_w) = $(1-0.21)A_o + CO_2 + H_2O$
A_o(이론공기량) = $\dfrac{5}{0.21} = 23.81 \text{Nm}^3/\text{Nm}^3$
$\therefore G_w = [(1-0.21) \times 23.81 + 3 + 4]$
$\quad \times \dfrac{22.4}{44} \times 11$
$= 144.5 \text{Nm}^3$

정답 80 ④ 81 ① 82 ④ 83 ① 84 ④

85 프로판(C_3H_8) 44kg을 이론공기량으로 완전연소시켰을 때의 습연소 가스의 부피(Nm^3)를 계산하면?(단, 탄소와 수소의 원자량을 각각 12와 1로 계산한다.)

① 115.8 ② 479
③ 500   ④ 578

풀이
$C_3H_8 + 5O_2 \rightarrow 3CO_2 + 4H_2O$

습연소 가스량(G_w) = $(1-0.21)A_o + CO_2 + H_2O$

A_o(이론공기량) = $\dfrac{5}{0.21}$ = $23.81 Nm^3$

∴ $[(1-0.21) \times 23.81 + 3 + 4] \times \dfrac{22.4}{44} \times 44$

= $578 Nm^3$

86 프로판가스 $1Nm^3$를 연소시키는 데 필요한 이론공기량은 몇 Nm^3인가?

① 21.92 ② 22.61
③ 23.81 ④ 24.62

풀이
$C_3H_8 + 5O_2 \rightarrow 3CO_2 + 4H_2O$
- 이론산소량 = $5Nm^3/Nm^3$ 연료
- 이론공기량 = $\dfrac{1 \times 5}{0.21}$ = $23.8095 Nm^3/Nm^3$ 연료

※ 공기(100%) = 산소 21%, 질소 79%

공기량 = 산소량 $\times \dfrac{1}{0.21}$ = 산소량 $\times \dfrac{100}{21}$

87 다음 기체연료 중에서 저위발열량이 가장 큰 것은?

① H_2 ② CH_4
③ C_3H_8 ④ C_4H_{10}

풀이 저위발열량
- 수소(H_2)는 저위, 고위발열량이 동일하다.
- 메탄(CH_4) : $8,556 kcal/m^3$
- 프로판(C_3H_8) : $22,180 kcal/m^3$
- 부탄(C_4H_{10}) : $28,264 kcal/m^3$

88 다음 중 이론연소온도(화염온도) $t°C$를 구하는 식은?(단, H_h : 고발열량, H_l : 저발열량, G_T : 연소가스, C_P : 비열)

① $t = \dfrac{H_l}{G_T C_p}$ ② $t = \dfrac{H_h}{G_T C_p}$

③ $t = \dfrac{G_T C_p}{H_l}$ ④ $t = \dfrac{G_T C_p}{H_h}$

풀이 이론연소온도(t)
= $\dfrac{\text{저위발열량}(H_l)}{G_T(\text{연소가스량}) \times C_P(\text{가스의 비열})}$

89 CO_2 20kg을 100℃에서 500℃까지 가열하는 데 필요한 열량은 몇 kcal인가?(단, CO_2의 평균 분자 열용량은 $7.6 \, kcal/kg-mole℃$이다.)

① 1,987 ② 2,828
③ 5,067 ④ 9,547

풀이 $Q = G \cdot C \cdot dt$
$20 \times 7.6 \times \dfrac{1}{12} \times (500 - 100) = 5,067 kcal$

90 프로판가스 $1Nm^3$를 공기비 1.1의 공기로 완전연소시키려고 한다. 소요공기량은 몇 Nm^3인가?

① 26.2 ② 29.0
③ 32.2 ④ 35.4

풀이
$C_3H_8 + 5O_2 \rightarrow 3CO_2 + 4H_2O$
실제공기량 = 이론공기량 × 공기비

실제공기량(A) = $5 \times \dfrac{1}{0.21} \times 1.1$

= $26.2 Nm^3/Nm^3$ 연료

정답 85 ④ 86 ③ 87 ④ 88 ① 89 ③ 90 ①

91 CO_{2max}는 18.8%, CO_2는 14.2%, CO는 3.0%일 때 연소가스 중의 O_2는 몇 %인가?

① 2.97
② 3.23
③ 4.33
④ 5.43

풀이 탄산가스최대양(CO_{2max})

$$CO_{2max} = \frac{21 \times (CO_2 + CO)}{21 - (O_2) + 0.395(CO)}$$

$$18.8 = \frac{21 \times (14.2 + 3.0)}{21 - (O_2) + 0.395 \times 3.0},$$

$$21 - (O_2) + 0.395 \times (CO)$$

$$= \frac{21 \times (14.2 + 3.0)}{18.8} = 19.212765$$

$$21 - (O_2) = 19.212765 - (0.395 \times 3)$$
$$= 18.03265$$

∴ 산소(O_2) = 21 - 18.03265 = 2.976%

92 황(S) 5kg을 이론공기량으로 완전연소시켰을 때 발생하는 연소가스량(Nm^3)은?

① 3.33
② 6.66
③ 11.66
④ 16.7

풀이 $S + O_2 \rightarrow SO_2$ (황의 연소반응식)

황(S)의 분자량 : 32
$32kg + 22.4Nm^3$

∴ 이론산소량 = $\frac{22.4}{32}$ = 0.7Nm^3/kg

이론공기량 = $0.7 \times \frac{21}{100}$ = 3.333Nm^3/kg

연소가스량 = $3.333 \times 5 = 16.7Nm^3$

93 탄소(C) 1kg을 완전연소시키는 데 필요한 공기량은 얼마가 되는가?

① $(1/0.21) \times 22.4C$
② $(1/0.21) \times (22.4/12)C$
③ $(1/0.21) \times (22.4/6)C$
④ $(1/0.21) \times (22.4/24)C$

풀이 $C + O_2 \rightarrow CO_2$
탄소(C) 분자량 : 12, 공기중산소량 : 21%
$12kg + 22.4Nm^3 \rightarrow 22.4Nm^3$

이론공기량 계산(A_o) = $\frac{22.4}{12} \times \frac{1}{0.21}$
$= 8.89Nm^3$/kg 연료

94 어떤 중유 연소로의 연소배기가스의 조성은 CO_2(SO_2를 포함) = 11.6%, CO = 0%, O_2 = 6.0%, N_2 = 82.4%이고, 중유의 분석결과는 탄소 84.6%, 수소 12.9%, 황 1.6%, 탄소 0.9%이며, 비중은 0.924이다. 이때 연소용 공기의 공기비(m)는?

① 1.000
② 1.377
③ 1.972
④ 2.524

풀이 공기비(m) = $\frac{N_2}{N_2 - 3.76(O_2)}$

∴ $m = \frac{82.4}{82.4 - 3.76 \times 6} = 1.377$

95 탄소 72.0%, 수소 5.3%, 황 0.4%, 산소 8.9%, 질소 1.5%, 수분 0.9%, 회분 11.0%인 석탄의 저위발열량(kcal/kg)을 구하면?

① 4,010
② 5,312
③ 6,134
④ 6,974

풀이 저위발열량(H_l)

$= 8,100C + 28,600\left(H - \frac{O}{8}\right) + 2,500S$
$\quad - 600 \times \left(\frac{9}{8}O + W\right)$

$= 8,100 \times 0.72 + 28,600\left(0.053 - \frac{0.089}{8}\right)$
$\quad + 2,500 \times 0.004 - 600 \times \left(\frac{9}{8} \times 0.089 + 0.009\right)$

$= 5,832 + 1,197.625 + 10 - 65.475$
$= 6,974$ kcal/kg

정답 91 ① 92 ④ 93 ② 94 ② 95 ④

96 1kg의 메탄을 20kg의 공기와 연소시킬 때 과잉공기율은 약 몇 %인가?

① 5% ② 14%
③ 17% ④ 21%

 $CH_4 + 2O_2 \rightarrow CO_2 + 2H_2O$

과잉공기율=(공기비−1)×100(%)

$16kg + 2\times32kg \rightarrow 44kg + 2\times18kg$

이론공기량$(A_o) = (2\times32) \times \dfrac{1}{0.232}$

$\qquad\qquad\qquad = 275.862kg$

$275.862 \div 16 = 17.24kg$

$\therefore$ 공기비$(m) = \dfrac{20}{17.24} = 1.16009$

과잉공기율$= (1.16009 - 1) \times 100 = 17\%$

※ 메탄(CH_4)의 분자량은 16, 공기 중 산소중량은 23.2%

97 황의 연소반응식이 "$S + O_2 = SO_2$"일 때, 이론연소 가스량(Nm^3/kg)은?

① 2.38 ② 3.33
③ 5.35 ④ 8.37

풀이 $S + O_2 \rightarrow SO_2$

이론연소가스량$(G_o) = (1-0.21) \times$이론공기량
$\qquad\qquad\qquad\qquad +$ 아황산가스(SO_2)

$SO_2 = \dfrac{22.4}{32} = 0.7 Nm^3/kg$

$32kg : 32kg \rightarrow 64kg$

$32kg : 22.4Nm^3 : 22.4Nm^3$

$G_o = (1-0.21) \times \dfrac{22.4}{32 \times 0.21} + 0.7$

$\quad = 3.33 Nm^3/kg$

98 연소가스 중의 산소가 5%일 때 이 경우 공기비의 수치로서 가장 가까운 것은?

① 1.1 ② 1.2
③ 1.31 ④ 1.6

풀이 공기비

과잉공기계수$(m) = \dfrac{21}{21-O_2} = \dfrac{21}{21-5} = 1.31$

99 중유 연소에 필요한 이론공기량은 중유 1kg 당 몇 Nm^3인가?(단, 중유의 저위발열량 9,750 kcal/kg, 비중 0.95이다.)

① 약 8~9 ② 약 9~10
③ 약 10~11 ④ 약 11~12

풀이 발열량에 의한 이론 공기량(A_o)

$= 12.38 \times \dfrac{H_l - 1,100}{10,000}$

$\therefore A_o = 12.38 \times \dfrac{9,750 - 1,100}{10,000}$

$\quad = 10.7087 Nm^3/kg$

100 탄소 72.0%, 수소 5.3%, 황 0.4%, 산소 8.9%, 질소 1.5%, 수분 0.9%, 회분 11.0%의 조성을 갖는 석탄의 고위발열량(kcal/kg)을 구하면?
[단, $H_h = 8,100C + 34,200\left(H - \dfrac{O}{8}\right) + 2,500S$]

① 4,990 ② 5,890
③ 6,990 ④ 7,270

풀이 고위발열량(H_h)

$= 8,100 \times 0.72 + 34,200\left(0.053 - \dfrac{0.089}{8}\right)$
$\quad + 2,500 \times 0.004$

$= 5,832 + 34,200(0.053 - 0.011125) + 10$

$= 5,832 + 1,432.125 + 10$

$= 7,274.125 kcal/kg$

※ 탄소(C), 수소(H), 산소(O), 황(S), 수분(W), 회분(재), $1kcal = 4.186kJ$

101 고체연료의 연소가스 중 오르사트 분석기로 분석한 결과 $CO_2 = 14.5\%$, $O_2 = 5.0\%$이었다. 공기비(m)는 얼마인가?

① 1.1
② 1.21
③ 1.31
④ 1.4

풀이 질소(N_2) = 100 − (14.5 + 5.0)
= 100 − 19.5 = 80.5%

$$공기비(m) = \frac{N_2}{N_2 - 3.76 \times (O_2)}$$
$$= \frac{80.5}{80.5 - 3.76 \times 5.0} = 1.3047$$

102 벙커 C유의 황분이 3.6%이다. 공기비 1.4로 연소시켰을 때 연소가스 중의 SO_2함량은?(단, 이론연소가스량 11.0Nm³/kg연료, 이론공기량은 10.5Nm³/kg연료, S의 원자량은 32)

① 0.05%
② 0.16%
③ 0.27%
④ 0.38%

풀이 실제 배기 가스량(G) = $G_o + (m-1)A_o$
= 11.0 + (1.4 − 1) × 10.5
= 15.2Nm³/kg

15.2 × 0.036 = 0.55

$$\frac{\frac{22.4}{32} \times \frac{1}{0.21} \times 0.036}{0.55} ≒ 0.27$$

※ G_o : 이론연소가스량, m : 공기비
A_o : 이론공기량

103 압력 100kg/cm²의 포화증기 1kg을 같은 압력 450℃의 과열증기로 변화시키는데 필요한 열량(kcal)은?(단, 압력 100kg/cm²의 포화증기의 엔탈피는 652kcal/kg, 압력 100kg/cm²의 450℃의 과열증기의 엔탈피는 779kcal/kg이다.)

① 127
② 756
③ 1,055
④ 1,431

풀이 과열증기소요열량
= 과열증기엔탈피 − 포화증기엔탈피
= 779 − 652 = 127kcal/kg

104 중유 1kg의 이론공기량을 12m³, 공기비 1.3으로 하고, 시간당 800kg의 중유를 연소시킬 경우, 이것에 이용하는 송풍기의 분당 송풍량(m³/분)으로 맞는 것은?

① 480
② 320
③ 258
④ 208

풀이 송풍량 = $\frac{800 \times 12 \times 1.3}{60} = 208$m³/분당

105 공기비란 다음 중 어느 것인가?
① 실제공기량과 이론공기량의 차이
② 실제공기량에서 이론공기량을 뺀 것을 이론공기량으로 나눈 것
③ 이론공기량에 대한 실제공기량의 비
④ 실제공기량에 대한 이론공기량의 비

풀이 공기비(과잉공기계수) : m
$$m = \frac{실제연소용\ 공기량}{이론연소용\ 공기량}$$

106 아래 조건의 성분을 가진 중유가 있다. 연소효율이 95%라 한다면 중유 1kg당의 저위발열량은 약 얼마인가?(단, C : 86%, H : 12%, O : 0.4%, S : 1.2%, ash : 0.4%)

① 9,987kcal/kg
② 9,900kcal/kg
③ 9,762kcal/kg
④ 9,340kcal/kg

풀이 저위발열량(H_l) = $8,100C + 28,600\left(H - \frac{O}{8}\right)$
$+ 2,500S - 600W$

ash(회분 : 재)

정답 101 ③ 102 ③ 103 ① 104 ④ 105 ③ 106 ②

$$H_l = 8{,}100 \times 0.86 + 28{,}600\left(0.12 - \frac{0.004}{8}\right)$$
$$+ 2{,}500 \times 0.012$$
$$= 10{,}413.7 \text{kcal/kg}$$

∴ 연소효율 95%
$$= 10{,}413.7 \times 0.95$$
$$= 9{,}893.015 \text{ kcal/kg}(41{,}412.16\text{kJ/kg})$$

107 압력용기에 메탄가스(CH_4) 10kmol이 0℃, 5기압으로 저장되었다. 만약 이 용기로부터 1kmol의 가스를 빼낸 뒤 용기의 온도가 30℃가 되도록 한다면 이때 용기의 압력은?

① 4.99기압 ② 4.51기압
③ 4.17기압 ④ 3.30기압

풀이 $P_2 = P_1 \times \dfrac{T_2}{T_1} \times \dfrac{V_2}{V_1}$

∴ $P_2 = 5 \times \dfrac{273+30}{273} \times \dfrac{10-1}{10} = 4.99$기압

108 천연가스가 순수 메탄(CH_4)으로 구성되었다고 가정할 때 1kg의 연료를 완전연소시키는 데 필요한 이론공기량(kg)은?

① 2.0 ② 9.5
③ 16.7 ④ 17.3

풀이 천연가스=$CH_4 + 2O_2 \rightarrow CO_2 + 2H_2O$(연소반응식)
$16\text{kg} + 2\times32\text{kg} \rightarrow 44\text{kg} + 36\text{kg}$
$1\text{kg} + 4\text{kg} \rightarrow 2.75\text{kg} + 2.25\text{kg}$

이론공기량(A_o) = 이론산소량 × $\dfrac{1}{0.232}$
$= 17.3\text{kg/kg}$

109 프로판가스 1Nm^3를 공기과잉계수 1.1의 공기로 완전연소시켰을 때의 실제 습연소가스량은 몇 Nm^3인가?

① 14.5 ② 21.9
③ 28.2 ④ 33.9

풀이 $C_3H_8 + 5O_2 \rightarrow 3CO_2 + 4H_2O$

실제 습연소가스량(G_w)
$G_w = (m - 0.21)A_o + CO_2 + H_2O$, ($m$: 공기비)

이론공기량(A_o) = $\dfrac{1}{0.21} \times 5 = 23.81 \text{Nm}^3/\text{Nm}^3$

$G_w = (1.1 - 0.21)23.81 + (3+4) = 28.19\text{N}$
$= 28.19 \text{Nm}^3/\text{Nm}^3$

110 다음 중 Nm^3당 발열량이 가장 큰 것은?

① 메탄 ② 천연가스
③ 액화 석유가스 ④ 에탄

풀이 발열량(kcal/Nm^3)
- 메탄 : 9,530kcal
- 천연가스 : 9,530kcal
- 액화석유가스 : 24,370~32,010kcal
- 에탄 : 16,850kcal

111 황의 연소 반응식이 ($S + O_2 \rightarrow SO_2$)일 때, 이론공기량(Nm^3/kg)은?

① 1.88 ② 2.38
③ 2.88 ④ 3.33

풀이 $S + O_2 \rightarrow SO_2$
$32 + 22.4 \rightarrow 22.4$, 황(S)분자량 : 32

이론공기량(A_o) = $\dfrac{22.4}{32} \times \dfrac{1}{0.21} = 3.33 \text{Nm}^3/\text{kg}$

112 C 87%, H 12%, S 1%의 조성을 가진 중유 1kg을 연소시키는 데 필요한 이론공기량은?

① $6.0\text{Nm}^3/\text{kg}$ ② $8.5\text{Nm}^3/\text{kg}$
③ $9.4\text{Nm}^3/\text{kg}$ ④ $11.0\text{Nm}^3/\text{kg}$

정답 107 ①　108 ④　109 ③　110 ③　111 ④　112 ④

풀이 이론공기량(A_o)

$$= 8.89C + 26.67\left(H - \frac{O}{8}\right) + 3.33S$$

∴ $8.89 \times 0.87 + 26.67 \times 0.12 + 3.33 \times 0.01$
$= 7.7343 + 3.2004 + 0.0333$
$= 10.968 \text{Nm}^3/\text{kg}$

113
프로판(C_3H_8)의 연소 반응식이 "$C_3H_8 + 5O_2 \rightarrow 3CO_2 + 4H_2O$"일 때 습연소가스량($\text{Nm}^3/\text{Nm}^3$)은?

① 18.81　　② 21.81
③ 26　　　④ 29.81

풀이 이론 습연소 가스량($G_o)w$
$= (1-0.21)A_o + CO_2 + H_2O$
$= (1-0.21) \times \frac{5}{0.21} + (3+4) = 26 \text{Nm}^3/\text{Nm}^3$

114
다음 중 연소온도(t)를 구하는 식으로 옳은 것은?(단, H_l: 저발열량, Q: 보유열, G: 연소가스량, Cpm: 가스비열, η: 연소효율)

① $\dfrac{H_l + \eta Q}{G \cdot Cpm}$　　② $\dfrac{\eta H_l + Q}{G \cdot Cpm}$

③ $\dfrac{H_l - \eta Q}{G \cdot Cpm}$　　④ $\dfrac{H_l - Q}{G \cdot Cpm}$

풀이 연소온도(t) $= \dfrac{\eta \cdot H_l + Q}{G \cdot Cpm}$

115
수소의 연소 반응식이 $H_2 + (1/2)O_2 = H_2O$일 때 건연소 가스량(Nm^3/Nm^3)은?

① 1.88　　② 2.38
③ 2.88　　④ 3.33

풀이 $H_2 + 0.5O_2 \rightarrow H_2O$
이론건연소가스량(G_od)
$= (1-0.21)A_o = (1-0.21) \times \dfrac{0.5}{0.21}$
$= 1.88 \text{Nm}^3/\text{Nm}^3$

116
1Nm^3의 메탄가스(CH_4)를 공기로 연소시킬 때 이론공기량은 얼마인가?

① $2.3 \text{Nm}^3/\text{Nm}^3$　　② $7.35 \text{Nm}^3/\text{Nm}^3$
③ $0.42 \text{Nm}^3/\text{Nm}^3$　　④ $9.52 \text{Nm}^3/\text{Nm}^3$

풀이 메탄연소반응식 $= CH_4 + 2O_2 \rightarrow CO_2 + 2H_2O$

이론공기량 = 이론산소량 × $\left(\dfrac{1}{0.21}\right)$

∴ 이론공기량(A_o) $= 2 \times \dfrac{1}{0.21}$
$= 9.52 \text{Nm}^3/\text{Nm}^3$

117
연소가스 분석결과 CO_2가 12.6%일 때 예상되는 O_2농도는 몇 %인가?(단, 연료의 $CO_{2max} = 16.5\%$)

① 3.5%　　② 6.0%
③ 5.0%　　④ 7.0%

풀이 $16.5 = \dfrac{21 \times 12.6}{21 - O_2}$

$21 - O_2 = \dfrac{21 \times 12.6}{16.5} - 21 = 16\%$

∴ 산소(O_2) $= 21 - 16 = 5\%$

118
다음 연료 중 고위발열량이 가장 큰 것은?

① 중유　　② 프로판가스
③ 석탄　　④ 코크스

정답 113 ③　114 ②　115 ①　116 ④　117 ③　118 ②

풀이 프로판 : 12.045kcal/kg,

$$\frac{12,045 \times 4.186 \text{kJ/kg} \times 10^3 \text{J/kJ}}{10^6 \text{J/MJ}}$$

$= 50.42 \text{MJ/kg}$

119 CH_4와 C_3H_8를 각각 용적으로 50%씩의 혼합기체연료 $1Nm^3$을 완전 연소시키는 데 필요한 이론공기량(Nm^3)은?(단, 반응식은 다음과 같다.)

> 메탄반응식 $= CH_4 + 2O_2 \rightarrow CO_2 + 2H_2O$
> 프로판반응식 $= C_3H_8 + 5O_2 \rightarrow 3CO_2 + 4H_2O$

① 13.7 ② 14.7
③ 15.7 ④ 16.7

풀이 각 50%이므로, 이론공기량(A_o)

$= \left(0.5 \times 2 \times \frac{1}{0.21}\right) + \left(5 \times \frac{1}{0.21} \times 0.5\right)$

$= 16.7 Nm^3/Nm^3$

120 연도가스 분석에서 CO가 전혀 검출되지 않았고, 산소와 질소가 각각 (O_2)Nm^3/kg 연료, (N_2)Nm^3/kg연료일 때 공기비(과잉공기율)는 어떻게 표시되는가?

① $m = \dfrac{0.21}{0.21 - 0.79[(O_2)/(N_2)]}$

② $m = \dfrac{0.79}{0.79 - 0.21[(O_2)/(N_2)]}$

③ $m = \dfrac{1}{1 - 0.79[(N_2)/(O_2)]}$

④ $m = \dfrac{1}{1 - 0.21[(O_2)/(N_2)]}$

풀이 배기가스 중 CO가 없는 상태의 공기비(m)

$m = \dfrac{0.21}{0.21 - 0.79[(O_2)/(N_2)]}$

121 다음 중 이론공기량에 대한 올바른 설명은?

① 완전 연소에 필요한 1차 공기량
② 완전 연소에 필요한 2차 공기량
③ 완전 연소에 필요한 최소 공기량
④ 완전 연소에 필요한 최대 공기량

풀이 이론공기량이란 완전연소에 필요한 최소 공기량이다.

122 다음 연료 중 총(고위) 발열량과 진(저위) 발열량이 같은 것은?

① 수소   ② 메탄
③ 프로판   ④ 일산화탄소

풀이 $CO + \dfrac{1}{2}O_2 \rightarrow CO_2$

수소(H_2)성분이 없는 CO가스는 H_2O의 생성이 없는 관계로 고위, 저위 발열량이 같다.

123 연소가스의 분석결과가 CO_2 : 13.0%, O_2 : 6.0%일 때 $(CO_2)_{max}$은?

① 16.2   ② 17.2
③ 18.2   ④ 19.2

풀이 CO 가스가 없는 경우 탄산가스최대양(CO_{2max})

$CO_{2max} = \dfrac{21 \times CO_2}{21 - O_2} = \dfrac{13.0 \times 21}{21 - 6.0} = 18.2\%$

124 고체 및 액체연료에서의 이론공기량을 중량(kg/kg)으로 구하는 식을 바르게 표기한 것은? (단, C, H, O, S는 원자기호이다.)

① $1.87C + 5.6H - \left(\dfrac{O}{8}\right) + 0.7S$

② $2.67C + 8\left\{H - \left(\dfrac{O}{8}\right)\right\} + S$

③ $8.89C + 26.7O - 3.33H + (O-S)$

④ $11.51C + 34.52H - 4.32(O-S)$

정답 119 ④ 120 ① 121 ③ 122 ④ 123 ③ 124 ④

풀이 중량당 이론공기량(A_o)
$= 11.51C + 34.52H - 4.32(O - S) = kg/kg$

125 메탄 $1Nm^3$를 공기과잉계수 1.2의 공기량으로 완전연소시켰다고 하면 건연소가스량은 몇 Nm^3인가?

① 7
② 8
③ 10.43
④ 12

풀이
- 실제건연소가스량(G_d)
  $G_d = (m - 0.21)A_o + CO_2$
- 실제습연소가스량(G_w)
  $G_w = (m - 0.21)A_o + CO_2 + H_2O$
- 메탄연소반응식 : $CH_4 + 2O_2 \rightarrow CO_2 + 2H_2O$
  $\therefore G_d = (1.2 - 0.21) \times \dfrac{2}{0.21} + 1$
  $= 10.43 Nm^3/Nm^3$
  $\therefore G_d = (m - 0.21)A_o + CO_2$

126 프로판(C_3H_8) 11kg을 이론공기량으로 완전연소시켰을 때의 습연소가스의 부피(Nm^3)를 계산하면?(단, 탄소와 수소의 원자량을 각각 12와 1로 계산한다.)

① 115.8
② 127.9
③ 133.2
④ 144.5

풀이
- 연소반응식 : $C_3H_8 + 5O_2 \rightarrow 3CO_2 + 4H_2O$
  (프로판 44kg = $22.4Nm^3$)
- $G_{ow} = (1 - 0.21)A_o + CO_2 + H_2O$
- 이론공기량(A_o) = $(5/0.21) = 24Nm^3$
  $\therefore \dfrac{[(1-0.21) \times 24 + 3 + 4] \times 22.4 \times 11}{44}$
  $= 144.5 Nm^3$(습연소가스 부피량)

127 물질을 연소시켜 생긴 화합물에 대한 설명으로 옳은 것은?

① 수소가 연소했을 때는 물로 된다.
② 황이 연소했을 때는 황하수소로 된다.
③ 탄소가 불완전 연소할 때는 탄산가스로 된다.
④ 탄소를 완전 연소시켰을 때는 일산화탄소가 된다.

풀이
- 수소(H_2) + $\dfrac{1}{2}O_2 \rightarrow H_2O$
- 황(S) + $O_2 \rightarrow SO_2$
- 탄소(C) + $\dfrac{1}{2}O_2 \rightarrow CO$
- 탄소(C) + $O_2 \rightarrow CO_2$

128 다음 중 공기 과잉계수(공기비)를 옳게 나타낸 것은?

① 실제연소공기량 ÷ 이론공기량
② 이론공기량 ÷ 실제연소공기량
③ 실제연소공기량 − 이론공기량
④ 공급공기량 − 이론공기량

풀이 공기비(m) = 실제연소공기량 ÷ 이론공기량

129 고위발열량과 저위발열량의 차이는?

① 물의 증발잠열
② 연료의 증발잠열
③ CO의 연소열
④ H_2의 연소열

풀이 연료에서 연소 시 0℃에서 물의 증발잠열은 약 600 kcal/kg이다.($480 kcal/Nm^3$)

정답 125 ③ 126 ④ 127 ① 128 ① 129 ①

130 연소배기가스 분석결과 CO_2, O_2, CO 및 N_2는 체적비로 각각 0.12, 0.04, 0.01 및 0.83이었다. 연료가 C와 H로만 이루어져 있다고 가정하고 다음과 같은 화학식을 세웠다. b값은 얼마인가?

$$C_mH_n + a(O_2 + 3.76N_2)$$
$$\rightarrow 0.12CO_2 + bH_2O + 0.01CO + 0.04O_2 + 0.83N_2$$

① 0.06 ② 0.11
③ 0.22 ④ 0.24

풀이
$$C_mH_n + \left(m + \frac{n}{4}\right)O_2 + 3.76\left(m + \frac{n}{4}\right)N_2$$
$$= mCO_2 + \frac{n}{2}H_2O + 3.76\left(m + \frac{n}{4}\right)N_2$$
$$= C_mH_n + xO_2 + 3.76xN_2$$
$$\rightarrow aCO_2 + bH_2O + CN_2$$
$$m = a, \ n = 2b, \ b = \frac{n}{2}$$
$$\therefore 0.12 = x + 0.01$$
$$x = 0.12 - 0.01 = 0.11$$

131 황(S) 4kg을 이론공기량으로 완전연소시켰을 때 발생하는 연소가스량(Nm^3)은?

① 3.33 ② 6.66
③ 11.66 ④ 13.33

풀이 $S + O_2 \rightarrow SO_2$, 황(S) 분자량=32
$32kg + 22.4Nm^3 \rightarrow 22.4Nm^3$
이론건배기가스량(G_{od})
$$G_{od} = (1-0.21)A_o + 1.867C + 0.7S + 0.8N$$
$$= \left\{(1-0.21) \times \frac{22.4}{32} \times \frac{100}{21} + 0.7 \times 1\right\} \times 4$$
$$= 13.33Nm^3$$

132 C중유 1kg을 연소시켰을 때 생성되는 수증기 양(Nm^3/kg)은 얼마인가?(단, C중유의 수소함량은 12%로 하고 기타 수분은 없는 것으로 한다.)

① 0.50 ② 0.75
③ 1.00 ④ 1.34

풀이 연소 시 생성되는 수증기량(W_g)
$$= 1.244(9H + W)$$
$$= 1.244(9 \times 0.12 + 0) = 1.34 Nm^3/kg$$

133 고체, 액체연료의 발열량 관계식이 맞는 것은?(단, H_l : 저위발열량, H_h : 고위발열량, 연료 1kg 중의 수소, 수분량을 각각 h, w)

① $H_h = H_l - 2.5(9h - w)$[MJ/kg]
② $H_h = H_l - 2.5(9h + w)$[MJ/kg]
③ $H_l = H_h - 2.5(9h - w)$[MJ/kg]
④ $H_l = H_h - 2.5(9h + w)$[MJ/kg]

풀이 저위발열량(H_l) $= H_h - 600(9h + w)$
$$= H_h - 2.5(9h + w)[MJ/kg]$$
※ 600kcal = 600×1,000 = 60만cal
1J = 0.24cal
∴ 60만cal/0.24 = 2,500,000J = 2.5MJ

134 습연소가스 중 각 성분의 백분율식이 잘못된 것은?

① $O_2(\%) = \dfrac{0.21(mA_o - A_o)}{습연소가스량} \times 100$
② $CO_2(\%) = \dfrac{1.867C}{습연소가스량} \times 100$
③ $SO_2(\%) = \dfrac{0.7S}{습연소가스량} \times 100$
④ $N_2(\%) = \dfrac{0.79mA_o}{습연소가스량} \times 100$

풀이 $N_2 = 100 - (CO_2 + O_2 + CO)\%$
- 공기 중 산소용적 : 21%
- m : 공기비
- A_o : 이론공기량

정답 130 ② 131 ④ 132 ④ 133 ④ 134 ④

④ $N_2(\%) = \dfrac{0.8N + 0.79mA_o}{습연소가스량} \times 100(\%)$

135 다음 중 탄소 1kg을 연소시키는 데 필요한 공기량은 어느 것인가?

① 8.89Nm³, 11.59kg
② 11.59Nm³, 8.89kg
③ 8.89Nm³, 15.94kg
④ 3.33Nm³, 11.59kg

풀이 12kg + 32kg → 44kg, 공기 중 산소중량 : 23%
C + O_2 → CO_2
12kg + 22.4Nm³ → 22.4Nm³

- 체적당 이론공기량
$A_o = \dfrac{22.4}{12} \times \dfrac{1}{0.21} = 8.89\text{Nm}^3$

- 중량당 이론공기량
$A_o = \dfrac{32}{12} \times \dfrac{1}{0.23} = 11.59\text{kg}$

136 탄소 87.5 수소 12.5% 조성의 액체연료를 공기과잉률 1.3으로 완전연소시키기 위한 실제 공기량 (Nm³/kg)은?(단, $\text{Lov} = \dfrac{1.867C + 5.6H}{0.210}$)

① 약 10.5　　② 약 14.5
③ 약 20.1　　④ 약 25.3

풀이 실제공기량$(A) = \text{Lov} \times m$
$= \dfrac{1.867 \times 0.875 + 5.6 \times 0.125}{0.120} \times 1.3 = 14.5$

137 1kg의 메탄을 20kg의 공기와 연소시킬 때 공기비는 얼마인가?

① 1%　　② 1.1%
③ 1.16%　　④ 1.86%

풀이 $CH_4 + 2O_2 \to CO_2 + 2H_2O$ (공기 중 산소는 중량당 23.2%이다.)
- 메탄의 분자량 : 16
- 과잉공기율 : (공기비−1)×100

$16 : \dfrac{32 \times 2}{0.232} = 1 : x$

이론공기량$(x) = 64 \times \dfrac{1}{16} \times \dfrac{1}{0.232} = 17.24\text{kg}$

공기비$(m) = \dfrac{20}{17.24} = 1.16$

138 아세틸렌(C_2H_2) 1Nm³를 공기비 1.1로 완전 연소시켰을 때의 건연소 가스량은 몇 Nm³인가?

① 10.4　　② 11.4
③ 12.6　　④ 13.6

풀이 $C_2H_2 + 2.5O_2 \to 2CO_2 + H_2O$
- A_o : 이론공기량
- m : 공기비

실제공기$(A) = A_o \times m = 2.5 \times \dfrac{1}{0.21} \times 1.1$
$= 13.1\text{Nm}^3/\text{Nm}^3$

실제건연소량$(G) = (m - 0.21)A_o + CO_2$
$= (1.1 - 0.21) \times \dfrac{2.5}{0.21} + 2$
$= 12.6\text{Nm}^3/\text{Nm}^3$

139 연료를 연소시키는 경우의 공기비에 대한 설명 중 옳지 않은 것은?

① 공기비가 클 경우 연소실 내의 온도가 올라간다.
② 공기비가 적을 경우 역화의 위험성이 있다.
③ 공기비는 배기가스 중의 산소 %가 최저가 되도록 하는 것이 좋다.
④ 공기비는 이론공기량에 대한 실제공기량의 비를 의미한다.

풀이 공기비가 1 이상으로 매우 커지면 과잉공기가 많아서 연소실 내의 온도가 내려간다.

정답 135 ①　136 ②　137 ③　138 ③　139 ①

140 중유를 연소시킨 결과 연소가스 중에 CO_2 13%, CO 2.0%였다. 이 연소가스 중의 O_2는 몇 % 함유되어 있겠는가?(단, $(CO_2)_{max}$ = 18%이다.)

① 2.89 ② 3.52
③ 4.29 ④ 5.83

풀이 탄산가스 최대양(CO_{2max})

$$CO_{2max} = \frac{21(CO_2 + CO)}{21 - O_2 + 0.395(CO)}$$

$$18 = \frac{21(13 + 2.0)}{21 - O_2 + 0.395 \times 2.0}$$

$$21 - O_2 = \frac{21(13 + 2.0)}{18} - 0.395 \times 2.0 = 16.71$$

∴ 산소$(O_2) = 21 - 16.71 = 4.29\%$

141 CO_2의 조성이 $(CO_2)_{max}$가 될 때의 공기비 (m)는?

① 0.8 ② 1.0
③ 1.1 ④ 1.2

풀이 $C + O_2 \rightarrow CO_2$
공기비가 1.0상태에서 탄소(C)가 연소하면 CO_2가 최대가 된다.

142 탄소 87%, 수소 12%, 황 1%의 조성을 갖는 중유 1kg을 연소시키는 데 필요한 이론연소가스량은 약 Nm^3/kg인가?

① 5 ② 7
③ 9 ④ 11

풀이 이론연소가스량(G_{ow})
$= 8.89C + 32.27\left(H - \frac{O}{8}\right) + 3.33S + 0.8N + 1.244w$
$= 8.89 \times 0.87 + 32.27 \times 0.12 + 3.33 \times 0.01$
$= 11.64 Nm^3/kg$

143 다음 중 습성가스(Wet Gas)가 아닌 것은?

① 일산화탄소 ② 메탄
③ 에탄 ④ 핵산

풀이 일산화탄소는 불완전연소에서 생기는 건가스이다. [연료 중 수소(H)가 없다.]
$C + 1/2\ O_2 \rightarrow CO$

144 연료소모량이 500kg/h이고, 증기압력이 8kg/cm², 보일러용량 4,000kg/h인 중유보일러가 있다. 중유의 발열량이 9,700kcal/kg이고 연소실에서 발생한 열량이 4,364,000kcal/h라면 이 보일러의 연소효율(%)은?

① 80% ② 85%
③ 90% ④ 95%

풀이 연소효율(η)
$= \left(\dfrac{\text{실제연소열}}{\text{공급열량}} \times 100\right)$
$= \dfrac{4,364,000}{500 \times 9,700} \times 100 = 89.979\%$

145 다음 중 $(CO_2)_{max}$%가 가장 적은 것은?

① 장작의 연소가스 ② 무연탄의 연소가스
③ C중유의 연소가스 ④ 역청탄의 연소가스

풀이 탄산가스 최대막스$(CO_2)_{max}$는 연료의 원소성분 중 C의 함량이 적거나 연소가 불안정하여 CO_2 생성이 적을 때 작아진다.

146 탄소 72.0%, 수소 5.3%, 황 0.4%, 산소 8.9%, 질소 1.5% 수분 0.9%, 회분 11.0%의 조성을 갖는 석탄의 저위발열량은 약 몇 kcal/kg인가?(단, H_l $= 8,100C + 29,000\left(H - \dfrac{O}{8}\right) + 2,500S - 600W$)

정답 140 ③ 141 ② 142 ④ 143 ① 144 ③ 145 ③ 146 ③

① 5,990　② 6,590
③ 7,050　④ 8,200

> **풀이** 저위발열량(H_l)
> $= 8,100 \times 0.72 + 29,000\left(0.053 - \dfrac{0.089}{8}\right)$
> $+ 2,500 \times 0.004 - 600 \times 0.009$
> $= 7,050 \text{kcal/kg}$

147 다음 중 실제연소가스량(G)에 대한 식으로 옳은 것은?(단, 이론연소가스량 : G_o, 과잉공기비 : m, 이론공기량 : A_o이다.)

① $G = G_o + (m+1)A_o$
② $G = G + (m-1)A_o$
③ $G = G_o + (m-1)A_o$
④ $G = G + (m+1)A_o$

> **풀이** 실제연소가스량(G) $= G_o + (m-1)A_o (\text{Nm}^3/\text{kg})$

148 $(CO_2)_{max} = 18.8\%$, $(CO_2) = 14.2\%$, $(CO) = 3.0\%$일 때 연소가스 중의 (O_2)는 몇 %인가?

① 2.97　② 3.63
③ 4.53　④ 5.83

> **풀이** $CO_{2max} = \dfrac{21 \times (CO_2 + CO)}{21 - O_2 + 0.395(CO)}$
> $18.8 = \dfrac{21 \times (14.2 + 3.0)}{21 - O_2 + 0.395 \times 3.0}$
> $21 - O_2 = \dfrac{21(14.2+3)}{18.8} = 19.212$
> ∴ 산소(O_2) $= 21 - (19.212 - 0.395 \times 3)$
> $= 2.97\%$

149 탄소 C[kg]를 완전연소시키는 데 필요한 공기량[Nm³/kg]을 옳게 나타낸 것은?

① $\dfrac{1}{0.21} \times 22.4 \times C$　② $\dfrac{1}{0.21} \times \dfrac{22.4}{12} \times C$
③ $\dfrac{1}{0.21} \times \dfrac{22.4}{6} \times C$　④ $\dfrac{1}{0.21} \times \dfrac{22.4}{24} \times C$

> **풀이** 이론공기량(A_o) $= \dfrac{1}{0.21} \times \dfrac{22.4}{12} \times C$

150 어떤 연료의 성분을 분석한 결과 C = 0.85, H = 0.13, O = 0.02일 때 이론공기량은 약 몇 Nm³/kg인가?

① 8.89　② 9.6
③ 10.96　④ 12.85

> **풀이** 이론공기량(A_o)
> $= 8.89C + 26.67\left(H - \dfrac{O}{8}\right) + 3.33S$
> $= 8.89 \times 0.85 + 26.67\left(0.13 - \dfrac{0.02}{8}\right)$
> $= 10.96 \text{Nm}^3/\text{kg}$

151 이론 습연소가스량 G_{ow}와 이론 건연소가스량 $G_{od}{}'$의 관계를 옳게 나타낸 것은?(단, 단위는 Nm³/kg이다.)

① $G_{ow} = G_{od}{}' + (9H + W)$
② $G_{od}{}' = G_{ow} + (9H + W)$
③ $G_{ow} = G_{od}{}' + 1.25(9H + W)$
④ $G_{od}{}' = G_{ow} + 1.25(9H + W)$

> **풀이** 이론연소가스량(G_{ow}) $= G_{od}{}' + 1.25(9H + W)$

정답 147 ③　148 ①　149 ②　150 ③　151 ③

152 연도가스를 분석하였더니 CO_2가 12.0%, O_2가 6.0%였다. CO_{2max}는 몇 %인가?

① 16.8   ② 18.8
③ 20.8   ④ 22.8

풀이 $CO_{2max} = \dfrac{21 \times CO_2}{21 - O_2}$ (CO가스가 주어지지 않을 때 공식)

∴ $\dfrac{21 \times 12.0}{21 - 6.0} = 16.8\%$

153 C_mH_n 1Nm³를 완전연소시켰을 때 생기는 CO_2의 양(Nm³)은?(단, m, n은 상수이다.)

① $\dfrac{m}{2}$ ② m
③ $2m$ ④ $m + \dfrac{m}{4}$

풀이 $C_mH_n + m + \dfrac{n}{4}O_2 \to mCO_2 + \dfrac{n}{2}H_2O$

154 연소에서 유효수소를 옳게 표시한 것은?

① $(H - O)$ ② $\left(H - \dfrac{O}{8}\right)$
③ $\left(\dfrac{H}{8} - O\right)$ ④ $\left(\dfrac{H}{4}\right)$

풀이 유효수소 $= \left(H - \dfrac{O}{8}\right)$, 연소 시 실제적으로 연소가 발생되는 수소의 양

155 수소 31.9%, 일산화탄소 6.3%, 메탄 22.3%, 에틸렌 3.9%, 이산화탄소 3.8%, 질소 31.8%의 조성을 갖는 가스연료의 고위발열량은 약 몇 MJ/Nm³인가?

① 10.5   ② 11.3
③ 14.2   ④ 16.3

풀이 수소(H_2) : $3,050 \times 0.319 = 972.95$ kcal
일산화탄소(CO) : $3,020 \times 0.063 = 190.26$ kcal
메탄(CH_4) : $9,520 \times 0.223 = 2,122.96$ kcal
에틸렌(C_2H_4) : $15,290 \times 0.039 = 596.31$ kcal

∴ 고위발열량(H_h) $= (972.95 + 190.26 + 2,122.96 + 596.31) \times 4.18$
$= 16,228.76$ kJ $\fallingdotseq 16.3$ MJ

※ 1kcal $= 4.18$kJ, 1MJ $= 10^6$J

156 다음 연료 중 탄산가스 최대치(CO_{2max})의 값이 틀린 것은?

① 순탄소 : 21%
② 석탄 : 19% 전후
③ 도시가스 : 16~18%
④ 연료용 유류 : 15~16%

풀이 도시가스는 탄소(C)보다는 수소(H) 성분이 많아서 CO_{2max} 값이 적다.

157 압력 9.81MPa 포화증기 1kg을 같은 압력 450℃의 과열 증기로 변화시키는 데 필요한 열량은 약 몇 kJ인가?(단, 과열증기엔탈리 3260.9kJ/kg, 포화증기 엔탈피 2729.3kJ/kg이다.)

① 532   ② 756
③ 1,055   ④ 1,431

풀이 과열증기발생소요열양($h''c$)
$= 3,260.9 - 2,729.3 = 531.6$ kJ/kg

158 다음 중 C_mH_n의 기체연료 1Nm³를 완전연소 시 생기는 H_2O의 양(Nm³)은?

① $\dfrac{n}{4}$ ② $\dfrac{n}{2}$
③ n ④ $2n$

정답 152 ① 153 ② 154 ② 155 ④ 156 ③ 157 ① 158 ②

풀이 $C_mH_n + \left(C_m + \dfrac{H}{4}\right)O_2 \rightarrow C_mCO_2 + \dfrac{n}{2}H_2O$

159 탄소 86.0%, 수소 14.0%의 소정을 갖는 액체연료를 매시간 100kg을 공기비 1.19로 연소시켰을 때의 시간당 사용한 공기량은 약 몇 Nm³인가?

① 908   ② 1,128
③ 1,354   ④ 1,571

풀이 실제공기량$(A) = A_o \times m$ (이론공기량×공기비)

$A_o = 8.89C + 26.67\left(H - \dfrac{O}{8}\right) + 3.33S$

　　$= (8.89 \times 0.86 + 26.67 \times 0.14) \times 1.19$

　　$= (7.6454 + 3.7338) \times 1.19$

　　$= 13.541248$

∴ 실제공기량$(A) = 13.541248 \times 100$

　　　　　　　　$= 1354.1248 \mathrm{Nm}^3$

※ 원소분석에서 산소(O)와 황(S)이 주어지지 않았으므로 실제적인 이론공기량계산식
　$A_o = 8.89C + 26.67H$가 된다.

발열량
10,000kcal/kg = 10,000kcal/kg × 4.186kJ/kcal
　　　　　　 = 41,860kJ/kg
　　　　　　 = 41,860kJ/kg × 10³J/kJ
　　　　　　 = 41,860,000J/kg
　　　　　　 $= \dfrac{41,860,000(\mathrm{J/kg})}{10^6(\mathrm{MJ})}$
　　　　　　 = 41.86(MJ/kg)

정답 159 ③

CHAPTER 006 연소장치와 가스 폭발

SECTION 01 연소장치, 통풍장치 및 집진장치

1. 연소의 종류

(1) **표면연소** : 휘발분이 없는 고체연료 연소(숯, 코크스 등)
(2) **분해연소** : 휘발분이 있는 고체연료 연소(석탄, 목재 등)
(3) **증발연소** : 액체연료가 액면에서 증발되면서 연소(휘발유, 등유, 경유 등)
(4) **확산연소** : 가연성 가스가 공기 중에 확산되면서 연소(기체연료 등)

완전연소의 구비조건	연소방법
• 연료와 공기의 온도를 높게 유지한다. • 연료와 공기의 혼합을 촉진한다. • 노내 온도를 높게 유지한다. • 연료에 적합한 연소장치를 선택한다. ※ 연소속도란 가연물과 산소와의 반응속도를 연소속도라 한다.	• 고체연료 : 화격자 연소, 유동층연소, 미분탄 연소 • 액체연료 : 기화연소, 무화연소 • 기체연료 : 확산연소, 예 혼합연소

2. 연소장치

1) 고체연료 연소장치

일반적으로 고체연료 연소장치를 "화격자(로우스터)"라 하며 연소공급방법에 따라 수분과 기계분으로 구분된다.

(1) **수분(Hard Firing)식 화격자**

고정 화격자에 연료를 직접 삽을 이용하여 투탄 연소하는 방법으로 소규모 연소장치의 연료 공급방법이다.

(2) **기계분(Stoker) 화격자**

석탄의 공급과 재의 처리를 기계적으로 자동화한 화격자로 쓰레기 소각로 등에 사용되었으나 대부분 유류 또는 가스연료로 전환되어 최근에는 일부에서만 사용된다.

① 특징
- 연속 급탄으로 균일한 연소 가능
- 인건비가 절약된다.
- 저질연료의 연소가 가능(연료의 품질 변동에 대한 적응)
- 설비비와 유지비가 많이 든다.
- 완전자동화가 가능하나 부하변동 시 대응이 어렵다.

② 종류
- 상입식(산포식 : Spreader) : 기계적 방법으로 탄을 화격자에 산포하는 방식으로 무연탄 연소에 적합
- 쇄상식(Chain Grate) : 무한궤도의 회전에 의한 연소장치
- 하입식(Under Feed) : 고정화격자 하부에 설치되어 있는 스크류의 회전에 의하여 탄 공급
- 계단식(Step Ladder) : 저질연료의 연소가 가능하여 쓰레기 소각로에 적합

③ 수분식 화격자 탄층구성
화격자 → 회층 → 산화층 → 환원층 → 건류층 → 새석탄층

(3) 미분탄연소장치

석탄을 200메시(Mesh) 이하로 가공하여 1차 공기와 혼합하여 버너에 의한 연소실에서 연소하는 방식

① 장점
- 공기와의 접촉이 양호하며 적은 공기비로 완전 연소한다.
- 점화, 소화가 양호하며 연소제어가 가능하다.
- 연소속도가 빠르며 고연소가 가능하다.
- 탄의 질에 영향이 적으며 대용량 열설비에 적합하다.
- 다른 연료와 혼합연소가 가능하다.

② 단점
- 다량의 비산회 처리를 위한 집진장치가 필요
- 석탄의 분쇄를 위한 설비 유지비가 많이 든다.
- 배관의 마모나 분진에 의한 폭발우려가 있다.

(4) 액체연료 연소장치

액체연료는 고체연료와 비교하여 발열량이 크고 연소효율이 높은 연료로 경질유, 중질유등의 비등점에 따라 증발기화식과 분무식으로 구분한다.

① 증발기화식 버너

비등점이 낮아 기화성이 양호한 연료에 적합
- 포트식 버너 : 접시모양의 용기에 공급된 연료가 노내 복사열에 의하여 증발되어 연소하는 버너
- 심지식 : 심지의 모세관현상에 의하여 액체를 빨아올려 연소

② 분무식 버너

연료 자체에 압력을 가하거나 공기 등의 무화매체를 이용, 연료의 표면적을 넓게 하여 중질유 등에 연소하는 방식

> **Reference** 무화의 목적
>
> - 연료의 단위 중량당 표면적을 넓게 한다.
> - 공기와의 혼합을 양호하게 한다.
> - 연소효율을 높인다.

㉠ 유압분무식 버너 : 유압펌프에 의하여 연료를 노즐로부터 고속 분출하는 방식
- 유압은 5~20kgf/cm^2(0.5~2MPa)의 유압을 형성
- 유량은 유압의 평방근에 비례한다.
- 구조가 간단하며 유량조절범위가 좁다.
- 부하변동이 작아 대용량 보일러에 적합하다.
- 고점도의 기름은 무화가 곤란하다.
- 유량조절은 1 : 2 정도이며 환류식, 비환류식이 있고 유량조절은 버너개수로 증감시킨다.

> **Reference**
>
> - 오일펌프 : 기어펌프(가압용), 나사펌프(이송용)
> - 오일프리히터(Oil Pre-heater) : 증기식, 온수식, 전기식이 있으며 기름을 가열하여 점도를 낮게 하므로 유동성 및 무화특성을 향상

㉡ 회전식(수평 로터리식)버너 : 무화컵을 고속 회전시킬 때의(3,000~10,000rpm) 원심력으로 연료를 무화시키는 방식
- 고점도의 연료도 무화가 가능하다.
- 저압에서도 무화가 가능하다.(0.3~0.5kgf/cm^2)
- 자동제어가 편리하다.
- 부하변동에 따른 유량조절이 가능하다.(유량조절 범위는 1 : 5 정도)

ⓒ 기류식 버너(이류체 무화버너) : 공기나 증기 등의 기류를 이용하여 무화하는 방식으로 고압기류식과 저압기류식이 있다.

고압기류식	저압기류식
• 2~7kgf/cm²의 증기 및 고압증기 사용 • 유량조절범위가 크다.(1 : 10) • 점도가 커도 무화가 가능하다. • 연소 시 소음 발생이 크다.	• 0.05~2kgf/cm²의 저압증기 사용 • 유량조절범위가 크다.(1 : 5) • 분무각도 30~60°

ⓔ 건타입버너(압력분사식) : 유압식과 기류식을 병용한 버너
  • 유압은 보통 7kgf/cm²(0.7MPa) 이상이다.
  • 버너와 송풍기가 일체형이며 소용량에 적합하다.
  • 액체 및 기체연료 버너로 자동화에 적합하다.

ⓜ 초음파 버너 : 20,000Hz 이상의 음파 에너지로 오일을 무화

(5) 기체연료 연소장치

가스버너의 연소방식은 확산연소방식과 예혼합연소방식으로 구분하며 연소용 공기 공급방법에 따라 유도혼합방식인 적화식, 분젠식, 강제 혼합방식(내부, 외부혼합) 등으로 구분할 수 있다.

① 확산연소방식

기체연료와 공기를 별도로 공급하여 연소실에서 혼합 연소하는 버너로 외부 혼합식이다.
  ㉠ 특징
    • 연소조절 범위가 크다.
    • 역화의 위험성이 적다.
    • 저질가스 사용이 가능하다.
    • 연료와 공기를 예열할 수 있다.
  ㉡ 종류 : 포트형, 버너형

② 예혼합연소방식

연소 전에 연료와 공기를 혼합하여 버너에서 연소하는 방식으로 외부혼합식, 내부혼합식이 있다.
  ㉠ 특징
    • 연소부하가 크고 고온의 화염을 얻을 수 있다.
    • 불꽃의 길이가 짧다.
    • 역화의 위험성이 있다.(내부혼합식의 경우)
  ㉡ 종류 : 저압버너, 고압버너, 송풍버너

> **Reference**
> - **적화식 연소버너** : 연소에 필요한 공기를 모두 2차공기로 취하는 방식
> - **분젠식 연소버너** : 연소 한계범위 내에서 가스를 노즐로부터 분출시켜 1차 공기를 흡인 후 혼합하는 방식으로 연소과정에서 부족공기(2차 공기)를 공급하는 방식

(6) 버너 연소 시 보염 장치(에어레지스터)

연소과정 및 연소 중 화염이 꺼지지 않고 연속적으로 안정된 연소를 하도록 하는 장치로서 버너타일, 윈드박스, 컴버스터, 에어레지스터가 있다.

① **버너타일(Burner Tile)** : 버너설치부와 노벽 사이를 연결하는 내화재로서 버너타일 형상에 따라 분무각도, 연료와 공기의 분포속도와 흐름에 영향을 준다.
② **윈드박스(Wind Box)** : 환상의 밀폐된 상자 내부에 안내날개를 비스듬히 설치하여 공급공기를 선회, 연료와 공기의 혼합을 촉진, 완전연소를 도모하는 바람상자이다.
③ **컴버스터(Combustor)** : 저온로의 연소를 안정화하고 화염의 형상에 영향을 준다.
④ **에어레지스터(Air Register)** : 공기조절장치로서 착화 및 저연소로부터 고연소까지 공급연료에 적합한 공기량을 조절하는 장치이며 조절기로는 보염기가 있다.

3. 통풍장치

1) 통풍장치

연소실에서 연소된 연소가스가 보일러 내와 연도를 지나 배기가스가 된 후 연돌로 배출하기까지 유체 흐름의 세기를 통풍력(mmH$_2$O)이라 하며 통풍에 영향을 주는 모든 장치를 통풍장치라 한다.

(1) 통풍방법

① **자연통풍** : 배기가스와 외기의 온도(비중)차에 의한 흐름으로 통풍저항이 작은 소형보일러의 통풍방식으로 굴뚝높이에 의존한다.

> **Reference** 자연통풍력 증가방법
> ㉠ 배기가스 온도를 높인다.
> ㉡ 굴뚝을 높인다.
> ㉢ 연도를 짧게 한다.
> ㉣ 외기온도가 낮을 때 연소시킨다.
> ㉤ 연도나 굴뚝의 굴곡부를 피한다.
>
> - 팬 : 풍압 1,000mmH$_2$O 이하
> - 블로우 : 풍압 1,000~10,000mmH$_2$O 이하
> - 압축기 : 풍압 1kg/cm^2 이상

② **강제통풍** : 동력(송풍기)을 이용한 통풍방식으로 통풍저항이 큰 보일러에 적용하는 인공통풍

㉠ 압입통풍 : 연소용 공기를 버너에서 연소실 방향으로 밀어넣는 방식
- 버너 또는 연소실 앞에 송풍기 설치
- 대기압 이상의 노내 압력을 유지(정압유지)
- 고부하 연소가 가능하나 역화의 위험성이 있다.
- 보수관리가 편리하다.

㉡ 흡입통풍 : 연소가스를 연소실에서 연도로 흡입하여 연돌로 배출하므로 연소실 부압에 의하여 연소용 공기가 유입되는 방식
- 연도에 대형 송풍기 설치
- 대기압 이하의 노 내 압력을 유지(부압 유지)
- 보수관리가 불편하며 송풍기 수명이 짧다.
- 연소온도가 낮으나 역화의 위험성은 적다.

㉢ 평형통풍 : 압입통풍방식과 흡입통풍방식이 조합된 겸용 구조로 연소용 공기를 노내에 밀어 넣는 압입통풍과 가스를 연도에서 흡인하여 연돌로 배출하는 흡입통풍의 겸용 통풍방식
- 노내압 조절이 용이하다.
- 통풍력이 강해 대형보일러에 적합하다.
- 연소실 구조가 복잡한 보일러의 통풍방식으로 적합
- 설비비와 유지비가 많이 든다.

> **Reference**
>
> - 자연통풍유속 : 3~4m/s
> - 압입통풍유속 : 8m/s
> - 평형통풍유속 : 10m/s 이상
> - 흡입통풍유속 : 8~10m/s
>
> 노내압력 = 압입 > 평형 > 흡입

(2) 통풍장치

① **송풍기종류**

㉠ 원심형 송풍기 : 회전축 방향으로 흡입하여 회전축 수직방향으로 토출하는 구조로 다익형, 터보형, 플레이트형, 익형(터보+다익형) 등이 대표적이다.
- 시로코형(다익형) : 60~90개의 짧은 날개가 설치된 구조로 소음이 적고 15~200mmH$_2$O 정도의 풍압을 유지한다.(전향 날개 배치)
- 터보형(Tube) : 8~24개의 긴 날개가 설치된 구조로 비교적 구조가 간단하고 견고하여 보일러 통풍방식에 많이 적용되고 있으며 풍압은 200~800mmH$_2$O으로 높다.(후

향날개 배치)
- 플레이트형(Plate) : 6~12개의 날개가 있으며 풍량이 많아 배기가스 흡출용으로 이용된다.(방사형 배치)

ⓒ 축류형 송풍기 : 기체를 축방향으로 흡입하고 토출하는 구조로 디스크형과 프로펠러형이 있다. 고속운전에 적합하고 구조가 간단하며 풍량이 많아 배기 및 환기용에 적합하다. 다만 소음이 크고 풍압은 낮으나 효율이 좋다.

② 송풍기 소요동력

$$\text{PS} = \frac{P \times Q}{75 \times \eta \times 60} \qquad \text{kW} = \frac{P \times Q}{102 \times \eta \times 60}$$

여기서, P : 송풍기 정압[mmAq], Q : 송풍량[m³/min], η : 송풍기 효율

③ 풍량조절방법
  ㉠ 회전수(rpm) 제어
  ㉡ 토출 및 흡입댐퍼제어
  ㉢ 흡인 베인제어
  ㉣ 가변피치제어(날개각도 변화)

④ 회전수(N)와 임펠러 직경(D)에 따른 풍량(Q), 풍압(P), 동력[PS, kW]의 관계

$$\text{풍량}[Q_2] = Q_1 \left(\frac{N_2}{N_1}\right) \cdot \left(\frac{D_2}{D_1}\right)^3$$

$$\text{풍압}[P_2] = P_1 \left(\frac{N_2}{N_1}\right)^2 \cdot \left(\frac{D_2}{D_1}\right)^2$$

$$\text{동력}[\text{PS}_2,\ \text{kW}_2] = \text{PS}_1 \left(\frac{N_2}{N_1}\right)^3 \cdot \left(\frac{D_2}{D_1}\right)^5 = \text{kW}_1 \left(\frac{N_2}{N_1}\right)^3 \cdot \left(\frac{D_2}{D_1}\right)^5$$

여기서, N_1, N_2 : 송풍기 회전수[rpm], D_1, D_2 : 임펠러 직경[m]

(3) 덕트(Duct)

유체를 이송하기 위하여 금속을 원형 또는 사각형으로 가공한 것으로 보일러의 경우 연소공기를 공급하는 공기덕트와 보일러 전열면 이후로부터 연돌을 연결하는 배기덕트(연도)가 있다.

(4) 캔버스 이음(Canvas Joint)

송풍기와 덕트를 접속하는 방법으로 송풍기 회전 시 발생하는 소음과 진동을 제거하기 위한 이음법

(5) 댐퍼(Damper)

덕트 내 흐르는 공기 등 유체의 양을 제어하는 장치로 보일러 경우 부하변동에 따라 연소용 공기를 조절하는 공기댐퍼와 연도에 따라 설치되어 통풍력을 조절하는 배기댐퍼가 있다.

> **Reference) 댐퍼의 기능**
> - 유체 흐름을 차단 또는 공급
> - 통풍력 조절
> - 대형보일러의 경우 주연도와 부연도의 교체
> - 보일러 정지 시 외기 침입방지

(6) 연도

보일러와 연돌을 연결하여 배기가스를 배출하기 위한 통로로서 길이가 짧을수록 통풍력이 커진다.

(7) 연돌(굴뚝)

보일러 배기가스가 최종적으로 배출되는 곳으로 통풍력 증가와 배기가스 유해성분을 대기 중에 확산하는 기능을 한다.

$$굴뚝상부단면적(F) = \frac{Q(1 + 0.0037t)}{3,600 \times V} (\text{m}^2)$$

여기서, Q : 배기가스량[Nm³/h]
t : 배기가스 온도[℃]
V : 배기가스 유속[m/s]
$0.0037 : \frac{1}{273}$
$3,600$: 시간당은 3,600초

(8) 통풍력 계산

통풍력은 보일러에서 연소된 고온의 열에너지를 이용하여 열매체를 가열한 후 온도가 강하된 열가스를 배기하는 데 필요한 압력으로 단위는 mmH₂O이다.

① 이론통풍력(Z_o)

$$Z_o = (\gamma_a - \gamma_g)H = \left(\frac{273 \times \gamma_{oa}}{273 + t_a} - \frac{273 \times \gamma_{og}}{273 + t_g}\right)H$$

여기서, Z_o : 이론 통풍력[mmH$_2$O], γ_a : 외기의 비중량[kg/m^3]
γ_g : 배기가스 비중량[kg/m^3], H : 연돌의 높이[m]
γ_{oa} : 0℃ 1기압에서의 외기의 비중량[kg/Nm^3]
γ_{og} : 0℃ 1기압에서의 배기가스의 비중량[kg/Nm^3]
t_a : 외기온도[℃], t_g : 배기가스의 온도[℃]

② 0℃ 1기압에서 외기(공기)와 배기가스의 비중량
- 공기(γ_{oa}) = 1.293kg/Nm^3
- 배기가스(γ_{og})
  - 고체연료 = 1.34kg/Nm^3 ⎫
  - 액체연료 = 1.31kg/Nm^3 ⎬ 평균 1.354kg/Nm^3
  - 기체연료 = 1.25kg/Nm^3 ⎭

③ 실제통풍력(Z_a)

실제통풍력은 이론통풍력의 약 80%에 해당한다.
Z_o = 이론통풍력 × 0.8(mmH$_2$O)

4. 집진장치

배기가스에 포함되어 있는 오염물질을 제거하고 대기오염을 방지하기 위한 장치로서 크게 나누어 건식, 습식, 전기식이 있다.

1) 집진장치의 종류

(1) 중력식

분진을 함유한 배기가스의 유속을 감속하여 매연을 침강 분리(20μ 정도까지 처리)

(2) 관성식

배기가스에 포함된 매연을 충돌 또는 반전시키면 기류와 같이 방향전환이 어려운 매연은 관성력에 의하여 분리(20μ 이상의 매진처리)

(3) 원심력식

처리가스를 집진장치 내에서 선회하면 매연은 하강하고 가스는 상승하여 분리(사이클론과 멀티사이클론식이 있다.(10~20μ 처리)

(4) 세정식

처리가스를 세정액이 충돌 또는 접촉하여 분진을 제거

① 유수식 : 집진실 내에 일정량의 물통을 넣고 처리가스를 유입하여 제거하는 방법
② 가압수식 : 물을 가압하여 함진가스를 처리
③ 회전식 : 물을 회전시켜 함진가스를 처리함

(5) 여과식
처리가스를 여과재에 통과시켜 매연입자를 분리

(6) 전기식
방전(-)극에 의하여 매연을 음이온화하여 집진(+)극판에 부착시켜 제거하며 효율이 가장 좋다. 90~99.9%까지 처리하며 포집인자는 $0.05~20\mu$까지 집진

> **Reference**
> - 건식 : 중력식(침강식), 관성식, 원심력식(사이클론), 음파식, 여과식
> - 습식 : 유수식, 가압수식(벤투리 스크루버, 사이크론 스크루버, 제트스크루버, 충진탑), 회전식
> - 전기식 : 코트렐(Contrel)식

SECTION 02 가스 폭발 방지대책

1. 연소가스의 폭발 등급 및 안전간격

1) 안전간격

(1) 화염일주(소염)
소염 또는 발화할 수 있는 온도, 압력 조성의 조건이 갖추어져도 용기가 작으면 발화하여 화염은 전파되지 않고 도중에 꺼져버리는 현상이다.

(2) 소염거리(한계직경)
두 면의 평행판의 거리를 좁혀가며 화염이 전파하지 않게 될 때의 면간의 거리이다.

(3) 한계지름(한계직경)
가는 파이프 속을 화염이 진행할 때 도중에 꺼져 전파되지 않는 한계의 지름이다.

(4) 안전간격

둥근구형 용기 안에서 가스를 발화시켰을 때 중앙부에 설치된 8개의 개구부로부터 화염 외측의 폭발성 혼합가스까지의 전달 여부를 2개의 평행 금속면 틈 사이를 조정하면서 측정한 것으로 화염이 전달되지 않는 한계의 틈 사이를 말한다.

※ 안전간격의 값은 가스의 최소 점화에너지와 깊은 관계가 있고, 안전간격이 작은 가스일수록 최소 점화에너지도 적고 폭발하기 쉽다.

(5) 안전간격 측정방법

틈 사이는 8개의 블록게이지를 (폭 10mm, 길이 30mm, 틈새의 깊이 25mm) 끼워서 조정하여 간극을 변화시키면서 내부의 화염이 틈 사이를 통하여 외부로의 이동 여부를 압력계 또는 들창으로 확인하면서 실험한다.

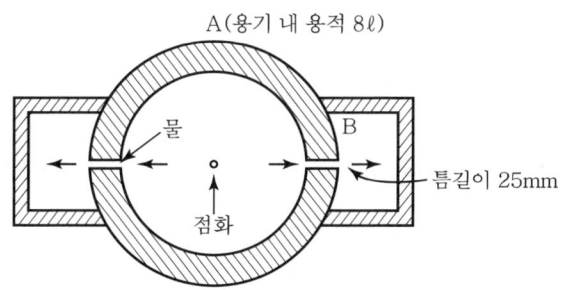

∥ 안전간격 측정장치 약도 ∥

2) 연소가스의 폭발등급(Explosion class)

(1) 혼합비 및 표준시료

① 혼합비 : 가연성 가스와 공기와의 혼합비는 가장 발화하기 쉬운 조성의 경우에 대한 것이다.

② 표준시료 : 폭발등급 3에 대해서는 수소 30%, 폭발등급 2에 대해서는 수소 40%, 폭발등급 1에 대해서는 수소 50%와 공기와의 혼합가스를 말한다.

(2) 폭발등급(틈새 깊이 25mm인 경우)

① 폭발 1등급(안전간격 0.6mm 이상)
  - 종류 : CH_4(메탄), C_2H_6(에탄), C_3H_8(프로판), C_6H_6(벤젠), $(CH_3)_2CO$(아세톤), CO(일산화탄소), NH_3(암모니아), 가솔린 등

② 폭발 2등급(안전간격 0.6~0.4mm)
  - 종류 : C_2H_4(에틸렌), 석탄가스(CH_4+CO+H_2)

③ 폭발 3등급(안전간격 0.4mm 이하)
- 종류 : H_2(수소), 수성가스($CO+H_2$), C_2H_2(아세틸렌), CS_2(이황화탄소)

※ 안전간격이 작을수록 위험성이 큰 가스이다.

> **Reference** 폭발의 종류
>
> - 압력폭발 : 풍선, 용기, 보일러의 물리적 압력폭발
> - 산화폭발 : 가연성가스가 폭발하는 것
> - 분해폭발 : 아세틸렌, 산화에틸렌, 히드라진, 오존의 폭발
> - 중합폭발 : 시안화수소, 산화에틸렌 등의 중합열 폭발
> - 촉매폭발 : 수소, 염소 등 직사광선에 의한 폭발
> - 분진폭발 : 마그네슘, 알루미늄 등의 분말이 정전기에 의해 폭발하는 것

2. 가연성 가스의 폭발범위(Flammable Explosive Range)

1) 폭발범위(Combustible range Limits of inflammability)

(1) 폭발한계(Explosive limit)

폭발(연소를 포함)이 일어나는 데 필요한 농도, 압력 등의 한계를 말한다. 조성이 일정한 혼합기체가 발화하는 한계온도는 압력에 따라 변화하며, 그 관계가 그림과 같은 형태로 되는 것도 있다.

(2) 폭발범위[연소범위, 폭발한계(농도), 가연한계]

① 정의 : 폭발(또는 연소)이 일어나는 데 필요한 가연성 가스의 농도범위, 공기 등의 지연성 기체 중의 가연성 기체의 농도에 대해서는 연소하는 데 필요한 하한과 상한을 각각 폭발하한계, 폭발상한계라 하고, 보통 1기압, 상온에서의 측정치를 나타낸다. 직경 5cm, 길이 150cm의 유리파이프에 혼합가스를 20℃ 1기압에서 넣고 전기점화하여 측정한다.

> **Reference** 폭굉한계
>
> 폭발한계 내에서도 특히 격렬한 폭굉을 생성하는 조성한계, 폭굉상한계 농도는 폭발상한계 농도와 접근되어 있는 것이 많고 하한계는 많이 떨어져 있다.

② 폭발범위 : 연소범위가 발생하는 원인은 혼합가스의 반응열의 발생속도와 열의 방열속도의 관계에서 생긴다.
- 폭발하한계 : 공기 등의 지연성 가스의 양은 많으나 가연성 가스의 양이 적어서 그 이하에서는 연소가 전파, 지속될 수 없는 한계치로 가스의 연소열과 활성화 에너지에 영향을 받는다(다음의 표 참조).

- 폭발상한계 : 가연성 가스의 양은 많으나 상대적으로 공기 등의 지연성 가스의 양이 적어서 그 이상에서는 연소가 지속될 수 없는 한계치로 산소 등 산화제의 농도에 영향을 받는다.

2) 온도의 영향

온도가 높을 때는 열의 일산속도(방열속도)가 늦어지므로 연소범위는 좌우로 넓어지며 반대로 온도가 낮을 때는 방열속도가 빨라져 연소범위는 좁아진다.

> **Reference** 발화도
>
> 발화도는 가연성 기체의 발화온도에 따라 5개 그룹으로 분류하여 그 위험도에 따라 폭발등급과 함께 방폭전기기기용의 분류로 쓰인다.
>
> ▼ 발화도에 따른 분류
>
> | 분류 | 발화점 범위(℃) | 해당물질 |
> |---|---|---|
> | G_1 | 450 이상 | 크실렌, 클로드벤젠, 메틸아세테이트, 에틸아세테이트, 벤젠, 메탄, 메틸알코올, 수성가스, 석탄가스, 아세톤, 암모니아, 에탄, MEK, 톨루엔, 프로판 |
> | G_2 | 300~450 미만 | 산화에틸렌, 아세틸렌, 에틸알코올, 부탄, 산화프로필렌 |
> | G_3 | 200~300 이하 | 옥탄, 펜탄, 가솔린, 이소프렌, 헥산 |
> | G_4 | 135~200 이하 | 아세트알데히드, 에틸에테르 |
> | G_5 | 100~135 이하 | 이황화탄소 |

3) 압력의 영향

압축하여 압력을 상승시키면 반응의 분자농도가 증대하여 반응속도(발열속도)는 증가하고, 전도전열은 압력에 거의 영향을 받지 않고 복사전열은 압력에 비례, 대류 및 분자확산은 압력에 반비례하므로 방열속도는 압력에 의해 거의 변화하지 않는다. 이 때문에 압력 상승 시 발열속도는 촉진되나 방열속도는 변화하지 않으며, 결국 폭발이 심해지고 폭발범위도 넓어진다.

(1) 일반적으로 가스압력이 높아질수록 발화온도는 낮아지고 폭발범위는 넓어진다.
(2) 일산화탄소와 공기의 혼합가스는 압력이 높아짐에 따라 폭발한계가 좁아진다.(공기 중의 질소를 헬륨이나 아르곤으로 치환하거나 혼합가스 중에 수증기가 존재하면 연소범위는 압력과 더불어 증대)
(3) 가스압력이 대기압 이하로 낮아지면 폭발범위는 좁아지고 어느 압력 이하에서는 발화하지 않는다.
(4) 수소-공기 혼합가스에서는 10atm까지는 연소범위가 좁아지나 그 이상의 압력에서는 다시 점차 확대된다.

① 한계압 : 폭발성 혼합가스의 압력을 점차 저하해가면 발열속도가 방열속도를 따를 수 없게 되어 폭발이 일어나지 않게 되는 압력을 말한다.
② 저압폭발 : 가스에 따라서는 한계압 이하로 압력을 저하시키면 재차 폭발을 일으키는데 이와 같은 압력에서의 폭발을 말하며, 수소, 메탄, 일산화탄소 등이 있다.

(5) 발화온도(Ignition temperature)에 대한 압력의 영향
① 폭발반도 : 수소-산소의 혼합물($2H_2 + O_2$)이 발화하는 한계압력과 온도의 관계를 표시해 보면 압력이 낮은 편에 나타나는 반도상의 부분으로 이 영역에서는 상압 때보다도 훨씬 낮은 온도에서 폭발이 발생하는데 연쇄반응에 의한 폭발이다.
② 냉염 : 냉염이란 어두운 곳에서 겨우 볼 수 있을 정도의 약한 빛을 내는 저온의 불꽃으로 많은 탄화수소, 에테르, 알코올류의 산화반응 과정에서 생기고, 그 빛은 여기된 포름알데히드 분자로부터 나오는 방사이다.(수소, 일산화탄소, 메탄 등에서는 냉염을 볼 수 없다.)
일반적으로 탄소수가 2 이상인 탄화수소의 발화점을 압력의 함수로써 표시한 곡선은 저온부에서 특유한 곡선을 나타낸다. 이 굴곡부의 저압부를 싸는 것과 같은 범위(냉염영역)에서 생긴다. 발생온도는 200~420℃, 이때 압력은 물질에 따라 크게 변동한다.

4) 불활성 기체의 영향(산소 농도의 영향)

불활성 기체(이산화탄소, 질소 등)를 공기와 혼합하여 산소 농도를 줄여가면 폭발범위는 점차 좁아지는데 그 이유는 불활성 기체가 지연성가스와 가연성가스의 반응을 방해하고 흡수하기 때문이다.

5) 용기의 크기 및 형태

온도·압력·조성의 3조건이 갖추어져도 용기가 적으면 발화하지 않거나 발화해도 화염이 전파되지 않고 도중에 꺼져 버린다.

3. 폭발범위의 계산

1) 폭발범위와 연소열과의 관계(가연성 가스 및 분진의 경우)

$$\frac{1}{L_1} \fallingdotseq K\frac{Q}{E}, \quad \frac{1}{y_1} \fallingdotseq K'\frac{q}{E}$$

여기서, L_1 : 가연성 가스의 폭발 하한계(부피)
y_1 : 가연성 가스의 폭발 하한계[mg/L], 분진의 경[g/m³]
K, K' : 상수
Q : 분자 연소열[kcal/mol]

$q = \dfrac{Q}{M}$(M분자량) : 1g당 연소열[kcal/g]

E : 활성화 에너지

폭발하한계는 연소열에 반비례, 즉 연소열이 클수록 하한계는 낮다.

(1) 르샤틀리에 의한 가스의 폭발범위 계산

$$\dfrac{100}{L} = \dfrac{V_1}{L_1} + \dfrac{V_2}{L_2} + \dfrac{V_3}{L_3}$$

여기서, L : 혼합가스의 폭발범위 값
L_1, L_2, L_3 : 각 성분의 단독 폭발범위 값(체적 %)
V_1, V_2, V_3 : 각 성분의 체적(%)

2) 인화점(Flash Point)

가연성 액체의 액면 부근에 인화하기에 충분한 농도의 증기를 발산하는 최저온도로 증기와 폭발하한이 주어지면 다음 계산식에 의해 폭발하한에 해당하는 증기압을 계산하고 그 증기압에 해당하는 온도를 액체의 증기곡선(온도와 증기압의 관계)에서 찾으면 그 온도가 인화점이다.

$$P = 7.6L_1 \left(\because L_1 = \dfrac{P}{760} \times 100 \right)$$

여기서, P : 증기압[mmHg], L_1 : 폭발상한계

(1) 상부 인화점

폭발 상한계 L_1에 해당하는 압력($P = 7.6L$)의 증기압을 낼 수 있는 온도, 즉 용기 내에 인화성 액체가 있을 경우 인화점 이하에서는 용기 내의 혼합가스는 폭발하한 이하이고, 인화점 이상에서는 폭발범위에 있고 더욱 온도가 상승하여 용기 내의 혼합가스는 폭발상한을 초과하는데 이 때의 온도가 상부인화점이다. 이 온도 이상에서는 누설될 가스는 연소하지만 용기 내에서는 연소하지 않는다.

(2) 위험온도 범위

위험온도 범위란 인화성 액체에 대해서 인화점(t_1)과 상부 인화점(t_2) 중간의 온도, 즉 t_1과 t_2 차이가 약 30° 내외

※ 여름철 위험온도 범위에 들어가는 것 : 에틸알코올, 메틸알코올
  겨울철에 위험온도 범위에 들어가는 것 : 벤젠, 초산에틸, 이황화탄소, 에틸에테르

3) 유기 가연성 가스의 폭발범위 계산

(1) 폭발 하한계(L_1)

$$L_1 ≒ 0.55 x_0$$

단, x_0 : 가연성 가스의 공기 중에서의 완전연소식에서 화학양론 농도(%)

$$공기\ 중\ 가연성\ 가스농도 \times \frac{1}{1+\frac{n}{0.21}} \times 100 = \frac{21}{0.21+n}(\%)$$

하한계 계산값 : $\dfrac{100}{L} = \dfrac{V_1}{L_1} + \dfrac{V_2}{L_2} + \dfrac{V_3}{L_3}$

여기서, L : 혼합가스의 폭발범위 값
$L_1,\ L_2,\ L_3$: 혼합가스의 폭발범위 하한값
$V_1,\ V_2,\ V_3$: 각 혼합가스의 체적

(2) 폭발 상한계(L_2)

$$L_2 ≒ 4.8\sqrt{x_0}$$

상한계 계산값 : $\dfrac{100}{L} = \dfrac{V_1}{L_A} + \dfrac{V_2}{L_B} + \dfrac{V_3}{L_C}$

여기서, L : 혼합가스의 폭발범위 값
$L_A,\ L_B,\ L_C$: 혼합가스의 폭발범위 상한값
$V_1,\ V_2,\ V_3$: 각 혼합가스의 체적

4. 위험도 계산

위험성 물질의 정도를 나타내는 데에는 물질 및 성질에 따라 다음과 같은 것들이 있다.

▼ 가연성 가스, 증기 및 액체의 성상(외국자료 인용)

분류		가연성 가스	분자식	분자량 M	발화온도 [℃]	폭발한계 [vol %]		폭발한계 [mg]		위험도 H
						하한 L	상한 U	하한 y_1	상한 y_2	
무기화합물		수소	H_2	2.0	585	4.0	75	3.3	63	17.7
		이황화탄소	CS_2	76.1	100	1.25	44	40	1,400	34.3
		황화수소	H_2S	34.1	260	4.3	45	61	640	9.5
		시안화수소	HCN	27.0	538	6	41	68	460	5.8
		암모니아	NH_3	17.0	651	15	28	106	200	0.9
		일산화탄소	CO	28.0	651	12.5	74	146	860	4.9
		황화카보닐	COS	60.1	—	12	29	300	725	1.4
탄화수소	불포화	아세틸렌	C_2H_2	26.0	335	2.5	81	27	880	31.4
		에틸렌	C_2H_4	28.0	450	3.1	32	36	370	9.3
		프로필렌	C_3H_6	42.1	498	2.4	10.3	42	180	3.3
	포화	메탄	CH_4	16.0	537	5.0	15	35	93	1.7
		에탄	C_2H_6	30.1	510	3.0	12.5	38	156	3.2
		프로판	C_3H_6	44.1	467	2.2	9.5	40	174	3.3
		부탄	C_4H_{10}	58.1	430	1.9	8.5	46	206	3.5
		펜탄	C_5H_{12}	72.1	309	1.5	7.8	45	234	4.2
		헥산	C_6H_{14}	86.1	260	1.2	7.5	43	270	5.2
		헵탄	C_7H_{16}	100.1	233	1.2	6.7	50	280	4.6
		옥탄	C_8H_{18}	114.1	232	1.0	—	48	—	—
	환상	벤젠	C_6H_6	78.1	538	1.4	7.1	46	230	4.1
		톨루엔	C_7H_8	92.1	552	1.4	6.7	54	260	3.8
		키실렌	C_8H_{10}	106.1	482	1.0	6.0	44	265	5.0
		디클로헥산	C_6H_{12}	82.1	268	1.3	8	44	270	5.1

분류		가연성 가스	분자식	분자량 M	발화온도 [°C]	폭발한계 [vol %]		폭발한계 [mg]		위험도 H
						하한 L	상한 U	하한 y_1	상한 y_2	
탄화수소 이외의 유기화합물	함산소	산화에틸렌	C_2H_4O	44.1	429	3.0	80	55	1,467	25.6
		에테르	$(C_3H_5)_2O$	74.1	180	1.9	48	59	1,480	24.2
		아세트알데히드	CH_3CHO	44.0	185	4.1	55	75	1,000	12.5
		푸르푸랄	C_4H_3OCHO	96.0	316	2.1	—	84	—	—
		아세톤	$(CH_3)_2CO$	58.1	538	3.0	11	72	270	2.7
		알코올	C_2H_5OH	46.1	423	4.3	19	82	360	2.7
		메탄올	CH_3OH	32.0	464	7.3	36	97	480	3.9
		초산아밀	$CH_3CO_2C_6H_{11}$	130.1	399	1.1	—	60	—	—
		초산비닐	$CH_3CO_2C_2H_5$	86.1	427	2.6	13.4	93	480	4.2
		초산에틸	$CH_3CO_2C_2H_6$	88.1	427	2.5	9	92	330	2.6
		초산	CH_3COOH	60.0	427	5.4	—	135	—	—
	함질소	피리딘	C_5H_5N	79.1	482	1.8	12.4	59	410	5.9
		메틸아민	CH_3NH_2	31.1	430	4.9	20.7	63	270	3.2
		디메틸아민	$(CH_3)_2NH$	45.1	—	2.8	14.4	52	270	4.1
		트리메틸아민	$(CH_3)_3N$	59.1	—	2.0	11.6	49	285	4.8
		아크릴로니트릴	CH_2CHCN	53.0	481	3.0	17	66	380	4.7
	함할로겐	염화비닐	C_2H_3Cl	62.5	—	4.0	22	104	570	4.5
		염화에틸	C_2H_5Cl	64.5	519	3.8	15.4	102	410	3.1
		염화메틸	CH_3Cl	50.5	632	10.7	17.4	225	370	0.6
		이염화에틸렌	$C_2H_6Cl_2$	99.0	414	6.2	16	256	660	1.6
		취화메틸	C_2H_3Br	94.9	537	13.5	14.5	534	573	0.07

1) 위험도(H)

폭발범위를 폭발 하한계로 나눈 값으로 폭발성 혼합가스(가연성 가스 또는 증기)의 위험성을 나타내는 척도, 위험도(H)가 클수록 위험성이 높다.

$$H = \frac{U - L}{L}$$

여기서, U : 폭발상한, L : 폭발하한

(1) 위험도(H)가 특히 큰 것 : 이황화탄소, 아세틸렌, 산화에틸렌, 에틸에테르, 수소, 아세트알데히드, 황화수소, 에틸렌 등
(2) 위험도(H)가 아주 적은 것 : 브롬화메틸, 염화메틸, 암모니아 등

2) 최소 점화(발화)에너지

폭발성 혼합가스 또는 폭발성 분진을 발화시키는데 필요한 최소한의 발화에너지 착화원으로 가스의 온도, 가스의 조성, 압력에 따라 다르다. 그리고 불꽃방전을 이용하여 $E = 1/2CV^2$에 의해 계산, 최소 점화 에너지가 작을수록 위험성은 크다.(단, E는 방전에너지(Joule), C는 방전전극과 병렬 연결한 축전기의 전용량(Farad), V는 불꽃전압(Volt)이다.)

3) 화염 일주한계

폭발성 혼합가스 용기를 금속제의 협소한 간극의 두 부분으로 격리한 경우 한편의 혼합가스에 착화된 화염이 좁은 협극 부분을 통과할 때 일주하여 다른 쪽의 혼합가스에 인화되지 않게 되는 한계의 최소거리(화염 일주한계가 작을수록 위험성은 크다.)가 화염 일주한계이다.

4) 인화점(Flash Point)

액체의 온도를 올려가면서 인화점 시험을 할 때 액체의 표면 부근에서 순간적인 화염을 보게 되는 최저온도가 인화점이며 연소점이란 이보다 약간 높은 온도로서 적어도 5초 동안 계속하여 액면에서 연소를 계속하는 최저온도가 연소점(화염점), 일반적으로 연소점이 인화점보다 5~20℃ 정도 높은 것이 보통이나 인화점이 100℃ 이하에서는 양자가 같은 것도 많다. 인화점이 낮을수록 위험성이 크다.

5) 발화점(Ignition temperature)

(1) **최저 발화온도** : 장시간 가열하여 최초로 발화하는 최저온도
(2) **순간 발화온도** : 1초라든가 3초 지연상태의 발화온도에 상당하는 온도, 발화점이 낮을수록 위험성은 크다.

> **Reference 방지법**
>
> ① 발화지연 : 어느 온도에서 가열하기 시작하여 발화에 이르기까지의 시간
>   - 고온고압일수록 발화지연은 짧아진다.
>   - 가연성 가스와 산소의 혼합비가 완전 산화에 가까울수록 발화지연은 짧아진다.
>
> ② 발화점에 영향을 주는 인자
>   - 가연성 가스와 공기의 혼합비
>   - 가열속도와 지속시간
>   - 점화원의 종류와 에너지 투여법
>   - 발화가 생기는 공간의 형태와 크기
>   - 기벽의 재질과 촉매효과
>
> ③ 가스온도가 발화점까지 높아지는 원인
>   - 가스의 균일한 가열
>   - 외부점화원에 의해 어떤 에너지를 한 부분에 국부적으로 주는 것

6) 폭발성 물질의 감도

(1) **충격감도** : 질량 5kg(또는 2kg) 추를 시료(0.05~0.1g)의 원형 석박에 싸서 놓고 그 위에 낙하시켜 폭발하지 않는 것이 최고 낙하치(불폭치)이다. 이 높이가 작은 것일수록 감도가 높다.

② **마찰감도** : 0.1g의 시료를 자기제 유발에 넣어서 격심하게 마찰하여 폭발 유무를 본다. 감도를 예민하게 하기 위하여 가열하거나 모래 또는 유리알을 넣는 경우도 있다.

> **Reference 감도**
>
> 폭발성 물질을 기폭시키기 위하여 최초에 가하여야만 하는 충격 또는 마찰 에너지의 최저값. 이 에너지가 작은 것일수록 감도가 높고 감도가 높을수록 위험성은 크다.

5. 연소 반응식 및 생성열

1) 연소 반응식

(1) **열화학 방정식**

반응식에 반응물과 생성물의 상태를 명시하고, 그 반응에 동반하는 반응열을 표시, 단 상태가 명확한 것은 상태표시를 생략할 수 있다.

(2) **연소에 관련된 열화학 방정식(1기압 2.5℃)**

$$C(S) + O_2(g) \Leftrightarrow CO_2(g) + 97,200 \text{kcal/kmol}(8,100 \text{kcal/kg})$$
$$C(S) + CO_2(g) \Leftrightarrow 2CO_2(g) - 39,000 \text{kcal/kmol}$$

- $C + \frac{1}{2}O_2 \Leftrightarrow CO + 29,200 \text{kcal/kmol}(2,433 \text{kcal/kg})$

- $CO + \frac{1}{2}O_2 \Leftrightarrow CO_2 + 67,700 \text{kcal/kmol}(5,667 \text{kcal/kg})$

- $H_2(g) + \frac{1}{2}O_2 \Leftrightarrow H_2O(\ell) + 68,400 \text{kcal/kmol}(34,200 \text{kcal/kg})$

- $H_2(g) + \frac{1}{2}O_2 \Leftrightarrow H_2O(g) + 57,600 \text{kcal/kmol}(28,800 \text{kcal/kg})$

$$C + H_2O \Leftrightarrow CO + H_2 - 39,300 \text{kcal/kmol}$$
$$C + 2H_2O \Leftrightarrow CO + 2H_2 - 39,600 \text{kcal/kmol}$$
$$S + O_2 \Leftrightarrow SO_2 + 80,000 (\text{kcal/kmol})(2,500 \text{kcal/kg})$$

2) 생성열

(1) 생성열(Heat of Formation)

어떤 화합물 1mol이 그 성분원소의 분자 또는 원자의 결합에 의해 만들어졌을 때의 반응열이다.(즉 물질 1몰이 성분 홑원소 물질로부터 생성될 때 반응열)

(2) 반응열

화학반응에 수반하여 화학계와 외계 사이에서 교환되는 열량을 말한다. 발열일 때는 +, 단위는 보통 cal/mol이다.
① **정적(定績) 반응열** : 반응이 등온 정적변화의 경우로 실열량(實熱量)이라고 부르는 수가 많다. 화학계의 내부 에너지의 변화와 같다.
② **정압(定壓) 반응열** : 반응이 등온 정압변화의 경우로 간단히 반응열이라고 부르는 수가 많다. 화학계의 엔탈피(열함량) 변화가 같다.

(3) 헤스(Hess)의 법칙(총열량 불변의 법칙)

정압하의 화학반응에서 발생하는 열량은 그 반응이 단번에 일어나든, 몇 단계를 밟아서 일어나든 간에 같다.(즉, 최초의 상태와 최후의 상태만 결정되면 그 도중의 경로에는 무관하다.)

(4) 연료의 발열량(Calorific Valve)

연료의 연소열을 그 연료의 발열량이라고 한다. 압력과 온도에 따라 다소 변하는데 특히 기체 반응의 경우 정압하의 발열량을 Q_p[kcal/mol], 정용하의 발열량을 Q_v[kcal/mol]이라면 정압하에서는 체적변화를 동반하므로

$$Q_p = Q_v - P\Delta V$$

여기서, P : 정압 반응 시의 압력, ΔV : 정압 반응 시의 체적 증가량

이상 기체로 간주하면 $PV = nRT$ 이므로

$$Q_p = Q_v - \Delta nRT$$

여기서, R : 기체상수, Δn : 정압 반응시 변화된 몰수, v : 절대온도

① 총발열량(Hh)=저위발열량+480×수증기양(kcal/m³)
② 순발열량(Hl)=고위발열량−수증기양×480(kcal/m³)

6. 방폭 구조(Explosion-proof Structure)의 종류

1) 위험한 장소의 분류

(1) 위험한 장소

폭발성 혼합가스가 존재할 우려가 있는 작업장소

(2) 위험한 장소 판정기준

① 취급물질의 물성 : 인화점, 발화점 폭발한계, 비중
② 발생조건 : 정상, 이상에 따라 가스누설, 유출, 파괴에 따른 유출 등
③ 감쇄조건 : 환기, 기온, 풍향, 풍속 등의 기상조건

(3) 가스폭발 위험장소의 종류

① 제0종 위험장소(division 0 area) : 폭발성 가스의 농도가 연속적이거나 장시간 지속적으로 폭발한계 이상이 되는 장소 또는 지속적으로 위험상태가 생성되거나 생성할 우려가 있는 장소
  - 인화성 액체의 용기 또는 탱크 내의 액면 상부 공간부
  - 가연성 가스 용기, 탱크의 내부
  - 개방된 용기에 있어서 인화성 액체의 액면부근
② 제1종 위험장소(division 1 area) : 정상적인 운전이나 조작 및 가스배출, 뚜껑의 개폐, 안전밸브 등의 동작에 있어서 위험 분위기를 생성할 우려가 있는 장소
  - 가연성 가스 또는 증기가 공기와 혼합되어 위험하게 된 장소
  - 수리, 보수, 누설 등에 의하여 자주 위험하게 된 장소
  - 사고 시 위험한 가스방출 및 전기기기에도 사고 우려가 있는 장소
③ 제2종 위험장소(division 2 area) : 이상적인 상태하에서 위험상태가 생성할 우려가 있는 장소
  - 제1종 위험장소의 주변 및 인접한 실내로서 위험농도의 가스가 취입할 우려가 있는 장소
  - 밀폐 용기 또는 설비 내에 봉입되어 있어서 사고 시에만 누출하여 위험하게 된 장소
  - 위험한 가스가 정체되지 않도록 환기 설비에 있어서 사고 시에만 위험하게 된 장소

(4) 방폭구조의 종류

① 내압(耐壓)방폭구조(d) : 전폐구조로 용기 내부에서 폭발성 가스의 폭발이 일어났을 때 용기가 압력에 견디고 또한 외부의 폭발성 가스에 인화할 우려가 없도록 한 구조
② 유입(油入)방폭구조(o) : 전기기기의 불꽃 또는 아크를 발생하는 부분을 기름 속에 넣어 유면상에 존재하는 폭발성 가스에 인화될 우려가 없도록 한 구조

③ 안전증방폭구조(e) : 정상운전 중에 전기불꽃 및 고온이 생겨서는 안 되는 부분(권선, 접속부)에 이들이 생기는 것을 방지하도록 구조상 및 온도상승에 대비하여 특별히 안전도를 증가시키는 구조
④ 압력방폭구조(내압 : 內壓)(P) : 용기 내부에 공기 또는 불활성 가스를 압입하여 압력을 유지하여 폭발성 가스가 침입하는 것을 방지한 구조
⑤ 본질안전방폭구조(ia, ib) : 정상 시 및 사고 시에 발생하는 전기불꽃 및 고온부로부터 폭발성 가스에 점화되지 않는다는 공적기관에서 점화시험 및 기타 방법에 의해 확인된 구조
⑥ 특수방폭구조(s) : ①~⑤ 이외의 구조로 폭발성 가스의 인화를 방지할 수 있는 것을 공적기관에서의 시험 및 기타 방법에 의하여 확인된 구조

7. 가스폭발(Gas Explosion)의 종류와 상태

1) 폭발의 발생 조건

(1) 온도

① 발화온도
② 최소 점화에너지
③ 외부 점화에너지

(2) 조성

가연성가스와 지연성가스의 혼합비율

(3) 압력

① 고압일수록 폭발범위가 넓다.
② 압력이 높아지면 발화온도가 저하된다.

(4) 용기의 크기

온도, 압력, 조성이 갖추어져 있어도 용기 크기가 작으면 발화하지 않거나 발화해도 꺼져버린다.

2) 폭발 분류

(1) 기체폭발

① 혼합가스폭발 : 가연성 가스나 가연성 액체의 증기가 조연성 가스와 일정한 비율로 혼합된 가스가 발화원에 의해 착화되어 일어나는 폭발(약 7~10배)
  • 종류 : 프로판가스와 공기, 에테르증기와 공기

② 가스의 분해폭발(Gas Explosive Decomposition) : 가스분자의 분해 시 발열하는 가스는 단일성분의 가스라도 발화원에 의하여 착화되어 일어나는 폭발
- 종류 : 아세틸렌($C_2H_2 \rightarrow 2C + H_2$), 이산화염소, 히드라진 등 산화에틸렌, 에틸렌($C_2H_4 \rightarrow C + CH_4$)

③ 분진폭발(Dust Explosion) : 가연성 고체의 미분 또는 산화반응열이 큰 금속분말이 어떤 농도 이상으로 조연성 가스 중에 분산되어 있을 때 점화원에 의해 착화되어 일어나는 폭발
- 종류 : 유황, 플라스틱, 알루미늄, 티타늄, 실리콘 등

④ 분무폭발 : 가연성 액체무적이 어떤 농도 이상으로 조연성 가스 중에 분산되어 있을 때 점화원에 의해 착화되어 일어나는 폭발
- 종류 : 유압기기의 기름 분출에 의한 유적 폭발

(2) 응상폭발(액체 및 고체상 폭발)

① 혼합위험성 물질의 폭발
- 종류 : 질산암모늄과 유지의 혼합, 액화시안화수소, 3염화에틸렌

② 폭발성 화합물의 폭발
- 종류 : 니트로글리세린, TNT, 산화반응조에 과산화물이 축적하여 일어나는 폭발

③ 증기폭발
- 종류 : 작열된 응용 카바이트나 용융철 또는 용해 슬래그가 물과 접촉하여 일어나는 수증기 폭발

④ 금속선폭발 : 알루미늄과 같은 금속도선에 큰 전류를 흘릴 때 금속의 급격한 기화에 의해 일어나는 폭발

⑤ 고체상 전이폭발 : 무정형 안티몬이 결정형 안티몬으로 전이할 때와 같은 폭발

3) 폭발원인에 따른 분류

(1) 물리적 폭발

액상 또는 고상에서 기상으로의 상변화, 온도상승이나 충격에 의해 압력이 이상적으로 상승하여 일어나는 폭발

① 증기폭발
② 금속선폭발
③ 고체상 전이폭발
④ 압력폭발(보일러, 고압가스용기 등 폭발)

> **Reference** 폭발요인에 따른 폭발
> - **열폭발** : 발열속도가 방열속도보다 커서 반응열에 의한 자기가열로 반응속도가 증대한다. 즉 반응속도가 증대해서 일어나는 폭발
> - **연쇄폭발** : 연쇄반응의 연쇄운반체의 수가 급격히 증가하여 반응속도가 가속되어 일어나는 폭발

(2) 화학적 폭발

① **산화폭발** : 가연성 물질과 산화제(공기, 산소, 염소)의 혼합물이 점화되어 산화반응에 의하여 일어나는 폭발
- **종류** : 폭발성 혼합가스의 폭발, 화약의 폭발, 분진·분무폭발
  수소와 염소의 반응($H_2 + Cl_2 \rightarrow 2HCl$) → 수소, 염소폭명기
  아세틸렌과 산소와 반응($2C_2H_2 + 5O_2 \rightarrow 4CO_2 + 2H_2O$)

② **분해폭발** : 산소의 농도 없이 단일가스가 분해하여 폭발한 것으로 압력을 증가시킬 때 C_2H_2, C_2H_4O 등의 분해폭발이 있다.
- **종류** : 과산화에틸, N_2H_4(히드라진), O_3(오존)

③ **중합폭발** : 불포화 탄화수소(화합물) 중에서 특히 중합하기 쉬운 물질이 급격한 중합 반응을 일으키고 그 때의 중합열에 의하여 일어나는 폭발
- **종류** : HCN, 염화비닐, 산화에틸렌, 부타디엔 등

④ **촉매폭발** : 수소와 염소에 햇볕이 비추었을 때 일어나는 염소폭명기의 폭발이다.

Reference

1. **블레비(Bleve)현상** : 액화가스를 저장하는 용기주변에 화재 등의 발생으로 용기를 가열하는 경우 액화가스의 비등으로 급격한 압력의 상승이 있다. 이때 안전장치(안전밸브, 봉판)를 통하여 이루어지는 압력의 완화율보다 내부의 압력증가율이 큰 경우 용기가 파열되는 현상을 Bleve라 한다. 또한 액화가스가 가연성인 경우 거대한 화구를 형성하게 되는데 이런 현상을 파이어볼(Fire Ball)이라고 한다.
  ※ Bleve : Boiling Liquid Expanding Vapor Explosion

2. **폭발** : 급격한 압력의 발생이나 기체의 순간적인 팽창에 의하여 폭발음과 함께 심한 파괴작용을 동반하는 현상
   ① 폭발의 종류 : 물리적 폭발, 화학적 폭발, 핵폭발
   ② 폭발의 형태
   - 증기운폭발 : 저비점 액화가스의 저장, 취급시설 등에서 대량의 인화성 기체가 생성되어 공기와 혼합가스를 형성하고 있다가 점화원에 의해 착화되어 거대한 화구를 형성하며 폭발하는 형태
   - 분진폭발 : 미세한 가연성 분진입자가 공기 중에 부유하여 폭발범위를 형성하고 있다가 점화에너지에 의해 착화되어 폭발하는 것으로 기체상태의 폭발과 유사하다.

3. **상태에 따른 폭발의 분류**
   ① 기상폭발 : 기체상태의 폭발(가스폭발, 분진폭발, 분류폭발 등)
   ② 응상폭발 : 액체 또는 고체상태의 폭발(수증기폭발, 전이폭발, 전선의 폭발, 분해폭발, 중합폭발 등)

4. **폭연과 폭굉** : 폭연과 폭굉의 차이는 폭발 시 발생하는 충격파(압력파)의 속도이다.
   ① 폭연(Deflagration) : 음속보다 느리게 이동하는 연소현상(속도 0.1~10m/sec)
   ② 폭굉(Detonation) : 음속보다 빠르게 이동하며 파괴작용을 동반하는 연소현상(속도 1,000~3,500m/sec)

4) 폭굉(Detonation)

(1) 폭굉의 정의

가스 중 음속보다 화염 전파속도가 큰 경우로서 파면 선단에 충격파라고 하는 강한 압력파가 발생하여 격렬한 파괴작용을 일으키는 원인이 된다.

① 폭속은 폭굉이 전하는 속도로서 가스의 경우 1~3.5km/sec
② 연소 속도는 0.1~10m/sec
③ 폭굉에서는 압력이 고속파로 진행되기 때문에 압력이 높아지는 것으로 폭굉파가 벽에 충돌하면 파면 압력은 약 2.5배

(2) 충격파(Shock wave)

연소가스 중의 음속보다 화염 전파속도가 크면 파면 선단에 충격파라고 하는 솟구치는 압력파가 발생하여 일어나는 격렬한 파괴작용을 말한다.(폭굉파 속도가 3km/sec일 때 충돌압력은 최고 1,000kgf/cm²)

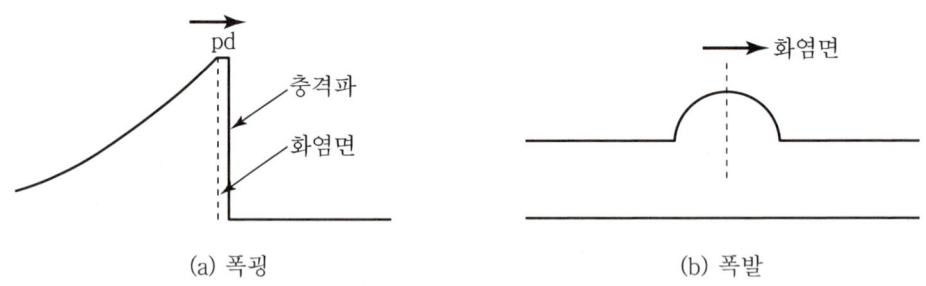

(a) 폭굉   (b) 폭발

| 충격파 |

(3) 폭굉 유도거리(DID)

최소의 완만한 연소가 격렬한 폭굉으로 발전할 때까지의 거리로 가스의 종류, 혼합비, 압력온도, 관지름, 표면상황, 점화원 등의 인자에 영향을 받는다.

[폭굉 유도거리가 짧아지는 조건]
- 정상 연소속도가 큰 혼합가스일수록
- 관속에 방해물이 있거나 관지름이 가늘수록
- 공급 압력이 높을수록
- 점화원의 에너지가 강할수록

(4) 스핀 폭굉

혼합기가 들어 있는 관속을 폭굉파가 전파할 때 관측 둘레를 회전하면서 수반하는 폭굉현상을 스핀폭굉이라고 말한다.

>
>
> **DID(폭굉유도거리)**
> 최초의 완만한 연소로부터 폭굉까지 이르는 데 필요한 거리
>
> **DID가 짧아질 수 있는 조건**
> ① 점화에너지가 강할수록
> ② 연소속도가 큰 가스일수록
> ③ 관경이 가늘거나 관속에 이물질이 있을수록
> ④ 압력이 높을수록
> ⑤ 주위온도가 높을수록

8. 안전성 평가 및 안전성 향상 계획서의 작성·심사 등에 관한 기준

1) 적용범위

법 제27조의2제4항 및 영 제7조의2제5호 관련 법 제27조의2제1항의 규정에 의한 도시가스 사업자가 실시하는 안전성 평가와 이들의 안전성 향상계획서의 작성·심사 등에 대하여 적용한다.

2) 용어정의

(1) 체크리스트(Checklist)기법

공정 및 설비의 오류, 결함상태, 위험상황 등을 목록화한 형태로 작성하여 경험적으로 비교함으로써 위험성을 정성적으로 파악하는 안전성 평가기법을 말한다.

(2) 상대위험순위 결정(Dow And Mond Indices)기법

설비에 존재하는 위험에 대하여 수치적으로 상대위험 순위를 지표화하여 그 피해정도를 나타내는 상대적 위험 순위를 정하는 안전성 평가기법을 말한다.

(3) 작업자 실수분석(HEA ; Human Error Analysis)기법

설비의 운전원, 정비보수원, 기술자 등의 작업에 영향을 미칠만한 요소를 평가하여 그 실수의 원인을 파악하고 추적하여 정량적으로 실수의 상대적 순위를 결정하는 안전성 평가기법을 말한다.

(4) 사고예상 질문분석(WHAT-IF)기법

공정에 잠재하고 있으면서 원하지 않은 나쁜 결과를 초래할 수 있는 사고에 대하여 예상질문을 통해 사전에 확인함으로써 그 위험과 결과 및 위험을 줄이는 방법을 제시하는 정성적 안전성 평가기법을 말한다.

(5) 위험과 운전분석(HAZOP ; HAZard and OPerability Studies)기법

공정에 존재하는 위험 요소들과 공정의 효율을 떨어뜨릴 수 있는 운전상의 문제점을 찾아내어 그 원인을 제거하는 정성적인 안전성 평가기법을 말한다.

(6) 이상위험도 분석(FMECA ; Failure Modes, Effects, and Criticalty Analysis)기법

공정 및 설비의 고장의 형태 및 영향, 고장 형태별 위험도 순위 등을 결정하는 기법을 말한다.

(7) 결함수 분석(FTA ; Fault Tree Analysis)기법

사고를 일으키는 장치의 이상이나 운전사 실수의 조합을 연역적으로 분석하는 정량적 안전성 평가기법을 말한다.

(8) 사건수 분석(Event Tree Analysis ; ETA)기법

초기 사건으로 알려진 특정한 장치의 이상이나 운전자의 실수로부터 발생되는 잠재적인 사고 결과를 평가하는 정량적 안전성 평가기법을 말한다.

(9) 원인결과 분석(Cause-Consequence Analysis ; CCA)기법

잠재된 사고의 결과와 이러한 사고의 근본적인 원인을 찾아내고 사고결과와 원인의 상호관계를 예측 · 평가하는 정량적 안전성 평가기법을 말한다.

3) 주요 구조부분의 변경

영 제7조제3항에서 '주요 구조부분의 변경'이라 함은 다음에 해당하는 사항을 말한다.

(1) 가스도매 사업자

① 가스 생산량이 증가 또는 공정의 변경을 위하여 설비 등의 규모를 증가시키거나 추가로 설치할 경우
② 설비교체 등을 위하여 변경되는 생산설비 및 부대설비의 당해 전기 정격용량의 합이 300kW 이상인 경우

(2) 일반 도시가스 사업자(제조소 내의 시설에 한한다.)

① 저장능력의 변경
② 일일 가스생산 능력이 50,000m^3(15,000kcal/m^3 기준) 이상 증가되는 시설의 변경

4) 안전성 평가(Safety assessment)의 실시 등

(1) 도시가스 사업자는 다음의 안전성 평가기법 중 한 가지 이상을 선정하여 안전성 평가를 실시하되 당해 시설에 가장 적합한 안전성 평가기법을 선정하여야 하며 선정한 평가기법의 선정 근거

및 그와 관련된 기준을 안전성 평가서에 명시하여야 한다.

① 체크리스트 기법　　② 상대 위험순위 결정기법　　③ 작업자 실수분석기법
④ 사고예상 질문분석기법　⑤ 위험과 운전분석기법　　⑥ 이상 위험도 분석기법
⑦ 결함수 분석기법　　⑧ 사건수 분석기법　　⑨ 원인결과 분석기법
⑩ 제1호 내지 제9호와 동등 이상의 기술적 평가기법

(2) 이미 안전성 평가를 실시하여 시행 당해 연도 현재 기준으로 개선조치가 이루어지고, 그동안 변경사항이 없을 경우에는 이미 실시한 안전성 평가서로 대체할 수 있다.

(3) 안전성 평가는 안전성 평가 전문가, 설계전문가 및 공정운전 전문가 각 1인 이상 참여한 전문가로 구성된 팀에 의하여 실시한다.

5) 안전성 향상 계획서의 세부내용

안전성 향상 계획서에 포함되어야 할 세부내용은 다음과 같다.

(1) 공정안전자료

　① 사업 및 설비개요
　② 제조·저장하고 있는(또는 제조·저장할) 물질의 종류 및 수량
　③ 물질안전자료
　④ 가스시설 및 그 관련 설비의 목록 및 사양
　⑤ 내압시험 및 기밀시험 관련 자료
　⑥ 가스시설 및 그 관련 설비의 운전방법을 알 수 있는 공정도면
　⑦ 각종 건물·설비의 배치도
　⑧ 방폭지역 구분도 및 전기단선도
　⑨ 설계·제작 및 설치 관련 지침서
　⑩ 기타 관련 자료

(2) 안전성 평가서

　① 안전성 평가서의 구성
　② 공정위험특성
　③ 잠재위험의 종류
　④ 사고빈도 최소화 및 사고 시의 피해 최소화 대책
　⑤ 안전성 평가 보고서
　⑥ 기존 설비의 안전성 향상 계획서 작성

(3) 안전운전계획

① 안전운전 지침서
② 설비점검·검사 및 보수·유지계획 및 지침서
③ 안전작업허가
④ 협력업체 안전관리계획
⑤ 종사자의 교육계획
⑥ 가동 전 점검지침
⑦ 변경요소 관리계획
⑧ 자체감사 및 사고조사계획
⑨ 기타 안전운전에 필요한 사항

(4) 비상조치계획

① 비상조치를 위한 장비·인력보유 현황
② 사고 발생 시 각 부서·관련 기관과의 비상연락체계
③ 사고 발생 시 비상조치를 위한 조직의 임무 및 수행절차
④ 비상조치계획에 따른 교육계획
⑤ 주민홍보계획
⑥ 기타 비상조치 관련사항

(5) 도시가스 사업자의 안전관리 투자계획은 고시령 제7장 제3절 안전관리투자 및 산정에 관한 기준에 따라야 한다.

9. 화재 및 소화방법

1) 화재의 종류

(1) A급 화재(일반화재) : 백색(냉각소화)

① 보통가연물 화재
② 소화제 : 물, 알칼리수용액, 주수, 산, 알칼리, 포

(2) B급 화재(유류 및 가스화재) : 황색(질식소화)

① 인화성 증기를 발생하는 석유류 등의 화재
② 소화제 : 포, 할로겐화합물약재, 이산화탄소, 소화분말

(3) C급 화재(전기화재) : 청색

① 전기장치인 변압기, 스위치, 모터 등의 화재

② 소화제 : 전기전도성이 없는 유기성 소화액, 불연성 기체

(4) D급 화재(금속화재)
① 마그네슘, 알루미늄 등의 금속화재
② 소화제 : 마른모래, 분말

2) 소화방법

(1) 제거소화 : 가연물의 제거
(2) 질식소화 : 산소공급원의 제거
(3) 냉각소화 : 물로서 주수소화
(4) 희석소화 : 가연물이나 가스, 산소농도를 연소한계점 이하로 소화
(5) 기타 소화

3. 소화기의 종류

(1) 물소화기

축압식 물소화기, 가압식 물소화기, 펌프식 물소화기

(2) 포말소화기
① 화학포, 기계포, 특수포
② 탄산수소나트륨($NaHCO_3$), 황산알루미늄($Al_2(SO_4)_3$)이 주성분

(3) 분말 소화기
① 제1종 분말소화약제 : 탄산수소나트륨
② 제2종 분말소화약제 : 탄산수소칼륨($KHCO_3$)
③ 제3종 분말소화약제 : 제1인산 암모늄($NH_4H_2PO_4$)
④ 제4종 분말소화약제 : 탄산수소칼륨과 요소(($NH_2)_2CO$)의 화합물

> **Reference**
>
> 드라이케미컬(Dry Chemical)
> 탄산수소나트륨+탄산수소칼륨+염화칼륨+인산암모늄의 총칭
>
> 드라이파우더(Dry Powder)
> 금속용 분말소화제의 총칭으로 소금주제분말소화제, 인산암모늄주제분말소화제, 탄산수소나트륨과 흡착제분말소화제이다.

(4) CO_2 소화기(탄산가스 소화기)

(5) 할로겐 화합물 소화기(증발성 액체 소화기)

① 할론 1011 소화기 : 1취화 1염화메탄(CH_2ClBr)

② 할론 1211 소화기 : 1취화 1염화 2불화메탄(CF_2ClBr)

③ 할론 1301 소화기 : 할로겐화합물(CF_3Br) 소화제

④ 할론 2402 소화기 : 4불화 2취화에탄($C_2F_4Br_2$)

※ 방사방식 : 축압식, 가스가압식, 수동펌프식

(6) 강화액 소화기

물의 소화효과를 증가시키기 위해 물에 탄산칼륨(K_2CO_3)을 용해시킨 수용액이다.

(7) 산, 알칼리 소화기

소화기 내부에 산으로 이용되는 황산(H_2SO_4)을 충전하는 용기(앰플)와 중탄산나트륨($NaHCO_3$)을 충전하는 외통으로 구분되어 있으며 방사방법은 전도식, 파병식이 있다.

4) 가스화재의 예방대책

(1) 가스의 누설확인은 비눗물을 사용
(2) 콕 작동 시 불의 점화 확인
(3) 사용 후 콕과 중간 밸브를 잠근다.
(4) 연소기구 이동 시 연결부분의 누설 확인
(5) 용기밸브 및 조정기의 분해금지

> **Reference** 가스누설 시 조치사항
>
> ① 가스기기의 콕, 중간밸브, 용기밸브를 닫는다.   ② LP가스의 경우는 환기
> ③ 점화원 차단   ④ 전기기구 사용 금물
> ⑤ 가스공급업체에 안전조치 요망

5) 폭발방지대책

(1) 충전물 사용   (2) 소염거리에 의한 방법
(3) 안전세극에 의한 방법   (4) 다공판이나 블록에 의한 방법
(5) 금망에 의한 방법   (6) 박판식 안전판 사용
(7) 폭발억제장치에 의한 방법

출제예상문제

01 중유의 자동점화 시 기동(가동) 스위치를 ON에 넣은 후 시퀀스 제어의 올바른 진행 순서는?

① 송풍기 모터 작동 → 프리퍼지 → 1·2차 공기 댐퍼작동 → 버너 모터 작동 → 점화용 버너착화 → 주버너 착화
② 버너 모터 작동 → 점화용 버너 착화 → 송풍기 모터작동 → 1·2차 공기댐퍼작동 → 프리퍼지 → 주버너 착화
③ 버너 모터 작동 → 송풍기 모터 작동 → 1·2차 공기댐퍼작동 → 프리퍼지 → 점화용 버너 착화 → 주버너 착화
④ 송풍기 모터 작동 → 1·2차 공기 댐퍼작동 → 프리퍼지 → 버너 모터 작동 → 점화용 버너 착화 → 주버너 착화

풀이 중유의 자동점화 순서
버너 모터 작동 → 송풍기 모터 작동 → 1·2차 공기 댐퍼작동 → 프리퍼지(치환) → 점화용 버너 착화 → 주버너 착화

02 연돌의 높이가 50m이고, 배기가스의 비중량이 $1.2kg/m^3$(0℃, 1atm)일 때 만약 배기가스의 온도가 130℃이고 외기의 비중량이 $1.05kg/m^3$라면 이 굴뚝의 이론통풍력은?

① $7.5mmH_2O$
② $11.9mmH_2O$
③ $19.5mmH_2O$
④ $23.7mmH_2O$

풀이 이론통풍력(H)
$$= 273 \times 굴뚝높이 \times \left[\frac{ra}{273+T_a} - \frac{rg}{273+T_g}\right]$$
$$\therefore 273 \times 50 \times \left[\frac{1.05}{273+0} - \frac{1.2}{273+130}\right]$$
$$= 11.855 mmH_2O$$

03 다음은 댐퍼(Damper)를 설치하는 목적에 관해서 설명한 것이다. 이 중 해당되지 않는 것은?

① 통풍력을 조절한다.
② 가스의 흐름을 교체한다.
③ 가스의 흐름을 차단한다.
④ 가스가 새어나가는 것을 방지한다.

풀이 연도댐퍼의 설치목적은 ①, ②, ③이다.

04 주위 공기와 배기가스의 밀도차를 이용한 통풍방식은?

① 흡인통풍
② 압입통풍
③ 평형통풍
④ 자연통풍

풀이 주위 공기와 배기가스의 밀도차를 이용한 통풍방식은 자연통풍방식이다.

05 보일러 내의 압력을 대기압 이하로 낮추어 운전하는 경우 가장 적절한 통풍 방법은?

① 압입통풍
② 흡입통풍
③ 평형통풍
④ 자유통풍

풀이 흡입통풍은 보일러 내의 압력을 대기압 이하로 낮추어 운전이 가능하다.

06 중유 버너 연소에 있어서 중유의 무화방법으로 잘못된 것은?

① 금속판에 연료를 고속으로 충돌시키는 방법
② 가열에 의해 가스화 하는 방법
③ 압축공기를 사용하는 방법
④ 원심력을 사용하는 방법

풀이 중유 버너의 중유의 무화(안개방울)방식에서 가열에 의해 가스와 하는 방법은 사용되지 않는다.

정답 01 ③ 02 ② 03 ④ 04 ④ 05 ② 06 ②

07 단위 부피당 직경 1μm 입자가 1,000개, 10μm 입자가 10개 섞여 있는 유체가 집진장치를 거쳐 직경 1μm 입자 500개, 10μm 입자 1개가 있는 유체로 변화하였을 때 집진효율은?

① 50.4% ② 53.6%
③ 70.7% ④ 86.4%

08 중유 중에 수분이 혼입되는 과정이라고 볼 수 없는 것은?

① 정제 과정 ② 사용 중
③ 수송 중   ④ 저장 중

풀이 중유에 수분이 혼입되는 과정은 정제과정, 수송 중, 저장 중에 일어난다.

09 다음 설명 중 매연의 방지조치로서 부적당한 것은?

① 무리하게 불을 피우지 않도록 한다.
② 통풍을 많게 하여 충분한 공기를 주도록 한다.
③ 보일러에 적합한 연료를 선택한다.
④ 연소실 내의 온도가 내려가지 않도록 공기를 적게 보낸다.

풀이 연소실 내에 공기를 적게 보내면 불완전 연소가 일어나서 매연 발생이 심해진다.

10 연소시 배기가스 중의 질소산화물의 함량을 줄이는 방법 중 적당하지 않은 것은?

① 연소 온도를 낮게 한다.
② 질소함량이 적은 연료를 사용한다.
③ 연돌을 높게 한다.
④ 연소가스가 고온으로 유지되는 시간을 짧게 한다.

풀이 연돌(굴뚝)을 높이면 통풍력이 증가한다.

11 폐유 소각로에 가장 알맞은 버너는?

① 로터리 버너
② 증기분사식 버너
③ 공기분사식 버너
④ 유압식 버너

풀이 폐유는 연소 시 소요공기량이 많아서 공기분사식 버너가 이상적이다.

12 다음 중 중유의 예열온도가 가장 높은 버너는?

① 회전식   ② 고압 기류식
③ 저압 기류식 ④ 유압식

풀이 유압식은 유량조절 범위가 좁고 무화특성이 좋지 않아서 예열온도가 높은 중유가 분무된다.

13 중유를 버너로 연소시킬 때 연소상태에 가장 적게 영향을 미치는 성질은?

① 황분   ② 유동점
③ 점도   ④ 인화점

풀이 유동점이란 기름배관으로 오일을 유동시킬 수 있는 최저 온도이다. 기름의 응고점보다 2.5℃ 높은 온도가 그 기름의 유동점이다.

14 중유 연소에 있어서 화염 중에 불꽃이 발생하는 원인으로 잘못된 것은?

① 버너가 조절 불량일 때
② 버너가 고장나 있을 때
③ 통풍이 지나치게 강할 때
④ 중유에 잔류 탄소가 많은 경우

풀이 중유 중에 잔류탄소가 많으면 버너에 카본이 쌓인다.

정답 07 ④ 08 ② 09 ④ 10 ③ 11 ③ 12 ④ 13 ① 14 ④

15 다음 중 매연의 발생과 직접적인 관련이 가장 적은 것은?

① 연료의 종류　② 공기량
③ 연소방법　　④ 스모그

풀이 스모그(Smog)란 대기오염으로 인하여 생긴 안개와 같은 상태 또는 매연이 섞인 안개

16 다음 중 연소실 내에서 연소가 정상적으로 이루어질 경우에 연소 속도를 지배하는 요인은?

① 화학 반응속도가 지배한다.
② 연료의 착화온도가 지배한다.
③ 공기(산소)의 확산속도가 지배한다.
④ 배기가스의 CO_2 농도가 지배한다.

풀이 연소실 내에서 연소가 정상적으로 이루어질 경우 연소속도는 공기의 확산속도가 지배한다.

17 다음 중 연돌의 통풍력은?

① 비중량 차이 × 연돌 높이
② 비중 차이 × 연돌 높이
③ 압력 차이 × 연돌 높이
④ 온도 차이 × 연돌 높이

풀이 연돌의 통풍력=(공기와 연소가스의 비중량 차이)×연돌높이

18 부하 변동에 따라 연료량의 조절이 가장 잘 되는 버너의 형식은?

① 유압식 버너
② 회전식 버너
③ 고압공기 분무식 버너
④ 저압증기 분무식 버너

풀이 버너의 유량조절범위
　• 유압식 버너(1 : 2)
　• 회전식 버너(1 : 5)
　• 고압공기 분무식 버너(1 : 10)
　• 저압증기 분무식 버너(1 : 5)

19 다음 세정식 집진장치 중에서 가장 미세한 입자의 집진과 높은 집진효율을 가진 것은 어떤 장치인가?

① 충전탑(Packed Tower)
② 분무탑식(Spray Tower)
③ 벤투리 스크러버식(Venturi Scrubber)
④ 사이크론 스크러버식(Cyclone Scrubber)

풀이 세정식 집진장치
　• 유수식
　• 가압수식(벤투리 스크러버식) : 집진효율이 높다.
　• 회전식
　※ 충전탑, 분무탑식, 사이클론 스크러버식 : 가압수식

20 중유를 버너로 연소시킬 때 다음 중 연소상태에 가장 적게 영향을 미치는 성질은?

① 황분　　② 점도
③ 인화점　④ 유동점

풀이 중유는 연소 시 점도, 인화점, 유동점이 영향을 많이 미친다. 황분은 가연성 성분이며 저온부식의 원인이 되기도 한다.

21 기체연료의 연소에는 층류확산연소, 난류확산연소 및 예혼합연소가 있는데 이 중 가장 고부하 연소가 가능한 연소방식은?

① 층류확산연소
② 난류확산연소
③ 예혼합연소
④ 가스 및 연소장치의 설계에 따라 달라진다.

풀이 예혼합연소 : 고부하 연소가능(기체연료 중)

정답 15 ④　16 ③　17 ①　18 ③　19 ③　20 ①　21 ③

22 버너 타일(Burner Tyle) 및 에어 레지스터(Air Register)와 같은 보염장치의 가장 큰 목적은?

① 화염을 촉진
② 역화를 방지
③ 연료의 무화를 촉진
④ 연속적인 연소 안정을 촉진

풀이 보염장치의 설치 목적 : 연속적인 연소 안정촉진

23 회전 분무식 버너의 설명 중 틀린 것은?

① 연료소비량이 10L/h 이하에서 주로 사용된다.
② 원심력을 이용한다.
③ 분무각도는 40~80° 정도이다.
④ 연료유의 점도가 높으면 무화가 어렵다.

풀이
- 회전분무식은 연료소비량의 10L/h 이상용
- 10L/h 이하는 증발식 버너채택

24 매연발생 원인에 대한 설명으로 가장 부적절한 것은?

① 연료에 대한 공기량이 불충분한 경우 연료 속에 탄화수소가 불완전연소하여 매연을 발생한다.
② 연소실 체적 및 구조가 불완전하기 때문에 가연가스와 공기와 혼합이 안 되었을 때 매연이 발생한다.
③ 사용연료가 연소장치에 대해서 부적당하여 연소가 완전히 행하여지지 않을 때 매연이 발생한다.
④ 일반적으로 과잉공기가 과대할 때는 특히 매연의 발생이 많다.

풀이 일반적으로 과잉공기가 과대하면 완전연소는 이루어지나 로 내의 온도저하 및 배기가스의 열손실이 많아지고 배기가스 중 CO_2 감소, O_2 증가

25 다음 중 연소용 송풍기와 배기가스 흡입 통풍기를 함께 사용하는 통풍 방식은?

① 자연통풍   ② 평형통풍
③ 압입통풍   ④ 흡출통풍

풀이
- 평형통풍 : 압입통풍 + 흡입통풍
- 자연통풍 : 굴뚝에 의존(로 내 부압)
- 인공통풍 : 압입통풍, 흡입통풍, 평형통풍

26 압력손실 200mmAq인 사이클론을 써서 시간당 1,000m³의 가스를 제진할 때 소요되는 동력(kW)을 구하면?(단, $P = 0.272 \times 10^{-5} \times \Delta P \times Q$)

① 0.544   ② 0.704
③ 0.922   ④ 1.102

풀이 집진장치소요동력
$= 0.272 \times 10^{-5} \times 200 \times 1,000 = 0.544 kW$

27 연돌의 통풍력에 관한 다음 설명 중 가장 부적절한 것은?

① 일반적으로 직경이 크면 통풍력도 크게 된다.
② 일반적으로 높이가 증가하면 통풍력도 증가한다.
③ 연돌의 내면에 요철이 적은 쪽이 통풍력이 크다.
④ 연돌의 벽에서 배기가스의 열방사가 많은 편이 통풍력이 크다.

풀이 연돌의 벽에서 배기가스의 열방사가 많으면 배기가스의 온도 저하로 통풍력이 약해진다.

28 유압식과 기류식을 병합한 방법으로 무화시키는 버너는?

① 증발식 버너   ② 회전분무식 버너
③ 건타입 버너   ④ 초음파 버너

풀이 건타입버너는 유압식과 기류식을 병용한 버너이다.

정답 22 ④ 23 ① 24 ④ 25 ② 26 ① 27 ④ 28 ③

29 보일러의 배출가스용 집진장치 중 재나 매연의 입경이 비교적 크고 대용량의 설비에 적절한 것은?

① 멀티사이클론집진장치
② 코트렐집진기
③ 여과집진장치
④ 습식집진장치

풀이
- 사이클론식 : 10~20μ까지 집진
- 코트렐식 : 0.05~20μ까지 집진
- 습식 : 0.1μ까지 집진
- 여과식 : 0.1~4.0μ까지 집진

30 다음 집진장치 중에서 미립자집진에 가장 적합한 것은?

① 중력집진
② 관성력집진
③ 원심력집진
④ 전기집진

풀이 전기식 집진장치가 가장 작은 미립자 집진에 이상적이다.

31 화염의 발광특성을 이용하여 화염을 검출할 수 있는 계측센서는?

① 황화카드뮴(CdS) 셀
② 바이메탈
③ 플레임로드
④ 스택스위치

풀이 황화카드뮴셀(플레임아이)
화염의 발광특성을 이용하여 화염을 검출할 수 있는 계측센서이다. 즉, 화염검출기이다.

32 공기분무식 버너에서 고압식과 저압식을 구분할 때 필요한 공기량은?

① 고압식 : 7~12%, 저압식 : 30~50%
② 고압식 : 15~25%, 저압식 : 50~70%
③ 고압식 : 30~50%, 저압식 : 7~12%
④ 고압식 : 50~70%, 저압식 : 15~25%

풀이 공기분무식의 소요 공기량
- 고압기류식 : 7~12%
- 저압기류식 : 30~50%

33 다음 중 열관리 분야에 직접적 관련이 없는 것은?

① 연료의 검질, 저장, 수송
② 연료의 연소
③ 폐열회수
④ 설비의 감가상각

풀이 열관리란 연료의 검질, 저장, 수송, 연료의 연소, 폐열회수를 잘하면 열관리가 이상적이다.

34 통풍력이 수주 25mm일 때의 풍압은?

① $0.25 kg/cm^2$ ② $0.025 kg/cm^2$
③ $0.0025 kg/cm^2$ ④ $0.00025 kg/cm^2$

풀이 $25mmH_2O = 25kg/m^2 = 0.0025kg/cm^2$

35 다음 중 질소산화물(NO_x)의 발생 원인에 직접 관계되는 것은?

① 연료 중의 질소분 연소
② 연소실의 연소온도가 높다.
③ 연료의 불완전 연소
④ 연료 중의 회분이 많다.

풀이 질소산화물은 노내 연소실의 고온에서 발생된다.

정답 29 ① 30 ② 31 ① 32 ① 33 ④ 34 ③ 35 ②

36 다음 중 질소산화물에 대한 억제 대책으로 틀린 것은?

① 연소가스 중 산소농도를 상승시킬 것
② 노내 가스의 잔류시간을 감소시킬 것
③ 과잉공기량을 감소시킬 것
④ 노내압을 강하시킬 것

풀이) 노 내에서 질소산화물을 감소시키려면 산소의 농도를 적게 한다.

37 미분탄 연소장치의 특징을 설명한 것으로 잘못된 것은?

① 미분탄은 표면적이 크므로 적은 과잉공기율로도 완전연소가 가능하다.
② 사용연료의 범위가 비교적 넓다.
③ 소요동력이 크고 회의 비산이 많아서 집진장치가 필요하다.
④ 연소효율은 높지만 연소조절이 용이하지 못하다.

풀이) 미분탄은 버너연소용이기 때문에 연소조절이 용이하다.

38 다음 중 중유 연소방식이 아닌 것은?

① 회전식 버너   ② 공기분무식
③ 압력 분무식   ④ 산포식 스토커

풀이) 산포식 스토커는 고체연료의 기계식 화격자이다.

39 연소실의 작용에 대하여 설명한 것으로 다음 중 틀린 것은?

① 연소용 공기와 가연분의 혼합이 잘되게 한다.
② 연료의 착화를 빠르게 한다.
③ 연소 효율을 양호하게 한다.
④ 통풍력을 증가시킨다.

풀이) 통풍력의 증가는 굴뚝이나, 댐퍼, 송풍기, 외기온도 변화 등에 의해 결정된다.

40 다음은 댐퍼(Damper)를 설치하는 목적에 대하여 설명한 것이다. 틀린 것은?

① 통풍력을 조절한다.
② 가스의 흐름을 교체한다.
③ 가스의 흐름을 차단한다.
④ 배기가스 압력저하를 방지한다.

풀이) 배기가스의 연도댐퍼
• 통풍력 조절
• 가스의 흐름 차단
• 주연도 부연도가 있을 때 가스의 흐름 교체

41 다음 설명 중 매연의 방지조치로서 부적당한 것은?

① 무리하게 불을 피우지 않도록 한다.
② 통풍을 많게 하여 많은 공기를 주입한다.
③ 보일러에 적합한 연료를 선택한다.
④ 연소실 내의 온도가 내려가지 않도록 공기를 적정하게 보낸다.

풀이) 연소용 공기는 이론공기량에 가깝게 공급하여 연소하는 것이 가장 이상적이다. 즉 공기비가 1에 가깝게 공기 투입

42 중유의 분무연소에 있어서 보통 완전연소에 적합한 입경은 대체로 몇 μm 정도인가?

① $50\mu m$ 이하   ② $100\mu m$ 이하
③ $300\mu m$ 이하   ④ $1,000\mu m$ 이하

풀이) 중유의 분무연소 시 입경은 $50\mu m$ 이하가 80% 이상이어야 한다.

정답 36 ① 37 ④ 38 ④ 39 ④ 40 ④ 41 ② 42 ①

43 다음 중 원심력식 집진장치와 관련이 없는 것은?

① 사이클론 스크러버
② 백필터
③ 사이클론
④ 멀티클론

풀이 집진장치
- 사이클론 스크러버는 세정식의 원심식이다.
- 백필터는 건식 집진장치로서 여과식이다.
- 사이클론, 멀티사이클론은 원심식이다.

44 중유의 분무 연소에 있어서 가장 적당한 기름방울의 평균입경은?

① $1,000 \sim 2,000 \mu m$
② $500 \sim 1,000 \mu m$
③ $50 \sim 100 \mu m$
④ $10 \sim 50 \mu m$

풀이 중유의 분무 연소 시 분무 입자의 크기는 $50 \sim 100 \mu m$ 의 입경이 가장 이상적이다.

45 다음 중 중유의 예열온도가 가장 높은 버너는?

① 회전식
② 고압기류식
③ 저압기류식
④ 유압식

풀이 유압식 중유 버너는 유량조절 범위가 작아서 예열온도가 높아야 한다.

46 다음 중 노내 상태가 산화성인지, 환원성인지를 확인하는 방법 중 가장 확실한 것은?

① 연소가스 중의 CO_2 함량을 분석한다.
② 화염의 색깔을 본다.
③ 노내 온도 분포를 체크한다.
④ 연소 가스 중의 CO 함량을 분석한다.

풀이 연소가스 중 CO 가스가 함량되면 환원성 가스이다.(O_2가 많으면 산화성)

47 중유를 버너로 연소시킬 때 다음 중 연소상태에 가장 적게 영향을 미치는 것은?

① 수소성분
② 점도
③ 인화점
④ 유동점

풀이 중유의 연소상태에 영향을 주는 요인은 중유의 점도, 인화점, 유동점 등이다.

48 슬래그 연소의 특성이 아닌 것은?

① 과잉공기량이 적어 연소 배출가스에 의한 열손실이 적고, 높은 온도를 유지할 수 있어 보일러 열효율이 높다.
② Fly Ash가 적어 전열면의 오손이 적고, 재가 용융되므로 미연소물의 배출이 적다.
③ 노내 분위기온도를 고온으로 유지해야 하므로 특별한 구조가 필요하다.
④ 분쇄기가 필요해서 설비비와 유지비가 비싸다.

풀이 분쇄기는 미분탄을 제조할 때 사용된다.

49 노에서 나가는 $1,200°C$ 연소가스가 연통입구에서 $230°C$까지 냉각되었다면 통로의 면적비 $\left(\dfrac{A_{1,200}}{A_{230}}\right)$는?(단 가스의 유동속도는 같다.)

① 5.22
② 2.93
③ 4.57
④ 1.92

풀이 면적비 $\left(\dfrac{A''}{A'}\right) = \dfrac{1,200+273}{230+273} = 2.93$

정답 43 ② 44 ③ 45 ④ 46 ④ 47 ① 48 ④ 49 ②

50 다음의 통풍방식 중에서 굴뚝(연통 : Stack)의 역할이 가장 큰 것은?

① 자연통풍 ② 압입통풍
③ 흡입통풍 ④ 평형통풍

풀이 자연통풍방식은 굴뚝에 의존한다.

51 연소실 내 가스를 완전 연소시키기 위한 조건으로 잘못된 것은?

① 연소실 온도를 착화온도 이상으로 충분히 높게 한다.
② 연소실의 크기를 연소에 필요한 크기 이상으로 한다.
③ 연소실은 기밀을 유지하는 구조로 한다.
④ 이론공기량을 공급한다.

풀이 완전 연소 시에는 실제 공기량을 투입시킨다.

52 분젠 버너의 가스 유속을 빠르게 했을 때 불꽃이 짧아지는 이유는?

① 유속이 빨라서 미처 연소를 못하기 때문이다.
② 층류현상이 생기기 때문이다.
③ 난류현상으로 연소가 빨라지기 때문이다.
④ 가스와 공기의 혼합이 잘 안 되기 때문이다.

풀이 분젠버너는 가스유속을 빠르게 하면 난류현상으로 불꽃이 짧아진다.

53 거리의 제한이 없고 주위 환경오차가 적으며 연돌 상부의 지름 크기에 따라 측정오차가 큰 것은?

① 바카락 스모그 테스터
② 망원경식 매연 농도계
③ 광전관식 매연 농도계
④ 링겔만 매연 농도계

풀이 망원경식 매연 농도계는 거리의 제한이 없다. 또한 주위의 환경 오차가 적다.

54 연돌의 통풍력에 관한 식으로 옳은 것은? (단, H는 연돌의 높이, γ_1는 대기의 비중량, γ_2는 표준 상태에 있어서의 연소가스 비중량, t_1는 외기 온도, tm은 연돌 내의 평균온도이다.)

① $Z = 273H\left(\dfrac{\gamma_1}{273+t_1} - \dfrac{\gamma_2}{273+tm}\right) \text{mmH}_2\text{O}$

② $Z = 273H(\gamma_1 t_1 - \gamma_2 tm) \text{mmH}_2\text{O}$

③ $Z = 273\left(\dfrac{273+t_1}{\gamma_1} - \dfrac{273+tm}{273}\right) \text{mmH}_2\text{O}$

④ $Z = 273H\left(\dfrac{\gamma_1}{273} - \dfrac{\gamma_2}{273}\right) \text{mmH}_2\text{O}$

풀이 연돌의 이론 통풍력(Z)
$$Z = 273H\left(\dfrac{\gamma_1}{273+t_1} - \dfrac{\gamma_2}{273+tm}\right) \text{mmH}_2\text{O}$$

55 시로코(Sirocco) 송풍기의 특징이 아닌 것은?

① 축류식이다.
② 다익식이다.
③ 풍압이 낮다.
④ 경량이다.

풀이
- 축류식 송풍식 : 디스크식, 프로펠러형이 있다.
- 시로코형은 원심식이다.

정답 50 ① 51 ④ 52 ③ 53 ② 54 ① 55 ①

56 가열실의 이론효율 E_1의 표시는?(단, H_l : 저발열량, G : 습연소 가스량, t_i : 연소온도, G' : 건연소 가스량, Cpm : 가스의 비열)

① $E_1 = \dfrac{H_l - G' Cpm\, t_i}{H_l}$

② $E_1 = \dfrac{H_l - G\, Cpm\, t_i}{H_l}$

③ $E_1 = \dfrac{H_l}{H_l - G\, Cpm\, t_i}$

④ $E_1 = \dfrac{H_l}{H_l - G'\, Cpm\, t_i}$

풀이 가열실의 이론효율(E_1) $= \dfrac{H_l - G \times Cpm \times t_i}{H_l}$

57 중유를 버너로 연소시킬 때 연소상태에 가장 적게 영향을 미치는 성질은?

① 황분 ② 발열량
③ 점도 ④ 인화점

풀이 연소상태에 영향을 주는 인자는 황분, 그리고 영향력이 매우 큰 점도, 인화점 등이다.

58 다음 중 연돌의 통풍력은?

① 비중량 차이×굴뚝 높이
② 비중 차이×연돌 높이
③ 압력 차이×연돌 높이
④ 온도 차이×연돌 높이

풀이 자연 통풍력=비중량 차이×굴뚝 높이

59 노 앞과 연도 끝에 통풍팬을 달아서 노 내의 압력을 임의로 조절하는 인공 통풍방식은?

① 압입통풍 ② 흡입통풍
③ 유인통풍 ④ 평형통풍

풀이 평형통풍은 노앞과 연도 끝에 통풍팬을 달아서 (압입+흡입) 겸용으로 노내 압력을 조절한다.

60 중유에 수분이 혼입되었을 때의 상황이 잘못 표현된 것은?

① 열손실이 된다.
② 연소 중 맥동연소를 일으킨다.
③ 저장 중 현탁부유물(Emulsion Sludge)을 형성한다.
④ 발열량이 증가된다.

풀이 중유에 수분이 혼입되면 발열량이 감소하고 기화 열손실이 발생된다.

61 중유 중의 성분이 연소에 미치는 영향으로 올바른 것은?

① 수분은 중유의 점도를 내리고 분무상태를 양호하게 한다.
② 수분은 연소속도를 조절하는 작용이 있다.
③ 잔류탄소가 많은 것은 버너노즐에 미연탄소를 부착하기 쉽다.
④ 황분의 연소생성가스는 보일러의 고온 전열면을 부식한다.

풀이 잔류탄소가 많은 중유는 버너노즐에 미연탄소(탄화물)를 부착하기 쉽다. 황분은 저온부식 요인, 수분은 연소불량 원인 및 분무상태불량 촉진

62 액화 석유가스(LPG)의 관리 방법 중 틀린 것은?

① 찬 곳에 저장한다.
② 접속 부분의 누설 여부를 정기적으로 점검한다.
③ 용기 주위에 체류가스가 없도록 통풍을 잘 시킨다.
④ 용기의 온도가 60℃ 이내가 되도록 한다.

정답 56 ② 57 ② 58 ① 59 ④ 60 ④ 61 ③ 62 ④

풀이 가스용기는 액의 팽창이나 가스폭발방지를 위해 반드시 40℃ 이내가 되어야 안전하다.

63 대기오염의 원인이 되고 있는 질소산화물의 발생억제 대책으로서 적절한 것은?

① 배기가스 순환연소로 연소용 공기의 산소농도를 높인다.
② 연소를 단계적으로 실시하는 2단 연소법을 채택한다.
③ 과잉공기량을 높인다.
④ 효율이 큰 버너를 사용하여 연소온도를 높인다.

풀이 NO_x(질소산화물) 발생을 억제하려면 연소를 단계적으로 실시하는 2단 연소법을 채택한다. 온도가 높거나 산소공급이 많으면 질소산화물생성이 증가한다.

64 다음 중 공기보다 비중이 커서 누설이 되면 낮은 곳에 고여 인화폭발의 원인이 되는 가스는?

① 수소
② 메탄
③ 일산화탄소
④ 프로판

풀이 프로판은 공기보다 $\left(\dfrac{44}{29}=1.52배\right)$ 비중이 무거워서 누설 시 낮은 곳에 고인다.

65 C중유를 연소시킬 때 그을음(Soot) 발생방지대책으로서 가장 옳은 것은?

① 공기비를 1.5 이상으로 한다.
② 무화입자를 작게 한다.
③ 노내압(爐內壓)을 높인다.
④ 황분이 많은 연료를 사용한다.

풀이 C중유의 그을음 발생방지로서 무화입자를 작게 또한 고르게 하여 연소시킨다.

66 연소할 때 탄화물이 생성되는 원인으로 옳지 않은 것은?

① 버너 부착이 부정확하게 치우쳐 있는 경우
② 버너 팁의 오염 및 상처가 생겼을 경우
③ 연료의 예열온도가 규정온도보다 높을 경우
④ 기름의 분사각도와 버너형식이 적당하지 못할 경우

풀이 연료의 예열온도가 규정보다 높으면 열분해가 발생된다.

67 연돌에 의한 자연통풍력은 일반적으로 몇 mmAq 정도인가?

① 15
② 45
③ 60
④ 90

풀이 굴뚝에 의한 자연통풍력 : 수주 15mmAq 정도

68 다음 중 열관리의 기대효과가 될 수 없는 것은?

① 매연 방지
② 에너지 소비절약
③ 연료 및 열의 미이용 자원의 이용수단
④ 환경개선으로 인한 제품생산 감소

풀이 열관리는 환경개선과는 직접적인 연관성이 별로 없다.

69 굴뚝의 높이를 결정할 때 필요한 이론통풍력(mmH₂O)을 계산하는 식으로 옳은 것은?(단, H : 굴뚝높이(m), ρ_α : 공기의 비중량(kg/Nm³), ρ_g : 굴뚝 내의 배출가스의 비중량(kg/Nm³)이다.)

① $Z = H(\rho_g - \rho_\alpha)$
② $Z = H(\rho_\alpha - \rho_g)$
③ $Z = \dfrac{1}{H}(\rho_g - \rho_\alpha)$
④ $Z = \dfrac{1}{H}(\rho_\alpha - \rho_g)$

풀이 이론통풍력(Z) = $H(\rho_\alpha - \rho_g)$

정답 63 ② 64 ④ 65 ② 66 ③ 67 ① 68 ④ 69 ②

70 다음 중 연소실 내에서 연소가 정상적으로 이루어질 경우 연소속도를 지배하는 요인은?

① 연료의 발열량
② 연료의 착화온도
③ 공기(산소)와의 접촉 확산속도
④ 배기가스의 CO_2 농도

풀이 연소가 정상적으로 이루어지면 산소와의 접촉 확산속도가 연소속도를 지배한다.

71 연소가스를 송풍기로 빨아들여 연도 끝에서 배출하도록 하는 방식으로서 노내의 압력은 대기압 이하가 되는 통풍방식은?

① 압입통풍
② 흡입통풍
③ 평형통풍
④ 자유통풍

풀이 흡입통풍 : 연도 끝에서 배출하는 통풍방식

72 유(油)가열기에 대한 설명 중 틀린 것은?

① 유가열기에는 전기식과 증기식이 있지만, 대용량의 경우에는 전기식의 것을 사용한다.
② 증기식 가열기 중 가장 넓게 이용되는 형식은 다관식 열교환기이다.
③ 유가열기는 버너에 가까운 기름 배관에 설치한다.
④ 유가열기는 중유의 점도를 버너에 적합한 정도로 맞추기 위하여 사용한다.

풀이 대용량 오일의 유가열기 : 증기식 또는 온수식

73 분젠버너의 혼합공기량을 감소시켰을 때 나타나는 불꽃의 종류로서 옳은 것은?

① 내염 : 예혼염, 외염 : 확산염
② 내염 : 확산염, 외염 : 예혼염
③ 내염 : 휘염, 외염 : 확산염
④ 내염 : 확산염, 외염 : 휘염

풀이 분젠버너의 혼합공기량의 감소 시
- 내염 : 예혼염
- 외염 : 확산염

74 다음 기름 버너 중 대용량 연소장치에 부적당한 것은?

① 압력분무식
② 증발식
③ 회전식
④ 공기분무식

풀이 ㉠ 증발식은 기화 연소이며 경질유(경유, 등유) 연소이다.
㉡ 중유 대용량 연소
- 압력분무식
- 회전식
- 공기분무식

75 다음 중 $20\mu m$ 이하 입자의 집진에 가장 적당한 집진장치는?

① 중력집진
② 관성력집진
③ 원심력집진
④ 전기집진

풀이 전기집진장치(코트렐식)는 20마이크로미터 이하의 입자의 집진에 유리하고 집진 효율이 가장 높다.

76 분젠(Bunsen)버너에서 1차 공기 흡입구를 완전히 차단한 상태에서 주로 형성되는 화염의 종류는?

① 예혼합화염
② 확산화염
③ 분무화염
④ 액적화염

풀이 확산화염
분젠가스버너에서 1차 공기 흡입구를 완전히 차단한 상태에서 형성되는 화염이다.

정답 70 ③ 71 ② 72 ① 73 ① 74 ② 75 ④ 76 ②

77 다음 연료 중에서 고위발열량과 저위발열량이 같은 것은?

① 일산화탄소 ② 메탄
③ 프로판 ④ 석유

풀이 일산화탄소(CO) + $\frac{1}{2}O_2 \to CO_2$

수소의 성분이 없으므로 H_2O 증발열이 0kcal/kg이므로 고위와 저위발열량이 똑같다.

78 다음 가스연료 중에서 가장 가벼운 것은?

① 일산화탄소 ② 프로판
③ 아세틸렌 ④ 메탄

풀이 가스가 가벼운 것은 비중이 작다.(분자량이 적으면 가볍다.)
- CO가스 : 28
- C_2H_2가스 : 26
- C_3H_8가스 : 44
- CH_4가스 : 16

79 40atm.abs 27℃에서 600L의 용기에 산소(O_2)가 들어 있다. 이때 산소는 몇 kg이 충전되어 있는가?(이 조건에서 산소는 이상기체라고 한다.)

① 34.31kg ② 15.61kg
③ 407.2kg ④ 31.2kg

풀이 $600 \times 40 \times \frac{273}{273+27} = 21,840L$

(산소 1몰 : 32g = 22.4L)

$\frac{21,840}{22.4} = 975$몰

975몰 × 32g = 31,200g = 31.2kg

80 가스홀더(Gas Holder)의 관리에 대한 설명으로 틀린 것은?

① 가스홀더는 외측으로부터 가까운 건축물까지의 거리를 10m 이상 떨어지게 설치하도록 한다.
② 화재의 초기 소화에는 탄산가스 혹은 드라이 케미컬(Dry Chemical) 등이 효과적이다.
③ 기온의 변화에 따른 팽창, 수축을 고려하여 최대와 최소 보유 가스량을 규정하여 저장량을 관리한다.
④ 유수식 홀더는 기초의 침하, 응축수 등을 정기적으로 검사할 필요가 있다.

풀이 가스홀더는 도시가스용이며 드라이케미컬은 LPG용이다.

81 메탄 $5Nm^3$를 이론산소량으로 완전연소시켰다고 하면 건연소가스량은 몇 Nm^3인가?

① 0.5 ② 5
③   ④ 3

풀이 $CH_4 + 2O_2 \to CO_2 + 2H_2O$ (메탄 연소반응식)
건연소 가스량 $CO_2 = 5Nm^3$

※ $CH_4 + 2O_2 \to CO_2 + 2H_2O$
$CH_4(5) + 2O_2(10) \to CO_2(5) + H_2O(10)$

82 메탄-공기 혼합기체의 연소에 있어서 메탄의 가연범위로 가장 적정한 체적농도범위는?

① 5~15% ② 2~9%
③ 4~75% ④ 2~31%

풀이 메탄의 연소범위 : 5~15%
$CH_4 + 2O_2 \to CO_2 + 2H_2O$

정답 77 ① 78 ④ 79 ④ 80 ② 81 ② 82 ①

83 수소 $1Nm^3$의 연소열은?(단, $2H_2 + O_2 = 2H_2O$(액체) $+ 136,600kcal$)

① 3,049kcal
② 6,098kcal
③ 34,150kcal
④ 68,300kcal

풀이 $\dfrac{136,600}{2 \times 18} = 3,794 kcal/kg$, ($H_2O$의 분자량=18), $1kmol = 22.4m^3$

$\therefore 3,794 \times \dfrac{18}{22.4} = 3,049 kcal/Nm^3$

84 다음 중 기체연료를 홀더(Holder)에 저장하는 이유로 옳은 것은?

① 가스의 온도상승을 미연에 방지하기 위하여
② 연료의 품질과 압력을 일정하게 유지하기 위하여
③ 취급과 사용이 간편하고 저장을 손쉽게 하기 위하여
④ 누기를 방지하여 인화폭발의 위험성을 줄이기 위하여

풀이 기체연료를 홀더에 저장하는 이유
연료의 품질과 압력을 일정하게 유지하기 위하여

85 기체연료의 성분을 가연성분과 불연성분으로 구분할 때 다음 중 불연성분이 아닌 것은?

① 탄산가스
② 일산화탄소
③ 질소
④ 수분

풀이 일산화탄소는 폭발범위가 12.5~74%인 가연성 성분이다.

86 프로판-공기혼합기의 최고 연소속도(층류 화염 전파속도)는 몇 cm/s 정도인가?

① 20
② 40
③ 90
④ 280

풀이 프로판+공기혼합기 공급방법에서 최고 연소속도는 약 40cm/s 정도이다.

87 다음 연소반응식 중에서 가장 발열량이 큰 것은?(단, 단위연료의 kg-mol당 기준)

① $C + \dfrac{1}{2}O_2 = CO$ (발생노가스 반응)
② $CO + \dfrac{1}{2}O_2 = CO_2$ (일산화탄소의 완전연소)
③ $C + O_2 = CO_2$ (탄소의 완전연소)
④ $S + O_2 = SO_2$ (황의 완전연소)

풀이 ①, ②는 2,500kcal 또는 2,050kcal/kg
③은 8,100kcal/kg
④는 2,500kcal/kg

88 다음 중 폭발범위가 2.2~9.5인 기체연료는?

① 수소
② 일산화탄소
③ 프로판
④ 아세틸렌

풀이 가연성가스 폭발범위
- 수소 : 4~75%
- CO : 12.5~74%
- 프로판 : 2.2~9.5%
- 아세틸렌 : 2.5~81%

89 완전가스에 대한 설명으로 틀린 것은?

① 완전가스는 분자 상호간의 인력을 무시한다.
② 완전가스법칙은 저온, 고압에서 성립한다.
③ 완전가스는 분자 자신이 차지하는 부피를 무시한다.
④ H_2, CO_2 등은 20℃, 1atm에서 완전가스로 보아도 큰 지장이 없다.

풀이 완전가스(이상기체)는 고온과 저압에서 성립된다.

90 다음 중 기체연료의 연소 방법은?

① 확산연소 ② 증발연소
③ 표면연소 ④ 분해연소

풀이 기체연료의 연소 방법
- 확산연소방식
- 예혼합연소방식

91 수소 1kg을 완전연소시키는 데 필요한 이론 공기량(Nm^3/kg)은?

① 6.67   ② 16.67
③ 26.67 ④ 36.67

풀이 $H_2 + 1/2\ O_2 \rightarrow H_2O$ (연소반응식)
$2kg + 11.2\ O_2 \rightarrow 11.2 Nm^3$
(공기 중 체적당 산소량 : 21%)

이론공기량(A_o) = 이론산소량 × $\dfrac{1}{0.21}$

$= \dfrac{11.2}{2} \times \dfrac{1}{0.21}$

$= 26.67 Nm^3/kg$

92 다음 기체연료의 연소방식 중 예혼합연소방식의 특징 설명으로 잘못된 것은?

① 화염이 짧다.
② 고온의 화염을 얻을 수 있다.
③ 역화의 위험성이 매우 작다.
④ 가스와 공기의 혼합형이다.

풀이
- 확산연소방식 : 역화의 위험성이 적다.
- 예혼합연소방식 : 역화의 위험성이 매우 크다.

93 연소 화학방정식을 나타낸 식 중 틀린 것은?

① $2C + O_2 = CO$ ② $C + O_2 = CO_2$
③ $C + \dfrac{1}{2}O_2 = CO$ ④ $H_2 + \dfrac{1}{2}O_2 = H_2O$

풀이 ①에서는 $2C + 2O_2 \rightarrow 2CO_2$가 되어야 한다.

94 다음 기체연료 중에서 저위발열량이 가장 큰 것은?

① H_2 ② CH_4
③ C_3H_8 ④ C_4H_{10}

풀이
- 수소(H_2) + $\dfrac{1}{2}O_2 \rightarrow H_2O$ (2,570 kcal/Nm^3)
- 메탄(CH_4) + $2O_2 \rightarrow CO_2 + 2H_2O$
  (9,530 kcal/Nm^3)
- 프로판(C_3H_8) + $5O_2 \rightarrow 3CO_2 + 4H_2O$
  (22,450 kcal/Nm^3)
- 부탄(C_4H_{10}) + $6.5O_2 \rightarrow 4CO_2 + 5H_2O$
  (29,110 kcal/Nm^3)

95 프로판가스(LPG)에 대한 설명이다. 적합하지 않은 것은?

① 독성이 있다.
② 질식의 우려가 있다.
③ 가스 비중이 공기보다 크다.
④ 누설 시 인화 폭발성이 있다.

풀이 프로판가스(C_3H_8)는 폭발범위 2.2~9.5% 가연성 가스이며 독성은 존재하지 않는다.

96 메탄가스를 과잉공기를 사용하여 연소시켰다. 생성된 H_2O는 흡수탑에서 흡수 제거시키고, 나온 가스를 분석하였더니 그 조성(용적)은 아래와 같았다. 사용된 공기의 과잉률은?(단, CO_2 : 9.6%, O_2 : 3.8%, N_2 : 86.6%)

① 10% ② 20%
③ 30% ④ 40%

정답 90 ① 91 ③ 92 ③ 93 ① 94 ④ 95 ① 96 ②

풀이 공기비$(m) = \dfrac{N_2}{N_2 - 3.76 \times (O_2)}$

$= \dfrac{86.6}{86.6 - 3.76 \times 3.8} = 1.2$

∴ 과잉공기율 $= (1.2-1) \times 100 = 20\%$

97 다음 기체연료를 1m³씩 완전연소시켰을 때 가장 연소가스가 많이 발생하는 것은?

① 일산화탄소   ② 프로판
③ 수소   ④ 부탄

풀이
- $CO + \dfrac{1}{2}O_2 \rightarrow CO_2$ (일산화탄소)
- $C_3H_8 + 5O_2 \rightarrow 3CO_2 + 4H_2O$ (프로판)
- $H_2 + \dfrac{1}{2}O_2 \rightarrow H_2O$ (수소)
- $C_4H_{10} + 6.5O_2 \rightarrow 4CO_2 + 5H_2O$ (부탄)

98 아세틸렌(C_2H_2) 1Nm³를 공기비 1.1로 완전연소시켰을 때의 건연소 가스량은 몇 Nm³인가?

① 10.4   ② 11.4
③ 12.6   ④ 13.6

풀이 $C_2H_2 + 2.5O_2 \rightarrow 2CO_2 + H_2O$ (연소반응식)
실제 건연소 가스량$(G) = (m - 0.21)A_o + CO_2$
이론공기량$(A_o) = \left(\dfrac{\text{이론산소량}}{0.21}\right)$
∴ $G = (1.1 - 0.21) \times \dfrac{2.5}{0.21} + 2 = 12.6\,m^3$
건연소는 H_2O 값을 뺀다.

99 액화석유가스(LPG)가 증발할 때에 흡수한 열은?

① 현열   ② 잠열
③ 융해열   ④ 화학반응열

풀이 LPG(프로판+부탄 등) 기화 시에는 92~102kcal/kg의 잠열이 필요하다.

100 기체연료의 성분을 가연성분과 불연성분으로 구분할 때 다음 중 불연성분이 아닌 것은?

① 탄산가스   ② 에탄
③ 질소   ④ 수분

풀이 에탄(C_2H_6) + $3.5O_2 \rightarrow 2CO_2 + 3H_2O$
에탄가스는 연소범위 3~12.5% 가연성가스이다.

101 기체 연료를 인수하여 검량 시 반드시 측정해야 할 사항은?

① 부피와 온도   ② 온도와 증기압
③ 압력과 증기압 ④ 부피와 인화점

풀이 기체는 인수 시 0℃ 1기압에서 부피를 검량하여야 한다.

102 다음 중 기체연료의 장점과 가장 거리가 먼 것은?

① 저장하기 쉽다.
② 열효율이 높다.
③ 연소용 공기 예열에 의해 저발열량이라도 전열효율을 높일 수 있다.
④ 점화 및 소화가 간단하다.

풀이 **기체연료** : 저장, 운반, 취급이 불편하다.
※ 액체연료 : 저장, 취급, 운반이 용이하다.

103 기체연료의 연소형태로서 가장 옳은 것은?

① 예혼합연소   ② 증발연소
③ 표면연소   ④ 분해연소

정답 97 ④ 98 ③ 99 ② 100 ② 101 ① 102 ① 103 ①

[풀이] 기체연료 연소방식
- 확산연소방식
- 예혼합연소방식

- 에틸렌 = $\dfrac{28}{29}$ = 0.965, (C_2H_4)
- 메탄 = $\dfrac{16}{29}$ = 0.55, (CH_4)

104 다음 중 기체연료의 저장방식이 아닌 것은?
① 유수식 ② 무수식
④ 고압식 ④ 가열식

[풀이] 도시가스 기체연료 저장
- 저압식(유수식, 무수식)
- 고압식

107 프로판 가스(C_3H_8) 1kmol을 공기를 이용하여 완전연소시킬 때 발생하는 연소가스는 모두 몇 kmol인가?
① 5.0 ② 9.5
③ 21.8 ④ 25.8

[풀이]
$C_3H_8 + 5O_2 \rightarrow 3CO_2 + 4H_2O$
이론습연소가스량(G_{ow})
$= (1-0.21)A_o + CO_2 + H_2O$
$= (1-0.21) \times 이론공기량 + (CO_2 + H_2O)$
$= (1-0.21) \times \dfrac{5}{0.21} + 3 + 4$
$= 25.80 \text{kmol/kmol}$
※ 이론건연소가스량(G_{od}) = H_2O 값을 뺀다.

105 다음 연료 중 이론공기량(Nm^3/kg)을 가장 많이 필요로 하는 것은?
① LPG ② 무연탄
③ 도시가스 ④ 중유

[풀이] 프로판 $C_3H_8 + 5O_2 \rightarrow 3CO_2 + 4H_2O$,
        44kg + 22.4$m^3 \times 5$
LPG : 액화석유가스(프로판+부탄)
이론공기량(A_o)
$= \left(\text{이론산소량} \times \dfrac{1}{0.21}\right) \times \dfrac{22.4}{44}$
$= \dfrac{\left[(22.4 \times 5) \times \dfrac{1}{0.21}\right]}{44} = 12.12 Nm^3/kg$

108 기체연료의 연소에는 층류확산연소, 난류확산연소 및 예혼합연소가 있는데 이 중 가장 고부하 연소가 가능한 연소방식은?
① 층류확산연소 ② 난류확산연소
③ 예혼합연소 ④ 모두 가능하다.

[풀이] 예혼합가스연소 : 고부하연소가능

106 다음 기체연료 중 비중이 가장 큰 것은?
① 메탄 ② 에탄
③ 에틸렌 ④ 프로판

[풀이] 기체비중 = $\dfrac{\text{기체분자량}}{\text{공기분자량}(29)}$
(분자량이 크면 비중이 큰 가스다.)
- 프로판 = $\dfrac{44}{29}$ = 1.517, (C_3H_8)
- 에탄 = $\dfrac{30}{29}$ = 1.034, (C_2H_6)

109 다음 중 기체 연료의 장점이 아닌 것은?
① 연소가 균일하고 연소조절이 용이하다.
② 회분이나 매연이 없어 청결하다.
③ 저장이 용이하고, 설비비가 저가이다.
④ 연소효율이 높고, 점화소화가 용이하다.

[풀이] 기체연료는 저장이 불편하고 설비비가 고가이다.

정답 104 ④ 105 ① 106 ④ 107 ④ 108 ③ 109 ③

부록1 과년도 기출문제

INDUSTRIAL ENGINEER ENERGY MANAGEMENT

2016년 기출문제
2017년 기출문제
2018년 기출문제
2019년 기출문제
2020년 기출문제

2016년 1회 기출문제

1과목 | 열역학 및 연소관리

01 기체연료 연소장치 중 가스버너의 특징으로 틀린 것은?

① 공기비 제어가 불가능하다.
② 정확한 온도제어가 가능하다.
③ 연소상태가 좋아 고부하 연소가 용이하다.
④ 버너의 구조가 간단하고 보수가 용이하다.

해설
기체연료는 연소장치(버너)에서 공기비(실제공기량/이론공기량) 제어가 가능하다.

02 고열원 300℃와 저열원 30℃의 사이클로 작동되는 열기관의 최고 효율은?

① 0.47 ② 0.52
③ 1.38 ④ 2.13

해설
$300+273=573K$, $30+273=303K$
∴ 열기관 최고 효율 $= 1-\dfrac{T_1}{T_2} = 1-\dfrac{303}{573} = 0.47(47\%)$

03 공기 1kg을 15℃로부터 80℃로 가열하여 체적이 0.8m³에서 0.95m³로 되는 과정에서의 엔트로피 변화량은?(단, 밀폐계로 가정하며, 공기의 정압비열은 1.004kJ/kg·K이며, 기체상수는 0.287 kJ/kg·K이다.)

① 0.2kJ/K ② 1.3kJ/K
③ 3.8kJ/K ④ 6.5kJ/K

해설
$15+273=288K$, $80+273=353K$
엔트로피 변화량$(\Delta S) = C_p \ln \dfrac{T_2}{T_1}$
∴ $1.004 \times \ln\left(\dfrac{353}{288}\right) = 0.2kJ/K$

04 열역학 제2법칙에 대한 설명으로 옳은 것은?

① 음식으로 섭취한 화학에너지는 운동에너지로 변한다.
② 0℃의 물과 0℃의 얼음은 열적 평형상태를 이루고 있다.
③ 증기 기관의 운동에너지는 연료로부터 나온 에너지이다.
④ 효율이 100%인 열기관은 만들 수 없다.

해설
- 열역학 제2법칙 : 효율이 100%인 열기관은 만들 수 없다.
- 제2종 영구기관(제2종 영구운동기계) : 열역학 제2법칙에 위배되는 기관, 입력과 출력이 같은 기관
- 제1종 영구기관 : 열역학 제1법칙에 위배되는 기관, 입력보다 출력이 큰 기관

05 안전밸브의 크기에 대한 선정원칙은?

① 증발량과 증기압력에 비례한다.
② 증발량과 증기압력에 반비례한다.
③ 증발량에 반비례하고, 증기압력에 비례한다.
④ 증발량에 비례하고, 증기압력에 반비례한다.

해설
안전밸브(스프링식, 레버식, 지렛대식)의 크기
㉠ 증발량에 비례하여 제작한다.(압력에는 반비례)
㉡ 압력이 높으면 증기 비체적이 작아서 안전밸브 크기를 작게 한다.(압력이 낮으면 반대)

06 폴리트로픽 지수가 무한대($n=\infty$)인 변화는?

① 정온(등온)변화 ② 정적(등적)변화
③ 정압(등압)변화 ④ 단열변화

해설
폴리트로픽 지수(n)
㉠ 정압변화 : 0   ㉡ 등온변화 : 1
㉢ 단열변화 : K ㉣ 정적변화 : ∞

정답 01 ① 02 ① 03 ① 04 ④ 05 ④ 06 ②

07 가솔린 기관의 이론 표준 사이클인 오토 사이클(Otto Cycle)의 4가지 기본과정에 포함되지 않는 것은?

① 정압가열　　② 단열팽창
③ 단열압축　　④ 정적방열

해설

오토 사이클(내연기관) : 정적 사이클

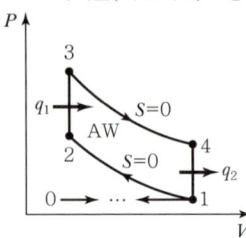

- 1 → 2 : 가역단열압축
- 2 → 3 : 정적가열
- 3 → 4 : 가역단열팽창
- 4 → 1 : 정적방열

08 기름 5kg을 15℃에서 115℃까지 가열하는 데 필요한 열량은?(단, 기름의 평균 비열은 0.65 kcal/kg·℃이다.)

① 325kcal　　② 422kcal
③ 510kcal　　④ 525kcal

해설

열량(Q) = $G \cdot C_p \cdot \Delta m$

∴ $5 \times 0.65 \times (115-15) = 325$ kcal

09 탄소 72.0%, 수소 5.3%, 황 0.4%, 산소 8.9%, 질소 1.5%, 수분 0.9%, 회분 11.0%의 조성을 갖는 석탄의 고위 발열량은?

① 4,990kcal/kg　　② 5,890kcal/kg
③ 6,990kcal/kg　　④ 7,266kcal/kg

해설

고체연료의 고위발열량(H_h)

$H_h = 8{,}100C + 34{,}000\left(H - \dfrac{O}{8}\right) + 2{,}500S$

∴ $8{,}100 \times 0.72 + 34{,}000\left(0.053 - \dfrac{0.089}{8}\right) + 2{,}500 \times 0.004$

  $= 5{,}832 + 1{,}423.75 + 10 = 7{,}266$ kcal/kg

10 증발잠열이 0kcal/kg이고, 액체와 기체의 구별이 없어지는 지점을 무엇이라고 하는가?

① 포화점　　② 임계점
③ 비등점　　④ 기화점

해설

임계점(임계온도, 임계압력)
- 증발잠열이 0 kcal/kg(액=증기, 증기=액)가 된다.
- 액체와 기체의 구별이 없어지는 점

11 표준대기압하에서 메탄(CH_4), 공기의 가연성 혼합기체를 완전연소시킬 때 메탄 1kg을 연소시키기 위해서 필요한 공기량은?(단, 공기 중의 산소는 23.15wt%이다.)

① 4.4kg　　② 17.3kg
③ 21.1kg　　④ 28.8kg

해설

메탄 $CH_4 + 2O_2 \rightarrow CO_2 + 2H_2O$

CH_4 1kmol = 16kg (분자량)

∴ $\dfrac{CH_4}{16\text{kg}} + \dfrac{2O_2}{2 \times 32\text{kg}}$

→ 이론공기량(A_0) = $\dfrac{2 \times 32}{16} \times \dfrac{1}{0.2315} = 17.3$ kg/kg

12 C중유 1kg을 연소시켰을 때 생성되는 수증기 양은?(단, C중유의 수소함량은 11%로 하고, 기타 수분은 없는 것으로 가정한다.)

① 0.52Nm³/kg　　② 0.75Nm³/kg
③ 1.00Nm³/kg　　④ 1.23Nm³/kg

해설

$C + O_2 \rightarrow CO_2$

$\underset{2\text{kg}}{H_2} + \underset{16\text{kg}}{\dfrac{1}{2}O_2} \rightarrow \underset{22.4\text{Nm}^3}{H_2O}$

∴ $H_2O = \dfrac{22.4}{2} \times 0.11 = 1.23$ Nm³/kg

정답　07 ①　08 ①　09 ④　10 ②　11 ②　12 ④

13 과열증기에 대한 설명으로 가장 적합한 것은?

① 보일러에서 처음 발생한 증기이다.
② 습포화증기의 압력과 온도를 높인 것이다.
③ 건포화증기를 가열하여 온도를 높인 것이다.
④ 액체의 증발이 끝난 상태로 수분이 전혀 함유되지 않는 증기이다.

해설
포화수 → 습포화증기 → 건포화증기 → 온도상승 → 과열증기

14 공기비(m)에 대한 설명으로 옳은 것은?

① 공기비는 이론공기량을 실제공기량으로 나눈 값이다.
② 어떠한 연료든 연료를 연소시킬 경우 이론 공기량보다 더 적은 공기량으로 완전연소가 가능하다.
③ 일반적으로 연료를 완전연소시키기 위해 실제 공기량이 적을수록 좋으며 열효율도 증대된다.
④ 실제 공기비는 연료의 종류에 따라 다르며, 연료와 공기의 접촉면적 비율이 작을수록 커진다.

해설
공기비(m : 과잉공기계수) = $\dfrac{\text{실제공기량}(A)}{\text{이론공기량}(A_0)}$

공기비는 항상 1보다 크고, 연료와 공기의 접촉면의 비율이 클수록 작아진다.

15 다음 랭킨사이클에서 1−2과정은 보일러 및 과열기에서의 열 흡수, 2−3은 터빈에서의 일, 3−4는 응축기에서의 열 방출, 4−1은 펌프의 일을 표시할 때, 열효율을 나타내는 식은?(단, h_1, h_2, h_3, h_4는 각 지점에서의 엔탈피를 나타낸다.)

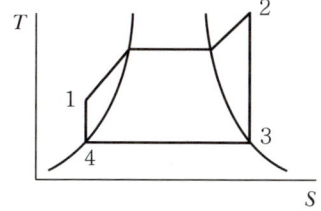

① $\dfrac{h_3 - h_4}{h_2 - h_1}$ ② $1 - \dfrac{h_3 - h_4}{h_2 - h_1}$

③ $1 - \dfrac{h_2 - h_3}{h_2 - h_1}$ ④ $\dfrac{h_1 - h_4}{h_2 - h_1}$

해설
RanKine 사이클
이론열효율(η_R) = $1 - \dfrac{h_3 - h_4}{h_2 - h_1}$ = $\dfrac{\text{유효일}(W)}{\text{공급열량}(q_1)}$

16 다음 과정 중 등온과정에 가장 가까운 것으로 가정할 수 있는 것은?

① 공기가 500rpm으로 작동되는 압축기에서 압축되고 있다.
② 압축공기를 이용하여 공기압 이용 공구를 구동한다.
③ 압축공기 탱크에서 공기가 작은 구멍을 통해 누설된다.
④ 2단 공기 압축기에서 중간냉각기 없이 대기압에서 500kPa까지 압축한다.

해설
등온과정(온도 일정)

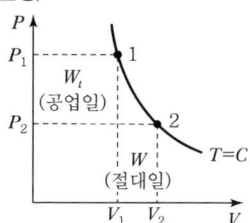

계에 출입하는 열량은 절대일(밀폐계)과 공업일이 같다.

17 공급열량과 압축비가 일정한 경우에 다음 중 효율이 가장 좋은 것은?

① 오토 사이클   ② 디젤 사이클
③ 사바테 사이클   ④ 브레이턴 사이클

해설
㉠ 압축비가 일정한 경우 효율 크기
   오토 사이클 > 사바테 사이클 > 디젤 사이클
㉡ 가열량이나 최고압력이 일정할 경우 효율 크기
   디젤 사이클 > 사바테 사이클 > 오토 사이클

정답 13 ③ 14 ④ 15 ② 16 ③ 17 ①

18 물질의 상변화와 관계있는 열량을 무엇이라 하는가?

① 잠열
② 비열
③ 현열
④ 반응열

해설
㉠ 온변화 시 : 현열
㉡ 상변화 시 : 잠열
㉢ 물 : 0~100℃(현열이 필요하다.)
㉣ 포화수물~포화증기(잠열이 필요하다.)

19 어떤 계가 한 상태에서 다른 상태로 변할 때, 이 계의 엔트로피의 변화는?

① 항상 감소한다.
② 항상 증가한다.
③ 항상 증가하거나 불변이다.
④ 증가, 감소, 불변 모두 가능하다.

해설
계의 어떤 상태에서 다른 상태로의 변화
엔트로피는 증가나 감소 또는 불변이 가능하다.

20 어떤 증기의 건도가 0보다 크고 1보다 작으면 어떤 상태의 증기인가?

① 포화수
② 습증기
③ 포화증기
④ 과열증기

해설
증기의 건조도(x)
㉠ 포화수 : 0
㉡ 습증기 : $0 < x < 1$
㉢ 건포화 증기 : 1

2과목　계측 및 에너지 진단

21 아르키메데스의 원리를 이용하여 측정하는 액면계는?

① 액압측정식 액면계
② 전극식 액면계
③ 편위식 액면계
④ 기포식 액면계

해설
편위식 액면계
아르키메데스의 원리를 이용하여 액면을 측정한다.

22 증기보일러에서 부하율을 올바르게 설명한 것은?

① 최대연속증발량(kg/h)을 실제증발량(kg/h)으로 나눈 값의 백분율이다.
② 실제증발량(kg/h)을 상당증발량(kg/h)으로 나눈 값의 백분율이다.
③ 실제증발량(kg/h)을 최대연속증발량(kg/h)으로 나눈 값의 백분율이다.
④ 상당증발량(kg/g)을 실제증발량(kg/h)으로 나눈 값의 백분율이다.

해설
$$보일러\ 부하율(\%) = \frac{실제증기발생량(kg/h)}{최대연속증발량(kg/h)} \times 100$$

23 보일러 자동제어의 장점으로 가장 거리가 먼 것은?

① 효율적인 운전으로 연료비가 절감된다.
② 보일러 설비의 수명이 길어진다.
③ 보일러 운전을 안전하게 한다.
④ 급수처리 비용이 증가한다.

해설
보일러 자동제어에서 급수제어(FWC)를 하면 급수처리 비용이 감소한다.

정답　18 ①　19 ④　20 ②　21 ③　22 ③　23 ④

24 자동제어계에서 제어량의 성질에 의한 분류에 해당되지 않는 것은?

① 서보기구
② 다수변제어
③ 프로세스제어
④ 정치제어

해설
자동제어(목표값에 따른 분류)
㉠ 정치제어
㉡ 추치제어(추종제어, 프로그램제어, 비율제어)

25 직각으로 굽힌 유리관의 한쪽을 수면 바로 밑에 넣고 다른 쪽은 연직으로 세워 수평 방향으로 설치하였다. 수면 위로 상승된 높이가 13mm일 때 유속은?

① 0.1m/s
② 0.3m/s
③ 0.5m/s
④ 0.7m/s

해설
13mm = 0.013m
유속(V) = $\sqrt{2gh}$ = $\sqrt{2 \times 9.8 \times 0.013}$ = 0.5m/s

26 다음 화염검출기 중 가장 높은 온도에서 사용할 수 있는 것은?

① 플레임 로드
② 황화카드뮴 셀
③ 광전관 검출기
④ 자외선 검출기

해설
화염검출기 플레임 로드
전기전도성을 이용한 가스보일러에서 많이 사용하고 고온에서 사용 가능하다.

27 보일러의 점화, 운전, 소화를 자동적으로 행하는 장치에 관한 설명으로 틀린 것은?

① 긴급연료차단 밸브 : 버너에 연료 공급을 차단시키는 전자밸브
② 유량조절 밸브 : 버너에서의 분사량 조절
③ 스택 스위치 : 풍압이 낮아진 경우 연료의 차단신호를 송출
④ 전자개폐기 : 연료 펌프, 송풍기 등의 가동·정지

해설
스택 스위치(바이메탈)
보일러 연도에 설치하여 온수 보일러 등에서 화염검출기로 많이 사용한다(저용량 보일러용).

28 지르코니아식 O_2 측정기의 특징에 대한 설명 중 틀린 것은?

① 응답속도가 빠르다.
② 측정범위가 넓다.
③ 설치장소 주위의 온도 변화에 영향이 적다.
④ 온도 유지를 위한 전기로가 필요 없다.

해설
지르코니아식 O_2계(세라믹 산소계)
세라믹은 850℃ 이상에서 O_2 이온만 통과시키는 성질을 이용한 물리적 산소검출기 가스분석계이다. 세라믹 파이프 내외 측에 백금 다공질 전극판을 부착하고 히터를 사용하여 세라믹의 온도를 850℃ 이상 유지시킨다.

29 0℃에서의 저항이 100Ω인 저항온도계를 노 안에서 측정 시 저항이 200Ω이 되었다면, 이 노 안의 온도는?(단, 저항온도계수는 0.005이다.)

① 100℃
② 150℃
③ 200℃
④ 250℃

해설
$R_t = R_0 \times (1 + a \cdot \Delta t)$
∴ $R_t = 100Ω \times (1 + 0.005 \times 200) = 200Ω$
$t = t_0 + \frac{1}{a}\left(\frac{R_t}{R_0} - 1\right) = 0 + \frac{1}{0.005}\left(\frac{200}{100} - 1\right) = 200℃$

정답 24 ④ 25 ③ 26 ① 27 ③ 28 ④ 29 ③

30 서로 다른 금속의 열팽창계수 차이를 이용하여 온도를 측정하는 것은?

① 열전대 온도계 ② 바이메탈 온도계
③ 측온저항체 온도계 ④ 서미스터

> 해설
> 바이메탈 온도계 재질(열팽창계수 차이)
> ㉠ 황동(아연 30%, 구리 70%)
> ㉡ 인바(니켈 36%, 철 64%)
> • 사용온도 : -50~500℃
> • 사용용도 : 현장 지시용, 자동제어용

31 보일러 연도에서 가스를 채취하여 분석할 때 분석계 입구에서 2차 필터로 주로 사용되는 것은?

① 아런덤 ② 유리솜
③ 소결금속 ④ 카보런덤

> 해설

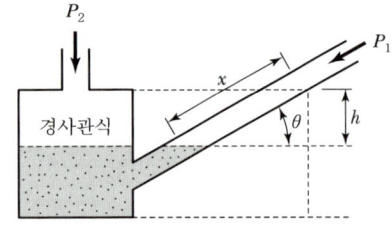

32 탄성식 압력계가 아닌 것은?

① 부르동관 압력계 ② 벨로즈 압력계
③ 다이어프램 압력계 ④ 경사관식 압력계

> 해설
> 정밀압력측정용 경사관식 압력계(액주식)
>
> $P_1 - P_2 = \gamma h,\ h = x \cdot \sin\theta$
> $P_1 - P_2 = \gamma \cdot x \sin\theta$
> $\therefore\ P_1 = P_2 + \gamma \cdot x \sin\theta$

33 다음 중 차압식 유량계가 아닌 것은?

① 벤투리 유량계 ② 오리피스 유량계
③ 피스톤형 유량계 ④ 플로우 노즐 유량계

> 해설
> 피스톤형(Piston Type) 유량계
> ㉠ 용적식 유량계이다.
> ㉡ 정도가 0.2~0.5% 정도로 높아서 상업거래용이다.
> ㉢ 높은 점도의 유체나 점도 변화가 있는 유체를 유량측정한다.
> ㉣ 맥동에 의한 영향이 비교적 적다.

34 1ppm이란 용액 몇 kgf의 용질 1mg이 녹아 있는 경우인가?

① 1kgf ② 10kgf
③ 100kgf ④ 1,000kgf

> 해설
> • 1ppm : 용액 1kg 중의 용질 1mg(mg/kg) 단위
> • 1ppb : 용액 1ton 중의 용질 1mg(mg/ton) 단위
> • 1epm : 용액 1kg 중의 용질 1mg 당량(백만 단위 중량 당량 중 1단위 중량 당량(mg/L)

35 다음 중 패러데이(Faraday) 법칙을 이용한 유량계는?

① 전자유량계 ② 델타유량계
③ 스와르미터 ④ 초음파유량계

> 해설
> • 기전력 전자식 유량계 : 패러데이의 법칙을 이용한 유량계
> • 기전력(E, 단위 : Volt)
> • 기전력=자속밀도×Z축 방향 길이×y축 방향 속도
>   ($E = BZV$[V])

36 보일러 5마력의 상당증발량은?

① 55.65kg/h ② 78.25kg/h
③ 86.45kg/h ④ 98.35kg/h

> 해설
> 1마력 보일러 : 상당증발량 15.65kg/h 발생
> ∴ 5마력=15.65×5=78.25kg/h

정답 30 ② 31 ② 32 ④ 33 ③ 34 ① 35 ① 36 ②

37 용적식 유량계의 특징에 대한 설명으로 틀린 것은?

① 맥동의 영향이 적다.
② 직관부는 필요 없으며, 압력손실이 크다.
③ 유량계 전단에 스트레이너가 필요하다.
④ 점도가 높은 경우에도 측정이 가능하다.

해설
용적식 유량계는 압력손실이 적다. 또한 발산 기취부의 전후 직관부가 필요 없다.

38 다음의 블록 선도에서 피드백제어의 전달함수를 구하면?

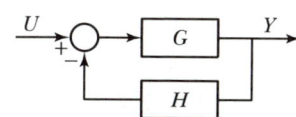

① $F = \dfrac{G}{1-H}$
② $F = \dfrac{G}{1+H}$
③ $F = \dfrac{G}{1-GH}$
④ $F = \dfrac{G}{1+GH}$

해설
$(U-YH)G = Y$, $UG = Y + YGH = Y(1+GH)$
∴ 전달함수 $F(S) = \dfrac{Y}{U} = \dfrac{G}{1+GH}$

39 한 시간 동안 연도로 배기되는 가스량이 300kg, 배기가스 온도 240℃, 가스의 평균 비열이 0.32kcal/kg·℃이고, 외기 온도가 -10℃일 때, 배기가스에 의한 손실열량은?

① 14,100kcal/h
② 24,000kcal/h
③ 32,500kcal/h
④ 38,400kcal/h

해설
배기가스 손실열량(Q)
$Q = G \cdot C_p \cdot \Delta t = 300 \times 0.32 \times \{240-(-10)\}$
$= 24,000 \text{kcal/h}$

40 다음 공업 계측기기 중 고온측정용으로 가장 적합한 온도계는?

① 유리 온도계
② 압력 온도계
③ 방사 온도계
④ 열전대 온도계

해설
열전대 온도계(접촉식 온도계)
㉠ I-C(철-콘스탄탄) : -20~800℃
㉡ C-A(크로멜-알루멜) : -20~1,200℃
㉢ C-C(동-콘스탄탄) : -180~350℃
㉣ P-R(백금-백금로듐) : 0~1,600℃

3과목 열설비구조 및 시공

41 마그네시아를 원료로 하는 내화물이 수증기의 작용을 받아 Mg(OH)₂을 생성하는데 이때 큰 비중 변화에 의한 체적 변화를 일으켜 노벽에 균열이 발생하는 현상은?

① 슬래킹(Slaking)
② 스폴링(Spalling)
③ 버스팅(Bursting)
④ 해밍(Hamming)

해설
슬래킹
마그네시아를 원료로 하는 내화물이 수증기의 작용을 받아 Mg(OH)₂를 생성하는데 이때 큰 비중 변화에 의한 체적 변화를 일으켜 노벽에 균열이 발생하는 현상

42 보일러 관석(Scale)에 대한 설명 중 틀린 것은?

① 관석이 부착하면 열전도율이 상승한다.
② 수관 내에 관석이 부착하면 관수 순환을 방해한다.
③ 관석이 부착하면 국부적인 과열로 산화, 팽창파열의 원인이 된다.
④ 관석의 주성분은 크게 나누어 황산칼슘, 규산칼슘, 탄산칼슘 등이 있다.

해설
관석(스케일)이 전열면에 부착하면 전열면의 열전도율(W/m℃)이 감소한다.

정답 37 ② 38 ④ 39 ② 40 ④ 41 ① 42 ①

43 큐폴라에 대한 설명으로 틀린 것은?

① 규격은 매시간당 용해할 수 있는 중량(ton)으로 표시한다.
② 코크스 속의 탄소, 인, 황 등의 불순물이 들어가 용탕의 질이 저하된다.
③ 열효율이 좋고 용해시간이 빠르다.
④ Al 합금이나 가단주철 및 칠드 롤러(Chilled Roller)와 같은 대형 주물 제조에 사용된다.

해설
큐폴라(용해로)
주철을 용해시키는 노이다. 즉, 주물을 용해시킨다. Al(알루미늄) 주물 제조는 불가하다.

44 산소를 노(爐) 속에 공급하여 불순물을 제거하고 강철을 제조하는 노(爐)는?

① 큐폴라　　　② 반사로
③ 전로　　　　④ 고로

해설
전로(제강로)
용융선철을 장입하고 고압의 공기나 순수 O_2를 취입시켜 제련하며 산화열에 불순물이 제거된다.(염기성전로, 산성전로, 순산소전로, 칼도법 등이 있다.)

45 매초당 20L의 물을 송출시킬 수 있는 급수 펌프에서 양정이 7.5m, 펌프효율이 75%일 때, 펌프의 소요 동력은?

① 4.34kW　　　② 2.67kW
③ 1.96kW　　　④ 0.27kW

해설
펌프의 소요동력(P)
$$P = \frac{\gamma \cdot Q \cdot H}{102 \times \eta} = \frac{1 \times 20 \times 7.5}{102 \times 0.75} = 1.96 \text{kW}$$
※ 1kW=102kg·m/s, 물 1L=1kg

46 검사대상기기의 계속사용검사 중 산업통상자원부령으로 정하는 항목의 검사에 불합격한 경우 일정 기간 내 그 검사에 합격할 것을 조건으로 계속 사용을 허용한다. 그 기간은 몇 개월 이내인가?(단, 철금속가열로는 제외한다.)

① 6개월　　　② 7개월
③ 8개월　　　④ 10개월

해설
검사대상기기 계속사용검사 중 운전성능검사(산업통상부령으로 정하는 검사)에 불합격하면 6개월 이내 합격하는 조건으로 계속 사용을 허가한다.

47 강판의 두께가 12mm이고 리벳의 직경이 20mm이며, 피치가 48mm의 1줄 겹치기 리벳조인트가 있다. 이 강판의 효율은?

① 25.9%　　　② 41.7%
③ 58.3%　　　④ 75.8%

해설
리벳이음 효율 $= 1 - \dfrac{d}{P} = \dfrac{P-d}{P} = \dfrac{48-20}{48} \times 100 = 58.3\%$

48 다음 중 수관식 보일러에 속하는 것은?

① 노통보일러　　　② 기관차형 보일러
③ 바브콕 보일러　　④ 횡연관식 보일러

해설
WIF형 바브콕 웰콕스 수관식 보일러

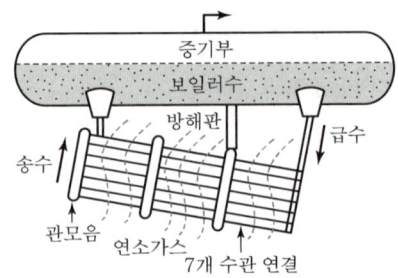

정답 43 ④　44 ③　45 ③　46 ①　47 ③　48 ③

49 다음 중 산성내화물의 주요 화학 성분은?

① SiO_2 ② MgO
③ FeO ④ SiC

해설
㉠ 산성내화물 화학성분
- SiO_2계
- $SiO_2 - Al_2O_3$계

㉡ 중성내화물 화학성분
- Al_2O_3계
- SiO계

㉢ 염기성내화물 화학성분
- MgO계
- $MgO - SiO_2$계

50 증기배관에서 감압밸브 설치 시 주의점에 대한 설명으로 가장 거리가 먼 것은?

① 감압밸브는 부하설비에 가깝게 설치한다.
② 감압밸브 앞에는 스트레이너를 설치하여야 한다.
③ 감압밸브 1차 측의 관 축소 시 동심 리듀서를 설치하여야 한다.
④ 감압밸브 앞에는 기수분리기나 트랩을 설치하여 응축수를 제거한다.

해설
1차 측보다 2차 측을 확관시킨다.(편심을 사용)

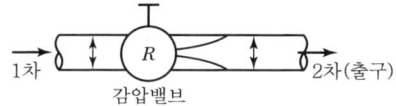

51 수관보일러와 비교하여 원통보일러의 특징으로 틀린 것은?

① 형상에 비해서 전열면적이 적고, 열효율은 수관보일러보다 낮다.
② 전열면적당 수부의 크기는 수관보일러에 비해 크다.
③ 구조가 간단하므로 취급이 쉽다.
④ 구조상 고압용 및 대용량에 적합하다.

해설

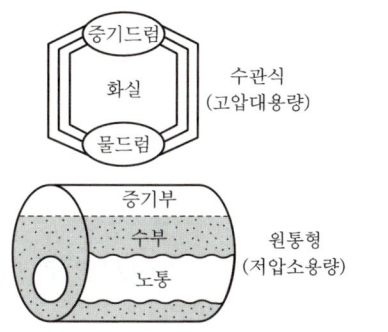

52 관류보일러의 특징으로 틀린 것은?

① 관(管)으로만 구성되어 기수드럼이 필요하지 않기 때문에 간단한 구조이다.
② 전열면적당 보유수량이 많기 때문에 증기 발생까지의 시간이 많이 소요된다.
③ 부하변동에 의해 압력변동이 생기기 쉽기 때문에 급수량 및 연료량의 자동제어 장치가 필요하다.
④ 충분히 수처리된 급수를 사용하여야 한다.

해설
②항은 원통형 보일러의 특징이다.

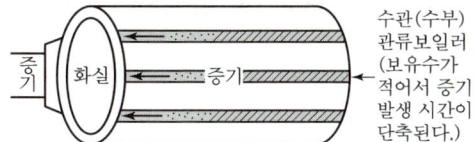

53 검사대상기기의 검사종류 중 제조검사에 해당되는 것은?

① 구조검사 ② 개조검사
③ 설치검사 ④ 계속사용검사

해설
제조검사
용접검사, 구조검사

정답 49 ① 50 ③ 51 ④ 52 ② 53 ①

54 큐폴라(Cupola)의 다른 명칭은?

① 용광로 ② 반사로
③ 용선로 ④ 평로

> **해설**
> 큐폴라(용선로, 용해로) : 주물 용해로

55 오르자트(Orsat) 가스분석기로 측정할 수 있는 성분이 아닌 것은?

① 산소(O_2) ② 일산화탄소(CO)
③ 이산화탄소(CO_2) ④ 수소(H_2)

> **해설**
> 오르자트 가스화학분석기 분석가스 종류
> ㉠ CO_2
> ㉡ O_2
> ㉢ CO
> ㉣ $N_2 = 100 - (CO_2 + O_2 + CO)$

56 어느 대향류 열교환기에서 가열유체는 80℃로 들어가서 30℃로 나오고 수열유체는 20℃로 들어가서 30℃로 나온다. 이 열교환기의 대수 평균온도차는?

① 25℃ ② 30℃
③ 35℃ ④ 40℃

> **해설**
>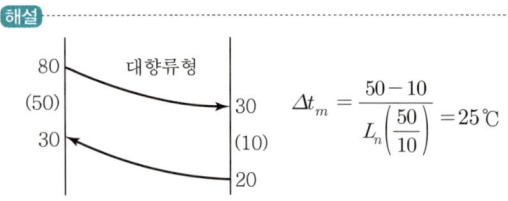
> $\Delta t_m = \dfrac{50 - 10}{L_n\left(\dfrac{50}{10}\right)} = 25℃$

57 단열벽돌을 요로에 사용 시 특징에 대한 설명으로 틀린 것은?

① 축열 손실이 적어진다.
② 전열 손실이 적어진다.
③ 노 내 온도가 균일해지고, 내화물의 배면에 사용하면 내화물의 내구력이 커진다.
④ 효과적인 면도 적지 않으나 가격이 비싸므로 경제적인 이익은 없다.

> **해설**
>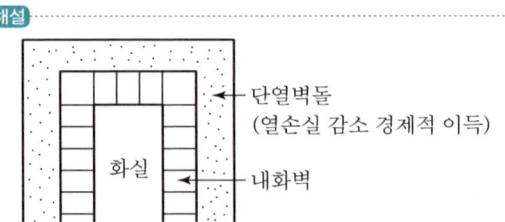

58 다음 중 박스 트랩(Box Trap)의 하나로 주로 아파트 및 건물의 발코니 등의 바닥 배수에 사용하여 상층의 배수 침투 및 악취 분출 방지역할을 하는 트랩은?

① 벨 트랩 ② S트랩
③ 관 트랩 ④ 그리스 트랩

> **해설**
> 벨 트랩(Bell Trap)
> 바닥 배수에 사용(건물이나, 아파트)하여 상층의 배수 침투 및 악취 분출방지

59 보일러 검사를 받는 자에게는 그 검사의 종류에 따라 필요한 사항에 대한 조치를 하게 할 수 있다. 그 조치에 해당되지 않는 것은?

① 비파괴검사의 준비
② 수압시험의 준비
③ 운전성능 측정의 준비
④ 보온단열재의 열전도 시험준비

> **해설**
> 보일러 검사 시 보온단열재 열전도 시험은 검사의 종류에서 제외된다.

정답 54 ③ 55 ④ 56 ① 57 ④ 58 ① 59 ④

60 열사용기자재 중 검사대상기기에 해당되는 것은?

① 태양열 집열기
② 구멍탄용 가스보일러
③ 제2종 압력용기
④ 축열식 전기보일러

해설
검사대상기기(시행규칙 별표 3의3)
㉠ 보일러 : 강철제 보일러, 주철제 보일러, 소형 온수보일러로서 각각의 적용범위에 해당하는 것
㉡ 압력용기 : 1종 압력용기, 2종 압력용기로서 각각의 적용범위에 해당하는 것
㉢ 요도 : 철금속가열로서 적용범위에 해당하는 것

4과목 열설비 취급 안전관리

61 강철제 보일러의 최고 사용압력이 1.6MPa일 때 수압시험 압력은 최고 사용압력의 몇 배로 계산하는가?

① 최고 사용압력의 1.3배
② 최고 사용압력의 1.5배
③ 최고 사용압력의 2배
④ 최고 사용압력의 3배

해설
1.5MPa 이상의 고압보일러는 수압시험에서 최고사용압력의 1.5배로 계산한다.
∴ 1.6×1.5=2.4MPa

62 일반적으로 보일러를 정지시키기 위한 순서로 옳은 것은?

① 연료차단 → 공기차단 → 주증기밸브 폐쇄 → 댐퍼 폐쇄
② 연료차단 → 공기차단 → 주증기밸브 폐쇄 → 댐퍼 개방
③ 공기차단 → 연료차단 → 주증기밸브 폐쇄 → 댐퍼 폐쇄
④ 주증기밸브 폐쇄 → 공기차단 → 연료차단 → 댐퍼 개방

해설
일반적인 보일러운전 정지순서
연료차단 → 공기차단 → 증기밸브차단 → 댐퍼 차단

63 증기보일러 가동 중 과부하 상태가 될 때 나타나는 현상으로 틀린 것은?

① 프라이밍(Priming) 발생이 적어진다.
② 단위연료당 증발량이 작아진다.
③ 전열면 증발률은 증가한다.
④ 보일러 효율이 떨어진다.

해설
프라이밍(비수)
증기에 물이 혼입되는 현상이며 과부하 시 많이 발생한다.

64 pH가 높으면 보일러 수중의 경도 성분인 (①), (②) 등의 화합물의 용해도가 감소되기 때문에 스케일 부착이 어렵게 된다. ①, ②에 들어갈 적당한 용어는?

① ① : 망간, ② : 나트륨
② ① : 인산, ② : 나트륨
③ ① : 탄닌, ② : 나트륨
④ ① : 칼슘, ② : 마그네슘

해설
보일러수(水) 중의 경도성분 : 칼슘, 마그네슘

65 보일러 가동 중 연료소비의 과대 원인으로 가장 거리가 먼 것은?

① 연료의 발열량이 낮을 경우
② 연료의 예열온도가 높을 경우
③ 연료 내 물이나 협잡물이 포함된 경우
④ 연소용 공기가 부족한 경우

정답 60 ③ 61 ② 62 ① 63 ① 64 ④ 65 ②

해설
연료의 예열온도가 높으면 점성이 적어지고 완전연소가 가능하다(유증기 발생 주의).

66 압력 0.1kg/cm²의 증기를 이용하여 난방을 하는 경우 방열기 내의 증기 응축량은?(단, 0.1kg/cm²에서의 증발잠열은 538kcal/kg이다.)

① 13.5kg/m² · h   ② 12.1kg/m² · h
③ 1.35kg/m² · h   ④ 1.21kg/m² · h

해설
증기방열기응축수량 = $\dfrac{650}{잠열} \times 방열기면적(m^2)$
= $\dfrac{650}{538} \times 1 = 1.21 kg/m^2 \cdot h$

67 다음 소형 온수보일러 중 에너지이용 합리화법에 의한 검사대상기기는?

① 전기 및 유류겸용 소형 온수보일러
② 유류를 연료로 쓰는 가정용 소형온수보일러
③ 도시가스 사용량이 20만 kcal/h 이하인 소형 온수보일러
④ 가스 사용량이 17kg/h를 초과하는 소형 온수보일러

해설
소형 온수보일러 적용범위(검사대상기기)
㉠ 가스사용량 : 17kg/h 초과
㉡ 도시가스 사용량 : 232.6kW 초과(20만 kcal/h 초과용 온수보일러)

68 에너지이용 합리화법에 따라 다음 중 효율관리 기자재가 아닌 것은?

① 자동차   ② 컴퓨터
③ 조명기기   ④ 전기세탁기

해설
효율관리 기자재(시행규칙 제7조)
보기 ①, ③, ④ 외에 삼상유도전동기, 전기냉장고, 전기냉방기 등이다.

69 보일러에서 압력계에 연결하는 증기관(최고 사용 압력에 견디는 것)을 강관으로 하는 경우 안지름은 최소 몇 mm 이상으로 하여야 하는가?

① 6.5mm   ② 12.7mm
③ 15.6mm   ④ 17.5mm

해설
보일러 압력계 기준

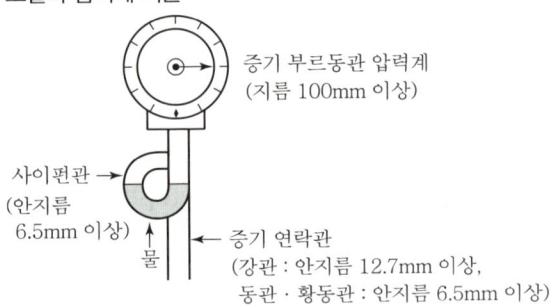

70 에너지이용 합리화법에 따른 한국에너지공단의 사업이 아닌 것은?

① 열사용 기자재의 안전관리
② 도시가스 기술의 개발 및 도입
③ 신에너지 및 재생에너지 개발사업의 촉진
④ 에너지이용 합리화 및 이를 통한 온실가스의 배출을 줄이기 위한 사업과 국제협력

해설
도시가스는 도시가스회사 및 한국가스공사의 역할이다.

정답 66 ④ 67 ④ 68 ② 69 ② 70 ②

71 보일러설비 계획 시 연소장치의 버너를 선정할 때 검토해야 할 사항으로 가장 거리가 먼 것은?

① 연료의 종류
② 안전밸브 여부
③ 유량조절 및 공기조절
④ 연소실의 분위기(압력, 온도조절)

해설
안전밸브는 연소장치가 아닌 보일러 안전장치이다.

72 신설 보일러의 가동 전 준비사항에 대한 설명으로 틀린 것은?

① 공구나 기타 물건이 동체 내부에 남아 있는지 반드시 확인한다.
② 기수분리기나 부속품의 부착상태를 확인한다.
③ 신설 보일러에 대해서는 가급적 가열건조를 시키지 않고 자연건조(1주 이상)를 시킨다.
④ 제작 시 내부에 부착한 페인트, 유지, 녹 등을 제거하기 위해 내면을 소다 끓이기 등을 통하여 제거한다.

해설
신설 보일러 자연건조기간은 10~15일, 그다음 가열건조는 3~4주야(72~96시간) 정도 노 내 건조

73 보일러에서 저수위로 인한 사고의 원인으로 가장 거리가 먼 것은?

① 저수위 제어장치의 고장
② 보일러 급수장치의 고장
③ 증기 발생량의 부족
④ 분출장치의 누수

해설

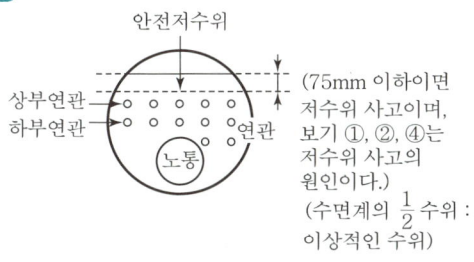

74 보일러에서 압력차단(제한) 스위치의 작동압력은 어떻게 조정하여야 하는가?

① 사용압력과 같게 조정한다.
② 안전밸브 작동압력과 같게 조정한다.
③ 안전밸브 작동압력보다 약간 낮게 조정한다.
④ 안전밸브 작동압력보다 약간 높게 조정한다.

해설
압력조절 : 안전밸브 > 압력차단기 > 압력비례조절기

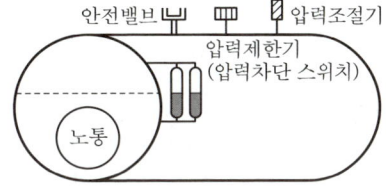

75 에너지관리자에 대한 교육을 실시하는 기관은?

① 시·도
② 한국에너지공단
③ 안전보건공단
④ 한국산업인력공단

해설
에너지관리자(에너지사용량이 연간 2,000TOE 이상인 자의 에너지 관련 업무 담당자)의 법정 교육기관은 한국에너지공단이다.

76 다음 석탄재의 조성 중 많을수록 석탄재의 융점을 낮아지게 하는 성분이 아닌 것은?

① Fe_2O_3
② CaO
③ SiO_2
④ MgO

해설
SiO_2
산성내화물의 주원료이다. 또한 악성 스케일의 주성분이다.

정답 71 ② 72 ③ 73 ③ 74 ③ 75 ② 76 ③

77 감압밸브 설치 시 배관시공법에 대한 설명으로 틀린 것은?

① 감압밸브는 가급적 사용처에 근접시공한다.
② 감압밸브 앞에는 여과기를 설치해야 한다.
③ 감압 후 배관은 1차 측보다 확관되어야 한다.
④ 감압장치의 안전을 위하여 밸브 앞에 안전밸브를 설치한다.

해설
안전밸브는 감압밸브시공 후단부에 설치한다.

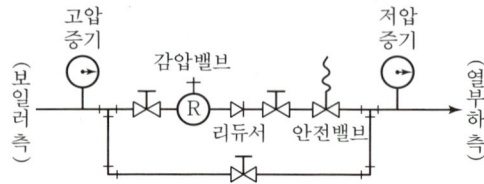

78 에너지이용 합리화법에 의한 에너지 사용시설이 아닌 것은?

① 발전소
② 에너지를 사용하는 공장
③ 에너지를 사용하는 사업장
④ 경유 등을 사용하는 가정

해설
가정집은 에너지사용량이 적어서 법률상 에너지 사용시설에서 제외된다.

79 에너지법에 의하면 에너지 수급에 차질이 발생할 경우를 대비하여 비상시 에너지수급 계획을 수립하여야 하는 자는?

① 대통령
② 국방부장관
③ 산업통상자원부장관
④ 한국에너지공단이사장

해설
에너지수급계획 수립 : 산업통상자원부장관

80 온수보일러에서 물의 온도가 393K(120℃)를 초과하는 온수보일러에 안전장치로 설치하는 것은?

① 안전밸브　② 압력계
③ 방출밸브　④ 수면계

해설
온수보일러 온수온도 제한조치 안전장치
㉠ 120℃ 이하 : 방출밸브(릴리프밸브) 설치
㉡ 120℃ 초과 : 안전밸브 설치

정답　77 ④　78 ④　79 ③　80 ①

2016년 2회 기출문제

1과목 열역학 및 연소관리

01 가로, 세로 높이가 각각 3m, 4m, 5m인 직육면체 상자에 들어 있는 이상기체의 질량이 80kg일 때, 상자 안의 기체의 압력이 100kPa이면 온도는?(단, 기체상수는 250J/kg · K이다.)

① 27℃ ② 31℃
③ 34℃ ④ 44℃

해설

$PV = GRT$, $T = \dfrac{PV}{GR}$, $1kJ = 1,000J$

$\therefore T = \dfrac{100 \times (3 \times 4 \times 5)}{80 \times 0.25} = 300K = 27℃$

02 랭킨 사이클의 효율을 올리기 위한 방법이 아닌 것은?

① 유입되는 증기의 온도를 높인다.
② 배출되는 증기의 온도를 높인다.
③ 배출되는 증기의 압력을 낮춘다.
④ 유입되는 증기의 압력을 높인다.

해설

랭킨 사이클(Rankine Cycle)
터빈 입구에서 온도와 압력이 높을수록, 또 복수기의 배압이 낮을수록 그 열효율이 좋아진다.

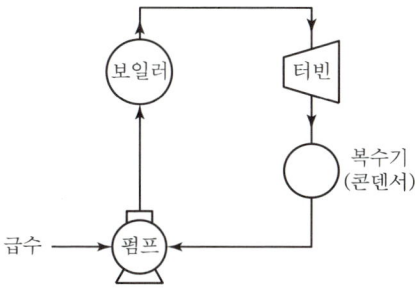

03 프로판(C_3H_8) 20vol%, 부탄(C_4H_{10}) 80vol%의 혼합가스 1L를 완전연소하는 데 50%의 과잉공기를 사용하였다면 실제 공급된 공기량은?(단, 공기 중 산소는 21vol%로 가정한다.)

① 27L ② 34L
③ 44L ④ 51L

해설

프로판 : $C_3H_8 + 5O_2 \rightarrow 3CO_2 + 4H_2O$
부탄 : $C_4H_{10} + 6.5O_2 \rightarrow 4CO_2 + 5H_2O$
실제공기량(A) = 이론공기량 × 공기비
공기비 = 100 + 50 = 150%(1.5)

$\therefore A = \dfrac{(5 \times 0.2) + (6.5 \times 0.8)}{0.21} \times 1.5 = 44L$

04 압력이 300kPa인 공기가 가역 단열변화를 거쳐 체적이 처음 체적의 5배로 증가하는 경우의 최종 압력은?(단, 공기의 비열비는 1.4이다.)

① 23kPa ② 32kPa
③ 143kPa ④ 276kPa

해설

단열변화(P_2) = $P_1 \times \left(\dfrac{V_1}{V_2}\right)^K$

$\therefore P_2 = 300 \times \left(\dfrac{1}{5}\right)^{1.4} = 32kPa$

05 압력(유압)분무식 버너에 대한 설명으로 틀린 것은?

① 유지 및 보수가 간단하다.
② 고점도의 연료도 무화가 양호하다.
③ 압력이 낮으면 무화가 불량하게 된다.
④ 분출 유량은 유압의 평방근에 비례한다.

정답 01 ① 02 ② 03 ③ 04 ② 05 ②

> **해설**
> 유압분무식 버너는 대용량 버너로 유량조절 범위가 1 : 2로 좁으며 점도가 낮은 연료의 무화가 가능하다. 압력 0.5~2MPa의 유압으로 분무하는 버너이다.

06 저위발열량이 27,000kJ/kg인 연료를 시간당 20kg씩 연소시킬 때 발생하는 열을 전부 활용할 수 있는 열기관의 동력은?

① 150kW
② 900kW
③ 9,000kW
④ 540,000kW

> **해설**
> 1kWh = 860kcal = 3,600kJ
> $\therefore \dfrac{20 \times 27,000}{3,600} = 150$kW

07 보일러의 부속장치 중 안전장치가 아닌 것은?

① 화염검출기
② 가용전
③ 증기압력제한기
④ 증기축열기

> **해설**
> 증기축열기(어큐뮬레이터)
> 과잉증기를 탱크에 온수로 저장 후 과부하 시 다시 배출하여 사용하는 증기축열기(증기이송장치 : 송기장치)

08 대기압이 750mmHg일 때, 탱크의 압력계가 9.5kg/cm²를 지시한다면 이 탱크의 절대압력은?

① 7.26kg/cm²
② 10.52kg/cm²
③ 14.27kg/cm²
④ 18.45kg/cm²

> **해설**
> 1atm = 760mmHg = 1.0332kg/cm²
> 절대압력(abs) = atg + atm
> 대기압(atm) = 1.0332 × (750/760) = 1.0196kg/cm²
> 절대압력 = 9.5 + 1.0196 = 10.52kg/cm²

09 다음 열기관 사이클 중 가장 이상적인 사이클은?

① 랭킨사이클
② 재열사이클
③ 재생사이클
④ 카르노사이클

> **해설**
> Carnot 사이클은 완전가스를 작업 물질로 하는 이상적인 사이클이다. 2개의 등온변화와 2개의 단열변화로 구성한다.

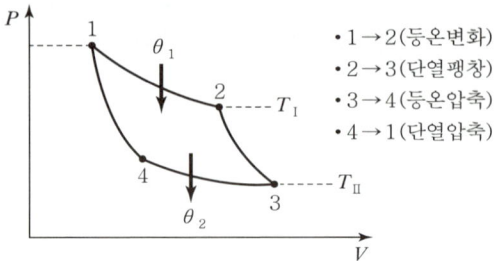

- 1→2 (등온변화)
- 2→3 (단열팽창)
- 3→4 (등온압축)
- 4→1 (단열압축)

10 프로판(C_3H_8) 5Nm³을 이론 산소량으로 완전연소시켰을 때 건연소가스양은?

① 10Nm³
② 15Nm³
③ 20Nm³
④ 25Nm³

> **해설**
> $C_3H_8 + 5O_2 \rightarrow 3CO_2 + 4H_2O$ 이므로
> 프로판 5Nm³에 대한 수분을 제외한 건연소가스양을 구하면
> 1 : 3 = 5 : x에서
> $x = 3 \times 5 = 15$Nm³

11 기체의 C_p(정압비열)와 C_v(정적비열)의 관계식으로 옳은 것은?

① $C_p = C_v$
② $C_p \leq C_v$
③ $C_p < C_v$
④ $C_p > C_v$

> **해설**
> 비열비(k) = $\dfrac{정압비열(C_p)}{정적비열(C_v)}$ 은 항상 1보다 크다.
> $\therefore C_p > C_v$

정답 06 ① 07 ④ 08 ② 09 ④ 10 ② 11 ④

12 다음 중 연료품질평가 시 세탄가를 사용하는 연료는?

① 중유　　② 등유
③ 경유　　④ 가솔린

해설
경유
연료품질평가 시 세탄가를 사용한다.

13 100℃ 건포화증기 2kg이 온도 30℃인 주위로 열을 방출하여 100℃ 포화액으로 변했다. 증기의 엔트로피 변화는?(단, 100℃에서의 증발잠열은 2,257kJ/kg이다.)

① -14.9kJ/K　　② -12.1kJ/K
③ -11.3kJ/K　　④ -10.2kJ/K

해설
엔트로피 변화량$(\Delta S) = \dfrac{-2,257}{(100+273)} \times 2 = -12.1$kJ/K

※ $\Delta S = \dfrac{\delta Q}{T}$ (kJ/kg·K)

14 보일러 송풍기의 형식 중 원심식 송풍기가 아닌 것은?

① 다익형　　② 리버스형
③ 프로펠러형　　④ 터보형

해설
축류형 송풍기 : 프로펠러형, 디스크형

15 보일러의 수면이 위험수위보다 낮아지면 신호를 발신하여 버너를 정지시켜주는 장치는?

① 노내압 조절장치
② 저수위 차단장치
③ 압력 조절장치
④ 증기트랩

해설

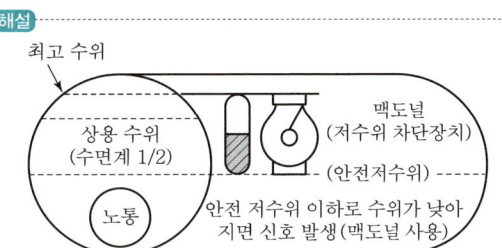

16 500L의 탱크에 압력 1atm, 온도 0℃인 산소가 채워져 있다. 이 산소를 100℃까지 가열하고자 할 때 소요열량은?(단, 산소의 정적비열은 0.65 kJ/kg·K이며, 가스상수는 26.5kg·m/kg·K이다.)

① 20.8kJ　　② 46.4kJ
③ 68.2kJ　　④ 100.6kJ

해설
$500L = 0.5m^3$, $0.5 \times \dfrac{32kg}{22.4m^3} = 0.72kg$

∴ 소요열량$(Q) = 0.72 \times 0.65 \times (100-0) = 46.4$kJ

17 가역 및 비가역 과정에 대한 설명으로 틀린 것은?

① 가역과정은 실제로 얻어질 수 없으나 거의 근접할 수 있다.
② 비가역과정의 인자로는 마찰, 점성력, 열전달 등이 있다.
③ 가역과정은 이상적인 과정으로 최대의 열효율을 갖는 과정이다.
④ 가역과정은 고열원, 저열원 사이의 온도차와 작동 물질에 따라 열효율이 달라진다.

해설
가역사이클
사이클이 역방향으로 최종상태로 되돌아갈 때 주위에 하등의 변화도 남기지 않는 사이클(열역학 제2법칙은 비가역적 현상을 말한다.)

정답　12 ③　13 ②　14 ③　15 ②　16 ②　17 ④

2016년 2회 기출문제

18 "일과 열은 서로 변환될 수 있다."는 것과 가장 관계가 깊은 법칙은?

① 열역학 제1법칙
② 열역학 제2법칙
③ 줄(Joule)의 법칙
④ 푸리에(Fourier)의 법칙

해설
- 일의 열당량(A) : $\frac{1}{427}$ kcal/kg·m
- 열의 일당량(J) : 427kg·m/kcal
- 열역학 제1법칙 : 일과 열은 서로 변환이 가능하다.

19 어떤 냉동기의 냉각수, 냉수의 온도 및 유량을 측정하였더니 다음 표와 같이 나타났다. 이 냉동기의 성능계수(COP)는?

항목	유량(ton/h)
냉수	30
냉각수	47

① 3.65
② 3.95
③ 4.25
④ 4.55

해설
냉수 = $30 \times 10^3 \times (12-7) = 150{,}000$ kcal/h
냉각수 = $47 \times 10^3 \times (33-29) = 188{,}000$ kcal/h
∴ 냉동기 성능계수(COP) = $\frac{150{,}000}{188{,}000 - 150{,}000} = 3.95$

20 다음 연료 중 단위중량당 고위발열량이 가장 큰 것은?

① 탄소
② 황
③ 수소
④ 일산화탄소

해설
단위중량당 고위발열량(kcal/kg)
㉠ 탄소 : 8,100
㉡ 황 : 2,500
㉢ 수소 : 34,000
㉣ CO : 2,450

2과목 계측 및 에너지 진단

21 물이 들어 있는 저장탱크의 수면에서 5m 깊이에 노즐이 있다. 이 노즐의 속도계수(C_v)가 0.95일 때, 실제 유속(m/s)은?

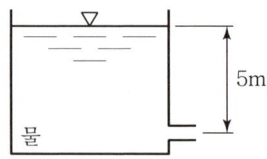

① 9.4
② 11.3
③ 14.5
④ 17.7

해설
유속(V) = $C_v\sqrt{2gh}$ = $0.95\sqrt{2 \times 9.8 \times 5}$ = 9.4m/s

22 0℃에서 수은주의 높이가 760mm에 상당하는 압력을 1표준기압 또는 대기압이라 할 때 다음 중 1atm과 다른 것은?

① 1,013mbar
② 101.3Pa
③ 1.033kg/cm²
④ 10.332mH₂O

해설
표준대기압
1atm = 760mmHg = 14.7Psi = 101.3kPa = 1,013mbar
= 1.033kg/cm² = 10.332mH₂O = 101,325N/m²
= 101.325kPa = 101,325Pa

23 다음 중 유체의 흐름 중에 프로펠러 등의 회전자를 설치하여 이것의 회전수로 유량을 측정하는 유량계의 종류는?

① 유속식
② 전자식
③ 용적식
④ 피토관식

해설
임펠러식 유량계
날개바퀴, 프로펠러 등의 회전속도와 유속과의 관계 유량계(프로펠러식, 풍속계, 워싱턴형, 월트맨형 등의 유량계)
※ 속도측정계 : 피토관도 유속식이다.

정답 18 ① 19 ② 20 ③ 21 ① 22 ② 23 ①

24 열전대 온도계에서 냉접점(기준접점)이란?

① 측온 개소에 두는 + 측의 열전대 선단
② 기준온도(통상 0℃)로 유지되는 열전대 선단
③ 측온 접점에 보상도선이 접속되는 위치
④ 피측정 물체와 접촉하는 열전대의 접점

[해설]
31번 문제 해설 참조

25 다음 중 오르사트(Orsat) 가스분석기에서 분석하는 가스가 아닌 것은?

① CO_2 ② O_2
③ CO   ④ N_2

[해설]
질소가스분석 = $100 - (CO_2 + O_2 + CO) = (\%)$

26 급수온도 15℃에서 압력 10kg/cm², 온도 183.2℃의 증기를 2,000kg/h 발생시키는 경우, 이 보일러의 상당증발량은?(단, 증기엔탈피는 715kcal/kg로 한다.)

① 2,003kg/h   ② 2,473kg/h
③ 2,597kg/h   ④ 2,950kg/h

[해설]
$$상당증발량(kg/h) = \frac{W_s \times (h_2 - h_1)}{539} = \frac{2,000(715-15)}{539}$$
$$= 2,597 kg/h$$

27 계측기기 측정법의 종류가 아닌 것은?

① 적산법   ② 영위법
③ 치환법   ④ 보상법

[해설]
적산법은 용적식 유량계로 많이 사용한다.

28 용적식 유량계의 특징에 관한 설명으로 틀린 것은?

① 고점도 유체의 유량 측정이 가능하다.
② 입구 측에 여과기를 설치해야 한다.
③ 구조가 간단하며 적산용으로 부적합하다.
④ 유체의 맥동에 대한 영향이 적다.

[해설]
용적식 유량계(오벌식, 루트식, 드럼식, 피스톤형식)는 적산 정도가 높아서 (오차=0.2~0.5%) 상업거래용으로 사용하고 입구에는 여과기 부착이 필요하다. 유체 밀도에는 무관하고 체적 유량을 측정한다.

29 2개의 제어계를 조합하여 1차 제어장치가 제어량을 측정하여 제어 명령을 하면 2차 제어장치가 이 명령을 바탕으로 제어량을 조절하는 제어방식은?

① 비율 제어   ② On-off 제어
③ 프로그램 제어 ④ 캐스케이드 제어

[해설]
캐스케이드 제어
2개의 제어계가 조합(1차 제어장치+2차 제어장치) 일명 측정 제어라고 하며 출력 측에 낭비시간이나 시간지연이 큰 프로세스 제어에 적합하다.

30 아래와 같은 경사압력계에서 $P_1 - P_2$는 어떻게 표시되는가?(단, 유체의 밀도는 ρ, 중력가속도는 g로 표시된다.)

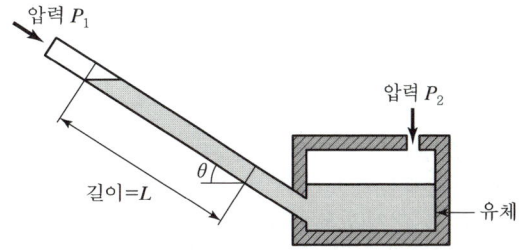

정답 24 ② 25 ④ 26 ③ 27 ① 28 ③ 29 ④ 30 ④

① $P_1 - P_2 = \rho g L$
② $P_1 - P_2 = -\rho g L$
③ $P_1 - P_2 = \rho g L \sin\theta$
④ $P_1 - P_2 = -\rho g L \sin\theta$

해설
압력 높이 차 $P_2 - P_1 = \rho g L \sin\theta$ 이므로
$P_1 - P_2 = -\rho g L \sin\theta$

31 다음 중 구조상 보상도선을 반드시 사용하여야 하는 온도계는?

① 열전대식 온도계 ② 광고온계
③ 방사온도계 ④ 전기식 온도계

해설

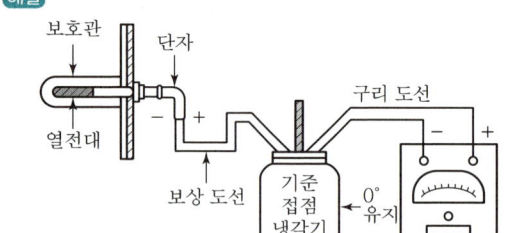

32 저항온도계의 일종으로 온도 변화에 따라 저항치가 변화하는 반도체의 성질을 이용, 온도계수가 크고 응답속도가 빠르며, 국부적인 온도측정이 가능한 온도계는?

① 열전대온도계 ② 서미스터온도계
③ 베크만온도계 ④ 바이메탈온도계

해설
측온저항온도계
㉠ 백금측온계
㉡ 니켈측온계
㉢ 구리측온계
㉣ 서미스터측온계(반도체온도계)
※ 서미스터저항 온도계에는 봉상, 원판상, 구상이 있다.

33 액면계를 측정방법에 따라 분류할 때 간접법을 이용한 액면계가 아닌 것은?

① 게이지 글라스 액면계
② 초음파식 액면계
③ 방사선식 액면계
④ 압력식 액면계

해설
직접식 액면계
㉠ 게이지 글라스(유리관식)
㉡ 부자식(고온 고압용)
㉢ 검척식(막대표시식)

34 압력 12kgf/cm²로 공급되는 어떤 수증기의 건도가 0.95이다. 이 수증기 1kg당 엔탈피는?(단, 압력 12kgf/cm²에서 포화수의 엔탈피는 189.8kcal/kg, 포화증기 엔탈피는 664.5kcal/kg이다.)

① 474.7kcal/kg ② 531.3kcal/kg
③ 640.8kcal/kg ④ 854.3kcal/kg

해설
습증기엔탈피(h_2) = 포화수엔탈피 + 증기건도×증발잠열
증발잠열(r) = 포화증기엔탈피 - 포화수엔탈피
∴ $h_2 = 189.8 + 0.95(664.5 - 189.8) = 640.8$ kcal/kg

35 오차에 대한 설명으로 틀린 것은?

① 계통오차는 발생원인을 알고 보정에 의해 측정값을 바르게 할 수 있다.
② 계측상태의 미소변화에 의한 것은 우연오차이다.
③ 표준편차는 측정값에서 평균값을 더한 값의 제곱의 산술평균의 제곱근이다.
④ 우연오차는 정확한 원인을 찾을 수 없어 완전한 제거가 불가능하다.

해설
오차
㉠ 계통적 오차(측정기 오차, 개인오차)
㉡ 우연오차(측정기산포, 측정자의 산포, 측정환경에 의한 산포)

정답 31 ① 32 ② 33 ① 34 ③ 35 ③

36 전자 밸브를 이용하여 온도를 제어하려 할 때 전자 밸브에 온도 신호를 보내기 위해 필요한 장치는?

① 압력센서 ② 플로트 스위치
③ 스톱 밸브 ④ 서모스탯

해설
온도제어 : 서모스탯 온도센서 사용

37 잔류편차(Off-set)가 있는 제어는?

① P 제어 ② I 제어
③ PI 제어 ④ PID 제어

해설
- P 제어(비례동작) : 잔류편차 발생
- I 제어(적분동작) : 잔류편차 제거
- D 제어(미분제어동작) : 조작량이 동작신호의 변화속도(미분값)에 비례하는 동작(초기상태에서 큰 수정 동작을 한다.)

38 보일러의 상당증발량이란 1시간 동안의 실제 증발량을 몇 기압, 몇 ℃의 포화수를 같은 온도의 포화 증기로 만드는 증기량으로 환산하여 표시한 것인가?

① 1기압, 0℃ ② 1기압, 100℃
③ 3기압, 85℃ ④ 10기압, 100℃

해설
상당증발량(W_e)
1시간, 1기압, 100℃에서 같은 온도의 포화증기로 만드는 증기량(보일러 설계용량)

39 보일러의 열손실에 해당되지 않는 것은?

① 굴뚝으로 배출되는 배기가스 열량의 손실
② 미보온에 의한 방열손실
③ 연료 중의 수소나 수분에 의한 손실
④ 연료의 불완전연소에 의한 손실

해설
- 연료 중 수분은 열손실을 유발한다.(수소는 가연성 성분이다.)
- $H_2 + \frac{1}{2}O_2 \rightarrow H_2O$
  수소 연소 시 수분 발생 → 열손실 유발

40 보일러 드럼(Drum) 수위를 제어하기 위하여 활용되고 있는 수위제어 검출방식이 아닌 것은?

① 전극식 ② 차압식
③ 플로트식 ④ 공기식

해설
수면검출기의 종류
- 전극식
- 코프식
- 차압식
- 플로트식

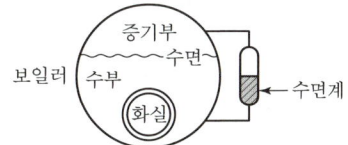

3과목 열설비구조 및 시공

41 증기 어큐뮬레이터(Accumulator)를 설치할 때의 장점이 아닌 것은?

① 증기의 과부족을 해소시킨다.
② 보일러의 연소량을 일정하게 할 수 있다.
③ 부하 변동에 대한 보일러의 압력변화가 적다.
④ 증기 속에 포함된 수분을 제거한다.

해설

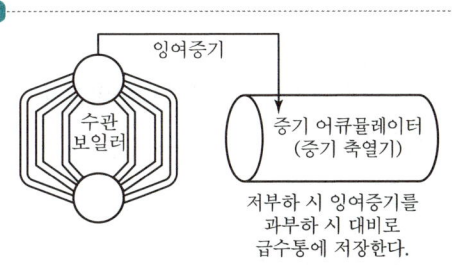

저부하 시 잉여증기를 과부하 시 대비로 급수통에 저장한다.
(수분 제거 : 기수 분리기, 비수 방지관)

정답 36 ④ 37 ① 38 ② 39 ③ 40 ④ 41 ④

42 입형보일러의 특징에 관한 설명으로 틀린 것은?

① 설치면적이 비교적 작은 곳에 유리하다.
② 전열면적을 크게 할 수 있으므로 열효율이 크다.
③ 증기 발생이 빠르고 설비비가 적게 든다.
④ 보일러 통을 수직으로 세워 설치한 것이다.

해설
입형보일러(버티컬 보일러)는 전열면적이 적고 열효율이 나쁘다.

43 대형 보일러 설비 중 절탄기(Economizer)란?

① 석탄을 연소시키는 장치
② 석탄을 분쇄하기 위한 장치
③ 보일러급수를 예열하는 장치
④ 연소가스로 공기를 예열하는 장치

해설

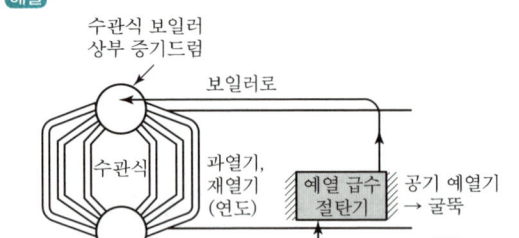

44 단열 벽돌을 요로에 사용하였을 때 나타나는 효과가 아닌 것은?

① 노 내 온도가 균일해진다.
② 열전도도가 작아진다.
③ 요로의 열용량이 커진다.
④ 내화 벽돌을 배면에 사용하면 내화벽돌의 스폴링을 방지한다.

해설

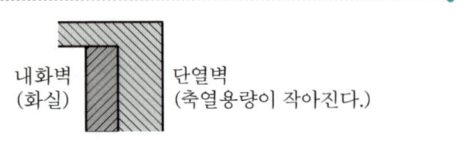

45 아래에서 설명하는 밸브의 명칭은?

- 직선배관에 주로 설치한다.
- 유입방향과 유출방향이 동일하다.
- 유체에 대한 저항이 크다.
- 개폐가 쉽고 유량 조절이 용이하다.

① 슬루스 밸브 ② 글로브 밸브
③ 플로트 밸브 ④ 버터플라이 밸브

해설
글로브 밸브(옥형판 밸브)는 유량조절밸브이다.

46 열확산계수에 대한 운동량확산계수의 비에 해당하는 무차원수는?

① 프란틀(Prandtl)수
② 레이놀즈(Reynolds)수
③ 그라쇼프(Grashoff)수
④ 누셀(Nusselt)수

해설
프란틀 무차원수
열확산계수에 대한 운동량 확산계수의 비

47 신·재생에너지 설비 중 지하수 및 지하의 열 등의 온도차를 변환시켜 에너지를 생산하는 설비는?

① 지열에너지 설비 ② 해양에너지 설비
③ 연료전지 설비   ④ 수력에너지 설비

해설
지열에너지 설비
신·재생에너지 설비 중 지하수 및 지하의 열 등의 온도차를 변환시켜 에너지를 생산하는 설비이다.

48 주철제 보일러의 특징에 관한 설명으로 틀린 것은?

① 내식성, 내열성이 좋다.

정답 42 ② 43 ③ 44 ③ 45 ② 46 ① 47 ① 48 ②

② 구조가 간단하고, 충격이나 열응력에 강하다.
③ 내부 청소가 어렵다.
④ 저압으로 운전되므로 파열 시 피해가 적다.

해설
주철은 충격에 약하고 열응력에 약하다.(용접이 불가능하다.)

49 강관의 두께를 나타내는 번호인 스케줄 번호를 나타내는 식은?[단, 허용응력 : $S(kg/mm^2)$, 사용최고압력 : $P(kg/cm^2)$]

① $10 \times \dfrac{S}{P}$ ② $10 \times \dfrac{P}{S}$

③ $10 \times \dfrac{P}{\sqrt{S}}$ ④ $10 \times \dfrac{S}{\sqrt{P}}$

해설
- 강관의 스케줄 번호 = $10 \times \dfrac{P}{S}$
- 스케줄 번호가 큰 경우 강관의 두께가 두껍다.

50 KS규격에 일정 이상의 내화도를 가진 재료를 규정하는데 공업요로, 요업요로에 사용되는 내화물의 규정 기준은?

① SK 19(1,520℃) 이상
② SK 20(1,530℃) 이상
③ SK 26(1,580℃) 이상
④ SK 27(1,610℃) 이상

해설
㉠ 내화물 SK 26 : 1,580℃ 이상
㉡ 제게르 추(SK NO 26~42까지)
㉢ SK 35 : 1,770℃
㉣ SK 42 : 2,000℃

51 증발량 3,500kg/h인 보일러의 증기엔탈피가 640 kcal/kg이며, 급수엔탈피는 20kcal/kg이다. 이 보일러의 상당증발량은?

① 4,155kg/h ② 4,026kg/h
③ 3,500kg/h ④ 3,085kg/h

해설

$$상당증발량(W_e) = \dfrac{W(h_2 - h_1)}{539}$$
$$= \dfrac{3,500 \times (640 - 20)}{539}$$
$$= 4,026 kg/h$$

52 다음 중 대차(Kiln Car)를 쓸 수 있는 가마는?
① 등요(Up Hill Kiln)
② 선가마(Shaft Kiln)
③ 회전요(Rotary Kiln)
④ 셔틀가마(Shuttle Kiln)

해설
반연속요인 셔틀가마에 내화물 소성을 위하여 대차가 사용된다.

레일 이동용 (대차)

53 수관보일러의 특징으로 틀린 것은?
① 보일러 효율이 높다.
② 고압 대용량에 적합하다.
③ 전열면적당 보유수량이 적어 가동시간이 짧다.
④ 구조가 간단하여 취급, 청소, 수리가 용이하다.

해설
수관식은 구조가 복잡하고 취급이나 청소, 수리가 불편하나 대용량 보일러이다.

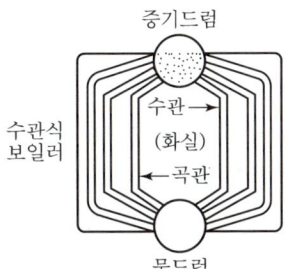

정답 49 ② 50 ③ 51 ② 52 ④ 53 ④

54 전기전도도 및 열전도도가 비교적 크고, 내식성과 굴곡성이 풍부하여 전기단자, 압력계관, 급수관, 냉난방관에 사용되는 관은?

① 강관　　　　　② 동관
③ 스테인리스 강관　④ PVC 관

해설
동관의 특성
㉠ 전기, 열전도도가 크다.
㉡ 내식성, 굴곡성이 풍부하다.
㉢ 압력계관, 급수관, 냉ㆍ난방관용이다.

55 증기보일러에 압력계를 설치할 때 압력계와 보일러를 연결시키는 관은?

① 냉각관　　　　② 통기관
③ 사이폰관　　　④ 오버플로관

해설

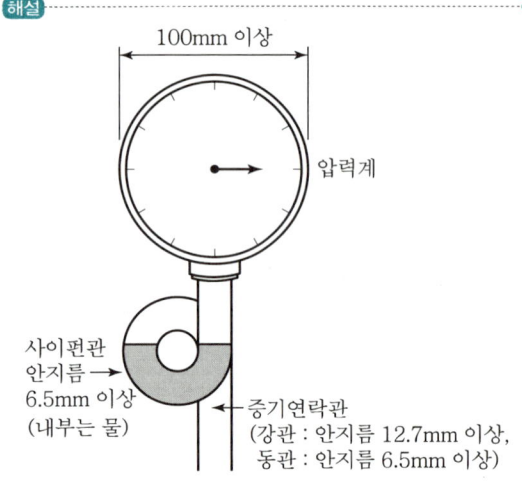

56 동일 지름의 안전밸브를 설치할 경우 다음 중 분출량이 가장 많은 형식은?

① 저양정식　　　② 온양정식
③ 전량식　　　　④ 고양정식

해설
안전밸브 분출량(kg/h) 크기
전양식 > 전양정식 > 고양정식 > 저양정식

57 두께 25.4mm인 노벽의 안쪽온도가 352.7K이고 바깥쪽 온도는 297.1K이며 이 노벽의 열전도도가 0.048W/m·K일 때, 손실되는 열량은?

① 75W/m²　　　② 80W/m²
③ 98W/m²　　　④ 105W/m²

해설
열전도손실열$(Q) = \lambda \times \dfrac{A \cdot \Delta t}{b}$

$= 0.048 \times \dfrac{1 \times (352.7 - 297.1)}{0.0254}$

$= 105 \text{W/m}^2$

※ 25.4mm = 0.0254m

58 배관재료에 대한 설명으로 틀린 것은?

① 주철관은 용접이 용이하고 인장강도가 크기 때문에 고압용 배관에 사용된다.
② 탄소강 강관은 인장강도가 크고, 접합작업이 용이하여 일반배관, 고온고압의 증기 배관으로 사용된다.
③ 동관은 내식성, 굴곡성이 우수하고 전기열의 양도체로서 열교환기용, 압력계용으로 사용된다.
④ 알루미늄관은 열전도도가 좋으며, 가공이 용이하여 전기기기, 광학기기, 열교환기 등에 사용된다.

해설
강관, 강관은 용접이 용이하고 인장강도가 크다.(고압배관에 많이 사용된다.)

59 안전밸브의 증기누설이나 작동불능의 원인으로 가장 거리가 먼 것은?

① 밸브 구경이 사용압력에 비해 클 때
② 밸브 축이 이완될 때
③ 스프링의 장력이 감소될 때
④ 밸브 시트 사이에 이물질이 부착될 때

해설
밸브 구경이 사용압력에 비해 크면 증기누설은 방지된다.

정답　54 ②　55 ③　56 ③　57 ④　58 ①　59 ①

60 배관용 탄소 강관 접합 방식이 아닌 것은?

① 나사접합   ② 용접접합
③ 플랜지접합   ④ 압축접합

[해설]
압축접합 : 20mm 이하 동관의 플레어 접합

4과목 | 열설비 취급 및 안전관리

61 에너지이용 합리화법에 따라 보일러 사용자와 보험계약을 체결한 보험사업자가 15일 이내에 시·도지사에게 알려야 하는 경우가 아닌 것은?

① 보험계약담당자가 변경된 경우
② 보험계약에 따른 보증기간이 만료한 경우
③ 보험계약이 해지된 경우
④ 사용자에게 보험금을 지급한 경우

[해설]
시·도지사에게 보험사업자가 알려야 할 사항
보기 ②, ③, ④ 외 보험계약이 해지된 경우 등

62 보일러 스케일 발생의 방지대책과 가장 거리가 먼 것은?

① 보일러수에 약품을 넣어 스케일 성분이 고착되지 않게 한다.
② 물에 용해도가 큰 규산 및 유지분 등을 이용하여 세관 작업을 실시한다.
③ 보일러수의 농축을 막기 위하여 분출을 적절히 실시한다.
④ 급수 중의 염류 불순물을 될 수 있는 한 제거한다.

[해설]
세관제
㉠ 산세관 : 염산, 황산, 인산, 질산, 광산
㉡ 유기산세관 : 구연산, 시트릭산, 옥살산, 구연산암모늄, 설파민산
㉢ 알칼리세관 : 암모니아, 가성소다, 탄산소다, 인산소다

63 사용 중인 보일러의 점화 전 준비사항과 가장 거리가 먼 것은?

① 수면계의 수위를 확인한다.
② 압력계의 지시압력 감시 등 증기압력을 관리한다.
③ 미연소가스의 배출을 위해 댐퍼를 완전히 열고 노와 연도 내를 충분히 통풍시킨다.
④ 연료, 연소장치를 점검한다.

[해설]
압력계 지시압력 감시는 점화 전이 아닌 보일러 운전 중에 수시로 관리한다.

64 에너지이용 합리화법에서 정한 효율관리기자재에 속하지 않는 것은?

① 전기냉장고
② 자동차
③ 조명기기
④ 텔레비전

[해설]
시행규칙 제7조에 의한 효율관리기자재는 보기 ①, ②, ③ 외 삼상유도전동기, 전기냉방기, 전기세탁기 등이다.

65 에너지이용 합리화법에서 효율관리기자재의 지정 등 산업통상자원부령으로 정하는 기자재에 대한 고시기준이 아닌 것은?

① 에너지의 목표소비효율
② 에너지의 목표사용량
③ 에너지의 최저소비효율
④ 에너지의 최저사용량

[해설]
효율관리기자재의 고시기준(법 제15조)
보기 ①, ②, ③ 외 에너지 최대사용량의 기준, 에너지의 소비효율 등급기준 및 등급표시, 에너지사용량의 측정방법 등이다.

정답 60 ④ 61 ① 62 ② 63 ② 64 ④ 65 ④

66 보일러 사용 중 수시로 점검해야 할 사항으로만 구성된 것은?

① 압력계, 수면계
② 배기가스 성분, 댐퍼
③ 안전밸브, 스톱밸브, 맨홀
④ 연료의 성상, 급수의 수질

해설
압력계, 수면계는 보일러 운전 시 수시로 점검해야 한다.

67 에너지이용 합리화법에 따라 다음 중 벌칙기준이 가장 무거운 것은?

① 해당 법에 따른 검사대상기기의 검사를 받지 아니한 자
② 해당 법에 따른 검사대상기기조종자를 선임하지 아니한 자
③ 해당 법에 따른 에너지저장시설의 보유 또는 저장 의무의 부과 시 정당한 이유 없이 이를 거부하거나 이행하지 아니한 자
④ 해당 법에 따른 효율관리기자재에 대한 에너지 사용량의 측정결과를 신고하지 아니한 자

해설
① 1년 이하의 징역 또는 1천만 원 이하 벌금
② 1천만 원 이하의 징역
③ 2년 이하의 징역 또는 2천만 원 이하의 벌금
④ 5백만 원 이하의 벌금

68 보일러 산세관 시 사용하는 부식억제제의 구비조건으로 틀린 것은?

① 점식 발생이 없을 것
② 부식 억제능력이 클 것
③ 물에 대한 용해도가 작을 것
④ 세관액의 온도농도에 대한 영향이 적을 것

해설
• 염산세관 시 부식억제제(인히비터)는 물에 대한 용해도가 커야 한다.
• 부식억제제 : 수지계 물질, 알코올류, 알데히드류, 케톤류, 아민유도체, 함질소 유기화합물

69 보일러설치검사 기준에서 정한 압력방출장치 및 안전밸브에 대한 설명으로 틀린 것은?

① 증기 보일러에는 2개 이상 안전밸브를 설치하여야 한다.
② 전열면적이 50m² 이하의 증기보일러에서는 안전밸브를 1개 이상으로 한다.
③ 관류보일러에서 보일러와 압력방출장치 사이에 체크밸브를 설치할 경우 압력방출 장치는 2개 이상으로 한다.
④ 안전밸브는 쉽게 검사할 수 있는 장소에 밸브축을 수평으로 하여 가능한 한 보일러 동체에 간접 부착한다.

해설
안전밸브는 보일러 동체에 수직으로 직접 부착시킨다.

70 다음 중 보일러 급수에 함유된 성분 중 전열면 내면 점식의 주원인이 되는 것은?

① O_2 ② N_2
③ $CaSO_4$ ④ $NaSO_4$

해설
점식(피팅)의 원인
용존산소(O_2)

71 시공업자단체에 관하여 에너지이용 합리화법에 규정한 것을 제외하고 어느 법의 사단법인에 관한 규정을 준용하는가?

① 상법   ② 행정법
③ 민법   ④ 집단에너지사업법

해설
시공업자단체에 관한 것은 에너지이용 합리화법에 규정한 것 외에는 민법의 규정을 준용한다.

72 에너지이용 합리화법에 따라 에너지저장의무 부과대상자로 가장 거리가 먼 것은?

① 전기사업자 ② 석탄가공업자
③ 도시가스사업자 ④ 원자력사업자

[해설]
에너지저장의무 부과대상자는 법 제12조에 의거 보기 ①, ②, ③ 외 집단에너지사업자, 연간 2만 석유환산톤 이상의 에너지를 사용하는 자 등이다.

73 보일러 급수 중에 용해되어 있는 칼슘염, 규산염 및 마그네슘염이 농축되었을 때 보일러에 영향을 미치는 것으로 가장 적절한 것은?

① 슬러지 생성의 원인이 된다.
② 보일러의 효율을 향상시킨다.
③ 가성취화와 부식의 원인이 된다.
④ 스케일 생성과 국부적 과열의 원인이 된다.

[해설]
스케일 주성분(과열의 원인) : 칼슘염, 규산염, 마그네슘염

74 보일러 이상연소 중 불완전연소의 원인이 아닌 것은?

① 연소용 공기량이 부족할 경우
② 연소속도가 적정하지 않을 경우
③ 버너로부터의 분무입자가 작을 경우
④ 분무연료와 연소용 공기와의 혼합이 불량할 경우

[해설]
중유오일(B-C油)의 분무입자(오일미립화)가 작을 경우 완전연소가 용이하다.

75 보일러의 성능을 향상시키기 위하여 지켜야 할 사항이 아닌 것은?

① 과잉공기를 가급적 많게 한다.
② 외부 공기의 누입을 방지한다.
③ 증기나 온수의 누출을 방지한다.
④ 전열면의 그을음 등을 주기적으로 제거한다.

[해설]
- 과잉공기 = 공기비 - 1
- 과잉공기가 많으면 열손실 증가, 배기가스양 증가, 노 내 온도 저하 발생

76 유류 보일러에서 연료유의 예열온도가 낮을 때 발생될 수 있는 현상이 아닌 것은?

① 화염이 편류된다.
② 무화가 불량하게 된다.
③ 기름의 분해가 발생한다.
④ 그을음이나 분진이 발생한다.

[해설]
유류의 예열온도가 너무 높으면 기름의 열분해(C, H, S)가 발생한다.

77 보일러의 분출사고 시 긴급조치 사항으로 틀린 것은?

① 보일러 부근에 있는 사람들을 우선 안전한 곳으로 긴급히 대피시켜야 한다.
② 연소를 정지시키고 압입통풍기를 정지시킨다.
③ 다른 보일러와 증기관이 연결되어 있는 경우에는 증기밸브를 닫고 증기관 연결을 끊는다.
④ 급수를 정지하여 수위 저하를 막고 보일러의 수위 유지에 노력한다.

[해설]
분출사고 시는 긴급 조치한 후에 급수 펌프를 가동하여 수위 저하 방지에 노력한다.

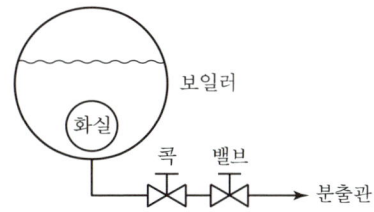

78 보일러 설치 시 옥내설치방법에 대한 설명으로 틀린 것은?

① 소용량 보일러는 반격벽으로 구분된 장소에 설치할 수 있다.
② 보일러 동체 최상부로부터 보일러실의 천장까지의 거리에는 제한이 없다.
③ 연료를 저장할 때는 보일러 외측으로부터 2m 이상 거리를 둔다.
④ 보일러는 불연성 물질의 격벽으로 구분된 장소에 설치하여야 한다.

[해설]

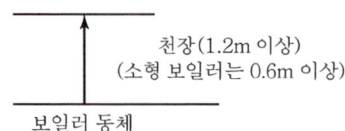

천장(1.2m 이상)
(소형 보일러는 0.6m 이상)
보일러 동체

79 난방면적(바닥면적)이 45m², 벽체 면적(창문, 문 포함)은 50m², 외기 온도는 -5℃, 실내온도 23℃, 벽체의 열관류율이 5kcal/m²·h·℃일 때 방위계수가 1.1이라면 이때의 난방부하는?(단, 천장면적은 바닥면적과 동일한 것으로 본다.)

① 7,700kcal/h   ② 19,600kcal/h
③ 21,560kcal/h ④ 23,100kcal/h

[해설]
난방부하 = $A \times K \times \Delta t_m \times K$
= $\{(45 \times 2) + 50\} \times 5 \times \{23-(-5)\} \times 1.1$
= 21,560kcal/h
※ 바닥이 45m²면 천장도 45m²이다.

80 보일러 수면계의 기능시험의 시기가 아닌 것은?

① 수면계를 보수 교체했을 때
② 2개 수면계의 수위가 서로 다를 때
③ 수면계 수위의 움직임이 민첩할 때
④ 포밍이나 프라이밍 현상이 발생할 때

[해설]
수면계는 수위의 움직임이 둔할 때 수면계의 기능을 시험한다.

2016년 3회 기출문제

1과목 | 열역학 및 연소관리

01 다음 중 열관류율의 단위로 옳은 것은?

① $kcal/m^2 \cdot h \cdot ℃$
② $kcal/m \cdot h \cdot ℃$
③ $kcal/h$
④ $kcal/m^2 \cdot h$

해설
① 열관류율의 단위
② 열전도율의 단위
③ 전열량의 단위
④ 단위면적당 전열량의 단위

02 0℃의 얼음 100g을 50℃의 물 400g에 넣으면 몇 ℃가 되는가?(단, 얼음의 융해잠열은 80 kcal/kg이고, 물의 비열은 1kcal/kg · ℃로 가정한다.)

① 8.4℃
② 13.5℃
③ 26.7℃
④ 38.8℃

해설
얼음의 융해열 $= 0.1kg \times 80kcal/kg = 8kcal$
물의 현열 $= 0.4kg \times 1kcal/kg \cdot ℃ \times (50-0) = 20kcal$
얼음의 비열 $= 0.5kcal/kg \cdot ℃$
∴ 혼합물의 온도 $(t) = \dfrac{20-8}{0.1 \times 0.5 + 0.4 \times 1} = 26.7℃$

03 액체연료 연소방식에서 연료를 무화시키는 목적으로 틀린 것은?

① 연소효율을 높이기 위하여
② 연소실의 열부하를 낮게 하기 위하여
③ 연료와 연소용 공기의 혼합을 고르게 하기 위하여
④ 연료 단위 중량당 표면적을 크게 하기 위하여

해설
액체연료 중 중질유(중유 C급)는 점성이 높아서 증발 기화되지 않는다. 따라서 안개 방울로 만들어서(무화) 연소실의 열부하($kcal/m^3 \cdot h$)를 높인다.

04 기체연료의 연소 형태로서 가장 옳은 것은?

① 확산연소
② 증발연소
③ 표면연소
④ 분해연소

해설
기체연료의 연소방식 : 확산연소방식, 예혼합연소방식

05 회분이 연소에 미치는 영향에 대한 설명으로 틀린 것은?

① 연소실의 온도를 높인다.
② 통풍에 지장을 주어 연소효율을 저하시킨다.
③ 보일러 벽이나 내화벽돌에 부착되어 장치를 손상시킨다.
④ 용융 온도가 낮은 회분은 클린커(Clinker)를 작용시켜 통풍을 방해한다.

해설
회분은 재로서 고체연료에서 많이 생산된다. 회분이 많으면 가연성 성분이 적어서 연소실의 온도가 낮다.

06 압력 0.2MPa, 온도 200℃의 이상기체 2kg이 가역단열과정으로 팽창하여 압력이 0.1MPa로 변화하였다. 이 기체의 최종온도는?(단, 이 기체의 비열비는 1.4이다.)

① 92℃
② 115℃
③ 365℃
④ 388℃

해설
단열변화

$$\dfrac{T_2}{T_1} = \left(\dfrac{V_1}{V_2}\right)^{k-1} = \left(\dfrac{P_2}{P_1}\right)^{\frac{k-1}{k}}$$

$$\therefore T_2 = T_1 \times \left(\dfrac{P_2}{P_1}\right)^{\frac{k-1}{k}} = (200+273) \times \left(\dfrac{0.1}{0.2}\right)^{\frac{1.4-1}{1.4}}$$
$$= 388K = 115℃$$

※ 섭씨온도(℃) = 켈빈온도(K) − 273

정답 01 ① 02 ③ 03 ② 04 ① 05 ① 06 ②

07 정적과정, 정압과정 및 단열과정으로 구성된 사이클은?

① 카르노 사이클
② 디젤 사이클
③ 브레이턴 사이클
④ 오토 사이클

해설
디젤 사이클(Diesel Cycle)

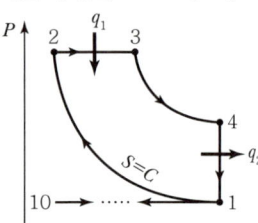

- 1 → 2 : 단열압축
- 2 → 3 : 정압가열
- 3 → 4 : 단열팽창
- 4 → 1 : 정적방열

08 습증기의 건도에 관한 설명으로 옳은 것은?

① 습증기 1kg 중에 포함되어 있는 액체의 양을 습증기 1kg 중에 포함된 건포화증기의 양으로 나눈 값
② 습증기 1kg 중에 포함되어 있는 건포화증기의 양을 습증기 1kg 중에 포함된 액체의 양으로 나눈 값
③ 습증기 1kg 중에 포함되어 있는 액체의 양을 습증기 1kg으로 나눈 값
④ 습증기 1kg 중에 포함되어 있는 건포화증기의 양을 습증기 1kg으로 나눈 값

해설
습증기 건도(x)
- 습증기 1kg 중에 포함된 건증기(건포화증기)의 양을 습증기 1kg으로 나눈 값이다.
- 건조도 크기 : $1 > x > 0$

09 다음 연료 중 이론공기량(Nm³/Nm³)을 가장 많이 필요로 하는 것은?(단, 동일 조건으로 기준한다.)

① 메탄   ② 수소
③ 아세틸렌   ④ 이산화탄소

해설
이론공기가 많이 필요한 연료는 산소 요구량이 많다.
① $CH_4 + 2O_2 \rightarrow CO_2 + 2H_2O$
② $H_2 + 1/2 O_2 \rightarrow H_2O$
③ $C_2H_2 + 2.5O_2 \rightarrow CO_2 + H_2O$
④ CO_2는 연소가 끝난 연소생성물이다.

10 오토 사이클에서 압축비가 7일 때 열효율은?(단, 비열비 $k = 1.4$이다.)

① 0.13   ② 0.38
③ 0.54   ④ 0.76

해설
내연기관 오토 사이클(Otto Cycle)
열효율 $= 1 - \left(\dfrac{1}{\varepsilon}\right)^{k-1} = 1 - \left(\dfrac{1}{7}\right)^{1.4-1} = 0.54$

11 물 1kg이 100℃에서 증발할 때 엔트로피의 증가량은?(단, 이때 증발열은 2,257kJ/kg이다.)

① 0.01kJ/kg·K
② 1.4kJ/kg·K
③ 6.1kJ/kg·K
④ 22.5kJ/kg·K

해설
엔트로피 증가량(Δs)
$$s_2 - s_1 = \dfrac{1}{T}\int_1^2 \delta Q = \dfrac{1}{T}Q_2$$
$\therefore \dfrac{2,257}{273+100} = 6.1\text{kJ/kg·K}$

12 온도 27℃, 최초 압력 100kPa인 공기 3kg을 가역 단열적으로 1,000kPa까지 압축하고자 할 때 압축일의 값은?(단, 공기의 비열비 및 기체상수는 각각 $k = 1.4$, $R = 0.287$kJ/kg·K이다.)

① 200kJ   ② 300kJ
③ 500kJ   ④ 600kJ

정답 07 ② 08 ④ 09 ③ 10 ③ 11 ③ 12 ④

해설

$T_2 = T_1 \times \left(\dfrac{P_2}{P_1}\right)^{\frac{k-1}{k}} = (273+27) \times \left(\dfrac{1,000}{100}\right)^{\frac{1.4-1}{1.4}} = 579K$

$= 306℃$

$_1W_2 = GRT\ln\left(\dfrac{P_2}{P_1}\right) = 3 \times 0.287 \times (27+273) \times \ln\left(\dfrac{1,000}{100}\right)$

$≒ 600kJ$

13 대기압하에서 건도가 0.9인 증기 1kg이 가지고 있는 증발잠열은?

① 53.9kcal ② 100.3kcal
③ 485.1kcal ④ 539.2kcal

해설
대기압하에서 물의 증발열 = 539kcal/kg
∴ 증발잠열 = 539×0.9 = 485.1kcal/kg

14 공기 과잉계수(공기비)를 옳게 나타낸 것은?

① 실제 연소 공기량 ÷ 이론공기량
② 이론공기량 ÷ 실제 연소 공기량
③ 실제 연소 공기량 - 이론공기량
④ 공급공기량 - 이론공기량

해설
공기과잉계수(공기비)

공기비$(m) = \dfrac{실제\ 연소\ 공기량}{이론공기량}$

15 디젤 사이클의 이론열효율을 표시하는 식으로 차단비(Cut Off Ratio) σ를 나타내는 식으로 옳은 것은?

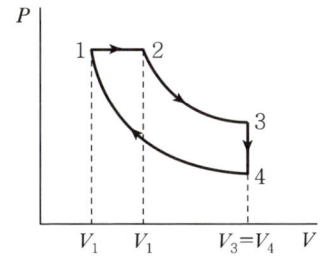

① $\sigma = \dfrac{V_1}{V_3}$ ② $\sigma = \dfrac{V_3}{V_1}$
③ $\sigma = \dfrac{V_2}{V_1}$ ④ $\sigma = \dfrac{V_1}{V_2}$

해설
디젤 사이클
압축비와 단절비(차단비)의 함수이며 압축비(ε)가 크고 단절비(σ)가 작을수록 열효율이 커진다. '단절비(σ) = 체적비'이다.

∴ $\sigma = \dfrac{V_2}{V_1}$

※ 열효율$(\eta_d) = 1 - \left(\dfrac{1}{\varepsilon}\right)^{k-1} \times \dfrac{\sigma^{k-1}}{k(\sigma-1)}$

16 5kcal의 열을 전부 일로 변환하면 몇 kgf·m인가?

① 50kgf·m ② 100kgf·m
③ 327kgf·m ④ 2,135kgf·m

해설
1kcal = 427kgf·m ∴ 427×5 = 2,135kgf·m

17 기체연료 저장설비인 가스홀더의 종류가 아닌 것은?

① 유수식 가스홀더 ② 무수식 가스홀더
③ 고압가스홀더 ④ 저압가스홀더

해설
기체연료의 가스홀더 종류
㉠ 유수식(저압식)
㉡ 무수식(저압식)
㉢ 고압가스홀더

18 어떤 기체가 압력 300kPa, 체적 2m³의 상태로부터 압력 500kPa, 체적 3m³의 상태로 변화하였다. 이 과정 중에 내부에너지의 변화가 없다고 하면 엔탈피의 변화량은?

① 500kJ ② 870kJ
③ 900kJ ④ 975kJ

정답 13 ③ 14 ① 15 ③ 16 ④ 17 전항 정답 18 ③

해설

$h = u + APV$
$\Delta H = \Delta U + A(P_2 V_2 - P_1 V_1)$
$\therefore \Delta H = (500 \times 3 - 300 \times 2) = 900 \text{kJ}$

19 프로판가스 1Nm^3을 완전연소시키는 데 필요한 이론공기량은?(단, 공기 중 산소는 21%이다.)

① 21.92Nm^3 ② 22.61Nm^3
③ 23.81Nm^3 ④ 24.62Nm^3

해설

프로판가스(C_3H_8)
$C_3H_8 + 5O_2 \rightarrow 3CO_2 + 4H_2O$

이론공기량(A_o) = 이론산소량 $\times \dfrac{1}{0.21}$

$= 5 \times \dfrac{1}{0.21} = 23.81 \text{Nm}^3/\text{Nm}^3$

20 압력에 관한 설명으로 옳은 것은?

① 압력은 단위면적에 작용하는 수직성분과 수평성분의 모든 힘으로 나타낸다.
② 1Pa은 1m^2에 1kg의 힘이 작용하는 압력이다.
③ 절대압력은 대기압과 게이지압력의 합으로 나타낸다.
④ A, B, C 기체의 압력을 각각 P_a, P_b, P_c라고 표현할 때 혼합기체의 압력은 평균값인 $\dfrac{P_a + P_b + P_c}{3}$이다.

해설

① 압력 : 단위면적당 수직으로 작용하는 힘
② $1\text{atm} = 760\text{mmHg} = 1.0332\text{kg/cm}^2 = 1.01325\text{bar}$
    $= 101,325\text{Pa}$
③ 절대압력 = 게이지압력 + 대기압력
④ 분압 = 전압 $\times \dfrac{성분몰수}{성분전체몰수}$

2과목 계측 및 에너지 진단

21 다음 Ⓐ, Ⓑ에 들어갈 내용으로 적절한 것은?

> 유체 관로에 설치된 오리피스(Orifice) 전후의 압력차는 (Ⓐ)에 (Ⓑ)한다.

① Ⓐ 유량의 제곱, Ⓑ 비례
② Ⓐ 유량의 평방근, Ⓑ 비례
③ Ⓐ 유량, Ⓑ 반비례
④ Ⓐ 유량의 평방근, Ⓑ 반비례

해설

차압식 유량계(오리피스, 벤투리미터, 플로노즐)
㉠ 유량은 차압의 제곱근에 비례한다.
㉡ 오리피스 전후의 압력차는 유량의 제곱에 비례한다.

22 수위제어방식이 아닌 것은?

① 1요소식 ② 2요소식
③ 3요소식 ④ 4요소식

해설

자동수위(FWC) 방식
㉠ 1요소식(단요소식) : 수위제어
㉡ 2요소식 : 수위, 증기량 제어
㉢ 3요소식 : 수위, 증기량, 급수량 제어

23 다음 중 저압가스의 압력 측정에 사용되며, 연돌가스의 압력 측정에 가장 적당한 압력계는?

① 링밸런스식 압력계
② 압전식 압력계
③ 분동식 압력계
④ 부르동관식 압력계

해설

링밸런스식(환상천평식) 압력계
저압가스의 압력이나 연돌 내의 통풍력 측정에 용이하다.

정답 19 ③ 20 ③ 21 ① 22 ④ 23 ①

24 다음 중 유량을 나타내는 단위가 아닌 것은?
① m³/h   ② kg/min
③ L/s   ④ kg/cm²

해설
kgf/cm² : 압력의 단위

25 보일러 자동제어의 수위제어방식 3요소식에서 검출하지 않는 것은?
① 수위   ② 노내압
③ 증기유량   ④ 급수유량

해설
연소제어(ACC)
㉠ 증기압력제어(연료량, 공기량)
㉡ 노내압력제어(연소가스양)

26 다음 중 온도를 높여주면 산소 이온만을 통과시키는 성질을 이용한 가스분석계는?
① 세라믹 O₂계   ② 갈바닉 전자식 O₂계
③ 자기식 O₂계   ④ 적외선 가스분석계

해설
세라믹 O₂계
지르코니아(ZrO₂)를 주 원료로 한 분석계로서 세라믹의 온도를 높여 주변 산소(O₂) 이온만 통과시키는 성질을 이용한 물리적 가스분석계(산소농담전지에서 기전력을 발생하여 O₂를 측정)

27 열전달에 대한 설명으로 틀린 것은?
① 유체의 밀도차에 의한 유동에 의해 열이 전달되는 형태는 전도이다.
② 대류 전열에는 자연대류와 강제대류 방식이 있다.
③ 중간 열매체를 통하지 않고 열이 이동되는 형태는 복사이다.
④ 열전달에는 전도, 대류, 복사의 3방식이 있다.

해설
• 전도 : 고체에서의 열 이동이다.
  (열전도율 단위 : kcal/m·h·℃)
• 대류 : 유체의 밀도차에 의한 열전달이다.

28 측정기의 우연오차와 가장 관련이 깊은 것은?
① 감도   ② 부주의
③ 보정   ④ 산포

해설
산포 : 원인을 알 수 없는 우연오차

29 1차 제어장치가 제어명령을 하고 2차 제어장치가 1차 명령을 바탕으로 제어량을 조절하는 측정제어는?
① 캐스케이드 제어
② 추종제어
③ 프로그램제어
④ 비율제어

해설
목표값에 따른 자동제어 분류
㉠ 정치제어
㉡ 추치제어
㉢ 캐스케이드 제어(Cascade Control) : 측정제어라고 하며 2개의 제어계를 조합하여 1차 제어장치가 제어명령을 발하고, 2차 제어장치가 1차 명령을 바탕으로 제어량을 조절

30 저항식 습도계의 특징에 관한 설명으로 틀린 것은?
① 연속기록이 가능하다.
② 응답이 느리다.
③ 자동제어가 용이하다.
④ 상대습도 측정이 쉽다.

해설
전기저항식 습도계
저온도의 측정이 가능하고 응답이 빠르다.(상대습도 측정용)

31 지름이 200mm인 관에 비중이 0.9인 기름이 평균속도 5m/s로 흐를 때 유량은?
① 14.7kg/s   ② 15.7kg/s
③ 141.4kg/s   ④ 157.1kg/s

정답 24 ④ 25 ② 26 ① 27 ① 28 ④ 29 ① 30 ② 31 ③

해설

유량(Q) = 단면적 × 유속, 단면적 = $\frac{\pi}{4}d^2 (m^2)$

$\left\{\frac{3.14}{4} \times (0.2)^2 \times 5\right\} \times 1,000 = 157 kg/s$ (물의 경우)

∴ $157 \times 0.9 = 141.4 kg/s$ (기름)

32 제어동작 중 제어량에 편차가 생겼을 때 편차의 적분차를 가감하여 조작단의 이동 속도가 비례하는 동작으로 잔류편차가 남지 않으나 제어의 안정성이 떨어지는 동작은?

① 2위치 동작 ② 비례 동작
③ 미분 동작 ④ 적분 동작

해설

적분동작(I 동작, 제어연속동작)

I 동작 : $Y = K_p \int \varepsilon dt$ (K_p : 비례상수, ε : 편차)

㉠ 잔류편차(Offset) 제거
㉡ 제어의 안정성이 떨어진다.
㉢ 일반적으로 진동하는 경향이 있다.
㉣ 조작량이 동작신호의 적분값에 비례한다.

33 압력계 선택 시 유의하여야 할 사항으로 틀린 것은?

① 진동이나 충격 등을 고려하여 필요한 부속품을 준비하여야 한다.
② 사용목적에 따라 크기, 등급, 정도를 결정한다.
③ 사용압력에 따라 압력계의 범위를 결정한다.
④ 사용 용도는 고려하지 않아도 된다.

해설

압력계는 사용 용도를 반드시 고려해야 한다.

34 다음 중 탄성식 압력계가 아닌 것은?

① 부르동관식 압력계
② 링밸런스식 압력계
③ 벨로즈식 압력계
④ 다이어프램식 압력계

해설

링밸런스식 압력계(Ring Balance Manometer)
• 환상천평식(천칭식) 압력계이며 원형관 하부에 수은을 넣어서 기체압력 측정에 사용된다.
• 측정범위 : 25~3,000mmH$_2$O
• 봉입액 : 기름, 수은

35 다음 중 온-오프 동작(On-off Action)은?

① 2위치 동작 ② 적분 동작
③ 속도 동작 ④ 비례 동작

해설

• 불연속동작 : 2위치 동작, 간헐 동작, 다위치 동작
• 온-오프 동작 : 2위치 동작

36 가스분석계인 자동화학식 CO$_2$계에 대한 설명으로 틀린 것은?

① 오르자트(Orsat)식 가스분석계와 같이 CO$_2$를 흡수액에 흡수시켜 이것에 의한 시료 가스 용액의 감소를 측정하고 CO$_2$ 농도를 지시한다.
② 피스톤의 운동으로 일정한 용적의 시료가스가 CaCO$_2$ 용액 중에 분출되며 CO$_2$는 여기서 용액에 흡수된다.
③ 조작은 모두 자동화되어 있다.
④ 흡수액에 따라 O$_2$ 및 CO의 분석계로도 사용할 수 있다.

해설

CO$_2$ 측정은 흡수용액(수산화칼륨용액 KOH 30% 이용)을 사용하고, CaCO$_2$(탄산칼슘)은 사용하지 않는다.

37 압력식 온도계가 아닌 것은?

① 액체압력식 온도계
② 증기압력식 온도계
③ 열전 온도계
④ 기체압력식 온도계

정답 32 ④ 33 ④ 34 ② 35 ① 36 ② 37 ③

해설

열전대 온도계(열기전력 온도계)
㉠ 백금-로듐 온도계(0~1,600℃)
㉡ 크로멜-알루멜 온도계(-20~1,200℃)
㉢ 철-콘스탄탄 온도계(-20~460℃)
㉣ 구리-콘스탄탄 온도계(-180~350℃)

38 적외선 가스분석계의 특징에 대한 설명으로 옳은 것은?

① 선택성이 뛰어나다.
② 대상 범위가 좁다.
③ 저농도의 분석에 부적합하다.
④ 측정가스의 더스트 방지나 탈습에 충분한 주의가 필요 없다.

해설

적외선가스 분석계
㉠ 2원자분자 가스는 분석이 불가하다. H_2, O_2, N_2 등의 가스
㉡ 선택성이 뛰어나다.
㉢ 측정대상 범위가 넓고 저농도의 분석이 가능하다.
㉣ 측정가스는 먼지(Dust)나 습기의 방지에 주의가 필요하다.

39 열전대 온도계의 특징이 아닌 것은?

① 냉접점이 있다.
② 접촉식으로 가장 높은 온도를 측정한다.
③ 전원이 필요하다.
④ 자동제어, 자동기록이 가능하다.

해설

열전대 온도계는 자체의 기전력(제벡효과)을 이용하므로 전원이 불필요하다.

40 다음 중 열량의 계량단위가 아닌 것은?

① J   ② kWh
③ Ws   ④ kg

해설

kg : 중량, 질량의 단위

3과목 열설비구조 및 시공

41 증기 보일러에서 안전밸브 부착에 대한 설명으로 옳은 것은?

① 보일러 몸체에 직접 부착시키지 않는다.
② 밸브 축을 수직으로 하여 부착한다.
③ 안전밸브는 항상 3개 이상 부착해야 한다.
④ 안전을 고려하여 쉽게 보이는 곳에 설치하지 않는다.

해설

보일러 몸체에 눈에 직접 보이게 수직으로 직접 부착시킨다.

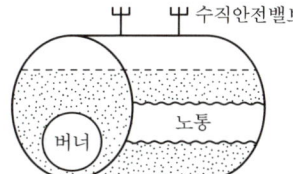

42 아래 팽창탱크 구조 도시에서 ㉠으로 지시된 관의 명칭은?

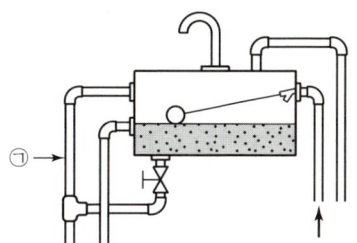

① 통기관   ② 안전관
③ 배수관   ④ 오버플로관

해설

오버플로관(일수관)
개방식 팽창탱크용(팽창탱크 내 수위가 높아지면 팽창수를 외부로 분출시키는 관이다.)

정답 38 ① 39 ③ 40 ④ 41 ② 42 ④

43 보일러 과열기에 대한 설명으로 틀린 것은?

① 과열기를 설치함으로써 보일러 열효율을 증대시킬 수 있다.
② 과열기 내의 증기와 연소가스의 흐름 방향에 따라 병향류식, 대향류식, 혼류식으로 구분할 수 있다.
③ 전열방식에 따라 방사형, 대류형, 방사대류형이 있다.
④ 과열기 외부는 황(S)에 의한 저온 부식이 발생한다.

해설
㉠ 과열기, 재열기는 바나듐이나 나트륨에 의해 500℃ 이상에서 고온부식이 발생한다.
㉡ 절탄기, 공기예열기는 황에 의한 저온부식(H_2SO_4 : 진한황산)이 발생한다.

44 허용인장응력 10kgf/mm², 두께 12mm의 강판을 160mm V홈 맞대기 용접이음을 할 경우 그 효율이 80%라면 용접두께는 얼마로 하여야 하는가?(단, 용접부의 허용응력은 8kgf/mm²이다.)

① 6mm
② 8mm
③ 10mm
④ 12mm

해설
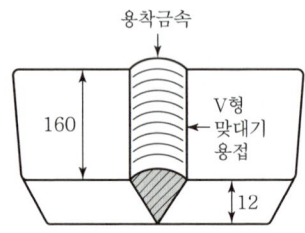

45 비동력 급수장치인 인젝터(Injector)의 특징에 관한 설명으로 틀린 것은?

① 구조가 간단하다.
② 흡입양정이 낮다.
③ 급수량의 조절이 쉽다.
④ 증기와 물이 혼합되어 급수가 예열된다.

해설
인젝터
급수설비(급수량 조절이 어렵다.)이며 정전이나 급수펌프 고장 시 일시적으로만 사용이 가능하다.(증기 2kg/cm² 이상의 스팀에 의한 급수설비)

46 다음 중 보일러 분출 작업의 목적이 아닌 것은?

① 관수의 불순물 농도를 한계치 이하로 유지한다.
② 프라이밍 및 캐리오버를 촉진한다.
③ 슬러지분을 배출하고 스케일 부착을 방지한다.
④ 관수의 순환을 용이하게 한다.

해설
보일러 분출(수면분출, 수저분출)은 프라이밍(비수), 캐리오버(기수공발)를 방지한다.

47 노벽을 통하여 전열이 일어난다. 노벽의 두께 200 mm, 평균 열전도도 3.3kcal/m·h·℃, 노벽 내부온도 400℃, 외벽온도는 50℃라면 10시간 동안 손실되는 열량은?

① 5,775kcal/m²
② 11,550kcal/m²
③ 57,750kcal/m²
④ 66,000kcal/m²

해설
열전도에 의한 열손실(Q)

$$Q = \lambda \times \frac{A(t_1 - t_2)h}{b}$$

$$= 3.3 \times \frac{1(400-50) \times 10}{0.2} = 57,750 \text{kcal/m}^2$$

※ 200mm = 0.2m

48 압력용기 및 철금속가열로의 설치검사에 대한 검사의 유효기간은?

① 1년
② 2년
③ 3년
④ 4년

정답 43 ④ 44 ④ 45 ③ 46 ② 47 ③ 48 ②

해설
압력용기, 철금속가열로
설치가 완료된 후 2년 이내에 설치검사(단, 보일러는 1년 이내)

49 크롬질 벽돌의 특징에 대한 설명으로 틀린 것은?

① 내화도가 높고 하중연화점이 낮다.
② 마모에 대한 저항성이 크다.
③ 온도 급변에 잘 견딘다.
④ 고온에서 산화철을 흡수하여 팽창한다.

해설
크롬질 벽돌(중성내화물)의 특징은 보기 ①, ②, ④ 외에 고온에서 버스팅(Bursting) 현상을 일으켜서 온도 1,600℃ 이상에서 산화철을 흡수하여 표면이 부풀어 오르고 떨어져 나가는 현상이 발생하고, 내스폴링성이 비교적 적다는 것이다.

50 두께 25mm, 넓이 1m²인 철판의 전열량이 매시간 1,000kcal가 되려면 양면의 온도차는 얼마이어야 하는가?(단, 열전도계수 K = 50kcal/m·h·℃이다.)

① 0.5℃   ② 1℃
③ 1.5℃   ④ 2℃

해설
열전도에 의한 온도차
$$1,000 = 50 \times \frac{1 \times \Delta t}{0.025}$$
∴ 온도차(Δt) = $\frac{1,000 \times 0.025}{50 \times 1}$ = 0.5℃

51 증기트랩을 설치할 경우 나타나는 장점이 아닌 것은?

① 응축수로 인한 관 내의 부식을 방지할 수 있다.
② 응축수를 배출할 수 있어서 수격작용을 방지할 수 있다.
③ 관 내 유체의 흐름에 대한 마찰저항을 줄일 수 있다.
④ 관 내의 불순물을 제거할 수 있다.

해설
㉠ 관 내의 불순물 제거 : 여과기(스트레이너)를 사용한다.
㉡ 증기트랩(Trap) : 응축수는 분출시키고, 증기가 분출하려 할 때는 막아주는 덫이다.

52 강제순환식 수관보일러의 강제순환 시 각 수관 내의 유속을 일정하게 설계한 보일러는?

① 라몬트 보일러   ② 베록스 보일러
③ 레플러 보일러   ④ 밴손 보일러

해설
강제순환식 수관보일러
㉠ 라몬트 보일러(순환펌프로 유속을 일정하게 한다.)
㉡ 베록스 보일러

53 다음 중 알루미나 시멘트를 원료로 사용하는 것은?

① 캐스터블 내화물   ② 플라스틱 내화물
③ 내화모르타르   ④ 고알루미나질 내화물

해설
부정형 내화물
㉠ 캐스터블 내화물 : 치밀하게 소결시킨 내화성 골재에 수경성 알루미나 시멘트를 분말상태로 배합한 것이다.
㉡ 플라스틱 내화물 : 내화성 골재에 가소성을 주기 위해 가소성 점토 및 규산소다(물유리) 또는 유기질 결합제를 가하여 반죽상태로 혼련한다.

54 방청용 도료 중 연단을 아마인유와 혼합하여 만들며, 녹스는 것을 방지하기 위하여 널리 사용되는 것은?

① 광명단 도료   ② 합성수지 도료
③ 산화철 도료   ④ 알루미늄 도료

해설
광명단 도료
방청용 도료 중 연단을 아마인유와 혼합하여 만든다.(페인트를 칠하기 전 녹스는 것을 방지하기 위해 밑칠을 한다.)

정답 49 ③ 50 ① 51 ④ 52 ① 53 ① 54 ①

55 검사대상기기의 용접검사를 받으려 할 경우 용접검사 신청서와 함께 검사기관의 장에게 몇 가지 서류를 제출해야 하는데 다음 중 그 서류에 해당하지 않는 것은?

① 용접 부위도
② 연간 판매 실적
③ 검사대상기기의 설계도면
④ 검사대상기기의 강도계산서

> 해설
> 에너지이용 합리화법 시행규칙 제31조의14(용접검사신청)에 의거하여 첨부서류로는 보기 ①, ③, ④가 요구된다.(한국에너지공단이사장 또는 검사기관에 제출한다.)

56 복사증발기에 수십 개의 수관을 병렬로 배치시키고 그 양단에 헤더를 설치하여 물의 합류와 분류를 되풀이하는 구조로 된 보일러는?

① 간접가열 보일러
② 강제순환 보일러
③ 관류 보일러
④ 바브콕 보일러

> 해설
> 복사증발기에 수십 개의 수관을 병렬로 배치시키고 그 양단에 헤더를 설치하여 물의 합류와 분류를 되풀이하는 구조의 보일러는 관류 보일러이다.

57 보일러 안지름이 1,850mm를 초과하는 것은 동체의 최소 두께를 얼마 이상으로 하여야 하는가?

① 6mm
② 8mm
③ 10mm
④ 12mm

> 해설
> 동체의 최소 두께
> ㉠ 안지름 1,850mm 초과 : 12mm 이상
> ㉡ 안지름 1,350 초과~1,850mm 이하 : 10mm 이상

58 노통보일러에서 노통에 갤로웨이 관(Galloway Tube)을 설치하는 장점으로 틀린 것은?

① 물의 순환 증가
② 연소가스 유동저항 감소
③ 전열면적의 증가
④ 노통의 보강

> 해설
>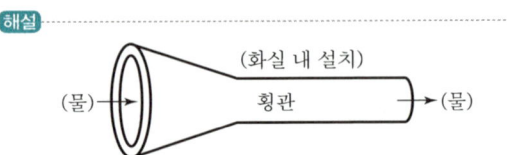
>
> - 갤로웨이 관(화실 내 횡관)의 설치목적은 보기 ①, ③, ④이다.
> - 횡관은 연소가스의 유동저항이 증가한다.

59 검사대상기기인 보일러의 사용연료 또는 연소방법을 변경한 경우에 받아야 하는 검사는?

① 구조검사
② 설치검사
③ 개조검사
④ 용접검사

> 해설
> 에너지이용 합리화법 시행규칙 별표 3의4에 의거하여 연료 또는 연소방법 변경 시 개조검사를 받는다.(한국에너지공단에서 검사)

60 폐열가스를 이용하여 본체로 보내는 급수를 예열하는 장치는?

① 절탄기
② 급유예열기
③ 공기예열기
④ 과열기

> 해설
>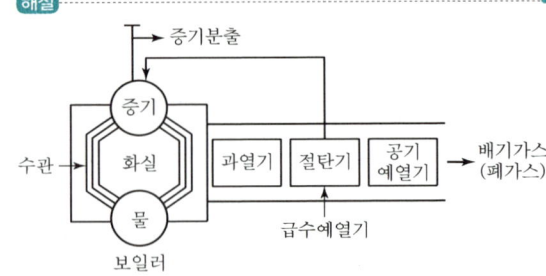

4과목　열설비 취급 및 안전관리

61 보일러의 설치시공기준에서 옥내에 보일러를 설치할 경우 다음 중 불연성 물질의 반격벽으로 구분된 장소에 설치할 수 있는 보일러가 아닌 것은?

① 노통 보일러
② 가스용 온수 보일러
③ 소형 관류 보일러
④ 소용량 주철제 보일러

[해설] 노통 보일러(코르니시 보일러, 랭커셔 보일러)는 대형 원통형 보일러로서 불연성 물질의 격벽으로 구분된 장소에 설치하여야 한다.

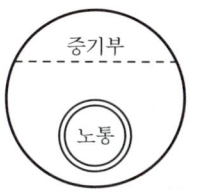
[코르시니 보일러]

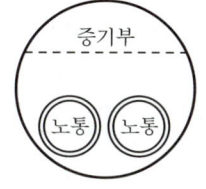
[행커셔 보일러]

62 에너지이용 합리화법에 따라 검사대상기기관리자를 선임하지 아니한 자에 대한 벌칙기준은?

① 1천만 원 이하의 벌금
② 2천만 원 이하의 벌금
③ 5백만 원 이하의 벌금
④ 1년 이하의 징역

[해설] 검사대상기기관리자를 선임하지 아니한 자는 법 제75조에 의거하여 1천만 원 이하의 벌금에 처한다.

63 에너지이용 합리화법에 따라 검사대상기기설치자는 검사대상기기관리자가 해임되거나 퇴직하는 경우 다른 검사대상기기관리자를 언제 선임해야 하는가?

① 해임 또는 퇴직 이전
② 해임 또는 퇴직 후 10일 이내
③ 해임 또는 퇴직 후 30일 이내
④ 해임 또는 퇴직 후 3개월 이내

[해설] 법 제40조에 의해 검사대상기기설치자는 검사대상기기관리자의 해임·퇴직의 경우 해임 또는 퇴직 이전에 다른 검사대상기기관리자를 선임해야 한다.

64 가스용 보일러의 보일러 실내 연료 배관 외부에 반드시 표시해야 하는 항목이 아닌 것은?

① 사용 가스명
② 최고 사용압력
③ 가스 흐름방향
④ 최고 사용온도

[해설] 보일러 설치검사 기준에 의한 배관의 설치 시 가스용 연료배관에는 보기 ①, ②, ③의 표시가 있어야 한다.

65 보일러 점화조작 시 주의사항으로 틀린 것은?

① 연료가스의 유출속도가 너무 늦으면 실화 등이 일어나고 너무 빠르면 역화가 발생한다.
② 연소실의 온도가 낮으면 연료의 확산이 불량해지며 착화가 잘 안 된다.
③ 연료의 예열온도가 너무 낮으면 무화불량의 원인이 된다.
④ 유압이 낮으면 점화 및 분사가 불량하고 높으면 그을음이 축적된다.

[해설] 연료가스의 유출속도가 너무 늦으면 역화가 발생, 너무 빠르면 실화(불꺼짐)가 발생한다.

66 증기난방의 분류 방법이 아닌 것은?

① 증기관의 배관 방식에 의한 분류
② 응축수의 환수 방식에 의한 분류
③ 증기압력에 의한 분류
④ 급기배관 방식에 의한 분류

[해설] 급기배관 방식은 가스용 보일러의 분류법이다.(급기, 배기 : 급배기 방식)

정답 61 ①　62 ①　63 ①　64 ④　65 ①　66 ④

67 증기보일러의 압력계 부착 시 강관을 사용할 때 압력계와 연결된 증기관 안지름의 크기는 얼마이어야 하는가?

① 6.5mm 이하
② 6.5mm 이상
③ 12.7mm 이하
④ 12.7mm 이상

해설

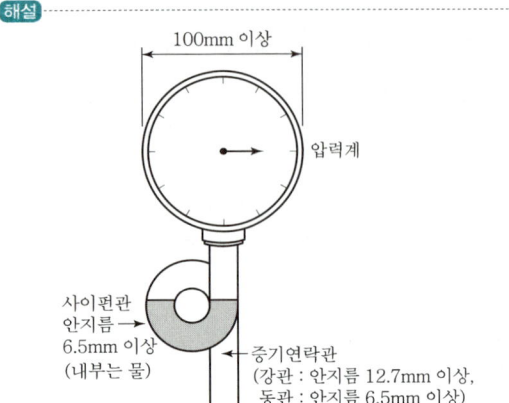

68 보일러가 과열되는 경우로 가장 거리가 먼 것은?

① 보일러에 스케일이 퇴적될 때
② 이상 저수위 상태로 가동할 때
③ 화염이 국부적으로 전열면에 충돌할 때
④ 황(S)분이 많은 연료를 사용할 때

해설
연료 중 황(S)분이 많으면 폐열회수장치인 절탄기(급수가열기), 공기예열기에 저온부식(H_2SO_4) 발생

69 다음 중 보일러에 점화하기 전 가장 우선적으로 점검해야 할 사항은?

① 과열기 점검
② 증기압력 점검
③ 수위 확인 및 급수 계통 점검
④ 매연 CO_2 농도 점검

해설
점화 전 수위 확인 및 급수계통 점검

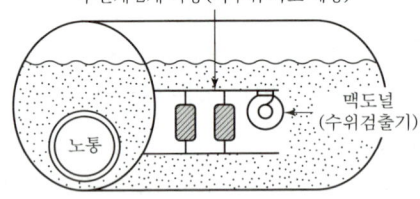

70 보일러의 안전저수위란 무엇인가?

① 사용 중 유지해야 할 최저의 수위
② 사용 중 유지해야 할 최고의 수위
③ 최고사용압력에 상응하는 적정 수위
④ 최대증발량에 상응하는 적정 수위

해설

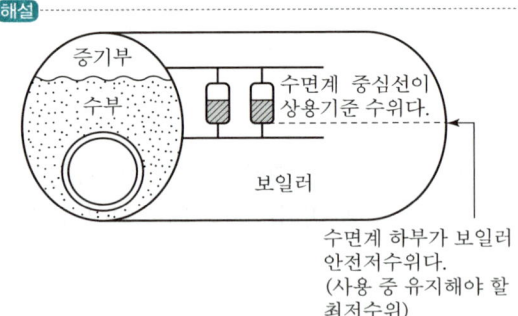

71 보일러의 고온부식 방지대책으로 틀린 것은?

① 회분 개질제를 첨가하여 바나듐의 융점을 낮춘다.
② 연료 중의 바나듐 성분을 제거한다.
③ 고온가스가 접촉되는 부분에 보호피막을 한다.
④ 연소가스 온도를 바나듐의 융점온도 이하로 유지한다.

해설
고온부식 방지를 위해 보기 ②, ③, ④를 실시하고 개질제를 첨가하여 바나듐의 융점을 높인다.(첨가제 : 돌로마이트, 알루미나 분말)

정답 67 ④ 68 ④ 69 ③ 70 ① 71 ①

72 캐리오버의 방지책으로 가장 거리가 먼 것은?

① 부유물이나 유지분 등이 함유된 물을 급수하지 않는다.
② 압력을 규정압력으로 유지해야 한다.
③ 염소이온을 높게 유지해야 한다.
④ 부하를 급격히 증가시키지 않는다.

[해설]
캐리오버(기수공발) 중 규산캐리오버(Carry Over)에서 무수규산은 쉽게 송기되는 증기에 포함되어 증기배관으로 송기된다. 무수규산은 압력이 높으면 쉽게 증기에 포함되어 보일러 외부로 송기된다.

73 보일러 점화 시 역화(逆火)의 원인으로 가장 거리가 먼 것은?

① 프리퍼지가 부족했다.
② 연료 중에 물 또는 협잡물이 섞여 있었다.
③ 연도 댐퍼가 열려 있었다.
④ 유압이 과대했다.

[해설]
보일러 점화 시 연도 댐퍼가 개방되면 역화가 방지된다.(안전장치로 방폭문 설치)

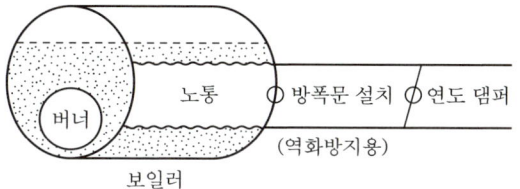

74 에너지이용 합리화법에 따라 에너지절약전문기업으로 등록을 하려는 자는 등록신청서를 누구에게 제출하여야 하는가?

① 한국에너지공단이사장
② 시·도지사
③ 산업통상자원부장관
④ 시공업자단체의 장

[해설]
에너지절약전문기업(ESCO) 등록신청서는 한국에너지공단이사장에게 제출한다.

75 에너지이용 합리화법에 따라 검사에 불합격한 검사대상기기를 사용한 자에 대한 벌칙기준은?

① 1년 이하의 징역 또는 1천만 원 이하의 벌금
② 1천만 원 이하의 벌금
③ 2년 이하의 징역 또는 2천만 원 이하의 벌금
④ 500만 원 이하의 벌금

[해설]
검사에 불합격한 검사대상기기를 사용한 자는 보기 ①의 벌칙을 적용한다.(검사대상기기 : 강철제·주철제 보일러, 가스용 온수보일러, 압력용기 제1·2종, 철금속가열로)

76 증기난방의 응축수 환수방법 중 증기의 순환속도가 제일 빠른 환수방식은?

① 진공환수식
② 기계환수식
③ 중력환수식
④ 강제환수식

[해설]
증기난방 응축수의 회수 순환속도
진공환수식 > 기계환수식 > 중력환수식

77 에너지이용 합리화법에 따라 효율관리기자재의 제조업자는 해당 효율관리기자재의 에너지 사용량을 어느 기관으로부터 측정받아야 하는가?

① 검사기관
② 시험기관
③ 확인기관
④ 진단기관

[해설]
에너지효율관리기자재 에너지 사용량은 산업통상자원부장관이 지정하는 시험기관에서 측정받아야 한다.

정답 72 ③ 73 ③ 74 ① 75 ① 76 ① 77 ②

78 기름연소장치의 점화에 있어서 점화불량의 원인으로 가장 거리가 먼 것은?

① 연료 배관 속에 물이나 슬러지가 들어갔다.
② 점화용 트랜스의 전기 스파크가 일어나지 않는다.
③ 송풍기 풍압이 낮고 공연비가 부적당하다.
④ 연도가 너무 습하거나 건조하다.

해설
연도가 너무 습하거나 건조한 것은 통풍력과 관계된다.

79 에너지법에서 정한 에너지공급설비가 아닌 것은?

① 전환설비   ② 수송설비
③ 개발설비   ④ 생산설비

해설
에너지법 제2조(정의)에 의한 공급설비는 보기 ①, ②, ④이며 개발설비가 아닌 저장설비가 필요하다.

80 다음 통풍의 종류 중 노내압력이 가장 높은 것은?

① 자연통풍   ② 압입통풍
③ 흡입통풍   ④ 평형통풍

해설
노내압력(화실 : 연소실)
압입통풍 > 평형통풍 > 흡입통풍 > 자연통풍

정답 78 ④ 79 ③ 80 ②

2017년 1회 기출문제

1과목 | 열역학 및 연소관리

01 실제연소가스량(G)에 대한 식으로 옳은 것은?(단, 이론연소가스량 : G_o, 과잉공기비 : m, 이론공기량 : A_o이다.)

① $G = G_o + (m+1)A_o$
② $G = G_o - (m-1)A_o$
③ $G = G_o + (m-1)A_o$
④ $G = G_o - (m+1)A_o$

해설
실제연소가스양(G) = 이론연소가스양 + (공기비 − 1) × 이론공기량

02 온도 150℃의 공기 1kg이 초기 체적 0.248 m³에서 0.496m³로 될 때까지 단열 팽창하였다. 내부에너지의 변화는 약 몇 kJ/kg인가?(단, 정적비열(C_V)은 0.72kJ/kg·℃, 비열비(k)는 1.4이다.)

① −25
② −74
③ 110
④ 532

해설
단열팽창 내부에너지(T_2)
$= T_1 \left(\dfrac{V_1}{V_2}\right)^{k-1} = (150+273) \times \left(\dfrac{0.248}{0.496}\right)^{1.4-1} = 320K$
단열팽창 내부에너지 변화(Δu)
$= 0.72 \times (320 - 423) = -74 \text{kJ/kg}$

03 다음 ( ) 안에 들어갈 내용으로 옳은 것은?

잠열은 물체의 (㉠) 변화는 일으키지 않고, (㉡) 변화만을 일으키는 데 필요한 열량이며, 표준 대기압하에서 물 1kg의 증발잠열은 (㉢)kcal/kg이고, 얼음 1kg의 융해잠열은 (㉣)kcal/kg이다.

① ㉠ 상(phase), ㉡ 온도, ㉢ 539, ㉣ 80
② ㉠ 체적, ㉡ 상(phase), ㉢ 739, ㉣ 90
③ ㉠ 비열, ㉡ 상(phase), ㉢ 439, ㉣ 90
④ ㉠ 온도, ㉡ 상(phase), ㉢ 539, ㉣ 80

해설
㉠ 온도, ㉡ 상, ㉢ 539, ㉣ 80

04 엔트로피의 변화가 없는 상태변화는?

① 가역 단열변화
② 가역 등온변화
③ 가역 등압변화
④ 가역 등적변화

해설
가역 단열변화
상태변화를 하는 동안 외부와 열의 출입이 전혀 없는 상태변화 (엔트로피 변화가 없다.)

05 보일러 굴뚝의 통풍력을 발생시키는 방법이 아닌 것은?

① 연도에서 연소가스와 외부공기의 밀도차에 의해서 생기는 압력차를 이용하는 방법
② 벤투리 관을 이용하여 배기가스를 흡입하는 방법
③ 압입 송풍기를 사용하는 방법
④ 흡입 송풍기를 사용하는 방법

해설
벤투리 관 : 차압식 유량계

06 이상기체의 단열변화 과정에 대한 식으로 맞는 것은?(단, k는 비열비이다.)

① $PV = const$
② $P^k V = const$
③ $PV^k = const$
④ $PV^{1/k} = const$

해설
단열변화(등엔트로피 과정)
$\dfrac{T_2}{T_1} = \left(\dfrac{V_1}{V_2}\right)^{k-1} = \left(\dfrac{P_2}{P_1}\right)^{\frac{k-1}{k}}$
∴ $PV^k = const$

정답 01 ③ 02 ② 03 ④ 04 ① 05 ② 06 ③

07 다음은 물의 압력 – 온도 선도를 나타낸다. 임계점은 어디를 말하는가?

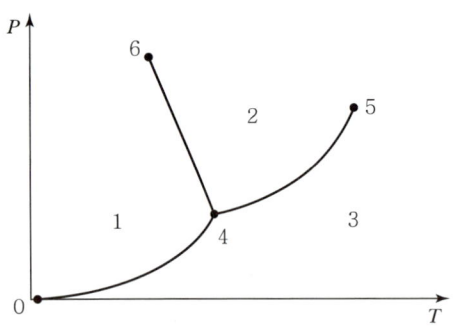

① 점 0　　② 점 4
③ 점 5　　④ 점 6

해설

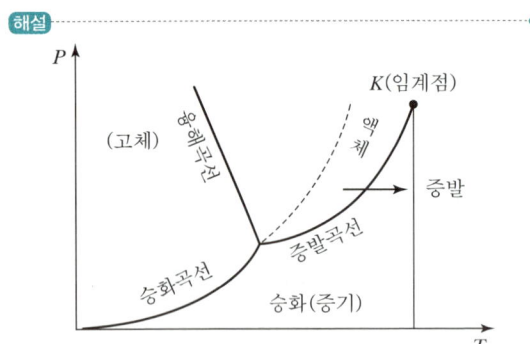

08 물 1kmol이 100℃, 1기압에서 증발할 때 엔트로피 변화는 몇 kJ/K인가?(단, 물의 기화열은 2,257kJ/kg이다.)

① 22.57　　② 100
③ 109　　　④ 139

해설
물 1kmol(22.4m³ = 18kg)
엔트로피 변화(Δs) = $\frac{\delta Q}{T}$ = $\left(\frac{2,257}{100+273}\right) \times 18 = 109$ kJ/K

09 공기비(m)에 대한 설명으로 옳은 것은?

① 연료를 연소시킬 경우 이론공기량에 대한 실제공급 공기량의 비이다.
② 연료를 연소시킬 경우 실제공급 공기량에 대한 이론공기량의 비이다.
③ 연료를 연소시킬 경우 1차 공기량에 대한 2차 공기량의 비이다.
④ 연료를 연소시킬 경우 2차 공기량에 대한 1차 공기량의 비이다.

해설
공기비(과잉공기계수, m)
$m = \dfrac{\text{실제공기량}}{\text{이론공기량}}$
※ 공기비(m)는 항상 1보다 크다.

10 기체연료의 특징에 관한 설명으로 틀린 것은?

① 유황이나 회분이 거의 없다.
② 화재, 폭발의 위험이 크다.
③ 액체연료에 비해 체적당 보유 발열량이 크다.
④ 고부하 연소가 가능하고 연소실 용적을 작게 할 수 있다.

해설
기체연료는 액체연료에 비해 일반적으로 질량당(kg) 발열량(kJ/kg)이 크다.

11 연소의 3요소에 해당하지 않는 것은?

① 가연물　　② 인화점
③ 산소공급원　　④ 점화원

해설
연소의 3대 구성요소
• 가연물
• 산소공급원
• 점화원

12 27℃에서 12L의 체적을 갖는 이상기체가 일정 압력에서 127℃까지 온도가 상승하였을 때 체적은 약 얼마인가?

① 12L　　② 16L
③ 27L　　④ 56L

정답 07 ③　08 ③　09 ①　10 ③　11 ②　12 ②

해설
$T_1 = 27 + 273 = 300K$, $T_2 = 127 + 273 = 400K$
$V_2 = V_1 \times \dfrac{T_2}{T_1} = 12 \times \dfrac{400}{300} = 16(L)$

13 -10℃의 얼음 1kg에 일정한 비율로 열을 가할 때 시간과 온도의 관계를 바르게 나타낸 그림은?(단, 압력은 일정하다.)

① 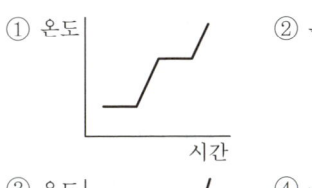 ②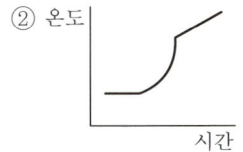

③ 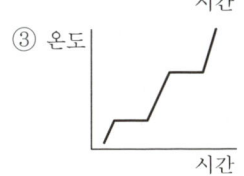 ④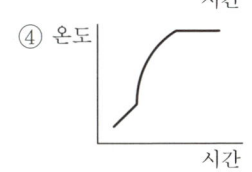

해설
보기 ③의 변화 : -10℃의 얼음, 0℃의 얼음, 0℃의 물, 100℃의 포화수

14 어떤 기압하에서 포화수의 현열이 185.6 kcal/kg이고, 같은 온도에서 증기잠열이 414.4 kcal/kg인 경우, 증기의 전열량은?(단, 건조도는 1이다.)

① 228.8kcal/kg　　② 650.0kcal/kg
③ 879.3kcal/kg　　④ 600.0kcal/kg

해설
증기 전열량(증기 엔탈피) = $h_1 + r$ = 185.6 + 414.4
= 600(kcal/kg)

15 표준대기압하에서 실린더 직경이 5cm인 피스톤 위에 질량 100kg의 추를 놓았다. 실린더 내 가스의 절대압력은 약 몇 kPa인가?(단, 피스톤 중량은 무시한다.)

① 501　　② 601
③ 1,000　　④ 1,100

해설
표준대기압력(atm) = 101.325kPa = 1.033kg/cm²
계기압(P) = $\dfrac{W}{A} = \dfrac{4W}{\pi d^2} = \dfrac{4 \times 100}{3.14 \times 5^2} = 5.0955 kg/cm^2$
절대압 = 5.0955 + 1.033 = 6.1285kg/cm² · a
∴ 6.1285 × 101.325 = 620kPa

16 탄소(C) 1kg을 완전연소시킬 때 생성되는 CO_2의 양은 약 얼마인가?

① 1.67kg　　② 2.67kg
③ 3.67kg　　④ 6.34kg

해설
C + O_2 → CO_2
12kg + 32kg → 44kg
∴ CO_2의 양 = $\dfrac{44}{12}$ = 3.67kg/kg

17 기체의 분자량이 2배로 증가하면 기체상수는 어떻게 되는가?

① 2배　　② 4배
③ 1/2배　　④ 불변

해설
$\overline{R} = \dfrac{R}{M} = \dfrac{848}{M}$
여기서, $\overline{R}$: 기체상수, R : 가스정수, M : 분자량
위 식에서 $\overline{R}$와 M은 반비례하므로 M이 2배가 되면 $\overline{R}$는 $\dfrac{1}{2}$배가 된다.

※ $\overline{R}$는 가스정수, 일반기체상수 등으로 불리며 값이 정해진 물리상수로서 다음과 같은 값으로 나타난다.
$\overline{R} = \dfrac{1.0332 \times 10^4 \times 22.41}{273}$
= 848kg · m/kmol · K
= 8,314.4N · m/kmol · K
= 8.314kJ/kmol · K

정답　13 ③　14 ④　15 ②　16 ③　17 ③

18 어떤 가역 열기관이 400℃에서 1,000kJ을 흡수하여 일을 생산하고 100℃에서 열을 방출한다. 이 과정에서 전체 엔트로피 변화는 약 몇 kJ/K 인가?

① 0
② 2.5
③ 3.3
④ 4

해설
가역단열변화[$(q=0) \Rightarrow (\delta q=0)$]
$\Delta s = \dfrac{\delta q}{T}$, $\Delta s = s_2 - s_1 = 0$
(흡수열량이 0이므로 엔트로피 변화는 없다.)

19 다음 중 액체연료의 점도와 관련이 없는 것은?

① 캐논-펜스케(Cannon-Fenske)
② 몰리에(Mollier)
③ 스토크스(Stokes)
④ 포아즈(Poise)

해설
- $h-s$ 선도 : 엔탈피-엔트로피 선도, 몰리에 선도
- $P-h$ 선도 : 압력-엔탈피 선도, 냉매선도

20 압력이 300kPa, 체적이 0.5m³인 공기가 일정한 압력에서 체적이 0.7m³로 팽창했다. 이 팽창 중에 내부에너지가 50kJ 증가하였다면 팽창에 필요한 열량은 몇 kJ인가?

① 50
② 60
③ 100
④ 110

해설
팽창일(등압변화) = 절대일(W)
$W = \int PdV = P(V_2 - V_1)$
$= 300 \times (0.7 - 0.5) = 60kJ$
∴ 팽창에 필요한 열량(Q) = 60 + 50 = 110kJ

2과목 계측 및 에너지 진단

21 물체의 탄성 변위량을 이용한 압력계가 아닌 것은?

① 다이어프램 압력계
② 경사관식 압력계
③ 부르동관 압력계
④ 벨로스 압력계

해설
경사관식 압력계(액주식 압력계)
$P_1 - P_2 = \gamma h$, $h = x \cdot \sin\theta$
$P_1 - P_2 = \gamma x \sin\theta$ ∴ $P_1 = P_2 + \gamma x \sin\theta$

22 2차 지연 요소에 대한 설명으로 옳은 것은?

① 1차 지연요소 2개를 직렬로 연결한 것으로 1차 지연요소보다 응답속도가 더 늦어진다.
② 1차 지연요소 2개를 직렬로 연결한 것으로 1차 지연요소보다 응답속도가 더 빨라진다.
③ 1차 지연요소 2개를 병렬로 연결한 것으로 1차 지연요소보다 응답속도가 더 늦어진다.
④ 1차 지연요소 2개를 병렬로 연결한 것으로 1차 지연요소보다 응답속도가 더 빨라진다.

해설
2차 지연요소
1차 지연요소 2개를 직렬로 연결한 것으로 1차 지연요소보다 응답속도가 더 늦어진다. 출력이 최대 출력의 63%에 이를 때까지의 시간을 시정수 T라 하면 1차 지연요소의 스텝응답 $Y = 1 - e^{-\frac{t}{T}}$ (t : 시간)에서 시정수 T가 클수록 응답속도가 느려지고 T가 작아지면 시간지연이 적고 응답이 빨라진다.

23 정해진 순서에 따라 순차적으로 제어하는 방식은?

① 피드백 제어
② 추종 제어
③ 시퀀스 제어
④ 프로그램 제어

해설
시퀀스 제어
정해진 순서에 따라 순차적으로 제어하는 방식(커피자판기, 세탁기, 승강기 등)

정답 18 ① 19 ② 20 ④ 21 ② 22 ① 23 ③

24 다음 중 연소실 내의 온도를 측정할 때 가장 적합한 온도계는?

① 알코올 온도계
② 금속 온도계
③ 수은 온도계
④ 열전대 온도계

해설
연소실 내 온도는 1,000℃ 이상이므로 열전대 중 측정온도범위가 600~1,600℃인 백금-백금로듐 온도계가 적합 하다.

25 공기압 신호 전송에 대한 설명으로 틀린 것은?

① 조작부의 동특성이 우수하다.
② 제진, 제습 공기를 사용하여야 한다.
③ 공기압이 통일되어 있어 취급이 편리하다.
④ 전송거리가 길어도 전송 지연이 발생되지 않는다.

해설
공기압 신호 전송(0.2~1.0kg/cm² 공기압 신호)
㉠ 신호 전송거리 : 100~150m 정도로 전송거리가 짧고 신호의 전달과 조작이 느리다.
㉡ 조작장치
 • 플래퍼 노즐형
 • 파일럿형

26 증기부와 수부의 굴절률 차를 이용한 것으로 증기는 적색, 수부는 녹색으로 보이도록 한 것으로 고압의 대용량이나 발전용 보일러에 사용되는 수면계는?

① 2색식 수면계
② 유리관 수면계
③ 평형투시식 수면계
④ 평형반사식 수면계

해설
2색식 수면계(컬러용)
• 증기부(적색)
• 수부(녹색)

27 다음 그림과 같은 액주계 설치 상태에서 비중량이 γ, γ_1이고 액주 높이차가 h일 때 관로압 P_x는 얼마인가?

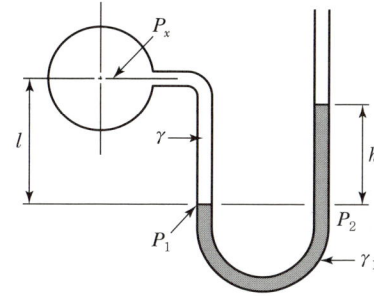

① $P_x = \gamma_1 h + \gamma l$
② $P_x = \gamma_1 h - \gamma l$
③ $P_x = \gamma_1 l - \gamma h$
④ $P_x = \gamma_1 l + \gamma h$

해설
액주계 관로압 $(P_x) = \gamma_1 h - \gamma l$

28 보일러의 열정산에 있어서 출열 항목이 아닌 것은?

① 불완전연소 가스에 의한 손실 열량
② 복사열에 의한 손실 열량
③ 발생 증기의 흡수 열량
④ 공기의 현열에 의한 열량

해설
연료의 연소열, 공기의 현열, 연료의 현열 : 열정산 시 입열

29 액면계에서 액면측정방식에 대한 분류로 틀린 것은?

① 부자식
② 차압식
③ 편위식
④ 분동식

해설
기준 분동식 압력계(40~5,000kg/cm²)는 탄성식 압력계 교정형이다.

30 증기보일러에서 압력계 부착 시 증기가 압력계에 직접 들어가지 않도록 부착하는 장치는?

① 부압관 ② 사이펀관
③ 맥동댐퍼관 ④ 플랙시블관

해설

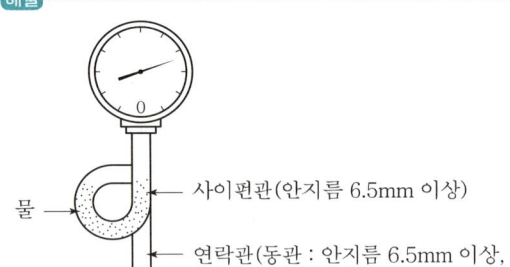

사이펀관(안지름 6.5mm 이상)
연락관(동관 : 안지름 6.5mm 이상, 강관 : 안지름 12.7mm 이상)

31 융커스식 열량계의 특징에 관한 설명으로 틀린 것은?

① 가스의 발열량 측정에 가장 많이 사용된다.
② 열량 측정 시 시료가스 온도 및 압력을 측정한다.
③ 구성 요소로는 가스계량기, 압력조정기, 기압계, 온도계, 저울 등이 있다.
④ 열량 측정 시 가스열량계의 배기온도는 측정하지 않는다.

해설
융커스식 유수형 열량계
기체연료의 발열량 측정계로서 배기가스 온도 측정이 가능하다.

32 보일러에서 아래 식은 무엇을 나타내는가? [단, G : 매 시간당 증발량(kg/h), G_f : 매시간당 연료소비량(kg/h), H_l : 연료의 저위발열량(kcal/kg), i_2 : 증기의 엔탈피(kcal/kg), i_1 : 급수의 엔탈피(kcal/kg)]

$$\frac{G(i_2 - i_1)}{H_l \times G_f} \times 100$$

① 보일러 마력 ② 보일러 효율
③ 상당 증발량 ④ 연소 효율

해설
보일러 효율(η) = $\frac{G(i_2 - i_1)}{H_l \times G_f} \times 100(\%)$

33 증기 건도를 향상시키기 위한 방법과 관계가 없는 것은?

① 저압의 증기를 고압의 증기로 증압시킨다.
② 증기주관에서 효율적인 드레인 처리를 한다.
③ 기수분리기를 설치하여 증기의 건도를 높인다.
④ 포밍, 프라이밍 현상을 방지하여 캐리오버 현상이 일어나지 않도록 한다.

해설
고압의 증기를 저압의 증기로 변화시키면(감압) 증기의 건도가 높아진다.

34 유체주에 해당하는 압력의 정확한 표현식은?(단, 유체주의 높이 h, 압력 P, 밀도 ρ, 비중량 γ, 중력 가속도 g라 하고, 중력 가속도는 지점에 따라 거의 일정하다고 가정한다.)

① $P = h\rho$ ② $P = hg$
③ $P = \rho g h$ ④ $P = \gamma g$

해설
유체주 압력(P) = $\rho \cdot g \cdot h$

35 보일러 실제증발량에 증발계수를 곱한 값은?

① 상당 증발량
② 연소실 열부하
③ 전열면 열부하
④ 단위시간당 연료 소모량

해설
상당증발량(kg/h) = 실제증발량 × 증발계수

정답 30 ② 31 ④ 32 ② 33 ① 34 ③ 35 ①

36 오르자트 분석장치에서 암모니아성 염화제1동 용액으로 측정할 수 있는 것은?

① CO_2 ② CO
③ N_2 ④ O_2

해설
오르자트의 측정 용액
- CO_2 : 수산화칼륨 용액 30% KOH
- CO : 암모니아성 염화제1동 용액
- O_2 : 알칼리성 피로갈롤 용액

37 계량 계측기의 교정을 나타내는 말은?
① 지시값과 표준기의 지시값 차이를 계산하는 것
② 지시값과 참값이 일치하도록 수정하는 것
③ 지시값과 오차값의 차이를 계산하는 것
④ 지시값과 참값의 차이를 계산하는 것

해설
계측기 교정 : 지시값과 표준기 지시값의 차이를 계산하는 것

38 SI 단위 표시에서 압력단위 표시방법으로 옳은 것은?

① $mmHg/cm^2$ ② cm^2/kg
③ kg/at ④ N/m^2

해설
압력의 SI 단위인 Pa은 힘, 시간의 SI 단위인 N/m^2로 나타낼 수 있다.
※ $1kgf = 1kg \times 9.8m/s^2 = 9.8N$

39 SI 단위계의 기본단위에 해당되지 않는 것은?
① 길이 ② 질량
③ 압력 ④ 시간

해설
압력 : SI 유도단위(Pa)

※ SI 기본단위
길이(m), 질량(kg), 시간(s), 온도(K), 전류(A), 광도(cd), 물질량(mol)

40 열 설비에 사용되는 자동제어계의 동작순서로 옳은 것은?
① 조작 – 검출 – 판단(조절) – 비교 – 측정
② 비교 – 판단(조절) – 조작 – 검출
③ 검출 – 비교 – 판단(조절) – 조작
④ 판단 – 비교(조절) – 검출 – 조작

해설
자동제어계의 동작순서
검출 → 비교 → 판단 → 조작

3과목 열설비구조 및 시공

41 다음 보온재 중 안전사용온도가 가장 높은 것은?
① 석면 ② 암면
③ 규조토 ④ 펄라이트

해설
안전사용온도
㉠ 석면 : 350~550℃ ㉡ 암면 : 400~600℃
㉢ 규조토 : 250~500℃ ㉣ 펄라이트 : 650℃

42 호칭지름 15A의 강관을 반지름 90mm로 90° 각도로 구부릴 때 곡선부의 길이는?
① 130mm ② 141mm
③ 182mm ④ 280mm

해설
곡선부 길이$(L) = 2\pi R \times \dfrac{\theta}{360}$
$= 2 \times 3.14 \times 90 \times \dfrac{90°}{360°} = 141mm$

정답 36 ② 37 ① 38 ④ 39 ③ 40 ③ 41 ④ 42 ②

43 수관보일러에서 수관의 배열을 마름모(지그재그)형으로 배열시키는 주된 이유는?

① 연소가스 접촉에 의한 전열을 양호하게 하기 위하여
② 보일러수의 순환을 양호하게 하기 위하여
③ 수관의 스케일 생성을 막기 위하여
④ 연소가스의 흐름을 원활히 하기 위하여

해설

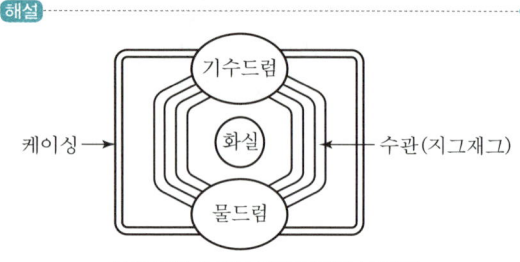

[2동 D형 수관식 팩케이지형 보일러]

44 평로법과 비교하여 LD 전로법에 관한 설명으로 틀린 것은?

① 평로법보다 생산능률이 높다.
② 평로법보다 공장건설비가 싸다.
③ 평로법보다 작업비, 관리비가 싸다.
④ 평로법보다 고철의 배합량이 많다.

해설
전로(제강로)
㉠ 염기성로
㉡ 산성로
㉢ 순산소로
㉣ 칼도법
㉤ LD 전로(평로가 LD 전로보다 고철의 배합량이 매우 많다.)

45 증기난방 배관용으로 쓰이는 증기트랩에 관한 설명으로 옳은 것은?

① 방열기의 송수구 또는 배관의 윗부분에 증기가 모이는 곳에 설치한다.
② 증기트랩을 설치하는 주목적은 고압의 증기와 공기를 배출하는 것이다.
③ 방열기나 증기관 속에 생긴 응축수를 환수관으로 배출한다.
④ 증기트랩은 마찰저항이 커야 하며 내마모성 및 내식성 등이 작아야 한다.

해설

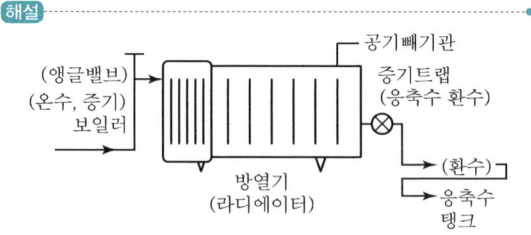

46 보온재 중 무기질 보온재가 아닌 것은?

① 석면
② 탄산마그네슘
③ 규조토
④ 펠트

해설
펠트
㉠ 유기질 보온재
㉡ 열전도율 0.042~0.040kcal/m · h · ℃
㉢ 안전사용온도 100℃ 이하용
㉣ 양모, 우모로 제작

47 재생식 공기 예열기로서 일반 대형 보일러에 주로 사용되는 것은?

① 엘레멘트 조립식
② 융-그스트롬식
③ 판형식
④ 관형식

해설
㉠ 재생색 공기예열기
 • 융-그스트롬식(금속판형)
 • 축열식(금속판형)
㉡ 전열식 공기예열기
 • 강판형
 • 강관형

정답 43 ① 44 ④ 45 ③ 46 ④ 47 ②

48 배관을 아래에서 위로 떠받쳐 지지하는 장치 중의 하나로 배관의 굽힘부 등에 관으로 영구히 고정시키는 것은?

① 앵커 ② 파이프 슈
③ 스토퍼 ④ 가이드

해설
파이프 슈(Pipe Shoe) : 파이프 밴딩 부분과 수평부분에 관으로 영구히 고정시켜 이동을 구속한다.

※ 배관 지지장치
  ㉠ 리스트레인트 : 앵커, 스토퍼, 가이드
  ㉡ 서포트 : 스프링형, 롤러형, 파이프슈, 리지드형
  ㉢ 행거 : 리지드형, 스프링형, 콘스탄트형

49 보일러의 종류에서 랭커셔 보일러는 무슨 보일러에 해당하는가?

① 수직 보일러
② 연관 보일러
③ 노통 보일러
④ 노통연관 보일러

해설

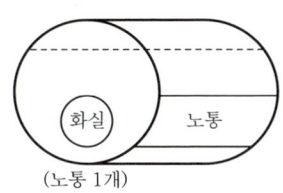
(노통 1개)
[코르니시]

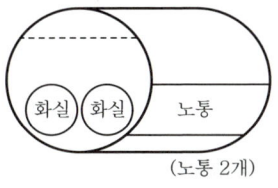
(노통 2개)
[랭커셔]

50 그림과 같은 고체 벽면에 의하여 열이 전달될 때 전달 열량을 계산하는 식은?(단, λ : 열전도율, S : 전열면적, τ : 시간, δ : 두께이다.)

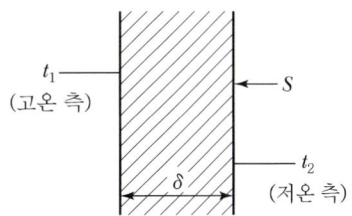

① $Q = \dfrac{\delta \cdot S(t_1 - t_2) \cdot \tau}{\lambda}$

② $Q = \dfrac{\lambda \cdot (t_1 - t_2) \cdot \tau}{\delta \cdot S}$

③ $Q = \dfrac{S \cdot (t_1 - t_2) \cdot \tau}{\lambda \cdot \delta}$

④ $Q = \dfrac{\lambda \cdot S(t_1 - t_2) \cdot \tau}{\delta}$

해설
고체단면 열손실(Q) = $\dfrac{\lambda \cdot S(t_1 - t_2) \cdot \tau}{\delta}$ (kcal)

51 12m의 높이에 0.1m³/s의 물을 퍼올리는 데 필요한 펌프의 축 마력은?(단, 펌프의 효율은 80%이다.)

① 15PS ② 20PS
③ 30PS ④ 38PS

해설
펌프축마력(PS) = $\dfrac{r \cdot Q \cdot H}{75 \times \eta} = \dfrac{1{,}000 \times 0.1 \times 12}{75 \times 0.8} = 20\text{PS}$

52 다음 중 수관 보일러는 어느 것인가?

① 관류 보일러 ② 케와니 보일러
③ 입형 보일러 ④ 스코치 보일러

해설
수관 보일러
- 관류 보일러
- 완경사 보일러
- 강제순환식 보일러
- 증기원동소 보일러

정답 48 ② 49 ③ 50 ④ 51 ② 52 ①

53 증기과열기의 종류를 열가스의 흐름 방향에 따라 분류할 때 해당되지 않는 것은?

① 병류형　　② 직류형
③ 향류형　　④ 혼류형

해설
과열기 열가스 흐름방향별 분류
- 병류형
- 향류형(효과가 가장 좋다.)
- 혼류형

54 조업방식에 따른 요의 분류 시 불연속식 요에 해당되지 않는 것은?

① 황염식 요　　② 터널식 요
③ 승염식 요　　④ 도염식 요

해설
㉠ 반연속 요 : 등요, 셔틀요
㉡ 연속 요 : 윤요(고리요), 터널요

55 수관 보일러에 대한 설명으로 틀린 것은?

① 수관 내에 흐르는 물을 연소가스로 가열하여 증기를 발생시키는 구조이다.
② 수관에서 나오는 기포를 물과 분리하기 위하여 증기드럼이 필요하다.
③ 일반적으로 제작비용이 커 대용량 보일러에 적용이 많으나 중소형에도 적용이 가능하다.
④ 노통 내면 및 동체 수부의 면을 고온가스로 가열하게 되어 비교적 열손실이 적다.

해설
보기 ④는 원통형 보일러(노통 보일러, 노통연관식 보일러)의 특성이다.

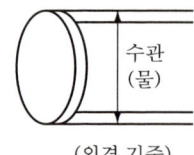
수관 (물)
(외경 기준)

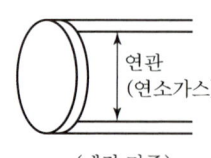
연관 (연소가스)
(내경 기준)

56 보온벽의 온도가 안쪽 20℃, 바깥쪽 0℃이다. 벽 두께 20cm, 벽 재료의 열전도율 0.2kcal/m·h·℃일 때, 벽 1m²당, 매시간의 열손실량은?

① 0.2kcal/h　　② 0.4kcal/h
③ 20kcal/h　　④ 50kcal/h

해설
고체벽손실(Q)
$$Q = \frac{\lambda \cdot S \cdot (t_1 - t_2)}{\delta} = \frac{0.2 \times 1 \times (20-0)}{0.2} = 20\text{kcal/h}$$
※ 20cm = 0.2m

57 돌로마이트(Dolomite)의 주요 화학성분은?

① SiO_2　　② SiO_2, Al_2O_3
③ $CaCO_3$, $MgCO_3$　　④ Al_2O_3

해설
돌로마이트 염기성 내화물(SK 36~39)
화학성분 : $CaCO_3$, $MgCO_3$(CaO계, MgO계)

58 에너지이용 합리화법에 의한 검사대상기기 관리자의 선임, 해임 또는 퇴직에 관한 신고는 신고 사유가 발생한 날부터 며칠 이내에 해야 하는가?

① 15일　　② 30일
③ 20일　　④ 2개월

해설
검사대상기기관리자 선임, 해임, 퇴직신고서는 신고 사유가 발생한 날부터 30일 이내에 한국에너지공단이사장에게 제출한다.

59 보일러수 중 알칼리 용액의 농도가 높을 때 응력이 큰 금속표면에 미세한 균열이 일어나는 것을 무엇이라고 하는가?

① 피팅(Pitting)
② 가성취화
③ 그루빙(Grooving)
④ 포밍(Foaming)

정답　53 ②　54 ②　55 ④　56 ③　57 ③　58 ②　59 ②

해설
가성취화
보일러수 중의 알칼리 용액의 농도가 높을 때 응력이 큰 금속표면에 미세한 균열이 일어나는 것

60 에너지이용 합리화법에 따른 보일러의 제조검사에 해당되는 것은?
① 용접검사
② 설치검사
③ 개조검사
④ 설치장소 변경검사

해설
보일러 제조검사 : 용접검사, 구조검사

4과목　열설비 취급 및 안전관리

61 에너지이용 합리화법에 따라 검사대상기기관리자는 중·대형 보일러 관리자 교육과정이나 소형보일러, 압력용기 관리자 교육과정을 받아야 하는 데, 여기서 중·대형 보일러 관리자 교육과정을 받아야 하는 기준으로 옳은 것은?
① 검사대상기기관리자 중 용량이 1t/h(난방용의 경우에는 5t/h)를 초과하는 강철제 보일러 및 주철제 보일러의 조종자
② 검사대상기기관리자 중 용량이 3t/h(난방용의 경우에는 5t/h)를 초과하는 강철제 보일러 및 주철제 보일러의 조종자
③ 검사대상기기관리자 중 용량이 1t/h(난방용의 경우에는 10t/h)를 초과하는 강철제 보일러 및 주철제 보일러의 조종자
④ 검사대상기기관리자 중 용량이 3t/h(난방용의 경우에는 10t/h)를 초과하는 강철제 보일러 및 주철제 보일러의 조종자

해설
시행규칙 별표 4의2에 의해 보기 ①은 중·대형 보일러 관리자 교육과정이다. 이외의 경우는 소형 보일러, 압력용기 관리자 과정이다.

62 사무실에서 증기난방을 할 때 필요한 전체 방열량이 20,000kcal/h이라면 5세주 650mm 주철제 방열기로 난방을 할 때 필요한 방열기의 쪽수는?(단, 5세주 650mm 주철제 방열기의 쪽당 방열면적은 0.26m²이다.)
① 119쪽
② 129쪽
③ 139쪽
④ 150쪽

해설
증기방열기의 쪽수 = $\dfrac{난방부하}{650 \times 방열면적}$
　　　　　　　　= $\dfrac{20,000}{650 \times 0.26}$ = 119쪽

63 건식 환수관에서 증기관 내의 응축수를 환수관에 배출할 때는 응축수가 체류하기 쉬운 곳에 무엇을 설치하여야 하는가?
① 안전 밸브
② 드레인 포켓
③ 릴리프 밸브
④ 공기빼기 밸브

해설
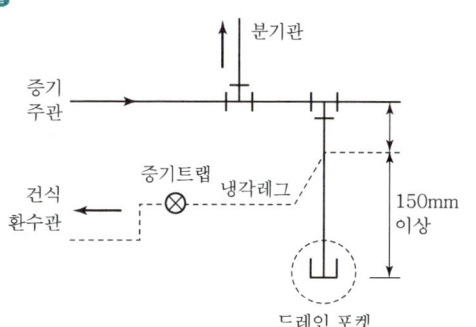

64 보일러 운전 중 취급상의 사고에 해당되지 않는 것은?
① 압력 초과
② 저수위 사고
③ 급수처리 불량
④ 부속장치 미비

해설
부속장치 미비 : 보일러 시공 및 구조상 사고

65 보일러에서 증기를 송기할 때의 조작방법으로 틀린 것은?

① 증기헤더의 드레인 밸브를 열어 응축수를 배출한다.
② 주증기관 내에 관을 따뜻하게 하기 위해 다량의 증기를 급격히 보낸다.
③ 주증기 밸브의 열림 정도를 단계적으로 한다.
④ 주증기 밸브를 완전히 연 다음 약간 되돌려 놓는다.

[해설]
운전 초기 주증기관 내에 수격작용(워터해머)을 방지하고 관을 따뜻하게 하기 위해 소량의 증기를 서서히 보낸다.

66 보일러 안전밸브의 작동시험 방법으로 틀린 것은?

① 안전밸브가 2개 이상인 경우 그 중 1개는 최고사용압력 이하, 기타는 최고사용압력의 1.3배 이하이어야 한다.
② 과열기의 안전밸브 분출압력은 증발부 안전밸브의 분출압력 이하이어야 한다.
③ 안전밸브가 1개인 경우 분출압력은 최고사용압력 이하이어야 한다.
④ 재열기 및 독립과열기에 있어서는 안전밸브가 1개인 경우 분출압력은 최고사용압력 이하이어야 한다.

[해설]
① 1.3배가 아닌 1.03배 이하에서 작동하여야 한다.

67 보일러의 급수처리에 있어서 용해 고형물(경도 성분)을 침전시켜 연화할 목적으로 사용되는 약제는?

① H_2SO_4
② $NaOH$
③ Na_2CO_3
④ $MgCl_2$

[해설]
급수처리 용해고형물처리 침전제
탄산나트륨 연화제(Na_2CO_3) 및 수산화나트륨($NaOH$), 인산나트륨(NaH_2PO_4)이 사용된다.

68 다음 중 보일러의 보존방법이 아닌 것은?

① 건식보존법
② 소다 보일링법
③ 만수보존법
④ 질소봉입법

[해설]
소다 보일링(소다 떼기) : 신설 보일러 전열면의 유지분 최초 제거로 과열이나 부식을 방지한다.

69 송수주관을 상향 구배로 하고 방열면을 보일러 설치 기준면보다 높게 하여 온수를 순환시키는 배관방식은?

① 단관식
② 복관식
③ 상향순환식
④ 하향순환식

[해설]
온수보일러 상향순환식
송수주관을 최하층에 배관하고 수직관을 상향 분기한다.(방열면을 보일러 설치 기준면보다 높게 하여 온수를 순환시킨다.)

70 보일러에 사용되는 탈산소제의 종류로 옳은 것은?

① 황산
② 염화나트륨
③ 히드라진
④ 수산화나트륨

[해설]
탈산소제 급수 내 처리 약제 : 아황산소다(저압 보일러용), 히드라진(N_2H_4)

71 에너지이용 합리화법에 관한 내용으로 다음 ( ) 안에 각각 들어갈 용어로 옳은 것은?

산업통상자원부장관은 효율관리기자재가 (㉠)에 미달하거나 (㉡)을 초과하는 경우에는 해당 효율관리기자재의 제조업자 또는 판매업자에게 그 생산이나 판매의 금지를 명할 수 있다.

① ㉠ 최대소비효율기준, ㉡ 최저사용량기준
② ㉠ 적정소비효율기준, ㉡ 적정사용량기준

정답 65 ② 66 ① 67 ③ 68 ② 69 ③ 70 ③ 71 ③

③ ㉠ 최저소비효율기준, ㉡ 최대사용량기준
④ ㉠ 최대사용량기준, ㉡ 최저소비효율기준

해설
㉠ 최저소비효율기준
㉡ 최대사용량기준

72 에너지이용 합리화법에 따른 개조검사에 해당되지 않는 것은?

① 온수보일러를 증기보일러로 개조
② 보일러 섹션의 증감에 의한 용량의 변경
③ 연료 또는 연소 방법의 변경
④ 철금속가열로로서 산업통상자원부장관이 정하여 고시하는 경우의 수리

해설
증기보일러를 온수보일러로 개조 시 개조검사에 해당한다.

73 증기의 순환이 가장 빠르며 방열기 설치장소에 제한을 받지 않는 환수방식으로 증기와 응축수를 진공펌프로 흡입 순환시키는 난방법은?

① 중력환수식   ② 기계환수식
③ 진공환수식   ④ 자연환수식

해설
진공환수식 증기난방
대규모 난방에 사용하며 응축수의 환수가 빠르도록 진공펌프를 이용하여 배관 내에 100~250mmHg 상태의 진공을 유지한다.

74 다음 중 보일러 수의 슬러지 조정제로 사용되는 청관제는?

① 전분   ② 가성소다
③ 탄산소다   ④ 아황산소다

해설
슬러지 조정제 : 탄닌, 리그린, 전분

75 보일러의 건식 보존법에서 보일러 내부에 넣어두는 건조 약품으로 가장 적합한 것은?

① 탄산칼슘   ② 실리카겔
③ 염화나트륨   ④ 염화수소

해설
보일러 건식 보존법 약제
㉠ 흡습제(실리카겔 등)
㉡ 산화방지제
㉢ 기화성 방청제
※ 건식 보존법 : 6개월 이상 장기보존법

76 에너지이용 합리화법에서 검사대상기기관리자의 선임·해임 또는 퇴직신고의 접수는 누구에게 하는가?

① 국토교통부장관
② 환경부장관
③ 한국에너지공단이사장
④ 한국열관리시공협회장

해설
- 검사대상기기관리자 선임, 해임, 퇴직신고서는 자격증수첩과 검사증을 첨부하여 한국에너지공단이사장에게 제출한다.(신고일 : 30일 이내)
- 검사대상기기 : 강철제·주철제 보일러, 소형 온수보일러, 1·2종 압력용기, 철금속가열로

77 에너지이용 합리화법에 따라 국내외 에너지 사정의 변동으로 에너지 수급에 중대한 차질이 발생하거나 발생할 우려가 있다고 인정될 경우, 에너지 수급의 안정을 위한 조치사항에 해당되지 않는 것은?

① 에너지의 배급
② 에너지의 비축과 저장
③ 에너지 판매시설의 확충
④ 에너지사용기자재의 사용 제한

정답 72 ① 73 ③ 74 ① 75 ② 76 ③ 77 ③

> 해설
에너지 수급에 중대한 차질이 발생할 때 에너지 수급 안정을 위해 보기 ①, ②, ④의 조치를 할 수 있으나(산업통상부장관 권한), 에너지 판매시설의 제한은 할 수 있다.

78 열역학적 트랩으로 수격현상에 강하고 과열증기에도 사용할 수 있으며 구조가 간단하여 유지보수가 용이한 증기트랩은?

① 버킷 트랩 ② 디스크 트랩
③ 벨로즈 트랩 ④ 바이메탈식 트랩

> 해설
- 열역학적 증기트랩 : 디스크 트랩, 오리피스 트랩
- 디스크형은 과열증기에 사용한다. 워터해머에 강하고 구조가 간단하다.

79 하트포드 배관에서 환수주관과 균형관(Balance Pipe)의 연결 위치는 보일러 사용수위(표준수위)에서 몇 mm 아래 위치하는가?

① 30 ② 50
③ 70 ④ 100

> 해설

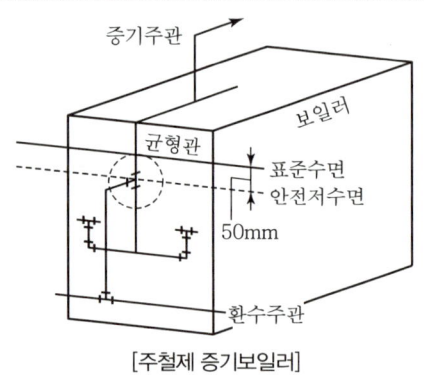

[주철제 증기보일러]

80 양정에 의한 스프링식 안전밸브에 속하지 않는 것은?

① 전량식 안전밸브
② 고양정식 안전밸브
③ 전양정식 안전밸브
④ 기체용식 안전밸브

> 해설
스프링식 안전밸브(양정에 의한 종류)
- 저양정식
- 고양정식
- 전양정식
- 전량식

2017년 2회 기출문제

1과목 열역학 및 연소관리

01 비열에 대한 설명으로 틀린 것은?

① 비열은 1℃의 온도를 변화시키는 데 필요한 단위질량당의 열량이다.
② 정압비열은 압력이 일정할 때 기체 1kg을 1℃ 높이는 데 필요한 열량이다.
③ 기체의 정압비열과 정적비열은 일반적으로 같지 않다.
④ 정압비열은 정적비열보다 클 수도, 작을 수도 있다.

해설

비열비 = $\dfrac{\text{정압비열}}{\text{정적비열}} > 1$

기체의 정압비열은 정적비열보다 항상 크다.

02 보일러의 자연통풍에서 통풍력을 크게 하기 위한 방법이 아닌 것은?

① 연돌의 높이를 높인다.
② 배기가스 온도를 높인다.
③ 연돌 상부 단면적을 작게 한다.
④ 연도의 굴곡부를 줄인다.

해설

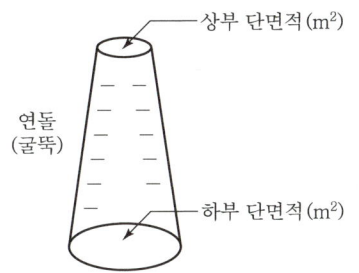

보일러의 자연통풍에서 통풍력을 크게 하기 위해서 상부 단면적을 약간 크게 한다.

03 두 개의 단열과정과 두 개의 등온과정으로 이루어진 사이클은?

① 오토 사이클
② 디젤 사이클
③ 카르노 사이클
④ 브레이턴 사이클

해설

카르노 사이클
- 1→2 (등온팽창)
- 2→3 (단열팽창)
- 3→4 (등온압축)
- 4→1 (단열압축)

04 엔트로피(Entropy)에 대한 설명으로 옳은 것은?

① 열역학 제2법칙과 관련된 것으로서 비가역 사이클에서는 항상 엔트로피가 증가한다.
② 열역학 제1법칙과 관련된 것으로 가역사이클이 비가역 사이클보다 엔트로피의 증가가 뚜렷하다.
③ 열역학 제2법칙으로 정의된 엔트로피는 과정의 진행방향과는 아무런 관련이 없다.
④ 엔트로피의 단위는 K/kJ이다.

해설

엔트로피
- 비가역 사이클에서는 항상 증가한다.(열역학 제2법칙)
- 과정의 변화 중에 출입하는 열량의 이용가치를 나타내는 양으로 에너지도 아니며 온도와 같이 감각으로도 알 수 없다.
- 비엔트로피 변화 $\Delta s = \dfrac{\delta q}{T} = \dfrac{CdT}{T}$ (kcal/kg · K)

05 어떤 용기 내의 기체 압력이 계기압력으로 P_g이다. 대기압을 P_a라고 할 때, 기체의 절대압력은?

① $P_g - P_a$
② $P_g + P_a$
③ $P_g \times P_a$
④ P_g / P_a

해설

절대압력(abs) = 게이지압력 + 대기압력

정답 01 ④ 02 ③ 03 ③ 04 ① 05 ②

06 증기터빈에 36kg/s의 증기를 공급하고 있다. 터빈의 출력이 3×10^4kW이면 터빈의 증기소비율은 몇 kg/kW·h인가?

① 3.08
② 4.32
③ 6.25
④ 7.18

[해설]
출력 = 3×10^4 = 30,000kW
1kWh = 860kcal/h = 3,600kJ/h
36kg/s × 1h × 3,600s/h = 129,600kg/h
∴ 증기소비율 = $\dfrac{129,600}{30,000}$ = 4.32kg/kW·h

07 통풍압력을 2배로 높이려면 원심형 송풍기의 회전수를 몇 배로 높여야 하는가?(단, 다른 조건을 동일하다고 본다.)

① 1
② $\sqrt{2}$
③ 2
④ 4

[해설]
통풍압 = 압력 × $\left(\dfrac{N_2}{N_1}\right)^2$

위 식에서 회전수는 $\dfrac{N_2}{N_1}$로 표현되므로 $\dfrac{N_2}{N_1}$가 $\sqrt{2}$배 되었을 때 $\left(\sqrt{2}\dfrac{N_2}{N_1}\right)^2 = 2\dfrac{N_2}{N_1}$가 되어 통풍압력이 2배가 된다.

∴ 회전수는 $\sqrt{2}$배로 높여야 한다.

08 탄소를 완전연소시키면 다음 반응식과 같이 탄산가스와 함께 높은 열이 발생한다. 이를 참고하여 탄소(C) 1kg을 완전연소시켰을 때 발생하는 열량은?

$C + O_2 = CO_2 + 97,200$kcal/kmol

① 2,550kcal/kg
② 8,100kcal/kg
③ 12,720kcal/kg
④ 16,200kcal/kg

[해설]
$C + O_2 \rightarrow CO_2$
12kg + 32kg → 44kg
∴ 탄소발열량 = $\dfrac{97,200}{12}$ = 8,100kcal/kg

09 연소장치의 선회방식 보염기가 아닌 것은?

① 평행류식
② 축류식
③ 반경류식
④ 혼류식

[해설]
평행류식 : 열교환기

10 연돌의 입구 온도가 200℃, 출구 온도가 30℃일 때, 배출가스의 평균온도는 약 몇 ℃인가?

① 85℃
② 90℃
③ 109℃
④ 115℃

[해설]
t_1 = 200℃, t_2 = 30℃ 일 때
평균온도 = $\dfrac{t_1 - t_2}{\ln\dfrac{t_1}{t_2}} = \dfrac{200-30}{\ln\dfrac{200}{30}} ≒ 90$℃

11 보일러 집진장치 중 매진을 액막이나 액방울에 충돌시키거나 접촉시켜 분리하는 것은?

① 여과식
② 세정식
③ 전기식
④ 관성 분리식

[해설]
세정식 집진장치는 매진을 액막이나 액방울에 충돌시키거나 접촉시켜 분리하는 집진장치이다.

정답 06 ② 07 ② 08 ② 09 ① 10 ② 11 ②

12 기체연료의 특징에 관한 설명으로 틀린 것은?

① 회분 발생이 많고 수송이나 저장이 편리하다.
② 노 내의 온도분포를 쉽게 조정할 수 있다.
③ 연소조절, 점화, 소화가 용이하다.
④ 연소효율이 높고 약간의 과잉공기로 완전연소가 가능하다.

해설
기체연료는 저장이나 수송이 불편하며, 고체연료도 회분 발생이 많고 수송이나 저장이 불편하다.

13 고체연료가 가열되어 외부에서 점화하지 않아도 연소가 일어나는 최저온도를 무엇이라고 하는가?

① 착화온도   ② 최적온도
③ 연소온도   ④ 기화온도

해설
착화온도
고체연료가 가열되어 외부에서 점화하지 않아도 연소가 가능한 최저온도, 즉 발화온도이다.

14 이상기체 5kg이 350℃에서 150℃까지 "$PV^{1.3}$ = 상수"에 따라 변화하였다. 엔트로피의 변화는?(단, 가스의 정적비열은 0.653kJ/kg·K이고, 비열비(k)는 1.4이다.)

① 1.69kJ/K   ② 1.52kJ/K
③ 0.85kJ/K   ④ 0.42kJ/K

해설
폴리트로픽 변화 엔트로피

폴리트로픽 비열 : $C_n = \left(\dfrac{n-k}{n-1}\right)C_v$

$\Delta s = s_2 - s_1 = C_n \ln\dfrac{T_2}{T_1} = \left(\dfrac{n-k}{n-1}\right)C_v \ln\dfrac{T_2}{T_1}$

∴ 5kg의 $\Delta s = 5 \times \left(\dfrac{1.3-1.4}{1.3-1}\right) \times 0.653 \times \ln\left(\dfrac{423}{623}\right)$
$= 0.42$kJ/K

15 가스연료 연소 시 발생하는 현상 중 옐로 팁(Yellow Tip)을 바르게 설명한 것은?

① 버너에서 부상하여 일정한 거리에서 연소하는 불꽃의 모양
② 불꽃의 색상이 적황색으로 1차 공기가 부족한 경우 발생하는 불꽃의 모양
③ 가스연소 시 공기량이 과다하여 발생하는 불꽃의 모양
④ 불꽃이 염공을 따라 거꾸로 들어가는 현상

해설
가스연료 연소 시 옐로 팁
연소 시 불꽃의 색상이 적황색으로 1차 공기가 부족한 경우 발생하는 불꽃의 모양

16 탄소 0.87, 수소 0.1, 황 0.03의 조성을 가지는 연료가 있다. 이론건배가스량은 약 몇 Nm³/kg인가?

① 7.54   ② 8.84
③ 9.94   ④ 10.84

해설
이론건배기가스량(G_{od})
$G_{od} = (1 - 0.21)A_o + 1.867\text{C} + 0.7\text{S} + 0.8\text{N}$

A_o(이론공기량) $= 8.89\text{C} + 26.67\left(\text{H} - \dfrac{\text{O}}{8}\right) + 3.33\text{S}$
$= 8.89 \times 0.87 + 26.67 \times 0.1 + 3.33 \times 0.03$
$= 10.5012$

∴ $G_{od} = (1 - 0.21) \times 10.5012 + 1.867 \times 0.87 + 0.7 \times 0.03$
$= 9.94\text{Nm}^3/\text{kg}$

17 압력 200kPa, 체적 0.4m³인 공기를 압력이 일정한 상태에서 체적을 0.6m³로 팽창시켰다. 팽창 중에 내부에너지가 80kJ 증가하였으면 팽창에 필요한 열량은?

① 40kJ   ② 60kJ
③ 80kJ   ④ 120kJ

정답 12 ① 13 ① 14 ④ 15 ② 16 ③ 17 ④

> **해설**
등압변화 팽창일 $(W) = \int PdV = P(V_2 - V_1)$
$= 200 \times (0.6 - 0.4) = 40\text{kJ}$
팽창에 필요한 총 열량 $= 40 + 80 = 120\text{kJ}$

18 증기의 압력이 높아질 때 나타나는 현상에 관한 설명으로 틀린 것은?

① 포화온도가 높아진다.
② 증발잠열이 증대한다.
③ 증기의 엔탈피가 증가한다.
④ 포화수 엔탈피가 증가한다.

> **해설**
증기 압력 상승 시 발생 현상
㉠ 증기 엔탈피 증가
㉡ 비체적 감소
㉢ 증발잠열 감소
㉣ 포화수 엔탈피 증가

19 15℃의 물 1kg을 100℃의 포화수로 변화시킬 때 엔트로피 변화량은?(단, 물의 평균 비열은 4.2kJ/kg · K이다.)

① 1.1kJ/K   ② 8.0kJ/K
③ 6.7kJ/K   ④ 85.0kJ/K

> **해설**
$T_1 = 15 + 273 = 288\text{K}$, $T_2 = 100 + 273 = 373\text{K}$
$\Delta s = G \cdot C \cdot \ln\dfrac{T_2}{T_1} = 1 \times 4.2 \times \ln\dfrac{373}{288} = 1.1\text{kJ/K}$

20 석탄을 공업 분석하였더니 수분이 3.35%, 휘발분이 2.65%, 회분이 25.5%이었다. 고정탄소분은 몇 %인가?

① 37.6   ② 49.4
③ 59.8   ④ 68.5

> **해설**
고정탄소$(F) = 100 - $수분$(W) + $회분$(A) + $휘발분$(V)''$
$= 100 - (3.35 + 25.5 + 2.65) = 68.5\%$

2과목 계측 및 에너지 진단

21 다음 중 액주계를 읽는 정확한 위치는?

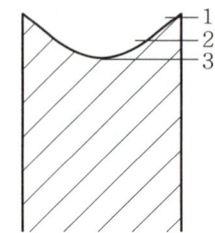

① 1   ② 2
③ 3   ④ 아무 곳이든 괜찮다.

> **해설**
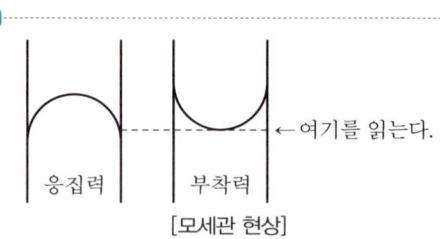
[모세관 현상]
※ • 수은 : 응집력이 부착력보다 크다.
  • 물 : 부착력이 응집력보다 크다.

22 보일러 열정산 시 입열항목에 해당되지 않는 것은?

① 방산에 의한 손실열
② 연료의 연소열
③ 연료의 현열
④ 공기의 현열

> **해설**
방산에 의한 손실열 : 열정산의 출열항목

정답 18 ② 19 ① 20 ④ 21 ③ 22 ①

23 반도체 측온저항체의 일종으로 니켈, 코발트, 망간 등 금속산화물을 소결시켜 만든 것으로 온도계수가 부(-) 특성을 지닌 것은?

① 서미스터 측온체 ② 백금 측온체
③ 니켈 측온체   ④ 동 측온체

해설
서미스터 측온체
- 재료금속 : 니켈, 코발트, 망간, 철 등
- 금속산화물을 소결시켜 만든 측온체, 온도계수 부(-)의 특성을 가진다.

24 열전대에 관한 설명으로 틀린 것은?

① 열전대의 접점은 용접하여 만들어도 무방하다.
② 열전대의 기본 현상을 발견한 사람은 Seebeck이다.
③ 열전대를 통한 열의 흐름은 온도의 측정에 영향을 미치지 않는다.
④ 열전대의 구비조건으로 전기저항, 저항온도 계수 및 열전도율이 작아야 한다.

해설
열전대
열전대를 통한 열의 흐름에 의해 열기전력으로 온도를 측정하는 접촉식 온도계

25 면적식 유량계의 특징에 대한 설명으로 틀린 것은?

① 고점도 액체의 측정이 가능하다.
② 부식액의 측정에 적합하다.
③ 적산용 유량계로 사용된다.
④ 유량 눈금이 균등하다.

해설
면적식 유량계는 부자의 위치에 의하여 구해진다. 유체의 밀도를 미리 알고 측정하며 액체, 기체의 유량 측정용이다.(수직배관에만 사용된다.)

26 보일러 1마력은 몇 kgf의 상당증발량에 해당하는가?(단, 100℃의 물을 1시간 동안 같은 온도의 증기로 변화시킬 수 있는 능력이다.)

① 10.65 ② 12.68
③ 15.65 ④ 17.64

해설
보일러 마력 = $\dfrac{\text{상당증발량(kg/h)}}{15.65\text{kgf 상당 증발량/h}}$

27 다음 중 질량의 보조단위가 아닌 것은?

① L/min ② g/s
③ t/s   ④ g/h

해설
L/min, m³/min : 유량의 단위(체적, 부피의 단위)

28 보일러의 노내압을 제어하기 위한 조작으로 적절하지 않은 것은?

① 연소가스 배출량의 조작
② 공기량의 조작
③ 댐퍼의 조작
④ 급수량 조작

해설
급수량 조작
증기발생량 제어를 위한 조작(급수제어 FWC 조작)

29 탄성식 압력계의 일종으로 보일러의 증기압 측정 등 공업용으로 많이 사용되는 압력계는?

① 링밸런스식 압력계   ② 부르동관식 압력계
③ 벨로스식 압력계   ④ 피스톤식 압력계

해설
탄성식 압력계
- 부르동관식(보일러 증기압력계 사용)
- 벨로스식
- 다이어프램식

정답 23 ① 24 ③ 25 ③ 26 ③ 27 ① 28 ④ 29 ②

30 다이어프램 압력계에 대한 설명으로 틀린 것은?

① 연소로의 드래프트게이지로 사용된다.
② 먼지를 함유한 액체나 점도가 높은 액체의 측정에는 부적당하다.
③ 측정이 가능한 범위는 공업용으로는 20~5,000 mmH$_2$O 정도이다.
④ 다이어프램의 재료로는 고무, 인청동, 스테인리스 등의 박판이 사용된다.

해설
다이어프램(Diaphragm) 압력계는 부식성 액체 압력 측정에 사용 가능하고 먼지 등을 함유한 액체나 점도가 높은 액체에도 사용이 가능하다.(연소로의 통풍계 사용이 용이하다.)

31 다음 중 O$_2$계로 사용되지 않는 것은?

① 연소식　　② 자기식
③ 적외선식　④ 세라믹식

해설
적외선 가스 분석계 : 2원자 분자(O$_2$, N$_2$, H$_2$ 등)의 가스 분석은 불가능하지만, CO$_2$, CH$_4$, CO 등의 가스 분석은 용이하다.

32 다음 중 SI 기본단위가 아닌 것은?

① 물질량[mol]　② 광도[cd]
③ 전류[A]　　　④ 힘[N]

해설
- SI 단위계에서는 힘을 뉴턴(N)으로 정의한다.
- SI 기본단위 : 길이(m), 질량(kg), 시간(s), 온도(K), 전류(A), 광도(cd), 물질량(mol)

33 두께가 15cm이며 열전도율이 40kcal/m·h·℃, 내부온도가 230℃, 외부온도가 65℃일 때, 전열면적 1m^{2}당 1시간 동안에 전열되는 열량은 몇 kcal/h인가?

① 40,000　② 42,000
③ 44,000　④ 46,000

해설
고체의 전열량(Q)
$$Q = \lambda \times \frac{A(t_1 - t_2)}{b}$$
$$= 40 \times \frac{1(230 - 65)}{0.15} = 44,000 \text{kcal/h}$$

34 다음 중 보일러의 자동제어가 아닌 것은?

① 온도제어　② 급수제어
③ 연소제어　④ 위치제어

해설
보일러 자동제어(A,B,C)
- 증기온도제어(STC)
- 급수제어(FWC)
- 연소제어(ACC)

35 다음 중 비접촉식 온도계에 해당하는 것은?

① 유리온도계　② 저항온도계
③ 압력온도계　④ 광고온도계

해설
비접촉식 온도계(고온용)
- 광고온도계
- 방사 온도계
- 광전관식 온도계

36 유압식 신호전달방식의 특징에 대한 설명으로 틀린 것은?

① 비압축성이므로 조작속도 및 응답이 빠르다.
② 주위의 온도변화에 영향을 받지 않는다.
③ 전달의 지연이 적고 조작량이 강하다.
④ 인화의 위험성이 있다.

해설
유압식은 신호전달 과정에서 조작력이 공기압식으로 해결되지 않는 곳에 사용하며, 기름을 사용하여 주위의 온도 변화에 영향을 받는다.

정답 30 ② 31 ③ 32 ④ 33 ③ 34 ④ 35 ④ 36 ②

37 조절기가 50~100°F 범위에서 온도를 비례제어하고 있을 때 측정온도가 66°F와 70°F에 대응할 때의 비례대는 몇 %인가?

① 8
② 10
③ 12
④ 14

해설
100°F − 50°F = 50°F
70°F − 66°F = 4°F
∴ 비례대 = $\frac{4}{50} \times 100 = 8\%$

38 열정산 기준에서 보일러 범위에 포함되지 않는 열은?

① 입열
② 출열
③ 손실열
④ 외부열원

해설
열정산 기준
• 입열
• 출열(손실열 포함)
• 순환열

39 다음 중 압력을 표시하는 단위가 아닌 것은?

① kPa
② N/m²
③ bar
④ kgf

해설
힘의 단위
• N(SI 단위)
• kgf(중력 단위)
※ 1kgf = 9.81N

40 액면에 부자를 띄워 부자가 상하로 움직이는 위치로 액면을 측정하는 것으로서 주로 저장 탱크, 개방 탱크 및 고압 밀폐탱크 등의 액위 측정에 사용되는 액면계는?

① 직관식 액면계
② 플로트식 액면계
③ 방사성 액면계
④ 압력식 액면계

해설
플로트식 액면계(접촉식)
액면에 부자를 띄워 플로트(부자)가 상하로 움직이는 위치로 액면을 측정한다.(저장탱크, 개방탱크, 고압밀폐탱크에 사용)

3과목 열설비구조 및 시공

41 전기로나 시멘트 소성용 회전가마의 소성대 내벽에 사용하기 가장 적합한 내화물은?

① 내화점토질 내화물
② 크롬마그네시아 내화물
③ 고알루미나질 내화물
④ 규석질 내화물

해설
크롬마그네시아 내화물 제조법
㉠ 전기에 의한 용융소성품
㉡ 전주(전기주물)법
㉢ 사용 용도 : 염기성 평로, 전기로, 금속제련로, 반사로의 천장 및 시멘트 요의 소성대 내벽에 사용한다.

42 다음 중 사용압력이 비교적 낮은 곳의 배관에 사용하는 "배관용 탄소강관"의 기호로 맞는 것은?

① SPPH
② SPP
③ SPPS
④ SPA

해설
일반배관용 탄소강관(SPP) : 압력 1MPa 이하의 배관용

43 배관에 나사가공을 하는 동력 나사 절삭기의 형식이 아닌 것은?

① 오스터식
② 호브식
③ 로터리식
④ 다이헤드식

정답 37 ① 38 ④ 39 ④ 40 ② 41 ② 42 ② 43 ③

[해설]
로터리식, 램식 : 파이프 등 관의 벤딩(Bending)기로 사용

44 가열로의 내벽온도를 1,200℃, 외벽온도를 200℃로 유지하고 매시간당 1m²에 대한 열손실을 400kcal로 설계할 때 필요한 노벽의 두께는?(단, 노벽 재료의 열전도율은 0.1kcal/m·h·℃이다.)

① 10cm   ② 15cm
③ 20cm   ④ 25cm

[해설]
$400 = \dfrac{0.1 \times (1,200 - 200) \times 1}{b}$

∴ 두께$(b) = \dfrac{0.1 \times (1,200 - 200) \times 1}{400} = 0.25m = 25cm$

45 배관시공 시 보온재로 사용되는 석면에 대한 설명으로 옳은 것은?

① 유기질 보온재로서 진동이 있는 장치의 보온재로 많이 쓰인다.
② 약 400℃ 이하의 파이프나 탱크, 노벽 등의 보온재로 적합하며, 약 400℃를 초과하면 탈수 분해된다.
③ 열전도율이 작고 300~320℃에서 열분해되며, 방습 가공한 것은 습기가 많은 곳의 옥외배관에 사용한다.
④ 석회석을 주원료로 사용하며 화학적으로 결합시켜 만든 것으로 사용온도는 650℃까지이다.

[해설]
석면보온재
약 400℃ 이하의 파이프나 탱크, 노벽 등의 무기질 보온재로 적합하고 400℃ 초과 시 탈수현상 발생(800℃ 이상에서는 강도와 보온성 상실)

46 보일러에서 사용하는 분출관 및 분출밸브 등에 대한 설명으로 틀린 것은?

① 보일러 아랫부분에는 분출관과 분출밸브 또는 분출콕을 설치해야 한다.(관류보일러는 제외)
② 일반적으로 2개 이상의 보일러를 같이 사용할 경우 분출관은 공동으로 사용해야 한다.
③ 분출밸브의 크기는 호칭지름 25mm 이상의 것이어야 한다.(전열면적 10m² 이하의 보일러는 호칭지름 20mm 이상 가능)
④ 최고사용압력 0.7MPa 이상의 보일러의 분출관에는 분출밸브 2개 또는 분출밸브와 분출콕을 직렬로 갖추어야 한다.

[해설]
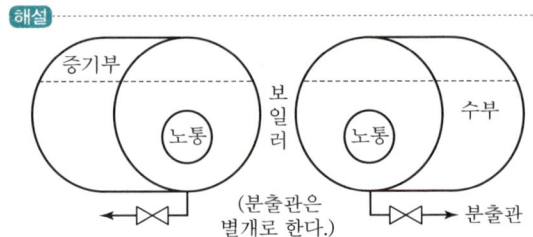

47 보일러에 공기예열기를 설치했을 때의 특징에 관한 설명으로 틀린 것은?

① 보일러의 열효율이 증가된다.
② 노 내의 연소속도가 빨라진다.
③ 연소상태가 좋아진다.
④ 질이 나쁜 연료는 연소가 불가능하다.

[해설]
- 폐열회수장치에서 공기예열기로 공기를 예열하여 화실에 공급하면 질이 나쁜 연료의 연소가 용이하다.
- 공기예열기의 종류 : 전열식(판형, 관형), 재생식(융스트롬식), 증기식

48 탄성이 부족하기 때문에 석면, 고무, 파형 금속관 등으로 표면 처리하여 사용하는 합성수지류의 패킹에 속하는 것은?

① 네오프렌   ② 펠트
③ 유리섬유   ④ 테플론

[해설]
테플론
탄성이 부족한 합성수지 패킹재이며 석면, 고무, 파형 금속관 등으로 표면처리하여 사용한다.

정답 44 ④ 45 ② 46 ② 47 ④ 48 ④

49 증기 엔탈피가 2,800kJ/kg이고 급수 엔탈피가 125 kJ/kg일 때 증발계수는 약 얼마인가? (단, 100℃ 포화수가 증발하여 100℃의 건포화증기로 되는데 필요한 열량은 2,256.9kJ/kg이다.)

① 1.08 ② 1.19
③ 1.44 ④ 1.62

해설

증발계수(증발능력) $= \dfrac{h_2 - h_1}{r} = \dfrac{2{,}800 - 125}{2{,}256.9} = 1.19$

50 터널가마의 레일과 바퀴 부분이 연소가스에 의해서 부식되지 않도록 하는 시공법은?

① 샌드실(Sand Seal)
② 에어커튼(Air Curtain)
③ 내화갑
④ 칸막이

해설

샌드실
연속식 터널가마(요)에서 레일과 바퀴 부분이 연소가스에 의해서 부식되지 않도록 하는 시공법이다.

51 에너지이용 합리화법에 따라 발전용 보일러에 부착되는 안전밸브의 분출정지압력은 분출압력의 얼마 이상이어야 하는가?

① 분출압력의 0.93배 이상
② 분출압력의 0.95배 이상
③ 분출압력의 0.98배 이상
④ 분출압력의 1.0배 이상

해설

발전용 보일러의 안전밸브 분출정지압력
분출압력의 0.93배 이상(보일러드럼, 과열기용)
※ 관류보일러 및 재열기용은 0.9배 이상

52 보일러 연소 시 배기가스 성분 중 완전연소에 가까울수록 줄어드는 성분은?

① CO_2 ② H_2O
③ CO ④ N_2

해설

• 완전연소 : $C + O_2 \rightarrow CO_2$
• 불완전연소 : $C + \dfrac{1}{2}O_2 \rightarrow CO$

53 다음 중 에너지이용 합리화법에 따라 소형 온수보일러에 해당하는 것은?

① 전열면적이 14m^2 이하이고 최고사용압력이 0.35 MPa 이하인 온수를 발생하는 것
② 전열면적이 24m^2 이하이고 최고사용압력이 0.5 MPa 이상인 온수를 발생하는 것
③ 전열면적이 24m^2 이하이고 최고사용압력이 0.35 MPa 이하인 온수를 발생하는 것
④ 전열면적이 14m^2 이하이고 최고사용압력이 0.5 MPa 이상인 온수를 발생하는 것

해설

소형 온수보일러
전열면적 14m^2 이하이고 최고사용압력 0.35MPa(3.5kg/cm^2) 이하인 온수보일러[단, 구멍탄용 온수보일러, 축열식 전기보일러, 가정용 화목보일러 및 가스사용량 17kg/h(도시가스 232.6kW) 이하인 가스용 온수보일러는 제외]

54 관류 보일러의 특징에 관한 설명으로 틀린 것은?

① 대형 관류 보일러에는 벤슨 보일러, 슐저 보일러 등이 있다.
② 초임계 압력하에서 증기를 얻을 수 있다.
③ 드럼이 필요 없다.
④ 부하 변동에 대한 적응력이 크다.

해설

원통형 보일러는 보유수가 많아 부하 변동 시 그에 대한 적응력이 작아서 자동제어 운전이 필요하다.

정답 49 ② 50 ① 51 ① 52 ③ 53 ① 54 ④

55 내화물의 구비조건으로 틀린 것은?

① 상온 및 사용온도에서 압축강도가 클 것
② 사용목적에 따라 적당한 열전도율을 가질 것
③ 팽창은 크고 수축이 작을 것
④ 온도 변화에 의한 파손이 작을 것

해설
내화물(산성, 중성, 염기성 벽돌)은 팽창이나 수축이 작아야 한다.

---

56 에너지이용 합리화법에 따라 검사대상기기의 설치자가 그 사용 중인 검사대상기기를 폐기한 때에는 그 폐기한 날로부터 며칠 이내에 폐기신고서를 제출하여야 하는가?

① 15일 ② 20일
③ 30일 ④ 60일

해설
검사대상기기의 폐기신고
폐기한 날로부터 15일 이내에 한국에너지공단이사장에게 폐기신고서를 제출한다.

---

57 에너지이용 합리화법에 따라 증기 보일러에 설치되는 안전밸브가 2개 이상인 경우 각각의 작동시험 기준은?

① 최고사용압력의 0.97배 이하, 1.0배 이하
② 최고사용압력의 0.98배 이하, 1.03배 이하
③ 최고사용압력의 1.0배 이하, 1.0배 이하
④ 최고사용압력의 1.0배 이하, 1.03배 이하

해설
증기 보일러용 안전밸브를 2개 이상 설치 시 작동시험 기준
㉠ 최고사용압력의 1.0배 이하
㉡ 최고사용압력의 1.03배 이하

---

58 갤로웨이 관(Galloway Tube)을 설치함으로써 얻을 수 있는 이점으로 틀린 것은?

① 화실 내벽의 강도 보강
② 전열면적 증가
③ 관수의 대류 순환 촉진
④ 열로 인한 신축변화의 흡수 용이

해설
• 노통 보일러, 입형 보일러의 갤로웨이관(횡관) 설치 목적은 보기 ①, ②, ③이다.
• 신축이음(벨로스형, 스위블형, 루프형)은 열로 인한 배관의 신축변화의 흡수가 용이하다.

---

59 관의 안지름이 $D(\text{cm})$, 평균유속이 $V(\text{m/s})$일 때, 평균유량 $Q(\text{m}^3/\text{s})$을 구하는 식은?

① $Q = DV$
② $Q = \dfrac{\pi}{4} D^2 V$
③ $Q = \dfrac{\pi}{4} \left(\dfrac{D}{100}\right)^2 V$
④ $Q = \left(\dfrac{V}{100}\right)^2 D$

해설
평균유량(m³/s) 산정식(배관용)
관의 안지름이 cm로 주어질 때
$Q = \dfrac{\pi}{4}\left(\dfrac{D}{100}\right)^2 \times V(\text{m}^3/\text{s})$

---

60 기수분리기 설치 시의 장점이 아닌 것은?

① 습증기의 발생률을 높인다.
② 마찰손실을 작게 한다.
③ 관 내의 부식을 방지한다.
④ 수격작용을 방지한다.

해설
기수분리기(수관식 보일러용)
㉠ 이용목적 : 습증기의 건조도를 높인다.(수분을 제거한다)
㉡ 종류
  • 장애판을 조립한 것
  • 원심분리기(사이클론)를 이용한 것
  • 파도형의 다수 강판을 사용한 것

정답 55 ③ 56 ① 57 ④ 58 ④ 59 ③ 60 ①

4과목 열설비 취급 및 안전관리

61 염산 등을 사용하여 보일러 내의 스케일을 용해시켜 제거하는 방법에 대한 설명으로 틀린 것은?

① 스케일의 시료를 채취하여 분석하고, 용해시험을 통하여 세정방법을 결정하여야 한다.
② 본체에 부착되어 있는 안전밸브, 수면계, 밸브류 등은 분리하지 않는다.
③ 수소가 발생하여 폭발의 우려가 있으므로 통풍이 잘되는 장소에서 세정하여야 한다.
④ 화학세정이 끝난 다음에는 반드시 물로 충분하게 세척하여 사용한 약액의 영향이 미치지 않도록 주의한다.

[해설] 염산 등을 이용하여 보일러 세관 시 본체의 안전밸브, 수면계, 밸브류 등은 분리하여 스케일이나 슬러지 등을 제거한다.

62 증기보일러 압력계와 연결되는 증기관을 황동관 또는 동관으로 하는 경우 안지름은 최소 몇 mm 이상이어야 하는가?

① 3.5mm   ② 5.5mm
③ 6.5mm   ④ 12.7mm

[해설]
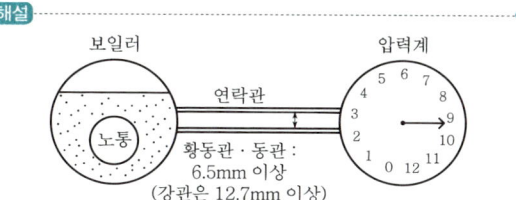

63 보일러의 과열 원인으로 가장 거리가 먼 것은?

① 물의 순환이 나쁠 때
② 고온의 가스가 고속으로 전열면에 마찰할 때
③ 관석이 많이 퇴적한 부분이 가열되어 열전달이 높아질 때
④ 보일러의 이상 저수위에 의하여 빈 보일러를 운전하였을 때

[해설] 관석(스케일)이 많이 퇴적한 전열면은 열전달이 낮아져서 국부과열이 발생한다.

64 트랩이나 스트레이너 등의 고장, 수리, 교환 등에 대비하여 설치하는 것은?

① 바이패스 배관   ② 드레인 포켓
③ 냉각 레그   ④ 체크 밸브

[해설]
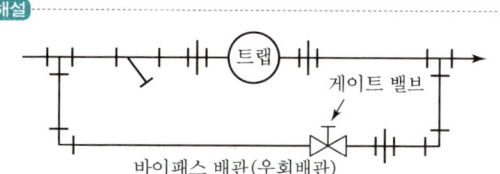

65 보일러를 사용하지 않고 장기간 보존할 경우 가장 적합한 보존법은?

① 만수 보존법   ② 건조 보존법
③ 밀폐 만수 보존법   ④ 청관제 만수 보존법

[해설]
• 만수 보존법(단기 보존) : 2개월 정도의 휴지기간용
• 건조 보존법(장기 보존) : 6개월 이상의 휴지기간용

66 에너지이용 합리화법에 따라 에너지사용계획을 수립하여 산업통상자원부장관에게 제출하여야 하는 자는?

① 민간사업주관자로 연간 5천 티오이 이상의 연료 및 열을 사용하는 시설을 설치하려는 자
② 공동사업주관자로 연간 2천 티오이 이상의 연료 및 열을 사용하는 시설을 설치하려는 자
③ 민간사업주관자로 연간 1천만 킬로와트시 이상의 전력을 사용하는 시설을 설치하려는 자
④ 공공사업주관자로 연간 2백만 킬로와트시 이상의 전력을 사용하는 시설을 설치하려는 자

[정답] 61 ② 62 ③ 63 ③ 64 ① 65 ② 66 ①

> 해설

민간사업주관자가 에너지사용계획을 제출해야 하는 용량
- 연간 5천 티오이 이상의 연료 및 열을 사용하는 시설
- 연간 2천만 킬로와트시 이상의 전력을 사용하는 시설

67 보일러에서 가연가스와 미연가스가 노 내에 발생하는 경우가 아닌 것은?

① 연도가 너무 짧은 경우
② 점화조작에 실패한 경우
③ 노 내에 다량의 그을음이 쌓여 있는 경우
④ 연소 정지 중에 연료가 노 내에 스며든 경우

> 해설

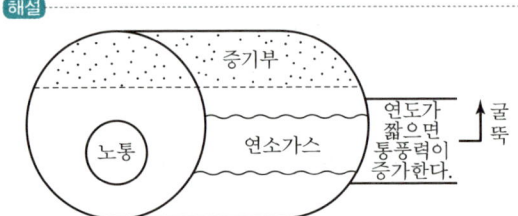

68 보일러를 건조보존방법으로 보존할 때의 유의사항으로 틀린 것은?

① 모든 뚜껑, 밸브, 콕 등은 전부 개방하여 둔다.
② 습기를 제거하기 위하여 생석회를 보일러 안에 둔다
③ 연도는 습기가 없게 항상 건조한 상태가 되도록 한다.
④ 보일러수를 전부 빼고 스케일 제거 후 보일러 내에 열풍을 통과시켜 완전 건조시킨다.

> 해설

보일러 건조보존(밀폐장기보존) 시에는 전부 밀폐시켜 산소 공급을 방지한다.

69 다음 중 보일러 인터록의 종류가 아닌 것은?

① 고수위 ② 저연소
③ 불착화 ④ 프리퍼지

> 해설

인터록은 보기 ②, ③, ④ 외에도 저수위 인터록, 압력초과 인터록 등이 있다.(보일러 이상 상태 시 보일러 운전 긴급 중지)

70 에너지이용 합리화법에 따라 특정열사용기자재 시공업은 누구에게 등록을 하여야 하는가?

① 국토교통부장관
② 산업통상자원부장관
③ 시·도지사
④ 한국에너지공단이사장

> 해설

특정열사용기자재(보일러 등) 시공업은 시·도지사에게 등록한다.

71 옥내 보일러실에 연료를 저장하는 경우 보일러 외측으로부터 얼마 이상 거리를 두고 저장해야 하는가?(단, 소형 보일러는 제외한다.)

① 0.6m 이상 ② 1m 이상
③ 1.2m 이상 ④ 2m 이상

> 해설

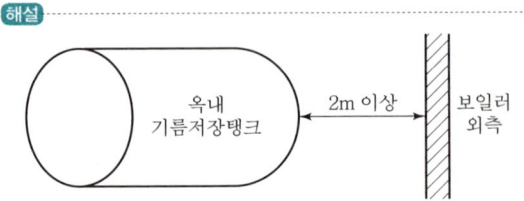

72 다음 반응 중 경질 스케일 반응식으로 옳은 것은?

① $Ca(HCO_3) + 열 \rightarrow CaCO_3 + H_2O + CO_2$
② $3CaSO_4 + 2Na_3PO_4 \rightarrow Ca_3(PO_4)_3 + 3Na_2SO_4$
③ $MgSO_4 + CaCO_3 + H_2O \rightarrow CaSO_4 + Mg(OH)_2 + CO_2$
④ $MgCO_3 + H_2O \rightarrow Mg(OH)_2 + CO_2$

정답 67 ① 68 ① 69 ① 70 ③ 71 ④ 72 ③

해설

경질 스케일

MgSO₄ + CaCO₃ + H₂O
황산마그네슘   탄산칼슘
→ CaSO₄ + Mg(OH)₂ + CO₂
황산칼슘   수산화마그네슘

73 보일러 파열사고의 원인 중 구조물의 강도 부족에 의한 원인이 아닌 것은?

① 재료의 불량
② 용접 불량
③ 용수관리의 불량
④ 동체의 구조 불량

해설
용수관리의 불량 : 구조상이 아닌 취급상의 원인에 따른 사고

74 증기보일러에서 포밍, 프라이밍이 발생하는 원인으로 틀린 것은?

① 주 증기밸브를 천천히 개방했을 때
② 증기부하가 과대할 때
③ 보일러수가 농축되었을 때
④ 보일러수 중에 불순물이 많이 포함되었을 때

해설
증기보일러에서 주 증기밸브를 천천히 열면 수격작용, 포밍(거품 발생), 프라이밍(비수)의 발생이 방지된다.

75 매시 발생증기량이 2,000kg/h, 급수의 엔탈피는 10kcal/kg, 발생증기의 엔탈피가 549kcal/kg일 때, 이 보일러의 매시 환산증발량은?

① 1,250kg/h
② 1,500kg/h
③ 2,000kg/h
④ 2,540kg/h

해설
환산증발량(상당증발량, W_e)

$$W_e = \frac{S_W(h_2 - h_1)}{539} = \frac{2,000(549-10)}{539} = 2,000 \text{kg/h}$$

76 보일러의 외부부식 원인이 아닌 것은?

① 빗물, 지하수 등에 의한 습기나 수분에 의한 경우
② 증기나 보일러수 등의 누출로 인한 습기나 수분에 의한 경우
③ 재나 회분 속에 함유된 부식성 물질(바나듐 등)에 의한 경우
④ 강재 속에 함유된 유황분이나 인분이 온도상승과 더불어 산화되거나 또는 이외의 원인으로 녹이 생긴 경우

해설
보기 ④의 내용은 적열취성(강판재가 약해지는 현상)의 원인이다.

77 증기난방법의 종류를 중력, 기계, 진공환수 방식으로 구분한다면 무엇에 따른 분류인가?

① 응축수 환수방식
② 환수관 배관방식
③ 증기공급방식
④ 증기압력방식

해설
증기난방 응축수의 환수방식
- 중력환수식
- 기계환수식
- 진공환수식

78 보일러 압력계의 검사를 해야 하는 시기로 가장 거리가 먼 것은?

① 2개가 설치된 경우 지시도가 다를 때
② 비수현상이 일어난 때
③ 신설 보일러의 경우 압력이 오르기 시작했을 때
④ 부르동관이 높은 열을 받았을 때

해설
보일러 압력계의 검사 시기는 보기 ①, ②, ④ 외에도 부르동관에 증기가 직접 들어갔을 때와 안전밸브의 실제 작동압력과 조정압력이 다를 때 등이다.

정답 73 ③ 74 ① 75 ③ 76 ④ 77 ① 78 ③

79 에너지이용 합리화법에 따라 대통령령으로 정하는 에너지공급자가 해당 에너지의 효율 향상과 수요 절감을 위해 연차별로 수립해야 하는 것은?

① 비상시 에너지수급방안
② 에너지기술개발계획
③ 수요관리투자계획
④ 장기에너지수급계획

해설
에너지이용 합리화법 제9조(에너지공급자의 수요관리투자계획) 에너지공급자 중 대통령령으로 정하는 에너지 공급자는 수요의 절감 및 온실가스 배출의 감축 등을 도모하기 위해 연차별 수요관리투자계획을 수립, 시행하여야 한다.

80 에너지이용 합리화법에 의한 검사대상기기 관리자를 선임하지 아니한 자에 대한 벌칙 기준은?

① 1년 이하의 징역 또는 1천만 원 이하의 벌금
② 5백만 원 이하의 벌금
③ 1천만 원 이하의 벌금
④ 1년 이하의 징역 또는 2천만 원 이하의 벌금

해설
법 제75조에 의거, 검사대상기기설치자가 검사대상기기조종자를 선임하지 않으면 1천만 원 이하의 벌금에 처한다.

검사대상기기 관리자 자격
- 에너지관리기능사
- 에너지관리산업기사
- 에너지관리기능장
- 에너지관리기사

정답 79 ③ 80 ③

2017년 3회 기출문제

1과목   열역학 및 연소관리

01 탄화도를 기준으로 석탄을 분류할 때 탄화도 증가에 따른 석탄의 일반적인 성질 변화로 옳은 것은?

① 휘발성이 증가한다.
② 고정탄소량이 감소한다.
③ 수분이 감소한다.
④ 착화 온도가 낮아진다.

해설
석탄
- 이탄 → 아탄 → 갈탄 → 역청탄 → 무연탄 → 흑연
- 탄화도가 증가하면 수분이나 휘발분이 감소한다.
- 연료비 = $\dfrac{\text{고정탄소}}{\text{휘발분}}$ (12 이상이면 가장 우수한 무연탄)

02 다음 중 건식 집진형식이 아닌 것은?

① 백필터식
② 사이클론식
③ 멀티클론식
④ 벤투리스크러버식

해설
가압수식 세정식 집진장치
- 스크러버식(벤투리)
- 사이클론스크러버식
- 제트스크러버
- 충진탑

03 이론습연소가스양(G_{ow})과 이론건연소가스양(G_{od})의 관계를 옳게 나타낸 것은?(단, 단위는 Nm³/kg이다.)

① $G_{ow} = G_{od} + (9H+W)$
② $G_{od} = G_{ow} + (9H+W)$
③ $G_{ow} = G_{od} + 1.25(9H+W)$
④ $G_{od} = G_{ow} + 1.25(9H+W)$

해설
$G_{ow}(\text{Nm}^3/\text{kg}) = G_{od} + 1.25(9H+W)$
- H_2 분자량 = 2, $H_2 + O_2 = H_2O(18\text{kg})$
- $H_2O = \dfrac{22.4\text{m}^3}{18\text{kg}} = 1.25\text{m}^3/\text{kg}$
- $\dfrac{18}{2} = 9\text{kg } H_2O/\text{kg}$

04 어느 열기관이 외부로부터 Q의 열을 받아서 외부에 100kJ의 일을 하고 내부 에너지가 200kJ 증가하였다면 받은 열(Q)은 얼마인가?

① 100kJ   ② 200kJ
③ 300kJ   ④ 400kJ

해설
받은 열(Q) = 100 + 200kJ = 300kJ
$dQ = dU + A\delta h$ = 내부에너지 + 외부에 한 일
열역학 제1법칙 미분형 제1식 참고

05 대기압에서 물의 증발잠열은 약 얼마인가?

① 334kJ/kg   ② 539kJ/kg
③ 1,000kJ/kg   ④ 2,264kJ/kg

해설
물의 증발잠열(r) = 539kcal/kg × 4.186kJ/kcal
≒ 2,264kJ/kg

06 공기 2kg이 압력 400kPa, 온도 10℃인 상태로부터 정압하에서 온도가 200℃로 변화할 때 엔트로피 변화량은?(단, 정압비열은 1.003kJ/kg·K, 정적비열은 0.716kJ/kg·K이다.)

① 0.51kJ/K   ② 1.03kJ/K
③ 136.12kJ/K   ④ 190.63kJ/K

정답   01 ③   02 ④   03 ③   04 ③   05 ④   06 ②

해설

엔트로피변화(ΔS) 정압 변화($P = C$, $P_1 = P_2$)

$$\Delta S = S_2 - S_1 = C_v \ln\frac{T_2}{T_1} + AR \ln\frac{V_2}{V_1} = C_p \ln\frac{T_2}{T_1} = C_p \ln\frac{V_2}{V_1}$$

$T_1 = 10 + 273 = 283K$, $T_2 = 200 + 273 = 473K$,

$\Delta S = 2 \times 1.003 \times \ln\left(\dfrac{473}{283}\right) = 1.03 \text{kJ/K}$

---

07 연소안전장치 중 화염이 발광체임을 이용하여 화염을 검출하는 것으로 광전관, PbS 셀(cell), CdS 셀 등을 사용하는 것은?

① 플레임 아이 ② 플레임 로드
③ 스택 스위치 ④ 연료차단밸브

해설

화염검출기(안전장치)
㉠ 플레임 아이(화염의 발광체 이용)
㉡ 플레임 로드(화염의 전기 전도성 이용)
㉢ 스택 스위치(화염의 발열체 온도 이용)

---

08 보일러의 안전장치 중 보일러 내부 증기압력이 스프링 조정압력보다 높을 경우 내부의 벨로스가 신축하여 수은등 스위치를 작동하게 하여 전자밸브로 하여금 자동으로 연료 공급을 중단하게 함으로써 압력 초과로 인한 보일러 파열사고를 방지해 주는 안전장치는?

① 안전밸브   ② 압력제한기
③ 방폭문   ④ 가용전

해설

압력제한기(안전장치)
증기의 설정압력 초과 시 전자밸브에 의한 자동 연료차단으로 보일러 파열사고를 미연에 방지하며 스프링 조정압력을 이용한다.

---

09 탄소 1kg을 연소시키기 위해서 필요한 이론적인 산소량은?

① $1Nm^3$ ② $1.867Nm^3$
③ $2.667Nm^3$ ④ $22.4Nm^3$

해설

$$\frac{C}{12kg} + \frac{O_2}{22.4m^3} \rightarrow \frac{CO_2}{22.4m^3}$$

이론산소량(O_0) = $\dfrac{22.4}{12} = 1.867 Nm^3/kg$

탄소 1kmol의 용적 $22.4m^3 = 12kg$(분자량 값)

---

10 1kg의 공기가 일정온도 200℃에서 팽창하여 처음 체적의 6배가 되었다. 전달된 열량(kJ)은?(단, 공기의 기체상수는 0.287kJ/kg·K이다.)

① 243   ② 321
③ 413   ④ 582

해설

공기의 등온변화

$T = C\,(dT = 0)$, $\dfrac{P_2}{P_1} = \dfrac{V_1}{V_2}$

가열량(Q) = $AR T \ln\dfrac{V_2}{V_1}$

$= 0.287 \times (200 + 273) \times \ln\left(\dfrac{6}{1}\right) = 243 \text{kJ/kg}$

---

11 공기보다 비중이 커서 누설이 되면 낮은 곳에 고여 인화폭발의 원인이 되는 가스는?

① 수소   ② 메탄
③ 일산화탄소 ④ 프로판

해설

가스비중(분자량/29)
• 수소(2/29 = 0.069)
• 메탄(16/29 = 0.552)
• 공기(29/29 = 1)
• CO(28/29 = 0.966)
• 프로판(44/29 = 1.52)

---

12 압축비가 5, 차단비가 1.6, 비열비가 1.4인 가솔린 기관의 이론열효율은?

① 34.6%   ② 37.9%
③ 47.5%   ④ 53.9%

정답 07 ① 08 ② 09 ② 10 ① 11 ④ 12 ③

> **해설**
>
> 단절비(차단비)
> 오토 사이클(가솔린 기관) 열효율(η_0)
> $= 1 - \left(\dfrac{1}{\varepsilon}\right)^{k-1} = 1 - \left(\dfrac{1}{5}\right)^{1.4-1} = 0.475\ (47.5\%)$

13 절대온도 1K만큼의 온도차는 섭씨온도로 몇 ℃의 온도차와 같은가?

① 1℃
② 5/9℃
③ 273℃
④ 274℃

> **해설**
>
> '절대온도 = 섭씨온도 + 273'에서 알 수 있듯이 절대온도 1K의 차이는 섭씨온도 1℃의 차이와 같다.
>
> ※ $K = ℃ + 273,\ ℃ = \dfrac{5}{9}(℉ - 32),\ ℉ = \dfrac{9}{5} \times ℃ + 32,$
> $\quad ℉R = ℉ + 460$

14 연도가스 분석에서 CO가 전혀 검출되지 않았고, 산소와 질소가 각각 (O_2)Nm^3/kg 연료, (N_2) Nm^3/kg 연료일 때 공기비(과잉공기율)는 어떻게 표시되는가?

① $m = \dfrac{0.21}{0.21 - 0.79(O_2)/(N_2)}$

② $m = \dfrac{0.79}{0.79 - 0.21(O_2)/(N_2)}$

③ $m = \dfrac{1}{1 - 0.79(N_2)/(O_2)}$

④ $m = \dfrac{1}{1 - 0.21(O_2)/(N_2)}$

> **해설**
>
> 공기비(m)
> - CO 검출이 없는 경우
>
> $m = \dfrac{N_2}{N_2 - O_2} = \dfrac{0.21}{0.21 - \dfrac{0.79(O_2)}{(N_2)}} = \dfrac{21}{21 - (O_2)}$
>
> - CO가 검출되는 경우
>
> $m = \dfrac{N_2}{N_2 - 3.762\{(O_2) - 0.5(CO)\}}$

15 기체연료의 연소방식 중 예혼합연소방식의 특징에 대한 설명으로 틀린 것은?

① 화염이 짧다.
② 부하에 따른 조작범위가 좁다.
③ 역화의 위험성이 매우 작다.
④ 내부 혼합형이다.

> **해설**
>
> 기체연료의 연소방식
> - 확산연소방식(역화의 위험이 없다.)
> - 예혼합연소방식(역화의 위험성이 크다.)

16 프로판 가스(LPG)에 대한 설명으로 틀린 것은?

① 황분이 적고 유독성분 함량이 많다.
② 질식의 우려가 있다.
③ 가스 비중이 공기보다 크다.
④ 누설 시 인화 폭발성이 있다.

> **해설**
>
> 프로판 가스(C_3H_8)
> - 탄화수소가스로 황분이 거의 없고 유독성분이 적은 가스이다.
> - 지방족탄화수소(사슬 모양 탄화수소)이며 포화탄화수소(C_nH_{2n+2}), 알칸(alkane) 또는 메탄계 탄화수소이다.

17 열역학 제2법칙에 관한 설명으로 틀린 것은?

① 과정의 방향성을 제시한 비가역 법칙이다.
② 엔트로피 증가법칙을 의미한다.
③ 열은 고온으로부터 저온으로 자동적으로 이동한다.
④ 열이 주위와 계에 아무런 변화를 주지 않고 운동에너지로 변화할 수 있다.

> **해설**
>
> 열역학 제1법칙
> 열이 주위와 계에 아무런 변화를 주지 않고 운동에너지로 변화할 수 있다.

정답 13 ① 14 ① 15 ③ 16 ① 17 ④

18 25℃의 철(Fe) 35kg을 온도 76℃로 올리는데 소요열량이 675kcal이다. 이 철의 비열(a)과 열용량(b)은?

① $a : 0.38\text{kcal/kg}\cdot℃, b : 13.2\text{kcal}/℃$
② $a : 2.64\text{kcal/kg}\cdot℃, b : 9.25\text{kcal}/℃$
③ $a : 0.38\text{kcal/kg}\cdot℃, b : 9.25\text{kcal}/℃$
④ $a : 0.26\text{kcal/kg}\cdot℃, b : 13.2\text{kcal}/℃$

해설
$675 = 35 \times a \times (76-25)$

비열(a) = $\dfrac{675}{35 \times (76-25)} = 0.38\text{kcal/kg}\cdot℃$

열용량(b) = $\dfrac{675}{76-25} = 13.2\text{kcal}/℃$

19 공기압축기가 100kPa, 20℃, 0.8m³인 1kg의 공기를 1MPa까지 가역 등온과정으로 압축할 때 압축기의 소요일(kJ)은?

① 184 ② 232
③ 287 ④ 324

해설
등온압축일량(W)

$W = P_1 V_1 \ln\left(\dfrac{P_2}{P_1}\right) = 100 \times 0.8 \times \ln\left(\dfrac{1,000}{100}\right) = 184\text{kJ}$

※ 1MPa = 1,000kPa

20 습증기 영역에서 건도에 관한 설명으로 틀린 것은?

① 건도가 1에 가까워질수록 건포화증기 상태에 가깝다.
② 건도가 0에 가까워질수록 포화수 상태에 가깝다.
③ 건도가 x일 때 습도는 $x-1$이다.
④ 건도가 1에 가까울수록 갖고 있는 열량이 크다.

해설
포화수 → 습포화증기 → 건포화증기 → 과열증기
- 건도 = 1 : 건포화증기
- 건도 < 1 : 습포화증기
- 건도 = 0 : 포화수
- 습도 = 1 − 건도

2과목 계측 및 에너지 진단

21 편위식 액면계는 어떤 원리를 이용한 것인가?

① 아르키메데스의 부력 원리
② 토리첼리의 법칙
③ 돌턴의 분압법칙
④ 도플러의 원인

해설
편위식 액면계(Displacement 액면계)
아르키메데스의 부력원리에 의한 액면계로서 플로트의 깊이에 의한 부력에 의해 토크튜브(Torque Tube)의 회전각이 변화하여 액면을 측정하는 방식이다.

22 서미스터(Thermistor)에 대한 설명으로 틀린 것은?

① 응답이 빠르다.
② 전기저항체 온도계이다.
③ 좁은 장소에서의 온도 측정에 적합하다.
④ 충격에 대한 기계적 강도가 양호하고, 흡습 등에 열화되지 않는다.

해설
서미스터 저항식 온도계(금속산화물 소결 반도체)
- 금속산화물 : 니켈, 코발트, 망간, 철, 구리 등의 소결
- 흡습 등으로 열화(劣化)되기 쉽다.
- 금속 특유의 균일성을 얻기가 어렵다.

23 자유 피스톤식 압력계에서 추와 피스톤의 무게 합이 30kg이고 피스톤 직경이 3cm일 때 절대압력은 몇 kg/cm²인가?(단, 대기압은 1kg/cm²로 한다.)

① 4.244 ② 5.244
③ 6.244 ④ 7.244

해설
압력 = $\dfrac{무게}{단면적}$, 단면적(A) = $\dfrac{\pi}{4}d^2$

∴ 절대압력 = 게이지 압력 + 대기압

$$= \frac{30}{\frac{\pi}{4}(3)^2} + 1 = 5.244 \text{kg/cm}^2$$

24 노내압을 제어하는 데 필요하지 않은 조작은?

① 급수량 조작 ② 공기량 조작
③ 댐퍼의 조작 ④ 연소가스 배출량 조작

해설

보일러 급수제어(FWC)
- 제어량 : 보일러 수위
- 조작량 : 급수량

25 보일러 열정산 시의 측정사항이 아닌 것은?

① 외기온도
② 급수 압력
③ 배기가스 온도
④ 연료사용량 및 발열량

해설

- 보일러 열정산 시 측정사항은 외기온도, 급수의 온도, 배기가스 온도, 연료사용량 및 발열량이다.
- 물의 비열 : 1kcal/kg·℃

26 방사율이 0.8, 물체의 표면온도가 300℃, 물체 벽면체 온도가 25℃일 때 공간에 방출하는 단위 면적당 방사에너지는 약 몇 W/m²인가?

① 2,300 ② 3,780
③ 4,550 ④ 5,760

해설

슈테판 – 볼츠만의 정수(σ) = 5.669×10^{-8} W/m²·K⁴
흑체복사정수(C_b) = 5.669 W/m²·K⁴

방사에너지(Q) = $\varepsilon \cdot C_b \left[\left(\frac{T_1}{100}\right)^4 - \left(\frac{T_2}{100}\right)^4 \right]$

$= 0.8 \times 5.669 \left[\left(\frac{273+300}{100}\right)^4 - \left(\frac{273+25}{100}\right)^4 \right]$

$\fallingdotseq 4{,}550 \text{W/m}^2$

27 다음 중 전기식 제어방식의 특징으로 가장 거리가 먼 것은?

① 고온 다습한 주위환경에 사용하기 용이하다.
② 전송거리가 길고 전송지연이 생기지 않는다.
③ 신호처리나 컴퓨터 등과의 접속이 용이하다.
④ 배선이 용이하고 복잡한 신호에 적합하다.

해설

전기는 건조한 곳에서 사용하여야 전격이 방지된다.(고온 다습한 곳에서는 사용하지 말고 방폭이 필요하면 방폭형을 사용한다.)

28 다음 중 연속 동작이 아닌 것은?

① 비례동작 ② 미분동작
③ 적분동작 ④ On-Off 동작

해설

불연속 동작(2위치 동작)
㉠ On-Off 동작
㉡ 간헐 동작
㉢ 다위치 동작

29 다음 중 물리적 가스분석계가 아닌 것은?

① 전기식 CO_2계   ② 연소열식 O_2계
③ 세라믹식 O_2계 ④ 자기식 O_2계

해설

연소열식 산소계
H_2, CO, C_mH_n 등의 가연성 기체나 산소 등을 분석하는 화학적 가스 분석계이다.

30 저항온도계의 측온 저항체로 쓰이지 않는 것은?

① Fe ② Ni
③ Pt ④ Cu

해설

철(Fe)은 서미스터 측온 저항체의 소결분말로만 사용한다.(반도체용이다.)

정답 24 ① 25 ② 26 ③ 27 ① 28 ④ 29 ② 30 ①

31 열정산에서 출열 항목에 해당하는 것은?

① 공기의 현열
② 연료의 현열
③ 연료의 발열량
④ 배기가스의 현열

해설
출열 항목
㉠ 배기가스 현열
㉡ 방사열
㉢ CO 가스의 미연소분에 의한 열
㉣ 미연탄소분에 의한 열
㉤ 피열물이 가진 열(증기·온수 열)

32 다음 단위 중에서 에너지의 차원을 가지고 있는 것은?

① $kg \cdot m/s^2$
② $kg \cdot m^2/s^2$
③ $kg \cdot m^2/s^3$
④ $kg \cdot m^2/s$

해설
차원
어떤 물리적인 현상을 다루려면 물질이나 변위 등에 있어서 시간의 특성을 규정하는 기본량이 필요하다. 이 기본량이 차원이다.
※ 일(에너지 차원) : $ML^2T^{-2}(kg \cdot m^2/s^2)$

33 광전관식 온도계의 특징에 대한 설명으로 옳은 것은?

① 응답속도가 느리다.
② 구조가 다소 복잡하다.
③ 기록의 제어가 불가능하다.
④ 고정물체의 측정만 가능하다.

해설
광전관식 고온계
• 수동 광고온도계를 자동화한 온도계로서 700℃ 이상의 고온 측정 비접촉식 온도계이다.
• 응답성이 빨라서 이동물체의 측정이 가능하고 구조가 약간 복잡하며 온도의 자동 기록이 가능하고 정도가 높다.

34 보일러의 자동제어와 관련된 약호가 틀린 것은?

① FWC : 급수제어
② ACC : 자동연소제어
③ ABC : 보일러 자동제어
④ STC : 증기압력제어

해설
STC : 증기온도자동제어

35 부력과 중력의 평형을 이용하여 액면을 측정하는 것은?

① 초음파식 액면계
② 정전용량식 액면계
③ 플로트식 액면계
④ 차압식 액면계

해설
플로트식(부자식) 액면계
유체의 부력과 중력의 평형을 이용한 직접식 액면계이다.(개방형 탱크용)

36 연료가 보유하고 있는 열량으로부터 실제 유효하게 이용된 열량과 각종 손실에 의한 열량 등을 조사하여 열량의 출입을 계산한 것은?

① 열정산
② 보일러 효율
③ 전열면부하
④ 상당증발량

해설
열정산
입열, 출열을 조사하여 유효하게 이용된 열량과 각종 손실에 의한 열량을 파악하여 열설비 개선에 이용하기 위함이다.

37 가정용 수도미터에 사용되는 유량계는?

① 플로노즐 유량계
② 오벌 유량계
③ 월트만 유량계
④ 플로트 유량계

해설
가정용 수도미터 유량계 : 임펠러식, 월트만식

정답 31 ④ 32 ② 33 ② 34 ④ 35 ③ 36 ① 37 ③

38 각 물리량에 대한 SI 기본단위의 명칭이 아닌 것은?

① 전류 – 암페어(A)
② 온도 – 섭씨(℃)
③ 광도 – 칸델라(cd)
④ 물질의 양 – 몰(mol)

해설
SI 온도의 기본단위 : K(켈빈온도)
※ SI 기본단위 : 길이(m), 질량(kg), 시간(s), 온도(K), 전류(A), 광도(cd), 물질량(mol)

39 다음 중 열량의 단위가 아닌 것은?

① 줄(J)
② 중량 킬로그램미터(kg · m)
③ 와트시간(Wh)
④ 입방미터매초(m³/s)

해설
유량의 단위 : m³/s, L/s

40 다음 상당증발량을 구하는 식에서 i_2가 뜻하는 것은?

$$상당증발량 = \frac{G(i_2 - i_1)}{538.8} \text{ kg/h}$$

① 증기발생량
② 급수의 엔탈피
③ 발생 증기의 엔탈피
④ 대기압하에서 발생하는 포화증기의 엔탈피

해설
• i_2 : 발생증기 엔탈피(kcal/kg)
• i_1 : 급수엔탈피(kcal/kg)
• 538.8 : 대기압하의 물의 증발잠열(kcal/kg)

3과목 열설비구조 및 시공

41 섹션이라고 불리는 여러 개의 물질들을 연결하고 하부로 급수하여 상부로 증기 또는 온수를 방출하는 구조로 되어 있으며, 압력에 약해서 0.3MPa 이하에서 주로 사용하는 보일러는?

① 노통연관식 보일러
② 관류 보일러
③ 수관식 보일러
④ 주철제 보일러

해설
주철제 보일러(증기용, 온수용) : 섹션(쪽수) 보일러
• 120℃ 이하, 0.3MPa 이하에서 사용
• 고온 · 고압에서는 균열 발생(부식은 없음)

42 보온 시공상의 주의사항으로 틀린 것은?

① 보온재와 보온재의 틈새는 되도록 작게 한다.
② 냉 · 온수 수평배관의 현수밴드는 보온을 내부에서 한다.
③ 증기관 등이 벽 · 바닥 등을 관통할 때는 벽면에서 25mm 이내는 보온하지 않는다.
④ 보온의 끝 단면은 사용하는 보온재 및 보온 목적에 따라 필요한 보호를 한다.

해설
• 현수밴드 : 흡음재 등의 현수밴드만 관의 내부에 흡음재를 채운다.
• 보온 : 보온은 관의 외부에서 작업한다.(열손실 방지)

43 동관의 압축이음 시 동관의 끝을 나팔형으로 만드는 데 사용되는 공구는?

① 사이징 툴
② 플레어링 툴
③ 튜브 벤더
④ 익스펜더

정답 38 ② 39 ④ 40 ③ 41 ④ 42 ② 43 ②

해설
아래 그림과 같이 동관의 끝을 나팔형으로 만드는 공구로는 플레어링 툴(압축이음용 공구)을 사용한다.

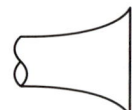

44 보온재에서 열전도율이 작아지는 요인이 아닌 것은?

① 기공이 작을수록
② 재질의 밀도가 클수록
③ 재질 내의 수분이 적을수록
④ 재료의 두께가 두꺼울수록

해설
재질의 밀도(kg/m³)가 크면 기공률이 작아서 열전도율(kJ/m · ℃)이 커진다.

45 다음 중 유기질 보온재가 아닌 것은?

① 펠트
② 기포성 수지
③ 코르크
④ 암면

해설
암면
무기질 보온재로서 안전사용온도는 400~600℃이고 열전도율이 0.05~0.065kcal/m · h · ℃로 흡수성이 낮다.

46 열전도율 30kcal/m · h · ℃, 두께 10mm인 강판의 양면 온도차가 2℃이다. 이 강판 1m²당 전열량(kcal/h)은?

① 60,000
② 15,000
③ 6,000
④ 1,500

해설
고체의 전열량(Q) $= \lambda \times \dfrac{A(\Delta t_m)}{b} = 30 \times \dfrac{1 \times 2}{0.01}$
$= 6,000$ kcal/h
※ 10mm = 0.01m

47 보일러 노통 안에 갤로웨이 관(Galloway tube)을 2~4개 설치하는 이유로 가장 적합한 것은?

① 전열면적을 증대시키기 위함
② 스케일의 부착 방지를 위함
③ 소형으로 제작하기 위함
④ 증기가 새는 것을 방지하기 위함

해설
갤로웨이 관의 설치 목적
• 전열면적 증대
• 물의 순환 촉진
• 노통 강도 보강

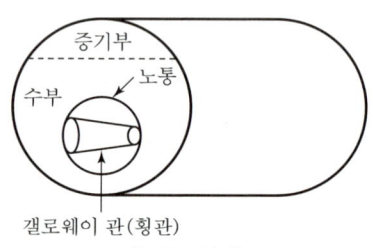

[노통보일러]

48 보일러 통풍기의 회전수(N)와 풍량(Q), 풍압(P), 동력(L)에 대한 관계식 중 틀린 것은?

① $Q_2 = P_1 \left(\dfrac{N_2}{N_1}\right)^{1/2}$
② $Q_2 = Q_1 \left(\dfrac{N_2}{N_1}\right)$
③ $P_2 = P_1 \left(\dfrac{N_2}{N_1}\right)^2$
④ $L_2 = L_1 \left(\dfrac{N_2}{N_1}\right)^3$

해설
보기 ②, ③, ④는 송풍기의 상사법칙에 부합한다.

49 절탄기(Economizer)에 관한 설명으로 틀린 것은?

① 보일러 드럼 내의 열응력을 경감시킨다.
② 배기가스의 폐열을 이용하여 연소용 공기를 예열하는 장치이다.
③ 보일러의 효율이 증대된다.
④ 일반적으로 연도의 입구에 설치된다.

정답 44 ② 45 ④ 46 ③ 47 ① 48 ① 49 ②

해설

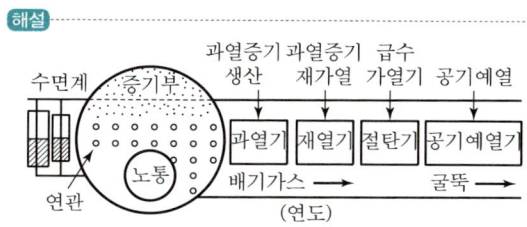

[노통연관식 보일러]

50 글로브 밸브의 디스크 형상 종류에 속하지 않는 것은?

① 스윙형　② 반구형
③ 원뿔형　④ 반원형

해설
- 글로브 밸브 : 유량조절밸브
- 스윙형, 리프트형 : 역류 방지 체크밸브

51 다음 중 관류식 보일러에 해당되는 것은?

① 슐처 보일러
② 레플러 보일러
③ 열매체 보일러
④ 슈미트-하트만 보일러

해설
특수보일러
- 간접가열식(레플러 보일러, 슈미트-하트만 보일러)
- 열매체 다우섬 보일러
- 바크 보일러 및 바가스 보일러

52 증기트랩의 구비 조건이 아닌 것은?

① 마찰저항이 적을 것
② 내구력이 있을 것
③ 공기를 뺄 수 있는 구조로 할 것
④ 보일러 정지와 함께 작동이 멈출 것

해설
송기장치인 증기트랩은 보일러 정지 후에도 응축수 배출이 작동되어서 배관 내의 수격작용(워터해머)이 방지되어야 한다.

53 과열증기 사용 시 장점에 대한 설명으로 틀린 것은?

① 이론상의 열효율이 좋아진다.
② 고온부식이 발생하지 않는다.
③ 증기의 마찰저항이 감소된다.
④ 수격작용이 방지된다.

해설
- 과열기 부위에서 500℃ 이상이 되면 V_2O_5(오산화바나듐)에 의하여 고온부식이 발생한다.
- 절탄기나 공기예열기에서는 150℃ 이하에서 H_2SO_4(황산)에 의한 부식이 발생한다.

54 패킹 재료 중 합성수지류로서 탄성은 부족하나 약품, 기름에도 침식이 적어 많이 사용되며, 내열성이 양호한 것은?

① 테플론
② 네오프렌
③ 콜크
④ 우레탄

해설
테플론 패킹
합성수지로서 탄성은 부족하나 약품이나 기름에 침식이 적고 온도 -260~260℃에 사용된다.

55 다음 중 내화 점토질 벽돌에 속하지 않는 것은?

① 납석질 벽돌
② 샤모트질 벽돌
③ 고알루미나 벽돌
④ 반규석질 벽돌

해설
- 고알루미나 벽돌의 재료는 고알루미나 중성 내화물(Al_2O_3-SiO_2)이다.
- 보기 ①, ②, ④의 점토질은 산성 내화물

정답　50 ①　51 ①　52 ④　53 ②　54 ①　55 ③

56 다음 중 노재가 갖추어야 할 조건이 아닌 것은?

① 사용 온도에서 연화 및 변형이 되지 않을 것
② 팽창 및 수축이 잘될 것
③ 온도 급변에 의한 파손이 적을 것
④ 사용목적에 따른 열전도율을 가질 것

해설
노재(내화물 등)는 가열 시 팽창이나 수축이 적어야 하며, 스폴링성(박락현상)이 적어야 한다.

57 증기보일러에는 원칙적으로 2개 이상의 안전밸브를 설치하여야 하지만, 1개를 설치할 수 있는 최대 전열면적 기준은?

① 10m² 이하
② 30m² 이하
③ 50m² 이하
④ 100m² 이하

해설
증기보일러는 전열면적 50m² 이하에서는 안전밸브를 1개 이상 설치할 수 있다.

58 노통보일러의 특징에 관한 설명으로 틀린 것은?

① 구조가 간단하고 제작이 쉽다.
② 급수 처리가 비교적 복잡하다.
③ 전열면적이 다른 형식에 비해 적어 효율이 낮다.
④ 수부가 커서 부하 변동에 영향을 적게 받는다.

해설
노통보일러는 수관식 보일러에 비하여 급수 처리가 간단하다.

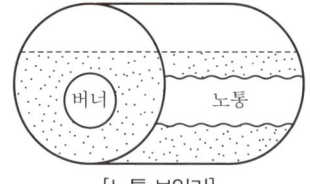

[노통 보일러]

59 직경 500mm, 압력 12kg/cm²의 내압을 받는 보일러 강판의 최소두께는 몇 mm로 하여야 하는가?(단, 강판의 인장응력은 30kg/mm², 안전율은 4.5이고, 이음효율은 0.58로 가정하며 부식여유는 1mm이다.)

① 8.8mm   ② 7.8mm
③ 7.0mm   ④ 6.3mm

해설

강판 두께 $(t) = \dfrac{P \times D}{200\eta\sigma - 1.2P} + a$

허용응력 $(\sigma) =$ 인장응력 $\times \dfrac{1}{\text{안전율}}$

$\therefore \ t = \dfrac{12 \times 500}{200 \times 0.58 \times \left(30 \times \dfrac{1}{4.5}\right) - 1.2 \times 12} + 1 ≒ 8.8\text{mm}$

60 원심펌프의 소요동력이 15kW이고, 양수량이 4.5 m³/min일 때, 이 펌프의 전양정은?(단, 펌프의 효율은 70%이며, 유체의 비중량은 1,000kg/m³이다.)

① 10.5m   ② 14.28m
③ 20.4m   ④ 28.56m

해설

펌프동력 $= \dfrac{\gamma \cdot Q \cdot H}{102 \times 60 \times \eta}$ (kW)

$15 = \dfrac{1,000 \times 4.5 \times H}{102 \times 60 \times 0.7}$

펌프양정 $(H) = \dfrac{15 \times 102 \times 60 \times 0.7}{1,000 \times 4.5} = 14.28\text{m}$

정답 56 ② 57 ③ 58 ② 59 ① 60 ②

4과목 열설비 취급 및 안전관리

61 에너지이용 합리화법에 의한 검사대상기기의 개조검사 대상이 아닌 것은?

① 보일러 섹션의 증감에 의하여 용량을 변경하는 경우
② 증기보일러를 온수보일러로 개조하는 경우
③ 연료 또는 연소방법을 변경하는 경우
④ 보일러의 증설 또는 개체하는 경우

[해설]
보일러 증설 : 설치검사 대상

62 에너지이용 합리화법상 특정열사용기자재 중 요업요로에 해당하는 것은?

① 용선로   ② 금속소둔로
③ 철금속가열로   ④ 회전가마

[해설]
보기 ①, ②, ③은 금속요로에 해당한다.

63 다음은 보일러 수압시험 압력에 관한 설명이다. ㉠~㉣에 해당하는 숫자로 알맞은 것은?

> 강철제 보일러의 수압시험은 최고사용압력이 (㉠) 이하일 때는 그 최고사용압력의 (㉡)배의 압력으로 한다. 다만, 그 시험압력이 (㉢) 미만인 경우에는 (㉣)로 한다.

① ㉠ 4.3MPa, ㉡ 1.5, ㉢ 0.2MPa, ㉣ 0.2MPa
② ㉠ 4.3MPa, ㉡ 2, ㉢ 2MPa, ㉣ 2MPa
③ ㉠ 0.43MPa, ㉡ 2, ㉢ 0.2MPa, ㉣ 0.2MPa
④ ㉠ 0.43MPa, ㉡ 1.5, ㉢ 0.2MPa, ㉣ 2MPa

[해설]
㉠ 0.43MPa
㉡ 2
㉢ 0.2MPa
㉣ 0.2MPa

64 보일러를 2~3개월 이상 장기간 휴지하는 경우 가장 적합한 보존방법은?

① 건식 보존법
② 습식 보존법
③ 단기만수보존법
④ 장기만수보존법

[해설]
6개월 이상 장기 보존법
- 건조법(밀폐식)
- 석회건조 보존법
- 질소건조 밀폐법

65 보일러 급수처리법 중 내처리방법은?

① 여과법
② 폭기법
③ 이온교환법
④ 청관제의 사용

[해설]
급수처리법 중 내처리법(청관제법)
- pH 알칼리 조정법
- 관수(경수) 연화법
- 슬러지 조정법
- 탈산 소제법
- 가성취화 억제법
- 기포방지법

66 주형 방열기에 온수를 흐르게 할 경우, 상당방열면적(EDR)당 발생되는 표준방열량(kW/m²)은?

① 0.332   ② 0.523
③ 0.755   ④ 0.899

[해설]
표준방열량
- 온수 : 450kcal/m²h
- 증기 : 650kcal/m² · h

∴ 온수의 EDR당 표준방열량 $= \dfrac{450}{860} = 0.523 \text{kW/m}^2$

※ 동력 : 1kW = 860kcal/h

정답 61 ④ 62 ④ 63 ③ 64 ① 65 ④ 66 ②

67 보일러 내의 스케일 발생 방지대책으로 틀린 것은?

① 보일러수에 약품을 넣어 스케일 성분이 고착되지 않게 한다.
② 기수분리기를 설치하여 경도 성분을 제거한다.
③ 보일러수의 농축을 막기 위하여 관수 분출작업을 적절히 한다.
④ 급수 중의 염류 등 스케일 생성 성분을 제거한다.

[해설]

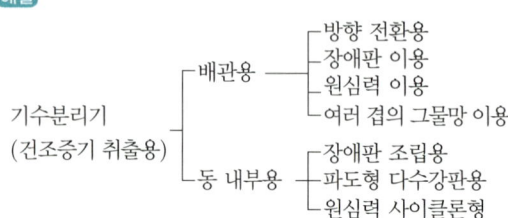

68 에너지이용 합리화법에 따라 특정열사용기자재의 안전관리를 위해 산업통상자원부장관이 실시하는 교육의 대상자가 아닌 자는?

① 에너지관리자
② 시공업의 기술인력
③ 검사대상기기 조종자
④ 효율관리기자재 제조자

[해설]
• 효율관리기자재 : 전기냉장고, 전기냉방기, 전기세탁기, 조명기기, 삼상유도전동기, 자동차 등
• 효율관리기자재 제조자는 안전관리교육대상자에서 제외된다.

69 에너지이용 합리화법에 따라 에너지이용 합리화 기본계획 사항에 포함되지 않는 것은?

① 에너지 소비형 산업구조로의 전환
② 에너지원 간 대체(代替)
③ 열사용기자재의 안전관리
④ 에너지의 합리적인 이용을 통한 온실가스의 배출을 줄이기 위한 대책

[해설]
기본계획 사항은 에너지 절약형 산업구조로의 전환이다.

70 보일러 관수의 분출 작업 목적이 아닌 것은?

① 스케일 부착 방지
② 저수위 운전 방지
③ 포밍, 프라이밍 현상 방지
④ 슬러지 취출

[해설]

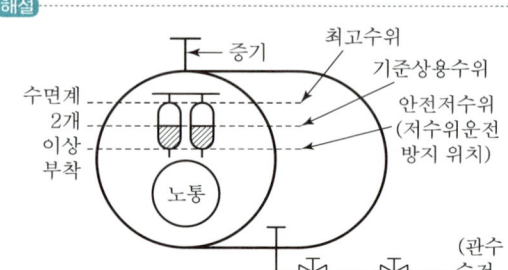

71 보일러 운전 정지 시의 주의사항으로 틀린 것은?

① 작업 종료 시까지 증기의 필요량을 남긴 채 운전을 정지한다.
② 벽돌 쌓은 부분이 많은 보일러는 압력 상승 방지를 위해 급히 증기밸브를 닫는다.
③ 보일러의 압력을 급히 내리거나 벽돌 등을 급랭시키지 않는다.
④ 보일러수는 정상수위보다 약간 높게 급수하고, 급수 후 증기밸브를 닫은 후 증기관의 드레인 밸브를 열어 놓는다.

[해설]
• 보일러 운전 일반정지 시에는 글로브 밸브이므로 증기밸브를 서서히 차단한다.
• 증기압력 조절이나 압력 초과 대비로 안전밸브, 압력비례 조절기, 압력제한기가 필요하다.

정답 67 ② 68 ④ 69 ① 70 ② 71 ②

72 에너지이용 합리화법에 따라 에너지다소비사업자가 매년 1월 31일까지 신고해야 할 사항이 아닌 것은?

① 전년도의 수지계산서
② 전년도의 분기별 에너지이용 합리화 실적
③ 해당 연도의 분기별 에너지사용예정량
④ 에너지사용기자재의 현황

[해설]
- 신고사항 : 보기 ②, ③, ④ 외에 전년도의 분기별 에너지사용량·제품생산량, 에너지관리자의 현황을 시·도지사에게 신고한다.
- 에너지다소비사업자의 에너지사용기준 : 연간 에너지사용량이 2천 티오이(TOE) 이상인 사용자(대통령령 기준)

73 중유를 A급, B급, C급의 3종류로 나눌 때, 이것을 분류하는 기준은 무엇인가?

① 점도에 따라 분류
② 비중에 따라 분류
③ 발열량에 따라 분류
④ 황의 함유율에 따라 분류

[해설]
중유(점도분류) ─ A급 : 20cSt 이하
　　　　　　　─ B급 : 50cSt 이하
　　　　　　　─ C급 : 50~400cSt 이하
※ cSt : centi-stoke의 약자

74 에너지이용 합리화법에 따라 검사에 합격되지 아니 한 검사대상 기기를 사용한 자에 대한 벌칙 기준은?

① 2년 이하의 징역 또는 2천만 원 이하의 벌금
② 1년 이하의 징역 또는 1천만 원 이하의 벌금
③ 3천만 원 이하의 벌금
④ 5천만 원 이하의 벌금

[해설]
㉠ 검사대상기기
　• 산업용 보일러
　• 압력 용기 1·2종
　• 철금속가열로
㉡ 벌칙
　• 불합격 기기 사용자 : 1년 이하의 징역이나 1천만 원 이하의 벌금
　• 검사대상기기관리자의 미선임자 : 1천만 원 이하의 벌금

75 다음 중 원수로부터 탄산가스나 철, 망간 등을 제거하기 위한 수처리방식은?

① 탈기법
② 기폭법
③ 응집법
④ 이온교환법

[해설]
기폭법 : CO_2, 철, 망간 제거(화학적 방법)
※ 페록스 처리법 : 철, 망간 처리(화학적 방법)

76 진공환수식 증기난방법에서 방열기 밸브로 사용하는 것은?

① 콕 밸브
② 팩리스 밸브
③ 바이패스 밸브
④ 솔레노이드 밸브

[해설]
증기난방 시 응축수 환수법
㉠ 중력환수식
㉡ 기계환수식
㉢ 진공환수식
※ 팩리스 밸브 : 진공환수식 난방 방열기 밸브

77 다음 중 보일러를 점화하기 전에 역화와 폭발을 방지하기 위하여 가장 먼저 취해야 할 조치는?

① 포스트 퍼지를 실시한다.
② 화력의 상승속도를 빠르게 한다.
③ 댐퍼를 열고 체류가스를 배출시킨다.
④ 연료의 점화가 신속하게 이루어지도록 한다.

정답 72 ① 73 ① 74 ② 75 ② 76 ② 77 ③

해설

역화 및 폭발 방지방법
- 보일러 점화 전 프리퍼지 실시(보일러 점화 전 댐퍼를 열고 5분 정도 송풍기가동 잔류체류가스 배출)
- 보일러 운전 후에는 포스트 퍼지 실시

78 연소 조절 시 주의사항에 관한 설명으로 틀린 것은?

① 보일러를 무리하게 가동하지 않아야 한다.
② 연소량을 급격하게 증감하지 말아야 한다.
③ 불필요한 공기의 연소실 내 침입을 방지하고, 연소실 내를 저온으로 유지한다.
④ 연소량을 증가시킬 경우에는 먼저 통풍량을 증가시킨 후에 연료량을 증가시킨다.

해설

연소실은 항상 연료의 완전연소를 위해 노 내를 고온으로(1,000~1,200℃) 유지한다.

79 다음 [조건]과 같은 사무실의 난방부하(kW)는?

[조건]
- 바닥 및 천장 난방면적 : 48m²
- 벽체의 열관류율 : 5kcal/m² · h · ℃
- 실내온도 : 18℃
- 외기온도 : 영하 5℃
- 방위에 따른 부가계수 : 1.1
- 벽체의 전면적 : 70m²

① 24
② 20
③ 18
④ 13

해설

열관류에 의한 난방부하(Q)

$Q = A \times K \times (\Delta t_n) \times \beta$
$\quad = (48+48+70) \times 5 \times (18-(-5)) \times 1.1$
$\quad = 20{,}999 \text{kcal/h}$

$\therefore \dfrac{20{,}999}{860} \text{kW} = 24 \text{kW}$

※ 1kWh = 860kcal
  (1W = 1J/s, 1kWh = 3,600kJ)

80 검사 대상기기인 보일러 사용이 끝난 후 다음 사용을 위하여 조치해야 할 주의사항으로 틀린 것은?

① 고체연료 석탄 연소 시 석탄연료의 경우 재를 꺼내고 청소한다.
② 자동 보일러의 경우 스위치를 전부 정상 위치에 둔다.
③ 예열용 기름을 노 내에 약간 넣어둔다.
④ 유류 사용 보일러의 경우 연료계통의 스톱밸브를 닫고 버너를 청소하고 노 내에 기름이 들어가지 않도록 한다.

해설

연료를 예열하기 위해 노 내에 넣어두면 유증기 발생으로 화실 내 유증기 폭발을 유발한다.

저장탱크 예열용 기름(중유 C급)의 처리법
- 증기식
- 전기식
- 온수식

정답 78 ③ 79 ① 80 ③

2018년 1회 기출문제

1과목 열역학 및 연소관리

01 연소설비 내에 연소 생성물(CO_2, N_2, H_2O 등)의 농도가 높아지면 연소 속도는 어떻게 되는가?

① 연소 속도와 관계 없다.
② 연소 속도가 저하된다.
③ 연소 속도가 빨라진다.
④ 초기에는 느려지나 나중에는 빨라진다.

해설
연소 생성물이나 불연성가스 등이 연소설비 내 공기 중에 포함되면 연소 속도는 감소한다.(CO_2, N_2, H_2O 등)

02 외부로부터 열을 받지도 않고 외부로 열을 방출하지도 않는 상태에서 가스를 압축 또는 팽창시켰을 때의 변화를 무엇이라고 하는가?

① 정압변화
② 정적변화
③ 단열변화
④ 폴리트로픽 변화

해설
단열변화
외부로부터 열을 받지도 않고 외부로 열을 방출하지도 않은 상태에서 가스를 압축 또는 팽창시켰을 때의 변화

03 체적 300L의 탱크 안에 350℃의 습포화 증기가 60kg이 들어 있다. 건조도(%)는 얼마인가? (단, 350℃ 포화수 및 포화증기의 비체적은 각각 $0.0017468m^3/kg$, $0.008811m^3/kg$이다.)

① 32
② 46
③ 54
④ 68

해설

$$V = \frac{V}{G} = \frac{300 \times 10^{-3}}{60} = 0.005 m^3/kg$$

$V = V' + x(V'' - V')$에서 $x = \dfrac{V - V'}{V'' - V'}$

건조도$(x) = \dfrac{0.005 - 0.0017468}{0.008811 - 0.0017468} = 0.46 = 46\%$

04 고열원 온도 800K, 저열원 온도 300K인 두 열원 사이에서 작동하는 이상적인 카르노사이클이 있다. 고열원에서 사이클에 가해지는 열량이 120kJ이라면, 사이클의 일(kJ)은 얼마인가?

① 60
② 75
③ 85
④ 120

해설

$\eta = 1 - \dfrac{T_1}{T_2} = 1 - \dfrac{300}{800} = 0.625$

∴ 사이클 일$(W) = 120 \times 0.625 = 75 kJ$

05 과열증기에 대한 설명으로 옳은 것은?

① 건조도가 1인 상태의 증기
② 주어진 온도에서 증발이 일어났을 때의 증기
③ 온도는 일정하고 압력만이 증가된 상태의 증기
④ 압력이 일정할 때 온도가 포화온도 이상으로 증가된 상태의 증기

해설
과열증기
• 압력이 일정할 때 온도가 포화온도 이상으로 증가된 상태의 증기
• 급수 → 보일러수 → 습포화증기 → 건포화증기 → 과열증기

정답 01 ② 02 ③ 03 ② 04 ② 05 ④

06 증기의 압력이 높아졌을 때 나타나는 현상으로 틀린 것은?

① 현열이 증대한다.
② 습증기 발생이 높아진다.
③ 포화온도가 높아진다.
④ 증발잠열이 증대한다.

해설
증기압력
- 압력 증가 : 물의 증발잠열 감소
- 압력 감소 : 물의 증발잠열 증가
※ 압력 1MPa 잠열 : 482kcal/kg
  압력 1.4MPa 잠열 : 468 kcal/kg

07 압력 90kPa에서 공기 1L의 질량이 1g이었다면 이때의 온도(K)는?(단, 기체상수(R)는 0.287 kJ/kg·K이며, 공기는 이상기체이다.)

① 273.7 ② 313.5
③ 430.2 ④ 446.3

해설
$PV = GRT$, $T = \dfrac{PV}{GR} = \dfrac{90 \times 1}{1 \times 0.287} = 313.5(K)$

08 중유의 비중이 크면 탄수소비(C/H비)가 커지는데 이때 발열량은 어떻게 되는가?

① 커진다.
② 관계없다.
③ 작아진다.
④ 불규칙하게 변한다.

해설
- 탄소(C) : 8,100kcal/kg
- 수소(H) : 34,000kcal/kg

탄수소비$\left(\dfrac{C}{H}\right)$가 커지면 수소 성분이 적어서 발열량은 작아진다.

09 다음 중 1기압 상온상태에서 이상기체로 취급하기에 가장 부적당한 것은?

① N_2 ② He
③ 공기 ④ H_2O

해설
- $H_2 + \dfrac{1}{2}O_2 \rightarrow H_2O$(연소생성물)
- H_2O와 같이 원자수가 많은 것은 1기압 상온에서는 이상기체로 취급하지 않는다.

10 액체연료를 분석한 결과 그 성분이 다음과 같았다. 이 연료의 연소에 필요한 이론공기량(Nm^3/kg)은?(탄소 : 80%, 수소 : 15%, 산소 : 5%)

① 10.9 ② 12.3
③ 13.3 ④ 14.3

해설
A_0 : 이론공기량(액체, 고체)
$A_0 = 8.89C + 26.67\left(H - \dfrac{O}{8}\right) + 3.33S$
$\therefore 8.89 \times 0.8 + 26.67 \times \left(0.15 - \dfrac{0.05}{8}\right) = 10.9 Nm^3/kg$
(S 성분은 없는 상태)

11 재생 가스터빈 사이클에 대한 설명으로 틀린 것은?

① 가스터빈 사이클에 재생기를 사용하여 압축기 출구온도를 상승시킨 사이클이다.
② 효율은 사이클 내 최대 온도에 대한 최저 온도의 비와 압력비의 함수이다.
③ 효율과 일량은 압력비가 최대일 때 최대치가 나타난다.
④ 사이클 효율은 압력비가 증가함에 따라 감소한다.

해설
재생 가스터빈 사이클에서 압력비가 최소일 때 효율과 일량은 최대치가 된다.

정답 06 ④ 07 ② 08 ③ 09 ④ 10 ① 11 ③

12 고위발열량과 저위발열량의 차이는 무엇인가?

① 연료의 증발잠열
② 연료의 비열
③ 수분의 증발잠열
④ 수분의 비열

해설
연료 중 고위발열량(H_H)과 H_L(저위발열량)의 차이
$H_H = H_L + 600(9H + W)\,[\text{kcal/kg}]$
(H : 수소성분, W : 수분)
H_2O 증발열 : 600kcal/kg, 480kcal/m³

13 연료의 원소분석법 중 탄소의 분석법은?

① 에쉬카법
② 리비히법
③ 켈달법
④ 보턴법

해설
- 탄소 및 수소 정량법 : 리비히법, 쉐필드 고온법
- 질소정량법 : 켈달법
- 전황분정량법 : 에쉬카법

14 같은 온도 범위에서 작동되는 다음 사이클 중 가장 효율이 높은 사이클은?

① 랭킨 사이클
② 디젤 사이클
③ 카르노 사이클
④ 브레이턴 사이클

해설
카르노 사이클
- 1 → 2 (등온팽창)
- 2 → 3 (단열팽창)
- 3 → 4 (등온압축)
- 4 → 1 (단열압축)

카르노 사이클의 $\eta_c = \dfrac{Aw}{Q_1} = 1 - \dfrac{Q_2}{Q_1} = 1 - \dfrac{T_2}{T_1}$

15 보일러의 연료로 사용되는 LNG의 일반적인 특징에 대한 설명으로 틀린 것은?

① 메탄을 주성분으로 한다.
② 유독성 물질이 적다.
③ 비중이 공기보다 가벼워서 누출되어도 가스폭발의 위험이 적다.
④ 연소범위가 넓어서 특별한 연소기구가 필요치 않다.

해설
LNG(액화천연가스 주성분 : CH_4) 연소
㉠ 메탄연소범위 : 5∼15%(연소범위가 작다.)
㉡ 분자량 : 16(비중 : 0.53)
㉢ 연소범위가 적당하고 연소기구가 필요하다.

16 가연성 가스 용기와 도색 색상의 연결이 틀린 것은?

① 아세틸렌 – 황색
② 액화염소 – 갈색
③ 수소 – 주황색
④ 액화암모니아 – 회색

해설
액화암모니아 용기의 도색은 백색(공업용)으로 한다.

17 보일의 법칙에 따라 가스의 상태변화에 대해 일정한 온도에서 압력을 상승시키면 체적은 어떻게 변화하는가?

① 압력에 비례하여 증가한다.
② 변화 없다.
③ 압력에 반비례하여 감소한다.
④ 압력의 자승에 비례하여 증가한다.

해설
$P_1 V_1 = P_2 V_2, \ V_2 = V_1 \times \dfrac{P_2}{P_1}$

- 보일법칙 : 가스의 체적은 압력에 반비례한다.
- 샤를의 법칙 : 가스의 체적은 절대온도에 비례한다.

18 온도 – 엔트로피($T-S$) 선도상에서 상태변화를 표시하는 곡선과 S축(엔트로피 축) 사이의 면적은 무엇을 나타내는가?

① 일량
② 열량
③ 압력
④ 비체적

정답 12 ③ 13 ② 14 ③ 15 ④ 16 ④ 17 ③ 18 ②

해설

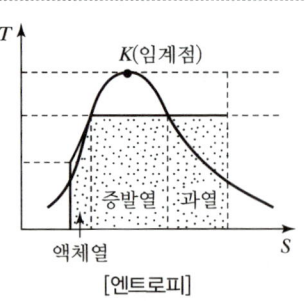
[엔트로피]

19 고체 및 액체 연료의 이론산소량(Nm³/kg)에 대한 식을 바르게 표기한 것은?(단, C는 탄소, H는 수소, O는 산소, S는 황이다.)

① $1.87C+5.6(H-O/8)+0.7S$
② $2.67C+8(H-O/8)+S$
③ $8.89C+26.7H-3.33(O-S)$
④ $11.49C+34.5H-4.31(O-S)$

해설
고체와 액체 연료의 이론산소량(O_0) 계산식
$O_0 = 1.87C + 5.6\left(H - \dfrac{O}{8}\right) + 0.7S \, (Nm^3/kg)$

20 중유의 종류 중 저점도로서 예열을 하지 않고도 송유나 무화가 가장 양호한 것은?

① A급 중유 ② B급 중유
③ C급 중유 ④ D급 중유

해설
- 중유의 점성 분류 : A, B, C급
- A급 : 저점도로서 연소 시 예열이 불필요하다.

2과목 계측 및 에너지 진단

21 다음 전기식 조절기에 대한 설명으로 옳지 않은 것은?

① 배관을 설치하기 힘들다.
② 신호의 전달 지연이 거의 없다.
③ 계기를 움직이는 곳에 배선을 한다.
④ 신호의 취급 및 변수 간의 계산이 용이하다.

해설
신호조절기(공기식, 전기식, 유압식) 전송거리
- 전기식 : 배관 설치가 용이하고 신호의 전송이 매우 빠르며 수 km까지 신호전송이 가능하다.
- 유압식 : 300m 내외
- 공기식 : 100~150m 내외

22 다음 중 탄성식 압력계의 종류가 아닌 것은?

① 부르동관식 압력계
② 다이어프램식 압력계
③ 환상천평식 압력계
④ 벨로스식 압력계

해설
환상천평식 액주식 압력계
- 경사각(ϕ)
$\sin\phi = \dfrac{rG\Delta P}{W_a}$
- 진동이나 충격 등에 민감하므로 수평이나 수직으로 진동, 충격이 없는 장소에 설치한다.

23 발열량이 40,000kJ/kg인 중유 40kg을 연소해서 실제로 보일러에 흡수된 열량이 1,400,000 kJ일 때 이 보일러의 효율은 몇 %인가?

① 84.6 ② 87.5
③ 89.3 ④ 92.4

해설
효율(η) = $\dfrac{흡수열}{공급열} \times 100 = \dfrac{1,400,000}{40,000 \times 40} = 0.875 = 87.5\%$

정답 19 ① 20 ① 21 ① 22 ③ 23 ②

24 화씨온도 68°F는 섭씨온도로 몇 ℃인가?

① 15
② 20
③ 36
④ 68

[해설]

$℃ = \frac{5}{9}(°F - 32)$

$\frac{5}{9}(68-32) = 20℃$

25 열전대온도계가 갖추어야 할 특성으로 옳은 것은?

① 열기전력과 전기저항은 작고 열전도율은 커야 한다.
② 열기전력과 전기저항이 크고 열전도율은 작아야 한다.
③ 전기저항과 열전도율은 작고 열기전력은 커야 한다.
④ 전기저항과 열전도율은 크고 열기전력은 작아야 한다.

[해설]

열전대온도계의 측정온도 및 특성
㉠ 백금측온용(-200~500℃)
㉡ 구리측온용(0~120℃)
㉢ 니켈측온용(-50~150℃)
㉣ 서미스터 반도체 측온용(-100~300℃)
 • 전기저항, 열전도율은 작고 열기전력은 커야 한다.
 • 표준저항치(Ω) : 25, 50, 100 등

26 다음 열전대 종류 중 사용온도가 가장 높은 것은?

① K형 : 크로멜-알루멜
② R형 : 백금-백금·로듐
③ J형 : 철-콘스탄탄
④ T형 : 구리-콘스탄탄

[해설]

열전대 사용온도
㉠ K형(C-A) : -20~1,200℃
㉡ R형(P-R) : 600~1,600℃
㉢ J형(I-C) : -20~800℃
㉣ T형(C-C) : -180~350℃

27 다음 액면계의 종류 중 보일러 드럼의 수위 경보용에 주로 사용되며, 액면에 부자를 띄워 그것이 상하로 움직이는 위치에 따라 액면을 측정하는 방식은?

① 플로트식
② 차압식
③ 초음파식
④ 정전용량식

[해설]

플로트식 액면계는 부자식 액면계로서 변동폭 25~50cm인 부자의 변위로 액면을 측정하는 물리적인 액면계이다.

28 다음의 연소가스 측정방법 중 선택성이 가장 우수한 것은?

① 열전도율식
② 연소열식
③ 밀도식
④ 자기식

[해설]

자기식 O_2계(지르코니아식 O_2계, 세라믹 O_2계)
㉠ 자기식 O_2계는 선택성이 0.1~100%로 가장 우수하다.
㉡ 자기식은 상자성체 산소 측정가스 분석계이다.
㉢ 자화율이 절대온도에 반비례한다는 점을 이용한다.

29 다음 국제단위계(SI)에서 사용되는 접두어 중 가장 작은 값은?

① n
② p
③ d
④ μ

[해설]

① n(나노) : 10^{-9}
② p(피코) : 10^{-12}
③ d(데시) : 10^{-1}
④ μ(마이크로) : 10^{-6}

정답 24 ② 25 ③ 26 ② 27 ① 28 ④ 29 ②

30 보일러 열정산에서 입열 항목에 해당하는 것은?

① 연소잔재물이 갖고 있는 열량
② 발생증기의 흡수열량
③ 연소용 공기의 열량
④ 배기가스의 열량

해설
열정산 입열
㉠ 연료의 연소열
㉡ 공기의 현열
㉢ 연료의 현열

31 보일러 열정산 시 보일러 최종 출구에서 측정하는 값은?

① 급수온도
② 예열공기온도
③ 배기가스온도
④ 과열증기온도

해설
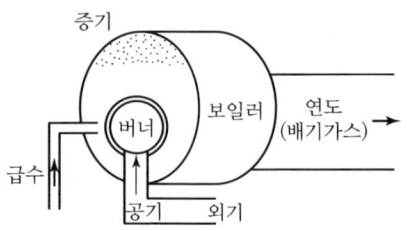

32 다음 계측기의 구비조건으로 적절하지 않은 것은?

① 취급과 보수가 용이해야 한다.
② 견고하고 신뢰성이 높아야 한다.
③ 설치되는 장소의 주위 조건에 대하여 내구성이 있어야 한다.
④ 구조가 복잡하고, 전문가가 아니면 취급할 수 없어야 한다.

해설
계측(계량, 측정)기기는 구조가 간단하고 취급이 용이하여야 한다.

33 다음 중 접촉식 온도계가 아닌 것은?

① 유리 온도계
② 방사 온도계
③ 열전 온도계
④ 바이메탈 온도계

해설
비접촉식 온도계(고온측정용)
• 방사 온도계(1,000~3,000℃)
• 광고온도계(700~3,000℃)
• 광전관 온도계(700℃ 이상)

34 압력을 나타내는 단위가 아닌 것은?

① N/m^2
② bar
③ Pa
④ $N \cdot s/m^2$

해설
압력의 단위 : kgf/cm^2, bar, Pa, atm, mmHg, N/m^2

35 다음 중 측정제어방식이 아닌 것은?

① 캐스케이드 제어
② 프로그램 제어
③ 시퀀스 제어
④ 비율 제어

해설
㉠ 목표값에 의한 자동제어
  • 정치제어
  • 추치제어(추종제어, 비율제어, 프로그램 제어)
  • 캐스케이드 제어
㉡ 시퀀스제어 : 정해진 순서에 의해 각 단계의 제어를 진행함

36 링밸런스식 압력계에 대한 설명 중 옳은 것은?

① 압력원에 가깝도록 계기를 설치한다.
② 부식성 가스나 습기가 많은 곳에서는 다른 압력계보다 정도가 높다.
③ 도압관은 될 수 있는 한 가늘고 긴 것이 좋다.
④ 측정 대상 유체는 주로 액체이다.

해설
링밸런스식 압력계(환상 천평식 : Ring Balance Manometer)
• 측정범위 : 25~3,000mmH$_2$O(저압 측정)
• 봉입액 : 기름, 수은

정답 30 ③ 31 ③ 32 ④ 33 ② 34 ④ 35 ③ 36 ①

37 액주식 압력계에서 사용되는 액체의 구비조건 중 틀린 것은?

① 항상 액면은 수평을 만들 것
② 온도 변화에 의한 밀도 변화가 클 것
③ 점도, 팽창계수가 적을 것
④ 모세관현상이 적을 것

해설
액주식 압력계에 사용하는 액(수은, 물, 톨루엔, 클로로포름)은 온도 변화 시 밀도(kg/m^3) 변화가 작아야 한다.

38 어떠한 조건이 충족되지 않으면 다음 동작을 저지하는 제어방법은?

① 인터록 제어   ② 피드백 제어
③ 자동연소제어 ④ 시퀀스 제어

해설
인터록 제어
- 어떠한 조건이 충족되지 않으면 다음 동작을 저지하여 사고를 미연에 방지하는 제어
- 불착화 인터록, 저연소 인터록, 프리퍼지 인터록, 압력초과 인터록, 저수위 인터록

39 보일러 자동제어인 연소제어(ACC)에서 조작량에 해당되지 않는 것은?

① 연소가스량   ② 연료량
③ 공기량   ④ 전열량

해설
보일러 자동제어

제어장치의 명칭	제어량	조작량
연소제어 (ACC)	증기압력	연료량
		공기량
	노내 압력	연소가스량
급수제어(FWC)	보일러 수위	급수량
증기온도제어(STC)	증기온도	전열량

40 보일러 내의 포화수 상태에서 습증기 상태로 가열하는 경우 압력과 온도의 변화로 옳은 것은?

① 압력 증가, 온도 일정
② 압력 일정, 온도 감소
③ 압력 일정, 온도 증가
④ 압력 일정, 온도 일정

해설
포화수 상태에서 습증기 상태로 변할 때 압력과 온도 모두 일정하다.

3과목 열설비구조 및 시공

41 강관의 접합 방법으로 부적합한 것은?

① 나사이음   ② 플랜지 이음
③ 압축이음   ④ 용접이음

해설
압축이음 : 동관 20mm 이하의 플레어 이음

42 에너지이용 합리화법에 따라 검사대상 기기의 계속사용검사를 받으려는 자는 계속사용검사신청서를 검사유효기간 만료 며칠 전까지 제출하여야 하는가?

① 3일   ② 5일
③ 10일   ④ 30일

해설
계속사용검사(안전검사, 운전성능검사) : 유효기간 만료 10일 전까지 한국에너지공단이사장에게 검사신청서를 제출한다.

43 다음 온수 보일러의 부속품 중 증기 보일러의 압력계와 기능이 동일한 것은?

① 액면계   ② 압력조절기
③ 수고계   ④ 수면계

정답 37 ② 38 ① 39 ④ 40 ④ 41 ③ 42 ③ 43 ③

해설
온수 보일러의 수고계는 온도 및 수두압을 측정한다.

44 내화 골재에 주로 알루미나 시멘트를 섞어 만든 부정형 내화물은?

① 내화 모르타르
② 돌로마이트
③ 캐스터블 내화물
④ 플라스틱 내화물

해설
부정형 내화물
㉠ 캐스터블(내화성 골재+수경성 알루미나)
㉡ 플라스틱(내화골재+가소성 점토+물유리)
㉢ 레밍믹스(플라스틱 내화물의 일종)
㉣ 내화 모르타르(내화 시멘트)

45 시로코형 송풍기를 사용하는 보일러에서 출구압력 42mmAq, 효율 65%, 풍량이 850m³/min 일 때 송풍기 축동력은?

① 0.01PS
② 12.2PS
③ 476PS
④ 732.3PS

해설
송풍기 축동력(PS) = $\dfrac{Z \cdot Q}{75 \times 60 \times \eta}$

$= \dfrac{42 \times 850}{75 \times 60 \times 0.65} = 12.2 PS$

※ 0.1PS = 75kg · m/s 능력

46 초임계압력 이상의 고압증기를 얻을 수 있으며 증기드럼을 없애고 긴 관으로만 이루어진 수관식 보일러는?

① 노통 보일러
② 연관 보일러
③ 열매체 보일러
④ 관류 보일러

해설
관류 보일러
• 고압의 증기를 얻을 수 있다.
• 증기드럼이 없다.
• 수관식 관류 보일러이다.

47 보일러 부속기기 중 발생 증기량에 비해 소비량이 적을 때 남은 잉여증기를 저장하였다가 과부하 시 긴급히 사용하는 잉여증기의 저장장치는?

① 병향류식 과열기
② 재열기
③ 방사대류형 과열기
④ 증기 축열기

해설
증기축열기(어큐뮬레이터)
보일러 부하 감소 시 발생하는 잉여증기를 물탱크에 저장하여 부하 증가 시 온수를 보일러로 공급하여 에너지 이용 효율에 큰 역할을 하는 증기이송장치이다.

48 찬물이 한곳으로 인입되면 보일러가 국부적으로 냉각되어 부동팽창에 의한 악영향을 받을 수 있다. 이를 방지하기 위해 설치하는 장치는?

① 체크 밸브
② 급수 내관
③ 기수 분리기
④ 주증기 정지판

49 주철제 보일러의 일반적인 특징에 관한 설명으로 틀린 것은?

① 조립 및 분해나 운반이 편리하다.
② 쪽수의 증감에 따라 용량 조절에 유리하다.
③ 내부구조가 간단하여 청소가 쉽다.
④ 고압용 보일러로는 적합하지 않다.

해설
주철제 보일러는 고철을 용융하여 주물식의 섹션을 이어가면서 전열면적을 증가시키는 소형 보일러이므로 내부가 복잡하고 청소가 불편하다.

정답 44 ③ 45 ② 46 ④ 47 ④ 48 ② 49 ③

50 관류 보일러의 일반적인 특징에 관한 설명으로 옳은 것은?

① 증기압력이 고압이므로 급수펌프가 필요 없다.
② 전열면적에 대한 보유수량이 많아 가동시간이 길다.
③ 보일러 드럼이 필요 없고 지름이 작은 전열관을 사용하여 증발속도가 빠르다.
④ 열용량이 크기 때문에 추종성이 느리다.

해설
관류 보일러는 드럼은 필요 없으나 급수펌프가 필요하고 전열면적에 비해 보유수량과 열용량이 작아서 증기나 온수의 추종성이 빠르다.

51 탄화규소질 내화물에 관한 특성으로 틀린 것은?

① 탄화규소를 주원료로 한다.
② 내열성이 대단히 우수하다.
③ 내마모성 및 내스폴링성이 크다.
④ 화학적 침식이 잘 일어난다.

해설
탄화규소질 벽돌(중성내화물)
주성분은 SiC이며 규소(Si) 65%, 탄소 30%, 알루미나, 산화제2철로 만든다.

52 평행류 열교환기에서 가열 유체가 80℃로 들어가 50℃로 나오고, 가스는 10℃에서 40℃로 가열된다. 열관류율이 25kcal/m²·h·℃일 때, 시간당 7,200kcal의 열교환율을 위한 열교환 면적은?

① 1.4m²
② 3.5m²
③ 6.7m²
④ 9.3m²

해설
대수평균 온도차 : $70 \begin{bmatrix} 80 \to 50 \\ 10 \to 40 \end{bmatrix} 10$ $\dfrac{70-10}{\ln\left(\dfrac{70}{10}\right)} = 30.83$

∴ 열교환면적 $= \dfrac{7,200}{25 \times 30.83} = 9.3\text{m}^2$

53 강도와 유연성이 커서 곡률반경에 대해 관경의 8배까지 굽힘이 가능하고 내한·내열성이 강한 배관재료는?

① 염화비닐관
② 폴리부틸렌관
③ 폴리에틸렌관
④ XL관

해설
폴리부틸렌관(PB) : 에이콘 배관
강도와 유연성이 크고 곡률반경에 대해 관경의 8배까지 굽힘이 가능하다. 내한성, 내열성이 강하다.

54 열매체 보일러에서 사용하는 유체 중 온도에 따른 물과 다우섬 사용에 관한 비교 설명으로 옳은 것은?

① 100℃ 온도에서 물과 다우섬 모두 증발이 일어난다.
② 100℃ 온도에서 물은 증발되나 다우섬은 증발이 일어나지 않는다.
③ 물은 300℃ 온도에서 액체만 순환된다.
④ 다우섬은 300℃ 온도에서 액체만 순환된다.

해설
- 열매체 다우섬은 120℃에서 증발이 가능하다.
- 다우섬은 100℃에서 액순환이 가능하다.
- 물은 100℃ 이상에서 증발이 가능하다.
- 다우섬을 이용하는 보일러는 특수 보일러이다.

55 관의 안지름을 D(cm), 1초간의 평균유속을 V(m/sec)라 하면 1초간의 평균유량 Q(m³/sec)을 구하는 식은?

① $Q = DV$
② $Q = \pi D^2 V$
③ $Q = \dfrac{\pi}{4}(D/100)^2 V$
④ $Q = (V/100)^2 D$

해설
유량(Q) = 관의 단면적(m²) × 유속(m/s)
단면적(A) = $\dfrac{\pi}{4} d^2$ (m²)

정답 50 ③ 51 ④ 52 ④ 53 ② 54 ② 55 ③

56 불에 타지 않고 고온에 견디는 성질을 의미하는 것으로 제게르콘(Segercone) 번호(SK)로 표시하는 것은?

① 내화도
② 감온성
③ 크리프계수
④ 점도지수

[해설]
내화벽돌
- 내화도가 SK 26~42번까지 있다.
- SK 26 : 1,580℃ 내화도
- SK 40 : 4,000℃ 내화도

57 20℃ 상온에서 재료의 열전도율(kcal/m·h·℃)이 큰 것부터 낮은 순서대로 바르게 나열한 것은?

① 구리 > 알루미늄 > 철 > 물 > 고무
② 구리 > 알루미늄 > 철 > 고무 > 물
③ 알루미늄 > 구리 > 철 > 물 > 고무
④ 알루미늄 > 철 > 구리 > 고무 > 물

[해설]
열전도율(kcal/m·h·℃) 순서
구리 > 알루미늄 > 철 > 물 > 고무

58 공기예열기는 전열식과 재생식으로 나뉜다. 다음 중 재생식 공기예열기에 해당되는 것은?

① 관형식
② 강판형식
③ 판형식
④ 융그스트롬식

[해설]
공기예열기
㉠ 전열식 : 관형, 판형
㉡ 재생식 : 융그스트롬식

59 보일러의 증기 공급 및 차단을 위하여 설치하는 밸브는?

① 스톱밸브
② 게이트밸브
③ 감압밸브
④ 체크밸브

[해설]

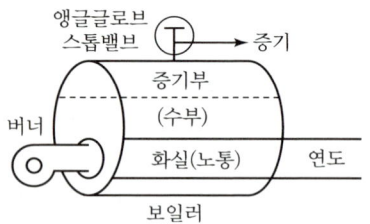

60 에너지이용 합리화법에 의한 검사대상기기인 보일러의 연료 또는 연소방법을 변경한 경우 받아야 하는 검사는?

① 구조검사
② 개조검사
③ 계속사용 성능검사
④ 설치검사

[해설]
개조검사 대상
㉠ 증기보일러를 온수보일러로 개조하는 경우
㉡ 보일러 섹션의 증감에 의하여 용량을 변경하는 경우
㉢ 동체·돔·노통·연소실·경판·천정판·관판·관모음 또는 스테이의 변경으로서 산업통상자원부장관이 정하여 고시하는 대수리의 경우
㉣ 연료 또는 연소방법을 변경하는 경우
㉤ 철금속가열로로서 산업통장자원부장관이 정하여 고시하는 경우의 수리

4과목 열설비 취급 및 안전관리

61 보일러 저수위 사고 방지대책으로 틀린 것은?

① 수면계의 수위를 수시로 점검한다.
② 급수관에는 체크밸브를 부착한다.
③ 관수 분출작업은 부하가 적을 때 행한다.
④ 저수위가 되면 연도 댐퍼를 닫고 즉시 급수한다.

[해설]
보일러 운전 중 저수위 사고(안전저수위 이하로 수위가 낮아짐)가 일어나면 즉시 보일러 운전을 중지한다. 이상이 발견되지 않으면 급수하고 다시 재운전한다

정답 56 ① 57 ① 58 ④ 59 ① 60 ② 61 ④

62 보일러 급수의 스케일(관석) 생성 성분 중 경질 스케일을 생성하는 물질은?

① 탄산마그네슘 ② 탄산칼슘
③ 수산화칼슘   ④ 황산칼슘

해설
㉠ 탄산염 스케일 : 연질
㉡ 황산염, 규산염 스케일 : 경질

63 보일러의 보존을 위한 보일러 청소에 관한 설명으로 틀린 것은?

① 보일러 청소의 목적은 사용 수명을 연장하고 사고를 방지하며 열효율을 향상시키기 위함이다.
② 보일러 청소 횟수를 결정하는 요소로는 보일러 부하, 보일러의 종류, 급수의 성질 등을 들 수 있다.
③ 외부 청소법의 종류에는 증기청소법, 워터쇼킹법, 샌드블라스트법, 스틸쇼트 세정법 등을 들 수 있다.
④ 내부 청소법은 수세법과 물리적 방법으로 나뉘어진다.

해설
㉠ 보일러 내부 청소법 : 기계적 방법이나 화학세관인 염산 등의 세관법으로 한다.
㉡ 보일러 외부 청소법 : 스팀소킹법, 수세법, 샌드블라스트법, 스틸샷 클리닝법 사용

64 수면계의 시험횟수 및 점검시기로 틀린 것은?

① 1일 1회 이상 실시한다.
② 2개의 수면계 수위가 다를 때 실시한다.
③ 안전밸브가 작동한 다음에 실시한다.
④ 수면계 수위가 의심스러울 때 실시한다.

해설
수면계 시험횟수는 1일 1회 이상이며 점검시기는 안전밸브가 작동하기 전이나, 보기 ②, ④의 경우이다.

65 복사난방의 특징에 대한 설명으로 틀린 것은?

① 실내의 온도분포가 거의 균등하다.
② 난방의 쾌감도가 좋다.
③ 실내에 방열기가 없으므로 바닥의 이용도가 높다.
④ 열용량이 크므로 외기온도가 급변할 경우 방열량 조절이 쉽다.

해설
복사난방(방사난방)
- 패널구조체 난방이라 온수관을 매입하므로 열용량이 커서 외기온도 변동 시 방열량 조절이 어렵다.
- 패널 종류 : 바닥 패널, 천장 패널, 벽 패널

66 스케일의 종류와 성질에 대한 설명으로 틀린 것은?

① 중탄산칼슘은 급수에 용존되어 있는 염류 중에 슬러지를 생성하는 주된 성분이다.
② 중탄산칼슘의 용해도는 온도가 올라갈수록 떨어지기 때문에 높은 온도에서 석출된다.
③ 황산칼슘은 주로 증발관에서 스케일화되기 쉽다.
④ 중탄산마그네슘은 보일러수 중에서 열분해하여 탄산마그네슘으로 된다.

해설
중탄산칼슘 스케일 : $CaCO_3$

67 방열기의 방열량이 700kcal/m²·h이고, 난방부하가 5,000kcal/h일 때 5-650 주철방열기(방열면적 $a = 0.26m^2$/쪽)를 설치하고자 한다. 소요되는 쪽수는?

① 24쪽   ② 28쪽
③ 32쪽   ④ 36쪽

정답 62 ④ 63 ④ 64 ③ 65 ④ 66 ② 67 ②

해설

$$\text{방열기 쪽수} = \frac{\text{난방부하}}{\text{방열기 방열량} \times \text{방열기 쪽당 면적}}$$
$$= \frac{5,000}{700 \times 0.26} = 28\text{쪽}$$

68 강철제 보일러 수압시험압력에 대한 설명으로 틀린 것은?

① 보일러 최고사용압력이 0.43MPa 이하일 때는 그 최고사용압력의 2배의 압력으로 한다.
② 시험압력이 0.2MPa 미만일 때는 0.2MPa의 압력으로 한다.
③ 보일러 최고사용압력이 0.43MPa 초과 1.5MPa 이하일 때는 그 최고사용압력의 1.3배의 압력으로 한다.
④ 보일러 최고사용압력이 1.5MPa를 초과할 때는 그 최고사용압력의 1.5배의 압력으로 한다.

해설
③은 수압시험압력은 [최고사용압력×1.3+0.3] MPa이다.

69 에너지이용 합리화법에 따라 에너지사용량이 대통령령으로 정하는 기준량 이상인 자는 매년 언제까지 신고해야 하는가?

① 1월 31일 ② 3월 31일
③ 6월 30일 ④ 12월 31일

해설
에너지이용 합리화법 제31조에 의거하여 에너지사용량이 기준량(연간 2,000TOE) 이상인 자(에너지다소비사업자)는 에너지사용량 등을 매년 1월 31일까지 시장, 도지사에게 신고해야 한다.(한국에너지공단에 위탁함)

70 회전차(Impeller)의 둘레에 안내깃을 달고 이것에 의해 물의 속도를 압력으로 변화시켜 급수하는 펌프는?

① 인젝터 펌프 ② 분사 펌프
③ 원심 펌프 ④ 피스톤 펌프

해설
원심 펌프(다단 터빈 펌프)
물의 속도에너지를 압력에너지로 변화시킨다.

71 에너지이용 합리화법에 따라 에너지다소비사업자가 매년 그 에너지사용시설이 있는 지역을 관할하는 시·도지사에게 신고하여야 하는 사항이 아닌 것은?

① 전년도의 분기별 에너지사용량
② 해당 연도의 분기별 에너지이용합리화 실적
③ 에너지관리자의 현황
④ 해당 연도의 분기별 제품생산예정량

해설
②는 전년도의 분기별 에너지이용합리화 실적 및 해당 연도의 분기별 계획이 되어야 한다.

72 프라이밍과 포밍의 발생 원인으로 틀린 것은?

① 보일러수에 유지분이 다량 포함되어 있다.
② 증기부하가 급변하고 고수위로 운전하였다.
③ 보일러수가 과도하게 농축되었다.
④ 송기밸브를 천천히 열어 송기했다.

해설
송기밸브(보일러 주증기밸브)를 급히 열면 순간 압력저하 발생으로 프라이밍(비수)과 포밍(물거품)이 발생한다.

73 보일러의 증기배관에서 수격작용의 발생을 방지하는 방법으로 틀린 것은?

① 환수관 등의 배관 구배를 작게 한다.
② 배관 관경을 크게 한다.
③ 송기를 급격히 하지 않는다.
④ 증기관의 드레인 빼기 장치로 관 내의 드레인을 완전히 배출한다.

해설
구배(관의 기울기)를 크게 하여 관 내 응축수의 흐름을 쉽게 하면 수격작용(워터해머)이 방지된다.

정답 68 ③ 69 ① 70 ③ 71 ② 72 ④ 73 ①

74 다음 중 에너지이용 합리화법에 따라 2년 이하의 징역 또는 2,000만 원 이하의 벌금 기준에 해당하는 경우는?

① 에너지 저장의무를 이행하지 아니한 경우
② 검사대상기기관리자를 선임하지 아니한 경우
③ 검사대상기기의 사용정지 명령에 위반한 경우
④ 검사대상기기를 설치한 후 검사를 받지 아니하고 사용한 경우

해설
② 1천만 원 이하 벌금
③, ④ 1년 이하의 징역이나 1천만 원 이하 벌금

75 보일러수의 이상증발 예방대책이 아닌 것은?

① 송기에 있어서 증기밸브를 빠르게 연다.
② 보일러수의 블로다운을 적절히 하여 보일러수의 농축을 막는다.
③ 보일러의 수위를 너무 높이지 않고 표준수위를 유지하도록 제어한다.
④ 보일러수의 유지분이나 불순물을 제거하고 청관제를 넣어 보일러수 처리를 한다.

해설
72번 해설 참조

76 노통연관 보일러의 유지해야 할 최저수위 위치로 옳은 것은?(단, 연관이 노통보다 30mm 높은 경우이다.)

① 연관 최상면에서 100mm 상부에 오도록 한다.
② 연관 최상면에서 75mm 상부에 오도록 한다.
③ 노통 상면에서 100mm 상부에 오도록 한다.
④ 노통 상면에서 75mm 상부에 오도록 한다.

해설
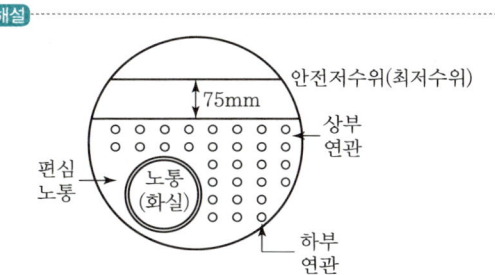

77 온수난방에서 각 방열기에 공급되는 유량분배를 균등히 하여 전후방 방열기의 온도차를 최소화시키는 방식으로 환수배관의 길이가 길어지는 단점이 있는 배관방식은?

① 하트포드 배관법
② 역환수식 배관법
③ 콜드 드래프트 배관법
④ 직접 환수식 배관법

해설
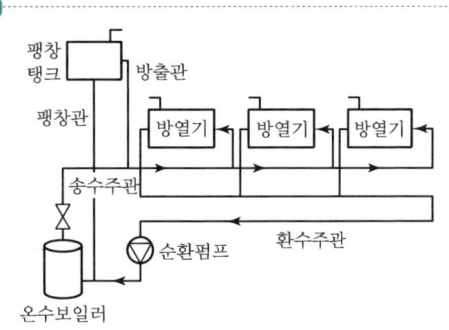

[역순환식(리버스리턴 방식)배관]

78 에너지이용 합리화법에 따라 특정열사용기자재 시공업을 할 경우에는 시·도지사에게 등록하여야 한다. 이때 특정열사용기자재 시공업의 범주에 포함되지 않는 것은?

① 기자재의 설치   ② 기자재의 제조
③ 기자재의 시공   ④ 기자재의 세관

정답 74 ① 75 ① 76 ② 77 ② 78 ②

해설

특정열사용기자재(법 제37조)
특정열사용기자재의 '설치·시공·세관'인 시공업을 하는 자는 시·도지사에게 등록해야 한다.
㉠ 보일러(강철제, 주철제)
  • 압력용기 1, 2종
  • 금속요로(철금속도)
㉡ 캐스케이드 보일러

해설

산업통상자원부장관은 에너지관리지도 결과 에너지가 손실되는 요인을 줄이기 위하여 필요하다고 인정하면 10% 이상의 에너지효율 개선이 기대되고 효율 개선을 위한 투자의 경제성이 있다고 인정되는 경우 에너지다소비사업자에게 에너지 손실요인의 개선을 명할 수 있다.

79 에너지이용 합리화법에 따라 강철제 보일러 및 주철제 보일러에서 계속사용검사의 면제대상 범위에 해당되지 않는 것은?

① 전열면적 5m² 이하의 증기보일러로서 대기에 개방된 안지름이 25mm 이상인 증기관이 부착된 것
② 전열면적 5m² 이하의 증기보일러로서 수두압이 5m 이하이며 안지름이 25mm 이상인 대기에 개방된 U자형 입관이 보일러의 증기부에 부착된 것
③ 온수보일러로서 유류·가스 외의 연료를 사용하는 것으로 전열면적이 30m² 이상인 것
④ 온수보일러로서 가스 외의 연료를 사용하는 주철제 보일러

해설
보기 ③의 경우 30m² 이하가 계속사용검사 면제 대상이다.

80 에너지이용 합리화법에 따라 산업통상자원부장관은 에너지관리지도 결과 에너지가 손실되는 요인을 줄이기 위하여 필요하다고 인정하는 경우에 에너지다소비사업자에게 어떤 조치를 할 수 있는가?

① 에너지 손실요인의 개선을 명할 수 있다.
② 벌금을 부과할 수 있다.
③ 시공업의 등록을 말소시킬 수 있다.
④ 에너지 사용정지를 명할 수 있다.

정답 79 ③ 80 ①

2018년 2회 기출문제

1과목 열역학 및 연소관리

01 체적이 5.5m³인 기름의 무게가 4,500kgf일 때 이 기름의 비중은?

① 1.82　　② 0.82
③ 0.63　　④ 0.55

해설
물의 비중량 = 1,000kgf/m³, 물의 비중 = 1

기름의 비중량 = $\dfrac{4,500}{5.5}$ = 818.1818(kgf/m³)

∴ 기름의 비중 = $1 \times \dfrac{818.1818}{1,000}$ = 0.82

02 다음 중 석탄의 원소분석 방법이 아닌 것은?

① 리비히법　　② 에쉬카법
③ 라이트법　　④ 켈달법

해설
㉠ 리비히법 : 고체의 탄소, 수소 정량
㉡ 에쉬카법 : 고체의 전황분 정량
㉢ 켈달법 : 고체의 질소 정량
㉣ 라이트법 : 기체연료 비중시험법

03 냉동기에서의 성능계수 COP_R과 열펌프에서의 성능계수 COP_H의 관계식으로 옳은 것은?

① $COP_R = COP_H$
② $COP_R = COP_H + 1$
③ $COP_R = COP_H - 1$
④ $COP_R = 1 - COP_H$

해설
열펌프(히트펌프) 성능계수가 냉동기 성능계수보다 항상 1이 크다. 즉, 냉동기 성능계수는 히트펌프 성능계수보다 1이 작은 값이다.

04 급수 중 용존하고 있는 O_2, CO_2 등의 용존 기체를 분리 제거하는 것을 무엇이라고 하는가?

① 폭기법　　② 기폭법
③ 탈기법　　④ 이온교환법

해설
㉠ 탈기법 : O_2, CO_2 가스분 제거
㉡ 기폭법 : 철분(Fe), CO_2 제거

05 다음 중 열의 단위 1kcal와 다른 값은?

① 426.8kgf · m　　② 1kWh
③ 0.00158PSh　　④ 4.1855kJ

해설
- 1kWh = 860(kcal) = 3,600(kJ)
- 1kcal = 426.8kgf · m = 4.1855kJ = 0.00158PSh
※ 1W = 1J/s = 1N · m, 1kW = 1.36PS

06 그림은 $P-T$(압력-온도) 선도상에서 물의 상태도이다. 다음 설명 중 틀린 것은?

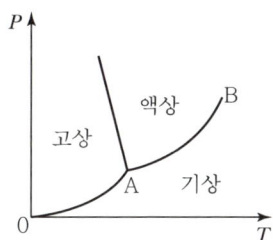

① A점을 삼중점이라 한다.
② B점을 임계점이라 한다.
③ B점은 온도의 기준점으로 사용된다.
④ 곡선 AB는 증발곡선을 표시한다.

해설

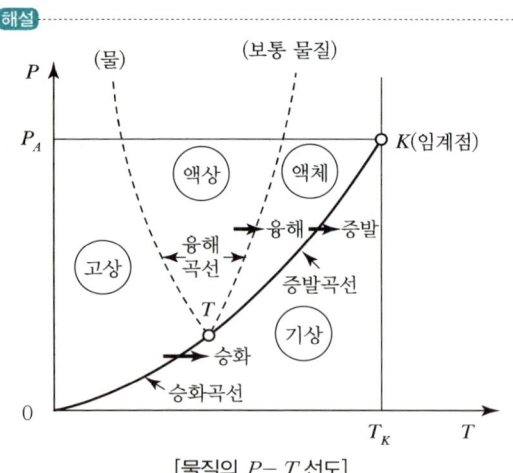

[물질의 $P-T$ 선도]

07 디젤기관의 열효율은 압축비 ε, 차단비(또는 단절비) σ와 어떤 관계가 있는가?

① ε와 σ가 증가할수록 열효율이 커진다.
② ε와 σ가 감소할수록 열효율이 커진다.
③ ε가 감소하고, σ가 증가할수록 열효율이 커진다.
④ ε가 증가하고, σ가 감소할수록 열효율이 커진다.

해설

디젤기관(내연기관 사이클)
- 차단비(σ) = $\dfrac{V_3}{V_2}$ (체절비), 압축비(ε) = $\dfrac{V_1}{V_2} = \dfrac{V_4}{V_2}$
- 압축비(ε)가 크고 차단비가 작을수록 열효율은 증가

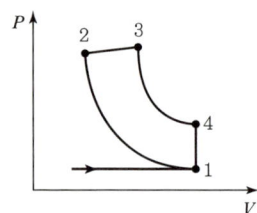

08 오일버너 중 유량 조절범위가 1 : 10 정도로 크며, 가동 시 소음이 큰 버너는?

① 유압 분무식   ② 회전 분무식
③ 저압 공기식   ④ 고압 기류식

해설

오일버너의 유량 조절범위
㉠ 유압식(1 : 2~1 : 3)
㉡ 회전식(1 : 5)
㉢ 저압 공기식(1 : 5)
㉣ 고압 기류식(1 : 10) : 소음이 크다.

09 86 보일러 마력에 60℃의 물을 공급하여 686.48 kPa의 포화수증기를 제조한다. 보일러 효율이 72%이고, 연료 소비량이 100kg/h이라고 할 때, 이 연료의 저위 발열량(MJ/kg)은?(단, 686.48 kPa 포화수증기의 엔탈피는 2.763MJ/kg이다.)

① 31.31   ② 36.54
③ 42.18   ④ 45.39

해설

상당증발량 = $86 \times 15.6 = 1,341.6$ kg/h
물의 증발잠열 = $2,256$(kJ/kg) = 2.256(MJ/kg)
$1,341.6 = \dfrac{x(2.763 - 0.25116)}{2.256}$

증기발생량(x) = $\dfrac{1,341.6 \times 2.256}{2.763 - 0.25116} = 1,204$ (kg/h)

$72(\%) = \dfrac{1,204 \times (2.763 - 0.25116)}{100 \times H_L} \times 100$

$\therefore H_L$(연료의 저위 발열량) = $\dfrac{1,204 \times (2.763 - 0.25116)}{100 \times 0.72}$
$= 42.18$ MJ/kg

※ 1kcal = 4.186kJ, 1MJ = 10^6 J

급수엔탈피(h_1) = $\dfrac{60 \times 4.186 \times 1,000}{10^6} = 0.25116$ MJ

10 산소를 일정 체적하에서 온도를 27℃로부터 -3℃로 강하시켰을 경우 산소의 엔트로피(kJ/kg·K)의 변화는 얼마인가?(단, 산소의 정적비열은 0.654kJ/kg·K이다.)

① -0.0689   ② 0.0689
③ -0.0582   ④ 0.0582

정답 07 ④ 08 ④ 09 ③ 10 ①

해설
- $T_1 = 27 + 273 = 300K$
- $T_2 = -3 + 273 = 270K$

$$\therefore 엔트로피\ 변화(\Delta s) = m \cdot C_p \cdot \ln\left(\frac{T_2}{T_1}\right)$$
$$= 1 \times 0.654 \times \ln\left(\frac{270}{300}\right)$$
$$= -0.0689(kJ/kg \cdot K)$$

11 고체나 유체에서 서로 접하고 있는 물질의 구성분자 간에 정지상태에서 열에너지가 고온의 분자로부터 저온의 분자로 이동하는 현상을 무엇이라 하는가?

① 열전도   ② 열관류
③ 열 발생 ④ 열전달

해설

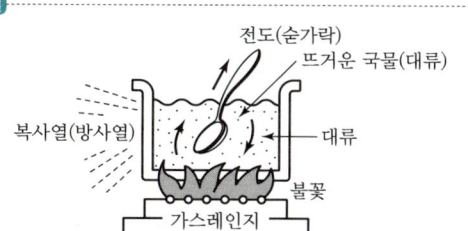

12 어떤 온수 보일러의 수두압이 30m일 때, 이 보일러에 가해지는 압력(kg/cm²)은?

① 0.3   ② 3
③ 3,000   ④ 30,000

해설
$1kg/cm^2 = 735(mmHg) = 10(mH_2O(Aq))$

$\therefore 1 \times \frac{30}{10} = 3(kg/cm^2)$

13 열역학 제1법칙과 가장 밀접한 관련이 있는 것은?

① 시스템의 에너지 보존
② 시스템의 열역학적 반응속도
③ 시스템의 반응방향
④ 시스템의 온도효과

해설
열역학 제1법칙(에너지 보존의 법칙)
일 → 열로 전환, 열 → 일로 전환 가능의 법칙

14 탄소 0.87, 수소 0.1, 황 0.03의 연료가 있다. 과잉공기 50%를 공급할 경우 실제건배기가스 양(Nm³/kg)은?

① 8.89   ② 9.94
③ 10.5   ④ 15.19

해설
- 실제건배기가스양(G_d)
  = 이론건배기가스양 + $(m-1)$ × 이론공기량
- 공기비(m) = 1 + 0.5 = 1.5

이론공기량(A_0)
$= 8.89C + 26.67\left(H - \frac{O}{8}\right) + 3.33S$
$= 8.89 \times 0.89 + 26.67 \times 0.1 + 3.33 \times 0.03$
$= 10.5012$

이론건배기가스양(G_{od})
$= (1 - 0.21)A_0 + 1.867C + 0.7S + 0.8N$
$= (1 - 0.21) \times 10.5012 + 1.867 \times 0.87 + 0.7 \times 0.03$
$= 9.941238 Nm^3/kg$

$\therefore$ 실제건배기가스양 $= 9.941238 + (1.5 - 1) \times 10.5012$
$= 15.19(Nm^3/kg)$

15 다음 중 기체연료의 장점이 아닌 것은?

① 연소가 균일하고 연소조절이 용이하다.
② 회분이나 매연이 없어 청결하다.
③ 저장이 용이하고 설비비가 저가이다.
④ 연소효율이 높고 점화·소화가 용이하다.

해설
기체연료는 압축하여 저장하기 때문에 저장이 불편하고 폭발 발생을 염려하여야 하기 때문에 용기, 탱크, 배관설비시공이 고가로 소요된다.

정답 11 ① 12 ② 13 ① 14 ④ 15 ③

16 사이클론식 집진기는 어떤 성질을 이용한 것인가?

① 관성력 ② 부력
③ 원심력 ④ 중력

해설
㉠ 건식 집진장치(매연방지장치) : 관성식, 원심식, 백필터식 (여과식)
㉡ 원심식(사이클론식)

17 전기식 집진장치의 특징에 관한 설명으로 틀린 것은?

① 집진효율이 90~99.5% 정도로 높다.
② 고전압장치 및 정전설비가 필요하다.
③ 미세입자 처리도 가능하다.
④ 압력손실이 크다.

해설
전기식 집진장치는 코로나 방전극을 이용하기 때문에 압력손실이 거의 없는 효율이 가장 좋은 집진장치이다.

18 보일러의 연소 온도에 직접적으로 영향을 미치는 인자로 가장 거리가 먼 것은?

① 산소의 농도 ② 연료의 발열량
③ 공기비   ④ 연료의 단위 중량

해설
연료의 연소와 발열량에 미치는 인자
㉠ 공기 중 산소농도 ㉡ 연료의 연소 시 공기비
㉢ 노 내 온도   ㉣ 연료의 연소성분
㉤ 연료의 발열량

19 가스가 40kJ의 열량을 받음과 동시에 외부에 30kJ의 일을 했다. 이때 이 가스의 내부에너지 변화량은?

① 10kJ 증가 ② 10kJ 감소
③ 70kJ 증가 ④ 70kJ 감소

해설

20 열과 일에 대한 설명으로 틀린 것은?

① 모두 경계를 통해 일어나는 현상이다.
② 모두 경로함수이다.
③ 모두 불완전 미분형을 갖는다.
④ 모두 양수의 값을 갖는다.

해설
일(W)
㉠ 외부에 일을 했을 때(+)
㉡ 외부에서 일을 받았을 때(−)

열(Q)
㉠ 외부에 열을 방출했을 때(−)
㉡ 외부에서 열을 받았을 때(+)

2과목 계측 및 에너지 진단

21 아스팔트유, 윤활유, 절삭유 등 인화점 80℃ 이상의 석유제품의 인화점 측정에 사용하는 시험기는?

① 타그 밀폐식
② 타그 개방방식
③ 클리블랜드 개방식
④ 아벨펜스키 밀폐식

해설
인화점 측정방식(개방식의 종류)
㉠ 클리블랜드 개방식 : 인화점 80℃ 이상 측정방식
㉡ 타그개방식 : 휘발성 가연물질 80℃ 이하 측정방식

정답 16 ③ 17 ④ 18 ④ 19 ① 20 ④ 21 ③

22 오르자트 분석계에서 채취한 시료량 50cc 중 수산화칼륨 30% 용액에 흡수되고 남은 양이 41.8cc이었다면, 흡수된 가스의 원소와 그 비율은?

① O_2, 16.4%
② CO_2, 16.4%
③ O_2, 8.2%
④ CO_2, 8.2%

해설
$50(cc) - 41.8(cc) = 8.2(cc)$, 탄산가스
$\therefore 100 \times \dfrac{8.2}{50} = 16.4(\%)$

23 다음 중 보일러 자동제어장치의 종류로 가장 거리가 먼 것은?

① 연소제어
② 급수제어
③ 급유제어
④ 증기온도제어

해설
보일러 자동제어(A.B.C)
㉠ 자동연소제어(A.C.C)
㉡ 자동급수제어(F.W.C)
㉢ 자동증기온도제어(S.T.C)

24 출력이 일정한 값에 도달한 이후의 제어계의 특성을 무엇이라고 하는가?

① 과도특성
② 스텝특성
③ 정상특성
④ 주파수 응답

해설
정상특성 : 출력이 일정한 값에 도달한 이후의 제어계 특성

25 다음 중 보일러 부하율(%)을 바르게 나타낸 것은?

① $\dfrac{\text{최대연속증기발생량}}{\text{상당증기발생량}} \times 100$
② $\dfrac{\text{상당증기발생량}}{\text{최대연속증기발생량}} \times 100$
③ $\dfrac{\text{실제증기발생량}}{\text{최대연속증기발생량}} \times 100$
④ $\dfrac{\text{최대연속증기발생량}}{\text{실제증기발생량}} \times 100$

해설
보일러 부하율 = $\dfrac{\text{실제증기발생량}}{\text{최대연소증기발생량}} \times 100(\%)$

26 다음 압력계 중 가장 높은 압력을 측정할 수 있는 것은?

① 다이어프램식 압력계
② 벨로우즈식 압력계
③ 부르동관식 압력계
④ U자관식 압력계

해설
압력계의 사용압력범위
㉠ 다이어프램식($10mmH_2O \sim 2MPa$)
㉡ 벨로스식($10mmH_2O \sim 1MPa$)
㉢ 부르동관식($0.5 \sim 300MPa$)
㉣ U자관식(실정 저압용)

27 다음 중 열량의 계량단위가 아닌 것은?

① 줄(J)
② 와트(W)
③ 와트초(Ws)
④ 칼로리(kcal)

해설
열량의 계량단위 : 줄, 와트초, 중량킬로그램미터, 칼로리

28 상당증발량(G_e, kg/hr)을 구하는 공식으로 맞는 것은?(단, G는 실제 증발량(kg/hr), h_2는 발생증기의 엔탈피(kJ/kg), h_1는 급수의 엔탈피(kJ/kg)이다.)

① $G_e = \dfrac{G(h_1 - h_2)}{2,256}$
② $G_e = \dfrac{G(h_2 - h_1)}{2,256}$
③ $G_e = \dfrac{G(h_1 - h_2)}{226}$
④ $G_e = \dfrac{G(h_2 - h_1)}{226}$

정답 22 ② 23 ③ 24 ③ 25 ③ 26 ③ 27 ② 28 ②

해설
- 상당증발량(G_e) = $\dfrac{G(h_2 - h_1)}{2{,}256(\text{kJ/kg})}$ (kg/h)
- 물의 증발잠열 : 2,256(kJ/kg)

해설
㉠ 절대단위계 : m, kg, sec(MKS 단위계)
㉡ 중력단위계 : F.L.T(힘, 길이, 시간)
㉢ 공학단위계 : FMLT(조합단위계)

29 다음 서미스터 저항온도계에 사용되는 서미스터 재질 중 가장 적절하지 않은 것은?

① 코발트 ② 망간
③ 니켈 ④ 크롬

해설
저항온도계
㉠ 백금
㉡ 니켈
㉢ 구리
㉣ 서미스터(니켈+망간+코발트+철+구리)

30 다음 중 제어계기의 공기압 신호의 압력 범위는 일반적으로 몇 kg/cm²인가?

① 0.01~0.05 ② 0.06~0.1
③ 0.2~1.0 ④ 2.0~5.0

해설
㉠ 공기압 신호의 압력 범위 : 0.2~1.0(kg/cm²)
㉡ 유압식 신호의 압력 범위 : 0.2~1.0(kg/cm²)
㉢ 전기식 신호의 전류(AC 40~20mA, DC 10~50mA)

31 절대단위계 및 중력단위계에 대한 설명으로 옳은 것은?

① MKS단위계는 길이(m), 질량(kg), 시간(sec)을 기준으로 한다.
② 절대단위계는 질량(F), 길이(L), 시간(T)을 기준으로 한다.
③ 중력단위계는 힘(F), 길이(k), 시간(sec)을 기준으로 한다.
④ 기계공학 분야에는 중력단위를 사용해서는 안 된다.

32 내유량의 측정에 적합하고, 비전도성 액체라도 유량 측정이 가능하며 도플러 효과를 이용한 유량계는?

① 플로노즐 유량계 ② 벤투리 유량계
③ 임펠러 유량계 ④ 초음파 유량계

해설
초음파 유량계
㉠ 유체의 흐름에 따라서 초음파를 발사하면 그 전송 시간은 유속에 비례하여 감속하는 것을 이용한 유량계이다.
㉡ 특징
- Doppler Effect 이용
- 대유량의 측정에 적합하다.
- 압력 손실이 없다.
- 비전도성의 액체 유량의 측정이 가능하다.

33 상자성체이므로 자력을 이용하여 자기풍을 발생시켜 농도를 측정할 수 있는 기체는?

① 산소 ② 수소
③ 이산화탄소 ④ 메탄가스

해설
자기식 O_2계 가스분석계
㉠ 영구자석으로 불균등한 자계를 만들고 자장이 강한 부분에 열선을 통한 다음 산소가스를 불어넣으면 산소는 자장에 흡인되어 열선과 접촉한다.
㉡ 상자성체인 O_2가스의 가스분석기이다.

34 다음 출열 항목 중 열손실이 가장 큰 것은?
① 방산에 의한 손실
② 배기가스에 의한 손실
③ 불완전 연소에 의한 손실
④ 노 내 분입 증기에 의한 손실

해설
배기가스 열손실 : 열정산 출열 중 열손실이 가장 크다.

35 P 동작의 비례이득이 4일 경우 비례대는 몇 %인가?

① 20 ② 25
③ 30 ④ 40

해설

비례대 = $\dfrac{1}{\text{비례감도}(kP)}$ ∴ $100(\%) \times \dfrac{1}{4} = 25(\%)$

36 다음 중 화학적 가스 분석계의 종류로 옳은 것은?

① 열전도율법 ② 연소열법
③ 도전율법   ④ 밀도법

해설
화학적 가스분석계
㉠ 연소열법
㉡ 자동 오르자트법

37 다음 중 용적식 유량계가 아닌 것은?

① 벤투리식   ② 오벌기어식
③ 로터리피스톤식 ④ 루트식

해설
차압식 유량계
벤투리식, 플로노즐식, 오리피스식

38 다음 액면계에 대한 설명 중 옳지 않은 것은?

① 공기압을 이용하여 액면을 측정하는 액면계는 퍼지식 액면계이다.
② 고압 밀폐 탱크의 액면제어용으로 가장 많이 사용하는 것은 부자식 액면계이다.
③ 기준 수위에서 압력과 측정액면에서의 압력차를 비교하여 액위를 측정하는 것은 차압식 액면계이다.
④ 관 내의 공기압과 액압이 같아지는 압력을 측정하여 액면의 높이를 측정하는 것은 정전용량식 액면이다.

해설
④는 기포식(퍼지식) 액면계에 대한 설명이다.

정전용량식
동심 원통형의 전극을 비전도성 액체 속에 넣어 두 원통 사이의 정전용량을 측정하여 액면을 측정, 즉 도체 간의 존재하는 매질의 유전율로 결정되는 점을 이용한다.

39 열전 온도계에 사용되는 보상도선에 대한 설명으로 옳은 것은?

① 열전대의 보호관 단자에서 냉접점 단자까지 사용하는 도선이다.
② 열전대를 기계적으로나 화학적으로 보호하기 위해서 사용한다.
③ 열전대와 다른 특성을 가진 전선이다.
④ 주로 백금과 마그네슘의 합금으로 만든다.

해설
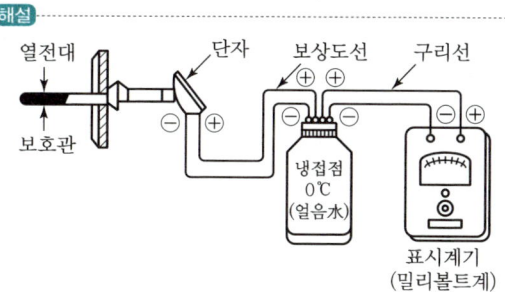

[열전대 온도계]

40 열정산에서 입열에 해당되는 것은?

① 공기의 현열   ② 발생증기의 흡수열
③ 배기가스의 손실열 ④ 방산에 의한 손실열

해설
입열
㉠ 연료의 연소열
㉡ 공기의 현열
㉢ 연료의 현열
㉣ 노 내 분입증기에 의한 열

정답 35 ② 36 ② 37 ① 38 ④ 39 ① 40 ①

3과목 열설비구조 및 시공

41 압력배관용 강관의 인장강도가 24kg/mm², 스케줄 번호가 120일 때 이 강관의 사용압력(kgf/cm²)은?(단, 안전율은 4로 한다.)

① 96
② 72
③ 60
④ 24

해설
스케줄 번호 $= 10 \times \dfrac{P}{S}$
허용응력 $S = \dfrac{24}{4} = 6$
∴ $120 = 10 \times \dfrac{P}{6}$, $P = 6 \times \dfrac{120}{10} = 72$

42 다음 중 무기질 보온재에 속하는 것은?

① 규산칼슘 보온재
② 양모 펠트 보온재
③ 탄화 코르크 보온재
④ 기포성 수지 보온재

해설
규산칼슘 보온재
㉠ 무기질 보온재
㉡ 안전사용온도 : 650℃
㉢ 재질 : 규산질 + 석회질 + 암면
㉣ 열전도율 : 0.05~0.065kcal/mh℃

43 에너지이용 합리화법에 따른 인정검사대상기기 조종자의 교육을 이수한 자의 조종범위가 아닌 것은?

① 용량이 10t/h 이하인 보일러
② 압력용기
③ 증기보일러로서 최고사용압력이 1MPa 이하이고, 전열면적이 10m² 이하인 것
④ 열매체를 가열하는 보일러로서 용량이 581.5kW 이하인 것

해설
①의 보일러는 에너지관리기능사 이상의 국가기술자격증 취득자가 조종 가능한 용량이다.

44 증발량 2,000kg/h인 보일러의 상당증발량(kg/h)은?(단, 증기의 엔탈피는 600kcal/kg, 급수의 엔탈피는 30kcal/kg이다.)

① 1,560kg/h
② 2,115kg/h
③ 2,565kg/h
④ 2,890kg/h

해설
상당증발량 $(W_e) = \dfrac{증발량 \times (h_2 - h_1)}{539}$
$= \dfrac{2,000 \times (600 - 30)}{539} = 2,115(kg/h)$

45 다음 중 급수 중의 보일러 과열의 직접적인 원인이 될 수 있는 물질은?

① 탄산가스
② 수산화나트륨
③ 히드라진
④ 유지

해설
유지분 : 포밍(거품)의 원인 및 보일러 과열의 원인이 된다.

46 화염의 이온화를 이용한 전기전도성으로 화염의 유무를 검출하는 화염검출기는?

① 플레임 로드
② 플래임 아이
③ 자외선 광전관
④ 스택 스위치

해설
플레임 로드
화염의 이온화를 이용한 전기전도성으로 화실(노 내)의 화염 유무를 검출한다.

정답 41 ② 42 ① 43 ① 44 ② 45 ④ 46 ①

47 보일러에서 보염장치를 설치하는 목적으로 가장 거리가 먼 것은?

① 연소 화염을 안정시킨다.
② 안정된 착화를 도모한다.
③ 저공기비 연소를 가능하게 한다.
④ 연소가스 체류시간을 짧게 해준다.

해설
보염장치(에어레지스터)
노 내 화염 보호장치로서 윈드박스, 버너타일, 콤버스트, 보염기 등이 있으며 설치목적은 보기 ①, ②, ③이다.(연소가스는 체류시간이 어느 정도 길어야 한다.)

48 신축이음 중 온수 혹은 저압증기의 배관분기관 등에 사용되는 것으로 2개 이상의 엘보를 사용하여 나사맞춤부의 작용에 의하여 신축을 흡수하는 것은?

① 벨로즈 이음
② 슬리브 이음
③ 스위블 이음
④ 신축곡관

해설

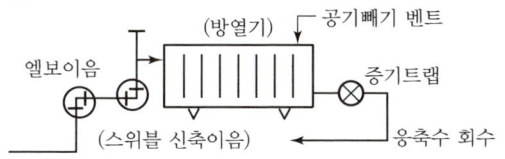

49 강관 50A의 방향 전환을 위해 맞대기 용접식 롱 엘보 이음쇠를 사용하고자 한다. 강관 50A의 용접식 이음쇠인 롱 엘보의 곡률반경은?(단, 강관 50A의 호칭지름은 60mm로 한다.)

① 50mm
② 60mm
③ 90mm
④ 100mm

해설
롱 엘보 맞대기 용접식 곡률반경
㉠ 롱(long)은 호칭지름의 1.5배
㉡ 쇼트(short)는 호칭지름의 1.0배
∴ 롱 엘보 곡률반경(R)=60×1.5=90mm

50 간접가열용 열매체 보일러 중 다우섬액을 사용하는 보일러 형식은?

① 레플러 보일러
② 슈미트-하트만 보일러
③ 슐처 보일러
④ 라몬트 보일러

해설
슈미트-하트만 보일러
• 간접가열식 보일러
• 슈미트가 고안, 하트만이 제작 완료

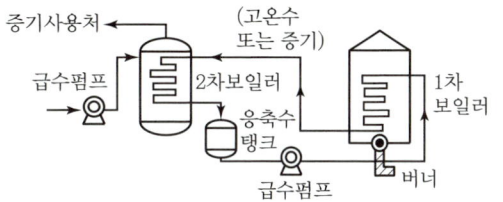

51 보일러 그을음 제거장치인 수트블로어의 분사형식이 아닌 것은?

① 모래분사
② 물분사
③ 공기분사
④ 증기분사

해설
수트블로어(화실 그을음 제거장치)
공기, 물, 증기 분사 이용

52 에너지이용 합리화법에서의 검사대상기기 계속사용검사에 관한 내용으로 틀린 것은?

① 검사대상기기 계속사용검사신청서는 검사유효기간 만료 10일 전까지 제출하여야 한다.
② 검사유효기간 만료일이 9월 1일 이후인 경우에는 3개월 이내에서 계속사용검사를 연기할 수 있다.
③ 검사대상기기 검사연기신청서는 한국에너지공단 이사장에게 제출하여야 한다.
④ 검사대상기기 계속사용검사신청서에는 해당 검사기기 설치검사증 사본을 첨부하여야 한다.

정답 47 ④ 48 ③ 49 ③ 50 ② 51 ① 52 ②

해설

계속사용검사의 연기(규칙 제31조의20)
계속사용검사는 검사유효기간의 만료일이 속하는 연도의 말까지 연기할 수 있다. 다만, 검사유효기간 만료일이 9월 1일 이후인 경우 4개월 이내에 계속사용검사를 연기할 수 있다.

53 영국에서 개발된 최초의 관류보일러로 수십 개의 수관을 병렬로 배치시킨 고압용 대용량 보일러는?

① 라몬트 ② 스털링
③ 벤슨   ④ 슐처

해설

관류형 보일러
㉠ 벤슨 보일러 : 병렬수관 이용
㉡ 슐처 보일러 : 1개의 연속관, 1,500m 이내 사용

54 에너지이용 합리화법에 따라 검사면제를 위한 보험을 제조안전보험과 사용안전보험으로 구분할 때 제조안전보험의 요건이 아닌 것은?

① 검사대상기기의 설치와 관련된 위험을 담보할 것
② 연 1회 이상 검사기준에 따른 위험관리 서비스를 실시할 것
③ 검사대상기기의 계속사용에 따른 재물 종합위험 및 기계위험을 담보할 것
④ 검사대상기기의 제조상 하자와 관련된 제3자의 법률상 손해배상책임을 담보할 것

해설

검사면제보험의 요건(규칙 별표 3의7)
㉠ 제조안전보험 : 보기 ①, ②, ④
㉡ 사용안전보험 : 보기 ②, ③ 외에 검사대상기기의 계속사용에 따른 사고로 인한 제3자의 법률상 손해배상책임을 담보할 것

55 축열기(Steam Accumulator)를 설치했을 경우에 대한 설명으로 틀린 것은?

① 보일러 증기 측에 설치하는 변압식과 보일러 급수 측에 설치하는 정압식이 있다.
② 보일러 용량 부족으로 인한 증기의 과부족을 해소할 수 있다.
③ 연료소비량을 감소시킨다.
④ 부하변동에 대한 압력변동이 발생한다.

해설

증기축열기는 저부하 시 남는 잉여증기를 잠시 저장한 후에 고부하 시 재사용하여 보일러 운전을 효과적으로 사용하는 증기이송장치이다. 보일러 부하 변동은 압력 변동과는 무관하다.

56 축열식 반사로를 사용하여 선철을 용해, 정련하는 방법으로 시멘스-마틴법(Siemens-Martins Process)이라고도 하는 것은?

① 불림로 ② 용선로
③ 평로   ④ 전로

해설

강철 제강로
㉠ 평로(반사로)   ㉡ 전로
㉢ 전기로   ㉣ 도가니로

57 다음 중 보일러의 급수설비에 속하지 않는 것은?

① 급수내관 ② 응축수 탱크
③ 인젝터   ④ 취출밸브

해설

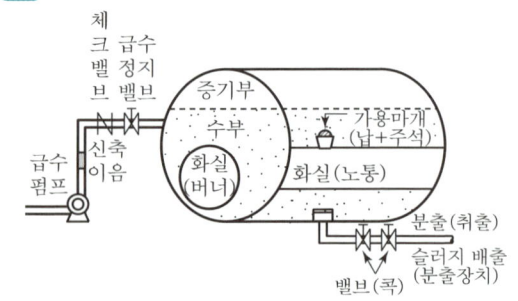

58 보일러의 가용전(가용마개)에 사용되는 금속의 성분은?

① 납과 알루미늄의 합금
② 구리와 아연의 합금
③ 납과 주석의 합금
④ 구리와 주석의 합금

해설

57번 해설 참조

59 가마를 사용하는 데 있어 내용수명과의 관계가 가장 거리가 먼 것은?

① 가마 내의 부착물(휘발분 및 연료의 재)
② 피열물의 열용량
③ 열처리 온도
④ 온도의 급변

해설

- 가마(요) : 도자기, 내화벽돌 제조(피열물)
- 피열물의 열용량은 내화물의 1차 건조에 유용하게 사용이 가능하다.

60 T형 필렛용접 이음에서 모재의 두께를 h(mm), 하중을 W(kg), 용접길이를 l(mm)이라 할 때 인장응력(kg/mm²)을 계산하는 식은?

① $\sigma = \dfrac{W}{0.707hl}$　　② $\sigma = \dfrac{Wl}{0.707h}$

③ $\sigma = \dfrac{W}{hl}$　　④ $\sigma = \dfrac{0.707W}{hl}$

해설

인장응력(σ) = $\dfrac{0.707W}{h \cdot l}$(kg/mm²)

T형 용접
(필렛용접)

4과목 열설비 취급 및 안전관리

61 다음 중 보일러의 인터록 제어에 속하지 않는 것은?

① 저수위 인터록　　② 미분 인터록
③ 불착화 인터록　　④ 프리퍼지 인터록

해설

인터록(안전관리 방식)

- 보기 ①, ③, ④ 외 저연소 인터록, 압력초과 인터록, 배기가스 온도조절 인터록 등
- 보일러 운전 → 인터록 발생 → 보일러 운전 중지 → 이상상태 확인 → 재가동

62 다음 중 보일러 급수 내 장해가 되는 철염이 함유되어 있는 경우, 이를 제거하기 위한 방법으로 가장 적합한 것은?

① 폭기법　　② 탈기법
③ 가열법　　④ 이온교환법

해설

㉠ 기폭법(폭기법) : 철(Fe)분, CO_2 제거 급수처리법
㉡ 탈기법 : 용존 O_2, CO_2 제거 급수처리
㉢ 염분제거법 : 가열법 이용
㉣ Ca, Mg 제거법 : 이온교환법

63 보일러 설치 시 안전밸브 작동시험에 관한 설명으로 틀린 것은?

① 안전밸브의 분출압력은 안전밸브가 1개인 경우 최고사용압력 이하이어야 한다.
② 안전밸브의 분출압력은 안전밸브가 2개 이상인 경우 그 중 1개는 최고사용압력 이하, 기타는 최고사용압력의 1.03배 이하이어야 한다.
③ 발전용 보일러에 부착하는 안전밸브의 분출정지압력은 분출압력의 1.07배 이상이어야 한다.
④ 재열기 및 독립과열기에 있어서 안전밸브가 하나인 경우 최고사용압력 이하에서 분출하여야 한다.

> **해설**
> 발전용 보일러 안전밸브 분출정지압력 : 분출압력의 0.93배 이상이어야 한다.

64 증기트랩의 설치에 관한 설명으로 옳은 것은?

① 응축수와 증기를 배출하기 위하여 설치하는 중요한 부품이다.
② 응축수량이 많이 발생하는 증기관에는 열동식 트랩이 주로 사용된다.
③ 냉각레그(Cooling Leg)는 1.5m 이상 설치하며 증기 공급관의 관말부에 설치한다.
④ 증기트랩의 주위에는 바이패스 관을 설치할 필요가 없다.

> **해설**
> 응축수 배출이 많으면 부자식(플로트식) 증기트랩을 사용한다.

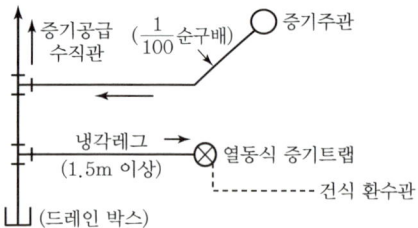

65 보일러 점화 시 역화의 원인에 해당되지 않는 것은?

① 프리퍼지가 불충분하였을 경우
② 착화가 지연되거나 혹은 불착화를 발견하지 못하고 연료를 노 내에 분무한 경우
③ 점화원(점화봉, 점화용 전극)을 사용하였을 경우
④ 연료의 공급밸브를 필요 이상 급개하였을 경우

> **해설**
> • 점화원과 역화는 관련이 없다.(역화는 폭발가스가 연도 측이 아닌 버너 쪽으로 이동하여 사고 유발)
> • 역화는 화실 내에서 보기 ①, ②, ④ 외에 CO 가스로 인해 발생한다.

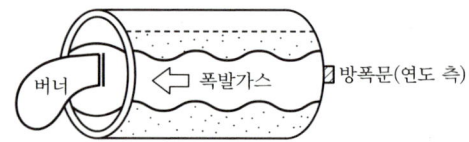

66 보일러 관수의 pH 및 알칼리도 조정제로 사용되는 약품이 아닌 것은?

① 탄닌   ② 인산나트륨
③ 탄산나트륨   ④ 수산화나트륨

> **해설**
> 탄닌, 리그린, 전분 : 슬러지 조정제(슬러지 조정제 사용 시 CO_2가 발생하므로 저압 보일러에 사용)

67 가동 중인 보일러를 정지시키고자 하는 경우 가장 먼저 조치해야 할 안전사항은?

① 급수를 사용 수위보다 약간 높게 한다.
② 송풍기를 정지시키고 댐퍼를 닫는다.
③ 연료의 공급을 차단한다.
④ 주증기 밸브를 닫는다.

> **해설**
> 보일러 가동 중지 시 안전조치 순서
> 1. 연료 공급 차단
> 2. 송풍기 정지
> 3. 주증기 밸브 차단
> 4. 보일러 수면 수위를 사용 중보다 약간 높게 급수

68 강철제 보일러의 수압시험 방법에 관한 설명으로 틀린 것은?

① 수압시험 중 또는 시험 후에도 물이 얼지 않도록 해야 한다.
② 물을 채운 후 천천히 압력을 가한다.
③ 규정된 시험수압에 도달된 후 30분이 경과된 뒤에 검사를 실시한다.
④ 시험수압은 규정된 압력의 10% 이상을 초과하지 않도록 적절한 제어를 마련한다.

정답 64 ③ 65 ③ 66 ① 67 ③ 68 ④

해설
④ 10% → 6%

69 보일러 내부부식 중의 하나인 가성취화의 특징에 관한 설명으로 틀린 것은?
① 균열의 방향이 불규칙적이다.
② 주로 인장응력을 받는 이음부에 발생한다.
③ 반드시 수면 위쪽에서 발생한다.
④ 농알칼리 용액의 작용에 의하여 발생한다.

해설
가성취화(농알칼리 용액의 작용)는 철강조직의 입자 사이가 부식되어 취약하게 되고 결정입자의 경계에 따라 균열이 생긴다. (반드시 수면 이하에서 발생한다.)

70 다음 증기난방의 응축수 환수방법 중 응축수의 환수 및 증기의 회전이 가장 빠른 방식은?
① 중력 환수식
② 기계 환수식
③ 진공 환수식
④ 자연 환수식

해설
증기난방 응축수 환수방식
㉠ 중력환수식(증기와 응축수 밀도 차이 방식)
㉡ 기계환수식(응축수 펌프 사용)
㉢ 진공환수식(진공펌프 사용 : 응축수 환수가 신속하여 대규모 난방용)

71 에너지이용 합리화법에 따라 검사대상기기의 설치자가 사용 중인 검사대상기기를 폐기한 경우에는 폐기한 날부터 며칠 이내에 폐기신고서를 제출해야 하는가?
① 10일
② 15일
③ 20일
④ 30일

해설
사용중지신고, 설치자변경신고, 폐기신고
15일 이내에 한국에너지공단에 신고서를 제출한다.

72 기계장치에서 발생하는 소음 중 주로 기계의 진동과 관련되는 소음은?
① 고체음
② 공명음
③ 기류음
④ 공기전파음

해설
㉠ 기계장치 기계의 진동 소음 : 고체음
㉡ 공명음(가마음) : 화실, 노, 노통, 연도 등에서 연소가스 기류에 의한 소음

73 보일러 스케일로 인한 영향이 아닌 것은?
① 배기가스 온도 저하
② 전열면 국부 과열
③ 보일러 효율 저하
④ 관수 순환 악화

해설
스케일(관석)이 부착하면 전열이 방해되어 배기가스의 온도가 높아진다.(칼슘, 마그네슘, 황산염, 규산염 등)

74 건물의 난방면적이 85m²이고, 배관부하가 14%, 온수사용량이 20kg/h, 열손실지수가 140 kcal/m²·h일 때 난방부하(kcal/h)는?
① 8,500
② 9,500
③ 11,900
④ 12,900

해설
난방부하 = 난방면적 × 열손실지수
= 85 × 140 = 11,900(kcal/h)

75 에너지이용 합리화법에 따라 에너지다소비사업자란 연간 에너지사용량이 얼마 이상인 자를 말하는가?
① 5백 티오이
② 1천 티오이
③ 1천5백 티오이
④ 2천 티오이

해설
에너지다소비사업자
연간 에너지사용량 2,000TOE 이상인 자

정답 69 ③ 70 ③ 71 ② 72 ① 73 ① 74 ③ 75 ④

76 가스용 보일러의 연료 배관 외부에 표시해야 하는 항목이 아닌 것은?

① 사용 가스명
② 가스의 제조일자
③ 최고 사용압력
④ 가스 흐름방향

[해설]

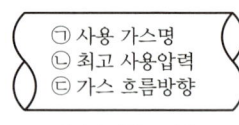

[가스배관 표시]
㉠ 사용 가스명
㉡ 최고 사용압력
㉢ 가스 흐름방향

77 보일러의 고온부식 방지대책에 해당되지 않는 것은?

① 바나듐(V)이 적은 연료를 사용한다.
② 실리카 분말과 같은 첨가제를 사용한다.
③ 고온의 전열면에 내식재료를 사용하거나 보호피막을 입힌다.
④ 돌로마이트, 마그네시아 등의 첨가제를 중유에 첨가해서 부착물의 성상을 바꾸어 전열면에 부착되지 못하도록 한다.

[해설]
고온부식
㉠ 인자 : V_2S_5, Na_2O, V_2O_5, $5NaO$, V_2O_4 등
㉡ 535℃~670℃ 등 고온에서 발생
㉢ 발생 장소 : 과열기, 재열기

78 보일러에서 그을음 불어내기(수트블로우) 작업을 할 때의 주의사항으로 틀린 것은?

① 댐퍼의 개도를 줄이고 통풍력을 적게 한다.
② 한 장소에 장시간 불어 대지 않도록 한다.
③ 수트블로우를 하기 전에 충분히 드레인을 실시한다.
④ 소화한 직후의 고온 연소실 내에서는 하여서는 안된다.

[해설]

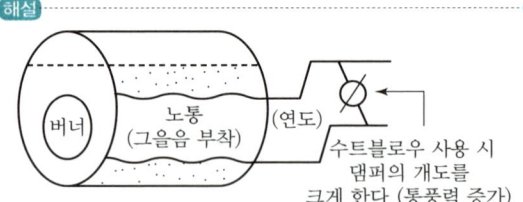

수트블로우 사용 시 댐퍼의 개도를 크게 한다.(통풍력 증가)

79 에너지이용 합리화법에 따라 등록이 취소된 에너지절약 전문기업은 등록 취소일로부터 몇 년이 경과해야 다시 등록을 할 수 있는가?

① 1년
② 2년
③ 3년
④ 5년

[해설]
에너지절약 전문기업(ESCO 사업)의 등록이 취소되면 취소일로부터 2년이 경과해야 다시 등록이 가능하다.(등록신청은 한국에너지공단에 한다.)

80 환수관이 고장을 일으켰을 때 보일러의 물이 유출하는 것을 막기 위하여 하는 배관방법은?

① 리프트 이음 배관법
② 하트포드 연결법
③ 이경관 접속법
④ 증기 주관 관말 트랩 배관법

[해설]

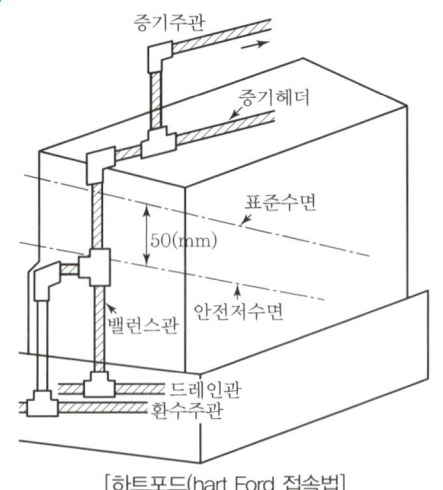

[하트포드(hart Ford) 접속법]

정답 76 ② 77 ② 78 ① 79 ② 80 ②

2018년 3회 기출문제

1과목 열역학 및 연소관리

01 고체연료의 일반적인 연소방법이 아닌 것은?
① 화격자연소 ② 미분탄연소
③ 유동층연소 ④ 예혼합연소

[해설]
기체연료의 연소방법
㉠ 확산연소방식 : 버너형, 포트형
㉡ 예혼합연소방식 : 저압버너, 고압버너, 송풍버너

02 전체 일(W)을 면적으로 나타낼 수 있는 선도로서 가장 적합한 것은?
① $P-T$(압력 – 온도) 선도
② $P-V$(압력 – 체적) 선도
③ $h-s$(엔탈피 – 엔트로피) 선도
④ $T-V$(온도 – 체적) 선도

[해설]

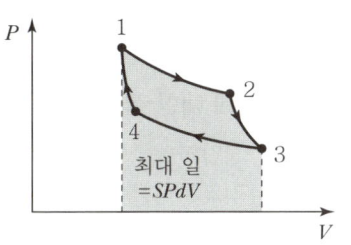

[$P-V$ 선도 카르노 사이클]

03 기체연료 연소장치 중 가스버너의 특징으로 틀린 것은?
① 공기비 제어가 불가능하다.
② 정확한 온도제어가 가능하다.
③ 연소상태가 좋아 고부하 연소가 용이하다.
④ 버너의 구조가 간단하고 보수가 용이하다.

[해설]
가스버너 : 공기비 제어가 가능하다.
※ 공기비(과잉공기계수)=실제소요공기량/이론소요공기량

04 고열원 227℃, 저열원 17℃의 온도범위에서 작동하는 카르노 사이클의 열효율은?
① 7.5% ② 42%
③ 58%   ④ 92.5%

[해설]
$T_1 = 227 + 273 = 500(K)$, $T_2 = 17 + 273 = 290(K)$
$\eta_c = \dfrac{Aw}{Q_1} = 1 - \dfrac{Q_2}{Q_1} = 1 - \dfrac{T_2}{T_1} = 1 - \dfrac{290}{500} = 0.42 = 42\%$

05 랭킨사이클의 열효율 증대 방안이 아닌 것은?
① 응축기 압력을 낮춘다.
② 증기를 고온으로 가열한다.
③ 보일러 압력을 높인다.
④ 응축기 온도를 높인다.

[해설]
랭킨사이클 열효율 증대 방안
㉠ 보일러 압력을 높이고 복수기 압력은 낮춘다.
㉡ 터빈의 초온이나 초압을 높인다.
㉢ 터빈 출구의 압력을 낮춘다.
※ 터빈 출구에서 온도가 낮으면 터빈 깃을 부식시키므로 열효율이 감소하고 응축기(복수기) 온도는 낮을수록 열효율이 증가한다.

06 온도측정과 연관된 열역학의 기본 법칙으로서 열적 평형과 관련된 법칙은?
① 열역학 제0법칙 ② 열역학 제1법칙
③ 열역학 제2법칙 ④ 열역학 제3법칙

[해설]
열평형의 법칙 : 열역학 제0법칙

정답 01 ④ 02 ② 03 ① 04 ② 05 ④ 06 ①

07 중유연소의 취급에 대한 설명으로 틀린 것은?

① 중유를 적당히 예열한다.
② 과잉공기량을 가급적 많이 하여 연소시킨다.
③ 연소용 공기는 적절히 예열하여 공급한다.
④ 2차 공기의 송입을 적절히 조절한다.

해설

과잉공기 = 실제공기량 − 이론공기량
※ 과잉공기량은 연료에 맞게 적당량을 공급한다.(지나치게 많으면 노내온도 저하, 배기가스의 열손실 증가 발생)

08 증기 동력사이클의 기본 사이클인 랭킨 사이클에서 작동 유체의 흐름을 바르게 나타낸 것은?

① 펌프 → 응축기 → 보일러 → 터빈
② 펌프 → 보일러 → 응축기 → 터빈
③ 펌프 → 보일러 → 터빈 → 응축기
④ 펌프 → 터빈 → 보일러 → 응축기

해설

랭킨 사이클
- 1 → 2 : 정압가열
- 2 → 3 : 단열팽창
- 3 → 4 : 정압방열
- 4 → 1 : 단열압축
- 유체 흐름 : 펌프 → 보일러 → 터빈 → 응축

09 다음 중 집진효율이 가장 좋은 집진장치는 무엇인가?

① 중력식 집진장치
② 관성력식 집진장치
③ 여과식 집진장치
④ 원심력식 집진장치

해설

집진효율
㉠ 중력식 : 40~60%
㉡ 관성력식 : 50~70%
㉢ 여과식 : 90~99%
㉣ 원심력식 : 70~95%
㉤ 전기식 : 90~99.9%

10 매연의 발생 방지방법으로 틀린 것은?

① 공기비를 최소화하여 연소한다.
② 보일러에 적합한 연료를 선택한다.
③ 연료가 연소하는 데 충분한 시간을 준다.
④ 연소실 내의 온도가 내려가지 않도록 공기를 적정하게 보낸다.

해설

매연을 방지하려면 공기비는 연료에 알맞게 하여 조정한다.(공기비 : 1.1~1.2가 이상적)

11 이상기체에 대한 설명으로 틀린 것은?

① 기체분자 간의 인력을 무시할 수 있고 이상기체의 상태 방정식을 만족하는 기체
② 보일−샤를의 법칙($P_v/T = $Const)을 만족하는 기체
③ 분자 간에 완전 탄성충돌을 하는 기체
④ 일상생활에서 실제로 존재하는 기체

해설

이상기체와 일상생활에서 실제로 존재하는 기체는 서로 상이하여 구별된다.

12 다음 사이클에 대한 설명으로 옳은 것은?

① 오토 사이클은 정압사이클이다.
② 디젤 사이클은 정적사이클이다.
③ 사바테 사이클의 압력상승비(a)가 1인 상태가 디젤사이클이다.
④ 오토 사이클의 효율은 압축비의 증가에 따라 감소한다.

해설

㉠ 내연기관 사이클
- 오토 사이클
- 디젤 사이클
- 사바테 사이클

㉡ 사바테 사이클의 열효율
- 압력비가 1일 때 오토 사이클이 된다.
- 압력상승비(폭발비)가 1일 때 디젤 사이클이 된다.

정답 07 ② 08 ③ 09 ③ 10 ① 11 ④ 12 ③

13 노 내의 압력이 부압이 될 수 없는 통풍방식은?

① 흡입통풍 ② 압입통풍
③ 평형통풍 ④ 자연통풍

해설
압입통풍 : 노내압력은 정압(대기압보다 높다.)

14 포화수의 증발현상이 없고 액체와 기체의 구분이 없어지는 지점을 무엇이라 하는가?

① 삼중점 ② 포화점
③ 임계점 ④ 비점

해설

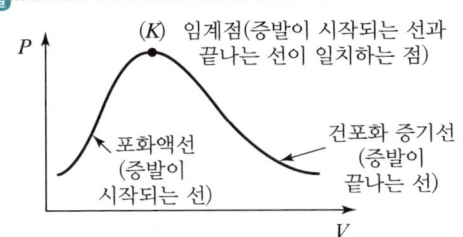

(K) 임계점(증발이 시작되는 선과 끝나는 선이 일치하는 점)
포화액선 (증발이 시작되는 선)
건포화 증기선 (증발이 끝나는 선)

15 보일러 절탄기 등에서 발생할 수 있는 저온 부식의 원인이 되는 물질은?

① 질소가스 ② 아황산가스
③ 바나듐   ④ 수소가스

해설
- S(황) + O$_2$ → SO$_2$(아황산가스)

  SO$_2$ + $\frac{1}{2}$O$_2$ → SO$_3$(무수황산)

  SO$_3$ + H$_2$O → H$_2$SO$_4$(진한 황산) : 저온부식 발생
- 진한 황산 발생 : 절탄기, 공기예열기에서 저온부식 발생

16 1kg의 물이 0℃에서 100℃까지 가열될 때 엔트로피의 변화량(kJ/K)은?(단, 물의 평균 비열은 4.184kJ/kg·K이다.)

① 0.3   ② 1
③ 1.3   ④ 100

해설
$$\Delta S = \frac{\delta Q}{T} = C \ln \frac{T_2}{T_1}$$

1kg의 $\Delta S = 1 \times \ln \frac{100+273}{273} = 0.312$ kcal/kg·K

$0.312 \times 4.184 = 1.3$ kJ/kg·K

17 다음 중 공기와 혼합 시 폭발범위가 가장 넓은 것은?

① 메탄   ② 프로판
③ 일산화탄소 ④ 메틸알코올

해설
가스의 폭발범위
㉠ 메탄 : 5~15%
㉡ 프로판 : 2.1~9.5%
㉢ CO : 4~74%
㉣ 메틸알코올 : 7.3~36%

18 다음 ( ) 안에 들어갈 경판의 두께 기준에 대한 설명으로 바르게 짝지어진 것은?

경판의 최소두께는 전반구형인 것을 제외하고 계산상 필요한 이음매 없는 동체판의 두께 이상이어야 한다. 다만, 어떠한 경우도 (ⓐ) 이상으로 하고, 스테이를 부착하는 경우에는 (ⓑ) 이상으로 한다.

① ⓐ : 6mm, ⓑ : 10mm
② ⓐ : 4mm, ⓑ : 8mm
③ ⓐ : 4mm, ⓑ : 10mm
④ ⓐ : 6mm, ⓑ : 8mm

해설

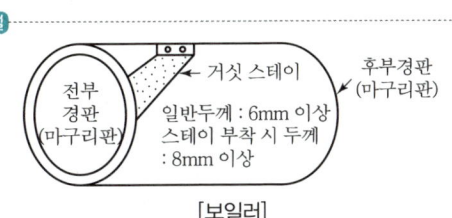

[보일러]
전부경판(마구리판), 거싯 스테이, 후부경판(마구리판)
일반두께 : 6mm 이상
스테이 부착 시 두께 : 8mm 이상

정답 13 ② 14 ③ 15 ② 16 ③ 17 ③ 18 ④

19 연료 1kg을 연소시키는 데 이론적으로 2.5 Nm³의 산소가 소요된다. 이 연료 1kg을 공기비 1.2로 연소시킬 때 필요한 실제 공기량(Nm³/kg)은?

① 11.9
② 14.3
③ 18.5
④ 24.4

해설

실제 공기량(A) = 이론공기량(A_0) × 공기비(m)

이론공기량(A_0) = 이론산소량(O_0) × $\dfrac{1}{0.21}$

$\therefore A = \left(2.5 \times \dfrac{1}{0.21}\right) \times 1.2 = 14.3 (\text{Nm}^3/\text{kg})$

20 보일러 연료의 완전연소 시 공기비(m)의 일반적인 값은?

① $m > 1$
② $m = 1$
③ $m < 1$
④ $m = 0$

해설

공기비(m) = $\dfrac{\text{실제공기량}}{\text{이론공기량}}$ ⇒ 항상 1보다 크다.

2과목 　계측 및 에너지 진단

21 열전대의 종류 중 환원성이 강하지만 산화의 분위기에는 약하고 가격이 저렴하며 IC 열전대라고 부르는 것은?

① 동-콘스탄탄
② 철-콘스탄탄
③ 백금-백금로듐
④ 크로멜-알루멜

해설

열전대 온도계
㉠ R형 : P-R 온도계(환원성 분위기에 약하다.)
㉡ K형 : C-A 온도계(환원성 분위기에 강하다.)
㉢ J형 : I-C 온도계(산화성 분위기에 약하다.)
㉣ T형 : C-C 온도계(열기전력이 크다.)

22 미량 성분의 양을 표시하는 단위인 ppm은?

① 1만 분의 1 단위
② 10만 분의 1 단위
③ 100만 분의 1 단위
④ 10억 분의 1 단위

해설

㉠ ppm : $\dfrac{1}{10^6}$　　㉡ ppb : $\dfrac{1}{10^9}$

23 액면계의 특징에 대한 설명으로 옳지 않은 것은?

① 방사선식 액면계는 밀폐고압탱크나 부식성 탱크의 액면 측정에 용이하다.
② 부자식 액면계는 초대형 지하탱크의 액면을 측정하기에 적합하다.
③ 박막식 액면계는 저압밀폐탱크와 고농도액체 저장 탱크의 액면 측정에 용이하다.
④ 유리관식 액면계는 지상탱크에 적합하며 직접적인 자동제어가 불가능하다.

해설

박막식(두께가 얇은 것)
• 온도계에 많이 사용한다.
• 대표적으로 바이메탈 온도계, 고체팽창식 온도계

24 다음 중 SI 기본단위에 속하지 않는 것은?

① 길이
② 시간
③ 열량
④ 광도

해설

열량은 SI 유도단위다.

25 보일러 전열량을 크게 하는 방법으로 틀린 것은?

① 보일러의 전열면적을 작게 하고 열가스의 유동을 느리게 한다.
② 전열면에 부착된 스케일을 제거한다.
③ 보일러수의 순환을 잘 시킨다.
④ 연소율을 높인다.

정답 19 ②　20 ①　21 ②　22 ③　23 ③　24 ③　25 ①

해설
- 보일러는 전열면적이 커야 열효율이 높아진다.
- 원통 보일러는 연관이, 수관식 보일러는 수관이 전열면적이 된다.

[연관]

[수관]

26 오차에 대한 설명으로 틀린 것은?
① 계측기 고유오차의 최대허용한도를 공차라 한다.
② 과실오차는 계통오차가 아니다.
③ 오차는 "측정 값 − 참값"이다.
④ 오차율은 "$\frac{참값}{오차}$"이다.

해설
㉠ 오차 = 측정값 − 참값
㉡ 감도 = 지시량 변화 / 측정량의 변화
㉢ 계통적 오차 : 계기오차, 환경오차, 이론오차, 개인오차

27 물탱크에서 $h=10\text{m}$, 오리피스의 지름이 5cm일 때 오리피스의 유량은 약 몇 m³/s인가?
① 0.0275   ② 0.1099
③ 0.14   ④ 14

해설
유량(Q) = 단면적 × 유속(m³/s)
유속(V) = $\sqrt{2gh} = \sqrt{2 \times 9.8 \times 10}$ = 14m/s
단면적(A) = $\frac{\pi}{4}D^2$
∴ $Q = 14 \times \frac{3.14}{4} \times (0.05)^2 = 0.0275(\text{m}^3/\text{s})$

28 보일러의 1마력은 한 시간에 몇 kg의 상당증발량을 나타낼 수 있는 능력인가?
① 15.65   ② 30.0
③ 34.5   ④ 40.56

해설
보일러 마력 = $\frac{\text{상당증발량}(\text{kg}_f/\text{h})}{15.65(\text{kg}_f/\text{h})}$

29 보일러의 자동제어에서 제어량의 대상이 아닌 것은?
① 증기압력
② 보일러 수위
③ 증기온도
④ 급수온도

해설
제어량의 대상
㉠ 증기압력
㉡ 수위
㉢ 증기온도
㉣ 노내 압력

30 다음 중 부르동관(Bourdon Tube) 압력계에서 측정된 압력은?
① 절대압력
② 게이지압력
③ 진공압
④ 대기압

해설
압력계에서 측정된 압력은 모두 게이지 압력이다.
절대압력(abs) = 게이지 압력 + 1.033kg/cm²

31 자동제어장치에서 조절계의 종류에 속하지 않는 것은?
① 공기압식   ② 전기식
③ 유압식   ④ 증기식

해설
증기는 잠열을 제거하면 응축수로 변화하므로 조절계로 사용은 불가하다.

정답 26 ④ 27 ① 28 ① 29 ④ 30 ② 31 ④

32 열전대가 있는 보호관 속에 MgO, Al₂O₃를 넣고 길게 만든 것으로서 진동이 심하고 가소성이 있는 곳에 주로 사용되는 열전대는?

① 시스(Sheath) 열전대
② CA(K형) 열전대
③ 서미스트 열전대
④ 석영관 열전대

해설
시스(Sheath) 열전대 보호관 내 물질
㉠ MgO
㉡ Al₂O₃
※ 관의 직경 : 0.25~12mm로서 가요성이 있다.

33 그림과 같은 경사관 압력계에서 P_1의 압력을 나타내는 식으로 옳은 것은?(단, γ는 액체의 비중량이다.)

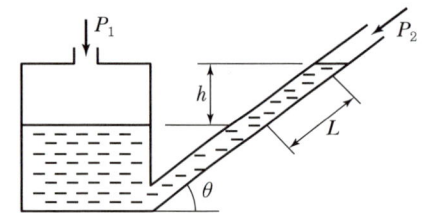

① $P_1 = \dfrac{P_2}{\gamma \times L}$
② $P_1 = P_2 \times \gamma \times L \times \cos\theta$
③ $P_1 = P_2 + \gamma \times L \times \tan\theta$
④ $P_1 = P_2 + \gamma \times L \times \sin\theta$

해설
경사관식 압력계
• P_1 압력 측정 : $P_2 + \gamma \times L \times \sin\theta$
• 측정범위 : 10~50mmH₂O

34 보일러 열정산 시 측정할 필요가 없는 것은?

① 급수량 및 급수온도
② 연소용 공기의 온도
③ 과열기의 전열면적
④ 배기가스의 압력

해설
과열기 전열면적은 열정산 시 측정하지 않는다.
※ 과열기 열부하 = $\dfrac{\text{과열기 발생 열량}}{\text{과열기 전열면적}}$ (kcal/m²h)

35 보일러에 대한 인터록이 아닌 것은?

① 압력초과 인터록
② 온도초과 인터록
③ 저수위 인터록
④ 저연소 인터록

해설
보일러 인터록
보기 ①, ③, ④ 외에 불착화 인터록, 프리퍼지 인터록

36 다음 중 보일러 열정산을 하는 목적으로 가장 거리가 먼 것은?

① 연료의 성분을 알 수 있다.
② 열의 행방을 파악할 수 있다.
③ 열설비 성능을 파악할 수 있다.
④ 열의 손실을 파악하여 조업 방법을 개선할 수 있다.

해설
㉠ 연료의 성분은 원소 분석으로 파악한다.(C, H, S, O, N, A 등 측정)
㉡ 연료의 공업분석(수분, 휘발분, 회분, 고정탄소)

37 다음 중 열전대 온도계의 비금속 보호관이 아닌 것은?

① 석영관
② 자기관
③ 황동관
④ 카보런덤관

해설
보호관 황동관(금속보호관)
㉠ 상용온도(400℃)
㉡ 최고사용온도(650℃)

정답 32 ① 33 ④ 34 ③ 35 ② 36 ① 37 ③

38 다음 보일러 자동제어 중 증기온도 제어는?

① ABC ② ACC
③ FWC ④ STC

해설
보일러 자동제어(ABC)
ACC(자동연소제어), FWC(자동급수제어), STC(자동증기온도제어)

39 액주식 압력계의 액체로서 구비조건이 아닌 것은?

① 항상 액면은 수평으로 만들 것
② 온도변화에 의한 밀도의 변화가 적을 것
③ 화학적으로 안정적이고 휘발성 및 흡수성이 클 것
④ 모세관 현상이 적을 것

해설
액주식 압력계
㉠ 단관식
㉡ 경사관식
㉢ 2액 마노미터
㉣ 플로트식
※ 사용액주 : 물, 톨루엔, 클로로포름, 수은 등(휘발성이나 흡수성이 작을 것)

40 다음 중 광학적 성질을 이용한 가스분석법은?

① 가스 크로마토그래피법
② 적외선 흡수법
③ 오르자트법
④ 세라믹법

해설
적외선 흡수법
• 각 가스의 적외선(광학적) 흡수 스펙트럼을 이용하여 가스를 분석한다.
• N_2, O_2, H_2, Cl_2 등 2원자 분자가스는 분석이 불가하다.
• He, Ar 등 단원자분자는 분석이 불가하다.

3과목 열설비구조 및 시공

41 다음 중 아담슨 조인트, 갤로웨이 관과 관련이 있는 원통 보일러는?

① 노통 보일러 ② 연관 보일러
③ 입형 보일러 ④ 특수 보일러

해설
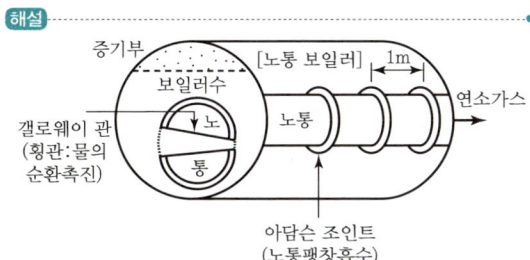

42 에너지이용 합리화법에 따라 특정열사용기자재 중 온수보일러를 설치하는 경우 제 몇 종 난방시공업자가 시공할 수 있는가?

① 제1종 ② 제2종
③ 제3종 ④ 제4종

해설
㉠ 온수보일러, 산업용 보일러, 소형 온수보일러 : 제1종 시공업
㉡ 용량 5만 kcal/h 이하의 소형 온수보일러 : 제2종 시공업자

43 에너지이용 합리화법에 따라 검사의 전부 또는 일부를 면제할 수 있다. 다음 중 용접검사가 면제되는 경우에 해당되는 것은?

① 강철제보일러 중 전열면적이 $5m^2$이고 최고사용압력이 3.5MPa인 것
② 강철제보일러 중 헤더의 안지름이 200mm이고 전열면적이 $10m^2$이며 최고사용압력이 0.35MPa인 관류보일러
③ 압력용기 중 동체의 두께가 6mm이고 최고사용압력(MPa)과 내용적(m^3)을 곱한 수치가 0.2 이하인 것
④ 온수보일러로서 전열면적이 $15m^2$이고 최고사용압력이 0.35MPa인 것

> **해설**

용접검사의 면제
㉠ 강철제 보일러, 주철제 보일러
- 강철제 보일러 중 전열면적이 $5m^2$ 이하이고, 최고사용압력이 0.35MPa 이하인 것
- 주철제 보일러
- 1종 관류보일러
- 온수보일러 중 전열면적이 $18m^2$ 이하이고, 최고사용압력이 0.35Mpa 이하인 것

㉡ 1종 압력용기, 2종 압력용기
- 용접이음(동체와 플랜지와의 용접이음은 제외한다)이 없는 강관을 동체로 한 헤더
- 압력용기 중 동체의 두께가 6mm 미만인 것으로서 최고사용압력(MPa)과 내부 부피(m^3)를 곱한 수치가 0.02 이하(난방용의 경우에는 0.05 이하)인 것
- 전열교환식인 것으로서 최고사용압력이 0.35MPa 이하이고, 동체의 안지름이 600mm 이하인 것

44 용광로에 장입하는 코크스의 역할로 가장 거리가 먼 것은?

① 열원으로 사용
② SiO_2, P의 환원
③ 광석의 환원
④ 선철에 흡수

> **해설**
> 용광로의 코크스 사용 목적은 ①, ③, ④이며, 산화규소(SiO_2), 인(P)의 환원과는 관련성이 없다.

45 기수분리기에 대한 설명으로 옳은 것은?

① 보일러에 투입되는 연소용 공기 중에서 수분을 제거하는 장치
② 보일러 급수 중에 포함되어 있는 공기를 제거하는 장치
③ 증기사용처에서 증기사용 후 물과 증기를 분리하는 장치
④ 보일러에서 발생한 증기 중에 남아있는 물방울을 제거하는 장치

> **해설**

기수분리기(Steam Separator)
㉠ 증기 중의 물방울 제거로 건조증기 취출
㉡ 배관용 기수분리기 분류
- 방향전환 이용식
- 장애판 조립 이용식
- 원심력 이용식
- 여러 겹의 그물이용식

㉢ 보일러 동 내부 기수분리기 분류
- 장애판 조립식
- 파도형 다수강판 이용식
- 사이클론식(원심력식)

46 보일러의 부대장치에 대한 설명으로 옳은 것은?

① 윈드박스는 흡입통풍의 경우에 풍도에서의 정압을 동압으로 바꾸어 노 내에 유입시킨다.
② 보염기는 보일러 운전을 정지할 때 진화를 원활하게 한다.
③ 플레임 아이는 연소 중에 발생하는 화염 빛을 감지부에서 전기적 신호로 바꾸어 화염의 유무를 검출한다.
④ 플레임 로드는 연소온도에 의하여 화염의 유무를 검출한다.

> **해설**
> ㉠ 윈드박스(노 내 바람상자) : 풍압은 정압 이용
> ㉡ 보염기 : 점화 시 불꽃 안정 착화 도모
> ㉢ 플레임 로드 : 전기전도성 이용 화염 검출기
> ㉣ 플레임 아이 : 광학적 발광체 이용 화염 검출기

47 특수 열매체 보일러에서 사용하는 특수 열매체로 적합하지 않은 것은?

① 다우섬　　② 카네크롤
③ 수은　　　④ 암모니아

> **해설**
> 암모니아 : 보일러 단기 보존 시에 사용한다.(만수 보존용)

정답 44 ② 45 ④ 46 ③ 47 ④

48 배관용 연결부속 중 관의 수리, 점검, 교체가 필요한 곳에 사용되는 것은?

① 플러그 ② 니플
③ 소켓   ④ 유니언

해설
유니언, 플랜지
연결배관의 수리, 점검, 교체 시 관을 분해한다.

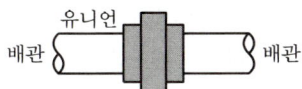

49 다음 중 에너지이용 합리화법에 따라 검사대상 기기인 보일러의 검사 유효기간이 1년이 아닌 검사는?

① 설치장소 변경검사 ② 개조검사
③ 계속사용 안전검사 ④ 용접검사

해설
보일러 제조검사(용접검사, 구조검사)는 검사의 유효기간이 없다. 필요한 시기에 받는다.

50 보온재의 보온효율을 바르게 나타낸 것은? (단, Q_0 : 보온을 하지 않았을 때 표면으로부터의 방열량, Q : 보온을 하였을 때 표면으로부터의 방열량이다.)

① $\dfrac{Q_0}{Q}$ ② $\dfrac{Q}{Q_0}$

③ $\dfrac{Q_0-Q}{Q}$ ④ $\dfrac{Q_0-Q}{Q_0}$

해설
보온효율$(\eta) = \dfrac{Q_0 - Q}{Q_0} \times 100(\%)$

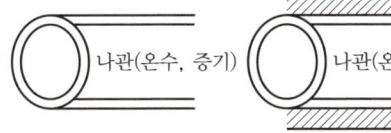

51 원심형 송풍기의 회전수가 2,500rpm일 때 송풍량이 150m³/min이었다. 회전수를 3,000rpm으로 증가시키면 송풍량(m³/min)은?

① 259 ② 216
③ 180 ④ 125

해설
풍량은 송풍기 회전수에 비례한다.

∴ $150 \times \dfrac{3,000}{2,500} = 180(\text{m}^3/\text{min})$

52 돌로마이트 내화물에 대한 설명으로 틀린 것은?

① 염기성 슬래그에 대한 저항이 크다.
② 소화성이 크다.
③ 내화도는 SK 26~30 정도이다.
④ 내스폴링성이 크다.

해설
돌로마이트 염기성 내화 벽돌의 사용 내화도
SK 36~39 정도(온도 : 1,790~1,880℃)

53 구조가 간단하여 취급이 용이하고 수리가 간편하며, 수부가 크므로 열의 비축량이 크고 사용증기량의 변동에 따른 발생증기의 압력변동이 작은 이점이 있으나 폭발 시 재해가 큰 보일러는?

① 원통형 보일러 ② 수관식 보일러
③ 관류보일러   ④ 열매체보일러

해설
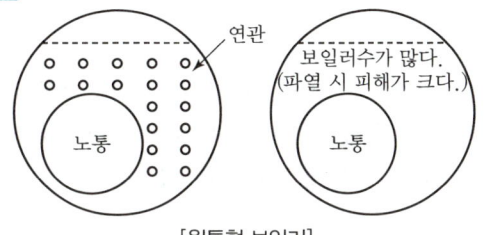
[원통형 보일러]

정답 48 ④ 49 ④ 50 ④ 51 ③ 52 ③ 53 ①

54 내화벽돌이나 단열벽돌을 쌓을 때 유의사항으로 틀린 것은?

① 열의 이동을 막기 위하여 불꽃이 접촉하는 부분에 단열벽돌을 쌓고 그 다음에 내화벽돌을 쌓는다.
② 물기가 없는 건조한 것과 불순물을 제거한 것을 쌓는다.
③ 내화 모르타르는 화학조성이 사용 내화벽돌과 비슷한 것을 사용한다.
④ 내화벽돌과 단열벽돌 사이에는 내화 모르타르를 사용한다.

해설

연관 보일러
내화벽돌(불꽃 접촉 화실에 사용)
단열벽돌(열손실 차단 및 내화벽 응력 발생 방지)
(화실) 불꽃

55 관을 구부렸다가 힘을 제거하면 탄성이 작용하여 다시 펴지는 현상을 무엇이라 하는가?

① 스프링백　　② 브레이스
③ 플렉시블　　④ 벨로즈

해설
- 스프링백 : 관을 구부렸다가 힘을 제거하면 탄성이 작용하여 다시 펴지는 현상이다.
- 플렉시블, 벨로즈 : 관의 신축 흡수
- 브레이스 : 진동 방지용

56 불연속식 가마로서 바닥은 직사각형이며 여러 개의 흡입구멍이 연도에 연결되어 있고 화교가 버너 포트의 앞쪽에 설치되어 있는 것은?

① 도염식 가마　　② 터널가마
③ 둥근가마　　　④ 호프만 가마

해설
㉠ 불연속가마(도자기 제조) : 횡염식 요, 승염식 요, 도염식 요 (흡입구멍이 연도에 연결된다.)
㉡ 연속요 : 윤요(호프만식), 터널요

57 에너지이용 합리화법에 따라 검사대상기기 설치자가 변경된 경우 새로운 검사대상 기기의 설치자는 그 변경일부터 며칠 이내에 신고서를 공단이사장에게 제출해야 하는가?

① 7일　　② 10일
③ 15일　　④ 30일

해설
검사대상기기(보일러, 압력용기 등)의 설치자가 변경되면 15일 이내에 한국에너지공단이사장에게 신고서를 제출한다.

58 검사대상 증기보일러에서 사용해야 하는 안전밸브는?

① 스프링식 안전밸브
② 지렛대식 안전밸브
③ 중추식 안전밸브
④ 복합식 안전밸브

해설
증기보일러(고압보일러) 안전밸브는 스프링식을 사용한다.

59 에너지이용 합리화법에 따라 검사대상기기의 계속사용검사 중 산업통상자원부령으로 정하는 항목의 검사에 불합격한 경우 일정기간 내 그 검사에 합격할 것을 조건으로 계속사용을 허용한다. 그 기간은 불합격한 날부터 몇 개월 이내인가?(단, 철금속가열로는 제외한다.)

① 6개월　　② 7개월
③ 8개월　　④ 10개월

정답 54 ① 55 ① 56 ① 57 ③ 58 ① 59 ①

해설
계속사용검사(운전성능검사)에 불합격한 검사대상기기는 불합격한 날부터 6개월(철금속가열로는 1년) 이내에 검사에 합격할 것을 조건으로 계속사용을 허용한다.

60 발열량이 5,500kcal/kg인 석탄을 연소시키는 보일러에서 배기가스 온도가 400℃일 때 보일러의 열효율(%)은?(단, 연소가스량은 10Nm³/kg, 연소가스의 비열은 0.33kcal/Nm³·℃, 실온과 외기온도는 0℃이며, 미연분에 의한 손실과 방사에 의한 열손실은 무시한다.)

① 64　　② 70
③ 76　　④ 80

해설
열손실(Q) = 연소가스양×비열×온도차
= 10×0.33×(400−0)
= 1,320(kcal/kg)

보일러효율 = $\frac{5,500-1,320}{5,500}\times 100 = 76(\%)$

- 1kcal = 4.186kJ
- 1kWh = 860kcal = 3,600kJ
- 1W = 1J/s
- 1kW = 10³W

4과목 열설비 취급 및 안전관리

61 저압 증기 난방장치의 하트포드 배관방식에서 균형관에 접속하는 환수주관의 분기 위치는 보일러 표준수면에서 약 몇 mm 아래가 적정한가?

① 30　　② 50
③ 80　　④ 100

해설

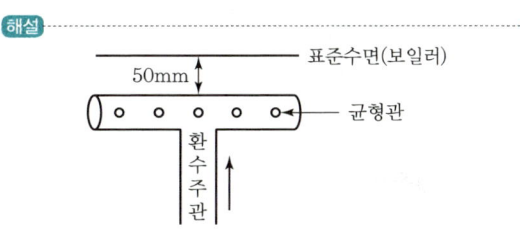

62 보일러 수면계 유리관의 파손 원인으로 가장 거리가 먼 것은?

① 프라이밍 또는 포밍 현상이 발생한 때
② 수면계의 너트를 너무 무리하게 조인 경우
③ 유리관의 재질이 불량한 경우
④ 외부에서 충격을 받았을 때

해설

63 이온교환수지의 이온교환능력이 소진되었을 때 재생 처리를 하는데, 이온교환 처리장치의 운전공정 순서로 옳은 것은?

| ㉠ 압출　㉡ 부하　㉢ 역세 |
| ㉣ 수세　㉤ 통약 |

① ㉠→㉤→㉢→㉡→㉣
② ㉢→㉡→㉠→㉤→㉣
③ ㉠→㉡→㉢→㉣→㉤
④ ㉢→㉤→㉠→㉣→㉡

해설
이온교환 처리장치의 운전공정 순서
역세 → 통약 → 압출 → 수세 → 부하

※ 교환수지
- 양이온 교환수지법 : N형, H형
- 음이온 교환수지법 : Cl형, OH형

정답　60 ③　61 ②　62 ①　63 ④

64 보일러 성능검사 시 증기건도 측정이 불가능한 경우, 강철제 증기보일러의 증기건도는 몇 %로 하는가?

① 90
② 93
③ 95
④ 98

[해설]
㉠ 증기보일러 증기건도
- 강철제 : 98% 이상
- 주철제 : 97% 이상

㉡ 증기는 건도가 높으면 잠열의 이용열량이 크다.

65 보일러 급수의 외처리 방법 중 기폭법과 탈기법으로 공통으로 제거할 수 있는 가스는?

① 수소
② 질소
③ 탄산가스
④ 황화수소

[해설]
- 기폭법 : CO_2, Fe(철분)
- 탈기법 : O_2(용존산소), CO_2(이산화탄소)

66 온수난방 배관에서 원칙적으로 배관 중 밸브류를 설치해서는 안 되는 곳은?

① 송수주관
② 환수주관
③ 방출관
④ 팽창관

[해설]

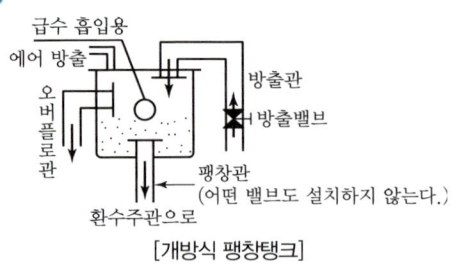

[개방식 팽창탱크]

67 에너지이용 합리화법에 의한 검사대상기기의 검사에 관한 설명으로 틀린 것은?

① 검사대상기기를 개조하여 사용하려는 자는 시·도지사의 검사를 받아야 한다.
② 검사대상기기의 계속사용검사를 받으려는 자는 유효기간 만료 전에 검사신청서를 제출하여야 한다.
③ 검사대상기기의 설치장소를 변경한 경우에는 시·도지사의 검사를 받아야 한다.
④ 검사대상기기를 사용 중지하는 경우에는 별도의 신고가 필요 없다.

[해설]
규칙 제31조의23에 의거, 검사대상기기의 사용을 중지한 날부터 15일 이내에 사용중지신고서를 한국에너지공단이사장에게 제출해야한다.(시장, 도지사가 한국에너지공단에 위탁)

68 공급되는 1차 고온수를 감압하여 직결하는데, 여기에 귀환하는 2차 고온수 일부를 바이패스시켜 합류시킴으로써 고온수의 온도를 낮추어 시스템에 공급하도록 하는 고온수 난방방식을 무엇이라고 하는가?

① 고온수 직결방식
② 브리드인 방식
③ 열교환방식
④ 캐스케이드 방식

[해설]

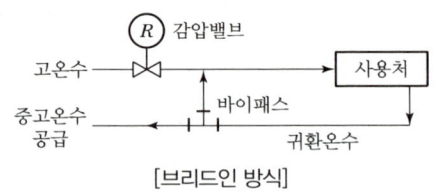

[브리드인 방식]

69 에너지법에 따라 에너지 수급에 중대한 차질이 발생할 경우를 대비하여 비상시 에너지수급 계획을 수립하여야 하는 자는?

① 대통령
② 국토교통부장관
③ 산업통상자원부장관
④ 한국에너지공단이사장

해설
산업통상자원부장관은 비상시 에너지수급계획을 수립해야 한다.

70 에너지법에서 사용하는 용어의 정의로 옳은 것은?

① 에너지는 연료, 열 및 전기를 말한다.
② 연료는 석유, 석탄 및 핵연료를 말한다.
③ 에너지공급자는 에너지를 개발, 판매하는 사업자를 말한다.
④ 에너지사용자는 에너지공급시설의 소유자 또는 관리자를 말한다.

해설
② 연료는 석유, 가스, 석탄, 그 밖에 열을 발생하는 열원을 말한다.(단, 제품의 원료로 사용되는 것은 제외)
③ 에너지 공급자는 에너지를 생산, 수입, 전환, 수송, 저장 또는 판매하는 사업자를 말한다.
④ 에너지 사용자는 에너지 사용시설의 소유자 또는 관리자를 말한다.

71 보일러수의 불순물 농도가 400ppm이고, 1일 급수량이 5,000L일 때, 이 보일러의 1일 분출량(L/day)은 얼마인가?(단, 급수 중의 불순물 농도는 50ppm이고, 응축수는 회수하지 않는다.)

① 688
② 714
③ 785
④ 828

해설

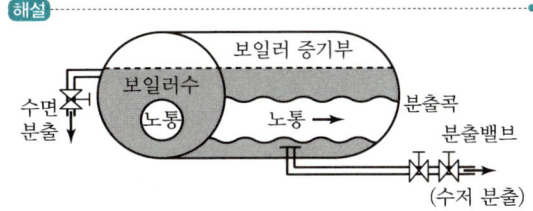

$$분출량 = \frac{W(1-R)d}{r-d} \text{(L/day)}$$

$$= \frac{5,000(1-0) \times 50}{400-50} = 714.3 \text{(L/day)}$$

72 보일러의 외부 청소방법이 아닌 것은?

① 산세관법
② 수세법
③ 스팀 소킹법
④ 워터 소킹법

해설
보일러 내부 청소
㉠ 산세관법
㉡ 알칼리 세관법
㉢ 중성 세관법

73 보일러의 점식을 일으키는 요인 중 국부전지가 유지되는 주요 원인으로 가장 밀접한 것은?

① 실리카 생성
② 염화마그네슘 생성
③ pH 상승
④ 용존산소 존재

해설

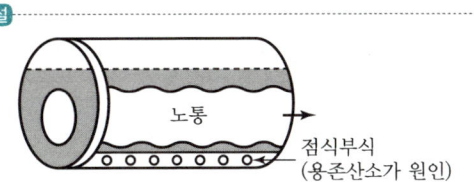

74 보일러에서 압력차단(제한) 스위치의 작동압력은 어느 정도로 조정하여야 하는가?

① 사용압력과 같게 조정한다.
② 안전밸브 작동압력과 같게 조정한다.
③ 안전밸브 작동압력보다 약간 낮게 조정한다.
④ 안전밸브 작동압력보다 약간 높게 조정한다.

정답 69 ③ 70 ① 71 ② 72 ① 73 ④ 74 ③

해설
보일러 제한 스위치
안전밸브 작동압력보다 약간 낮게 하여 조정한다.

75 표준대기압에서 급수용으로 사용되는 물의 일반적 성질에 관한 설명으로 틀린 것은?

① 물의 비중이 가장 높은 온도는 약 1℃이다.
② 임계압력은 약 22MPa이다.
③ 임계온도는 약 374℃이다.
④ 증발잠열은 약 2,256kJ/kg이다.

해설
물의 비중량이 가장 높은 온도는 약 4℃이다.(1kgf/L)

76 온수 발생 보일러는 온수 온도가 얼마 이하일 때, 방출밸브를 설치하여야 하는가?

① 100℃   ② 120℃
③ 130℃   ④ 150℃

해설
온수 보일러용 방출밸브(릴리프 밸브) 설치 조건
• 강철제 온수보일러 : 120℃ 이하
• 주철제 온수보일러 : 115℃ 이하

77 에너지이용 합리화법에 따라 산업통상자원부장관이 효율관리기자재에 대하여 고시하여야 하는 사항에 해당되지 않는 것은?

① 에너지의 소비효율 또는 사용량의 표시
② 에너지의 소비효율 등급기준 및 등급표시
③ 에너지의 소비효율 또는 생산량의 측정방법
④ 에너지의 최저소비효율 또는 최대사용량의 기준

해설
생산량의 측정방법은 에너지 효율관리기자재 고시 사항에 해당되지 않는다.

78 다음 중 에너지이용 합리화법에 따라 특정열사용기자재가 아닌 것은?

① 온수보일러   ② 1종 압력용기
③ 터널가마   ④ 태양열 온수기

해설
태양열 온수기가 아닌 태양열 집열기가 특정열사용기자재에 해당한다.

79 보일러 내부부식의 발생을 방지하는 방법으로 틀린 것은?

① 급수나 관수 중의 불순물을 제거한다.
② 급열, 급냉을 피하여 열응력작용을 방지한다.
③ 보일러수의 pH를 약산성으로 유지한다.
④ 분출을 적당히 하여 농축수를 제거한다.

해설
보일러 내부부식을 방지하려면 보일러수의 pH를 약알칼리(pH 10.5~11.2 정도)로 유지한다.

80 신설 보일러에 행하는 소다 끓임에 대한 설명으로 옳은 것은?

① 보일러 내부에 부착된 철분, 유지분 등을 제거하는 작업
② 보일러 본체의 누수 여부를 확인하는 작업
③ 보일러 부속장치의 누수 여부를 확인하는 작업
④ 보일러수의 순환상태 및 증발력을 점검하는 작업

해설
전열면의 유지분 처리 등을 위해 신설 보일러에 소다 끓임(소다 보링)을 실시한다.

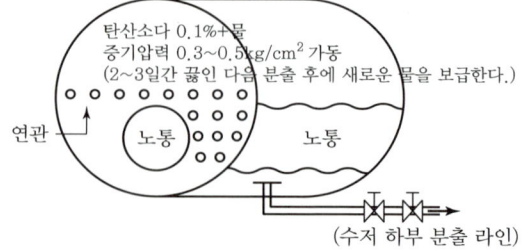

정답 75 ① 76 ② 77 ③ 78 ④ 79 ③ 80 ①

2019년 1회 기출문제

1과목 열역학 및 연소관리

01 다음 중 에너지 보존과 가장 관련이 있는 열역학의 법칙은?

① 제0법칙 ② 제1법칙
③ 제2법칙 ④ 제3법칙

해설
열역학 제1법칙(에너지 보존의 법칙)
열과 일은 모두 에너지이며 열과 일은 본질적으로 같은 형태로서 열은 일로, 일은 열로 상호 전환이 가능하고 이때 변환되는 열량과 일량의 비는 일정하다.

02 다음 중 중유를 버너로 연소시킬 때 연소상태에 가장 적게 영향을 미치는 것은?

① 황분 ② 점도
③ 인화점 ④ 유동점

해설
$황(S) + O_2 \rightarrow SO_2$ (아황산)
$SO_2 + \frac{1}{2}O_2 \rightarrow SO_3$ (무수황산)
$SO_3 + H_2O \rightarrow H_2SO_4$ (진한 황산) : 저온부식 발생

03 압력 1,500kPa, 체적 0.1m³의 기체가 일정 압력하에 팽창하여 체적이 0.5m³가 되었다. 이 기체가 외부에 한 일(kJ)은 얼마인가?

① 150 ② 600
③ 750 ④ 900

해설
등압과정 팽창일(W)
$W = P(V_2 - V_1) = 1,500 \times (0.5 - 0.1) = 600kJ$

04 연료 중 유황이나 회분은 거의 포함하지 않으나 쉽게 인화하여 화재 및 폭발의 위험이 큰 연료는?

① B-C유 ② 코크스
③ 중유 ④ LPG

해설
LPG(액화석유가스)는 프로판, 부탄이 주성분이므로 누설 시 인화, 화재, 폭발의 위험이 큰 가스 연료이다.

05 다음 중 기체연료 연소장치의 종류가 아닌 것은?

① 계단형 ② 포트형
③ 저압버너 ④ 고압버너

해설
경사계단형(화격자 연소)은 고체연료의 연소장치이다.

06 액체연소장치의 무화 요소와 가장 거리가 먼 것은?

① 액체의 운동량
② 주위 공기와의 마찰력
③ 액체와 기체의 표면장력
④ 기체의 비중

해설
무화
액체 오일 연료를 공기와 쉽게 혼합하기 위해 오일 입자를 안개화하는 것
※ 기체의 비중 = $\dfrac{기체분자량}{29}$

정답 01 ② 02 ① 03 ② 04 ④ 05 ① 06 ④

07 다음 중 이상기체 상태방정식에서 체적이 절대온도에 비례하게 되는 조건은?

① 밀도가 일정할 때
② 엔탈피가 일정할 때
③ 비중량이 일정할 때
④ 압력이 일정할 때

해설
이상기체는 압력이 일정할 때, 온도가 상승 또는 하강 시 온도 변화에 비례하여 체적이 변한다.

08 이상기체에 대하여 C_P와 C_V의 관계식으로 옳은 것은?(단, C_P는 정압비열, C_V는 정적비열, R은 기체상수이다.)

① $C_P = C_V - R$
② $C_P = C_V + R$
③ $C_P = R - C_V$
④ $R = C_P / C_V$

해설
SI 단위에서 $C_P - C_V = R$, $C_P = C_V + R$
※ 공학 단위에서 $C_P - C_V = AR$

09 보일러에서 댐퍼의 설치목적으로 가장 거리가 먼 것은?

① 통풍력을 조절한다.
② 가스의 흐름을 차단한다.
③ 연료 공급량을 조절한다.
④ 주연도와 부연도가 있을 때 가스 흐름을 전환한다.

해설
보일러 댐퍼의 설치목적은 보기 ①, ②, ④이다.
※ 댐퍼 : 연도댐퍼, 공기댐퍼

10 어떤 물질이 온도 변화 없이 상태가 변할 때 방출되거나 흡수되는 열을 무엇이라 하는가?

① 현열
② 잠열
③ 비열
④ 열용량

해설

유체의 온도 변화 (현열)

유체의 상태 변화 (잠열)

11 폴리트로픽 지수가 무한대($n = \infty$)인 변화는?

① 정온(등온)변화
② 정적(등적)변화
③ 정압(등압)변화
④ 단열변화

해설
폴리트로픽 지수(n)
㉠ 정압변화($n = 0$)
㉡ 등온변화($n = 1$)
㉢ 단열변화($n = k$)
㉣ 정적변화($n = \infty$)

12 액체연료 공급 라인에 설치하는 여과기의 설치방법에 대한 설명으로 틀린 것은?

① 여과기 전후에 압력계를 부착하여 일정 압력 차 이상이면 청소하도록 한다.
② 여과기의 청소를 위해 여과기 2개를 직렬로 설치한다.
③ 유량계와 같이 설치하는 경우 연료가 여과기를 거쳐 유량계로 가도록 한다.
④ 여과기의 여과망은 유량계보다 버너 입구 측에 더 가는 눈의 것을 사용한다.

해설
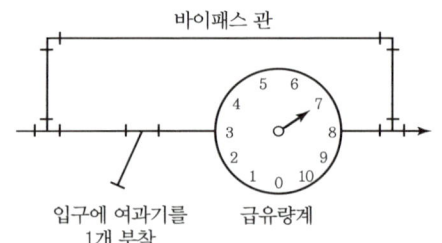

정답 07 ④ 08 ② 09 ③ 10 ② 11 ④ 12 ②

13 랭킨사이클의 효율을 높이기 위한 방법으로 옳은 것은?

① 보일러의 가열온도를 높인다.
② 응축기의 응축온도를 높인다.
③ 펌프 소요 일을 증대시킨다.
④ 터빈의 출력을 줄인다.

[해설]
랭킨사이클의 열효율을 높이는 방법
㉠ 보일러의 압력을 높이고 복수기의 압력을 낮춘다.
㉡ 터빈의 초온, 초압을 높인다.
㉢ 터빈 출구의 압력을 낮춘다.
㉣ 보일러의 가열온도를 높인다.

14 다음 변화과정 중에서 엔탈피의 변화량과 열량의 변화량이 같은 경우는 어느 것인가?

① 등온변화과정 ② 정적변화과정
③ 정압변화과정 ④ 단열변화과정

[해설]
정압변화의 엔탈피 변화(Δh)
$\Delta h = C_p(T_2 - T_1) =$ 열량의 변화

15 체적 0.5m³, 압력 2MPa, 온도 20℃인 일정량의 이상기체가 있다. 압력 100kPa, 온도 80℃가 될 때 기체의 체적(m³)은?

① 6   ② 8
③ 10 ④ 12

[해설]
$T_1V_1 = T_2V_2$, $P_1V_1 = P_2V_2$
$V_2 = V_1 \times \dfrac{P_2}{P_1} \times \dfrac{T_2}{T_1}$
$= 0.5 \times \dfrac{2,000}{100} \times \dfrac{273+80}{273+20} ≒ 12(\text{m}^3)$

16 과열증기에 대한 설명으로 옳은 것은?

① 습포화증기에서 압력을 높인 것이다.
② 동일 압력에서 온도를 높인 습포화증기이다.
③ 건포화증기를 가열해서 압력을 높인 것이다.
④ 건포화증기에 열을 가해 온도를 높인 것이다.

[해설]
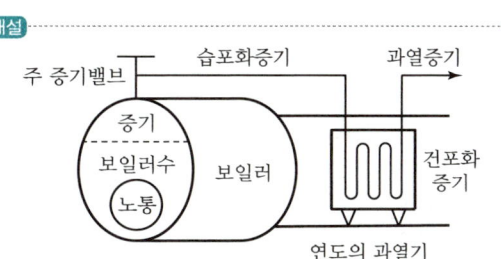

17 430K에서 500kJ의 열을 공급받아 300K에서 방열시키는 카르노 사이클의 열효율과 일량으로 옳은 것은?

① 30.2%, 349kJ   ② 30.2%, 151kJ
③ 69.8%, 151kJ   ④ 69.8%, 349kJ

[해설]
카르노 사이클의 열효율(η_c)
$\eta_c = \dfrac{AW}{Q} = 1 - \dfrac{Q_2}{Q_1} = 1 - \dfrac{T_2}{T_1} = 1 - \dfrac{300}{430} = 0.302$
일량(W) $= 500 \times 0.302 = 151$kJ

18 회분이 연소에 미치는 영향에 대한 설명으로 틀린 것은?

① 연소실의 온도를 높인다.
② 통풍에 지장을 주어 연소효율을 저하시킨다.
③ 보일러 벽이나 내화벽돌에 부착되어 장치를 손상시킨다.
④ 용융 온도가 낮은 회분은 클링커(Clinker)를 발생시켜 통풍을 방해한다.

[해설]
연료 중 회분(연소 후 잔재물)의 양이 많을수록 연소실의 온도가 낮아진다.

정답 13 ① 14 ③ 15 ④ 16 ④ 17 ② 18 ①

19 파형의 강판을 다수 조합한 형태로 된 기수 분리기의 형식은?

① 배플형
② 스크러버형
③ 사이클론형
④ 건조스크린형

[해설]
기수분리기 형식(건조증기취출용)
㉠ 배플형 : 방향 전환
㉡ 사이클론형 : 원심분리형
㉢ 건조스크린형 : 그물망 이용
㉣ 스크러버형 : 다수의 파형 강판 사용

20 공기 40kg에 포함된 질소의 질량(kg)은 얼마인가?(단, 공기는 질소 80%와 산소 20%의 체적비로 구성되어 있다.)

① 25　　② 27
③ 29　　④ 31

[해설]
질소의 공기 중 중량비는 76.8%(산소는 23.2%)
∴ 40kg×0.768=31kg

2과목　계측 및 에너지 진단

21 측정계기의 감도가 높을 때 나타나는 특성은?

① 측정범위가 넓어지고 정도가 좋다.
② 넓은 범위에서 사용이 가능하다.
③ 측정시간이 짧아지고 측정범위가 좁아진다.
④ 측정시간이 길어지고 측정범위가 좁아진다.

[해설]
계측기기의 측정감도가 높으면 측정시간은 길어지고 측정범위는 좁아진다.

22 연소실 열발생률의 단위는 어느 것인가?

① kcal/m³h
② kcal/mh
③ kg/m²h
④ kg/m³h

[해설]
연소실 열발생률 단위 : kcal/m³h
※ 화격자 연소율 단위 : kcal/m²h, kg/m²h

23 다음 중 차압을 일정하게 하고 가변 단면적을 이용하여 유량을 측정하는 유량계는?

① 노즐
② 피토관
③ 모세관
④ 로터미터

[해설]
면적식 유량계 : 로터미터
㉠ 관로의 유체 단면적 변화 측정으로 순간유량을 측정한다.
㉡ 눈금에 의해 유량에 관계없이 유속을 측정하며, 고점도 유체나 슬러리 유체 측정이 가능하다.

24 계단상 입력(Step Input) 변화에 대한 아래 그림은 어떤 제어동작의 특성을 나타낸 것인가?

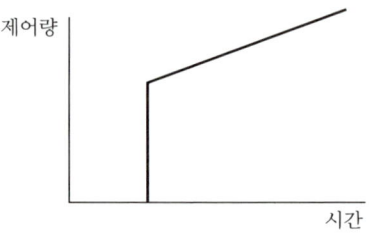

① 적분동작
② 비례, 적분, 미분동작
③ 비례, 미분동작
④ 비례, 적분동작

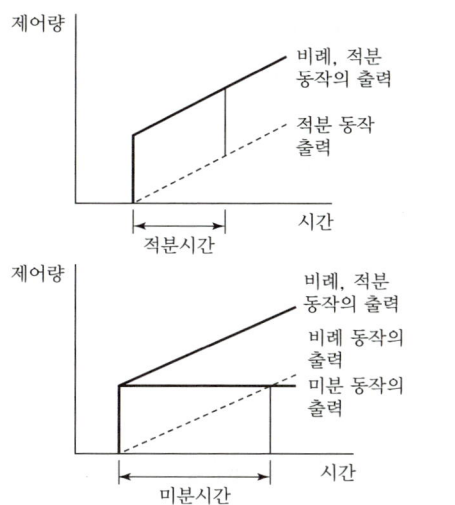

25 한 시간 동안 연도로 배기되는 가스양이 300kg, 배기가스 온도 240℃, 가스의 평균비열이 0.32kcal/kg·℃이고 외기온도가 -10℃일 때, 배기가스에 의한 손실열량은 약 몇 kcal/h인가?

① 14,100   ② 24,000
③ 32,500   ④ 38,400

해설
배기가스 손실열(Q)
$Q = m \times C_p(t_2 - t_1) = 300 \times 0.32 \times [240 - (-10)]$
$\fallingdotseq 24,000(\text{kcal/h})$

26 안지름이 16cm인 관 속을 흐르는 물의 유속이 24m/s라면 유량은 몇 m³/s인가?

① 0.24   ② 0.36
③ 0.48   ④ 0.60

해설
유량(Q) = 단면적 × 유속
단면적(A) = $\dfrac{3.14}{4} \times d^2$
$\therefore Q = \dfrac{3.14}{4} \times 0.16^2 \times 24 = 0.48(\text{m}^3/\text{s})$

27 다음 중 차압식 유량계의 종류로 압력 손실이 가장 적은 유량측정 방식은?

① 터빈형   ② 플로트형
③ 벤투리관   ④ 오발기어형 유량계

해설
압력 손실의 크기(차압식 유량계)
오리피스 > 플로트노즐 > 벤투리관

28 프로세스 제어계 내에 시간지연이 크거나 외란이 심한 경우에 사용하는 제어는?

① 프로세스 제어   ② 캐스케이드 제어
③ 프로그램 제어   ④ 비율 제어

해설
캐스케이드 제어
1, 2차 제어량으로 구분하여 프로세스 제어계 내에 시간지연이 크거나 외란이 심한 경우 사용한다.

29 열팽창계수가 서로 다른 박판을 사용하여 온도 변화에 따라 휘어지는 정도를 이용한 온도계는?

① 제게르콘 온도계   ② 바이메탈 온도계
③ 알코올 온도계   ④ 수은 온도계

해설
바이메탈 온도계
열팽창계수가 서로 다른 박판을 사용하여 온도 변화에 따라 휘어지는 정도가 다른 것을 이용한 온도계이고 측정범위는 -50~500℃이다.

30 다음 중 사용온도가 가장 높은 경우에 적합한 보호관으로 급랭, 급열에 약한 것은?

① 자기관   ② 석영관
③ 황동강관   ④ 내열강관

해설
열전대 온도계의 비금속 보호관 중 자기관은 1,600~1,750℃의 높은 온도에 견디지만, 급랭·급열에 약하다.
(석영관: 1,000℃, 황동강관: 400℃, 내열강관: 1,050℃용)

정답 25 ② 26 ③ 27 ③ 28 ② 29 ② 30 ①

31 액주식 압력계 중 하나인 U자관 압력계에 사용되는 유체의 구비조건에 대한 설명으로 틀린 것은?

① 점성이 작아야 한다.
② 휘발성과 흡습성이 작아야 한다.
③ 모세관 현상 및 표면장력이 커야 한다.
④ 온도에 따른 밀도 변화가 작아야 한다.

해설
- 액주식 압력계는 모세관 현상 및 표면장력이 작아야 한다.
- U자관(마노미터)은 저압용으로 사용한다.

32 다음의 가스분석법 중에서 정량범위가 가장 넓은 것은?

① 도전율법
② 자기식법
③ 열전도율법
④ 가스크로마토그래피법

해설
가스분석법의 정량범위
㉠ 도전율법 : 1~100%
㉡ 자기식법 : 0.1~100%
㉢ 열전도율법 : 0.01~100%
㉣ 가스크로마토그래피법 : 0.1~100%

33 금속이나 반도체의 온도 변화로 전기저항이 변하는 원리를 이용한 전기저항 온도계의 종류가 아닌 것은?

① 백금저항 온도계
② 니켈저항 온도계
③ 서미스터 온도계
④ 베크만 온도계

해설
베크만 수은 온도계
㉠ 연구실 실험용 온도계로서 150℃ 내외의 온도 측정계이다.
㉡ 0.01~0.005℃ 정도까지의 미소한 온도 차를 측정한다.

34 보일러의 증발계수 계산공식으로 알맞은 것은?[단, h'' : 발생증기의 엔탈피(kcal/kgf), h : 급수의 엔탈피(kcal/kgf)이다.]

① 증발계수$=(h''+h)/539$
② 증발계수$=(h''-h)/539$
③ 증발계수$=539/(h+h'')$
④ 증발계수$=539/(h-h'')$

해설

$$증발계수(증발능력계수) = \frac{발생증기 \ 엔탈피 - 급수 \ 엔탈피}{539}$$

35 부르동관 압력계에 대한 설명으로 틀린 것은?

① 얇은 금속이나 고무 등의 탄성 변형을 이용하여 압력을 측정한다.
② 탄성식 압력계의 일종으로 고압의 증기압력 측정이 가능하다.
③ 부르동관이 손상되는 것을 방지하기 위하여 압력계 입구 쪽에 사이폰관을 설치한다.
④ 압력계 지침을 움직이는 부분은 기어나 링의 형태로 되어 있다.

해설
탄성식인 부르동관 압력계는 고압용 압력계이므로 고무 등은 사용하지 않는다.

36 계측계의 특성으로 계측에 있어 변환기의 선정 또는 측정의 참값을 판단하는 계의 특성 중 정특성에 해당하는 것은?

① 감도
② 과도특성
③ 유량특성
④ 시간지연과 동 오차

해설
감도
계측에서 변환기의 선정 또는 측정의 참값을 판단하는 계의 특성 중 정특성에 해당된다.

정답 31 ③ 32 ③ 33 ④ 34 ② 35 ① 36 ①

37 보일러 효율 80%, 실제 증발량 4t/h, 발생 증기 엔탈피 650kcal/kgf, 급수 엔탈피 10kcal/kgf, 연료 저위 발열량 9,500kcal/kgf일 때, 이 보일러의 시간당 연료 소비량은 약 몇 kgf/h인가?

① 193　　　　② 264
③ 337　　　　④ 394

해설

보일러 효율$(\eta) = \dfrac{4 \times 10^3 \times (650-10)}{G_f \times 9,500} = 0.8$

$\therefore G_f(\text{연료소비량}) = \dfrac{4,000(650-10)}{0.8 \times 9,500} \fallingdotseq 337(\text{kgf/h})$

38 계측기기의 구비조건으로 적절하지 않은 것은?

① 연속 측정이 가능하여야 한다.
② 유지 보수가 어렵고 신뢰도가 높아야 한다.
③ 정도가 좋고 구조가 간단하여야 한다.
④ 설치장소의 주위 조건에 대하여 내구성이 있어야 한다.

해설
계측기기는 유지 보수가 용이하고 신뢰도가 높아야 한다.

39 보일러 연소특성으로 어떤 조건이 충족되지 않으면 다음 동작이 중지되는 인터록(Interlock)의 종류가 아닌 것은?

① 온오프 인터록
② 불착화 인터록
③ 저수위 인터록
④ 프리퍼지 인터록

해설
보일러 인터록에는 보기 ②, ③, ④ 외 저연소 인터록, 압력초과 인터록 등이 있다.

40 다음 중 고체연료의 열량 측정을 위한 원소분석 성분과 가장 거리가 먼 것은?

① 탄소　　　　② 수소
③ 질소　　　　④ 휘발분

해설
고체연료 공업분석
㉠ 휘발분　　　　㉡ 고정탄소
㉢ 회분　　　　㉣ 수분

3과목　열설비구조 및 시공

41 에너지이용 합리화법에 따라 열사용기자재 중 소형 온수보일러는 최고사용압력 얼마 이하의 온수를 발생하는 보일러를 의미하는가?

① 0.35MPa 이하　　② 0.5MPa 이하
③ 0.65MPa 이하　　④ 0.85MPa 이하

해설
소형 온수보일러의 기준
㉠ 전열면적 : 14㎡ 이하
㉡ 최고사용압력 : 0.35MPa 이하
㉢ 구멍탄용 온수보일러, 축열식 전기보일러, 가정용 화목보일러 및 가스사용량 17kg/h(도시가스는 232.6kW) 이하인 가스용 온수보일러는 제외

42 탄력을 이용하여 분출압력을 조정하는 방식으로서 보일러에 진동이 있거나 충격이 가해져도 안전하게 작동하는 안전밸브는?

① 추식 안전밸브
② 레버식 안전밸브
③ 지렛대식 안전밸브
④ 스프링식 안전밸브

해설
스프링식 안전밸브
스프링의 탄력을 이용하는 안전밸브이며 고압용이다.

정답 37 ③　38 ②　39 ①　40 ④　41 ①　42 ④

43 에너지이용 합리화법에 따라 검사대상기기 관리자의 선임기준에 관한 설명으로 옳은 것은?

① 검사대상기기관리자의 선임기준은 1구역마다 1명 이상으로 한다.
② 1구역은 검사대상기기 1대를 기준으로 정한다.
③ 중앙통제설비를 갖춘 시설은 관리자 선임이 면제된다.
④ 압력용기의 경우 1구역은 검사대상기기관리자 2명이 관리할 수 있는 범위로 한다.

해설
검사대상기기관리자(보일러, 압력용기 관리자)의 선임기준
㉠ 1구역마다 1인 이상 선임한다.
㉡ 1구역 : 관리자가 한 시야로 바라볼 수 있는 구역이다.

44 내벽은 내화벽돌로 두께 220mm, 열전도율 1.1 kcal/m·h·℃, 중간벽은 단열벽돌로 두께 9cm, 열전도율 0.12kcal/m·h·℃, 외벽은 붉은 벽돌로 두께 20cm, 열전도율 0.8kcal/m·h·℃로 되어 있는 노벽이 있다. 내벽 표면의 온도가 1,000℃일 때 외벽의 표면온도는?(단, 외벽 주위 온도는 20℃, 외벽 표면의 열전달률은 7kcal/m²·h·℃로 한다.)

① 104℃　② 124℃
③ 141℃　④ 267℃

해설
전열저항계수(R)
$R_1 = \dfrac{0.22}{1.1} + \dfrac{0.09}{0.12} + \dfrac{0.2}{0.8} + \dfrac{1}{7} = 1.3428 (m^2 \cdot h \cdot ℃/kcal)$

$R_2 = \dfrac{0.22}{1.1} + \dfrac{0.09}{0.12} + \dfrac{0.2}{0.8} = 1.2 (m^2 \cdot h \cdot ℃/kcal)$

∴ 외벽표면온도 $t = t_1 - \dfrac{R_2 \times (t_1 - t_2)}{R_1}$
$= 1,000 - \dfrac{1.2(1,000 - 20)}{1.3428} = 124℃$

45 철강재 가열로의 연소가스는 어떤 상태로 유지되어야 하는가?

① SO_2 가스가 많아야 한다.
② CO 가스가 검출되어서는 안 된다.
③ 환원성 분위기이어야 한다.
④ 산성 분위기이어야 한다.

해설
철강재 가열로 내부의 연소가스는 CO 상태의 환원성 분위기여야 한다.

46 다음 중 가스 절단에 속하지 않는 것은?

① 분말 절단
② 플라스마 제트 절단
③ 가스 가우징
④ 스카핑

해설
아크 절단(전기절단)
㉠ 탄소 아크 절단
㉡ 금속 아크 절단
㉢ 불활성가스 아크 절단
㉣ 아크 가우징
㉤ 플라스마 제트 절단

47 노통보일러에서 브리징 스페이스(Breathing Space)의 간격을 적게 할 경우 어떤 장해가 발생하기 쉬운가?

① 불완전 연소가 되기 쉽다.
② 증기 압력이 낮아지기 쉽다.
③ 서징 현상이 발생되기 쉽다.
④ 구루빙 현상이 발생되기 쉽다.

해설
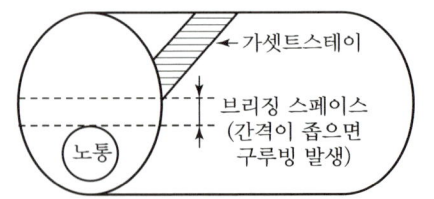

48 보일러 관의 내경이 2.5cm, 외경이 3.34cm인 강관($k = 54$W/m·℃)의 외부벽면(외경)을 기준으로 한 열관류율(W/m²·℃)은?(단, 관 내부의 열전달계수는 1,800W/m²·℃이고, 관 외부의 열전달계수는 1,250W/m²·℃이다.)

① 612.82
② 725.43
③ 832.52
④ 926.75

해설
양쪽 두께 = (3.34 − 2.5) × 2 = 1.68cm (0.0168m)

$$열관류율(k) = \frac{1}{\frac{1}{a_1} + \frac{b}{\lambda_1} + \frac{1}{a_2}}$$

$$= \frac{1}{\frac{1}{1,800} + \frac{0.0168}{54} + \frac{1}{1,250}}$$

$$= \frac{1}{0.000555 + 0.0003111 + 0.0008}$$

$$= \frac{1}{0.001666} ≒ 612(W/m^2℃)$$

양쪽 관의 두께

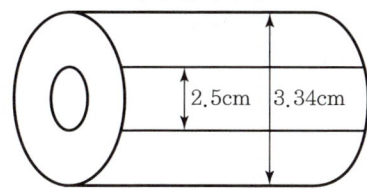

49 공업로의 조업방법 중 연속식 재료 반송방식이 아닌 것은?

① 푸셔형
② 워킹빔형
③ 엘리베이터형
④ 회전노상형

해설
공업로의 조업방법 중 연속식 재료 반송방식
푸셔형, 워킹빔형, 회전노상형

50 나사식 가단 주철제 관 이음쇠에서 유체의 상태가 300℃ 이하의 증기, 공기, 가스 및 기름일 경우 최고사용압력 기준으로 옳은 것은?

① 1.4MPa
② 2.0MPa
③ 1.0MPa
④ 2.5MPa

해설
나사식 가단 주철제 관 이음쇠에서 유체의 상태가 300℃ 이하의 증기, 공기, 가스 및 기름일 경우 최고사용압력은 1.0MPa (10kg/cm²)이다.

51 아크 용접기의 구비조건으로 틀린 것은?

① 사용 중에 온도 상승이 커야 한다.
② 가격이 저렴하고 사용 유지비가 적게 들어야 한다.
③ 아크 발생이 잘 되도록 무부하 전압이 유지되어야 한다.
④ 전류 조정이 용이하고 일정한 전류가 흘러야 한다.

해설
아크 용접기는 사용 중 온도 상승이 적어야 한다.

52 노통 보일러와 비교하여 연관 보일러의 특징에 대한 설명으로 틀린 것은?

① 보일러 내부 청소가 간단하다.
② 전열면적이 크므로 중량당 증발량이 크다.
③ 증기발생에 소요시간이 짧다.
④ 보유수량이 적다.

해설

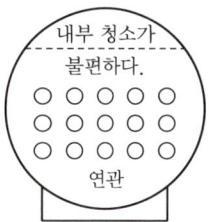

53 에너지이용 합리화법에 따라 검사를 받아야 하는 검사대상기기 검사의 종류에 해당되지 않는 것은?

① 설치검사
② 자체검사
③ 개조검사
④ 설치장소 변경검사

정답 48 ① 49 ③ 50 ③ 51 ① 52 ① 53 ②

[해설] 검사의 종류에는 보기 ①, ③, ④ 외에 제조검사(용접검사, 구조검사), 재사용검사, 계속사용검사(안전검사, 운전성능검사)가 있다.

54 검사대상기기에 대해 개조검사의 적용대상에 해당되지 않는 것은?

① 연료를 변경하는 경우
② 연소방법을 변경하는 경우
③ 온수 보일러를 증기보일러로 개조하는 경우
④ 보일러 섹션의 증감에 의하여 용량을 변경하는 경우

[해설] 개조검사의 적용 대상으로 보기 ①, ②, ④ 외에 증기보일러를 온수 보일러로 개조하는 경우 등이 있다.

55 보일러 종류에 따른 특징에 관한 설명으로 틀린 것은?

① 관류 보일러는 보일러 드럼과 대형 헤더가 있어 작은 전열관을 사용할 수 있기 때문에 중량이 무거워진다.
② 수관 보일러는 노통 보일러에 비하여 전열면적이 크므로 증발량이 크다.
③ 수관 보일러는 증발량에 비해 수부가 적어 부하변동에 따른 압력 변화가 크다.
④ 원통 보일러는 보유 수량이 많아 파열사고 발생 시 위험성이 크다.

[해설] 관류형 보일러는 드럼이 없다.

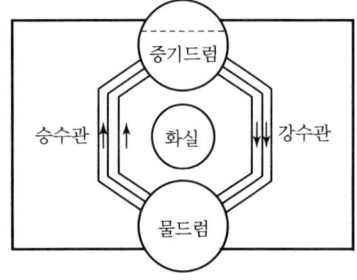

[2동 D형 수관식 보일러]

56 원심펌프가 회전속도 600rpm에서 분당 6m³의 수량을 방출하고 있다. 이 펌프의 회전속도를 900rpm으로 운전하면 토출수량(m³/min)은 얼마가 되겠는가?

① 3.97　　② 9
③ 12　　④ 13.5

[해설] 토출수량(Q_1)
$$Q_1 = Q \times \frac{N_2}{N_1} = 6 \times \frac{900}{600} = 9(\text{m}^3/\text{min})$$

57 에너지이용 합리화법에 따라 검사대상기기의 계속사용검사신청서를 검사유효기간 만료 최대 며칠 전까지 제출해야 하는가?

① 7일 전　　② 10일 전
③ 15일 전　　④ 30일 전

[해설] 계속사용검사신청서를 검사유효기간 만료일 10일 전까지 한국에너지공단이사장에게 제출한다.

58 염기성 내화물의 주원료가 아닌 것은?

① 마그네시아　　② 돌로마이트
③ 실리카　　④ 포스테라이트

[해설] 실리카(SiO_2)는 주로 산성 내화물의 주원료이다.

59 에너지이용 합리화법에서 정한 검사대상기기의 검사 유효기간이 없는 검사의 종류는?

① 설치검사　　② 구조검사
③ 계속사용검사　　④ 설치장소변경검사

[해설] 검사의 유효기간이 없는 검사는 제조검사로서 용접검사, 구조검사가 해당한다.

정답　54 ③　55 ①　56 ②　57 ②　58 ③　59 ②

60 다음은 과열기에서 증기의 유동방향과 연소가스의 유동방향에 따른 분류이다. 고온의 연소가스와 고온의 증기가 접촉하여 열효율은 양호하나 고온에서 배열관의 손상이 큰 특징이 있는 과열기의 형식은?

① 병행류식
② 대향류식
③ 혼류식
④ 평행류식

해설
대항류형 열교환기는 열효율이 양호하나 고온에서 배열관의 손상이 크다.

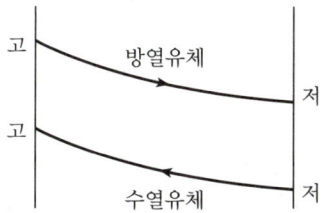

4과목 열설비 취급 안전관리

61 보일러를 휴지상태로 보존할 때 부식을 방지하기 위해 채워두는 가스로 가장 적절한 것은?

① 아황산가스
② 이산화탄소
③ 질소가스
④ 헬륨가스

해설
장기 휴지 시 밀폐건조보존

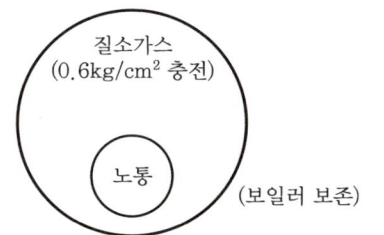

62 에너지이용 합리화법에 따라 검사대상기기 설치자는 검사대상기기로 인한 사고가 발생한 경우 한국에너지공단에 통보하여야 한다. 그 통보를 하여야 하는 사고의 종류로 가장 거리가 먼 것은?

① 사람이 사망한 사고
② 사람이 부상당한 사고
③ 화재 또는 폭발사고
④ 가스 누출사고

해설
통보해야 하는 검사대상기기로 인한 사고(법 제40조의2)
보기 ①, ②, ③ 외에 그 밖에 검사대상기기가 파손된 사고로서 산업통상자원부령으로 정하는 사고

63 다음 중 역귀환 배관방식이 사용되는 난방설비는?

① 증기난방
② 온풍난방
③ 온수난방
④ 전기난방

해설

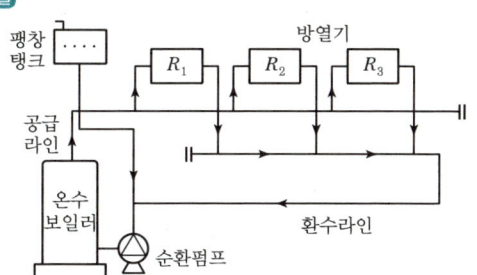

[역귀환 방식(리버스리턴 방식)]

64 증기난방에서 방열기 안에서 생긴 응축수를 보일러에 환수할 때 응축수와 증기가 동일한 관을 흐르도록 하는 방식은?

① 단관식
② 복합식
③ 복관식
④ 혼수식

해설
단관식
증기와 응축수가 보일러에 환수할 때 증기와 응축수가 동일한 관을 흐르게 하는 것으로 별도로 흐르게 하는 방식은 복관식이다.

정답 60 ② 61 ③ 62 ④ 63 ③ 64 ①

65 보일러 수처리에서 이온교환체와 관계가 있는 것은?

① 천연산 제올라이트
② 탄산소다
③ 히드라진
④ 황산마그네슘

해설
- 탄산소다 : pH 알칼리도 조정제
- 히드라진 : 탈산소제
- 황산마그네슘 : 경도성분

66 보일러 산세관 시 사용하는 부식 억제제의 구비조건으로 틀린 것은?

① 점식발생이 없을 것
② 부식 억제능력이 클 것
③ 물에 대한 용해도가 작을 것
④ 세관액의 온도농도에 대한 영향이 적을 것

해설
㉠ 보일러 산세관 시 용해촉진제로 불화수소산을 소량 첨가한다.
㉡ 부식 억제제는 물에 대한 용해도가 커야 하고 그 종류는 수지계 물질, 알코올류, 알데하이드류, 케톤류, 아민유도체, 함질소유기화합물 등이다.

67 다음 중 공기비가 작을 경우 연소에 미치는 영향으로 틀린 것은?

① 불완전 연소가 되어 매연 발생이 심하다.
② 연소가스 중 SO_3의 함유량이 많아져 저온부식이 촉진된다.
③ 미연소에 의한 열손실이 증가한다.
④ 미연소 가스로 인한 폭발사고가 일어나기 쉽다.

해설
공기비가 크면 산소잔류량이 증가하여
$S + O_2 \rightarrow SO_2$
$SO_2 + \frac{1}{2}O_2 \rightarrow SO_3$
$SO_3 + H_2O \rightarrow H_2SO_4$ (진한 황산에 의해 저온부식 발생)

68 에너지이용 합리화법에 따라 에너지다소비사업자가 산업통상자원부령으로 정하는 바에 따라 해당 시·도지사에 신고해야 할 사항이 아닌 것은?

① 전년도의 분기별 에너지사용량
② 해당 연도의 수입, 지출 예산서
③ 해당 연도의 제품생산예정량
④ 전년도의 분기별 에너지이용 합리화 실적

해설
에너지다소비사업자의 신고사항(법 제31조)
보기 ①, ③, ④ 외에 전년도 분기별 제품생산량, 해당 연도의 분기별 에너지사용예정량, 에너지사용기자재 현황, 에너지관리자 현황 등

69 급수 중에 용존산소가 보일러에 주는 가장 큰 영향은?

① 포밍을 일으킨다.
② 강판, 강관을 부식시킨다.
③ 오존을 발생시킨다.
④ 습증기를 발생시킨다.

해설
용존산소가 있으면 $Fe(OH)_2$가 침전하고 점식(Pitting)이 발생한다.

70 에너지법상 지역에너지계획은 5년마다 수립하여야 한다. 이 지역에너지계획에 포함되어야 할 사항은?

① 국내외 에너지수요와 공급추이 및 전망에 관한 사항
② 에너지의 안전관리를 위한 대책에 관한 사항
③ 에너지 관련 전문인력의 양성 등에 관한 사항
④ 에너지의 안정적 공급을 위한 대책에 관한 사항

해설
에너지법 제5조에 의거한 지역에너지 계획의 수립 포함사항
④ 외에 ㉠ 에너지 수급의 추이와 전망에 관한 사항
㉡ 에너지의 안정적 공급을 위한 대책에 관한 사항
㉢ 신재생에너지 등 환경친화적 에너지 사용을 위한 대책에 관한 사항 등

정답 65 ① 66 ③ 67 ② 68 ② 69 ② 70 ④

71 보일러 급수처리의 목적으로 가장 거리가 먼 것은?

① 응결수 증가 방지
② 전열면의 스케일의 생성 방지
③ 프라이밍, 포밍 등의 발생 방지
④ 점식 등의 내면 부식 방지

[해설]
관 내의 보온처리 미흡, 관 내외의 큰 온도 차, 비수 발생에 의한 프라이밍의 영향으로 인한 캐리오버(기수공발)의 발생에 의해 응결수가 증가한다.

72 방열계수가 8.5kcal/m²·h·℃인 방열기에서 방열기 입구온도 85℃, 실내온도 20℃, 방열기 출구온도가 65℃이다. 이 방열기의 방열량(kcal/m²·h)은?

① 450.8 ② 467.5
③ 386.7 ④ 432.2

[해설]

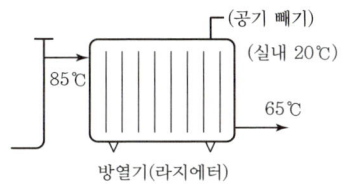

방열량(Q) = $8.5 \times \left(\dfrac{85+65}{2} - 20\right) = 467.5$ (kcal/m²·h)

73 수질의 용어 중 ppb(parts per billion)에 대한 설명으로 옳은 것은?

① 물 1kg 중에 함유되어 있는 불순물의 양을 mg으로 표시한 것이다.
② 물 1ton 중에 함유되어 있는 불순물의 양을 mg으로 표시한 것이다.
③ 물 1kg 중에 함유되어 있는 불순물의 양을 g으로 표시한 것이다.
④ 물 1ton 중에 함유되어 있는 불순물의 양을 g으로 표시한 것이다.

[해설]
㉠ ppm(mg/kg) : $\dfrac{1}{10^6}$ ㉡ ppb(mg/ton) : $\dfrac{1}{10억}$

74 보일러를 옥내에 설치하는 경우 설치 시 유의사항으로 틀린 것은?(단, 소형 보일러 및 주철제 보일러는 제외한다.)

① 도시가스를 사용하는 보일러실에서는 환기구를 가능한 한 낮게 설치하여 가스가 누설되었을 때 체류하지 않는 구조이어야 한다.
② 보일러 동체 최상부로부터 천장, 배관 등 보일러 상부에 있는 구조물까지의 거리는 1.2m 이상이어야 한다.
③ 보일러 동체에서 벽, 배관, 기타 보일러 측부에 있는 구조물까지 거리는 0.45m 이상이어야 한다.
④ 보일러 및 보일러에 부설된 금속제의 굴뚝 또는 연도의 외측으로부터 0.3m 이내에 있는 가연성 물체에 대하여는 금속 이외의 불연성 재료로 피복하여야 한다.

[해설]
도시가스는 메탄(CH_4)이고 비중이 0.55이므로 누설 시 상부로 누출한다.(상부환기구 사용)

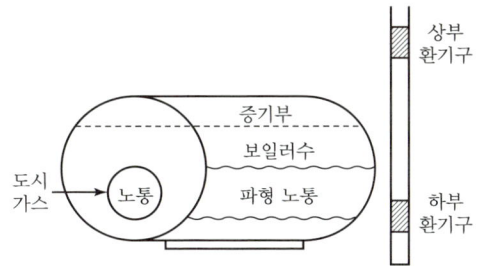

75 에너지이용 합리화법에 따른 특정열사용기자재 및 그 설치·시공범위에 속하지 않는 것은?

① 강철제 보일러의 설치
② 태양열 집열기의 세관
③ 3종 압력용기의 배관
④ 연속식 유리용융가마의 설치를 위한 시공

정답 71 ① 72 ② 73 ② 74 ① 75 ③

해설
압력용기는 제1~2종 범위로 제한한다.

76 증기트랩을 사용하는 이유로 가장 적합한 것은?

① 증기배관 내의 수격작용을 방지한다.
② 증기의 송기량을 증가시킨다.
③ 증기배관의 강도를 증가시킨다.
④ 증기발생을 왕성하게 해준다.

해설
에너지사용 중 증기의 경우 잠열을 이용하면 응축수가 발생한다. 응축수를 보일러수로 재사용하기 위하여 증기트랩을 이용하는데, 이는 특히 배관 내 수격작용을 방지한다.

77 에너지이용 합리화법에 따라 산업통상자원부장관에게 에너지사용계획을 제출하여야 하는 사업주관자가 실시하는 사업의 종류가 아닌 것은?

① 에너지개발사업
② 관광단지개발사업
③ 철도건설사업
④ 주택개발사업

해설
시행령 제20조에 의거, 보기 ①, ②, ③ 외에도 도시개발사업, 항만건설사업, 공항건설사업, 산업단지개발사업, 개발촉진지구개발사업 또는 지역종합개발사업이 있다.

78 화학세관에서 사용하는 유기산에 해당되지 않는 것은?

① 인산
② 초산
③ 구연산
④ 옥살산

해설
유기산(중성세관)의 종류
구연산, 시트릭산, 구연산 암모늄, 옥살산, 설파민산, 유기산암모늄 등(인산은 경수연화제, pH 조정제로 사용)

79 보일러의 분출 밸브 크기와 개수에 대한 설명으로 틀린 것은?

① 정상 시 보유수량 400kg 이하의 강제순환 보일러에는 열린 상태에서 전개하는데, 회전축을 적어도 3회전 이상 회전을 요하는 분출밸브 1개를 설치하여야 한다.
② 최고사용압력 0.7MPa 이상의 보일러의 분출관에는 분출 밸브 2개 또는 분출 밸브와 분출 콕을 직렬로 갖추어야 한다.
③ 2개 이상의 보일러에서 분출관을 공동으로 하여서는 안 된다.
④ 전열면적이 10m² 이하인 보일러에서 분출 밸브의 크기는 호칭지름 20mm 이상으로 할 수 있다.

해설
①에서 '3회전'이 아닌 '5회전'이 되어야 한다.

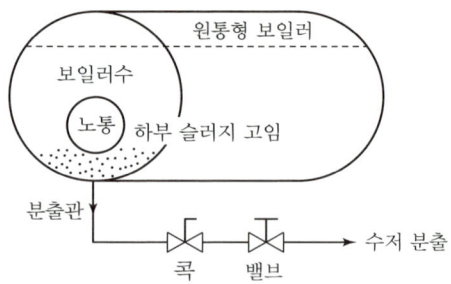

80 보일러 이상연소 중 불완전연소의 원인으로 가장 거리가 먼 것은?

① 연소용 공기량이 부족할 경우
② 연소속도가 적정하지 않을 경우
③ 버너로부터의 분무입자가 작을 경우
④ 분무연료와 연소용 공기와의 혼합이 불량할 경우

해설
중유 C급 등의 오일을 분무하여 사용하는 경우에는 버너로부터의 분무 입자가 직경이 작고 균등할수록 완전연소가 용이하다. 중유는 A급 외에 B급, C급은 반드시 증기나 온수, 전기로 예열한 후 분무하여야 한다.
※ 분무 : 중유를 안개방울입자로 만드는 것

정답 76 ① 77 ④ 78 ① 79 ① 80 ③

2019년 2회 기출문제

1과목 　열역학 및 연소관리

01　절대온도 293K는 섭씨온도로 얼마인가?

① $-20℃$　　　② $0℃$
③ $20℃$　　　　④ $566℃$

[해설]
$℃ = K - 273$
$\therefore 293 - 273 = 20℃$

02　굴뚝 높이가 50m, 연소가스 평균온도가 227℃, 대기온도가 27℃일 때 이 굴뚝의 이론통풍력(mmH$_2$O)은?(단, 표준상태에서 공기의 비중량은 $1.29kg/m^3$, 연소가스의 비중량은 $1.34kg/m^3$이며, 굴뚝 내의 각종 압력손실은 무시한다.)

① 13.7　　　② 22.1
③ 26.5　　　④ 30.4

[해설]
이론통풍력(Z)
$$Z = 273H\left[\frac{\gamma_a}{273+t_a} - \frac{\gamma_g}{273+t_g}\right]$$
$$= 273 \times 50 \times \left[\frac{1.29}{273+27} - \frac{1.34}{273+227}\right]$$
$$= 22.113(mmH_2O)$$

03　공기비(m)에 대한 설명으로 옳은 것은?

① 공기비가 크면 연소실 내의 연소온도는 높아진다.
② 공기비가 작으면 불완전연소의 가능성이 있어서 매연이 발생할 수 있다.
③ 공기비가 크면 SO$_2$, NO$_2$ 등의 함량이 감소하여 장치의 부식이 줄어든다.
④ 공기비는 연료의 이론연소에 필요한 공기량을 실제연소에 사용한 공기량으로 나눈 값이다.

[해설]
- 공기비(m) = $\dfrac{실제공기량}{이론공기량}$
- 공기비는 항상 1보다 크며 1보다 작으면 소요 공기량이 적어서 불완전 연소하게 되어 매연 발생량이 증가한다.
- 공기비가 지나치게 크면 노 내 온도 하강, 배기가스양 증가로 열손실 증가와 SO$_2$ · NO$_2$ 증가 등이 발생한다.

04　고체연료의 일반적인 주성분은 무엇인가?

① 나트륨　　　② 질소
③ 유황　　　　④ 탄소

[해설]
고체연료의 주성분 : 탄소, 수소 등

05　액체연료의 특징에 대한 설명으로 틀린 것은?

① 액체연료는 기체연료에 비해 밀도가 크다.
② 액체연료는 고체연료에 비해 단위질량당 발열량이 크다.
③ 액체연료는 고체연료에 비해 완전연소시키기가 어렵다.
④ 액체연료는 고체연료에 비해 연소장치를 작게 할 수 있다.

[해설]
액체연료는 공기비가 적게 들며 고체연료에 비해 연소상태가 양호하다.

06　비중이 0.8인 액체의 압력이 2kg/cm^{2}일 때, 액체의 양정(m)은?

① 4　　　② 16
③ 20　　　④ 25

[해설]
$10mH_2O = 1kg/cm^2$
물의 비중은 1(밀도 $= 1,000kg/m^3$)
$\therefore 양정 = 10 \times \dfrac{2}{0.8} = 25(m)$

정답　01 ③　02 ②　03 ②　04 ④　05 ③　06 ④

07 몰리에 선도로부터 파악하기 어려운 것은?

① 포화수의 엔탈피
② 과열증기의 과열도
③ 포화증기의 엔탈피
④ 과열증기의 단열팽창 후 상대습도

해설
$P-h$ 선도(몰리에 선도)
엔탈피, 등압선, 포화액선, 포화증기선, 등비체적선, 등건조선, 등온선, 등엔트로피선 파악

08 정압비열 5kJ/kg·K의 기체 10kg을 압력을 일정하게 유지하면서 20℃에서 30℃까지 가열하기 위해 필요한 열량(kJ)은?

① 400
② 500
③ 600
④ 700

해설
$Q = G \times C_p \times \Delta t = 10 \times 5 \times (30-20) = 500(kJ)$

09 다음 중 건식 집진장치에 해당하지 않는 것은?

① 백 필터
② 사이클론
③ 벤투리 스크러버
④ 멀티클론

해설
가압수식 집진장치
㉠ 벤투리 스크러버 ㉡ 제트 스크러버
㉢ 충진탑 ㉣ 사이클론 스크러버

10 노 앞과 연돌 하부에 송풍기를 두어 노 내압을 대기압보다 약간 낮게 조절한 통풍방식은?

① 압입통풍
② 흡입통풍
③ 간접통풍
④ 평형통풍

해설
평형통풍
노 앞과 연돌 하부에 송풍기 부착(흡입통풍+압입통풍)

11 증기 축열기(Steam Accumulator)의 부품이 아닌 것은?

① 증기 분사 노즐
② 순환통
③ 증기 분배관
④ 트레이

해설
트레이 : 냉동기 냉매 분배상자로 활용한다.

12 압력에 관한 설명으로 옳은 것은?

① 압력은 단위면적에 작용하는 수직성분과 수평성분의 모든 힘으로 나타낸다.
② 1Pa은 1m²에 1kg의 힘이 작용하는 압력이다.
③ 압력이 대기압보다 높을 경우 절대압력은 대기압과 게이지압력의 합이다.
④ A, B, C 기체의 압력을 각각 P_a, P_b, P_c라고 표현할 때 혼합기체의 압력은 평균값인 $\dfrac{P_a+P_b+P_c}{3}$이다.

해설
압력(kgf/cm²)
㉠ 1atm=1.033kgf/cm²=10,330kg/m²
=101,325Pa=760mmHg
=101,325Pa/m² (1Pa=9.8kgf/m²)
㉡ 혼합기체의 압력은 각 기체의 분압을 합한 압력이다.

13 500℃와 0℃ 사이에서 운전되는 카르노 사이클의 열효율(%)은?

① 49.9
② 64.7
③ 85.6
④ 99.2

해설
500+273=773K
0+273=273K
$\therefore \eta = 1 - \dfrac{273}{773} = 0.647\ (64.7\%)$

14 증기동력사이클의 효율을 높이는 방법이 아닌 것은?

① 과열기를 설치한다.
② 재생사이클을 사용한다.
③ 증기의 공급온도를 높인다.
④ 복수기의 압력을 높인다.

해설
증기동력사이클(Reheat Cycle)
보일러 압력이 높고 복수기(콘덴서) 압력이 낮으며 터빈의 초온·초압이 클수록 열효율이 높다.

15 인화점에 대한 설명으로 틀린 것은?

① 가연성 증기 발생 시 연소범위의 하한계에 이르는 최저온도이다.
② 점화원의 존재와 연관된다.
③ 연소가 지속적으로 확산될 수 있는 최저 온도이다.
④ 연료의 조성, 점도, 비중에 따라 달라진다.

해설
연소점
연소가 지속적으로 확산될 수 있는 최저온도로서 인화점보다 5~10℃ 더 높다.

16 카르노 사이클의 과정 중 그 구성이 옳은 것은?

① 2개의 가역등온과정, 2개의 가역팽창과정
② 2개의 가역정압과정, 2개의 가역단열과정
③ 2개의 가역등온과정, 2개의 가역단열과정
④ 2개의 가역정압과정, 2개의 가역등온과정

해설
카르노사이클(Carnot Cycle)

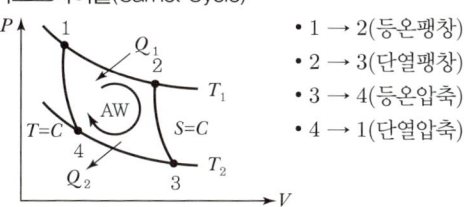

- 1 → 2(등온팽창)
- 2 → 3(단열팽창)
- 3 → 4(등온압축)
- 4 → 1(단열압축)

17 탱크 내에 900kPa의 공기 20kg이 충전되어 있다. 공기 1kg을 뺄 때 탱크 내 공기온도가 일정하다면 탱크 내 공기압력(kPa)은?

① 655 ② 755
③ 855 ④ 900

해설
$900\text{kPa} \times \left(\dfrac{1}{20}\right)\text{kg} = 45\text{kPa}$

∴ $900 - 45 = 855\text{kPa}$

18 보일러의 통풍력에 영향을 미치는 인자로 가장 거리가 먼 것은?

① 공기예열기, 댐퍼, 버너 등에서 연소가스와의 마찰저항
② 보일러 본체 전열면, 절탄기, 과열기 등에서 연소가스와의 마찰저항
③ 통풍 경로에서 유로의 방향전환
④ 통풍 경로에서 유로의 단면적 변화

해설
댐퍼나 버너의 송풍기는 통풍력을 증가시킬 수 있다.

19 열역학의 기본법칙으로 일종의 에너지보존법칙과 관련된 것은?

① 열역학 제3법칙
② 열역학 제2법칙
③ 열역학 제0법칙
④ 열역학 제1법칙

해설
에너지보존의 법칙
㉠ 열역학 제1법칙이다.
㉡ 열 → 일, 일 → 열 전환이 가능하다.

20 이상기체의 가역단열과정에서 절대온도 T와 압력 P의 관계식으로 옳은 것은?(단, 비열비 $k=C_p/C_v$이다.)

① $TP^{k-1}=C$ ② $TP^k=C$
③ $TP^{\frac{k+1}{k}}=C$ ④ $TP^{\frac{1-k}{k}}=C$

해설
가역단열과정(등엔트로피 과정)
$$\frac{T_2}{T_1}=\left(\frac{V_1}{V_2}\right)^{k-1}=\left(\frac{P_2}{P_1}\right)^{\frac{k-1}{k}}$$
$PV^k=C,\ TV^{k-1}=C,\ TP^{\frac{1-k}{k}}=C$

2과목 계측 및 에너지 진단

21 유량계의 종류 중 차압식이 아닌 것은?
① 오리피스   ② 플로노즐
③ 벤투리미터   ④ 로터미터

해설
면적식 유량계 : 로터미터, 게이트식

22 유출량을 일정하게 유지하면 유입량이 증가됨에 따라 수위가 상승하여 평형을 이루지 못하는 요소는?
① 1차 지연요소   ② 2차 지연요소
③ 적분요소   ④ 낭비시간요소

해설
적분요소
유출량을 일정하게 유지하면 유입량이 증가됨에 따라 수위가 상승하여 평형을 이루지 못하는 요소이다.

23 다음 자동제어 방법 중 피드백 제어(Feed-back Control)가 아닌 것은?
① 보일러 자동제어   ② 증기온도 제어
③ 급수 제어   ④ 연소 제어

해설
연소 제어 : 시퀀스 제어 이용(정성적 제어)

24 표준대기압(1atm)과 거리가 먼 것은?
① 1.01325bar   ② 101,325Pa
③ 10.332N/m²   ④ 1.033kgf/cm²

해설
1atm = 101,325(N/m²) = 1.033kgf/cm² = 101,325Pa
     = 1.01325bar = 10.332mAq = 760mmHg

25 다음 그림과 같이 부착된 압력계에서 개방탱크의 액면 높이(h)는 약 몇 m인가?(단, 액의 비중량 950kgf/m³, 압력 2kgf/cm², h_o = 10m이다.)

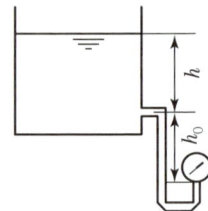

① 1.105   ② 11.05
③ 3.105   ④ 31.05

해설
10mH₂O = 1kg/cm²   2kg/cm² = 20mH₂O
∴ $h = \frac{20}{0.95} - 10 = 11.05$m (물 : 1,000kg/m³, 비중 1)

26 휘도를 표준온도의 고온 물체와 비교하여 온도를 측정하는 온도계는?
① 액주온도계   ② 광고온계
③ 열전대온도계   ④ 기체팽창온도계

해설
광고온계
고온의 물체에서 방사되는 방사에너지 중에서 특정한 파장 0.65μm인 적외선을 이용하여 700~3,000℃까지 측정한다.(단, 자동제어에서는 사용이 불편하다.)

정답 20 ④ 21 ④ 22 ③ 23 ④ 24 ③ 25 ② 26 ②

27 가스분석방법으로 세라믹식 O_2계에 대한 설명으로 옳은 것은?

① 응답이 느리다.
② 온도조절용 전기로가 필요 없다.
③ 연속측정이 가능하며 측정범위가 좁다.
④ 측정가스 중에 가연성가스가 존재하면 사용이 불가능하다.

해설
세라믹 O_2계
지르코니아(ZrO_2)를 주원료로 한다. 응답이 빠르고 연속측정이 용이하며 측정범위가 넓으나 가연성가스가 있으면 O_2 측정이 불가능하다.

28 상당증발량이 300kg/h이고, 급수온도가 30℃, 증기 엔탈피가 730kcal/kg인 보일러의 실제 증발량은 약 몇 kg/h인가?

① 215.3 ② 220.5
③ 231.0 ④ 244.8

해설
$$300 = \frac{G_w(730-30)}{539}$$
∴ 실제증발량(G_w) $= \frac{300 \times 539}{730-30} = 231(kg/h)$

29 다음 오차의 분류 중에서 측정자의 부주의로 생기는 오차는?

① 우연오차 ② 과실오차
③ 계기오차 ④ 계통적 오차

해설
과실오차 : 측정자의 부주의로 생기는 오차이다.

30 다음 중 내화물의 내화도 측정에 주로 사용되는 온도계는?

① 제게르콘
② 백금저항 온도계
③ 기체압력식 온도계
④ 백금－백금·로듐 열전대 온도계

해설
제게르콘 추 번호의 온도(내화도)
㉠ SK 26 : 1,580℃
㉡ SK 30 : 1,670℃
㉢ SK 42 : 2,000℃

31 보일러 용량표시에 관한 설명으로 옳은 것은?

① 단위면적당 증기발생량을 상당증발량이라 한다.
② 급수의 엔탈피를 h_1(kcal/kg), 증기의 엔탈피를 h_2(kcal/kg)라 할 때 증발계수 f를 계산하는 식은 $539(h_2-h_1)$이다.
③ 1시간에 15.65kg의 증발량을 가진 능력을 1상당증발량이라 한다.
④ 보일러 본체 전열면적당 단위시간에 발생하는 증발량을 증발률이라 한다.

해설
• 단위면적당 증기발생량 : kg/m^2h
• 증발계수 $= \frac{h_2-h_1}{539}$ (증발력)
• 보일러 1마력 $= 15.65kg/h$의 상당증발량
• 전열면의 증발률 : kg/m^2h

32 아르키메데스의 부력의 원리를 이용한 액면 측정방식은?

① 차압식 ② 기포식
③ 편위식 ④ 초음파식

해설
편위식 액면계(Displacement)는 측정액 중에 잠겨 있는 플로트의 깊이에 의한 부력으로부터 액면을 측정하는 방식(일명 아르키메데스 부력원리 액면계)

33 간접 측정식 액면계가 아닌 것은?

① 유리관식 ② 방사선식
③ 정전용량식 ④ 압력식

정답 27 ④ 28 ③ 29 ② 30 ① 31 ④ 32 ③ 33 ①

[해설]
직접 측정식 액면계
유리관식, 부자식, 검척식, 편위식 액면계

34 보일러에서 사용하는 압력계의 최고 눈금에 대한 설명으로 옳은 것은?

① 보일러 최고사용압력의 4배 이하로 하되 2배보다 작아서는 안 된다.
② 보일러 최고사용압력의 4배 이하로 하되 최고사용압력보다 작아서는 안 된다.
③ 보일러 최고사용압력의 3배 이하로 하되 1.5배보다 작아서는 안 된다.
④ 보일러 최고사용압력의 3배 이하로 하되 최고사용압력보다 작아서는 안 된다.

[해설]
압력계 최고눈금은 보일러 최고사용압력의 3배 이하로 하되 1.5배보다 작아서는 안 된다.

35 계통오차로서 계측기가 가지고 있는 고유의 오차는?

① 기차   ② 감차
③ 공차   ④ 정차

[해설]
기차
계통적인 오차이며 계측기가 가지고 있는 고유의 오차이다.

36 보일러 본체에서 발생한 포화증기를 같은 압력하에서 고온으로 재가열하여 수분을 증발시키고 증기의 온도를 상승시키는 장치는?

① 절탄기   ② 과열기
③ 축열기   ④ 흡수기

[해설]
포화수 → 습포화증기 → 건포화증기 → 과열증기(과열도 : 과열증기온도 – 포화증기온도)

37 수소(H_2)가 연소되면 증기를 발생시킨다. 이 증기를 복수시키면 증발열이 발생한다. 만약 수소 1kg을 연소시켜 증기를 완전 복수시키면 얼마의 증발열을 얻을 수 있는가?

① 600kcal   ② 1,800kcal
③ 5,400kcal   ④ 10,800kcal

[해설]
$H_2 + \dfrac{1}{2}O_2 \rightarrow H_2O$

2kg + 16kg → 18kg
물의 증발열 = 600(kcal/kg)
∴ 600kcal/kg × 18kg = 10,800kcal
수소 1kg당으로 계산하면
$\dfrac{10,800}{2} = 5,400\text{kcal}$

38 2개의 제어계를 조합하여 1차 제어장치가 제어량을 측정하여 제어명령을 발하고, 2차 제어장치가 이 명령을 바탕으로 제어량을 조절하는 제어방식은?

① 비율제어   ② 캐스케이드 제어
③ 추종제어   ④ 추치제어

[해설]
목푯값에 의한 캐스케이드 제어
2개의 제어계를 조합하여 1차 제어가 제어량을 검출, 2차 제어가 제어량을 조절한다.

39 도전성 유체에 자장을 형성시켜 기전력 측정에 의해 유량을 측정하는 것은?

① 전자 유량계   ② 칼만식 유량계
③ 델타 유량계   ④ 애뉼바 유량계

[해설]
전자식 유량계(기전력 $E(V) = B \cdot L \cdot V$)
㉠ B : 자속밀도의 크기
㉡ L : 자속을 자르는 도체의 Z 방향의 폭
㉢ V : 유속

정답 34 ③ 35 ① 36 ② 37 ③ 38 ② 39 ①

40 자동제어방식에서 전기식 제어방식의 특징으로 옳은 것은?

① 조작력이 약하다.
② 신호의 복잡한 취급이 어렵다.
③ 신호전달 지연이 있다.
④ 배선이 용이하다.

해설
전기식 제어방식 조절기
㉠ 배선이 용이하다.
㉡ 신호의 전달이 빠르다.
㉢ 신호의 복잡한 취급이 용이하다.
㉣ 조작속도가 빠른 비례 조작부를 만들기가 곤란하다.

3과목 열설비구조 및 시공

41 요로의 열효율을 높이는 방법으로 가장 거리가 먼 것은?

① 발열량이 높은 연료 사용
② 단열보온재 사용
③ 적정 노압 유지
④ 배기가스 회수장치 사용

해설
요(Kiln), 노(Furnace)의 열효율을 높이려면 보기 ②, ③, ④ 외에도 제품에 맞는 가마 특색 검토 등을 해야 한다.

42 검사대상기기인 보일러의 계속사용검사 중 안전검사 유효기간은?(단, 안전성향상계획과 공정안전보고서를 작성하는 경우는 제외한다.)

① 1년   ② 2년
③ 3년   ④ 4년

해설
보일러의 안전검사, 운전성능검사는 검사유효기간이 1년이다.
(에너지이용 합리화법 시행규칙 별표 3의5)

43 증기와 응축수와의 비중차를 이용하는 증기트랩은?

① 버킷형   ② 벨로스형
③ 디스크형 ④ 오리피스형

해설
㉠ 증기와 응축수 온도차 이용 : 벨로스형, 바이메탈형
㉡ 유체의 열역학, 유체역학 이용 : 디스크형, 오리피스형
㉢ 증기와 응축수의 비중차 이용 : 버킷형, 플로트형

44 보온재의 구비조건으로 틀린 것은?

① 사용온도 범위에 적합해야 한다.
② 흡습, 흡수성이 커야 한다.
③ 장시간 사용에도 견딜 수 있어야 한다.
④ 부피, 비중이 작아야 한다.

해설
보온재는 흡습성, 흡수성이 작아야 열손실이 감소된다.

45 맞대기 용접이음에서 인장하중이 2,000kgf, 강판의 두께가 6mm라 할 때 용접길이(mm)는? (단, 용접부의 허용인장응력은 7kgf/mm²이다.)

① 40.1   ② 44.3
③ 47.6   ④ 52.2

해설
$$용접길이(l) = \frac{인장하중}{강판두께 \times 허용인장응력}$$
$$= \frac{2,000}{6 \times 7} = 47.6(mm)$$

46 전기적, 화학적 성질이 우수한 편이고 비중이 0.92~0.96 정도이며 약 90℃에서 연화하지만, 저온에 강하여 한랭지 배관으로 우수한 관은?

① 염화비닐관   ② 석면 시멘트관
③ 폴리에틸렌관   ④ 철근 콘크리트관

정답 40 ④ 41 ① 42 ① 43 ① 44 ② 45 ③ 46 ③

해설
PVC 폴리에틸렌관은 전기적, 화학적 성질이 우수하고 비중이 0.92~0.96이며 약 90℃에서 연화한다.(동절기 한랭지 배관용)

47 다음 중 탄성압력계에 해당하지 않는 것은?
① 부르동관 압력계 ② 벨로스식 압력계
③ 다이어프램 압력계 ④ 링밸런스식 압력계

해설
액주식 압력계
㉠ U자관식 ㉡ 침종식(단종식, 복종식)
㉢ 링밸런스식(환상천평식) ㉣ 표준분동식

48 에너지이용 합리화법에 따라 보일러 설치검사 시 가스용 보일러의 운전성능기준 중 부하율이 90%일 때 배기가스 성분기준으로 옳은 것은?
① O_2 3.7% 이하, CO_2 12.7% 이상
② O_2 4.0% 이하, CO_2 11.0% 이상
③ O_2 3.7% 이하, CO_2 10.0% 이상
④ O_2 4.0% 이하, CO_2 12.7% 이상

해설
㉠ 부하율(90±10%) 가스보일러
 • O_2(3.7% 이하)
 • CO_2 (10% 이상)
㉡ 부하율(45±10%) 가스보일러
 • O_2(4% 이하)
 • CO_2(9% 이상)

49 이음쇠 안쪽에 내장된 그래브링과 O-링에 의한 삽입식 접합으로 나사 및 용접 이음이 필요 없고 이종관과의 접합 시 커넥터 및 어댑터를 사용하여 나사이음을 하는 관은?
① 스테인리스강 이음관
② 폴리부틸렌(PB) 이음관
③ 폴리에틸렌(PE) 이음관
④ 열경화성 PVC 이음관

해설
PB관
이음쇠 안쪽에 내장된 그래브링과 O-링에 의한 삽입식 접합으로 나사 및 용접 이음이 필요 없고 이종관과의 접합 시 커넥터나 어댑터를 사용하여 나사이음 한다.

50 유량 300L/s, 양정 10m인 급수펌프의 효율이 90%라면 소요되는 축동력(kW)은?(단, 물의 비중량은 1,000kg/m³으로 한다.)
① 24.5 ② 27.1
③ 30.6 ④ 32.7

해설
축동력 $= \dfrac{1,000 \times Q \times H}{102 \times \eta}$, $1(m^3) = 10^3(L)$

$\therefore \dfrac{1,000 \times \left(\dfrac{300}{10^3}\right) \times 10}{102 \times 0.9} = 32.7(kW)$

51 조업방법에 따라 분류할 때 다음 중 등요(오름가마)는 어디에 속하는가?
① 불연속식 요 ② 반연속식 요
③ 연속식 요 ④ 회전가마

해설
반연속요 : 등요, 셔틀요

52 액체연료 연소장치 중 고압기류식 버너의 선단부에 혼합실을 설치하고 공기, 기름 등을 혼합시킨 후 노즐에서 분사하여 무화하는 방식은?
① 내부 혼합식 ② 외부 혼합식
③ 무화 혼합식 ④ 내·외부 혼합식

해설
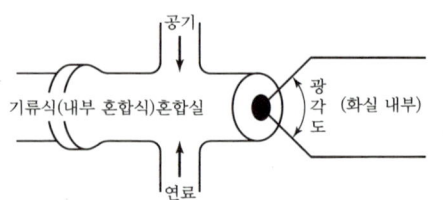

53 노통 보일러에서 노통이 열응력에 의해서 신축이 일어나므로 노통의 신축 작용에 대처하기 위해 설치하는 이음방법은?

① 평형 조인트
② 브레이징 스페이스
③ 거싯 스테이
④ 아담슨 조인트

해설

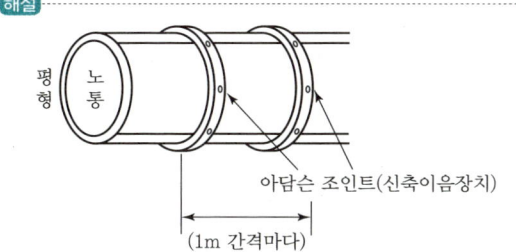

54 열전도율이 0.8kcal/m · h · ℃인 콘크리트 벽의 안쪽과 바깥쪽의 온도가 각각 25℃와 20℃이다. 벽의 두께가 5cm일 때 1m²당 전달되어 나가는 열량(kcal/h)은?

① 0.8
② 8
③ 80
④ 800

해설

$Q = \lambda \times \dfrac{A(t_1 - t_2)}{b} = 0.8 \times \dfrac{1 \times (25-20)}{0.05} = 80 (\text{kcal/h})$

※ 5cm = 0.05m

55 다음 보일러 중 일반적으로 효율이 가장 좋은 것은?(단, 동일한 조건을 기준으로 한다.)

① 노통 보일러
② 연관 보일러
③ 노통연관 보일러
④ 입형 보일러

해설
원통형 보일러 효율
노통연관 보일러 > 노통 보일러 > 입형연관 보일러 > 입형횡관 보일러

56 다음 중 수관식 보일러에 해당하는 것은?

① 노통 보일러
② 기관차형 보일러
③ 밸브콕 보일러
④ 횡연관식 보일러

해설
수관식 보일러
밸브콕 보일러, 하이네 보일러, 스네기치 보일러, 다쿠마 보일러, 이동 디형 보일러, 수관관류 보일러

57 다음 보온재 중 안전사용온도가 가장 낮은 것은?

① 펄라이트
② 규산칼슘
③ 탄산마그네슘
④ 세라믹파이버

해설
안전사용온도
펄라이트 1,100℃, 규산칼슘 650℃, 탄산마그네슘 250℃, 세라믹파이버 1,100~1,300℃

58 에너지이용 합리화법에 따른 보일러의 제조검사에 해당되는 것은?

① 용접검사
② 설치검사
③ 개조검사
④ 설치장소 변경검사

해설
보일러 제조검사 : 용접검사, 구조검사

59 보일러 사용 중 정전되었을 때 조치사항으로 적절하지 못한 것은?

① 연료공급을 멈추고 전원을 차단한다.
② 댐퍼를 열어둔다.
③ 급수는 상용수위보다 약간 많을 정도로 한다.
④ 급수탱크가 다른 시설과 공용으로 사용될 때에는 보일러용 이외의 급수관을 차단한다.

해설
정전 시 열손실 방지, 동 내부 부동팽창 방지 등을 위하여 공기덕트나 연도댐퍼 등을 밀폐시킨다.

정답 53 ④ 54 ③ 55 ③ 56 ③ 57 ③ 58 ① 59 ②

60 내화 모르타르의 구비조건으로 틀린 것은?

① 접착성이 클 것
② 필요한 내화도를 가질 것
③ 화학조성이 사용벽돌과 같을 것
④ 건조, 소성에 의한 수축, 팽창이 클 것

[해설]
요로 설치 시 노 내에 사용하는 내화 모르타르는 건조 소성 시 수축이나 팽창률이 낮아야 한다.

4과목 열설비 취급 안전관리

61 다음 중 보일러 급수에 함유된 성분 중 전열면 내면 점식의 주원인이 되는 것은?

① O_2
② N_2
③ $CaSO_4$
④ $NaSO_4$

[해설]
점식(Pitting)
보일러 내면에 좁쌀알, 쌀알, 콩알 크기의 점부식(수중의 용존산소에 의해 발생)이 발생한 것을 이른다.

62 보일러에서 산세정 작업이 끝난 후 중화처리를 한다. 다음 중 중화처리 약품으로 사용할 수 있는 것은?

① 가성소다
② 염화나트륨
③ 염화마그네슘
④ 염화칼슘

[해설]
보일러 염산의 세정 작업 시 중화처리로 가성소다를 사용한다.

63 에너지이용 합리화법에 따라 검사대상기기 적용범위에 해당하는 소형 온수보일러는?

① 전기 및 유류겸용 소형 온수보일러
② 유류를 연료로 쓰는 가정용 소형 온수보일러
③ 최고사용압력이 0.1MPa 이하이고, 전열면적이 5m² 이하인 소형 온수보일러
④ 가스 사용량이 17kg/h를 초과하는 소형 온수보일러

[해설]
검사대상 소형 온수보일러 기준
㉠ 가스를 사용하는 것
㉡ 가스사용량이 17kg/h[도시가스 232.6kW(20만 kcal/h)]를 초과하는 것

64 보일러 운전 중 취급상의 사고에 해당되지 않는 것은?

① 압력초과
② 저수위 사고
③ 급수처리 불량
④ 부속장치 미비

[해설]
부속장치 미비 사고 : 취급상이 아닌 제작상 사고

65 다음 보일러의 외부청소 방법 중 압축공기와 모래를 분사하는 방법은?

① 샌드 블라스트법
② 스틸 쇼트 크리닝법
③ 스팀 소킹법
④ 에어 소킹법

[해설]
㉠ 스틸 쇼트 크리닝법(강구 이용)
㉡ 스팀 소킹법(증기 분사)
㉢ 에어 소킹법(압축공기 분사)

66 에너지이용 합리화법에 따라 용접검사신청서 제출 시 첨부하여야 할 서류가 아닌 것은?

① 용접 부위도
② 검사대상기기의 설계도면
③ 검사대상기기의 강도계산서
④ 비파괴시험성적서

[해설]
규칙 제31조의4에 의거, 용접검사신청서 제출 시 첨부서류는 보기 ①, ②, ③이다.

정답 60 ④ 61 ① 62 ① 63 ④ 64 ④ 65 ① 66 ④

67 에너지이용 합리화법에 따라 에너지저장의무 부과 대상자로 가장 거리가 먼 것은?

① 전기사업자 ② 석탄가공업자
③ 도시가스사업자 ④ 원자력사업자

해설
영 제12조에 의해 에너지저장의무 부과 대상자는 보기 ①, ②, ③ 외 집단에너지사업자, 연간 2만 석유환산톤 이상의 에너지를 사용하는 자이다.

68 에너지이용 합리화법에 따라 산업통상자원부장관 또는 시·도지사의 업무 중 한국에너지공단에 위탁된 업무에 해당하는 것은?

① 특정열사용기자재의 시공업 등록
② 과태료의 부과·징수
③ 에너지절약 전문기업의 등록
④ 에너지관리대상자의 신고 접수

해설
영 제51조에 의거, 한국에너지공단에 위탁 업무는 에너지절약 전문기업의 등록이다.

69 급수처리 방법인 기폭법에 의하여 제거되지 않는 성분은?

① 탄산가스 ② 황화수소
③ 산소 ④ 철

해설
산소 : 탈기법에 의한 처리

70 보일러 급수처리의 목적으로 가장 거리가 먼 것은?

① 스케일 생성 및 고착 방지
② 부식 발생 방지
③ 가성취화 발생 감소
④ 배관 중의 응축수 생성 방지

해설
배관 내 응축수 생성 장해
수격작용(워터해머)의 타격으로 인한 배관손상, 부식증가, 증기 열손실 및 증기이송장해

71 증기난방의 응축수 환수방법 중 증기의 순환이 가장 빠른 것은?

① 기계환수식 ② 진공환수식
③ 단관식 중력환수식 ④ 복관식 중력환수식

해설
응축수 순환 속도
진공환수식 > 기계환수식 > 복관식 중력환수식 > 단관식 중력환수식

72 보일러 가동 중 프라이밍과 포밍의 방지대책으로 틀린 것은?

① 급수처리를 하여 불순물 등을 제거할 것
② 보일러수의 농축을 방지할 것
③ 과부하가 되지 않도록 운전할 것
④ 고수위로 운전할 것

해설
고수위 운전
프라이밍(비수), 포밍(거품) 발생으로 캐리오버(기수공발) 장해 발생

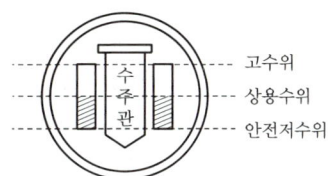

73 포밍과 프라이밍이 발생했을 때 나타나는 현상으로 가장 거리가 먼 것은?

① 캐리오버 현상이 발생한다.
② 수격작용이 발생한다.
③ 수면계의 수위 확인이 곤란하다.
④ 수위가 급히 올라가고 고수위 사고의 위험이 있다.

정답 67 ④ 68 ③ 69 ③ 70 ④ 71 ② 72 ④ 73 ④

해설
㉠ 포밍 : 수면 위에서 거품 발생
㉡ 프라이밍 : 수면에서 습증기 유발(물방울이 증기에 혼입되어 습증기 유발)

74 에너지이용 합리화법에 따라 검사대상기기 관리자에 대한 교육기간은 얼마인가?

① 1일
② 3일
③ 5일
④ 10일

해설
규칙 별표 4의2에 의해, 교육기간은 1일이다.

75 에너지이용 합리화법에 따라 가스사용량이 17kg/h를 초과하는 가스용 소형 온수보일러에 대해 면제되는 검사는?

① 계속사용 안전검사
② 설치 검사
③ 제조검사
④ 계속사용 성능검사

해설
규칙 별표 3의6에 의해 가스사용량 17kg/h(도시가스 232.6 kW)를 초과하는 가스용 소형 온수보일러는 제조검사가 면제된다.

76 온수난방에서 방열기 내 온수의 평균온도가 85℃, 실내온도가 20℃, 방열계수가 7.2kcal/m²·h·℃이라면, 이 방열기의 방열량(kcal/m²·h)은?

① 468
② 472
③ 496
④ 592

해설
방열기(라디에이터) 방열량(Q)
Q = 방열계수×온도차
  = $7.2 \times (85-20) = 468(\text{kcal/m}^2 \cdot \text{h})$

77 에너지이용 합리화법에 따라 산업통상자원부장관이 냉·난방온도를 제한온도에 적합하게 유지 관리하지 않은 기관에 시정조치를 명령할 때 포함되지 않는 사항은?

① 시정조치 명령의 대상 건물 및 대상자
② 시정결과 조치 내용 통지 사항
③ 시정조치 명령의 사유 및 내용
④ 시정기한

해설
영 제42조의3에 의거, 시정조치명령은 보기 ①, ③, ④를 포함해야 한다.

78 사고의 원인 중 간접원인에 해당되지 않는 것은?

① 기술적 원인
② 관리적 원인
③ 인적 원인
④ 교육적 원인

해설
인적 원인 : 직접원인
사람에 의한 인적 사고는 직접적인 사고 원인이다.

79 스케일의 영향으로 보일러 설비에 나타나는 현상으로 가장 거리가 먼 것은?

① 전열면의 국부과열
② 배기가스 온도 저하
③ 보일러의 효율 저하
④ 보일러의 순환 장애

해설
스케일의 영향
관석에 의한 전열면의 과열, 전열의 장애로 배기가스 온도 상승, 열효율 감소, 보일러 강도 저하

스케일의 종류
• 중탄산칼슘 : $Ca(HCO_3)_2$
• 중탄산마그네슘 : $Mg(HCO_3)_2$
• 탄산마그네슘 : $MgCO_3$
• 염화마그네슘 : $MgCl_2$

정답 74 ① 75 ③ 76 ① 77 ② 78 ③ 79 ②

80 수관식 보일러와 비교하여 노통연관식 보일러의 특징에 대한 설명으로 옳은 것은?

① 청소가 곤란하다.
② 시동하고 나서 증기 발생시간이 짧다.
③ 연소실을 자유로운 형상으로 만들 수 있다.
④ 파열 시 더욱 위험하다.

해설

노통연관 보일러
수부가 증기부보다 커서 파열 시 열수에 의한 사고가 커진다.

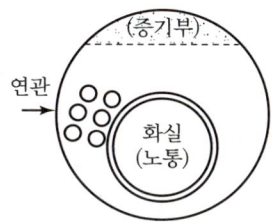

수관식 보일러
드럼 내 보일러수가 적어서 파열 시 피해가 적다. 물이 수관으로 분산되어서 전열이 용이하여 열효율이 높으나 부식이나 스케일의 발생이 심하다.

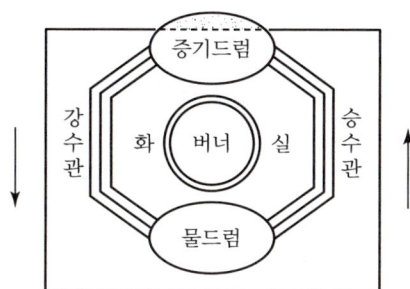

정답 80 ④

2019년 3회 기출문제

1과목 열역학 및 연소관리

01 랭킨 사이클에서 단열과정인 것은?

① 펌프 ② 발전기
③ 보일러 ④ 복수기

> 해설
> - 보일러 : 정압가열
> - 과열기 : 가역단열팽창
> - 복수기 : 등온방열
> - 펌프 : 단열압축

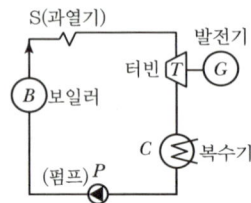

02 그림은 초기 체적이 V_i 상태에 있는 피스톤이 외부로 일을 하여 최종적으로 체적이 V_f인 상태로 된 것을 나타낸다. 외부로 가장 많은 일을 한 과정은?

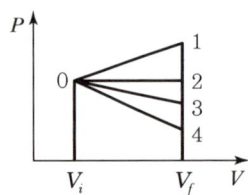

① 0-1 과정 ② 0-2 과정
③ 0-3 과정 ④ 0-4 과정

> 해설
>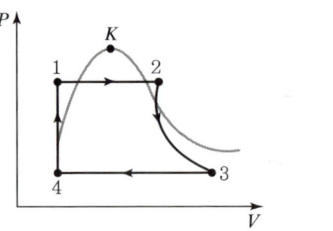
> 체적 V_f 상태에서 0-1 과정이 압력이 가장 높으므로 외부로 가장 많은 일을 하였다.

㉠ 1 → 2 (정압가열)
㉡ 2 → 3 (가역단열팽창)
㉢ 3 → 4 (등압, 등온방열)
㉣ 4 → 1 (단열압축)

03 다음 [그림]은 물의 압력-온도 선도를 나타낸 것이다. 액체와 기체의 혼합물은 어디에 존재하는가?

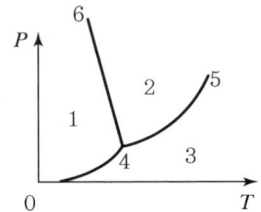

① 영역 1 ② 선 4-6
③ 선 0-4 ④ 선 4-5

> 해설
>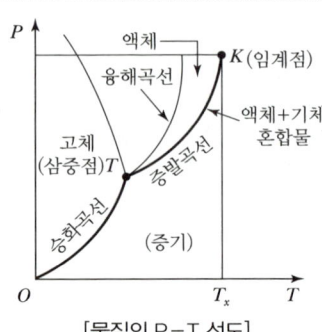
> [물질의 P-T 선도]

04 카르노 사이클의 작동순서로 알맞은 것은?

① 등온팽창 → 단열팽창 → 등온압축 → 단열압축
② 등온팽창 → 등온압축 → 단열팽창 → 단열압축
③ 등온압축 → 등온팽창 → 단열팽창 → 단열압축
④ 단열압축 → 단열팽창 → 등온팽창 → 등온압축

정답 01 ① 02 ① 03 ④ 04 ①

> **해설**

카르노 사이클
- 1 → 2 : 등온팽창
- 2 → 3 : 단열팽창
- 3 → 4 : 등온압축
- 4 → 1 : 단열압축

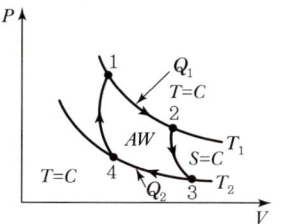

05 엔탈피는 다음 중 어느 것으로 정의되는가?

① 과정에 따라 변하는 양
② 내부 에너지와 유동 일의 합
③ 정적하에서 가해진 열량
④ 등온하에서 가해진 열량

> **해설**

엔탈피 : 내부에너지 + 유동에너지
[비엔탈비 $h = u + APV$(kcal/kg)]

06 보일러 매연의 발생 원인으로 틀린 것은?

① 연소 기술이 미숙할 경우
② 통풍이 많거나 부족할 경우
③ 연소실의 온도가 너무 낮을 경우
④ 연료와 공기가 충분히 혼합된 경우

> **해설**

연료와 공기가 충분히 혼합되면 완전연소가 가능하여 매연의 발생이 감소하고 CO의 생성이 없어진다.

07 일을 할 수 있는 능력에 관한 법칙으로 기계적인 일이 없이는 스스로 저온부에서 고온부로 이동할 수 없다는 법칙은?

① 열역학 제0법칙 ② 열역학 제1법칙
③ 열역학 제2법칙 ④ 열역학 제3법칙

> **해설**

열역학 제2법칙
기계적인 일이 없이는 스스로 저온부에서 고온부로 열이 이동되지 않는다는 에너지의 방향성을 제시하는 법칙으로 자연계에 아무런 변화도 남기지 않고 어느 열원의 열을 계속해서 일로 바꾸는 제2종 영구기관은 존재하지 않는다는 표현이다.

08 액체연료의 특징에 대한 설명으로 틀린 것은?

① 수송과 저장이 편리하다.
② 단위 중량에 대한 발열량이 석탄보다 크다.
③ 인화, 역화 등 화재의 위험성이 없다.
④ 연소 시 매연이 적게 발생한다.

> **해설**

액체연료는 인화·역화 등 화재의 위험성이 크다.

09 오토 사이클에 대한 설명으로 틀린 것은?

① 일정 체적 과정이 포함되어 있다.
② 압축비가 클수록 열효율이 감소한다.
③ 압축 및 팽창은 등엔트로피 과정으로 이루어진다.
④ 스파크 점화 내연기관의 사이클에 해당된다.

> **해설**

오토 사이클은 불꽃점화기관이며 정적 사이클이다. 열효율은 압축비만의 함수이며 압축비가 클수록 열효율이 증가한다.
$\eta_0 = 1 - \left(\dfrac{1}{\varepsilon}\right)^{k-1}$, ε : 압축비

10 연소 시 일반적으로 실제공기량과 이론공기량의 관계는 어떻게 설정하는가?

① 실제공기량은 이론공기량과 같아야 한다.
② 실제공기량은 이론공기량보다 작아야 한다.
③ 실제공기량은 이론공기량보다 커야 한다.
④ 아무런 관계가 없다.

> **해설**

실제공기량 = 이론공기량 × 공기비
(실제공기량은 이론공기량보다 항상 크다.)

정답 05 ② 06 ④ 07 ③ 08 ③ 09 ② 10 ③

11 다음 연료 중 고위발열량이 가장 큰 것은? (단, 동일 조건으로 가정한다.)

① 중유 ② 프로판
③ 석탄 ④ 코크스

해설
발열량
프로판(12,050kcal/kg)>중유(9,900kcal/kg)>코크스(7,050kcal/kg)>석탄(4,650kcal/kg)

12 분사컵으로 기름을 비산시켜 무화하는 버너는?

① 유압분무식
② 공기분무식
③ 증기분무식
④ 회전분무식

해설

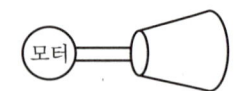

수평로터리 버너(모터 사용)
[회전분무식 버너의 분무컵(분사컵)]

13 정상유동과정으로 단위시간당 50℃의 물 200kg과 100℃ 포화증기 10kg을 단열된 혼합실에서 혼합할 때 출구에서 물의 온도(℃)는?(단, 100℃ 물의 증발잠열은 2,250kJ/kg이며, 물의 비열은 4.2kJ/kg·K이다.)

① 55.0 ② 77.3
③ 77.9 ④ 82.1

해설
$Q_1 = 200 \times 4.2 \times 50 = 42,000(kJ)$
$Q_2 = (10 \times 2,250) + (200 \times 4.2) = 23,340(kJ)$
$\therefore t_m = \dfrac{42,000 + 23,340}{200 \times 4.2} = 77.9(℃)$

14 이상기체의 가역단열변화에 대한 식으로 틀린 것은?(단, k는 비열비이다.)

① $\dfrac{P_2}{P_1} = \left(\dfrac{V_2}{V_1}\right)^{k-1}$ ② $\dfrac{T_2}{T_1} = \left(\dfrac{V_1}{V_2}\right)^{k-1}$

③ $\dfrac{T_2}{T_1} = \left(\dfrac{P_2}{P_1}\right)^{\frac{k-1}{k}}$ ④ $\left(\dfrac{V_1}{V_2}\right)^{k-1} = \left(\dfrac{P_2}{P_1}\right)^{\frac{k-1}{k}}$

해설
가역단열변화
$\dfrac{P_2}{P_1} = \left(\dfrac{V_2}{V_1}\right)^{\frac{k-1}{k}} = \dfrac{T_2}{T_1} = \left(\dfrac{V_1}{V_2}\right)^{k-1}$

15 용기 내부에 증기 사용처의 증기 압력 또는 열수 온도보다 높은 압력과 온도의 포화수를 저장하여 증기부하를 조절하는 장치를 무엇이라고 하는가?

① 기수분리기
② 스팀 어큐뮬레이터
③ 스토리지 탱크
④ 오토 클레이브

해설
어큐뮬레이터
증기압력 또는 열수온도보다 높은 압력·온도의 포화수 저장탱크

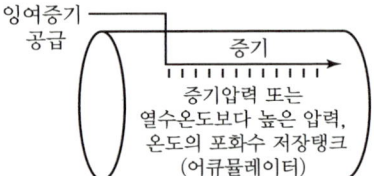

16 물질을 연소시켜 생긴 화합물에 대한 설명으로 옳은 것은?

① 수소가 연소했을 때는 물로 된다.
② 황이 연소했을 때는 황화수소로 된다.
③ 탄소가 불완전 연소했을 때는 이산화탄소가 된다.
④ 탄소가 완전 연소했을 때는 일산화탄소가 된다.

정답 11 ② 12 ④ 13 ③ 14 ① 15 ② 16 ①

해설

- 수소(H_2) + $\frac{1}{2}O_2 \rightarrow H_2O$(물)
- 황(S) + $O_2 \rightarrow SO_2$(아황산가스)
- 탄소(C) + $O_2 \rightarrow CO_2$(이산화탄소)
- 탄소(C) + $\frac{1}{2}O_2 \rightarrow CO$(일산화탄소)

17 C(87%), H(12%), S(1%)의 조성을 가진 중유 1kg을 연소시키는 데 필요한 이론공기량은 몇 Nm³/kg인가?

① 6.0 ② 8.5
③ 9.4 ④ 11.0

해설

이론공기량(A_o) = $8.89C + 26.67\left(H - \frac{O}{8}\right) + 3.33S$
$= 8.89 \times 0.87 + 26.67 \times 0.12 \times 3.33 \times 0.01$
$= 11(Nm^3/kg)$

(단, 산소가 없는 경우 $A_o = 8.89C + 26.67H + 3.33S$)

18 다음 중 몰리에(Mollier) 선도를 이용할 때 가장 간단하게 계산할 수 있는 것은?

① 터빈효율 계산
② 엔탈피 변화 계산
③ 사이클에서 압축비 계산
④ 증발 시의 체적증가량 계산

해설

$P-h$ 선도(압력-엔탈피 선도)

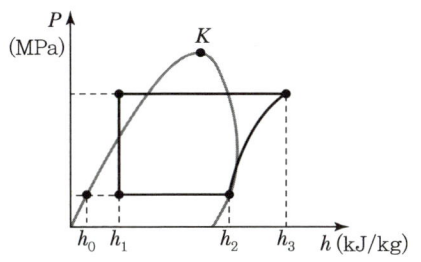

19 탄소(C) 1kg을 완전히 연소시키는 데 요구되는 이론산소량은 몇 Nm³인가?

① 1.87 ② 2.81
③ 5.63 ④ 8.94

해설

C 1(kmol) = 12(kg) = 22.4(Nm³)
O_2 1(kmol) = 32(kg) = 22.4(Nm³)

- 산소량 : $\frac{22.4}{12} = 1.87(Nm^3/kg)$, $\frac{32}{12} = 2.67(kg/kg)$
- 공기량 = $1.87 \times \frac{1}{0.21} = 8.89(Nm^3/kg)$

20 연돌의 통풍력에 관한 설명으로 틀린 것은?

① 일반적으로 직경이 크면 통풍력도 크게 된다.
② 일반적으로 높이가 증가하면 통풍력도 증가한다.
③ 연돌의 내면에 요철이 적은 쪽이 통풍력이 크다.
④ 연돌의 벽에서 배기가스의 열방사가 많은 편이 통풍력이 크다.

해설

연돌(굴뚝)에서 배기가스 열방사가 적으면 열손실이 감소하여 배기가스 온도가 높아지면서 부력이 발생하여 통풍력이 증가한다.

2과목 계측 및 에너지 진단

21 진동이 일어나는 장치의 진동을 억제시키는 데 가장 효과적인 제어동작은?

① on-off 동작 ② 비례 동작
③ 미분 동작   ④ 적분 동작

해설

미분 동작
자동제어 연속 동작에서 진동이 일어나는 동작을 억제시키는 데 효과적이다.

정답 17 ④ 18 ② 19 ① 20 ④ 21 ③

22 다음 중 유량을 나타내는 단위가 아닌 것은?

① m³/h ② kg/min
③ L/s   ④ kg/cm²

해설
압력의 단위
mmHg, atm, psi, kg/cm², Pa, N/m² 등

23 다음 중 열량의 계량단위가 아닌 것은?

① J   ② kWh
③ Ws   ④ kg

해설
㉠ 전력 : kW
㉡ 전력량 : kWh, Wh 등
㉢ 열량의 계량단위 : J, Ws, kWh 등

24 측정기로 여러 번 측정할 때 측정한 값의 흩어짐이 작으면, 즉 우연오차가 작다면 이 측정기는 어떠한가?

① 정밀도가 높다.
② 정확도가 높다.
③ 감도가 좋다.
④ 치우침이 적다.

해설
㉠ 우연오차(산포)가 작으면 정밀도가 높다.
㉡ 계통적인 오차가 작으면 정확도가 높다.

25 물체의 탄성 변위량을 이용한 압력계가 아닌 것은?

① 다이어프램식 압력계
② 경사관식 압력계
③ 부르동관식 압력계
④ 벨로스식 압력계

해설
액주식(경사관식) 압력계

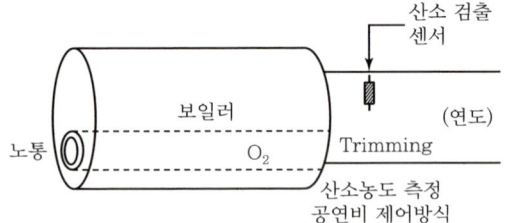

$P_1 - P_2 = \gamma \cdot l \cdot \sin\theta$

26 배가스 중 산소농도를 검출하여 적정공연비를 제어하는 방식을 무엇이라 하는가?

① O₂ Trimming 제어
② 배가스 온도 제어
③ 배가스량 제어
④ CO 제어

해설
O₂ Trimming 제어

27 다음 중 압력의 계량 단위가 아닌 것은?

① N/m²   ② mmHg
③ mmAq ④ Pa/cm²

해설
압력의 계량단위는 보기 ①, ②, ③ 외 Pa, kPa 등이 있다.

28 비접촉식 온도계의 특성 중 잘못 짝지어진 것은?

① 광전관 온도계 : 서로 다른 금속선에서 생긴 열기전력을 측정
② 광고온계 : 한 파장의 방사에너지 측정

정답 22 ④ 23 ④ 24 ① 25 ② 26 ① 27 ④ 28 ①

③ 방사온도계 : 전 파장의 방사에너지 측정
④ 색온도계 : 고온체의 색 측정

해설
열전대 접촉식 온도계
서로 다른 금속선에서 생긴 열기전력(기전력 : 제벡효과)을 이용한 온도계이다.

29 유체의 압력차를 일정하게 유지하고 유체가 흐르는 단면적을 변화시켜 유량을 측정하는 계측기는?

① 오리피스   ② 플로노즐
③ 벤투리미터 ④ 로터미터

해설
로터미터(면적식 유량계)
유체의 압력차를 일정하게 유지하고 유체가 흐르는 단면적을 변화시켜 유량을 측정한다.

30 보일러 효율시험 측정 위치(방법)에 대한 설명으로 틀린 것은?

① 연료 온도 – 유량계 전
② 급수 온도 – 보일러 출구
③ 배기가스 온도 – 전열면 출구
④ 연료 사용량 – 체적식 유량계

해설
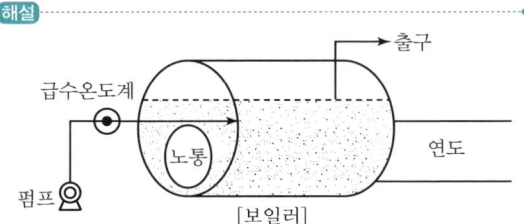

31 물의 삼중점에 해당되는 온도(℃)는?

① −273.87   ② 0
③ 0.01   ④ 4

해설
물의 삼중점
• 온도 : 0.01℃
• 압력 : 4.579mmHg

32 잔류편차(Off-set)가 있는 제어는?

① P 제어   ② I 제어
③ PI 제어   ④ PID 제어

해설
• P 동작(비례동작) : 잔류편차 발생
• I 동작(적분동작) : 잔류편차 제거

33 제어계가 불안정해서 제어량이 주기적으로 변화하는 좋지 못한 상태를 무엇이라고 하는가?

① 외란   ② 헌팅
③ 오버슈트   ④ 스탭응답

해설
헌팅
제어계가 불안정해서 제어량이 주기적으로 변화하는 좋지 못한 상태이다.

34 배관의 열팽창에 의한 배관 이동을 구속 또는 제한하는 레스트레인트의 종류에 속하지 않는 것은?

① 스토퍼(Stopper)
② 앵커(Anchor)
③ 가이드(Guide)
④ 서포트(Support)

해설
관의 지지기구
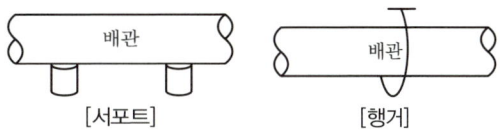

정답 29 ④ 30 ② 31 ③ 32 ① 33 ② 34 ④

35 두께 144mm의 벽돌벽이 있다. 내면온도 250℃, 외면온도 150℃일 때 이 벽면 10m²에서 손실되는 열량(W)은?(단, 벽돌의 열전도율은 0.7W/m·℃이다.)

① 2,790 ② 4,860
③ 6,120 ④ 7,270

해설

고체전열량(Q) = $\lambda \times \dfrac{A(t_1 - t_2)}{b}$

= $0.7 \times \dfrac{10 \times (250 - 150)}{0.144}$

= $4,860(W)$

36 보일러의 열정산 조건으로 가장 거리가 먼 것은?

① 측정시간은 최소 30분으로 한다.
② 발열량은 연료의 총발열량으로 한다.
③ 증기의 건도는 0.98 이상으로 한다.
④ 기준 온도는 시험 시의 외기 온도를 기준으로 한다.

해설

열정산 시 측정시간은 매 10분마다로 한다.

37 가스 분석을 위한 시료채취 방법으로 틀린 것은?

① 시료채취 시 공기의 침입이 없도록 한다.
② 가능한 한 시료가스의 배관을 짧게 한다.
③ 시료가스는 가능한 한 벽에 가까운 가스를 채취한다.
④ 가스성분과 화학성분을 일으키는 배관재나 부품을 사용하지 않는다.

해설

연소배기가스 분석 시 시료가스는 가능한 한 벽에서 멀어진 가스를 채취하여 분석하여야 농도가 정확하다.

38 물 20kg을 포화증기로 만들려고 한다. 전열효율이 80%일 때, 필요한 공급열량(kJ)은?(단, 포화증기 엔탈피는 2,780kJ/kg, 급수엔탈피는 100kJ/kg이다.)

① 53,600 ② 55,500
③ 67,000 ④ 69,400

해설

물의 증발열 = $2,780 - 100 = 2,680(kJ/kg)$
소비열량 = $(20 \times 2,680)/0.8 = 67,000(kJ)$

39 비접촉식 광전관식 온도계의 특징으로 틀린 것은?

① 연속 측정이 용이하다.
② 이동하는 물체의 온도 측정이 용이하다.
③ 응답 속도가 빠르다.
④ 기록제어가 불가능하다.

해설

비접촉식 광전관식 고온계
광고온도계의 계량형으로 보기 ①, ②, ③ 외에도 기록제어가 가능하다는 특징이 있다.

40 모세관 상부에 수은을 고이게 하여 측정온도에 따라 수은의 양을 조절하여 0.01℃까지 정도가 좋은 온도계로 열량계에 많이 사용하는 것은?

① 색온도계
② 저항온도계
③ 베크만 온도계
④ 액체 압력식 온도계

해설

베크만 온도계
수은온도계의 계량형으로 수은의 양을 조절하여 0.01℃까지 정도가 좋은 접촉식 온도계이며 열량계로도 사용이 가능하다.

정답 35 ② 36 ① 37 ③ 38 ③ 39 ④ 40 ③

3과목 열설비구조 및 시공

41 자연 순환식 수관보일러의 종류가 아닌 것은?
① 야로우 보일러
② 타쿠마 보일러
③ 라몬트 보일러
④ 스털링 보일러

해설
강제순환식 보일러(수관형)
㉠ 라몬트 노즐 보일러
㉡ 베록스 보일러

42 보일러 증기과열기의 종류 중 증기와 열 가스의 흐름이 서로 반대 방향인 방식은?
① 병류식(병행류)
② 향류식(대향류)
③ 혼류식
④ 분사식

해설
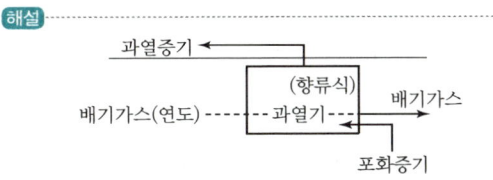

43 다음 중 에너지이용 합리화법에 따라 소형 온수보일러에 해당하는 것은?
① 전열면적이 14m² 이하이고 최고사용압력이 0.35MPa 이하의 온수를 발생하는 것
② 전열면적이 14m² 이하이고 최고사용압력이 0.5MPa 이하의 온수를 발생하는 것
③ 전열면적이 24m² 이하이고 최고사용압력이 0.35MPa 이하의 온수를 발생하는 것
④ 전열면적이 24m² 이하이고 최고사용압력이 0.5MPa 이하의 온수를 발생하는 것

해설
소형 온수보일러 기준
전열면적 14m² 이하, 최고사용압력 0.35MPa 이하 온수보일러

44 동경관을 직선으로 연결하는 부속이 아닌 것은?
① 소켓
② 니플
③ 리듀서
④ 유니온

해설
리듀서(줄임쇠) : 강관용 부속 이음

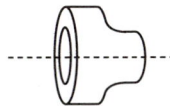

45 캐리오버(Carry Over)를 방지하기 위한 대책으로 틀린 것은?
① 보일러 내에 증기세정장치를 설치한다.
② 급격한 부하변동을 준다.
③ 운전 시에 블로다운을 행한다.
④ 고압 보일러에서는 실리카를 제거한다.

해설
캐리오버(기수공발)
증기에 수분이나 실리카(SiO_2)가 동행하여 보일러에서 외부관으로 배출되면서 수격작용을 일으키는 현상으로 급격한 부하변동을 피해서 보일러 운전을 해야 한다.

46 관경 50A인 어떤 관의 최대인장강도가 400MPa일 때, 허용응력(MPa)은?(단, 안전율은 4이다.)
① 100
② 125
③ 168
④ 200

해설
$$허용응력 = 최대인장강도 \times \frac{1}{안전율}$$
$$= \frac{400 \times 1}{4} = 100(MPa)$$

정답 41 ③ 42 ② 43 ① 44 ③ 45 ② 46 ①

47 보일러 노통의 구비 조건으로 적절하지 않은 것은?

① 전열작용이 우수해야 한다.
② 온도 변화에 따른 신축성이 있어야 한다.
③ 증기의 압력에 견딜 수 있는 충분한 강도가 필요하다.
④ 연소가스의 유속을 크게 하기 위하여 노통의 단면적을 작게 한다.

해설
노통이 어느 정도 커야 공기량이 풍부하여 완전연소가 가능하다.

48 용해로에 대한 설명이 틀린 것은?

① 용해로는 용탕을 만들어 내는 것을 목적으로 한다.
② 전기로에는 형식에 따라 아크로, 저항로, 유도용해로가 있다.
③ 반사로는 내화벽돌로 만든 아치형의 낮은 천장으로 구성되어 있다.
④ 용선로는 자연통풍식과 강제통풍식으로 나뉘며 석탄, 중유, 가스를 열원으로 사용한다.

해설
용선로(큐폴라)
주물용해로이다. 반사로와 평로가 있다. 전로가 부착된 것이 있는 것과 없는 것이 있으며 코크스로 주철을 용해한다.

49 용해로, 소둔로, 소성로, 균열로의 분류방식은?

① 조업방식   ② 전열방식
③ 사용목적   ④ 온도상승속도

해설
노의 사용목적별 분류
용해로, 소둔로, 소성로, 균열로 등

50 보일러 사고의 종류인 저수위의 원인이 아닌 것은?

① 급수계통의 이상   ② 관수의 농축
③ 분출계통의 누수   ④ 증발량의 과잉

해설
관수의 농축은 슬러지 생성, 스케일 부착의 원인이 된다.

51 상온의 물을 양수하는 펌프의 송출량이 $0.7m^3/s$이고 전양정이 40m인 펌프의 축동력은 약 몇 kW인가?(단, 펌프의 효율은 80%이다.)

① 327   ② 343
③ 376   ④ 443

해설
$$동력(kW) = \frac{\gamma \cdot Q \cdot H}{102 \times \eta} = \frac{1,000 \times 0.7 \times 40}{102 \times 0.8} = 343$$
(물의 비중량 $\gamma = 1,000 kg/m^3$)

52 급수의 성질에 대한 설명으로 틀린 것은?

① pH는 최적의 값을 유지할 때 부식 방지에 유리하다.
② 유지류는 보일러수의 포밍의 원인이 된다.
③ 용존산소는 보일러 및 부속장치의 부식의 원인이 된다.
④ 실리카는 슬러지를 만든다.

해설
실리카(SiO_2)는 경질의 스케일을 생성시키며 선택적 캐리오버(Selective Carry Over)가 발생한다.

53 가열로의 내벽 온도를 1,200℃, 외벽 온도를 200℃로 유지하고 매 시간당 $1m^2$에 대한 열손실을 1,440 kJ로 설계할 때 필요한 노벽의 두께(cm)는?(단, 노벽 재료의 열전도율은 0.1W/m·℃이다.)

① 10   ② 15
③ 20   ④ 25

정답   47 ④   48 ④   49 ③   50 ②   51 ②   52 ④   53 ④

해설

$$Q = \lambda \times \frac{A(t_1 - t_2)}{b}$$

$$\frac{1,440}{3,600} = 0.1 \times \frac{1 \times (1,200 - 200)}{b}$$

$$\therefore b = 0.1 \times \frac{1 \times (1,200 - 200)}{\left(\frac{1,440}{3,600}\right)} = 250(\text{mm}) = 25(\text{cm})$$

※ 1kWh = 3,600kJ, 1W = 0.86kcal
1kW = 1,000W, 0.1W = 0.0001kW

54 에너지이용 합리화법에서 검사의 종류 중 계속사용검사에 해당하는 것은?

① 설치검사
② 개조검사
③ 안전검사
④ 재사용검사

해설
계속사용검사 : 안전검사, 성능검사

55 에너지이용 합리화법에 따라 검사대상기기 관리자 선임에 대한 설명으로 틀린 것은?

① 검사대상기기설치자는 검사대상기기관리자가 퇴직한 경우 시·도지사에게 신고하여야 한다.
② 검사대상기기설치자는 검사대상기기관리자가 퇴직하는 경우 퇴직 후 7일 이내에 후임자를 선임하여야 한다.
③ 검사대상기기관리자의 선임기준은 1구역마다 1명 이상으로 한다.
④ 검사대상기기관리자의 자격기준과 선임기준은 산업통상자원부령으로 정한다.

해설
검사대상기기관리자가 퇴직하면 퇴직하기 전에 후임자를 선임하고 선임한 날로부터 30일 이내 한국에너지공단에 선임신고서를 제출한다.

56 감압 밸브를 작동방법에 따라 분류할 때 해당되지 않는 것은?

① 솔레노이드식
② 다이어프램식
③ 벨로스식
④ 피스톤식

해설
• 솔레노이드 밸브 : 전자 밸브(오일, 가스라인에 설치한다.)
• 감압 밸브는 증기라인에 설치한다.

57 에너지이용 합리화법에 따라 검사대상기기인 보일러의 계속사용검사 중 운전성능검사의 유효기간은?

① 6개월
② 1년
③ 2년
④ 3년

해설
개조검사, 설치검사, 안전검사, 운전성능검사 등은 유효기간이 1년이다.

58 배관에 사용되는 보온재의 구비 조건으로 틀린 것은?

① 물리적·화학적 강도가 커야 한다.
② 흡수성이 적고, 가공이 용이해야 한다.
③ 부피, 비중이 작아야 한다.
④ 열전도율이 가능한 한 커야 한다.

해설
보온재는 열전도율(W/m℃)이 작아야 열손실이 방지된다.

59 다음 중 관류보일러로 옳은 것은?

① 술저(Sulzer) 보일러
② 라몬트(Lamont) 보일러
③ 벨럭스(Velox) 보일러
④ 타쿠마(Takuma) 보일러

해설
수관식 관류보일러
밴슨 보일러, 술저 보일러, 가와사키 보일러

정답 54 ③ 55 ② 56 ① 57 ② 58 ④ 59 ①

60 보일러 내부의 전열면에 스케일이 부착되어 발생하는 현상이 아닌 것은?

① 전열면 온도 상승
② 전열량 저하
③ 수격현상 발생
④ 보일러수의 순환 방해

해설
배관의 수격현상(워터해머)은 증기의 응축수 발생에 의해 일어난다. 예방책으로 증기트랩이나 관에 구배를 주어서 시공한다.

4과목 열설비 취급 안전관리

61 다음 중 에너지이용 합리화법에 따라 검사대상기기의 검사유효기간이 다른 하나는?

① 보일러 설치장소 변경검사
② 철금속가열로 운전성능검사
③ 압력용기 및 철금속가열로 설치검사
④ 압력용기 및 철금속가열로 재사용검사

해설
① : 검사유효기간 1년
②, ③, ④ : 검사유효기간 2년

62 신설 보일러의 소다 끓이기의 주요 목적은?

① 보일러 가동 시 발생하는 열응력을 감소하기 위해서
② 보일러 동체와 관의 부식을 방지하기 위해서
③ 보일러 내면에 남아 있는 유지분을 제거하기 위해서
④ 보일러 동체의 강도를 증가시키기 위해서

해설
신설 보일러의 소다 끓이기는 보일러 내면에 남아 있는 유지분(보일러 과열 촉진)을 제거하기 위함이다. 압력 0.3~0.5(kgf/cm²)에서 2~3일간 끓인 후 분출하고 새로 급수한 후에 사용한다.(탄산소다 0.1% 정도 용액 사용)

63 진공환수식 증기난방에서 환수관 내의 진공도는?

① 50~75mmHg ② 70~125mmHg
③ 100~250mmHg ④ 250~350mmHg

해설
증기난방 응축수 회수방법
㉠ 기계환수식(환수 펌프 사용)
㉡ 중력환수식(밀도차 이용)
㉢ 진공환수식(진공도 100~250mmHg)

64 에너지이용 합리화법에 따라 검사대상기기 관리자가 퇴직한 경우, 검사대상기기관리자 퇴직신고서에 자격증수첩과 관리할 검사대상기기 검사증을 첨부하여 누구에게 제출하여야 하는가?

① 시·도지사
② 시공업자단체장
③ 산업통상자원부장관
④ 한국에너지공단이사장

해설
검사대상기기관리자의 선임·퇴직·해임신고서는 한국에너지공단이사장에게 제출한다.

65 진공환수식 증기난방의 장점이 아닌 것은?

① 배관 및 방열기 내의 공기를 뽑아내므로 증기순환이 신속하다.
② 환수관의 기울기를 크게 할 수 있고 소규모 난방에 알맞다.
③ 방열기 밸브의 개폐를 조절하여 방열량의 폭넓은 조절이 가능하다.
④ 응축수의 유속이 신속하므로 환수관의 직경이 작아도 된다.

해설
진공환수식 증기난방은 환수관의 기울기에는 별로 영향받지 않으며, 대규모 난방에서 채택을 많이 한다.

정답 60 ③ 61 ① 62 ③ 63 ③ 64 ④ 65 ②

66 수격작용을 예방하기 위한 조치사항이 아닌 것은?

① 송기할 때는 배관을 예열할 것
② 주증기 밸브를 급개방하지 말 것
③ 송기하기 전에 드레인을 완전히 배출할 것
④ 증기관의 보온을 하지 말고 냉각을 잘 시킬 것

해설
수격작용(워터해머)을 방지하려면 관 내 응축수의 생성을 방지해야 하므로 증기관의 보온을 철저하게 한다.

67 다음은 보일러 설치 시공기준에 대한 설명으로 틀린 것은?

① 전열면적 10m²를 초과하는 보일러에서 급수밸브 및 체크밸브의 크기는 호칭 20A 이상이어야 한다.
② 최대증발량이 5t/h 이하인 관류보일러의 안전밸브는 호칭지름 25A 이상이어야 한다.
③ 2개 이상의 원격지시 수면계를 시설하는 경우에 한하여 유리수면계는 1개 이상으로 할 수 있다.
④ 증기보일러의 압력계에는 물을 넣은 안지름 6.5mm 이상의 사이펀관 또는 동등한 작용을 하는 장치를 부착해야 한다.

해설
보기 ②의 관류보일러는 안전밸브의 호칭지름이 20A 이상이면 기준에 부합한다.

68 보일러의 동판에 점식(Pitting)이 발생하는 가장 큰 원인은?

① 급수 중에 포함되어 있는 산소 때문
② 급수 중에 포함되어 있는 탄산칼슘 때문
③ 급수 중에 포함되어 있는 인산마그네슘 때문
④ 급수 중에 포함되어 있는 수산화나트륨 때문

해설
점식(공식, 점형부식)은 보일러 수면 부근에서 발생하며 보일러수의 고열에 의해 용존산소가 분출되면서 발생하는 점부식(곰보부식)이다.

69 에너지법에서 에너지공급자가 아닌 것은?

① 에너지를 수입하는 사업자
② 에너지를 저장하는 사업자
③ 에너지를 전환하는 사업자
④ 에너지사용시설의 소유자

해설
에너지관리자
㉠ 에너지사용시설의 소유자
㉡ 에너지사용시설의 관리자

70 과열기가 설치된 보일러에서 안전밸브의 설치기준에 대해 맞게 설명된 것은?

① 과열기에 설치하는 안전밸브는 고장에 대비하여 출구에 2개 이상 있어야 한다.
② 관류보일러는 과열기 출구에 최대증발량에 해당하는 안전밸브를 설치할 수 있다.
③ 과열기에 설치된 안전밸브의 분출용량 및 수는 보일러 동체의 분출용량 및 수에 포함이 안 된다.
④ 과열기에 안전밸브가 설치되면 동체에 부착되는 안전밸브는 최대증발량의 90% 이상 분출할 수 있어야 한다.

해설
과열기 안전밸브 설치기준
㉠ 출구에 1개 이상의 안전밸브가 있어야 한다.
㉡ 증기분출용량은 과열기의 온도를 설계온도 이하로 유지하는 데 필요한 양의 보일러 최대증발량의 15%를 초과하는 경우에는 15% 이상이어야 한다.
㉢ 관류보일러에는 과열기 출구에 최대증발량에 상당하는 분출용량의 안전밸브를 설치할 수 있다.

71 보일러를 사용하지 않고 장기간 보존할 경우 가장 적합한 보존법은?

① 건조 보존법
② 만수 보존법
③ 밀폐 만수 보존법
④ 청관제 만수 보존법

정답 66 ④ 67 ② 68 ① 69 ④ 70 ② 71 ①

해설
보일러 장기 보존법
건조 보존법, 석회밀폐 건조 보존법, 질소봉입 건조밀폐 보존법

72. 증기 발생 시 주의사항으로 틀린 것은?

① 연소 초기에는 수면계의 주시를 철저히 한다.
② 증기를 송기할 때 과열기의 드레인을 배출시킨다.
③ 급격한 압력상승이 일어나지 않도록 연소상태를 서서히 조절시킨다.
④ 증기를 송기할 때 증기관 내의 수격작용을 방지하기 위하여 응축수의 배출을 사후에 실시한다.

해설
송기(증기이송) 시 응축수 배출 후에 주증기 밸브를 개방하여 수격작용을 방지한다.

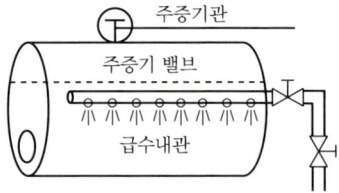

73. 에너지이용 합리화법에 따라 효율관리기자재에 에너지소비효율 등을 표시해야 하는 업자로 옳은 것은?

① 효율관리기자재의 제조업자 또는 시공업자
② 효율관리기자재의 제조업자 또는 수입업자
③ 효율관리기자재의 시공업자 또는 판매업자
④ 효율관리기자재의 수입업자 또는 시공업자

해설
효율관리기자재에 에너지소비효율 등을 표시해야 하는 자
제조업자, 수입업자

74. 보일러의 만수 보존법은 어느 경우에 가장 적합한가?

① 장기간 휴지할 때
② 단기간 휴지할 때
③ N_2 가스의 봉입이 필요할 때
④ 겨울철에 동결의 위험이 있을 때

해설
보일러 보존법
㉠ 단기 보존 : 만수 보존(물을 이용)
㉡ 장기 보존 : 건조 보존(N_2 가스 이용)

75. 온도를 측정하는 원리와 온도계가 바르게 짝지어진 것은?

① 열팽창을 이용 – 유리제 온도계
② 상태 변화를 이용 – 압력식 온도계
③ 전기저항을 이용 – 서모컬러 온도계
④ 열기전력을 이용 – 바이메탈식 온도계

해설
㉠ 상태 변화 : 바이메탈 온도계
㉡ 전기저항 변화 : 서미스터 온도계
㉢ 열기전력 변화 : 열전대 온도계

76. 특정열사용기자재의 시공업을 하려는 자는 어느 법에 따라 시공업 등록을 해야 하는가?

① 건축법
② 집단에너지사업법
③ 건설산업기본법
④ 에너지이용 합리화법

해설
특정열사용기자재시공업(전문건설업)은 건설산업기본법에 의해 시·도지사에게 등록한다.

77. 단관 중력순환식 온수난방 방열기 및 배관에 대한 설명으로 틀린 것은?

① 방열기마다 에어벤트 밸브를 설치한다.
② 방열기는 보일러보다 높은 위치에 오도록 한다.
③ 배관은 주관 쪽으로 앞 올림 구배로 하여 공기가 보일러 쪽으로 빠지도록 한다.
④ 배수 밸브를 설치하여 방열기 및 관 내의 물을 완전히 뺄 수 있도록 한다.

정답 72 ④ 73 ② 74 ② 75 ① 76 ③ 77 ③

해설
공기 빼기는 외기 쪽으로 한다.

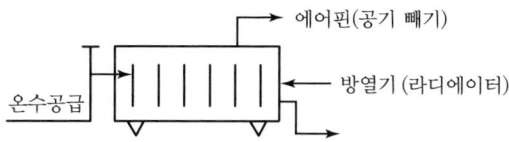

78 보일러 관석(Scale)의 성분이 아닌 것은?

① 황산칼슘($CaSO_4$) ② 규산칼슘($CaSiO_2$)
③ 탄산칼슘($CaCO_3$) ④ 염화칼슘($CaCl_2$)

해설
㉠ 염화칼슘 : 흡수제
㉡ 관석(스케일) : $Ca(HCO_3)_2$, $CaSO_4$, $Mg(HCO_3)_2$, $MgCl_2$, $MgSO_4$, SiO_2, 유지분 등

관석(스케일) 주성분의 장해
- 보일러 효율 저하
- 연료소비 증가
- 배기가스온도 증가, 열손실 증가
- 보일러순환장해
- 전열면의 과열

79 에너지이용 합리화법에서 에너지사용계획을 제출하여야 하는 민간사업주관자가 설치하려는 시설로 옳은 것은?

① 연간 5천 티오이 이상의 연료 및 열을 사용하는 시설
② 연간 1만 티오이 이상의 연료 및 열을 생산하는 시설
③ 연간 1천만 킬로와트시 이상의 전기를 사용하는 시설
④ 연간 2천만 킬로와트시 이상의 전기를 생산하는 시설

해설
민간사업주관자의 에너지사용계획 제출 기준
㉠ 연간 5천 TOE 이상의 연료 및 열을 사용하는 시설
㉡ 연간 2천만 킬로와트시 이상의 전력을 사용하는 시설

80 어떤 급수용 원심펌프가 800rpm으로 운전하여 전양정이 8m이고 유량이 2m³/min을 방출한다면 1,600rpm으로 운전할 때는 몇 m³/min을 방출할 수 있는가?

① 2 ② 4
③ 6 ④ 8

해설
펌프의 회전수 증가에 의한 유량(Q')
$$Q' = Q \times \frac{N_2}{N_1} = 2 \times \frac{1{,}600}{800} = 4(m^3/min)$$

정답 78 ④ 79 ① 80 ②

2020년 1·2회 통합기출문제

1과목 열역학 및 연소관리

01 1Nm³의 혼합가스를 6Nm³의 공기로 연소시킨다면 공기비는 얼마인가?(단, 이 기체의 체적비는 $CH_4 = 45\%$, $H_2 = 30\%$, $CO_2 = 10\%$, $O_2 = 8\%$, $N_2 = 7\%$이다.)

① 1.2　　② 1.3
③ 1.4　　④ 3.0

해설

연소반응식
$CH_4 + 2O_2 \rightarrow CO_2 + 2H_2O$
$H_2 + \frac{1}{2}O_2 \rightarrow H_2O$

이론공기량(A_o) = 이론산소량$(O_o) \times \dfrac{1}{0.21}$
$= (2 \times 0.45 + 0.5 \times 0.3 - 0.08) \times \dfrac{1}{0.21}$
$= 4.62 \text{Nm}^3/\text{Nm}^3$

공기비$(m) = \dfrac{\text{실제공기량}}{\text{이론공기량}} = \dfrac{6}{4.62} = 1.3$

02 보일의 법칙을 나타내는 식으로 옳은 것은? (단, C는 일정한 상수이고 P, V, T는 각각 압력, 체적, 온도를 나타낸다.)

① $\dfrac{T}{V} = C$　　② $\dfrac{V}{T} = C$
③ $PV = C$　　④ $\dfrac{PV}{T} = C$

해설

㉠ 보일의 법칙 : $PV = C$
㉡ 샤를의 법칙 : $\dfrac{V}{T} = C$
㉢ 보일–샤를의 법칙 : $\dfrac{PV}{T} = C$

03 어떤 계 내에 이상기체가 초기상태 75kPa, 50℃인 조건에서 5kg이 들어 있다. 이 기체를 일정 압력하에서 부피가 2배가 될 때까지 팽창시킨 다음, 일정 부피에서 압력이 2배가 될 때까지 가열하였다면 전 과정에서 이 기체에 전달된 전열량 (kJ)은?(단, 이 기체의 기체상수는 $0.35\text{kJ/kg} \cdot \text{K}$, 정압비열은 $0.75\text{kJ/kg} \cdot \text{K}$이다.)

① 565　　② 1,210
③ 1,290　　④ 2,503

해설

부피증가 2배, 압력증가 2배일 때 전열량
$P_2 = P_1 \times \dfrac{T_2}{T_1}$
$T_2 = T_1 \times \dfrac{V_2}{V_1} = 323 \times \dfrac{2}{1} = 646\text{K}$
$Q_1 = 5 \times 0.75 \times (646 - 323) = 1,211\text{kJ}$
$Q_2 = 5 \times 0.4 \times (646 - 323) \times 2 = 1,292\text{kJ}$
정적비열 $= C_p - R = 0.75 - 0.35 = 0.4\text{kJ/kg} \cdot \text{K}$
∴ $Q = 1,211 + 1,292 = 2,503\text{kJ}$

04 증기의 특성에 대한 설명 중 틀린 것은?

① 습증기를 단열압축시키면 압력과 온도가 올라가 과열증기가 된다.
② 증기의 압력이 높아지면 포화온도가 낮아진다.
③ 증기의 압력이 높아지면 증발잠열이 감소된다.
④ 증기의 압력이 높아지면 포화증기의 비체적 (m³/kg)이 작아진다.

해설

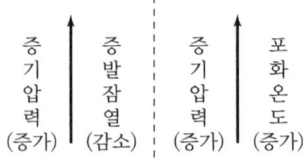

정답　01 ②　02 ③　03 ④　04 ②

05 공기과잉계수(공기비)를 옳게 나타낸 것은?

① 실제연소공기량 ÷ 이론공기량
② 이론공기량 ÷ 실제연소공기량
③ 실제연소공기량 − 이론공기량
④ 공급공기량 − 이론공기량

해설
- 공기비(과잉공기계수) = $\dfrac{\text{실제연소공기량}}{\text{이론공기량}}$
- 공기비가 너무 크면 배기가스 열손실이 증가한다.

06 이상적인 증기압축 냉동 사이클에 대한 설명 중 옳지 않은 것은?

① 팽창과정은 단열상태에서 일어나며, 대부분 등엔트로피 팽창을 한다.
② 압축과정에서는 기체상태의 냉매가 단열압축되어 고온고압의 상태가 된다.
③ 응축과정에서는 냉매의 압력이 일정하며 주위로의 열전달을 통해 냉매가 포화액으로 변한다.
④ 증발과정에서는 일정한 압력상태에서 저온부로부터 열을 공급받아 냉매가 증발한다.

해설
증기냉동 사이클(역카르노 사이클)

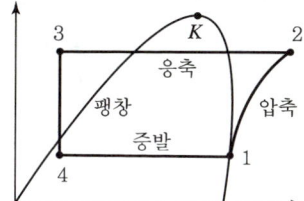

- 1 → 2(단열압축)
- 2 → 3(정압방열)
- 3 → 4(교축과정)
- 4 → 1(정압팽창과정)

07 중유는 A, B, C급으로 분류한다. 이는 무엇을 기준으로 분류하는가?

① 인화점   ② 발열량
③ 점도   ④ 황분

해설
중유는 점도에 따라 A, B, C 등급으로 분류한다.

08 체적 20m³의 용기 내에 공기가 채워져 있으며, 이때 온도는 25℃이고, 압력은 200kPa이다. 용기 내의 공기온도를 65℃까지 가열시키는 경우에 소요열량은 약 몇 kJ인가?(단, 기체상수는 0.287kJ/kg·K, 정적비열은 0.71kJ/kg·K이다.)

① 240   ② 330
③ 1,330 ④ 2,840

해설
$PV = GRT$, $G = \dfrac{P_1 V_1}{RT_1} = \dfrac{200 \times 20}{0.287 \times 298} = 46.77\text{kg}$

∴ 소요열량(Q) = $46.77 \times 0.71 \times (338 - 298) = 1,330\text{kJ}$

09 15℃의 물 1kg을 100℃의 포화수로 변화시킬 때 엔트로피 변화량(kJ/K)은?(단, 물의 평균 비열은 4.2kJ/kg·K이다.)

① 1.1   ② 6.7
③ 8.0   ④ 85.0

해설
$Q = 1 \times 4.2 \times (100 - 15) = 357\text{kJ}$

∴ $\Delta S = \dfrac{Q}{T} = \dfrac{357}{100 + 273} = 1.1\text{kJ/K}$

10 액체 및 고체연료와 비교한 기체연료의 일반적인 특징에 대한 설명으로 틀린 것은?

① 점화 및 소화가 간단하다.
② 연소 시 재가 없고, 연소효율도 높다.
③ 가스가 누출되면 폭발의 위험성이 있다.
④ 저장이 용이하며, 취급에 주의를 요하지 않는다.

해설
기체연료의 단점
㉠ 저장이 불편하다.
㉡ 취급에 어려움이 크다.
㉢ 가스의 누출 시 폭발의 위험이 크다.

정답 05 ① 06 ① 07 ③ 08 ③ 09 ① 10 ④

11 다음 중 열량의 단위에 해당하지 않는 것은?

① PS ② kcal
③ BTU ④ kJ

해설
동력의 단위
㉠ PS : 102kg·m/s   ㉡ HP : 76kg·m/s
㉢ kW : 75kg·m/s

12 오일의 점도가 높아도 비교적 무화가 잘되고 버너의 방식이 외부혼합형과 내부혼합형이 있는 것은?

① 저압기류식 버너 ② 고압기류식 버너
③ 회전분무식 버너 ④ 유압분무식 버너

해설
고압기류식 버너
0.2~0.7MPa의 공기나 증기로 중유 C급의 점도가 높은 오일의 무화가 비교적 순조롭고 버너의 방식이 외부혼합형, 내부혼합형이 있는 무화(안개방울화)용 버너이다.

13 자연통풍에 있어서 연도 가스의 온도가 높아졌을 경우 통풍력은?

① 변하지 않는다.
② 감소한다.
③ 증가한다.
④ 증가하다가 감소한다.

해설
자연통풍(굴뚝 의존용)은 연소배기가스 온도가 높으면 통풍력(mmAq)이 증가한다.

14 다음 연료의 구비조건 중 적당하지 않은 것은?

① 구입이 용이해야 한다.
② 연소 시 발열량이 낮아야 한다.
③ 수송이나 취급 등이 간편해야 한다.
④ 단위 용적당 발열량이 높아야 한다.

해설
연료(고체, 액체, 기체)는 발열량(kcal/kgf, kcal/Nm³)이 높아야 한다.

15 공기표준 브레이턴 사이클에 대한 설명으로 틀린 것은?

① 등엔트로피 과정과 정압과정으로 이루어진다.
② 작동유체가 기체이다.
③ 효율은 압력비와 비열비에 의해 결정된다.
④ 냉동 사이클의 일종이다.

해설
브레이턴 사이클(가스터빈의 이상 사이클인 공기냉동 사이클의 역사이클)은 일량에 비해 냉동효과가 작아서 잘 사용되지 않는다.

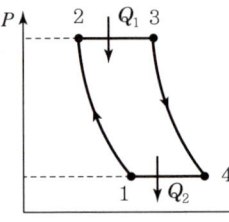

- 1 → 2(가역단열압축) : 압축
- 2 → 3(가역정압가열) : 연소
- 3 → 4(가역단열팽창) : 터빈일
- 4 → 1(가역정압배기) : 배기

16 연소할 때 유효하게 자유로이 연소할 수 있는 수소, 즉 유효수소량(kg)을 구하는 식으로 옳은 것은?(단, H는 연료 속의 수소량(kg)이고, O는 연료 속에 포함된 산소량(kg)이다.)

① $H + \dfrac{O}{8}$ ② $H - \dfrac{O}{8}$
③ $H + \dfrac{O}{4}$ ④ $H - \dfrac{O}{4}$

해설
유효수소 $\left(H - \dfrac{O}{8}\right)$

$H_2 + \dfrac{1}{2}O_2 \rightarrow H_2O$

2kg + 16kg → 18kg
1kg + 8kg → 9kg

17 연료비가 증가할 때 일어나는 현상이 아닌 것은?

① 착화온도 상승 ② 자연발화 방지
③ 연소속도 증가 ④ 고정탄소량 증가

해설
고체연료(석탄)의 연료비
㉠ 연료비 = $\dfrac{고정탄소}{휘발분}$
㉡ 연료비가 크면 휘발분 감소, 고정탄소 증가로 연소속도가 감소하고 착화가 어렵다.
㉢ 연료비가 12 이상이면 무연탄이다.

18 다음 중 이상기체의 등온과정에 대하여 항상 성립하는 것은?(단, W는 일, Q는 열, U는 내부에너지를 나타낸다.)

① $W=0$ ② $Q=0$
③ $|Q|\neq|W|$ ④ $\Delta U=0$

해설
이상기체의 등온과정
㉠ $PVT=T=C,\ dT=0$
  내부에너지 변화 $du=CdT,\ dT=0$
  $\Delta u=u_2-u_1=0\ \ \therefore\ u_1=u_2$
㉡ 내부에너지 변화가 없다.
㉢ 엔탈피 변화가 없다
㉣ 가열량은 전부 일로 변한다.(절대일=공업일)

19 건도를 x라고 할 때 건포화증기일 경우 x의 값을 올바르게 나타낸 것은?

① $x=0$ ② $x=1$
③ $x<0$ ④ $0<x<1$

해설
건도(x)
㉠ $x=1$: 건포화증기
㉡ $0<x<1$: 습포화증기
㉢ $x=0$: 포화수

20 LPG의 특징에 대한 설명으로 틀린 것은?

① 무색 투명하다.
② C_3H_8과 C_4H_{10}이 주성분이다.
③ 상온·상압에서 공기보다 무겁다.
④ 상온·상압에서는 액체로 존재한다.

해설
LPG(부탄 C_4H_{10} + 프로판 C_3H_8)는 상온이나 상압에서 기체로 존재한다.
※ 부탄 비점 : $-0.5℃$, 프로판 비점 : $-41.2℃$

2과목 계측 및 에너지 진단

21 보일러의 증발량이 5t/h이고 보일러 본체의 전열면적이 25m²일 때 이 보일러의 전열면 증발률(kg/m²·h)은?

① 75   ② 150
③ 175 ④ 200

해설
전열면의 증발률(kg/m²·h)
증발률 = $\dfrac{5\times 10^3}{25}=200\,\text{kg/m}^2\cdot\text{h}$

22 자동제어시스템의 종류 중 자동제어계의 시간응답특성에 대한 설명으로 틀린 것은?

① 오버슈트 = $\dfrac{최대\ 오버슈트}{최종목푯값}$
② 감쇠비 = $\dfrac{최대\ 오버슈트}{제2\ 오버슈트}$
③ 지연시간 = 응답이 최초로 목푯값의 50%가 되는 데 요하는 시간
④ 상승시간 = 목푯값의 10%에서 90%까지 도달하는 데 요하는 시간

해설
시간응답 감쇠비(Decay Ratio) = $\dfrac{제2\ 오버슈트}{최대\ 오버슈트}$

정답 17 ③ 18 ④ 19 ② 20 ④ 21 ④ 22 ②

23 보일러의 증발능력을 표준상태와 비교하여 표시한 값은?

① 증발배수
② 증발효율
③ 증발계수
④ 증발률

해설
㉠ 증발계수 = $\dfrac{\text{증기 엔탈피} - \text{급수 엔탈피}}{\text{증발잠열}}$
㉡ 증발계수가 커야 보일러 능력이 우수하다.

24 다음 중 1N에 대한 설명으로 옳은 것은?

① 질량 1kg의 물체에 가속도 $1m/s^2$이 작용하여 생기게 하는 힘이다.
② 질량 1g의 물체에 가속도 $1cm/s^2$이 작용하여 생기게 하는 힘이다.
③ 면적 $1cm^2$에 1kg의 무게가 작용할 때의 응력이다.
④ 면적 $1cm^2$에 1g의 무게가 작용할 때의 응력이다.

해설
1N은 질량 1kg인 물체에 $1m/s^2$의 가속도가 작용할 때의 힘이다.
※ • $1kgf \cdot m = 9.80665N \cdot m = 9.80665J$
 • $1J = 1N \times 1m = 1kg \cdot m^2/s^2$
 • 1J이란 1N의 힘을 작용하여 힘의 방향으로 1m만큼의 변위를 일으켰을 때의 일로 정의한다.

25 다음 중 유량의 단위로 옳은 것은?

① kg/m^2
② kg/m^3
③ m^3/s
④ m^3/kg

해설
㉠ 유량의 단위 : m^3/s
㉡ 밀도의 단위 : kg/m^3
㉢ 비체적의 단위 : m^3/kg

26 탄성식 압력계가 아닌 것은?

① 부르동관 압력계
② 다이어프램 압력계
③ 벨로스 압력계
④ 환상천평식 압력계

해설
환상천평식 압력계 : 액주형 압력계(미압계)

27 측정 대상과 같은 종류이며 크기 조정이 가능한 기준량을 준비하여 기준량을 측정량에 평행시켜 계측기의 지시가 0 위치를 나타낼 때의 기준량의 크기를 측정하는 방법이 있다. 정밀도가 좋은 이러한 측정방법은 무엇인가?

① 편위법
② 영위법
③ 보상법
④ 치환법

해설
영위법
㉠ 마이크로미터, 천평으로 측정하는 것이다.
㉡ 정밀측정에 적합하다.
㉢ 기준량을 측정량에 평행시킨다.
㉣ 마찰, 열팽창, 전압 변동에 의한 오차가 적다.

28 다음 중 잔류편차(Offset)가 발생되는 결점을 제거하기 위한 제어동작으로 가장 적합한 것은?

① 비례동작
② 미분동작
③ 적분동작
④ On-Off 동작

해설
적분동작 : 잔류편차를 제거하는 I 동작 연속동작이다.

29 다음 측정방식 중 물리적 가스분석계가 아닌 것은?

① 밀도식
② 세라믹식
③ 오르자트식
④ 기체크로마토그래피

해설
화학적 가스분석계
㉠ 오르자트식
㉡ 헴펠식
㉢ CO_2 분석계
㉣ 연소식 O_2계

30 보일러의 열효율 향상 대책이 아닌 것은?

① 피열물을 가열한 후 불연소시킨다.
② 연소장치에 맞는 연료를 사용한다.
③ 운전조건을 양호하게 한다.
④ 연소실 내의 온도를 높인다.

해설
㉠ 열효율을 높이려면 피열물을 가열한 후 완전연소시킨다.
㉡ $C + O_2 \rightarrow CO_2 + 8,100 \text{kcal/kg}$

$C + \dfrac{1}{2} O_2 \rightarrow CO + 2,450 \text{kcal/kg}$

31 운전 조건에 따른 보일러 효율에 대한 설명으로 틀린 것은?

① 전부하 운전에 비하여 부분부하 운전 시 효율이 좋다.
② 전부하 운전에 비하여 과부하 운전에서는 효율이 낮아진다.
③ 보일러의 배기가스온도가 높아지면 열손실이 커진다.
④ 보일러의 운전효율을 최대로 유지하려면 효율-부하 곡선이 평탄한 것이 좋다.

해설
보일러 운전 시 부분부하 운전보다 전부하 운전의 효율이 좋고 연료소비량이 감소하며 배기가스 열손실이 작아진다.

32 보일러 수위 제어용으로 액면에서 부자가 상하로 움직이며 수위를 측정하는 방식은?

① 직관식
② 플로트식
③ 압력식
④ 방사선식

해설
플로트식 액면계(접촉식 액면계)는 부자형 액면계로서 고압밀폐탱크에 적용이 가능하다.

33 열전대를 보호하기 위하여 사용되는 보호관 중 내식성, 내열성, 기계적 강도가 크고 황을 함유한 산화염에서도 사용할 수 있는 것은?

① 황동관
② 자기관
③ 카보랜덤관
④ 내열강관

해설
금속제 보호관(내열강 고크롬강관)
㉠ 최고온도 1,200℃까지 견딘다.
㉡ Cr 25% + Ni 20%를 함유한다.
㉢ 내식성, 내열성 등 기계적 강도가 크며 산화염, 환원염에 사용할 수 있다.

34 아래 그림과 같은 경사관식 압력계에서 압력 P_1과 P_2의 압력차는 몇 kPa인가?(단, $\theta = 30°$, $x = 100$cm, 액체의 비중량은 $8,820 \text{N/m}^3$이다.)

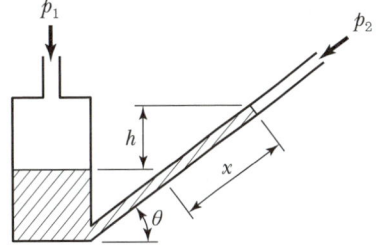

① 4.4
② 44
③ 8.8
④ 88

해설
$8,820 \text{N/m}^3 = 8.82 \text{kN/m}^3$
$p_1 - p_2 = \gamma \cdot x \cdot \sin\theta$
$= 8.82 \text{kN/m}^3 \times 1\text{m} \times 0.5$
$= 4.42 \text{kPa}$

35 열전대 온도계의 원리를 설명한 것으로 옳은 것은?

① 두 종류 금속선의 온도차에 따른 열기전력을 이용한다.
② 기체, 액체, 고체의 열전달계수를 이용한다.
③ 금속판의 열팽창계수를 이용한다.
④ 금속의 전기저항에 따른 온도계수를 이용한다.

정답 30 ① 31 ① 32 ② 33 ④ 34 ① 35 ①

해설

열전대 온도계(열기전력 이용)

종류	사용 금속	측정범위(℃)
R형	백금-백금로듐	0~1,600
K형	크로멜-알루멜	-20~1,200
J형	철-콘스탄탄	-20~800
T형	구리(동)-콘스탄탄	-180~350

36 광고온계의 특징에 대한 설명으로 틀린 것은?

① 구조가 간단하고 휴대가 편리하다.
② 개인에 따라 오차가 적다.
③ 연속측정이나 제어에는 이용할 수 없다.
④ 고온측정에 적합하다.

해설

광고온계
특정 파장($0.65\mu m$)의 적외선을 이용하며 측정범위는 700~3,000℃이다. 개인에 따라 오차가 크며, 측정체와의 사이에 먼지, Smoke 등이 적도록 주의한다.

37 차압식 유량계로만 나열한 것은?

① 로터리 팬, 피스톤형 유량계, 카르만식 유량계
② 카르만식 유량계, 델타 유량계, 스와르미터
③ 전자유량계, 토마스미터, 오벌 유량계
④ 오리피스, 벤투리, 플로노즐

해설

㉠ 차압식 유량계 : 오리피스, 벤투리, 플로노즐 유량계
㉡ 와류식 유량계 : 델타 유량계, 스와르미터 유량계, 카르만 유량계
㉢ 연도와 같은 악조건하에서 유량계 : 퍼지식 유량계, 아뉴바 유량계, 서멀 유량계

38 발생 원인이 운동부분의 마찰, 전기저항의 변화 및 불규칙적으로 변화하는 온도, 기압, 조명 등에 의해서 발생되는 오차는?

① 과실오차
② 우연오차
③ 고유오차
④ 계기오차

해설

오차
㉠ 계통적 오차 : 고유오차, 개인오차, 이론오차
㉡ 우연오차
- 측정기의 오차, 산포에 의한 오차, 환경에 의한 오차, 원인이 불명확한 오차
- 원인 제거가 어렵다.
- 운동부분의 마찰, 전기저항 변화 및 불규칙, 온도, 기압, 조명 등에 의해 발생한다.

39 보일러의 온도를 60℃로 일정하게 유지시키기 위해서 연료량을 연료공급 밸브로 변화시킬 때 다음 중 틀린 것은?

① 목표량 : 60℃
② 제어량 : 온도
③ 조작량 : 연료량
④ 제어장치 : 보일러

해설

보일러의 온수 온도를 일정하게 제어하기 위해 목표량, 제어량, 조작량의 제어(연료량 제어)가 필요하다.

40 슈테판-볼츠만 법칙을 응용한 온도계로 높은 온도 및 이동물체의 온도 측정에 적합한 온도계는?

① 광고온계
② 복사(방사)온도계
③ 색온도계
④ 광전관식 온도계

해설

방사고온계
슈테판-볼츠만 법칙을 응용한 온도계(50~3,000℃)
$$Q = 4.88 \times \varepsilon \times \left(\frac{T}{100}\right)^4 \text{ kcal/m}^2 \cdot h$$

정답 36 ② 37 ④ 38 ② 39 ④ 40 ②

3과목 열설비구조 및 시공

41 보일러수 내 불순물의 농도 등을 나타내는 미량 단위로서 10억 분의 1을 나타내는 단위는?

① ppm ② ppc
③ ppb ④ epm

해설

㉠ ppm : $\dfrac{1}{10^6}$ 단위

㉡ ppb : $\dfrac{1}{10^9}$ 단위

42 강관 이음쇠 중 같은 직경의 관을 직선 연결할 때 사용되는 것이 아닌 것은?

① 캡 ② 소켓
③ 유니언 ④ 플랜지

해설

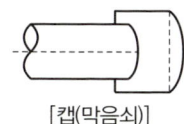
[캡(막음쇠)]

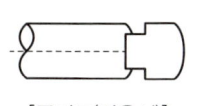
[플러그(막음쇠)]

43 다음 중 에너지이용 합리화법에 따라 검사대상기기에 대한 검사의 면제대상 범위에서 강철제 보일러 중 1종 관류보일러에 대하여 면제되는 검사는?

① 용접검사 ② 구조검사
③ 제조검사 ④ 계속사용검사

해설
- 1종 관류보일러(전열면적 5m² 초과)는 용접검사가 면제된다.(드럼이 없기 때문에)
- 가스보일러가 아니면 1종 관류보일러는 설치검사도 면제 대상이다.

44 다음 중 라몽트 노즐을 갖고 있는 보일러는 어느 형식의 보일러인가?

① 관류 보일러
② 복사 보일러
③ 간접가열 보일러
④ 강제순환식 보일러

해설
베록스 보일러, 라몽트 노즐 보일러는 강제순환식 수관 보일러이다.

45 노벽이 내화벽돌(두께 24cm)과 절연벽돌(두께 10cm), 적색벽돌(두께 15cm)로 구성되어 만들어질 때 벽 안쪽과 바깥쪽 표면온도가 각각 900℃, 90℃라면 열손실(W/m²)은?(단, 내화벽돌, 절연벽돌 및 적색벽돌의 열전도율은 각각 1.4W/m·℃, 0.17W/m·℃, 1.2W/m·℃이다.)

① 408 ② 916
③ 1,744 ④ 4,715

해설

열전도 손실열량(W/m²)

열손실 = $\dfrac{A(t_1 - t_2)}{\dfrac{b_1}{\lambda_1} + \dfrac{b_2}{\lambda_2} + \dfrac{b_3}{\lambda_3}} = \dfrac{1 \times (900 - 90)}{\dfrac{0.24}{1.4} + \dfrac{0.1}{0.17} + \dfrac{0.15}{1.2}}$

$= \dfrac{810}{0.88466} = 916 \text{W/m}^2$

46 대향류 열교환기에서 가열유체는 80℃로 들어가서 30℃로 나오고 수열유체는 20℃로 들어가서 30℃로 나온다. 이 열교환기의 대수평균온도차(℃)는?

① 24.9 ② 32.1
③ 35.8 ④ 40.4

정답 41 ③ 42 ① 43 ① 44 ④ 45 ② 46 ①

해설

병류 80℃ → 30
         → 30

대향류 80℃ → 30℃
       30℃ ← 20℃
       80-30=50℃   30-20=10℃

$$\therefore \Delta t_m = \frac{50-10}{\ln\left(\frac{50}{10}\right)} = \frac{40}{1.61} = 24.9℃$$

47 KS 규격에 일정 이상의 내화도를 가진 재료를 규정하는데 공업요로, 요업요로에 사용되는 내화물의 규정 기준은?

① SK19(1,520℃) 이상
② SK20(1,530℃) 이상
③ SK26(1,580℃) 이상
④ SK27(1,610℃) 이상

해설
KS 내화물 기준 : SK26(1,580℃)~SK42(2,000℃)

48 에너지이용 합리화법에 따라 보일러의 계속사용검사 중 안전검사의 검사유효기간은?

① 1년   ② 2년
③ 3년   ④ 5년

해설
보일러의 계속사용검사 중 안전검사, 성능검사의 검사유효기간은 1년이다.(검사기관 : 한국에너지공단)

49 증기트랩 중 고압증기의 관말트랩이나 유닛, 히터 등에 많이 사용하는 것으로 상향식과 하향식이 있는 트랩은?

① 벨로스 트랩
② 플로트 트랩
③ 온도조절식 트랩
④ 버킷 트랩

해설
기계적 트랩
㉠ 증기와 응축수의 비중차를 이용한 증기트랩
㉠ 플로트 증기트랩
㉡ 버킷 증기트랩(상향식, 하향식)

50 에너지이용 합리화법에 따라 개조검사 시 수압시험을 실시해야 하는 경우는?

① 연료를 변경하는 경우
② 버너를 개조하는 경우
③ 절탄기를 개조하는 경우
④ 내압부분을 개조하는 경우

해설
보일러 등의 개조검사 시 내압부분을 개조하면 반드시 수압시험을 실시한다.

51 단열벽돌을 요로에 사용하였을 때 나타나는 효과가 아닌 것은?

① 요로의 열용량이 커진다.
② 열전도도가 작아진다.
③ 노 내 온도가 균일해진다.
④ 내화벽돌을 배면에 사용하면 내화벽돌의 스폴링을 방지한다.

해설
내화물, 단열벽돌 사용 시 내·외부 온도차가 작아서 요로의 열용량이 작아진다.

정답 47 ③ 48 ① 49 ④ 50 ④ 51 ①

52 큐폴라에 대한 설명으로 틀린 것은?

① 규격은 매 시간당 용해할 수 있는 중량(t)으로 표시한다.
② 코크스 속의 탄소, 인, 황 등의 불순물이 들어가 용탕의 질이 저하된다.
③ 열효율이 좋고 용해시간이 빠르다.
④ Al 합금이나 가단주철 및 칠드롤 같은 대형 주물 제조에 사용된다.

해설
큐폴라(용해도)의 특성이나 역할은 보기 ①, ②, ③과 같고, 가단주철, 칠드롤 등 대형 주물 제조에 큐폴라가 사용된다. Al(알루미늄) 합금 등은 도가니로에서 제조한다.

53 에너지이용 합리화법에 따라 검사대상기기인 보일러의 사용연료 또는 연소방법을 변경한 경우에 받아야 하는 검사는?

① 구조검사 ② 설치검사
③ 개조검사 ④ 용접검사

해설
개조검사
㉠ 증기보일러를 온수보일러로 개조하는 경우
㉡ 보일러 섹션의 증감에 의하여 용량을 변경하는 경우
㉢ 동체·돔·노통·연소실·경판·천정판·관판·관모음 또는 스테이의 변경으로서 산업통상자원부장관이 정하여 고시하는 대수리의 경우
㉣ 연료 또는 연소방법을 변경하는 경우
㉤ 철금속가열로서 산업통상자원부장관이 정하여 고시하는 경우의 수리

54 어떤 물체의 보온 전과 보온 후의 발산열량이 각각 $2,000kJ/m^2$, $400kJ/m^2$이라 할 때, 이 보온재의 보온효율(%)은?

① 20 ② 50
③ 80 ④ 125

해설
보온 전후의 발산열량이 $2,000kJ/m^2$에서 $400kJ/m^2$로 변화했으므로

보온 후 이득은 $2,000 - 400 = 1,600 kJ/m^2$

$\therefore \eta = \dfrac{1,600}{2,000} \times 100 = 80\%$

55 보온재의 열전도율을 작게 하는 방법이 아닌 것은?

① 재질 내 수분을 줄인다.
② 재료의 온도를 높게 한다.
③ 재료의 두께를 두껍게 한다.
④ 재료 내 기공은 작고 기공률은 크게 한다.

해설
재료의 온도를 높이면 내외부 온도차가 커지고 열손실이 발생한다.
※ • 열전도율의 단위 : $kcal/m \cdot h \cdot \text{℃}$, $W/m \cdot \text{℃}$
　• 보온재의 종류 : 유기질, 무기질, 금속질

56 관의 지름을 바꿀 때 주로 사용되는 관 부속품은?

① 소켓 ② 엘보
③ 플러그 ④ 리듀서

해설
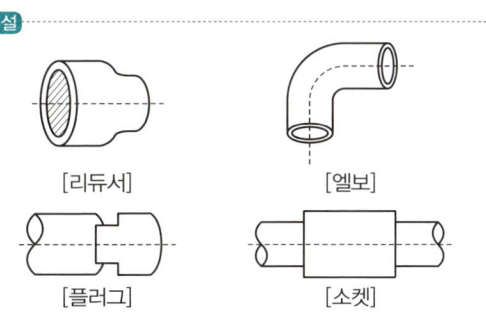
[리듀서]　[엘보]
[플러그]　[소켓]

57 보일러수에 포함된 성분 중 포밍의 발생 원인 물질로 가장 거리가 먼 것은?

① 나트륨 ② 칼륨
③ 칼슘 ④ 산소

해설
보일러수 중의 용존산소는 점식 부식의 발생 원인이 된다.

정답 52 ④ 53 ③ 54 ③ 55 ② 56 ④ 57 ④

58 에너지이용 합리화법에 따라 설치된 보일러의 섹션을 증감하여 용량을 변경한 경우 받아야 하는 검사는?

① 구조검사 ② 개조검사
③ 설치검사 ④ 계속사용성능검사

해설
53번 해설 참조

59 원통형 보일러와 비교한 수관식 보일러의 특징에 대한 설명으로 틀린 것은?

① 전열면적에 비해 보유수량이 적어 증기발생이 빠르다.
② 보유수량이 적어 부하변동에 따른 압력변화가 작다.
③ 양질의 급수가 필요하다.
④ 구조가 복잡하여 청소나 검사, 수리가 불편하다.

해설
수관식 보일러는 보유수가 적어서 부하 변동 시 압력변화가 크다.

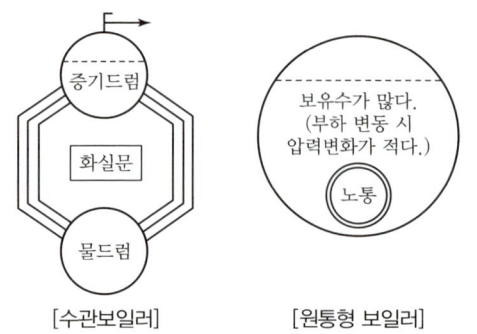

[수관보일러]   [원통형 보일러]

60 다음 중 양이온 교환수지의 재생에 사용되는 약품이 아닌 것은?

① HCl   ② NaOH
③ H$_2$SO$_4$ ④ NaCl

해설
NaOH(가성소다, 수산화나트륨)은 pH 조절제로 사용된다.

4과목 열설비 취급 및 안전관리

61 에너지이용 합리화법상 검사대상기기에 대하여 받아야 할 검사를 받지 아니한 자에 해당하는 벌칙은?

① 1천만 원 이하의 벌금
② 2천만 원 이하의 벌금
③ 1년 이하의 징역 또는 1천만 원 이하의 벌금
④ 2년 이하의 징역 또는 2천만 원 이하의 벌금

해설
검사대상기기(보일러, 압력용기) 등의 검사를 받지 않은 자는 1년 이하의 징역 또는 1천만 원 이하의 벌금 대상이 된다.

62 에너지이용 합리화법에 따라 에너지다소비사업자가 매년 1월 31일까지 신고해야 할 사항이 아닌 것은?

① 전년도의 수지계산서
② 전년도의 분기별 에너지이용 합리화 실적
③ 해당 연도의 분기별 에너지사용예정량
④ 에너지사용기자재의 현황

해설
법 제31조에 의한 에너지다소비사업자의 신고사항은 보기 ②, ③, ④ 외, 에너지관리자의 현황, 해당 연도의 제품생산예정량 등이다.

63 보일러에서 압력계에 연결하는 증기관(최고사용압력에 견디는 것)을 강관으로 하는 경우 안지름은 최소 몇 mm 이상으로 하여야 하는가?

① 6.5   ② 12.7
③ 15.6   ④ 17.5

정답 58 ② 59 ② 60 ② 61 ③ 62 ① 63 ②

[해설]
압력계의 관 안지름

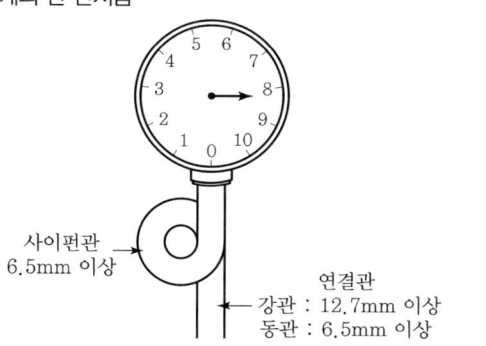
사이펀관 6.5mm 이상
연결관
- 강관 : 12.7mm 이상
- 동관 : 6.5mm 이상

64 보일러 손상의 형태 중 보일러에 사용하는 연강은 보통 200~300℃ 정도에서 최고의 항장력을 나타내는데, 750~800℃ 이상으로 상승하면 결정립의 변화가 두드러진다. 이러한 현상을 무엇이라고 하는가?

① 압궤 ② 버닝
③ 만곡 ④ 과열

[해설]
강철의 버닝(소손)
과열이 지나치면 강철의 결정립 소손으로 버닝이 발생하여 사용이 불가능하다.

65 증기관 내에 수격현상이 일어날 때 조치사항으로 틀린 것은?

① 프라이밍이 발생치 않도록 한다.
② 증기배관의 보온을 철저히 한다.
③ 주 증기밸브를 천천히 연다.
④ 증기트랩을 닫아 둔다.

[해설]
증기트랩은 항상 열어 두고 응축수를 제거하여 증기관 내의 수격작용을 방지해야 한다.

66 다음 중 에너지법에 의한 에너지위원회 구성에서 대통령령으로 정하는 사람이 속하는 중앙행정기관에 해당되는 것은?

① 외교부
② 보건복지부
③ 해양수산부
④ 산업통상자원부

[해설]
에너지위원회 구성(영 제2조)
대통령령으로 정하는 사람이란 중앙행정기관(기획재정부, 과학기술정보통신부, 외교부, 환경부, 국토교통부)의 차관이다.

67 지역난방의 장점에 대한 설명으로 틀린 것은?

① 각 건물에는 보일러가 필요 없고 인건비와 연료비가 절감된다.
② 건물 내의 유효면적이 감소되며 열효율이 좋다.
③ 설비의 합리화에 의해 매연처리를 할 수 있다.
④ 대규모 시설을 관리할 수 있으므로 효율이 좋다.

[해설]
지역난방은 건물 내의 유효면적이 증가하며 열효율이 좋다.(보일러실 폐쇄로 인하여)

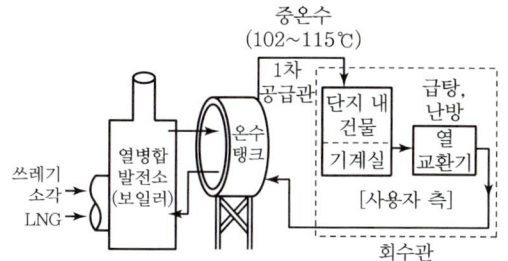

68 보일러의 보존법 중 이상적인 건조보존법으로 보일러 내의 공기와 물을 전부 배출하고 특정 가스를 봉입해 두는 방법이 있다. 이때 사용되는 가스는?

① 이산화탄소(CO_2) ② 질소(N_2)
③ 산소(O_2) ④ 헬륨(He)

정답 64 ② 65 ④ 66 ① 67 ② 68 ②

> 해설

건조보존

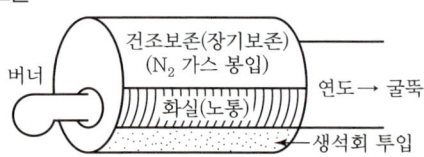

69 고온(180° 이상)의 보일러수에 포함되어 있는 불순물 중 보일러 강판을 가장 심하게 부식시키는 것은?

① 탄산칼슘 ② 탄산가스
③ 염화마그네슘 ④ 수산화나트륨

> 해설

염화마그네슘($MgCl_2$)에 의한 부식
$MgCl_2 + 2H_2O \rightarrow Mg(OH)_2 \downarrow + 2HCl$(염산 발생)

70 다음 보일러의 부속장치에 관한 설명으로 틀린 것은?

① 재열기 : 보일러에서 발생된 증기로 급수를 예열시켜 주는 장치
② 공기예열기 : 연소가스의 여열 등으로 연소용 공기를 예열하는 장치
③ 과열기 : 포화증기를 가열하여 압력은 일정하게 유지하면서 증기의 온도를 높이는 장치
④ 절탄기 : 폐열가스를 이용하여 보일러에 급수되는 물을 예열하는 장치

> 해설

보일러의 부속장치

• 절탄기(급수가열기)
• 재생기(발생증기로 급수 예열)

71 에너지이용 합리화법상 자발적 협약에 포함하여야 할 내용이 아닌 것은?

① 협약 체결 전년도 에너지소비현황
② 단위당 에너지이용효율 향상목표
③ 온실가스배출 감축목표
④ 고효율기자재의 생산목표

> 해설

자발적 협약 이행(규칙 제26조)
보기 ①, ②, ③ 외에 효율 향상 목표 등의 이행을 위한 투자계획, 에너지관리체제 및 에너지관리방법 등이 포함된다.

72 전열면적이 50m² 이하인 증기보일러에서는 과압방지를 위한 안전밸브를 최소 몇 개 이상 설치해야 하는가?

① 1개 이상 ② 2개 이상
③ 3개 이상 ④ 4개 이상

> 해설

보일러 안전밸브의 개수
㉠ 전열면적 50m² 초과 : 2개 이상
㉡ 전열면적 50m² 이하 : 1개 이상

73 보일러 설치검사기준상 보일러 설치 후 수압시험을 할 때 규정된 시험수압에 도달된 후 얼마의 시간이 경과된 뒤에 검사를 실시하는가?

① 10분 ② 15분
③ 20분 ④ 30분

> 해설

수압시험 규정

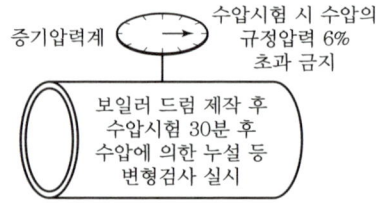

74 에너지이용 합리화법에 따라 검사대상기기 설치자는 검사대상기기관리자가 해임되거나 퇴직하는 경우 다른 검사대상기기관리자를 언제 선임해야 하는가?

① 해임 또는 퇴직 이전
② 해임 또는 퇴직 후 10일 이내
③ 해임 또는 퇴직 후 30일 이내
④ 해임 또는 퇴직 후 3개월 이내

[해설]
검사대상기기설치자는 검사대상기기관리자가 해임되거나 퇴직하기 이전에 다른 검사대상기기관리자를 선임하여야 한다.

75 다음은 에너지이용 합리화법에 따라 산업통상자원부장관이 에너지저장의무를 부과할 수 있는 에너지저장의무 부과대상자 중 일부이다. ( ) 안에 알맞은 것은?

연간 ( ) TOE 이상의 에너지를 사용하는 자

① 5,000
② 10,000
③ 20,000
④ 50,000

[해설]
에너지저장의무 부과대상자(영 제12조)
연간 2만 TOE(석유환산톤) 이상의 에너지를 사용하는 자

76 난방부하가 18,800kJ/h인 온수난방에서 쪽당 방열면적이 0.2m²인 방열기를 사용한다고 할 때 필요한 쪽수는?(단, 방열기의 방열량은 표준방열량으로 한다.)

① 30
② 40
③ 50
④ 60

[해설]
온수난방 방열기의 표준방열량
$450\text{kcal/m}^2\cdot\text{h} = 450 \times 4.186\text{kJ/kcal} = 1,884\text{kJ/m}^2\cdot\text{h}$
$\therefore$ 쪽수 $= \dfrac{18,800}{1,884 \times 0.2} = 50\text{ea}$

77 증기 사용 중 유의사항에 해당되지 않는 것은?

① 수면계 수위가 항상 상용수위가 되도록 한다.
② 과잉공기를 많게 하여 완전연소가 되도록 한다.
③ 배기가스 온도가 갑자기 올라가는지를 확인한다.
④ 일정 압력을 유지할 수 있도록 연소량을 가감한다.

[해설]
증기 보일러 등에서 연소 시 과잉공기(공기비)가 1.2를 초과하면 배기가스 열손실이 증가하여 효율이 감소한다.

78 보일러 분출작업 시의 주의사항으로 틀린 것은?

① 분출작업은 2명 1개 조로 분출한다.
② 저수위 이하로 분출한다.
③ 분출 도중 다른 작업을 하지 않는다.
④ 분출작업을 행할 때 2대의 보일러를 동시에 해서는 안 된다.

[해설]
분출(수저분출)은 보일러 하부의 슬러지 배출로 스케일 생성을 방지한다.(단, 저수위 사고 방지를 위하여 안전저수위 이하의 분출은 금지한다.)

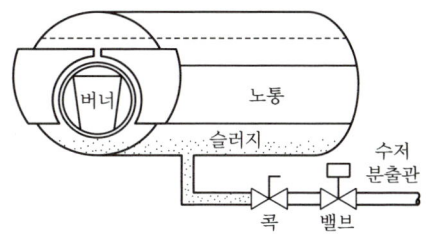

79 보일러 파열사고의 원인과 가장 먼 것은?

① 안전장치 고장
② 저수위 운전
③ 강도 부족
④ 증기 누설

[해설]
증기 누설 시 나타나는 현상
㉠ 열손실 증가
㉡ 연료 소비량 증가
㉢ 열효율 감소

정답 74 ① 75 ③ 76 ③ 77 ② 78 ② 79 ④

80 보일러 수면계를 시험해야 하는 시기와 무관한 것은?

① 발생 증기를 송기할 때
② 수면계 유리의 교체 또는 보수 후
③ 프라이밍, 포밍이 발생할 때
④ 보일러 가동 직전

해설

보일러

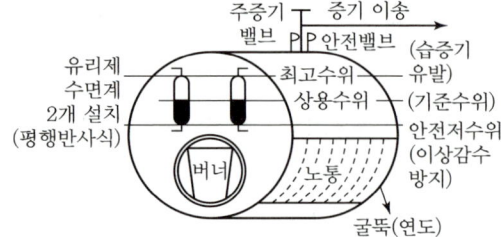

- 발생증기를 최초로 송기할 때는 항상 드레인을 배출하고 수격작용을 방지해야 한다.
- 수면계 기준수위 : 수면계 중심부 $\frac{1}{2}$

정답 80 ①

2020년 3회 기출문제

1과목 | 열역학 및 연소관리

01 다음 온도에 대한 설명으로 잘못된 것은?

① 온수의 온도가 110°F로 표시되어 있다면 섭씨온도로는 43.3℃이다.
② 30℃를 화씨온도로 고치면 86°F이다.
③ 섭씨 30℃에 해당하는 절대온도는 303K이다.
④ 40°F는 절대온도로 464.4K이다.

해설

① $110°F = \frac{5}{9}(110-32)℃ = 43.3℃$

② $30℃ = \left(\frac{9}{5} \times 30\right)°F + 32°F = 86°F$

③ $30℃ = (30+273)K = 303K$

④ $40°F = \left\{\frac{5}{9}(40-32)+273\right\}K ≒ 277K$

※ • 화씨온도(°F) = 1.8×℃+32
  • 랭킨절대온도(R) = °F+460
  • 캘빈절대온도(K) = ℃+273
  • 섭씨온도(℃) = $\frac{9}{5}$(°F-32)

02 공기 중 폭발범위가 약 2.2~9.5v%인 기체연료는?

① 수소 ② 프로판
③ 일산화탄소 ④ 아세틸렌

해설
가연성 가스의 폭발범위
㉠ 수소(H_2) : 4~74%
㉡ 프로판(C_3H_8) : 2.2~9.5%
㉢ 일산화탄소(CO) : 12.5~74%
㉣ 아세틸렌(C_2H_2) : 2.5~81%

03 연돌의 상부 단면적을 구하는 식으로 옳은 것은?(단, F : 연돌의 상부 단면적(m^2), t : 배기 가스 온도(℃), W : 배기가스속도(m/s), G : 배기가스양(Nm^3/h)이다.)

① $F = \frac{G(1+0.0037t)}{2,700W}$

② $F = \frac{GW(1+0.0037t)}{2,700}$

③ $F = \frac{G(1+0.0037t)}{3,600W}$

④ $F = \frac{GW(1+0.0037t)}{3,600}$

해설
굴뚝(연돌)의 상부 단면적(F)

$F = \frac{G(1+0.0037t)}{3,600 \times W}$

※ $\frac{1}{273} = 0.0037$, 1시간 = 3,600sec

04 증기의 건도에 관한 설명으로 틀린 것은?

① 포화수의 건도는 0이다.
② 습증기의 건도는 0보다 크고 1보다 작다.
③ 건포화증기의 건도는 1이다.
④ 과열증기의 건도는 0보다 작다.

해설
증기건도 크기
포화수 → 습포화증기 → 건포화증기 → 과열증기
※ 건포화증기, 과열증기는 건조도가 1, 포화수는 건조도가 0이다.

정답 01 ④ 02 ② 03 ③ 04 ④

05 15℃의 물로 -15℃의 얼음을 매시간당 100kg씩 제조하고자 할 때, 냉동기의 능력은 약 몇 kW인가?(단, 0℃ 얼음의 응고잠열은 335kJ/kg이고, 물의 비열은 4.2kJ/kg·℃, 얼음의 비열은 2kJ/kg·℃이다.)

① 2 ② 4
③ 12 ④ 30

해설
- 물의 현열(Q_1) = 100kg/h × 4.2kJ/kg·℃ × (15-0)℃
  = 6,300kJ/h
- 얼음의 응고열(Q_2) = 100kg/h × 335kJ/kg
  = 33,500kJ/h
- 얼음의 현열(Q_3) = 100kg/h × 2kJ/kg·℃ × {0-(-15)}
  = 3,000kJ/h

∴ 냉동기 능력 = $\dfrac{6,300+33,500+3,000}{3,600}$ = 12kW

06 온도 300K인 공기를 가열하여 600K이 되었다. 초기 상태 공기의 비체적을 1m³/kg, 최종 상태 공기의 비체적을 2m³/kg이라고 할 때, 이 과정 동안 엔트로피의 변화량은 약 몇 kJ/kg·K인가? (단, 공기의 정적비열은 0.7kJ/kg·K, 기체상수는 0.3kJ/kg·K이다.)

① 0.3 ② 0.5
③ 0.7 ④ 1.0

해설
$R = C_p - C_v = 1 - 0.7 = 0.3$kJ/kg·K
정압비열(C_p) = $R + C_v = 0.3 + 0.7 = 1.0$kJ/kg·K
비열비(K) = $\dfrac{C_p}{C_v} = \dfrac{1.0}{0.7} = 1.43$

엔트로피 변화량(Δs) = $C_p \ln \dfrac{T_2}{T_1} = C_p \ln \dfrac{V_2}{V_1}$
= $1 \times \ln\left(\dfrac{600}{300}\right) = 1 \times \ln\left(\dfrac{2}{1}\right)$
= 0.7kJ/kg·K

07 보일러 통풍에 대한 설명으로 틀린 것은?
① 자연통풍은 굴뚝 내의 연소가스와 대기와의 밀도 차에 의해 이루어진다.
② 통풍력은 굴뚝 외부의 압력과 굴뚝하부(유입구)의 압력과의 차이이다.
③ 압입통풍을 하는 경우 연소실 내는 부압이 작용한다.
④ 강제통풍 방식 중 평형통풍 방식은 통풍력을 조절할 수 있다.

해설
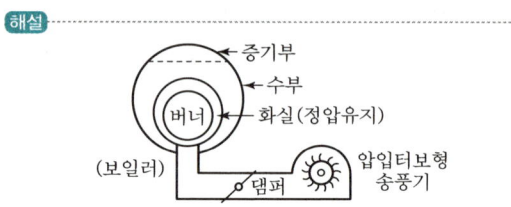

08 과잉공기량이 많을 경우 발생되는 현상을 설명한 것으로 틀린 것은?
① 배기가스 중 CO_2 농도가 낮게 된다.
② 연소실 온도가 낮게 된다.
③ 배기가스에 의한 열손실이 증가한다.
④ 불완전연소를 일으키기 쉽다.

해설
㉠ 과잉공기가 많으면 배기가스 열손실 증가, 완전연소 가능, 노 내 온도 하강, 과잉산소 검출 등이 발생한다.
㉡ $C + O_2 \rightarrow CO_2$, $C + \dfrac{1}{2}O_2 \rightarrow CO$

09 랭킨 사이클에서 열효율을 상승시키기 위한 방법으로 옳은 것은?
① 보일러의 온도를 높이고, 응축기의 압력을 높게 한다.
② 보일러의 온도를 높이고, 응축기의 압력을 낮게 한다.
③ 보일러의 온도를 낮추고, 응축기의 압력을 높게 한다.
④ 보일러의 온도를 낮추고, 응축기의 압력을 낮게 한다.

정답 05 ③ 06 ③ 07 ③ 08 ④ 09 ②

해설

랭킨 사이클
랭킨 사이클에서 열효율은 보일러 압력이 높을수록, 복수기의 압력이 낮을수록, 터빈의 초온·초압이 클수록, 터빈 출구에서 압력이 낮을수록 상승한다.

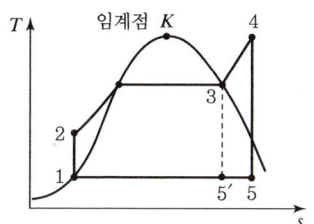

- 1 → 2 : 단열압축(급수펌프)
- 2 → 3 → 4 : 정압가열(보일러 → 과열기)
- 4 → 5 : 단열팽창(터빈)
- 5 → 1 : 정압방열(복수기)

10 기체연료의 장점에 해당하지 않는 것은?

① 저장이나 운송이 쉽고 용이하다.
② 비열이 작아서 예열이 용이하고 열효율, 화염온도 조절이 비교적 용이하다.
③ 연료의 공급량 조절이 쉽고 공기와의 혼합을 임의로 조절할 수 있다.
④ 연소 후 유해 잔류 성분이 거의 없다.

해설
기체연료는 저장이나 운반수송이 불편하다.(폭발의 위험성)

11 원심식 통풍기에서 주로 사용하는 풍량 및 풍속 조절 방식이 아닌 것은?

① 회전수를 변화시켜 조절한다.
② 댐퍼의 개폐에 의해 조절한다.
③ 흡입 베인의 개도에 의해 조절한다.
④ 날개를 동익가변시켜 조절한다.

해설
풍량제어
㉠ 토출댐퍼에 의한 제어   ㉡ 흡입댐퍼에 의한 제어
㉢ 흡입베인에 의한 제어   ㉣ 회전수에 의한 제어
㉤ 가변피치에 의한 제어(날개 각도 변화)

12 액체연료 사용 시 고려해야 할 대상이 아닌 것은?

① 잔류탄소분   ② 인화점
③ 점결성   ④ 황분

해설
고체연료의 석탄 중 유연탄은 점결성이 크고, 무연탄은 점결성이 없다.

13 포화액의 온도를 그대로 두고 압력을 높이면 어떤 상태가 되는가?

① 압축액   ② 포화액
③ 습포화증기   ④ 건포화증기

해설
포화액은 온도를 일정하게 하고 압력을 증가시키면 압축액이 된다.(임의의 압력에 대하여 포화온도보다 낮은 온도하의 액체이다.)

14 압력 0.1MPa, 온도 20℃의 공기가 6m×10m×4m인 실내에 존재할 때 공기의 질량은 약 몇 kg인가?(단, 공기의 기체상수 R은 0.287kJ/kg·K이다.)

① 270.7   ② 285.4
③ 299.1   ④ 303.6

해설
용적(V) = 6×10×4 = 240m³

공기질량(G) = $\dfrac{PV}{RT} = \dfrac{0.1 \times 10^3 \times 240}{0.287 \times (20+273)}$ = 285.4kg

15 임의의 사이클에서 클라우지우스의 적분을 나타내는 식은?

① $\oint \dfrac{dQ}{T} < 0$ ② $\oint \dfrac{dQ}{T} > 0$

③ $\oint \dfrac{dQ}{T} = 0$ ④ $\oint \dfrac{dQ}{T} \leq 0$

정답 10 ①   11 ④   12 ③   13 ①   14 ②   15 ④

> **해설**
> Clausius의 적분
> ㉠ 가열량 부호(+), 방출열량 부호(−), 전 사이클에 대한 적분을 폐적분($\oint$)으로 표시하면 적분값(부등식)은 $\oint \frac{\delta Q}{T} \leq 0$
> ㉡ $\oint \frac{\delta Q}{T} = 0$ (가역과정)
> ㉢ $\oint \frac{\delta Q}{T} < 0$ (비가역과정)
> ※ • 비가역과정 : 마찰, 혼합, 교축, 열이동, 자유팽창, 화학반응, 팽창과 압축
> • Clausius의 비엔트로피(Δs) = $\frac{\delta q}{T}$
> $= \frac{CdT}{T}$ (kcal/kg·K)

16 압축성 인자(Compressibility Factor)에 대한 설명으로 옳은 것은?

① 실제기체가 이상기체에 대한 거동에서 벗어나는 정도를 나타낸다.
② 실제기체는 1의 값을 갖는다.
③ 항상 1보다 작은 값을 갖는다.
④ 기체 압력이 0으로 접근할 때 0으로 접근된다.

> **해설**
> 압축성 인자 : 실제기체가 이상기체에 대한 거동에서 벗어나는 정도를 나타낸다.

17 중유에 대한 설명으로 틀린 것은?

① 점도에 따라 A급, B급, C급으로 나눈다.
② 비중은 약 0.79~0.85이다.
③ 보일러용 연료로 많이 사용된다.
④ 인화점은 약 60~150℃ 정도이다.

> **해설**
> 중유(중질유)
> 점도에 따라 A, B, C급으로 나눈다. 보일러용이며 무화용으로 사용하고 인화점은 약 60~150℃이다. 비중은 약 0.856~1 정도이다.

18 다음 중 CH_4 및 H_2를 주성분으로 한 기체연료는?

① 고로가스 ② 발생로가스
③ 수성가스 ④ 석탄가스

> **해설**
> 기체연료의 주성분
> ㉠ 고로가스(용광로가스) : N_2, CO_2, CO
> ㉡ 발생로가스 : N_2, H_2, CO
> ㉢ 수성가스 : N_2, CO, N_2

19 물질의 상변화 과정 동안 흡수되거나 방출되는 에너지의 양을 무엇이라 하는가?

① 잠열 ② 비열
③ 현열 ④ 반응열

> **해설**
> 잠열
> 물에서 증기가 되는 상변화 시 흡수되거나 0℃의 물이 0℃의 얼음으로 방출되는 에너지의 양

20 수소 1kg을 완전연소시키는 데 필요한 이론산소량은 약 몇 Nm^3인가?

① 1.86 ② 2
③ 5.6   ④ 26.7

> **해설**
> $H_2 + \frac{1}{2}O_2 \rightarrow H_2O$
> 2kg + 16kg → 18kg
> 2kg + 11.2Nm^3 → 22.4Nm^3
> ∴ 이론산소량(O_o) = $\frac{11.2}{2}$ = 5.6Nm^3/kg

정답 16 ① 17 ② 18 ④ 19 ① 20 ③

2과목 계측 및 에너지 진단

21 오차에 대한 설명으로 틀린 것은?

① 계통오차는 발생원인을 알고 보정에 의해 측정값을 바르게 할 수 있다.
② 계측상태의 미소변화에 의한 것은 우연오차이다.
③ 표준편차는 측정값에서 평균값을 더한 값의 제곱의 산술평균의 제곱근이다.
④ 우연오차는 정확한 원인을 찾을 수 없어 완전한 제거가 불가능하다.

해설
㉠ 표준편차=(측정값-평균값)의 표준
㉡ 오차=측정값-참값
㉢ 오차의 종류
 • 과오에 의한 오차
 • 계통적 오차(고유오차, 개인오차, 이론오차)
 • 우연오차
 • 계기의 기차

22 보일러 열정산에서 출열 항목에 속하는 것은?

① 연료의 현열
② 연소용 공기의 현열
③ 미연분에 의한 손실열
④ 노 내 분입증기의 보유열량

해설
보일러 열정산에서 출열 항목
㉠ 배기가스 열손실
㉡ 방사 열손실
㉢ 불완전 열손실
㉣ 미연탄소분에 의한 열손실
㉤ 발생증기의 보유열
㉥ 노 내 분입증기에 의한 열손실

23 다음 중 전기식 제어방식의 특징으로 틀린 것은?

① 고온 다습한 주위환경에 사용하기 용이하다.
② 전송거리가 길고 전송지연이 생기지 않는다.
③ 신호처리나 컴퓨터 등과의 접속이 용이하다.
④ 배선이 용이하고 복잡한 신호에 적합하다.

해설
전기식은 고온 다습한 주위환경에서는 사용상 어려움이 많다.

24 화학적 가스분석계의 측정법에 속하는 것은?

① 도전율법
② 세라믹법
③ 자화율법
④ 연소열법

해설
화학적 가스분석계
㉠ 연소열법
㉡ 오르자트법
㉢ 헴펠식
㉣ 연소식 O_2계
㉤ 자동화학식 O_2계

25 원거리 지시 및 기록이 가능하여 1대의 계기로 여러 개소의 온도를 측정할 수 있으며, 제벡(Seebeck) 효과를 이용한 온도계는?

① 유리 온도계
② 압력 온도계
③ 열전대 온도계
④ 방사 온도계

해설
열전대 온도계(Seebeck 효과 이용)
㉠ J형(I-C : 철-콘스탄탄) : -20~460℃
㉡ T형(C-C : 동-콘스탄탄) : -180~350℃
㉢ K형(C-A : 크로멜-알루멜) : -20~1,200℃
㉣ R형(P-R : 백금-백금로듐) : 0~1,600℃

정답 21 ③ 22 ③ 23 ① 24 ④ 25 ③

26 서미스터(Thermistor)에 관한 설명으로 틀린 것은?

① 온도변화에 따라 저항치가 크게 변하는 반도체는 Ni, Co, Mn, Fe 및 Cu 등의 금속산화물을 혼합하여 만든 것이다.
② 서미스터는 넓은 온도 범위 내에서 온도계수가 일정하다.
③ 25℃에서 서미스터 온도계수는 약 −2~6%/℃의 매우 큰 값으로서 백금선의 약 10배이다.
④ 측정온도 범위는 −100~300℃ 정도이며, 측온부를 작게 제작할 수 있어 시간 지연이 매우 적다.

해설
서미스터 저항온도계
소결반도체이며 저항온도계수는 음(−)의 값을 가진다. 절대온도의 제곱에 반비례하며, 온도계수는 −2~6%/℃로 백금선의 10배 정도이다.

27 보일러 열정산 시 보일러 최종 출구에서 측정하는 값은?

① 급수온도
② 예열공기온도
③ 배기가스온도
④ 과열증기온도

해설
보일러

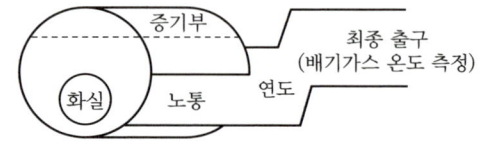

28 고압유체에서 레이놀즈수가 클 때 유량측정에 적합한 교축기구는?

① 플로 노즐
② 오리피스
③ 피토관
④ 벤투리관

해설
차압식 유량계
㉠ 오리피스 : 탭(Tap)을 이용하며 압력손실이 크다.
㉡ 플로 노즐 : 압력손실과 마모가 감소하도록 고안한 조리개이다. 고압 측정용이며, 레이놀즈수가 작아지면 유량계수가 감소한다.
㉢ 벤투리관 : 협착물이 있는 유체의 측정에 적합하고 정도가 높다.

29 적외선 가스분석계의 특징에 대한 설명으로 옳은 것은?

① 선택성이 뛰어나다.
② 대상 범위가 좁다.
③ 저농도의 분석에 부적합하다.
④ 측정가스의 더스트 방지나 탈습에 충분한 주의가 필요 없다.

해설
적외선 가스분석계
H_2, O_2, N_2 등 2원자 분자가스의 측정은 어렵다. 선택성이 우수하고 가스분석 대상 범위가 넓고 저농도 분석에 적합하다. 측정가스의 먼지나 습기 방지에 주의한다.

30 차압식 유량계로서 교축기구 전후에 탭을 설치하는 것은?

① 오리피스
② 로터미터
③ 피토관
④ 가스미터

해설
오리피스 차압식 액면계 : 교축기구 전후에 탭을 설치한다.

31 보일러의 노 내압을 제어하기 위한 조작으로 적절하지 않은 것은?

① 연소가스 배출량의 조작
② 공기량의 조작
③ 댐퍼의 조작
④ 급수량 조작

정답 26 ② 27 ③ 28 ① 29 ① 30 ① 31 ④

해설

보일러 자동제어

제어장치의 명칭	제어량	조작량
연소제어 (ACC)	증기압력	연료량
		공기량
	노 내 압력	연소가스양
급수제어(FWC)	보일러 수위	급수량
증기온도제어(STC)	증기온도	전열량

32 액체와 계기가 직접 접촉하지 않고 측정하는 액면계로서 산, 알칼리, 부식성 유체의 액면 측정에 사용되는 액면계는?

① 직관식 액면계
② 초음파 액면계
③ 압력식 액면계
④ 플로트식 액면계

해설

초음파 간접식 액면계
완전히 밀폐된 고압탱크와 부식성 액체의 액면측정용으로 사용되며, 측정범위가 넓고 정도가 높다. 초음파 펄스를 이용하며 16kC 이상을 초음파 진동수로 본다.

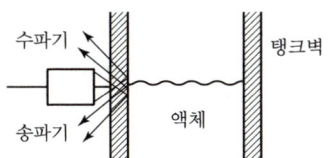

33 2,000kPa의 압력을 mmHg로 나타내면 약 얼마인가?

① 10,000 ② 15,000
③ 17,000 ④ 20,000

해설

76cmHg = 760mmHg = 101.325kPa = 1.033kg/cm²
　　　 = 10.33mH₂O

∴ $2,000 \times \dfrac{760}{101.325} = 15,000 \text{mmHg}$

34 공기식으로 전송하는 계장용 압력계의 공기압 신호압력(kPa) 범위는?

① 20~100 ② 300~500
③ 500~1,000 ④ 800~2,000

해설

공기식 신호전송 : 0.2~1.0kg/cm²
∴ 20~100kPa
※ • 1kg/cm² = 100kPa
　• 신호전송거리 : 100~150m 정도

35 증기보일러의 용량 표시방법 중 일반적으로 가장 많이 사용되는 정격용량은 무엇을 의미하는가?

① 상당증발량 ② 최고사용압력
③ 상당방열면적 ④ 시간당 발열량

해설

증기보일러 용량
• 상당증발량(정격용량 : kg/h)
• 상당증발량(W_e)
　= $\dfrac{\text{시간당 증기량(발생증기엔탈피 - 급수엔탈피)}}{539\text{kcal/kg}}$
• 539×4.2kJ/kg = 2,265kJ/kg

36 SI 유도단위 상태량이 아닌 것은?

① 넓이 ② 부피
③ 전류 ④ 전압

해설

SI 기본단위
길이(m), 질량(kg), 시간(s), 온도(K), 전류(A), 광도(cd), 물질량(mol)

37 다음 온도계 중 가장 높은 온도를 측정할 수 있는 것은?

① 바이메탈 온도계 ② 수은 온도계
③ 백금저항 온도계 ④ PR 열전대 온도계

정답 32 ② 33 ② 34 ① 35 ① 36 ③ 37 ④

해설

온도계의 측정범위
㉠ 바이메탈(고체팽창식) : $-50 \sim 500℃$
㉡ 수은 : $-35 \sim 360℃$
㉢ 백금저항 : $-200 \sim 500℃$
㉣ R(PR) 열전대 : $0 \sim 1,600℃$

38 도너츠형의 측정실이 있고, 온도변화가 적고 부식성 가스나 습기가 적은 곳에 주로 사용되며 저압기체 및 배기가스의 압력측정에 적합한 압력계는?

① 침종식 압력계 ② 환상천평식 압력계
③ 분동식 압력계 ④ 부르동관식 압력계

해설

환상천평식(링밸런스식) 압력계
압력측정범위(저압) : $25 \sim 3,000 mmH_2O$

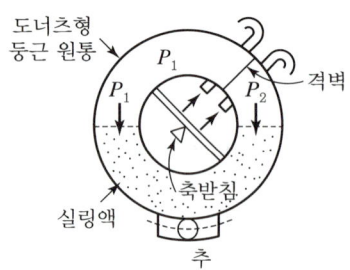

39 매시간 1,600kg의 연료를 연소시켜 16,000 kg/h의 증기를 발생시키는 보일러의 효율(%)은 약 얼마인가?(단, 연료의 발열량 39,800kJ/kg, 발생증기의 엔탈피 3,023kJ/kg, 급수증기의 엔탈피 92kJ/kg이다.)

① 84.4   ② 73.6
③ 65.2   ④ 88.9

해설

보일러의 효율(η)

$$= \frac{\text{시간당 증기발생량} \times (\text{발생증기엔탈피} - \text{급수엔탈피})}{\text{시간당 연료소비량} \times \text{연료의 발열량}} \times 100$$

$$= \frac{16,000 \times (3,023 - 92)}{1,600 \times 39,800} \times 100 = 73.64\%$$

40 보일러에 있어서의 자동제어가 아닌 것은?

① 급수제어   ② 위치제어
③ 연소제어   ④ 온도제어

해설

보일러의 자동제어(ABC)
㉠ 급수제어(F.W.C)
㉡ 연소제어(A.C.C)
㉢ 증기온도제어(S.T.C)

3과목 열설비구조 및 시공

41 주로 보일러 전열면이나 절탄기에 고정 설치해 두며, 분사관은 다수의 작은 구멍이 뚫려 있고 이곳에서 분사되는 증기로 매연을 제거하는 것으로서 분사관은 구조상 고온가스의 접촉을 고려해야 하는 매연분출장치는?

① 롱레트랙터블형   ② 쇼트레트랙터블형
③ 정치회전형   ④ 공기예열기 클리너

해설

매연취출장치
㉠ 롱레트랙터블 : 긴 분사관 사용(압축공기 사용)
㉡ 쇼트레트랙터블형
 • 자동식(전동기구, 공기모터)
 • 수동식(체인식, 크랭크핸들식)
㉢ 로터리형 : 보일러 전열면, 절탄기용으로 고정회전식이다.
㉣ 에어히터클리너형 : 관형의 공기예열기에 증기로 제진하며 자동식, 수동식이 있다.
㉤ 정치회전형 : 보일러 전열면, 절탄기용(로터리형)이며 고정회전식이다.

정답 38 ② 39 ② 40 ② 41 ③

42 그림과 같이 노벽에 깊이 10cm의 구멍을 뚫고 온도를 재었더니 250℃이었다. 바깥표면의 온도는 200℃이고, 노벽재료의 열전도율이 0.814 W/m·℃일 때 바깥표면 1m²에서 전열량은 약 몇 W인가?

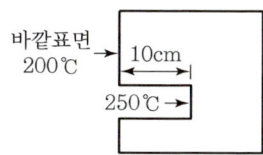

① 59   ② 147
③ 171   ④ 407

해설

열전도 전열량 $(Q) = \lambda \times \dfrac{A(t_1 - t_2)}{b}$

$= 0.814 \times \dfrac{1 \times (250-200)}{0.1} = 407W$

※ 10cm = 0.1m

43 보일러 설치검사기준상 전열면적이 7m²인 경우 급수밸브 크기의 기준은 얼마이어야 하는가?

① 10A 이상   ② 15A 이상
③ 20A 이상   ④ 25A 이상

해설

급수밸브 크기
㉠ 전열면적 10m² 이하 : 15A 이상
㉡ 전열면적 10m² 초과 : 20A 이상

44 다음 중 전기로에 속하지 않는 것은?

① 전로   ② 전기 저항로
③ 아크로   ④ 유도로

해설

제강로
㉠ 평로
㉡ 전로(염기성로, 산성로, 순산소로, 칼도법)
㉢ 도가니로
㉣ 반사로

45 인젝터의 특징에 관한 설명으로 틀린 것은?

① 구조가 간단하고 소형이다.
② 별도의 소요동력이 필요하다.
③ 설치장소를 적게 차지한다.
④ 시동과 정지가 용이하다.

해설

인젝터(소형 급수장치)
고압의 증기를 이용하며, 정전 시 전동기 모터펌프를 이용하여 보일러에 급수가 불가할 때 사용한다.

46 에너지이용 합리화법령상 검사대상기기관리자의 선임을 하여야 하는 자는?

① 시·도지사
② 한국에너지공단이사장
③ 검사대상기기판매자
④ 검사대상기기설치자

해설

검사대상기기관리자의 선임을 하여야 하는 자는 보일러나 압력용기의 설치자(검사대상기기설치자)이다.

47 원통형 보일러와 비교할 때 수관식 보일러의 장점에 해당되지 않는 것은?

① 수부가 커서 부하변동에 따른 압력변화가 적다.
② 전열면적이 커서 증기 발생이 빠르다.
③ 과열기, 공기예열기 설치가 용이하다.
④ 효율이 좋고 고압, 대용량에 많이 쓰인다.

해설

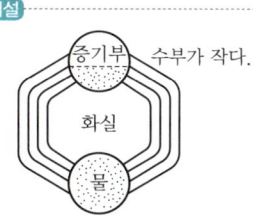
[수관식]

[원통형]

48 증기보일러에는 원칙적으로 2개 이상의 안전밸브를 설치하여야 하지만, 1개를 설치할 수 있는 최대 전열면적 기준은?

① 10m² 이하   ② 30m² 이하
③ 50m² 이하   ④ 100m² 이하

해설
증기보일러 전열면적이 50m² 이하에서는 안전밸브를 1개 이상 설치할 수 있다.

49 연도나 매연 속에 복사광선을 통과시켜 광도 변화에 따른 매연농도가 지시 기록된다. 이 농도계의 명칭은?

① 링겔만 매연농도계
② 광전관식 매연농도계
③ 전기식 매연농도계
④ 매연포집 중량계

해설
플레임아이(광전관식 매연농도계)
㉠ 연도나 매연 속에 복사광선을 통과시켜 빛의 광도변화에 따른 매연의 농도를 지시 기록한다.
㉡ 종류 : 황화카드뮴 광도전 셀, 황화납 광도전 셀, 자외선 광전관, 적외선 광전관

50 강판의 두께가 12mm이고 리벳의 직경이 20mm이며, 피치가 48mm의 1줄 겹치기 리벳조인트가 있다. 이 강판의 효율은?

① 25.9%   ② 41.7%
③ 58.3%   ④ 75.8%

해설
$$강판의 효율(\eta_1) = \frac{P-d}{P} \times 100 = \left(1 - \frac{d}{P}\right) \times 100$$
$$= \left(1 - \frac{20}{48}\right) \times 100$$
$$= 58.3\%$$

51 글로브 밸브의 디스크 형상 종류에 속하지 않는 것은?

① 스윙형
② 반구형
③ 원뿔형
④ 반원형

해설
스윙형, 리프트형, 판형은 체크밸브(역류방지용)에 속한다.

52 스폴링(Spalling)이란 내화물에 대한 어떤 현상을 의미하는가?

① 용융현상
② 연화현상
③ 박락현상
④ 분화현상

해설
스폴링
내화벽돌이 열적, 조직적, 기계적으로 변형을 받아서 갈라지고 분화하는 현상이며 박락현상이라고 한다.

53 에너지이용 합리화법령상 검사대상기기의 계속사용검사신청서는 검사유효기간 만료 며칠 전까지 한국에너지공단이사장에게 제출하여야 하는가?

① 7일
② 10일
③ 15일
④ 30일

해설
검상대상기기(보일러, 압력용기) 계속사용검사
안전검사, 성능검사이며 검사신청은 검사유효기간 만료 10일 전에 제출한다.

정답 48 ③ 49 ② 50 ③ 51 ① 52 ③ 53 ②

54 중심선의 길이가 600mm가 되도록 25A의 관에 90°와 45°의 엘보를 이음할 때 파이프의 실제 절단 길이(mm)는?

관(호칭)지름		15	20	25	32
중심에서 단면까지의 거리(mm)	90°	27	32	38	46
중심에서 단면까지의 거리(mm)	45°	21	25	29	34
나사가 물리는 길이(a) (mm)		11	13	15	17

① 563   ② 575
③ 600   ④ 650

해설
절단길이$(l) = L - \{(A-a) + (A'-a')\}$
$= 600 - \{(38-15) + (29-15)\}$
$= 600 - (23+14) = 563$mm

55 고로에 대한 설명으로 틀린 것은?

① 제철공장에서 선철을 제조하는 데 사용된다.
② 광석을 제련상 유리한 상태로 변화시키는 데 목적이 있다.
③ 용광로의 하부에 배치된 송풍구로부터 고온의 열풍을 취입한다.
④ 용광로의 상부에 철광석과 환원제 그리고 원료로서 코크스를 투입한다.

해설
광석을 용융하지 않을 정도로 온도가 상승하여 용융하지는 않지만 제련하기 쉬운 화합물을 만드는 것을 배소라고 한다.

56 캐스터블 내화물에 대한 설명으로 틀린 것은?

① 현장에서 필요한 형상으로 성형이 가능하다.
② 접촉부 없이 노체를 수축할 수 있다.
③ 잔존 수축이 크고 열팽창도 작다.
④ 내스폴링성이 작고 열전도율이 크다.

해설
㉠ 내화물의 분류
  · 산성 : 규석질, 반규석질, 납석질, 샤모트질
  · 중성 : 고알루미나질, 탄소질, 탄화규소질, 크롬질
  · 염기성 : 마그네시아질, 돌로마이트질, 포스테라이트질, 마그네시아-크롬질
㉡ 내화물 제게르 추 번호
  · SK26 : 1,580℃
  · SK30 : 1,670℃
  · SK40 : 1,920℃
  · SK42 : 2,000℃
㉢ 부정형 내화물
  · 캐스터블 내화물(내화성 골재+수경성 알루미나 시멘트)은 가열 후의 탈수로 인한 기포성이 열전도율을 작게 한다.
  · 플라스틱 내화물(내화성 골재+내화점토)은 열전도성이 우수하다.
  · 내화 모르타르는 축로 시 벽돌 접촉 간의 부착용으로 사용된다.

57 주철관의 공구 중 소켓 접합 시 용해된 납물의 비산을 방지하는 것은?

① 클립
② 파이어포트
③ 링크형 파이프 커터
④ 코킹정

해설
클립
주철관 공구 중 소켓 접합 시 용해된 납물의 비산을 방지한다.

58 크롬마그네시아계 내화물에 대한 설명으로 옳은 것은?

① 용융온도가 낮다.
② 비중과 열팽창성이 작다.
③ 내화도 및 하중연화점이 낮다.
④ 염기성 슬래그에 대한 저항이 크다.

정답 54 ① 55 ② 56 ④ 57 ① 58 ④

[해설]
크롬마그네시아계 염기성 내화물
- 용융온도와 내화도가 SK 36 이상으로 높다.
- 염기성 슬래그에 대한 저항성이 크다.
- 내스폴링성이 크다.

59 다음 중 연관식 보일러에 해당되는 것은?
① 벤슨 보일러 ② 케와니 보일러
③ 라몬트 보일러 ④ 코르니시 보일러

[해설]
- 케와니 기관차형 보일러 : 연관식 보일러
- 벤슨 보일러 : 관류 보일러
- 라몬트 노즐 보일러 : 강제순환식 수관형
- 코르니시 보일러 : 노통 보일러

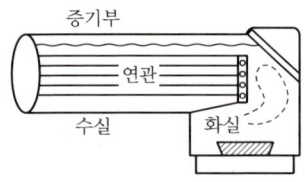

[기관차형 보일러]

60 에너지이용 합리화법령에 따른 검사의 종류 중 개조검사 적용대상이 아닌 것은?
① 보일러의 설치장소를 변경하는 경우
② 연료 또는 연소방법을 변경하는 경우
③ 증기보일러를 온수보일러로 개조하는 경우
④ 보일러 섹션의 증감에 의하여 용량을 변경하는 경우

[해설]
개조검사
㉠ 증기보일러를 온수보일러로 개조하는 경우
㉡ 보일러 섹션의 증감에 의하여 용량을 변경하는 경우
㉢ 동체·돔·노통·연소실·경판·천정판·관판·관모음 또는 스테이의 변경으로서 산업통상자원부장관이 정하여 고시하는 대수리의 경우
㉣ 연료 또는 연소방법을 변경하는 경우
㉤ 철금속가열로로서 산업통상자원부장관이 정하여 고시하는 경우의 수리

4과목 열설비 취급 및 안전관리

61 보일러 수질기준에서 순수처리 기준에 맞지 않는 것은?(단, 25℃ 기준이다.)
① pH : 7~9
② 총경도 : 1~2
③ 전기전도율 : 0.5μS/cm 이하
④ 실리카 : 흔적이 나타나지 않음

[해설]
25℃ 보일러 수질기준(순수처리)
㉠ pH : 7~9
㉡ 총경도 : 0
㉢ 실리카 : 흔적이 나타나지 않음
㉣ 전기전도율 : 0.5μS/cm 이하

62 고온의 응축수 흡입 시 흡입력 증가를 위해 보조로 사용하며 일반적인 펌프보다 효율은 떨어지나 취급이 용이한 펌프의 종류는?
① 제트펌프
② 기어펌프
③ 와류펌프
④ 축류펌프

[해설]
제트펌프
고온의 응축수 흡입 시 흡입력 증가를 위해 보조로 사용하며 일반적인 펌프보다 효율은 떨어지나 취급이 용이한 펌프이다.

63 보일러 청관제 중 슬러지 조정제가 아닌 것은?
① 탄닌
② 리그닌
③ 전분
④ 수산화나트륨

[해설]
가성소다(NaOH, 수산화나트륨) : 알칼리도 증가, pH 상승, 관수의 연화제로 사용

64 에너지이용 합리화법령에서 정한 효율관리기자재에 속하지 않는 것은?(단, 산업통상자원부장관이 그 효율의 향상이 특히 필요하다고 인정하여 따로 고시하는 기자재 및 설비는 제외한다.)

① 전기냉장고 ② 자동차
③ 조명기기 ④ 텔레비전

해설
효율관리기자재의 종류(규칙 제7조)
㉠ 전기냉장고 ㉡ 전기냉방기
㉢ 전기세탁기 ㉣ 조명기기
㉤ 삼상유도전동기 ㉥ 자동차
㉦ 그 밖에 산업통상자원부장관이 고시하는 기자재 및 설비

65 연도 내에서 가스폭발이 일어나는 원인으로 가장 옳은 것은?

① 연소 초기에 통풍이 너무 강했다.
② 배기가스 중에 산소량이 과다했다.
③ 연도 중의 미연소 가스를 완전히 배출하지 않고 점화하였다.
④ 댐퍼를 너무 열어 두었다.

해설

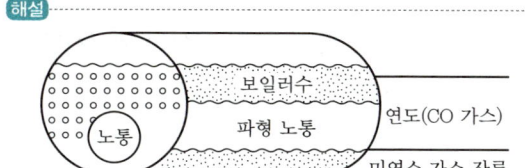

66 다음 중 구식(Grooving)이 가장 발생하기 쉬운 곳은?

① 기수드럼
② 횡형 노통의 상반면
③ 연소실과 접하는 수관
④ 경판의 구석의 둥근 부분

해설
구식(그루빙 부식)
노통 보일러 플랜지 만곡부 경판에 뚫린 급수구멍, 접시형 경판의 모퉁이 만곡부에 생기는 긴 도랑 형태의 부식으로, 가장 많이 발생하는 곳은 경판의 구석의 둥근 부분이다.(일종의 도랑 부식이다.)

67 다음 중 에너지이용 합리화법령상 매년 1월 31일까지 그 에너지사용시설이 있는 지역을 관할하는 시·도지사에게 전년도 분기별 에너지사용량을 신고하여야 하는 자에 대한 기준으로 옳은 것은?

① 연료·열 및 전력의 분기별 사용량의 합계가 5백 티오이 이상인 자
② 연료·열 및 전력의 연간 사용량의 합계가 2천 티오이 이상인 자
③ 연간 사용량 1천 티오이 이상의 연료 및 열을 사용하거나 연간 사용량 2백만 킬로와트시 이상의 전력을 사용하는 자
④ 연간 사용량 1천 티오이 이상의 연료 및 열을 사용하거나 계약전력 5백 킬로와트 이상으로서 연간 사용량 2백만 킬로와트시 이상의 전력을 사용하는 자

해설
에너지다소비사업자(영 제35조)
㉠ 연료 및 전력의 연간 사용량 합계 2천 티오이 이상 사용자
㉡ 신고사항
• 전년도의 분기별 에너지사용량, 제품생산량
• 해당 연도의 분기별 에너지사용예정량, 제품생산예정량
• 에너지사용기자재의 현황
• 전년도의 분기별 에너지이용 합리화실적 및 해당 연도의 분기별 계획

68 보일러의 장기보존 시 만수보존법에 사용되는 약품은?

① 생석회 ② 탄산마그네슘
③ 가성소다 ④ 염화칼슘

정답 64 ④ 65 ③ 66 ④ 67 ② 68 ③

해설
만수보존법(습식 단기보존법)에 사용되는 약품
㉠ 가성소다, 탄산소다
㉡아황산소다, 히드라진
㉢ 암모니아

69 온수난방에서 방열기의 평균온도 80℃, 실내온도 18℃, 방열계수 8.1W/m²·℃의 측정결과를 얻었다. 방열기의 방열량(W/m²)은 약 얼마인가?

① 146
② 502
③ 648
④ 794

해설
방열기(라디에이터)의 소요방열량(Q)
Q = 방열계수 × 온도차
= $8.1 \times (80 - 18) = 502.2 W/m^2$

70 수트 블로어를 실시할 때 주의사항으로 틀린 것은?

① 수트 블로어 전에 반드시 드레인을 충분히 한다.
② 부하가 클 때나 소화 후에 사용해야 한다.
③ 수트 블로어 할 때는 통풍력을 크게 한다.
④ 수트 블로어는 한 장소에서 오래 사용하면 안 된다.

해설
수트 블로어(화실 그을음 청소) 실시에는 증기스팀이나 압축공기를 사용하며 보일러 부하 50% 이하에서는 사용하지 않는다.

71 난방부하를 계산하는 경우 여러 가지 여건을 검토해야 하는데 이에 대한 사항으로 거리가 먼 것은?

① 건물의 방위
② 천장높이
③ 건축구조
④ 실내소음, 진동

해설
㉠ 난방부하 = 면적 × 단위면적당 손실열량(kcal/h)
= 상당방열면적 × 방열기 상당방열량
㉡ 난방부하 검토 시 고려사항
 • 건물의 방위
 • 천장높이
 • 건축구조

72 에너지이용 합리화법령에 따라 검사대상기기관리자를 선임하지 아니하였을 경우에 부과되는 벌칙기준으로 옳은 것은?

① 100만 원 이하의 벌금
② 500만 원 이하의 벌금
③ 1천만 원 이하의 벌금
④ 2천만 원 이하의 벌금

해설
검사대상기기관리자(보일러, 압력용기 조종자)를 선임하지 않으면 1천만 원 이하의 벌금에 처한다.

73 에너지이용 합리화법령에 따라 산업통상자원부장관이 에너지저장의무를 부과할 수 있는 대상자는?(단, 연간 2만 티오이 이상의 에너지를 사용하는 자는 제외한다.)

① 시장·군수
② 시·도지사
③ 전기사업법에 따른 전기사업자
④ 석유사업법에 따른 석유정제업자

해설
에너지저장의무 부과대상자(영 제12조)
㉠ 전기사업자
㉡ 도시가스사업자
㉢ 석탄가공업자
㉣ 집단에너지 사업자
㉤ 연간 2만 석유환산톤 이상 에너지 사용자

정답 69 ② 70 ② 71 ④ 72 ③ 73 ③

74 에너지이용 합리화법령에 따라 제조업자 또는 수입업자가 효율관리기자재의 에너지 사용량을 측정받아야 하는 시험기관은 누가 지정하는가?

① 산업통상자원부장관
② 시·도지사
③ 한국에너지공단이사장
④ 국토교통부장관

[해설]
효율관리기자재의 시험기관 지정권자 : 산업통상자원부장관

75 환수관이 고장을 일으켰을 때 보일러의 물이 유출하는 것을 막기 위하여 하는 배관방법은?

① 리프트 이음 배관법
② 하트포드 연결법
③ 이경관 접속법
④ 증기 주관 관말 트랩 배관법

[해설]
하트포드 연결법
환수관이 고장을 일으킬 때 보일러의 물이 유출하는 저수위 사고를 미연에 방지하는 배관이다.

76 가마울림 현상의 방지대책이 아닌 것은?

① 수분이 많은 연료를 사용한다.
② 연소실과 연도를 개조한다.
③ 연소실 내에서 완전연소시킨다.
④ 2차 공기의 가열, 통풍 조절을 개선한다.

[해설]
연도 내 가마울림(공명음) 현상을 방지하려면 수분이나 습분이 적은 연료를 사용하여 완전연소시킨다.

77 다음 중 온수난방용 밀폐식 팽창탱크에 설치되지 않은 것은?

① 압축공기 공급관
② 수위계
③ 일수관(Over Flow관)
④ 안전밸브

[해설]
개방식 팽창탱크(저온수난방용)

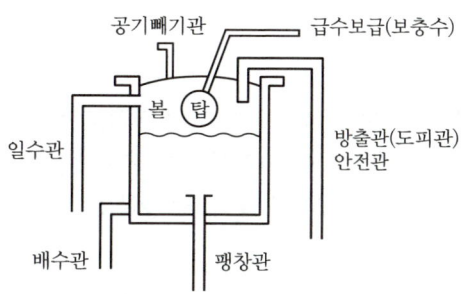

78 프라이밍, 포밍의 방지대책 중 맞지 않는 것은?

① 수증기 밸브를 천천히 개방할 것
② 가급적 안전고수위 상태로 지속 운전할 것
③ 보일러수의 농축을 방지할 것
④ 급수처리를 하여 부유물을 제거할 것

[해설]
• 안전고수위 상태로 지속 운전하면 프라이밍(비수), 포밍(물거품)이 발생하여 기수공발(캐리오버)이 발생한다.
• 가급적 수면계의 $\frac{1}{2}$ 기준수위로 운전하여 프라이밍, 포밍의 발생을 억제한다.

정답 74 ① 75 ② 76 ① 77 ③ 78 ②

79 다음 보일러 운전 중 압력초과의 직접적인 원인이 아닌 것은?

① 압력계의 기능에 이상이 생겼을 때
② 안전밸브의 분출압력 조정이 불확실할 때
③ 연료공급을 다량으로 했을 때
④ 연소장치의 용량이 보일러 용량에 비해 너무 클 때

해설
연료를 다량으로 공급하면 불완전연소(공기공급 부족)가 지속된다.

80 노통이나 화실 등과 같이 외압을 받는 원통 또는 구체의 부분이 과열이나 좌굴에 의해 외압에 견디지 못하고 내부로 들어가는 현상은?

① 팽출   ② 압궤
③ 균열   ④ 블리스터

해설

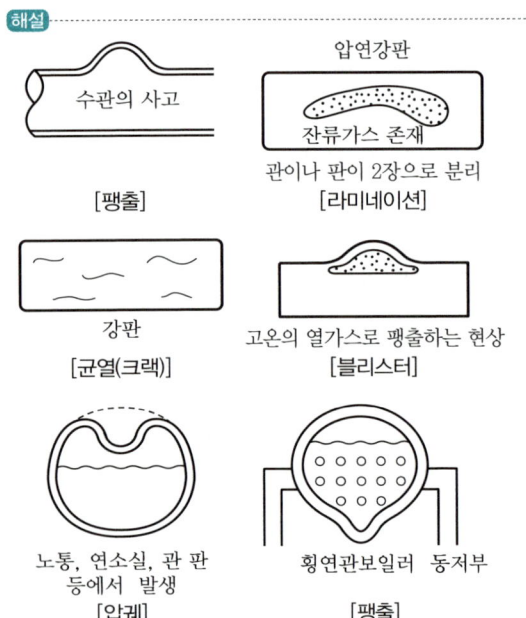

정답 79 ③ 80 ②

부록 2

INDUSTRIAL ENGINEER ENERGY MANAGEMENT

CBT 실전모의고사

제1회 CBT 실전모의고사
제2회 CBT 실전모의고사
제3회 CBT 실전모의고사

1과목 열역학 및 연소관리

01 공기가 75L의 밀폐용기 속에 압력이 400kPa, 온도 30℃인 상태로 들어 있다. 이 공기의 압력을 800kPa로 상승시키기 위해 열을 가하였을 때 가열 후 온도는 몇 K 인가?(단, 공기의 비열비는 1.4이다.)

① 473
② 553
③ 606
④ 626

02 고위발열량과 저위발열량의 차이는?

① 수분의 증발잠열
② 연료의 증발잠열
③ 수분의 비열
④ 연료의 비열

03 메탄(CH_4)을 이론공기비로 연소시켰을 경우 생성물의 압력이 100kPa일 때 생성물 중 이산화탄소의 분압은 약 몇 kPa인가?(단, 메탄과 공기는 100kPa, 25℃에서 공급되고 있다.)

① 71.5
② 18.7
③ 9.5
④ 6.2

04 두바이유의 API 지수가 31.0일 때 비중은 약 얼마인가?

① 0.67
② 0.77
③ 0.87
④ 0.97

05 메탄 1Nm³를 이론공기량으로 완전연소했을 때의 습연소 가스양은 몇 Nm³인가?

① 6.5
② 8.5
③ 10.5
④ 12.5

06 C 87%, H 12%, S 1%의 조성을 가진 중유 1kg을 연소시키는 데 필요한 이론공기량(Nm³/kg)은?

① 6.0
② 8.5
③ 9.4
④ 11.0

07 다음 중 기체연료의 저장방식이 아닌 것은?

① 유수식
② 무수식
③ 고압식
④ 가열식

08 공기비(m)에 대한 설명으로 옳은 것은?

① 연료를 연소시킬 경우 이론공기량에 대한 실제공급공기량의 비이다.
② 연료를 연소시킬 경우 실제공급공기량에 대한 이론공기량의 비이다.
③ 연료를 연소시킬 경우 1차 공기량에 대한 2차 공기량의 비이다.
④ 연료를 연소시킬 경우 2차 공기량에 대한 1차 공기량의 비이다.

09 공업분석법에 의한 석탄의 정량분석에서 회분정량에 대한 조건으로 가장 옳은 것은?

① (105±10)℃에서 10분 가열
② (105±10)℃에서 1시간 가열
③ (815±10)℃에서 10분 가열
④ (815±10)℃에서 1시간 가열

10 보일러에서 사용되고 있는 연소방식으로 잘못된 것은?

① 기체연료 : 예혼합연소
② 기체연료 : 유동층연소
③ 액체연료 : 증발연소
④ 액체연료 : 무화연소

11 포화상태의 습증기에 대한 성질을 설명한 것으로 틀린 것은?

① 증기의 압력이 높아지면 포화액과 포화증기의 비체적 차이가 줄어든다.
② 증기의 압력이 높아지면 엔탈피가 증가한다.
③ 증기의 압력이 높아지면 포화온도가 증가된다.
④ 증기의 압력이 높아지면 증발잠열이 증가된다.

12 그림의 디젤 사이클에서 차단비(Cut-off Ratio) σ를 옳게 나타낸 것은?

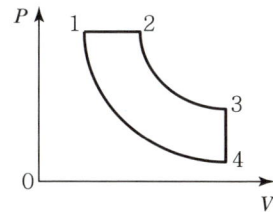

① $\sigma = \dfrac{V_3}{V_2}$
② $\sigma = \dfrac{V_1}{V_3}$
③ $\sigma = \dfrac{V_2}{V_1}$
④ $\sigma = \dfrac{V_3}{V_1}$

13 $PV^n = C$의 거동을 하는 기체에서 등적과정 시 n의 값은?(단, C는 값이 일정한 상수이다.)

① 0
② 1
③ ∞
④ 1.4

14 에어컨이 실내에서 400kJ의 열을 흡수하여 실외로 500kJ을 방출할 때의 성능계수는?

① 0.8
② 1.25
③ 2.0
④ 4.0

15 이상기체의 특성이 아닌 것은?

① 이상기체상태방정식을 만족한다.
② 엔탈피는 압력만의 함수이다.
③ 비열은 온도만의 함수이다.
④ $dU = C_v dt$식을 만족한다.

16 어떤 계가 한 상태에서 다른 상태로 변할 때 이 계의 엔트로피는?

① 항상 감소한다.
② 항상 증가한다.
③ 항상 증가하거나 불변이다.
④ 증가, 감소, 불변 모두 가능하다.

17 공기 1kg이 온도 27℃로부터 300℃까지 가열되며 이때 압력이 400kPa에서 300kPa로 내려가는 경우의 엔트로피 변화량은 약 몇 kJ/kg·K인가?(단, 공기의 정압비열은 1.005kJ/kg·K이며, 공기의 기체상수는 0.287kJ/kg·K이다.)

① 0.362　　　　　　　② 0.533
③ 0.733　　　　　　　④ 0.957

18 압력이 20bar인 증기를 교축과정(등엔탈피 변화)을 일으켜 압력이 1bar, 온도가 150℃인 증기로 만들었다. 증기의 처음 건도는 약 얼마인가?(단, 압력 20bar인 포화액의 엔탈피는 908.59kJ/kg, 포화증기의 엔탈피는 2,797.2kJ/kg이며, 1bar, 150℃인 증기의 엔탈피는 2,776.3kJ/kg이다.)

① 0.81　　　　　　　② 0.89
③ 0.92　　　　　　　④ 0.99

19 공기 표준 사이클에 대한 가정에 해당되지 않는 것은?
① 공기는 밀폐시스템을 이루거나 정상 상태 유동에 의한 사이클로 구성한다.
② 공기는 이상기체이고 대부분의 경우 비열은 일정한 것으로 간주한다.
③ 연소과정은 고온 열원에서의 열전달과정이고, 배기과정은 저온 열원으로의 열전달로 대치된다.
④ 각 과정은 비가역과정이며 운동에너지와 위치에너지는 무시된다.

20 다음 중 샤를의 법칙을 나타내는 것은?

① $PV = $ 일정　　　　② $\dfrac{V}{T} = $ 일정
③ $\dfrac{RT}{PV} = $ 일정　　　④ $\dfrac{PV}{T} = $ 일정

2과목　계측 및 에너지 진단

21　안지름 25cm인 관에 물이 가득 흐를 때 피토관으로 측정한 유속이 6m/s이었다면 이때의 유량은 약 몇 kg/s인가?
　① 108
　② 120
　③ 295
　④ 770

22　다음 중 용적식 유량계에 해당되지 않는 것은?
　① 로터리 유량계
　② 루트 유량계
　③ 로터미터
　④ 가스미터

23　특정한 광파장 에너지(휘도)를 이용하여 계측하는 온도계는?
　① 광고온계
　② 방사온도계
　③ 서머킬러
　④ 복사온도계

24　다음 중 높은 압력의 측정이 가능하지만, 점도가 가장 낮은 압력계는?
　① 부르동관 압력계
　② 분동식 압력계
　③ 경사식 액주압력계
　④ 전기식 압력계

25　대유량의 측정에 적합하고, 비전도성 액체라도 유량 측정이 가능하며 도플러 효과를 이용한 유량계는?
　① 플로노즐 유량계
　② 벤투리 유량계
　③ 임펠러 유량계
　④ 초음파 유량계

26. 다음 중 접촉식 온도계가 아닌 것은?
   ① 바이메탈 온도계   ② 백금 저항온도계
   ③ 열전대 온도계   ④ 광고온계

27. 다음 중 부르동관(Bourdon Tube) 압력계에서 측정된 압력은?
   ① 절대압력   ② 게이지 압력
   ③ 진공압   ④ 대기압

28. 0℃에서의 저항이 100Ω이고 저항 온도계수가 0.0025/℃인 저항온도계를 어떤 노 안에 삽입하였을 때 저항이 180Ω이 되었다면 이 노 안의 온도는 약 몇 ℃인가?
   ① 125   ② 150
   ③ 250   ④ 320

29. 특정 가스의 물성정수인 확산속도를 주로 이용하는 가스분석방법은?
   ① 자동 화학식 CO_2법   ② 가스크로마토그래피법
   ③ 오르자트법   ④ 연소열식 O_2법

30. 지르코니아식 O_2 측정기의 특징에 대한 설명 중 틀린 것은?
   ① 응답속도가 빠르다.
   ② 측정범위가 넓다.
   ③ 설치장소 주위의 온도 변화에 영향이 적다.
   ④ 온도 유지를 위한 전기히터가 필요 없다.

31. 다음 중 잔류편차(Offset)가 있는 제어는?
① I 제어
② PI 제어
③ P 제어
④ PID 제어

32. 오르자트 가스분석기로 측정이 가능한 가스로만 나열된 것은?
① CO_2, O_2, CO
② CO_2, O_2, NO_2
③ CO_2, CO, SO_2
④ CO, O_2, NO_2

33. 공기식으로 전송하는 계장용 압력계의 공기압 신호압력(kg/cm^2) 범위는?
① 0.2~1.0
② 3~5
③ 0~10
④ 4~20

34. 보일러의 제어에서 ACC란 무엇을 의미하는가?
① 자동급수 제어장치
② 자동유입 제어장치
③ 자동증기온도 제어장치
④ 자동연소 제어장치

35. 부력과 중력의 평형을 이용하여 액면을 측정하는 것은?
① 초음파식 액면계
② 정전용량식 액면계
③ 플로트식 액면계
④ 차압식 액면계

36. 제어용 밸브가 갖추어야 할 성질로서 가장 거리가 먼 것은?
① 히스테리시스가 있어야 한다.
② 선형성이 좋아야 한다.
③ 제어신호에 빠르게 응답하여야 한다.
④ 현장의 설치 및 작동에 적합하여야 한다.

37. 가스크로마토그래피를 사용하여 가스를 분석할 때 사용되는 캐리어가스가 아닌 것은?
① He
② Ne
③ O_2
④ Ar

38. 관로에 설치된 오리피스에 의한 유량측정에서 유량은?
① 차압의 제곱에 비례한다.
② 차압의 제곱에 반비례한다.
③ 차압의 제곱근에 비례한다.
④ 차압의 제곱근에 반비례한다.

39. 2개의 제어계를 조합하여 1차 제어장치가 제어량을 측정하여 제어명령을 하면 2차 제어장치가 이 명령을 바탕으로 제어량을 조정하는 제어방식은?
① On/Off 제어
② 비율 제어
③ 캐스케이드 제어
④ 프로그램 제어

40. 열전대 온도계의 보상도선에 주로 사용되는 금속재료는?
① 순철
② 크롬
③ 구리
④ 백금

3과목　열설비구조 및 시공

41. 다음 열설비 재료 중 최고 사용온도가 가장 높은 것은?
① 파이버 글라스
② 폼 글라스
③ 크롬질 캐스터블
④ 규산칼슘 보온재

42. 금속 벽을 통하여 가스 측으로부터 공기에 열을 전달시키는 공기예열기의 형식은?
① 융그스트롬식
② 축열식
③ 전열식
④ 재생식

43. 유량을 Q[m³/s], 유체의 평균유속을 V[m/s]라 할 때 파이프 내경 D[mm]를 구하는 식은?
① $D = 1,128\sqrt{\dfrac{Q}{V}}$
② $D = 1,128\sqrt{\dfrac{Q}{\pi V}}$
③ $D = 1,128\sqrt{\dfrac{V}{4\pi}}$
④ $D = 1,128\sqrt{\dfrac{\pi V}{Q}}$

44. 노통연관식 보일러의 급수처리 시 사용하는 탈산소제가 아닌 것은?
① 탄닌
② 수산화나트륨
③ 히드라진
④ 아황산나트륨

45. 유리를 연속적으로 대량 용융하여 규모가 큰 판유리 등의 대량 생산용으로 가장 적당한 가마는?
① 회전 가마
② 탱크 가마
③ 터널 가마
④ 도가니 가마

46. 그림과 같은 측면 필릿용접이음에서 허용전단응력이 5kg/mm²일 때 약 몇 kgf의 하중(W)에 견딜 수 있는가?

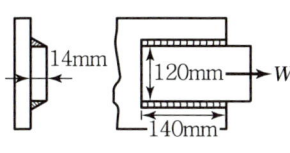

① 650
② 700
③ 1,550
④ 13,860

47. 다음 중 열유체의 물성을 표시하는 무차원 Prandtl 수는?(단, ρ는 유체의 밀도, c는 유체의 비열, μ는 점성계수, λ는 열전도율이다.)

① $\dfrac{\mu\lambda}{c}$
② $\dfrac{c\lambda}{\rho}$
③ $\dfrac{c\rho}{\lambda}$
④ $\dfrac{c\mu}{\lambda}$

48. 다음 중 증발계수(증발량)에 대한 식은?

① $\dfrac{실제증발량}{연료소비량}$
② $\dfrac{연료증발량}{실제소비량}$
③ $\dfrac{(급수엔탈피)-(발생증기엔탈피)}{539}$
④ $\dfrac{(발생증기엔탈피)-(급수엔탈피)}{539}$

49 용광로의 용량표시는 무엇을 기준으로 나타내는가?
① 1회당 생산되는 광석의 톤수
② 24시간당 생산되는 광석의 톤수
③ 1회당 생산되는 선철의 톤수
④ 24시간당 생산되는 선철의 톤수

50 우리나라에서 내화도 측정의 표준으로 하고 있는 것은?
① 오르톤콘
② 제게르콘
③ 광고온계
④ 색온도계

51 큐폴라(Cupola)에 대한 설명으로 옳은 것은?
① 열효율이 나쁘다.
② 용해시간이 느리다.
③ 제강로의 한 형태이다.
④ 대량의 쇳물을 얻을 수 있다.

52 비동력급수장치인 인젝터(Injector) 사용상의 특징에 대한 설명 중 틀린 것은?
① 구조가 간단하다.
② 흡입양정이 낮다.
③ 급수량의 조절이 쉽다.
④ 증기와 물이 혼합되어 급수가 예열된다.

53 전도에 의한 열전달속도에 대한 설명으로 옳은 것은?
① 온도차(Δt)가 클수록 열전달속도는 작아지게 된다.
② 열이 통과할 수 있는 면적(A)이 클수록 열전달속도는 작아지게 된다.
③ 열이 통과하는 길이(L)가 길수록 열전달속도는 작아지게 된다.
④ 열전도도(k)가 높을수록 전도에 의한 열전달속도는 작아지게 된다.

01 회 실전점검!
CBT 실전모의고사

수험번호 :
수험자명 :

제한 시간 :
남은 시간 :

글자 크기 100% 150% 200% | 화면 배치 | 전체 문제 수 : 안 푼 문제 수 :

54 그림과 같이 노벽에 깊이 10cm의 구멍을 뚫고 온도를 재었더니 250℃이었다. 바깥표면의 온도는 200℃이고, 노벽 재료의 열전도율이 0.7kcal/m · h · ℃일 때 바깥표면 $1m^2$에서 시간당 손실되는 열량은 약 몇 kcal인가?

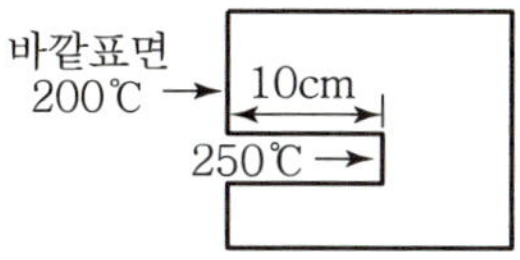

① 7.1　　② 71
③ 35　　④ 350

55 다음 중 규석질 벽돌이 주로 사용되는 곳은?

① 가마의 내벽　　② 가마의 외벽
③ 가마의 천장　　④ 연도구축물

56 증기와 응축수의 온도 차이를 이용한 증기트랩은?

① 단노즐식　　② 상향 버킷식
③ 플로트식　　④ 벨로스식

57 다음 중 증기드럼 내에 또는 주증기 배관에 설치하여 증기와 수분을 분리시키는 부속설비는?

① 기수분리기　　② 블로관
③ 스컴판　　④ 급수내관

답안 표기란

31	①	②	③	④
32	①	②	③	④
33	①	②	③	④
34	①	②	③	④
35	①	②	③	④
36	①	②	③	④
37	①	②	③	④
38	①	②	③	④
39	①	②	③	④
40	①	②	③	④
41	①	②	③	④
42	①	②	③	④
43	①	②	③	④
44	①	②	③	④
45	①	②	③	④
46	①	②	③	④
47	①	②	③	④
48	①	②	③	④
49	①	②	③	④
50	①	②	③	④
51	①	②	③	④
52	①	②	③	④
53	①	②	③	④
54	①	②	③	④
55	①	②	③	④
56	①	②	③	④
57	①	②	③	④
58	①	②	③	④
59	①	②	③	④
60	①	②	③	④

계산기　　다음 ▶　　안 푼 문제　　답안 제출

58. 24℃의 실내에 직경 100mm인 보온용 수증기관이 있다. 이 관의 표면온도는 40℃, 방사율은 0.92이다. 관의 길이 1m당 방사전열량은 약 몇 kcal/h인가?
① 27
② 37
③ 47
④ 57

59. 다음과 같은 특징을 가지는 내화물은?

- 소화성이 크다.
- 내스폴링성이 크다.
- 내화도와 하중연화점이 높다.
- 염기성 슬래그에 대한 저항이 크다.

① 크롬마그네시아 벽돌
② 마그네시아 벽돌
③ 캐스터블 내화물
④ 돌로마이트 벽돌

60. 다음 중 사용목적에 따라 요로를 분류한 것은?
① 도염식 요로
② 연소용 요로
③ 소둔요로
④ 중유요로

4과목 열설비 취급 및 안전관리

61 다음 중 보일러 급수에 함유된 성분 중 전열면 내면 점식의 주원인이 되는 것은?
① O_2
② N_2
③ $CaSO_4$
④ $NaSO_4$

62 보일러에서 산세정 작업이 끝난 후 중화처리를 한다. 다음 중 중화처리 약품으로 사용할 수 있는 것은?
① 가성소다
② 염화나트륨
③ 염화마그네슘
④ 염화칼슘

63 에너지이용 합리화법에 따라 검사대상기기 적용범위에 해당하는 소형 온수보일러는?
① 전기 및 유류 겸용 소형 온수보일러
② 유류를 연료로 쓰는 가정용 소형 온수보일러
③ 최고사용압력이 0.1MPa 이하이고, 전열면적이 5m² 이하인 소형 온수보일러
④ 가스 사용량이 17kg/h를 초과하는 소형 온수보일러

64 보일러 운전 중 취급상의 사고에 해당되지 않는 것은?
① 압력 초과
② 저수위 사고
③ 급수처리 불량
④ 부속장치 미비

65 다음 보일러의 외부청소 방법 중 압축공기와 모래를 분사하는 방법은?

① 샌드 블라스트법 ② 스틸 쇼트 크리닝법
③ 스팀 소킹법 ④ 에어 소킹법

66 에너지이용 합리화법에 따라 용접검사신청서 제출 시 첨부하여야 할 서류가 아닌 것은?

① 용접부위도
② 검사대상기기의 설계도면
③ 검사대상기기의 강도계산서
④ 비파괴시험성적서

67 에너지이용 합리화법에 따른 에너지저장의무 부과 대상자와 가장 거리가 먼 것은?

① 전기사업자
② 석탄가공업자
③ 도시가스사업자
④ 원자력사업자

68 에너지이용 합리화법에 따라 산업통상자원부장관 또는 시·도지사의 업무 중 한국에너지공단에 위탁된 업무에 해당하는 것은?

① 특정열사용기자재의 시공업 등록
② 과태료의 부과·징수
③ 에너지절약전문기업의 등록
④ 에너지관리대상자의 신고 접수

69 급수처리 방법인 기폭법에 의하여 제거되지 않는 성분은?

① 탄산가스
② 황화수소
③ 산소
④ 철

70 보일러 급수처리의 목적으로 가장 거리가 먼 것은?

① 스케일 생성 및 고착 방지
② 부식 발생 방지
③ 가성취화 발생 감소
④ 배관 중의 응축수 생성 방지

71 증기난방의 응축수 환수방법 중 증기의 순환이 가장 빠른 것은?

① 기계환수식
② 진공환수식
③ 단관식 중력환수식
④ 복관식 중력환수식

72 보일러 가동 중 프라이밍과 포밍의 방지대책으로 틀린 것은?

① 급수처리를 하여 불순물 등을 제거할 것
② 보일러수의 농축을 방지할 것
③ 과부하가 되지 않도록 운전할 것
④ 고수위로 운전할 것

73 포밍과 프라이밍이 발생했을 때 나타나는 현상으로 가장 거리가 먼 것은?

① 캐리오버 현상이 발생한다.
② 수격작용이 발생한다.
③ 수면계의 수위 확인이 곤란하다.
④ 수위가 급히 올라가고 고수위 사고의 위험이 있다.

74. 에너지이용 합리화법에 따른 검사대상기기관리자에 대한 교육기간은 얼마인가?
   ① 1일
   ② 3일
   ③ 5일
   ④ 10일

75. 에너지이용 합리화법에 따라 가스사용량이 17kg/h를 초과하는 가스용 소형 온수보일러에 대해 면제되는 검사는?
   ① 계속사용 안전검사
   ② 설치 검사
   ③ 제조검사
   ④ 계속사용 성능검사

76. 온수난방에서 방열기 내 온수의 평균온도가 85℃, 실내온도가 20℃, 방열계수가 7.2kcal/m² · h · ℃이라면, 이 방열기의 방열량(kcal/m² · h)은?
   ① 468
   ② 472
   ③ 496
   ④ 592

77. 에너지이용 합리화법에 따라 산업통상자원부장관이 냉·난방온도를 제한온도에 적합하게 유지 관리하지 않은 기관에 시정조치를 명령할 때 포함되지 않는 사항은?
   ① 시정조치 명령의 대상 건물 및 대상자
   ② 시정결과 조치 내용 통지 사항
   ③ 시정조치 명령의 사유 및 내용
   ④ 시정기한

78. 사고의 원인 중 간접원인에 해당되지 않는 것은?
   ① 기술적 원인
   ② 관리적 원인
   ③ 인적 원인
   ④ 교육적 원인

79. 스케일의 영향으로 보일러 설비에 나타나는 현상으로 가장 거리가 먼 것은?
   ① 전열면의 국부과열
   ② 배기가스 온도 저하
   ③ 보일러의 효율 저하
   ④ 보일러의 순환 장애

80. 수관식 보일러와 비교하여 노통연관식 보일러의 특징에 대한 설명으로 옳은 것은?
   ① 청소가 곤란하다.
   ② 시동하고 나서 증기 발생시간이 짧다.
   ③ 연소실을 자유로운 형상으로 만들 수 있다.
   ④ 파열 시 더욱 위험하다.

CBT 정답 및 해설

제1회 CBT 실전모의고사

01	02	03	04	05	06	07	08	09	10
③	①	③	③	③	④	④	①	④	②
11	12	13	14	15	16	17	18	19	20
④	③	③	④	②	④	③	④	④	②
21	22	23	24	25	26	27	28	29	30
③	③	①	①	④	④	②	④	②	④
31	32	33	34	35	36	37	38	39	40
③	①	①	④	③	①	③	③	③	③
41	42	43	44	45	46	47	48	49	50
③	③	①	②	④	④	④	④	④	②
51	52	53	54	55	56	57	58	59	60
④	③	③	④	③	④	①	①	④	③
61	62	63	64	65	66	67	68	69	70
①	①	④	④	①	④	④	③	③	④
71	72	73	74	75	76	77	78	79	80
②	④	④	①	③	①	②	③	②	④

01 풀이 | $T_2 = T_1 \times \left(\dfrac{P_2}{P_1}\right) = (30+273) \times \left(\dfrac{800}{400}\right) = 606K$

02 풀이 | 수분의 증발잠열 = 고위발열량 − 저위발열량

03 풀이 | $CH_4 + 2O_2 \rightarrow CO_2 + 2H_2O$
이론습배기가스양(G_{ow})
$= (1-0.21)A_o + CO_2 + 2H_2O$
$= (1-0.21) \times \dfrac{2}{0.21} + 1 + 2$
$= 10.52 Nm^3/Nm^3$
$\therefore 100 \times \dfrac{1}{10.52} = 9.5 kPa$
(A_o : 이론공기량)

04 풀이 | $API = \dfrac{141.5}{비중} - 131.5$
$31 = \dfrac{141.5}{비중} - 131.5$
$\therefore 비중 = \dfrac{141.5}{131.5 + 31} = 0.87$

05 풀이 | $CH_4 + 2O_2 \rightarrow CO_2 + 2H_2O$
이론습연소가스양(G_{ow})
$= (1-0.21) \times 이론공기양 + CO_2 + H_2O$
$\therefore (1-0.21) \times \dfrac{2}{0.21} + 1 + 2 = 10.52 Nm^3/Nm^3$

06 풀이 | 고체, 액체연료 이론공기량(A_o)
$= 8.89C + 26.67\left(H - \dfrac{O}{8}\right) + 3.33S$
$= 8.89 \times 0.87 + 26.67 \times 0.12 + 3.33 \times 0.01$
$= 7.7343 + 3.2004 + 0.0333 = 10.968 Nm^3/kg$

07 풀이 | 기체연료 저장법
㉠ 저압식(유수식, 무수식)
㉡ 고압식

08 풀이 | 공기비(m) = $\dfrac{실제공기량}{이론 공기량}$

09 풀이 | 공업분석 회분정량 : (815±10)℃에서 60분 가열

10 풀이 | 기체연료
㉠ 확산연소
㉡ 부분예혼합연소(반혼합)
㉢ 예혼합연소
※ 고체연료 : 유동층연소

11 풀이 | 증기의 압력이 높아지면 증발잠열이 감소한다.

12 풀이 | 디젤 사이클 차단비(등압 사이클) : $\sigma = \dfrac{V_2}{V_1}$

13 풀이 | $PV^n = C$
등적(정적)변화 시 폴리트로픽 지수 : ∞

14 풀이 | $500kJ - 400kJ = 100kJ$
$\therefore 성적계수(COP) = \dfrac{400}{100} = 4.0$

15 풀이 | ㉠ 완전 가스의 비열은 일반적으로 온도만의 함수이다.
㉡ 이상기체의 내부에너지 및 엔탈피는 온도만의 함수이다.

16 풀이 | 어떤 계가 한 상태에서 다른 상태로 변할 때 이 계의 엔트로피는 증가, 감소, 불변 모두 가능하다.

CBT 정답 및 해설

17 풀이 | 엔트로피 변화량(ΔS)
$= \Delta S_P + \Delta S_T$
$= CP \cdot \ln\dfrac{T_2}{T_1} - R \cdot \ln\dfrac{P_2}{P_1}$
$= 1.005 \times \ln\dfrac{573}{300} - 0.287 \times \ln\dfrac{300}{400}$
$= 0.65033 - (-0.0825)$
$= 0.733 \text{kJ/kg} \cdot \text{K}$

18 풀이 | 건조도$(x) = \dfrac{2,776.3 - 908.59}{2,797.2 - 908.59} = 0.99$

19 풀이 | 공기 냉동 사이클은 역브레이턴 사이클이다.

20 풀이 | ㉠ 샤를의 법칙 : $\dfrac{V}{T}$ = 일정
㉡ 보일의 법칙 : PV = 일정
㉢ 보일 샤를의 법칙 : $\dfrac{PV}{T}$ = 일정

21 풀이 | 유량(Q) = 단면적 × 유속
$= A \times V = \dfrac{3.14}{4} \times (0.25)^2 \times 6$
$= 0.2943 \text{m}^3$
∴ $0.2943 \times 1,000 = 294.3 \text{kg}$

22 풀이 | 로터미터 : 면적식 유량계

23 풀이 | 광고온계
특정한 광파장 에너지를 이용하여 계측하는 온도계이다.

24 풀이 | 부르동관 압력계
높은 압력의 측정이 가능하지만 정도가 가장 낮다.

25 풀이 | 초음파 유량계
대유량의 측정에 적합하고 비전도성 액체라도 유량 측정이 가능하며 도플러 효과를 이용한 유량계이다.

26 풀이 | 광고온계 : 비접촉식 고온계

27 풀이 | 압력계에서 측정한 압력계 : 게이지 압력

28 풀이 | $180 - 100 = 80 \Omega$
∴ $T = \dfrac{80}{0.0025 \times 100} = 320$℃

29 풀이 | 가스크로마토그래피 : 물리적 가스분석계
특정 가스의 물성정수인 확산속도를 주로 이용하는 가스 분석계이다.

30 풀이 | 세라믹 O_2계(ZrO_2)
측정부의 온도 유지를 위해 온도 조절용 전기로가 필요하다.

31 풀이 | • 비례동작 P 동작 : 잔류편차 발생
• 적분동작 I 동작 : 잔류편차 제거

32 풀이 | 오르자트 가스분석기 측정 가스 : CO_2, O_2, CO

33 풀이 | 공기식 전송 공기압 신호압력 : $0.2 \sim 1.0 \text{kgf/cm}^2$

34 풀이 | 자동제어 보일러(ABC)
㉠ 자동급수 제어 : FWC
㉡ 자동증기온도 제어 : STC
㉢ 자동연소 제어 : ACC

35 풀이 | 플로트식 액면계
부자식 액면계이며 부력과 중력의 평형을 이용한 액면계이다.

36 풀이 | 제어용 밸브는 히스테리시스가 없어야 한다.

37 풀이 | 캐리어가스 : He, Ne, Ar

38 풀이 | 오리피스 유량계의 유량은 차압의 제곱근에 비례한다.

39 풀이 | 캐스케이드 제어
2개의 제어계를 조합하여 1차 제어장치가 제어량을 측정하여 명령을 하면 2차 제어장치가 이 명령을 바탕으로 제어량을 조정한다.

40 풀이 | 보상도선 금속
㉠ 구리
㉡ 니켈

41 풀이 | • 보온재 : 파이버 글라스, 폼 글라스, 규산칼슘보온재
 • 크롬질 캐스터블 : 부정형 내화물
 부정형 내화물은 보온재보다 사용온도가 높다.

42 풀이 | 공기예열기
 ㉠ 전열식 : 금속 벽 이용
 ㉡ 재생식 : 융그스트롬식

43 풀이 | $D = 1,128\sqrt{\dfrac{Q}{V}}$ (mm)

44 풀이 | 탈산소제 : 탄닌, 히드라진, 아황산나트륨

45 풀이 | 탱크 가마 : 규모가 큰 판유리 등의 대량 생산용

46 풀이 | 하중(W) = $\dfrac{\tau L h}{0.707} = \dfrac{5 \times 140 \times 14}{0.707} = 13,860 \text{kgf}$

47 풀이 | 프란틀수 : $\dfrac{c\mu}{\lambda}$

48 풀이 | 증발계수 = $\dfrac{\text{발생증기엔탈피} - \text{급수엔탈피}}{539}$

49 풀이 | 용광로의 용량 : 24시간당 생산되는 선철의 톤수

50 풀이 | 제게르콘 : 내화도 측정 온도계

51 풀이 | 큐폴라 : 대량의 쇳물을 얻는 용해로

52 풀이 | 인젝터는 급수량 조절이 불편하다.

53 풀이 | 열이 통과하는 길이가 길수록 열전달속도는 느리다.

54 풀이 | 열전도손실열량(Q)
 = $\lambda A \dfrac{\Delta T}{L} = \dfrac{0.7 \times 1 \times (250 - 200)}{0.1} = 350 \text{kcal}$
 ※ 10cm = 0.1m

55 풀이 | 규석질 산성내화물
 가마의 천장에 사용

56 풀이 | 온도차 스팀트랩
 ㉠ 바이메탈식
 ㉡ 벨로스식

57 풀이 | 기수분리기
 증기와 수분을 분리하여 건조증기를 취한다.

58 풀이 | 파이프 표면적 = $\pi D L = 3.14 \times 0.1 \times 1 = 0.314 \text{m}^2$
 방사전열량(Q)
 = $4.88 \times \epsilon \left[\left(\dfrac{T_1}{100}\right)^4 - \left(\dfrac{T_2}{100}\right)^4\right] A$
 = $4.88 \times 0.92 \times \left[\left(\dfrac{273+40}{100}\right)^4 - \left(\dfrac{273+24}{100}\right)^4\right] \times 0.314$
 = 27kcal/h

59 풀이 | 돌로마이트 벽돌
 ㉠ 소화성이 크다.(결점)
 ㉡ 내스폴링성이 크다.
 ㉢ 내화도와 하중연화점이 높다.
 ㉣ 염기성 슬래그에 대한 저항이 크다.

60 풀이 | 요로의 사용목적에 의한 분류
 ㉠ 용해로
 ㉡ 가열로
 ㉢ 소둔로

61 풀이 | 점식(Pitting)
 보일러 내면에 생기는 좁쌀알, 쌀알, 콩알 크기의 점부식(수중의 용존산소에 의해 발생)

62 풀이 | 보일러의 염산 세정 작업의 중화처리 시 가성소다를 사용한다.

63 풀이 | 검사대상 소형 온수보일러 기준
 ㉠ 가스를 사용하는 것
 ㉡ 가스사용량 17kg/h[도시가스는 232.6kW(20만 kcal/h)]를 초과하는 것

64 풀이 | 부속장치 미비 : 제작상 사고

65 풀이 | ㉠ 스틸 쇼트 크리닝법 : 강구 이용
 ㉡ 스팀 소킹법 : 증기 분사
 ㉢ 에어 소킹법 : 압축공기 분사

66 풀이 | 규칙 제31조의14에 의거, 용접검사신청서 제출 시 첨부서류는 보기 ①, ②, ③이다.

67 풀이 | 영 제12조에 의해 에너지저장의무 부과 대상자는 보기 ①, ②, ③ 외에 집단에너지 사업자, 연간 2만 석유환산톤 이상의 에너지를 사용하는 자이다.

68 풀이 | 시행령 제51조에 의거, 한국에너지공단에 위탁한 업무는 에너지절약전문기업의 등록이다.

69 풀이 | 산소는 탈기법에 의해 처리한다.

70 풀이 | 배관 내 응축수 생성 장해
수격작용(워터해머)의 타격으로 배관손상, 부식증가, 증기열손실 및 증기이송장해가 발생한다.
급수처리는 응축수 생성과 관련이 없다.

71 풀이 | 응축수 환수법의 증기 순환 속도
진공환수식>기계환수식>복관식 중력환수식>단관식 중력환수식

72 풀이 | 고수위 운전
프라이밍(비수), 포밍(거품) 발생으로 캐리오버(기수공발) 장해 발생

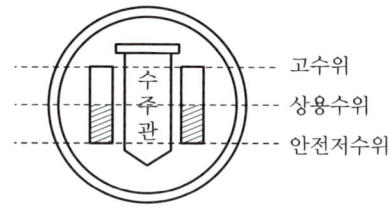

73 풀이 | ㉠ 포밍 : 수면 위에서 거품 발생
㉡ 프라이밍 : 수면에서 습증기 발생(물방울이 증기에 혼입되어 습증기 유발)

74 풀이 | 규칙 별표 4의2에 의해, 교육기간은 1일이다.

75 풀이 | 규칙 별표 3의6에 의해 소형 온수보일러[가스 사용량 17kg/h(도시가스 232.6kW) 초과]는 제조검사가 면제된다.

76 풀이 | 방열기(라디에이터)의 방열량(Q)
Q = 방열계수 × 온도차
= $7.2 \times (85 - 20) = 468 (kcal/m^2 \cdot h)$

77 풀이 | 영 제42조의3에 의거, 시정조치명령은 보기 ①, ③, ④를 포함해야 한다.

78 풀이 | 인적 원인 : 직접원인
사람에 의한 인적 사고는 직접적인 사고 원인이다.

79 풀이 | 스케일의 영향
관석에 의한 전열면의 과열, 전열의 장애로 배기가스 온도 상승, 열효율 감소, 보일러 강도 저하

80 풀이 | 노통연관 보일러
수부가 증기부보다 커서 파열 시 열수에 의한 사고가 커진다.

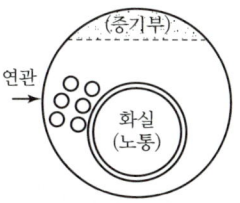

수관식 보일러
드럼 내 보일러수가 적어서 파열 시 피해가 적다. 물이 수관으로 분산되어서 전열이 용이하여 열효율이 높으나 부식이나 스케일의 발생이 심하다.

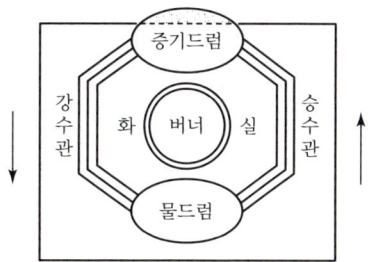

1과목 열역학 및 연소공학

01 다음 중 저온부식과 관련 있는 물질은?
① 황산화물 ② 바나듐
③ 나트륨   ④ 염소

02 보일러 집진장치의 입구와 출구의 함진농도를 측정한 결과 각각 10Nm³, 0.03/Nm³이었다. 집진율(%)은 얼마인가?
① 93.5   ② 97.9
③ 98.3   ④ 99.7

03 석탄의 풍화작용에 의한 현상으로 틀린 것은?
① 휘발분이 감소한다.   ② 발열량이 감소한다.
③ 석탄표면이 변색된다. ④ 분탄으로 되기 어렵다.

04 다음 중 원심식 집진장치가 아닌 것은?
① 사이클론스크러버   ② 백필터
③ 사이클론   ④ 멀티클론

05 다음 중 석탄의 원소분석 방법이 아닌 것은?
① 리비히법   ② 세필드법
③ 에쉬카법   ④ 라이드법

06 고체 및 액체연료에서의 이론공기량을 중량(kg/kg)으로 구하는 식은?(단, C, H, O, S는 원자기호이다.)

① $1.87C + 5.6\left(H - \dfrac{O}{8}\right) + 0.7S$

② $2.67C + 8\left(H - \dfrac{O}{8}\right) + S$

③ $8.89C + 26.7\left(H - \dfrac{O}{8}\right) + 3.33S$

④ $11.49C + 34.5\left(H - \dfrac{O}{8}\right) + 4.3S$

07 탄화도에 대한 설명으로 틀린 것은?

① 탄화도가 클수록 연소속도가 늦어진다.
② 탄화도가 클수록 비열과 열전도율은 증가한다.
③ 탄화도가 클수록 연료비가 증가하고 발열량이 커진다.
④ 탄화도가 클수록 휘발분이 감소하고 착화온도가 높아진다.

08 고위발열량(H_h)과 저위발열량(H_L)의 차이는?

① 위치에너지의 차이다.
② 수증기와 물의 엔탈피 차이다.
③ 완전연소와 불완전연소의 차이다.
④ 발열량 측정장치의 오차 한계이다.

09 수소가 완전 연소할 때의 고위발열량과 저위발열량의 차이는 몇 kJ/kmol인가? (단, 물의 증발열은 0℃ 포화상태에서 2,501.6kJ/kg이다.)

① 5,003
② 10,006
③ 44,570
④ 45,029

10. 다음 연료 중 이론공기량(Nm³/Nm³)을 가장 많이 필요로 하는 것은?
   ① 메탄
   ② 수소
   ③ 아세틸렌
   ④ 일산화탄소

11. 계가 사이클을 이룰 때, 비가역 사이클에 대한 $\dfrac{dQ}{T}$의 적분 값을 옳게 나타낸 것은? (단, Q는 열량, T는 절대온도이다.)
   ① $\oint \dfrac{dQ}{T} \geq 0$
   ② $\oint \dfrac{dQ}{T} = 0$
   ③ $\oint \dfrac{dQ}{T} < 0$
   ④ $\oint \dfrac{dQ}{T} > 0$

12. 온도가 400℃인 고온열원과 100℃인 저온 열원 사이에서 작동하는 카르노 열기관의 효율은 약 얼마인가?
   ① 0.25
   ② 0.45
   ③ 0.75
   ④ 1.00

13. 공기 2kg을 0℃에서 500℃까지 압력이 일정한 상태로 가열할 때 필요한 열량은 몇 kJ인가?
   ① 120
   ② 240
   ③ 500
   ④ 1,000

14 다음 중 열역학 제1법칙에 관한 설명은?

① 에너지는 여러 가지 형태를 가질 수 있지만 에너지의 총량은 일정하다.
② 열이 고온부로부터 저온부로 이동하는 현상은 비가역적 현상이다.
③ 고립계인 이 우주의 엔트로피는 계속 증가한다.
④ 절대온도 0K일 때 엔트로피는 0이다.

15 공기의 온도가 일정할 때 다음 압력 중에서 이상기체에 가장 가까운 거동을 하는 것은?

① 100기압
② 10기압
③ 1기압
④ 0.1기압

16 공기로서 작동되는 복합(사바테) 사이클에서 압축비가 5, 비열비가 1.4, 차단비가 1.6, 압력비가 1.8일 때 이론 열효율은 약 몇 %인가?

① 34.6
② 37.6
③ 43.8
④ 53.9

17 200kPa, 500L인 1kg의 공기를 일정온도 상태에서 압축하는 데 120kJ이 소모되었다면 공기의 최종 압력은 약 몇 kPa인가?

① 135
② 346
③ 664
④ 932

18. 다음 중 시스템의 경계를 통하여 일, 열 등 어떠한 형태의 에너지와 물질도 통과할 수 없는 시스템은?

① 밀폐시스템 ② 개방시스템
③ 고립시스템 ④ 단열시스템

19. 압축성 인자(Compressibility Factor)에 대한 설명으로 옳은 것은?

① 실제기체가 이상기체에 대한 거동에서 벗어나는 정도를 나타낸다.
② 실제기체는 1의 값을 갖는다.
③ 항상 1보다 작은 값을 갖는다.
④ 기체압력이 0으로 접근할 때 0으로 접근된다.

20. 공기 1kg을 15℃로부터 80℃로 가열하여 체적이 $0.80m^3$에서 $0.95m^3$로 되는 과정에서의 엔트로피 변화량은 약 몇 kJ/K인가?(단, 공기의 정압비열 C_P는 1.004 kJ/kg · K이며, 기체상수 R은 0.287kJ/ kg · K이다.)

① 0.195 ② 0.253
③ 3.802 ④ 65.32

2과목 계측 및 에너지 진단

21 다음 중 연돌가스의 압력측정에 가장 적당한 압력계는?
① 링밸런스식 압력계
② 압전식 압력계
③ 분동식 압력계
④ 부르동관식 압력계

22 다음 중 시정수에 대한 설명으로 올바른 것은?
① 2차 지연요소에서 출력이 최대 출력의 63%에 도달할 때까지의 시간이다.
② 1차 지연요소에서 출력이 최대 입력의 63%에 도달할 때까지의 시간이다.
③ 2차 지연요소에서 입력이 최대 출력의 63%에 도달할 때까지의 시간이다.
④ 1차 지연요소에서 출력이 최대 출력의 63%에 도달할 때까지의 시간이다.

23 열전대 온도계의 보호관 중 상용사용온도가 약 1,000℃로서 급열, 급랭에 잘 견디고 산에는 강하나 알칼리에는 약한 비금속 온도계 보호관은?
① 자기관
② 석영관
③ 황동관
④ 카보런덤관

24 다음 중 온도상승에 따라 저항이 감소하는 특징을 가진 온도계는?
① 알코올 온도계
② 서미스터 저항 온도계
③ 백금저항 온도계
④ 광복사 온도계

25 탄성 압력계의 일반 교정에 주로 사용되는 시험기는?
① 침종식 압력계
② 격막식 압력계
③ 정밀 압력계
④ 기준분동식 압력계

26 0℃에서의 저항이 100Ω이고, 저항온도계수가 0.005인 저항온도계를 어떤 노 안에 집어넣었을 때 저항이 200Ω이 되었다면 이 노 안의 온도는 몇 ℃인가?
① 100
② 150
③ 200
④ 250

27 차압식 유량계의 압력손실의 크기를 표시한 것으로 옳은 것은?
① 오리피스 > 플로노즐 > 벤투리관
② 플로노즐 > 오리피스 > 벤투리관
③ 벤투리관 > 플로노즐 > 오리피스
④ 오리피스 > 벤투리관 > 플로노즐

28 어느 보일러 냉각기의 진공도가 730mmHg일 때 절대압력으로 표시하면 약 몇 $kg/cm^2 \cdot a$인가?
① 0.02
② 0.04
③ 0.12
④ 0.18

29 다음 열전대 형식 중 구리와 콘스탄탄으로 구성되어 주로 저온의 실험용으로 사용되는 것은?
① T type
② E type
③ J type
④ K type

30 대기 중에 있는 지름 20cm의 실린더에 300kg의 추를 올려놓았을 때 실린더 내의 절대압력은 몇 kg/cm^2인가?(단, 대기압은 750mmHg이다.)
① 0.97
② 1.27
③ 1.98
④ 2.77

31. 액주식 압력계의 압력측정에 사용되는 액체의 구비조건으로 틀린 것은?
   ① 점성이 클 것
   ② 열팽창계수가 작을 것
   ③ 모세관현상이 적을 것
   ④ 일정한 화학성분을 가질 것

32. 상온, 상압의 공기 유속을 피토관으로 측정하였더니 동압(P)으로 80mmH$_2$O이었다. 비중량(γ)이 1.3kg/m^{3}일 때 유속은 약 몇 m/s인가?
   ① 3.20
   ② 12.3
   ③ 34.7
   ④ 50.5

33. 오르자트 가스분석 장치에 사용되는 흡수제와 흡수되는 가스가 옳게 짝지어진 것은?
   ① 암모니아성 염화제1구리 용액 － CO_2
   ② 무수황산 30% 용액 － CO_2
   ③ 알칼리성 피로갈롤 용액 － O_2
   ④ KOH 30% 용액 － O_2

34. 다음 중 편차의 크기와 지속시간에 비례하여 응답하는 제어동작은?
   ① P 동작
   ② D 동작
   ③ I 동작
   ④ PID 동작

35. 다음 중 탄성압력계가 아닌 것은?
   ① 부르동관 압력계
   ② 벨로스 압력계
   ③ 다이어프램 압력계
   ④ 링밸런스 압력계

36 오르자트 가스분석계의 배기가스 분석순서를 바르게 나열한 것은?

① $N_2 \to CO \to O_2 \to CO_2$
② $CO_2 \to CO \to O_2 \to N_2$
③ $N_2 \to O_2 \to CO \to CO_2$
④ $CO_2 \to O_2 \to CO \to N_2$

37 다음 중 패러데이(Faraday) 법칙을 이용한 유량계는?

① 전자유량계
② 델타유량계
③ 스와르미터
④ 초음파유량계

38 다음 중 공업 계측에서 고온 측정용으로 가장 적합한 온도계는?

① 금속저항온도계
② 유리온도계
③ 압력온도계
④ 열전대온도계

39 가스분석계인 자동화학식 CO_2계에 대한 설명으로 틀린 것은?

① 오르자트(Orsat)식 가스분석계와 같이 CO_2를 흡수액에 흡수시켜 이것에 의한 시료 가스 용액의 감소를 측정하고 CO_2 농도를 지시한다.
② 피스톤의 운동으로 일정한 용적의 시료가스가 $CaCO_2$ 용액 중에 분출되며 CO_2는 여기서 용액에 흡수된다.
③ 조작은 모두 자동화되어 있다.
④ 흡수액에 따라서는 O_2 및 CO의 분석계로도 사용할 수 있다.

40 2개의 제어계를 조립하여 제어량을 1차 조절계로 측정하고 그의 조작 출력으로 2차 조절계의 목표치를 설정하는 제어방식은?

① 추종 제어
② 정치 제어
③ 캐스케이드 제어
④ 프로그램 제어

3과목 열설비구조 및 시공

41 관선의 지름을 바꿀 때 주로 사용되는 관 부속품은?
① 소켓(Socket)
② 엘보(Elbow)
③ 리듀서(Reducer)
④ 플러그(Plug)

42 크롬이나 크롬-마그네시아 벽돌이 고온에서 산화철을 흡수하여 표면이 부풀어 오르거나 떨어져 나가는 현상을 의미하는 것은?
① 스폴링(Spalling)
② 열화
③ 슬래킹(Slaking)
④ 버스팅(Bursting)

43 압력용기에서 원주방향 응력은 길이방향 응력의 얼마 정도인가?
① $\frac{1}{4}$
② $\frac{1}{2}$
③ 2배
④ 4배

44 용선로(Cupola)에 대한 설명으로 틀린 것은?
① 규격은 매 시간당 용해할 수 있는 중량(Ton)으로 표시한다.
② 코크스 속의 탄소, 인, 황 등의 불순물이 들어가 용탕의 질이 저하된다.
③ 열효율이 좋고 용해시간이 빠르다.
④ Al 합금이나 가단주철 및 칠드 롤러(Chilled Roller)와 같은 대형 주물제조에 사용된다.

45. 산성내화물의 중요 화학성분의 형태는?(단, R은 금속원소, O는 산소원소이다.)

① R_2O
② RO
③ RO_2
④ R_2O_3

46. 터널요(Tunnel Kiln)의 주요 구성부분에 해당되지 않는 것은?

① 용융대
② 예열대
③ 냉각대
④ 소성대

47. 노벽이 두께 24cm의 내화벽돌, 두께 10cm의 절연벽돌 및 두께 15cm의 적색벽돌로 만들어질 때 벽 안쪽과 바깥쪽 표면 온도가 각각 900℃, 90℃라면 열손실은 약 몇 kcal/h·m²인가?(단, 내화벽돌, 절연벽돌 및 적색벽돌의 열전도율은 각각 1.2kcal/h·m·℃, 0.15kcal/h·m·℃, 1.0kcal/h·m·℃이다.)

① 351
② 797
③ 1,501
④ 4,057

48. 내화질 벽돌 중 표준형의 길이는 몇 mm인가?

① 200mm
② 210mm
③ 230mm
④ 250mm

49. 다음 중 중성 내화물로 분류되는 것은?

① 샤모트질
② 마그네시아질
③ 규석질
④ 탄화규소질

50 불연속식 가마로서 바닥은 직사각형이며 여러 개의 흡입공이 연도에 연결되어 있고 화교(Bagwall)가 버너 포트(Burner Port)의 앞쪽에 설치되어 있는 것은?
① 도염식 가마
② 터널 가마
③ 둥근 가마
④ 호프만요

51 보온재는 일반적으로 상온(20℃)에서 열전도율이 몇 kcal/m·h·℃ 이하인 것을 말하는가?
① 0.01
② 0.05
③ 0.1
④ 0.5

52 경판에 부착하는 거싯 스테이와 노통 사이의 거리를 브레이징 스페이스(Breathing Space)라 한다. 이것의 최소 간격은 몇 mm인가?
① 150
② 200
③ 230
④ 260

53 열전도율이 0.8kcal/mh℃인 콘크리트 벽의 안쪽과 바깥쪽의 온도가 각각 25℃와 20℃이다. 벽의 두께가 5cm일 때 $1m^2$당 매시간 전달되어 나가는 열량은 약 몇 kcal인가?
① 0.8
② 8
③ 80
④ 800

54. 온도 300℃의 평면벽에 열전달률 0.06kcal/m·h·℃의 보온재가 두께 50mm로 시공되어 있다. 평면벽으로부터 외부공기로의 배출열량은 약 몇 kcal/m·h·℃인가?(단, 공기온도는 20℃, 보온재 표면과 공기와의 열전달 계수는 8kcal/m²h이다.)

① 5
② 57
③ 292
④ 573

55. 간접가열 매체로서 수증기를 이용하는 장점이 아닌 것은?
① 압력조절밸브를 사용하면 온도변화를 쉽게 조절할 수 있다.
② 물은 열전도도가 크므로 수증기의 열전달계수가 크다.
③ 가열이 균일하여 국부가열의 염려가 없다.
④ 수증기의 비열이 물보다 크기 때문에 증기화가 용이하다.

56. 크롬 – 마그네시아 벽돌은 크롬철광을 몇 % 이상 함유하는 것을 말하는가?
① 20
② 30
③ 40
④ 50

57. 층류와 난류의 유동상태 판단의 척도가 되는 무차원수는?
① 마하수
② 프란틀수
③ 넛셀수
④ 레이놀즈수

58. 내화 골재에 주로 규산나트륨을 섞어 만든 내화물로서 시공 시 해머 등으로 충분히 굳게 하여 시공하며 보일러의 수관벽 등에 사용되는 내화물은?
① 용융 내화물
② 내화 모르타르
③ 플라스틱 내화물
④ 캐스터블 내화물

59 보일러 내부의 전열면에 스케일이 부착되어 발생하는 현상이 아닌 것은?

① 전열면 온도 상승
② 증발량 저하
③ 수격현상(Water Hammering) 발생
④ 보일러수의 순환방해

60 보온재가 갖추어야 할 구비조건이 아닌 것은?

① 장시간 사용해도 사용온도에 견디어야 한다.
② 어느 정도의 기계적 강도를 가져야 한다.
③ 열전도율이 작아야 한다.
④ 부피 비중이 커야 한다.

4과목 열설비 취급 및 안전관리

61 에너지이용 합리화법상 검사대상기기에 대하여 받아야 할 검사를 받지 아니한 자에 해당하는 벌칙은?

① 1천만 원 이하의 벌금
② 2천만 원 이하의 벌금
③ 1년 이하의 징역 또는 1천만 원 이하의 벌금
④ 2년 이하의 징역 또는 2천만 원 이하의 벌금

62 에너지이용 합리화법에 따라 에너지다소비사업자가 매년 1월 31일까지 신고해야 할 사항이 아닌 것은?

① 전년도의 수지계산서
② 전년도의 분기별 에너지이용 합리화 실적
③ 해당 연도의 분기별 에너지사용예정량
④ 에너지사용기자재의 현황

63 보일러에서 압력계에 연결하는 증기관(최고 사용압력에 견디는 것)을 강관으로 하는 경우 안지름은 최소 몇 mm로 하여야 하는가?

① 6.5
② 12.7
③ 15.6
④ 17.5

64 보일러 손상의 형태 중 보일러에 사용하는 연강은 보통 200~300℃ 정도에서 최고의 항장력을 나타내는데, 750~800℃ 이상으로 상승하면 결정립의 변화가 두드러진다. 이러한 현상을 무엇이라고 하는가?

① 압궤
② 버닝
③ 만곡
④ 과열

65. 증기관 내에 수격현상이 일어날 때 조치사항으로 틀린 것은?
① 프라이밍이 발생치 않도록 한다.
② 증기배관의 보온을 철저히 한다.
③ 주 증기밸브를 천천히 연다.
④ 증기트랩을 달아 둔다.

66. 다음 중 에너지법에 의한 에너지위원회 구성에서 대통령령으로 정하는 사람이 속하는 중앙행정기관에 해당되는 것은?
① 외교부
② 보건복지부
③ 해양수산부
④ 산업통상자원부

67. 지역난방의 장점에 대한 설명으로 틀린 것은?
① 각 건물에는 보일러가 필요 없고 인건비와 연료비가 절감된다.
② 건물 내의 유효면적이 감소되며 열효율이 좋다.
③ 설비의 합리화에 의해 매연처리를 할 수 있다.
④ 대규모 시설을 관리할 수 있으므로 효율이 좋다.

68. 보일러의 보존법 중 이상적인 건조보존법으로 보일러 내의 공기와 물을 전부 배출하고 특정가스를 봉입해 두는 방법이 있다. 이때 사용되는 가스는?
① 이산화탄소(CO_2)
② 질소(N_2)
③ 산소(O_2)
④ 헬륨(He)

69. 고온(180° 이상)의 보일러수에 포함되어 있는 불순물 중 보일러 강판을 가장 심하게 부식시키는 것은?
   ① 탄산칼슘
   ② 탄산가스
   ③ 염화마그네슘
   ④ 수산화나트륨

70. 다음 보일러의 부속장치에 관한 설명으로 틀린 것은?
   ① 재열기 : 보일러에서 발생된 증기로 급수를 예열시켜 주는 장치
   ② 공기예열기 : 연소가스의 여열 등으로 연소용 공기를 예열하는 장치
   ③ 과열기 : 포화증기를 가열하여 압력은 일정하게 유지하면서 증기의 온도를 높이는 장치
   ④ 절탄기 : 폐열가스를 이용하여 보일러에 급수되는 물을 예열하는 장치

71. 에너지이용 합리화법상 자발적 협약에 포함하여야 할 내용이 아닌 것은?
   ① 협약 체결 전년도 에너지소비 현황
   ② 단위당 에너지이용효율 향상목표
   ③ 온실가스배출 감축목표
   ④ 고효율기자재의 생산목표

72. 전열면적이 50m² 이하인 증기보일러에서는 과압방지를 위한 안전밸브를 최소 몇 개 이상 설치해야 하는가?
   ① 1개 이상
   ② 2개 이상
   ③ 3개 이상
   ④ 4개 이상

73. 보일러 설치검사기준상 보일러 설치 후 수압시험을 할 때 규정된 시험수압에 도달된 후 얼마의 시간이 경과된 뒤에 검사를 실시하는가?
① 10분 ② 15분
③ 20분 ④ 30분

74. 에너지이용 합리화법에 따라 검사대상기기설치자는 검사대상기기관리자가 해임되거나 퇴직하는 경우 다른 검사대상기기관리자를 언제 선임해야 하는가?
① 해임 또는 퇴직 이전
② 해임 또는 퇴직 후 10일 이내
③ 해임 또는 퇴직 후 30일 이내
④ 해임 또는 퇴직 후 3개월 이내

75. 다음은 에너지이용 합리화법에 따라 산업통상자원부장관이 에너지저장의무를 부과할 수 있는 에너지저장의무 부과대상자 중 일부이다. ( ) 안에 알맞은 것은?

연간 ( ) TOE 이상의 에너지를 사용하는 자

① 5,000 ② 10,000
③ 20,000 ④ 50,000

76. 난방부하가 18,800kJ/h인 온수난방에서 쪽당 방열면적이 $0.2m^2$인 방열기를 사용한다고 할 때 필요한 쪽수는?(단, 방열기의 방열량은 표준방열량으로 한다.)
① 30 ② 40
③ 50 ④ 60

77 증기 사용 중 유의사항에 해당되지 않는 것은?
① 수면계 수위가 항상 상용수위가 되도록 한다.
② 과잉공기를 많게 하여 완전연소가 되도록 한다.
③ 배기가스 온도가 갑자기 올라가는지를 확인한다.
④ 일정압력을 유지할 수 있도록 연소량을 가감한다.

78 보일러 분출작업 시의 주의사항으로 틀린 것은?
① 분출작업은 2명 1개조로 분출한다.
② 저수위 이하로 분출한다.
③ 분출 도중 다른 작업을 하지 않는다.
④ 분출작업을 행할 때 2대의 보일러를 동시에 해서는 안 된다.

79 보일러 파열사고의 원인과 가장 먼 것은?
① 안전장치 고장　　② 저수위 운전
③ 강도 부족　　　　④ 증기 누설

80 보일러 수면계를 시험해야 하는 시기와 무관한 것은?
① 발생 증기를 송기할 때
② 수면계 유리의 교체 또는 보수 후
③ 프라이밍, 포밍이 발생할 때
④ 보일러 가동 직전

CBT 정답 및 해설

01	02	03	04	05	06	07	08	09	10
①	④	④	②	④	④	②	②	④	③
11	12	13	14	15	16	17	18	19	20
③	②	④	①	③	③	③	①	①	③
21	22	23	24	25	26	27	28	29	30
①	④	②	②	④	③	①	②	①	③
31	32	33	34	35	36	37	38	39	40
①	③	③	②	④	④	④	②	④	③
41	42	43	44	45	46	47	48	49	50
③	④	③	④	③	②	③	③	④	①
51	52	53	54	55	56	57	58	59	60
③	③	③	③	④	③	④	③	③	④
61	62	63	64	65	66	67	68	69	70
③	①	②	④	①	②	③	③	②	①
71	72	73	74	75	76	77	78	79	80
④	①	④	①	③	③	②	②	④	①

01 풀이 | 저온부식 : 황산화물(H_2SO_4)

02 풀이 | 효율$(\eta) = \dfrac{10 - 0.03}{10} \times 100 = 99.7\%$

03 풀이 | 석탄의 풍화작용 : 분탄이 되기 쉽다.

04 풀이 | 백필터 : 여과식 집진장치

05 풀이 | 석탄의 원소분석
        ㉠ 리비히법 : 탄소, 수소 측정
        ㉡ 세필드법 : 탄소, 수소 측정
        ㉢ 에쉬카법 : 전유황 측정

06 풀이 | 중량당 이론공기량(kg/kg) A_0
$= 11.49C + 34.5\left(H - \dfrac{O}{8}\right) + 4.3S$

07 풀이 | 탄화도가 클수록 연소속도가 낮아지고 착화온도가 높아진다. 또한 비열은 감소하여 열전도율은 증가한다.

08 풀이 | 고위발열량 − 저위발열량
= 수증기의 엔탈피 − 물의 엔탈피

09 풀이 | $H_2 + \dfrac{1}{2}O_2 \rightarrow H_2O$(18kg/kmol)
∴ $18 \times 2,501.6 = 45,029$kJ/kmol

10 풀이 | 이론공기량은 산소요구량에 비례한다.
- $C_2H_2 + 2.5O_2 \rightarrow 2CO_2 + H_2O$
- $CH_4 + 2O_2 \rightarrow CO_2 + 2H_2O$

11 풀이 | ㉠ 가역과정 : $\oint \dfrac{dQ}{T} = 0$
       ㉡ 비가역과정 : $\oint \dfrac{dQ}{T} < 0$

12 풀이 | 효율$(\eta) = \dfrac{(400+273) - (100+273)}{(400+273)} = 0.4457$

13 풀이 | 열량$(Q) = G \cdot C_P \cdot \Delta t$
$= 2 \times 1.0 \times (500 - 0) = 1,000$kJ

14 풀이 | 열역학 제1법칙
에너지는 여러 가지 형태를 가질 수 있지만 에너지의 총량은 일정하다.

15 풀이 | 실제 기체가 이상기체에 가까울 때는 압력은 낮고 온도가 높을 때이다.

16 풀이 | 사바테 사이클 열효율(η_s)
$= 1 - \left(\dfrac{1}{\epsilon}\right)^{k-1} \times \dfrac{\rho\sigma^k - 1}{(\rho-1) + k\rho(\sigma-1)}$
$= 1 - \left(\dfrac{1}{5}\right)^{1.4-1} \times \dfrac{1.8 \times 1.6^{1.4} - 1}{(1.8-1) + 1.4 \times 1.8(1.6-1)}$
$≒ 0.438$

17 풀이 | 압축일량 $= P_1 V_1 \ln\left(\dfrac{P_1}{P_2}\right)$
$-120 = 200 \times 0.5 \times \ln\left(\dfrac{200}{x}\right)$
∴ $x = 664$kPa

18 풀이 | 고립시스템
시스템의 경계를 통하여 일, 열 등 어떠한 형태의 에너지와 물질도 통과할 수 없는 시스템

19 풀이 | 압축성 인자 : 실제기체가 이상기체에 대한 거동에서 벗어나는 정도

20 풀이 | $\Delta s = C_v \ln\dfrac{T_2}{T_1} + AR\ln\dfrac{V_2}{V_1}$

$C_v = C_P - R = 1.004 - 0.287 = 0.717$

$\Delta s = 0.717 \times \ln\left(\dfrac{353}{288}\right) + 0.287 \times \ln\left(\dfrac{0.95}{0.88}\right) = 0.195$

21 풀이 | 통풍력 측정에 링밸런스식 압력계(환상천평식)가 사용된다.

22 풀이 | 시정수란 1차 지연요소에서 출력이 최대 출력의 63%에 도달할 때까지이다.

23 풀이 | 석영관 보호관은 사용온도가 약 1,000℃로서 급열, 급랭에 잘 견디고 산에는 강하나 알칼리에 약하다.

24 풀이 | 서미스터 전기저항식 온도계는 온도 상승에 따라 저항이 감소한다.

25 풀이 | 탄성 압력계 일반 교정용은 기준분동식 압력계이다.

26 풀이 | 저항$(R) = R_o \times (1+at)$

$t = \dfrac{R-R_o}{R_o a}$

$\therefore t = \dfrac{200-100}{100 \times 0.005} = 200℃$

27 풀이 | 압력손실 크기
오리피스 > 플로노즐 > 벤투리관

28 풀이 | 절대압력 = 760 − 730 = 30mmHg

$\therefore 1.033 \times \dfrac{30}{760} = 0.0407\text{kg/cm}^2\text{a}$

29 풀이 | 열전대 T type : 구리 + 콘스탄탄

30 풀이 | 단면적$(A) = \dfrac{3.14}{4} \times (20)^2 = 314\text{cm}^2$

게이지 압력 = $\dfrac{300}{314} = 0.955\text{kgf/cm}^2$

$\therefore$ 절대압력 = $1.033 + 0.955 = 1.98\text{kgf/cm}^2\cdot\text{a}$

31 풀이 | 액주식 압력계의 액체는 점성이 작아야 한다.

32 풀이 | 유속$(V) = \sqrt{\dfrac{2gh}{r}} = \sqrt{\dfrac{2 \times 9.8 \times 80}{1.3}} = 34.7\text{m/s}$

33 풀이 | ① CO 가스용
③ O_2 가스용
④ CO_2 가스용

34 풀이 | I(적분) 동작은 편차의 크기와 지속시간에 비례하여 응답하는 연속동작이다.

35 풀이 | 링밸런스식(환상천평식) 압력계는 액주식 압력계이다.

36 풀이 | 오르자트 가스분석계 분석 순서
$CO_2 \rightarrow O_2 \rightarrow CO \rightarrow N_2$

37 풀이 | 전자유량계 : 패러데이 법칙 응용

38 풀이 | 열전대온도계 중 '백금−백금로듐' 온도계의 측정범위는 0~1,600℃로 접촉식 온도계 중 가장 고온용이다.

39 풀이 | 자동화학식 CO_2계는 30% KOH 수용액 사용

40 풀이 | 캐스케이드 제어
㉠ 1차 조절계(측정용)
㉡ 2차 조절계(목표치 설정용)

41 풀이 | 리듀서

42 풀이 | 버스팅
크롬이나 크롬−마그네시아 벽돌이 고온에서 산화철을 흡수하여 표면이 부풀어 오르거나 떨어져 나가는 현상

43 풀이 | 원주방향은 길이방향에 비해 응력이 2배이다.

44 풀이 | 용선로(큐폴라)는 주철 용해로이다.

45 풀이 | 산성내화물
㉠ SiO_2
㉡ Al_2O_3

CBT 정답 및 해설

46 풀이 | 터널 연속요 : 예열대, 냉각대, 소성대

47 풀이 | 열전도 손실열량(Q)
$$= \frac{A \times (t_2 - t_1)}{\frac{b_1}{\lambda_1} + \frac{b_2}{\lambda_2} + \frac{b_3}{\lambda_3}} = \frac{(900 - 90)}{\frac{0.24}{1.2} + \frac{0.1}{0.15} + \frac{0.15}{1.0}}$$
$$= 797 \text{kcal/m}^2\text{h}$$

48 풀이 |

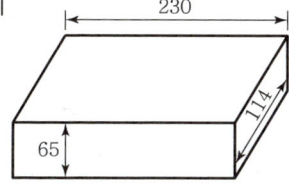

49 풀이 | 중성 내화물
   ㉠ 고알루미나질   ㉡ 크롬질
   ㉢ 탄화규소질   ㉣ 탄소질

50 풀이 | 도염식 불연속가마는 여러 개의 흡입공이 연도에 연결되어 있다.

51 풀이 | 보온재는 상온에서 열전도율이 0.1kcal/m · h · ℃ 이하이다.

52 풀이 |

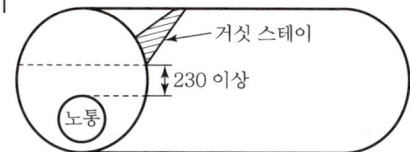

53 풀이 | 열전도손실열량(Q)
$$= \frac{A \cdot \lambda \cdot \Delta t}{b} = \frac{1 \times 0.8 \times (25 - 20)}{0.05} = 80 \text{kcal/h}$$

54 풀이 | 열관류손실열량(Q)
$$= \frac{A(t_2 - t_1)}{\frac{b}{\lambda} + \frac{1}{a}} = \frac{(300 - 20)}{\frac{0.05}{0.06} + \frac{1}{8}} = 292.27 \text{kcal/m}^2\text{h}$$

55 풀이 | • 수증기의 비열 : 0.44kcal/mh℃
        • 물의 비열 : 1kcal/mh℃

56 풀이 | 크롬-마그네시아 염기성 벽돌은 크롬철광을 50% 이상 함유한다.

57 풀이 | 레이놀즈수(Re)
   ㉠ 2,100 이하 : 층류
   ㉡ 4,000 이상 : 난류

58 풀이 | 플라스틱 부정형 내화물(고온용)
   '골재+내화점토+물유리'로 만들며 수관식 보일러 수관벽에 사용한다.

59 풀이 | 수격현상은 보일러 증기배관이나 급수배관 등에서 발생된다.

60 풀이 | 보온재는 다공성이며 부피비중이 작아야 한다.(가벼워야 한다.)

61 풀이 | 검사대상기기(보일러, 압력용기 등)의 검사를 받지 않은 자는 1년 이하의 징역 또는 1천만 원 이하의 벌금 대상이 된다.

62 풀이 | 에너지이용 합리화법 제31조(에너지다소비사업자 신고사항)에 의한 신고사항은 보기 ②, ③, ④ 외에 에너지관리자의 현황, 해당 연도의 제품생산예정량 등이다.

63 풀이 | 압력계의 관 안지름

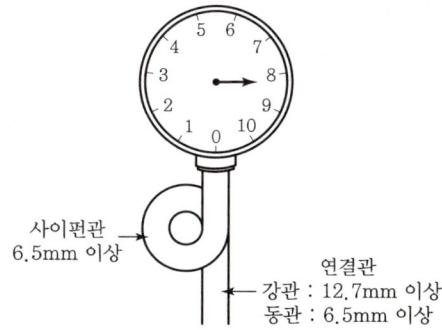

64 풀이 | 강철의 버닝(소손)
   과열이 지나치면 강철의 결정립 소손으로 버닝이 발생하여 사용이 불가능하다.

65 풀이 | 증기트랩은 항상 열어 두고 응축수를 제거하여 증기관 내의 수격작용을 방지해야 한다.

제2회 CBT 실전모의고사

66 **풀이 |** 에너지위원회 구성(영 제2조)
대통령령으로 정하는 사람이란 중앙행정기관(기획재정부, 과학기술정보통신부, 외교부, 환경부, 국토교통부)의 차관이다.

67 **풀이 |** 지역난방은 건물 내의 유효면적이 증가하며 열효율이 좋다.(보일러실 폐쇄로 인하여)

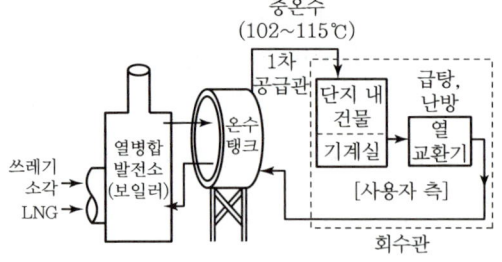

[지역난방]

68 **풀이 |** 건조보존

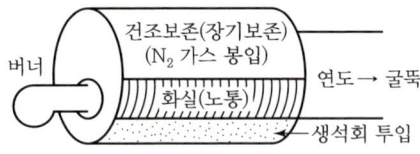

69 **풀이 |** 염화마그네슘($MgCl_2$)에 의한 부식
$MgCl_2 + 2H_2O \rightarrow Mg(OH)_2 \downarrow + 2HCl$(염산 발생)

70 **풀이 |** 보일러의 부속장치

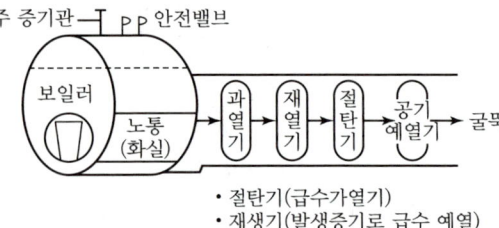

- 절탄기(급수가열기)
- 재생기(발생증기로 급수 예열)

71 **풀이 |** 자발적 협약 이행(규칙 제26조) : 보기 ①, ②, ③ 외에 효율 향상 목표 등의 이행을 위한 투자계획, 에너지관리체제 및 에너지관리방법 등이 포함된다.

72 **풀이 |** 보일러 안전밸브의 개수
㉠ 전열면적 50m² 초과 : 2개 이상
㉡ 전열면적 50m² 이하 : 1개 이상

73 **풀이 |** 수압시험 규정

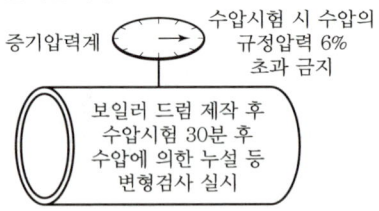

74 **풀이 |** 검사대상기기설치자는 검사대상기기관리자가 해임되거나 퇴직하기 이전에 다른 검사대상기기관리자를 선임하여야 한다.

75 **풀이 |** 에너지저장의무 부과 대상자(영 제12조) : 연간 2만 TOE(석유환산톤) 이상의 에너지를 사용하는 자

76 **풀이 |** 온수난방 방열기의 표준방열량
$450 \text{kcal/m}^2 \cdot \text{h} = 450 \times 4.186 \text{kJ/kcal}$
$= 1,884 \text{kJ/m}^2 \cdot \text{h}$
$\therefore 쪽수 = \dfrac{18,800}{1,884 \times 0.2} = 50\text{ea}$

77 **풀이 |** 증기 보일러 등에서 연소 시 과잉공기(공기비)가 1.2를 초과하면 배기가스 열손실이 증가하여 효율이 감소한다.

78 **풀이 |** 분출(수저분출)은 보일러 하부의 슬러지 배출로 스케일 생성을 방지한다.(단, 저수위 사고 방지를 위하여 안전저수위 이하의 분출은 금지한다.)

79 **풀이 |** 증기 누설 시 나타나는 현상
㉠ 열손실 증가
㉡ 연료 소비량 증가
㉢ 열효율 감소

80 **풀이 |**

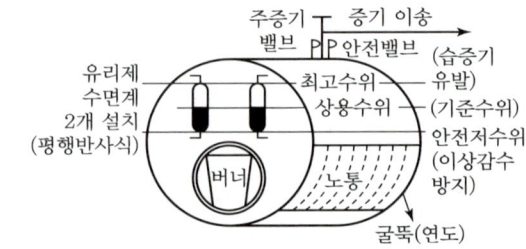

1과목 열역학 및 연소공학

01 중유에 대한 설명으로 틀린 것은?

① 정제과정에 따라 A, B 및 C급 중유로 분류한다.
② 착화점은 약 580℃ 정도이다.
③ 비중은 약 0.79~0.82 정도이다.
④ 탄소성분은 약 85~87% 정도이다.

02 연료가스 중의 전황분을 검출하는 방법은?

① DMS법
② 더스트튜브법
③ 리비히법
④ 세필드고온법

03 다음 중 CH_4 및 H_2를 주성분으로 한 기체 연료는?

① 고로가스
② 발생로가스
③ 수성가스
④ 석탄가스

04 탄소 72.0%, 수소 5.3%, 황 0.4%, 산소 8.9%, 질소 1.5%, 수분 0.9%, 회분 11.0%의 조성을 갖는 석탄의 고위발열량은 약 몇 kcal/kg인가?

① 4,990
② 5,890
③ 6,990
④ 7,270

05 유(油)가열기에 대한 설명 중 틀린 것은?

① 유가열기에는 전기식과 증기식이 있지만, 대용량의 경우에는 전기식을 사용한다.
② 증기식 가열기 중 가장 널리 이용되는 형식은 다관식 열교환기이다.
③ 유가열기는 버너에 가까운 기름배관에 설치한다.
④ 유가열기는 중유의 점도를 버너에 적합한 정도로 맞추기 위하여 사용한다.

06 기체연료의 연소방식 중 예혼합연소방식의 특징에 대한 설명으로 틀린 것은?
① 화염이 짧다.
② 고온의 화염을 얻을 수 있다.
③ 역화의 위험성이 매우 작다.
④ 가스와 공기의 혼합형이다.

07 메탄 $1Nm^3$을 과잉공기계수 1.1의 공기량으로 완전연소시켰을 때의 소요 공기량은 몇 Nm^3인가?
① 5.8
② 6.9
③ 8.8
④ 10.5

08 다음 중 연료의 발열량을 측정하는 방법으로서 가장 부적당한 것은?
① 연소가스에 의한 방법
② 열량계에 의한 방법
③ 원소분석치에 의한 방법
④ 공업분석치에 의한 방법

09 연료로서 갖추어야 할 조건으로 옳지 않은 것은?
① 저장, 운반 등의 취급이 용이하고 안전성이 높아야 한다.
② 연소반응에서 공기와의 혼합범위를 넓게 조정할 수 있어야 한다.
③ 황 등의 가연성 물질이 포함되어 단위질량당 발열량을 높일 수 있어야 한다.
④ 가격이 경제적이고 공급이 안정적이어야 한다.

10 타이젠와셔(Theisen Washer)에 대한 설명으로 옳은 것은?
① 습식 집진장치로 임펠러를 회전시켜 세정액을 분산하여 함진가스 중의 미분을 제거한다.
② 분무상의 원심력에 의해 가속하여 가스기류를 통과시켜 가스를 세정한다.
③ 분무한 물을 충전탑 상부에서 아래로 내려 보내 함진가스와 향류접촉시켜 미분을 제거한다.
④ 함진가스를 고속으로 수중에 보내어 기포상으로 분산시켜 분진을 포집한다.

11 물의 임계점에 대한 설명 중 틀린 것은?
① 임계점에서 $\left(\frac{\partial P}{\partial V}\right)_T = 0$이다.
② 임계점에서의 온도와 압력은 약 374℃, 22.1 MPa이다.
③ 임계압력 이상에서 포화액과 포화증기는 공존한다.
④ 임계상태의 잠열은 0kJ/kg이다.

12 열역학 제1법칙에 대한 설명으로 옳은 것은?
① 에너지 보존의 법칙이다.
② 반응이 일어나는 방향을 알려준다.
③ 온도 측정 원리를 제공한다.
④ 온도 0K 부근에서 엔트로피의 변화량을 나타낸다.

13 카르노 사이클(Carnot Cycle)이 고온 열원에서 1,000kJ을 흡수하여 저온 열원에 400kJ을 방출하였다. 효율은 몇 %인가?
① 40
② 50
③ 60
④ 70

14. 역카르노 사이클로 작동되는 냉동기가 25kW의 일을 받아 저온체로부터 100kW의 열을 흡수할 때 성능계수는?
   ① 0.25
   ② 0.75
   ③ 1.33
   ④ 4.0

15. Mollier Chart에서 종축과 횡축은 어떤 양으로 나타내는가?
   ① 압력 - 체적
   ② 온도 - 압력
   ③ 엔탈피 - 엔트로피
   ④ 온도 - 엔트로피

16. 이상기체 5kg의 온도를 500℃만큼 상승시키는 데 필요한 열량이 정압과 정적의 경우 600kJ의 차이가 있을 때 이 기체의 기체상수는 약 몇 kJ/kg·K인가?
   ① 1.21
   ② 0.83
   ③ 0.36
   ④ 0.24

17. 질량유량이 m이고 압축기 입·출구에서의 비내부에너지와 비엔탈피가 각각 u_1, h_1, u_2, h_2일 때 이상적으로 필요한 압축기의 동력의 크기는?(단, 위치에너지와 속도에너지는 무시한다.)
   ① $m(u_2 - u_1)$
   ② $m(h_2 - h_1)$
   ③ $m(P_2 - P_1)$
   ④ $m(V_2 - V_1)$

18. 질량 500kg인 추를 10m 낙하시킬 때 하는 일이 모두 질량 5kg, 비열 2kJ/kg·℃ 인 액체에 가해지면 이 액체의 온도는 몇 ℃ 상승하는가?(단, 마찰손실과 열손실은 없다.)

① 4.9
② 45.9
③ 53.6
④ 60.4

19. 실제기체가 이상기체에 비슷하게 접근하는 조건으로 가장 적합한 것은?

① 압력, 온도가 높은 경우
② 압력, 온도가 낮은 경우
③ 압력이 높고 온도가 낮은 경우
④ 압력이 낮고 온도가 높은 경우

20. 어떤 용기에 채워져 있는 물질의 내부에너지가 u_1이다. 이 용기 내의 물질에 열을 q만큼 전달해 주고, 일을 w만큼 가해 주었을 때, 물질의 내부에너지 u_2는 어떻게 변하는가?

① $u_2 = u_1 + q + w$
② $u_2 = u_1 - q - w$
③ $u_2 = u_1 + q - w$
④ $u_2 = u_1$

03회 실전점검! CBT 실전모의고사

2과목 계측 및 에너지 진단

21 다음 중 유량을 나타내는 단위가 아닌 것은?
① m³/h
② kg/min
③ L/s
④ m/s

22 수직관 속에 비중(S)이 0.9인 기름이 흐르고 있는 액주계를 설치하였을 때 압력계의 지시값은 몇 kg/cm²인가?

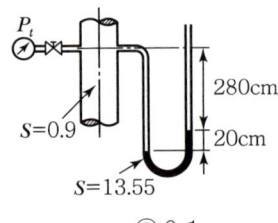

① 0.01
② 0.1
③ 0.5
④ 1.0

23 다음 중 직접식 액면계가 아닌 것은?
① 플로트식 액면계
② 검척식 액면계
③ 압력식 액면계
④ 유리관식 액면계

24 계측기기의 구비조건으로 틀린 것은?
① 연속 측정이 가능하여야 한다.
② 센서는 기계적이어야 하며 열전도가 좋아야 한다.
③ 정도가 좋고 구조가 간단하여야 한다.
④ 설치장소의 주위 조건에 대하여 내구성이 있어야 한다.

25 보일러에서 가장 기본이 되는 제어는?
① 추종 제어
② 시퀀스 제어
③ 피드백 제어
④ 수동 제어

26 다음 중 압력식 온도계가 아닌 것은?
① 방사압력식 온도계
② 액체압력식 온도계
③ 증기압력식 온도계
④ 기체압력식 온도계

27 다음 방사온도계에 대한 설명 중 틀린 것은?
① 물체로부터 방사되는 모든 파장의 전 방사에너지는 물체의 절대온도(K)의 4제곱근에 비례한다는 원리를 이용한 것이다.
② 측정의 시간지연이 작고, 발신기를 이용하게 기록이나 제어가 가능하다.
③ 피측온체와의 사이에 흡수체로 작용하는 CO_2, 수증기, 연기 등의 영향을 받지 않는 장점이 있다.
④ 피측정물과 접촉하지 않기 때문에 측정조건을 지나치게 어지럽히지 않는 등의 장점이 있다.

28 다음 중 국제단위계의 접두어를 옳게 나타낸 것은?
① 10^1 = 데시(d)
② 10^{15} = 테라(T)
③ 10^{21} = 엑사(E)
④ 10^{24} = 요타(Y)

29 다음 중 휘트스톤 브리지를 사용하는 진공계는?
① 피라미드 진공계
② 가이슬러 진공계
③ 매클라우드 진공계
④ 개관형 진공계

30 물체의 형상 변화를 이용하여 온도를 측정하는 것으로써 주로 벽돌의 내화도 측정에 이용되는 온도계는?
① 제게르콘
② 방사온도계
③ 광고온도계
④ 색온도계

31. 오르자트 가스분석기로 배기가스 분석 시 가스분석 순서로 옳은 것은?

① $CO_2 \to CO \to O_2$
② $CO_2 \to O_2 \to CO$
③ $CO \to O_2 \to CO_2$
④ $CO \to CO_2 \to O_2$

32. 보일러의 자동제어 중 시퀀스(Sequence) 제어에 의한 것은?

① 자동점화, 소화
② 증기압력 제어
③ 온수, 급수온도 제어
④ 수위 제어

33. 다이어프램 압력계에 대한 설명 중 틀린 것은?

① 연소로의 드래프트게이지로 사용된다.
② 다이어프램의 재료로는 고무, 인청동, 스테인리스 등의 박판이 사용된다.
③ 측정이 가능한 범위는 공업용으로는 20~5,000mmH$_2$O 정도이다.
④ 먼지를 함유한 액체나 점도가 높은 액체의 측정에는 부적당하다.

34. 다음 중 T형 열전대의 (-) 측 재료로 사용되는 것은?

① 크로멜(Crommel)
② 콘스탄탄(Constantan)
③ 동(Copper)
④ 알루멜(Alummel)

35. 1차 제어장치가 제어량을 측정하여 제어명령을 발하고, 2차 제어장치가 이 명령을 바탕으로 제어량을 조절하는 제어를 무엇이라 하는가?

① 비율 제어(Ratio Control)
② 프로그램 제어(Program Control)
③ 정치 제어(Constant Value Control)
④ 캐스케이드 제어(Cascade Control)

36. 다음 그림은 피드백 제어의 기본 회로이다. ( ) 안에 적당한 것은?

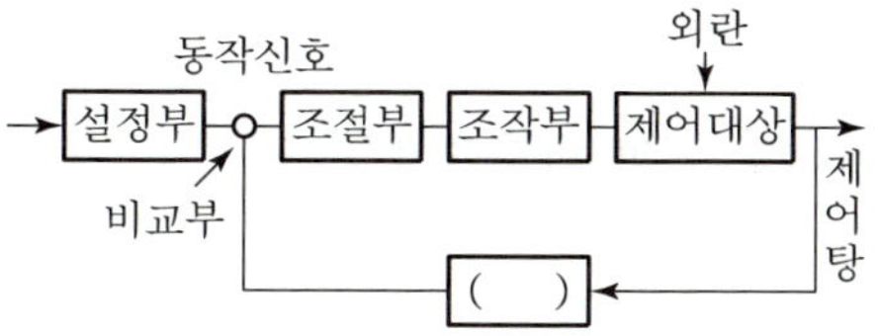

① 비교부
② 제어부
③ 검출부
④ 피드백부

37. 가는 유리관에 액체를 봉입하여 봉입액의 온도에 따른 팽창현상을 이용한 온도계의 봉입액체로 사용할 수 없는 것은?

① 수은
② 알코올
③ 아닐린
④ 글리세린

38. 다음의 특징을 가지는 유량계는?

- 점도 유체나 소유량에 대한 측정이 가능하다.
- 압력 손실이 적고, 측정치는 균등 유량 눈금을 읽을 수 있다.
- 슬러지나 부식성 액체의 측정이 가능하다.
- 정도는 1~2% 정도로서 정밀 측정에는 부적당하다.

① 전자식 유량계
② 임펠러식 유량계
③ 유속측정식 유량계
④ 면적식

39. 다음 중 와류식 유량계가 아닌 것은?

① 델타 유량계
② 칼만 유량계
③ 스와르 메타 유량계
④ 토마스 유량계

40. 다음 중 가스분석에 가장 적합한 온도는 몇 ℃인가?

① 0
② 12
③ 20
④ 50

3과목 열설비구조 및 시공

41 전기로, 전로 및 평로를 사용하여 작업하는 것을 무엇이라 하는가?
① 단조
② 제선
③ 배소
④ 제강

42 철강용 노에서 괴상화를 하는 목적이 아닌 것은?
① 용광로의 능률을 향상시킨다.
② 환원반응을 좋게 한다.
③ 통풍관계를 개선한다.
④ 불순물을 제거한다.

43 중유연소식 제강용 평로에서 연소용 공기를 예열하기 위한 방법은?
① 발열량이 큰 중유를 사용
② 질소가 함유되지 않은 순산소를 사용
③ 연소가스의 여열을 이용
④ 철, 탄소의 산화열을 이용

44 탄소질 내화물의 사용처로서 가장 거리가 먼 것은?
① 고로
② 열풍로
③ 전기로
④ 전기저항발열체

45 스폴링(Spalling)이란 내화물에 대한 어떤 현상을 의미하는가?
① 용융현상
② 연화현상
③ 박락현상
④ 분화현상

46 크롬마그네시아계 내화물에 대한 설명으로 옳은 것은?
  ① 비중과 열팽창성이 작다.
  ② 염기성 슬래그에 대한 저항이 크다.
  ③ 용융온도가 낮다.
  ④ 내화도 및 하중연화점이 낮다.

47 LD전로 조업에서 산소취입은 주로 어느 부분에서 하는가?
  ① 노의 밑부분
  ② 노의 윗부분
  ③ 노의 측면부분
  ④ 노의 중간부분

48 다음 보온재 중 안전사용 온도가 가장 높은 것은?
  ① 규산칼슘
  ② 유리섬유
  ③ 규조토
  ④ 탄산마그네슘

49 노벽을 통하여 전열이 일어난다. 노벽의 두께 200mm, 평균 열전도도 3.3kcal/m·h·℃, 노벽 내부온도 400℃, 외벽온도는 25℃라면 10시간 동안 잃은 열량은?
  ① 5,775kcal/m²
  ② 11,550kcal/m²
  ③ 61,875kcal/m²
  ④ 66,000kcal/m²

50 다음 중 반연속 가마에 해당되는 것은?
  ① 도염식 요
  ② 터널요
  ③ 윤요
  ④ 등요

03회 실전점검! CBT 실전모의고사

51 머플(Muffle)로에 대한 설명 중 틀린 것은?
① 간접가열로이다.
② 노 내는 높은 진공분위기가 사용된다.
③ 열원은 주로 가스가 사용된다.
④ 소형품의 담금질과 뜨임가열에 사용된다.

52 다음 중 주철관의 접합방법으로 사용되지 않는 것은?
① 소켓 접합
② 플랜지 접합
③ 기계적 접합
④ 용접 접합

53 한 장의 판으로 경판을 보강하기 위하여 경판에서 동판에 비스듬히 부착시킨 버팀으로 보통 노통 보일러의 평경판을 보강시키는 데 사용되는 것은?
① 맨홀
② 관스테이
③ 거싯스테이
④ 아담슨링

54 2개 이상의 엘보(Elbow)로 나사의 회전을 이용하여 온수 또는 저압증기용 배관에 사용하는 신축이음 방식은?
① 루프형(Loop Type)
② 벨로스형(Bellows Type)
③ 슬리브형(Sleeve Type)
④ 스위블형(Swivel Type)

55 관류식 벤슨 보일러의 특징을 가장 옳게 설명한 것은?
① 낮은 압력에서 주로 사용된다.
② 모노튜브 형식이다.
③ 슬래그탭 연소를 할 수 있다.
④ 효율이 낮다.

56. 강제순환에 있어서 순환비에 대하여 옳게 나타낸 것은?
   ① 순환수량과 발생증기량의 비율
   ② 순환수량과 포화증기량의 비율
   ③ 순환수량과 포화수의 비율
   ④ 포화증기량과 포화수량의 비율

57. 급수내관의 통상적인 설치위치로서 가장 옳은 것은?
   ① 안전저수위보다 5cm 높게 설치한다.
   ② 안전저수위보다 5cm 낮게 설치한다.
   ③ 사용저수위보다 5cm 높게 설치한다.
   ④ 사용저수위보다 5cm 낮게 설치한다.

58. 제게르콘은 주로 내화물의 어떠한 것을 시험하기 위해 사용되는가?
   ① 열팽창성
   ② 내화도
   ③ 스폴링(Spalling)성
   ④ 내마모성

59. 노통연관 보일러에서 노통에 돌기가 설치되어 있는 경우에 노통의 바깥면과 연관 사이의 거리는 몇 mm 이상으로 하여야 하는가?
   ① 30
   ② 40
   ③ 50
   ④ 60

60. 맞대기 용접이음에서 인장하중이 2,000kgf, 강판의 두께가 6mm라 할 때 용접길이는 약 몇 mm인가?(단, 용접부의 허용인장응력은 7kgf/mm²이다.)
   ① 33
   ② 37
   ③ 42
   ④ 48

4과목 열설비 취급 및 안전관리

61. 다음 중 에너지이용 합리화법에 따라 검사대상기기의 검사유효기간이 다른 하나는?
① 보일러 설치장소 변경검사
② 철금속가열로 운전성능검사
③ 압력용기 및 철금속가열로 설치검사
④ 압력용기 및 철금속가열로 재사용검사

62. 신설 보일러의 소다 끓이기의 주요 목적은?
① 보일러 가동 시 발생하는 열응력을 감소하기 위해서
② 보일러 동체와 관의 부식을 방지하기 위해서
③ 보일러 내면에 남아 있는 유지분을 제거하기 위해서
④ 보일러 동체의 강도를 증가시키기 위해서

63. 진공환수식 증기난방에서 환수관 내의 진공도는?
① 50~75mmHg
② 70~125mmHg
③ 100~250mmHg
④ 250~350mmHg

64. 에너지이용 합리화법에 따라 검사대상기기관리자가 퇴직한 경우, 검사대상기기관리자 퇴직신고서에 자격증수첩과 관리할 검사대상기기 검사증을 첨부하여 누구에게 제출하여야 하는가?
① 시·도지사
② 시공업자단체장
③ 산업통상자원부장관
④ 한국에너지공단이사장

65. 진공환수식 증기난방의 장점이 아닌 것은?
  ① 배관 및 방열기 내의 공기를 뽑아내므로 증기순환이 신속하다.
  ② 환수관의 기울기를 크게 할 수 있고 소규모 난방에 알맞다.
  ③ 방열기 밸브의 개폐를 조절하여 방열량의 폭넓은 조절이 가능하다.
  ④ 응축수의 유속이 신속하므로 환수관의 직경이 작아도 된다.

66. 수격작용을 예방하기 위한 조치사항이 아닌 것은?
  ① 송기할 때는 배관을 예열할 것
  ② 주증기 밸브를 급개방하지 말 것
  ③ 송기하기 전에 드레인을 완전히 배출할 것
  ④ 증기관의 보온을 하지 말고 냉각을 잘 시킬 것

67. 다음은 보일러 설치 시공기준에 대한 설명으로 틀린 것은?
  ① 전열면적 10m²를 초과하는 보일러에서 급수밸브 및 체크밸브의 크기는 호칭 20A 이상이어야 한다.
  ② 최대증발량이 5t/h 이하인 관류보일러의 안전밸브는 호칭지름 25A 이상이어야 한다.
  ③ 2개 이상의 원격지시 수면계를 시설하는 경우에 한하여 유리수면계는 1개 이상으로 할 수 있다.
  ④ 증기보일러의 압력계에는 물을 넣은 안지름 6.5mm 이상의 사이펀관 또는 동등한 작용을 하는 장치를 부착해야 한다.

68. 보일러의 동판에 점식(Pitting)이 발생하는 가장 큰 원인은?
  ① 급수 중에 포함되어 있는 산소 때문
  ② 급수 중에 포함되어 있는 탄산칼슘 때문
  ③ 급수 중에 포함되어 있는 인산마그네슘 때문
  ④ 급수 중에 포함되어 있는 수산화나트륨 때문

69 에너지법에서 에너지공급자가 아닌 것은?
① 에너지를 수입하는 사업자
② 에너지를 저장하는 사업자
③ 에너지를 전환하는 사업자
④ 에너지사용시설의 소유자

70 과열기가 설치된 보일러에서 안전밸브의 설치기준에 대해 맞게 설명된 것은?
① 과열기에 설치하는 안전밸브는 고장에 대비하여 출구에 2개 이상 있어야 한다.
② 관류보일러는 과열기 출구에 최대증발량에 해당하는 안전밸브를 설치할 수 있다.
③ 과열기에 설치된 안전밸브의 분출용량 및 수는 보일러 동체의 분출용량 및 수에 포함이 안 된다.
④ 과열기에 안전밸브가 설치되면 동체에 부착되는 안전밸브는 최대증발량의 90% 이상 분출할 수 있어야 한다.

71 보일러를 사용하지 않고 장기간 보존할 경우 가장 적합한 보존법은?
① 건조 보존법
② 만수 보존법
③ 밀폐 만수 보존법
④ 청관제 만수 보존법

72 증기 발생 시 주의사항으로 틀린 것은?
① 연소 초기에는 수면계의 주시를 철저히 한다.
② 증기를 송기할 때 과열기의 드레인을 배출시킨다.
③ 급격한 압력상승이 일어나지 않도록 연소상태를 서서히 조절시킨다.
④ 증기를 송기할 때 증기관 내의 수격작용을 방지하기 위하여 응축수의 배출을 사후에 실시한다.

73 에너지이용 합리화법에 따라 효율관리기자재에 에너지소비효율 등을 표시해야 하는 업자로 옳은 것은?

① 효율관리기자재의 제조업자 또는 시공업자
② 효율관리기자재의 제조업자 또는 수입업자
③ 효율관리기자재의 시공업자 또는 판매업자
④ 효율관리기자재의 수입업자 또는 시공업자

74 보일러의 만수 보존법은 어느 경우에 가장 적합한가?

① 장기간 휴지할 때
② 단기간 휴지할 때
③ N_2 가스의 봉입이 필요할 때
④ 겨울철에 동결의 위험이 있을 때

75 온도를 측정하는 원리와 온도계가 바르게 짝지어진 것은?

① 열팽창을 이용 – 유리제 온도계
② 상태 변화를 이용 – 압력식 온도계
③ 전기저항을 이용 – 서모컬러 온도계
④ 열기전력을 이용 – 바이메탈식 온도계

76 특정열사용기자재의 시공업을 하려는 자는 어느 법에 따라 시공업 등록을 해야 하는가?

① 건축법
② 집단에너지사업법
③ 건설산업기본법
④ 에너지이용 합리화법

77. 단관 중력순환식 온수난방 방열기 및 배관에 대한 설명으로 틀린 것은?
   ① 방열기마다 에어벤트 밸브를 설치한다.
   ② 방열기는 보일러보다 높은 위치에 오도록 한다.
   ③ 배관은 주관 쪽으로 앞 올림 구배로 하여 공기가 보일러 쪽으로 빠지도록 한다.
   ④ 배수 밸브를 설치하여 방열기 및 관 내의 물을 완전히 뺄 수 있도록 한다.

78. 보일러 관석(Scale)의 성분이 아닌 것은?
   ① 황산칼슘($CaSO_4$)
   ② 규산칼슘($CaSiO_2$)
   ③ 탄산칼슘($CaCO_3$)
   ④ 염화칼슘($CaCl_2$)

79. 에너지이용 합리화법에서 에너지사용계획을 제출하여야 하는 민간사업주관자가 설치하려는 시설로 옳은 것은?
   ① 연간 5천 티오이 이상의 연료 및 열을 사용하는 시설
   ② 연간 1만 티오이 이상의 연료 및 열을 생산하는 시설
   ③ 연간 1천만 킬로와트시 이상의 전기를 사용하는 시설
   ④ 연간 2천만 킬로와트시 이상의 전기를 생산하는 시설

80. 어떤 급수용 원심펌프가 800rpm으로 운전하여 전양정이 8m이고 유량 $2m^3$/min을 방출한다면 1,600rpm으로 운전할 때는 몇 m^3/min을 방출할 수 있는가?
   ① 2
   ② 4
   ③ 6
   ④ 8

CBT 정답 및 해설

01	02	03	04	05	06	07	08	09	10
③	①	④	④	①	③	④	①	③	①
11	12	13	14	15	16	17	18	19	20
③	①	③	④	③	④	②	①	④	①
21	22	23	24	25	26	27	28	29	30
④	④	③	②	②	①	③	④	①	①
31	32	33	34	35	36	37	38	39	40
②	①	④	②	④	③	④	④	④	③
41	42	43	44	45	46	47	48	49	50
④	④	③	②	③	②	②	①	③	④
51	52	53	54	55	56	57	58	59	60
②	④	③	④	③	①	②	②	①	④
61	62	63	64	65	66	67	68	69	70
①	③	③	④	②	④	②	①	④	②
71	72	73	74	75	76	77	78	79	80
①	④	②	②	①	③	③	④	①	②

01 풀이 | 중유의 비중 : 0.86~0.98 정도

02 풀이 | DMS법 : 전황분 검출법

03 풀이 | 석탄가스 : 메탄 및 수소가 주성분이다.

04 풀이 | 고위발열량(H_h)
$= 8,100C + 34,000\left(H - \dfrac{O}{8}\right) + 2,500S$
$= 8,100 \times 0.72 + 34,000\left(0.053 - \dfrac{0.089}{8}\right)$
$\quad + 2,500 \times 0.004$
$= 5,832 + 1,423.75 + 10$
$= 7,265.75 \text{kcal/kg}$

05 풀이 | 대용량(지하 저유조, 서비스 탱크 등)의 오일은 증기식 및 온수식의 사용이 경제적이다.

06 풀이 | 예혼합연소(내부혼합식) 방식은 역화의 위험성이 크다.

07 풀이 | 실제공기량 = 이론공기량 × 과잉공기계수
$CH_4 + 2O_2 \rightarrow CO_2 + 2H_2O$
∴ A(실제공기량) = 이론공기량 × 과잉공기계수
$= \left(2 \times \dfrac{1}{0.21}\right) \times 1.1$
$= 10.476 \text{Nm}^3/\text{Nm}^3$

08 풀이 | 연소가스에 의해 열효율계산은 가능하다.

09 풀이 | 연료는 저온부식을 발생하는 황(S) 등의 성분은 제거하고 정제한다.

10 풀이 | 타이젠와셔 : 세정액을 이용한 습식집진장치이다.

11 풀이 | 임계점 이상에서는 액체와 증기가 평형을 이룰 수 없다.(그 이상의 압력에서는 액체와 증기가 서로 평형을 이룰 수 없는 상태)

12 풀이 | 열역학 제1법칙 : 에너지 보존의 법칙

13 풀이 | 효율(η) = $\dfrac{1,000 - 400}{1,000} \times 100 = 60\%$

14 풀이 | 성능계수(COP) = $\dfrac{100}{25} = 4.0$

15 풀이 | 몰리에 선도
㉠ 증기선도 : $h-s$ 선도(엔탈피-엔트로피)
㉡ 냉매선도 : $P-h$ 선도(압력-엔탈피)

16 풀이 | $C_p - C_v = AR$(SI 단위)
∴ 가스상수(R) = $\dfrac{Q_2}{G\Delta T} = \dfrac{600}{5 \times 500} = 0.24 \text{kJ/kg} \cdot \text{K}$

17 풀이 | 압축기 동력크기
$m(h_2 - h_1)$

18 풀이 | 추의 위치에너지 = $9.8 \text{m/s}^2 \times 500 \text{kg} \times 10 \text{m}$
$= 49,000 \text{J} = 49 \text{kJ}$
'액체가 받은 열량=추의 위치에너지'이므로
$5 \text{kg} \times 2 \text{kJ/kg} \cdot \text{℃} \times \Delta t = 49 \text{kJ}$
∴ $\Delta t = \dfrac{49}{10} \text{℃} = 4.9 \text{℃}$

19 풀이 | 실제기체가 압력이 낮고 온도가 높으면 이상기체와 비슷해진다.

20 풀이 | 내부에너지 변화
$u_2 = u_1 + q + w$

21 풀이 | 유속 : m/s

22 풀이 | $P_x = \gamma_2 h_2 - \gamma_1 h_1$
  $= (13.55 \times 20) - (0.9 \times 300)$
  $= 271 - 270 = 1$

23 풀이 | ㉠ 압력계 이용
  ㉡ 차압계 이용 } 간접식 액면계
  ㉢ 기포식 이용

24 풀이 | 센서 : 전기적 이용

25 풀이 | 연소제어 : 시퀀스 제어

26 풀이 | 비접촉식 방사 고온계 : 방사에너지 측정 온도계

27 풀이 | 방사고온계는 피측온체와의 사이에 흡수체로 작용하는 CO_2, H_2O, 연기 등의 영향을 받는다.

28 풀이 | • 10^1 : 데카   • 10^{12} : 테라
  • 10^{15} : 페타   • 10^{18} : 엑사
  • 10^{24} : 요타

29 풀이 | 피라미드 진공계 : 휘트스톤 브리지 사용

30 풀이 | 제게르콘 : 벽돌의 내화도 측정

31 풀이 | 가스분석순서 : $CO_2 \rightarrow O_2 \rightarrow CO$

32 풀이 | 시퀀스 제어 : 보일러 자동 점화 및 소화

33 풀이 | 다이어프램(격막식) 압력계는 내식재료로 라이닝하여 부식성 유체 측정이 가능하다.

34 풀이 | • 철(+)-콘스탄탄(-) 온도계
  • 구리(+)-콘스탄탄(-) 온도계

35 풀이 | 캐스케이드 제어
  ㉠ 1차 제어장치 : 제어량 측정
  ㉡ 2차 제어장치 : 제어량 조절

36 풀이 | 검출부
  제어량에 의해 검출 후 비교부로 보낸다.

37 풀이 | 봉입액체 온도계
  수은, 알코올, 아닐린 등

38 풀이 | 면적식 유량계
  고점도 유체나 소유량에 대한 측정이 가능하다.

39 풀이 | 와류식 유량계
  ㉠ 델타 유량계
  ㉡ 칼만 유량계
  ㉢ 스와르 메타 유량계

40 풀이 | 가스분석 시 적합한 온도계 : 상온 20℃

41 풀이 | 제강로
  ㉠ 전기로
  ㉡ 평로
  ㉢ 전로

42 풀이 | 괴상화용 노
  분상의 철광석을 괴상화시켜 통풍이 잘 되고 용광로의 능률을 향상시키기 위해서 사용되는 노로서 소결법, Pellet 소성법이 있다.

43 풀이 | 평로는 연소가스의 여열을 이용하여 연소용 공기를 예열시킨다.

44 풀이 | 열풍로
  전열식, 축열식, 카우버식, 매크루식, 큐폴라식 열풍로가 있다. 용광로에서는 800℃ 정도로 예열된 공기가 열풍로에서 송풍구로 들어와 코크스에 점화시킨다.

45 풀이 | 스폴링 현상(박락 현상)
  ㉠ 열적 스폴링
  ㉡ 기계적 스폴링
  ㉢ 조직적 스폴링

46 풀이 | 크롬마그네시아(염기성) 내화벽돌은 염기성 슬래그에 대한 저항성이 큰 노재이다.

제3회 CBT 실전모의고사

47 풀이 | LD전로(제강로)는 노의 윗부분으로 산소가 취입된다.(종류는 토마스법과 베서머 LD전로가 있다.)

48 풀이 | ㉠ 규산칼슘 : 650℃
㉡ 유리섬유 : 300℃
㉢ 규조토 : 500℃
㉣ 탄산마그네슘 : 250℃

49 풀이 | 열전도 손실열량(Q)
$= \dfrac{\lambda \times (T_2 - T_1)}{b} \times h$
$= \dfrac{3.3 \times (400 - 25)}{0.2} \times 10$
$= 61,875 \text{kcal/m}^2$

50 풀이 | • 반연속요 : 등요, 셔틀요
• 연속요 : 윤요(고리가마), 터널요
• 불연속요 : 횡염식 요, 승염식 요, 도염식 요

51 풀이 | 머플로(간접가열로)의 노 내는 진공분위기와는 관련이 없다.

52 풀이 | 주철관은 용접 접합이 불가능하다.

53 풀이 | 거싯스테이
한 장의 삼각형 판으로 만든 스테이로서 평경판을 보강한다.

54 풀이 | 스위블형 신축조인트
2개 이상의 엘보를 이용한 신축이음이다.

55 풀이 | 벤슨 보일러(관류보일러)
슬래그탭 연소 : 1, 2차로 구성된 노에서 재가 용융되며, 80%가 슬래그탭 노인 1차 연소로에서 제거된다.

56 풀이 | 순환비 = $\dfrac{\text{순환수량}}{\text{발생증기량}}$

57 풀이 | 급수내관은 안전저수위보다 5cm 낮게 설치한다.

58 풀이 | 제게르콘 : 내화도 측정

59 풀이 | 노통에 돌기가 설치된 경우 노통의 바깥면과 연관 사이는 30mm 이상의 이격거리가 유지된다.

60 풀이 | 용접길이 = $\dfrac{W}{\sigma_1 l} = \dfrac{2,000}{7 \times 6} = 47.6\text{mm}$

61 풀이 | • ① : 검사유효기간 1년
• ②, ③, ④ : 검사유효기간 2년

62 풀이 | 신설 보일러의 소다 끓이기는 보일러 내면에 남아 있는 유지분(보일러 과열 촉진)을 제거하기 위함이다. 압력 0.3~0.5(kgf/cm^2)에서 2~3일간 끓인 후 분출하고 새로 급수한 후에 사용한다.(탄산소다 0.1% 정도 용액으로 사용

63 풀이 | 증기난방 응축수 회수방법
㉠ 기계환수식(환수 펌프 사용)
㉡ 중력환수식(밀도차 이용)
㉢ 진공환수식(진공도 100~250mmHg)

64 풀이 | 검사대상기기관리자의 선임신고서, 퇴직신고서, 해임신고서는 한국에너지공단이사장에게 제출한다.

65 풀이 | 진공환수식 증기난방은 환수관의 기울기에는 별로 영향받지 않고 대규모 난방에서 채택을 많이 한다.

66 풀이 | 수격작용(워터해머)을 방지하려면 관 내 응축수의 생성을 방지해야 하므로 증기관의 보온을 철저하게 한다.

67 풀이 | ②의 관류보일러는 안전밸브의 호칭지름이 20A 이상이면 기준에 부합된다.

68 풀이 | 점식(공식, 점형부식)은 보일러 수면 부근에서 발생하며 보일러수의 고열에 의해 용존산소가 분출되면서 발생하는 점부식(곰보부식)이다.

69 풀이 | 에너지관리자
㉠ 에너지사용시설의 소유자
㉡ 에너지사용시설의 관리자

70 풀이 | 과열기 안전밸브 설치기준
㉠ 출구에 1개 이상의 안전밸브가 있어야 한다.
㉡ 증기분출용량은 과열기의 온도를 설계온도 이하로 유지하는 데 필요한 양의 보일러 최대증발량의 15%를 초과하는 경우에는 15% 이상이어야 한다.
㉢ 관류 보일러에는 과열기 출구에 최대증발량에 상당하는 분출용량의 안전밸브를 설치할 수 있다.

71 풀이 | 보일러 장기보존법
건조 보존법, 석회밀폐 건조 보존법, 질소봉입 건조밀폐 보존법

72 풀이 | 송기(증기이송) 시 응축수 배출 후에 주증기 밸브를 개방하여 수격작용을 방지한다.

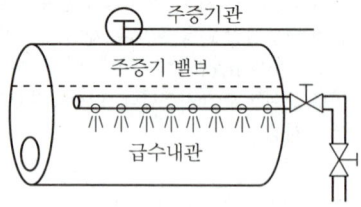

73 풀이 | 효율관리기자재에 에너지소비효율 등을 표시해야 하는 자
㉠ 제조업자
㉡ 수입업자

74 풀이 | 보일러 보존법
㉠ 단기 보존 : 만수 보존(물 이용)
㉡ 장기 보존 : 건조 보존(N_2 가스 이용)

75 풀이 | ㉠ 상태 변화 : 바이메탈 온도계
㉡ 전기저항 변화 : 서미스터 온도계
㉢ 열기전력 변화 : 열전대 온도계

76 풀이 | 특정열사용기자재시공업(전문건설업)은 건설산업기본법에 의해 시·도지사에게 등록한다.

77 풀이 | 공기 빼기는 외기 쪽으로 한다.

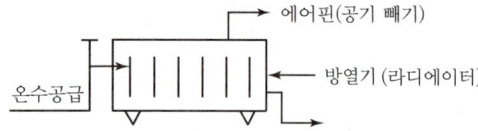

78 풀이 | ㉠ 염화칼슘 : 흡수제
㉡ 관석(스케일) : $Ca(HCO_3)_2$, $CaSO_4$, $Mg(HCO_3)_2$, $MgCl_2$, $MgSO_4$, SiO_2, 유지분 등

79 풀이 | 민간사업주관자의 에너지사용계획 제출 기준
㉠ 연간 5천 TOE 이상의 연료 및 열을 사용하는 시설
㉡ 연간 2천 킬로와트시 이상의 전력을 사용하는 시설

80 풀이 | 펌프의 회전수 증가에 의한 유량(Q')
$$Q' = Q \times \frac{N_2}{N_1} = 2 \times \frac{1,600}{800} = 4(\text{m}^3/\text{min})$$

에너지관리산업기사 필기

발행일 | 2014. 1. 15   초판 발행
2020. 1. 20   개정 9판1쇄
2021. 1. 15   개정 10판1쇄
2022. 1. 15   개정 11판1쇄
2023. 1. 10   개정 12판1쇄
2023. 8. 10   개정 13판1쇄
2025. 1. 10   개정 14판1쇄
2026. 1. 20   개정 15판1쇄

저   자 | 권오수 · 한홍걸
발행인 | 정용수
발행처 |

주   소 | 경기도 파주시 직지길 460(출판도시) 도서출판 예문사
T E L | 031) 955 – 0550
F A X | 031) 955 – 0660
등록번호 | 11 – 76호

- 이 책의 어느 부분도 저작권자나 발행인의 승인 없이 무단 복제하여 이용할 수 없습니다.
- 파본 및 낙장은 구입하신 서점에서 교환하여 드립니다.
- 예문사 홈페이지 http : //www.yeamoonsa.com

정가 : 37,000원

ISBN 978-89-274-6015-2   13530